**Meyers
Handbuch
Weltall**

Meyer-Nachschlagewerke
aus dem
Bibliographischen Institut

Meyers Enzyklopädisches Lexikon
in 25 Bänden

Meyers Großes Universallexikon
in 15 Bänden

Meyers Neues Lexikon
in 8 Bänden

Meyers Großes Standardlexikon
in 3 Bänden

Meyers Großes Taschenlexikon
in 24 Bänden

Meyers Großes Handlexikon von A-Z

Meyers Jahresreport

Meyers Taschenlexikon Biologie
in 3 Bänden

Meyers Taschenlexikon Geschichte
in 6 Bänden

Meyers Taschenlexikon Musik
in 3 Bänden

Meyers Handbücher
der großen Wissensgebiete

Meyers Enzyklopädie der Erde
in 8 Bänden

Die Erde: Meyers Großkarten-Edition

Meyers Großer Weltatlas

Meyers Neuer Handatlas

Meyers Universalatlas

Meyers Neuer Atlas der Welt

Wie funktioniert das?

Klipp und klar

Meyers Kinder-Sachbücher

Meyers Handbuch Weltall

von Karl Schaifers
und Gerhard Traving

6., völlig neu bearbeitete Auflage

Bibliographisches Institut Mannheim/Wien/Zürich
Meyers Lexikonverlag

CIP-Kurztitelaufnahme der Deutschen Bibliothek

Meyers Handbuch Weltall/von Karl Schaifers u.
Gerhard Traving. – 6., völlig neu bearb. Aufl. –
Mannheim;Wien;Zürich:BibliographischesInstitut,1984.
  Bis 5. Aufl. u.d.T.: Meyers Handbuch über
  das Weltall

  ISBN 3-411-02155-1
NE: Schaifers, Karl

Alle Rechte vorbehalten
Nachdruck, auch auszugsweise, verboten
© Bibliographisches Institut, Mannheim 1984
Satz: Bibliographisches Institut (DIACOS Siemens)
und Mannheimer Morgen Großdruckerei und
Verlag GmbH (Digiset 40 T 30)
Druck und Einband: Klambt-Druck GmbH, Speyer
Printed in Germany
ISBN 3-411-02155-1

Vorwort zur sechsten Auflage

Zum sechsten Mal geht nun dieses Handbuch hinaus und sucht seinen Leser, seinen „Benutzer". Die vorhergehenden Auflagen waren eine stetige Weiterentwicklung, eine Ergänzung und ein „Auf-den-neuesten-Stand-bringen" des erstmals 1960 konzipierten Handbuchs. Die Autoren und der Verlag waren sich bewußt, daß eine nochmalige Überarbeitung des Buches in der bisherigen Form den Bedürfnissen der 80er Jahre nicht mehr gerecht werden konnte. Zu sehr haben sich – vor allem in den letzten zehn Jahren – die Schwerpunkte astronomischer Forschung verlagert, die Beobachtungsfakten und Daten vermehrt und damit auch unser Wissen über den Kosmos und seine Bausteine erweitert und verändert.

Dieser rasche Fortschritt der Wissenschaft machte es erforderlich, das Buch weitgehend neu zu schreiben. Damit war uns aber die Möglichkeit gegeben, durch eine textlich, inhaltlich und drucktechnisch gestraffte Darstellung das Handbuch in einem überschaubaren Umfang zu halten. Denn es war uns wichtig, den Charakter des Buches, so wie es in den vorangehenden Auflagen zum Ausdruck kam, zu erhalten. Die einzelnen Kapitel sollten weitgehend unabhängig bleiben, in ihnen aber die Einzelthemen in ihrem logischen Zusammenhang behandelt werden. So ließen sich gegenüber einer rein lexikalischen Darstellung die Zahl der Verweise reduzieren und die Lesbarkeit des Textes vergrößern. Wir glauben, damit den Lesern entgegenzukommen, die nicht nach einer strengen Systematik vorgehen, sondern bereit sind, sich von interessierenden Einzelfragen zu übergreifenden Zusammenhängen führen zu lassen.

Wir haben versucht, über die bloße Mitteilung der vielen Tatsachen hinaus, die beobachtet worden sind, auch die Zusammenhänge darzustellen, in denen sie gesehen werden müssen. Dabei werden wir trotz des Bemühens um möglichst einfache Darstellung auf eine gewisse Mitarbeit des Lesers nicht verzichten können. Was er dabei gewinnt, ist Einsicht in den Zusammenhang der Vielfalt der Erscheinungen.

Einige Abschnitte, vor allem solche, in denen Überlegungen theoretischer Natur dargestellt werden, sind durch Kleindruck abgehoben. Man mag sie, sofern sie zu schwierig erscheinen, überlesen. Andererseits glauben wir, daß sie dem kritischen Leser willkommene Hilfen bieten, die er auch in Anspruch nehmen wird.

Schließlich möchten wir, da uns im Vorwort die Möglichkeit gegeben ist, den Leser direkt anzusprechen, ihm noch etwas nahelegen. Es wird im Text nicht – oder doch nur sehr selten – darauf hingewiesen, daß sich hinter den Angaben durch nüchterne Zahlen, die sich durch die Benutzung des Zehnerexponenten so bequem und unauffällig schreiben lassen, oft Zustände oder Vorgänge von unvorstellbaren Dimensionen verbergen. Man mag sich mit den Zahlen zufriedengeben. Dennoch versuche man, sich ihre Bedeutung bildhaft vorzustellen. Dann wird man erkennen, daß beispielsweise selbst in einer extrem kompakten interstellaren Wolke (10^6 Teilchen pro cm^3) die Dichte immer noch so gering ist, daß – wollte man sie unverdichtet in einen Riesentanker laden – wir noch nicht einmal ein Milligramm Materie verladen würden. Oder, um ein anderes Beispiel zu nennen, man überlege sich, daß eine Temperatur von 10^8 K im Brennfleck auf der Oberfläche eines Neutronensternes (der einen Komponente eines Röntgendoppelsterns) bedeutet, daß ein etwa 1 cm^2 großes Stück der Brennfleckfläche ebensoviel Energie abstrahlt, wie die gesamte Erde von der Sonne empfängt. Das hieße also, daß aus einer Fläche, die kleiner ist als eine Briefmarke, ebensoviel Energie fließt, wie die, welche benötigt wird, um die glühende Hitze in den Wüsten, die Wärme der tropischen Regenwälder bis hin zu der Gewalt der Zyklone aufrecht zu erhalten.

Natürlich ist dies nicht die Sprache der Wissenschaft, und Bilder wie diese dienen nicht ihrem Fortschritt. Aber sie beleuchten das Verhältnis, in dem die Welt unserer täglichen Erfahrungen zu der ungeheuren Vielfalt der Erscheinungen im Kosmos und ihren Dimensionen steht. Und auch dies ist schließlich eine Erkenntnis.

Wie schon bei den vorhergehenden Auflagen gingen uns auch nach Erscheinen der fünften Auflage – ja bis in die jüngste Zeit – wertvolle Hinweise, Kritik und Vorschläge zu, die dazu beitrugen, dieses Handbuch dem gesteckten Ziel näherzubringen. –

Bei der grundlegenden Neugestaltung hat uns der Verlag durch seine Mitarbeiter Hilfe und Unterstützung zuteil werden lassen. Ganz besonders möchten wir da die gestaltende Mitarbeit unseres Kollegen, Dr. E. Hundt, der nun als Lektor des BI-Wissenschaftsverlags die Neuauflage betreute, herausstellen. Ihm und allen anderen möchten wir an dieser Stelle danken.

Heidelberg, im Mai 1984

Karl Schaifers
Landessternwarte Heidelberg-Königstuhl

Gerhard Traving
Institut für Theoretische Astrophysik
der Universität

Inhaltsverzeichnis

Inhaltsverzeichnis

Inhaltsverzeichnis

Inhaltsverzeichnis

Inhaltsverzeichnis

Inhaltsverzeichnis

Inhaltsverzeichnis

Inhaltsverzeichnis

Inhaltsverzeichnis

Astronomie,
Wissenschaft vom Weltall

Astronomie nennt man den Teil der Naturwissenschaften, deren Ziel die Erforschung des Weltalls ist, d. h., der sich mit der Verteilung und Bewegung der Materie im Kosmos befaßt sowie mit ihren physikalischen Zuständen und ihren Zusammensetzungen. Schließlich möchte man ihre Entwicklung im Kosmos sowie die raum-zeitliche Struktur der Welt als Ganzes verstehen. Ihr Thema ist also das Weltall, und damit berührt die Astronomie viele Fragen, die eigentlich anderen naturwissenschaftlichen Fächern zugeordnet werden. Gerade deshalb steht die Astronomie mit ihnen in einem besonders engen Austausch. So ist der Zuwachs an astronomischen Erkenntnissen – gerade in unserem Jahrhundert – besonders eng mit Fortschritten in der Physik, der Mathematik, aber auch in der Technik verknüpft.

Die Astronomie nimmt aber auch in anderer Hinsicht eine Sonderstellung ein. Sie war immer ungewöhnlich eng mit dem Selbstverständnis des Menschen verbunden; denn jede wesentliche Aussage über den Kosmos bedeutete zugleich eine Aussage über das Verhältnis, in dem der Mensch dieser Welt gegenübersteht. Es ist eine Aussage über die „Befindlichkeit" des Menschen, die ihn unmittelbar betrifft. Was hiermit gemeint ist, wird deutlich, wenn man sich vor Augen führt, daß es schließlich die Folge astronomischer Erkenntnisse war, daß der Mensch seinen Platz im Zentrum der Welt verlor.

In der Zeit der Assyrer und Babylonier – die Astronomie war damals eine bloße Meß- und Beobachtungskunde – gab es eine enge Verbindung zwischen ihr und dem Priestertum. Der beobachtete Lauf der Gestirne – insbesondere die Bewegungen der Wandelsterne (Planeten) unter den Fixsternen – war von schicksalhaftem Belang. Denn man sah in ihnen eine Steuerung der Geschicke der Völker oder der Könige, die über sie herrschten. Es sei hier nur an den „Stern der Weisen" erinnert.

In der Astrologie hat sich dieser Aspekt der Beziehung des Menschen zu den Gestirnen bis in die Gegenwart erhalten. Wie alt auch diese astrologische Tradition sein mag, Astrologie ist deshalb noch lange keine Wissenschaft in der eigentlichen Bedeutung dieses Wortes. Astrologie ist ein Phänomen, das dem irrationalen Wunsch des Menschen entspricht, sein Leben in eine mystische Verbindung zum außerirdischen, zum kosmischen Geschehen zu bringen. Wenn es schon für notwendig erachtet wird, daß man sich mit ihr auseinandersetzt – es gibt heute wichtigere Probleme –, dann sollten sich mit der Astrologie weniger die Astronomen als vielmehr die Psychologen beschäftigen.

In der griechischen Antike wandte man sich den kinematischen Theorien der Planetenbewegungen zu. Aristoteles, Eudoxos, Heraklit, Eratosthenes – um nur einige griechische Philosophen zu nennen – entwickelten Vorstellungen über den Bau des Kosmos und erhielten auch durch Abschätzungen und Messungen erste Werte über Entfernungen und Größen von Sonne, Mond und Erde. Ihren Höhepunkt erlangte die griechische Astronomie mit dem Werk von Ptolemäus, welches das gesamte astronomische Wissen der antiken Welt wiedergab. Dieses Wissensgut verschmolz mit dem der Inder, wurde dann von den Arabern übernommen, vervollkommnet und unter der Fahne des sich ausbreitenden Islams weitergegeben. So gelangte dieses Wissen im „Herbst des Mittelalters" in unseren abendländischen Raum, wo es von einigen Kündern der Neuzeit, wie Peurbach, Regiomontan und Kopernikus zum heliozentrischen Weltbild umgeformt wurde.

Männer wie Galilei, Kepler und etwas später Newton eröffneten dann Wege zu einem völlig neuen Verständnis der Natur. Man entdeckte die mathematische Struktur der Naturgesetze. In dieser großen Zeit waren Naturerkenntnis und Fortschritte in der Astronomie fast synonym. Es waren Fortschritte, die einen ungeheuren Wandel des Weltbildes bedeuteten. Die Erde, und damit die Menschen waren nicht länger im Zentrum des Weltgeschehens, und auch die Sonne, der Zentralkörper des Planetensystems war – wie schon Giordano Bruno vermutete – nur ein Stern unter Millionen anderen.

Seit jener Zeit hat sich die Astronomie in vielfältiger Weise entwickelt und besonders in diesem Jahrhundert ungeahnte Fortschritte gemacht. Es soll hier nicht versucht werden, die Geschichte dieser Entwicklung im einzelnen nachzuzeichnen, wohl aber scheint es nötig, auf einen Aspekt dieser Entwicklung hinzuweisen, der leider nur allzuleicht der Aufmerksamkeit entgeht. Es ist dies die Abhängigkeit der Fortschritte der astronomischen Forschung von dem Stand der technologischen Entwicklung der jeweiligen Epoche. Dieser Zusammenhang sei an einer Reihe von Beispielen deutlich gemacht.

Astronomische Untersuchungen über den engen Bereich unseres Planetensystems hinaus, wie auch die Entdeckung der äußersten Planeten und die ersten Studien der Planetenoberflächen waren erst möglich, nachdem man gelernt hatte, große Spiegel zu schleifen, bzw. nachdem das Prinzip des achromatischen Objektivs entdeckt worden war. Die Messung der ersten Fixsternparallaxen setzte einen hohen Stand der Feinmechanik voraus. Die Entdeckung und Entwicklung der Photographie hat die astronomische Beobachtungstechnik sehr stark beeinflußt. Die Entwicklung der Sternspektroskopie, die Entdeckung der kosmischen Rotverschiebung und damit der Expansion der Welt wäre ohne die Verwendung dieser Technik undenkbar. Ein vergleichbarer Impuls kam in diesem Jahrhundert durch die gezielte Verwendung des photoelektrischen Effekts. Die Genauigkeit von Helligkeitsmessungen konnte mindestens um eine Größenordnung gesteigert werden; die höhere Quantenausbeute und die Möglichkeit der Bildverstärkung hat die Grenzgrößen für viele Beobachtungen um mehr als fünf Größenklassen verschoben. Die Entwicklung der Hochfrequenztechnik und ihrer Bauelemente ermöglichten den Einsatz radioastronomischer Beobachtungsmethoden. Dadurch wurden unsere Kenntnisse über den Kosmos in ungeahnter Weise erweitert. Genannt seien die Beobachtung des gesamten Milchstraßensystems in der 21-cm-Linie, das Finden aktiver Galaxien, Quasare und Pulsare – letztere konnten als Neutronensterne identifiziert werden –, die Entdeckung interstellarer Moleküle und nicht zuletzt das Auffinden der isotropen Hintergrundstrahlung, eines Relikts aus der Frühphase der Entwicklung unseres Kosmos.

Natürlich müssen in diesem Zusammenhang auch die Entwicklung von Halbleiterdetektoren für infrarote Strahlung erwähnt werden, ebenso wie die Möglichkeit, im UV-, Röntgen- und γ-Bereich von Satelliten aus Messungen auszuführen. Und schließlich ist jedem, der die Entwicklung in den letzten 10 bis 20 Jahren auch nur einigermaßen verfolgt hat, deutlich, wie sehr die Raumfahrttechnik zur Erforschung unseres Planetensystems beigetragen hat. Weniger spektakulär, aber von nicht geringerem Einfluß war eine Entwicklung, die sich etwa bis in die Mitte dieses Jahrhunderts zurückverfolgen läßt. Es ist dies die Entwicklung der elektronischen Rechenanlagen, die gegenwärtig als das wichtigste Hilfsmittel der theoretischen Astronomie, insbesondere im Bereich der Astrophysik, angesehen werden müssen. Unser Verständnis der Sterne, ihrer Entwicklung, die Möglichkeiten ihre Spektren zu interpretieren, die Analyse der Perioden von Pulsationsvariablen, die Untersuchung der Struktur und Entwicklung von Sternhaufen, dies alles – und vieles mehr – beruht darauf, daß große Rechenanlagen existieren, mit deren Hilfe man aus Modellvorstellungen Daten ableiten kann, die direkt mit Beobachtungen verglichen werden können.

Es ließe sich noch in vielen weiteren Beispielen aufzeigen, wie und wo Fortschritte in der Astronomie durch Zu- und Rückgriffe auf technische, instrumentelle, physikalische oder mathematische Entwicklungen möglich wurden. – Längst sind an den Sternwarten und den anderen astronomischen Forschungsstätten Werkmeister, Elektroniker und technische Assistenten selbstverständlich. Sicherlich geht die Zahl derer, die mittelbar zur Erforschung des Kosmos beitragen, – es sei nur an die Mitarbeiter in den ständig wachsenden Raumfahrt-, Computer- und Kommunikationsindustrien erinnert – bereits in die Millionen.

Es liegt nahe, in einem Buch, das einen breiteren Leserkreis sucht, den Gedanken einmal auszusprechen, daß der Astronom eigentlich in der Schuld dieser vielen steht. Er sollte versuchen, sie an dem Erfolg seiner Arbeit, am Fortschreiten der Erkenntnisse teilhaben zu lassen. Wir hoffen, daß dieses Buch dazu beitragen wird.

Aufnahme des Sternhimmels in Richtung zum Himmelspol mit feststehender Kamera bei dreistündiger Belichtungszeit (Aufnahme H. Vehrenberg).

1 Astronomie im täglichen Leben

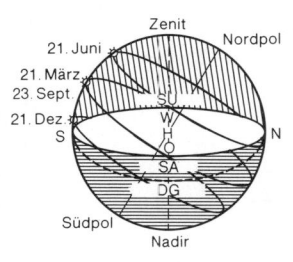

SU Sonnenuntergang
SA Sonnenaufgang
H Horizontebene
DG Dämmerungsgrenze

*Die scheinbare Sonnen-
bahn zu Beginn der
Jahreszeiten*

Normalerweise kommt es uns kaum zum Bewußtsein, daß der Ablauf unseres Lebens ganz einschneidend durch kosmische Vorgänge und Abläufe geregelt und gemessen wird. Tag und Nacht, Monat und Jahr, Sommer und Winter bestimmen unseren Lebenslauf. Die Energie der Sonne, ihre der Erde seit Millionen von Jahren zugestrahlte Wärme ermöglicht jedoch erst Leben auf diesem Planeten.

Es ist verständlich, daß der Mensch schon in der Vorzeit diese Abhängigkeit von dem kosmischen Geschehen erkannte, wahrscheinlich in viel stärkerem Maße als wir heute. Beobachtend und deutend versuchte er den Ablauf zu begreifen. Da ihm dies nicht gelang, personifizierte er die Gestirne und überließ sich der Macht der Götter.

Unkenntnis der wahren Zusammenhänge konnte eine astrologische Schicksaldeutung entstehen lassen. Unkenntnis ist auch heute noch oft der Grund für das Festhalten mancher Menschen an astrologischen Vorstellungen und Vorhersagen.

1.1 Auf- und Untergang der Sonne

Die Sonne geht morgens am östlichen Himmel auf und abends am westlichen unter. Auf- und Untergang der Sonne erfolgen aber nicht immer an der gleichen Stelle des Horizontes. Am Tag des Frühlingsanfangs (21. März) bzw. des Herbstanfangs (23. September) geht die Sonne genau im Osten auf und im Westen unter. An allen anderen Tagen des Sommerhalbjahres der nördlichen Erdhalbkugel aber geht die Sonne nördlich vom Ostpunkt auf und dementsprechend nördlich des Westpunktes unter. Ihren größten Abstand vom Ost- bzw. Westpunkt erreicht die Sonne am Tag der Sommersonnenwende (22. Juni). Von diesem Tag an nimmt der Abstand zwischen Ostpunkt und Aufgangspunkt der Sonne, die Morgenweite, wieder ab, bis am Tage des Herbstanfangs die Sonne wieder genau im Osten aufgeht. Im Winterhalbjahr liegen die Aufgangspunkte der Sonne alle südlich des Ostpunktes und die Untergangspunkte entsprechend südlich des Westpunktes. Am Tag der Wintersonnenwende (22. Dezember) hat die Sonne ihren größten südlichen Abstand vom Ost- bzw. Westpunkt erreicht.

**Morgen- oder
Abendweite**

Der Abstand der Sonne vom Ost- oder Westpunkt, die Morgen- oder Abendweite, ist für ein und denselben Tag nicht für alle Orte gleich, sondern er ändert sich mit der geographischen Breite. Je höher die geographische Breite eines Ortes ist, um so größer ist die Morgen- oder Abendweite. Dementsprechend ändert sich mit der geographischen Breite auch die Dauer von Tag und Nacht.

Wird die Strahlenbrechung in der Erdatmosphäre, die Refraktion, mit berücksichtigt, so erhält man nebenstehende Tabelle

23

der mittleren möglichen Sonnenscheindauer in unseren geographischen Breiten.
In einem gewöhnlichen Jahr erhält man für die geographische Breite von 50° eine mittlere mögliche Sonnenscheindauer von 4 454 Stunden. Da die Stundenzahl des Jahres 8 766 beträgt, ergibt sich im Mittel 4 313 als jährliche Zahl der Stunden ohne Sonne. Alle diese Zahlen gelten für den Meereshorizont.

Tageslänge des längsten und kürzesten Tages des Jahres für die nördlichen Breiten sowie für den Mittelpunkt der Sonne und den Meereshorizont ohne Berücksichtigung der Strahlenbrechung in der Erdatmosphäre, der Refraktion

Geogr. Breite	längster Tag	kürzester Tag	Unterschied
0°	$12^h\ 0^m$	$12^h\ 0^m$	$0^h\ 0^m$
5°	$12^h\ 17^m$	$11^h\ 43^m$	$0^h\ 34^m$
10°	$12^h\ 35^m$	$11^h\ 25^m$	$1^h\ 10^m$
15°	$12^h\ 53^m$	$11^h\ 7^m$	$1^h\ 46^m$
20°	$13^h\ 13^m$	$10^h\ 47^m$	$2^h\ 26^m$
25°	$13^h\ 33^m$	$10^h\ 27^m$	$3^h\ 6^m$
30°	$13^h\ 56^m$	$10^h\ 4^m$	$3^h\ 52^m$
35°	$14^h\ 21^m$	$9^h\ 39^m$	$4^h\ 42^m$
40°	$14^h\ 51^m$	$9^h\ 9^m$	$5^h\ 42^m$
45°	$15^h\ 26^m$	$8^h\ 34^m$	$6^h\ 52^m$
50°	$16^h\ 9^m$	$7^h\ 51^m$	$8^h\ 18^m$
55°	$17^h\ 6^m$	$6^h\ 54^m$	$10^h\ 12^m$
60°	$18^h\ 30^m$	$5^h\ 30^m$	$13^h\ 0^m$
66° 33'	24^h Tag	24^h Nacht	
70°	Tag = 65 Tage	Nacht = 60 Tage	
80°	Tag = 134 Tage	Nacht = 127 Tage	
90°	Tag = 186 Tage	Nacht = 179 Tage	

Mittlere mögliche Sonnenscheindauer in Stunden für die einzelnen Monate

Monat	47°	48°	49°	50°	51°	52°	53°
Januar	276	273	269	265	261	256	251
Februar	286	284	282	280	278	275	273
März	367	366	366	366	366	365	365
April	406	407	409	411	412	414	416
Mai	464	468	471	475	479	483	488
Juni	473	477	482	486	491	497	503
Juli	478	482	486	491	495	500	505
August	439	441	444	447	449	452	455
September	376	377	378	378	379	379	380
Oktober	337	335	334	333	331	330	328
November	281	277	274	271	268	264	260
Dezember	264	260	257	251	246	241	235

In Schaltjahren sind die Februarwerte um 10 Stunden größer.

1.2 Dämmerung und Dämmerungserscheinungen

Der Übergang vom Tag zur Nacht bzw. von der Nacht zum Tag erfolgt nicht plötzlich, sondern es treten eine Reihe von Dämmerungserscheinungen auf. Auch der Übergang vom Tag- zum Nachthimmel ist nicht stetig, vielmehr beobachtet man einzelne Unstetigkeitsstellen in Gestalt von Dämmerungsbögen. Diese entstehen durch Reflexion der Strahlen der unter dem Horizont stehenden Sonne an verschieden hohen Unstetigkeitsschichten der Atmosphäre. Der erste oder auch leuchtende Dämmerungsbogen verschwindet am Horizont, bzw. taucht auf, wenn die Sonne einen Stand von etwa 6...7° unter dem Horizont erreicht hat. Man bezeichnet diesen Zeitpunkt als Ende bzw. Beginn der bürgerlichen Dämmerung. Die Schichtgrenze, die diesen leuchtenden Dämmerungsbogen verursacht, liegt bei etwa 11 bis 12 km Höhe und ist die Grenze zur Stratosphäre, die sogenannte Tropopause. – Bei einem Sonnenstand von 17° bis 18° unter dem Horizont sinkt der zweite oder auch Hauptdämmerungsbogen unter den Westhorizont, bzw. erscheint dieser Dämmerungsbogen am Morgen am Osthorizont. Dieser Zeitpunkt ist das Ende oder der Beginn der astronomischen Dämmerung. Zwischen deren Ende und Beginn herrscht vollkommene Dunkelheit, so daß in dieser Zeit die mit bloßem Auge sichtbaren Sterne beobachtbar

Schichtgrenzen in der Atmosphäre

sind. Trotzdem kann man bei einem Sonnenstand von 24° unter dem Horizont noch das Verschwinden eines Nachtdämmerungsbogens beobachten. Die diese Dämmerungserscheinungen verursachenden Schichtgrenzen in der Atmosphäre liegen etwa bei 60 km (Stratopause) und bei 130 km Höhe. Selbst nach Abschluß dieser Erscheinungen ist die ganze Nacht über noch ein mehr oder weniger starkes Nachthimmelslicht vorhanden, dessen wechselnde Intensität dem aufmerksamen Beobachter auffällt.

Die Dauer der Dämmerung wird bestimmt durch die Steilheit der scheinbaren Sonnenbahn zum Horizont. Deshalb dauert in den tropischen Zonen die Dämmerung nur kurze Zeit, weil dort die Sonnenbahn sehr steil auf dem Horizont steht. Neben der geographischen Breite des Beobachtungsorts (φ) bestimmt noch die jeweilige Deklination der Sonne die Länge der Dämmerungserscheinungen. So steht die Sonne zur Sommersonnenwende in unseren Breiten selbst um Mitternacht nur so wenig unter dem Nordhorizont, daß die ganze Nacht über Dämmerung ist.

Es läßt sich aus der Erfahrung heraus eine mittlere Zeitdauer angeben, die nach Sonnenuntergang verstrichen sein muß, bevor in der Nähe des Zenits Sterne einer bestimmten Größe zu sehen sind.

Sichtbarkeit der Sterne nach Sonnenuntergang

Die Zahlen gelten selbstverständlich für mondlose Nächte und vollkommen klaren Himmel. Sie sind als unterste Grenze aufzufassen, vor welcher die Sterne der betreffenden Größe nicht sichtbar werden.

Sterne der Größe	1	2	3	4	5	6 mag
Zeit nach Sonnenuntergang:	8	18	32	45	60	80 min

Dauer der bürgerlichen Dämmerung für die Mitte des Monats (in Minuten)

geogra- phische Breite φ	Januar	Februar	März	April	Mai	Juni	Juli	August	September	Oktober	November	Dezember
42°	33	31	30	31	34	36	35	32	30	30	32	33
43°	33	31	30	31	35	37	36	32	30	30	33	34
44°	34	32	31	32	35	38	37	33	31	31	33	35
45°	35	32	31	33	36	39	38	34	32	32	34	35
46°	35	33	32	33	37	40	38	35	32	32	34	36
47°	36	34	32	34	38	41	39	36	33	34	35	37
48°	37	34	33	35	39	43	41	36	33	34	36	38
49°	38	35	34	36	40	44	42	37	34	34	37	39
50°	39	36	34	36	41	45	43	38	35	35	38	40
51°	40	37	35	37	43	47	44	39	36	36	39	42

Dauer der astronomischen Dämmerung für den ersten Tag des Monats

Monat \ φ	0°	10°	20°	30°	40°	50°	60°
Januar	$1^h\,16^m$	$1^h\,16^m$	$1^h\,20^m$	$1^h\,27^m$	$1^h\,39^m$	$2^h\,01^m$	$2^h\,48^m$
Februar	$1^h\,13^m$	$1^h\,14^m$	$1^h\,17^m$	$1^h\,23^m$	$1^h\,34^m$	$1^h\,54^m$	$2^h\,30^m$
März	$1^h\,10^m$	$1^h\,11^m$	$1^h\,15^m$	$1^h\,22^m$	$1^h\,34^m$	$1^h\,55^m$	$2^h\,41^m$
April	$1^h\,10^m$	$1^h\,14^m$	$1^h\,19^m$	$1^h\,28^m$	$1^h\,45^m$	$2^h\,21^m$	$2^h\,41^m$
Mai	$1^h\,12^m$	$1^h\,14^m$	$1^h\,19^m$	$1^h\,28^m$	$1^h\,45^m$	$2^h\,21^m$	–
Juni	$1^h\,15^m$	$1^h\,18^m$	$1^h\,24^m$	$1^h\,36^m$	$2^h\,00^m$	$3^h\,45^m$	–
Juli	$1^h\,16^m$	$1^h\,19^m$	$1^h\,25^m$	$1^h\,38^m$	$2^h\,04^m$	–	–
August	$1^h\,14^m$	$1^h\,16^m$	$1^h\,21^m$	$1^h\,32^m$	$1^h\,51^m$	$2^h\,41^m$	–
September	$1^h\,11^m$	$1^h\,12^m$	$1^h\,17^m$	$1^h\,24^m$	$1^h\,37^m$	$2^h\,03^m$	$3^h\,08^m$
Oktober	$1^h\,10^m$	$1^h\,11^m$	$1^h\,14^m$	$1^h\,21^m$	$1^h\,32^m$	$1^h\,50^m$	$2^h\,25^m$
November	$1^h\,12^m$	$1^h\,12^m$	$1^h\,16^m$	$1^h\,22^m$	$1^h\,33^m$	$1^h\,52^m$	$2^h\,26^m$
Dezember	$1^h\,15^m$	$1^h\,15^m$	$1^h\,19^m$	$1^h\,26^m$	$1^h\,37^m$	$1^h\,59^m$	$2^h\,50^m$

1.3 Koordinatensysteme

Eine Untersuchung der Verteilung oder der Bewegung der Gestirne an der Himmelssphäre setzt eine Festlegung des Ortes der einzelnen Objekte an der Himmelskugel voraus. Da die Beobachtung unmittelbar nur die Richtung gibt, die Entfernung der Gestirne meist nicht bekannt oder für bestimmte Aufgaben nicht von Wichtigkeit ist, genügt es, den Ort durch zwei Winkel anzugeben, die von festgelegten Richtpunkten auf Großkreisen gemessen werden. Diese Art der Ortsangabe eines Gestirns in Polarkoordinaten ist den in der Astronomie gebräuchlichen Koordinatensystemen gemeinsam. Je nach Aufgabenstellung werden lediglich verschiedene Ausgangspunkte der Zählung auf verschiedenen Grundkreisen eingeführt, also der Aufgabe gemäß Koordinatensysteme gewählt.

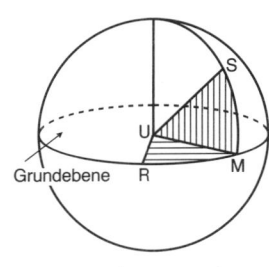

Ortsangaben in Polarkoordinaten

1.3 Koordinatensysteme

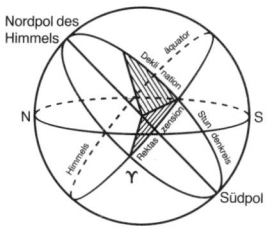

Äquatoriales Koordinatensystem

Um die Richtung eines Punktes S an der Sphäre vom Ursprungspunkt U aus zu bestimmen, wählt man eine Ebene als Grundebene und in dem Großkreis, den diese an der Sphäre ausschneidet, einen Punkt als Richtpunkt R. Die Lage des Punktes S ist dann eindeutig durch zwei Winkel bestimmt, nämlich den Winkel SUM, den die Richtung nach S mit der Grundebene bildet, und den Winkel RUM, den eine senkrecht zur Grundebene durch S gelegte Ebene mit der Richtung zum Punkt R einschließt. Die Winkel werden durch die ihnen entsprechenden Kreisbogen RM und SM gemessen.

Auf dieser Grundlage kann man durch Angabe der Grundkreisebene, des Richtpunktes auf ihr und durch Festlegen der Zählung der Winkel entsprechende Koordinatensysteme definieren.

Die gebräuchlichen astronomischen Koordinatensysteme

Grundkreis und Pole	Ausgangspunkt und Richtung der Zählung	Zählung zw. Grundkreis und Pol	Name der Koordinaten und Abkürzung	
Horizont-System:				
Horizont Zenit Nadir	Südpunkt über Westen im Bogenmaß	Horizont zum Zenit $0°$ bis $+90°$, auch $90° - h = z$ gebräuchlich	Azimut Höhe Zenitdistanz	A h z
Festes Äquator-System:				
Himmelsäquator Nord- und Südpol	Meridian über Westen im Zeitmaß	Äquator zu den Polen $0°$ bis $+90°$	Stundenwinkel Deklination	t δ
Bewegtes Äquator-System:				
Himmelsäquator Nord- und Südpol	Frühlingspunkt entgegen der tägl. Bewegung im Zeitmaß	Äquator zu den Polen $0°$ bis $\pm90°$	Rektaszension oder Deklination	α AR δ
Ekliptikales System:				
Ekliptik; ihr Nord- und Südpol	Frühlingspunkt in wachsender Rektaszension im Bogenmaß	Ekliptik zu den Polen $0°$ bis $\pm90°$	ekliptikale Länge Breite	λ β
Galaktisches System Mittelinie der Milchstraße; ihr Nord- und Südpol	galaktisches Zentrum in wachsender Rekt. im Bogenmaß	Milchstraßenebene zu den Polen $0°$ bis $\pm90°$	galaktische Länge Breite	l b

*Rechtwinkliges Netz
l, b; Kurvenschar α, δ
für die Epoche
1950.0*

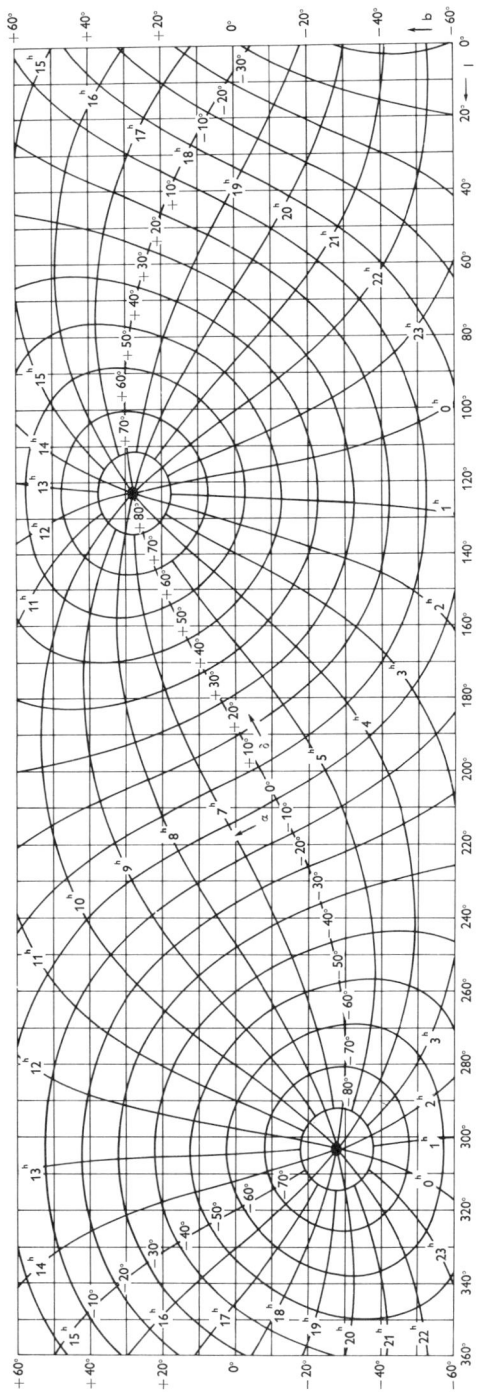

1.3 Koordinatensysteme

Galaktischer Südpol

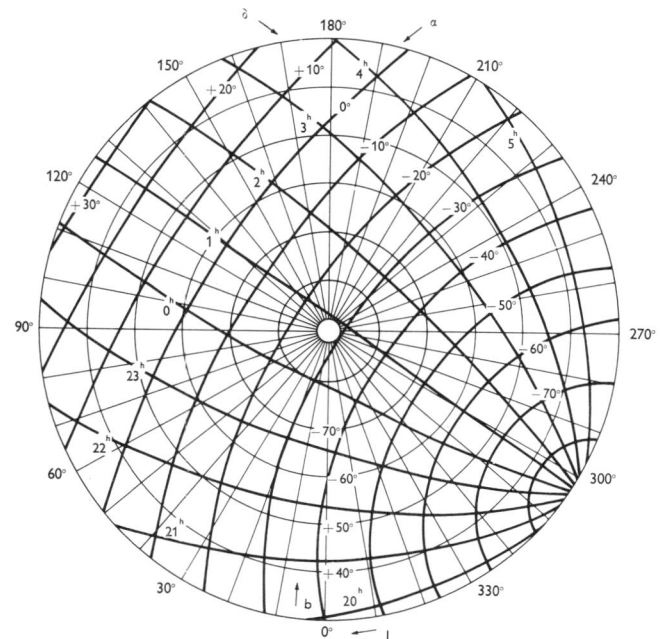

Galaktischer Nordpol

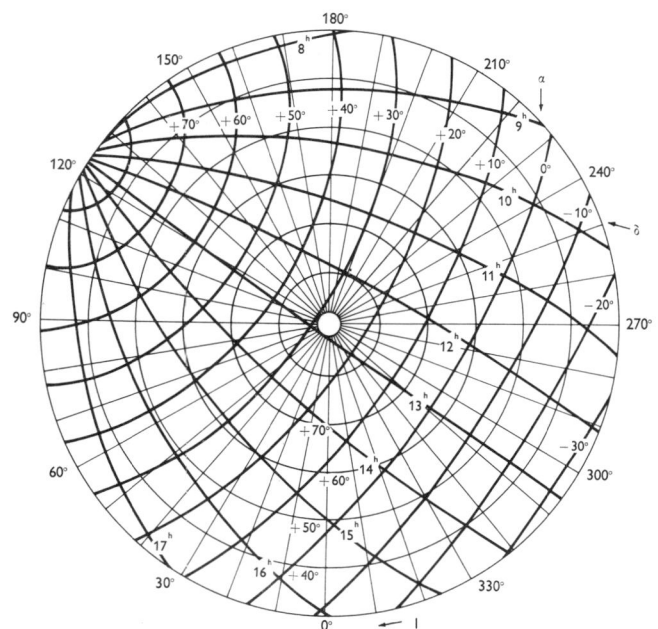

Diagramme zur Umwandlung äquatorialer Koordinaten in galaktische und umgekehrt

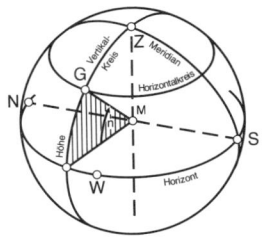

Das Horizontsystem

1 Astronomie im täglichen Leben

Exakt können die in den einzelnen Systemen gemessenen Koordinaten mit den Formeln der sphärischen Trigonometrie in andere Systeme umgerechnet werden. Dazu ist die Lage des Grundkreis-Poles des einen im anderen System nötig. Allgemein gibt man die Koordinaten der Pole im Äquatorialen Koordinatensystem an. Zur oft durchzuführenden Umwandlung von äquatorialen in galaktische Koordinaten bedient man sich entsprechender Tafeln oder Nomogramme, aber auch Tisch- und gar Taschenrechner können dazu gut eingesetzt werden.

Neben den Polarkoordinatensystemen werden für spezielle Aufgaben vielfach auch rechtwinklige Koordinatensysteme mit rechtwinklig einander zugeordneten X-, Y-, Z-Achsen benutzt. Je nach Lage des Ursprungspunktes des Systems spricht man von geozentrischen Systemen, heliozentrischen Systemen oder baryzentrischen Systemen (Ursprung im Schwerpunkt mehrerer Himmelskörper liegend).

Zeitmaß und Gradmaß

Die Rektaszension wird üblicherweise in Stunden (^{h}), Zeitminuten (^{m}) und Zeitsekunden (^{s}) angegeben. Deklination, Azimut und Höhe sowie die galaktischen Koordinaten Länge und Breite aber in Grad (°), Bogenminuten (′) und Bogensekunden (″).

Voller Kreis	=	24^h			Stunde
		1^h =	60^m		Minute
			1^m =	60^s	Sekunde

| Voller Kreis | = | 24^h | = | 1 440^m | = | 86 400^s |

Voller Kreis	=	360°			Winkelgrad
		1° =	60′		Bogenminute
			1′ =	60″	Bogensekunde

| Voller Kreis | = | 360° | = | 21 600′ | = | 1 296 000″ |

Für Rechnungen mit dem Taschenrechner werden die Koordinatenwinkel in Grad mit Dezimalteilen benötigt. Aber auch Zeitangaben in Stunden, Minuten und Sekunden werden häufig in Stunden mit Dezimalteilen oder als Dezimalteile des Tages ausgedrückt. – Für solche kleinen Umrechnungen benutzt man heute allgemein den Taschenrechner. An einem kleinen Rechenbeispiel soll eine Umwandlung vom Zeitmaß ins Gradmaß und umgekehrt dargestellt werden.

Gegeben: = 11^h 32^m 35^{s}16 = ? (im Gradmaß)

Man dividiert die Sekunden durch 60 und erhält sie als
Dezimalteile der Minuten 35,16 : 60   = 0,586
Dazu addiert man im Rechner die vollen Minuten   = 32,586
die wiederum durch 60 dividiert werden 32,586 : 60   = 0,5431

Dies sind die Minuten und Sekunden in Dezimalteilen der Stunde

Dazu die obigen Stunden addiert ergibt $11^\mathrm{h}\!5431$

(Eine Division durch 24 ergibt – wenn obige Angabe eine Zeit gewesen sein sollte – diese in Dezimalteilen des Tages.)

Eine Multiplikation mit 15 wandelt den Winkel im Zeitmaß in Winkelgrade um (da $1^\mathrm{h} = 15°$)

$$= 11^\mathrm{h}\!5431 = 173°\!1465$$

Umkehrung: $\quad 173°\!1465 = ?$ (im Zeitmaß)

Man dividiert durch 15 und erhält $\qquad = \underline{11^\mathrm{h}\!5431}$

Der Dezimalteil wird mit 60 multipliziert und ergibt

$$0{,}5431 \cdot 60 = \underline{32^\mathrm{m}\!586}$$

Wiederum den Dezimalteil mit 60 multiplizieren ergibt

$$0{,}586 \cdot 60 = 35^\mathrm{s}\!16$$

1.4 Die tägliche scheinbare Drehung des Himmelsgewölbes

Infolge der Rotation der Erde um ihre Achse in der Richtung von West nach Ost scheint sich der Himmel mit seinen Gestirnen in entgegengesetzter Richtung, also von Ost nach West zu drehen. Die Sterne durchlaufen dabei parallele Kreise. – Als Aufgang eines Gestirns bezeichnet man den Moment seines Erscheinens am östlichen Horizont und als Untergang sein Verschwinden am westlichen Horizont. Der Bogen des Horizonts zwischen dem Aufgangs- bzw. Untergangspunkt eines Gestirns und dem Ost- bzw. Westpunkt des Himmels nennt man die Morgen- bzw. Abendweite des Gestirns. Jedes Gestirn passiert während einer vollen, 24stündigen scheinbaren Drehung des Himmelsgewölbes zweimal den Meridian; einmal beim Übergang von der östlichen auf die westliche und 12 Stunden später beim Übergang von der westlichen auf die östliche Himmelshalbkugel. Obere Kulmination nennt man den ersten Meridiandurchgang und untere Kulmination den zweiten Durchgang.

Den Bogen der Kreisbahn vom Aufgangspunkt bis zum Untergangspunkt eines Gestirns bezeichnet man als seinen Tagbogen. Die Lage des Tagbogens zum Horizont hängt von der geographischen Breite des Beobachtungsortes ab. An den Erdpolen (90° geogr. Breite) verläuft die tägliche Bewegung eines Gestirns, also sein Tagbogen, parallel zum Horizont. Die Sterne der einen Himmelshalbkugel sind ständig über dem Horizont, die der anderen stets unter dem Horizont und deshalb für den Beobachter dort nie sichtbar. Der Tagbogen der Gestirne steht für einen Beobachter am Erdäquator stets senkrecht auf dem Horizont; alle Sterne stehen gleichlang über wie unter dem Horizont. In allen anderen geographischen Breiten liegt der Tagbogen schräg zur Horizontebene. Dabei wird ein Teil der Sterne, und zwar die dem Pol nahestehenden sog. Zir-

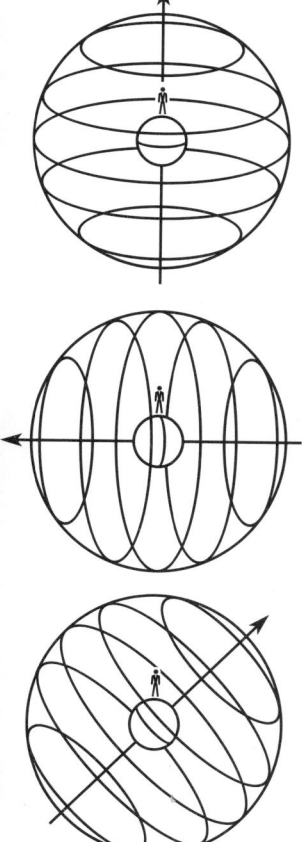

Die scheinbaren Bahnen der Sterne für einen Beobachter am Pol, am Erdäquator und in mittleren geographischen Breiten (von oben)

31

kumpolarsterne, nicht unter den Horizont sinken. Der andere Teil wird je nach seiner Deklination einen mehr oder weniger weiten Tagbogen über den Himmel beschreiben. Eine drehbare Sternkarte liefert meist ausreichende Angaben über Auf- und Untergangszeiten eines Gestirns. Wie lange ein Stern oder Sonne, Mond, Planeten usw., bei bekannter Deklination und bekannter geographischer Breite des Beobachtungsorts, über dem Horizont sind, also wie groß der Tagbogen eines Gestirns ist, kann Tabellen entnommen werden. Aber auch mit einem Taschenrechner läßt sich der halbe Tagbogen, die Zeit also vom Aufgang eines Gestirns bis zu seiner oberen Kulmination, bzw. von seiner oberen Kulmination bis zum Untergang, leicht berechnen.

Wie groß ist der halbe Tagbogen?

Beispiel:
Wie groß ist der halbe Tagbogen des Sterns α Tau (Aldebaran) AR $= 4^h 35^m9$, Dekl. $= +16° 30'$ in Heidelberg?

Es sei

φ = geogr. Breite bzw. Polhöhe des Beobachtungsorts $= 49°4$
δ = die Deklination des Gestirns $= +16°5$
t_0 = der gesuchte halbe Tagebogen

Aus den Gleichungen für das astronomische Dreieck ergibt sich die Formel:

$$\cos t_0 = -\tan \varphi \cdot \tan \delta$$

$$\begin{aligned} -\tan \varphi &= -1{,}16672 \\ \tan \delta &= 0{,}29621 \\ \hline \cos t_0 &= -0{,}34559, \quad t_0 = 110°21832 \end{aligned}$$

Umwandlung vom Grad- in Zeitmaß (s. 1.3)

$$t_0 = 7^h 20^m 52^s4$$

Vergleicht man diesen Wert mit dem einer Tafel entnommenen, so wird man eine Differenz von einigen Minuten feststellen. Diese Abweichung wird durch eine Verkürzung der vollständigen Formel verursacht, in der die Strahlenbrechung am Horizont, die Refraktion (s. 2.3.3) in Rechnung gestellt ist. Bei genauem Vorgehen muß ferner noch die Höhe N. N. des Beobachtungsortes über dem Meeresspiegel eingesetzt, sowie bei Sonne und Mond eine Korrektur auf den Mittelpunkt der Gestirnsscheibe angebracht und deren Äquatorial-Horizontalparallaxe berücksichtigt werden.

1.5 Die Zeit

Als Einheit der Zeitmessung bietet sich uns ein periodisch ablaufender Vorgang, zweckmäßigerweise der tägliche scheinbare Umschwung des Sternhimmels oder eines Himmelskörpers, etwa der Sonne, an. Beginn und Ende einer vollen täglichen Umdrehung werden dadurch gegeben, daß eine feste Marke auf der Erde und ein vereinbarter Punkt am Himmel in eine Richtung fallen. Als eine solche feste Marke wählt man den Ortsmeridian. Als Fixpunkt an der Himmelssphäre nimmt man zweckmäßig den Frühlingspunkt – als Ausgangspunkt der Rektaszensionszählung (s. 1.3) – oder aber den Mittelpunkt der Sonnenscheibe. Beide Markierungspunkte an der Sphäre liegen zwar nicht fest, aber ihre Bewegungen können genau berechnet werden.

1.5.1 Sternzeit – Sonnenzeit

Die Sonne bewegt sich mit ungleichförmiger Geschwindigkeit in der gegen den Äquator geneigten Ekliptik. Sie eignet sich deshalb nicht sehr gut als Zeitmarke, obwohl sie den eigentlichen Tagesablauf bestimmt. Um die Schwierigkeiten der ungleichförmigen Geschwindigkeit zu eliminieren, führt man für die Zeitmessung eine fiktive „mittlere" Sonne ein, das heißt, man läßt eine „gedachte" Sonne mit einer mittleren Geschwindigkeit in derselben Zeit, also in einem Jahr, wie die wahre Sonne im Äquator umlaufen. Demnach wird der Mittelwert aller ungleich langen Sonnentage, die ein Jahr enthält, ein mittlerer Sonnentag genannt.

Je nach benutztem Fixpunkt an der Himmelssphäre, also dem Frühlingspunkt oder dem Mittelpunkt der Sonnenscheibe, unterscheidet man verschiedene Tageslängen und Zeitangaben.

Sterntag: Die Zeit zwischen zwei aufeinander folgenden oberen Durchgängen (Kulminationen) des Frühlingspunktes durch den Meridian.

Sternzeit: Der Stundenwinkel des Frühlingspunktes.

Wahrer Sonnentag: Die Zeit zwischen zwei aufeinanderfolgenden unteren Durchgängen der Sonne (zu Mitternacht unter dem Horizont) durch den Meridian.

Wahre Sonnenzeit: Stundenwinkel der wahren Sonne. (Eine einfache Sonnenuhr zeigt die wahre Sonnenzeit.)

Die Länge eines wahren Sonnentags ist aus zwei Gründen veränderlich. Zum einen erfolgt die scheinbare Bewegung der Sonne nicht im Äquator, sondern in der Ekliptik. Und zum anderen ist die jährliche Bewegung der Sonne in der Ekliptik wegen der Exzentrizität der Erdbahn ungleichförmig (s. 3.2). Deshalb die Definition einer fiktiven Tageslänge und Zeit.

Mittlerer Sonnentag: Die Zeit zwischen zwei aufeinander folgenden unteren Kulminationen der mittleren Sonne.

Mittlere Sonnenzeit: Stundenwinkel der fiktiven mittleren Sonne $+ 12^h$.

Die mittlere Sonne rückt, relativ zum Frühlingspunkt, täglich um 0,99 Winkelgrade von West nach Ost im Äquator weiter. Der mittlere Sonnentag ist deshalb um die entsprechende Zeitspanne, nämlich $3^m\ 56\!\!,^s\!55$ länger als der Sterntag.

Es ist also

ein Sterntag	$= 0{,}997\,27$ mittlere Sonnentage
1 d*	$= 23h_u\,56m_u\,04{,}0905\,s_u$
ein mittlerer Sonnentag	$= 1{,}002\,74$ Sterntage
1 d_u	$= 24\,h^*\,03\,m^*\,56{,}5554\,s^*$

Sternzeit und mittlere bzw. wahre Sonnenzeit sind ihrer Definition nach Ortszeiten, weil der Stundenwinkel vom Ortsmeridian aus gezählt wird.

1.5.2 Zeitgleichung

Der Unterschied zwischen den beiden Systemen von Sonnenzeiten im Sinne der Definition wird Zeitgleichung genannt:

Wahre Zeit minus Mittlere Zeit = Zeitgleichung

Die Zeitgleichung ist also der Unterschied in der ungleichförmigen Bewegung der wahren Sonne gegenüber der gleichförmigen Bewegung der fiktiven Sonne. Die Zeitgleichung hat viermal im Jahr den Wert Null. Ihr größter Betrag ist ungefähr ± 15 Minuten. Die Tabelle gibt die Zeitgleichung von 10 zu 10 Tagen in einem Jahr.

Zeitgleichung
(Die Werte sind von Jahr zu Jahr etwas verändert)

Januar	1	$- 3^m\,26^s$	Juli	10	$- 5^m\ \ 3^s$
	11	$- 7^m\,51^s$		20	$- 6^m\ \ 8^s$
	21	$-11^m\,19^s$		30	$- 6^m\,17^s$
	31	$-13^m\,31^s$	August	9	$- 5^m\,28^s$
Februar	10	$-14^m\,23^s$		19	$- 3^m\,40^s$
	20	$-13^m\,57^s$		29	$- 1^m\ \ 3^s$
März	2	$-12^m\,24^s$	September	8	$+ 2^m\ \ 8^s$
	12	$-10^m\ \ 2^s$		18	$+ 5^m\,38^s$
	22	$- 7^m\,10^s$		28	$+ 9^m\ \ 7^s$
April	1	$- 4^m\ \ 6^s$	Oktober	8	$+12^m\,14^s$
	11	$- 1^m\,13^s$		18	$+14^m\,39^s$
	21	$+ 1^m\,12^s$		28	$+16^m\ \ 5^s$
Mai	1	$+ 2^m\,55^s$	November	7	$+16^m\,15^s$
	11	$+ 3^m\,45^s$		17	$+15^m\ \ 4^s$
	21	$+ 3^m\,38^s$		27	$+12^m\,29^s$
	31	$+ 2^m\,38^s$	Dezember	7	$+ 8^m\,42^s$
Juni	10	$+ 0^m\,56^s$		17	$+ 4^m\ \ 5^s$
	20	$- 1^m\,11^s$		27	$- 0^m\,53^s$
	30	$- 3^m\,17^s$	Januar	6	$- 5^m\,38^s$

Maximum: Februar 12 ($- 14^m\,24^s$), Minimum: November 3 ($+ 16^m\,21^s$)

1.5.3 Weltzeit (UT)

Die Ortszeit des Null-Meridians, des Meridians von Greenwich, wurde vor 1925 als GMT, als Greenwich mean (solar) time, bezeichnet und von 12 Uhr Mittag zu Mittag gezählt (heute noch in der Julianischen Tageszählung erhalten). Ab 1925 gilt 1924 Dez. 31, 12^h GMT = 1925 Jan. 1, 0^h UT.
UT = Universal time, Weltzeit, ist die Ortszeit des durch die Sternwarte Greenwich gehenden Null-Meridians. Sie wird al-

Die Zeitgleichung

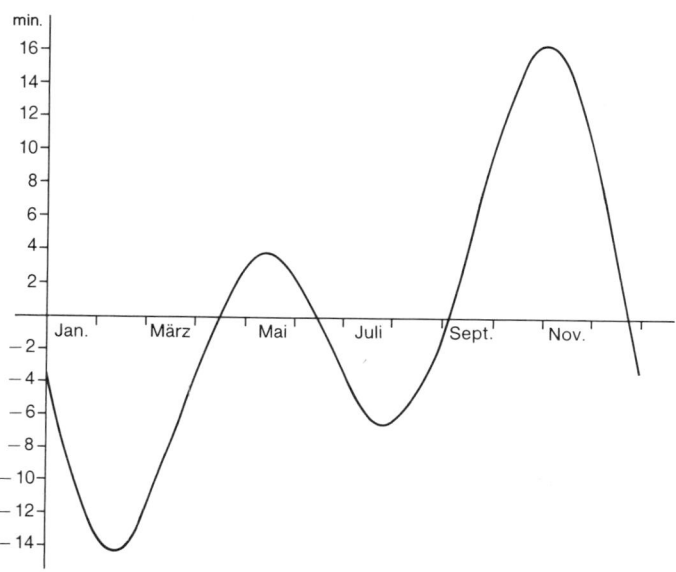

len astronomischen Beobachtungen und zahlreichen Berechnungen zugrunde gelegt. Diese Zeit wurde ab 1956 in mehreren Stufen modifiziert. So bezeichnet man heute – aufgrund exakterer Kenntnisse über die Unregelmäßigkeiten der Erdrotation (s. 2.1.3) – die „klassische" Weltzeit mit UT0. Bei Berücksichtigung der Polwanderungen (s. 2.1.4), wie sie sich aus Beobachtungen des Internationalen Breitendienstes ergeben, geht die UT0 über in die UT1 (Weltzeit korrigiert um Polbewegung). – Moderne Uhren, erst Quarz- dann Atomuhren, zeigten, daß die Erddrehung auch saisonalen, also jahreszeitlichen Schwankungen unterworfen ist. So bewirkt vor allem die vermehrte Aufnahme von Wasser durch Bäume und Pflanzen in den Sommermonaten und die damit verbundene Luftfeuchte, also auch die Wassermassen in der Luft, eine Verringerung der Drehgeschwindigkeit der Erde. Durch die verschiedene Land-Wasser-Verteilung auf der Nord- und Südhalbkugel der Erde wird dieser Effekt nicht ausgeglichen. Die um diese jahreszeitlichen Schwankungen korrigierte Zeit wird als UT2 bezeichnet. Die Korrekturen können naturgemäß erst im nachhinein an die UT1 angebracht werden. Sie werden regelmäßig vom Bureau International de l'Heure (BIH) in Paris publiziert.

1.5.4 Zonenzeit

Die Zeit für alle Orte auf dem gleichen Längengrad ist gleich. Der Unterschied zwischen zwei an verschiedenen Orten nach Ortszeit gehenden Uhren ist gleich ihrem geographischen Längenunterschied, das heißt pro Längengrad 4 Minuten. Um die Störungen des bürgerlichen Lebens, die durch den Wechsel der Zeit von Ort zu Ort entstehen würden, zu beseitigen, hat man sogenannte Zonenzeiten eingeführt. Die Zeitzonen haben

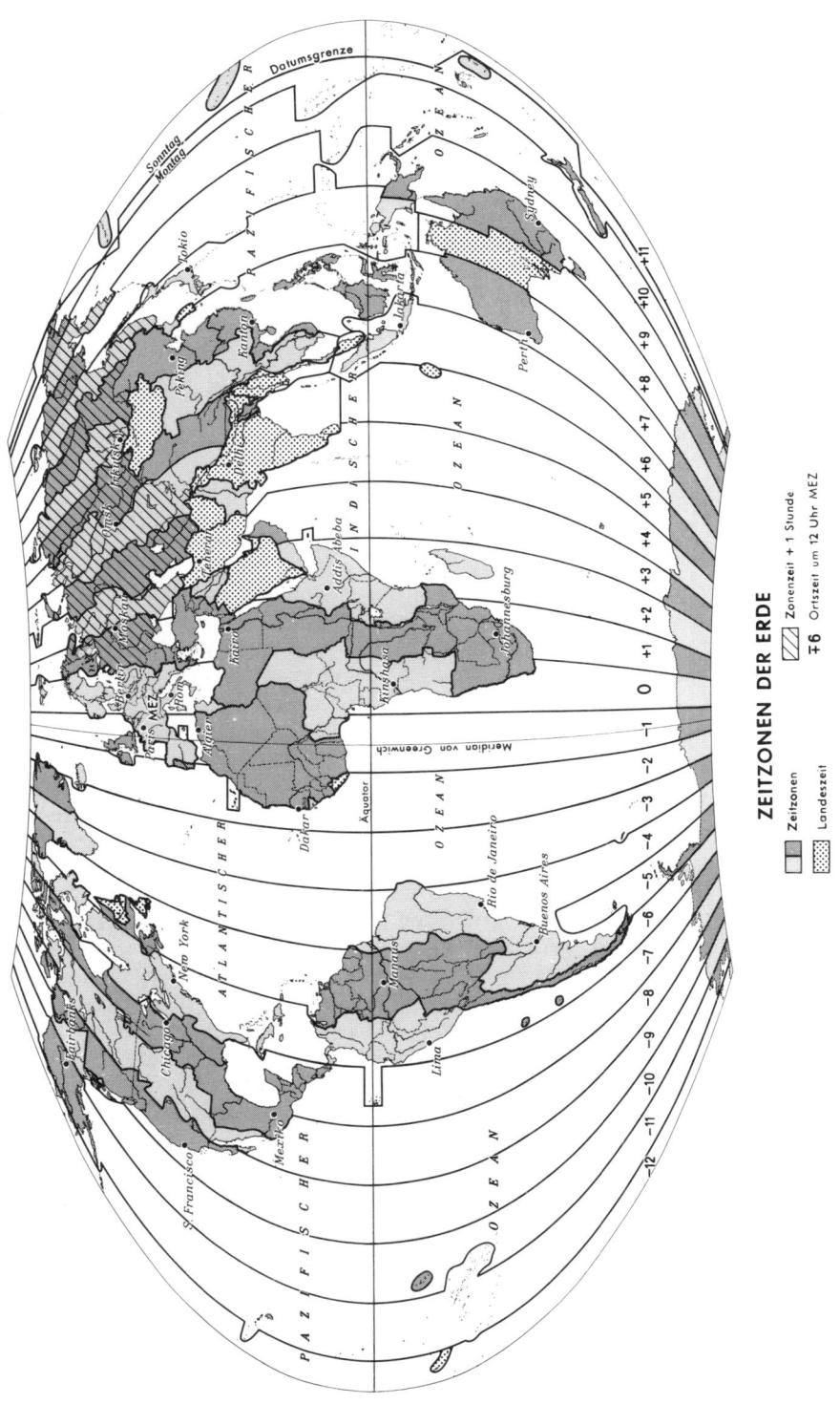

ZEITZONEN DER ERDE

meist eine Breite von 15 Längengraden, so daß sich die Zonenzeiten um volle Stunden unterscheiden. Für uns ist die Ortszeit
des Meridians 15° östlicher Länge maßgebend. Die zugehörige
Zonenzeit wird Mitteleuropäische Zeit (MEZ) genannt. Sie
unterscheidet sich um 1 Stunde von der Weltzeit (UT), und
zwar im Sinne

$$\text{MEZ} = \text{UT} + 1^h$$

Wie nebenstehende Karte der „Zeitzonen der Erde" aber zeigt,
gibt es von dieser Regel – durch Staatsgrenzen und Wirt-
schaftsräume bedingt – zahlreiche Abweichungen. Auch politische oder ökonomische Gesichtspunkte führen zu Zeitkor-
rekturen – meist um eine Stunde – durch Einführungen von
Saisonal-Zeiten, wie Sommer- oder Winterzeit.

**1.5.5 Ephemeridenzeit
(ET und TD)**

Die Zeiteinheit „Sekunde" war unter der Annahme, daß die
Umdrehung der Erde um ihre Achse mit konstanter Geschwindigkeit vor sich geht, als 1/86 400tel des mittleren Sonnentags
definiert worden. Jahrzehnte lange, vielfältige Untersuchungen der Mondbewegung ließen aber zur Gewißheit werden,
daß das Gleichmaß der „Erduhr" nicht gegeben war. Aber
auch bei Sonnen-, Merkur- und Venusbeobachtungen zeigten
sich Abweichungen, die nur durch unterschiedliche Rotationsgeschwindigkeiten der Erde interpretiert werden konnten.
Aufgrund der bei den genannten Himmelskörpern festgestell-
ten Differenzen zwischen beobachtetem und berechnetem
Wert war es möglich, ein auf empirischem Weg gefundenes
Zeitmaß, die sogenannte „Ephemeridenzeit", zu definieren,
deren gleichförmige Zeiteinheit, die Ephemeridensekunde,
der 31 556 925,9747te Teil des tropischen Jahres für die Epoche
1900 Jan. 0, 12^h Ephemeridenzeit ist.

Für die Astronomie war damit eine neue Zeitskala geschaffen
worden, die seit 1960 in allen Jahrbüchern als Zeit-Argument
für die Positionen im Sonnensystem benutzt wird. Es zeigte
sich aber, daß die Realisierung und „Aufbewahrung" der
Ephemeridensekunde im physikalisch-technischen Bereich
auf erhebliche Schwierigkeiten stieß, so daß man schon bald
zu einer atomphysikalischen Definition der Basiseinheit der
Zeit überging.

Ab 1984 wird in den Jahrbüchern für die Ephemeriden von
Sonne, Mond und Planeten eine mit der Internationalen
Atomzeit (s. 1.5.6) verknüpfte Ephemeridenzeit benutzt, die
man mit Dynamical time (TD) benannte. Reduktionswerte für
die einzelnen Zeitskalen aufeinander sind im astronomischen
Jahrbuch, dem The Astronomical Almanac, tabuliert (s. auch
1.5.7).

1.5.6 Internationale Atomzeit (TAI)

Die Ephemeridensekunde konnte letztlich erst nach drei oder mehr Monaten aufgrund von Mondbeobachtungen, also nach umfangreichen Berechnungen rückwirkend, mit der Angabe eines Verhältnisses zum tropischen Jahr auf etwa 10^{-8} bestimmt werden. Die Meßunsicherheit wurde mit Einführung der neuen Grundeinheit im „Internationalen Einheitensystem" (SI), der SI- oder Atom-Sekunde, gleich um mehrere Größenordnungen auf etwa $5 \cdot 10^{-13}$ (Standardabweichung) gesteigert. Folgende Definition wurde für die SI-Sekunde (s) eingeführt:

Die Sekunde ist die Dauer von 9 192 631 770 Perioden der Strahlung, die dem Übergang zwischen den beiden Hyperfeinstruktur-Niveaus des Grundzustandes des Atoms Cäsium-133 entspricht.

Durch Aneinanderfügen von Atom-Sekunden und ihren Vielfachen, den SI-fremden Einheiten Minuten (min), Stunden (h) und Tagen (d), gelangt man zu einer Atomzeitskala, zu deren Realisierung man Cäsium-Atomuhren benutzt. Aber auch Cs- und Rb-Gaszellenresonatoren und neuerdings Wasserstoff-Maser werden als Sekundärnormale in der Zeitmessung eingesetzt.

1.5.7 Koordinierte Weltzeit (UTC)

Die Atomzeit wurde auch als gültige Zeitskala für das öffentliche Leben eingeführt, und zwar über die von Zeitzeichensendern, dem Rundfunk und Fernsehen ausgestrahlte Koordinierte Weltzeit (UTC). Die UTC hat als Zeiteinheit die SI-Sekunde und für sie gilt die Festsetzung, daß sie nicht mehr als 0,7 Sekunden vom Zeitsystem UT1 abweichen darf. Wird die Abweichung zwischen UTC und UT1 größer, so wird auf Veranlassung des BIH in Paris eine positive oder negative „Schaltsekunde" eingeführt. Dabei soll die Schaltsekunde die letzte Sekunde des 31. Dezembers oder/und des 30. Juni im UTC-System sein. Erstmals wurde eine solche Schaltsekunde am 30. Juni 1972 eingelegt.

In den Jahrbüchern findet man eine Tabelle zur Reduktion der Zeitskalen aufeinander. Zwei Korrekturgrößen werden gegeben:

$$\Delta T(\text{A}) = \text{TAI} + 32\overset{s}{.}184 - \text{UT}; \quad \Delta \text{UT} = \text{UT} - \text{UTC}$$

Der Wert von $\Delta T(\text{A})$ liefert auch ein angenähertes $\Delta T = \text{ET} - \text{UT}$.
Für 1984 Jan. 1 wird die extrapolierte Größe mit $\Delta T(\text{A}) = +53\overset{s}{.}7$ und für 1985 Jan. 1 mit $\Delta T(\text{A}) = 54\overset{s}{.}5$ angegeben.

1.5.8 Das Jahr

Zur Überbrückung größerer Zeiträume dient als Maßeinheit das Jahr. Dies ist die Dauer eines Umlaufes der Erde um die Sonne, nach dessen Ablauf sich die gleichen Erscheinungen der Tageslängen, der Jahreszeiten usw. wiederholen. Da sich die wirkliche Bewegung der Erde um die Sonne in der scheinbaren Bewegung der Sonne an der Himmelskugel (s. 1.6) widerspiegelt, diese auch nur wahrnehmbar ist, kann das Jahr auch im Hinblick auf den scheinbaren Lauf der Sonne definiert werden. Je nachdem von welchem Bezugspunkt der Umlauf der Erde gezählt wird, oder die Vollendung eines Umlaufs der Sonne in ihrer scheinbaren Bahn festgestellt wird, unterscheidet man verschiedene Jahreslängen.

Definitionen der Jahreslängen

Definition	Jahreslänge
Tropisches Jahr:	
Zeitintervall zwischen zwei Durchgängen der mittleren fiktiven Sonne durch den Frühlingspunkt	365,24219 9 Ephemeridentage
Siderisches Jahr:	
Zeitintervall zwischen zwei Vorübergängen der mittleren Sonne an ein und demselben Fixstern	365,25636 6 Ephemeridentage
Anomalistisches Jahr:	
Zeitintervall zwischen zwei Durchgängen der Erde durch ihr Perihel	365,25962 6 Ephemeridentage
Finsternis-Jahr:	
Zeitintervall zwischen zwei Durchgängen der Sonne durch ein und denselben Mondknoten	346,62003 2 Ephemeridentage

Das Bürgerliche Jahr ist im Kalenderwesen (s. 1.9), in der Chronologie der Zeitabschnitt, der in ganzen Tagen etwa dem Umlauf der Erde um die Sonne entspricht.

Das Tropische Jahr ist – wie man aus den Zahlenwerten ersieht – etwas kürzer als das Siderische Jahr. Und zwar weil der Frühlingspunkt sich rückläufig in der Ekliptik bewegt.

Man legt den Anfang des Tropischen Jahres nach Bessel auf den Zeitpunkt, da der Mittelpunkt der mittleren fiktiven Sonne die Rektaszension $18^h 40^m = 280°$ hat. Dieser Zeitpunkt fällt nahe mit dem Beginn des bürgerlichen Jahres zusammen. Das so definierte Jahr wird annus fictus oder auch Besselsches Jahr genannt. Es beginnt im Gegensatz zum bürgerlichen Jahr laut Definition im gleichen Moment auf der ganzen Erde. In astronomischer Schreibweise wird dieser Jahresanfang mit Jahreszahl Punkt Null geschrieben. Die Bruchteile des Jahres drückt man ebenfalls dezimal aus. Zum Beispiel beginnt das Besselsche Jahr 1980,0 = 1980 Jan. $1^d 189$ ET; der bürgerliche Jahresanfang hingegen 1980 Jan. 0, $0^h 0^m 0^s$ mittlere Ortszeit.

Die Bezeichnung Jahr wird auch für einen längeren astronomischen Zeitabschnitt benutzt, wie etwa für das Platonische Jahr, der Dauer eines Umlaufs des Frühlingspunktes in der Ekliptik aufgrund der Präzesion. Das Platonische Jahr hat eine Länge von etwa 25 800 tropischen Jahren.

1.6 Scheinbare Bewegung der Sonne an der Sphäre

Beobachten wir den Stand der Sonne unter den Sternen (etwa durch Distanzmessung zwischen der Sonne und hellen Sternen), so stellen wir fest, daß die Sonne täglich unter den Sternen ihren Ort verändert. Am Tag des Frühlingsanfangs (21. März) schneidet die Sonne auf ihrer scheinbaren Bahn den Himmelsäquator. Diesen Schnittpunkt zwischen der Sonnenbahn, der Ekliptik und dem Äquator bezeichnet man als Frühlingspunkt; dort beginnt die Zählung der Rektaszension im äquatorialen und der Länge im ekliptikalen Koordinatensystem (s. 1.3).
Die Sonne hat also am 21. März im Frühlingspunkt die Rektaszension $\alpha = 0^h$ und die Länge $\lambda = 0°$. Da dieser Punkt auf dem Äquator liegt, beträgt auch die Deklination $\delta = 0°$. Im Laufe des Frühjahrs nehmen nun die Rektaszension und die Länge zu und erreichen am Tag des Sommeranfangs, der Sommersonnenwende $\alpha = 6^h$, $\lambda = 90°$, $\delta = +23°27'$. Die Sonne hat die Rektaszension bzw. die ekliptikale Länge von 12^h oder $180°$ am Herbstanfang im Herbstpunkt. Ihre Deklination beträgt wieder $\delta = 0°$, sie wandert über den Äquator und ihre Deklinationen werden nun negativ. Zur Wintersonnenwende (22. Dezember) hat die Sonne ihre größte negative Deklination von $\delta = -23°27'$ erreicht; es ist dann $\alpha = 18^h$, $\lambda = 270°$. Am Tag der Frühlings-Tagundnachtgleiche ist die Sonne wieder am Frühlingspunkt angekommen, sie hat somit ihren Jahreslauf durch ihre scheinbare Bahn vollendet.
Genaue Messungen zeigen, daß die täglichen Änderungen der ekliptikalen Sonnenlänge nicht gleichmäßig verlaufen.

Tägliche Änderung der Sonnenlänge

Durchschnittliche tägliche Änderung der Länge = 59′.135
Maximaler Wert (Anfang Januar) = 61′
Minimaler Wert (Mitte Juli) = 57′

Ebenso ändert sich der scheinbare Durchmesser der Sonnenscheibe. Er ist am größten Anfang Januar zur Zeit der schnellsten Sonnenbewegung und am kleinsten Mitte Juli. Der Unterschied zwischen größtem und kleinstem scheinbaren Sonnendurchmesser beträgt $1'04''$.

Die täglichen Änderungen der ekliptikalen Sonnenlänge und die scheinbare Änderung des Sonnendurchmessers erklären sich dadurch, daß die Erdbahn um die Sonne eine Ellipse ist. Anfang Januar geht die Erde durch den sonnennächsten, Mitte Juli durch den sonnenfernsten Punkt ihrer Bahn (s. 3.2.1). Im Laufe eines Jahres wandert die Sonne durch die Sternbilder des Tierkreises (Zodiakus). Diese Tierkreis-Sternbilder haben den gleichen Namen wie die Tierkreiszeichen, dürfen aber nicht mit diesen verwechselt werden.

Neben der Einteilung der Ekliptik in 360 Grad ist noch eine Einteilung in 12 Teile zu je 30 Grad gebräuchlich. Einen solchen Teil nennt man ein „Zeichen der Ekliptik". Diese Tierkreiszeichen liegen am Sternhimmel ein Stück westlich von dem Tierkreis-Sternbild gleichen Namens. Da die Sonne in ihrer scheinbaren Jahresbahn um die Erde von Westen nach Osten fortschreitet, durchläuft sie ein bestimmtes Tierkreisbild im Durchschnitt etwa einen Monat später als das Tierkreiszeichen gleichen Namens.

Scheinbarer Sonnendurchmesser

Tag		scheinbarer Durchmesser:	Tag		scheinbarer Durchmesser:
Januar	1	32′ 35″	Juli	20	31′ 32″
	21	32′ 33″	August	9	31′ 36″
Februar	10	32′ 28″		29	31′ 44″
März	2	32′ 19″	September	18	31′ 54″
	22	32′ 09″	Oktober	8	32′ 04″
April	11	31′ 58″		28	32′ 15″
Mai	1	31′ 47″	November	17	32′ 25″
	21	31′ 39″	Dezember	7	32′ 32″
Juni	10	31′ 33″		27	32′ 35″
	30	31′ 31″	Januar	6	32′ 35″

Ausdehnung der Sternbilder des Tierkreises

Sternbild	ekliptikale Länge	Sternbild	ekliptikale Länge
Widder	26° − 50°	Waage	214° − 239°
Stier	50° − 89°	Skorpion	239° − 265°
Zwillinge	89° − 119°	Schütze	265° − 301°
Krebs	119° − 139°	Steinbock	301° − 329°
Löwe	139° − 174°	Wassermann	329° − 351°
Jungfrau	174° − 214°	Fische	351° − 26°

Zeichen des Tierkreises und Längen ihrer Anfangspunkte in der Ekliptik

	Zeichen des Tierkreises deutsch	latein.	Anfangspunkt in der Ekliptik
♈	Widder	Aries	0°
♉	Stier	Taurus	30°
♊	Zwillinge	Gemini	60°
♋	Krebs	Cancer	90°
♌	Löwe	Leo	120°
♍	Jungfrau	Virgo	150°
♎	Waage	Libra	180°
♏	Skorpion	Scorpius	210°
♐	Schütze	Sagittarius	240°
♑	Steinbock	Capricornus	270°
♒	Wassermann	Aquarius	300°
♓	Fische	Pisces	330°

Am 21. März und am 23. September (Äquinoktien) haben Tag und Nacht die gleiche Länge. Am 22. Juni und am 22. Dezember (Solstitien), am längsten und am kürzesten Tag des Jahres, beträgt der Unterschied in der Sonnenscheindauer in unseren nördlichen Breiten etwa 8 Stunden. Die Sonne hat am Frühlings- und Herbstanfang die Deklination $\delta = 0°$. Am Tag der Sommer- bzw. Wintersonnenwende beträgt ihre Deklination $\delta = \pm 23° 27'$. Da die Lage des Himmelsäquators über dem Horizont von der geographischen Breite des Beobachtungsortes abhängig und für ein und denselben Ort immer gleich ist, erreicht also die Sonne zu verschiedenen Zeiten unterschiedliche Höhen über dem Horizont. Dieser Unterschied der Höhe, der zwischen den beiden Extremwerten rund 47° ausmacht, bedingt einen verschieden schrägen Einfall der Sonnenstrahlen auf die Erde und damit die Jahreszeiten.

Eine Gegenüberstellung der Dauer der einzelnen Jahreszeiten auf der Nordhalbkugel der Erde zeigt, daß diese nicht gleich lang sind. Auch diese Erscheinung ist, ebenso wie die unterschiedliche tägliche Änderung der Sonnenlänge, durch die Bewegung der Erde um die Sonne zu erklären, deren sphärisches Abbild der scheinbare jährliche Sonnenlauf ist.

Dauer der einzelnen Jahreszeiten auf der Nordhalbkugel der Erde

		Länge:
Frühling		92 Tage 19 Stunden
Sommer		93 Tage 15 Stunden
	zusammen:	186 Tage 10 Stunden
Herbst		89 Tage 19 Stunden
Winter		89 Tage 0 Stunde
	zusammen:	178 Tage 19 Stunden
Unterschied zwischen Sommer- und Winterhalbjahr:		7 Tage 14 Stunden

1.7 Lauf und Bewegung des Mondes

Die Bewegung des Mondes unter den Sternen erfolgt mit ungleichförmiger Geschwindigkeit, und zwar bewegt sich der Mond im Mittel täglich 13° 11' in östlicher Richtung am Himmel weiter. Seine scheinbare Bahn an der Sphäre ist nahezu ein größter Kreis, der im Mittel um 5° 8' gegen die Ekliptik geneigt ist. Die Schnittpunkte der Mondbahn mit der Ekliptik werden Knoten genannt. Den Punkt, an dem der Mond von der Südseite zur Nordseite der Ekliptik überwechselt, nennt man den aufsteigenden, den anderen den absteigenden Knoten. Die Knoten liegen nicht fest, sondern wandern jährlich um 19°3 rückläufig in der Ekliptik, so daß in 18,6 Jahren der ganze Kreis einmal durchlaufen wird. Diese Knotenbewegung verursacht eine fortlaufende Änderung der Lage der Mondbahn an

1.7 Lauf und Bewegung des Mondes

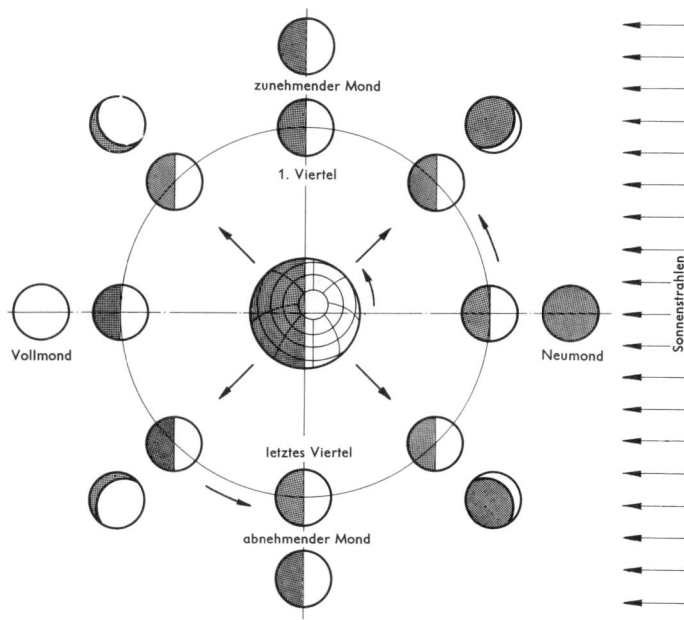

der Sphäre. Die beiden Extremlagen der Bahn treten ein, wenn der aufsteigende bzw. der absteigende Knoten mit dem Frühlingspunkt zusammenfällt. Der Unterschied beträgt für einen gegebenen Beobachtungsort zwischen den beiden Lagen 11°.2 in Höhe.

Die auffälligsten, mit dem Mond verbundenen Erscheinungen sind seine Lichtphasen. Da der Mond kein eigenes Leuchten besitzt, sondern lediglich von der Sonne angestrahlt wird, sind die Mondphasen abhängig von der Stellung dieser beiden Himmelskörper zueinander. Man bezeichnet die Stellungen zweier Himmelskörper, in diesem Fall also von Sonne und Mond, entsprechend dem Unterschied ihrer ekliptikalen Längen als Konstellationen. Ein vollständiger Ablauf aller Phasen wird Lunation genannt.

Konstellationen

Name	ekliptikaler Längenunterschied	Mondphasen
Konjunktion	0°	Neumond
Opposition	180°	Vollmond
Quadratur	90°	erstes bzw. letztes Viertel

Die Trennlinie zwischen beleuchtetem und unbeleuchtetem Teil der Mondscheibe nennt man Terminator; er ist im ersten und letzten Viertel eine gerade Linie, zu den anderen Phasen eine Halbellipse. Die Verbindungslinie zwischen den beiden Enden des Terminators steht senkrecht auf der Linie Sonne–Mond. Vergegenwärtigt man sich die Stellung Sonne–Mond,

43

so sieht man, daß der zunehmende Mond nur am Abendhimmel, der abnehmende Mond nur am Morgenhimmel stehen kann.

Ebenso wie der scheinbare Sonnendurchmesser schwankt der scheinbare Monddurchmesser zwischen den Werten 29ʹ4 und 33ʹ6; der mittlere scheinbare Durchmesser beträgt 31ʹ 3ʺ. Die bei Mondaufgang oder -untergang zu beobachtende starke Vergrößerung der Mondscheibe ist reine optische Täuschung, wie durch Messen leicht festgestellt werden kann.

Länge und Definition des Monats

Die Bewegung und der Phasenwechsel des Mondes haben zu der Zeiteinteilung nach Mondumläufen, nach Monaten, geführt. Je nach den Meßpunkten sind verschiedene Monatslängen in Gebrauch.

Definition	Monatslänge
Tropischer Monat: Zeitintervall, in dem die ekliptikale Länge des Mondes um 360° wächst	$27^{d}3216 = 27^{d}\ 7^{h}\ 43^{m}\ 4^{s}7$
Siderischer Monat: Zeitintervall eines Bahnumlaufs des Mondes, gemessen an den Sternen	$27^{d}3217 = 27^{d}\ 7^{h}\ 43^{m}.\,11^{s}5$
Synodischer Monat: Zeitintervall von Neumond zu Neumond	$29^{d}5306 = 29^{d}\ 12^{h}\ 44^{m}\ 2^{s}8$
Drakonitischer Monat: Zeitintervall zwischen zwei aufeinanderfolgenden Durchgängen durch den aufsteigenden Knoten	$27^{d}2122 = 27^{d}\ 5^{h}\ 5^{m}\ 35^{s}7$
Anomalistischer Monat: Zeitintervall zwischen zwei Durchgängen des Mondes durch sein Perigäum, d. h. den der Erde nächsten Punkt seiner Bahn	$27^{d}5546 = 27^{d}\ 13^{h}\ 18^{m}\ 33^{s}1$

1.8 Finsternisse

Sonnen- und Mondfinsternisse sind rein geometrisch optische Phänomene. Stehen für einen Beobachtungsort Mond und Sonne in einer Visierlinie, so tritt für diesen Ort eine Sonnenfinsternis ein. Tritt die Erde zwischen die gerade Verbindungslinie von Sonne–Mond, so wird der Mond durch den Schatten

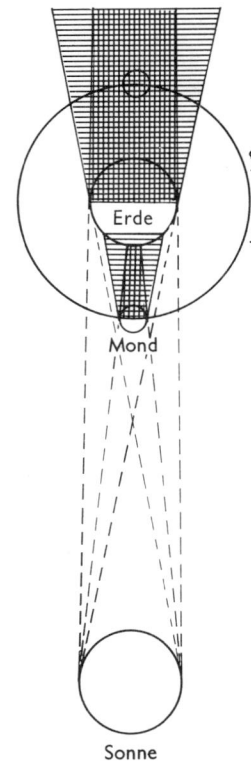

Sonnen- und Mondfinsternis (nicht maßstäblich)

1.8 Finsternisse

der Erdkugel gehen, wir erleben dann eine Mondfinsternis. Die Mondbahn ist gegen die Ekliptik um $5°8'$ geneigt, eine Sonnen- ebenso wie eine Mondfinsternis kann deshalb nur eintreten, wenn der Mond in der Nähe seines aufsteigenden oder absteigenden Knotens (s. 1.7) steht. Da ferner Sonne, Mond und Erde in einer Linie stehen müssen, d. h. der Mond zur Sonne in Konjunktion oder in Opposition, so treten Sonnenfinsternisse nur bei Neumond, Mondfinsternisse nur bei Vollmond auf.

Der scheinbare Monddurchmesser ist nicht zu allen Zeiten größer als der scheinbare Sonnendurchmesser (s. 1.6). So kann die Sonne durch den Mond so bedeckt werden, daß von ihr noch ein ringförmiger Saum sichtbar ist. Man spricht in diesem Fall von einer ringförmigen Sonnenfinsternis. Teil- oder partielle Sonnenfinsternisse nennt man solche, bei denen nur eine teilweise Bedeckung durch den Mond eintritt. Wegen des geringen Unterschieds der scheinbaren Durchmesser von Sonne und Mond und wegen des Distanzunterschieds Sonne–Erde bzw. Mond–Erde tritt eine totale Sonnenfinsternis nur für eine schmale Zone auf der Erde ein. Für Beobachtungsorte außerhalb dieser Totalitätszone ist die Finsternis nur mehr oder weniger partiell. Auch beim Mond ist eine teilweise oder partielle Verfinsterung möglich.

Alle Sonnenfinsternisse zwischen 1980 und 2000

Erläuterungen:

Typ: t = total, r = ringförmig, p = partiell

Verlauf der Totalität:

Totalitätszone bei totaler bzw. Zone maximaler Bedeckung bei ringförmiger Sonnenfinsternis. Symbol –, wenn der Kernschatten die Erde gar nicht berührt.

Sichtbarkeit in Deutschland:

Zeit = Zeit der maximalen Bedeckung
Anteil = Anteil des bedeckten Sonnendurchmessers.

Jahr	Datum	Typ	Verlauf der Totalität	Sichtbarkeit in Deutschland		
				Typ	Zeit	Anteil
1980	16. Febr.	t	Äquatorialafrika, Indien, China	–	–	–
1980	10. Aug.	r	Peru, Brasilien	–	–	–
1981	4. Febr.	r	südl. v. Australien, Pazifik	–	–	–
1981	31. Juli	t	Sowjetunion	p	vor Sonnenaufgang	< 10 %
1982	15. Jan.	p	–	–	–	–
1982	21. Juni	p	–	–	–	–
1982	20. Juli	p	–	p	Sonnenuntergang	28 %
1982	15. Dez.	p	–	p	$9^h 25^m$	43 %

1 Astronomie im täglichen Leben

Jahr	Datum	Typ	Verlauf der Totalität	Sichtbarkeit in Deutschland		
				Typ	Zeit	Anteil
1983	11. Juni	t	Indonesien	–	–	–
1983	4. Dez.	r	Äquatorialafrika	p	$13^h 15^m$	2%
1984	30. Mai	r	USA, Azoren, Algerien	p	nach Sonnenuntergang	< 42%
1984	22. Nov.	t	Indonesien, Australien	–	–	–
1985	19. Mai	p	–	–	–	–
1985	12. Nov.	t	südl. Pazifik	–	–	–
1986	9. April	p	–	–	–	–
1986	3. Okt.	t	Grönland	–	–	–
1987	29. März	r	Zentralafrika	–	–	–
1987	23. Sept.	r	Zentralasien, China	–	–	–
1988	18. März	t	Indonesien, Pazifik	–	–	–
1988	11. Sept.	r	Indischer Ozean	–	–	–
1989	7. März	p	–	–	–	–
1989	31. Aug.	p	–	–	–	–
1990	26. Jan.	r	Südatlantik	–	–	–
1990	22. Juli	t	Finnland, Eismeer, Sibirien	–	–	–
1991	15. Jan.	r	Australien, Neuseeland	–	–	–
1991	11. Juli	t	Mittelamerika, Kolumbien, Brasilien	–	–	–
1992	4. Jan.	r	Pazifik	–	–	–
1992	30. Juni	t	Südatlantik	–	–	–
1992	24. Dez.	p	–	–	–	–
1993	21. Mai	p	–	p	$16^h 35^m$	5% in Norddeutschland
1993	13. Nov.	p	–	–	–	–
1994	10. Mai	r	USA, Marokko	p	nach Sonnenuntergang	51%
1994	3. Nov.	t	Chile, Argentinien, Südafrika	–	–	–
1995	29. April	r	Peru, Brasilien	–	–	–
1995	24. Okt.	t	Persien, Indien, Südostasien	–	–	–
1996	17. April	p	–	–	–	–
1996	12. Okt.	p	–	p	$15^h 30^m$	65%
1997	9. März	t	Sowjetunion	–	–	–
1997	1. Sept.	p	–	–	–	–
1998	26. Febr.	t	Mittelamerika	–	–	–
1998	22. Aug.	r	Indonesien	–	–	–
1999	16. Febr.	r	Australien	–	–	–
1999	11. Aug.	t	Mitteleuropa, Vorderasien, Indien	t	$11^h 30^m$	Totalität d. Süddtld.
2000	5. Febr.	p	–	–	–	–
2000	1. Juli	p	–	–	–	–
2000	31. Juli	p	–	–	–	–
2000	25. Dez.	p	–	–	–	–

Alle Mondfinsternisse zwischen 1980 und 2000

Jahr	Datum	Typ	Zeit der größten Bedeckung	Halbe Dauer part. Phase	Halbe Dauer totale Phase	Sichtbarkeit in Deutschland
1981	17. Juli	p	$5^h 48^m$	80^m	–	p
1982	9. Jan.	t	$20^h 56^m$	107^m	42^m	t
1982	6. Juli	t	$8^h 30^m$	112^m	51^m	–
1982	30. Dez.	t	$12^h 26^m$	105^m	33^m	–
1983	25. Juni	p	$9^h 25^m$	65^m	–	–
1985	4. Mai	t	$20^h 57^m$	106^m	35^m	t
1985	28. Okt.	t	$18^h 43^m$	102^m	21^m	t
1986	24. April	t	$13^h 44^m$	105^m	34^m	–
1986	17. Okt.	t	$20^h 19^m$	106^m	37^m	t
1987	7. Okt.	p	$4^h 59^m$	11^m	–	p
1988	27. Aug.	p	$12^h 06^m$	61^m	–	–
1989	20. Febr.	t	$16^h 37^m$	106^m	38^m	–
1989	17. Aug.	t	$4^h 04^m$	110^m	49^m	t
1990	9. Febr.	t	$20^h 12^m$	102^m	23^m	t
1990	6. Aug.	p	$15^h 07^m$	87^m	–	–
1991	21. Dez.	p	$11^h 34^m$	35^m	–	–
1992	15. Juni	p	$5^h 57^m$	87^m	–	p
1992	10. Dez.	t	$0^h 43^m$	106^m	37^m	t
1993	4. Juni	t	$14^h 00^m$	110^m	49^m	–
1993	29. Nov.	t	$7^h 26^m$	103^m	25^m	t
1994	25. Mai	p	$4^h 28^m$	58^m	–	p
1995	15. April	p	$13^h 17^m$	39^m	–	–
1996	4. April	t	$1^h 09^m$	108^m	42^m	t
1996	27. Sept.	t	$3^h 53^m$	106^m	36^m	t
1997	24. März	p	$5^h 41^m$	97^m	–	p
1997	16. Sept.	t	$19^h 57^m$	105^m	33^m	t
1999	28. Juli	p	$12^h 36^m$	71^m	–	p
2000	21. Jan.	t	$5^h 44^m$	107^m	42^m	t
2000	16. Juli	t	$14^h 55^m$	112^m	51^m	–

t = totale, p = partielle Mondfinsternis, Zeit der Bedeckung in MEZ

1.9 Kalender

Kalender sind die Einteilung von größeren Zeitabschnitten mit Hilfe astronomisch definierter Zeiteinheiten, wie dem Monat und dem Jahr. Da Monat und Jahr nicht Vielfache der Grundeinheit Tag sind, ergaben sich in der allgemeinen Zeitrechnung verschiedene Einteilungsmöglichkeiten, die zu den unterschiedlichen Kalendern führten.

Das durch den scheinbaren Sonnenlauf bzw. durch den jährlichen Umschwung der Erde um die Sonne festgelegte Sonnenjahr (s. 1.5.8) hat keine ganze Anzahl von Tagen. Es verbleiben vielmehr Tagesbruchteile, die – soll der Jahresanfang gegenüber den Jahreszeiten fest bleiben – durch Schalttage ausgeglichen werden müssen.

*Verlauf der Totalitäts-
zonen der Sonnen-
finsternisse auf der
Erdoberfläche*

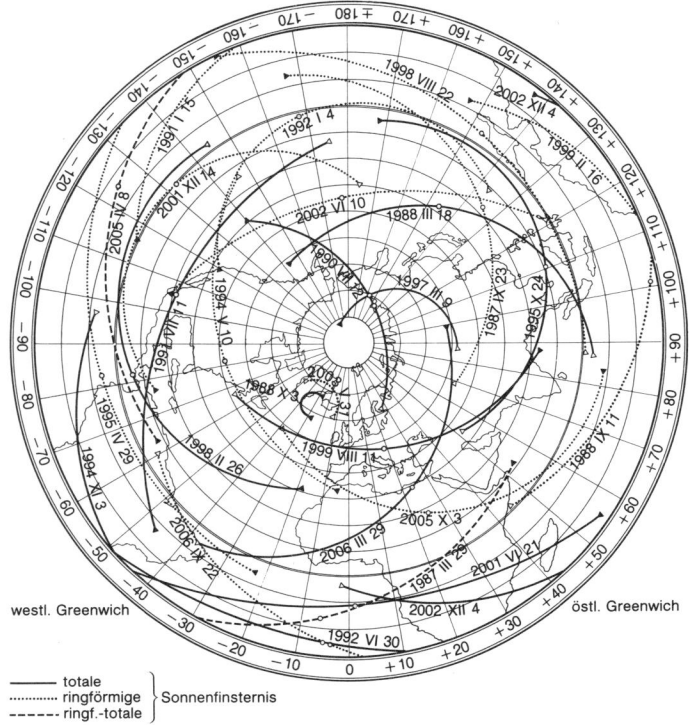

westl. Greenwich

östl. Greenwich

——— totale ⎫
············· ringförmige ⎬ Sonnenfinsternis
------- ringf.-totale ⎭

In einem sich nach dem Mondlauf richtenden Jahr, einem sogenannten Lunarjahr, wie es im Islam das religiöse Leben bestimmt, ist die Monatslänge (s. 1.7), also die Wiederkehr der
Mondphasen, alleinige Orientierung. Da 12 Lunationen aber
um etwa 11 Tage kürzer sind als ein Sonnenjahr, wandert der
Jahresanfang im islamischen Kalender im Laufe der Jahre
durch unser bürgerliches (gregorianisches) Kalenderjahr. Der
gleichbleibende natürliche Ablauf der Jahreszeiten wird in einem solchen Kalender nicht beachtet.
Ein Kalender, der sowohl den Wechsel der Mondphasen und
auch den Ablauf der Jahreszeiten innerhalb des Jahres berücksichtigt, muß zum Ausgleich in periodischen Folgen einen 13.
Monat als Schaltmonat einfügen. Dieser Schaltmonat sorgt
dafür, daß die Monate dem Mondlauf angepaßt bleiben, der
Jahresanfang aber, bis auf kleine Schwankungen, festliegt. Ein
solches Lunisolarjahr liegt dem Jüdischen Kalender zugrunde.
Allgemein sind Fragen des Kalenderwesens, und auch die seiner geschichtlichen Entwicklung, Aufgabe und Inhalt der
technischen Chronologie. Die Festlegung genauer Zeitskalen
mittels astronomischer Beobachtungen und die genauen Da-
tierungen geschichtlicher und frühgeschichtlicher Ereignisse
aufgrund astronomischer Angaben (z. B. des Ortes und der
Zeit von Finsternissen oder bestimmter Planetenkonstellatio-
nen) ist Aufgabe der astronomischen Chronologie.

1.9 Kalender

1.9.1 Bürgerlicher Kalender und christliche Festtagsrechnung

Grundlage unseres heute benutzten (Gregorianischen) Kalenders ist ein reines festes Sonnenjahr. Sein Vorläufer war der Julianische Kalender. Dieser, auf Anordnung des Staatsmanns und Feldherrn Julius Cäsar eingeführt, beseitigte – und ordnete neu – die im alten römischen, nach dem Lunisolarjahr eingeteilten Kalender sehr willkürlich gehandhabten Schaltregeln. Durch diese julianische Kalenderreform ging man von dem bis dahin allgemein gebräuchlichen Lunisolarjahr zum reinen festen Sonnenjahr über. In diesem Kalender werden die nicht mehr den Mondphasen entsprechenden Monatslängen nun zu 30 und 31 Tagen eingeführt. Lediglich der Monat Februar, in dem ein Schalttag eingeschoben werden kann, hatte 28 bzw. 29 Tage. Ein Tag war ihm abgestrichen worden, da man den nach Julius Cäsar und nach Augustus benannten Monaten, Juli und August, eine gleiche Länge von je 31 Tagen gab. Durch die einfache Schaltregel – alle vier Jahre ein Schalttag – hatte der Julianische Kalender eine Länge von 365,25 mittleren Sonnentagen. In ihm wurde gezählt „ab urbe condita", das heißt „nach der Gründung der Stadt" (Rom); nach unserer Zeitrechnung liegt diese im Jahre 753 v. Chr.

Der Gregorianische Kalender, von Papst Gregor XIII. angeordnet, beseitigte den bis zum Ende des 16. Jahrhunderts angewachsenen Fehler von 10 Tagen im Jahresbeginn, der dadurch entstanden war, daß das tropische Jahr um 0,0076 Tagesbruchteile kürzer ist als das Julianische Kalenderjahr. Man korrigierte dadurch, daß man auf den 4. Oktober 1582 den 15. Oktober 1582 folgen ließ, und zwar ohne Unterbrechung der Wochentagszählung. Der Frühlingsanfang eines jeden Jahres wurde auf den 21. März festgelegt. Die nun eingeführte Schaltregel bestimmte ferner, daß Schaltjahre alle die Jahre sind, deren zwei letzte Zahlen durch 4 teilbar sind. Die Korrektur gegenüber dem etwas kürzeren tropischen Jahr wird dadurch erreicht, daß alle 400 Jahre 3 Schaltjahre auszufallen haben, und zwar die Schalttage der Säkularjahre, deren Einheit nicht durch 4 teilbar ist; also sind die Jahre 1700, 1800 und 1900 keine Schaltjahre gewesen. Das Jahr 2000 hingegen wird ein Schaltjahr sein. – Auch mit dieser Schaltregel sind noch nicht alle Abweichungen beseitigt, aber die verbleibenden Fehlerreste wachsen erst in 3333 Jahren auf einen vollen Tag an.

Ausgangspunkt unserer Zeitrechnung ist, nach Vorschlag des Abtes Dionysius Exiguus im Jahre 525, die Zählung der Jahre „nach Christi Geburt". Vermutlich liegt aber dieser Anfangspunkt unserer christlichen Zeitrechnung um 7 Jahre später als das wirkliche Geburtsjahr Christi.

Die christliche Festtagsrechnung in unserem Kalender geht zurück auf einen Beschluß des Konzils zu Nizäa (325 n. Chr.), auf dem beschlossen wurde, daß das Osterfest am ersten Sonntag nach dem Vollmond gefeiert wird, der dem Frühlingsanfang (Frühlings-Tagundnachtgleiche) folgt. – Danach sind der 22. März und der 25. April die äußersten Daten, auf welche Ostern fallen kann. Pfingsten wird am 50. Tage nach Ostern

Datum des Osterfestes

Jahr	Datum
1980	6. April
1981	19. April
1982	11. April
1983	3. April
1984	22. April
1985	7. April
1986	30. März
1987	19. April
1988	3. April
1989	26. März
1990	15. April
1991	31. April
1992	19. April
1993	11. April
1994	3. April
1995	16. April
1996	7. April
1997	30. März
1998	12. April
1999	4. April
2000	23. April

gefeiert. Im Gegensatz zu den sogenannten beweglichen Festen liegt das Weihnachtsfest immer auf dem gleichen Datum. Trotz seiner mathematischen Richtigkeit ist der Gregorianische Kalender in einem Punkt nicht befriedigend. Die siebentägige Woche ist nicht ganzzahlig in der Anzahl der Tage eines Jahres enthalten. Dadurch fällt das gleiche Datum jedes Jahr immer wieder auf einen anderen Wochentag. Ferner sind durch die verschiedenen Monatslängen die Vierteljahre nicht gleich lang, was in der Statistik immer wieder zu Schwierigkeiten führt.

Ein Vorschlag sieht vor, das Jahr zu 364 Tagen, d. h. 52 Wochen zu zählen. Der 365. Tag zählt nicht als Arbeitstag, erhält keine Wochenbezeichnung, sondern soll „Silvester" genannt werden. Ebenso soll in Schaltjahren der 366. Tag als „Johannistag" eingeführt werden. Jeder erste Monat eines Vierteljahres hat 31 Tage, alle anderen Monate grundsätzlich 30 Tage. Wird nun dieser Reformvorschlag in einem Jahr eingeführt, in dem der 1. Januar auf einen Sonntag fällt, dann wird jeder erste Tag eines Vierteljahres ebenfalls auf einen Sonntag fallen, und auf ein bestimmtes Datum im Jahr fällt stets derselbe Wochentag. Die beweglichen kirchlichen Feste müßten in einem solchen Kalender natürlich festgelegt werden.

1.9.2 Kalender der Juden und Mohammedaner

Der Kalender der Juden und Mohammedaner beruht auf dem Mondjahr. Da nach $29\frac{1}{2}$ Tagen die gleiche Mondphase wiederkehrt (s. 1.7), hat das Mondjahr mit 12 Monaten eine Länge von 354 Tagen.

Kalender der Juden

Jahresform und Jahresanfang (Tischri 1)
für die Jahre 5732 bis 5761 (1971 bis 2000)

Jahr	Form	Gregorianisches Datum des Jahresanfangs		Jahr	Form	Gregorianisches Datum des Jahresanfangs	
5732	üb. Gem.	1971	Sept. 20	5747	üb. Gem.	1986	Okt. 4
5733	abg. Sch.	1972	Sept. 9	5748	ord. Gem.	1987	Sept. 24
5734	üb. Gem.	1973	Sept. 27	5749	abg. Sch.	1988	Sept. 12
5735	ord. Gem.	1974	Sept. 17	5750	üb. Gem.	1989	Sept. 30
5736	üb. Sch.	1975	Sept. 6	5751	ord. Gem.	1990	Sept. 20
5737	abg. Gem.	1976	Sept. 25	5752	üb. Sch.	1991	Sept. 9
5738	ord. Sch.	1977	Sept. 13	5753	abg. Gem.	1992	Sept. 28
5739	üb. Gem.	1978	Okt. 2	5754	üb. Gem.	1993	Sept. 16
5740	üb. Gem.	1979	Sept. 22	5755	ord. Sch.	1994	Sept. 6
5741	abg. Sch.	1980	Sept. 11	5756	üb. Gem.	1995	Sept. 25
5742	ord. Gem.	1981	Sept. 29	5757	abg. Sch.	1996	Sept. 14
5743	üb. Gem.	1982	Sept. 18	5758	ord. Gem.	1997	Okt. 2
5744	üb. Sch.	1983	Sept. 8	5759	üb. Gem.	1998	Sept. 21
5745	ord. Gem.	1984	Sept. 27	5760	üb. Sch.	1999	Sept. 11
5746	abg. Sch.	1985	Sept. 16	5761	abg. Gem.	2000	Sept. 30

1.9 Kalender

Ausgangspunkt ist die Jahreszählung „nach Erschaffung der Welt", die auf Grund theologischer Studien auf das Jahr 3761 v. Chr. festgelegt wurde. Eine etwas umständliche Schaltregel beseitigt im jüdischen Kalender die Unterschiede zwischen reinen Mondjahren und Jahreszeitwechsel (Lunisolarjahre).

Jahresformen:

abg. Gem. = abgekürztes Gemeinjahr von 353 Tagen,
ord. Gem. = ordentliches Gemeinjahr von 354 Tagen,
üb. Gem. = überzähliges Gemeinjahr von 355 Tagen,
abg. Sch. = abgekürztes Schaltjahr von 383 Tagen,
ord. Sch. = ordentliches Schaltjahr von 384 Tagen,
üb. Sch. = überzähliges Schaltjahr von 385 Tagen.

Einteilung der Jahre

Monat	Gemeinjahr			Schaltjahr		
	abgek.	ord.	überz.	abgek.	ord.	überz.
	Tage	Tage	Tage	Tage	Tage	Tage
Tischri	30	30	30	30	30	30
Marcheschwan	29	29	30	29	29	30
Kislev	29	30	30	29	30	30
Tebet	29	29	29	29	29	29
Schebat	30	30	30	30	30	30
Adar	29	29	29	30	30	30
Veadar	–	–	–	29	29	29
Nisan	30	30	30	30	30	30
Ijar	29	29	29	29	29	29
Sivan	30	30	30	30	30	30
Thamuz	29	29	29	29	29	29
Ab	30	30	30	30	30	30
Elul	29	29	29	29	29	29
	353	354	355	383	384	385

Kalender der Mohammedaner

Die Mohammedaner zählen ihre reinen „Mondjahre" von der Flucht Mohammeds nach Medina an. Nach unserer Zeitrechnung entspricht dieser Anfangspunkt dem Jahre 622 n. Chr.

Jahresformen:

Gem. = Gemeinjahr von 354 Tagen,
Sch. = Schaltjahr von 355 Tagen.

Einteilung der Jahre

Monat	Gemeinjahr	Schaltjahr
	Tage	Tage
Moharrem	30	30
Safar	29	29
Rebî-el-awwel	30	30
Rebî-el-accher	29	29

Monat	Gemeinjahr	Schaltjahr
	Tage	Tage
Dschemâdi-el-awwel	30	30
Dschemâdi-el-accher	29	29
Redscheb	30	30
Schabân	29	29
Ramadân	30	30
Schewwâl	29	29
Dsû'l-kade	30	30
Dsû'l-hedsche	29	30
	354	355

Jahresform und Jahresanfang (Moharrem 1)
für die Jahre 1390 bis 1421 (1970 bis 2000)

Jahr	Form	Gregorianisches Datum des Jahresanfangs		Jahr	Form	Gregorianisches Datum des Jahresanfangs	
1389	Gem.	1969	März 20	1406	Sch.	1985	Sept. 16
1390	Sch.	1970	März 9	1407	Gem.	1986	Sept. 6
1391	Gem.	1971	Febr. 27	1408	Gem.	1987	Aug. 26
1392	Gem.	1972	Febr. 16	1409	Sch.	1988	Aug. 14
1393	Sch.	1973	Febr. 4	1410	Gem.	1989	Aug. 4
1394	Gem.	1974	Jan. 25	1411	Gem.	1990	Juli 24
1395	Gem.	1975	Jan. 14	1412	Sch.	1991	Juli 13
1396	Sch.	1976	Jan. 3	1413	Gem.	1992	Juli 2
1397	Gem.	1976	Dez. 23	1414	Gem.	1993	Juni 21
1398	Sch.	1977	Dez. 12	1415	Sch.	1994	Juni 10
1399	Gem.	1978	Dez. 2	1416	Gem.	1995	Mai 31
1400	Gem.	1979	Nov. 21	1417	Sch.	1996	Mai 19
1401	Sch.	1980	Nov. 9	1418	Gem.	1997	Mai 9
1402	Gem.	1981	Okt. 30	1419	Gem.	1998	April 28
1403	Gem.	1982	Okt. 19	1420	Sch.	1999	April 17
1404	Sch.	1983	Okt. 8	1421	Gem.	2000	April 6
1405	Gem.	1984	Sept. 27				

1.9.3 Julianisches Datum (J. D.) und Modifizierte Julianische Tage (M. J. D.)

Außer der Zeiteinteilung in Jahre ist in der Astronomie ein System durchlaufender Tageszählung in Gebrauch, die sogenannte „Julianische Periode" nach einem Vorschlag von Joseph Justus Scaliger (1581). Der Anfangspunkt dieser Tageszählung ist der mittlere Mittag am 1. Jan. 4713 v. Chr. (der die Ordnungszahl 0 erhielt). Als „Julianisches Datum" (J. D.) bezeichnet man die Anzahl der seit diesem Moment verflossenen mittleren Sonnentage. Stunden, Minuten und Sekunden werden in dieser Zählung in Dezimalteilen des Tages ausgedrückt, wobei der Beginn des Tages, abweichend von der sonstigen Praxis, auf den mittleren Mittag von Greenwich (Weltzeit) gelegt wird.

1.9 Kalender

a) Anzahl der am Mittag eines jeden Jahrestages seit dem Mittag des 1. März verflossenen Tage

Monats-tag	März	April	Mai	Juni	Juli	Aug.	Sept.	Okt.	Nov.	Dez.	Jan.	Febr.
1	0	31	61	92	122	153	184	214	245	275	306	337
2	1	32	62	93	123	154	185	215	246	276	307	338
3	2	33	63	94	124	155	186	216	247	277	308	339
4	3	34	64	95	125	156	187	217	248	278	309	340
5	4	35	65	96	126	157	188	218	249	279	310	341
6	5	36	66	97	127	158	189	219	250	280	311	342
7	6	37	67	98	128	159	190	220	251	281	312	343
8	7	38	68	99	129	160	191	221	252	282	313	344
9	8	39	69	100	130	161	192	222	253	283	314	345
10	9	40	70	101	131	162	193	223	254	284	315	346
11	10	41	71	102	132	163	194	224	255	285	316	347
12	11	42	72	103	133	164	195	225	256	286	317	348
13	12	43	73	104	134	165	196	226	257	287	318	349
14	13	44	74	105	135	166	197	227	258	288	319	350
15	14	45	75	106	136	167	198	228	259	289	320	351
16	15	46	76	107	137	168	199	229	260	290	321	352
17	16	47	77	108	138	169	200	230	261	291	322	353
18	17	48	78	109	139	170	201	231	262	292	323	354
19	18	49	79	110	140	171	202	232	263	293	324	355
20	19	50	80	111	141	172	203	233	264	294	325	356
21	20	51	81	112	142	173	204	234	265	295	326	357
22	21	52	82	113	143	174	205	235	266	296	327	358
23	22	53	83	114	144	175	206	236	267	297	328	359
24	23	54	84	115	145	176	207	237	268	298	329	360
25	24	55	85	116	146	177	208	238	269	299	330	361
26	25	56	86	117	147	178	209	239	270	300	331	362
27	26	57	87	118	148	179	210	240	271	301	332	363
28	27	58	88	119	149	180	211	241	272	302	333	364
29	28	59	89	120	150	181	212	242	273	303	334	365
30	29	60	90	121	151	182	213	243	274	304	335	
31	30		91		152	183		244		305	336	

b) Anzahl der am Mittag des 1. März der Jahre 1880 bis 2000 n. Chr. seit Anfang der Julianischen Periode verflossenen Tage

Jahr	J. D.	Jahr	J. D.	Jahr	J. D.	Jahr	J. D.
1880	2 407 776	1910	2 418 732	1940	2 429 690	1970	2 440 647
1881	2 408 141	1911	2 419 097	1941	2 430 055	1971	2 441 012
1882	2 408 506	1912	2 419 463	1942	2 430 420	1972	2 441 378
1883	2 408 871	1913	2 419 828	1943	2 430 785	1973	2 441 743
1884	2 409 237	1914	2 420 193	1944	2 431 151	1974	2 442 108

1 Astronomie im täglichen Leben

Jahr	J. D.	Jahr	J. D.	Jahr	J. D.	Jahr	J. D.
1885	2 409 602	1915	2 420 558	1945	2 431 516	1975	2 442 473
1886	2 409 967	1916	2 420 924	1946	2 431 881	1976	2 442 839
1887	2 410 332	1917	2 421 289	1947	2 432 246	1977	2 443 204
1888	2 410 698	1918	2 421 654	1948	2 432 612	1978	2 443 569
1889	2 411 063	1919	2 422 019	1949	2 432 977	1979	2 443 934
1890	2 411 428	1920	2 422 385	1950	2 433 342	1980	2 444 300
1891	2 411 793	1921	2 422 750	1951	2 433 707	1981	2 444 665
1892	2 412 159	1922	2 423 115	1952	2 434 073	1982	2 445 030
1893	2 412 524	1923	2 423 480	1953	2 434 438	1983	2 445 395
1894	2 412 889	1924	2 423 846	1954	2 434 803	1984	2 445 761
1895	2 413 254	1925	2 424 211	1955	2 435 168	1985	2 446 126
1896	2 413 620	1926	2 424 576	1956	2 435 534	1986	2 446 491
1897	2 413 985	1927	2 424 941	1957	2 435 899	1987	2 446 856
1898	2 414 350	1928	2 425 307	1958	2 436 264	1988	2 447 222
1899	2 414 715	1929	2 425 672	1959	2 436 629	1989	2 447 587
1900	2 415 080	1930	2 426 037	1960	2 436 995	1990	2 447 952
1901	2 415 445	1931	2 426 402	1961	2 437 360	1991	2 448 317
1902	2 415 810	1932	2 426 768	1962	2 437 725	1992	2 448 683
1903	2 416 175	1933	2 427 133	1963	2 438 090	1993	2 449 048
1904	2 416 541	1934	2 427 498	1964	2 438 456	1994	2 449 413
1905	2 416 906	1935	2 427 863	1965	2 438 821	1995	2 449 778
1906	2 417 271	1936	2 428 229	1966	2 439 186	1996	2 450 144
1907	2 417 636	1937	2 428 594	1967	2 439 551	1997	2 450 509
1908	2 418 002	1938	2 428 959	1968	2 439 917	1998	2 450 874
1909	2 418 367	1939	2 429 324	1969	2 440 282	1999	2 451 239
						2000	2 451 605

c) Tafel zur Verwandlung der Stunden, Minuten und Sekunden in Dezimalteile des Tages

h	Tag	h	Tag	m	Tag	s	Tag
1	0,04167	13	0,54167	1	0,00069	1	0,00001
2	0,08333	14	0,58333	2	0,00139	2	0,00002
3	0,12500	15	0,62500	3	0,00208	3	0,00003
4	0,16667	16	0,66667	4	0,00278	4	0,00005
5	0,20833	17	0,70833	5	0,00347	5	0,00006
6	0,25000	18	0,75000	6	0,00417	6	0,00007
7	0,29167	19	0,79167	7	0,00486	7	0,00008
8	0.33333	20	0,83333	8	0,00556	8	0,00009
9	0,37500	21	0,87500	9	0,00625	9	0,00009
10	0,41667	22	0,91667	10	0,00694	10	0,00010
11	0,45833	23	0,95833	20	0,01389	20	0,00023
12	0,50000	24	1,00000	30	0,02083	30	0,00035
				40	0,02778	40	0,00046
				50	0,03472	50	0,00058

d) Tafel zur Verwandlung der Dezimalteile des Tages in Stunden, Minuten und Sekunden

Tag	h	m	Tag	h	m	s	Tag	m	s	Tag	m	s
0,1	2	24	0,01	0	14	24	0,001	1	25	0,0001	0	9
0,2	4	48	0,02	0	28	48	0,002	2	53	0,0002		17
0,3	7	12	0,03	0	43	12	0,003	4	19	0,0003		26
0,4	9	36	0,04	0	57	36	0,004	5	46	0,0004		35
0,5	12	0	0,05	1	12	0	0,005	7	12	0,0005		43
0,6	14	24	0,06	1	26	24	0,006	8	38	0,0006		52
0,7	16	48	0,07	1	40	48	0,007	10	5	0,0007	1	0
0,8	19	12	0,08	1	55	12	0,008	11	31	0,0008		9
0,9	21	36	0,09	2	9	36	0,009	12	58	0,0009		18
1,0	24	0	0,10	2	24	0	0,010	14	24	0,0010		26

Das Julianische Datum ermöglicht die mühelose Berechnung von Zeitintervallen, während man sonst bei Benutzung der üblichen Daten die ungleiche Länge der Jahre und Monate berücksichtigen muß. Auch läßt sich aus dem Julianischen Datum leicht der Wochentag bestimmen. Man dividiert dazu das J. D. durch 7; ist der Rest 0, so handelt es sich um einen Montag, ist er 1, um einen Dienstag usw.

Das Julianische Datum erhält man durch Addition der Zahlenwerte der Tabellen a) und b). Die Stunden, Minuten und Sekunden können aus der Tabelle c) in Dezimalteile des Tages umgerechnet werden, sie werden dem Julianischen Datum als Dezimalstellen beigefügt. Um die Unterschiede zwischen gemeinen und Schaltjahren zu beseitigen, rechnet man das Jahr mit dem 1. März beginnend und zählt die Monate Januar und Februar zu den vorhergehenden Jahresziffern.

Modifizierte Julianische Tage

Dem Julianischen Datum, wie vorstehend dargestellt, haften für die Gegenwart einige Umständlichkeiten an, so vor allem der Übergang von einem Julianischen Tag zum nächsten um 12^h Weltzeit (ursprünglich eingeführt, um in der nächtlichen Beobachtungszeit keinen Tagessprung zu haben). So wurde von der Smithsonian Institution im Internationalen Geophysikalischen Jahr (1957/58) ein „Modifiziertes Julianisches Datum" (M. J. D.) eingeführt, das sich in der Raumfahrt besonders schnell durchsetzte.

Zum „Nullpunkt" wurde der 17. Nov. 1858, $0^h\,00^m\,00^s$ Weltzeit gewählt. Dieser Zeitpunkt ist identisch mit dem Julianischen Datum 2 400 000,5 J. D.

Es gilt also: 2 400 000,5 J. D. = 00 000.0 M. J. D.

Zu beachten ist, daß der Tagesbeginn nicht mehr wie im Julianischen Datum der mittlere Mittag von Greenwich, also 12^h Weltzeit (UT), sondern 0^h Weltzeit ist.

Die M. J. D. können leicht aus den vorstehenden Tabellen für das Julianische Datum entnommen werden; man muß lediglich in Tab. b) berücksichtigen, daß die Tageszählung dort um 12^h UT beginnt. Für die M. J. D. zum 1. März eines jeden Jahres, 0^h UT, ist also die angegebene Julianische Tagesnummer um 1 zu vermindern, ferner die 2 400 000 in Abzug zu bringen. Mit Tab. a) kann die jeweilige Tagesnummer und mit Tab. c) die Bruchteile des Tages errechnet werden.

2 Die Erde und ihr Mond

2.1 Die Erde als Planet

Geophysik

Die Erforschung der physikalischen Zustände unserer Erde und der auf ihr ablaufenden Vorgänge sowie der Einwirkungen anderer Himmelskörper, insbesondere der Sonne und des Mondes, auf sie, sind Aufgabe der Geophysik. Diese Wissenschaft steht selbständig neben der Astrophysik und liegt an sich außerhalb unserer Betrachtungen. Für den Astronomen sind jedoch folgende Gründe bestimmend, sich mit den Ergebnissen geophysikalischer Forschung zu befassen. Die Erde ist ein Planet, ein Körper des Sonnensystems, und somit auch Gegenstand astronomisch-astrophysikalischer Forschung. Ihre Nachbarplaneten – sie werden auch erdartige oder terrestrische Planeten genannt – haben sehr wahrscheinlich eine gleiche Entstehungsgeschichte, und wie wir ja inzwischen durch „Augenschein" wissen, gibt es auf ihnen Erscheinungen und physikalische Vorgänge, die von der Erde her uns bekannt sind. Es wurde ja bereits damit begonnen, geologische, geochemische, petrographische und seismische Untersuchungsmethoden der Erdwissenschaften erfolgreich zur Erforschung jener terrestrischen Planeten und auch unseres Mondes einzusetzen. – Zum anderen läßt sich keine scharfe Grenze zwischen Erde und dem sie umgebenden interplanetaren Raum ziehen. Die Übergänge von der Erdatmosphäre zum „leeren" Raum, vom terrestrischen Magnetfeld zur von der Sonne gespeisten Geokorona sind fließend, und ebenso geht geophysikalische Forschung unmerklich in astrophysikalische Forschung über.

Ferner ist für den Astronomen die Erde immer noch wichtigste Beobachtungsplattform im Raum. Erdrotation, -umlauf um die Sonne, Polwanderung sowie Verlagerungen im und auf dem Erdkörper haben Einflüsse auf das astronomische Koordinatensystem und verursachen Zeit- und Kalenderprobleme. Die auf der Erde gewonnenen Beobachtungen sind aber auch durch die auf ihr herrschenden Gegebenheiten, wie etwa Durchlässigkeit der Atmosphäre, Extiktion oder Brechung der von den Gestirnen kommenden Strahlung, beeinträchtigt. Genaue Kenntnisse der irdischen Verhältnisse gestatten erst eine Befreiung der Meßwerte von diesen verschiedenen Einflüssen und Effekten. Erst nach solchen Reduktionen gelangt man zu gültigen Aussagen über astronomische und astrophysikalische Vorgänge und Zustände.

Entsprechend diesen für die Astronomie maßgebenden Gesichtspunkten wird hier nur eine Auswahl geophysikalischer Forschungsergebnisse dargestellt. Ebenso kann hier nicht auf die Erkenntnisse der anderen Erdwissenschaften, wie u. a. Geodäsie, Geologie, Geographie, Geochemie, Mineralogie, ausführlich eingegangen werden, wiewohl alle diese Disziplinen ihren Beitrag zu einem Gesamtbild unserer Erde liefern.

Masse und Dichte der Erde

Verhältnis Sonnenmasse zu Erdmasse 332 946,0
Verhältnis der Sonnenmasse zum Erde-Mond-System 328 900,5
Masse der Sonne $1,9891 \cdot 10^{30}$ kg
Masse der Erde $5,9742 \cdot 10^{24}$ kg
Mittlere Dichte der Erde $5,515$ g cm^{-3}

2.1.1 Figur und Dimensionen der Erde

Die Erde hat in erster Annäherung die Gestalt einer Kugel. Wird die Annäherung weitergetrieben, so muß der Erde die Gestalt eines abgeplatteten Rotationsellipsoids zugeschrieben werden. Dieser Figur ist gegenüber der Kugel auch aus physikalischen Gründen – nämlich wegen der Rotation um eine Achse – der Vorzug zu geben. In aller Strenge ist der Erdkörper aber nicht durch eine einfache geometrische Figur wiedergebbar, denn neben geometrische müssen physikalische Messungen treten, die schließlich dazu führen, von der Erdfigur als dem Geoid zu sprechen, das ist eine nicht durch die Geometrie, sondern durch das Schwerefeld definierte Erdfigur.

Die Bestimmung der Erdfigur beruhte zunächst auf trigonometrischen Messungen. So konnte schon der Grieche Eratosthenes (276 bis 195 v. Chr.) durch Messen des Meridianbogens zwischen Alexandria und Syene den Erdumfang bestimmen: der erhaltene Wert war um weniger als 1 Prozent fehlerhaft. Von historischem Interesse ist die auf Beschluß der französischen Nationalversammlung vom 26. 3. 1791 zur Schaffung eines feststehenden, jederzeit reproduzierbaren Maßes angeordnete Erdvermessung, die in den Jahren 1792 bis 1798 von Méchain und Delambre durchgeführt wurde. Aus dieser Messung ging das Meter als 10 000 000. Teil des Erdquadranten hervor. Diese Vermessung ergab aber eine nach den heutigen Werten zu kleine Abplattung und einen zu kleinen Wert für den Meridianquadranten. – Bis 1983 definierte man das Meter nach dem Platin-Iridium-Stab, der in Paris aufbewahrt wird, durch die jederzeit reproduzierbare Größe der Wellenlänge einer bestimmten Spektrallinie. Danach wurde das Meter als die Länge von 1 650 763,73 Wellenlängen der orangeroten Strahlung des zum Leuchten gebrachten Edelgases Krypton 86 (^{86}Kr) festgelegt. Neuere, auf der Anwendung stabilisierter Laser beruhende Arbeiten wurden mit dem Ziel betrieben, die Länge des Meters über eine Festlegung der Lichtgeschwindigkeit im Vakuum zu definieren. So war es möglich, die hohe erreichte Genauigkeit bei der Darstellung der Sekunde (relative Unsicherheit $< 10^{-12}$) für die Darstellung des Meters zu nutzen. Die Definition für das Meter lautet heute: „Das Meter ist die Länge der Strecke, die Licht im Vakuum während des Intervalls von (1/299 792 458) s durchläuft" (s. A 3.1).

Die Länge eines Längen- und Breitengrades in km

Geogr. Breite	Länge 1°	Breite 1°
0°	111,3239	110,5756
10°	109,6437	110,6125
20°	104,6514	110,7124
30°	96,4904	110,8633
40°	85,3977	111,0475
50°	71,6992	111,2427
60°	55,8028	111,4255
70°	38,1885	111,5737
80°	19,3945	111,6691
89°	1,9494	111,6999

Die Internationale Union für Geodäsie und Geophysik hat 1924 sich auf die Werte eines Rotationsellipsoids festgelegt, den man „Internationales Ellipsoid" nennt.

Schon kurz nach dem Start der ersten künstlichen Erdsatelliten stellte man fest, daß die Abplattung der Erde doch um 0,35 % geringer sein mußte als bisher angenommen. Dies bedeutet, daß der Polradius der Erde um 150 m größer ist als nach dem Internationalen Ellipsoid. Auch von der reinen Ellipsoidform weicht die Erdfigur ab, ja sie hat ein mehr „birnenförmiges" Aussehen.

Inzwischen weiß man noch Genaueres durch weitere Vermessungen der Bahnen künstlicher Satelliten, so daß man von der Beschreibung der Gestalt der Erde durch eine Rotationsfigur abgegangen ist und nun auf einem Globus direkt die Zonen von „Anhebungen" beziehungsweise von „Depressionen" von

2.1 Die Erde als Planet

Internationales Ellipsoid

Äquatorradius	$a = 6\,378\,388$ m (genau)
Polradius	$b = 6\,356\,911{,}946\,128$ m
Abplattung	$(a - b)/a = 1:297$ (genau)
	$a - b = 21\,476{,}053\,872$ m
Mittlerer Radius	$(a + a + b)/3 = 6\,371\,229{,}315$ m
Radius der oberflächengleichen Kugel	$= 6\,371\,227{,}709$ m
Radius der volumengleichen Kugel	$= 6\,371\,221{,}266$ m
Äquatorquadrant	$= 10\,019\,148{,}441$ m
Meridianquadrant	$= 10\,002\,288{,}299$ m
Äquatorgrad	$= 111\,323{,}872$ m
Mittlerer Meridiangrad	$= 111\,136{,}537$ m
Oberfläche	$= 510\,100\,933{,}5$ km^2
Volumen	$= 1\,083\,319\,780\,000$ km^3

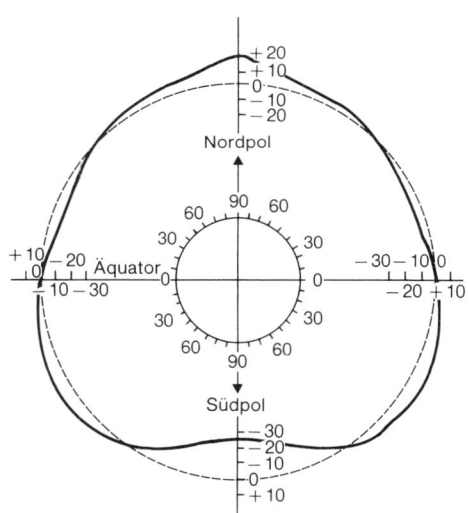

Ein über verschiedene Längenkreise gemittelter Schnitt durch den Erdkörper. Die durchgehende Linie entspricht dem Geoid nach Auswertung von Bahndaten von 27 künstlichen Erdsatelliten (Stand 1974; Zahlenangaben in m). Die gestrichelte Kurve gibt ein Sphäroid mit der Abplattung 1/298,25 wieder. Die Abweichungen sind stark gedehnt (etwa 80 000fach)

einer exakten Sphäre darstellt. Der Globus läßt sich in zwei zusammenhängende Gebiete teilen, der „angehobene" Teil erstreckt sich vom Nordpol aus etwa in 0° und 180° Länge bis ca. 40° südlicher Breite, während der „abgesenkte" Teil vom Südpol aus in Richtung 90° und 270° Länge bis hin zur Arktis verläuft.

Die Schwerebeschleunigung auf der Erdoberfläche ist abhängig vom örtlichen Erdradius (und von Schwereanomalien). In der Geophysik benennt man die Einheit der Beschleunigung in Erinnerung an G. Galilei

$$1 \text{ Gal} = 1 \text{ cm s}^{-2} = 1 \cdot 10^{-2} \text{ m s}^{-2}$$

Schwerebeschleunigung

Normalschwere in 45° geograph. Breite	$= 980{,}629$ Gal
Normalschwere am Äquator	$= 978{,}049$ Gal
Normalschwere am Pol	$= 983{,}221$ Gal

Arithmetisches Mittel von Äquator- und
Polschwere = 980,635 Gal
Gravitation an der Oberfläche der nicht rotie-
renden, volumen- und massengleichen Kugel = 982,037 Gal

2.1.2 Aufbau des Erdkörpers

Um ein Bild von dem Aufbau des Erdkörpers und dem Verlauf der Zustandsgrößen im Erdinnern zu erhalten, müssen die Ergebnisse und Erkenntnisse der Teilgebiete der Geophysik, wie vor allem Seismologie, Gravimetrie, Geothermik und die Lehre von den Eigenschwingungen der Erde, den Erdgezeiten und dem Erdmagnetismus zusammengefaßt werden. Wesentlicher Aufschluß über den inneren Aufbau der Erde, aber auch des Mondes – und in naher Zukunft wohl auch der anderen erdähnlichen Planeten –, gibt vor allem die Seismologie. Die Ausbreitung von Erdbebenwellen, insbesondere die Veränderungen der seismischen Geschwindigkeiten, hat zu einer Gliederung des Erdkörpers geführt. Die von K. E. Bullen angegebenen Bezeichnungen der einzelnen Schalen wird in der Geophysik jetzt allgemein benutzt.

Gliederung des Erdkörpers

Kugelschicht	Tiefenbereich in km	Bezeichnung nach Bullen
Kruste	0–33	A
Oberer Mantel	33–410	B
	410–1 000	C
Unterer Mantel	1 000–2 700	D′
	2 700–2 900	D″
Äußerer Kern	2 900–4 980	E
Übergangsschicht	4 980–5 120	F
Innerer Kern	5 120–6 370	G

Zu obenstehender Tabelle noch einige Ergänzungen:

1. Die Kruste ist im allgemeinen unter den Kontinenten ca. 30 km mächtig, sie kann aber unter Faltengebirgen bis zu 65 km Mächtigkeit anwachsen, aber auch bis auf ca. 8 km Dicke unter den Ozeanen abnehmen. – Das Gestein dieser Zone gehört zur Granitfamilie (Diorit, Gabbros). – Nach unten wird die Kruste durch die Mohorovičic-Diskontinuität begrenzt.

2. Der obere Erdmantel besteht vorwiegend aus Peridotit bis zu einem Übergang in ca. 400 km Tiefe. Der untere Erdmantel besteht aus Silikatmineralien besonders dichter Ionenpakkung. Der Erdmantel ist fest, aber plastisch deformierbar. – Die sogenannte Wiechert-Gutenberg-Diskontinuität grenzt den Erdmantel vom Erdkern.

Verlauf von Dichte und Druck im Erdinnern

Tiefe km	Dichte g cm^{-3}	Druck GPa
33	3,32	0,9
100	3,38	3,1
200	3,47	6,5
400	3,63	13,6
600	4,13	21,3
800	4,49	30
1 000	4,68	39
1 400	4,91	58
1 800	5,13	78
2 200	5,34	99
2 600	5,54	120
2 900	5,68	137

Grenze zwischen Erdmantel und Kern

2 900	9,43	137
3 000	9,57	147
3 400	10,11	185
3 800	10,56	222
4 200	10,94	257
4 600	11,27	288
5 120	14,20	327

Grenze zwischen äußerem und innerem Kern

5 120	16,80	327
5 200	16,85	332
5 600	17,05	350
6 000	17,16	361
6 371	17,20	364

3. Der Erdkern – sehr wahrscheinlich ein Nickel-Eisen-Kern – dürfte bis in eine Tiefe von 5 120 km schmelzflüssig sein. Zum Zentrum der Erde hin wird der Kern wahrscheinlich kristallin sein. Seine Existenz ist gesichert. Jedoch gibt es Gebiete, in denen der Erdkern weniger als 2 900 km tief liegt, und andere, in denen er tiefer liegt. Es ist bemerkenswert, daß diese Erdkern-Undulation eine ähnliche geographische Struktur aufweist wie die Geoid-Undulation und wie die Quell- und Sinkgebiete des erdmagnetischen Nichtdipolfeldes (das ist das Restmagnetfeld nach Abzug des erdmagnetischen Dipolfeldes). Die beim Nichtdipolfeld festgestellte Westwärtswanderung scheint auch von der Erdkern-Undulation ausgeführt zu werden, und zwar um 18° pro 100 Jahre (0,03 cm s^{-1} am Äquator des Erdkerns). Für die Bestimmung der Temperatur im Innern der Erde bieten sich folgende Methoden:

I. die Berechnung mit Hilfe der elektrischen Leitfähigkeit;

II. die Berechnung der adiabatischen Gradienten aus der Geschwindigkeit der Erdbebenwellen;

III. die Extrapolation der Schmelzpunkttemperatur aus den bekannten Daten bei gewöhnlichen Drücken.

Tiefe km	Temperatur in K bestimmt nach Methode			Tiefe km	Temperatur in K bestimmt nach Methode		
	I.	II.	III.		I.	II.	III.
100	–	1 780	–	2 200	2 700	2 600	–
200	–	1 850	–	2 600	2 800	2 750	–
300	–	1 900	–	2 900	2 900	2 800	–
410	–	2 000	–	....			
600	–	2 100	–	5 120	–	–	3 650
800	–	2 200	–	5 700	–	–	3 720
1 000	2 250	2 250	–	6 000	–	–	3 730
1 400	2 500	2 400	–	6 370	–	–	3 740
1 800	2 600	2 500	–				

Auch über die chemische Zusammensetzung des Erdkörpers können – auf begründete Annahmen hin – heute Angaben gemacht werden. Dabei geht man unter anderem von folgenden Hypothesen aus:

I. Die Mineralien des Erdmantels werden in der Hauptsache sein:

Peridotit $MgFeSiO_4$ Enstatit $(Mg)_2[Si_2O_6]$
Hornblende $[Ca(MgFe)_3]Si_4O_{12}$ Diallag $(CaMg)[Si_2O_6]$

II. Der äußere Erdkern (Schicht E) ist eine Hochdruckmodifikation des Materials des unteren Erdmantels (Schicht D').

III. Der innere Erdkern ist chemisch verschieden von der übrigen Materie, aus der sich die Erde zusammensetzt. Man muß dort metallisches Eisen, legiert mit Nickel, annehmen.

GEOLOGIE, erdgeschichtliche Zeittafel

Ära	System	Abteilung	Stufe	Beginn vor heute (in Jahren)	geologische Vorgänge	Entwicklung des Lebens
Känozoikum (Neozoikum, Erdneuzeit)	Quartär	Holozän	Klimaoptimum	7000–6000	Deutl. Klimaverbesserung, aber noch immer Eiskappen, Gletscher und Eisschelfe, mehrfache Klimaschwankungen. Austrocknung kontinentaler Innenbecken. Andauern epirogener und, zonar begrenzt, orogener Bewegungen.	Veränderung der Umwelt durch den Menschen; Pflanzen- und Tierwelt der Gegenwart.
			jüngere Dryaszeit	11000		
			Alleröd	11800		
			ältere Dryaszeit	12000		
			Böllingzeit	13500		
		Pleistozän	Weichsel-/Würmkaltzeit	110000	Vier bis sechs starke Klimaschwankungen mit zeitweilig maximaler Ausdehnung der Eisbedeckung, insbes. auf der Nordhalbkugel, dementsprechend starke eustat. Meeresspiegelschwankungen. Isostat. Hebung der Hochgebirgsregionen im Anschluß an die alpid. Faltung.	Rasche Entwicklung des Menschen, erhebl. klimabedingte Verschiebungen der Tier- und Pflanzenwelt, beschleunigte Evolution durch klimat. und geograph. Isolation.
			Eemwarmzeit	125000		
			Saale-/Rißkaltzeit			
			Holsteinwarmzeit			
			Elster-/Mindelkaltzeit	600000		
			Cromerwarmzeit			
			Menap-/Günzkaltzeit			
			Waalwarmzeit	900000		
			Eburonkaltzeit	1,4 Mill.		
			Tegelenwarmzeit	1,6 Mill.		
	Tertiär — Neogen (Jungtertiär)	Pliozän	Astium; Prätegelenkaltzeit	3 Mill.	Beginn der gegenwärtigen Geokratie (Ausdehnung der Festlandsräume.) Höhepunkt der alpid. Gebirgsbildung (mediterraner Faltengürtel), verstärkte Bruchtektonik, Ausbildung der Bruchschollenfelder und Großgrabenzonen, anhaltender Vulkanismus und Plutonismus, Braunkohlenbildung. Entstehen von Salzlagerstätten.	Entwicklung der Vögel und Säugetiere, insbes. der Herrentiere; der entscheidende Zeitraum für die menschl. Entwicklung dürfte das Pliozän gewesen sein; Höhepunkt in der Entwicklung der Schnecken. Ausbreitung der Nadelhölzer und der höheren Blütenpflanzen.
			Piacenzium/Reuverium			
			Tabianium/Zanclium	5 Mill.		
		Miozän	Messinium	8 Mill.		
			Tortonium	12 Mill.		
			Serravallium	15 Mill.		
			Langhium	16 Mill.		
			Burdigalium			
			Aquitanium	24 Mill.		
	Tertiär — Paläogen (Alttertiär)	Oligozän	Chattium	32 Mill.		
			Rupelium	37 Mill.		
		Eozän	Priabonium	40 Mill.		
			Bartonium	44 Mill.		
			Lutetium	49 Mill.		
			Ypresium	53 Mill.		
		Paläozän	Thanetium	60 Mill.		
			Danium	65 Mill.		
Mesozoikum (Erdmittelalter)	Kreide	Oberkreide	Maastrichtium	70 Mill.	Anhaltende bzw. verstärkte Thalattokratie: Meeresüberflutungen in Europa, Nordamerika, Nordafrika und Australien. In der Unterkreide beginnende Öffnung des Südatlantiks (vor etwa 110 Mill. Jahren). An der Wende zur Oberkreide Beginn der alpid. Gebirgsbildung. Andauern der zirkumpazif. Gebirgsbildung. Nach der Oberkreide starke Absenkung des Pazifikbeckens. Starker Plateauvulkanismus (Paranábecken); warmes, ausgeglichenes Klima vom Pol zu Pol (Bauxit- und Lateritbildung in nördl. Breiten). Trümmereisenerze nördlich des Harzes (Salzgitter, Peine), Steinkohlen im Deister, Schreibkreide auf Rügen. In Deutschland reicht das Kreidemeer von N zeitweilig bis an den Rhein. Schiefergebirge, Ohmgebirge und Elbsandsteingebirge, von S bis nördlich von Regensburg.	Höhepunkt und Ende der Dino-, Flug- und Fischsaurier; zahlreiche Foraminiferen und Muscheln (z.T. Leitfossilien); Ende der Kreide Aussterben der Ammoniten. Ab Unterkreide Beginn des Känophytikums (Neuzeit der Pflanzenwelt) mit Einsetzen und rascher Verbreitung der Bedecktsamer (Thalattokratie begünstigt die Entwicklung der Pflanzenwelt).
			Campanium	78 Mill.		
			Santonium	82 Mill.		
			Coniacium	86 Mill.		
			Turonium	92 Mill.		
			Cenomanium	100 Mill.		
		Unterkreide	Albium	108 Mill.		
			Aptium	115 Mill.		
			Barremium	121 Mill.		
			Hauterivium	126 Mill.		
			Valanginium	131 Mill.		
			Berriasium	135 Mill.		

Ära	System	Abteilung			Stufe	Beginn vor heute (in Jahren)	geologische Vorgänge	Entwicklung des Lebens
Mesozoikum (Erdmittelalter)	Jura	Malm (Oberer oder Weißer Jura)			Tithonium (Volgium)	141 Mill.	Ausgeprägte Thalattokratie mit weitreichenden Transgressionen, starke Eintiefung der alpid. Geosynklinale, zonenweise mit starkem Geosynklinalvulkanismus, Einsetzen der zirkumpazif. Gebirgsbildung (Japan, westl. Kordilleren Nordamerikas). Im Dogger beginnende Öffnung des Nordatlantiks (vor etwa 165 Mill. Jahren), Ausgeglichenes Klima. Im Bereich der alten Schilde des Gondwanalandes sowie im Zentral- und Ostasien (im Bereich von Angaria mit Kohlenbildung von Nordafghanistan bis zur Mandschurei) festländ. Entwicklung. Bildung der norddt. und süddt. Eisenerzlager, Minette von Lothringen und Luxemburg, Ölschiefer in Süddeutschland. Beginnende Salzstockbildung und Erdölkonzentration in Norddeutschland.	Reiche marine Fauna mit Fischsauriern, Plesiosauriern, Ammoniten (Leitfossilien), Belemniten, riffbildenden Schwämmen; Dino- und Flugsaurier; Auftreten des Urvogels Archaeopteryx. Überwiegen der Nacktsamer (Nadelbäume, Ginkgogewächse, Palmfarne).
					Kimmeridgium	143 Mill.		
					Oxfordium	149 Mill.		
		Dogger (Mittlerer oder Brauner Jura)			Callovium	156 Mill.		
					Bathonium	165 Mill.		
					Bajocium	171 Mill.		
					Aalenium	174 Mill.		
		Lias (Unterer oder Schwarzer Jura)			Toarcium	177 Mill.		
					Pliensbachium	183 Mill.		
					Sinemurium	189 Mill.		
					Hettangium	200 Mill.		
	Trias	Obere Trias	Keuper	Rhät / Gipskeuper / Lettenkohlenkeuper	Rhaetium		Ende der Geokratie: mehrfache Meeresvorstöße in das german. Becken (Muschelkalk), Salzbildung im Oberen Buntsandstein, Mittleren Muschelkalk, Gipskeuper. Verbreitete Aridität. Entstehung der alpid. Geosynklinale. Abklingen der Uralfaltung. In den Gondwanagebieten der Südkontinente und Indiens anhaltend festländ. Entwicklung. Gebirgsbildung und Metamorphose in Japan. Örtlich Vulkanismus.	Herrschaft der Reptilien und Amphibien; im Keuper Auftreten der ersten Säugetiere, im Muschelkalk reiche marine Fauna (u.a. Seelilien, Muscheln, Brachiopoden, Kopffüßer), im Buntsandstein Fährten von Chirotherium (ein Saurier). Vorherrschen der Nacktsamer, daneben Schachtelhalme und Farne.
					Norium			
					Karnium			
		Mittlere Trias	Muschelkalk	Oberer (Ceratitenschichten)	Ladinium	(?200 Mill.)		
				Mittlerer				
				Unterer (Wellenkalk)	Anisium			
		Untere Trias	Buntsandstein	Oberer (Röt) / Mittlerer / Unterer	Skythium	230 Mill.		
Paläozoikum (Erdaltertum)	Perm	Oberperm (Zechstein)			Thuringium / Allerzyklus (Z4) / Leinezyklus (Z3) / Staßfurtzyklus (Z2) / Werrazyklus (Z1)	240 Mill.	Höhepunkt der Geokratie; im Norden verbreitet Aridität (Zechsteinsalz), im Unterperm kräftiger Vulkanismus. Auf der Südhalbkugel (Australien) Vereisung im Unterperm. Abklingen der varisk. Gebirgsbildung. In Nordamerika und Europa zeitweilig Epikontinentalmeere, nachdem im Unterperm ein gewisser Ausgleich des varisk. Reliefs durch Abtragung und Beckensedimentation erfolgte.	Entwicklung und Differenzierung der Reptilien; daneben Großforaminiferen, Bryozoen (Moostierchen); Aussterben der Trilobiten, vieler Stachelhäuter und Armfüßer. In der Mitte des Perms fällt der Übergang vom Paläophytikum (Vorherrschen der Farnpflanzen) zum Mesophytikum (Vorherrschen der Nacktsamer; Beginn der Ginkgogewächse).
		Unterperm (Rotliegend)			Saxonium	275 Mill.		
					Autunium	290 Mill.		
	Karbon	Oberkarbon (Silesium)	Pennsylvanian		Stephanium	300 Mill.	Zunehmende Geokratie, Höhepunkt der varisk. Gebirgsbildung mit intensiver pluton. Aktivität. Starke Klimadifferenzen: auf der Nordhalbkugel Steinkohlenwälder, auf der Südhalbkugel (einschl. Indien) ausgedehnte Vereisung. In der varisk. Geosynklinale vulkan. Aktivität, sodann synorogene Grauwackensedimentation. Im Zuge der Gebirgsbildung Gesteinsmetamorphose und Erzmineralisation, intensive Faltung und Schieferung.	Zahlreiche Amphibien, erste Reptilien, Insekten, Goniatiten, Armfüßer, Korallen. Baumförmige Farne, Schachtelhalme, Bärlappgewächse (erhalten in Steinkohlenlagern); erste Nacktsamer.
					Westfälium	< 320 Mill.		
					Namurium	320 Mill.		
		Unterkarbon (Dinantium)	Mississippian		Viseum			
					Tournaisium	330 Mill.		

GEOLOGIE, erdgeschichtliche Zeittafel (Forts.)

Ära	System	Abteilung	Stufe	Beginn vor heute (in Jahren)	geologische Vorgänge	Entwicklung des Lebens
Paläozoikum (Erdaltertum)	Devon	Oberdevon	Famennium — Wocklum (V), Dasberg (IV), Hemberg (III), Nehden (II)	360 Mill.	Thalattokrate Epoche, weite Meeresüberflutungen in fast allen Kontinenten. Ausgestaltung der varisk. Geosynklinale; in Nordeuropa nach der kaledon. Gebirgsbildung Festland (Old-red). Innerhalb der varisk. Geosynklinale vulkan. Aktivität (Diabase und Keratophyre mit Tuffen); im Mitteldevon ausgeprägte Riffbildung. Gegen Ende des Devons erstes Einsetzen von varisk. Bewegungen nach Abklingen der kaledon. Faltung im Unterdevon. In Südamerika im höchsten Oberdevon Einsetzen der festländ. Gondwana-Entwicklung.	Leitfossilien sind Brachiopoden, Kopffüßer und Fische; erste Amphibien. Im Unterdevon Nacktpflanzen. Im Mitteldevon erste Farne, Schachtelhalme und Bärlappgewächse.
			Frasnium — Adorf (I)	370 Mill.		
		Mitteldevon	Givetium, Eifelium	380 Mill.		
		Unterdevon	Emsium, Siegenium, Gedinnium	410 Mill.		
	Silur	Obersilur	Pridolium, Ludlovium	435 Mill.	Höhepunkt der kaledon. Gebirgsbildung (Schottland, Skandinavien) mit intensiver Faltung, Metamorphose, Intrusions- und vulkan. Tätigkeit, örtl. Deckenbau (westschott. Moine-Verwerfung und norweg. Hochgebirge). Bildung wichtiger Eisensilicat-Oolitherze (Bretagne, Thüringen, Böhmen). Salze in Nordamerika und Sibirien.	Reiche marine Fauna, u.a. riffbildende Korallen, Graptolithen (Leitfossilien); erstes Auftreten der Fische. Einfache Algen; im obersten Silur erste Besiedlung des Festlandes durch Gefäßpflanzen.
		Mittelsilur	Wenlockium			
		Untersilur	Llandoverium			
	Ordovizium	Oberordovizium	Ashgillium, Caradocium	450 Mill. (?)	Fortschreitende Meeresüberflutung; größte Ausdehnung des nordamerikan. Epikontinentalmeeres im Oberordovizium. Tatkräftige Faltungsphase im Bereich der Appalachen. Geosynklinaltröge mit vulkan. Tätigkeit weit verbreitet: im NW der Brit. Inseln, Skandinavien, östl. Ural, Zentralasien; erste kaledon. Bewegungen.	Erstes Auftreten der Graptolithen und Korallen; daneben Brachiopoden, Echinodermen, Kopffüßer, Trilobiten. Lagerpflanzen.
		Mittelordovizium	Llandeilium, Llanvirnium	465 Mill.		
		Unterordovizium	Arenigium, Tremadocium	485 Mill.		
	Kambrium	Oberkambrium		505 Mill.	Nach geokratem Unterkambrium weite Transgressionen und zunehmende Thalattokratie ab Mittelkambrium; Entstehung der kaledon. Geosynklinale. Zunehmende Erwärmung nach der vor(eo)kambr. Vereisung.	Außer den Wirbeltieren sind bereits alle Tierstämme vertreten, insbes. Trilobiten (Leitfossilien), Arm- und Kopffüßer, Medusen, riffbildende Archäozyathiden. Arme Algenflora.
		Mittelkambrium		530 Mill.		
		Unterkambrium	Tommotium	560 Mill.		
			Ediacara	590 Mill.	Am Übergang thalattokrate Epoche; Zusammenwachsen der Protokontinente zu kontinentweiten Einheiten; Einleitung der geokraten Epoche des Unterkambriums mit weltweiter Vereisung.	
			Varanginium	645 Mill.	Erster freier Sauerstoff in der Atmosphäre (vor etwa 2 Mrd. Jahren).	Abdrücke von Spiculä, Quallen, Seefedern, Arthropoden.
				700 Mill.	Entstehung eines ersten Superkontinents.	
Proterozoikum (Archäozoikum)		bisher keine weltweit →	verwendbare Standardgliederung →	2,5 Mrd.	Starker Oberflächenvulkanismus; erste Wasseransammlungen. Entstehung einer „Urkruste" (? aus dem fast monomineral. Plagioklasgestein Anorthosit).	Stromatolithen (Kalkausscheidungen von Blaualgen). Algenreste.
Archaikum (Archäozoikum)				3,5–3,8 Mrd.		
				4,0 Mrd.		Entstehung des Lebens.

2.1 Die Erde als Planet

So gewonnene Abschätzungen können mit anderen Werten über Elementhäufigkeiten – etwa aus den Untersuchungen von meteoritischem Material, von Mondgesteinsproben oder durch spektroskopische Analysen gewonnen – verglichen werden (s. 2.7) und geben so unter Umständen Hinweise auf Prozesse der Planetenentstehung.

Alter der Erde

Die ältesten Gesteine der Erdkruste haben ein Alter von $3,7\ldots3.8 \cdot 10^9$ Jahren, während das Alter der Erde – mit dem des Sonnensystems gleichgesetzt – zu $4,5 \cdot 10^9$ Jahren angenommen wird. Man muß wohl davon ausgehen, daß vor etwa $3,9 \cdot 10^9$ Jahren ein Differenzierungsprozeß begonnen hat, der die an radioaktiven Metallen reicheren und leichter schmelzbaren Mineralien mehr in die Nähe der Erdoberfläche transportierte. Damit begann wohl die Bildung der Erdkruste.

Wie die Erdwissenschaften heute die geologische und biologische Entwicklung auf unserer Erde sehen, geht aus den erdgeschichtlichen Zeittafeln hervor.

Plattentektonik

Nach den Vorstellungen der Theorie der Plattentektonik, die zwischen 1962 und 1970 aus der Theorie des Sea Floor Spreading entwickelt wurde, besteht die Lithosphäre aus ungefähr 20 starren Platten von $100\ldots150$ km Dicke. Die Platten bestehen aus ozeanischer Kruste und dem relativ starren Teil des oberen Erdmantels. Die Kontinente sind nicht selbständige „Schollen" – wie A. Wegener annahm –, sondern sie liegen auf den unter Umständen wesentlich größeren Platten und werden von diesen mitgenommen.

Einige weitere Zahlen über die Verteilung von Land und Wasser heute auf der Erdoberfläche.

Landfläche	$1,48 \cdot 10^{14}$ m^2
Ozeanfläche	$3,63 \cdot 10^{14}$ m^2
Mittlere Landerhebung	825 m
Mittlere Ozeantiefe	3 770 m
Masse der Ozeane	$1,42 \cdot 10^{21}$ kg

Verteilung von Land und Wasser zwischen den Breitengraden

Geographische Breite	Nordhemisphäre Wasser	Land	Wasser	Land	Südhemisphäre Wasser	Land	Wasser	Land
	$\times 10^6$ km^2		%	%	$\times 10^6$ km^2		%	%
90°–75°	7,266	1,496	82,9	17,1	0,522	8,239	6,0	94,0
75°–60°	9,993	15,652	38,9	61,1	19,721	5,924	76,9	23,1
60°–45°	17,540	23,137	43,0	57,0	40,087	0,590	98,3	1,7
45°–30°	29,246	23,586	55,4	44,6	48,698	4,734	91,0	9,0
30°–15°	40,082	21,261	65,4	34,6	47,035	14,308	76,8	23,2
15°– 0°	50,568	15,149	77,0	23,0	50,901	14,816	77,4	22,6
Zusammen:	154,695	100,281	60,7	39,3	206,364	48,611	80,9	19,1

2.1.3 Die Erdrotation und ihre Änderungen

Der gleichmäßige Vorgang der Erdrotation diente – bis vor wenigen Jahren – der Astronomie zur Zeitmessung und Zeitdefinition (s. 1.5.3). Dabei wurde von der Voraussetzung ausgegangen, daß die Umdrehung der Erde um ihre Achse mit gleichförmiger Geschwindigkeit erfolgt. Wie aber erst in neuerer Zeit erkannt wurde, ist dies nicht der Fall. Die Rotationsgeschwindigkeit der Erde ist nicht konstant, sondern unterliegt kleinen zeitlichen, unregelmäßigen und auch periodischen Veränderungen. Als Grund für diese Änderungen der Rotationsgeschwindigkeit sind vor allem die drei folgenden Ursachen erkannt worden:

1. die Gezeitenreibung, d. h. die durch Ebbe und Flut bewirkte Verlagerung der Wassermassen der Ozeane, die zu einer konstanten Bremsung der Rotationsgeschwindigkeit führt (2.5.3);

2. Verlagerungen im Erdinneren, die zu unregelmäßigen Bremsungen oder Beschleunigungen der Rotationsgeschwindigkeit Anlaß geben;

3. jahreszeitliche, meteorologisch bedingte Verlagerungen auf der Erdoberfläche, die Schwankungen der Rotationsgeschwindigkeit mit Jahresgang bewirken (s. 1.5.3).

Die Änderungen der Rotationszeit der Erde sind aber nur mit Uhren höchster Konstanz über lange Zeiträume feststell- und nachweisbar. Die ersten Ergebnisse wurden mit Quarzuhren gewonnen, aber erst die in jüngerer Zeit entwickelten Atomuhren dürften in absehbarer Zeit noch genauere quantitative Werte liefern (s. 1.5.6).

Zahlen zur Rotations- und Bahnbewegung der Erde

Verhältnis mittlerer Sonnentag zu Rotationsperiode	1,00274
Rotationsdauer in mittlerer Sonnenzeit	$0^{d}99727$
	$= 23^{h}56^{m}4^{s}099$
Rotationsgeschwindigkeit am Äquator	465,12 m s^{-1}
Zentrifugalbeschleunigung am Äquator	$-3,39$ cm s^{-2}
Länge des tropischen Jahres (Frühlingspunkt – Frühlingspunkt)	$365^{d}24220$
Länge des siderischen Jahres (Fixstern – Fixstern)	$365^{d}25636$
Länge des anomalistischen Jahres (Perihel – Perihel)	$365^{d}25964$
Mittlere Bahngeschwindigkeit der Erde	29,8 km s^{-1}
Mittlere Zentripedalbeschleunigung	0,594 cm s^{-2}
Entfernung der Erde von der Sonne	
im Perihel	$147 \cdot 10^{6}$ km
mittlere Entfernung	$149,6 \cdot 10^{6}$ km
im Aphel	$152 \cdot 10^{6}$ km

2.1.4 Polbewegung

Wie bereits früher dargelegt (s. 1.5.3) ist bei genauen Zeitangaben die Längenänderung des Nullmeridians von Greenwich durch eine Korrektur zu berücksichtigen (Übergang von der

Bahn des Nordpols der Erdachse 1957 ... 1961 nach Beobachtungen des Internationalen Breitendienstes. Jahreszehntel sind durch Punkte und Jahreshälften durch eingekreiste Punkte markiert. Die x-Achse läuft in Richtung des Greenwich-Meridians (λ = 0) und die y-Achse in Richtung λ = 270. Beschriftung unten und links in Bogensekunden, oben und rechts in Metern. (Aus W. Kertz: Geophysik I, HTB 275.)

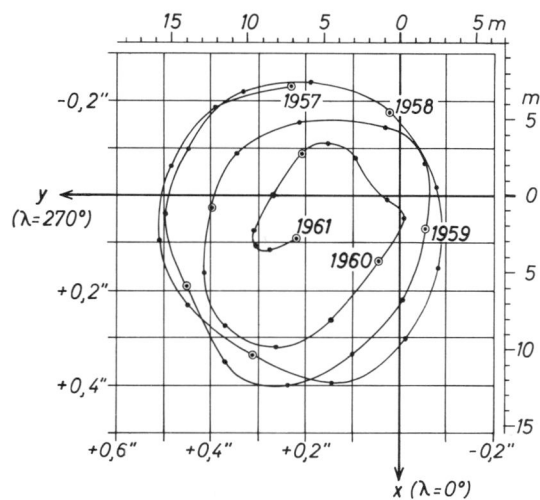

Weltzeit UT0 auf die Zeit UT1). Die Längen- und auch Breitenänderung wird durch die Verlagerung der Rotationsachse der Erde verursacht. Der Durchstoßpunkt der Rotationsachse durch die Erdoberfläche, also der Erdpol, liegt nicht fest, sondern wandert ständig. Durch diese Verlagerung des Bezugspunktes unseres irdischen Koordinatensystems ändert sich also die geographische Länge und Breite für alle Erdorte.

Seit der Jahrhundertwende wird die Polbewegung durch Observatorien des IPMS (International Polar Motion Service) verfolgt und untersucht. Analysen der genannten Daten zeigten, daß die Polbewegung, man bezeichnet sie auch als Breitenschwankung, aus mehreren, nicht vorherbestimmbaren Komponenten zusammengesetzt ist. Es sind dies:

1. Periodische Komponenten der Bewegung des instantanen (d. h. augenblicklichen) um einen mittleren Pol. Das ist eine Bewegung innerhalb eines Kreises von etwa 10 m Radius, die sich wie folgt zusammensetzt:

a) aus einer jährlichen konstanten Bewegungskomponente. Ihre Form ist meist elliptisch, bei einer Amplitude zwischen 0,06 bis 0,10 Bogensekunden. Als Ursache können jahreszeitlich bedingte Verlagerungen auf der Erdoberfläche angesehen werden.

Chandlersche Bewegung   b) ferner ist dieser jährlichen Bewegung die sogenannte Chandlersche Bewegung überlagert (benannt nach S. C. Chandler, 1846–1913, Kaufmann und Amateurastronom). Diese hat eine veränderliche Periode von ca. 412...442 Tagen, die fast kreisförmig mit einer sehr veränderlichen Amplitude zwischen 0,07 und 0,25 Bogensekunden abläuft. Die Geophysik kann zeigen, daß es sich hier um sogenannte „freie Schwingungen" (Resonanzeffekte) im plastisch und elastischen Erdkörper handelt.

2. Unregelmäßige Schwankungen, die eventuell weitere periodische Komponenten mit kleineren Amplituden enthalten. Ursache sind wahrscheinlich Masseverlagerungen im Erdkörper durch Erdbeben und Vulkanausbrüche.

3. Säkulare Verlagerung des mittleren Pols, wie sie sich auch in der obenstehenden Koordinatendarstellung der Polbewegung andeuten. Der Nullpunkt des X, Y-Systems wird durch den mittleren Pol der Beobachtungsepoche 1900–1905 festgelegt. Die derzeitige Verlagerung beträgt etwa 0,003 Bogensekunden pro Jahr. Die Extrapolation dieses Wertes, welche selbstverständlich sehr fragwürdig ist, würde ergeben, daß der Pol sich in 100 000 Jahren um nur 10 km verlagert hätte. – Auf Polwanderungen über weit größere Entfernungen auf der Erde weisen aber paläoklimatische und auch gesteinsmagnetische Untersuchungen hin.

2.1.5 Präzession und Nutation

Unter den Begriffen Präzession und Nutation faßt man alle Bewegungen der Erdachse zusammen, die dieser durch äußere Kräfte aufgezwungen werden. Wirksam sind die Gravitationskräfte des Mondes, der Sonne und in geringerem Maß die Wirkung der Planeten.

Die Erde kann als ein Kreisel angesehen werden. Da aber der Erdkörper nicht ideale Kugelgestalt besitzt und zudem die Masseverteilung im Erdinnern nicht gleichmäßig ist, wirken die Anziehungskräfte von Mond, Sonne und Planeten nicht auf alle Teile gleich ein, d. h., die resultierende Anziehungskraft greift nicht im Schwerpunkt der Erde an. Diese Kräfte versuchen vielmehr, die Erdachse aufzurichten, die ja gegen die Hauptebene des Sonnensystems, gegen die Ekliptik, geneigt ist. Die Erdachse folgt, entsprechend dem Verhalten eines Kreisels, dieser Kraft nicht, sondern sie bewegt sich auf einer Kegelfläche um den Pol der Ekliptik mit von Norden aus im Uhrzeigersinn erfolgender Drehung, wobei diese Kegelfläche in 25 800 Jahren einmal umschrieben wird. Dieser Zeitraum von annähernd 26 000 Jahren wird als platonisches Jahr bezeichnet. Durch Überlagerungen der Gravitationskräfte von Mond und Sonne werden dieser Bewegung noch Schwankungen mit einer Periode von 19 Jahren aufgeprägt. Dieses periodische Glied der Drehbewegung wird langperiodische Nutation genannt.

Die auf die Erdachse einwirkenden Gravitationskräfte führen so zu einer Verlagerung der Rotationsachse im Raum und dementsprechend des Äquators, der Grundebene des astronomischen Koordinatensystems, an der Sphäre. Der Einfluß der Planeten auf die Bahnbewegung der Erde verändert zudem noch die Lage der Ekliptik, so daß eine ständige Wanderung des Schnittpunktes Äquator–Ekliptik eintritt, des Frühlingspunktes also, von dem alle Zählungen der astronomischen Koordinaten ausgehen (s. auch 1.3). Man spricht hierbei von der Präzession.

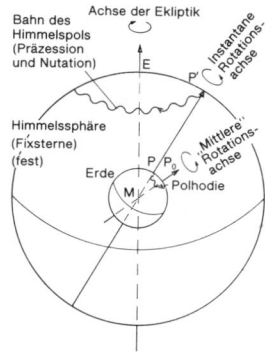

Bahn des Himmelspols (Präzession und Nutation)

Achse der Ekliptik

Himmelssphäre (Fixsterne) (fest)

Erde

E

P'

Instantane Rotationsachse

Mittlere Rotationsachse

P P₀

M

Polhodie

Rotation der Erde: Der Himmelspol P' beschreibt an der Sphäre um den Ekliptikpol E einen von kleinen Wellen überlagerten Kreis (Präzession und Nutation). Der instantane Rotationspol P beschreibt auf der Erdoberfläche um einen mittleren Pol P₀ eine komplizierte Bahn, die Polhodie

Für die Positionsastronomie ist die genaue Kenntnis der Koordinatenänderungen mit der Zeit unbedingte Voraussetzung. Die sphärische Astronomie stellt den entsprechenden Formalismus zur Lösung der durch die Präzession aufgeworfenen Probleme bereit.

Eine geschlossene theoretische Lösung mit Hilfe der Kreiseltheorie der Physik ist aber wegen der Unkenntnis über die Masseverteilung im Erdinnern nicht möglich, so daß aus empirischen Befunden wichtige Zahlenwerte abgeleitet werden müssen, was der Natur nach nur annäherungsweise möglich ist. Die in der Astronomie übliche Aufspaltung der Gesamterscheinung der Drehbewegung der Erdachse in einen periodischen und einen säkularen Teil, in Nutation und allgemeine Präzession sowie die Aufspaltung der letzteren in die Lunisolarpräzession und in die Präzession durch die Planeten hat formale Gründe.

Astronomische Positionsmessungen an der Sphäre werden wesentlich erschwert durch die Drehbewegungen der Erdachse. Die in einem Koordinatensystem an der Sphäre gemessenen Winkel gelten zuerst nur für den Augenblick der Messung, für die Epoche der Beobachtung. Da die Äquatorebene und die Ekliptik als Grundebenen für die astronomischen Koordinatensysteme gelten, der Schnittpunkt dieser beiden Ebenen (Frühlingspunkt) aber als Ausgangspunkt der Koordinatenzählung benutzt wird, ändern sich durch die Bewegungen der Präzession und Nutation die Koordinaten eines Gestirns lau-

Zahlenwerte der Präzession und Nutation

Lunisolarpräzession in Länge = durch Mond und Sonne verursachte Präzession   pro Jahr 50″37

davon allein durch den Mond   ~30″

durch die Planeten verursachte Planetarische Präzession in Rektaszension   0″12

aus der Relativitätstheorie abgeleitete Geodätische Präzession   0″02

Allgemeine Präzession in Länge = Lunisolar- minus Planetenpräzession · cos ε 50″26

Schiefe der Ekliptik (ε)   23° 27′ 8″26

Änderung der Schiefe, gegenwärtig   0″47

mögliche Extremwerte für die Schiefe der Ekliptik in einem Zeitraum von rund 40 000 Jahren   21° 55′   24° 18′

Präzessionskonstante (nach der Definition von Newcomb) Lunisolarpräzession/cos ε 54″91

Die periodischen Schwankungen der Präzession, in der Hauptsache hervorgerufen durch den Mond, werden zusammengefaßt unter dem Begriff der Nutation

Nutationskonstante = Koeffizient des Hauptgliedes der Nutation in Schiefe   9″21

(Die angegebenen Werte gelten alle für 1900,0)

fend. Diese Koordinatenänderungen, die nichts mit Bewegungen der Gestirne zu tun haben, sondern durch die Verlagerungen der Fundamentalebenen des Koordinatensystems hervorgerufen werden, müssen bei einer genauen Positionsbestimmung eines Gestirns mitberücksichtigt werden. Deshalb müssen gegebene Positionen grundsätzlich eine Angabe enthalten, auf welche Lage der Fundamentalebenen, d. h. auf welchen Frühlingspunkt (Äquinoktialpunkt), sich die Koordinaten beziehen bzw. für welches Äquinoktium sie gelten. Nach den in der sphärischen Astronomie gegebenen Formeln ist es dann möglich, die Koordinaten von dem Zeitpunkt ihrer Gültigkeit auf einen anderen vergangenen, gegenwärtigen oder zukünftigen Zeitpunkt umzurechnen.

Die Umrechnung von Gestirnsörtern von einem gegebenen Äquinoktium auf ein anderes ist eine der häufigsten Rechenaufgaben der Beobachtungspraxis. Die hier gegebenen Tafeln sollen eine überschlägliche, für die meisten Fälle ausreichende Berechnung der durch die Präzession hervorgerufenen Koordinatenänderungen für nicht zu große Zeitintervalle ermöglichen. Die in der Tabelle gegebenen Zahlenwerte sind naturgemäß für höhere Deklinationen ungenauer als für äquatornahe Zonen.

Genäherte 10jährige Präzession für Deklination in Bogensekunden

α^h	0^m	10^m	20^m	30^m	40^m	50^m	60^m
0	+ 200	+ 200	+ 200	+ 199	+ 197	+ 196	+ 194
1	+ 194	+ 191	+ 188	+ 185	+ 182	+ 178	+ 174
2	+ 174	+ 169	+ 164	+ 159	+ 154	+ 148	+ 142
3	+ 142	+ 135	+ 129	+ 122	+ 115	+ 108	+ 100
4	+ 100	+ 93	+ 85	+ 77	+ 69	+ 60	+ 52
5	+ 52	+ 43	+ 35	+ 26	+ 17	+ 9	± 0
6	± 0	− 9	− 17	− 26	− 35	− 43	− 52
7	− 52	− 60	− 69	− 77	− 85	− 93	− 100
8	− 100	− 108	− 115	− 122	− 129	− 135	− 142
9	− 142	− 148	− 154	− 159	− 164	− 169	− 174
10	− 174	− 178	− 182	− 185	− 188	− 191	− 194
11	− 194	− 196	− 197	− 199	− 200	− 200	− 200
12	− 200	− 200	− 200	− 200	− 197	− 196	− 194
13	− 194	− 191	− 188	− 185	− 182	− 178	− 174
14	− 174	− 169	− 164	− 159	− 154	− 148	− 142
15	− 142	− 135	− 129	− 122	− 115	− 108	− 100
16	− 100	− 93	− 85	− 77	− 69	− 60	− 52
17	− 52	− 43	− 35	− 26	− 17	− 9	± 0
18	± 0	+ 9	+ 17	+ 26	+ 35	+ 43	+ 52
19	+ 52	+ 60	+ 69	+ 77	+ 85	+ 93	+ 100
20	+ 100	+ 108	+ 115	+ 122	+ 129	+ 135	+ 142
21	+ 142	+ 148	+ 154	+ 159	+ 164	+ 169	+ 147
22	+ 147	+ 178	+ 182	+ 185	+ 188	+ 191	+ 194
23	+ 194	+ 196	+ 197	+ 199	+ 200	+ 200	+ 200
24	+ 200						

Genäherte 10jährige Präzession in Rektaszension für nördliche Deklination in Zeitsekunden

α^h \ $\delta°$	0	+10	+20	+30	+40	+50	+60	+70	+75	+80	+82	+84	+86	+88
0	+31	+31	+31	+31	+31	+31	+31	+31	+31	+31	+31	+31	+31	+31
1	+31	+31	+32	+33	+34	+35	+37	+40	+44	+51	+56	+64	+80	+130
2	+31	+31	+33	+35	+37	+39	+43	+50	+56	+69	+79	+95	+127	+222
3	+31	+32	+34	+36	+39	+42	+47	+58	+67	+85	+98	+121	+166	+301
4	+31	+33	+35	+37	+41	+45	+51	+63	+74	+97	+113	+141	+196	+362
5	+31	+33	+36	+38	+42	+46	+53	+67	+79	+104	+123	+153	+215	+400
6	+31	+33	+36	+38	+42	+47	+54	+67	+81	+107	+126	+158	+222	+414
7	+31	+33	+36	+38	+42	+46	+53	+67	+79	+104	+123	+153	+215	+400
8	+31	+33	+35	+38	+41	+45	+51	+63	+74	+97	+113	+141	+196	+362
9	+31	+33	+34	+36	+39	+42	+47	+55	+66	+85	+98	+121	+166	+301
10	+31	+32	+33	+35	+37	+39	+43	+49	+56	+69	+79	+95	+127	+222
11	+31	+32	+32	+33	+34	+35	+37	+41	+44	+51	+56	+64	+80	+130
12	+31	+31	+31	+31	+31	+31	+31	+31	+31	+31	+31	+31	+31	+31
13	+31	+30	+30	+29	+28	+27	+24	+21	+18	+11	+6	−2	−18	−68
14	+31	+30	+28	+27	+25	+23	+19	+13	+6	−7	−17	−33	−65	−160
15	+31	+29	+27	+25	+23	+20	+14	+5	−4	−23	−34	−59	−104	−239
16	+31	+29	+27	+24	+21	+17	+11	−1	−12	−35	−51	−79	−134	−300
17	+31	+29	+26	+24	+20	+15	+9	−4	−17	−42	−61	−91	−153	−338
18	+31	+29	+26	+23	+20	+15	+8	−6	−19	−45	−64	−96	−160	−352
19	+31	+29	+26	+23	+20	+15	+9	−5	−17	−42	−61	−91	−153	−338
20	+31	+29	+27	+23	+20	+17	+11	−1	−12	−35	−51	−79	−134	−300
21	+31	+29	+28	+25	+23	+20	+15	+5	−4	−23	−36	−59	−104	−239
22	+31	+30	+29	+27	+25	+23	+19	+12	+6	−7	−17	−33	−65	−160
23	+31	+30	+30	+29	+28	+27	+25	+22	+18	+11	+6	−2	−18	−68

Genäherte 10jährige Präzession in Rektaszension für südliche Deklination in Zeitsekunden

α^h \ $\delta°$	0	−10	−20	−30	−40	−50	−60	−70	−75	−80	−82	−84	−86	−88
0	+31	+31	+31	+31	+31	+31	+31	+31	+31	+31	+31	+31	+31	+31
1	+31	+30	+30	+29	+28	+27	+25	+22	+18	+11	+6	−2	−18	−68
2	+31	+30	+29	+27	+25	+23	+19	+13	+6	−7	−17	−33	−65	−160
3	+31	+29	+28	+25	+23	+20	+15	+5	−4	−23	−36	−59	−104	−239
4	+31	+29	+27	+24	+21	+17	+11	−1	−12	−35	−51	−79	−134	−300
5	+31	+29	+26	+24	+20	+16	+9	−5	−17	−42	−61	−91	−153	−338
6	+31	+29	+26	+23	+20	+15	+8	−7	−19	−45	−64	−96	−160	−352
7	+31	+29	+26	+24	+20	+16	+9	−4	−17	−42	−61	−91	−153	−338
8	+31	+29	+27	+25	+23	+17	+11	−1	−12	−35	−51	−79	−134	−300
9	+31	+29	+28	+26	+24	+19	+15	+5	−4	−23	−36	−59	−104	−239
10	+31	+30	+29	+27	+26	+23	+19	+13	+6	−7	−17	−33	−65	−160
11	+31	+30	+30	+29	+29	+27	+25	+21	+18	+11	+6	−2	−18	−68
12	+31	+31	+31	+31	+31	+31	+31	+31	+31	+31	+31	+31	+31	−31
13	+31	+32	+32	+33	+33	+35	+37	+41	+44	+51	+56	+64	+80	+130
14	+31	+32	+33	+35	+36	+39	+43	+49	+56	+69	+79	+95	+127	+222
15	+31	+33	+34	+36	+38	+42	+47	+55	+66	+85	+98	+121	+166	+301
16	+31	+33	+35	+38	+41	+45	+51	+63	+74	+97	+113	+141	+196	+362
17	+31	+33	+36	+38	+42	+46	+53	+67	+79	+104	+123	+153	+215	+400
18	+31	+33	+36	+39	+42	+47	+54	+67	+81	+107	+126	+158	+222	+414
19	+31	+33	+36	+39	+42	+46	+53	+67	+79	+104	+123	+153	+215	+402
20	+31	+33	+35	+38	+41	+43	+51	+63	+74	+97	+113	+141	+196	+362
21	+31	+33	+34	+37	+39	+42	+47	+57	+66	+85	+98	+121	+166	+301
22	+31	+32	+33	+36	+37	+39	+43	+49	+56	+69	+79	+95	+127	+222
23	+31	+32	+32	+33	+34	+35	+37	+40	+44	+51	+56	+64	+80	+130

2.2 Die Erdatmosphäre

Die feste Erdkugel ist von einem Gasmantel, von Luft, umgeben. Luft besteht aus einer Mischung verschiedener Gase, die immer im gleichen Verhältnis zueinander stehen. Nur ein geringer Anteil wird von Gasen gestellt, deren Mengen zeitlichen und örtlichen Schwankungen unterworfen sind. Zu diesen letztgenannten Gasen gehört – neben den industriellen Abgasen – vor allem der Wasserdampf. Je nach Menge des Wasserdampfes ändert sich der Anteil der übrigen Gase etwas. – Die Erdatmosphäre ist in ihrer Zusammensetzung durch das Leben auf der Erde wesentlich geprägt; sie kann deshalb nicht als Modell für die anderen Planetenatmosphären gesehen werden. – Die Tabelle gibt den konstanten Anteil der verschiedenen Gase an der Zusammensetzung der Luft.

Zusammensetzung trockener Luft

Gas	chemisches Symbol	Volumprozente
Stickstoff	N_2	78,084
Sauerstoff	O_2	20,946
Kohlendioxid	CO_2	0,033
Argon	Ar	0,934
Neon	Ne	$18,18 \cdot 10^{-6}$
Helium	He^4	$5,24 \cdot 10^{-6}$
Helium-Isotop	He^3	$6,55 \cdot 10^{-12}$
Krypton	Kr	$1,14 \cdot 10^{-6}$
Xenon	Xe	$0,087 \cdot 10^{-6}$
Wasserstoff	H_2	$0,5 \cdot 10^{-6}$
Methan	CH_4	$2 \cdot 10^{-6}$
Stickstoffoxydul	N_2O	$0,5 \cdot 10^{-6}$

Daten über die Erdatmosphäre

Normaltemperatur	$T_0 = 0\,°C = 273,16\,K = 32\,°F$
Normaldruck	$P_0 = 1\,013,246$ hPa (Hektopascal)
Normalschwere	$g_0 = 980,665$ cm s^{-2}
Dichte der Luft	$\varrho_0 = 0,001\,292\,8$ g cm^{-3}
Molekulargewicht	$M_0 = 28,970$
Mittlere Molekularmasse	$= 4,810 \cdot 10^{-23}$ g
Moleküle pro cm^3	$N = 2,688 \cdot 10^{19}$
Mittlere freie Weglänge	$= 6,98 \cdot 10^{-6}$ cm
Masse der Atmosphäre pro cm^3	$= 1\,035$ g
Gesamtmasse der Atmosphäre	$= 5,30 \cdot 10^{21}$ g
Adiabatischer Temperaturgradient	$= 9,77\,°C$ pro km
Mittlerer Temperaturgradient in der Troposphäre	$= 6,5\,°C$ pro km

Die Zusammensetzung der Luft bleibt etwa bis in 15 km Höhe gleich. Darüber hinaus nimmt der Heliumgehalt auf Kosten des Sauerstoffs etwas zu. Diese Feststellungen gelten für Mitteleuropa, denn für andere geographische Breiten ergeben sich etwas abweichende Werte. Wichtig ist weiterhin noch die Beobachtung, daß in Höhen von 15 bis 30 km der Gehalt an Ozon (O_3), das am Erdboden nur in verschwindender Menge vorhanden ist, stark ansteigt und bei einer Höhe von 25 km ein Maximum erreicht. Diese Feststellung ist ebenso wie das Vorhandensein von Kohlensäure und Wasserdampf für den Strahlungshaushalt der Atmosphäre von großer Bedeutung.

Meteorologie und Aeronomie

Die Physik der unteren Atmosphäre heißt seit Aristoteles Meteorologie, während man für die Physik der oberen Atmosphäre 1954 den Namen Aeronomie gewählt hat. Unterhalb von 50 km befinden sich 99,9 % der Masse der Atmosphäre. Die restlichen 0,1 % verteilen sich auf ein Vielfaches des Erdvolumens. Die Meteorologie behandelt die mehr oder weniger räumlich begrenzten Vorgänge, die wir vom Wetter her kennen, während die Aeronomie sich mit Vorgängen – die meist globaler Natur sind – in stark verdünnten Gasen beschäftigt. In der hohen Atmosphäre spielen sich Erscheinungen ab, die in ihrer Mannigfaltigkeit die Vorgänge in der unteren Atmosphäre noch übertreffen. Entsprechend vielfältig sind deshalb auch die Bezeichnungen für die Unterteilungen und Schichten der Atmosphäre. – Nach dem Temperaturverlauf mit der Höhe unterscheidet man: Troposphäre, Stratosphäre, Mesosphäre und Thermosphäre. Die oberen Schichtgrenzen erhalten jeweils den Namen der Schicht mit dem Zusatz -pause (z. B. Tropopause). – Im zweiten Einteilungssystem unterscheidet man zwischen der Homosphäre, in der das Mischverhältnis der einzelnen Luftbestandteile konstant ist, und der Heterosphäre, in der aufgrund der Erdschwere eine Entmischung stattfindet, so daß die prozentualen Anteile der leichteren Gase auf Kosten der schwereren nach oben zunehmen. Schließlich wird die Dichte so gering, daß die einzelnen Neutralgasteilchen Keplerbahnen im Schwerefeld der Erde beschreiben können, ohne mit anderen Teilchen zusammen-

Zur Nomenklatur der Atmosphäre. Die Schichtgrenzen bei der Einteilung der Neutralgaskomponente nach dem Temperatur-Höhen-Verlauf sind durch Extremwerte definiert. Zur Kennzeichnung der Ionosphärenschichten ist rechts die Elektronendichte als Funktion der Höhe eingetragen. (Aus W. Kertz: Geophysik II.)

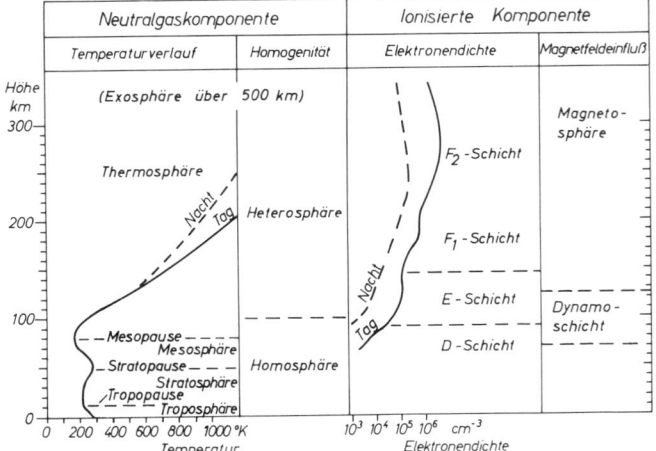

zustoßen. Teilchen, deren Geschwindigkeit über der Fluchtgeschwindigkeit liegt, können in den interplanetaren Raum entweichen. Dafür werden andere Teilchen von der Erde eingefangen. Diesen Bereich nennt man Exosphäre. Die Exosphäre beginnt zwischen 500 und 600 km Höhe. – Temperaturverlauf und Entmischung der Gasanteile betreffen die neutrale Gaskomponente, während der durch die starke Sonneneinstrahlung teilweise ionisierte Gasanteil anderes physikalisches Verhalten zeigt.

Gliederung der Atmosphäre

Auch für diese ionisierte Komponente gibt es zwei verschiedene Einteilungssysteme. Dies ist einmal der Verlauf der Elektronendichte als Maß für die Ionisation. – Dieser Verlauf kann als das Ergebnis der Überlagerung mehrerer Einzelschichten aufgefaßt werden. Der Übergang von der Neutrosphäre bildet, nach Vorschlag von E. V. Appleton (1925), die sogenannte D-Schicht, der eine E- und F-Schicht bis in große Höhen überlagert ist. Die F-Schicht spaltet tagsüber in eine F_1- und eine F_2-Schicht auf. – Ein zweites System beruht auf dem Einfluß des Erdmagnetfeldes auf die ionisierte Komponente der Luft. Auf geladene Teilchen, die sich quer zum Magnetfeld bewegen, wirkt eine ablenkende Kraft senkrecht zu Magnetfeld und Teilchengeschwindigkeit. Elektronen werden ihrer geringen Masse wegen stärker beeinflußt als Ionen gleicher Geschwin

Verlauf von Druck, Temperatur und Dichte in der Erdatmosphäre bei steigender Höhe

Höhe km	Druck hPa	Temp. K	Dichte g cm^{-3}	Anzahl der Moleküle cm^{-3}	freie Weglänge cm
0	1 013	288	$1,22 \cdot 10^{-3}$	$2,55 \cdot 10^{19}$	$7,4 \cdot 10^{-6}$
1	899	281	$1,11 \cdot 10^{-3}$	$2,31 \cdot 10^{19}$	$8,1 \cdot 10^{-6}$
2	795	275	$1,01 \cdot 10^{-3}$	$2,10 \cdot 10^{19}$	$8,9 \cdot 10^{-6}$
3	701	268	$9,1 \cdot 10^{-4}$	$1,89 \cdot 10^{19}$	$9,9 \cdot 10^{-6}$
4	616	262	$8,2 \cdot 10^{-4}$	$1,70 \cdot 10^{19}$	$1,1 \cdot 10^{-5}$
6	472	249	$6,6 \cdot 10^{-4}$	$1,37 \cdot 10^{19}$	$1,4 \cdot 10^{-5}$
8	356	236	$5,2 \cdot 10^{-4}$	$1,09 \cdot 10^{19}$	$1,7 \cdot 10^{-5}$
10	264	223	$4,1 \cdot 10^{-4}$	$8,6 \cdot 10^{18}$	$2,2 \cdot 10^{-5}$
15	121	214	$1,93 \cdot 10^{-4}$	$4,0 \cdot 10^{18}$	$4,6 \cdot 10^{-5}$
20	56	214	$8,9 \cdot 10^{-5}$	$1,85 \cdot 10^{18}$	$1,0 \cdot 10^{-4}$
30	12	225	$1,90 \cdot 10^{-5}$	$3,9 \cdot 10^{17}$	$4,8 \cdot 10^{-4}$
40	2,9	268	$3,9 \cdot 10^{-6}$	$7,6 \cdot 10^{16}$	$2,4 \cdot 10^{-3}$
50	0,97	276	$1,15 \cdot 10^{-6}$	$2,4 \cdot 10^{16}$	$8,5 \cdot 10^{-3}$
60	0,28	260	$3,9 \cdot 10^{-7}$	$7,7 \cdot 10^{15}$	0,025
70	0,08	219	$1,1 \cdot 10^{-7}$	$2,5 \cdot 10^{15}$	0,09
80	0,014	205	$2,7 \cdot 10^{-8}$	$5,0 \cdot 10^{14}$	0,41
100	$5,8 \cdot 10^{-4}$	230	$8,8 \cdot 10^{-10}$	$1,8 \cdot 10^{13}$	9
120	$6 \cdot 10^{-5}$	300	$5,6 \cdot 10^{-11}$	$1,8 \cdot 10^{12}$	130
150	$5 \cdot 10^{-6}$	450	$3,2 \cdot 10^{-12}$	$9 \cdot 10^{10}$	$1,8 \cdot 10^{3}$
200	$5 \cdot 10^{-7}$	700	$1,6 \cdot 10^{-13}$	$5 \cdot 10^{9}$	$3 \cdot 10^{4}$
250	$9 \cdot 10^{-8}$	800	$3 \cdot 10^{-14}$	$8 \cdot 10^{8}$	$3 \cdot 10^{5}$

digkeit. Die Ionisation nimmt mit der Höhe zu. Bis 70 km Höhe ist sie aber noch sehr gering. Erst darüber entstehen elektrische Felder – man spricht von der Dynamoschicht – in der elektrische Ströme fließen, die einen Großteil der erdmagnetischen Variationen hervorrufen. Oberhalb von 130 km ist die Dichte des Neutralgases soweit abgesunken, daß auch die Zusammenstöße zwischen Ionen und Neutralgas nicht mehr ins Gewicht fallen. Die Bewegungen aller ionisierten Teilchen werden im wesentlichen vom Magnetfeld der Erde gelenkt. Diesen Bereich nennt man Magnetosphäre; sie erstreckt sich über viele Erdradien (s. a. 2.4).

Luftdichte in der Exosphäre

Mit Hilfe von Satelliten konnten auch Werte über die Luftdichte in der Exosphäre gewonnen werden. Man beobachtete Bahnstörungen bzw. Änderungen der Satellitenbahnen, die nur durch eine Abbremsung aufgrund von Reibung an den dort noch vorhandenen Luftmolekülen erklärbar sind. Eine genaue Analyse der Abnahmen der großen Halbachsen der Satellitenbahnen ergab zudem noch eine beträchtliche Schwankung der Dichte der irdischen Hochatmosphäre. Die maßgeblichen Einflüsse dürften die folgenden sein:

1. Der Einfluß der variablen solaren UV-Strahlung, der sich nämlich in einer engen Korrelation zu der Sonnenfleckenrelativzahl (s. 5.5.1) und auch zu der solaren Radiostrahlung im Dezimeter-Wellengebiet zeigt; verbunden damit ist ein starker Tag-Nacht-Effekt.

2. Der Einfluß von stark einfallenden Korpuskularwolken, die selbst in 200 km Höhe die Luftdichte noch um 20 % ansteigen lassen können.

3. Der Einfluß eines jährlichen Effekts, der ein Minimum im Mai–August und ein Maximum im September–April aufweist. Die Ursache ist noch wenig geklärt; eine plausible Annahme scheint diejenige zu sein, daß die interplanetare Materie etwas exzentrisch zum Sonnenmittelpunkt angeordnet ist.

2.3 Einfluß der Erdatmosphäre auf astronomische und astrophysikalische Beobachtungen

Die von den Gestirnen ausgehende Strahlung muß, bevor sie in die Beobachtungsinstrumente einfällt, die Erdatmosphäre durchsetzen. Die Atmosphäre ist aber kein absolut durchsichtiges, sondern ein trübes Medium, für Strahlung bestimmter Wellenlängen sogar undurchsichtig. Dementsprechend erleidet die einfallende Strahlung eine Abschwächung oder wird sogar vollkommen absorbiert. – Auf den Lichtstrahl wirkt ferner die Luftunruhe, die turbulente Strömung innerhalb der Atmosphäre, ein. Dies führt zu kurzperiodischen Richtungs- und Helligkeitsschwankungen, die zu dem allgemein bekannten Glitzern und Funkeln der Sterne Anlaß geben. – Weiterhin erfährt der von den Gestirnen kommende Lichtstrahl bei seinem

Durchgang durch die Erdatmosphäre eine Ablenkung, analog der aus der Optik bekannten Strahlenbrechung in Medien wechselnder Dichte. Diese drei Einwirkungen der irdischen Atmosphäre auf einen von außen kommenden Strahl bezeichnet man als Extinktion, Szintillation und astronomische Refraktion.

2.3.1 Die Extinktion

Luftmasse und Zenitreduktion in Abhängigkeit von der Zenitdistanz

ζ	M	E
0°	1,000	$0\overset{m}{.}00$
10°	1,015	$0\overset{m}{.}00$
20°	1,064	$0\overset{m}{.}01$
25°	1,103	$0\overset{m}{.}02$
30°	1,154	$0\overset{m}{.}03$
35°	1,220	$0\overset{m}{.}04$
40°	1,304	$0\overset{m}{.}06$
45°	1,413	$0\overset{m}{.}09$
50°	1,553	$0\overset{m}{.}12$
52°	1,621	$0\overset{m}{.}14$
54°	1,698	$0\overset{m}{.}16$
56°	1,784	$0\overset{m}{.}18$
58°	1,882	$0\overset{m}{.}20$
60°	1,995	$0\overset{m}{.}23$
62°	2,123	$0\overset{m}{.}26$
64°	2,274	$0\overset{m}{.}30$
66°	2,447	$0\overset{m}{.}34$
68°	2,654	$0\overset{m}{.}39$
70°	2,904	$0\overset{m}{.}45$
72°	3,209	$0\overset{m}{.}52$
74°	3,588	$0\overset{m}{.}60$
76°	4,075	$0\overset{m}{.}71$
78°	4,716	$0\overset{m}{.}83$
80°	5,60	$0\overset{m}{.}99$
82°	6,88	$1\overset{m}{.}19$
84°	8,90	$1\overset{m}{.}52$
86°	12,44	$2\overset{m}{.}12$
87°	15,36	$2\overset{m}{.}61$

ζ = Zenitdistanz,
M = Luftmasse,
E = Zenitreduktion für visuelle Helligkeiten

Die Schwächung eines von einem Himmelskörper kommenden Lichtstrahls hängt einmal von der Länge des durch die Erdatmosphäre gehenden Lichtwegs ab, zum anderen von der Wellenlänge des Lichtes, in dem beobachtet wird. Die Länge des Lichtwegs, in Einheiten der Luftmasse im Zenit gegeben, ist eine Funktion der Zenitdistanz. Um Helligkeiten von Gestirnen miteinander vergleichen zu können, müssen diese auf gleichlange Lichtwege reduziert werden, d. h. an jede Messung ist eine Reduktion auf die Luftmasse im Zenit anzubringen.

Zur Berechnung der Leuchtkräfte der Sterne (s. 7.5) bedarf es einer weiteren Reduktion auf den leeren Raum, d. h. auf den Wert, den die Helligkeit annehmen würde, wenn keine Abschwächung der Strahlung durch die Erdatmosphäre erfolgen würde. An die obigen Extinktionswerte wären in diesem Fall nochmals 0,23 Größenklassen (für visuelle Helligkeit) anzubringen.

Die Reduktionsbeträge wegen Extinktion sind mitunter starken Schwankungen unterworfen, denn die Durchsicht an einem Beobachtungsort kann selbst innerhalb einer Nacht stark variieren und nicht nur von der Zenitdistanz, sondern auch noch von der Himmelsrichtung, also vom Azimut (s. 1.3), abhängig sein. Die örtlichen Gegebenheiten, u. a. die Meereshöhe des Beobachtungsorts, wirken stark auf die jeweiligen Extinktionsbeträge, so daß diese für jede Sternwarte aus Beobachtungen gesondert zu bestimmen sind. Bei Präzisionsmessungen ist u. U. die Bestimmung der Extinktion gleichzeitig mit der Messung nötig.

Die Lichtabschwächung in der Atmosphäre hat drei Ursachen:
a) die Bandenabsorption in den atmosphärischen Gasen,
b) die Rayleighsche Streuung an den Luftmolekülen,
c) die Streuung an den kolloidalen Partikeln der Luft.

Die Absorptionsbanden liegen in der Hauptsache außerhalb des visuellen Spektralbereichs. Sie engen vor allem die Beobachtungsmöglichkeiten nach dem Ultravioletten und dem Infraroten hin ein.

Die Rayleighsche Streuung an den Molekülen der Luft ist, unabhängig von etwaigen zusätzlichen Trübungen, immer vorhanden. Sie bewirkt die Blaufärbung des Taghimmels. Zudem ist sie stark abhängig von der Wellenlänge des Lichts, man sagt, sie ist selektiv wirkend, wie die Tabelle zeigt. Sie gilt für einen Bodenluftdruck von 1 013 hPa bei senkrecht durchsetzendem Lichtstrahl, also für den Zenit bzw. Luftmasse 1.

Zenitextinktion durch Dunststreuung

Wellen-länge [nm]	Absorption in Größenklassen beim Trübungskoeffizient E von			
	0,01	0,05	0,10	0,20
300	0,052	0,260	0,520	1,040
350	0,041	0,207	0,415	0,830
400	0,036	0,179	0,357	0,714
450	0,031	0,153	0,307	0,614
500	0,027	0,133	0,267	0,534
550	0,024	0,118	0,236	0,471
600	0,021	0,105	0,211	0,421
700	0,017	0,087	0,173	0,345
800	0,015	0,073	0,145	0,290
1 000	0,011	0,055	0,109	0,217

Zenitextinktion durch Rayleighsche Streuung

Wellen-länge [nm]	Absorption in Größen-klassen
300	1,237
350	0,642
400	0,367
400	0,226
500	0,146
550	0,099
600	0,070
700	0,037
800	0,022
1 000	0,009

Der variable Anteil der Extinktion wird von dem atmosphärischen Dunst verursacht. Kleinste, kolloidale Partikeln mit Durchmessern von 0,1 bis 0,5 µm, bewirken eine selektive, d. h. von der Wellenlänge abhängige Streuung. Größere Teilchen, wie Staub, Ruß und Wassertropfen, führen zu einer wellenlängenunabhängigen Abschwächung des Sternlichts.
Der Trübungskoeffizient ist ein Maß für die Trübung.
E entspricht etwa 0,01 = einer Trübung im Hochgebirge, 0,05 = sehr klar, 0,10 = leicht getrübt, 0,20 = starke Trübung.

2.3.2 Die Szintillation

Die Lufthülle der Erde ist niemals in Ruhe, sondern immer in turbulenter Bewegung. Dadurch schwankt der Brechungsindex der Luft von Ort zu Ort und von Augenblick zu Augenblick. Durch diese dauernde Variation des Brechungsindexes erleidet ein von einem Gestirn kommender Lichtstrahl eine ständig wechselnde Ablenkung. Die Größe der Luftschlieren, der Turbulenzelemente der Luft, die diese Szintillation hervorrufen, beträgt einige Zentimeter bis Dezimeter.
Mit bloßem Auge ist die Ortsszintillation nicht feststellbar, sie zeigt sich aber bei Beobachtungen an kleinen und mittleren Fernrohren in der Zitterbewegung des fokalen Sternscheibchens. Je nach Stärke der Luftunruhe schwankt das „Zitterscheibchen" um 0,5 bis 10 Bogensekunden um seine Mittellage; dies führt dann bei photographischen Aufnahmen zu verwaschenen Sternscheibchen auf der Platte. Die Stärke der Luftunruhe begrenzt die Beobachtungsmöglichkeiten, denn feinere Einzelheiten als die von der Größe des Zitterscheibchens verschwinden durch die Zitterbewegung des Objekts im Fernrohr. Dies ist besonders bei Beobachtungen des Mondes, der Sonne und der Planeten zu berücksichtigen, aber auch bei Doppelsternbeobachtungen oder bei Spektralaufnahmen mit spaltlosen Spektrographen (Objektivprismen).
Bei Teleskopen mit großer und sehr großer Öffnung zeigt sich die Wirkung der Richtungsszintillation jedoch anders. Durch ein Nebeneinanderlagern der von verschiedenen Luftschlieren

abgelenkten Bilder erhält man beim visuellen Beobachten ein „Sternscheibchen", das einen ebenso großen Bereich ausfüllt, wie ihn das vom kleinen Fernrohr erzeugte Sternbild zeitlich nacheinander überstreicht; also ein Bild, das dem integrierten photographischen Bild im kleinen Instrument entspricht. Die Schlierenbildung, die Ursache für die Richtungsszintillation ist, muß man zu einem beträchtlichen Teil in der näheren Umgebung der Teleskope selbst suchen, etwa in der Erwärmung des Gebäudes und in Temperaturunterschieden zwischen Beobachtungsraum- und Außentemperatur. An großen Instrumenten und deren Kuppeln werden deshalb manche Vorrichtungen zur thermischen Isolierung (um Erwärmungen über Tag zu vermeiden) bzw. zum schnellen Temperaturausgleich zwischen innen und außen getroffen.

Neben der Ortsszintillation beobachten wir, auch mit bloßem Auge, eine Helligkeitsszintillation. Die Helligkeitsschwankungen gehen bis zu kurzzeitigem völligem Verschwinden der Beleuchtung durch den Stern an einzelnen Stellen. Die vom Stern einfallende Strahlung wird durch die Luftunruhe quasi moduliert, in Wechsellicht verwandelt. – In der Nähe des Horizontes wird neben der Helligkeitsschwankung noch eine Farbschwankung des Sternlichtes beobachtet. – Der von Laien wegen seines Glitzerns und Funkelns der Sterne oft gerühmte „schöne Nachthimmel" macht wegen seiner starken Luftunruhe manche astronomische Beobachtung unmöglich.

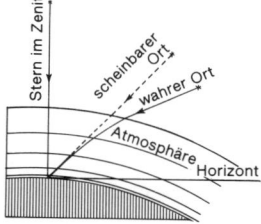

Astronomische Refraktion

2.3.3 Die astronomische Refraktion

Der Brechungsindex des Vakuums ist 1. Der Brechungsindex der Luft weicht von diesem Wert nur wenig ab. Er ist, wie bei anderen optischen Medien auch, wellenlängen-, temperatur- und dichteabhängig.

Die Abweichungen von diesen wellenlängenabhängigen Normalwerten bei abweichendem Druck und Temperatur läßt sich leicht mit folgender Formel berechnen:

$$n - 1 = (n_0 - 1) \cdot (p/1\,013) \cdot (273/T)$$

In dieser Formel bezeichnet $(n - 1)$ die Abweichung des Brechungsindexes von 1. n_0 ist der oben gegebene Brechungsindex bei den Normalwerten für Druck und Temperatur. Der Druck p wird in Hectopascal (hPa), die Temperatur T in Kelvin = 273 °C angegeben.

Wegen der vorhandenen vertikalen Dichteabnahme und der dementsprechenden Änderung des Brechungsindexes der Luft wird ein von außen kommender Lichtstrahl so gebrochen und abgelenkt, daß er eine zur Erdoberfläche konkav gekrümmte Bahn beschreibt. Da das Auge ein Objekt in der gradlinigen rückwärtigen Verlängerung der Richtung sieht, aus welcher der Strahl ins Auge kommt, erscheint ein Stern durch die Strahlenbrechung gehoben. Um den wahren Ort eines Gestirns zu bestimmen, muß an die beobachtete Zenitdistanz eine Kor-

Brechungsindex der Luft bei 1013 hPa und 0 °C

Wellen-länge [nm]	Brech.-Index 1,000
280	3 111
300	3 077
400	2 984
500	2 944
600	2 923
700	2 910
800	2 902

Astronomische Refraktion bei 1013 hPa und 0 °C

beobachtete Zenitdistanz	Refraktion
0°	0′ 00″
10°	0′ 11″
20°	0′ 22″
30°	0′ 35″
40°	0′ 51″
50°	1′ 11″
60°	1′ 45″
70°	2′ 45″
75°	3′ 42″
80°	5′ 31″
85°	10′ 15″
88°	19′ 7″
89°	25′ 36″
90°	36′ 38″

rektion angebracht werden. Diese Korrektion bezeichnet man als astronomische Refraktion. Sie gibt an, um wieviel ein Stern bei beobachteter Zenitdistanz über seinen wahren Ort durch die Strahlenbrechung gehoben erscheint; sie bezeichnet also den Winkel zwischen dem an der Grenze der Atmosphäre auftreffenden Lichtstrahl und der ins Auge gelangenden Strahlenrichtung.

Bis zu einer Zenitdistanz von 80° ist die Refraktion praktisch unabhängig von der Konstitution der Atmosphäre. Nähert man sich weiter dem Horizont, so gewinnt der vertikale Aufbau der Atmosphäre, vor allem die Temperaturschichtung, entscheidende Bedeutung.

2.4 Das Magnetfeld der Erde

Um 1600 beschrieb Gilbert in seinem Buch „De Magnete" das Magnetfeld der Erde. Seine Wirkungen, welche die Konstruktion des Kompasses ermöglichten, waren schon viel früher bekannt. 1831 haben dann Gauß und Weber begonnen, die Stärke des Erdfeldes zu messen. Sie fanden, daß in erster Näherung das Erdmagnetfeld durch ein Dipolfeld, d. h. durch das Feld eines kleinen, aber sehr kräftigen stabförmigen Magneten dargestellt werden kann.

Da dieser Dipol nicht genau in Richtung der Erdachse orientiert ist, weichen die magnetischen Pole von den geographischen Polen ab. Sie hatten 1965 folgende Lage:

geomagnetischer Nordpol   79° N;   70° W
geomagnetischer Südpol   79° S;   110° O

Die genaue Richtung des Dipols und damit die Lage der Pole ändern sich im Laufe der Jahre.

Bei dem geomagnetischen Nordpol/Südpol handelt es sich (physikalisch gesprochen) um einen magnetischen Südpol/Nordpol, denn er zieht den magnetischen Nordpol/Südpol der Kompaßnadel an.

Die magnetischen Feldlinien liegen also nicht genau in Nord-Süd-Richtung und und auch die Kompaßnadel weicht damit von ihr ab. Man nennt diese Abweichung die Deklination D. Die magnetischen Feldlinien sind auch gegen die Horizontale geneigt. Der Neigungswinkel wird Inklination I genannt. An den magnetischen Polen ist $I = 90°$, am magnetischen Äquator ist $I = 0°$.

Die Stärke des Erdmagnetfeldes wird in γ gemessen (s. A 3.4).

$$1\gamma = 10^{-5}\ \text{Gauß} = 10^{-9}\ \text{Tesla}$$

Das Dipolfeld der Erde hat am magnetischen Äquator eine Feldstärke von $31 \cdot 10^3\,\gamma = 0,31$ Gauß, an den magnetischen Polen von $62 \cdot 10^3\,\gamma = 0,62$ Gauß.

Die Beschreibung des Erdfeldes durch das eines Dipols ist nur eine sehr grobe Näherung, tatsächlich gibt es sehr große Abweichungen. Sie erreichen – selbst wenn man von lokalen Störungen wie etwa bei Kursk (südlich Moskau) absieht – die Größenordnung +0,17 Gauß und −0,15 Gauß. Diese Abweichungen sind zeitlich variabel. Variationen mit kurzer Zeitskala (Stunden, Tage) haben ihre Ursache in Vorgängen in der Ionosphäre (s. 2.2) und werden damit letztlich durch Erscheinungen der Sonnenaktivität (s. 5.5) gesteuert. Säkulare Variationen mit Zeitskalen bis zu Hunderten von Jahren werden auf Vorgänge im Erdinnern zurückgeführt. Bemerkenswert ist eine langsame nach Westen gerichtete Drift der dem Dipolfeld überlagerten Störungen mit einer Geschwindigkeit von $0°2$ pro Jahr. Sie wurde von Halley 1692 entdeckt.

Auch das Dipolfeld selber scheint zeitlich nicht konstant zu sein. Aus dem Restmagnetismus alter Gesteinsformationen muß man schließen, daß das Erdfeld im Laufe der Zeit viele Male seine Polarität gewechselt hat.

Das Erdmagnetfeld wird durch elektrische Ströme, die im Erdkern fließen, erzeugt. Die Ursache dieser Ströme wiederum muß in einer komplizierten Kopplung von (sehr langsamen) Strömungen der elektrisch leitenden glühend flüssigen Materie mit Magnetfeldern gesucht werden. Der Prozeß ist also der Selbsterregung eines Dynamos verwandt. Derartige Dynamotheorien sind mathematisch sehr weit durchgearbeitet worden. Sie geben eine befriedigende Erklärung der Erscheinungen des Erdmagnetismus.

Das Dipolfeld der Erde nimmt im Außenraum mit zunehmender Entfernung r vom Erdmittelpunkt wie $1/r^3$ ab. Die Stärke der Störungen klingt noch rascher ab. Dieses theoretisch zu erwartende Verhalten der Felder wird jedoch schon am Abstand von etwa 10 Erdradien durch den Einfluß des solaren Windes (s. 4.4.4) erheblich verändert. Durch die von der Sonne stammende Strömung eines hochionisierten Gases (charakteristische Dichte: etwa 5 Protonen pro Kubikzentimeter, Geschwindigkeit etwa 450 km/s) wird das Feld der Erde abgedrängt und hinter der Erde (also auf der sonnenabgewandten

Schnitt durch die Magnetosphäre im Mittags-Mitternachtsmeridian. Die Magnetosphäre ist das von der Magnetopause eingeschlossene Gebiet. Die Van-Allen-Gürtel liegen innerhalb der Magnetosphäre. Als Plasma-Schicht ist ein Gebiet erhöhter Teilchendichte bezeichnet. (Nach W. Kertz, Einführung in die Geophysik.)

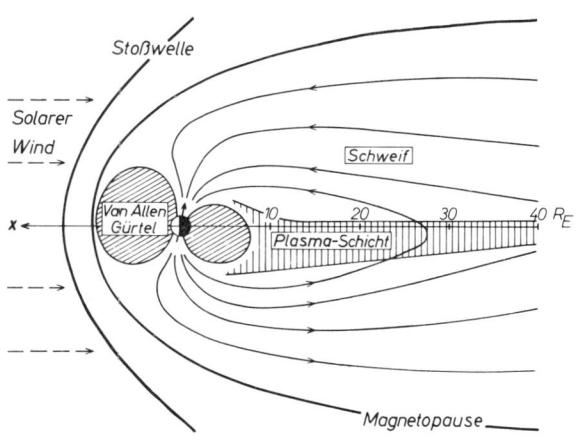

Seite) zu einem Schweif ausgezogen. Damit füllt das Magnetfeld der Erde ein begrenztes Volumen aus, die sogenannte Magnetosphäre. Die sie begrenzende Fläche ist die Magnetopause. Vor der Magnetopause bildet sich auf der sonnenzugewandten Seite eine Stoßwelle aus, die dadurch entsteht, daß die überschallschnelle Strömung des solaren Windes auf das Hindernis stößt, das die Erde mit ihrer Magnetosphäre darstellt. Die Lage dieser beiden Grenzflächen (Magnetopause und Stoßfront), die im übrigen zeitlich variabel ist, konnte durch Messungen mittels Raumsonden festgestellt werden. Sie stimmt mit den theoretischen Erwartungen leidlich überein.

2.5 Der Erdmond

2.5.1 Entfernung, Bahn, physikalische Daten

Mittlere Entfernung von der Erde	384 403 km
Mittlere Entfernung von der Erde (in Erdhalbmessern)	60,33
Mittlere Entfernung von der Erde (in Astr. Einheiten)	0,002 571 AE
Größte Entfernung von der Erde	406 740 km
Kleinste Entfernung von der Erde	356 410 km
Mittlere Exzentrizität der Mondbahn	0,0549
Neigung der Bahn gegen die Ekliptik	5° 8′ 43″4
Neigung des Mondäquators gegen die Ekliptik	1° 31′ 22″
Siderische Umlaufzeit	27,321 66 mittlere Tage
Tropische Umlaufzeit	27,321 58 mittlere Tage
Anomalistische Umlaufzeit	27,554 55 mittlere Tage
Drakonitische Umlaufzeit	27,212 22 mittlere Tage
Synodische Umlaufzeit	29,530 59 mittlere Tage
Umlaufzeit des Knotens	18,613 4 tropische Jahre
Umlaufzeit des Perigäums	8,847 9 tropische Jahre

(Definition der Umlaufzeiten s. 1.7)

Scheinbarer Halbmesser (bei mittlerer Entfernung von der Erde)			15′ 32″58
Wahrer Halbmesser	1 738,0 km	= 0,272	Erdhalbmesser
Umfang	10 920 km	= 0,272	Erdumfang
Oberfläche	$3,796 \cdot 10^7$ km^2	= 0,0744	Erdoberfläche
Volumen	$2,199 \cdot 10^{10}$ km^3	= 0,0203	Erdvolumen
Masse	$7,350 \cdot 10^{22}$ kg	= 1/81,53	Erdmasse
Mittlere Dichte	3,341 g cm^{-3}	= 0,606	Erddichte
Schwerebeschleunigung an der Oberfläche	161,93 cm s^{-2}	= 1/6	Erdschwerkraft
Entweichgeschwindigkeit an der Oberfläche	2,38 km/s		

Mittlere Albedo	0,07
Oberflächentemperatur	
bei Vollmond	ca. + 120 °C
bei Neumond	ca. − 130 °C

2.5 Der Erdmond

Zur Orientierung auf dem Mond bedient man sich, wie auf der Erde, eines Gradnetzes. Der Null- oder Hauptmeridian verläuft durch die Mitte der sichtbaren Mondscheibe von oben nach unten, verbindet also die beiden Pole. Er wird in der Mitte vom Äquator geschnitten, der den Ost- und Westpunkt miteinander verbindet. Da die Himmelsrichtungen entsprechend dem Bild, das der Mond im umkehrenden astronomischen Fernrohr bietet, gerechnet werden, liegt der Nordpol unten, der Südpol oben, der Westpunkt links und der Ostpunkt rechts. Neuerdings werden Karten für astronautische Zwecke genau wie Erdkarten orientiert; d. h. N oben, S unten, W links, O rechts.

2.5.2 Mondbahn und Mondbewegung

Der Mond bewegt sich auf einer elliptischen Bahn um die Erde. Jedoch läßt sich diese Bewegung mit den Keplerschen Gesetzen nur sehr ungenügend beschreiben, da das System Erde–Mond den starken Störungen der Sonne unterliegt. Deshalb ist die Theorie der Mondbewegung eines der schwierigsten himmelsmechanischen Probleme. Nun liegen aber für die Bewegung des Mondes um die Erde lange Beobachtungsreihen und ausgedehnte theoretische Untersuchungen vor, die uns zudem gute Grundlagen für die Erforschung der zeitlichen Veränderungen in den Elementen der Mondbahn liefern. Zu langperiodischen Änderungen der Bahnelemente, die Periodenlängen von vielen Tausenden, ja sogar von Millionen Jahren haben, treten säkulare, d. h. zeitlich dauernd fortschreitende Änderungen, durch Gezeitenkräfte im System, die eine ständige Zunahme des mittleren Abstandes Erde–Mond bewirken. So können heute aus Studien über die Bewegung des Mondes, d. h. über die Veränderung der Mondbahnelemente, Fragen nach der Vergangenheit und Zukunft des Erde-Mond-Systems mit Erfolg angegangen werden.

Man ist geneigt anzunehmen, daß die Bahn des Mondes, da er um die Erde und mit dieser um die Sonne kreist, eine Schlangen- oder Wellenlinie sei. Oft wird dies so vereinfacht dargestellt. Da aber der Fall des Systems Erde–Mond zur Sonne etwa doppelt so groß ist, als der Fall des Mondes zur Erde, ist die Mondbahn, auf die Sonne bezogen, d. h. im Planetensystem betrachtet, immer konkav zur Sonne hin gekrümmt. Lediglich die Stärke der Krümmung variiert, je nachdem ob bei Vollmond der Fall des Mondes zur Erde zu dem Fall Mond plus Erde zur Sonne addiert oder bei Neumond der Fall des Mondes von dem des Erde-Mond-Systems subtrahiert werden muß.

Wie bei allen Himmelskörpern, die in elliptischen Bahnen umlaufen, schwankt die „wahre" Bahngeschwindigkeit um eine „mittlere" Geschwindigkeit. Dieser Effekt, der bei dem System Erde–Sonne als Zeitgleichung bekannt ist (s. 1.5.2), wird in der Bewegung des Mondes als Große Ungleichheit bezeichnet. Die mittlere Bahngeschwindigkeit des Mondes wird einem fik-

Störung der Mondbewegung

tiven „mittlerem Mond" zugeschrieben, der in einer mittleren Entfernung, d. h. mit der ihr zugehörigen mittleren großen Halbachse a auf einer Kreisbahn, umläuft. Der momentane Abstand des Mondes von der Erde ändert sich natürlich aber von Tag zu Tag und schwankt, wegen der exzentrischen Bahn des Mondes, während eines Umlaufs um die Extremwerte $a(1-e)$ und $a(1+e)$, wobei e die Exzentrizität der Bahnellipse bedeutet (s. die Daten in obiger Tabelle). Der so verständliche Effekt der Großen Ungleichheit, auch Mittelpunktgleichung genannt, also die Abweichung zwischen wahrer und mittlerer Bewegung, kann einen maximalen Wert von 6° 17.3 annehmen. – Andere Änderungen und Schwankungen in der Bewegung des Mondes werden diesem einmal als Störungen durch die Sonne, bzw. durch die Bewegung der Erde um die Sonne, aufgezwungen, zum anderen aber verursacht auch durch die im System Erde–Mond nicht zu vernachlässigenden Effekte, die von Figur und Masseverteilung des Erdkörpers ausgehen. Die Zahl der Störungen in der Bewegung des Mondes gehen in die Hunderte.

Zu nennen sind u. a. zwei Änderungen der räumlichen Lage der Mondbahn: Das Rückwärtsschreiten der Knoten (das sind die beiden Schnittpunkte der Mondbahn mit der Ekliptik) in 18,6 Jahren um 360° und ferner die bald rechtläufige bald rückläufige, im ganzen gesehen aber rechtläufige Bewegung der Apsidenlinie der Mondbahnellipse, d. h. die vom Frühlingspunkt längs der Ekliptik bis zum aufsteigenden Knoten, von dort aus längs der Bahn bis zum Perigäum (der Erdnähe) gezählte „Länge des Perigäums" durchläuft in 8,85 Jahren alle Werte von 0° bis 360°. Als Folge dieser Bewegung der Apsidenlinie ist die Anomalistische Umlaufzeit 5 bis 6 Stunden länger als die Siderische. Der in obiger Tabelle angegebene Wert der durchschnittlichen Anomalistischen Umlaufzeit kann aber wegen der Unregelmäßigkeit der Bewegung der Apsidenlinie von einem zum anderenmal zwischen 25 und 29 Tagen variieren.

Folgende wichtigen Störungen auf die Bewegung des Mondes sollen noch aufgeführt werden:

Als Evektion wird eine periodische Störung der oben erklärten Großen Ungleichheit bezeichnet. Diese Störwirkung beruht auf der gegenseitigen unterschiedlichen Stellung von Sonne, Mond und Apsidenlinie der Mondbahn. Sie erreicht ihren größten Wert von $\pm 1° 16' 26''$, wenn die Elongation des Mondes von der Sonne und die Elongation des Periäums von der Sonne aus zusammen $\pm 90°$ betragen. Die Periode dieser Störung beträgt 31,8 Tage. Betrag und Periode der Evektion war schon Ptolemäus bekannt.

Die Variation, eine von Tycho Brahe entdeckte und von I. Newton erklärte Störung, bewirkt eine Beschleunigung bzw. eine Abbremsung des Mondes in seiner Bahn mit halbmonatiger Periode. Ihr maximaler Wert beträgt $39' 30''$. Die jährliche Ungleichheit (Amplitude $\pm 11' 11''$) und die Säkulare Akzeleration sind auf die Exzentrizität bzw. auf die säkulare Abnahme der Exzentrizität der Erdbahn zurückzuführen.

Neben der beschriebenen Bewegung des Mondes in seiner Bahn führt er eine Rotationsbewegung um seine Achse aus. Er wendet während seines Bahnumlaufs der Erde immer die gleiche Seite zu, so daß seine Rotationszeit gleich der mittleren Siderischen Umlaufszeit von 27,32 ... Tagen ist. Da aber die Bewegung des Mondes in seiner elliptischen Bahn ungleichmäßig ist, die Rotation aber gleichmäßig erfolgt, kann ein Beobachter auf der Erde, wenn der Mond im Perigäum seiner Bahn steht, mehr von der rechten Mondseite, wenn er im Apogäum steht, mehr von der linken Seite erblicken. Dieser Effekt wird als „Libration in Länge" bezeichnet. Eine „Libration in Breite" kommt dadurch zustande, daß die Rotationsachse des Mondes nicht senkrecht auf seiner Ebene steht. So kann man im Laufe eines Monats mal über den Nordpol, mal über den Südpol des Mondes hinwegsehen. Einen weiteren kleinen Beitrag zu diesen Effekten der Libration liefert die sogenannte „Parallaktische Libration". Durch diese drei Librationseffekte können wir von der Erde aus etwa 59% der Oberfläche des Erdmondes einsehen.

2.5.3 Wechselwirkungen im Erde-Mond-System

Die Wechselwirkungen zwischen Erde–Mond–Sonne sind verschiedener Natur. Es sind zum einen die der Erdachse aufgezwungenen Drehbewegungen der Lunisolar-Präzession und der Nutation (s. 2.1.5) durch die Gravitationskräfte des Mondes, der Sonne und – in geringerem Maße – der Planeten, sowie die Bewegung des Erde-Mond-Systems um ihren gemeinsamen Schwerpunkt. Zum anderen sind es die Gezeiten, die durch ein Zusammenspiel von Gravitations- und Zentrifugalkräften entstehen. Sie beruhen auf dem Unterschied in der Anziehung, die verschiedene Punkte auf und in der Erde in erster Linie durch den Mond und in geringerem Maße durch die Sonne erfahren. Die Gezeiten treten nicht nur als Ebbe und Flut in den Meeren in Erscheinung, sondern sie sind auch als Schwingungen in der Atmosphäre und im festen Erdkörper nachweisbar. – Folge der Gezeiten ist eine Gezeitenreibung mit ihrer abbremsenden Wirkung auf die Erdrotation und damit auf unser Zeitmaß (s. 2.1.3).

2.6 Morphologie der Mondoberfläche

2.6.1 Beobachtungen von der Erde aus

Da der Mond keine nachweisbare Atmosphäre besitzt, kann seine Oberfläche von der Erde aus unbehindert betrachtet werden. Seit Galilei als erster ein Fernrohr gegen den Himmel richtete, ist der Mond Forschungsobjekt. Der erdgebundenen Mondbeobachtung waren jedoch naturgegebene Grenzen gesetzt, so ist es verständlich, daß die mit viel Eifer, besonders auch von Amateurastronomen, betriebene Selenographie

(Mondkunde) ihren Höhepunkt bereits im vorigen Jahrhundert überschritten hatte. Es war zu Anfang dieses Jahrhunderts recht still um die Erforschung des Mondes geworden, es gab nur noch einige wenige Forscher, die sich mit dem Mond als Forschungsgegenstand beschäftigten. Erst die sich aus der Entwicklung der Raumfahrt ergebenden Möglichkeiten rückten den Mond wieder in den Interessenbereich der Forschung. Von der Erde aus sind Details der Bodenformen bis zur Größe von 200 m – bei besten Beobachtungsverhältnissen bis etwa 100 m Durchmesser – und Erhebungen von einigen Metern zu erkennen. Die selenographischen Karten stellen die Mondoberfläche etwa mit der gleichen Genauigkeit dar, wie geographische Karten mit dem Maßstab 1:5 000 000 die Erde. Höhepunkt der kartographischen Darstellung der Mondoberfläche ist wohl die aufgrund von visuellen Beobachtungen erstellte Mondkarte von Philipp Fauth, die den Mond im Maßstab 1:1 000 000 (Kartendurchmeesser der Mondscheibe 3,5 m) darstellte. Der Abschluß der erdgebundenen Mondforschung mit konventionellen Methoden war die Erstellung eines großen photographischen Mondatlasses durch G. P. Kuiper (erschienen 1960); er basiert auf den besten Mondaufnahmen der großen nordamerikanischen Sternwarten und des Höhenobservatoriums Pic du Midi und stellt den Mond ebenfalls im Maßstab 1:1 000 000 dar. Der Mond besitzt Bodenformen, die kein Analogon (Gleichartiges) auf der Erde haben, andere Strukturen wiederum lassen sich mit solchen aus der irdischen Geologie bekannten Erscheinungen beschreiben oder gleichsetzen. Beide Elemente werden mit aus der Geographie entlehnten Begriffen bezeichnet, wie etwa Meere, Gebirge, Seen, Sümpfe und Krater; jedoch ist die Terminologie nicht einheitlich, vielmehr wurden diese Begriffe, je nach Ausgangspunkt,

Die von R. Baldwin (1961) erstellte „contour maps" der Vorderseite des Mondes in vereinfachter Wiedergabe

Karte zur ersten Orientierung auf der Mondoberfläche (Norden ist – wie im umkehrenden astronomischen Fernrohr – unten)

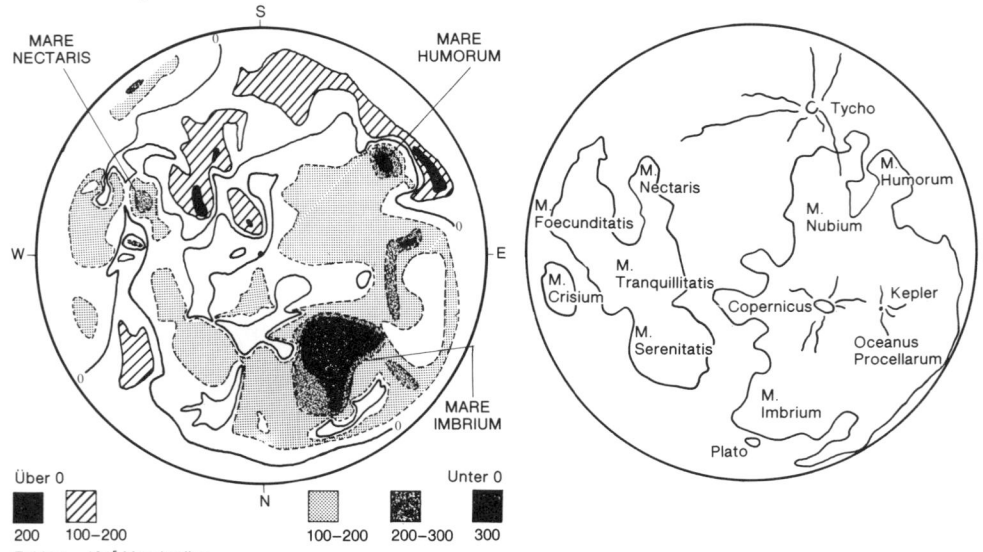

Über 0

200   100–200

Unter 0

100–200   200–300   300

Zahlen = 10⁻⁵ Mondradius

vorgefaßter Meinung, nach Geschmack oder auch nach Zeitmode oft genug ohne Rücksicht auf den sonstigen Gebrauch gewählt, benutzt oder neu eingeführt. Die meisten Benennungen bringen außerdem ein genetisches Moment in die Nomenklatur, das eine geologische Deutung der Formation unbewußt – oder bewußt – in bestimmte Richtungen lenkt.

Als großräumige Strukturen auf der Mondoberfläche fallen einmal die relativ hellen, hochliegenden, auch inselartig vorkommenden Flächen auf; sie sind für gewöhnlich deutlich reliefiert. Diese Gebiete werden Terrae (Einzahl: Terra) genannt. Dieses lateinische Wort darf aber nur als rein deskriptiver Begriff aufgefaßt werden und nicht ohne weiteres mit „Land, Festland oder gar Kontinent" übersetzt werden, genau so wenig wie die zweiten großräumigen Strukturen, die Maria (Einzahl: Mare), nicht mit irdischen Meeren oder Ozeanen gleichgesetzt werden können. Maria sind relativ dunkle und tiefliegende Areale auf der Mondoberfläche ohne auffällige Reliefs, oft völlig eben erscheinend. Diese beiden Großstrukturen sind als helle und dunkle Flächen mit bloßem Auge auf der Mondscheibe erkennbar.

Die Maria tragen zum Teil recht romantische Namen, während die Terrae mit Gebirgsnamen, die aus der irdischen Geographie entlehnt sind bzw. mit Namen von mehr oder weniger bekannten Männern der Wissenschaftsgeschichte benannt werden.

Lateinische und deutsche Namen der Mondmeere

Mare Australe	Südmeer
Mare Crisium	Kritisches Meer
Mare Foecunditatis	Fruchtbares Meer
Mare Frigoris	Kaltes Meer
Mare Humorum	Feuchtes Meer
Mare Imbrium	Regenmeer
Mare Nectaris	Nektarmeer
Mare Nubium	Wolkenmeer
Mare Serenitatis	Heiteres Meer
Mare Tranquillitatis	Ruhiges Meer
Mare Vaporum	Dampfendes Meer
Oceanus Procellarum	Stürmischer Ozean
Sinus Medii	Zentralbucht

Die Mariae

Das größte Mare ist der Oceanus Procellarum mit einer Ausdehnung von ca. $5 \cdot 10^6$ km^2; dann folgt das Mare Nubium mit einer Fläche von $1 \cdot 10^6$ km^2 und das Mare Imbrium mit $0{,}9 \cdot 10^6$ km^2. Die anderen Maria haben eine Größe zwischen 1 und $4 \cdot 10^5$ km^2.

Man unterscheidet zwischen echten Maria (z. B. das Mare Imbrium), dies sind beckenförmige, tiefliegende Areale, von Terrarändern umgeben und überhöht, meist gegen diese scharf abgegrenzt und den epi-terra Maria (Schelfmeere), deren Abgrenzung gegen die Terra-Umrandung einen allmählichen Übergang zeigen (z. B. Mare Nubium). Typische Terra-Ele-

Südliche Region des Mondes mit Mare Nubium. Entsprechend dem astronomischen Brauch wird hier der Mond wie in einem astronomischen Fernrohr wiedergegeben, d. h. Süden oben, Norden unten. Die Krater am unteren Bildrand sind Ptolemäus, Alphonsus und Albategnius. Die großen Ringgebirge und Krater zum Südpol-Gebiet des Mondes hin sind durch Vergleich mit der nebenstehenden Mondkarte zu identifizieren

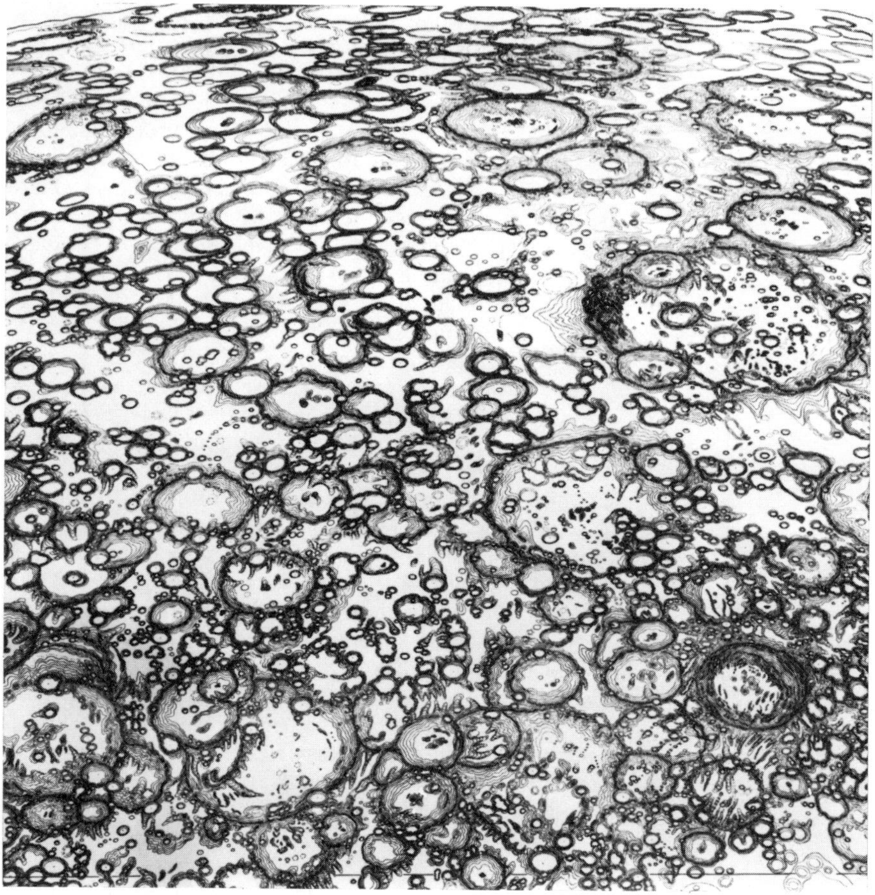

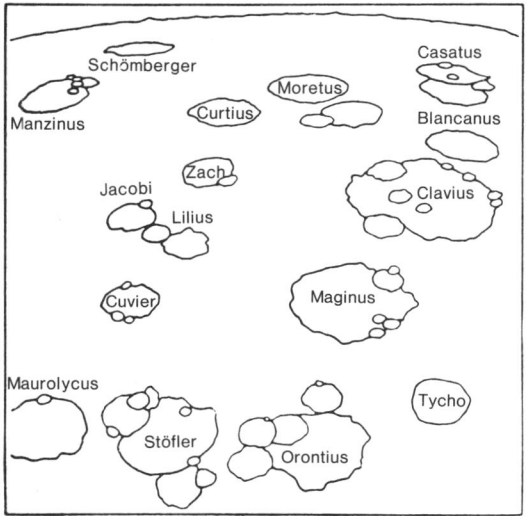

Verkleinerte Abbildung eines Blattes der Fauthschen Mondkarte.
Südlicher Teil des Mondes mit Clavius und Tycho.
Die Lageskizze erleichtert das Auffinden

mente, wie Riffe, Berge oder Krater, ragen bei diesen letzteren über die Oberfläche hinaus und nehmen an Zahl zu den Terra hin zu. Auf der Nord-Halbkugel der Vorderseite des Mondes bemerkt man eine Tiefenzone der Kruste, in der sich mehrere echte, beckenförmige Maria aneinanderreihen (Mare Imbrium, Mare Serenitatis, Mare Crisium); diese Zone wird als „Maregürtel" bezeichnet. – Die echten Marebecken und auch die ihnen anhängenden Schelfmeere liegen ausnahmslos unterhalb des mittleren Mondniveaus, so kann für das Mare Imbrium eine maximale „Tiefe" von 6 000 m, für das Mare Nectaris eine solche bis zu 5 000 m unterhalb dem mittleren Krustenniveau (Bezugsnull) angegeben werden.

In den Maria trifft man auf auffallende Gebilde, die sogenannten Bergadern, die entfernt den hervortretenden Adern auf dem Handrücken ähneln. Es sind entweder symmetrisch-zweiseitig geböschte, flache, relativ schmale, dammartige Aufwölbungen der Mareoberfläche, die in ihrer Längsstreckung teilweise gradlinig, zumeist jedoch Flußläufen ähnlich, leicht geschlängelt verlaufen. Leicht erkennbar im Fernrohr sind sie nur bei seitlicher Beleuchtung, also bei einem Verlauf in Meridianrichtung, während sie bei reiner Ost–West-Erstreckung infolge ihrer Flachheit wegen des fehlenden Schattenwurfs nahezu unsichtbar bleiben. Ein weiteres – besonders in jüngster Zeit – viel diskutiertes Strukturelement der Maria sind die sogenannten Beulen (engl. domes) auch Kuppeln genannt. Es sind niedrige Kuppeln von mehr oder minder kreisförmigem Grundriß, die sich trotz gleichartigem Gesteinsmaterial klar von ihrer ebenen Umgebung abheben. Sie treten meist in kleineren oder größeren Gruppen auf und sind nur bei günstiger Beleuchtung, bei flachem Lichteinfall, mit Sicherheit auszumachen. Die in den Terae auftretenden Rundformen fehlen in den echten Maria fast vollkommen, jedoch treten in ihnen die (siehe unten und gegenüberliegende Seite) kleinen, muldenförmigen Flach-Kraterchen zahlreich auf.

Die Terrae

Die Terrae sind – wie wir nun aus den zahlreichen Aufnahmen der Mondsonden und von den Apollo-Mannschaften wissen – das beherrschende großräumige Strukturelement der Mondrückseite. Von dort greift ein zusammenhängendes Stück über den Südpol hinweg und bildet auf der Vorderseite den gelegentlich sogenannten „Südkontinent"; er stößt bis über die Mitte der Mondscheibe nach Norden vor. Auf der Nord-Halbkugel der Mondvorderseite scheinen nur noch Reste der ursprünglichen Terrakruste vorhanden zu sein, man hat den Eindruck, als ob die „Lavamare" in sie „eingebrochen" seien. Die Reste des wohl ursprünglich geschlossenen Terra-Areals treten in Form der 650 km langen Apenninen, die sich im Kaukasus und den Alpen fortsetzen, in Erscheinung.

Eine für die Terrae auffällige Formation sind die mit dem Terminus „Krater" bezeichneten Gebilde. Moderne Mondkarten zeigen etwa 33 000 solcher Kratergebilde auf der Vorderseite des Mondes. Sie werden nach Vorschlag des italienischen Jesuitenpaters Riccioli (1659) nach Astronomen und Naturforschern benannt. Übrigens wird dieser Brauch auch bei den auf der Rückseite des Mondes lokalisierten Formationen beibehalten. – Will man nur eine deskriptive, nicht genetische Einteilung der „Krater" geben, so muß man von ihrer Größe und Form ausgehen. Unter den Kleinstkratern – ihre Durchmesser liegen unter einem Kilometer – unterscheidet man solche ohne Zentralkegel und ohne Umwallung, auch Lochkrater genannt. Die Gebilde von 1 bis etwa 10 km Durchmesser zeigen meist eine geschlossene Umwallung und in ihrer Mitte einen Zentralberg oder Bergkegel. Mittlere Rundgebilde, von 10 bis 100 km Durchmesser, zeigen eine mehr oder weniger ausgeprägte Umwallung und flachen Boden; Ringgebirge werden sie meist genannt. Ihre Ränder und auch ihr flacher Boden werden oft von wesentlich kleineren Kraterchen gesäumt bzw. bedeckt. Die ganz großen Rundbauten der Mondoberfläche, mit Durchmessern über 100 km, werden Wallebenen genannt. Sie unterscheiden sich nur in ihrer Größe von den vorgenannten Ringgebirgen.

Lineare Strukturelemente sind die sogenannten Rillen, Spalten, Klüfte, Täler und Verwerfungen, die, da die Mondoberfläche nie unter der erodierenden Wirkung von Wasser gestanden ist, sicherlich tektonischen Ursprungs sind. Als Rillen werden grabenförmige, nicht tiefe, schmale Rinnen mit glatten Rändern, verschiedenen Profilen und geradem, geknicktem oder auch gar flußartigem Verlauf bezeichnet. Ihre Breiten liegen bei 1 km, ihre Längen können mehrere hundert Kilometer erreichen. Sie sind häufig von zahlreichen Kleinstkratern besetzt und begleitet. – Als Spalte oder Klüfte benennt man Einschnitte, bei denen – im Gegensatz zu den Rillen – ein Boden nicht erkennbar ist. Es kann sich bei ihnen also um klaffende oder geschlossene Risse im unter Spannung stehenden Gestein handeln. Da auch bei ihnen eine Säumung mit Kleinstkratern anzutreffen ist, deutet dies auf einen tektonischen bzw. vulkanischen Ursprung. Stehen die Gesteinsschichten entlang einer Spalte zu beiden Seiten verschieden hoch, liegen also Geländestufen vor, so bezeichnet man diese in Analogie zu irdischen „Sprüngen" im geologischen Sinne als Verwerfungen.

Einige Mondgebirge	Höhe über Umgebung m
Karpaten	2 900
Pyrenäen	3 000
Alpen	3 900
Altai	4 000
Wallebene des Kraters Kopernikus	4 000
Apenninen	5 500
Kaukasus	5 900
Massiv am Nordrand des Ringgebirges Curtius	8 000
höchste gemessene Erhebung	11 350

Lunare Täler – bekannt ist das lunare „Alpental" – sind breite, lange, gerade, steilbegrenzte Rinnen mit breitem, flachem Boden, durch den sich, wie z. B. im Alpental, gar eine flußbettähnliche Rille meanderförmig hindurchschlängelt. Nach der hier abgegrenzten Terminologie ist das sogenannte Schröter-Tal bei den Ringgebirgen Aristarch und Herodot als Rille anzusprechen. Das sogenannte Rheita-Tal erweist sich sogar nur als eine Verschmelzung benachbarter Krater, die so ein Tal vortäuschen.

Höhenmessungen

Die Bestimmung von Höhen und Tiefen der Berge und Täler auf der Mondoberfläche bereitet im Prinzip keine großen Schwierigkeiten. Man mißt die Schattenlängen der Erhebungen bzw. Vertiefungen bei bekanntem Sonnenstand über der entsprechenden Mondgegend. Jedoch fehlt auf dem Mond eine einheitliche Bezugsebene für Höhenmessungen, dem Meeresspiegel auf der Erde entsprechend, so daß nur die Höhe gegen das Niveau der unmittelbaren Umgebung bestimmt werden kann. – Weitere Methoden zur Höhenmessung sind einmal die Radarmethode, die nur auf einen relativ kleinen Bereich in der Mitte der Mondscheibe anwendbar ist; ferner eine photometrische Methode, die in der Nähe des Terminators – das ist die während einer Lunation über die Mondscheibe wandernde Lichtgrenze – es gestattet, aus den sich ändernden Helligkeitsunterschieden den Neigungswinkel des Geländes und so durch Summierung Höhenunterschiede zu bestimmen.

In der ersten von J. Franz (1899) herausgegebenen Höhenschichtkarte wählte dieser als Nullniveau die mittlere Höhe der Gegenden um die beiden Mondpole. In modernen Bearbeitungen wird meist von einer mittleren Mondkugel mit vorgegebenem Radius ausgegangen. Im Prinzip ist die Wahl des Nullniveaus nicht von so großer Bedeutung, vielmehr tragen die unvermeidlichen Abrundungsfehler bei Anschlüssen über die ganze Mondscheibe dazu bei, daß das Problem einer Mond-Höhenschichtkarte noch nicht voll befriedigend gelöst ist. Auch zeigen sich immer noch zwischen einzelnen Höhen, die von verschiedenen Beobachtern gemessen wurden, sehr große, ja bis zu einigen tausend Metern gehende Differenzen, so daß die bei den Meerestiefen und hier für Berghöhen gegebenen Werte mit gebotener Vorsicht aufzunehmen sind.

Auf eine lunare Erscheinung sei noch eingegangen. Es sind dies die hellen Strahlen bzw. Strahlensysteme, die unabhängig von Terra und Mare über beide hinwegziehen und bei hochstehender Sonne, d. h. bei Vollmond, besonders gut sichtbar sind. Es handelt sich um zweidimensionale Gebilde und nicht um Landschaftselemente im strengen Sinne, denn sie werfen keine Schatten. Im typischen Fall gehen die hellen Strahlen von einem Zentrum, einem „Strahlenkrater", aus. Von den etwa 60 gezählten Strahlenkrater der Mondvorderseite sind wohl Kopernikus und Tycho die auffälligsten. Von letzterem System kann man einen Strahl, mehrere Kilometer breit, über eine

Länge von 1 800 km verfolgen. – Auch am Mondrand lassen sich ebenfalls helle Strahlen erkennen, deren Ausgangszentren auf der uns abgewandten Mondseite liegen. – Ohne Zweifel handelt es sich bei den Strahlen um Material, dessen Albedo (Rückstrahlvermögen) höher ist als das der Umgebung, und es scheint aus den Strahlenkratern ausgeworfen.

2.6.2 Erkundungen durch Raumfahrtunternehmungen

Lunar Orbiter 2 nahm diesen Teil des Kopernikus-Kraters aus einer Höhe von 45 km über der Mondoberfläche auf. Die Erhebungen in der Bildmitte sind etwa 300 m hoch; im Hintergrund ist das 915 m hohe Gay-Lussac-Vorgebirge der Karpaten zu sehen. Die Entfernung vom Vordergund des Photos bis zum Horizont beträgt 288 km.

Die Naherkundung des Mondes begann mit der Luna-3-Mission der UdSSR im Oktober 1959. Sie lieferte die ersten, noch wenig detailreichen Bilder der Mondrückseite (die ja bekanntlich von der Erde aus nicht sichtbar ist). Erst mit den Photos, gewonnen durch die Orbiter-Satelliten, zogen die USA nach. In wenigen Jahren gelang es dann, durch die Raumfahrtmissionen Ranger, Surveyor, Luna und Apollo den Mond so zu erforschen, daß er heute weitgehend eine Domäne der Erdwissenschaften, wie der Morphographie, der Geologie, der Petrographie und der Mineralogie, geworden ist. Dementsprechend können hier die Ergebnisse dieser neuen Mondforschung nur noch kursorisch abgehandelt werden.

Die vorherrschende Formation auf dem Mond sind Einschlagkrater, fast alle annähernd kreisförmig, im Gegensatz zu länglich gestreckten Formen bei Vulkankratern. Die Krater werden meist umgeben von sanft abfallenden, hügeligen Wällen, die weiter außen in radial gerichtete, unregelmäßige Rücken übergehen. Das Material außerhalb der Krater besteht aus den

Raumfahrt-Unternehmungen zur Erkundung des Mondes

Unbemannte Umkreisungen

Oktober 1959	UdSSR	Luna 3	Erste Photos von der Rückseite
Juli 1966–Januar 1968	USA	Orbiter 1 bis 5	Photos von 95 % der Mondoberfläche, Auflösung bis zu 1 m

Harte Landungen

August 1964	USA	Ranger 7	Mare Cognitum, Photos
Februar 1965	USA	Ranger 8	Mare Tranquillitatis, Photos
März 1965	USA	Ranger 9	Krater Alphonsus, Photos

Weiche unbemannte Landungen

Februar 1966	UdSSR	Luna 9	Oceanus Procellarum, Photos
Juni 1966	USA	Surveyor I	Oceanus Procellarum, Photos
Dezember 1966	UdSSR	Luna 13	Oceanus Procellarum, Photos, Bodenerkundung
April 1967	USA	Surveyor III	Oceanus Procellarum, Photos, Bodenerkundung
September 1967	USA	Surveyor V	Mare Tranquillitatis, Photos, Bodenerkundung
November 1967	USA	Surveyor VI	Sinus Medii, Photos, Bodenerkundung, chem. Analysen
Januar 1968	USA	Surveyor VII	Krater Tycho, Photos, Bodenerkundung, chem. Analysen

Bemannte Umkreisungen

Dezember 1968	USA	Apollo 8	Photos, Vorbereitung der bemannten
Mai 1969	USA	Apollo 10	Landung

Bemannte Landungen und Umkreisungen

Juli 1969 (MEZ)	USA	Apollo 11	Mare Tranquillitatis, 21,7 kg Proben
September 1969	USA	Apollo 12	Oceanus Procellarum, 34,4 kg Proben
Januar 1971	USA	Apollo 14	Fra Mauro Region, 42,9 kg Proben
Juli 1971	USA	Apollo 15	Mare Imbrium, Hadley Berge, 76,8 kg Proben
April 1972	USA	Apollo 16	Descartes Region, 94,7 kg Proben
Dezember 1972	USA	Apollo 17	Mare Serenitatis, Taurus Berge, Littrow Tal, 110,5 kg Proben

Unbemannte weiche Landungen, Probenrückkehr

September 1970	UdSSR	Luna 16	Mare Fecunditatis, Bodenproben, Bohrkern
Februar 1972	UdSSR	Luna 20	Apollonius Hochland, Bodenproben, Bohrkern
August 1976	UdSSR	Luna 24	Mare Crisium, Bodenproben, Bohrkern

Astronaut Dr. Schmitt, von Kommandant Cernan photographiert, untersucht einen großen, gespaltenen Felsbrocken in der Nähe des Apollo-17-Landeplatzes. In der Hand hält er einen dreifüßigen Gnomon, der als photographische Referenzhilfe für Größenverhältnisse und Farbtönung dient

Auswürfen aus dem Inneren, das in seiner Mächtigkeit radial nach außen abnimmt. Dort fallen dann sekundäre Krater auf, die durch Ausschleudern von Brocken aus dem Hauptkrater (auch Primärkrater genannt) entstanden sind. Sekundärkrater bilden oft Haufen oder Ketten, wobei unter Umständen Kraterketten als durchgehende Vertiefungen erscheinen.

Die Mechanismen der Kraterbildung durch Einschlag eines kosmischen Körpers wurden in den letzten Jahren durch Hochgeschwindigkeitsexperimente geklärt. Die einschlagenden Körper treffen die Mondoberfläche mit Geschwindigkeiten von etwa 20 km s^{-1}. Es konnte auch gezeigt werden, daß dann entstehende Kraterwälle mit Durchmessern größer als 15 km in Stufenterrassen wieder zusammenrutschen, wobei sich dann im Kraterboden ein Zentralberg aufbaut; ähnlich den Vorgängen beim Einfall eines Steines in Wasser. – Kleinere Einschlagkrater zeigen keine Terrassenbildungen, keine abrutschenden Kraterwände und auch keine Zentralberge. Diese kleinen, eher schüsselförmig aussehenden Krater bedekken die gesamte Mondoberfläche und sind auf jedem Mondgelände zu finden. – Der größte Mondkrater hat einen Durchmesser von fast 300 km (Krater Bailly); Krater mit 100 km Durchmesser sind häufig.

Viele Impactkrater (Impact = Einschlag) zeigen Strahlensysteme, die vom Auswurfmaterial gebildet werden. Es konnte im Experiment gezeigt werden, daß nicht nur bei vertikalen Treffern der Einschlagskrater nahezu kreisförmig ist, sondern diese Form bis zu fast horizontalem Einfall hin erhalten bleibt. Jedoch zeigen die verschiedenen Auswurfmuster oft deutlich die Einfallsrichtung eines Körpers durch Vorwärtsstreuung des Auswurfmaterials.

Die Existenz eines Erosionsprozesses auf der Mondoberfläche war schon aufgrund von Aufnahmen der unbemannten Mondmissionen vermutet worden. Diese Erosion – verursacht durch die Partikelstrahlung des Sonnenwindes sowie der kosmischen Strahlung, ferner durch Mikrometeorite bis hin zum Einschlag mittelgroßer bis großer Meteorite – hat bewirkt, daß die Mondoberfläche mit einer mehrere Meter dicken Trümmerschuttschicht bedeckt ist. Diese Schuttschicht ist übersät mit Kraterchen von wenigen Zentimetern (ja im mikroskopischen Bereich sind noch Einschläge nachweisbar) bis zu Kratern von 10 und mehr Metern Durchmesser. Nach Landung der Apollo-11-Mannschaft auf dem Mond konnte man – selbst am Fernsehschirm auf der Erde – ein Einsinken der Astronauten von 10 cm und mehr im lockeren und staubigen Oberflächenmaterial beobachten. Die Masse dieses Lunar-Regoliths besteht aus feinen, kleinen Teilchen, dem sogenannten Mondstaub, in dem Gesteinsbrocken und Bruchstücke eingebettet liegen. Im allgemeinen zeigten zur Erde gebrachte Bohrproben vier Abschnitte. Die oberste Schicht, etwa 3 mm dick, bestand aus losem, hellgrauem bis bräunlichgrauem Staub. Die nächste Schicht, 6 mm dick und dunkelgrau, war etwas verkrustet. Die dritte Schicht, 5 bis 15 cm dick, dunkelgrau bis kakaobraun, zeigte leichte Kohäsion. Die vierte Schicht, bis zum Ende der verschieden weit eingetriebenen Bohrproben, war der dritten Schicht ähnlich, doch war sie wesentlich fester und schwer zu durchdringen.

Untersuchungen nach Landungen auf dem Mond

Die im Regolith eingebetteten Felsbruchstücke zeigen mannigfaltige Formen, hauptsächlich sind sie aber abgerundet bis rund; aber auch kantige Bruchstücke sind vorhanden, wobei die eckigen und kantigen Bruchflächen meist nach unten und teils in feinem Staub eingebettet lagen.

Die zur Erde gebrachten Proben können eingeteilt werden in:

a) feinkörnige bis mittelkörnige, blasige, kristalline, magmatische Gesteinsbrocken;

b) Breccien, die aus Bruchstücken verschiedenen Gesteins bestehen und durch feinen „Mondstaub" zusammengebacken sind;

c) Mondstaub, dazu rechnet man alle jene Teilchen, deren Durchmesser unter 1 cm liegen. Etwa 50 Prozent dieses Materials besteht aus Glaskörnern.

Es fällt nicht schwer, auf der Mondoberfläche Krater zu finden, deren Strukturen durch offensichtlich später erfolgte Einschläge von Meteoriten stark zerstört sind. Auch Krater sind auszumachen, die im Untergrund ihrer Umgebung versunken, beziehungsweise die mit flüssigem Material vollgelaufen sind.

Die ausgedehnten Ebenen der Maria erscheinen unter steiler Beleuchtung flach und strukturlos. Bei niedrigem Sonnenstand zeigen sie jedoch zahlreiche Formationen, vor allem sind dann in den Nahaufnahmen der Mondsonden Myriaden von winzigen Kratern, niedrige Rücken sowie Rillen und Verwerfungen zu erkennen. Wellen von nur wenigen Metern Höhe können ausgemacht werden. Das Erscheinungsbild ist jedoch weitgehend verschieden von dem magmatischer und vulkanischer Ereignisse auf der Erde. So können auf dem Mond weder große Vulkankegel, Schildvulkane noch sonstige Austrittsstellen von Lava ausgemacht werden. – Erst als Mondgestein auf die Erde gebracht war, konnte dieses Problem der Mond-Maria gelöst werden. Geschmolzenes Mondgestein ist weitaus flüssiger als irgend eine auf der Erde gefundene Lava. Seine Viskosität entspricht etwa der von Maschinenöl.

Die in den Maria gefundenen Rücken, Verwerfungen und Bruchlinien werden deshalb heute als aus Abkühlungsprozessen sehr flüssiger Lava hervorgegangen verstanden. Niedrige Lava-Viskosität und dadurch bedingte große Fließgeschwindigkeit bei starker und schneller eruptiver Förderung erklären auch die zahlreichen gewundenen Rillen, Kanäle und Tunnels. Schröter-Tal und Hadley-Rille erreichen Längen bis über 100 km, bei Breiten von 4 bis 6 km; sie gleichen sehr irdischen Flußläufen. Daß es aber nicht Wasser, sondern Lava war, die diese Formationen erzeugte – übrigens hat es zu keiner Zeit Wasser auf dem Mond gegeben – kann man an der Fließrichtung erkennen. Denn Ursprung dieser Rillen und Täler sind Krater oder Senken, aus denen sich ein breiter, später enger werdender Lavastrom ergoß, der – wie man zeigen kann – im Niveau abwärts geflossen ist. Natürliche Wasserläufe auf der Erde sind im Verhältnis zu ihrer Breite nicht so tief wie die Mondrillen und haben andere Anzeichen des Fließens.

Die Maria als Einschlagbecken

Die Becken, die Maria des Mondes, wurden nicht sofort als Einschlagstellen kosmischer Körper verstanden. Erst als die Orbiter-Sonden Bilder von dem am Westrand des Mondes von der Erde gerade noch erkennbaren Orientale-Becken lieferten, bewirkten diese Bilder einen Umschwung der Meinung zugunsten der Annahme, daß die Maria den gleichen Ursprung wie die Krater haben müssen. So wurde die Einschlag-(Impact-) Theorie, als sie für die Krater allgemein anerkannt war, auch für die Entstehung der Becken akzeptiert. Von dieser Theorie ausgehend, kann man nun auch die Formationen um und im Mare Imbrium als Einschlag eines kosmischen Körpers auf dem Mond verstehen, der fast ausreichte, diesen auseinanderzubrechen. Die Bildung des Imbrium-Beckens – es ist das größte „echte" Mare (s. 2.6.1) – muß weitreichende Wirkungen auf die Oberfläche und das Innere des Mondes gehabt haben. Nicht nur an dem riesigen Ring von Gebirgen von fast 1 300 km Durchmesser, der Mond-Apenninen, Alpen und Karpaten umfaßt, sondern auch an dem Muster von radialen und konzentrischen Bruchlinien, die sich fast über den ganzen

Mond erstrecken, ist die Wirkung dieses Einschlags zu sehen. Er muß auch unter der Mondoberfläche verheerend gewesen sein, denn es ist davon auszugehen, daß der erzeugte Urkrater ein paar hundert Kilometer tief war. Erst über einen längeren Zeitraum hat sich das Mare-Becken dann mit Lava gefüllt. Das ist deutlich zu sehen an den großen Kratern Archimedes und Plato, die nach dem Imbrium-Einschlag entstanden sein müssen. Sie sind aber älter als die Lava-Füllung des Beckens, denn sie sind selbst mit Lava aufgefüllt worden. – Aus Gesteinsproben der Apollo-15-Mission ergibt sich eine Datierung für den Imbrium-Einschlag von 3,9 Milliarden Jahren, während noch Lava-Überflutungen bis vor 3,3 Milliarden Jahren stattfanden. – Auffällig ist das Fehlen von großen Maria und Becken auf der Rückseite des Mondes. Hier beherrschen die Hochländer (Terrae, Einz.: Terra) das Bild.

Diese Terrae wurden durch ein unausgesetztes Bombardement von Meteoriten gebildet, bei dem immer wieder die älteren Krater von neuen überdeckt und schließlich wieder zerstört wurden. Auf Aufnahmen von Hochländern sind meist alle Phasen des Zerfalls von Kratern zu sehen, angefangen von frischen Kratern mit scharf definierten Rändern, über Krater mit abgeschliffenen Rändern und vielen sie bedeckenden Kratern bis zu den ältesten Kratern, von denen nur noch Fragmente des Randes im Gewirr der jüngeren Einschläge sichtbar bleiben. – Wie man aus Gesteinsuntersuchungen weiß, ist das Alter dieser Terrae nur ca. 700 Millionen Jahre höher als das des Imbrium-Einschlags. Die Kraterhäufigkeit zwischen Terrae und Maria zeigt, daß die Einschlagshäufigkeit in diesem Zeitabschnitt wesentlich höher gewesen sein muß.

2.7 Gesteine und Mineralien des Mondes

Die Apollo-Mannschaften haben über 380 kg Gesteins-, Sand- und Staubproben zur Erde gebracht. (Auch durch die unbemannten sowjetischen Mondsonden gelangten Proben lunaren Gesteins zur Erde.) Dieses Gestein wurde wohl eingehender und gründlicher als jedes irdische Gestein untersucht. Es zeigte sich, daß lunares im Vergleich zu irdischem Gestein sehr viel einfacher zusammengesetzt ist. Ursache für diese Unterschiede sind:

1. Die Gesteinsschmelzen zeichnen sich durch ihre Verarmung an volatilen (d.h. leichtflüchtige) Elementen aus. Dies sind: Na, K, Ca, Rb, Cl, Br, Zn, Te, Hg, Cd, Ge, Pb. Hingegen findet man eine Anreicherung von: FeO, Ti, U und Th.

2. Es fehlt auf dem Mond bekanntlich eine oxidierende Atmosphäre. Auf der Erde gibt es deshalb hochoxidierte Verbindungen, wie z. B. Fe_2O_3.

3. Es ist auf dem Mond kein H_2O, SO_2 oder CO_2 vorhanden, das die Gesteine beim Transport verändern kann.

Die vier häufigsten Mondminerale sind: Pyroxen, Plagioklas, Olivin und Ilmenit.

Pyroxene bestehen aus unendlichen Ketten von $[Si_2O_6]^{4-}$ Doppeltetraedern, die durch zweiwertige Kationen, wie Fe, Ca, Mg, zu dreidimensionalen Gebilden verbunden werden ($CaMgSi_2O_6$, $CaFeSi_2O_6$, $MgSi_2O_6$, $FeSi_2O_6$). Die dem monoklinen Kristallsystem zuzurechnenden Pyroxene (vorwiegend Augit und Pigeonit) machen die Hauptmasse der lunaren Mineralien aus.

Plagioklase bilden eine lückenlose Mischkristallreihe zwischen Albit ($NaAl_3O_8$) und Anorthit ($CaAl_2Si_2O_8$). Sie machen etwa 20 bis 40 Prozent der normalen Gesteine aus.

Olivine sind eine lückenlose Mischkristallreihe zwischen Forsterit (Mg_2SiO_4) und Fayalit (Fe_2SiO_4). Es sind einfach gebaute Silikate, die nicht in allen Mondgesteinen vorhanden oder gar häufig sind.

Ilmenit ist im Gegensatz zu den anderen drei Mineralien ein opakes (d.h. nicht durchsichtiges oder durchscheinendes) Oxid mit der Formel $FeTiO_3$. Dieses Eisen-Titan-Mineral ist mit dem Pyroxen zusammen für die mehr oder weniger dunkle Färbung der Mondgesteine verantwortlich.

Mineralien des Mondes
(nach W. v. Engelhardt)

Elemente		*Spinellgruppe*:	
Kamazit	Fe	Chromit	$FeCr_2O_4$
Taenit	(Fe, Ni)	Ulvöspinell	Fe_2TiO_4
Kupfer	Cu	Hercynit	$FeAl_2O_4$
		Spinell	$MgAl_2O_4$
		Zirkonolith	(Ca, Fe) (Zr, Ce) (Ti, Nb)$_2O_7$
		Armalcolit*	(Fe, Mg)Ti$_2O_5$
Sulfide, Phosphide, Carbide			
Troilit	FeS	*Phosphate*	
Kubanit	$CuFe_2S_3$	Apatit	($Ca_5(P, Si)O_4)_3(F, Cl)$
Bornit	Cu_5FeS_4	Whitlockit	$Ca_3((P, Si)O_4)_2$
Zinkblende	ZnS	Monazit	(Ce, La, Y, Th)PO_4
Schreibersit	(Fe, Ni, Co)$_3$P		
Cohenit	(Fe, Ni)$_3$C	*Silikate*	
Aluminiumcarbid	Al_4C_3	Plagioklas	$NaAlSi_3O_8 - CaAl_2Si_2O_8$
		Kalifeldspat	$KAlSi_3O_8$
		Orthopyroxen	(Mg, Fe)SiO_3
Oxide		Pigeonit	(Ca, Mg, Fe)SiO_3
Quarz	SiO_2	Augit	(Ca, Mg, Fe)SiO_3
Tridymit	SiO_2	Pyroxferroit*	(Fe, Ca)SiO_3
Cristobalit	SiO_2	Olivin	(Mg, Fe)$_2SiO_4$
Rutil	TiO_2	Tranquillityit*	$Fe_8(Zr, Y)_2Ti_3Si_3O_{24}$
Baddeleyit	ZrO_2	Zirkon	$ZrSiO_4$
Ilmenit	$FeTiO_3$	Titanit	$CaTiSiO_5$
Korund	Al_2O_3	Thorit	$ThSiO_4$

Die mit * gezeichneten drei Minerale wurden erstmals auf dem Mond gefunden.

Entsprechend den Sammelorten der Mondproben traten in den Mineralzusammensetzungen der Gesteine Unterschiede auf. Die Maria-Basalte sind schwarzgraue Gesteine mit den Hauptmineralien Pyroxen (54...60%), Plagioklas (30...33%) und Ilmenit (2...10%). Feinere Unterteilungen zeigen, daß die ilmenitreichen Maria-Basalte sich wiederum in kaliumreiche und kaliumarme Gesteine einteilen lassen. Ebenso können die ilmenitarmen Basalte in zwei Gruppen – entsprechend ihrem Olivin- bzw. Quarzgehalt – unterteilt werden.

Das Gestein der Hochländer, der Terrae, zeichnet sich durch einen überwiegenden Plagioklasgehalt aus, der für die helle Färbung verantwortlich ist. Im übrigen herrscht hier eine größere Mannigfaltigkeit hinsichtlich der Gehalte an den anderen Mineralien. Die meisten Terrae-Gesteine haben das Gefüge von magmatischen Gesteinen, die in der Tiefe erstarrt sind. Daneben kommen aber auch vulkanische Gesteine, Terrae-Basalte, vor. Da die Terrae älter als die Maria sind und einem viel stärkeren Bombardement kosmischer Körper ausgesetzt waren (s. 2.6.2), sind die Gesteine hier viel mehr zertrümmert, modifiziert und auch aufgeschmolzen worden. Das erschwert die Erkundung ihrer ursprünglichen Gefüge.

**2.7.1
Altersbestimmungen
an Mondgestein**

Zur Altersbestimmung der Mondgesteine benutzt man – wie auch an irdischen Gesteinen – den Zerfall einiger radioaktiver Elemente mit langen Halbwertszeiten. Kalium zerfällt direkt in Argon, Rubidium zu Strontium, während Uran und Thorium bekanntlich erst über etwa ein Dutzend Zwischenstufen in Blei übergehen.

**Radioaktive Elemente
mit langen Halb-
wertszeiten zur
Altersbestimmung von
Gesteinen**

$$\text{K }40 \xrightarrow[\text{Jahre}]{1,3 \cdot 10^9} \text{Ar }40 \qquad \text{Th }232 \xrightarrow[\text{Jahre}]{1,4 \cdot 10^{10}} \text{Pb }208$$

$$\text{U }238 \xrightarrow[\text{Jahre}]{4,5 \cdot 10^9} \text{Pb }206$$

$$\text{Rb }87 \xrightarrow[\text{Jahre}]{5 \cdot 10^{10}} \text{Sr }87 \qquad \text{U }235 \xrightarrow[\text{Jahre}]{7,1 \cdot 10^8} \text{Pb }207$$

Die älteste auf dem Mond gefundene Gesteinsprobe – sie ist der Mondkruste zuzurechnen – hatte ein Alter von ca. $4,5 \cdot 10^9$ Jahren. Das Alter von Gesteinen der Hochländer (Terrae) – aufgeschmolzenes anorthositisches Krustenmaterial – betrug $4,3...3,8 \cdot 10^9$ Jahre. Für die Maria-Impakte und die durch Überflutung daraus resultierenden Maria-Basalte kann ein Alter von $4,0...3,1 \cdot 10^9$ Jahren angegeben werden. Die Auffüllung eines der letztgebildeten Becken, des Mare Imbriums, mit einer Ergußmasse aus Lava begann vor $3,9 \cdot 10^9$ Jahren und war erst nach ca. $600 \cdot 10^6$ Jahren beendet. Die auf den Mare-Ebenen zu findenden großen Krater, wie etwa die Krater Kopernikus und Tycho, sind jüngeren Datums; sie haben ein Alter von weniger als eine Milliarde Jahre.

2.8 Seismik und innerer Aufbau des Mondes

Experimente zur Messung des Wärmestroms aus dem Mondinneren wurden von Mannschaften der Apollo-15- und -17-Missionen durchgeführt. Sie ergaben einen Wärmestrom etwa halb so groß wie bei der Erde. Die Temperatur stieg in einer Tiefe von 2 m um ein Grad. Die Theorie von einem vollkommen erkalteten Mond mußte deshalb aufgegeben werden. Das Mondinnere muß eine hohe Temperatur besitzen. Der Wärmestrom kann durch die im Gestein vorhandenen radioaktiven Elemente Kalium, Uran und Thorium erklärt werden.

Magnetfeldmessungen zeigten kein allgemeines Feld des Mondes an. Jedoch gibt es Gebiete des Mondes, in denen Spuren eines Magnetfeldes zu finden waren. Paläomagnetische Untersuchungen an Mondgestein deuteten darauf hin, daß ein merkliches allgemeines Feld vor rund 3 Milliarden Jahren vorhanden war.

Mondbeben Bei allen Apollo-Unternehmungen wurden Seismometer zur Registrierung von Mondbeben mitgeführt. Man hoffte, wie bei der Erde (s. 2.1.2), so begründete Ergebnisse über das Mondinnere zu erhalten. Jedoch hatten die aufgezeichneten Signale keinerlei Ähnlichkeit mit den von der Erde bekannten. Es war auch unmöglich, durch Vergleich mit Erdsignalen auf den zugehörigen Quellenmechanismus zu schließen. Schließlich wurden künstliche Mondbeben durch Zünden von Sprengladungen oder durch Aufschlag von Landefähren und Raketenstufen erzeugt, die unerwarteter Weise zu langandauernden Signalen führten. – Inzwischen sind auch zahlreiche echte Mondbeben (also nicht durch Aufschlag von kosmischen Körpern verursacht) festgestellt worden. Diese Beben treten in monatlichen Zyklen auf. Sie sind für irdische Maßstäbe sehr schwach (unter 2 der Richter-Skala). Die gesamte freigesetzte Energie beträgt etwa $2 \cdot 10^6$ Joule pro Jahr (Erde $10^{17} \ldots 10^{18}$ Joule pro Jahr).

Aus den Laufgeschwindigkeiten der Mondbeben-Wellen kann auf folgenden inneren Aufbau geschlossen werden:

In etwa 1 km Tiefe gehen die äußeren Regolith-Schichten des Mondes in festeres, kompakteres Material, zertrümmerten Basalt, über. Die Dichte des Gesteins wächst mit der Tiefe, um dann zwischen 20 und 60 km konstant zu bleiben. Dieser Befund kann mit der Annahme erklärt werden, daß diese Zone aus anorthitischem Gabbro besteht, einem Gesteinsmaterial mit ähnlichen Eigenschaften wie denen des Terra-Gesteins. Bei 60 km befindet sich die Grenze der Mondkruste. Der Mondmantel, wahrscheinlich reich an Pyroxenen und Olivinen, reicht bis 150 km. Die Lithosphäre darunter erstreckt sich bis etwa 1 000 km; sie ist fest und starr. Mondbeben treten an ihrer Basis auf. Unterhalb dieser bei 1 000 km liegenden Grenzschicht, in der Astenosphäre, ist wohl die Existenz eines teilweise flüssigen oder zumindest geschmolzenen Kerns mit einem Durchmesser von 1 200 bis 1 800 km sicher. Der wirkliche Kern, dessen Zusammensetzung unbekannt ist, kann – wenn er aus reinem Eisen wäre – keinen größeren Durchmesser als 1 000 km haben. Bei einer etwas anderen chemischen Zusammensetzung – etwa aus Eisensulfid (FeS) – kann der Durchmesser dieses inneren Kerns bis 1 400 km betragen. – Die Kenntnisse über das Mondinnere sind noch sehr unvollkommen.

3 Die Planeten

3.1 Geozentrisches und heliozentrisches Weltbild

Unter den Fixsternen, deren Stellungen zueinander unveränderbar scheinen, bewegen sich einige wenige helle, in einem „ruhigen Licht" strahlende Objekte, die Planeten, veraltet auch „Wandelsterne" genannt. Ihre nicht gleichförmigen, öfter rückläufigen oder gar durch Stillstand sich auszeichnenden Bewegungen haben schon bei den Babyloniern zu einem Registrieren, Analysieren und dann zu einem Vorausberechnen der Planetenbewegungen geführt. Sie betrieben beobachtende Astronomie aus astrologischem Interesse. Die Griechen hingegen vernachlässigten die beobachtende und messende Astronomie, stellten aber die ersten allgemeinen Hypothesen über die Gesetzmäßigkeiten am Himmel auf. (s. A 4) Ihren Höhepunkt erreichte die griechische Astronomie in dem Werk von Claudius Ptolemäus. In dem nach ihm benannten ptolemäischen Weltsystem, das bis zum Ausgang des Mittelalters seine allgemeine Gültigkeit hatte, wurde die in sich ruhende Erde umkreist von den Gestirnen, von Sonne, Mond und Planeten sowie vom Himmelsgewölbe mit den an ihm befestigten Fixsternen.

Das ptolemäische und das kopernikanische Weltsystem

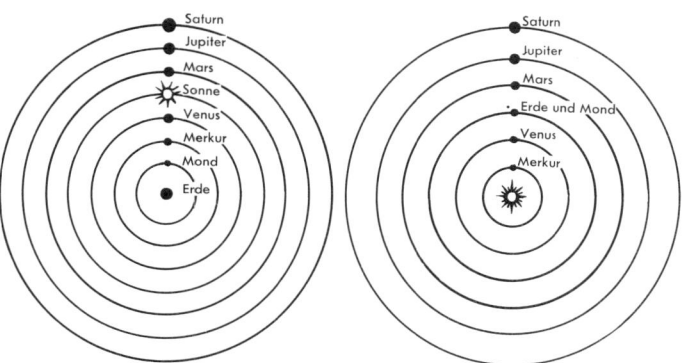

Dieses geozentrische Weltbild – mit der Erde im Mittelpunkt der Welt – wurde durch das heliozentrische Weltbild des Nikolaus Kopernikus abgelöst. – Die Hauptgedanken der kopernikanischen Erkenntnis sind folgende:

1. Nicht das Himmelsgewölbe mit den Gestirnen dreht sich in 24 Stunden von Osten nach Westen um die ruhende Erde, sondern die Erde dreht sich in der der Bewegung des Himmels entgegengesetzten Richtung von Westen nach Osten.

2. Nicht die Erde steht im Mittelpunkt eines Systems von Himmelskörpern, sondern die Sonne. Die Erde läuft in einem Jahr in einer kreisähnlichen Bahn um die Sonne und verursacht die jährliche Bewegung der Sonne über den sogenannten Tier-

kreis. Um die Sonne als Mittelpunkt kreisen die Planeten, nicht aber der Mond; der Fixsternhimmel ruht in sich.

3. Die Rotationsachse der Erde steht nicht senkrecht auf der Bahnebene der Erde um die Sonne, sondern ist gegen diese Ebene geneigt. Ihre Lage im Raum bleibt ständig erhalten.

Die weiteren astronomischen Erkenntnisse des 17. und 18. Jahrhunderts zeigten die bedingte Gültigkeit des kopernikanischen Weltsystems. Die Sonne steht nicht im Mittelpunkt der Welt, sondern sie wurde als ein Stern unter 100 Milliarden von Sternen erkannt. Zwar kennen wir nur unser, die Sonne umgebendes Planetensystem, jedoch muß aus einer Reihe von Beobachtungsbefunden und aus theoretischen Überlegungen geschlossen werden, daß auch andere Sterne mit einem Planetensystem ausgestattet sind.

Die Bezeichnungen „unser Planetensystem" und „unser Sonnensystem" werden meist synonym, also bedeutungsgleich, gebraucht. Man sollte aber unterscheiden, ob man nur die unsere Sonne umgebenden Planeten und Kleinkörper, wie Planetoiden, Kometen, Meteore bis hin zum interplanetaren (in dem Raum zwischen den Planeten befindlichen) Staub, also das sogenannte Planetensystem meint, oder das Zentralgestirn mit seinen Planeten, das Sonnensystem.

Innerhalb des Planetensystems wird noch eine – oft verwirrende – Unterteilung vorgenommen. Man spricht von den „inneren und äußeren" bzw. dem entsprechend von den „erdähnlichen und den jupiterähnlichen Planeten" und von den „unteren und oberen Planeten", d.h. von den Planeten, die innerhalb oder außerhalb der Erdbahn die Sonne umlaufen.

Einteilung der Planeten

untere Planeten	{ Merkur	innere Planeten
	Venus	
	Erde	
obere Planeten	Mars	äußere Planeten
	Jupiter	
	Saturn	
	Uranus	
	Neptun	
	Pluto	

3.2 Planetenbewegungen

Im Laufe einer Nacht sind kaum Abweichungen der Bewegungen der Planeten von denen der Fixsterne festzustellen. Sie bewegen sich wie die Sterne mit dem Umschwung des Himmelsgewölbes. Die Planetenbewegungen sind klein, und man erkennt sie erst bei längeren Beobachtungszeiten. Ihre Bewegung durch die Tierkreiszone (den Zodiakus) erfolgt meist von rechts nach links, also von West nach Ost. Nur zu gewissen Zeiten verlangsamt ein Planet seine Bewegung unter den Sternen, er bleibt „stehen" und kehrt für einige Zeit seine Bewegungsrichtung um. Die „direkte" West–Ost-Bewegung wird als rechtläufige-, die Schleifen oder S-förmigen Kurvenstücke als rückläufige Bewegung eines Planeten bezeichnet. Die untenstehende Abbildung zeigt, wie diese Bewegungsabläufe zustande kommen.

Die Bewegung eines der beiden unteren Planeten (Merkur und Venus) veranschaulicht auch die Abb. in 3.5.2. Der Planet steht der Erde am nächsten in der unteren Konjunktion. In dieser Konstellation sind Planeten nicht beobachtbar, weil sie vom Sonnenlicht überstrahlt werden. Aus dieser Stellung bewegt sich der Planet dann am Himmel von der Sonne weg und erreicht als „Morgenstern" – d. h. er geht im Osten vor der Sonne auf – seine größte westliche Elongation. Die größte Entfernung zur Erde wird in der oberen Konjunktion erreicht. Am Himmel steht der Planet dann wieder in unmittelbarer Nachbarschaft zur Sonne. Er bewegt sich nun weiter nach Osten und erreicht die größte östliche Elongation. Er geht beim täglichen Umschwung des Himmelsgewölbes also nach der Sonne im Westen unter, er ist „Abendstern" geworden. – Das Verhältnis der Bahnradien von Merkur bzw. Venus und Erde bestimmt die Größe der Elongation, bei Merkur von ca. 28° und bei Venus von ca. 48°. – Die bei den unteren Planeten während eines Umlaufs auftretenden Lichtphasen und die Änderungen ihrer scheinbaren Durchmesser hat schon Galilei als Beweis für die Richtigkeit des Kopernikanischen Weltsystems erkannt.

Ein oberer Planet, z. B. Mars, steht der Erde in seiner Opposition am nächsten. Er kulminiert, d. h. er geht durch den Meridian, um Mitternacht wahrer Ortszeit. Er hat dann seinen größten scheinbaren Durchmesser und ist am günstigsten zu beobachten. In Konjunktion steht der Planet am Himmel in der Nähe der Sonne. – Auch die oberen Planeten zeigen Lichtphasen, jedoch durchlaufen sie nicht – wie beim Mond und den unteren Planeten – den ganzen Bereich von „voll" bis „neu". Als Phasenwinkel φ bezeichnet man den Winkel, den Sonne und Erde, vom Planeten aus gesehen, bilden. $\varphi/180°$ gibt also den Bruchteil der der Erde zugewandten Hemisphäre des Planeten an, welcher dunkel ist. Der Phasenwinkel eines oberen Planeten durchläuft ein Maximum in der Quadratur, d. h., wenn Planet und Sonne am Himmel einen Winkel von

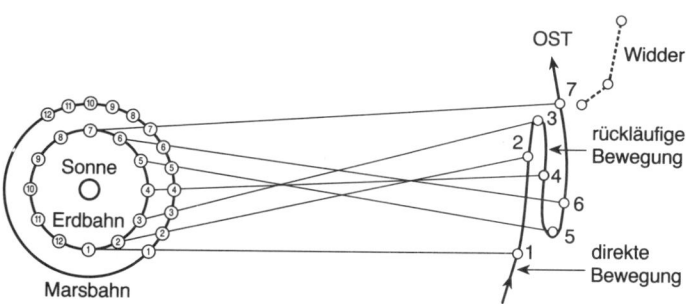

Schleifenbahn eines äußeren Planeten

90° bilden. Der größte Phasenwinkel von Mars ist ca. 47°, der von Jupiter nur noch 12°. Wie beim Mond gilt analog für die Planeten die Beziehung:

1/Synodische Umlaufzeit = (1/Siderische Umlaufzeit minus 1/Siderische Umlaufzeit der Erde)

(Die Definitionen der Umlaufzeiten findet man im Abschnitt 1.7.) Aus dieser Beziehung für den Planeten Mars ermittelte Johannes Kepler die wahre Gestalt der Marsbahn, und sie verhalf ihm zur Erkenntnis seiner Planetengesetze.

Kepler-Ellipse. Die schraffierten Flächen werden vom Fahrstrahl in gleichen Zeiten überstrichen

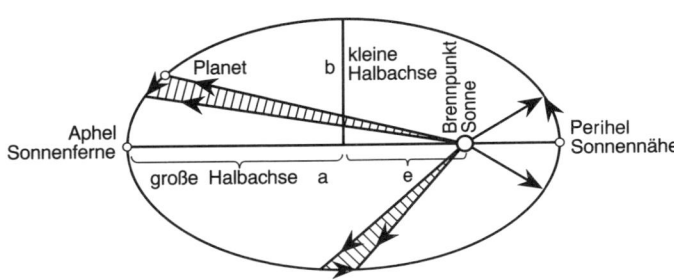

3.2.1 Keplersche Gesetze

Johannes Kepler (1571–1630) wertete als Nachfolger im Amt des Kaiserlichen Hofastronomen Tycho Brahe (1546–1601) dessen vorzügliche Messungen von Marspositionen aus und erkannte in ihnen kinematisch-mathematische Gesetzmäßigkeiten der Planetenbewegungen. Diese formulierte er in seinen drei berühmten Gesetzen. Die ersten beiden veröffentlichte er 1609 in seinem Werk „Astronomia nova", das dritte Gesetz fand er 10 Jahre später, ausgehend von seiner unerschütterlichen Überzeugung, daß in den Bahnelementen der Planeten die „Weltharmonik" irgendwie zum Ausdruck kommen müsse. Dementsprechend hieß auch sein 1619 veröffentlichtes Werk mit dem Dritten Gesetz „Harmonices mundi".

I. Gesetz von der Gestalt der Bahn:

Die Planetenbahnen sind Ellipsen, in deren einem Brennpunkt die Sonne steht.

II. Gesetz der Flächen:

Der Fahrstrahl des Planeten (das ist die Verbindungslinie Planet–Sonne) überstreicht in gleichen Zeiten gleiche Flächen.
Aus diesem Gesetz folgt, daß sich der Planet in Sonnenferne (im Aphel) langsamer bewegt als in Sonnennähe (im Perihel). Die schraffierten Ellipsenausschnitte (Abb.) haben gleiche Flächeninhalte. Die verschieden langen Bahnbogen werden in gleicher Zeit durchlaufen.

III. Gesetz der Umlaufzeiten:

Die Quadrate der Umlaufzeiten zweier Planeten verhalten sich wie die Kuben der großen Halbachsen ihrer Bahnellipsen.

3.2 Planetenbewegungen

Mit U_1 und U_2 seien die Umlaufzeiten zweier Planeten und mit a_1 und a_2 die großen Halbachsen ihrer Bahnen bezeichnet, dann ist

$$\frac{U_1^2}{U_2^2} = \frac{a_1^3}{a_2^3}$$

oder für mehr als zwei Planeten

$$\frac{U_1^2}{a_1^3} = \frac{U_2^2}{a_2^3} = \frac{U_3^2}{a_3^3} = C$$

das heißt allgemein, daß U^2 und a^3 proportional sind, oder

$$U^2 = C \cdot a^3$$

Die Konstante C ist für alle Planeten, die dasselbe Zentralgestirn umkreisen, gleich. Das 3. Keplersche Gesetz gilt nur dann, wenn die Planetenmassen gegen die Masse des Zentralkörpers, also der Sonne, vernachlässigt werden können.

3.2.2 Newtonsches Gravitationsgesetz

Isaac Newton (1643–1727) erkannte etwa um 1666, daß die beobachtete Planetenbewegung nur ein Sonderfall einer allgemeingültigeren Gesetzlichkeit ist, nämlich der Masseanziehung oder Gravitation. Das von ihm aufgestellte Gravitationsgesetz lautet:

Zwei Massepunkte ziehen sich an mit einer Kraft, die dem Produkt der Masse direkt, dem Quadrat ihrer Entfernung indirekt proportional ist.
Sind m_1 und m_2 die sich anziehenden Massen und r deren Entfernung voneinander, so ist die gegenseitige Anziehungskraft k:

$$k = \frac{G\, m_2\, m_2}{r^2}.$$

G ist eine universelle, von der Beschaffenheit der beiden Körper unabhängige Naturkonstante, die sogenannte Gravitationskonstante. Sie hat den Betrag

$$G = 6{,}684 \cdot 10^{-11}\ \mathrm{m^3 \cdot kg^{-1} \cdot s^{-2}}$$

Aus diesem Newtonschen Gesetz heraus ist die Planetenbewegung dynamisch zu verstehen; d. h. als Wirkung einer Kraft. Das 3. Keplersche Gesetz kann jetzt für einen einzelnen Planeten von der Masse m geschrieben werden:

$$\frac{a^3}{U^2} = \frac{G}{4\pi^2}\,(M + m),$$

wobei M die Masse der Sonne bedeutet.

3.2.3 Himmelsmechanik

Eine theoretische Begründung der Bewegungen der Körper des Sonnensystems aus dem Newtonschen Gravitationsgesetz heraus zu liefern, ist Aufgabe der Himmelsmechanik. Das

Gravitationsgesetz gestattet eine strenge mathematische Lösung der Bewegungsgleichung zweier Himmelskörper umeinander (Zweikörperproblem). Sind mehr als zwei Körper vorhanden, was fast immer im Weltraum gegeben ist, so wirken die anderen Massen störend auf die Keplerbewegung ein. Mehrkörperprobleme lassen sich im allgemeinen nicht mehr in geschlossener mathematischer Form lösen, sondern nur noch durch schrittweise Annäherung.

Die vollständige Beschreibung der Bahn eines Planeten, aber auch eines Kometen oder eines Körpers (etwa eines künstlichen Satelliten oder einer Planetensonde) im Schwerefeld einer gravitierenden Masse geben die sog. Bahnelemente.

Die Bestimmung der Bahnelemente eines Planeten bereitet keine theoretischen Schwierigkeiten, wenn zahlreiche über die ganze Bahn verteilte Beobachtungen vorliegen. Bei den Kleinen Planeten oder Kometen ist dies jedoch nicht der Fall. Der Mathematiker Carl Friedrich Gauß (1777–1855) hat gezeigt, wie aus drei vollständigen Positionsbeobachtungen die sechs Bahnelemente zur Bestimmung der Dimension der Bahn und deren Lage im Raum gefunden werden. Die Gleichungen sind jedoch ziemlich schwierig und können nicht streng, sondern nur durch Näherungsverfahren gelöst werden. Das Gegenstück zur Bahnbestimmung, also zur Ermittlung der 6 Bahnelemente aus beobachteten Örtern, ist die Ephemeridenrechnung. Hier werden aus den vorliegenden Bahnelementen eines Planeten oder anderen Körpers dessen geozentrische Koordinaten (etwa die ekliptikale Länge und Breite oder die Rektaszension und Deklination), die sogenannten Ephemeriden, zu bestimmten Zeitpunkten vorausberechnet.

3.2.4 Definition der Bahnelemente und der aus ihnen abgeleiteten weiteren Größen

a, b = Große und kleine Halbachse der Bahn

e = $\sqrt{a^2-b^2}/a$ Numerische Exzentrizität der Bahnellipse

i = Neigung der Bahnebene gegen die Ekliptik

Ω = Länge des aufsteigenden Knotens der Bahn, auf der Ekliptik vom Frühlingspunkt aus gezählt

ω = Abstand des Perihels vom aufsteigenden Knoten

$\tilde{\omega}$ = $\Omega + \omega$, Länge der Perihels in der Bahn; gezählt auf der Ekliptik vom Frühlingspunkt bis zum aufsteigenden Knoten der Bahn, dann in der Bahnebene selbst bis zum Perihel

P = Siderische Umlaufzeit (volle Umlaufzeit um die Sonne in bezug auf die Fixsterne)

S = Synodischer Umlauf (Umlaufzeit in bezug auf die Richtung Sonne–Erde)

n = $2\pi/P$, Mittlere tägliche siderische Bewegung des Planeten

t_p = Zeit in Tagen seit dem Periheldurchgang

M = $n \cdot t_\mathrm{p}$, Mittlere Anomalie

f = Wahre Anomalie (Winkel zwischen Perihelrichtung und Radiusvektor)

L $= \tilde{\omega} + M$, Mittlere Länge des Planeten in der Bahn, zur Epoche

L' $= \tilde{\omega} + f$, Wahre Länge in der Bahn

v = Mittlere Geschwindigkeit in der Bahn

E.Z. = Ephemeridenzeit (s. 1.5.5)

Die Bahnelemente und abgeleitete Größen

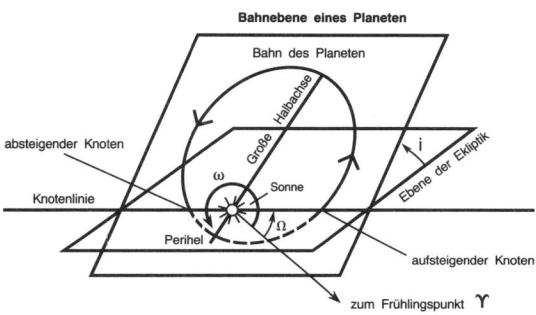

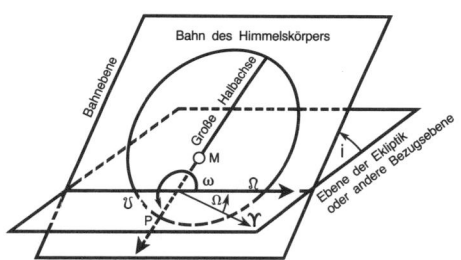

Die Große Halbachse einer Planeten- oder Kometenbahn wird meist auf die Große Halbachse der Erdbahn bezogen. Diese mittlere Distanz Erde–Sonne wird Astronomische Einheit (AE oder engl. AU) genannt. Die genaue Kenntnis dieser fundamentalen Konstante ist von größter Bedeutung, da sie letztlich als Maßstab allen kosmischen Entfernungsangaben zugrunde liegt.

Die früher mit Hilfe himmelsmechanischer Rechnungen durchgeführten Bestimmungen der Astronomischen Einheit sind alle an Genauigkeit übertroffen worden durch Radarmessungen, vor allem an dem Planeten Venus. Der von der Internationalen Astronomischen Union (IAU) angenommene Wert beträgt

$$AE = 1{,}495\,978\,70 \cdot 10^{11}\,m$$

fast immer wird mit dem aufgerundeten Wert von

$$AE = 149{,}600 \cdot 10^6\,km$$

gerechnet.

3.3 Bahndaten der Planeten und Entfernungen im Sonnensystem

Mittlere Bahnelemente der Planeten. Die Werte für Merkur, Venus, Erde und Mars gelten exakt für die Epoche 1990 Jan. 0,5 E. Z., bezogen auf Ekliptik und mittleres Äquinoktium der Epoche. Die Bahnwerte der Planeten Jupiter bis Pluto sind sogenannte oskulierende Elemente exakt für 1989 Nov. 10, Ekliptik und Äquinoktium der Epoche. (Definition der Bahnelemente.)

	i	Ω	$\bar{\omega}$	L	e
Merkur	7° 0' 16''4	48° 12' 45''9	77° 17' 59''5	62° 47' 48''6	0,205 632 6
Venus	3° 23' 40''3	76° 35' 23''4	131° 25' 48''9	89° 15' 25''0	0,006 777 7
Erde	–	–	102° 46' 6''4	99° 53' 46''1	0,016 713 4
Mars	1° 50' 59''0	49° 28' 49''2	335° 52' 29''9	241° 0' 54''6	0,093 395 8
Jupiter	1° 18' 18''3	100° 22' 50''5	15° 32' 11''4	86° 26' 29''0	0,048 207 1
Saturn	2° 29' 16''3	113° 33' 47''5	92° 31' 2''6	285° 55' 7''0	0,055 331 3
Uranus	0° 46' 18''8	73° 58' 19''9	168° 33' 17''6	269° 40' 18''8	0,047 371 7
Neptun	1° 46' 16''6	131° 40' 6''6	54° 8' 11''0	282° 38' 29''8	0,010 361 4
Pluto	17° 9' 0''6	110° 5' 43''1	223° 43' 28''2	223° 58' 39''7	0,247 620 0

Mittlere Große Halbachse der Planetenbahnen (in Astronomischer Einheit AE und Mio Kilometer), mittlere tägliche siderische Bewegung n, Siderische Umlaufzeit P (in Ephemeriden Tagen und in Tropischen Jahren), Synodische Umlaufzeit S (in Ephemeriden Tagen), mittlere Geschwindigkeit in der Bahn v.

	Große Halbachse a [AE]	10^6 km	n	Umlaufzeit P [d]	[a]	S [d]	v [km s^{-1}]
Merkur	0,387 099	57,9	14 732''42	87,969	0,240 85	115,88	47,9
Venus	0,723 332	108,2	5 767''67	224,701	0,615 21	583,92	35,0
Erde	1,000 000	149,6	3 548''19	365,256	1,000 04	–	29,8
Mars	1,523 691	227,9	1 886''52	686,980	1,880 89	779,94	24,1
Jupiter	5,204 829	779	298''95	–	11,869	398,9	13,1
Saturn	9,575 616	1 432	119''76	–	29,628	378,0	9,6
Uranus	19,280 93	2 884	41''91	–	84,665	369,6	6,8
Neptun	30,141 80	4 509	21''44	–	165,49	367,5	5,4
Pluto	39,880 09	5 966	14''09	–	251,86	366,7	4,7

Entfernungen im Sonnensystem in Astronomischen Einheiten, in Millionen Kilometern und in Lichtminuten

	Mittlere Entfernung von der Sonne [AE]	[10^6 km]	[Min]	Kleinste Entfernung von der Sonne [AE]	[10^6 km]	[Min]	Größte Entfernung von der Sonne [AE]	[10^6 km]	[Min]	Umfang der Bahn [10^6 km]
Merkur	0,387	57,9	3,22	0,31	46	2,56	0,47	70	3,89	360
Venus	0,723	108,2	6,01	0,72	107,5	5,97	0,73	108,9	6,05	680
Erde	1,000	149,6	8,31	0,98	147	8,17	1,02	152	8,44	940
Mars	1,524	227,9	12,66	1,38	206,7	11,48	1,67	249,2	13,48	1 400
Jupiter	5,205	779	43,28	4,95	740	41,11	5,45	815	45,28	4 900
Saturn	9,576	1 432	79,56	8,98	1 343	74,61	10,09	1 509	83,83	9 000
Uranus	19,281	2 884	160,2	18,28	2 735	151,9	20,09	3 005	166,9	18 000
Neptun	30,142	4 509	250,5	29,79	4 456	247,6	30,33	4 537	252,1	28 000
Pluto	39,880	5 966	331,4	29,58	4 425	245,8	49,30	7 375	409,7	37 000

	Kleinste Entfernung von der Erde [AE]	[10^6 km]	[Min]	Größte Entfernung von der Erde [AE]	[10^6 km]	[Min]
Merkur	0,53	80	4,44	1,47	220	12,22
Venus	0,26	38,3	2,13	1,74	260,9	14,49
Mars	0,37	55,5	3,08	2,67	400	22,22
Jupiter	3,93	588	32,67	6,46	967	53,72
Saturn	7,97	1 193	66,28	11,08	1 658	92,11
Uranus	17,31	2 590	143,9	21,12	3 160	175,6
Neptun	28,77	4 304	239,1	31,34	4 689	260,5
Pluto	28,58	4 275	237,5	50,30	7 525	418,1

Durchmesser und Abplattung der Planeten. Der mittlere Durchmesser für Erde ... Saturn:

$$D = (2 D_{\text{Äqu}} + D_{pol})/3 \quad \text{Abplattung:} \quad f = \frac{D_{\text{Äqu}} - D_{pol}}{D_{\text{Äqu}}}$$

Planet	Durchmesser [km] Äquator	Pol	mittlerer Durchmesser [km]	[D_{Erde}]	Abplattung
Merkur	–	–	4 878	0,383	0
Venus	–	–	12 104	0,950	0
Erde	12 756,28	12 713,51	12 742,02	1,000	1:298,257
Mars	6 794,4	6 754,6	6 781,1	0,532	opt. 1:171 dyn. 1:191
Jupiter	142 796	133 800	139 797	10,97	opt. 1:15,9 dyn. 1:15,5
Saturn	120 000	106 900	115 630	9,07	1:9,2
Uranus	50 800	–	–	3,99	(1:50)
Neptun	48 600	–	–	3,81	(1:43)
Pluto	–	–	(3 500)	(0,27)	–

3 Die Planeten

Masse, Volumen, Dichte, Entweichgeschwindigkeit und Fallbeschleunigung der Planeten
(die geklammerten Werte sind unsicher)

Planet	reziproke Masse einschl. Satelliten $[1/\mathfrak{M}_\odot]$	Planetenmasse ohne Satelliten [kg]	$[\mathfrak{M}_{Erde}]$	Volumen $[V_{Erde}]$	Dichte $[g\ cm^{-3}]$	Entweichgeschw. $[km\ s^{-1}]$	Fallbeschl. a. Äqu. $[m\ s^{-2}]$
Merkur	6 023 600	$3{,}302 \cdot 10^{23}$	0,0553	0,056	5,43	4,25	3,70
Venus	408 523,5	$4{,}869 \cdot 10^{24}$	0,8150	0,857	5,24	10,4	8,87
Erde	328 900,5	$5{,}974 \cdot 10^{24}$	1,0000	1,000	5,515	11,2	9,78
Mars	3 098 710	$6{,}419 \cdot 10^{23}$	0,1074	0,151	3,93	5,02	3,71
Jupiter	1 047,355	$1{,}8988 \cdot 10^{27}$	317,826	1 320,6	1,33	57,6	23,21
Saturn	3 498,5	$5{,}684 \cdot 10^{26}$	95,145	747,3	0,70	33,4	9,28
Uranus	22 869	$8{,}698 \cdot 10^{25}$	14,559	63,4	1,27	(20,6)	(8,38)
Neptun	19 314	$1{,}028 \cdot 10^{26}$	17,204	55,5	1,71	(23,7)	(11,54)
Pluto	(130 000 000)	$(1{,}5 \cdot 10^{22})$	(0,0026)	(0,021)	(0,7)	–	–

Rotation der Planeten

Siderische Rotationsperiode = Dauer eines Tag-Nacht-Zyklus
i = Neigung des Planetenäquators gegen seine Bahn
Albedo = größte scheinbare vis. Helligkeit in der Opposition

Planet	Siderische Rotationsperiode d	h	m	s	i	Albedo$_{vis}$	m_{vis}	Farben-Index B − V	U − B
Merkur	58,65				$\approx 2°$	0,096	$-0\overset{m}{.}17$	$0\overset{m}{.}91$	$0\overset{m}{.}4$
Venus	243,0		retrograd		$\approx 3°$	0,6	$-3\overset{m}{.}81$	$0\overset{m}{.}79$	$0\overset{m}{.}5$
Erde		23	56	4,099	23° 27′	0,37	$-3\overset{m}{.}87$	$0\overset{m}{.}2$	–
Mars		24	37	22,66	23° 59′	0,154	$-2\overset{m}{.}01$	$1\overset{m}{.}37$	$0\overset{m}{.}6$
Jupiter									
Syst. I		9	50	30,003					
Syst. II		9	55	40,632	3° 4′	0,44	$-2\overset{m}{.}55$	$0\overset{m}{.}83$	$0\overset{m}{.}4$
Syst. III		9	55	29,7					
Saturn									
Syst. I		10	14		26° 44′	0,47	$+0\overset{m}{.}67$	$1\overset{m}{.}04$	$0\overset{m}{.}6$
Syst. II		10	40						
Uranus		unsicher, wahrscheinl. nahe 15^h			98°	0,57	$+5\overset{m}{.}52$	$0\overset{m}{.}56$	$0\overset{m}{.}3$
Neptun		unsicher			29°	0,51	$+7\overset{m}{.}84$	$0\overset{m}{.}41$	$0\overset{m}{.}2$
Pluto	$6\overset{d}{.}39$				$\approx > 50°$	0,12	$+14\overset{m}{.}90$	$0\overset{m}{.}80$	$0\overset{m}{.}3$

3.4 Monde der Planeten

Bahndaten der Planetenmonde

a = große Halbachse in 10^3 km und in R_{Pl} = äquatoriale Radien ihrer Planeten. P = siderische Umlaufperiode, e = Exzentrizität der Bahn, i_E = Neigung der Bahn des Satelliten gegen den Planetenäquator; i_0 = Neigung der Satellitenbahn gegen die Planetenbahn

3.4 Monde der Planeten

Satellit	Große Halbachse [10^3 km]	[R_{Pl}]	P [d]	e	i_E	i_0
Erde						
Mond	384,40	60,268	27,3217	0,0549	18°3 … 28°6	5°1
Mars						
M1 Phobos	9,38	2,761	0,3189	0,015	1°1	
M2 Deimos	23,46	6,906	1,262	0,00052	0°9 … 2°7	
Jupiter						
J14 Andrastea	127,8	1,79	0,294	0	0°	
5 Amalthea	181,3	2,54	0,498	0,0028	0°4	
15 Thebe	221,7	3,11	0,675	–	≈ 1°25	
1 Io	421,6	5,91	1,769	0,0000	0°00	
2 Europa	670,9	9,40	3,551	0,0003	0°02	
3 Ganymed	1070	14,99	7,155	0,0015	0°09	
4 Callisto	1880	26,33	16,689	0,0075	0°43	
13 Leda	11094	155,4	239	0,148		27°
6 Himalia	11470	160,6	250,6	0,158		28°
10 Lysithea	11710	164,0	260	0,130		29°
7 Elara	11740	164,4	260,1	0,207		28°
12 Ananke	20700	290	617	0,17		147°
11 Carme	22350	313	692	0,21		163°
8 Pasiphae	23300	326	735	0,38		148°
9 Sinope	23700	332	758	0,28		153°
Saturn						
1980 S 28	137,7	2,28	0,60	–	0°	
1980 S 27	139,4	2,31	0,61	–	0°	
1980 S 26	141,7	2,35	0,63	–	0°	
1980 S 3	151,4	2,51	0,69	–	0°	
1980 S 1	151,5	2,51	0,69	–	–	
S 1 Mimas	185,6	3,08	0,94	0,0201	1°5	
Mimas-Begl.	≈ 186,0	≈ 3,1	–	–	–	
S 2 Enceladus	238,0	3,95	1,37	0,0044	0°0	
S 3 Tethys	294,7	4,88	1,89	0,0000	1°1	
Tethys-Begl. (2)	294,7	4,88	1,89	–	–	
1980 S 13	294,7	4,88	1,89	–	–	
1980 S 25	294,7	4,88	1,89	–	–	
S 4 Dione	377,4	6,26	2,74	0,0022	0°0	
1980 S 6	378,1	6,27	2,74	–	0°	
Dione-Begl.	378,1	6,27	2,74	–	–	
S 5 Rhea	527,1	8,74	3,80	0,0010	0°4	
S 6 Titan	1222	20,25	15,95	0,0289	0°3	
S 7 Hyperion	1481	24,55	21,28	0,1042	0°4	
S 8 Iapetus	3561	59,02	79,33	0,0283		18°4
S 9 Phoebe	12954	214,7	550,45	0,1591		174°8
Uranus						
U 5 Miranda	130	5,12	1,413	0,017	3°4	
U 1 Ariel	192	7,56	2,520	0,0028	0°	
U 2 Umbriel	267	10,51	4,144	0,0035	0°	
U 3 Titania	438	17,24	8,706	0,0024	0°	
U 4 Oberon	586	23,07	13,46	0,0007	0°	

Satellit	Große Halbachse		P	e	i_E	i_0
	$[10^3 \text{ km}]$	$[R_{Pl}]$	$[d]$			
Neptun						
N 1 Triton	354	14,57	5,877	0,00	160°	
N 2 Nereid	5 510	226,7	360,1	0,75		28°
Pluto						
P 1 Charon	20	11,4	6,387	0	?	

3.5 Die Planeten und ihre Monde einzeln vorgestellt

3.5.1 Merkur

Wegen seiner großen Sonnennähe ist Merkur nur in der Abend- oder Morgendämmerung beobachtbar. Als einer der beiden „unteren" Planeten kann er nämlich, von der Erde aus gesehen, sich nur bis zu einer größten Elongation von 28° östlich bzw. westlich von der Sonne entfernen (s. 3.2). Er pendelt zwischen diesen Grenzen mit einer Periode von etwa 116 Tagen. Für seine Beobachtbarkeit ist neben diesem wechselnden Winkelabstand von der Sonne noch die Lage der Ekliptik zum Horizont des Beobachters von Bedeutung. Für Beobachtungen von der Nordhalbkugel der Erde aus eignen sich für dieses Objekt im Frühjahr die Abend- und im Herbst die Morgenstunden. – Eine seltene, aber sehr eindrucksvolle Beobachtungsmöglichkeit von Merkur ergibt sich, wenn der Planet genau durch die Visierlinie Erde–Sonne geht; (dies ist nicht bei allen unteren Konjunktionen der Fall). Dann wandert Merkur in wenigen Stunden als kleiner, intensiv dunkler Fleck über die Sonnenscheibe. Dieser Vorgang kann schon im kleinen Fernrohr gut beobachtet werden. Nächste Merkurdurchgänge – wie dieser Vorübergang vor der Sonnenscheibe genannt wird – sind am 13. Nov. 1986, am 6. Nov. 1993 und am 15. Nov. 1999. Entsprechend der Stellung von Merkur in seiner Bahn und der damit sich ändernden Entfernung von der Erde (s. Tab. 3.3) variiert auch der scheinbare Winkeldurchmesser des Planeten zwischen 5″ und 15″, bei einem ausgesprochenen Phasenwechsel.

Die Merkurbahn hat – nach Pluto – die zweitgrößte Exzentrizität aller Planetenbahnen im Sonnensystem. Sie verändert sich langsam infolge von Störungen. Bekannt ist die von der Allgemeinen Relativitätstheorie geforderte zusätzliche Drehung der Apsidenlinie – das ist die Verbindungslinie zwischen dem Merkur-Perihel und dem Aphel –, die bei diesem Planeten um den Betrag von 43″03 pro Jahrhundert größer sein sollte, als nach der klassischen Himmelsmechanik zu erwarten wäre. Tatsächlich ist die Abweichung von der klassischen Theorie bereits seit etwa 1850 bekannt. Der gefundene Wert von 43″11 pro 100 Jahre ist in guter Übereinstimmung mit dem aus der Allgemeinen Relativitätstheorie zu erwartenden Wert. Dieser Befund gilt als eine der Hauptstützen für die nur an wenigen Fakten beweisbare Allgemeine Relativitätstheorie Albert Einsteins.

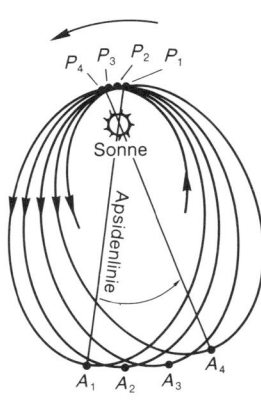

Die Periheldrehung einer Planetenbahn. Die Exzentrizität der Bahn ist übertrieben groß gezeichnet, ebenso der Betrag der Drehung. Bei Merkur müßten zwischen P_1 (Perihel) und P_2 bzw. A_1 (Aphel) und A_2 mehr als 25 000 Umläufe liegen!

**Raumsonden zu
Merkur**

Bis zu der Raumflug-Mission Mariner 10 (1974/75) war von Merkur, wegen seiner sehr schwierigen Beobachtbarkeit, wenig bekannt. Erst 1965 gelang es, mit Hilfe reflektierter Radarstrahlen die Rotationszeit von Merkur zu 58,65 Tagen zu bestimmen. Rotationszeit und Umlaufzeit um die Sonne stehen in einem kommensurablen Verhältnis von 2:3; das heißt, ein voller Tag-Nacht-Zyklus zieht sich über zwei Umrundungen der Sonne hin und dauert somit zwei Merkurjahre, also $2 \times 87,97$ Tage $= 175,94$ Erdtage. Man hatte bis dahin, wegen seiner großen Nähe zur Sonne, eine gebundene Rotation (wie im Erde-Mond-System) von ca. 88 Tagen angenommen. Gerade die Unkenntnis der wahren Rotationsperiode zeigt, wie wenig Gesichertes über Oberflächendetails auf Merkur bekannt war. Aus den photometrischen und polarimetrischen Eigenschaften des Planeten, die sehr ähnlich denen unseres Mondes sind, schloß man lediglich auf eine große Übereinstimmung in der Feinstruktur der Merkuroberfläche mit derjenigen des Mondes.

So war es denn auch keine allzu große Überraschung, als im März 1974 die Sonde Mariner 10 die ersten Bilder von Merkur zur Erde übermittelte – sie glichen zum Verwechseln Mondaufnahmen. Erst genauere Untersuchungen zeigten Abweichungen von Mondoberflächen-Details. – Der Mariner-Vorbeiflug gestattete eine genaue Massebestimmung für diesen mondlosen Planeten. Die Merkurmasse ist gleich 0,0553 Erdmassen. Die Genauigkeit dieser Bestimmung liegt bei 0,005 Prozent. Aus dem exakt bekannten Durchmesser der Planetenkugel – eine Abplattung ist nicht erkennbar – und dem Massewert ergab sich eine Dichte von $5,43\,\mathrm{g\,cm^{-3}}$. Sie liegt wesentlich über der mittleren Dichte unseres Erdmondes ($3,34\,\mathrm{g\,cm^{-3}}$); das heißt, Merkur ist im Inneren anders aufgebaut als unser Mond, er ist vielmehr in seiner inneren Struktur erdähnlich. Auf einen größeren Eisenkern deutet auch das schwache Magnetfeld hin, das die Mariner-Sonde messen konnte. Die auf Merkur wirksame höhere Schwerebeschleunigung zeigt dann auch Wirkung in den Detailunterschieden der Kraterformen oder auch in der Anordnung von Sekundärkratern zu ihren Primärkratern.

Wie beim Mond sind auch auf Merkur die Krater durch Einschläge (Impakte) kosmischer Körper entstanden. Das bestätigt, daß die Einschlagprozesse in der Geschichte der festen planetaren Körper des Sonnensystems eine große Rolle gespielt haben. Die Merkurkrater haben alle morphologischen Elemente ihrer lunaren Entsprechungen. Ein Charakteristikum ist zum Beispiel, daß sehr junge Krater sowohl auf dem Mond als auch auf dem Merkur helle Strahlensysteme aufweisen. Auch zeigen sie eine allmähliche Veränderung der Morphologie mit der Größe. So sind die kleinen Krater bis zu ungefähr 9 km Durchmesser schüsselförmig. Etwas größere Krater können kleine ebene Böden haben, und noch größere Krater besitzen Zentralberge.

Der Planet Merkur. Die Ähnlichkeit mit dem Erdmond ist unverkennbar

Entsprechend dem Imbrium- oder Orientale-Becken auf dem Mond (s. 2.6.2) findet man auf Merkur ebenfalls ein riesiges Einschlagbecken, das den Namen „Caloris" erhalten hat. Das 1 300 km große Caloris-Becken hat seinen Namen – lateinisch „Wärme" – erhalten, weil es im Perihel nahe dem subsolaren Punkt der Merkuroberfläche liegt. Es zeigt viele Ähnlichkeiten mit den genannten Mondbecken, aber doch auch merkurtypische Eigenheiten, die möglicherweise auf die viel stärkere Oberflächen-Gravitation am Merkur oder auf Unterschiede in den Strukturen der Kruste zurückzuführen sind. Weitere Becken – wie etwa das 600 km große Beethoven-Becken – konnten wegen der Maßstabs- und der Beleuchtungsunterschiede der bei den drei Mariner-Passagen erhaltenen Aufnahmen noch nicht eingehend untersucht werden.

Das Caloris-Becken ist von einem relativ glatten Gelände umgeben, das von den Geologen der Mariner-Mission als besondere geologische Einheit betrachtet und „Glatte Ebene" genannt wird. Man vermutet, daß diese Ebene durch die Eruption von Lava entstanden ist, nachdem die meisten Krater, einschließlich Caloris, gebildet worden waren. Als weitere geologische Einheit auf Merkur ist die „Zwischenkrater-Ebene" zu nennen, die am häufigsten verbreitet ist. Sie findet sich, wie der Name sagt, zwischen den großen Kratern; kleinere Krater mit Durchmessern unter 20 km sind in diese Einheit eingeschlossen. Man nimmt an, daß die Zwischenkrater-Ebenen vor den meisten Kratern existierten, weil die Auswürfe großer Krater in ihnen Sekundärkrater gebildet haben. Auch hat die auf Merkur vorherrschend größere Gravitation die Kraterauswürfe auf deren nähere Umgebung beschränkt, so daß ein Großteil der früheren Oberfläche unbedeckt geblieben ist. Die Zwischenkrater-Ebenen stellen wahrscheinlich eine Phase in der Entwicklungsgeschichte des Planeten dar, in der praktisch alle früheren Meteoriteneinschläge ausgelöscht waren, was wohl durch starken Vulkanismus bewirkt wurde.

Die Oberflächen-Gesteine dürften mondähnlich sein. Albedo- und Polarisationsmessungen deuten auf eine mehr oder weniger dicke Regolith-Schicht – wie bei unserem Mond – hin. – Da Merkur ohne schützende Atmosphäre ist, steigen die Oberflächentemperaturen während der langen Merkurtage auf 570...700 K (300...430 °C) an und sinken in der Merkurnacht – auch in den Polargebieten – auf Werte um 90...100 K ($-180...-170$ °C) ab.

3.5.2 Venus

Dieser Planet bewegt sich auf einer sehr wenig exzentrischen Ellipse in 224,7 Tagen einmal um die Sonne. Als der zweite der unteren Planeten kann sich Venus, genau wie Merkur, von der Erde aus gesehen, nicht weit von der Sonne entfernen. Die größte Elongation beträgt 47 Grad, jeweils östlich oder westlich von der Sonne. Steht der Planet westlich von der Sonne, dann geht er vor der Sonne im Osten auf; Venus erscheint uns als „Morgenstern". Bei östlicher Elongation läuft Venus hinter der Sonne her, sie geht also nach der Sonne im Westen unter; sie ist deshalb am Abendhimmel als „Abendstern" zu sehen. – Ebenso wie Merkur zeigt Venus einen ausgeprägten Phasenwechsel, der allerdings nur im Teleskop beobachtbar ist.

Venus ist der der Erde am nächsten kommende Planet. Aber in dieser Stellung zur Erde, der unteren Konjunktion, kehrt er uns seine sonnenabgewandte, unbeleuchtete Seite zu. Venus erreicht auch von allen Planeten die größte scheinbare Helligkeit. Dies liegt einmal an der über doppelt so hohen Strahlungsenergie, die der Planet gegenüber der Erde von der Sonne erhält, zum anderen aber an der hohen Albedo, dem Rückstrahlvermögen der Wolkenhülle von Venus.

Unser heutiges Wissen um diesen Planeten wurde – wie bei Merkur – fast ausschließlich durch die Entwicklungen radioastronomischer Beobachtungsmethoden und durch Raumfahrt-Missionen geprägt. – Erst um 1960 konnte mittels reflektierter Radarsignale eine Rotationsperiode von 243 Tagen abgeleitet werden. Die Rotation erfolgt rückläufig (retrograd),

Zusammensetzung der Venusatmosphäre in der mittleren Wolkenschicht

Gas	Konzentration	
CO_2	95,4	%
N_2	4,6	%
H_2O	< 0,06	%
O_2	59,2	ppm
Ar	$\approx$ 30,3	ppm
Ne	< 8	ppm
SO_2	< 600	ppm

ppm = Abkürzung für Parts pro million
= Teil auf eine Million
= 1 Teil in 10^6 Teilen der Gesamtsubstanz
= 1/10000%

Raumsonden zu Venus

das heißt, im Gegensinn der Erdrotation. – Erst die Mariner-, Verena- und Pioneer-Venussonden gaben sichere Anhaltspunkte für die Erstellung eines Atmosphärenmodells. Dabei ging man davon aus, daß Venus eine Kohlendioxid-Atmosphäre besitzt. Die chemische Zusammensetzung der Atmosphäre wird wie folgt angegeben: Kohlendioxid (CO_2) etwa 93...97 Prozent, 2...5 Prozent Stickstoff (N_2), 0,4...1,1 Prozent Wasserdampf (H_2O) und etwa 0,4 Prozent Sauerstoff (O_2). Nach Messungen durch weich gelandete Sonden herrscht an der Oberfläche des Planeten, beim angenommenen Nullniveau, ein Druck von etwa 960 Pascal bei einer Temperatur von 750 K, etwa 475 °C.

Die überall undurchdringbare Wolkendecke besteht aus mehreren Schichten. Unter einer Dunstschicht folgt zunächst eine 14 km starke Wolkenschicht mit bis zu 2 μm großen Tröpfchen, wahrscheinlich aus Schwefelsäure (H_2SO_4), dann eine mittlere Schicht sowie eine untere Schicht, in der 10...15 μm große Partikel, eventuell fester Schwefel, vorherrschen. Auf der Venusoberfläche ist die Sicht wieder auf Entfernungen von mehreren Kilometern frei, und die Tageshelligkeit entspricht dort der irdischen Beleuchtung an einem trüben verregneten Nachmittag von etwa 5000 Lux. Die durch die Atmosphäre hindurchgegangene Sonnenstrahlung wird vom Boden teils absorbiert, teils als Wärmestrahlung reflektiert. Die Wolkenschichten führen zu einem sogenannten Treibhaus-Effekt.

Bisher sind von vier sowjetischen Unternehmungen Bilder der Venusoberfläche zur Erde übertragen worden. Sie zeigen alle wüstenartige Gebiete mit chaotischen Böden, die von Rissen

Die Lichtphasen der beiden unteren Planeten Merkur und Venus

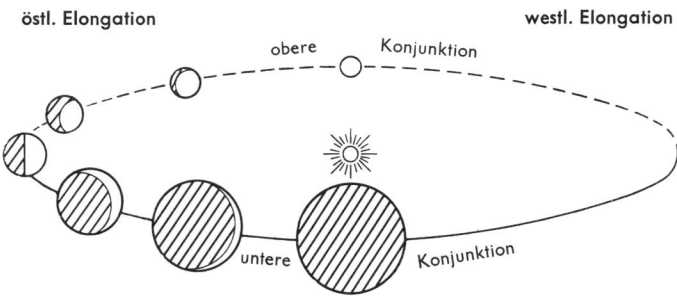

Höhenaufbau der Venusatmosphäre

Schicht	Höhe [km]	Teilchen- dichte [cm^{-3}]	Teilchen- größe [μm]	mittlere Temperatur [°C]
obere Dunstschicht	> 70		< 1	
obere Wolkenschicht	70–56	300	1–2	13
mittlere Wolkenschicht	56–49,5	100	1–2; 4; 10–15	20
untere Wolkenschicht	49,5–47,5	400	primär 10–15	202
untere Dunstschicht	47,5–30	2–20	< 1	

Bisherige Venussonden

Name	Land	Ankunft	Bemerkungen
Venera 1	UdSSR	1961	Vorbeiflug in 100 000 km Abstand
Mariner 1	USA		290 s nach dem Start durch Funkbefehl zerstört
Mariner 2	USA	1962	Vorbeiflug in 34 000 km Abstand
Mariner 5	USA	1964	Vorbeiflug in 3 950 km Abstand
Venera 2	UdSSR	1966	Vorbeiflug in 24 000 km Abstand; Funkverbindung ausgefallen
Venera 3	UdSSR	1966	Eintritt in die Atmosphäre; keine Meßdaten
Venera 4	UdSSR	1967	Abstieg bis ca. 25 km über der Oberfläche
Venera 5	UdSSR	1969	Eintritt in die Atmosphäre; harter Aufschlag?
Venera 6	UdSSR	1969	harter Aufschlag?
Venera 7	UdSSR	1970	1. weiche Venus-Landung; 23 min überlebt
Venera 8	UdSSR	1972	weiche Landung; 50minütige Datenübertragung
Mariner 10	USA	1974	Vorbeiflug in 5 870 km Abstand
Venera 9	UdSSR	1975	weiche Landung bei 33° N/293° W; Überlebensdauer 53 min
Venera 10	UdSSR	1975	weiche Landung bei 15° N/295° W; Überlebensdauer 65 min
Pioneer-Venus 1	USA	1978	Venus-Orbiter, der noch bis 1992 funktionsfähig bleibt
Pioneer-Venus 2	USA	1978	4 Meßkapseln durchquerten die Venusatmosphäre und schlugen hart auf der Planetenoberfläche auf
Venera 11	UdSSR	1978	110 min Datenübertragung von der Oberfläche
Venera 12	UdSSR	1978	95 min Datenübertragung von der Oberfläche
Venera 13	UdSSR	1982	Landung bei 7° 30′ S/303° W; Überlebensauer 127 min
Venera 14	UdSSR	1982	Landung bei 13° 15′ S/310° 9′ W; Überlebensdauer 57 min

durchzogen sind. Einzelne größere, flache Steine, brauner oder graugrüner Farbe, teilweise mit feinkörniger Asche bedeckt, sind auf den Aufnahmen auszumachen. Großräumigere Oberflächenformationen konnten bisher nur durch Radarabtastungen der Venusoberfläche nachgewiesen werden, einmal von der Erde aus, zum anderen durch einen kleinen Radar-Höhenmesser an Bord des Orbiters der amerikanischen Pioneer-Venus-Sonde. Von der Erde aus sind nur etwa ein Prozent der Venusoberfläche mit nötiger Auflösung erfaßbar. Es wurden dabei einige Bergzüge und auch Krater geortet. Der Venus-Orbiter umrundet den Planeten auf einer stark exzentrischen Umlaufbahn zwischen 150 und 66 000 km. Höhenmessungen lassen sich dabei nur bis zu Entfernungen von weniger als 4 700 km Höhe durchführen. Inzwischen hat dieses Radargerät, das bis 1992 in Betrieb bleiben soll, über 90 Prozent der Venusoberfläche kartiert. Die Höhengenauigkeit beträgt dabei etwa 200 m, die typische horizontale Auflösung liegt bei 100 km.

Da Venus keine Ozeane besitzt, muß die „Nullhöhe", also das mittlere Höhenniveau, durch den Planetenradius von 6 051,4 km definiert werden. Nach den vorläufigen Ergebnissen der

*Schnitt durch die
Venusatmosphäre
a Obere Schicht,
b Mittlere Schicht,
c Untere Schicht*

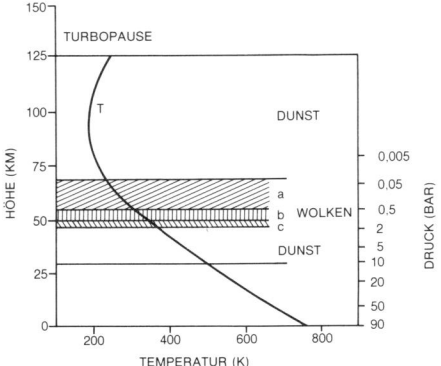

Sonde sind etwa 60 Prozent der gesamten vermessenen Oberfläche bemerkenswert flach (Höhendifferenz weniger als
1 000 m). Rund 16 Prozent der Oberfläche befinden sich unterhalb der Nullhöhe. Der größte Teil der verbleibenden 24 Prozent sind Erhebungen über das mittlere Planetenniveau, aber
nur 8 Prozent können als ausgesprochene Hochländer bezeichnet werden, die eine maximale Höhe von 10,8 km über die hügeligen Ebenen erreichen. Zwischen den tiefsten Stellen und
den höchsten Bergen auf Venus liegt eine vertikale Differenz
von 13,7 km; dies entspricht etwa 2/3 der größten Höhenunterschiede der Erde.

Venus besitzt zwei ausgesprochene Hochländer, Ishtar Terra
und Aphrodite Terra, benannt nach der babylonischen bzw.
der griechischen Liebesgöttin. Beide Regionen sind durchaus
irdischen Kontinenten vergleichbar. Ein drittes, wesentlich
kleineres Hochland, die Region Beta, besteht aus zwei etwa
5 km hohen Schildvulkanen. In allen Regionen werden einzelne hohe Berge (Vulkane) und tiefe Klüfte und Grabensysteme festgestellt. Aber auch in den weiträumigen Ebenen
gibt es einzelne Berge und Krater bis etwa 600 km Durchmesser, bei nur geringer Tiefe von 200...700 m.

Über das Innere des Planeten ist wenig bekannt. Aus den Werten von Masse und Dichte sowie aus kosmologischen Überlegungen kann man vermuten, daß der innere Aufbau von Venus
im wesentlichen dem der Erde ähnlich ist. Venus besitzt kein
Magnetfeld von größerer Stärke als 10^{-3} Gauß und keinen
Strahlungsgürtel wie die Erde. Jedoch zeigen Sonden-Messungen, daß Venus von einer Ionosphäre umgeben ist, das heißt,
von einer durch den Sonnenwind aufgebauten und genährten
Schicht von Elektronen und Ionen. Nach diesen Messungen
kann die Ionosphäre des Planeten in zwei, im Aufbau der Erdionosphäre entsprechende Schichten unterteilt werden.

Aus den vorliegenden Meßwerten und Fakten kann gefolgert
werden, daß Venus kein organisches Leben tragen kann und
der Aufenthalt von Menschen auf diesem Planeten ohne ungeheuren technischen Aufwand selbst kurzzeitig kaum möglich
sein wird.

3.5.3 Mars

Mars ist der erste der oberen Planeten, das heißt, seine Bahn schließt die Erdbahn ein. Er gehört ferner noch zu den inneren Planeten, das heißt, zu den erdähnlichen, ja man muß sagen: Mars ist der erdähnlichste Planet überhaupt. Zwar ist sein Durchmesser etwa nur halb so groß wie der der Erde und nur doppelt so groß wie der unseres Mondes, seine Masse entspricht etwa einem Zehntel der Erdmasse. Der Marstag ist nur wenig länger als ein Erdentag. Auch die Neigung der Rotationsachse gegen die Bahnebene stimmt mit derjenigen der Erde fast überein. Deshalb läuft auf Mars auch ein Wechsel von Jahreszeiten ab, ganz wie auf der Erde. Auf der Nordhalbkugel des Planeten ist 199 Tage Frühling und 182 Tage Sommer und, wegen der Exzentrizität der Marsbahn, nur 146 Tage Herbst und 160 Tage Winter.

Das Marsjahr, also die Umlaufzeit des Planeten um die Sonne, beträgt 687 Erdtage. Die Bahn, die eine etwa 5mal so große Exzentrizität wie die Erdbahn besitzt, durchläuft Mars mit einer mittleren Geschwindigkeit von $24,14 \text{ km s}^{-1}$. Seine Entfernung von der Erde schwankt, je nach Stellung der beiden Planeten in ihren Bahnen, zwischen 2,67 AE und 0,38 AE (s. Tab. 3.3). Die Distanz zwischen Erde und Mars wird besonders klein, wenn Mars während seiner Opposition in der Nähe des Perihels seiner Bahn steht. In einer solchen Perihel-Opposition beträgt die Entfernung Erde–Mars nur etwa das 150fache der zwischen Erde–Mond. Solche Perihel-Oppositionen ereignen sich alle 15...17 Jahre (so im Aug. 1971 und im Sept. 1988). – Die Distanzänderungen zur Erde bedingen Änderungen des scheinbaren Winkeldurchmessers von Mars zwischen etwa 3...25 Bogensekunden. Damit verbunden ist eine Helligkeitsänderung von 5 Größenklassen.

Beobachtungen von der Erde aus

Mars ist – außer der Erde – der einzige Planet, bei dem es möglich ist, durch seine vorhandene Atmosphäre auf die feste Oberfläche zu blicken und visuell oder photographisch zahlreiche Oberflächendetails festzustellen. Dies macht ihn wohl zum bevorzugten Beobachtungsobjekt der Planetenbeobachter vor allem unter den Amateurastronomen. Bei visueller Beobachtung des Mars ist die auffälligste Erscheinung auf seiner Oberfläche die weißen Kappen an seinen Polen, die periodisch, d. h. mit den Jahreszeiten auf dem Planeten, gegen den Äquator wandern bzw. sich zurückziehen. Gegen Ende des Marswinters jeder Hemisphäre erreicht die Ausdehnung dieser Polkappen ihr Maximum. Die Südkappe kann bis auf 60° südlicher Breite und die Nordkappe bis auf 70° nördlicher Breite vordringen. Dabei bedecken diese Kappen jeweils ein Gebiet von etwa 10 Millionen Quadratkilometern. Im Frühjahr werden sie schnell kleiner, verschwinden aber auch im Sommer nicht ganz. Die Neubildung der Kappen entzieht sich unseren Blicken, denn ab Herbst bilden sich helle Schleier, helle Nebel, über dem ganzen Polgebiet. Diese Wolkendecken lösen sich erst gegen Ende des Winters auf und geben dann die hellen weißen Polkappen frei. Dieser Zyklus wiederholt sich im großen und ganzen Jahr für Jahr, jedoch treten starke Schwankungen in der Größe der Kappen auf. Weitere von der Erde aus beobachtbare Details auf der Marsoberfläche sind helle und dunkle Gebiete. Die hellen Gebiete haben eine Albedo von 0,15 ... 0,20 und sind orange bis rötlich gefärbt. Sie geben dem Planeten auch die rötliche Gesamtfärbung. Ungefähr drei Viertel der Marsoberfläche ist mit diesen hellen, rötlich gefärbten Gebieten bedeckt, die von J. Herschel als Wüsten angesprochen wurden. Auch hierbei ließ man sich durch den Analogieschluß zur Erde leiten und sah eine Ähnlichkeit mit dem rötlichen Sand unserer Wüsten. Um 1900 herum konnte sogar eine bereits früher gemachte Beobachtung von gelegentlich auftretenden gelblichen Schleiern als Sandstürme gedeutet werden. Neben diesen hellen Wüsten werden auch dunkle Gebiete gesehen. Es handelt sich hier nicht etwa um

Raumflugkörper zum Planet Mars

Name	Land	Aufgabe	Ankunft bei Mars	Bemerkungen
Mars 1	UdSSR	Vorbeiflug	1963	Sonnenumlaufbahn; Funkkontakt zur Erde verloren
Mariner 3	USA	Vorbeiflug 13 800 km	1964	Fehlschlag; Schutzhülle löste sich nicht
Mariner 4	USA	Vorbeiflug 9 844 km	1965	21 Oberflächenphotos
Zond 2	UdSSR	Vorbeiflug	1965	Funkkontakt abgerissen
Mariner 6	USA	Vorbeiflug 3 220 km	1969	75 Oberflächenphotos
Mariner 7	USA	Vorbeiflug 3 220 km	1969	126 Photos der südlichen Hemisphäre
Mariner 8	USA	Orbit		Fehlschlag, Versagen der Trägerrakete
Mars 2	UdSSR	Orbit/Landung	1971	Umlaufbahn erreicht, aber harter Aufschlag
Mars 3	UdSSR	Orbit/Landung	1971	weiche Landung; Kontakt nach 4 Min. abgebrochen
Mariner 9	USA	Orbit	1971	7 329 TV-Bilder übertragen; vollständige Kartographie von Mars
Mars 4	UdSSR	Orbit	1974	Umlaufbahn verfehlt
Mars 5	UdSSR	Orbit	1974	elliptische Umlaufbahn erreicht
Mars 6	UdSSR	Landung	1974	beim Abstieg ausgefallen
Mars 7	UdSSR	Landung	1974	Landeteil am Mars vorbeigeflogen
Viking 1	USA	Orbit/Landung	1976 ⎫	bisher größter Erfolg in der
Viking 2	USA	Orbit/Landung	1976 ⎬	Erforschung eines Planeten. Das nur für mehrere Wochen geplante Programm konnte voll erfüllt werden und wurde schließlich zu einem Langzeit-Programm bis voraussichtlich 1994 erweitert.

Wasserflächen, wie man naheliegend die Färbung dieser Gebiete erst deutete. Trotzdem werden diese Gebiete – wie auf unserem Erdmond – als Maria, als Meere, angesprochen. Als ein weiteres, früher viel diskutiertes, zu mancherlei Spekulationen anlaßgebendes Oberflächendetail, sind die „Marskanäle" anzusehen. Die von Schiaparelli 1877 beobachteten feinen Linien, die sich zu einem Netzwerk „verknüpfen", wurden von ihm „canali" genannt, was im Italienischen soviel wie „Rinne, Furche" heißt. Unglücklicherweise wurde dieses Wort dann mit „Kanäle" übersetzt, was ja „künstliche Wasserstraße" bedeutet. Diese Schiaparellischen Linien können nicht auf photographischen Aufnahmen vom Mars nachgewiesen werden. Auch bei Beobachtungen mit großen Teleskopen verschwinden die in kleineren Instrumenten visuell beobachtbaren „Kanäle". Diese Details sind Täuschungen des menschlichen Auges, das ja dazu neigt, nicht mehr vollständig auflösbare Feinstrukturen zu geometrischen Gebilden zusammenzufassen.

Raumsonden untersuchen Mars

Eine große Überraschung brachten die ersten durch eine Raumsonde erhaltenen Nahaufnahmen von Mars. Am 14. Juli 1965, nach einem Flug von der Erde zum Mars über ca. 520 Millionen Kilometer, funkte die Sonde Mariner 4 die beim Vorübergang am Planeten aufgenommenen 21 Bilder zur Erde. Die überraschendste Entdeckung dieses Mariner-Experiments war der Befund, daß die Oberfläche von Mars – ebenso wie unser Erdmond – von Kratern bedeckt ist. Hatte man bis dahin Mars allgemein als den erdähnlichsten Planeten angesehen, so mußte man nun aufgrund der Funkbilder ihn als mondähnlich ansprechen.

Im Jahre 1969 wurde das Mariner-Marssonden-Experiment wiederholt. Mariner 6 und 7 näherten sich bis auf etwa 3 000 km dem Planeten. Sie funkten weitere Bilder und wesentliche Informationen über die Marsatmosphäre zur Erde. Auch bei diesen Aufnahmen zeigte sich, daß die Häufigkeitsverteilung der Krater als Funktion des Durchmessers ähnlich der des Erdmondes waren. Kratertiefe und der Wechsel zwischen Terra- und Maria-Gebieten sowie andere Arten von Gebirgszügen und Formationen zeigten doch, daß die Analogie zwischen Mars und Mond nicht zu weit getrieben werden darf.

Endgültig zeigten aber die Aufnahmen der Mariner-Marssonde 9, die im Gegensatz zu ihren Vorgängerinnen nicht nur einen Vorbeiflug am Planeten, sondern im November 1971 eine Umlaufbahn um Mars erreichte, daß dieser Planet nicht ein mondähnlicher Himmelskörper ist. Auf ihm sind – schon bedingt durch seine Masse, durch das Vorhandensein einer, wenn auch dünnen Atmosphäre sowie möglicherweise anderem inneren Aufbau und tektonischer Aktivitäten – andere Oberflächenformationen als auf dem Mond entstanden. Da die Sonde auf einer stark gegen den Äquator geneigten Umlaufbahn Mars umkreiste, konnten mit ihr so viele Aufnahmen gewonnen werden, daß eine den ganzen Planeten überdekkende topographische Karte angefertigt werden konnte. Jetzt zeigte sich, daß die südliche Hemisphäre sehr kraterreiches Impaktgebiet, die nördliche Mars-Hemisphäre hingegen kraterarm ist. Sie ist eine riesige, im wesentlichen zusammenhängende Fläche, von Lava überflutet.

Ergebnisse der Viking-Missionen

So wählte man denn auch für die folgende Viking-Mission – das waren zwei Geräte im Umlauf um den Planeten und zwei Landegeräte auf der Oberfläche – die Nordhalbkugel von Mars als Zielgebiet. Beide Viking-Lander wurden Mitte 1976 sicher auf der Oberfläche aufgesetzt. Sie und die aus dem Orbit photographierenden und messenden Geräte lieferten eine enorme Menge von Informationen, die im wesentlichen die Grundlage für folgendes Planetenporträt bilden.

Die Marsoberfläche ist durch die – bereits angesprochene – Asymmetrie der Krustenbeschaffenheit gekennzeichnet. Es läßt sich eine Hemisphäre relativ glatter, geologisch jüngerer Oberfläche definieren, die etwa mit der Nordhalbkugel des Planeten übereinstimmt. Hier finden sich u. a. den Mond-Maria morphologisch verwandte Ebenen, die vulkanisch geprägt sind. Im Gegensatz zu unserem Erdmond jedoch befinden sich hier auf Mars gewaltige Vulkanbauten. – Die südliche Marshemisphäre zeigt dagegen die alte Mars-Kruste mit zahllosen Impaktkratern. Sie ähnelt den Hochländern unseres Mondes. Hier findet man auch dem Orientale-Becken des Erdmondes entsprechende riesige Impaktstrukturen, wie das Hellas-Becken und das Argyre-Becken. – Nach der von der Internationalen Astronomischen Union (IAU) angenommenen neuen Marsnomenklatur werden sie mit „Hellas Planitia" bzw. „Argyre Planitia" bezeichnet (planitia, lat. = Ebene). – Die Marskruste weist zahlreiche Brüche und Verwerfungen auf. So findet man über 1 000 km lange, fast gradlinig verlaufende Spalten oder Grabenbrüche, wie etwa die Memnonia Fossae oder die Sirenum Fossae (fossa, lat. = Graben, Furche).

Ein gewaltiges System von Tälern, das sich über 4 000 km Länge in ost-westlicher Richtung südlich des Marsäquators erstreckt, erhielt den Namen Valles Marineris (vallis, Plur. valles, lat. = Tal, Täler; benannt nach der Sonde Mariner 9). Dieses Grabensystem ist stellenweise 700 km breit und erreicht Tiefen von 6 km. Der Grabenbruch, der große Ähnlichkeit mit dem Grand Canyon in Arizona aufweist, ist sicherlich tektonischen Ursprungs, jedoch wird sein Entstehen noch nicht verstanden. – Nach Nordamerika versetzt, würden die Valles Marineris von Kalifornien bis New York reichen. – Morphologisch tragen die Täler zahlreiche Kennzeichen der irdischen Cañons. In die kilometerhohen Steilwände der Valles schneiden sich tiefe Erosionstäler ein, gewaltige Rutschmassen haben sich gelöst und sind als Ablagerungen auf den Talsohlen zu finden. Möglicherweise kann diese Cañon-Bildung, die auch an vielen anderen Stellen der Marsoberfläche beobachtet werden kann, – wenn auch nicht so mächtig wie im Valles Marineris – als Beginn von globaltektonischen Aktivitäten,

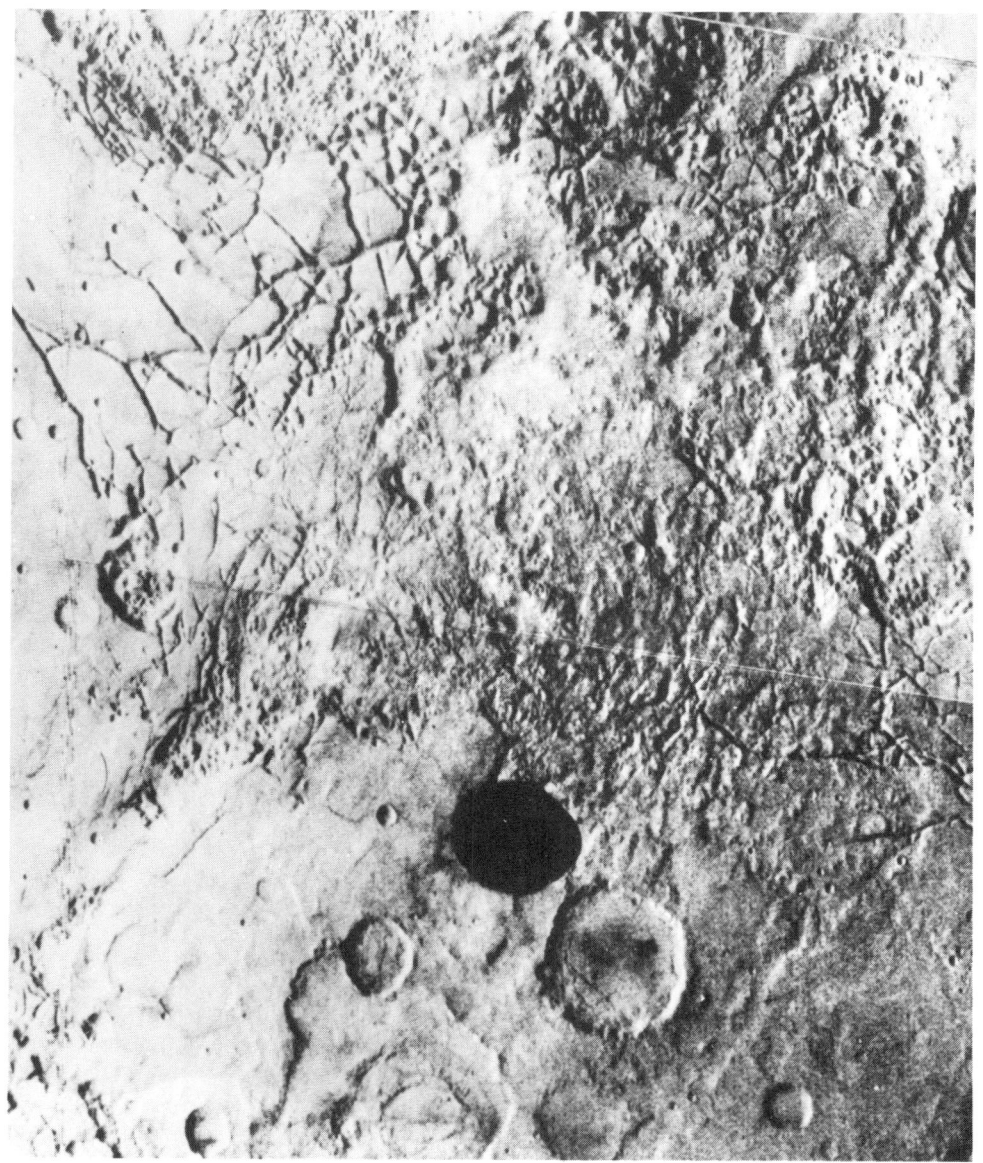

Ein 250 × 320 km großes Gebiet südlich des Marsäquators. In der unteren Bildhälfte ist Phobos zu erkennen, der während dieser Aufnahme vom Viking-Orbiter 1 gerade ins Blickfeld gerät

etwa als Auseinanderrücken von Platten und als Bildung von „Ozeanen" verstanden werden.

Eine weitere geologisch interessante Formation auf Mars sind die zahlreichen großen Vulkane. Durchweg vom Typ „Schildvulkan", erreichen sie gigantische Dimensionen. Olympus Mons (mons, lat. = Berg), der größte bisher im Sonnensystem

Ein Bruchsystem im Gebiet Tithonius Lacus (südlich des Marsäquators). Auf dieser Aufnahme fallen besonders die verästelten Seitentäler auf der einen Seite und die steiler abfallenden Wände der anderen Seite auf

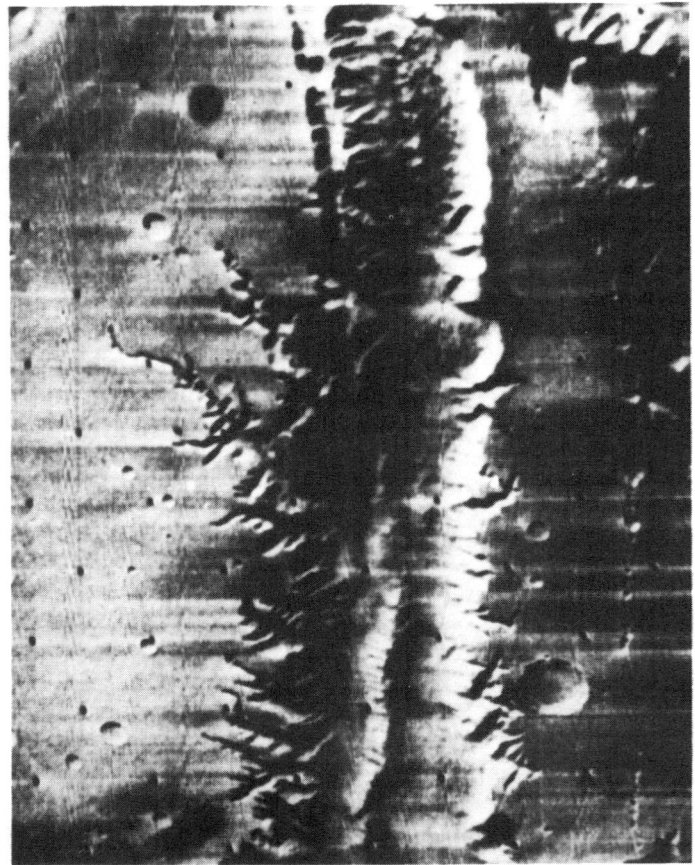

Häufigkeiten der Elemente in den Bodenproben aus den Landegebieten der Viking-Lander

Die absoluten Gewichtsprozente sind nur für die erste geschürfte Probe von Viking 1 (1, VL 1) angeführt; bei den anderen (2 und 3, VL 1; 1, VL 2) sind jeweils nur die positiven oder negativen Differenzen zu ihnen aufgelistet. Wo dieser Unterschied nicht genau bekannt ist, findet sich ein Strich.

Element	Chemisches Symbol	1, VL 1	2, VL 1	3, VL 1	1, VL 2
Magnesium	Mg	$5{,}0 \pm 2{,}5$	–	$+0{,}2$	–
Aluminium	Al	$3{,}0 \pm 0{,}9$	–	$-0{,}1$	–
Silizium	Si	$20{,}9 \pm 2{,}5$	$-0{,}1$	$-0{,}4$	$-0{,}9$
Schwefel	S	$3{,}1 \pm 0{,}5$	$+0{,}7$	$+0{,}7$	$-0{,}5$
Chlor	Cl	$0{,}7 \pm 0{,}3$	$+0{,}1$	$+0{,}2$	$-0{,}1$
Kalium	K	$< 0{,}25$	0	0	0
Kalzium	Ca	$4{,}0 \pm 0{,}8$	$-0{,}2$	0	$-0{,}4$
Titan	Ti	$0{,}51 \pm 0{,}2$	0	0	$+0{,}1$
Eisen	Fe	$12{,}7 \pm 2{,}0$	$-0{,}1$	$+0{,}4$	$+1{,}5$

Abschnitt eines fast 4 000 km langen Einbruchgrabens von etwa 120 km Breite und – wie die Höhenvermessung mit Hilfe eines Ultraviolett-Spektrometers entlang der eingezeichneten Linie zeigt – von fast 3 km Tiefe. Diese Tiefenangaben sind nach neueren Ergebnissen etwa zu verdoppeln. Die Formation ist in ihrer Ausdehnung vergleichbar mit dem kontinentalen Bruch- und Grabensystem, das sich vom Toten Meer bis zu den großen afrikanischen Seen hinzieht

entdeckte Vulkan, hat einen Durchmesser von 600 km, und er erreicht eine Höhe von annähernd 27 km über dem mittleren Marsniveau. Das ist ungefähr das Doppelte der Höhe des irdischen Vulkans Mauna Loa auf Hawaii über dem Meeresboden, auf dem er steht. Auf dem Gipfel des Olympus Mons befindet sich ein Calderakomplex von 80 km Durchmesser. Calderas entstehen durch Einbruch des Lava-Aufsteigkanals. – Unter den großen Vulkanen gibt es mehrere Generationen. Olympus Mons und Tharsis Montes z. B. sind – wie aus der geringen Anzahl oder gar dem Fehlen von Impaktkratern auf ihren Lavaausflüssen geschlossen werden kann – relativ jung; das heißt – da die Rate der Kraterbildung für Mars nicht bekannt ist – ein paar Millionen bis einige 100 Millionen Jahre alt. Es gibt auch durch Erosion und zahlreiche Einschlagkrater „zerstörte" Vulkane, die nach der neuen Nomenklatur mit patera, lat. = Schale, bezeichnet werden, z. B. Apollinaris Patera, die offensichtlich wesentlich älter sind als die oben genannten. Auf Mars gibt es zahlreiche Anzeichen für die Erosionswirkung von Wasser und Wind. So findet man viele breite Stromtäler und mit irdischen Flußläufen vergleichbare Gebilde. Die

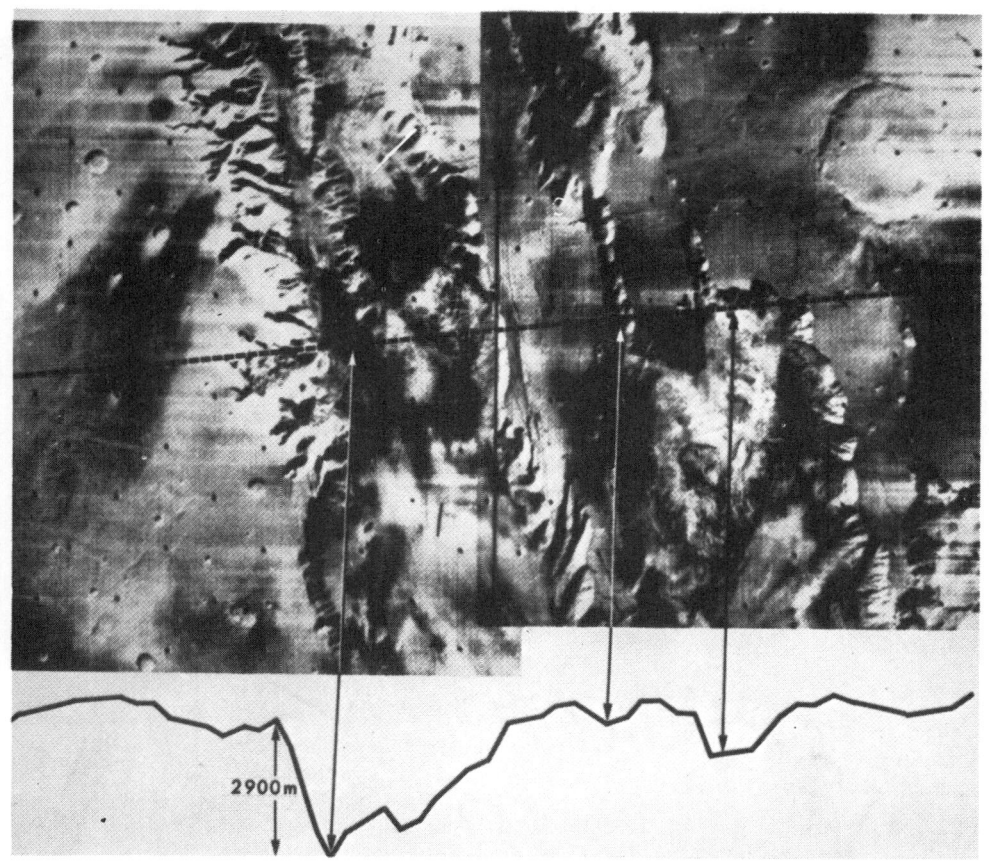

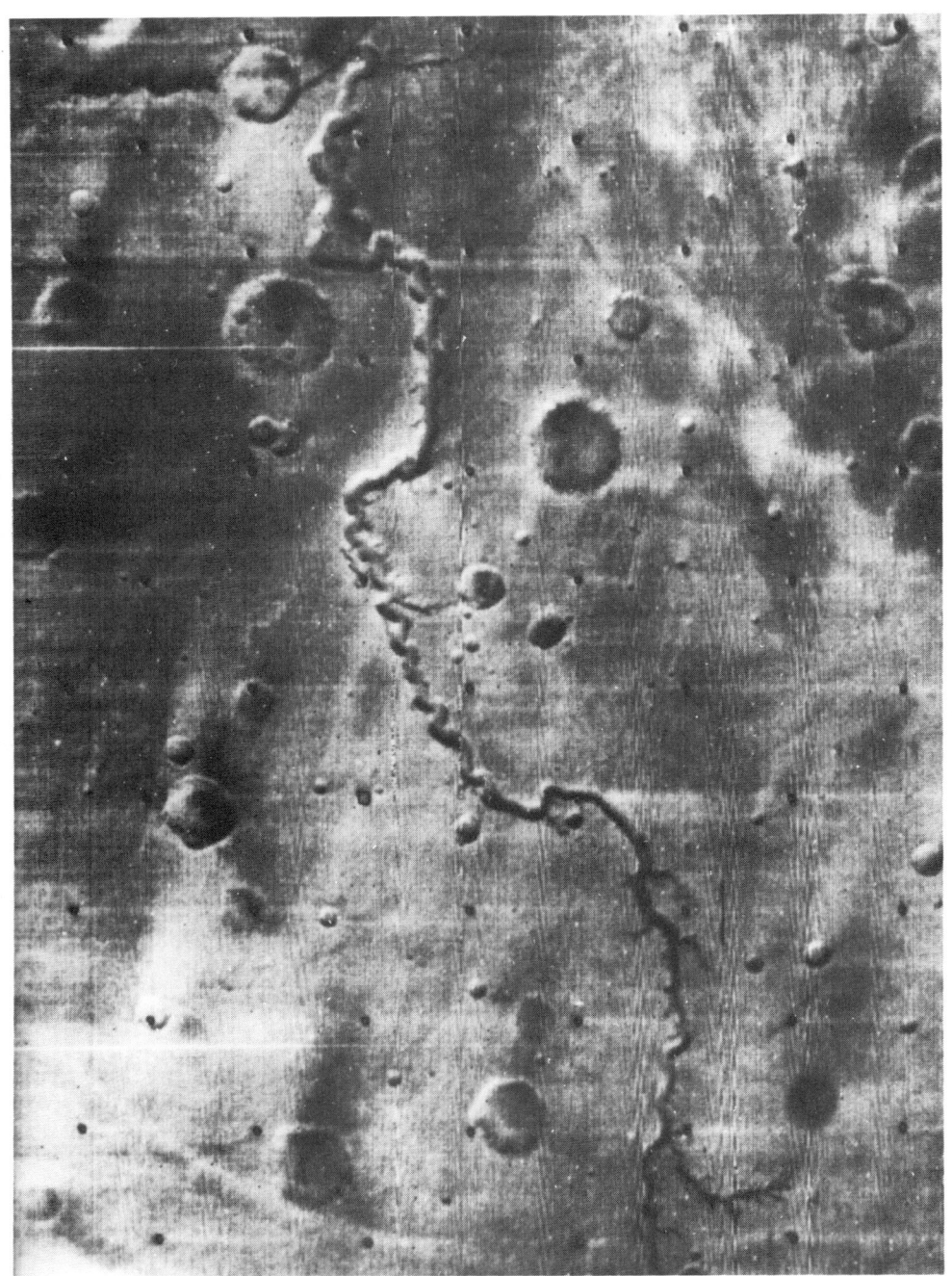

Eine unerwartete Erscheinung auf der Marsoberfläche ist dieses gewundene Tal. Es ist ca. 400 km lang und 5–6 km breit und ähnelt einem riesigen ausgetrockneten Flußbett, wie sie auf der Erde in Wüstenregionen zu finden sind (Aufnahme von Mariner 9)

Die Marsoberfläche nach Viking-Untersuchungen

breiten Ströme entstanden wahrscheinlich durch Aufschmelzen von im Marsboden vorhandenen Eismassen. Als Ursache kann dafür einmal eine lokale Erwärmung, wie etwa vulkanische Aktivitäten, angesehen werden, aber auch im Rahmen globaler Klimaschwankungen könnte es zu solchen Schmelzprozessen gekommen sein. Die Stromtäler des Mars entspringen oft in Depressionen, die offensichtlich durch Kollabieren der Landschaft entstanden, nachdem die unter der Oberfläche liegenden Eismassen herausgeschmolzen waren. Diese Schmelzwasser ergossen sich in die Tiefländer des Planeten und hinterließen dabei Überschwemmungsspuren. So findet man etwa im Mündungsgebiet des breiten Flusses Ares Vallis, im Südosten der Chryse Planitia, „umströmte Inseln". Auch Regenwasser scheint auf Mars manche Formen geprägt zu haben. So zeigen z. B. die Vedra Valles ein weit verzweigtes Netz von Nebenflüssen. Alle diese Marsflüsse scheinen aber nur relativ kurze Zeit bestanden zu haben; Hinweise auf Marsozeane oder auch nur kleinere Meere gibt es nicht.

Unklar ist, wieviel Eis heute noch im Marsboden gespeichert ist. Spuren davon haben sich in den Analysen der Bodenproben durch die Viking-Landegeräte gefunden. Man geht davon aus, daß die Zentralgebiete der Polkappen, vor allem der nördlichen, nicht nur aus Kohlendioxid-Schnee, sogenanntem Trockeneis, sondern auch aus H_2O-Schnee bestehen. Der Untergrund läßt in den Polargebieten Anzeichen früherer Vergletscherung erkennen. Auch bei der Bildung von Sedimentschichten, die in den Polgebieten des Mars gefunden wurden, scheint Eis und auch Wasser eine Rolle gespielt zu haben. – Neben diesen auf Wasser zurückführbaren Formationen gibt es auf Mars aber auch die mit den Mondrillen vergleichbaren Lavastromtäler, die eindeutig vulkanischen Ursprungs sind.

Auf Farbbildern, die die beiden Viking-Landegeräte übermittelten, zeigt sich der Marsboden als orange- bis gelbbraune Wüste. Der feinkörnige Boden ist mit zahlreichen, auffallend kantigen Steinen unterschiedlicher Größe bedeckt. Am Landeplatz des Viking-1-Landers, in der „Chryse Planitia" (Gold-Ebene), wird das anstehende Gestein des Untergrunds sichtbar. Die orangene Farbe scheint nur auf einen dünnen Überzug zurückzugehen, denn manche Steine zeigen deutlich eine dunkelgraue oder gar eine dunkelgrüne Färbung. Die herumliegenden Steine sind eindeutig magmatischen Ursprungs. Am Landeplatz von Viking 2, in der „Utopia Planitia", weisen viele der Steine blasenartige Vertiefungen auf. Offensichtlich wurde dieses Gestein durch schnelles Erkalten gasreicher Lava gebildet. Es läßt sich vorerst so viel sagen: dieser Marsboden und die Steine sind durch mechanische und chemische Zerstörung einer Schicht vulkanischen Gesteins entstanden.

Der rote „Farbstoff", der Mars zum roten Planeten macht, stammt mit Sicherheit von mineralischen Eisenverbindungen. Nach Untersuchungen der Viking-Lander kommen dafür nur die Minerale Magnetit (Fe_3O_4) oder Maghemit (γ-Fe_2O_3) in

Frage. Es ist jedoch schwer, eine Entscheidung zwischen diesen beiden Mineralien zu treffen. – Mit Röntgenfluoreszenz-Spektrometern wurden Bodenproben von den beiden Landern untersucht. Es fällt auf, daß die Ergebnisse zwischen den Proben in der Chryse Planitia bzw. Utopia Planitia, trotz der verhältnismäßig großen Distanz, überraschend ähnlich sind und auch, daß nur geringe Unterschiede zwischen den drei Proben, gewonnen vom Viking-1-Lander, bestehen. Häufige Elemente sind demnach Silizium und Eisen; es folgen mit geringeren Anteilen Magnesium, Aluminium, Schwefel, Kalzium und schließlich Titan und Kalium. Die Schwefelkonzentration ist um ein bis zwei Größenordnungen, also bis um den Faktor 100 höher als der entsprechende mittlere Wert für die Erdkruste, während Kalium mit weniger als 0,25 Gewichtsprozenten mindestens um den Faktor 5 seltener ist. Aus dem sich ergebenden Kalium-Kalzium-Verhältnis kann geschlossen werden, daß die untersuchten Marsproben weder große Anteile an granitischen oder anderen alkalireichen Stoffen enthalten können.

Zusammensetzung der oberen Marsatmosphäre in 120 km und 180 km Höhe (in Vol.-%)

Höhe	VL 1		VL 2	
[km]	120	180	120	180
CO_2	97,51	80,97	94,37	69,54
N_2	1,46	12,15	2,6	17,55
Ar	0,59	1,58	1,65	2,65
CO	0,34	4,86	1,18	9,93
O_2	0,097	0,44	0,19	0,33
NO	0,002	–	0,009	–

Modelle der möglichen mineralischen Beschaffenheit des Marsbodens ergeben folgendes Bild: Die feine Fraktion des Bodens besteht zu etwa 80 % aus Tonmineralen (Nontronit, Montmorillonit und Saponit) und enthält weiterhin etwa 10 % Kieserit ($MgSO_4$), 5 % Kalzit ($CaCO_3$) sowie knapp 5 % Eisenoxid bzw. -hydroxidminerale. Diese Vorstellungen sind insgesamt aber noch sehr unsicher. Auf jeden Fall kann man sich aber den Marsboden als Verwitterungsprodukt basaltischer Eruptivgesteine vorstellen.

Die Viking-Lander lieferten auch Analysen der Marsatmosphäre, nicht nur von ihrem Landeplatz, sondern auch während ihrer Abstiegsphasen. Zum erstenmal gelang es dabei, die Gase Stickstoff, Argon, Krypton und Xenon durch direkte Messungen nachzuweisen. Das Auffinden von Stickstoff ist von großer Bedeutung, denn es ist nach Sauerstoff das nächstwichtigste Element, das in organischen Substanzen vorkommt. Bemerkenswert ist auch das Isotopenverhältnis $^{36}Ar/^{40}Ar$. Es ist auf Mars etwa zehnmal kleiner als in der irdischen Atmosphäre; auf Venus ist es dagegen größer.

Der atmosphärische Druck am Boden von Mars beträgt weniger als 1/100 des irdischen Bodendrucks. Als Referenz-Bodendruck gilt auf Mars die 6,1-hPa-Linie. Regionen geringeren

Zusammensetzung der oberflächennahen Marsatmosphäre (in Vol.-%)

Bestandteil	Chemische Formel	Anteil
Kohlendioxid	CO_2	ca. 95
Kohlenmonoxid	CO_1	< 0,16
Wasserdampf	H_2O	0,01–0,1 (variabel)
Stickstoff	N_2	2,7
Argon	Ar	1,6
molekularer Sauerstoff	O_2	< 0,4
Krypton	Kr	Spuren
Xenon	Xe	Spuren
Ozon	O_3	Spuren (0,03 ppm)
atomarer Sauerstoff	O	Spuren

Umgebungsdrucks liegen über dieser „Nullhöhe". Regionen höheren Drucks (wie etwa die beiden Landeplätze von Viking 1 und 2) darunter. – In 90 km Höhe wurde beim Abstieg der Viking-Lander ein Druck von ca. 10^{-4} hPa (Erde: $2 \cdot 10^{-3}$ hPa) gemessen. – Es ist sehr wohl möglich, daß es früher Zeiten gegeben hat, in denen der Bodendruck der Marsatmosphäre 100 hPa überstieg, so daß die geologischen Befunde über das Vorkommen von fließendem Wasser nicht mehr verwunderlich sind. Auch heute noch können relativ große Mengen flüchtiger Komponenten (z. B. H_2O) im Boden gespeichert sein, die bei einer globalen Erwärmung des Planeten für eine dichtere Atmosphäre sorgen würden.

In der Marsatmosphäre werden Wolken beobachtet, die eindeutig aus Wasserdampf bestehen. Über großen Flächen wurden dünne Wolken- und Dunstschleier festgestellt, in denen H_2O, CO_2 und auch Staubteilchen vorkommen. Auch die Viking-Lander lieferten im Marswinter Umgebungsaufnahmen, die allem Anschein nach eine Reifbedeckung der herumliegenden Steine zeigten.

Die aus Infrarot-Kartierungen des Marsbodens abgeleiteten Temperaturen lagen zwischen etwa $-143\,°C$ und $+17\,°C$ (130 K bzw. 290 K). Die Sommertemperaturen am Nordpol, um 205 K, überschritten die Sublimationstemperatur des Kohlendioxids (148 K bei einem Oberflächendruck von 6,1 hPa). Das heißt, die verbliebene polare weiße Kappe muß zu dieser Zeit aus H_2O-Schnee bestanden haben. Gleichzeitig wurde auch eine hohe Wasserdampfhäufigkeit über dem Nordpolgebiet von Mars festgestellt. Niedrig dagegen blieb der Wasser-

Isotopenverhältnisse in der Marsatmosphäre im Vergleich zur Lufthülle der Erde

Verhältnis	Mars	Erde
$^{36}Ar/^{40}Ar$	1:3 100	1:296
$^{36}Ar/^{38}Ar$	4 bis 7	5,3
$^{15}N/^{14}N$	0,0064 $\pm$ 0,0050	0,00368
$^{13}C/^{12}C$	0,0118 $\pm$ 0,0012	0,0112
$^{18}O/^{16}O$	0,00189 $\pm$ 0,0002	0,00204
$^{129}Xe/^{132}Xe$	~2,5	0,97

Temperaturverteilung im Bereich des Südpols, von Viking 1 im lokalen Winter gemessen

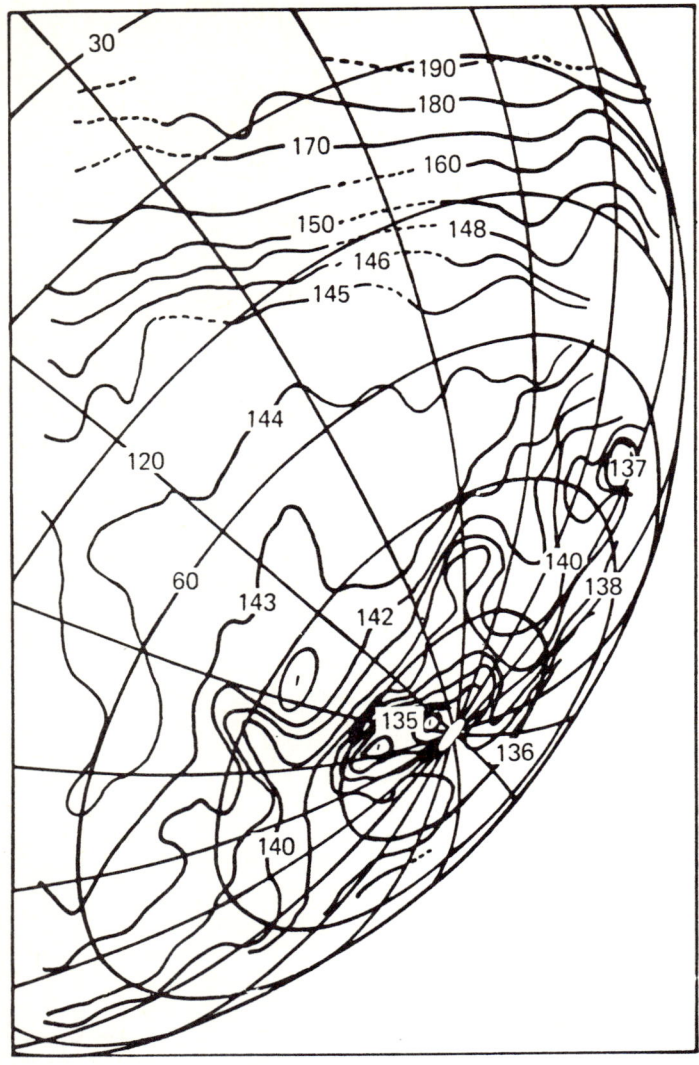

dampfgehalt im Sommer über dem Marssüdpol. Am Südpol wurden in seinem Winter Temperaturen von nur 134 K gemessen (siehe Abb.).

Mit den beiden Viking-Landern waren auf Mars zwei meteorologische Meßstationen im Dauerbetrieb. Mit ihnen wurden rund um die Uhr Drücke, Temperaturen sowie Windgeschwindigkeiten und -richtungen registriert. Aus der Fülle der Meßdaten, die zudem – wenn auch etwas sporadischer – bis 1994 weiter fließen werden, läßt sich folgendes herauskristallisieren: Tägliche Temperaturschwankungen zwischen etwa −30 °C (Maximum, 20-Tage-Mittel 241,8 K, um 15 Uhr Ortszeit) und −90 °C (Minimum, 187,2 K, um 5 Uhr Ortszeit), und zwar im Marssommer. Diese Temperaturdifferenz von ca.

60 °C ging im Marswinter auf eine Differenz von etwa 9 °C zurück. – Im Durchschnitt betrug die Windgeschwindigkeit an den Landeorten 16 km/h und erreichte Spitzen von 64 km/h. Eine auffallende jahreszeitliche Änderung konnte nicht bemerkt werden. Das Windmuster wird wahrscheinlich im Rahmen der globalen Zirkulation erzeugt und nur geringfügig durch lokale Gegebenheiten beeinflußt. – Die täglichen Druckschwankungen blieben mit etwa 0,2 hPa gering. Hingegen traten starke jahreszeitliche Druckvariationen um etwa 30 %, d. h. im Bereich von 7 bis 11 hPa, auf. Diese Schwankungen gehen sicherlich auf Veränderungen in der Atmosphäre als Folge des Größenwachstums der Polkappen zurück. Auch der Wasserdampfgehalt der Atmosphäre unterlag starken jahreszeitlichen Schwankungen, wurde aber auch durch Staubstürme beeinflußt.

Das Magnetfeld des Planeten erreichte an der Marsoberfläche allenfalls etwa 1/1 000 der Erdmagnetfeld-Stärke. Damit kann Mars – wie übrigens ja auch Venus – keine nennenswerte Magnetosphäre aufbauen. Der Sonnenwind tritt direkt in Wechselwirkung mit der Ionosphäre.

Trotz großer Empfindlichkeit der Viking-Analysegeräte gelang es nicht, organische Moleküle im Marsboden nachzuweisen. Im umgebenden Boden der beiden Viking-Lander gibt es allem Anschein nach keine Mikroorganismen, die Stoffwechselprozesse analog denen irdischer Organismen durchführen. Diese Feststellung läßt vermuten, daß es auf Mars kein Leben gab oder gibt; bewiesen ist das jedoch nicht.

Die Marsmonde Phobos und Deimos

Galilei entdeckte die vier hellsten Jupitermonde. Johannes Kepler schloß, da Venus keine, die Erde einen, Jupiter aber vier Monde hat, daß Mars mit zwei Begleitern ausgestattet sein sollte. Jonathan Swift machte 1729 in seinen „Gullivers Reisen" weitere „Angaben" über die vermuteten Marsmonde, die erstaunlich nahe den späteren Befunden lagen.

Die eigentliche Suche nach den Marsmonden nahm 1783 Herschel auf. Aber erst Asaph Hall, damals Astronom am U.S. Naval Observatory in Washington, fand bei der besonders günstigen Opposition 1877 innerhalb von einer Woche zuerst den äußeren und dann den inneren Mond. Er nannte sie Deimos (Schrecken) und Phobos (Angst), nach den beiden Begleitern des Kriegsgottes Mars in Homers „Ilias".

Von der Erde aus konnte über die beiden Monde wenig in Erfahrung gebracht werden. Man erkannte lediglich aus ihren Helligkeiten (bei der Annahme einer dem Erdmond entsprechenden Albedo) ihre geringe Größe. Eine eingehende Untersuchung gelang erst mit den drei Marssonden Mariner 9 und den beiden Orbitern Viking 1 und 2. Vor allem die beiden Vikingsonden konnten zu extrem nahen Vorbeiflügen an beiden Marsbegleitern umgesteuert werden.

Phobos, der innere Mond, ist im Mittel etwa 5 980 km von der Oberfläche des Planeten entfernt. Die Phobos-Bahn verläuft damit nur etwa 1 100 km von der sogenannten Roche-Grenze (das ist jener Bereich um einen Himmelskörper, innerhalb der ein zweiter Körper aufgrund der auf ihn wirkenden Gezeitenkräfte auseinander bricht; siehe auch 12.1.7). Dieser Mond ist – wie Aufnahmen vom Viking-Lander 1 zeigen – gut von der Marsoberfläche aus zu sehen. Da seine Umlaufzeit nur etwa 7,6 Stunden beträgt, sieht man ihn zwei bis dreimal täglich am rosaroten Marshimmel vorüberziehen. Da er in der gleichen Richtung umläuft, in der Mars rotiert, geht er im Westen auf und im Osten unter. Er braucht 11,1 Stunden, um wieder über dem selben Punkt der Oberfläche zu stehen, denn er muß ja die Rotationsbewegung von Mars aufholen.

Die Gestalt von Phobos – wie übrigens auch von Deimos – kann am besten durch ein dreiaxiales Ellipsoid beschrieben werden (siehe Tab.). Berechnungen hatten schon früher ergeben, daß solche Körper durch die auftretenden Gravitationskräfte mit ihrer Längsachse auf den Planeten zeigen müssen. Die Mariner-9-Aufnahmen der beiden Monde bestätigten, daß sie synchron rotieren zu ihren Bahnen um Mars; das heißt, sie kehren ihm stets die gleiche Seite zu. – Eine aus den Ellipsoiden errechnete Kugel gleichen Volumens ergibt äquivalente Durchmesser von 23 km für Phobos bzw. von 12,8 km für Deimos. Mit einer angenommenen mittleren Dichte von $2,1\,\mathrm{g} \cdot \mathrm{cm}^{-3}$ errechnen sich die Näherungswerte für die Mondmassen.

Datenzusammenstellung für Phobos und Deimos

		Phobos	Deimos
Mittlerer Abstand zum Marszentrum	km	9 380	23 460
Siderische Umlaufzeit	h:min	7:39	30:18
Synodische Periode	h:min	11:06	132
Bahnneigung zum Marsäquator	Grad	2	2
Bahnexzentrizität	–	0,017	0,003
Rotationsgeschwindigkeit am Äquator	m/s	2,6	0,29
Fluchtgeschwindigkeit	m/s	18,6 ± 5	7 ± 3
Größe	km	27 × 21 × 19	15 × 12 × 11
Mittlerer äquivalenter Radius	km	11,5	6,4
Masse (Näherungswerte)	kg	$13,4 \cdot 10^{15}$	$2,3 \cdot 10^{15}$
Albedo	%	6	6

Nachzutragen bleibt noch, daß die Deimos-Bahn – sie liegt etwa 20 060 km über der Planetenoberfläche – etwas außerhalb der sogenannten Stationärbahn liegt. (Das ist die Bahn, bei der die Mondumlaufzeit und die Planetenperiode identisch sind.) Deimos geht dementsprechend im Osten auf, bleibt etwa 60 Stunden über dem Horizont, um dann im Westen zu verschwinden. Für einen Beobachter auf Mars ist er nur als heller

Diese Aufnahme von Deimos wurde vom Viking-Orbiter 2 aus 50 km Höhe gemacht. Der Bildausschnitt umfaßt ca. 1,2 × 1,5 km; die kleinsten erkennbaren Details sind etwa 3 m groß. Offenbar sind viele flache Krater mit einer Staubschicht bedeckt, so daß die Oberfläche relativ glatt erscheint

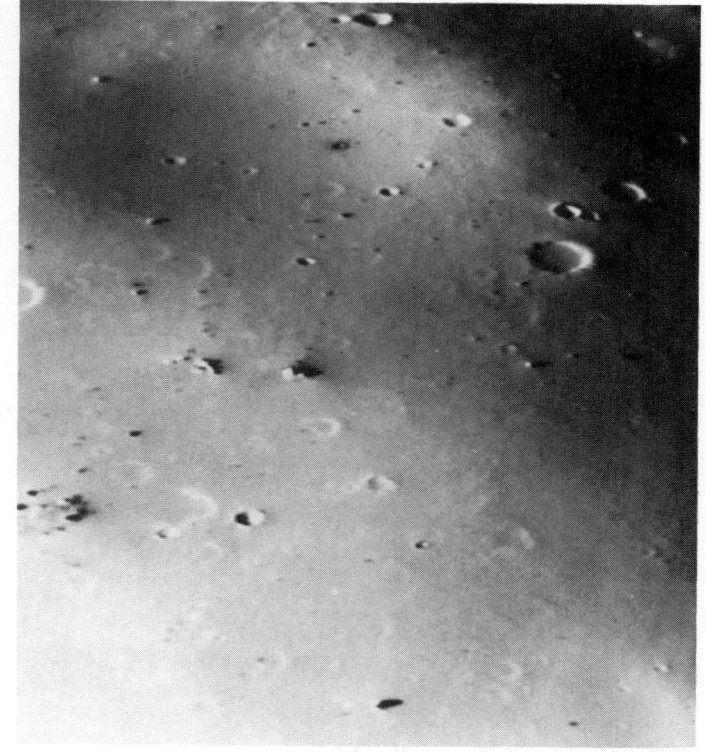

sternartiger Himmelskörper wahrnehmbar. – Beide Mondbahnen haben eine geringe Neigung zur Äquatorebene des Planeten.

Phobos und Deimos sind beide sehr kraterreich und mit dunkelgrauem Regolith bedeckt. Der größte Krater der Monde ist mit 10 km Durchmesser „Stickney" auf Phobos. Der Einschlag, der diesen Krater erzeugte, schlug ein wesentliches Stück von Phobos ab, wie Viking-Aufnahmen zeigen. Kraterzählungen ergaben, daß die beiden Marsmonde alte Oberflächen haben, entsprechend den Hochflächen unseres Erdmondes.

Die gesteuerten Vorbeiflüge der Viking-Orbiter an den Monden waren so nahe (Abstand von Deimos in einem Falle nur 23 km), daß mittlere Dichten aus der Gravitationswirkung auf die Raumsonden abgeleitet werden konnten. Es ergaben sich Dichtewerte von $2 \pm 0,7 \, \text{g} \cdot \text{cm}^{-3}$, was nahelegt, daß die beiden Marsbegleiter wahrscheinlich dem Material nach sehr ähnlich dem der Typ I kohligen Chondriten-Meteoriten sind (s. 4.3.3). – Nach einigen Theorien sind solche Körper nur in den äußeren Bereichen des Asteroidengürtels gebildet worden. Zumindest bei Phobos könnte es sich also um einen eingefangenen Asteroiden handeln. Auf jeden Fall ist klar, daß diese wahrscheinlich undifferenzierten Körper für das Verstehen des Ursprungs des Planetensystems sehr wichtig sein werden.

Der Planet Erde. Aufnahme aus einer Entfernung von 35 700 km (oben)

Rechts das von Apollo 15 mitgeführte Mondfahrzeug; rechts unten ein Blick über den Littrow-Krater; im Hintergrund ein Teil des Taurus-Gebirges

Die Apollo-11-Mondfähre

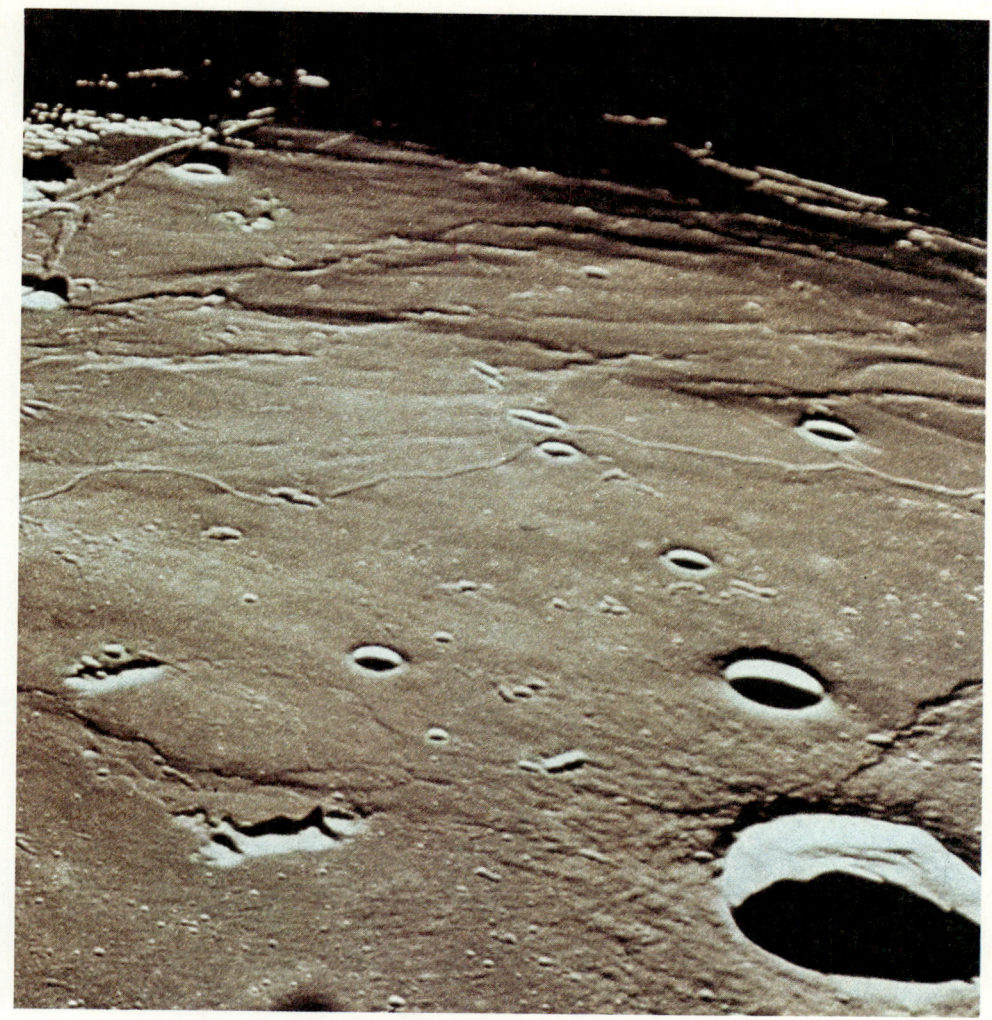

Nahaufnahme der Mondoberfläche von Apollo 11 aus

Der Planet Venus mit seiner turbulenten dichten Wolkenhülle

Eine im Juli 1976 von der Marssonde Viking 1 übermittelte Farbaufnahme der Marsoberfläche. Das rötliche Oberflächenmaterial besteht vor allem aus Brauneisenstein

Jupiter (Aufnahme von Voyager 1) aus einer Entfernung von 22 Millionen km mit den Monden Io (links; etwa 350 000 km über dem Großen Roten Fleck) und Europa (Bildmitte; etwa 600 000 km über der oberen Wolkenschicht)

Europa aus einer Entfernung von rund 2 Millionen km. Die hellen Zonen sind wahrscheinlich Eisablagerungen; die auffälligen linearen Strukturen in der Oberfläche – Aufbrüche und Risse – sind zum Teil mehr als 1 000 km lang

Ganymed aus einer Entfernung von 2,6 Millionen km. Die großen dunklen Gebiete und weißen Flecken erinnern an die Mare und Krater auf dem Erdmond

Io aus einer Entfernung von 490 000 bzw. 130 000 km. Auf dem oberen Bild erkennt man am Mondhorizont die Umrisse eines gewaltigen Vulkanausbruchs (das Eruptionsmaterial war zu diesem Zeitpunkt etwa 160 km emporgeschleudert worden). Das Bild unten umfaßt einen Bereich von etwa 1 000 km und zeigt umfangreiche vulkanische Ablagerungen. Der dunkle Fleck am oberen Bildrand ist ein Vulkankrater mit strahlenförmig ausgebildeten Lavaströmen

Callisto aus einer Entfernung von etwa 350 000 km. Das Bild zeigt Einzelheiten bis zu 7 km Durchmesser. Der helle runde Fleck, wahrscheinlich ein Aufschlagbecken, hat einen Durchmesser von etwa 600 km, der äußere Ring von etwa 2 600 km

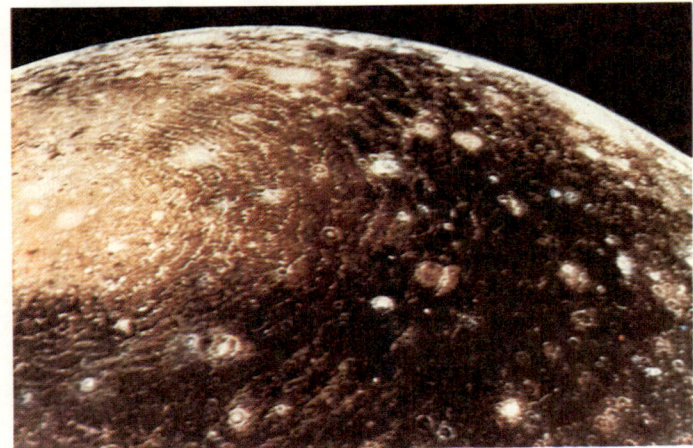

*Saturn in einer Gesamt-
aufnahme von Voya-
ger 2 aus einer Entfer-
nung von 21 Millionen
km. Unterhalb der süd-
lichen Hemisphäre sind
drei Saturnmonde als
kleine helle Punkte
erkennbar, von links
nach rechts: Tethys,
Dione und Rhea. Auf
die Südhalbkugel des
Saturn fällt der Schat-
ten von Tethys*

*Die mit Kratern über-
säte nördliche Hemi-
sphäre von Iapetus aus
einer Entfernung von
1,1 Millionen km*

*Bereits die Aufnahmen
von Voyager 1 aus dem
Jahre 1980 zeigten, daß
das Ringsystem erheb-
lich komplexer ist als
bis dahin angenommen
worden war*

3.5.4 Jupiter

Jupiter und die folgenden äußeren Planeten unterscheiden sich wesentlich von den erdähnlichen, den sogenannten inneren Planeten. Jupiter, der die Erde im Durchmesser um das 11fache übertrifft – er hat etwa das 130fache Volumen und die 318fache Masse unserer Erde – ist der größte Planet im Sonnensystem. Obwohl seine Dichte nur 1,33 g cm^{-3} beträgt, vereinigt er mit seiner Masse von $1,901 \cdot 10^{27}$ kg etwa zwei Drittel der Gesamtmasse aller Planeten in sich. Seine Größe und Dichte zeigen, daß er – im Gegensatz zu den erdähnlichen Planeten – wesentlich aus den leichten Elementen, insbesondere aus Wasserstoff und Helium, besteht, die in der Atmosphäre als Gas und in tieferen Schichten in flüssiger Form vorkommen. Alle auf der Planetenscheibe sichtbaren Erscheinungen sind Wolken.

Jupiter, obwohl der größte, ist aber nicht der hellste Planet am Nachthimmel. Venus kann fast 2 Größenklassen heller werden als Jupiter. Aber da Venus als unterer Planet nur wenige Stunden vor Sonnenaufgang bzw. nach Sonnenuntergang beobachtbar ist, ist Jupiter jedes Jahr für mehrere Monate beherrschender Himmelskörper am Nachthimmel. So trägt er mit Recht den Namen des Herrschers des Olymps.

Ein oberer Planet – das ist ein Planet, dessen Bahn außerhalb der Erdbahn liegt – hat seine beste Beobachtungszeit zum Zeitpunkt seiner Opposition. Das heißt, Sonne und Planet stehen sich, von der Erde gesehen, genau gegenüber am Himmel (der Längenunterschied beträgt 180°). Jupiter kommt etwa alle 13 Monate in Opposition, wenn die Erde einen Umlauf vollendet und die zusätzlich von Jupiter während eines Jahres zurückgelegte Strecke aufgeholt hat. Das Intervall zwischen zwei aufeinanderfolgenden Oppositionen bezeichnet man als Synodische Periode. Jupiters mittlere Synodische Periode beträgt 398,9 Tage. Wegen seiner größeren Entfernung von der Sonne – im Gegensatz zu Mars – variiert sein Winkeldurchmesser nur wenig. Jupiters mittlerer scheinbarer Durchmesser

Vereinfachte Nomenklatur der Bänder und Zonen auf Jupiter: N = Nord; S = Süd; B = Band (dunkel); Z = Zone (hell); E = äquatorial; Tr = tropisch; T = gemäßigt (temperiert); A = arktisch; P = polar; in der südtropischen Zone der ovale Große Rote Fleck (GFR)

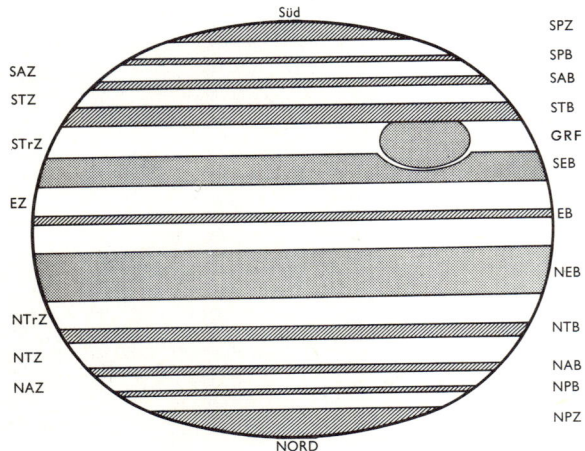

beträgt im Planetenäquator gemessen 46″86 (Bogensek.). So sind auf dem Riesenplaneten Oberflächendetails wesentlich leichter auszumachen als etwa auf Mars. Wegen dieser günstigen Sicht- und Beobachtungsbedingungen ist Jupiter wohl das bevorzugteste Beobachtungsobjekt der Amateurastronomen. Auf keinem anderen Planeten lassen sich in so kurzer Zeit so starke Veränderungen in den Atmosphärenschichten verfolgen wie auf Jupiter. Schon kleine Fernrohre genügen zur Beobachtung der auffälligen dunklen Bänder und hellen Zonen. Unter den Jupiterbeobachtern hat sich eine ausführliche Nomenklatur für die einzelnen Regionen und zahlreiche Codebezeichnungen für besondere Phänomene in der Atmosphäre des Riesenplaneten eingebürgert (siehe Literatur für Planetenbeobachter). Berühmteste Erscheinung auf der Planetenoberfläche ist wohl der Große Rote Fleck (GRF), der schon mehr als 300 Jahre beobachtet wird, wenn auch in verschieden starker Intensität.

Wie die starke Abplattung des Planeten schon anzeigt, rotiert Jupiter sehr schnell, in weniger als 10 Stunden um seine Achse. Es gibt auf der Wolkenschicht kein Gebilde, an das man ein Koordinatensystem anschließen könnte. Einzelne Objekte rotieren mit verschiedenen Geschwindigkeiten, je nachdem, welchen Zonen sie zuzuordnen sind (s. 3.3). In der Fachliteratur werden die Längen- und Bewegungsangaben stets auf das System III bezogen. Dieses wurde 1962 von der IAU definiert; es hat eine Rotationszeit von $9^h 55^m 29\overset{s}{.}37$. Es bezieht sich auf Radioquellen, die im Dekameter-Wellenlängenbereich entdeckt worden sind und die wahrscheinlich mit einer tieferen, mehr viskosen Schicht im flüssigen Innern des Planeten rotieren.

Raumfahrtunternehmungen zu Jupiter

Wie bei den anderen Planeten, so brachten auch bei Jupiter Raumfahrtunternehmungen wesentlich neue Erkenntnisse.

Die zur Erde übermittelten Aufnahmen der Wolkendecke des Planeten zeigten eine nicht erwartete Vielzahl von Strömungserscheinungen, die als Jet-Strömungen, als Wellen und Wirbel, aber auch als Konvektionszellen, Sturmgebiete und gewitterartige Wolkenzirkulationen angesprochen werden konnten. Die Aufnahmen machten ferner deutlich, wie schnell sich bestimmte Wolkenformationen ändern können – selbst innerhalb von wenigen Tagen. Andere Wolkengebiete sind hingegen sehr langlebig, obwohl sie ihre Lage durch verschieden schnelle, breitenabhängige Windströmungen zueinander deutlich verändern.

Sonde	Pioneer		Voyager	
	10	11	1	2
Start	3. 3. 1972	5. 4. 1973	5. 9. 1977	20. 8. 1977
Ankunft bei Jupiter	4. 12. 1973	3. 12. 1974	5. 3. 1979	9. 7. 1979
Kürzester Abstand von Jupiter	131 400	42 000	278 000	650 000
Anzahl der Experimente	11	12	10	10

Der Große Rote Fleck (GRF)

Ein bevorzugtes Studienobjekt in der Wolkenhülle des Planeten war der Große Rote Fleck (GRF) sowie seine nähere und weitere Umgebung. Die zahlreichen Aufnahmen konnten nachher zu einem Film zusammengestellt werden, der in Zeitraffung die Bewegungsvorgänge in und um den GRF eindrucksvoll vorführte. Dieser gewaltige Wirbel – der nun auf ein Alter von mehr als 100 000 Jahren geschätzt wird – ist vermutlich eine Konvektionströmung, durch die Wärmeenergie aus einer unbekannten langlebigen und stabilen Quelle in großer Tiefe nach oben transportiert wird. Seine rote Farbe, deren Intensität wechseln kann, ist wohl auf chemische Prozesse zurückzuführen. Die Wirbelsäule, die etwa 8 km über das übrige Wolkenniveau hinausragt, zeigt eine merklich tiefer liegende Temperatur als die umgebenden Regionen. Die Gasmassen im GRF bewegen sich entgegen dem Uhrzeigersinn; für eine volle Rotation benötigen sie etwa 6 Tage. – Die zahlreichen Einzelbeobachtungen an Wolkengebilden zeigen, daß die Antriebsmechanismen der Jupiter-Wolken wesentlich komplizierter sind, als man früher, vor der Naherkundung, angenommen hatte. So sah man in den hellen Wolkenzonen allgemein aufsteigende atmosphärische Massen, in den dunklen Bändern Regionen absinkender Wolkenmassen. Diese einfache Modellvorstellung ist nicht in der Lage, die nun beobachteten meteorologischen Befunde an der Wolkenoberdecke von Jupiter zu erklären. Gerade weil die bisher als relativ stabil angesehenen Bänder und Zonen sich teilweise selbst zerstören, dabei neue Wolkensysteme schaffen und in unterschiedlichen Geschwindigkeiten, sogar gelegentlich gegenläufig zueinander, um den Planeten laufen, entstehen große Schwierigkeiten in der Erklärung und dem Verstehen etwa der Langlebigkeit des GRF und anderer beständiger Merkmale.

Die Mechanismen im globalen Wettergeschehen sind auf Erde und Jupiter grundverschieden. Auf ersterer ist primär die Sonneneinstrahlung für die meteorologischen Vorgänge verantwortlich, auf Jupiter hingegen sind es interne Wärmequellen und auch die hohe Zirkulationsgeschwindigkeit, die das Wolkenbild bestimmen. Es gilt aber als sicher, daß noch weitere, bisher unbekannte Prozesse beteiligt sind.

Die Höhe der jovianischen Atmosphäre, die hauptsächlich aus Wasserstoff besteht, wird auf mindestens 16 000 km geschätzt. Darunter wird ein Gürtel aus flüssigem Wasserstoff vermutet, der in metallischen Wasserstoff – eine Hochdruck-Modifikation – übergeht. Im Zentrum befindet sich ein fester kleiner Kern von nur einigen 1 000 km Durchmesser aus Eisen und Siliziumverbindungen. Der Heliumanteil in der oberen Atmosphäre wurde nach Messungen der Voyager-Sonden mit 11 % gegenüber dem Wasserstoff angegeben. Die Farben der sichtbaren Wolkenschichten zeigen weitere chemische Verbindungen in der Jupiter-Atmosphäre an, so vor allem Ammoniak, Methan, Wasserdampf, Acetylen, Äthan und bestimmte Phosphorverbindungen.

Die Temperatur in einem Höhengebiet, entsprechend 5...10 hPa atmosphärischen Drucks, liegen im Bereich von 160 K. Als Effektivtemperatur für Jupiter wird 125 ± 3 K angegeben. In drei Schichten von 700, 1400 und 2300 km über der Wolkenobergrenze wurden im UV- und sichtbaren Licht Leuchterscheinungen, ähnlich dem irdischen Polarlicht, von der Voyager-Sonde beobachtet. Auch Blitze, Anzeichen für starke elektrische Entladungen, wurden in den oberen Wolkenschichten registriert.

Radioquelle Jupiter

1955 wurde Jupiter, nach der Sonne, als zweitstärkste Radioquelle am Himmel erkannt. Dies war ein erster Hinweis auf ein planetares Magnetfeld. Die Vorort-Messungen der Pioneer- und Voyager-Sonden zeigten, daß die jovianische Magnetosphäre von mindestens 100 Planetenradien wesentlich ausgedehnter ist als die irdische. Die Magnetfeldstärke Jupiters übertrifft um den Faktor 20...30 die der Erde. An der Wolkenobergrenze beträgt die Feldstärke etwa 3...14 Gauß. Die Jupiter-Magnetosphäre kann in drei Regionen unterteilt werden. Dies ist einmal eine halbringförmige innere Region, mit dem Planeten im Zentrum; sie ist der Erd-Magnetosphäre ähnlich, aber bedeutend reicher an Partikeln. Dieser Torus ist aus mehreren Schichten verschiedener Elektronen- und Protonendichte aufgebaut, ähnlich dem Van-Allen-Gürtel der Erde. Die Monde Amalthea, Io, Europa und Ganymed laufen auf ihren Bahnen durch diesen Plasma-Torus hindurch. – Die mittlere Region – sie besitzt kein Analogon in der irdischen Magnetosphäre – besteht aus einer Schicht elektrisch geladener Teilchen, die durch die Rotation des Magnetfeldes von Jupiter so durcheinander gewirbelt sind, daß sie ihrerseits wiederum das natürliche Magnetfeld der Planeten stören. Dem schließt sich nach außen eine Übergangszone zum solaren Plasma an. – Allem Anschein nach spielen die jupiternächsten Monde beim Aufbau der jovianischen Magnetosphäre eine große Rolle.

Der Jupiter-Ring

Die Entdeckung des Ringsystems von Jupiter war ein nicht ganz unerwartetes Ergebnis der Voyager-Mission. Beim Durchfliegen der Äquatorebene von Jupiter am 4. März 1979 hatte Voyager 1 einen Hinweis auf einen schmalen Ring gefunden. Daraufhin wurden in das Programm von Voyager 2 zusätzliche Aufnahmen mit wesentlich besserer Auflösung eingeplant.

Der Ring scheint aus mehreren Komponenten zu bestehen. Der hellste, relativ schmale Teil hat einen äußeren Radius von 126380 ± 140 km. Es gibt ferner ein schmales, helles Segment, 800 ± 100 km breit, mit einem inneren Radius von 125580 ± 140 km. Ringpartikel scheinen aber bis zum Planeten selbst über die sehr dünne Ringebene, Dicke unter 30 km, zu existieren. Der Ring hat eine Orangefarbe und scheint aus kleinen Teilchen (Radius ca. 4 μm) zu bestehen. – Im Gegensatz dazu haben die Teilchen des Saturn-Rings Durchmesser von mehreren Zentimetern. – Inzwischen konnte der Ring des Jupiter auch von der Erde aus mit dem 224-cm-Teleskop auf dem Mauna Kea im Infraroten bei 2,2 μm Wellenlänge nachgewiesen werden.

Die Jupiter-Monde

Nach Auswertung der Daten der Voyager-Missionen 1 und 2 zu Jupiter sind nun 16 Monde des Planeten bekannt. Von dem bis vor wenigen Jahren geübten Brauch, die Monde in der Reihenfolge ihrer Entdeckung mit römischen Zahlen zu bezeichnen, ist man abgegangen (nur die 1610 von Galilei gesehenen vier hellsten Monde hatten – wenn auch inoffiziell – Namen erhalten). Nun haben alle 16 Monde einen Eigennamen, wobei man schon durch dessen Wahl eine Grobeinteilung unter den äußeren Monden vornahm. Bei Betrachtung der Bahndaten der Jupiter-Satelliten (s. 3.4) fällt eine Dreiteilung auf. Die erste und stärkste Gruppe von 8 Monden bewegt sich auf relativ planetennahen Bahnen, die – wenn überhaupt – nur ganz geringfügig gegen den Planetenäquator geneigt sind. Zu dieser Gruppe gehören die vier von Galilei entdeckten großen Monde, die man auch die galileischen Monde nennt. – Eine zweite Gruppe von 4 Monden bewegt sich in einer mittleren Entfernung von ca. $11,5 \cdot 10^6$ km um den Planeten, in Bahnen, die $27° \ldots 29°$ gegen die Bahnebene Jupiters geneigt sind. – Dieser schließt sich weiter außen – in etwa doppelter Entfernung zur zweiten Gruppe – eine wiederum aus 4 Monden bestehende Gruppe an, sie haben Bahnneigungen zwischen $147° \ldots 163°$. Diese Monde bewegen sich retrograd, d. h. rückläufig zur Planetenrotation. Ihre gravitativen Bindungen an den Planeten deuten darauf hin, daß es sich hier, aller Wahr-

Nr.	Name	Entdecker	Jahr der Entdeckung	Durch-messer [km]	Oppositions-Helligkeit m_{opp}
XVI	Metis	Synnott	1980	?	–
XIV	Adrastea	Jewitt, Danielson	1979	< 40	–
V	Amalthea	Barnard	1892	240	13,0
XV	Thebe	Synnott	1980	≈ 80	–
I	Io	Galilei	1610	3 650	5,0
II	Europa	Galilei	1610	3 120	5,3
III	Ganymed	Galilei	1610	5 280	4,6
IV	Kallisto	Galilei	1610	4 840	5,6
XII	Leda	Kowal	1974	≈ 10	20
VI	Himalia	Perrine	1904	170	14,8
X	Lysithea	Nicholson	1938	≈ 24	18,4
VII	Elara	Perrine	1905	80	16,4
XII	Ananke	Nicholson	1951	≈ 20	18,9
XI	Carme	Nicholson	1938	≈ 30	18,0
VIII	Pasiphaë	Melotte	1908	≈ 36	17,7
IX	Sinope	Nicholson	1914	≈ 28	18,3

scheinlichkeit nach, um eingefangene Asteroiden handelt. Ihre auf e endenden Namen zeigen ihre retrograde Bahnbewegung an. Die Namen der Jupiter-Trabanten mit rechtläufigen Bahnen enden auf a. Von diesen beiden äußeren Gruppen von Jupiter-Satelliten ist wenig bekannt. Aufgrund ihrer scheinbaren Helligkeiten und einem angenommenen Albedowert kann man sagen, daß die Mond-Durchmesser zwischen 10...30 km liegen. Nur Himalia mit ca. 170 km und Elara mit 80 km Durchmesser sind etwas größer.

Unser Wissen um die inneren Jupiter-Monde beruht auf den Ergebnissen der Pioneer- und Voyager-Missionen. Wobei auch von den Raumsonden auf den neuentdeckten Monden Metis, Adrastea und Thebe, schon wegen ihrer geringen Größen und ihrer Planetennähe, keine Oberflächendetails auszumachen waren. Sie scheinen irregulär geformte Körper zu sein, deren längste Achsen – wie auch bei den Mars-Monden – zum Planeten ausgerichtet sind. Lediglich Amalthea, der 1892 entdeckte Mond, von der Erde bei günstigen Beobachtungsbedingungen als schwacher Lichtfleck auszumachen, zeigt einige wenige Oberflächenstrukturen, die als zwei Krater und zwei Berge gedeutet werden. Die ellipsoidische Form des Satelliten deutet auf einen Körper höherer Dichte hin.

Vulkanismus auf Io

Die galileischen Monde waren – neben dem Planeten Jupiter – die Zielobjekte der Voyager-Missionen. Sensationell waren die Bilder von Io, dem jupiternächsten der vier großen Monde, die Voyager 1 am 8. März 1979 zur Erde funkte. Am Rand des Mondes wurde gegen den dunklen Weltraum ein schirmförmiges Gebilde sichtbar, das nicht anders als eine fontänenförmig herabregnende Aschenwolke eines tätigen Vulkans angesprochen werden konnte. Auch ein heller Fleck am Terminator (der Grenze zwischen beleuchteter und unbeleuchteter Mondhälfte) konnte nur als ein Vulkan im Ausbruch gedeutet werden. Die beiden Voyager-Raumflugkörper entdeckten insgesamt 8 aktive Vulkane. Die Eruptionen dauern 2 Stunden und länger, wobei Auswurfshöhen bis zu 250 km und Ausstoßgeschwindigkeiten um $1\,000\,\mathrm{m}\cdot\mathrm{s}^{-1}$ keine Seltenheit sind. Bei der Auswurfmasse handelt es sich vorwiegend um Schwefel, Sauerstoff und Natrium. Die Teilchen verteilen sich über die Mondumlaufbahn und sind selbst noch in entfernten Bereichen der Jupiteratmosphäre nachweisbar. Die Oberfläche des Mondes ist bedeckt mit Natrium- und Kaliumsalzen sowie zahlreichen Schwefelverbindungen. Neben den 8 nachgewiesenen Vulkanen wird es sicherlich auf Io weitere geben, denn die Kameras von Voyager machten über 100 Calderen (Einbruchskessel erloschener Vulkane) mit bis zu 200 km Durchmesser aus. Einschlagkrater, wie auf den anderen erdähnlichen Himmelskörpern, fehlen auf Io nahezu vollkommen. Entweder ist Io ein sehr junger Mond, nur 10...100 Millionen Jahre alt, oder die Krater sind auf ihm durch starke Erosionskräfte weitgehend verwittert. Weiterhin wurden auf Io mehrere lokal begrenzte heiße Flächen von ca. 20 °C Temperatur

Physikalische Daten der galileischen Monde

	Io	Europa	Ganymed	Kallisto
Masse in Planetenmasse	$4{,}70 \cdot 10^{-5}$	$2{,}56 \cdot 10^{-5}$	$7{,}84 \cdot 10^{-5}$	$5{,}60 \cdot 10^{-5}$
Masse in Erdmondmasse	1,213	0,663	2,027	1,448
Masse [kg]	$8{,}92 \cdot 10^{22}$	$4{,}86 \cdot 10^{22}$	$14{,}89 \cdot 10^{22}$	$10{,}63 \cdot 10^{22}$
mittlere Dichte [g cm^{-3}]	3,53	3,03	1,93	1,79
mittlere Schwerebeschleunigung an der Oberfläche [m s^{-2}]	1,80	1,46	1,43	1,14
Entweichgeschwindigkeit [km s^{-1}]	2,56	2,09	2,75	2,38

festgestellt, während in deren Umfeld hingegen $-138\,°C$ gemessen wurde.

Eine mögliche Erklärung für den Vulkanismus auf Io kann in Gezeitenreibungskräften gesehen werden. Die benachbarten Monde Europa und Ganymed stören die Io-Bahn; sie lassen den Mond periodisch um seine mittlere Bahn schwingen. Dadurch ändern sich die von Jupiter auf Io ausgeübten Gezeitenkräfte ebenfalls periodisch, was wahrscheinlich zu einer inneren Erwärmung und Aufschmelzung des Mondes führt. Durch diese andauernden Schmelzprozesse bleiben die Vulkane aktiv.

Für Europa, dem kleinsten der galileischen Monde, ist charakteristisch, daß seine Oberfläche von zahlreichen sich überschneidenden dunklen Linien auf hellem Grund überzogen ist. Er ist arm an auffälligen topographischen Formationen. Wahrscheinlich besteht dieser Mond zu etwa 20% aus Wasser, das heißt, er besitzt außen eine Kruste aus Eis. Abschätzungen besagen, daß der Eismantel eine Dicke von einigen Metern bis hin zu 100 km haben könnte. Die dunklen Linien werden als Risse im Eismantel interpretiert, in denen anders geartetes Material hochsteigt. Auch hier dürften – ähnlich wie bei Io – Gezeitenkräfte für aktive, die Oberfläche noch heute verändernde Prozesse sorgen.

Ganymed zeigt ausgedehnte dunkle Becken und helle Flächen. Zahlreiche Einschlagkrater geben der Oberfläche ein Aussehen, das an den irdischen Mond erinnert. Ganymed besteht wahrscheinlich zu 50% aus Eis, andererseits hat er auch bedeutende Mengen an Silikatgestein. – Kallisto, der äußerste der galileischen Monde, hat – wenn man die Zahl der Einschlagkrater als Maß nimmt – die älteste Oberfläche. Denn sie ist von Millionen von Kratern übersät. Konzentrische Ringe um weitflächige Becken konnten ausgemacht werden. Sie erinnern an entsprechende Formationen auf dem Erdmond und Merkur. Beide Pole dieses Mondes sind eisbedeckt. Kallisto muß – entsprechend seiner Dichte – hauptsächlich aus Eis bestehen.

3.5.5 Saturn

Unser Wissen um den Planeten Saturn, beruhend auf erdgebundenen Beobachtungen, ließe sich in einigen wenigen Sätzen darstellen, wobei ständig auf mögliche Analogien zu Jupiter verwiesen werden müßte. Lediglich das prächtige Ringsystem um den Planeten – bis vor wenigen Jahren glaubte man, es sei einzigartig in unserem Planetensystem – konnte bei der Beschreibung des Saturns durch Angaben, wie etwa Durchmesser und Abstände der einzelnen Ringe sowie der sie trennenden Teilungen, herausgestellt werden.

Nach den Vorbeiflügen von drei Raumsonden an dem Ringplaneten – wie man Saturn früher nannte – ist unser Wissen stark vermehrt.

Raumflugkörper
zum Saturn

Name	Start	Vorbeiflug	
		Tag	Entfernung*
Pioneer 11	6. 4. 1973	1. 9. 1979	20 930
Voyager 1	5. 9. 1977	12. 11. 1980	142 200
Voyager 2	20. 8. 1977	25. 8. 1981	101 390

* Von der sichtbaren Wolkendecke des Planeten, in Kilometer

Die drei Raumsonden passierten und erforschten vor ihrer Saturnerkundung den Planeten Jupiter (siehe 3.5.4).

Voyager 2 fliegt zu Uranus weiter und wird diesem im Januar 1986 begegnen.

Wie Jupiter zeigt auch Saturn bei Beobachtungen von der Erde aus Wolkenbänder, jedoch scheinen sie weit weniger strukturiert. Auch die ersten Farbaufnahmen, von Voyager 1 gesendet, waren relativ einförmig; eine dicke Nebelschicht verdeckte die eigentliche Wolkendecke. Bei Ankunft von Voyager 2 war diese Nebelschicht weitgehend zusammengeschrumpft, denn nun sah man auf Saturn ähnliche Wolkenstrukturen wie auf Jupiter – jedoch deutlich schwächer.

Die Windgeschwindigkeiten sind auf Saturn höher als auf Jupiter. In der Äquatorgegend konnten Geschwindigkeiten von bis zu $500 \, \text{m} \cdot \text{s}^{-1}$ an der Wolkendecke gemessen werden, wobei Ostwinde vorherrschend sind. Zu nördlicheren und südlicheren Breiten hin nehmen die Windgeschwindigkeiten ab. Bei $\pm 35°$ wechseln schwache Ost- und Westwinde; jedoch dominieren die ostwärts gerichteten Strömungen. Das zeigt, daß die Winde wohl kaum in irgendeiner Form mit Vorgängen in der Wolkendecke gekoppelt sind, sondern sehr wahrscheinlich bis in große Tiefen reichen.

Saturn gibt zweimal soviel Energie ab, als er in Form von Solarenergie empfängt; etwa ein Gleiches gilt auch für Jupiter. Bei Jupiter wird die Herkunft der gegenüber der Solarenergie überschüssigen Energie durch ein Schrumpfen des Planeten erklärt. Bei Saturn hingegen kann etwa eine Entmischung von leichtem Wasserstoff und schwererem Helium im Innern des Planeten aufgrund der tiefen Temperaturen – dadurch Freisetzen von Gravitationsenergie – die erhöhte Energieabstrahlung bewirken. Auf solche Entmischungsvorgänge deutet das Helium/Wasserstoff-Verhältnis im Wolkendecken-Niveau von Saturn hin (Saturn: 6% Helium, 94% Wasserstoff), das nur noch halb so hoch ist wie in der Sonne oder auch auf Jupiter. Denn schon wegen seiner geringen Dichte – die mittlere Dichte beträgt nur $0,69\,g\,cm^{-3}$ – muß der Planet primär aus den leichtesten Elementen Wasserstoff und Helium bestehen. Für den Saturn insgesamt werden 11% Helium angegeben, der Rest entfällt auf Wasserstoff. Geringe Spuren von Methan, Ammoniak, eventuell auch Phosphin, Acethylen und Äthan werden vorkommen.

Aus Bahnvermessungen der drei Raumsonden weiß man, daß der Planet Saturn einen etwa erdgroßen Gesteinskern mit hohem Eisengehalt besitzt, dessen Masse jedoch drei Erdmassen betragen dürfte. Der weitere Innenaufbau entspricht etwa dem von Jupiter, wobei die Größen und Ausdehnungen der einzelnen Schichten unterschiedlich sind.

Das Saturn-Ringsystem

Die Sondierungen des Ringsystems von Saturn brachten ein spektakuläres Ergebnis. Die Sonde Pioneer 11 hatte schon bei ihrem Vorbeiflug im Herbst 1979, neben den von der Erde aus gesehenen Ringen A, B und C, einen weiteren 150 km schmalen Ring etwa 4000 km außerhalb des äußeren A-Rings entdeckt. Die Voyager-Aufnahmen der Saturnringe ergaben aber ein anderes Bild des Ringsystems. Voyager 1 löste das aus wenigen breiten Ringen zu bestehende System in Hunderte, Voyager 2 gar in Tausende einzelne schmale Ringe auf. Es zeigte sich, daß selbst in den von der Erde gesehenen Lücken im Ringsystem – etwa in der sogenannten Cassinischen Teilung – Materie ringförmig verteilt vorhanden ist. Bis zu 100 Ringe wurden in dieser Teilung gezählt. Bisher läßt sich festhalten, daß es zahlreiche Sub-Ringgruppen gibt, die durch mehr oder weniger breite Spalten und Lücken voneinander getrennt sind. Solche Untergruppen können aus wenigen bis zu mehreren Dutzend Einzelringen bestehen.

Da etwa in der Ringgruppe A auf den Voyager-Aufnahmen mehrere Mini-Monde gefunden wurden, war man erst der Meinung, daß solche Kleinmonde gewisse „Fokusierungen" der Ringe zu Untergruppen bewirkten, beziehungsweise in den Ringgruppen Bänder „freifegten". Aber diese Hypothese wie auch die, die äußeren Monde in einer Resonanz-Hypothese in die Deutung der Differenzierungen im Ringsystem miteinzubeziehen, ließen sich nicht verifizieren.

Außerhalb der A-Ringgruppe konnte in einer Entfernung von ca. 2,34 Planetenradien der schon von Pioneer 11 entdeckte F-Ring ausgemacht werden. Noch weiter nach außen wurde eine sehr schwache Ringgruppe, die die Bezeichnung G erhielt, entdeckt. Auch eine innere Ringgruppe, mit D bezeichnet, konnte von den beiden Voyager-Raumsonden photogra-

Vereinfachte Darstellung des Ringsystems von Saturn bis 2,8 Planetenradien Entfernung vom Zentrum. Eingezeichnet sind auch einige der neu entdeckten Kleinstmonde sowie die Encke- und die Cassini-Teilungen ($R_s = 60\,300$ km)

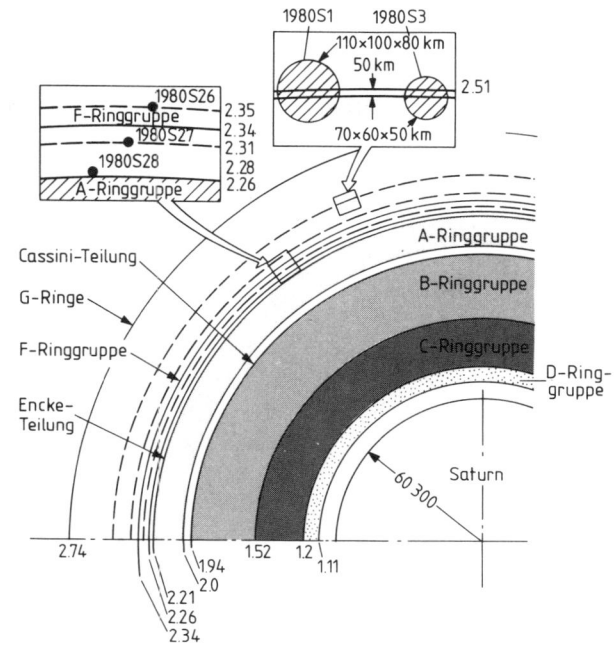

Einteilung des Saturn-Ringsystems

	Radius		
	km	R_S	Bemerkungen
Planetenradius = 1 R_S	60 300	1,0	nahe 100 hPa-Niveau
D-Ring, innen	67 000	1,11	nur im vorwärtsgestreuten Licht zu sehen
D-Ring, außen	72 600 ?	1,2	
Guerin-Teilung, Breite	ca. 1 200	–	
C-Ringgruppe, innen	74 000	1,23	
C-Ringgruppe, außen	91 800	1,52	
B-Ringgruppe, innen	91 800	1,52	starker Anstieg der optischen Tiefe
B-Ringgruppe, außen	117 000	1,94	zugleich innerer Rand der Cassini-Teilung
Cassini-Teilung, Breite	4 800	–	
A-Ringgruppe, innen	121 500	2,0	äußerer Rand der Cassini-Teilung, starker Anstieg der optischen Tiefe
Encke/Keeler-Teilung	133 000	2,2	Breite ca. 320 km
A-Ringgruppe, außen	136 200	2,26	starke Abnahme der optischen Tiefe
F-Ringgruppe, mittl. Radius	141 000	2,34	max. 700 km Breite, Ränder aber nicht zu definieren
G-Ringgruppe, mittl. Radius	165 000	2,74	nur im vorwärtsgestreuten Licht zu sehen, optische Tiefe $10^{-4} \ldots 10^{-5}$
E-Ringgruppe, innen	$\geqslant$ 180 000	$\geqslant$ 3	möglicherweise bis 240 000 km (4 R_S), nicht genau definierbar
E-Ringgruppe, außen	ca. 300 000	5	möglicherweise bis 480 000 km (8 R_S), nicht genau definierbar, optische Tiefe $10^{-6} \ldots 10^{-7}$

3 Die Planeten

Wie Abbildung auf vorhergehender Seite, jedoch enthält dieses Schema die E-Ringgruppe und reicht bis zur Umlaufbahn des Mondes Rhea. Die Bahn des größten Saturnmondes, Titan, ist hier nicht mehr maßstäblich eingezeichnet (nach H. W. Köhler: Die Planeten)

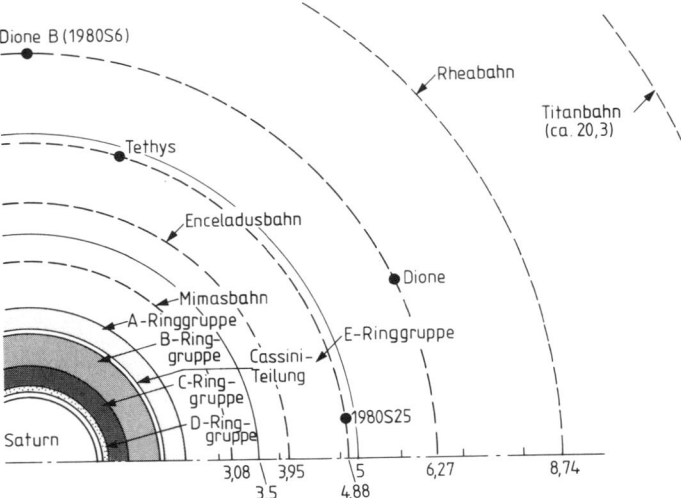

phiert werden. Diese Gruppe erstreckt sich von der inneren Grenze der C-Ringgruppe bis auf mindestens die halbe Distanz zur Saturn-Wolkendecke.

Folgende Teilchengrößen werden für die einzelnen Ringgruppen angenommen.

Ringgruppe E und F	< 0,005 mm
Ringgruppe A	≤ 10 m
Cassini-Teilung	≤ 8 m
Ringgruppe C	≤ 2 m
Ringgruppe D	< 8 m

Die gesamte Ringmasse von Saturn dürfte zwischen $10^{19} \ldots 2 \cdot 10^{21}$ kg liegen. – Die Auswertung von Meßdaten des Radiowellen-Experiments der beiden Voyager-Sonden ergab eine maximale Dicke des Ringsystems in vertikaler Richtung von höchstens 500 m, wahrscheinlich aber nur 400 m. – Die Ringpartikel könnten aus Staub und Gestein bestehen und von einem Eispanzer umgeben sein. – Die Pioneer-Sonde maß an der sonnenbeschienenen Seite der Ringe eine Temperatur von 65 K, an der Schattenseite von 55 K; dort, wo der Planetenschatten auf das Ringsystem fiel, wurden 63 K gemessen.

Die Saturn-Monde

Vor den Raumflugunternehmungen zu Saturn waren 10 Monde dieses Planeten bekannt. Nach Abschluß der Voyager-Missionen 1 und 2 ist die Zahl auf 21 Monde gestiegen, zwei weitere Monde werden stark vermutet. Es ist durchaus möglich, daß bei späteren Erkundungen von Saturn noch weitere Mini-Monde entdeckt werden, wobei es immer schwieriger werden wird, zwischen Mond und Ringbrocken zu unterscheiden, haben doch diese Kleinstmonde Radien von nur einigen 100 Metern bis wenige Kilometer. – Der von dem französischen Astronomen A. Dollfus „entdeckte" und auf den Namen Janus getaufte Mond ist nicht mehr in den jüngsten Tabellen der Saturn-Monde (siehe 3.4) enthalten. Wahrscheinlich hatte Dollfus einen der jetzt von den Sonden exakt erfaßten Monde photographiert, dessen Position aber nicht sicher bestimmen können.

Über die jüngst gefundenen Kleinstmonde ist, über die in der Tabelle (3.4) enthaltenen Angaben hinaus, wenig bekannt. Es sind unregelmäßige Körper, die aus gravitativen Gründen mit ihren Längsachsen zum Planeten ausgerichtet sind, die gebundene Rotation mit Saturn haben und die – soweit auf Aufnahmen ersichtlich – kraterzernarbt sind. Wahrscheinlich handelt es sich um Reste größerer Körper, die während der Periode der starken Meteoriteneinschläge zerborsten sind. Die inneren Monde – noch ohne Eigennamen, nur mit der Jahreszahl ihrer Entdeckung, einem S für Saturn und einer fortlaufenden Nummer gekennzeichnet – könnten für einige scharfe Begrenzungen im Ringsystem verantwortlich sein. – Himmelsmechanisch sehr interessant sind die beiden Monde 1980 S 3 und 1980 S 1, da sie praktisch auf der gleichen Bahn um Saturn kreisen, die äußere Bahn ist nur 50 km weiter vom Planeten entfernt. Sie werden deshalb auch koorbitale Monde genannt. Hier liegt es nahe, in ihnen die beiden Hälften eines zerbrochenen Körpers zu sehen. Alle vier Jahre nähern sich die beiden Monde, und dann tauschen sie – wie man himmelsmechanisch zeigen kann – ihre Plätze; aus dem inneren Mond wird jetzt der äußere, und der äußere sinkt auf die Bahn, die vorher der innere Mond innehatte. Dabei kommt es nicht zu einem Zusammenstoß. – Drei Mini-Monde wurden 1979/1980 von der Erde aus entdeckt, als die Ringkante nur als lichtschwacher Streifen sichtbar war. Auch hier liegt eine himmelsmechanische Besonderheit vor. Zwei dieser Monde haben die gleiche Umlaufbahn um Saturn wie der Mond Tethys. Der eine läuft diesem größeren Mond um 60° in der Bahn voraus, der andere folgt Tethys ebenfalls um 60° versetzt. – Hier handelt es sich um das gleiche Phänomen, wie es bei der Asteroiden-Gruppe der Trojaner beobachtet wird (siehe 4.1). Ebenso verhält sich ein Begleiter des 4. Saturn-Mondes Dione. Diese Körper befinden sich alle in dynamisch stabilen Positionen (in den sogenannten Lagrange-Punkten), aus denen sie nicht durch gravitative Störungen heraus oder zur Kollision gebracht werden können.

Alle größeren Monde wurden von den Raumsonden photographiert. Auf Mimas - knapp 400 km Durchmesser - wurde ein riesiger Einschlagkrater von ca. 130 km Durchmesser gefunden. Ein 4...5 km hoher Zentralberg und Kraterwände von fast 9 km Höhe sind zu erkennen. – Auf Enceladus sind verschiedene Oberflächenformen auszumachen, die sich möglicherweise durch Vulkanismus erklären lassen. Andererseits deutet die Albedo dieses Mondes von 0,9 darauf hin, daß er aus Eis bestehen könnte. – Tethys wiederum zeigt ein über 1 000 km langes, bis zu 100 km breites und einige Kilometer tiefes Kluftensystem, ähnlich jenem auf Mars. Es erstreckt sich über 75% des äußeren Umfangs dieses Mondes. – Dione (Durchmesser ca. 1 120 km) ist durch einige große Einschlagskrater gekennzeichnet. Ansonsten ist auf diesem Mond die Kraterdichte gering. Dione zeigt helle radiale Strahlen und Streifen. – Rhea (Durchmesser ca. 1 500 km) zeigt ein ähnliches Oberflächenbild wie Dione.

Titan, mit 5 150 km Durchmesser (des festen Mondkörpers), ist mit Abstand der größte Saturn-Mond. Jedoch ist er nicht – wie man bis zum Voyager-Flug annahm – auch der größte Trabant im Sonnensystem. Dieser Rang gebührt mit 5 276 km Durchmesser Ganymed, Jupiters größtem Mond. Titan dürfte wie dieser, bei fast gleicher Dichte ($1{,}88\,\mathrm{g\,cm^{-3}}$), ebenfalls aus Eis und Fels bestehen. Als einziger Mond im Sonnensystem ist er mit einer dichten Atmosphäre umgeben, darüber hinaus ist seine Oberfläche unter einer Aerosolschicht verborgen. In der Titan-Atmosphäre wurden 13 verschiedene Gase identifiziert, wobei besonders überrascht, daß 82...94% der Atmosphäre aus molekularem Stickstoff besteht.

Hyperion ist der „mißgestaltetste" Mond Saturns; er ähnelt eher einer Scheibe als einer Kugel. – Iapetus fällt durch seine verschieden gefärbten Flächen auf. Der dunkle Teil des Mondes reflektiert nur 5% des einfallenden Sonnenlichts, während das übrige Oberflächenmaterial 50% reflektiert. – Phoebe ist wieder ein kleiner Mond von etwa 220 km Durchmesser. Es wird angenommen, daß er ein eingefangener Asteroid ist.

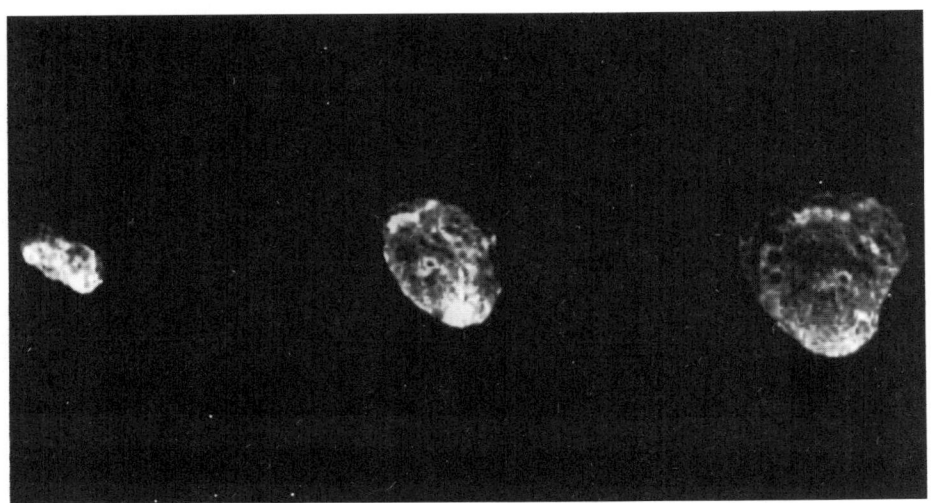

Drei Bilder von Hyperion, aufgenommen von Voyager 2 aus 1,2 Millionen, 700 000 und 500 000 km Entfernung. Die Gestalt des Mondes ist sehr unregelmäßig; seine Oberfläche ist von Kratern übersät

3.5.6 Uranus

Uranus hat eine mittlere Dichte von $1,2\,g\,cm^{-3}$. Er muß deshalb einen anderen Aufbau und eine andere Zusammensetzung haben als die beiden Riesenplaneten Jupiter und Saturn. Bisher konnten aber nur näherungsweise Abschätzungen erstellt werden, da genaue Werte, selbst für die Rotation und die Abplattung dieses Planeten, die für die Erstellung von Modellen nötig sind, fehlen. Auch auf Ballon-Aufnahmen sind Oberflächendetails nicht auszumachen, so daß die Angaben über die Rotationszeit sehr unsicher sind. Spektroskopische Bestimmungen der Rotationsperiode führen ebenfalls nicht zu eindeutigen Ergebnissen. – Eigenartig ist die Planeten-Achslage. Die Neigung der Polachse beträgt nämlich 98°, das heißt, die Polachse liegt beinahe in der Bahnebene des Planeten. Da die Achse ja ihre Raumlage beibehält, bescheint die Sonne nur alle 84 Jahre (= ein Uranusumlauf um die Sonne) den Nordpol direkt. Die im Planetensystem ungewöhnliche Achslage (vielleicht noch bei Pluto gegeben) ist völlig ungeklärt. Für Ende Januar 1986 ist ein Vorbeiflug von Voyager 2 an Uranus geplant. Die Sonde ist auf Kurs, wenn dann noch Experimente von ihr vorgenommen und Daten zur Erde übertragen werden können, wird man Verläßlicheres über die Rotationszeit des Planeten wissen.

Einteilung des Uranus-Ringsystems

	Radius [km]	$R_U = 1$
Planet (Äquator)	$R_U = $ 26 145	1,0
Ring 6	41 900	1,603
Ring 5	42 300	1,618
Ring 4	42 600	1,629
Ring Alpha	44 800	1,714
Ring Beta	45 700	1,748
Ring Eta	47 200	1,805
Ring Gamma	47 700	1,824
Ring Delta	48 300	1,847
Ring Epsilon	51 200	1,958

Der Uranus-Ring

Während einer Sternbedeckung von Uranus im März 1977 wurde durch Zufall das Ringsystem des Planeten entdeckt. Von erdgebundenen Teleskopen konnte das Ringsystem bisher im sichtbaren Spektralbereich direkt nicht nachgewiesen werden, jedoch gelang es, die Existenz des Systems im infraroten Wellenlängenbereich zu bestätigen. Seine Helligkeit ist so gering, daß es durch Uranus völlig überstrahlt wird.
Bis Ende 1982 waren insgesamt neun Teilchenringe von Uranus sicher bekannt (siehe Tabelle). Die Existenz weiterer Ringe – man glaubt Anzeichen für weitere sieben Ringe beobachtet zu haben – ist noch nicht zweifelsfrei gesichert.

3 Die Planeten

Die Uranus-Monde

Auch die fünf gesicherten Uranus-Monde bewegen sich wie die Ringpartikel in der Äquatorebene, die fast senkrecht auf der Ebene steht, in der Uranus um die Sonne kreist. Die physikalischen Daten der Monde sind, wegen der großen Entfernung des Planeten, äußerst unsicher. Aufgrund jüngst durchgeführter Infrarot-Messungen scheinen die Monde relativ große Himmelskörper zu sein. Oberon, dem größten Uranus-Trabanten, schreibt man einen Durchmesser von 1 690 km zu. Die Durchmesser der übrigen Monde werden wie folgt angegeben: Miranda ca. 550 km, Ariel ca. 1 330 km, Umbriel ca. 1 110 km und Titania ca. 1 600 km. Die Uranus-Monde sind deutlich dunkler als die „Eismonde" Saturns. – Näheres über die Monde wird von der Voyager-2-Sonde erwartet.

3.5.7 Neptun

Wie wir heute aus den Tagebüchern Galileo Galileis wissen, sah er Neptun schon im Dezember 1612, ohne ihn jedoch als Planeten zu erkennen. Erst 1846 entdeckte der Berliner Astronom J. G. Gall den Planeten, nachdem seine Existenz von U. J. J. Leverrier aufgrund von Abweichungen in der Bahnbewegung des Uranus vorausgesagt worden war.

Neptun besitzt etwa die gleiche Größe wie Uranus, er hat mit $1,66\,g\,cm^{-3}$ eine etwas höhere Dichte als dieser. Der Grobaufbau dürfte aber etwa dem von Uranus ähnlich sein. Die Rotationsperiode konnte noch nicht zweifelsfrei ermittelt werden. Aus Infrarot-Messungen kam man zu dem Ergebnis, daß die Rotationszeit der Wolkendecke Neptuns etwa 18 h 24 min beträgt. Möglicherweise rotiert der feste Planetenkörper etwas schneller als die Wolkendecke.

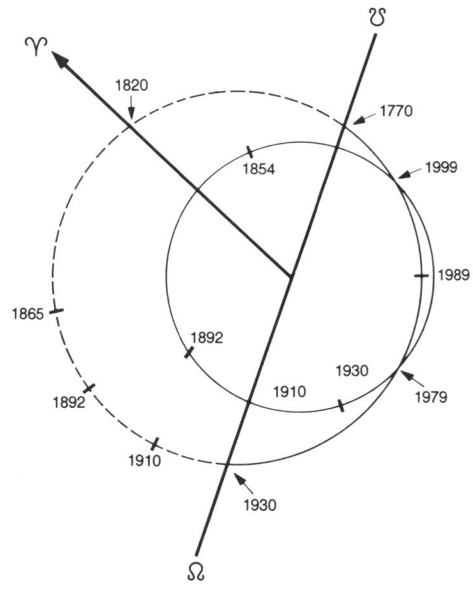

Die Bahnen von Neptun und Pluto um die Sonne. Eingetragen ist die Richtung zum Frühlingspunkt (γ) und die Knotenlinie (Ω-$\mho$), ferner die Bahnpositionen beider Planeten für einige ausgewählte Jahre. Der gestrichelte Teil der Plutobahn befindet sich unterhalb, der ausgezogene Teil oberhalb der Zeichenebene

Der Neptun-Ring

Im Sommer 1982 wurde bekannt, daß Neptun möglicherweise auch ein Ringsystem besitzt. Klarheit darüber wird erst der Einsatz des Space-Telescops der NASA (nach 1986) oder der Vorbeiflug von Voyager 2 im Jahre 1989 erbringen.

Die Neptun-Monde

Neptun besitzt zwei bekannte Monde, deren physikalische Daten nicht mit der wünschenswerten Genauigkeit angegeben werden können. Beide Neptun-Begleiter bewegen sich auf ungewöhnlichen Bahnen. Triton läuft auf einer fast kreisförmigen, retrograden Bahn mit hoher Inklination um den Planeten; während die Bahn des kleineren Nereid sowohl gegenüber der Äquatorebene geneigt als auch extrem exzentrisch ist. Der Abstand dieses Mondes schwankt von Neptun zwischen 1,6 Millionen und 9,6 Millionen Kilometer.

3.5.8 Pluto

Pluto ist – wenn man die Großen Halbachsen der Planetenbahnen betrachtet – der fernste der bekannten Planeten unseres Sonnensystems. Wie aus der Abbildung ersichtlich, schwanken, wegen der großen Exzentrizität der Pluto-Bahn, die Entfernungen dieses Planeten von der Sonne zwischen 29,6 AE und 49,3 AE. So kommt Pluto um das Perihel seiner Bahn der Sonne sogar etwas näher als Neptun. Dies ist zur Zeit der Fall, das heißt, Neptun ist bis zum Frühjahr 1999 der entfernteste der bekannten Planeten im Sonnensystem.

Die Pluto-Bahn ist die ungewöhnlichste Planetenbahn. Sie ist gegenüber der Bahnebene der Erde mit 17,2 Grad beträchtlich geneigt. Außerdem ist sie – wie schon gesagt – exzentrischer als alle anderen Planetenbahnen. Pluto benötigt für einen Umlauf um die Sonne nahezu 248 Jahre, er hat also seit seiner Entdeckung 1930 erst einen kleinen Teil auf dieser Bahn zurückgelegt.

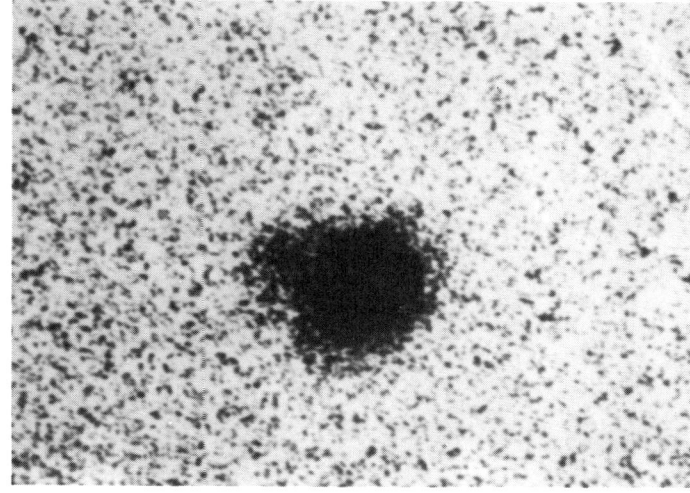

Pluto mit seinem Mond Charon (Ausbuchtung links oben). Aufnahme des US Naval Observatory

Für die Rotationsperiode des Planeten gilt der schon in den 50er Jahren ermittelte Wert von 6,39 Tagen. Plutos Äquatorebene muß – ähnlich wie bei Uranus – um mindestens 50°, bis vielleicht sogar zu 100°, gegen die Ekliptik geneigt sein.

Pluto galt bis zur Entdeckung seines Mondes als ein erdähnlicher Planet. Nachdem aber sein Mond Charon 1978 gefunden wurde, konnten Durchmesser, Masse- und Dichte-Werte revidiert werden, die nun zeigen, daß Pluto mit einer Dichte unter $1\,\mathrm{g\,cm^{-3}}$ nur aus gefrorenem Wasser und gefrorenen Gasen, wie Methan und Ammoniak, bestehen kann. Sein Mond Charon umkreist den Planeten in gebundener Rotation; über ihn hofft man genauere Angaben in der zweiten Hälfte der 80er Jahre erhalten zu können, wenn die Erde in einer günstigen Stellung zur Bahnebene dieses Mondes steht.

3.5.9 Intermerkurieller Planet, Transpluto

Seit Mitte des vorigen Jahrhunderts bemühte man sich theoretisch, aber auch durch Beobachtungen, insbesondere bei den Sonnenfinsternissen bis in die ersten Jahrzehnte unseres Jahrhunderts, die Existenz eines Planeten zwischen Sonne und Merkur nachzuweisen. Während Leverriers Untersuchungen noch auf ungenügenden Daten über die Merkurbewegung fußten, konnte Newcomb zeigen, daß Merkur unter Berücksichtigung aller bekannten Störungen noch eine Abweichung in seiner Perihelbewegung von 40″ im Jahrhundert zeigte. Diese Abweichung war nicht durch eine Anhäufung von Beobachtungsfehlern zu erklären; folglich vermutete Newcomb als störenden Planeten einen bis dahin unentdeckt gebliebenen Körper zwischen Merkur und Sonne, dem man bereits den Namen Vulkan bzw. Vulcanus gab. – Im Jahre 1915 wurde dieses Problem der Merkur-Perihelsdrehung durch die Allgemeine Relativitätstheorie Einsteins voll geklärt.

Anläßlich der Sonnenfinsternis vom 7. März 1971 überraschte ein amerikanischer Astronom die Fachwelt mit der Meldung, nun doch gewichtige Beweise für die Existenz eines intermerkuriellen Planeten gefunden zu haben. Es scheint aber sehr unwahrscheinlich, daß sich trotz eifrigem Suchen bei früheren Sonnenfinsternissen ein solcher Planet – wenn es sich nicht um einen Planetoiden, einen Kleinplaneten, wie sie zu Tausenden im Asteroidengürtel anzutreffen sind (siehe 4.1), handelt – der Beobachtung entziehen konnte.

Störungen der Neptun- und Plutobahn führen zu nicht erklärbaren Resten, die verschiedentlich einem möglichen zehnten, transplutonischen Planeten zugeschrieben wurden. Neptun und Pluto konnten seit ihrer Entdeckung noch nicht einmal in einem Umlauf in ihren Bahnen beobachtet werden, so daß die Bahnbestimmung eines hypothetischen Planeten aus ihren Bahndaten, d. h. aus den Störungen eines solchen hypothetischen Planeten auf die Bahnbewegung dieser beiden gestörten Planeten, sehr unsicher sein muß.

Frühere Versuche durch verschiedene Autoren können als gescheitert angesehen werden. 1972 wurde nun eine Arbeit bekannt, in der ein amerikanischer Astronom jedoch ein seit über 2 000 Jahren beobachtetes Objekt – den Halleyschen Kometen – zur Bestimmung von Bahndaten eines transplutonischen Planeten benutzte.

Transpluto und Kometenbahnen

Die Perihel-Durchgangszeiten des Halleyschen Kometen zeigen z. T. Residuen (Abweichungen von den berechneten Durchgangszeiten) von bis zu 100 Tagen. Unter Benutzung der letzten sieben Periheldurchgänge von 1456 bis 1910 gelingt es, durch die Annahme der Existenz eines zehnten Planeten, diese Residuen um 93 % zu verringern.

Der hypothetische Planet hat nach diesen Rechnungen eine Masse von 0,0009 Sonnenmassen und ist damit etwa dreimal so schwer wie der Saturn. Die Bahn ist mit einer Exzentrizität von 0,07 nahe kreisförmig mit einer großen Halbachse von etwa 60 AE. Die Umlaufzeit ist daher mit 464 Jahren recht kurz. Der Planet sollte etwa 13. bis 14. Größe haben, wenn seine Albedo und mittlere Dichte mit der des Pluto vergleichbar sind. Eine Entdeckung bei der systematischen Suche des Lowell Observatory 1929–1945 war ausgeschlossen, da die Bahn um 120° (!) gegen die Ekliptik geneigt sein sollte. Der Planet hatte damals die Koordinaten $\alpha = 4^h 59^m$, $\delta = +67° 13'$ (1946).

Numerische Rechnungen mit einem n-Körper-Programm zeigen, daß der angenommene transplutonische Planet auch die Perihel-Durchgangszeiten der periodischen Kometen Olbers und Pons-Brooks wesentlich besser den Beobachtungen anpaßt. Die säkulare Wirkung auf die großen Planeten wäre recht gering und wäre nur bei Neptun und Pluto merklich. Die Bahnen der äußeren Planeten sind – wie oben gesagt – jedoch ohnehin noch unsicher.

Es ist sicherlich sehr unwahrscheinlich, daß ein so heller Planet bei den systematischen Durchmusterungen des Himmels nach sonnennahen Sternen, d. h. nach Sternen mit großen Eigenbewegungen (siehe 7.5.2), „übersehen" worden wäre.

4 Kleinkörper im Sonnensystem

Die hier zu besprechenden Kleinkörper unterscheiden sich in ihren physikalischen Eigenschaften und Größen wenig von einigen bereits im vorigen Kapitel besprochenen Monden und von den Partikeln der Planetenringe. Einige Monde der äußeren Planeten, wie etwa der Mars-Mond-Phobos, dürften eingefangene Asteroide sein. Und so, wie wohl die Planetenringe von Jupiter, Saturn und Uranus aus dem Material zerkleinerter Körper entstanden sind, so sind auch die Meteorite zertrümmerte Asteroide, zerfallene Kometen und vielleicht „nichtverbrauchte" Planetesimale. – Die in diesem Kapitel behandelten Kleinkörper zeichnen sich – im Gegensatz zu den oben genannten Körpern, die in Verbindung mit einem Planeten stehen – durch ihre Bahnbewegungen um den Zentralkörper des Sonnensystems aus. Sie beschreiben mehr oder weniger exzentrische Keplerbahnen, vielleicht auch Parabel- oder gar Hyperbelbahnen, um die Sonne. Eine exakte Abgrenzung zwischen den verschiedenen benannten Kleinkörpern ist nicht möglich. Es lassen sich keine Angaben darüber machen, bei welcher Größe oder Masse von einem Asteroid oder von einem Meteorit zu sprechen ist. Genau so fließend ist auch der Übergang von den Meteoriten zu den interplanetaren Partikeln (Mikrometeorite) bis hin zum interplanetaren Staub-Gas-Medium, an dem sich das Sonnenlicht einmal in der Korona und zum anderen im Zodiakallicht streut.

4.1 Kleine Planeten (Planetoide, Asteroide)

Im ausgehenden 18. Jahrhundert wurde zwischen Mars und Jupiter ein weiterer Planet vermutet. 1801 fand Piazzi einen kleinen „Planeten", dessen Bahn ziemlich genau zwischen Mars und Jupiter lag. Weitere Kleine Planeten wurden in den folgenden Jahren entdeckt. Diese Entdeckungen waren der Beginn einer intensiven Suche und die Ursache für die Entwicklung neuer Methoden zur himmelsmechanischen Bahnbestimmung durch C. F. Gauß.

Anzahl der Kleinen Planeten

Bis zum Ende des 19. Jahrhunderts wurden weitere hundert solcher Asteroide gefunden. Erst als durch Max Wolf in Heidelberg um 1890 die Himmelsphotographie zur Suche nach diesen Himmelskörpern eingesetzt wurde, wuchs ihre Anzahl schnell. Bis zum November 1983 waren 2 958 Asteroide numeriert, d. h. ihre Bahndaten so gesichert, daß sie zweifelsfrei wieder identifiziert werden können. Ihre wahre Gesamtzahl ist aber weit größer. Nach neueren Arbeiten kann bis zu einer Oppositionshelligkeit von 20. Größe mit über 50 000 Asteroiden mit Durchmessern von über einem Kilometer gerechnet werden.

Das Auffinden eines neuen Kleinen Planeten ist heute nicht mehr eine so aufregende Sache wie zu Anfang des 19. Jahrhunderts. Die Arbeiten einiger weniger Spezialisten unter den Astronomen richtet sich mehr auf die Erfassung und Sicherung der bisher gefundenen Asteroiden, wobei eine gewisse Vollständigkeit bis zu einer festgesetzten Grenzhelligkeit angestrebt wird. Andererseits treten heute teils himmelsmechanische, teils astrophysikalische Gesichtspunkte mehr in den Vordergrund.

Himmelsmechanische Probleme

Für die Himmelmechanik ist die Erforschung der planetarischen Kleinkörper äußerst fruchtbar gewesen. Die Bahn- und Bewegungszustände der Planetoiden sind so reichhaltig und mannigfaltig in ihren Erscheinungsformen, daß sie nicht nur der Himmelsmechanik interessante Aufgaben stellen, sondern auch umgekehrt als Bestätigungen für theoretische Überlegungen dienen können. Ferner konnten die Kleinen Planeten auch zur Bestimmung wichtiger astronomischer Konstanten im Sonnensystem herangezogen werden, wie etwa die Bestimmung der Entfernung Sonne–Erde mit Hilfe des Kleinen Planeten Eros.

Die Störungstheorie der Himmelsmechanik fordert, daß die Umlaufzeiten zweier Planeten nicht kommensurabel, d.h. nicht im Verhältnis kleiner Zahlen zueinander stehen dürfen. Wenn anfänglich die Umlaufzeiten in einem ganzzahligen kleinen Verhältnis zueinander gestanden haben sollten, dann haben die Gravitationsstörungen des größeren Planeten auf die Kleinen Planeten diese Kommensurabilität beseitigt. So hat der größte aller Planeten des Sonnensystems, der Jupiter, die Schar der Kleinen Planeten so geordnet, wie wir sie heute vorfinden. – Eine Häufigkeitsverteilung der Planetoiden nach ihren großen Bahnachsen oder, was dasselbe ist, nach ihrer mittleren täglichen Bewegung, zeigt folgendes Bild:

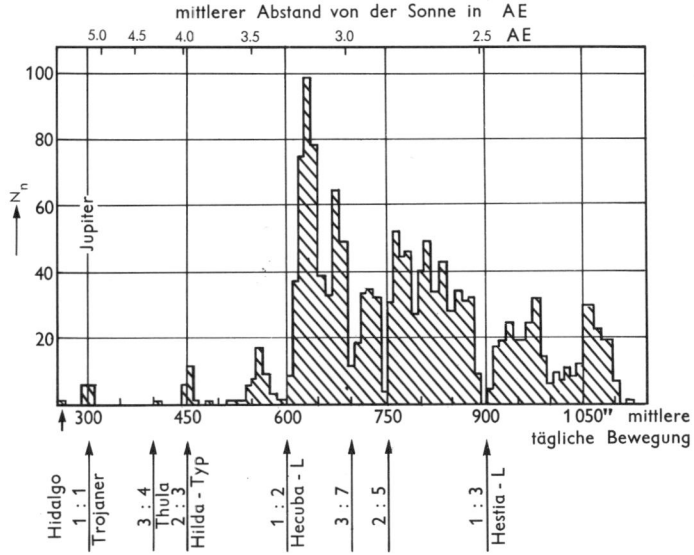

Verteilung der Kleinen Planeten nach ihren großen Bahnachsen

Die Trojaner schwingen in nierenähnlichen Bahnen um die beiden Librationspunkte auf der Bahn des Planeten Jupiter. Die Librationspunkte bilden zusammen mit Jupiter und Sonne zwei gleichseitige Dreiecke

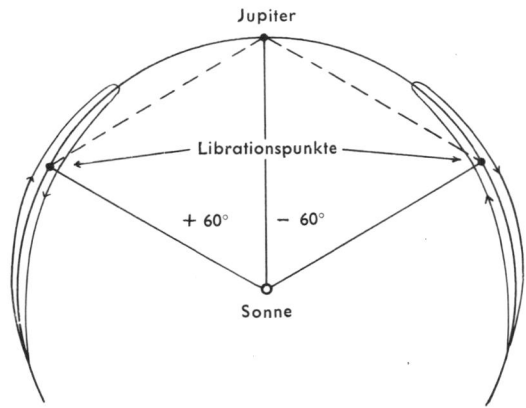

Wie ersichtlich, treten an mehreren Kommensurabilitätsstellen Lücken auf; d. h., es gibt keine Asteroiden, deren Umlaufzeit mit Jupiter in einem durch einen kleinen Bruch ausdrückbaren Verhältnis stehen. Vor allem auffallend ist die Hecuba- und Hestia-Lücke (benannt nach Kleinen Planeten, die in der Nähe dieser Lücken stehen).

Eine Überraschung bildete die Gruppe der Trojaner (so genannt, weil alle Planetoiden Namen aus der Geschichte des trojanischen Krieges tragen). Ihre Umlaufzeit steht zum Planeten Jupiter im kommensurablen Verhältnis 1 : 1, sie haben also die gleiche Umlaufzeit wie Jupiter und damit auch gleich große Bahnachsen (s. 3. Keplersches Gesetz, 3.2.1). Bei ihrem Auffinden erinnerte man sich eines Sonderfalles des Dreikörperproblems der Himmelsmechanik, das von Lagrange behandelt worden war. Er konnte zeigen, daß nach dem Newtonschen Gravitationsgesetz (s. 3.2.2) eine Konstellation möglich ist, in der drei Körper stets in den Eckpunkten eines gleichseitigen Dreiecks verharren können, ohne sich dabei erheblich zu stören. Das System Sonne–Jupiter–Trojaner bildet ein solches gleichseitiges Dreieck, wobei sich die Planetoiden in einer heliozentrischen Winkeldistanz von ungefähr 60° von Jupiter in dessen Bahn bewegen. Eine weitere interessante Anhäufung ist die Hilda-Gruppe bei der Kommensurabilität 2 : 3. Ihr Bestehen ist bis heute noch nicht ganz verständlich.

Außer diesen bisher genannten Kleinen Planeten sind weitere wegen ihrer Bahnen von besonderem Interesse. Die große Zahl der Planetoiden bewegt sich zwischen Mars und Jupiter. Der Kleine Planet Eros jedoch hat nur eine mittlere Entfernung von 1,46 AE von der Sonne. Seine Bahn läuft also zwischen Erde und Mars. Wegen seiner beträchtlichen Exzentrizität von 0,23 kann er der Erde bis auf 0,15 AE nahe kommen. Die Planetoiden Albert, Alinda und Ganymed haben noch größere Bahnexzentrizitäten, und zwar zwischen 0,53 und 0,54. Hermes kann sogar bis auf 0,004 AE (das ist die doppelte Mondentfernung) der Erde nahe kommen. Eine andere extreme Bahn hat der Asteroid Hidalgo mit einer kleinsten und größten Sonnenentfernung von 2,0 und 9,4 AE bei einer Exzentrizität von 0,655.

Astrophysikalische und kosmogonische Fragen im Zusammenhang mit den Kleinen Planeten sind in neuerer Zeit in den Vordergrund getreten. – Nur für die vier erstentdeckten Planetoiden liegen Mikrometermessungen der Durchmesser vor (s. nebenstehend). Wahrscheinlich sind alle Durchmessergrößen, von diesen vier großen an, nach unten hin vertreten. Die Frage ist nur, ob die Größen der Asteroidendurchmesser nach unten hin eine feste Grenze haben oder ob etwa ein kontinuierlicher Übergang zu den anderen Kleinkörpern des Sonnensystems, zu den Meteoren und den Teilchen des Zodiakallichts (s. 4.4) besteht.

Daten einiger heller und ungewöhnlicher Kleiner Planeten

Nr.	Name	m_0	a [AE]	e	i [°]	P	Bemerkungen
(1)	Ceres	8,0	2,767	0,078	10,61	$9^h 04^m7$	Entdecker: Piazzi, 1801
(2)	Pallas	9,3	2,772	0,233	34,80	$7^h 48^m4$	Entdecker: Olbers, 1802
(3)	Juno	8,2	2,669	0,258	13,00	$7^h 12^m8$	Entdecker: Harding, 1804
(4)	Vesta	7,4	2,361	0,089	7,14	$5^h 20^m5$	Entdecker: Olbers, 1807
(5)	Astraea	11,9	2,578	0,189	5,36	$16^h 48^m4$	
(6)	Hebe	9,2	2,425	0,202	14,79	$7^h 16^m5$	
(7)	Iris	8,1	2,386	0,229	5,51	$7^h\ 8^m1$	
(8)	Flora	8,8	2,201	0,156	5,89		
(15)	Eunomia	10,2	2,646	0,186	11,76	$6^h\ 4^m8$	
(18)	Melpomene	10,6	2,296	0,218	10,14	$11^h 50^m$	
(20)	Massalia	10,1	2,408	0,146	0,70	$8^h\ 5^m9$	
(65)	Cybebe	12,7	3,431	0,106	3,55		
(153)	Hilda	13,6	3,977	0,143	7,84		Hilda-Typ; $3/_2$ Resonanz
(221)	Eos	12,4	3,012	0,098	10,87		Namensgeber einer Familie
(279)	Thule	15,6	4,278	0,009	2,34		kommensurabel $3/_4$ Resonanz
(434)	Hungaria	14,0	1,944	0,074	22,51		i-Wert typisch für Objekte mit $a \approx 1,9$ AE
(588)	Achilles	16,6	5,178	0,149	10,33		Trojaner-Objekt, $1/_1$ Resonanz Jupiter vorausgehend
(617)	Patroclus	16,2	5,235	0,139	22,04		Trojaner-Objekt; Jupiter folgend
(944)	Hidalgo	21,6	5,851	0,655	42,40		ungewöhnliche Bahn
(1221)	Amor	21,5	1,921	0,434	11,89		Erdannäherung, Mars-Crosser
(1566)	Icarus	19,2	1,078	0,827	22,91		Erd-Crosser, Apollo-Typ-Asteroid
(1742)	Schaifers	16,1	2,890	0,093	2,49		ganz gewöhnlicher Planetoid
(1862)	Apollo	18,6	1,471	0,560	6,35		Apollo-Typ-Asteroid
(2060)	Chiron	17,5	13,619	0,381	6,94		Bahn zwischen Saturn und Uranus
(2062)	Aten		0,966	0,183	18,93		Aten-Typ-Asteroid $a < 1$ AE
(2234)	Schmadel	17,8	2,701	0,199	25,24		hohe Bahnneigung

m_0 = Oppositions-Helligkeit; a = Große Halbachse der Bahn; e = Exzentrizität der Bahn; i = Neigung der Bahn gegen die Ekliptik; P = Rotationsperiode

Durchmesser und Massen Kleiner Planeten (Angaben sehr unsicher)	Name	Durchmesser mikrom.	photometrische	Masse
	Ceres	768 km	677 km	$8,4 \cdot 10^{23}$ g
	Pallas	492 km	451 km	$2,2 \cdot 10^{23}$ g
	Juno	204 km	241 km	$1,3 \cdot 10^{22}$ g
	Vesta	392 km	388 km	$1,0 \cdot 10^{23}$ g

Lichtelektrische photometrische Messungen haben ergeben, daß einige Kleine Planeten einen Lichtwechsel zeigen. Hierbei handelt es sich nicht um die verständliche Ab- und Zunahme der scheinbaren Helligkeit mit der wechselnden Distanz zwischen Sonne–Erde und Planetoid, ferner nicht um einen Phaseneffekt, bedingt durch den Einfluß des wechselnden Einstrahl- und Rückstrahlwinkels des von der Sonne kommenden Lichtes. Man hat diesen beobachteten Lichtwechsel als Ausfluß der Rotation eines nicht kugelförmigen, sondern unregelmäßigen Körpers gedeutet.

Über den Farbindex versuchte man durch Vergleich mit irdischen Gesteinen die Zusammensetzung der Oberflächen zu ermitteln. Es zeigte sich, daß von den 3 oder 4 Gruppen, in die man die Planetoiden nach ihrem Farbindex einteilen kann, nur eine einzige Gruppe einen Farbindex aufweist, der vielleicht identifiziert werden kann (Olivin; $(FeMg)_2SiO_4$). Die anderen Planetoiden haben höhere Farbindizes. Einige Planetoiden zeigen bei verschiedenen Oppositionen verschiedenen Farbindex, was als Oberflächenstrukturierung gedeutet werden kann. Wichtig ist die Feststellung, daß es offenbar keine Planetoiden mit so geringem Farbindex gibt, daß er mit dem von Eisenmeteoriten vergleichbar wäre. Am einfachsten ist die Erklärung der Farbindizes durch staubbedeckte Silikatgesteine,

Lichtkurve des Kleinen Planeten Metis. Die Diskontinuität im Nebenminimum deutet auf unregelmäßige Form des rotierenden Körpers hin

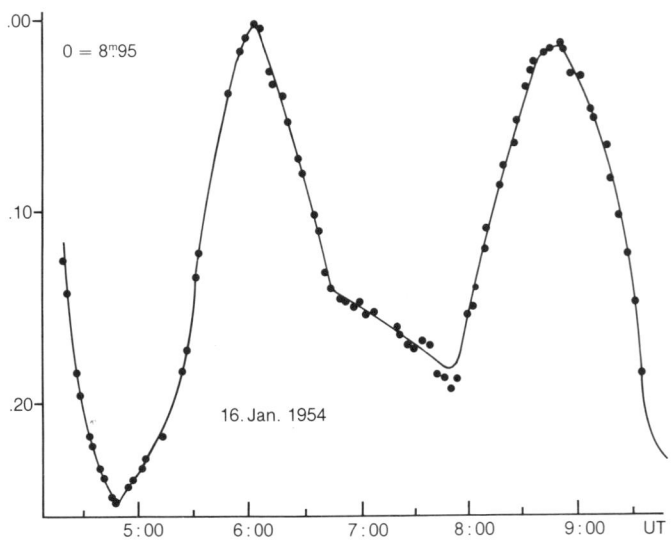

.00

$0 = 8^m95$

.10

.20

16. Jan. 1954

5:00   6:00   7:00   8:00   9:00   UT

die allenfalls mit etwas Eisen angereichert sein können, wobei man durch Variation der Korngröße die verschiedenen gemessenen Werte realisieren könnte. Dabei bleibt die Schwierigkeit, wie die Planetoiden diesen Staub halten können, da gravitative Kräfte wegen der geringen Masse wohl ausscheiden.

Einen wesentlichen Beitrag zur Planetoidenforschung leisten Polarisationsmessungen. Erdmond, Merkur und Mars zeigen einander fast gleiche Kurven: das Minimum liegt bei $-1,2\%$, der Umkehrwinkel bei $\alpha = 24°$; irdische vulkanische Aschen ergeben ähnliche Werte. Bei Ceres, Pallas und Iris (nur diese wurden bisher genau vermessen) wurden andere Ergebnisse gefunden; das Minimum liegt bei $-1,7\%$, der Umkehrwinkel bei $18°$, die Kurven sind steiler. Aussagen läßt sich damit bisher nur, daß es auf den Planetoiden mit Sicherheit keine gefrorenen Ablagerungen gibt und daß sich die Planetoidenoberflächen offenbar in ihrer Struktur von der des Mondes unterscheiden.

Eine weitere nur durch Abschätzung zu beantwortende Frage ist die nach der Gesamtmasse des Planetoidsystems. Aufgrund von Störungsrechnungen ermittelte man eine obere Grenze für die Gesamtmasse aller Planetoiden, sie liegt sicher unter 0,5 Erdmassen. Eine weitere Abschätzung ergibt etwa 0,1 Erdmassen.

4.2 Kometen

In den verflossenen Jahrhunderten galten die Kometen als die auffälligsten und rätselhaftesten Himmelserscheinungen. Ihre veränderliche Gestalt, ihr unerwartetes Auftreten und ihr kurzes Verweilen paßte so gar nicht in die großartige Regelmäßigkeit und Harmonie des gestirnten Himmels. So ist es nicht verwunderlich, daß diese Erscheinungen die Gemüter der Menschen erregten und die Kometen als Unheilbringer und Unheilkünder angesehen wurden. Auch Galilei erkannte noch nicht die wahre Natur dieser Himmelserscheinungen, als er in seiner Schrift „Il Saggiatore" („Der Goldwäger") die wohl auf Aristoteles zurückgehende Behauptung vertrat, Kometen seien hoch über die Erde hinaussteigende „Erdausdünstungen", deren besondere Gestalt durch Beleuchtungseffekte des Sonnenlichts zustande käme. Er setzte sich einfach über die von Tycho Brahe am Kometen 1577 durchgeführten Parallaxenmessungen (s. 7.3) hinweg, durch die dieser bewies, daß die Kometen nicht der irdischen, sublunaren Sphäre, sondern den „himmlischen Regionen" angehören. Kepler wies in einer Gegenschrift die Behauptungen Galileis zurück und verteidigte die Ergebnisse Tycho Brahes.

Mit der Entdeckung der allgemeinen Gravitation und der Aufstellung des Gravitationsgesetzes durch Newton (s. 3.2.2) beginnt die wissenschaftliche Erforschung der Kometen. Im 18. und 19. Jahrhundert standen die Bestimmungen der Kometenbahnen, also die himmelsmechanischen Aspekte der Kometenforschung im Vordergrund des allgemeinen Interesses. Mit dem Aufkommen der Photographie und Spektroskopie zu Anfang dieses Jahrhunderts gewannen die astrophysikalischen Probleme im Zusammenhang mit den Kometen immer mehr Bedeutung.

Ein „Riesen"-Komet, wie wir ihn auf Abbildungen aus früheren Jahrhunderten finden, ist uns nach dem Halleyschen Kometen von 1910 nicht beschert worden. Aus der Statistik der Kometenerscheinungen kann man ersehen, daß solche auch für den Laien sehr eindrucksvollen Erscheinungen nur einmal, höchstens zweimal im Jahrhundert beobachtbar sind. Etwa ein Dutzend mittlere und ein weiteres Dutzend schwache Kometen können im Jahrhundert einige Tage lang mit bloßem Auge gesehen werden. Die weitaus meisten Kometen aber, zur Zeit werden etwa 10...15 Kometen pro Jahr entdeckt, bleiben so schwach, daß sie nur teleskopische Objekte sind.

Nur eine verschwindend kleine Zahl der vorhandenen Kometen wird aber aufgefunden. Bobrovnikoff schätzt die Zahl der Kometen, die innerhalb der Neptunbahn ihr Perihel, also den sonnennächsten Punkt ihrer Bahn, durchlaufen, auf eine Million. Die Bahnen der meisten Kometen reichen weit über das eigentliche Planetensystem hinaus; sie erstrecken sich wahrscheinlich bis zu 1 Parsec. Nach Oort und Woerkom befinden sich gar in einer Raumkugel vom Halbmesser 150 000 AE (das sind ungefähr 0,75 pc) etwa insgesamt 10^{11} Kometen.

4.2.1 Kometenentdeckungen, Benennungen, Erscheinungen

Die Kometenentdeckungen nehmen seit etwa 1800 zu. Der Grund hierfür ist die zu diesem Zeitpunkt einsetzende systematische Suche nach Kometen und die laufende Überwachung des Himmels. Durch die photographische Himmelsüberwachung werden heute eine bedeutende Zahl teleskopischer Kometen aufgefunden. Diese steigende Zahl macht eine einheitliche Zählung und Benennung notwendig. In der Reihenfolge der Entdeckungen bezeichnet man die Kometen mit der Jahreszahl und einem Buchstaben; also etwa im Jahre 1977 der erstentdeckte mit „Komet 1977 a", der zweite mit „Komet 1977 b" usw. Nach Festlegung der definitiven Bahnen der einzelnen Kometen werden sie in der Reihenfolge ihrer Periheldurchgänge geordnet, mit römischen Ziffern als „Komet 1977 I", „Komet 1977 II" usw. bezeichnet. Da die Reihenfolge der Entdeckungen eine andere sein kann als die der Periheldurchgänge, braucht der Komet 1977 a nicht mit dem Kometen 1977 I identisch zu sein. Ferner ist es noch üblich, der Kometenbezeichnung den oder die Namen der Entdecker beizugeben. So lautet also ein vollständiger Kometenname: Komet 1930 I (= 1930 d) P/Schwassmann-Wachmann 3. Die nachgestellte 3 gibt an, daß es sich um den dritten von diesen Beobachtern entdeckten Kometen handelt. Das dem Namen vorausgestellte P/ bezeichnet den Kometen als einen periodischen.

4.2 Kometen

Die Kometen werden meist als verschwommenes Nebelfleckchen entdeckt, das sich relativ schnell unter den Sternen bewegt. Der scheinbare Durchmesser dieses Nebelscheibchens nimmt schnell zu, ebenso die scheinbare Helligkeit. Erst zum Zeitpunkt ihrer größten Entwicklung bildet sich bei den meisten Kometen der charakteristische Schweif aus. Bei Fernrohrbeobachtungen erkennt man dann, daß im Zentrum des Kometenkopfes, im Kern, Ausströmungserscheinungen vor sich gehen. Selten sind diese allseitig, sondern sie bevorzugen vielmehr den der Sonne zugekehrten Halbraum. Die ausströmenden Substanzen biegen aber bald in einem Bogen in den Schweif um. Dem Kometenkopf vorgelagert kann man manchmal mehr oder weniger ausgeprägte parabolisch geformte Enveloppen beobachten. Der Schweif, eine diffuse, fächerartig sich verbreitende Ausströmung, der im allgemeinen von der Sonne weggerichtet ist, kann bei den einzelnen Erscheinungen ganz unterschiedliche scheinbare Längen haben. Bei „Riesen"-Kometen, wie wir in diesem Jahrhundert allerdings noch keine erlebt haben, kann der Schweif sich über die ganze sichtbare Himmelshälfte hinziehen und selbst bei Tag noch sichtbar sein. Meist sind die Kometenschweife geradlinig von der Sonne weggerichtet, aber auch gekrümmte Schweife kommen vor, ja es können sogar mehrere solcher Schweife mit verschiedener Richtung und Krümmung gleichzeitig auftreten. Rasche zeitliche Entwicklungen kann man am Kopf und Schweif eines Kometen beobachten, wie eruptionsartige Vorgänge im Kopf und Verdichtungen im Schweif. Nach einigen Tagen höchster Aktivität verkürzt sich der Schweif wieder, der Kopf des Kometen verliert an Helligkeit. Nach weiteren Wochen ist der Kopf so lichtschwach geworden, daß er nicht mehr beobachtet werden kann.

Während der kurzen Zeit der Erscheinung eines Kometen richtet sich das Interesse des Beobachters auf drei Punkte:

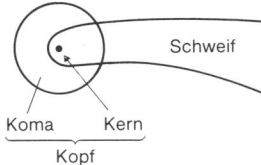

Schweif

Koma   Kern

Kopf

Schematische Darstellung eines Kometen

1. Positionsbestimmungen, Festlegen der scheinbaren Bahn des Kometen an der Sphäre und daraus Berechnung der wahren Bahn im Raum.

2. Bestimmungen der scheinbaren Helligkeit und ihre Reduktion mit Hilfe der aus der Bahnrechnung bekannten Distanzen zwischen Komet und Erde sowie Komet und Sonne.

3. Physische und spektroskopische Beobachtungen, wie Bestimmung der Masse und der Dimensionen, der Bewegung der ausströmenden Materie, der chemischen Zusammensetzung der Materie und der Art der Leuchtvorgänge.

4.2.2 Bahnen und Bahnformen sowie Bahnelemente der Kometen

Aus meist photographischen Positionsbestimmungen eines Kometen, d. h. aus Bestimmungen seiner Koordinaten durch Anschluß an Sterne, erhält man die scheinbare Bahn an der Sphäre. Aus diesen Örtern werden mit den Methoden der Himmelsmechanik die sechs Bahnelemente und damit die Dimensionen und die Lage der wahren Bahn im Raum berechnet (s. 3.2.3).

Heute besitzen wir ein reiches Datenmaterial über Kometenbahnen. Eine statistische Untersuchung dieses Materials zeigt, daß die Bahnexzentrizitäten alle nahe 1 sind; die Kometen bewegen sich also, ebenso wie die Planeten, auf Kegelschnitten (wobei eine Bahnexzentrizität kleiner als 1 einer Ellipsen-, eine Exzentrizität gleich 1 einer Parabel- und eine größere Exzentrizität als 1 einer Hyperbelbahn entspricht). Die Bestimmung der Bahnform ist schwierig, da nur aus dem kleinen sonnen- und damit erdnahen Teil der Bahn, der allein der Beobachtung zugänglich ist, auf die Gesamtform geschlossen werden muß.

Die Verteilung von Bahnformen von 658 Kometen, beobachtet zwischen 86 v. Chr. und 1978

	Exzentrizität	Anzahl	%
Elliptische Bahnen	$e < 1,0$	275	42
Parabolische Bahnen	$e = 1,0$	285	43
Hyperbolische Bahnen	$e > 1,0$	98	15

Zur Beantwortung kosmogonischer Fragen ist aber die Bahnform wichtig. Eine Ellipse ist eine in sich geschlossene Kurve, hingegen kommt eine Parabel oder Hyperbel vom Unendlichen und läuft wieder ins Unendliche zurück. Körper auf Ellipsenbahnen gehören zum Sonnensystem und können sich nicht aus ihm entfernen, sie vollführen in ihm regelmäßige Umläufe. Körper auf Parabel- oder Hyperbelbahnen kommen aus den Tiefen des Raumes und verschwinden wieder in ihnen. Die vorherrschenden Bahnformen der Kometen sind elliptische Bahnen. Die Kometen gehören also zum Sonnensystem und laufen in mehr oder weniger exzentrischen Ellipsen um die Sonne. Ihre Umlaufzeiten liegen zwischen drei und einigen tausend Jahren. Man hat untersucht, in welchem Maße die großen Körper des Sonnensystems auf die Bahnen der Kometen ändernd einwirken, und dabei festgestellt, daß die Störungen der großen Planeten eine Wandlung der Bahnform bewirken können. Bei einer Rückrechnung ergaben sich für 21 hyperbolische Kometenbahnen in der Nähe des Perihels (= sonnennächster Punkt der Bahn) vor ihrem Vorübergang an den großen Planeten elliptische Bahnen.

Die Kometen gehören somit wohl alle zum Sonnensystem, wenn sie auch, wie ihre Bahndurchmesser zeigen, weit über die Planetenbahnen hinaus in den Raum vordringen. Wie oben mitgeteilt ist ihre Zahl um Größenordnungen größer; denn nur Kometen mit Periheldistanzen, die nicht viel größer als 2 AE sind, können von der Erde aus beobachtet werden. Da die Helligkeit der Kometen stark von ihrer Entfernung zur Sonne und Erde abhängt, können solche mit größeren Periheldistanzen wegen ihrer Lichtschwäche nicht aufgefunden werden.

Die Bahn des Kometen Halley 1910–1986

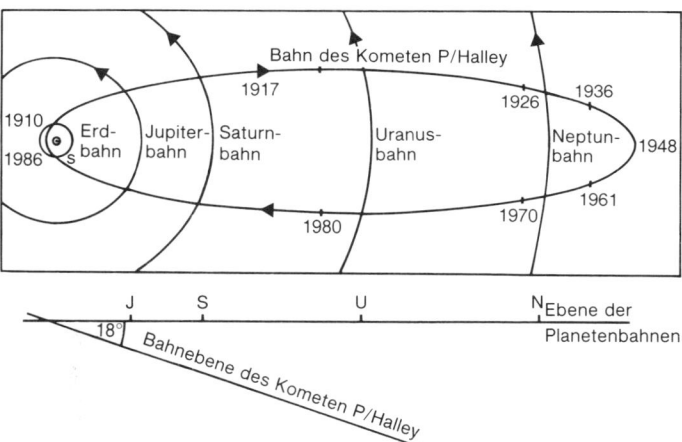

Unter den Kometenbahnen kommen Bahnen mit allen Werten für die Bahnneigung und die Länge des aufsteigenden Knotens vor. Die Bahnlagen sind also völlig regellos im Raum verteilt. Nur die kurzperiodischen Kometen oder solche mit elliptischen Bahnen mittlerer Exzentrizität und Umlaufzeiten bis zu 200 Jahren zeigen gewisse Häufungspunkte. Die Bahnneigungen haben bei dieser Gruppe eine starke Orientierung zur Ebene der Ekliptik, und die Apheldistanzen (Aphel = sonnenfernster Punkt der Bahn) gruppieren sich um die mittleren Entfernungen der großen Planeten.

Die Himmelsmechanik kann zeigen, daß die Möglichkeit eines „Einfangens" von Kometen durch die Planeten besteht. Die Gravitationswirkung der großen Planeten kann zu einer vollkommenen Bahnumgestaltung führen, so daß wir diesen Kräften die mehrmalige Wiederkehr eines Kometen in kurzen Zeitabständen verdanken. Je nach den Apheldistanzen faßt man die kurzperiodischen Kometen und die einzelnen Planeten zu Kometenfamilien zusammen und spricht von der Jupiterfamilie, der Saturnfamilie usw.

4 Kleinkörper im Sonnensystem

Elemente kurzperiodischer Kometen

Nr.	Name	Umlauf-zeit in Jahren	beob. Um-läufe	Neigung der Bahn gegen Ekliptik	Perihel-distanz in AE	Exzen-trizität	Aphel-distanz in AE
1	Encke	3,31	51	11°9	0,341	0,846	4,10
2	Grigg–Skjellerup	5,10	13	21°1	0,993	0,665	4,93
3	Tempel 2	5,27	16	12°5	1,369	0,548	4,69
4	Honda–Mrkos–Pajdusakova	5,28	5	13°1	0,579	0,809	5,49
5	Neujmin 2	5,43	2	10°6	1,338	0,567	4,84
6	Brorsen	5,46	5	29°4	0,590	0,810	5,61
7	Tempel 1	5,50	6	10°5	1,497	0,519	4,73
8	Clark	5,51	2	9°5	1,557	0,501	4,68
9	Tuttle–Giacobini–Kresák	5,58	6	9°9	1,124	0,643	5,17
10	Tempel–Swift	5,68	4	5°4	1,153	0,638	5,22
11	Wirtanen	5,87	5	12°3	1,256	0,614	5,26
12	D'Arrest	6,23	13	16°7	1,164	0,656	5,61
13	Du Toit–Neujmin–Delporte	6,31	2	2°9	1,677	0,509	5,15
14	De Vico–Swift	6,31	3	3°6	1,624	0,524	5,21
15	Pons–Winnecke	6,36	18	22°3	1,254	0,635	5,61
16	Forbes	6,40	5	4°6	1,533	0,555	5,36
17	Kopff	6,43	11	4°7	1,572	0,545	5,34
18	Schwassmann–Wachmann 2	6,51	8	3°7	2,142	0,386	4,83
19	Giacobini–Zinner	6,52	10	31°7	0,996	0,715	5,99
20	Wolf–Harrington	6,53	6	18°5	1,615	0,538	5,38
21	Churyumov–Gerasimenko	6,59	2	7°1	1,298	0,631	5,73
22	Biela	6,62	6	12°6	0,861	0,756	6,19
23	Tsuchinshan 1	6,65	3	10°5	1,499	0,576	5,58
24	Perrine–Mrkos	6,72	5	17°8	1,272	0,643	5,85
25	Reinmuth 2	6,74	5	7°0	1,941	0,456	5,19
26	Johnson	6,76	5	13°9	2,196	0,386	4,96
27	Borrelly	6,76	9	30°2	1,316	0,632	5,84
28	Harrington	6,80	2	8°7	1,582	0,559	5,60
29	Gunn	6,80	2	10°4	2,445	0,319	4,74
30	Tsuchinshan 2	6,83	3	6°7	1,785	0,504	5,41
31	Arend–Rigaux	6,83	5	17°9	1,442	0,600	5,76
32	Brooks 2	6,88	11	5°6	1,840	0,491	5,39
33	Finlay	6,95	9	3°6	1,096	0,699	6,19
34	Taylor	6,98	2	20°5	1,951	0,466	5,35
35	Holmes	7,05	5	19°2	2,155	0,414	5,20
36	Daniel	7,09	5	20°1	1,662	0,550	5,72
37	Shajn–Schaldach	7,25	3	6°2	2,223	0,407	5,27
38	Faye	7,39	17	9°1	1,610	0,576	5,98
39	Ashbrook–Jackson	7,43	5	12°5	2,284	0,400	5,33
40	Whipple	7,44	7	10°2	2,469	0,352	5,15
41	Harrington–Abell	7,59	4	10°2	1,776	0,540	5,95
42	Reinmuth 1	7,63	6	8°3	1,995	0,485	5,76
43	Kojima	7,85	2	0°9	2,399	0,393	5,50
44	Oterma	7,88	3	4°0	3,388	0,144	4,53

4.2 Kometen

Nr.	Name	Umlauf-zeit in Jahren	beob. Um-läufe	Neigung der Bahn gegen Ekliptik	Perihel-distanz in AE	Exzen-trizität	Aphel-distanz in AE
45	Arend	7,98	4	20°0	1,847	0,538	6,14
46	Schaumasse	8,18	6	12°0	1,196	0,705	6,92
47	Jackson–Neujmin	8,37	3	14°1	1,425	0,654	6,82
48	Wolf	8,42	12	27°3	2,501	0,396	5,78
49	Comas Sola	8,94	7	13°0	1,870	0,566	6,74
50	Kearns–Kwee	9,01	2	9°0	2,229	0,485	6,43
51	Denning–Fujikawa	9,01	2	8°7	0,779	0,820	7,88
52	Swift–Gehrels	9,23	2	9°3	1,354	0,692	7,44
53	Neujmin 3	10,57	3	3°9	1,976	0,590	7,66
54	Klemola	10,94	2	10°6	1,766	0,642	8,09
55	Gale	10,99	2	11°7	1,183	0,761	8,70
56	Vaisala 1	11,28	4	11°5	1,866	0,629	8,19
57	Slaughter–Burnham	11,62	2	8°2	2,543	0,504	7,72
58	Van Biesbroeck	12,39	3	6°6	2,395	0,553	8,31
59	Wild 1	13,29	2	19°9	1,981	0,647	9,24
60	Tuttle	13,77	9	54°4	1,023	0,822	10,46
61	Du Troit 1	14,97	2	18°7	1,294	0,787	10,86
62	Schwassmann–Wachmann 1	15,03	4	9°7	5,448	0,105	6,73
63	Neujmin 1	17,93	4	15°0	1,543	0,775	12,16
64	Crommelin	27,89	4	28°9	0,743	0,919	17,65
65	Tempel–Tuttle	32,91	4	162°7	0,982	0,904	19,56
66	Stephan–Oterma	38,84	2	17°9	1,595	0,861	21,34
67	Westphal	61,86	2	40°9	1,254	0,920	30,03
68	Olbers	69,57	3	44°6	1,178	0,930	32,65
69	Pons–Brooks	70,92	3	74°2	0,774	0,955	33,49
70	Brorsen–Metcalf	71,95	2	19°2	0,484	0,972	34,11
71	Halley	76,08	27	162°2	0,587	0,967	35,32
72	Herschel–Rigollet	154,90	2	64°2	0,748	0,974	56,94

4.2.3 Helligkeits-bestimmungen an Kometen

Die Helligkeit eines Kometen wird durch Schätzen, d. h. durch Vergleichen der Kometenhelligkeit mit Sternen bekannter Helligkeit bestimmt. Dies kann mit dem bloßen Auge oder über ein Fernrohr mit Hilfe von Photometern geschehen. Die Schwierigkeit besteht im Vergleich zweier verschiedenartiger Lichtquellen, einmal des punktförmigen Sterns und zum andern des diffusen Nebelfleckchens des Kometen, so daß die Helligkeitsbestimmungen unter Umständen stark von der Größe des benutzten Instruments abhängig sind. Zu solchen Helligkeitsbestimmungen gehört viel Erfahrung und Übung.
Die erhaltene Helligkeit bezeichnet man als „scheinbare Helligkeit", d. h., sie wird noch maßgebend bestimmt durch die Distanz des Objektes vom Beobachter. Um Helligkeitsbestimmungen über die Erscheinung eines Kometen miteinander vergleichen zu können, müssen die zu verschiedenen Zeiten und somit in verschiedenen Distanzen gemessenen scheinbaren

Helligkeiten auf gleiche Entfernung reduziert werden. Als Einheit der Entfernung benutzt man bei Kometen die Einheitsentfernung des Sonnensystems, eine Astronomische Einheit (1 AE). Diese so auf Normalabstand gebrachte Helligkeit bezeichnet man als „absolute Helligkeit". – Reflektiert die Kometenmaterie nur Sonnenlicht, wie man es etwa annehmen könnte, dann ist die Kometenhelligkeit aber noch abhängig von der Entfernung Komet–Sonne. Berücksichtigt man noch diese Distanz, so spricht man von „reduzierter Helligkeit" des Kometen.

Es sei

h = die Intensität der scheinbaren Helligkeit,
Δ = Distanz Komet–Erde,
H = die Intensität der absoluten Helligkeit,
r = Distanz Komet–Sonne.

Dann ist die Beziehung zwischen den Intensitäten der einzelnen Helligkeiten gegeben durch die Formel:

$$h = H/\Delta^2 \cdot r^2$$

Die reduzierte Helligkeit eines Kometen müßte konstant sein, wenn seine Materie lediglich Sonnenlicht reflektierte. Nun zeigen aber Beobachtungen eine starke Zunahme der reduzierten Helligkeiten bei Annäherung des Kometen an die Sonne. Dieser Befund deutet auf ein Eigenleuchten der Kometenmaterie hin. Zudem werden auch plötzliche Lichtausbrüche, die zu einem kurzzeitigen Helligkeitsanstieg führen, beobachtet. Dabei handelt es sich wohl um explosionsartige Vorgänge im Kometenkopf.

In einigen Fällen war es möglich, die Helligkeit des Kometenkerns gesondert zu bestimmen. Dabei zeigte es sich, daß die reduzierte Helligkeit des Kerns konstant blieb; dieser Teil reflektiert also nur Sonnenlicht. Der Anteil dieses Kernlichts beträgt aber in den meisten Fällen nur 10 % des Gesamtlichts des Kometen. Der Hauptanteil des Lichts geht vom diffusen Kometenkopf aus.

4.2.4 Untersuchungen an Kometen

Die quantitativen Untersuchungen des Kometenlichts ergaben, daß im Kopf des Kometen ein Eigenleuchten stattfindet, welches von der Strahlungsintensität des Sonnenlichts abhängt. Erst die qualitativen Untersuchungen, also die Anwendung der Spektralanalyse auf Kometen, gaben Befunde über die Art der leuchtenden Materie und über den Mechanismus der Leuchtvorgänge.

Spektroskopische Untersuchungen an Kometen sind nicht leicht durchführbar. Kometen oder gar Teile von ihnen sind recht lichtschwache Objekte, zudem sind uns seit der Entwicklung spektroskopischer Methoden zu Anfang unseres Jahrhunderts große Kometenerscheinungen bisher noch nicht beschert worden. Es bedarf also sehr lichtstarker Spektrographen, um brauchbare Kometenspektren zu erhalten. So ist es verständlich – da bis heute nur einige Dutzend guter Kometen-Spektrogramme vorliegen –, daß seit Jahren die Möglichkeiten eines Raumflugunternehmens zu einem Kometen untersucht und diskutiert werden. Eine Analyse des vorliegenden Materials ergab eine Aufspaltung in drei verschiedene Spektrentypen, die ihr Entstehen in verschiedenen Gebieten der Kometen haben. Die Spektren des Kometenkopfes sind zusammengesetzt aus dem Spektrum des Kometenkerns und der ihn umgebenden Koma. Auch im Spektrum des Kometenschweifs lassen sich – je nach Art der Ausbildung des Schweifs – unterschiedliche Zusammensetzungen zwischen einem kontinuierlichen Fraunhofer-Spektrum und Molekülbanden-Spektren nachweisen.

Das Spektrum des Kometenkerns

Es wurde schon darauf hingewiesen, daß die reduzierte Helligkeit des Kometenkerns konstant bleibt, der Kern also allem Anschein nach nur Sonnenlicht reflektiert. Die spektroskopischen Befunde bestätigen diesen Sachverhalt. Das Spektrum des Kometenkerns ist identisch mit dem kontinuierlichen Spektrum der Sonne.

Nur in ganz wenigen Fällen ist es bisher gelungen, dieses Kernspektrum rein aufzunehmen, meist wird es von dem Emissions-Banden-Spektrum der Kometenkoma überlagert. Eine saubere Trennung der beiden Spektren ist nur mit einem Spaltspektrographen möglich.

Das Spektrum der Koma

Neben einem schwach ausgebildeten kontinuierlichen Spektrum, das durch Streuung des Sonnenlichts an feinem meteoritischem Staub hervorgerufen wird, beobachtet man Emissionsbanden und -linien verschiedener neutraler Moleküle und Atome wie CN, C_2, C_3, NH, NH_2, CH, OH, Fe, Ni, Na. – Die Moleküle erscheinen zuerst in unmittelbarer Nachbarschaft des Kerns und strömen von dort in alle Richtungen. Die Gasdichten in der Koma sind niedrig. In der Nähe des Kerns findet man 10^{12} bis 10^{14} Moleküle pro cm^3, am äußeren Rand haben sie auf 10^2 bis 10^4 Moleküle pro cm^3 abgenommen.

Typisches Koma-Spektrum eines Kometen

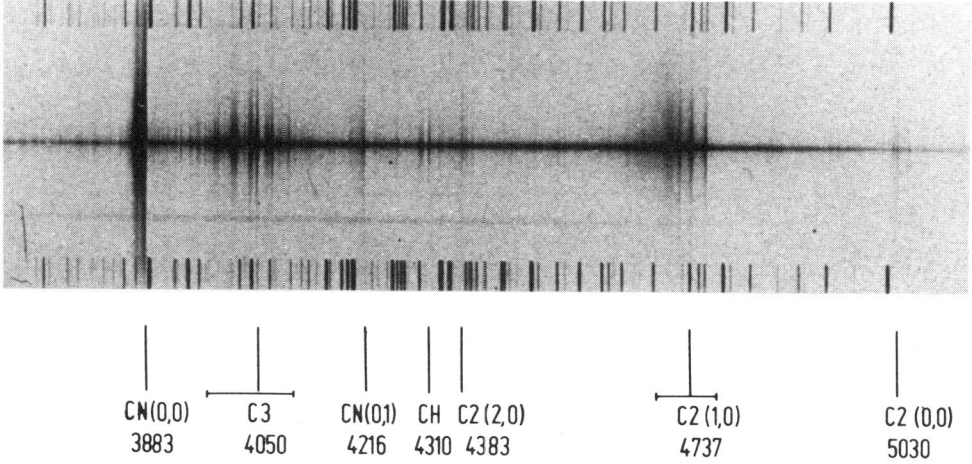

CN(0,0)	C3	CN(0,1)	CH	C2(2,0)	C2(1,0)	C2(0,0)
3883	4050	4216	4310	4383	4737	5030

Gelegentlich beobachtet man expandierende Halos, die durch explosionsartige Gasausbrüche aus dem Kometenkern entstehen. Diese Halos, die mit der relativ niedrigen Geschwindigkeit von 500 m pro sec expandieren, zeigen Bandenspektren der Moleküle CN, C_2 und C_3.

Das Spektrum des Kometenschweifs

Die aus dem Kometenkern expandierenden Gase und auch Staubpartikel werden in die der Sonne entgegengesetzte Richtung getrieben und bilden dann den Schweif der Kometen aus. Die Länge der Schweife ist recht unterschiedlich, was einmal mit der physikalisch-chemischen Zusammensetzung der einzelnen Kometenkerne erklärbar ist, zum anderen aber sicherlich mit der Kometenbahn korreliert ist; d. h. nur kleine Periheldistanzen bringen einem Kometenkern eine ausreichende Erwärmung und ihn damit zur Gasbildung. Es gibt, wie schon früh erkannt, zwei Schweiftypen:
Schweife vom Typ I – die sogenannten Ionenschweife – sind langgestreckt und nur schwach gekrümmt. Diese Schweife bestehen, wie ihre spektroskopische Untersuchung zeigt, ausschließlich aus ionisierten Molekülen, d. h. aus Gasen, die durch den Verlust eines Elektrons elektrisch positiv geladen sind. Beobachtet wurden die ionisierten Moleküle des Kohlenmonoxids (CO^+), des Stickstoffs (N_2^+), des Kohlendioxids (CO_2^+), des Kohlenwasserstoffs (CH^+) und des Hydroxyradikals (OH^+). Von diesen Molekülen ist das einfach ionisierte Kohlenmonoxid am häufigsten vorhanden; andere Molekülionen können natürlich ebenfalls vorhanden sein; ein Nachweis ist aber nicht möglich, da sie keine im beobachteten Spektralgebiet auftretenden Emissionsbanden haben.
Schweife vom Typ II – die sogenannten Staubschweife – sind stärker gekrümmt als die Schweife des Typs I, sie sind auch meist kürzer als diese und weisen weniger innere Strukturen auf. Spektroskopisch ist nur ein kontinuierliches Fraunhofer-Spektrum nachweisbar; es treten keinerlei Emissionsbanden ionisierter Gase auf. Diese Schweife bestehen ausschließlich aus mikroskopisch-kleinen Staubteilchen.
Beide Schweiftypen können zusammen, aber auch einzeln auftreten.

Verteilung der Schweiftypen bei 174 nichtperiodischen Kometen mit Periheldistanzen bis 5 AE

24 %   mit Typ I-Schweif (sichere Fälle)
48 %   mit Typ II-Schweif (inkl. zweifelhafter Typ I-Fälle)
28 %   ohne Schweif

Bei Kometenbeobachtungen durch Raumsonden und Raketen im ultravioletten Spektralbereich wurden riesige Wolken aus neutralem Wasserstoffgas entdeckt. Die Wasserstoffatome machen sich durch Streuung der solaren Lyman-alpha-Strahlung bemerkbar. Die Emission bei 1216 Å ist auf der Erdoberfläche, wegen der Absorption der UV-Strahlung durch die Erdatmosphäre, nicht beobachtbar. Die Wolken haben Durchmesser von mehreren Millionen Kilometer. L. Biermann hatte schon einige Jahre vor deren Entdeckung darauf hingewiesen, daß Kometen eine solche Wasserstoff-Korona – vorwiegend entstanden aus der Dissoziation der aus dem Kern abdampfenden Gase – haben müßten.

4.2.5 Die Ursache der Leuchterscheinung

Außer der Leuchterscheinung am Kern, also der Reflexion des Sonnenlichts an der Kernmaterie, konnte über die anderen Leuchtvorgänge bisher nur aus theoretischen Überlegungen gewisse Klarheit erzielt werden. Mehrere Ursachen sind möglich, wie etwa Korpuskularstrahlung, Anregung durch Stöße zwischen den einzelnen Molekülen und auch der Strahlungseinfluß des Sonnenlichts durch Fluoreszenzanregung. Nach neueren Untersuchungen muß man zu dem Schluß kommen, daß nur der Einfluß der Sonnenstrahlung für das Leuchten der Kometengase verantwortlich zu machen ist, man spricht von einem Resonanzleuchten.

Durch Sonnenstrahlung wird aus dem festen Kern Gas verdampft und zum Resonanzleuchten angeregt. Es wurden Resonanzbanden der Gase: CN, C_2, CO^+, N_2^+ und zwei- und mehratomiger Moleküle wie: CH, OH, NH, CH^+, CH_2 beobachtet. Die Gase werden durch den Strahlungsdruck mit konstanter Beschleunigung in Richtung des verlängerten Radiusvektors in den Raum hinausgetrieben, wobei Geschwindigkeiten im Kometenkopf von etwa $10\,\mathrm{km\,s^{-1}}$ und am Schweifende von 100 bis $1\,000\,\mathrm{km\,s^{-1}}$ auftreten. Dabei setzt an den einzelnen Gasmolekülen eine Dissoziation ein, d. h. eine Aufspaltung in die einzelnen Atome des Moleküls. Das Resonanzleuchten hört damit auf. Durch die unterschiedliche Lebensdauer der verschiedenen Gasmolekülsorten findet eine Entmischung statt. So leuchten im Kopf hauptsächlich die Moleküle des C_2 und CN, während die im geringeren Maße vorhandenen CO^+- und N_2^+-Moleküle wegen ihrer größeren Lebensdauer erst im Schweif in Erscheinung treten.

4.2.6 Dimensionen und Massen von Kometen

Bei Angaben von Größen der Kometen muß man ebenfalls streng zwischen den Dimensionen für Kern (nucleus), Kopf (Koma) und Schweif unterscheiden. Wegen der Schwierigkeit in der Festlegung der genauen Begrenzung der einzelnen Teile sind alle Bestimmungen mit Unsicherheiten behaftet. Beim Schweif kommt hinzu, daß seine Länge nur dann bestimmt werden kann, wenn seine genaue Lage im Raum bekannt ist.

Der Kern des Kometen ist der eigentliche Kometenkörper. Nach den heutigen Vorstellungen handelt es sich um einen „kosmischen Schneeball" aus Eis der Moleküle H_2O, CO_2, CO, HCN u. a. In dieser gefrorenen Materie sind feste, meteoritische Partikel, also Staub und kleine Brocken, eingelagert. Sie bestehen aus Verbindungen schwererer Elemente. Die Durchmesser von Kometenkernen – sie können, wegen der bei Annäherung an die Sonne sich ausbildenden Koma, nicht gemessen werden – liegen wohl bei $0,6\ldots8$ km, mit einem typischen Wert um $2\ldots4$ km. Es sollen aber auch noch solche von bis 100 km Durchmesser geben. Legt man den typischen Durchmesserwert und eine Dichte von $1\,\mathrm{g\,cm^{-3}}$ zugrunde, dann ergeben sich Massenwerte von $10^{11}\ldots10^{13}$ kg, d. h. etwa 10^{-12} Erdmassen.

4 Kleinkörper im Sonnensystem

Die Masse eines Kometen ist in der Hauptsache im Kern konzentriert. Die Gase des Kopfes (Koma) und des Schweifes tragen wenig zur Gesamtmasse bei. Die Gase des Kopfes beginnen bei etwa einem Sonnenabstand von 5 AE aus der festen Materie des Kerns abzudampfen. Bei weiterer Annäherung an die Sonne bildet sich dann die Kometenkoma aus. Diese Gasatmosphären erreichen Durchmesser von 10^5 km.

Durchmesser einiger Kometenköpfe

	Komet	Durchmesser des Kopfes in km	Erddurchmessern
1932 g	Geddes	$190 \cdot 10^3$	14,9
1932 k	Peltier-Whipple	$130 \cdot 10^3$	10,2
1932 m	Brooks	$18 \cdot 10^3$	1,4
1933 a	Peltier	$70 \cdot 10^3$	5,5
1937 f	Finsler	$620 \cdot 10^3$	48,8

Die von der Erdoberfläche nicht nachweisbare Wasserstoff-Korona, die nur im Ultravioletten sichtbar ist, hat gar einen Durchmesser von einigen 10^6 km. Da die Temperatur des Kometenkerns höchstens um 150...250 K beträgt, kann aus spektroskopischen Häufigkeitsbestimmungen abgeschätzt werden, daß in einem Sonnenabstand von 1 AE etwa 10^{29}...10^{30} Moleküle pro Sekunde aus dem festen Kern befreit und in die Koma nachgeliefert werden.

Ausbildung und Richtung des Kometen-Schweifes längs der Bahn des Kometen

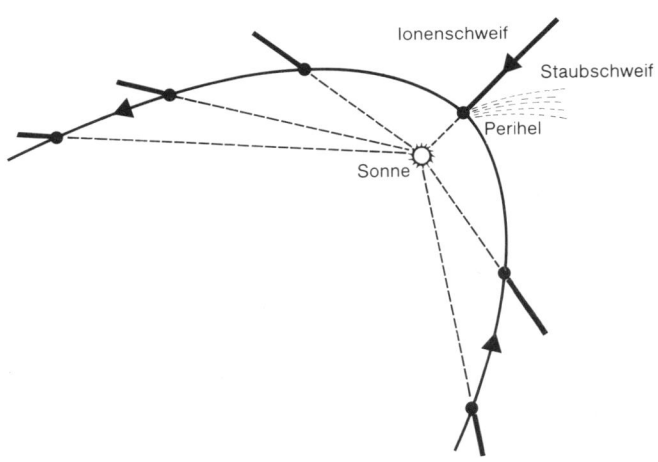

Der Schweif bildet sich erst aus, wenn ein Komet in den inneren Bereich des Sonnensystems (etwa kleiner als 3 AE) kommt und wenn er genügende Mengen flüchtiger und staubförmiger Substanzen freisetzt. Dabei können sich Schweife ausbilden, deren Extremlängen bei 10^8 km liegen. Schwächere Kometen, die noch einen ausgebildeten Schweif zeigen, haben Schweiflängen von einigen 10^6 km. Wegen der geringen Dichte der Schweifpartikel – helle Sterne können meist durch den

Schweif gesehen werden – werden die ionisierten Bestandteile (CO^+, CO_2^+) durch das interplanetare Plasma, den Sonnenwind, radial von der Sonne weg, nach außen getragen. In diesem Ionenschweif (Schweif vom Typ I) kann die Sonnenwindgeschwindigkeit – sie liegt im allgemeinen zwischen $400 \ldots 600 \, \mathrm{km \, s^{-1}}$ bestimmt werden. Die Staubkörner – sie bilden den Staubschweif (Schweif vom Typ II) aus – verhalten sich anders. Sie werden zwar zunächst von dem abströmenden Gas der Koma mitgenommen, ziehen dann aber auf Keplerbahnen um die Sonne.

Schweiflängen einiger großer Kometen

Komet	1811	Schweiflänge	$90 \cdot 10^6 \, \mathrm{km}$
Komet	1843	Schweiflänge	$250 \cdot 10^6 \, \mathrm{km}$
Komet	1858	Schweiflänge	$70 \cdot 10^6 \, \mathrm{km}$
(Halley)	1910	Schweiflänge	$30 \cdot 10^6 \, \mathrm{km}$

4.2.7 Auflösung und Herkunft der Kometen

Kurzperiodische Kometen zeigen bei ihrer jeweiligen Wiederkehr eine mehr oder weniger starke Abnahme ihrer reduzierten Helligkeiten.

Die Helligkeitsabnahme ist teilweise beträchtlich, ja, sie geht so weit, daß mancher Komet nicht wieder aufgefunden wird. Schneidet die Erde die Bahn eines solchen in Auflösung begriffenen oder schon aufgelösten Kometen, so beobachten wir in nicht seltenen Fällen starke Meteorschauer, Sternschnuppenfälle. Der Zusammenhang zwischen Komet und Meteorfällen konnte einwandfrei festgestellt werden (s. 4.3.2). Langperiodische Kometen zeigen nicht so schnell Zerfallserscheinungen, da die von den großen Körpern des Sonnensystems auf sie einwirkenden Störungen geringer sind.

Helligkeitsabnahme einiger kurzperiodischer Kometen

Komet	Helligkeitsabnahme in 50 Jahren	Komet	Helligkeitsabnahme in 50 Jahren
Encke	$0\overset{m}{.}5$	Tempel$_3$-Swift	$1\overset{m}{.}8$
Faye	$3\overset{m}{.}4$	Perrine	$4\overset{m}{.}9$
D'Arrest	$0\overset{m}{.}4$	Brooks	$4\overset{m}{.}5$
Tempel$_2$	$1\overset{m}{.}1$	Borelly	$3\overset{m}{.}0$
Pons-Winnecke	$0\overset{m}{.}9$	Kopff	$5\overset{m}{.}0$
Finlay	$4\overset{m}{.}4$	Tuttle	$1\overset{m}{.}1$
Wolf	$3\overset{m}{.}7$	Giacobini-Zinner	$0\overset{m}{.}0$

Wahrscheinlich sind die Kometen schon von ihrer Entstehung her Mitglieder des Sonnensystems. Sie sind wohl – nach heutigen Vorstellungen – unversehrte Relikte, sogenannte Planetesimals (Kondensationen des Staubs mit Eis zu größeren festen Körpern), aus der Zeit der Planetenentstehung vor rund $4{,}5 \cdot 10^9$ Jahren. Nach J. Oort bewegt sich die ganz überwiegende Mehrzahl dieser etwa 10^{11} einzelner Kometenkerne unter der Gravitationswirkung der Sonne in Bahnen, die weit außerhalb unseres Planetensystems liegen. Sie bilden die äußere

Oortscher Gürtel

Grenze unseres Sonnensystems bei etwa $5 \cdot 10^4$ AE. Diese Kometenwolke ist weder optisch noch gravitativ nachweisbar. Durch kleine Gravitationsstörungen gelangen gelegentlich einzelne Objekte aus diesem „Oortschen Gürtel" auf exzentrische Bahnen in den inneren Bereich des Sonnensystems. Die Bahnen solcher Kometen weisen keinen bevorzugten Umlaufsinn auf und sind bezüglich ihrer Bahnneigungen zur Planetenebene (Ekliptik) statistisch verteilt, die Bahnen sind fast parabolisch. – Die kurzperiodischen Kometen hingegen sind in ihren Bahnelementen zu den großen Planeten hin orientiert, sie zeigen auch entsprechenden Umlaufsinn zur Sonne.

4.3 Meteore und Meteorite

Unter dem Begriff Meteor wurden im vorigen Jahrhundert noch alle vom Himmel fallenden festen und flüssigen Körper verstanden. Dementsprechend unterschied man Feuer- und Wassermeteore (unter letzteren verstand man Regen, Schnee, Graupel und Hagel). Diese Bedeutung des Wortes hat sich noch in der Bezeichnung der Wetterkunde als Meteorologie erhalten. Heute versteht man unter Meteoren (Einzahl: das Meteor) nur noch die mit Lichtaussendung verbundenen Erscheinungen, die durch Eindringen kosmischer Kleinkörper in die irdische Lufthülle hervorgebracht werden. Kleine, lichtschwache Meteore werden Sternschnuppen, die größeren Feuerkugeln genannt. Hingegen bezeichnet man Körper, die die Erscheinungen der Meteore hervorrufen, als Meteorite, insbesondere dann, wenn unverdampfte Reste von Feuerkugeln zur Erdoberfläche gelangen und aufgefunden werden. In der englischsprachigen Literatur unterscheidet man zwischen Meteoroid als dem festen Körper, der die Leuchterscheinung des Meteors verursacht und dem Meteorit, dem auf der Erdoberfläche aufgefundenen Rest.

Feuerkugelaufnahme mit feststehender geöffneter Kamera (Foto: M. Karrer, Graz)

4.3 Meteore und Meteorite

4.3.1 Die Leuchterscheinung, die Meteore

Entgegen der allgemeinen Ansicht ist das Eindringen der Meteore keine Folge der Anziehungskraft der Erde, sondern vielmehr ein Zusammenstoß zweier in ihrer Bahn einherziehender Himmelskörper; die Erdanziehung verändert lediglich die Bahn des Meteorits ein wenig.

Beim Eindringen der Meteorite in die hohen Atmosphärenschichten werden uns diese durch Aufleuchten als Meteore sichtbar. Über die Art des Leuchtvorgangs wurden verschiedene Theorien aufgestellt. Bisher ist gesichert, daß das Leuchten nicht, wie man annehmen möchte, durch Reibung des Meteorits an Luftmolekülen erklärt werden kann, da die Luftdichte in den Höhen des Aufleuchtens viel zu gering ist; vielmehr nehmen die Theorien einerseits die Verdichtung (Kompression) der Luft vor den Meteoriten, andererseits Stoßanregung als Ursache für das Aufleuchten an. Eine weitere Unsicherheit besteht in der Unkenntnis der Massen der Meteore. Man kann heute sagen, daß ein Meteor 1. Größe (so hell wie die hellsten Sterne des Himmels) eine Masse in den Grenzen zwischen 6 mg und 1,6 g haben wird.

Abschätzungen der interplanetaren Staubdichte lassen bei einer Annahme über die Dichte der Teilchen von $7,5\,g\,cm^{-3}$ auch Angaben über den Masseauffall pro Tag auf die Erde zu. Es ergibt sich:

Masse der Teilchen mit einem Teilchenradius größer als 10^{-2} cm $\approx 1,0$ t

Masse der Teilchen mit einem Teilchenradius kleiner als 10^{-2} cm $\approx 6\,500$ t

Aufgrund von Untersuchungen des Tiefseeschlammes kam man unabhängig auf ein ähnliches Ergebnis, daß also pro Tag mehrere tausend Tonnen meteoritischen Materials auf die Erde fallen müssen.

Höhe des Aufleuchtens und Erlöschens von Sternschnuppen, Feuerkugeln und Meteoritenfällen

	Höhe des Aufleuchtens	Höhe des Erlöschens
Große Meteore	138,6 km (121 Fälle)	49,7 km (213 Fälle)
Feuerkugeln ohne Donner		60 km (147 Fälle)
Feuerkugeln mit Donner		31 km (57 Fälle)
Meteoritenfälle		22 km (16 Fälle)
Perseiden (nach Weiß)	115 km	88 km
Leoniden (nach Olivier)	124 km	89,5 km
Lyriden (nach Hoffmeister)	–	85 km

4.3.2 Meteorströme

Meteore treten oft nicht als Einzelerscheinungen auf. Man beobachtet nicht selten ausgeprägte Meteorschauer, die scheinbar von einem Punkt der Sphäre, dem scheinbaren Ausstrahlungspunkt (Radiant), auszugehen oder herzukommen scheinen. Da solche Meteorschauer mit mehr oder weniger großer

Kometarische Ströme

Bezeichnung	Scheinbarer Radiant Rekt.	Dekl.	Datum des Maximums	Dauer	Komet	Beschreibung
Lyriden	273°	+35°	Apr. 22	Apr. 12–24	1861 I	spitzes Max.
Mai-Aquariden	338°	− 1°	Mai 5	Apr. 29–Mai 21	Halley	spitzes Max.
Perseiden	43°	+56°	Aug. 11	Juli 20–Aug. 19	1862 III	spitzes Max.
Orioniden	94°	+16°	Okt. 19	Okt. 11–30	Halley	mäßig spitzes Max.
Leoniden	151°	+21°	Nov. 16	–	1866 I	instabil; Max. z. Z. wenig ausgeprägt

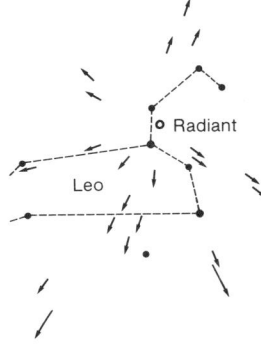

Der Leonidenschwarm, ein Meteorstrom, der Mitte November auftritt und dessen Radiant im Sternbild Löwe liegt

Regelmäßigkeit wiederkehren, muß man annehmen, daß ausgedehnte Meteorströme den interplanetaren (zwischen den Planeten liegenden) Raum durchziehen.

Die Beziehungen zwischen Kometen und Meteorströmen sind sicher nachgewiesen. Kometen sind wenig beständige Gebilde. Für ihre Auflösung werden drei Ursachen angegeben:

a) die Unterschiede der Sonnenanziehung auf verschiedene Teile des Kometenkopfs und -kerns;

b) Störungen durch die großen Planeten;

c) Vorgänge im Innern der Kometen.

Diese Ursachen führen zu einer Auflösung und Verteilung der Materie des Kometen über seine Bahn. Selbstverständlich kann der einem Kometen zugehörige Meteorstrom nur beobachtet werden, wenn seine Bahn einen mit der Erdbahn gemeinsamen Punkt hat. Diese Bedingung braucht nicht mit aller Schärfe erfüllt zu sein, denn die Breite der Meteorströme ist in manchen Fällen beträchtlich. Auffallend ist die Tatsache, daß es recht stabile Meteorströme gibt, andere aber sehr labil zu sein scheinen, so daß Vorhersagen auf starke Sternschnuppenfälle nicht immer eingetroffen sind.

Ekliptikale Ströme

Bezeichnung	Scheinbarer Radiant Rekt.	Dekl.	Datum des Maximums	Dauer	Beschreibung
Virginiden	200°	− 6°	Apr. 3	Mrz. 1–Mai 10	Max. kaum angedeutet
Sco-Sgr-System	270°	−30°	Juni 14	Apr. 20–Juli 30	Max. mäßig hervorgehoben, Radiant stark streuend
Juli-Aquariden	343°	−17°	Aug. 3	Juli 25–Aug. 10	Max. spitz
Pisciden	0°	+ 4°	Sept. 12	Aug. 16–Okt. 8	Max. sehr flach
Tauriden	58°	+21°	Nov. 13	Sept. 24–Dez. 10	Max. mäßig hervorgehoben
Geminiden	113°	+30°	Dez. 12	Dez. 5–19	Max. spitz

C. Hoffmeister hat die Meteorströme, die planetarischen Ursprungs sind und deren scheinbare Radianten am Himmel in der Nähe der Ekliptik liegen, in den sogenannten ekliptikalen Strömen zusammengefaßt. Aufgrund seiner eingehenden Untersuchungen hat er die in den Tabellen gegebenen Meteorströme und weitere nachgewiesen und sie, soweit es möglich war, den kometarischen und ekliptikalen Strömen zugeordnet. Die Benennung der einzelnen Ströme richtet sich jeweils nach dem Sternbild, in dem der scheinbare Radiant liegt (z. B. bei den Virginiden im Sternbild Virgo).

4.3.3 Einteilung und Charakterisierung der Meteorite

Meteorite, die unverdampften und aufgefundenen Reste von Feuerkugeln, bieten – wenn man einmal von dem durch die Apollo- und Luna-Unternehmungen zur Erde gebrachten Mondgestein absieht – die einzige Möglichkeit, Materie aus dem Kosmos in irdischen Laboratorien mit mineralogischen, petrographischen, chemischen und physikalischen Methoden zu untersuchen. Neben Kenntnisse über die stoffliche Zusammensetzung außerirdischer Materie erhalten wir hier die Möglichkeit auch einer Altersbestimmung an diesen Stoffen.
Für die Forschung ist es besonders wichtig, daß „frisches" Material zur Untersuchung gelangt, d. h. Meteorite, deren Fallen beobachtet wurde und die noch nicht mit irdischen Gasen und Verbindungen kontaminiert, durchsetzt, sind. – Bisher dürften Proben von ca. 700 Fällen und von ca. 900 ... 1 000 Funden untersucht worden sein. – Darin sind nicht die in jüngster Zeit auf dem antarktischen Kontinent gemachten großen Funde enthalten. – Die untersuchten Proben verteilen sich, wie in der Tabelle dargestellt, unterschiedlich auf die drei Hauptgruppen der Eisen-, der Eisenstein- und der Steinmeteorite.

	Fälle	%	Funde	%	Fälle u. Funde	%
Eisenmeteorite	42	6	503	59	545	35
Steineisenmeteorite	12	2	55	6	67	4
Steinmeteorite	628	92	304	35	932	61
Summe	682	100	862	100	1 544	100

Die Unterschiede zwischen den beobachteten Meteoritenfällen und -funden erklären sich aus der Tatsache, daß Eisenmeteorite wegen ihres auffälligen Aussehens (Ausschmelzerscheinungen, sogenannte Rhegmaglypten) leichter und häufiger aufgefunden werden. Steinmeteorite verwittern aufgrund ihrer porösen Strukturen schneller und unterscheiden sich nicht sehr von irdischem Material. Zur Feststellung der kosmischen Häufigkeit der einzelnen Elemente und Minerale können also nur Meteorite herangezogen werden, deren Fallen beobachtet wurde.

Die Eisenmeteorite bestehen fast ausschließlich aus Eisen und Nickel. Eine Feinklassifikation geht bei ihnen nach steigendem Nickelgehalt von etwa 5...15 Prozent. In Ausnahmefällen kann der Nickelanteil bis 30% und mehr ansteigen. – Die Steinmeteorite, sie bestehen überwiegend aus Silikatgestein, unterteilt man nochmals in zwei größere Gruppen. Die Chondrite enthalten etwa millimetergroße Silikatkugeln, sogenannte Chondren, die in eine Grundmasse, die Matrix, eingebettet sind. Die Matrix unterscheidet sich in ihrer chemischen und mineralogischen Zusammensetzung kaum von den Chondren. Eine Untergruppe, die kohligen Chondrite, zeichnen sich durch hohen Kohlenstoff-Gehalt aus, was zu Untersuchungen nach organischer Materie Anlaß gab. Biologische Prozesse zur Bildung der Kohlenstoff-Verbindungen können aber ausgeschlossen werden. Die Unterteilung der Chondrite wird – neben einer mineralischen und petrographischen Einteilung – nach dem gegenläufigen Verhältnis von Eisen in der Metall- und in der Oxidphase durchgeführt. Die zweite größere Gruppe der Steinmeteorite, die Achondrite, wird in zwei Untergruppen, die kalziumarmen und die kalziumreichen aufgeteilt. – Die Eisensteinmeteorite sind ihrer Anzahl nach von geringerem Interesse.

4.3.4 Das Alter der Meteorite

Wie beim Mondgestein können auch an Meteoriten Altersbestimmungen durchgeführt werden. Die Methoden sind weitgehend die gleichen; sie beruhen auf der Messung der Mengenverhältnisse radioaktiver Ausgangsnuklide und deren Umwandlungsprodukte. Zwei verschiedene Alter werden bestimmt, einmal das radiogene Alter und zum anderen das Bestrahlungs-Alter.

Zur Bestimmung des radiogenen Alters wird der radioaktive Zerfall langlebiger Isotope herangezogen. Je nachdem, ob zur Altersbestimmung ein festes oder gasförmiges Tochterprodukt gewählt wird, erhält man aus dem gegenwärtigen Massenverhältnis von Mutter- und Tochtersubstanz, der bekannten Zerfallskonstanten (Halbwertszeiten), sowie unter gewissen Annahmen über die ursprüngliche Konzentration der Muttersubstanz sogenannte Verfestigungs- bzw. Edelgas-Alter der Meteorite. Es können mit dieser Methode als Maximalalter immer nur die Zeit seit der letzten Verfestigung des untersuchten Objekts erhalten werden. Erst von diesem Zeitpunkt an sind die Umwandlungsprodukte am Ort ihrer Entstehung geblieben. Beim Edelgas-Alter wird der Zeitraum nach der letzten großen Erhitzung des Gesteins bestimmt.

Die Meteorite sind im Weltall der Kosmischen Strahlung (s. 10.8) ausgesetzt. Diese Strahlung besteht überwiegend aus hochenergetischen Protonen (87% Protonen, 12% α-Teilchen, 1% Kerne mit Kernladungszahl $z > 2$). Die Wechselwirkung der Protonen mit den Atomkernen der Meteorite führt zu Spallationsreaktionen; d. h. aus dem von einem hochenergetischen

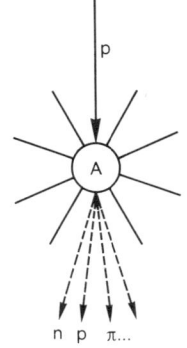

Spallationsreaktion

Proton getroffenen Atomkern treten zwei oder mehrere Teilchen aus. Aus der Menge der Spallationsprodukte kann auf die Zeit geschlossen werden, während der die Kosmische Strahlung auf den Meteoriten eingewirkt hat. Diese Zeitspanne wird das „Bestrahlungsalter" des Meteoriten genannt. Da die Kosmische Strahlung nur bis zu einer Tiefe von 1...2 Meter in meteoritisches Material einzudringen vermag, mißt das Bestrahlungsalter die Lebensdauer des Meteoriten als Kleinkörper im freien Weltraum.

Die zur radiogenen Altersbestimmung benutzten Zerfallsreihen

			Halbwertszeit $T_{1/2}$
U^{238}	$\longrightarrow$ Pb^{206}	$+ \; 8 \; He^4$	$4{,}49 \cdot 10^9$ Jahre
U^{235}	$\longrightarrow$ Pb^{207}	$+ \; 7 \; He^4$	$0{,}713 \cdot 10^9$ Jahre
Th^{232}	$\longrightarrow$ Pb^{208}	$+ \; 6 \; He^4$	$13{,}9 \cdot 10^9$ Jahre
Rb^{87}	$\longrightarrow$ Sr^{87}	$+ \; \beta^-$	$50 \cdot 10^9$ Jahre
K^{40}	$\nearrow$ Ar^{40}	$+ \; K\text{-Einfang} + \; \gamma$	
	$\searrow$ Ca^{40}	$+ \; \beta^-$	$1{,}31 \cdot 10^9$ Jahre

Ergebnis der Altersbestimmung von Meteoriten
(Typische Mittelwerte)

	Radiogenes Alter	Bestrahlungs-Alter
Eisen-Meteorite	$4{,}6 \cdot 10^9$ Jahre	$5 \cdot 10^8$ Jahre
Steinmeteorite	$4{,}6 \cdot 10^9$ Jahre	$2 \cdot 10^7$ Jahre

Die bestimmten Bestrahlungs-Alter zeigen eine breite Streuung zwischen $10^4 \ldots 10^9$ Jahre.

4.3.5 Die Herkunft der Meteorite

Aus den Altersbestimmungen an Meteoriten ist einmal ersichtlich, daß sie Körper des Sonnensystems sind. Sie sind mit ihm entstanden, denn Erde und Mond haben ebenfalls ein radiogenes Alter von $4{,}6 \cdot 10^9$ Jahren. Andererseits zeigen die Bestrahlungs-Alter der Meteoriten, daß diese ihre jetzige Gestalt, vom Staubteilchen bis zum faustgroßen Brocken, erst in jüngerer Zeit erlangt haben.
Nach heutiger, allgemein angenommener Ansicht sind die Meteoriten aus Asteroiden und/oder aus Kometen entstanden. Es stellt sich die Frage, wie jede dieser beiden Möglichkeiten den späteren Gestaltwandel der Meteoriten zu erklären vermag. – Dementsprechend werden in theoretischen Arbeiten einmal Abschätzungen über die Häufigkeit von Kollisionen zwischen Kleinen Planeten und ihre weitere Frakmentierung durch gegenseitige Zusammenstöße durchgerechnet. Zum andern sind genügend Fakten über die Auflösung von Kometen bekannt (s. 4.2.7) und Meteorströme geben Hinweise auf identische Bahnen zwischen Meteoriten und Kometen. Bei der Annahme asteroidaler Herkunft der Meteorite fällt es nicht leicht, das Driften der in kleine Bruchstücke zerschlagenen Brocken aus dem Asteroiden-Gürtel bis zu einem Kreuzen der Erdbahn zu erklären. Bei der Annahme einer kometarischen Herkunft hat man die Schwierigkeit, die metallurgischen Strukturen der Ei-

senmeteorite, die einen massiven Mutterkörper voraussetzen, zu verstehen.
Zukünftige Raumfahrt-Missionen zu Kometen und zu Asteroiden werden sicherlich dazu beitragen, diese Fragen zu klären.

4.3.6 Meteoriten-Einschläge und Meteoriten-Krater

Bisher ist noch kein größerer und schwererer Meteorit als der von Hoba in Südwestafrika gefunden worden. Andererseits sind mehrere kraterähnliche Gebilde bekannt, die nur durch den Aufschlag riesiger Meteorite entstanden sein können. Trotz eifrigen Suchens konnte in keinem Fall der zugehörige Meteorit gefunden werden, sondern nur geringe Mengen meteoritischen Materials. Wie eine Rechnung über die beim Aufschlag eines Riesenmeteorits freiwerdende kinetische Energie zeigt, müssen Meteorite von 100 t und darüber bei einem Aufschlag vollkommen verdampfen. Die Abmessungen der bisher bekanntgewordenen Meteoritenkrater deuten aber darauf hin, daß hier Projektile mit Massen von $10^6 \ldots 10^9$ kg und mehr niedergegangen sind. Derartig große Meteorite wären auch bestimmt gefunden worden, da sie Gebilde höchst auffälliger Natur wären.

Einige Meteoritenfunde

Fall- oder Fundort	Falldatum oder Fundjahr	Gewicht in Tonnen
Steinmeteorite		
Kirin (China)	8. 3. 1976	1,770
Furnas Co, Nebraska	18. 2. 1948	1,073
Long Island, Kansas	1891	0,564
Paragould, Arkansas	17. 2. 1930	0,408
Eisenmeteorite		
Hoba, Südwestafrika	1920	60
Cape York, Grönland	1895	33 oder 59,5?
Bacubirito, Mexiko	1871	27
Willamette, Oregon	1902	14,175
Chupaderos, Mexiko	1852	14,1 u. 6,77

Für den bekannten Meteoriten-Krater Cañon Diabolo in Arizona, USA, liegen folgende Werte vor:

Geschwindigkeit des Meteorits	15 km/s
Durchmesser des Meteorits	30 m
Gewicht des Meteorits	150 000 t
Einschlagenergie	4,5 Mega-Tonnen
Mittlerer Durchmesser des Kraters	1 186 m
Tiefe des Kraters	167 m
Mächtigkeit der Kraterfüllung	40 m
Mächtigkeit der Rückfallbrekzie	10 m
Mittlere Höhe des Ringwalls	47 m

Maximale Verbreitung von Auswurfmasse
von der Kratermitte   1 750 m
Volumen der ausgesprengten Gesteine   7,6 Mill. m^3
Masse der ausgesprengten Gesteine   17,5 Mill. t
Verhältnis Tiefe/Durchmesser   1 : 6,6

Große Meteoritenkrater in Mitteleuropa

In unserem mitteleuropäischen Raum sind die beiden Impaktstrukturen am Ostrand der Schwäbischen Alb von besonderem Interesse.

	Durchmesser	Tiefe
Nördlinger Ries	ca. 23 km	200 m
Steinheimer Becken	3,5 km	100 m

Die Zusammenstöße der Erde mit den Riesenmeteoriten, die zur Bildung von Kratern Anlaß gaben, scheinen alle in vorgeschichtlicher Zeit erfolgt zu sein. Aus neuester Zeit ist der Niedergang eines Riesenmeteorits bekanntgeworden, dessen Niedergangsstelle zwar aufgefunden wurde, jedoch bisher keine morphologischen, meteoritenkraterähnliche Gebilde und auch keinerlei meteoritisches Material irgendwelcher Art. Am 30. Juni 1908 um 0^h 10^m 7^s W. Z. ging am Chushmo, einem Nebenfluß der Steinigen Tunguska, (60° 55′ N, 101° 57′ O) ein Riesenmeteorit nieder. Der Niederfall wurde von Reisenden der Transsibirischen Eisenbahn beobachtet; mehrere Erdbebenwarten registrierten den Aufschlag; die Luftdruckwelle

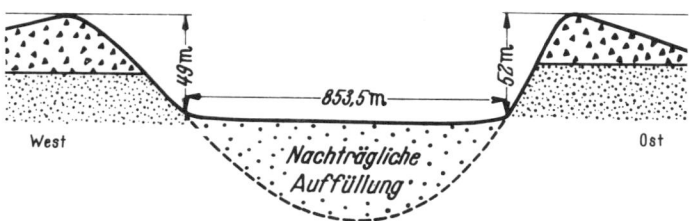

Meteoritenkrater von Wolf Creek in Australien

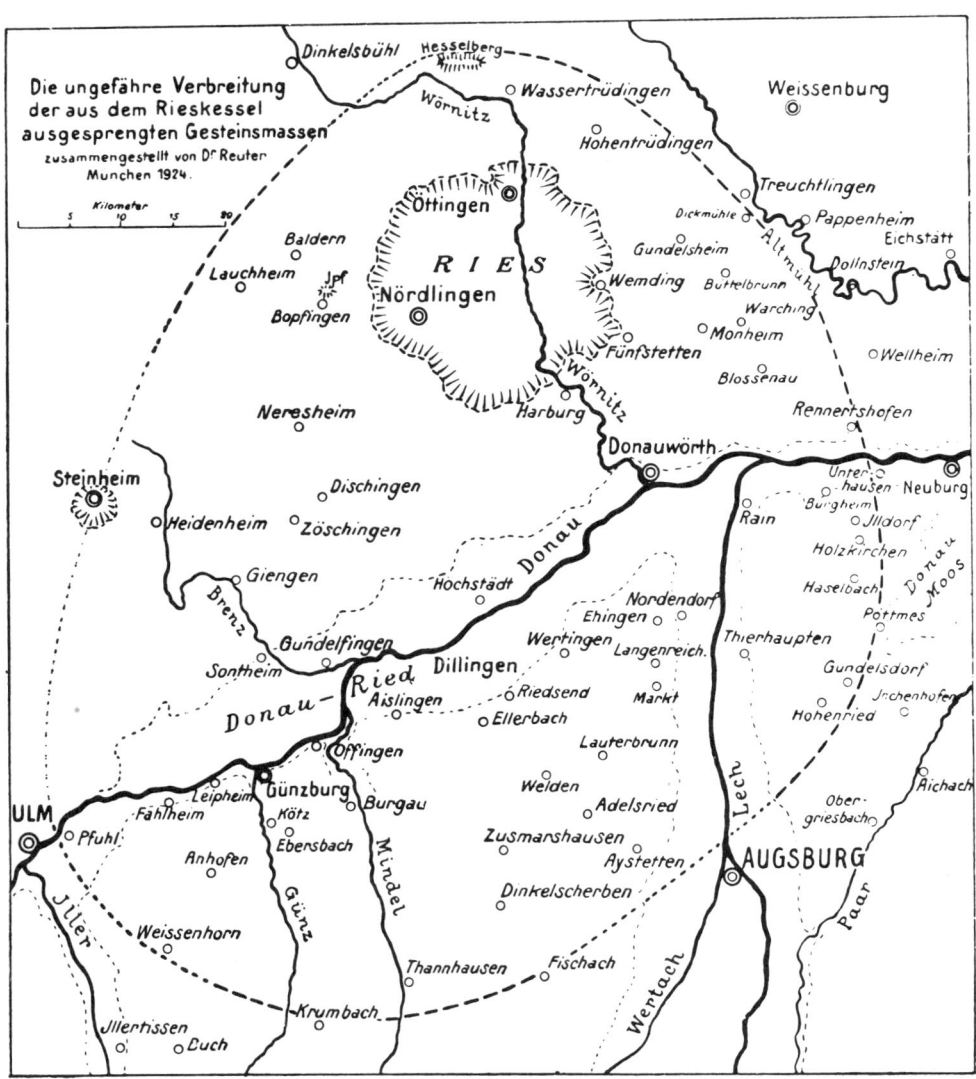

Die ungefähre Verbreitung
der aus dem Rieskessel
ausgesprengten Gesteinsmassen
zusammengestellt von Dr Reuter
München 1924.

Nördlinger Ries und Steinheimer Becken wurde in Südengland und in Potsdam festgestellt. Erst 1927 ging eine Expedition an die Niedergangsstelle. Die Verwüstungen des Waldbestandes erstreckten sich bis zu 40 km vom Zentrum; die Druckwelle richtete Zerstörungen bis 65 km an. In etwa 15 bis 25 km Entfernung vom Zentrum des Zerstörungsgebietes fand man 1953 zwei kreisrunde Seen von je 100 m Durchmesser. Es muß weiteren Untersuchungen vorbehalten bleiben, ob sie wirklich Meteoritenkrater sind.

Bei diesem Ereignis in Sibirien ist auch diskutiert worden, ob es sich hier nicht um eine Kollision unserer Erde mit einem Kometenkern oder gar mit einem Asteroiden gehandelt hat. – Bei großen Impakt-Strukturen auf der Erde von 100 km und mehr Durchmesser muß man davon ausgehen, daß ein Einschlag eines Asteroiden vorliegt. Bis heute sind 53 die Erdbahn kreuzende Kleine Planeten bekannt. Dabei schätzt man, daß dies nur 2...5 Prozent der tatsächlichen Zahl ist, die die Erdbahn queren. (Schätzung: 100 Aten-, 700 Apollo- und 500 Amor-Typ-Asteroiden, mit einem Druchmesser von mehr als 1 km, siehe auch Tabelle 4.1).

Eine einfache Abschätzung zeigt, daß – unter plausiblen Annahmen für die Geschwindigkeit und die Dichte eines die Erde treffenden Meteorits – der Einfall eines Körpers von etwa 10 Meter Durchmesser die Wirkung der Hiroshima-Atombombe (20 Kilotonnen TNT-Sprengkraft) haben würde. – Der Einschlag im Nördlinger Ries – und gleichzeitig durch ein „Absprengsel" im Steinheimer Becken vor 14,6 Millionen Jahren, muß für den mitteleuropäischen Raum ein ungeheures Naturereignis gewesen sein. Die freigewordene Energie kann, ausgedrückt in einem modernen Maßstab, auf die Explosionskraft von etwa 1 000 Wasserstoff-Bomben geschätzt werden.

4.4 Interplanetare Materie

Unter dem Begriff interplanetare Materie ist allgemein alle zwischen den großen Planeten befindliche Materie zu verstehen, also von den Planetoiden, Kometen über die Meteorite bis zu den Atomen des zwischen den Planeten befindlichen Gases hin. In jüngster Zeit wird aber dieser Begriff interplanetare Materie in einem engeren, begrenzteren Sinn verwendet. Man kennzeichnet so vor allem die Materie der Sonnenkorona (s. 5.4.3), die Partikel des Zodiakallichts, fein verteilter meteoritischer Staub, sowie das vorwiegend durch Diffusion aus den Atmosphären der Planeten abgewanderte Gas. In diesem begrenzten Sinn soll hier der Begriff verstanden werden.

4.4.1 Das Koronalicht

Erste Kenntnisse über die Dichte des interplanetaren Mediums, das sich aus einer staub- und einer gasförmigen Komponente zusammensetzt, erhielt man durch Photometrie des an den interplanetaren Partikeln gestreuten Sonnenlichts. Wir beobachten dieses gestreute Sonnenlicht einmal in der Korona und zum anderen im Zodiakallicht. Aufgrund von spektralphotometrischen Untersuchungen bei Sonnenfinsternissen hatte W. Grotian erstmals auf eine staub- und eine gasförmige Komponente in der Sonnenkorona hingewiesen. Die sogenannte (kontinuierliche) K-Korona hat ein streng kontinuierliches Spektrum, das durch Streuung des Sonnenlichts an freien Elektronen entsteht. Dieser Anteil des Koronalichts ist mit dem 11jährigen Sonnenfleckenzyklus (s. 5.5.1) variabel. Zeitlich unveränderlich und der K-Korona überlagert ist die F-Korona (F steht für Fraunhofer). Sie entsteht durch Streuung des Sonnenlichts an interplanetaren Staubteilchen. Eine Trennung des Gesamtkoronalichts in die beiden K- und F-Komponenten ist mit Hilfe von Polarisationsmessungen möglich.

Das Koronalicht geht über in das Zodiakal- oder Tierkreis-licht; d. h., der Intensitätsverlauf des Zodiakallichts fügt sich in den Intensitätsabfall des äußeren Koronalichts ein. Während eine Beobachtung der äußeren Korona nur bei totalen Sonnenfinsternissen möglich ist, ist das Zodiakallicht leichter der Beobachtung zugänglich, wenn auch einer exakten photometrischen Untersuchung erhebliche Schwierigkeiten entgegenstehen.

4.4.2 Das Zodiakal- oder Tierkreis-Licht

Unter dem Zodiakallicht versteht man die Erhellung des Himmels über der Aufgangs- bzw. Untergangsstelle der Sonne. In den Tropen ist dieses nahezu dreieckige, verwaschen-erhellte Gebiet zu fast allen Zeiten beobachtbar. In unseren Breiten jedoch sieht man das Tierkreislicht (so genannt, weil die Symmetrieebene nahezu in der Ekliptik, dem Tierkreis, griech. Zodiacus, liegt) nur im Frühjahr am Abendhimmel (Abendhauptlicht) und im Herbst am Morgenhimmmel (Morgenhauptlicht). Die Gründe für diese beschränkten Beobach-

Zodiakallicht

Abhängigkeit der gemessenen Mikrometeoritenhäufigkeit von der Teilchenmasse. Das (doppelt logarithmische) Diagramm stellt dar, wieviele Mikrometeoriten pro Sekunde durchschnittlich in der Nähe der Erdbahn auf eine quadratmetergroße Auffangfläche treffen. – Das Diagramm zeigt die erheblichen Diskrepanzen zwischen den Meßwerten verschiedener Experimentatoren und den verschiedenen Meßmethoden, jedoch auch die Aussicht eines Anschlusses (gestrichelte Linie) der Mikrometeoriten-Messungen $(10^{-8}$ Gramm und kleiner) an die Meteordaten (größer als 10^{-6} Gramm). Nach R.-H. Gieße. SuW **10**, 261 (1971)

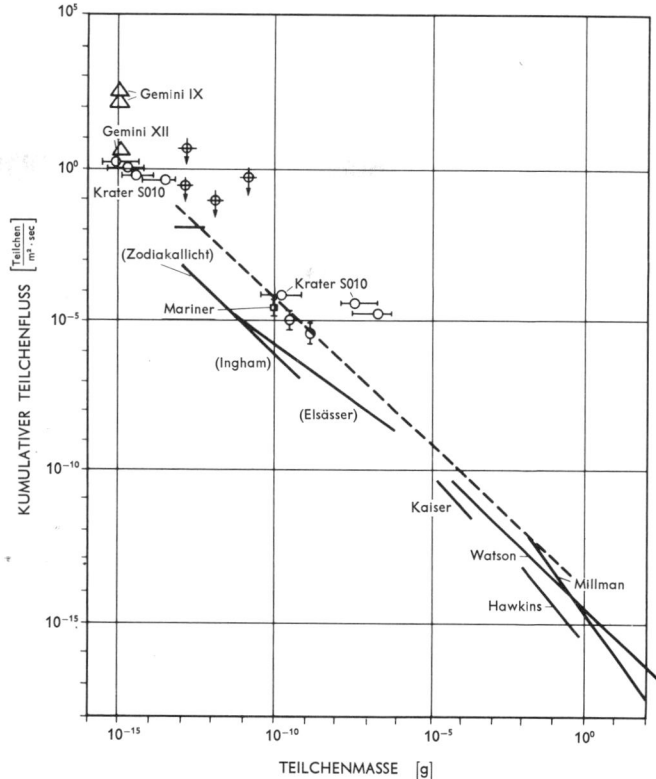

tungsmöglichkeiten liegen in der Lage der Ekliptik zu unserem Horizont. Nur in den beiden genannten Jahreszeiten steigt die Ekliptik so steil über dem Horizont auf, daß das Zodiakallicht nicht im Dämmerungslicht untergeht und noch durch die bodennahen Dunstschichten beobachtbar ist.

Die Spitze des Zodiakallichts liegt etwa 90° bis 100° von der Sonne entfernt. Eine schmale Lichtbrücke zieht sich von dort weiter entlang des Nachthimmelsbogens der Ekliptik bis zu einer gegenüber der Sonne liegenden Himmelsstelle. Dort erreicht das Zodiakallicht ein sekundäres Helligkeitsmaximum, das als „Gegenschein" bezeichnet wird. Untersuchungen des Zodiakallichts, photometrisch oder spektroskopisch, sind sehr schwierig, da der ganzen Erscheinung das aus verschiedenen Anteilen zusammengesetzte Nachthimmelslicht überlagert ist. Die früher vermuteten zeitlichen Schwankungen des Tierkreislichts scheinen sich nicht zu bestätigen, wahrscheinlich sind sie durch Schwankungen des Nachthimmelslichts (Rekombinationsleuchten der Ionosphäre [das sogenannte Airglow], durch Polarlichter usw.) vorgetäuscht. – Die als visuelle Helligkeit des Zodiakallichts für 40° Elongation (Abstand von der Sonne) angegebenen Werte gehen deshalb auch von 700 bis 1 100 Sterne 10. Größe pro Quadratgrad $(10^m/\square°)$.

Man nimmt an, daß das Zodiakallicht von einer abgeflachten, die Sonne umgebenden, mit seiner Symmetrieebene in der Ekliptik liegenden Staub- und Gaswolke ausgeht. Die Ableitung der Staub- und Elektronendichte dieser Wolke aus den Intensitäten des Zodiakallichts ist schwierig, denn dazu müßten die Gesetzmäßigkeiten der Lichtstreuung und die Natur der interplanetaren Teilchen näher bekannt sein. Für Abschätzungen ist die zugrunde gelegte Streufunktion entscheidend.

Mittlere Dichte und Gesamtmasse des inneren Zodiakallichtkörpers

Autor	Dichte	Masse
van Schewik	$3 \cdot 10^{-19}$ g/cm^3	$8 \cdot 10^{20}$ g
van de Hulst	$5 \cdot 10^{-21}$ g/cm^3	$6 \cdot 10^{18}$ g
Siedentopf	10^{-22} g/cm^3	10^{17} g

H. Elsässer gibt als Gesamtmasse des inerplanetaren Staubes innerhalb der Erdbahn etwa $5 \cdot 10^{19}$ g oder das 10^{-8}fache der Erdmasse an.

Die Hauptmasse des interplanetaren Staubes dürfte aus Teilchen mit einem Durchmesser von 0,001 bis 0,1 mm bestehen. (Mit Hilfe von Raketen zur Erde gebrachte Partikel zeigen zum Teil aber auch nicht kugelige, sondern bizarre Formen).

4.4.3 Mikrometeorite

Im vorstehenden Diagramm sind auch die Ergebnisse über Raumsonden-Sammelexperimente von Mikrometeoriten sowie der aus Mondproben abgeleitete Teilchenfluß eingetragen. Die Darstellung ist nicht nur wissenschaftlich, sondern auch technisch äußerst interessant, da sie direkt Auskunft gibt über das Risiko der Kollision eines Raumflugkörpers mit einem Meteoriten in der Nähe der Erdbahn. Ihr entnimmt man z. B., daß die Flußdichte von Teilchen der Masse 1 Gramm und darüber etwa 10^{-15} Partikel pro Quadratmeter und Sekunde beträgt. Anschaulich heißt dies, daß man etwa im statistischen Mittel 10^{15} Sekunden oder 30 Millionen Jahre warten muß, bis eine bestimmte, 1 m^2 große Fläche – etwa die Wand eines Raumfahrzeugs – von einem Meteorit der Größenordnung getroffen wird. Für Staubkörner von einem Milliardstel Gramm wäre nach diesem Diagramm etwa alle 10^5 Sekunden – das entspricht etwa einem Tag – mit einem Einschlag auf derselben quadratmetergroßen Fläche zu rechnen.

4.4.4 Das interplanetare Gas

Die Gaskomponente der interplanetaren Materie wird hauptsächlich durch den solaren Wind, den Sonnenwind, gebildet. Ein kleinerer Teil stammt von den Gasmolekülen, die ständig aus den Planetenatmosphären und auch aus Kometenschweifen diffundieren. – Der Sonnenwind ist der radial von der Sonne weggerichtete Materiestrom, der sich im Erd-Magnetfeld z. B. als Polarlicht (s. 2.4) und auch an den Ionenschweifen der Kometen (s. 4.2.5) bemerkbar macht. Er besteht überwiegend aus Protonen (Wasserstoffionen) und Elektronen, sowie einer kleinen Beimengung von schwereren Ionen (Heliumkerne, α-Teilchen). In der Umgebung der Erde liegt die Dichte des solaren Windes zwischen 5...10 Teilchen pro cm^3; die Dichte kann aber auch bis zum 10fachen ansteigen. Die Geschwindigkeit des Sonnenwindes liegt im allgemeinen bei 400 km s^{-1}; schwankt aber, je nach Sonnenaktivität (s. 5.5), zwischen 300...800 km s^{-1}. – Für das interplanetare Gas wird am Ort der Erde eine Gasdichte von etwa 10^{-21} g · cm^{-3} und eine Temperatur von $2 \cdot 10^5$ K angegeben.

5 Die Sonne

Die Sonne ist ein Stern, und zwar ein Stern durchschnittlicher Größe. Was sie auszeichnet ist die Tatsache, daß sie uns so nahe steht, daß sie der einzige Stern ist, dessen Oberfläche wir in ihren Einzelheiten studieren können.

5.1 Die Sonne als Stern

Die Sonne liegt etwa 15 Parsec (pc; 1 pc = 3,262 Lichtjahre = $3,0857 \cdot 10^{16}$ m) nördlich der Ebene der Milchstraße (s. 13.1) und etwa 8 200 pc vom Zentrum des Milchstraßensystems entfernt (rund $2/3$ vom Radius des Milchstraßensystems). Zusammen mit den Sternen ihrer Umgebung bewegt sie sich mit 200 bis 260 km/s auf einer fast kreisförmigen Bahn um das Zentrum unserer Galaxis; ein Umlauf dauert etwa 200 Millionen Jahre. Außerdem bewegt sie sich gegenüber ihrer Umgebung mit 20 km/s in Richtung des Sternbildes Herkules.

Zustandsgrößen der Sonne

Radius	$R_\odot = 6,960 \cdot 10^8$ m	= 109 Erdradien
Masse	$\mathfrak{M}_\odot = 1,989 \cdot 10^{30}$ kg	= 333 000 Erdmassen
Mittlere Dichte	$P_\odot = 1,409$ g cm^{-3}	= 0,26 · Erddichte

Schwerebeschleunigung
an der Oberfläche $\qquad$ 274,0 m s^{-2}
Entweichungsgeschwindigkeit
an der Oberfläche $\qquad$ 617,7 km s^{-1}
siderische Rotationsperiode
in mittlerer Breite $\qquad$ $2,1928 \cdot 10^6$ s = 25,380 Tage
Trägheitsmoment $\qquad$ $5,7 \cdot 10^{46}$ kg m^2
Drehimpuls $\qquad$ $1,63 \cdot 10^{41}$ kg m^2 s^{-1}
Rotationsenergie $\qquad$ $2,4 \cdot 10^{35}$ Joule

Effektive Temperatur $\qquad$ $T_{\text{eff}} = 5\,780$ K
Strahlungsstrom an der $\qquad$ $\pi F = 6,329 \cdot 10^7$ Watt m^{-2}
$\quad$ Oberfläche
Leuchtkraft $\qquad$ $L_\odot = 3,853 \cdot 10^{26}$ Watt
Absolute Helligkeiten $\qquad$ $M_V = 4^{\text{M}}87$
$\qquad\qquad\qquad\qquad\quad M_B = 5^{\text{M}}54$
$\qquad\qquad\qquad\qquad\quad M_V = 5^{\text{M}}72$
$\qquad\qquad\qquad\qquad\quad M_{\text{bol}} = 4^{\text{M}}74$
Spektraltyp $\qquad$ G2V

Weitere Daten über die Sonne

Mittlere Entfernung von der $\qquad$ $r_0 = 1,495979 \cdot 10^{11}$ m = 1 AE
$\quad$ Erde (Astronomische Einheit)
Solarkonstante $\qquad$ $S = 1,370 \cdot 10^3$ Watt m^{-2}
Scheinbare Helligkeiten $\qquad$ $m = M - 31,57$

Einem Winkel von 1″ entspricht in der mittleren Entfernung der Sonne eine lineare Ausdehnung von 725 km.

5.2 Die Solarkonstante

Die Sonne ist uns so nahe, daß die Stärke ihrer Strahlung, d. h. der gesamte von ihr ausgehende Energiefluß unmittelbar gemessen werden kann. Hierfür wird u. a. das Pyrheliometer verwendet. Es besteht aus einem innen geschwärzten Hohlkörper mit bekannter Wärmekapazität. Durch eine Öffnung kann die Sonnenstrahlung eintreten. Sie wird absorbiert und bewirkt eine Erwärmung, die mit der Erwärmung durch eine elektrische Heizung verglichen wird. Nach Berücksichtigung der Absorption in der Erdatmosphäre wird so die Solarkonstante

$$S = 1{,}37\,\mathrm{kW\,m^{-2}}$$

erhalten. Dieser Wert ist durch eine absolute Photometrie des spektral zerlegten Sonnenlichts gut bestätigt. Rechnet man diesen Energiestrom mit dem r^{-2}-Gesetz vom mittleren Erdbahnradius auf den Sonnenradius um, so findet man für den Energiestrom an der Sonnenoberfläche

$$\pi F = 63\,290\,\mathrm{kW\,m^{-2}}.$$

Ein schwarzer Körper müßte, damit er die gleiche Gesamtstrahlung liefert, die Temperatur

$$T_\mathrm{e} = 5\,780\,\mathrm{K}$$

haben. Diese effektive Temperatur T_e ist weniger ein Maß für die Temperaturen in der Sonnenatmosphäre als vielmehr eine Angabe des Energiestroms an der Sonnenoberfläche.

Die physikalischen Verhältnisse in der Erdatmosphäre und damit die Lebensbedingungen auf unserem Planeten werden entscheidend durch den Wert der Solarkonstanten bestimmt. Versuche, säkulare Schwankungen der Solarkonstanten nachzuweisen oder sie mit langfristigen Klimaveränderungen in Verbindung zu bringen, haben bisher keine eindeutigen Resultate ergeben. Dagegen haben in jüngster Zeit Messungen von Satelliten aus gezeigt, daß die Solarkonstante Schwankungen mit kurzen Zeitskalen (< 14 Tage) unterworfen ist. Die Schwankungen, deren Amplitude $< 0{,}1\,\%$ ist, sind proportional zu dem Bruchteil der Sonnenscheibe, der zum jeweiligen Zeitpunkt von Sonnenflecken bedeckt ist.

5.3 Das Spektrum der Sonne

1815 hat Fraunhofer als erster das Spektrum der Sonnenstrahlung genauer untersucht und dabei die nach ihm benannten dunklen Absorptionslinien entdeckt. Etwa 24 000 Absorptionslinien sind heute ausgemessen (Wellenlänge, Stärke der Absorption) und in Tabellen aufgeführt. Ungefähr 75 Prozent von ihnen konnten identifiziert, d. h. einem Element zugeordnet werden. Aus einer der bekanntesten Registrierungen des Sonnenspektrums, dem Utrechter Sonnenatlas, gibt die Abbildung einen kleinen Ausschnitt. In derartigen Atlanten ist die Intensität in den Fraunhoferlinien in Abhängigkeit von der

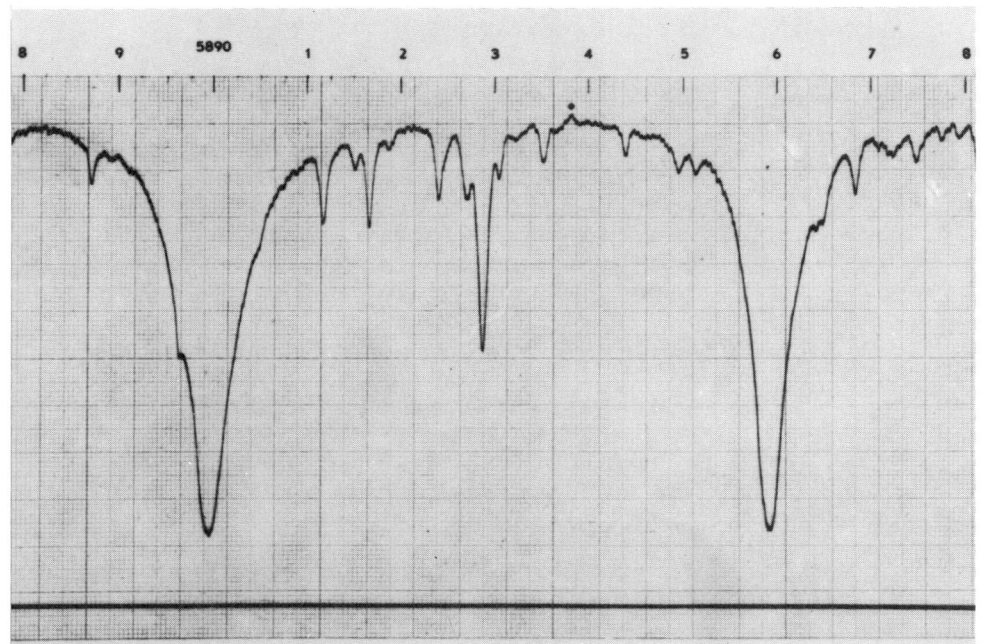

Mikrophotometerkurve des Sonnenspektrums im Bereich der Natrium-D-Linie, die wiederum in zwei Linien aufgespaltet, in NaD_1 und NaD_2 (die beiden tiefen Einsenkungen in der Registrierkurve). Ausschnitt aus dem Utrecher Sonnenatlas

Wellenlänge dargestellt, bezogen auf die Intensität im linienfreien Kontinuum. Unterhalb von etwa 4 500 Å liegen im Sonnenspektrum die Linien allerdings so dicht, daß die Festlegung eine Kontinuums fast unmöglich wird. Aus den in den Atlanten dargestellten Linienprofilen werden wichtige Aufschlüsse über den Aufbau der Sonnenatmosphäre und über die Häufigkeiten der einzelnen chemischen Elemente gewonnen.

Vergleicht man das Sonnenspektrum mit Sternspektren, so zeigt sich, daß die Sonne ein Stern vom Spektraltyp G2V ist. (Vgl. 7.1.1) Während jedoch bei Sternen nur das Spektrum der Gesamtstrahlung beobachtbar ist, kann wegen der Nähe der Sonne hier auch die Mitte-Rand-Variation des Spektrums untersucht werden. Die Unterschiede sind relativ gering.

Wie Messungen von Raketen und Satelliten aus ergaben, sind im extremen UV (etwa unterhalb 1 600 Å) Emissionslinien die Regel. Sie entstehen nicht wie die Fraunhoferlinien in der Photosphäre, sondern in höheren Schichten der Sonnenatmosphäre, in der sogenannten Chromosphäre.

Für die Ausmessung der Fraunhoferlinien wurden die Intensitäten im Spektrum auf Kontinuumsintensität bezogen. Sie war die Bezugsgröße, nach deren Betrag nicht gefragt wurde. Für viele Untersuchungen ist es aber notwendig, die Intensitätsverteilung im Spektrum in absoluten Einheiten zu kennen. Sie wird gemessen durch Vergleich des Sonnenspektrums mit dem Spektrum einer Lichtquelle mit bekannter Energieverteilung, z. B. eines Hohlraumstrahlers oder einer kalibrierten Wolframbandlampe (absolute Spektralphotometrie).

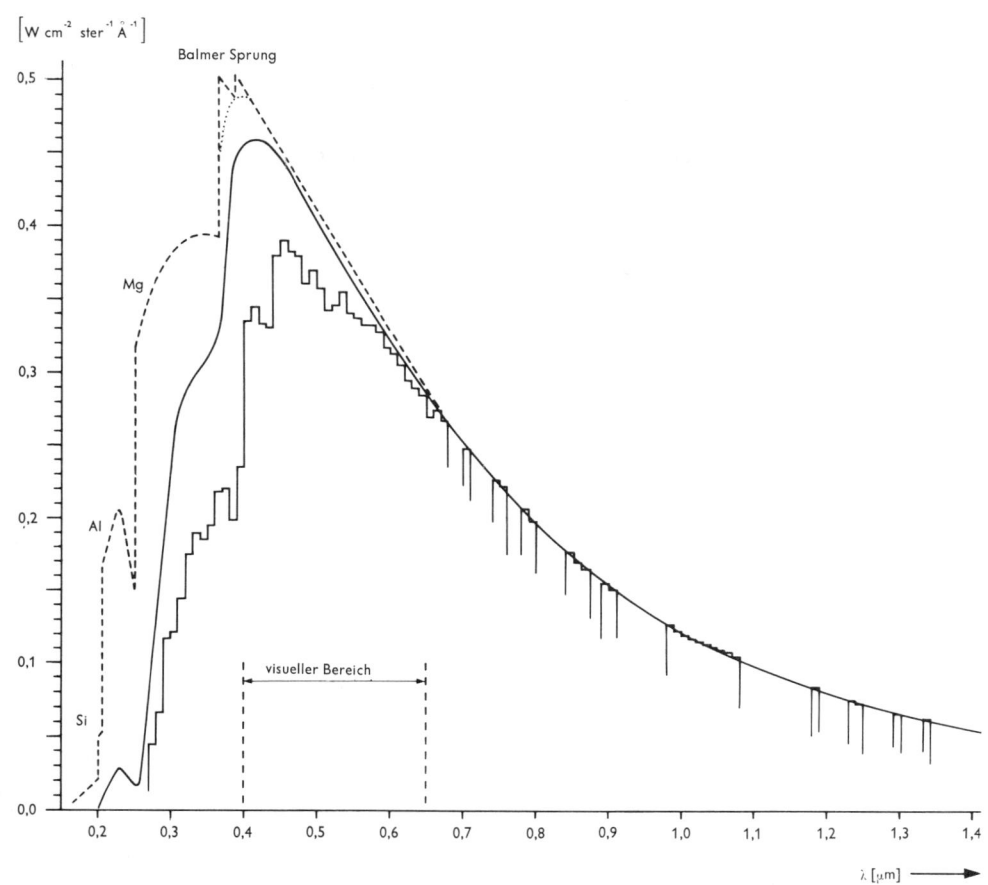

Energieverteilung im Sonnenspektrum. Eingezeichnet sind eine nach einem Modell erhaltene theoretische Energieverteilungskurve für das Sonnenkontinuum nach H. Holweger (gestrichelt). Die Treppenkurve stellt die tatsächlich gemessenen Intensitäten im Sonnenspektrum dar, gemittelt über jeweils 100 Å, nach Messungen von J. Houtgast, D. Labs, H. Neckel u. a. Diese Kurve liegt im Energieniveau am niedrigsten, weil in die Messungen die Absorption in den Fraunhoferlinien voll eingeht. Die durchgezogene mittlere Kurve gibt die Verbindung zwischen den linienfreien Gebieten im Spektrum (Quasikontinuum). Man beachte den steilen Abfall der Energieverteilung im Ultravioletten beim sogenannten Balmersprung und die noch erhebliche Strahlungsleistung der Sonne im Infrarotbereich (nach D. Labs)

5.4 Der Aufbau der Sonne

Die Sonne ist – wie jeder andere Stern – eine Gaskugel, in welcher die Dichte stetig von innen nach außen abnimmt. Da dieses Gas für Strahlung teilweise durchlässig ist, stammt die beobachtete Sonnenstrahlung aus verschieden tiefen Schichten der Sonne. Mit zunehmender Tiefe in der Sonne wächst jedoch die Dichte und damit auch der Absorptionskoeffizient (s. 5.4.1) der solaren Materie rasch an, so daß aus einer Tiefe, die verglichen mit dem Sonnenradius immer noch sehr klein ist, die Strahlung nicht mehr direkt austreten kann. Diese Tiefe trennt das darunter liegende Sonneninnere von der darüber liegenden Sonnenatmosphäre. Der Teil der Sonnenatmosphäre (in tieferen Schichten), aus dem der wesentliche Teil der sichtbaren Strahlung stammt, nennt man die Photosphäre. Über ihr liegen die Chromosphäre und die Sonnenkorona, Gebiete, in denen die Gasdichte schon sehr gering ist.

5.4.1 Das Sonneninnere

Für das Sonneninnere können alle Überlegungen und Grundsätze, wie sie für den inneren Aufbau der Sterne gelten, übernommen werden. Der Leser sei daher auf den Abschnitt 9 verwiesen.

Es gelten in der Sonne also die Bedingung des Gleichgewichts aller Kräfte (durch welche vor allem die Druckschichtung festgelegt ist) und die Bedingung energetischen Gleichgewichts (aus der im wesentlichen die Temperaturschichtung folgt).

Unter den Prozessen des Energietransportes spielt in der tieferen Atmosphäre und im Sonneninneren bis in eine Tiefe von etwa einem Zehntel Sonnenradius Konvektion, also Energietransport durch hydrodynamische Strömungen eine besondere Rolle. Konvektive Strömungen sind die Folge einer instabilen Schichtung der Materie. Die Ursache dieser Instabilität kann wie folgt beschrieben werden.

Nehmen wir an, eine herausgegriffene Gasmasse steige auf und bewege sich damit in Richtung abnehmenden Druckes und abnehmender Umgebungstemperatur. Der Gasballen wird das Druckgleichgewicht mit der Umgebung herstellen, sich also ausdehnen und dabei (adiabatisch) abkühlen. Paßt sich mit dem Druckausgleich auch die Temperatur der Umgebungstemperatur an? Das ist nicht notwendigerweise der Fall. Ist die Temperaturabnahme durch adiabatische Expansion geringer als die Temperaturabnahme in der Umgebung, so bleibt das aufsteigende Gas heißer als die Umgebung, wird also einen Auftrieb erfahren, der die angenommene ursprüngliche Bewegung aufrechterhält. Ist die Temperaturabnahme im Gasballen dagegen größer als in der Umgebung, so wird die aufsteigende Materie kühler und damit auch dichter sein als die Umgebung, der Aufstieg wird dadurch gebremst. Die Schichtung wäre im ersteren Fall instabil, im zweiten Fall stabil.

Aus Gründen, die mit der Ionisation des Wasserstoffs zusammenhängen, sind – wie bereits gesagt – der äußere Teil des Sonneninneren zusammen mit der tieferen Atmosphäre konvektiv. Im übrigen dominiert der Strahlungstransport.

Die von der Sonne abgestrahlte Energie wird im Sonneninneren bei Temperaturen von über 10^7 K durch die pp-Reaktionen (s. 9.1.2) erzeugt. Alle diese Reaktionen laufen auf die Bildung eines ^{4}He-Kernes aus vier Protonen hinaus. In diesen Reaktionen wird durch Protoneneinfang auf dem Wege über einen Deuteriumkern D^2 zunächst das Isotop ^{3}He aufgebaut, das dann schließlich in der Reaktion

$$^3\text{He} + {}^3\text{He} = {}^4\text{He} + 2\,{}^1\text{H}$$

den wesentlichen Teil der Energie liefert. Es ist aber bei Temperaturen oberhalb von etwa $1,4 \cdot 10^7$ K wahrscheinlicher, daß in der Reaktion

$$^3\text{He} + {}^4\text{He} = {}^7\text{Be}$$

zunächst das Beryllium ^{7}Be gebildet wird, das dann entweder über das Lithiumisotop ^{7}Li oder nach Protoneneinfang über das Borisotop ^{8}B schließlich zum Endprodukt ^{4}He umgewandelt wird. Bei den letzteren Reaktionen werden Neutrinos gebildet, die – wegen ihrer kleinen Wirkungsquerschnitte – die Sonne ohne weitere Wechselwirkung verlassen können und die, da ihre kinetischen Energien in einem günstigen Bereich liegen, auf der Erde nachgewiesen werden können. Ein derartiger Nachweis ist tatsächlich gelungen, allerdings liefern die Messungen ein Ergebnis, das um einen Faktor zwei bis drei unter dem theoretisch erwarteten Wert liegt. Es werden große Anstrengungen sowohl auf der Ebene des experimentellen Nachweises wie auch der Theorie unternommen, um diese Diskrepanz, das sogenannte „solare Neutrinoproblem" aufzuklären. Es handelt sich hier um eine Frage von einiger Bedeutung, da die Neutrinos die einzige direkte Information über das Sonneninnere und damit exemplarisch über den inneren Aufbau der Sterne vermitteln.

5.4.2 Die Photosphäre

Der Aufbau der Sonnenatmosphäre (wie jeder Sternatmosphäre) ist im wesentlichen festgelegt durch:

a) die Größe des nach außen fließenden Energiestromes πF, der die effektive Temperatur bestimmt

$$\pi F = \sigma T_e^4,$$

b) die Schwerebeschleunigung

$$g = G \mathfrak{M}_\odot / R^2$$

($G = 6,672$ N m^2 kg^{-2} ist die Gravitationskonstante, $\mathfrak{M}_\odot = 1,989 \cdot 10^{30}$ kg ist die Masse der Sonne und $R = 6,960 \cdot 10^8$ m ihr Radius),

c) die chemische Zusammensetzung.

Es ist möglich, den Aufbau der Sonnenatmosphäre unter Kenntnis von a), b) und c) aus folgenden zwei Grundannahmen zu berechnen:

1) Es herrscht mechanisches (hydrostatisches) Gleichgewicht, d. h., an jedem Ort ist der Druck so groß, daß er das Gewicht der darüber liegenden Materie trägt.

5 Die Sonne

2) Es herrscht Energiegleichgewicht, d. h., die einem Volumenelement pro Zeiteinheit beispielsweise durch Absorption von Strahlung und andere Prozesse zugeführte Energiemenge muß in der gleichen Zeit auch wieder abgegeben werden.

Die Berechnung von Modellatmosphären aufgrund dieser Vorstellungen ist mühsam und erfordert erheblichen numerischen Aufwand. Da zudem die Resultate für Sterne mit linienreichen Spektren wie die Sonne wenig genau sind, stützt man sich bei der Bestimmung des Modells der Sonnenatmosphäre vorwiegend direkt auf Beobachtungen. Man verwendet z. B. die Stärke der Kontinuumsstrahlung in verschiedenen Wellenlängen und ihre Mitte-Rand-Variation, die Mitte-Rand-Variation von ausgesuchten Fraunhoferlinien, das Auftreten von Emissionslinien im extremen UV, die Beobachtung, daß auch

Aufbau des Sonneninneren, der Sonnenatmosphäre sowie von Chromosphäre und Korona.

		Abstand vom Mittelpunkt 1000 km	$R_\odot$	Druck 10^{12} Pa	Temperatur 10^6 Kelvin	Dichte g/cm³
Sonnen-	Energieerzeugung	0	0	22 100	14,6	134
inneres	(Wasserst.-Helium)	28	0,04	20 000	14,2	121
	Stabile Schichtung	70	0,10	13 500	12,6	85,5
	Energietransport	139	0,20	4 590	9,35	36,4
	nach außen durch	209	0,30	1 160	6,65	12,9
	Strahlung	279	0,40	267	4,74	4,13
		348	0,50	60,5	3,42	1,30
		418	0,60	13,7	2,49	0,405
		488	0,70	3,0	1,80	0,124
		556	0,80	0,611	1,28	0,035
	Instabile	585	0,84	0,301	1,04	$2 \cdot 10^{-2}$
	Schichtung	627	0,90	0,78	0,605	$9 \cdot 10^{-3}$
	Energietransport durch Konvektion	682	0,98	0,00-11	0,111	$8 \cdot 10^{-4}$

				10^3 Pa	Kelvin	
Photo-	Schicht aus der	400 km		0,22	9 000	$5 \cdot 10^{-7}$
sphäre	die sichtbare	Schicht-		0,08	5 800	$2 \cdot 10^{-7}$
	Strahlung stammt	dicke		0,006	4 300	$3 \cdot 10^{-8}$
(Sonnen-	Rand der hellen	696	1,00	0,006	4 300	$3 \cdot 10^{-8}$
rand)	Sonnenscheibe					
Chromo-	Bei Sonnenfinster-	698	1,003		5 000	$1 \cdot 10^{-11}$
sphäre	nis rötlich	700	1,006		5 000	$7 \cdot 10^{-13}$
	leuchtende dünne	702	1,009		6 300	$1 \cdot 10^{-13}$
	Schicht	704	1,012		300 000	$2 \cdot 10^{-15}$
Korona	Strahlenförmig	716	1,03		$\approx 10^6$	$5 \cdot 10^{-16}$
	weit verteilte,	1 392	2,00			$5 \cdot 10^{-18}$
	leuchtende Hülle	2 088	3,00			$5 \cdot 10^{-19}$
		2 784	4,00			$2 \cdot 10^{-19}$

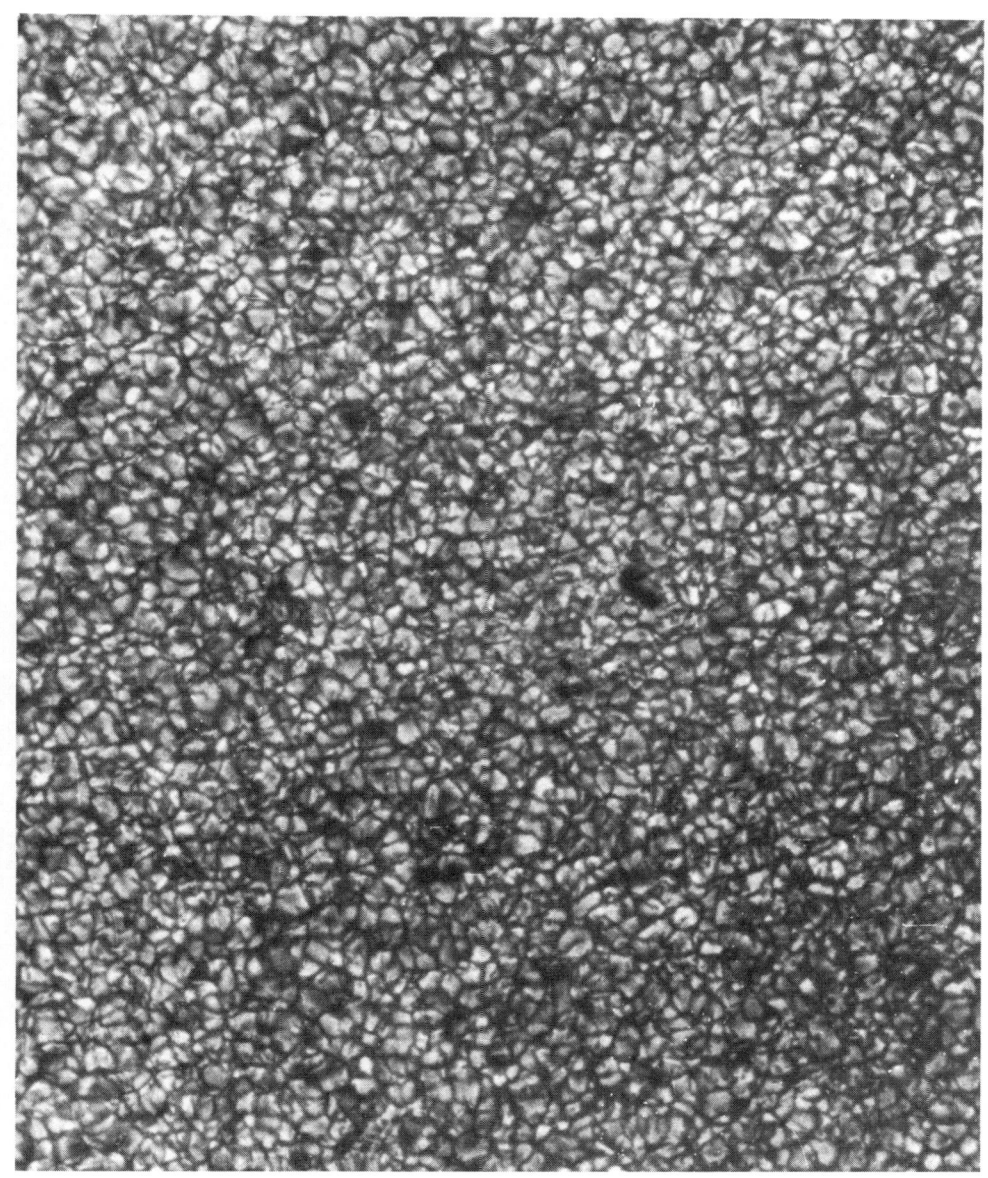

Granulation der ruhigen Sonne

normale Fraunhoferlinien bei Sonnenfinsternissen in den kurzen Augenblicken vor oder nach der Totalität als Emissionslinien auftreten (Flash-Spektrum) usw.

In der Tabelle ist das Ergebnis solcher Untersuchungen zusammen mit Daten über das Sonneninnere und über die nahe Sonnenumgebung zusammengestellt.

Die Photosphäre erscheint nicht gleichmäßig hell, sondern granuliert; sie ist aus vielen kleinen hellen Granulen zusammengesetzt. Diese haben die Form unregelmäßiger Polygone, die durch das dunklere feine Netzwerk der Intergranula voneinander getrennt sind. Die typische Größe der Granula liegt bei etwa 1 000 km. Das Bild der Granulation ist nicht beständig, die Lebenszeit der Granula beträgt etwa 10 Minuten. Es unterliegt heute keinem Zweifel, daß diese Erscheinung auf die Konvektion in der tiefen Photosphäre und den darunter liegenden Schichten zurückzuführen ist, und daß wir in den Granula die aufsteigenden heißen Gaswolken sehen. Die Temperaturunterschiede gegenüber der Umgebung betragen etwa 300 Grad. Wie die Beobachtungen zeigen, ist die Konvektion in der Sonne nicht stationär, die Konvektionszellen ändern sich mit der Zeit. Eine genaue Untersuchung der Größenverteilung der Granula, der Kontraste und der Temperaturdifferenzen ist von erheblichem theoretischem Interesse. Man hat deshalb große Anstrengungen unternommen, die Feinstruktur der Granulation zu beobachten und hierzu u. a. automatisch gesteuerte Fernrohre an großen Ballons verwandt. In den erreichten Höhen von ca. 30 bis 40 km ist bei diesen Beobachtungen sehr störende Luftunruhe weitgehend ausgeschaltet.

Durch Messung von Dopplerverschiebungen in Spektren, die gleichzeitig ein hohes Winkelauflösungsvermögen hatten, wurde festgestellt, daß die heißeren Granula tatsächlich aufsteigen. Die Geschwindigkeiten liegen bei etwa 2 km/s, streuen jedoch sehr erheblich.

Es gibt ferner eine oszillatorische Komponente des Geschwindigkeitsfeldes, dessen Entdeckung zunächst überraschend war. Inzwischen ist diese Erscheinung in ausgedehnten Meßreihen sehr sorgfältig studiert worden. Es ergaben sich eindeutige Zusammenhänge zwischen den Perioden der Schwingung, die in der Größenordnung von etwa fünf Minuten liegen, und der horizontalen Ausdehnung der Gebiete, in denen sich diese Schwingungen koordiniert vollziehen (Ausdehnung etwa 5 000 km). Diese Zusammenhänge sind auch theoretisch verstanden. Schließlich ergab eine Analyse des Geschwindigkeitsfeldes großräumige Strukturen (charakteristische Dimension 40 000 km), die sogenannte Supergranulation. Sie ist in der Horizontalkomponente der Geschwindigkeiten erkennbar. Zwischen ihr und dem chromosphärischen Netz besteht möglicherweise ein Zusammenhang.

5.4.3 Chromosphäre und Korona

Wie aus der Tabelle (s. 5.4.2) hervorgeht, liegt über der etwa 400 km dicken Schicht der Photosphäre die Sonnenchromosphäre und schließlich die Sonnenkorona, die sich weit in den interplanetaren Raum erstreckt. Die optische Strahlung aus diesen Gebieten sehr geringer materieller Dichte war früher nur bei totalen Sonnenfinsternissen beobachtbar, also dann, wenn die helle Sonnenscheibe durch den Mond verdeckt ist. Heutzutage können mit besonders streulichtarmen Teleskopen, in denen durch eine Kegelblende das direkte Sonnenlicht abgedeckt wird (Koronograph, s. A.2.6), die Chromosphäre

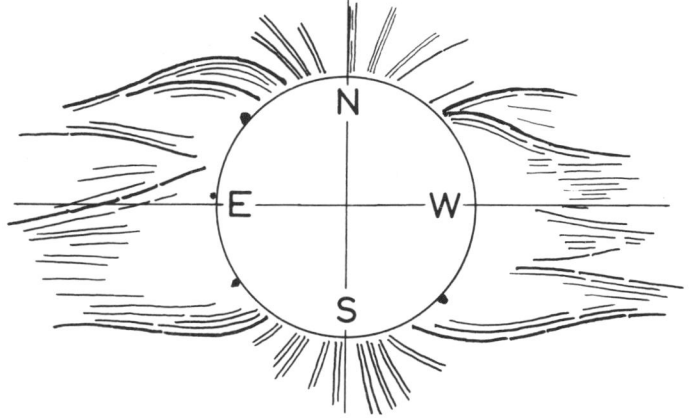

In den Jahren des Flekkenminimums ziehen sich lange Strahlen beiderseits des Äquators hin. An den Polen stehen kurze radiale Strahlen

Die Minimumkorona vom 23. Oktober 1976. Am Ostrand (links) sind die Überstrahlungen von zwei Protuberanzen zu erkennen

und die Korona auch unabhängig von Finsternissen beobachtet werden.

Man findet, daß die Form der Korona langsamen Veränderungen unterworfen ist, so daß sie zur Zeit minimaler Sonnenaktivität (s. 5.5) am Äquator besonders ausgeprägt, an den Polen dagegen etwas schwächer ausgebildet ist. Zur Zeit des Sonnenfleckenmaximums ist die Korona runder. Als besondere Strukturen fallen die Koronastrahlen ins Auge. In ihnen ist die Materie dichter als in der Umgebung. Die strahlenartige Form ist zweifellos durch Magnetfelder bestimmt.

Die Korona strahlt ein kontinuierliches Spektrum aus, und zwar vorwiegend an freien Elektronen gestreutes Sonnenlicht. Diesem Kontinuum, in dem durch die Dopplereffekte aufgrund der hohen thermischen Geschwindigkeiten der Elektronen alle Fraunhoferlinien verwischt sind, ist eine Reihe von Emissionslinien überlagert. Ihre Deutung war lange Zeit ein

Rätsel. Heute wissen wir, daß sie zu hoch ionisierten Elementen gehören. Die wichtigsten Linien sind die rote Koronalinie λ 6 374,51 Å FeX, die grüne Koronalinie λ 5 302,86 Å FeXIV und die gelbe Koronalinie λ 5 694,42 Å CaXV. Aus ihrem Auftreten muß ebenso wie aus der Stärke der thermischen Radiostrahlung auf eine extrem hohe Temperatur der Korona von etwa 1 bis 2 Millionen Grad geschlossen werden.

Im Maximum des Fleckenzyklus sind die Strahlen der Korona unregelmäßiger und weniger deutlich. Das Gesamtbild der Korona ist runder

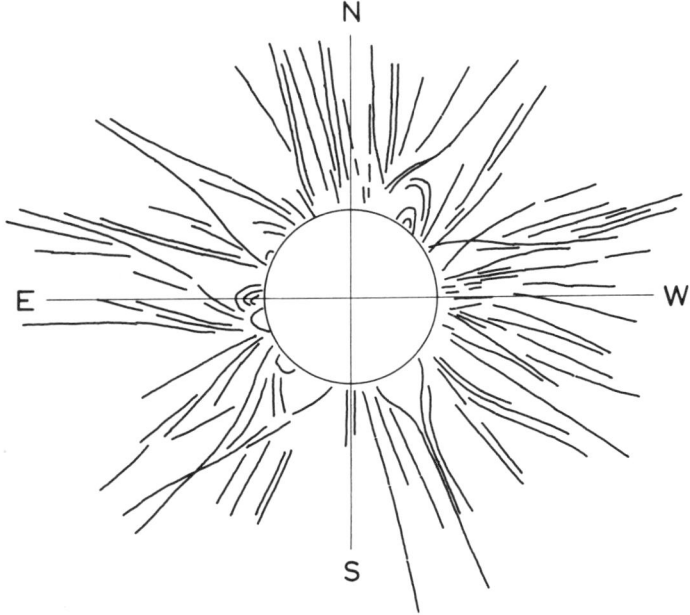

Im Röntgenbereich (10 bis 100 Å) emittiert die Sonnenkorona ein Röntgenkontinuum, dem starke Emissionslinien hochionisierter Metalle überlagert sind. Aus den heißesten Gebieten mit Temperaturen bis $6 \cdot 10^6$ K wird Strahlung bis herab zu 1 Å Wellenlänge beobachtet.

Der Mechanismus der Aufheizung ist in groben Zügen bekannt. Die Konvektion in der tieferen Photosphäre führt zu Strömungsgeschwindigkeiten von etwa 1...2 km/s. Bei derartigen Geschwindigkeiten treten Druckschwankungen auf, von denen aus sich Schallwellen ausbreiten. Daneben werden, sofern Magnetfelder vorhanden sind, sog. magnetohydrodynamische Wellen (Alfvénwellen) angeregt. Es sind dies – im Gegensatz zu den Schallwellen – transversale Wellen, die am ehesten mit der Ausbreitung von Wellen auf gespannten elastischen Seilen vergleichbar wären. Die Magnetfelder wirken etwa wie die elastische Spannung der Seile. Ein kleiner Bruchteil der Sonnenenergie gelangt damit in Form von Wellenenergie in die höheren Schichten der Sonnenatmosphäre, also in Schichten mit abnehmender Dichte. Man kann nun zeigen, daß sich die Schallwellen dabei aufsteilen und in sogenannte Stoßwellen übergehen. (Ein treffendes Bild wäre der Übergang von der Dünung des Ozeans in die Brandungswellen in der Nähe der Küste. Der mit der Höhe abnehmenden Dichte in der Sonnenatmosphäre entspricht in diesem Bild die abnehmende Wassertiefe.) Die Energie wird endlich in Form von Wärme an das Gas abgegeben und zwar von den Alfvénwellen in der Korona, von den Stoßwellen in der Übergangszone zwischen Chromosphäre und Korona. Auf diese Anlieferung von Energie reagiert das Gas durch Erhöhung der Temperatur, bis durch Abstrahlung, vor allem aber durch Wärmeleitung nach unten zur kühleren Photosphäre der Energiehaushalt der Korona wieder ausgeglichen ist.

In größeren Abständen von der Sonne tritt gegenüber dem an freien Elektronen gestreuten Sonnenlicht (K-Korona) der an Staubteilchen gestreute Anteil deutlich hervor. In diesem Streulicht können die photosphärischen Fraunhoferlinien wieder beobachtet werden (F-Korona). Es gibt einen stetigen Übergang von der Korona in das interplanetare Medium mit seinem Staubanteil, der für das Zodiakallicht (s. 4.2.2) verantwortlich ist.

Die Chromosphäre, also das Gebiet zwischen Photosphäre und Korona, ist von sehr komplizierter Struktur. Das optische Spektrum der Chromosphäre kann in den Augenblicken kurz vor oder nach totalen Sonnenfinsternissen beobachtet werden (Flash-Spektrum). In diesen Spektren erscheinen die stärksten Fraunhoferlinien in Emission. Die Kerne dieser Linien und die Emissionslinien in extremen UV entstehen in der Chromosphäre ebenso wie die Radiostrahlung im Zentimeterbereich.

In diesem Bild ist die bürstenartige Struktur der Sonnenchromosphäre deutlich zu erkennen

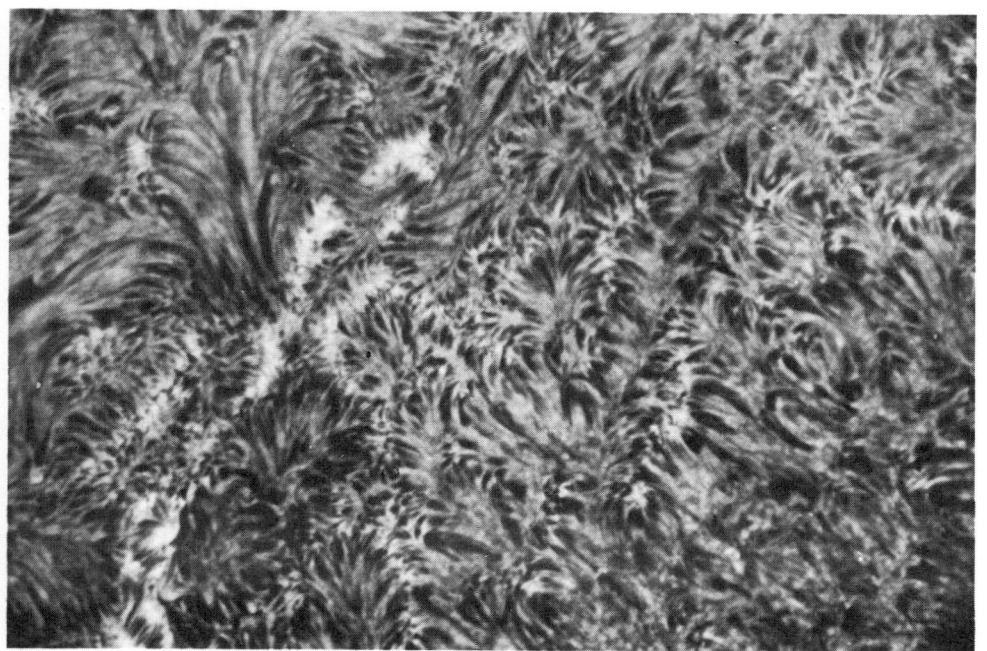

Die Chromosphäre ist nicht homogen. In ihren höheren Schichten zeigt sie eine bürstenartige Struktur. Die den Borsten entsprechenden Spicules sind etwa 1 000 km dick und etwa 3 000 km, gelegentlich bis zu 10 000 km, hoch. Ihre mittlere Lebenszeit beträgt 15 Minuten. Sie sind, obgleich heller als ihre Umgebung, kühler als sie. Großräumige Muster, das chromosphärische Netz, sind auf Sonnenaufnahmen in streng monochromatischem Licht erkennbar, wenn die Wellenlänge so gewählt wird, daß sie in den Kern starker Fraunhoferlinien fällt (die H- bzw. K-Linien des Ca II oder H_α des HI). Derartige Spektroheliogramme geben ein Bild der Chromosphäre, auf dem z. B. auch die Erscheinungen der Sonnenaktivität studiert werden können.

5.5 Sonnenaktivität

Die Granulation der Photosphäre und die chromosphärischen Spicules werden ebenso wie das chromosphärische Netz als Erscheinungen der ungestörten, ruhigen Sonnen angesehen. Sie sind – eventuell mit kleiner Variation in Abhängigkeit von der heliographischen Breite – auf der gesamten Sonnenoberfläche zu finden. Die Phänomene der Sonnenaktivität sind dagegen nicht nur zeitlich variabel, sondern auch räumlich auf sogenannte Aktivitätszentren begrenzt. Diese Aktivitätszentren hängen in der Häufigkeit ihres Auftretens stark von der heliographischen Breite ab.

5.5.1 Sonnenflecke

Sonnenflecke werden durch starke Magnetfelder (einige zehntel Tesla) verursacht, die in kleinen Bereichen unterhalb der Photosphäre die Konvektion unterbinden und damit den nach außen fließenden Energiestrom erheblich verringern. Die Sonnenflecke sind daher dunkler als ihre Umgebung. Der Kern, die Umbra, hat eine effektive Temperatur von etwa 4 500 K gegenüber 5 780 K für die ungestörte Photosphäre. Der Kern ist von der Penumbra, dem Halbschatten, umgeben, deren Helligkeit zwischen der der Umbra und der Photosphäre liegt. Die Durchmesser der Umbren liegen zwischen 2 000 und 20 000 km, die der Penumbren zwischen 4 000 und 50 000 km. Sonnenflecken haben eine Tendenz zur Entstehung in Gruppen, die sich meistens innerhalb von einigen Tagen zu bipolaren Gruppen entwickeln. Diese bipolaren Gruppen enthalten neben vielen kleineren Flecken zwei Hauptflecke mit entgegengesetzter magnetischer Polarität. Die beiden Hauptflecke sind meist in Ost–West-Richtung angeordnet, wobei die Polarität des im Sinne der Sonnenrotation vorangehenden Fleckes auf der Nord- und Südhalbkugel der Sonne entgegengesetzt ist. Nach einem Sonnenfleckenzyklus kehren sich die Polaritäten um. Die magnetischen Feldstärken, die durch den Zeemaneffekt der Fraunhoferlinien gemessen werden, beziehen sich auf photosphärische Schichten. Sie liegen für die Zentren

*Aufnahme eines Son-
nenflecks im gelben
Spektralbereich
(5700 ... 5800 A). Die
Markierung entspricht
einer Länge von
7 250 km bzw. einem
Winkel von 10″*

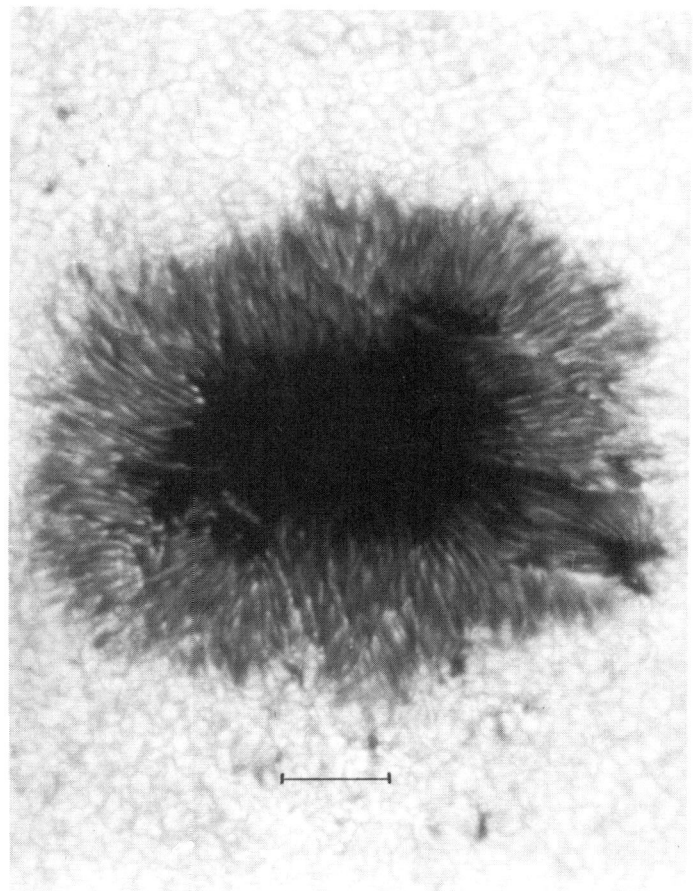

*Die Periodizität der
Sonnenfleckenrelativ-
zahlen von 1700–1960
(nach M. Waldmeier)*

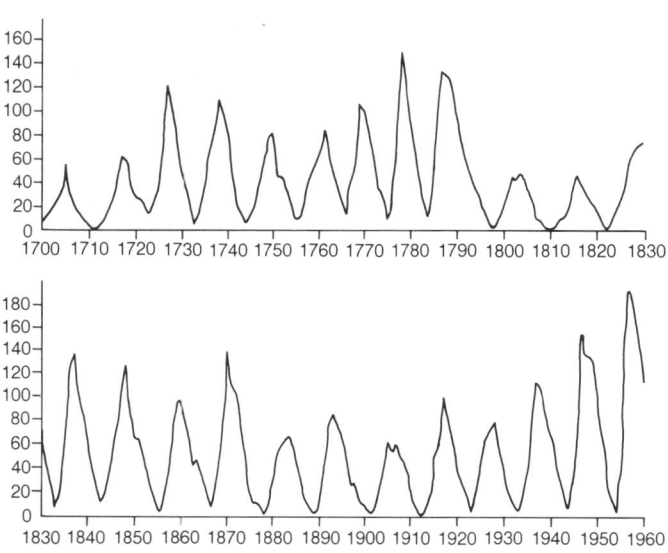

der Umbren zwischen 0,015 und 0,4 Tesla und verringern sich auf wenige 10^{-4} Tesla am Rande der Penumbren. Die Fleckengruppen durchlaufen eine charakteristische Entwicklung, die eine Einteilung in 9 Klassen (A–J, s. Abb.) möglich macht. Sie haben teilweise eine Lebensdauer von mehr als hundert Tagen, überdauern damit also mehrere Sonnenrationen. Die Magnetfelder sind auch nach dem Verschwinden des Fleckes bzw. der Gruppe noch nachweisbar. Aus der Messung des Dopplereffekts in der Penumbra ergibt sich im photosphärischen Niveau ein Ausströmen der Materie (Evershed-Effekt), dagegen möglicherweise eine Einwärtsströmung in der Chromosphäre.

Die Klassifikation von Sonnenfleckengruppen (nach Waldmeier)

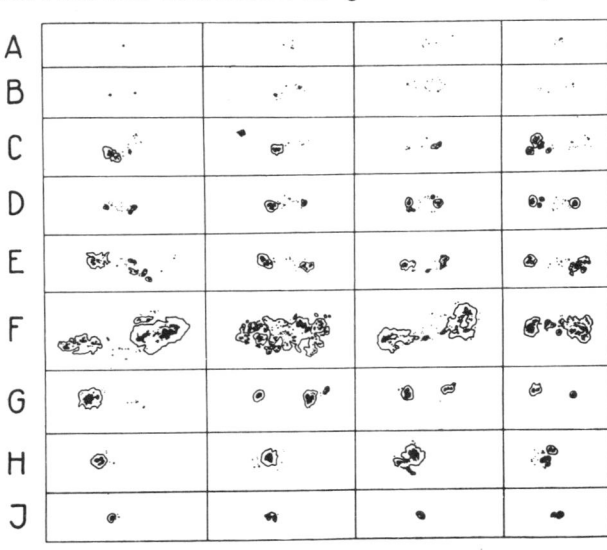

A: Ein einzelner Fleck oder eine Gruppe von Flecken, ohne Penumbra oder bipolare Struktur.

B: Gruppe von Flecken ohne Penumbra in bipolarer Anordnung.

C: Bipolare Fleckengruppe, von der der eine Hauptfleck von einer Penumbra umgeben ist.

D: Bipolare Gruppe, deren Hauptflecken eine Penumbra besitzen; mindestens einer der beiden Hauptflecken soll eine einfache Struktur aufweisen. Länge der Gruppe im allgemeinen < 10°.

E: Große bipolare Gruppe; die beiden von Penumbra umgebenen Hauptflecken zeigen im allgemeinen eine komplizierte Struktur. Zwischen den Hauptflecken zahlreiche kleinere Flecken. Länge der Gruppe mindestens 10°.

F: Sehr große bipolare oder komplexe Sonnenfleckengruppe; Länge mindestens 15°.

G: Große bipolare Gruppe ohne kleinere Flecken zwischen den beiden Hauptflecken. Länge mindestens 10°.

H: Unipolarer Fleck mit Penumbra; Durchmesser > 2,5°.

I: Unipolarer Fleck mit Penumbra; Durchmesser < 2,5°.

Die Beispiele der Abbildung und die Erläuterungen gestatten es, die beobachteten Fleckengruppen in diese 9 Klassen einzuteilen.

5.5 Sonnenaktivität

Das Auftreten der einzelnen Sonnenflecke ist unvorhersagbar. Die Statistik ihrer Häufigkeit ergab eine regelmäßige Periode von 11,07 Jahren, den sogenannten Sonnenfleckenzyklus. Im Maximum des Zyklus sieht man im Durchschnitt etwa 90 Flekken, im Minimum nur etwa 3. Am Anfang (Minimum) eines neuen Zyklus sind die Flecken am häufigsten in etwa $\pm 30°$ heliographischer Breite, später näher am Sonnenäquator. Die Sonnenflecken sind die am leichtesten beobachtbaren Erscheinungen der aktiven Sonne. Sie werden daher seit langem herangezogen, um ein Maß für die Sonnenaktivität festzulegen, die sogenannte Fleckenrelativzahl:

R = const · (10 · Zahl der Gruppen + Zahl der Einzelflecke).

5.5.2 Fackeln

Fackeln werden im monochromatischen Licht (etwa in H_α oder H und K des Ca II) als helle, 5 000 bis 50 000 km große Gebiete auf der ganzen Sonnenscheibe beobachtet. Sie treten in Aktivitiätszentren und in der Nähe von Sonnenflecken auf und haben eine noch größere Lebensdauer als die Sonnenflekken. Der Zusammenhang zwischen Fackelflächen und bipolaren magnetischen Gebieten (Ausdehnung bis 200 000 km und Feldstärken bis 0,005 Tesla) ist besonders eng.

5.5.3 Protuberanzen und Filamente

Protuberanzen und Filamente sind zwei Bezeichnungen für die gleichen Erscheinungen: relativ kühle ($\approx 10^4$ K) Gaswolken in der umgebenden heißen ($\approx 10^6$ K) Korona. Sie erscheinen am Sonnenrand in Form heller Bögen vor dem dunklen Hintergrund (Protuberanz), vor der Sonnenscheibe sind sie im Lichte von H_α oder anderer starker Fraunhoferlinien als dunkle, fadenförmige Gebilde (Filamente) sichtbar.

Wanderung einer großen Protuberanz vom Ostrand (links) zum Westrand (rechts) vom 25. 2. bis 10. 3. 1938 (nach M. Waldmeier)

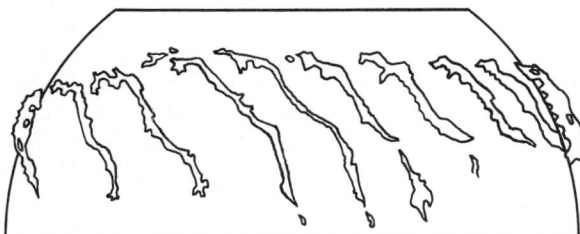

Sie sind sehr flache Gebilde (etwa 5 000 km dick) von großer Länge (20 000 bis 200 000 km). Sie erheben sich bis zu etwa 50 000 km über die Photosphäre. Ein Vergleich mit den chromosphärischen Spicules liegt nahe: Die physikalischen Bedingungen – kühlere Kondensationen in flacher oder langgestreckter Form in einer heißen Umgebung – mögen ähnlich sein. Die Größen unterscheiden sich allerdings drastisch. Protuberanzen (oder Filamente) entstehen immer in Fleckenzonen, oft in der Nähe von Flecken, häufig aber auch isoliert. Fleckennahe Protuberanzen variieren im allgemeinen rasch,

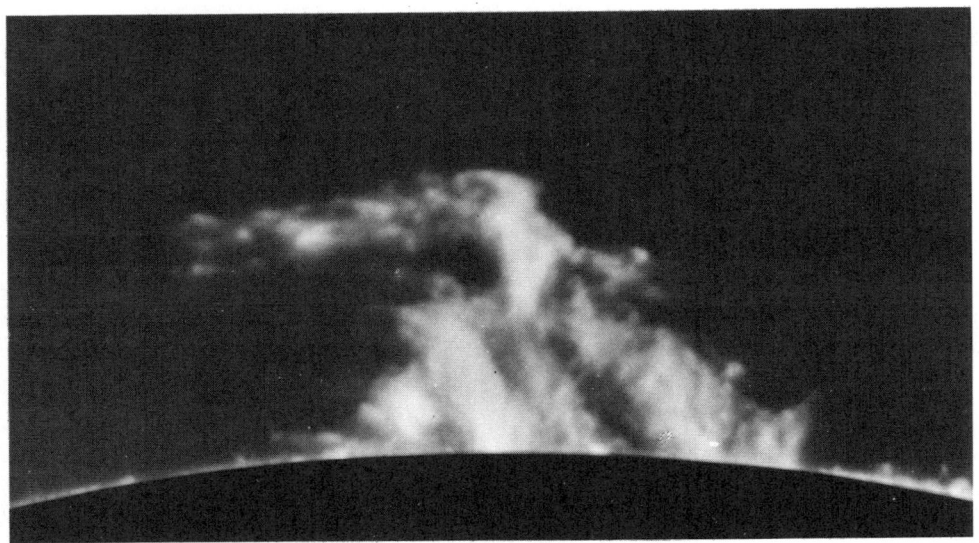

Protuberanz

während die anderen sich bis auf ein Längenwachstum kaum verändern. Nach einer Lebensdauer von 200–300 Tagen verblassen sie schließlich. Bei ihrer Entstehung sind Filamente meridional orientiert, werden dann aber durch die differentielle Rotation der Sonne langsam in Ost–West-Richtung gedreht. Protuberanzen bilden sich durch Kondensation von Materie aus der Korona, wobei möglicherweise Magnetfelder mitwirken. Die kühlere und damit dichtere Materie in den Protuberanzen wird von den Magnetfeldern getragen oder gleitet an den Feldlinien zur Sonnenoberfläche hinab. Durch derartige Bewegungen leuchtender Gaswolken – ein sehr eindrucksvolles Bild vermittelt die in Zeitraffertechnik durch ein Lyot-H_α-Filter aufgenommenen Protuberanzenfilme – sind Protuberanzen einem ständigen Wandel unterworfen, wobei sich Formen nach dem gleichen Muster reproduzieren können, solange die magnetische Konfiguration erhalten bleibt (ruhende Protuberanz). Bei raschen Änderungen der Feldkonfiguration, wie etwa bei Flares, können Protuberanzen eruptiv werden. Dann werden die glühenden Wasserstoffwolken bis in Höhen über 100 000 km emporgeschleudert, teilweise überschreiten die Geschwindigkeiten sogar die Entweichgeschwindigkeit. Surges (Flaresurges) bilden eine besondere Klasse eruptiver Protuberanzen.

Die Entwicklung eines Aktivitätsgebiets auf der Sonnenoberfläche innerhalb von 20 Minuten

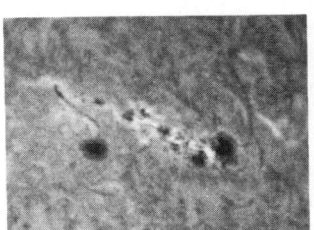
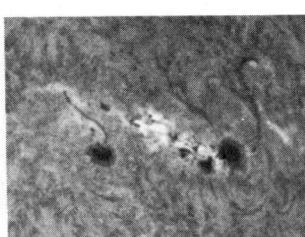
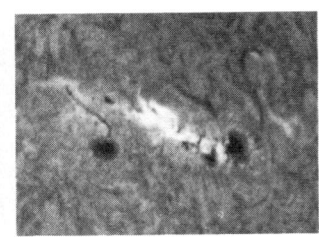

**5.5.4 Flares
(Sonneneruptionen)**

Flares (Sonneneruptionen) sind plötzliche Helligkeitsausbrüche, die vor allem in H_α und in den H- und K-Linien des
Ca II, seltener auch im Kontinuum beobachtet werden können. Sie treten in Aktivitätsgebieten auf, bevorzugt in solche
mit hohen magnetischen Feldstärken (0,01...0,1 Tesla) und
komplizierten magnetischen Strukturen. Es gibt eine Tendenz
zum wiederholten Auftreten von Flares in den gleichen aktiven
Gebieten. Ein Flare reicht von der Photosphäre bis in die Korona in eine Höhe von etwa 20 000 km. Die Form ist unregelmäßig. Eine Feinstruktur, die oft von den Fackelflächen vorgezeichnet ist, ist beobachtet. Die Horizontalausdehnung der
Flares (8 000 bis 40 000 km) wird häufig durch die Angabe der
Fläche (in Einheiten von 10^{-6} der sichtbaren Sonnenhemi-
sphäre) beschrieben. Die Dauer der Flareerscheinung variiert
von wenigen Minuten bis zu einigen Stunden. Typisch ist ein
rascher Anstieg der Helligkeit (Flash-Stadium) und ein lang-
sames Abklingen. Die Stärke der Flares wird nach einer Skala
der Bedeutung (Importance) geschätzt.

**Klassifikation
der Flares**

Be-deu-tung	Dauer min.	Fläche 10^{-6} Fläche der sichtbaren Sonnen-hemisphäre	Breite der H_α-Emission in Å	Intensität der Emission im Zentrum von H_α Kontinuums-intensität = 1
1 −		100	1,5	0,6
1	4–40	100–250	3	0,8–1,5
2	10–90	250–600	4,5	1,2–2,0
3	20–150	600–1 200	8,0	1,4–2,5
3 +	50–430	1 200	15,0	2,0–3,0

In den großen Flares werden Energiebeträge von etwa 10^{23} bis
zu 10^{24} Joule freigesetzt. Man nimmt an, daß diese Energien
vor dem Flareausbruch in den Magnetfeldern gespeichert
waren.

5.5.5 Radiobursts

Radiobursts (Strahlungsausbrüche im Radiowellenbereich)
sind eng mit größeren Flares korreliert. Man unterscheidet
anhand ihrer dynamischen Spektren, in denen in einem zwei-
dimensionalen Diagramm die Frequenz der Strahlung als
Funktion der Zeit aufgetragen ist, verschiedene Typen
Typ III: Strahlungsausbrüche von etwa 10 s Dauer, die kurz
nach dem Flare auftreten, Strahlung in zwei engen, rasch
zu niedrigeren Frequenzen driftenden Frequenzbereichen
(Grundwelle und erste Harmonische, die häufig aber auch
fehlen kann, Frequenzverhältnis 1:2). Deutung: Plasmaschwingungen in der Korona, die durch einen vom Flare ausgehenden Strom schneller Elektronen angeregt werden.
Typ V: Gelegentlich auftretende, kurz dauernde Kontinuumsstrahlung. Wahrscheinlich Synchrotronprozeß.

Typ II: Strahlungsausbrüche längerer Dauer (5–30 min), ebenfalls in zwei Frequenzbereichen (Frequenzverhältnis 1:2), die etwa 200mal langsamer als beim Typ III zu niedrigeren Frequenzen driften. Deutung: Plasmaschwingungen in der Korona, die durch vom Flare ausgehende Stoßwellen angeregt werden.

Typ IV: Teilweise lang andauernde Kontinuumsstrahlung, wahrscheinlich Synchrotronprozeß.

Interferometrische Beobachtungen haben gezeigt, daß die Strahlungsquellen bei Typ III und II Bursts sich durch die Korona nach außen bewegen.

In engem Zusammenhang mit den Typ III Bursts stehen Strahlungsausbrüche im Röntgenbereich ($E > 20$ keV) und sogar im γ-Bereich:

Photonenenergie (in MeV)	Interpretation
0,51	Elektron-Positron-Vernichtungsstrahlung
2,23	Reaktionsenergie der Reaktion $^1\mathrm{H} + \mathrm{n} = {}^2\mathrm{D}$
4,43	angeregter $^{12}\mathrm{C}$-Kern
6,14	angeregter $^{16}\mathrm{O}$-Kern

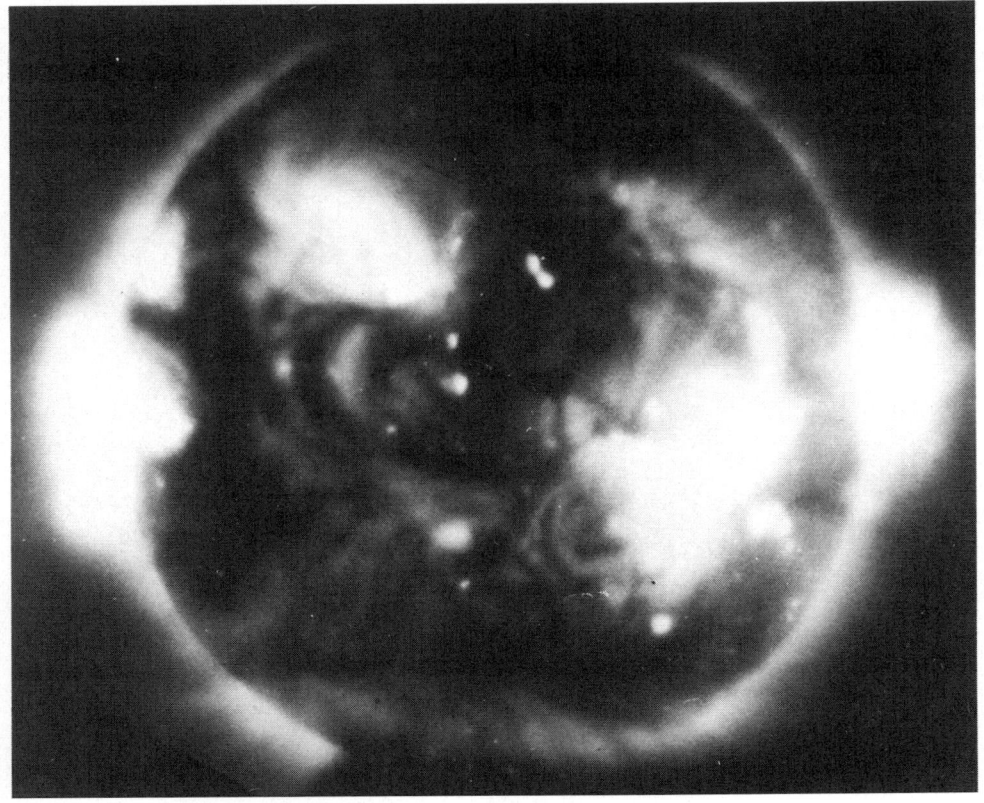

Die Sonne im Röntgenlicht. Aufnahme des Skylab-Experiments der American Science Engineering Inc.

5.6 Solar-terrestrische Beziehungen

Unter der Bezeichnung fast man eine Gruppe von verschiedenartiger Erscheinungen zusammen, die alle mit starken Strahlungsausbrüchen auf der Sonne, also mit Flares hoher Importance korreliert sind.

Die schon erwähnte Röntgenstrahlung der Flares bewirkt eine plötzliche Erhöhung der Ionisierung in der Ionosphäre. Die D-Schicht sinkt dadurch von etwa 75 km Höhe auf 60 km herab. Dort ist die Absorption von Radiowellen infolge der höheren Dichte stark vergrößert. Die sich daraus ergebenden Störungen des Funkverkehrs sind unter der Bezeichnung Mögel-Dellinger-Effekt bekannt.

Die vom Flare ausgehenden energiereichen Protonen (bis zu 10^{10} eV) können auf der Erde als solare Komponente der kosmischen Ultrastrahlung nachgewiesen werden, wobei die energieärmeren Teilchen wegen der abschirmenden Wirkung des Erdmagnetfeldes nur noch in der Nähe der magnetischen Pole in die Atmosphäre eindringen können. Dort bewirken Protonen bis herab zu etwa 10^3 eV eine zusätzliche Ionisierung der Ionosphäre, die sich als sogenannte Polar Cap Absorption (PCA) der Radiowellen bemerkbar macht. Die PCA tritt einige Stunden nach einer starken Flare auf.

Langsame Protonen und Wolken ionisierter Materie, die sich mit etwa 10 000 km/s bewegen, ebenso wie eventuelle magneto-hydrodynamische Wellen, verursachen Deformationen des Erdmagnetfeldes, die sich in Schwankungen der Intensität und der Richtung des Feldes an der Erdoberfläche bemerkbar machen.

Derartige erdmagnetische Stürme beginnen etwa 20 bis 30 Stunden nach dem Flare mit einem scharfen Einsatz. Durch die Schwankungen des Erdmagnetfeldes wird gleichzeitig die kosmische Ultrastrahlung moduliert.

Polarlichter stehen in engem Zusammenhang mit magnetischen Stürmen. Man ist heute der Ansicht, daß sie in der Ionosphäre in 100 bis 250 km Höhe durch den Einfall schneller Elektronen entstehen, zum Teil aber auch durch Sekundärelektronen, d. h. durch Elektronen, welche durch Protonenstoß freigesetzt werden. – Starke Flares bilden wegen der energiereichen Korpuskularstrahlung eine Gefahr für den bemannten Raumflug.

6 Stellarastronomie (Sternbilder, Sternkarten, Kataloge)

Die Sonne steht uns unvergleichlich näher als alle anderen Sterne. So kommt es, daß die Erforschung der Sonne und des Sonnensystems sehr ins Detail gehen kann und daß die Ergebnisse, von denen die wichtigsten in den vorangehenden Abschnitten zusammengefaßt sind, für uns eine unmittelbare Bedeutung haben. Eine rasche Entwicklung verschiedenartiger, spezieller Beobachtungstechniken (Spezialinstrumente für die Sonnenbeobachtung, Raumsonden, die weiche Landung von Meßgeräten auf dem Mond und Planeten, Radarmessungen usw.) charakterisieren diesen Bereich der Astronomie ebenso wie die zunehmend komplizierter werdenden Theorien, die entwickelt werden, um die vielen beobachteten Einzelheiten zu deuten.

Dies alles ist jedoch nur ein Teilbereich der Astronomie, und die gewonnenen Kenntnisse sind notwendigerweise speziell und unvollständig. Bevor nicht die Mannigfaltigkeit der Sterne und z. B. die Verschiedenheiten ihrer Zustandsgrößen bekannt sind, wissen wir nicht, welche Eigenschaften der Sonne typisch sind, und welche sich mehr aus Zufälligkeiten, etwa aus der Vorgeschichte des Sonnensystems, ergeben. Bevor nicht die Struktur des großartigen Sternsystems, dem wir angehören, des Milchstraßensystems, aufgehellt ist, vermögen wir nicht zu beurteilen, welche Stellung unsere Sonne mit ihrem Planetensystem in ihm einnimmt.

Der Schritt vom Sonnensystem in die Welt der Fixsterne bedeutet, wegen der großen Entfernung dieser Objekte und ihrer damit verbundenen geringen scheinbaren Helligkeit, einen Verzicht auf viele Beobachtungsmöglichkeiten. Die Resultate werden gleichsam pauschaler. So können z. B. nicht mehr die Mitte-Rand-Variation der Sternstrahlung oder gar feinere Strukturen auf den Sternoberflächen erfaßt werden, denn meßbar ist nur noch die über die ganze Scheibe (die selber nicht beobachtbar ist) gemittelte Strahlung. Diesem Verlust an Detailkenntnissen steht die größere Allgemeinheit der Probleme der Stellarastronomie gegenüber. Fragen nach Alter und Entwicklung der verschiedenen Sterne oder des gesamten Milchstraßensystems, das Problem der Entstehung der Elemente, Untersuchungen der Natur von Röntgen- und Radiostrahlungsquellen usw. gehörten in den Bereich der Stellarastronomie.

6.1 Sternbilder, Sternnamen und die Benennung heller Objekte

Betrachtet man den Sternhimmel in der Absicht, Ordnung in die Vielfalt der Erscheinungen zu bringen, so bemerkt man neben der verschiedenen Helligkeit der Sterne gewisse auffällige

6.1 Sternbilder, Sternnamen

Konstellationen heller Sterne, die sich zu geometrischen Figuren, zu Bildern, ergänzen und verbinden lassen, wie etwa das Viereck des „Großen Bären", bei uns auch „Großer Wagen" genannt. – Schon in frühgeschichtlichen Kulturkreisen, etwa in China, bei den Assyrern und Babyloniern, dürften so die ersten Zusammenfassungen zu Sternbildern erfolgt sein. Spätere Kulturvölker wie etwa die Griechen, dann die Araber, setzten diesen Brauch fort und überlieferten uns die Einteilung des Himmels in Sternbilder. Da Priesteramt und „Himmelskunde" in einer Person vereint waren, ist die mythologische Namensgebung für die Sternbilder verständlich, obwohl dieser Einteilung des Himmels zunächst nur ein ordnender und praktischer Gesichtspunkt zugrunde lag. Wie sollte man auch den Ort eines Objekts, etwa eines Kometen, anders angeben als durch die Nennung einer Himmelsregion; denn die Angabe einer Himmelsrichtung ist ja wegen des täglichen Umschwungs des Himmelsgewölbes nur dann eindeutig, wenn gleichzeitig die Beobachtungszeit mitgeteilt wird.

Heute wird der genaue Ort eines Objekts durch zwei Koordinaten eines eindeutig definierten Koordinatensystems festgelegt (s. 1.3). Trotzdem hat sich die Einteilung des Himmels in Sternbilder erhalten; denn eine grobe Ortsangabe am Himmel wird auch weiterhin durch das entsprechende Sternbild gegeben; so haben auffallende Objekte einen Namen, der aus der Artbezeichnung in Verbindung mit dem Sternbild gebildet ist, in dem sie stehen (Orionnebel, Andromedanebel, Ringnebel in der Leier).

Die folgende Aufstellung gibt sämtliche 89 Sternbildnamen in der international üblichen lateinischen Benennung, ferner die oft gebrauchten Abkürzungen und die entsprechenden deutschen Namen. Die römischen Zahlen hinter den Namen verweisen auf die einzelnen Karten des Himmelsatlasses.

Verzeichnis der Sternbilder

Name	Abkürzung	deutsche Bezeichnung	Fläche $(°)^2$	zu finden auf Sternkarte
Andromeda	And	Andromeda	722	VI, VIII
Antlia	Ant	Luftpumpe	239	II, IV
Apus	Aps	Paradiesvogel	206	IV, VII
Aquarius	Aqr	Wassermann	980	V, VIII
Aquila	Aql	Adler	652	V
Ara	Ara	Altar	237	IV, VII
Aries	Ari	Widder	441	VIII
Auriga	Aur	Fuhrmann	657	I, III, VI, IX
Bootes	Boo	Bärenhüter	907	II, III
Caelum	Cae	Grabstichel	125	IV, VII, IX
Camelopardalis	Cam	Giraffe	757	III, VI
Cancer	Cnc	Krebs	506	I, II, III
Canes Venatici	CVn	Jagdhunde	465	II, III

Name	Abkür-zung	deutsche Bezeichnung	Fläche $(°)^2$	zu finden auf Sternkarte
Canis Maior	CMa	Großer Hund	380	I, IV, VII, IX
Canis Minor	CMi	Kleiner Hund	183	I, IX
Capricornus	Cap	Steinbock	414	V, VIII
Carina	Car	Kiel des Schiffes	494	IV, VII
Cassiopeia	Cas	Kassiopeia	598	III, VI
Centaurus	Cen	Zentaur	1 060	II, IV
Cepheus	Cep	Cepheus	588	III, VI
Cetus	Cet	Walfisch	1 231	VIII
Chamaeleon	Cha	Chamäleon	132	IV, VII
Circinus	Cir	Zirkel	93	IV, VII
Columba	Col	Taube	270	I, IV, VII, IX
Coma Berenices	Com	Haar der Berenice	386	II, III
Corona Australis	CRA	Südliche Krone	128	IV, V, VII
Corona Borealis	CrB	Nördliche Krone	179	II, III, V
Corvus	Crv	Rabe	184	II
Crater	Crt	Becher	282	II
Crux	Cru	Kreuz (des Südens)	68	IV
Cygnus	Cyg	Schwan	804	III, V, VI, VIII
Delphinus	Del	Delphin	189	V
Dorado	Dor	Schwertfisch	179	IV, VII
Draco	Dra	Drache	1 083	III, VI
Equuleus	Equ	Füllen	72	V
Eridanus	Eri	Fluß Eridanus	1 138	VII, VIII, IX
Fornax	For	Chemischer Ofen	398	VII, VIII
Gemini	Gem	Zwillinge	514	I, III, VI, IX
Grus	Gru	Kranich	366	V, VII, VIII
Hercules	Her	Herkules	1 225	III, V, VI
Horologium	Hor	Pendeluhr	249	IV, VII
Hydra	Hya	Weibliche oder Nördliche Wasserschlange	1 303	I, II IV
Hydrus	Hyi	Männliche oder Südliche Wasserschlange	243	IV, VII
Indus	Ind	Inder	294	IV, VII
Lacerta	Lac	Eidechse	201	V, VI, VIII
Leo	Leo	Löwe	947	II
Leo Minor	LMi	Kleiner Löwe	232	II, III
Lepus	Lep	Haase	290	I, IX
Libra	Lib	Waage	538	II, V
Lupus	Lup	Wolf	334	II, IV, V
Lynx	Lyn	Luchs	545	I, II, VI
Lyra	Lyr	Leier	286	III, V, VI
Mensa	Men	Tafelberg	153	IV, VII
Microscopium	Mic	Mikroskop	210	V, VII
Monoceros	Mon	Einhorn	482	I, IX
Musca	Mus	Fliege	138	IV, VII
Norma	Nor	Winkelmaß	165	IV, VII
Octans	Oct	Oktant	291	IV, VII
Ophiuchus	Oph	Schlangenträger	948	V

6.1 Sternbilder, Sternnamen

Name	Abkür-zung	deutsche Bezeichnung	Fläche $(°)^2$	zu finden auf Sternkarte
Orion	Ori	Orion	594	I, IX
Pavo	Pav	Pfau	378	IV, VII
Pegasus	Peg	Pegasus	1121	V, VI, VIII
Perseus	Per	Perseus	615	III, VI, VIII, IX
Phoenix	Phe	Phönix	469	VII
Pictor	Pic	Maler	247	IV, VII
Pisces	Psc	Fische	889	VI, VIII
Pisces Austrinus	PsA	Südlicher Fisch	245	V, VII, VIII
Puppis	Pup	Hinterteil des Schiffes	673	I, IV, VII, IX
Pyxis	Pyx	Schiffskompaß	221	I, II, IV
Reticulum	Ret	Netz	114	IV, VII
Sagitta	Sge	Pfeil	80	V
Sagittarius	Sgr	Schütze	867	IV, V, VII
Scorpius	Sco	Skorpion	497	IV, V, VII
Sculptor	Scl	Bildhauer	475	VII, VIII
Scutum	Sct	Sobieskischer Schild	109	V
Serpens (Caput)	Ser	(Kopf der Schlange)	429	V
Serpens (Cauda)		(Schwanz der Schlange)	208	
Sextans	Sex	Sextant	314	II
Taurus	Tau	Stier	797	VIII, IX
Telescopium	Tel	Fernrohr	252	IV, VII
Triangulum	Tri	Dreieck	132	VI, VIII
Triangulum Australe	TrA	Südliches Dreieck	110	IV, VII
Tucana	Tuc	Tukan	295	IV, VII
Ursa Maior	UMa	Großer Bär	1280	II, III, VI
Ursa Minor	UMi	Kleiner Bär	256	III, VI
Vela	Vel	Segel des Schiffes	500	I, II, IV
Virgo	Vir	Jungfrau	1294	II
Volans	Vol	Fliegender Fisch	141	IV, VII
Vulpecula	Vul	Fuchs	268	V

Neben den Sternbildnamen waren früher auch vielfach Eigennamen für helle Sterne in Gebrauch. Heute sind nur noch die Namen für einige helle Sterne allgemein bekannt. Meist sind diese Namen arabischen Ursprungs. Sie sind in der Tabelle der hellen Sterne (s. 6.4) mit angeführt.

Auf Vorschlag von Bayer, zu Anfang des 17. Jahrhunderts, wurde später für die hellen Sterne ein einheitliches Benennungssystem eingeführt, und zwar mit Hilfe der kleinen griechischen Buchstaben und der Sternbildnamen, wobei die Buchstabenfolge α, β, γ, δ ungefähr auch die Helligkeitsfolge innerhalb des Sternbildes bezeichnet. Reichen die griechischen Buchstaben nicht aus, so folgen auf sie die kleinen lateinischen. Allgemein ist dieses System bis zu den Sternen etwa der 4. Größe durchgeführt worden.

Die große Zahl der schwächeren oder gar teleskopischen Sterne werden vielfach durch ihre Nummern in einem Sternkatalog bezeichnet; in diesen werden nicht nur die Ortskoordinaten im äquatorialen Koordinatensystem, also Rektaszension und Deklination, sondern auch die Helligkeit gegeben (s. 6.3). In der Hauptsache werden die Sternnummern aus zwei Katalogen zur Bezeichnung von Sternen benutzt. Einmal die aus dem Henry-Draper-Katalog (siehe 7.1.2), der nach wachsender Rektaszension geordnet und laufend durchnumeriert 225 300 Sterne bis etwa zur 9. Größe enthält, zum anderen die Durchmusterungs-Kataloge der Bonner und der Córdoba-Durchmusterung.

Griechisches Alphabet (kleine Buchstaben)

α	Alpha	η	Eta	ν	Nü	τ	Tau
β	Beta	ϑ	Theta	ξ	Xi	υ	Ypsilon
γ	Gamma	ι	Jota	o	Omikron	φ	Phi
δ	Delta	κ	Kappa	π	Pi	χ	Chi
ε	Epsilon	λ	Lambda	ϱ	Rho	ψ	Psi
ζ	Zeta	μ	Mü	σ	Sigma	ω	Omega

Auf diese Kataloge und auf das auf ihnen beruhende Benennungssystem muß näher eingegangen werden. – Um 1855 begann F. W. Argelander (1799–1875) an der Bonner Sternwarte mit der genäherten Ortsbestimmung aller Sterne zwischen dem Nordpol des Himmels und $-2°$ Deklination. Der nach sieben Jahren (mit insgesamt 625 Beobachtungsnächten) vollendete Katalog enthält 324 198 Sterne, darunter sämtliche bis zur 9. Größe und viele bis zur 10. Größe. Sein Mitarbeiter und Nachfolger Schönfeld setzte dieses Werk bis zur Deklination von $-23°$ fort. Im Unterschied zu Argelanders *Bonner Durchmusterung* wird dieser Katalog *Südliche Bonner Durchmusterung* genannt, er enthält weitere 133 659 Sterne. Thome in Córdoba (Argentinien) unternahm die Ausdehnung der Durchmusterung nach Süden. Bis zu seinem Tod, 1908, war der Himmel bis $-52°$ bearbeitet, und die genäherten Örter von 489 827 Sternen bis zur 10. Größe bestimmt. Aus noch nicht bearbeitetem Beobachtungsmaterial und solchem von anderen Beobachtern wurde das Werk bis zum Südpol hin vollendet. Die Gesamtzahl der in Córdoba beobachteten Sterne stieg damit auf rund 580 000. – Die Kataloge sind so angelegt, daß jeweils eine Deklinationszone von 1° Breite nach wachsender Rektaszension aufgeführt ist. Die Numerierung erfolgt in jeder Zone gesondert. Bei Bezeichnung eines Sterns gibt man die Deklinationszone in Grad und die laufende Nummer in der Zone an.

Beispiel für die verschiedenen Benennungen eines Sterns

Name	Beteigeuze
Bezeichnung nach Bayer	α Ori
Koordinaten	AR (α) $5^h 52^m 27\overset{s}{.}822$
	Dekl (δ) $+7° 23' 58\overset{''}{.}00$ (1950)
Nr. in der Bonner-Durchm.	BD $+7°$ 1055
Nr. im Henry-Draper-Kat.	HD 39 801
Nr. im Smithonian-Kat.	SAO 113 271

6.1 Sternbilder, Sternnamen

Beispiel für die verschiedenen Benennungen einer Galaxie

Name als Radioquelle	Virgo A
Nr. im Messier-Kat.	M 87
Koordinaten	AR (α) $12^h 28^m3$
	Dekl (δ) $+12° 40'$
Nr. im NGC	NGC 4 486
Nr. im 3C*	3C 274
Bezeichnung nach Koordinaten	12 28 + 12

*Dritter Cambridge Katalog von Radioquellen des Mullard Radio Astronomy Observatory, Cambridge, U. K.

Da die alten Durchmusterungskataloge nur schwer noch zu erhalten sind, hat man in jüngster Zeit ein „Sternverzeichnis" mit Hilfe der elektronischen Datenverarbeitung aus einer größeren Zahl von Katalogen zusammengetragen. Dieser Stern-Katalog, am Smithonian Astrophysical Observatory, Cambridge, Massachusetts/USA erstellt, enthält die Positionen und Eigenbewegungen von 258 997 Sternen für die Epoche und das Äquinox 1950.0. Aber auch für fast alle Sterne werden visuelle Helligkeiten, für ca. 50 % aller Sterne deren photographische Helligkeiten und für ca. 83 % der Spektraltyp angegeben. Aus diesem Katalog lassen sich ebenfalls die Durchmusterungsnummern der Bonner- beziehungsweise der Córdoba-Durchmusterung entnehmen.

Für veränderliche Sterne, für Doppel- und Mehrfachsterne und auch für einige spezielle Sterntypen haben sich – geschichtlich bedingt – andere Benennungsweisen eingebürgert und erhalten. Sie werden an gegebenem Ort besprochen.

Benennungen von nichtsternartigen Objekten

Ganz ähnlich wie bei Sternen, ist auch die Benennung eines nichtsternartigen leuchtenden Objekts an der Sphäre, etwa von Sternhaufen, „Nebeln" und Sternsystemen. Erst seit neuerer Zeit ist die wahre Natur der einzelnen Objekte, wie etwa der Spiralnebel, bekannt. Deshalb enthalten frühere Kataloge ein Gemisch der verschiedensten „Nebeltypen"; die Angabe einer Katalognummer besagt also im allgemeinen nichts über die Art des Objekts. – In Gebrauch sind in erster Linie drei Kataloge. Zuerst die von Charles Messier (1730–1817) aufgestellte Nebelliste, die 103 Objektnummern enthält. 5 Objekte konnten später nicht aufgefunden bzw. eindeutig identifiziert werden – Messiers Angaben erwiesen sich als fehlerhaft. Neben dieser Liste ist der von A. J. Dreyer bearbeitete Katalog mit über 6 000 „Nebeln" und Sternhaufen in Gebrauch, der New General Catalogue of Nebulae and Clusters (NGC). Auch ein Nachtrag zum NGC, der Index-Catalogue (IC), wird zur Bezeichnung von Objekten benutzt.

In neuerer Zeit gibt es auch bei den nichtsternartigen Objekten zahlreiche Spezialkataloge. Von einer fortlaufenden Numerierung geht man heute ab. Statt dessen gibt man eine verkürzte Angabe über die Position des Objekts, etwa in der Form HH MM ± DD; dabei bedeuten HH = Rektaszensionsstunden und MM = Rektaszensionsminute; ± DD = Deklination in Grad.

Messier-Nebelliste

M	NGC Nr.	Koordinaten (Äquinoktium 1950)		Art des Objekts
1	1952	$5^h\,31^m$	$+22°0$	Supernova-Überrest (Crabnebel)
2	7089	$21^h\,31^m$	$-01°1$	Kugelhaufen
3	5272	$13^h\,40^m$	$+28°6$	Kugelhaufen
4	6121	$16^h\,21^m$	$-26°4$	Kugelhaufen
5	5904	$15^h\,16^m$	$+02°3$	Kugelhaufen
6	6405	$17^h\,37^m$	$-32°2$	offener Haufen
7	6475	$17^h\,51^m$	$-34°8$	offener Haufen
8	6523	$18^h\,01^m$	$-24°4$	diffuser Nebel
9	6333	$17^h\,16^m$	$-18°5$	Kugelhaufen
10	6254	$16^h\,55^m$	$-04°0$	Kugelhaufen
11	6705	$18^h\,48^m$	$-06°3$	offener Haufen
12	6218	$16^h\,45^m$	$-01°8$	Kugelhaufen
13	6205	$16^h\,40^m$	$+36°6$	Kugelhaufen
14	6402	$17^h\,35^m$	$-03°2$	Kugelhaufen
15	7078	$21^h\,27^m$	$+11°9$	Kugelhaufen
16	6611	$18^h\,16^m$	$-13°8$	offener Haufen
17	6618	$18^h\,18^m$	$-16°2$	diffuser Nebel (Omeganebel)
18	6613	$18^h\,17^m$	$-17°1$	offener Haufen
19	6273	$17^h\,00^m$	$-26°2$	Kugelhaufen
20	6514	$17^h\,59^m$	$-23°0$	diffuser Nebel (Trifidnebel)
21	6531	$18^h\,02^m$	$-22°5$	offener Haufen
22	6656	$18^h\,33^m$	$-23°9$	Kugelhaufen
23	6494	$17^h\,54^m$	$-19°0$	offener Haufen
24	6603	$18^h\,16^m$	$-18°4$	offener Haufen
25	IC 4725	$18^h\,29^m$	$-19°3$	offener Haufen
26	6694	$18^h\,43^m$	$-09°4$	offener Haufen
27	6853	$19^h\,58^m$	$+22°6$	Planetar. Nebel (Dumbbellnebel)
28	6626	$18^h\,22^m$	$-24°9$	Kugelhaufen
29	6913	$20^h\,22^m$	$+38°4$	offener Haufen
30	7099	$21^h\,38^m$	$-23°4$	Kugelhaufen
31	224	$0^h\,40^m$	$+41°0$	Galaxie (Andromedanebel)
32	221	$0^h\,40^m$	$+40°6$	Galaxie
33	598	$1^h\,31^m$	$+30°4$	Galaxie
34	1039	$2^h\,39^m$	$+42°6$	offener Haufen
35	2168	$6^h\,06^m$	$+24°3$	offener Haufen
36	1960	$5^h\,33^m$	$+34°1$	offener Haufen
37	2099	$5^h\,49^m$	$+32°5$	offener Haufen
38	1912	$5^h\,25^m$	$+35°8$	offener Haufen
39	7092	$21^h\,30^m$	$+48°2$	offener Haufen
41	2287	$6^h\,45^m$	$-20°7$	offener Haufen
42	1976	$5^h\,33^m$	$-05°4$	diffuser Nebel (Orionnebel)
43	1982	$5^h\,33^m$	$-05°3$	diffuser Nebel
44	2632	$8^h\,37^m$	$+20°2$	offener Haufen (Praespe)
45	–	$3^h\,45^m$	$+24°0$	offener Haufen (Plejaden)
46	2437	$7^h\,40^m$	$-14°7$	offener Haufen
49	4472	$12^h\,28^m$	$+08°3$	Galaxie

M	NGC Nr.	Koordinaten (Äquinoktium 1950)		Art des Objekts
50	2 323	7^h 01^m	−08°3	offener Haufen
51	5 194	13^h 28^m	+47°4	Galaxie
52	7 654	23^h 22^m	+61°3	Sternhaufen
53	5 024	13^h 11^m	+18°4	Kugelhaufen
54	6 715	18^h 52^m	−30°6	Kugelhaufen
55	6 809	19^h 37^m	−31°1	Kugelhaufen
56	6 779	19^h 15^m	+30°1	Kugelhaufen
57	6 720	18^h 52^m	+32°9	Planetarischer Nebel (Ringnebel in der Leier)
58	4 579	12^h 35^m	+12°1	Galaxie
59	4 621	12^h 39^m	+11°9	Galaxie
60	4 649	12^h 41^m	+11°8	Galaxie
61	4 303	12^h 19^m	+04°8	Galaxie
62	6 266	16^h 58^m	−30°1	Kugelhaufen
63	5 055	13^h 14^m	+42°3	Galaxie
64	4 826	12^h 54^m	+21°8	Galaxie
65	3 623	11^h 16^m	+13°4	Galaxie
66	3 627	11^h 18^m	+13°3	Galaxie
67	2 682	8^h 48^m	+12°0	offener Haufen
68	4 590	12^h 37^m	−26°5	Kugelhaufen
69	6 637	18^h 28^m	−32°4	Kugelhaufen
70	6 681	18^h 40^m	−32°3	Kugelhaufen
71	6 838	19^h 52^m	+18°6	offener Haufen
72	6 981	20^h 51^m	−12°7	Kugelhaufen
73	6 994	20^h 56^m	−12°8	offener Haufen
74	628	1^h 34^m	+15°5	Galaxie
75	6 864	20^h 03^m	−22°1	Kugelhaufen
76	650	1^h 39^m	+51°3	Planetarischer Nebel
77	1 068	2^h 40^m	−00°2	Galaxie
78	2 068	5^h 44^m	00°0	diffuser Nebel
79	1 904	5^h 22^m	−24°6	Kugelhaufen
80	6 093	16^h 14^m	−22°9	Kugelhaufen
81	3 031	9^h 51^m	+69°3	Galaxie
82	3 034	9^h 51^m	+69°9	Galaxie
83	5 236	13^h 34^m	−29°6	Galaxie
84	4 374	12^h 23^m	+13°2	Galaxie
85	4 382	12^h 23^m	+18°5	Galaxie
86	4 406	12^h 24^m	+13°2	Galaxie
87	4 486	12^h 28^m	+12°7	Galaxie
88	4 501	12^h 29^m	+14°7	Galaxie
89	4 552	12^h 33^m	+12°8	Galaxie
90	4 569	12^h 34^m	+13°5	Galaxie
92	6 341	17^h 16^m	+43°2	Kugelhaufen
93	2 447	7^h 43^m	−23°8	offener Haufen
94	4 736	12^h 49^m	+41°4	Galaxie
95	3 351	10^h 41^m	+12°0	Galaxie
96	3 368	10^h 44^m	+12°1	Galaxie
97	3 587	11^h 12^m	+55°3	Planetarischer Nebel (Eulennebel)

M	NGC Nr.	Koordinaten (Äquinoktium 1950)		Art des Objekts
98	4 192	$12^h\ 11^m$	$+15°2$	Galaxie
99	4 254	$12^h\ 16^m$	$+14°7$	Galaxie
100	4 321	$12^h\ 20^m$	$+16°1$	Galaxie
101	5 457	$14^h\ 01^m$	$+54°6$	Galaxie
103	581	$1^h\ 30^m$	$+60°5$	offener Haufen

6.2 Sternkarten

Die oben genannten Bonner- und Córdoba-Durchmusterung bekommt ihren eigentlichen Wert erst durch ein beigegebenes Kartenwerk. So ist die nördliche Hemisphäre des Himmels, also die von Argelander bearbeitete Bonner Durchmusterung, in 40 Kartenblättern im Format 68 × 46 cm dargestellt. Alle in dem Katalog der Durchmusterung aufgeführten Sterne sind auf ihnen nach ihrer Lage am Himmel durch kleine kreisrunde **Durchmusterungskarten** Scheibchen eingezeichnet, deren Durchmesser entsprechend den scheinbaren Helligkeiten gestuft sind. Eine Beschriftung, etwa Sternbildnamen oder Sternnamen, ist nicht angebracht worden, lediglich ein Gradnetz, geteilt nach Zeit und Grad, also in den Koordinaten: Rektaszension und Deklination. Die Bezeichnung der einzelnen Objekte ist nicht nötig, da die Karten nur zum Gebrauch für Wissenschaftler bestimmt sind. Auch zu dem Stern-Katalog des Smithonian Astrophysical Observatory (SAO-Katalog) gibt es einen entsprechenden Stern-Atlas, der ähnlich wie die Durchmusterungskarten – nur in einem kleineren Maßstab – eingerichtet ist.

Zur ersten Orientierung am Himmel sind die Karten der Durchmusterung zu groß und unübersichtlich. Seit Jahrzehnten wird dafür von Freunden der Himmelskunde, aber auch von Fachastronomen ein Himmelsatlas benutzt, der alle mit bloßem Auge sichtbaren Sterne enthält. Von R. Schurig 1886 entworfen, hat dieser Atlas durch P. Götz weitere 6 Auflagen **Schurig-Götz** erfahren. Die 8. Auflage des *Schurig-Götz,* wie dieses Kartenwerk allgemein genannt wird, erschien neubearbeitet von K. Schaifers im Verlag Bibliographisches Institut; in diesem Handbuch sind die einzelnen Karten verkleinert wiedergegeben. In seinem normalen handlichen Format ist dieser Himmelsatlas ebenfalls erhältlich.

Die Erweiterung eines Kartenwerks mit schwächeren Sternen, als sie die Durchmusterungen erfassen, konnte nicht mehr kartographisch erfolgen. Der Heidelberger Astronom Max Wolf zeigte den Weg auf, über photographische Himmelsaufnahmen zu weiterreichenden, für die Forschung nötigen Kartenwerken zu gelangen. Seine „Kartenblätter", die sogenannten *Wolf-Palisa-Karten,* sind Reproduktionen von Sternfeldaufnahmen. Sie stellen eine große Leistung astronomischer und photographischer Technik dar. Leider erfassen sie nicht den ganzen bei uns sichtbaren Sternhimmel.

Sky Surveys

Eine weitere Steigerung zu den schwachen Sternen hin brachte der mit dem 48-inch-Schmidt-Spiegel auf dem Mt. Palomar aufgenommene *Sky Survey*. Aufnahmen in 935 Feldern geben ein photographisches Abbild des Himmels vom Nordpol bis zur südlichen Deklination von $-33°$. Jedes Himmelsareal wurde zweimal aufgenommen, und zwar auf einer „Blau-Platte" (Kodak 103 a-O) und auf einer „Rot-Platte" (Kodak 103 a-E; siehe A 2.3.2); d. h. einmal im Licht der Wellenlängen 3 500 bis 5 000 Å und zum anderen zwischen 6 200 und 6 700 Å. Auf den Blau-Platten wurden die Sterne bis zur Grenzgröße von 21^m1 und auf den Rot-Platten bis 20^m0 erfaßt. Durch photographische Kopien wurde dieses Werk vervielfältigt. Am European Southern Observatory (ESO) wurde dem Mt. Palomar Observatory Sky Survey (POSS) entsprechend ein Atlas im Bereich $-90°\ldots-20°$, ebenfalls in den zwei Spektralbereichen blau und rot, aufgenommen, so daß nun der ganze Himmel auf fast identischen Kartenblättern (bzw. als Glas- oder Filmkopie) vorliegt.

Hier muß noch auf zwei Kartenwerke hingewiesen werden, die, von dem Amateurastronomen Hans Vehrenberg photographisch erstellt, in einheitlicher Konzeption den gesamten Himmel, d. h. die nördliche und südliche Hemisphäre bis zu einer Grenzgröße von etwa 14^m5 darstellen. Für spezielle Zwecke der Forschung sind weitere Kartenwerke geschaffen worden, auf die hier aber nicht näher eingegangen werden soll.

Einige Erläuterungen zum Gebrauch des Himmelsatlas

Auf acht Kartenblättern ist die gesamte Sphäre dargestellt. Von unserem mitteleurpäischen Standort aus können wir aber nur die Nordhemisphäre und die äquatornahen Sterne der südlichen Hemisphäre sehen. Die Südpol-Kalotte (Karte IV und VII) kann nur erfaßt werden, wenn unser Beobachtungsort südlich des Erdäquators liegt. – Die Karten sind so geordnet, daß sie den Abend-Sternhimmel zu den einzelnen Jahreszeiten zeigen. Hält man die Karten mit Blick nach Süden vor sich, so entspricht dem geschauten Himmelsabschnitt das jeweilige Kartenbild. Für einen Beobachter auf der Nordhalbkugel der Erde liegt Osten auf der Karte links, Westen rechts (seitenverkehrt gegenüber einer Landkarte).

Es ist zu finden:

Frühlings-Sternhimmel, April/Mai gegen 22^h auf Tafel II, III, IV

Sommer-Sternhimmel, Juli/August gegen 22^h auf Tafel V

Herbst-Sternhimmel, Oktober/November gegen 22^h auf Tafel VI, VII, VIII

Winter-Sternhimmel, Januar/Februar gegen 22^h auf Tafel I, IX

Die „scheinbare tägliche Bewegung" des Himmelsgewölbes läßt scheinbar den Meridian (Nord-Süd-Linie) von West nach Ost durch das Kartenbild wandern; deshalb schlage man auch, vor allem bei zeitlichen Abweichungen von der gegebenen

Einteilung, die Anschlußkarten auf, die jeweils am Rande durch eine rote römische Ziffer angegeben sind.

Die Planeten sind in den Sternkarten selbstverständlich nicht eingezeichnet, da sie ja ständig ihren Ort unter den Sternen ändern. Um das Auffinden dieser Objekte zu erleichtern, ist die scheinbare Bahn der Sonne unter den Sternen, die Ekliptik, in die Karten eingezeichnet worden. Die Planeten stehen immer in der Nähe dieser Bahn. – Ferner ist der galaktische Äquator, die Grundebene des galaktischen Koordinatensystems, eingezeichnet (siehe 1.3).

Die hellen Sterne sind in den Karten mit kleinen griechischen Buchstaben benannt. Über dieses Benennungssystem lese man unter 6.2 nach. Dort stehen auch die lateinischen und deutschen Namen der Sternbilder und eine Angabe, auf welcher Karte das betreffende Sternbild aufzusuchen ist.

Für Sterne geringerer scheinbarer Helligkeit werden die Flamsteedschen Nummern angeführt. Bei einigen Sternen in den beiden Nordpol-Karten werden auch die durch ein H gekennzeichneten Hevelschen Zahlen gegeben. Bei Nebeln, Sternhaufen und Spiralnebeln bezeichnen die Zahlen mit einem vorgestellten M die Nummern im Katalog von Messier, die anderen Zahlen geben die NGC-Nummern (aus dem „New General Catalogue" von Dreyer).

6.3 Die scheinbaren Helligkeiten

Schon bei einer flüchtigen Betrachtung des Sternhimmels fällt auf, daß die Sterne nicht alle gleich hell strahlen. Neben einigen hellen und auffälligen Sternen gewahrt man bei näherem Hinsehen, d. h., wenn das Auge sich genügend an die Dunkelheit gewöhnt hat, wenn es adaptiert ist (s. A 2.3.1), eine große Zahl schwacher und schwächster Lichtpunkte.

Es lag nahe, die Sterne in Helligkeitsklassen oder, wie der eigentliche Fachausdruck lautet, in Größen einzuteilen. Eine solche Einteilung haben schon die Astronomen des Altertums eingeführt, und zwar derart, daß sie die hellsten Sterne als 1. Größe, die nächsthellen als 2. Größe und so fort bezeichneten bis zu den schwächsten, mit bloßem Auge noch sichtbaren, die in dieser Skala der 6. Größe angehörten. Nach Erfindung des Fernrohrs wurde dieses System der Größenklassen übernommen und zu den teleskopischen Sternen weiter fortgesetzt. Da diese Einordnung der Helligkeiten auf Schätzungen beruhte, zeigte sich dann im vorigen Jahrhundert ein starkes Auseinandergehen der Systeme einzelner Beobachter. Um Ergebnisse verschiedener Forscher vergleichbar zu machen, war eine Vereinheitlichung des Maßsystems unerläßlich. Andererseits wollte man aber auch nicht grundsätzlich das alte Helligkeitssystem, das sich fest eingebürgert hatte, aufgeben.

1859 wurde von Weber und Fechner das sogenannte „psychophysische Grundgesetz" aufgefunden; dieses besagt, daß Empfindungen den Logarithmen der Reize proportional sind.

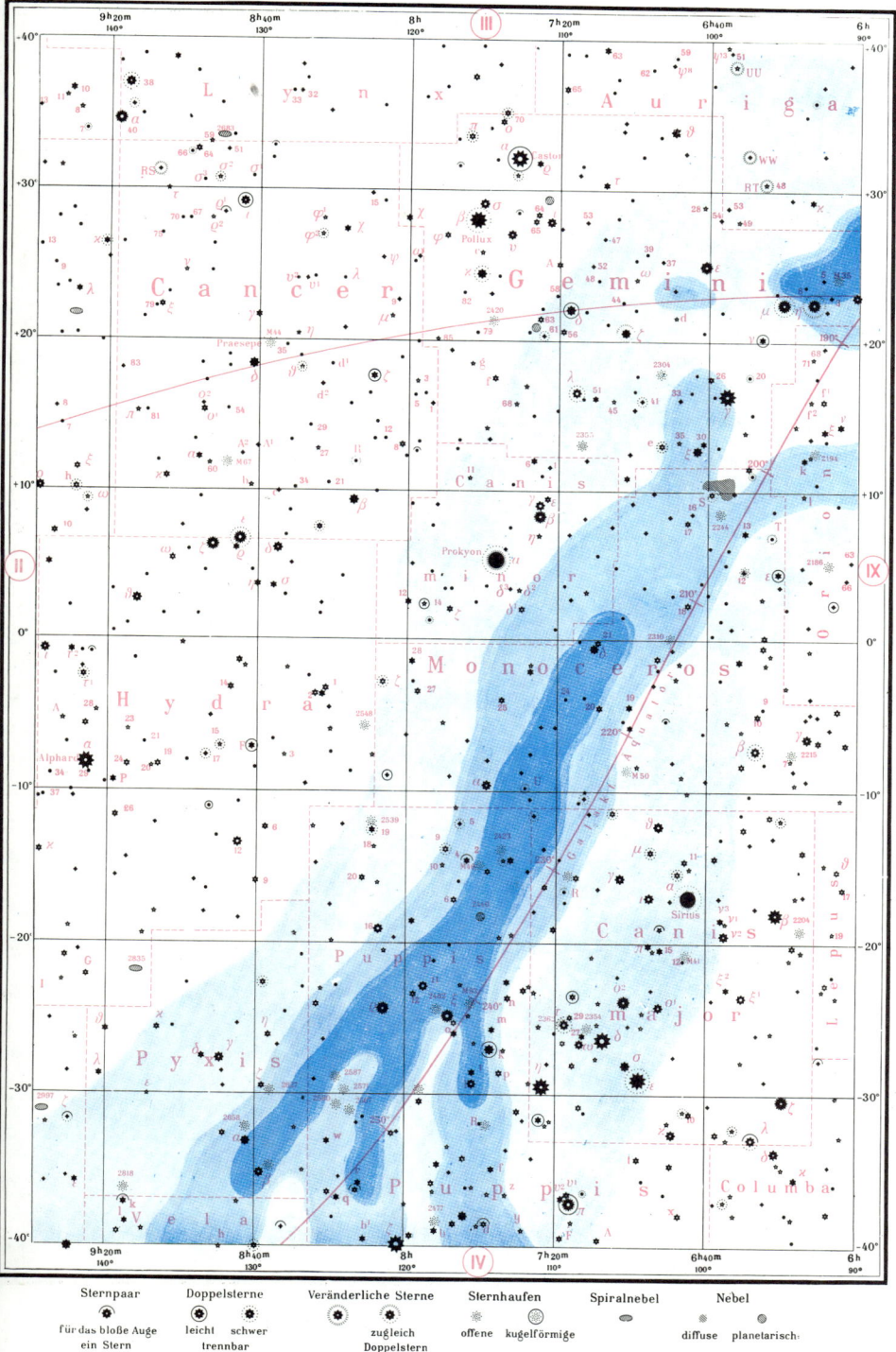

Sternpaar · Doppelsterne · Veränderliche Sterne · Sternhaufen · Spiralnebel · Nebel

für das bloße Auge   leicht   schwer   zugleich   offene   kugelförmige   diffuse   planetarisch
ein Stern   trennbar   Doppelstern

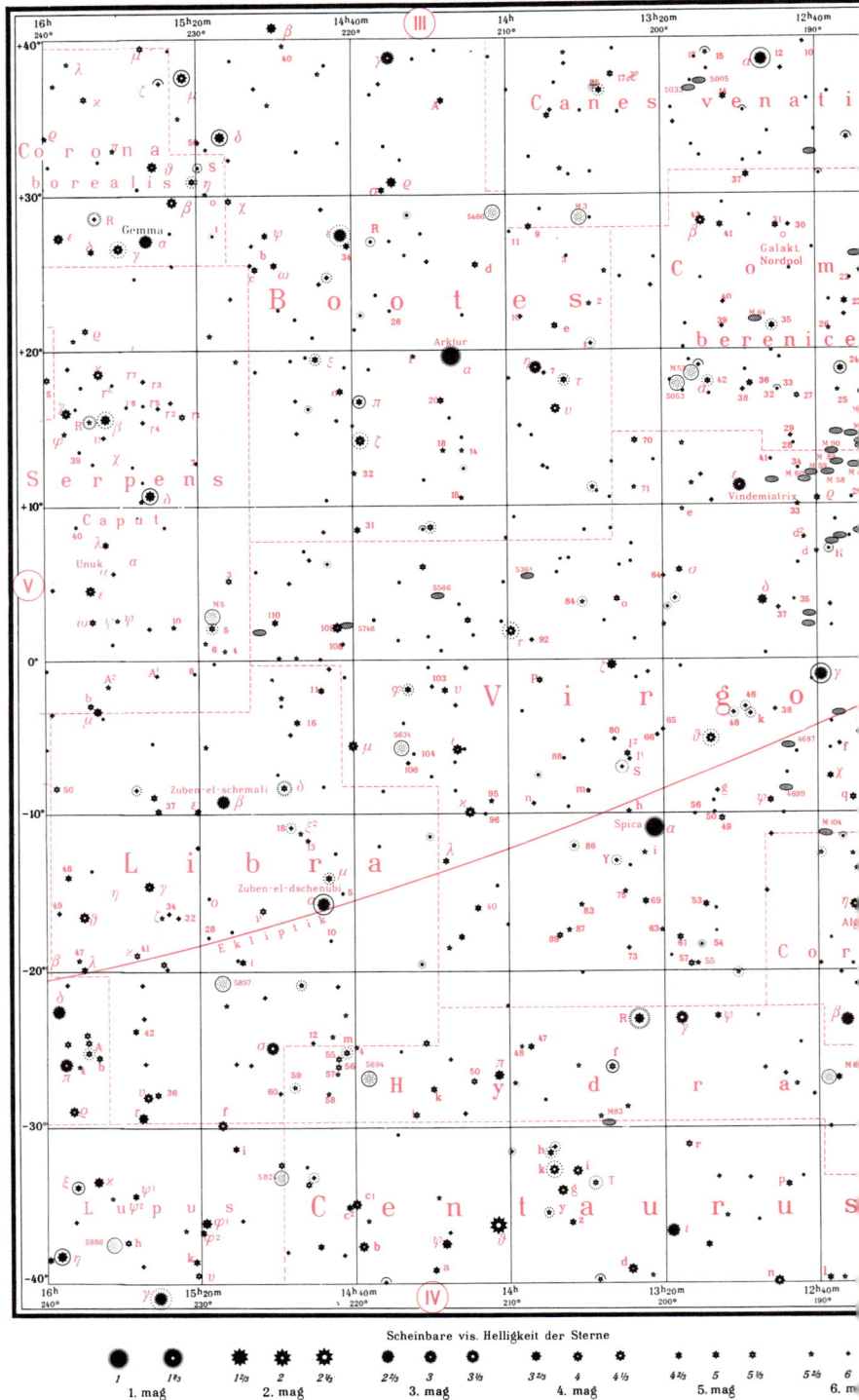

Scheinbare vis. Helligkeit der Sterne

1. mag   2. mag   3. mag   4. mag   5. mag   6. m

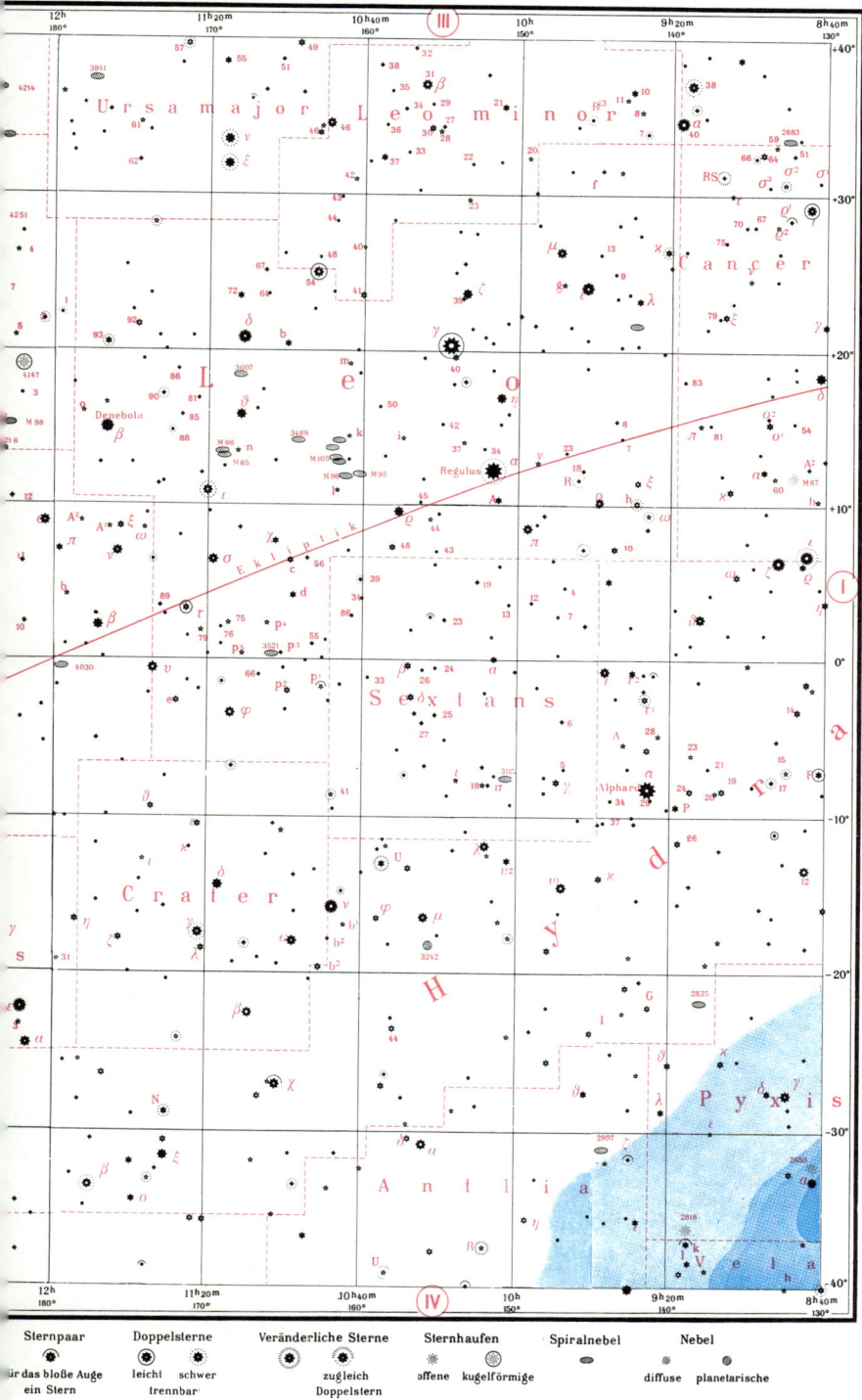

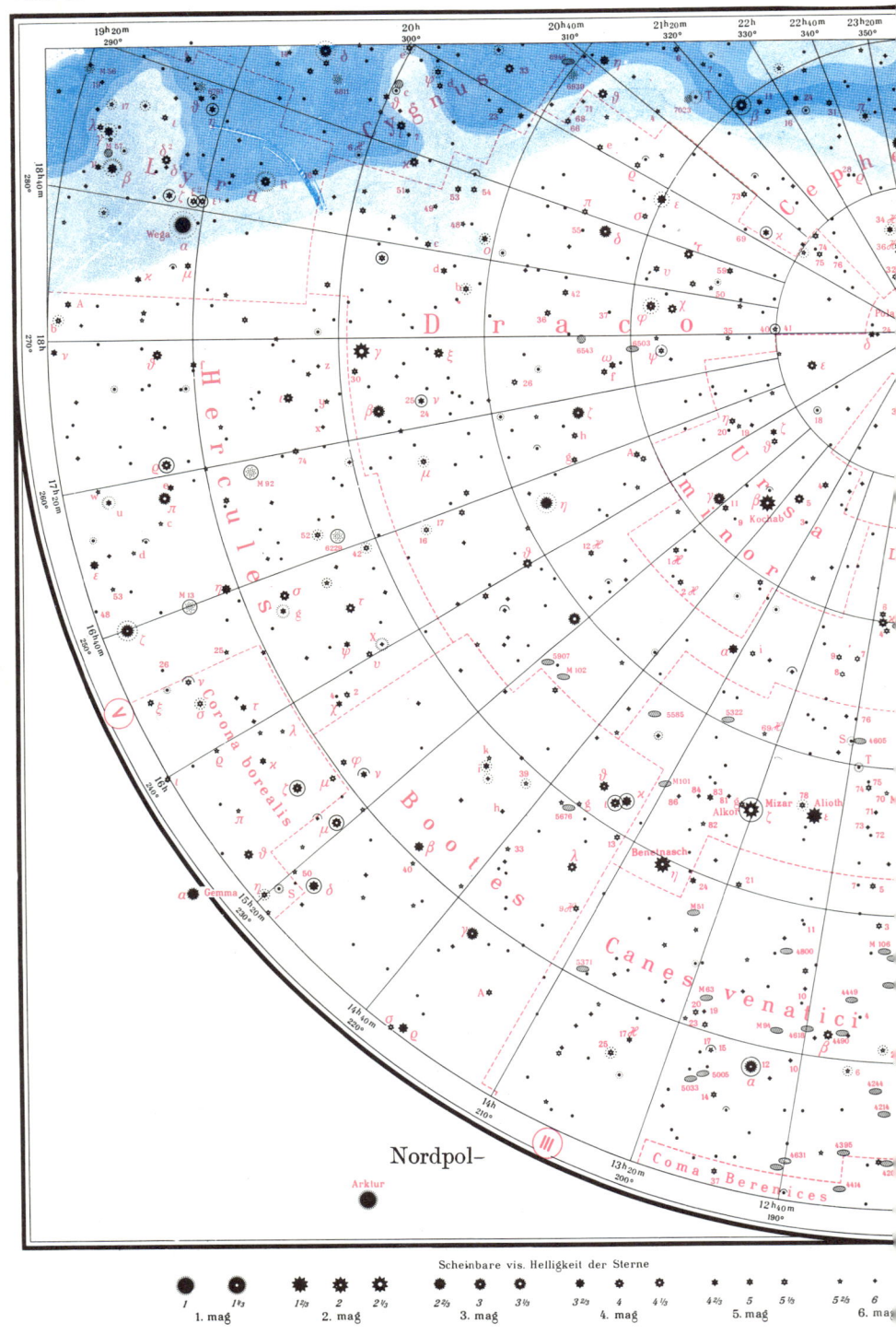

Nordpol–

Scheinbare vis. Helligkeit der Sterne

1	1⅓	1⅔	2	2⅓	2⅔	3	3½	3⅔	4	4½	4⅔	5	5½	5⅚	6
1. mag		2. mag			3. mag			4. mag			5. mag			6. mag	

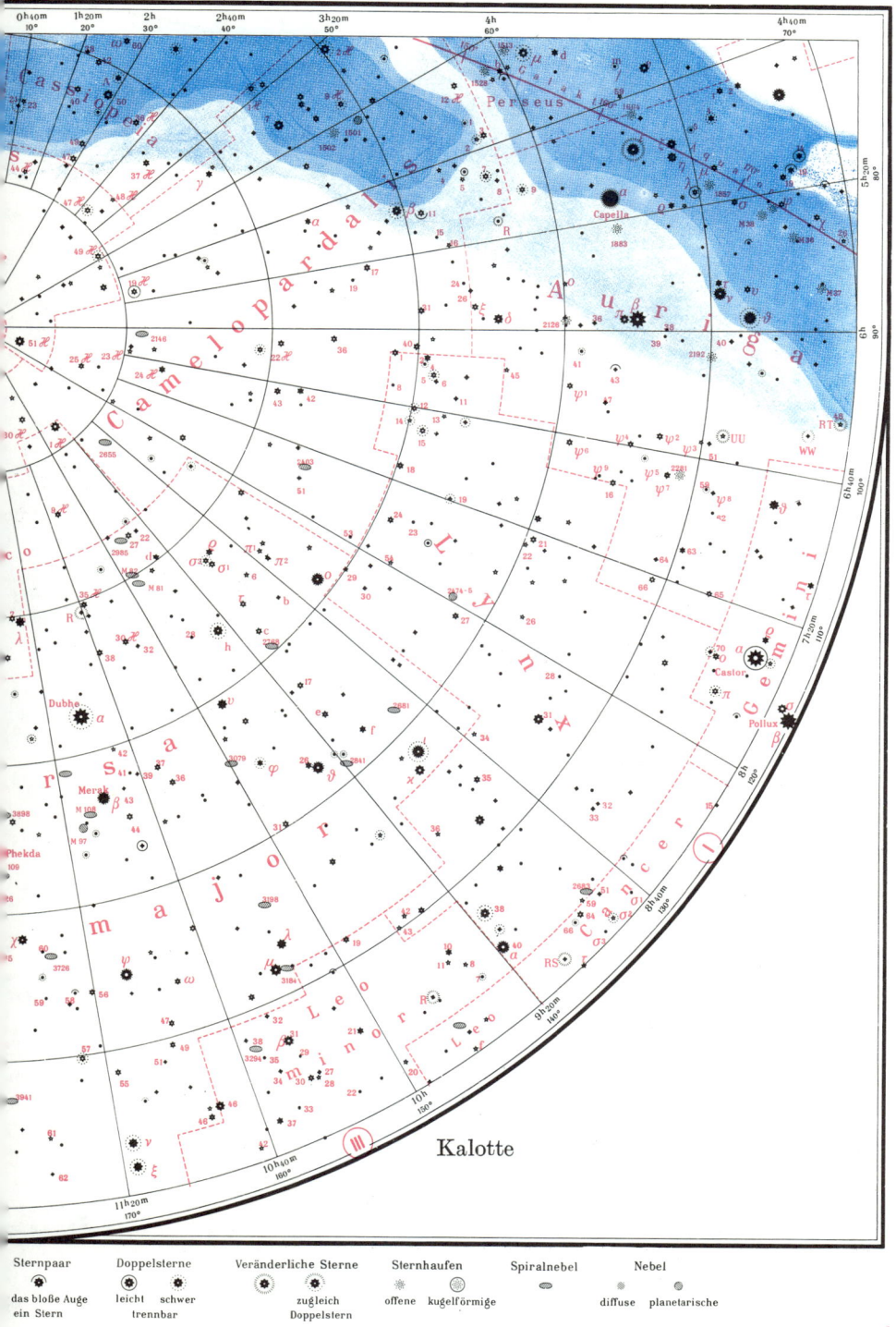

Kalotte

Sternpaar	Doppelsterne		Veränderliche Sterne	Sternhaufen		Spiralnebel	Nebel	
das bloße Auge ein Stern	leicht	schwer trennbar	zugleich Doppelstern	offene	kugelförmige		diffuse	planetarische

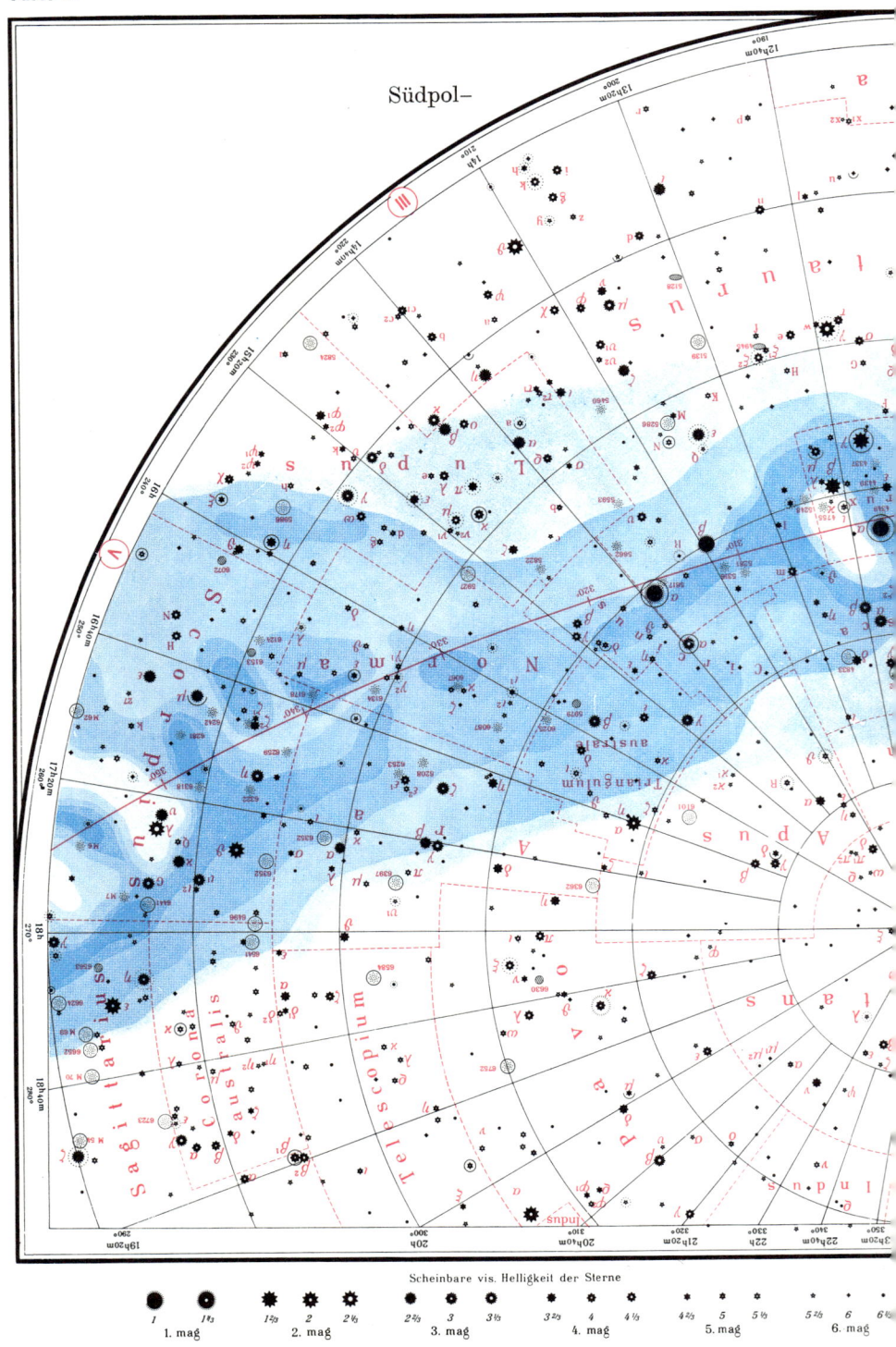

Südpol–

Scheinbare vis. Helligkeit der Sterne

1. mag   2. mag   3. mag   4. mag   5. mag   6. mag

Kalotte

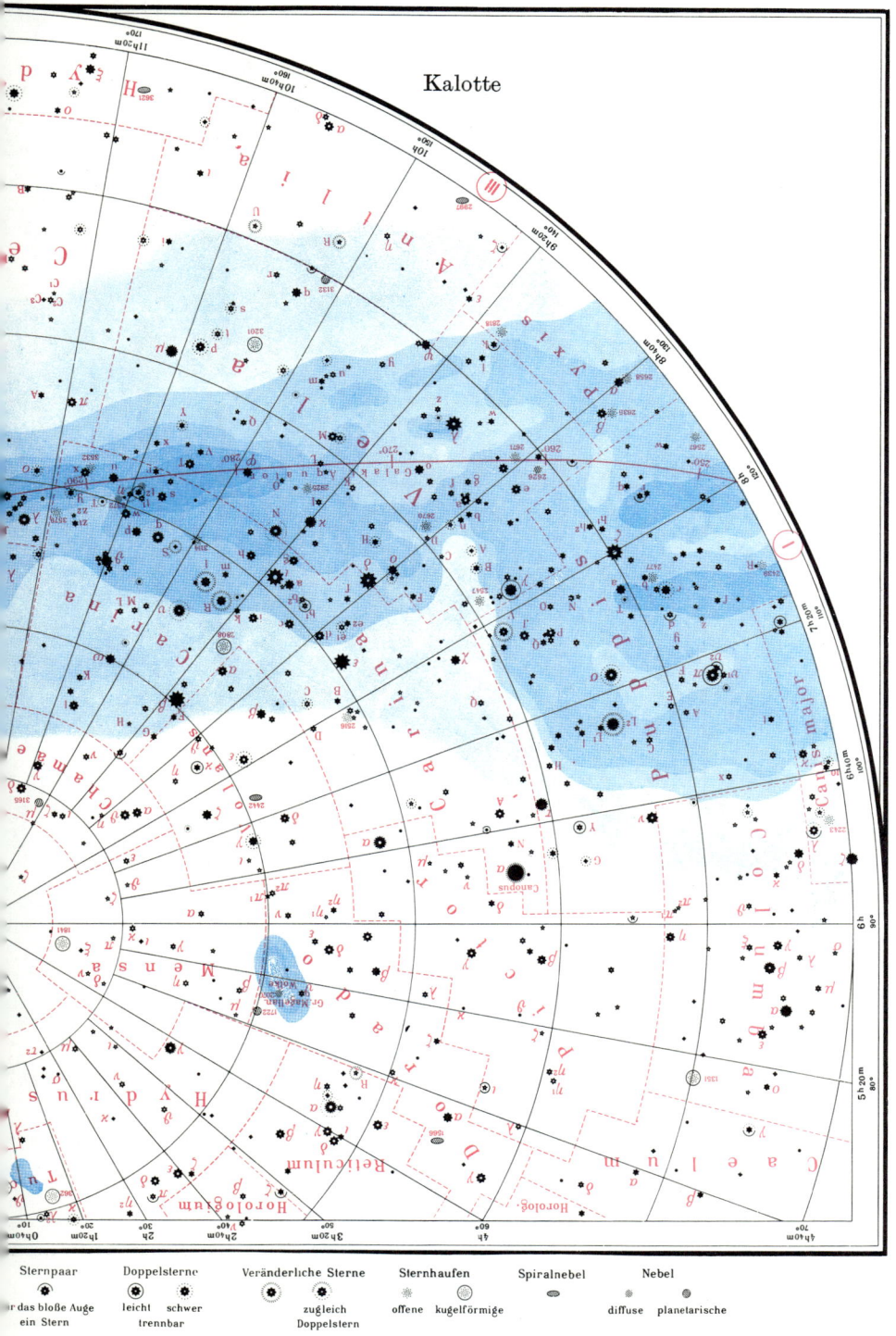

Sternpaar	Doppelsterne		Veränderliche Sterne	Sternhaufen		Spiralnebel	Nebel	
für das bloße Auge ein Stern	leicht	schwer trennbar	zugleich Doppelstern	offene	kugelförmige		diffuse	planetarische

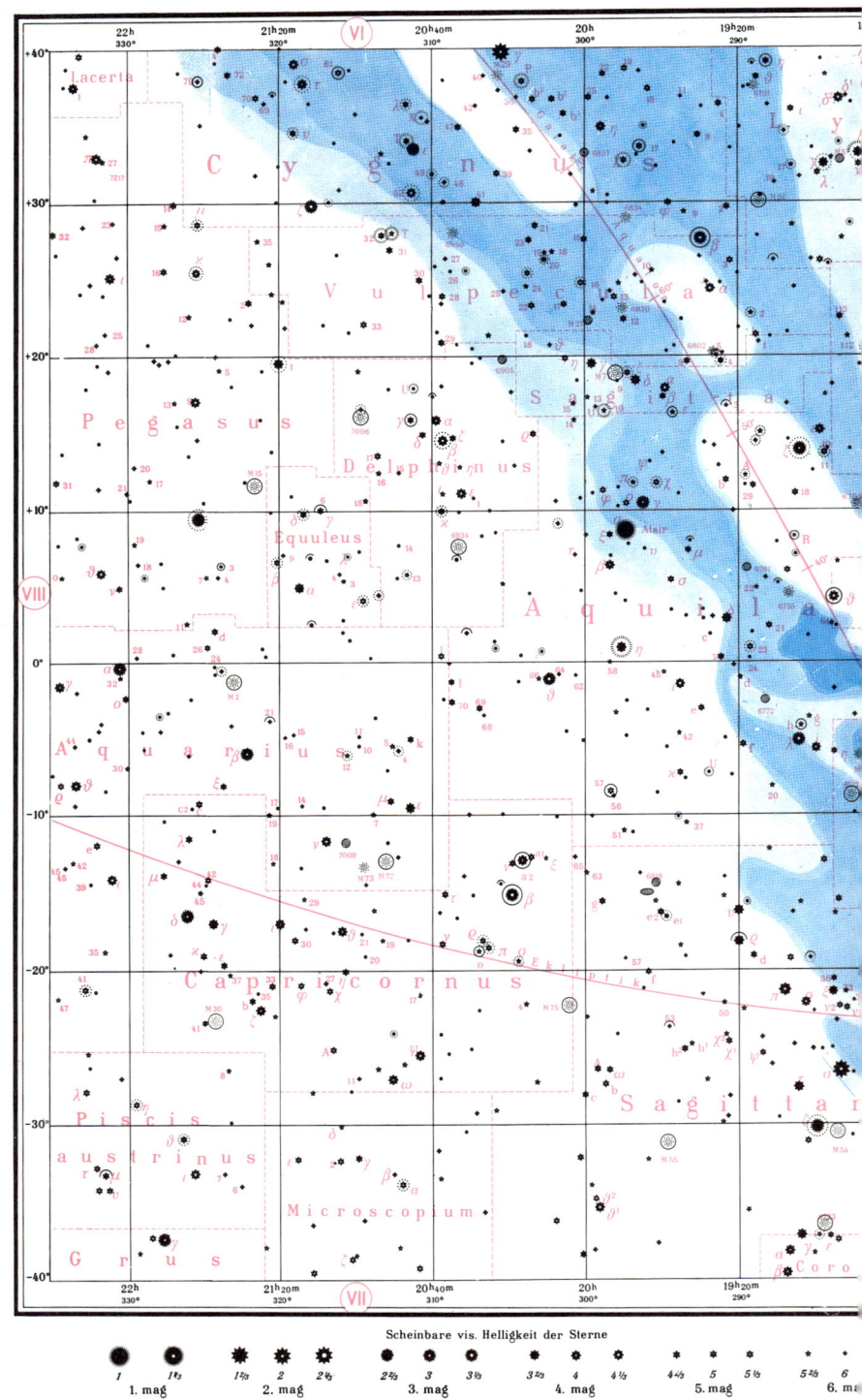

Scheinbare vis. Helligkeit der Sterne

1. mag   2. mag   3. mag   4. mag   5. mag   6. ma

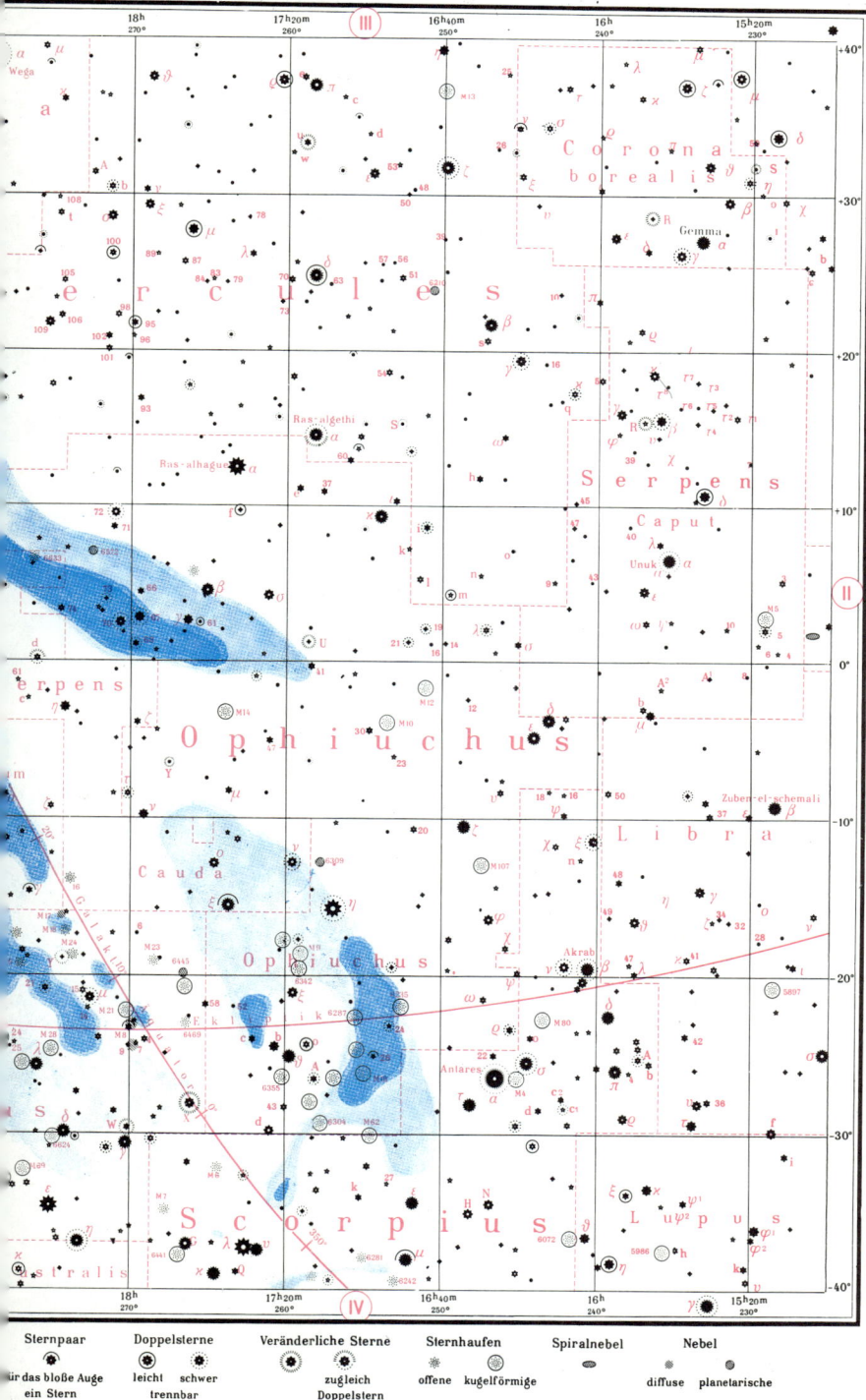

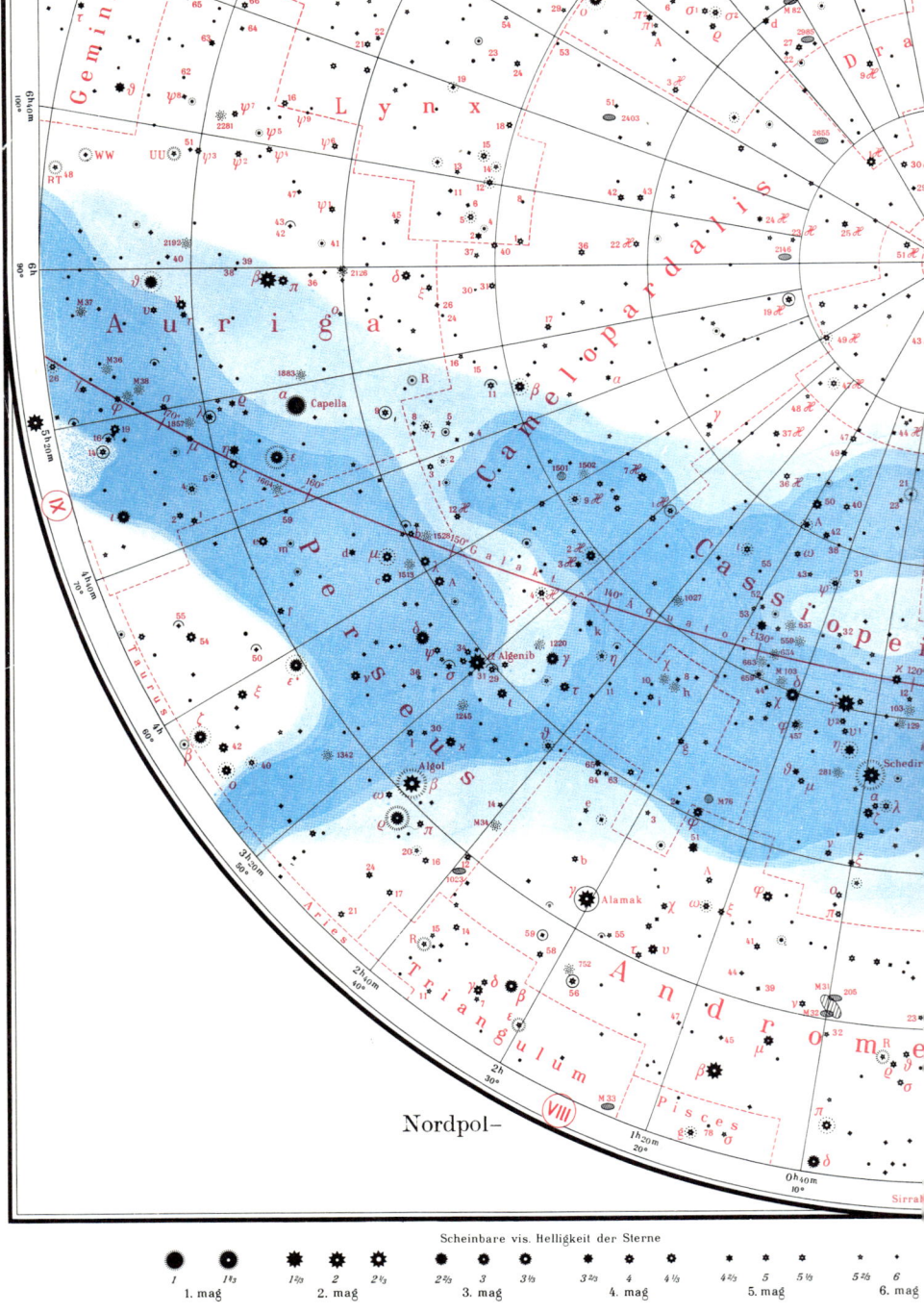

Nordpol–

Scheinbare vis. Helligkeit der Sterne

1	1⅓	1⅔	2	2⅓	2⅔	3	3⅓	3⅔	4	4⅓	4⅔	5	5⅓	5⅔	6
1. mag		2. mag			3. mag			4. mag			5. mag			6. mag	

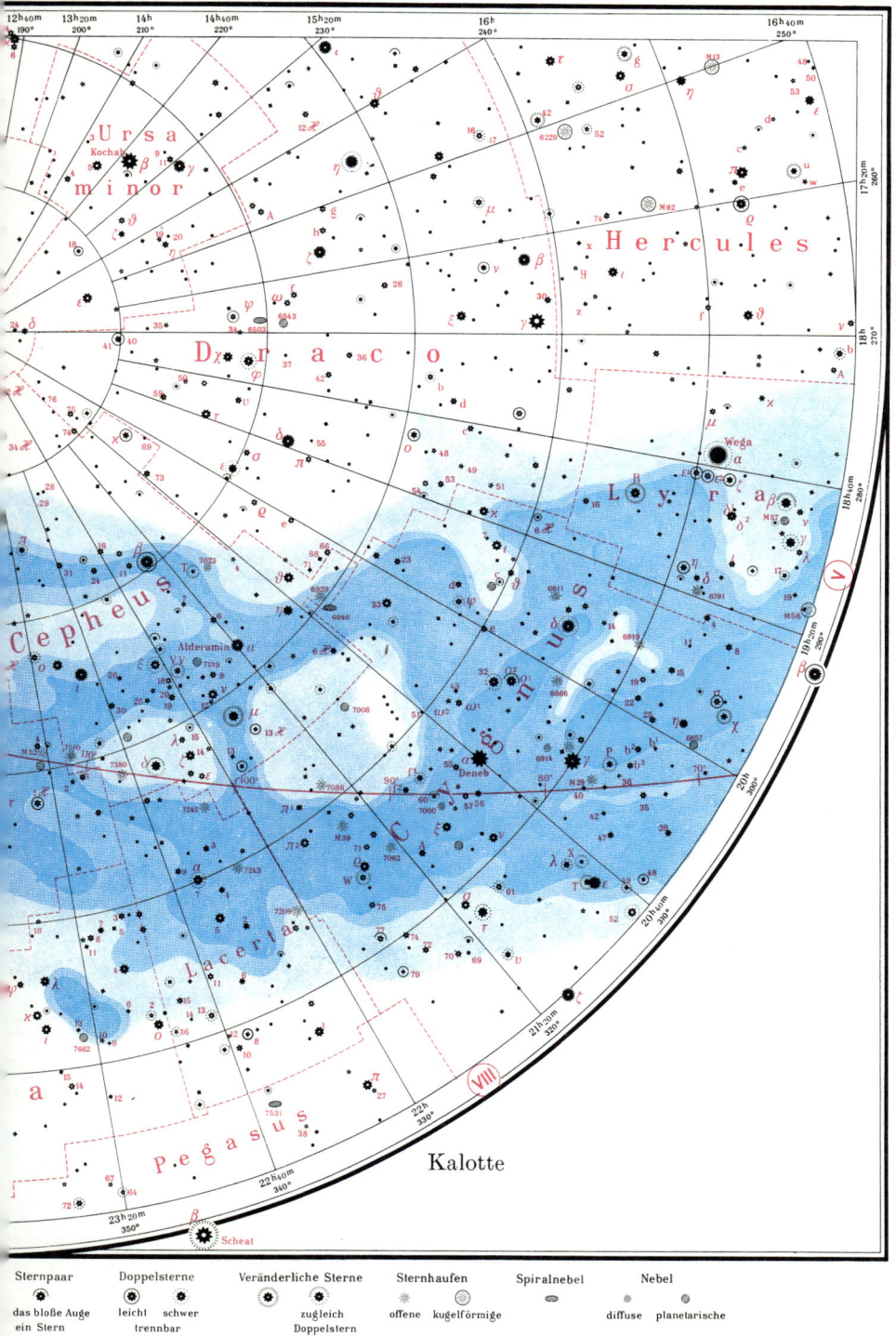

Kalotte

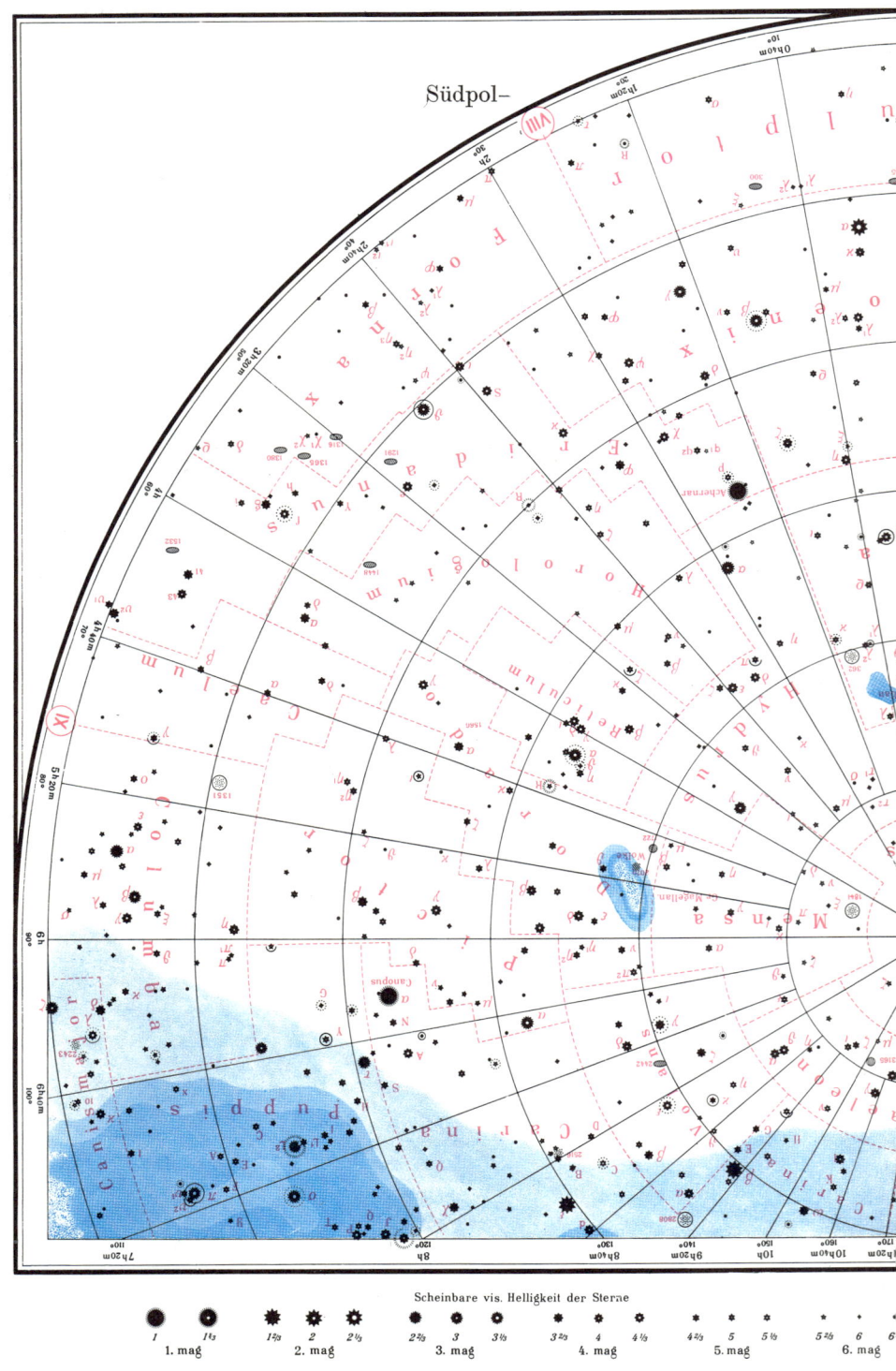

Südpol–

Scheinbare vis. Helligkeit der Sterae

1. mag 2. mag 3. mag 4. mag 5. mag 6. mag

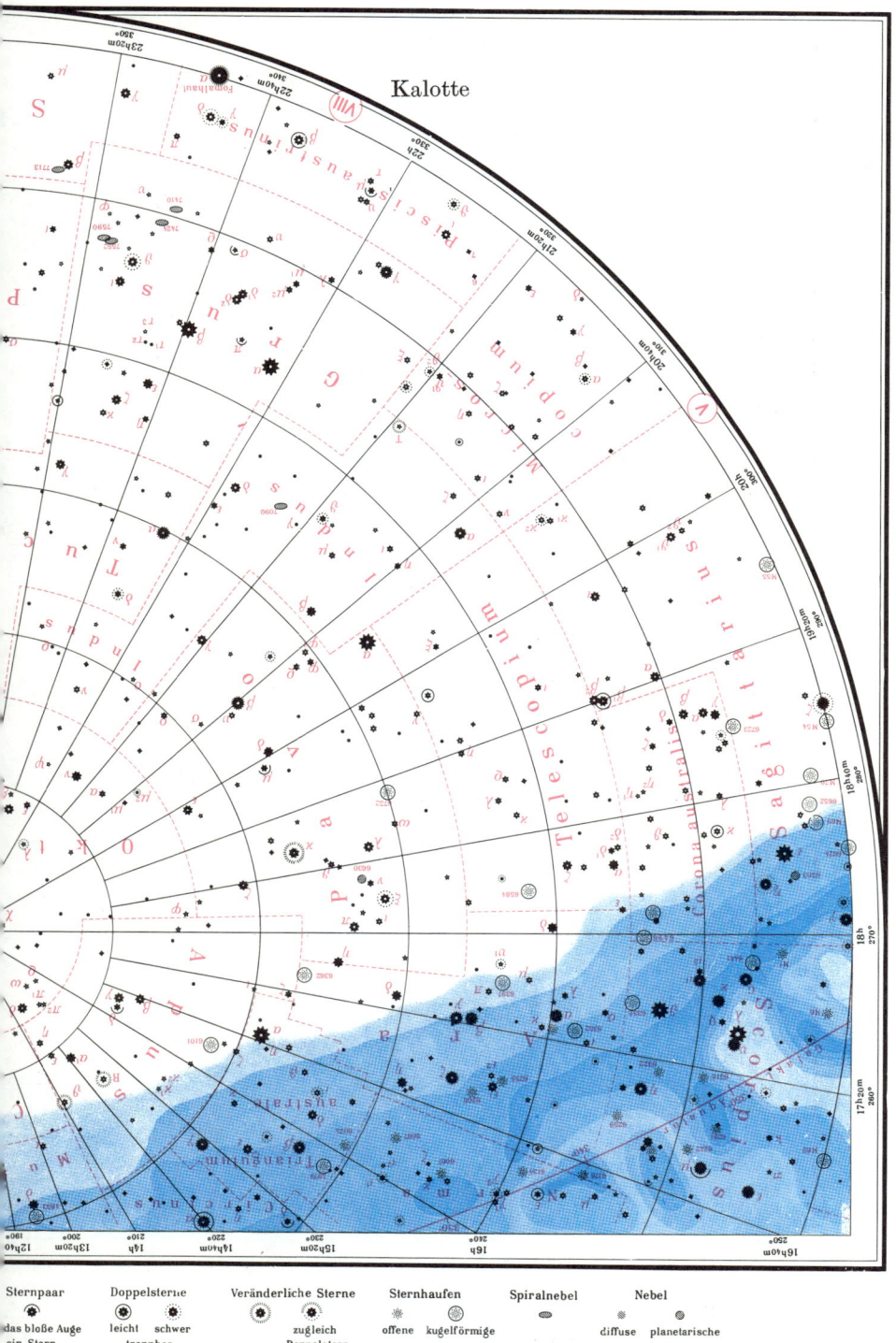

Kalotte

Sternpaar   Doppelsterne   Veränderliche Sterne   Sternhaufen   Spiralnebel   Nebel

das bloße Auge   leicht   schwer   zugleich   offene   kugelförmige   diffuse   planetarische

ein Stern   trennbar   Doppelstern

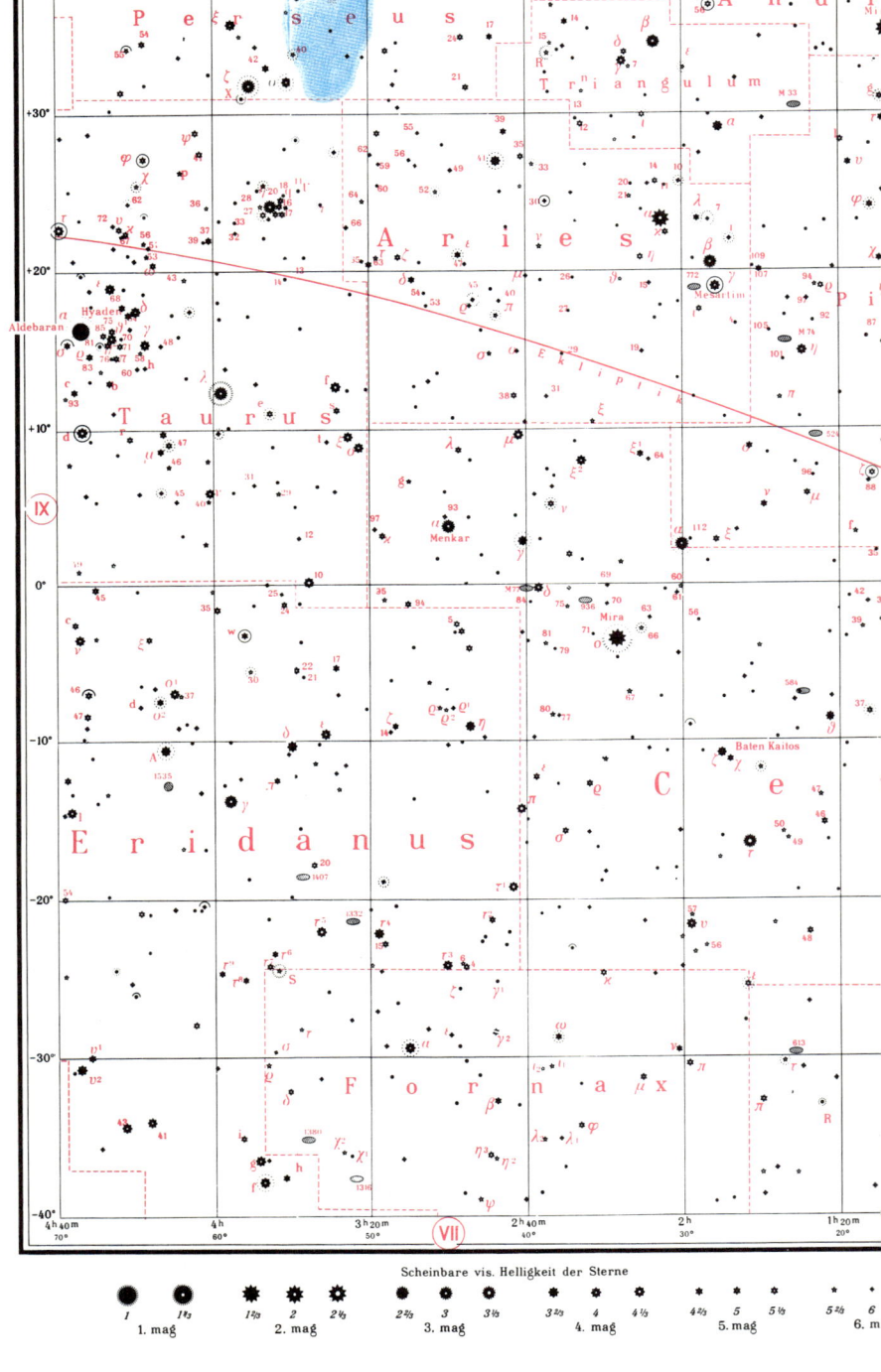

Scheinbare vis. Helligkeit der Sterne

1. mag   2. mag   3. mag   4. mag   5. mag   6. m

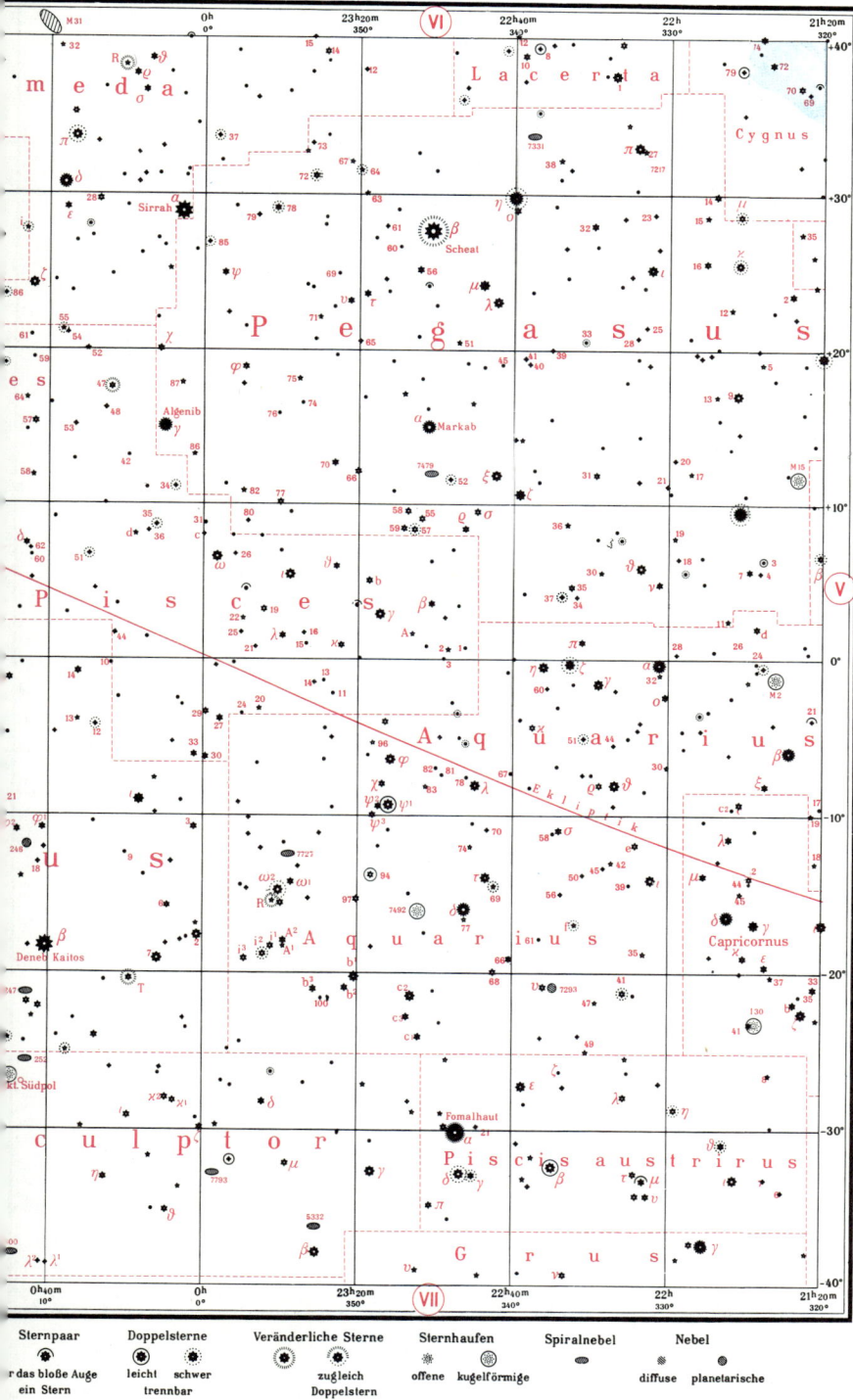

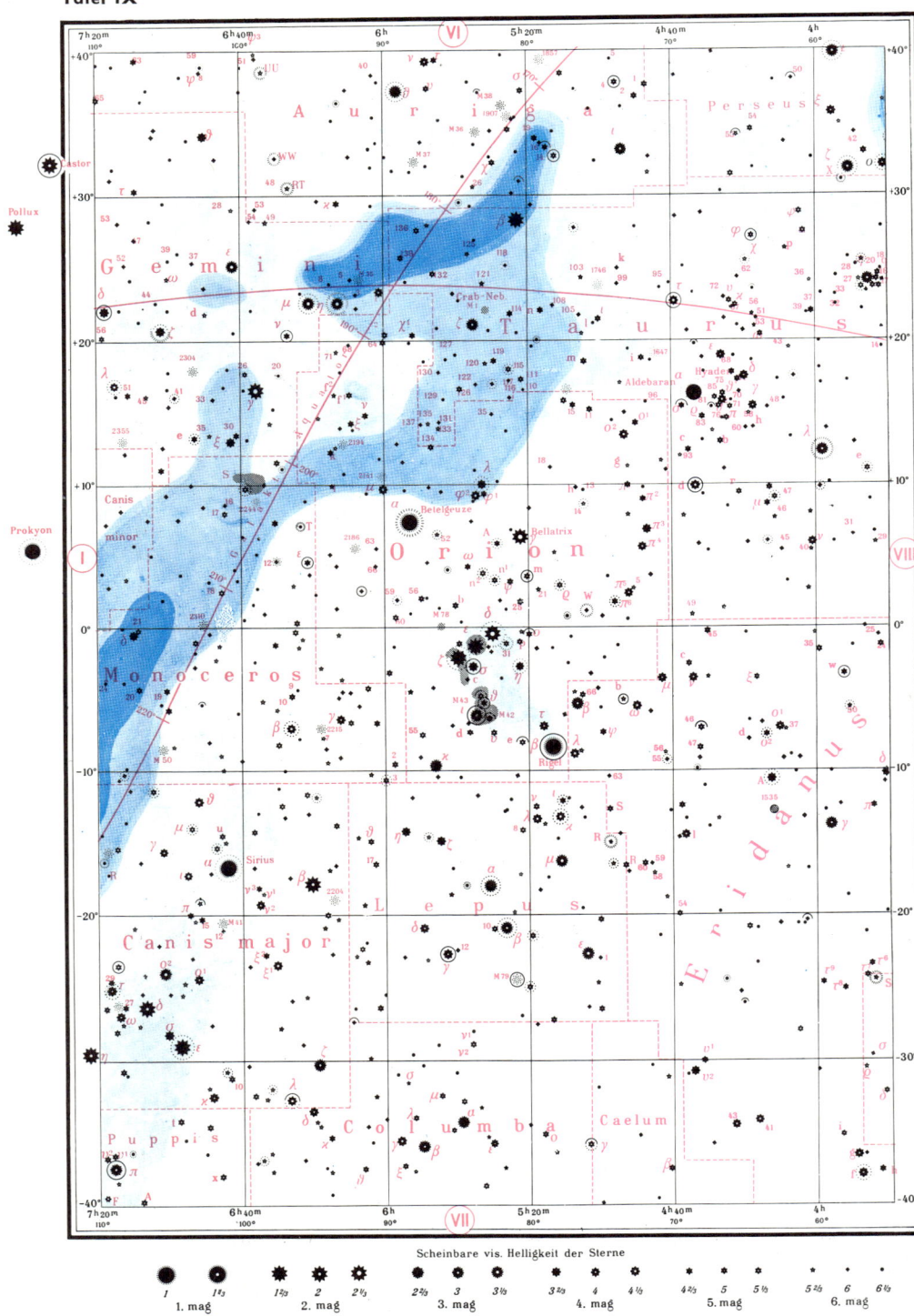

Scheinbare vis. Helligkeit der Sterne

| 1 | 1⅓ | 1⅔ | 2 | 2⅓ | 2⅔ | 3 | 3½ | 3⅔ | 4 | 4½ | 4⅔ | 5 | 5½ | 5⅔ | 6 | 6½ |
| 1. mag | | 2. mag | | | 3. mag | | | 4. mag | | | 5. mag | | | 6. mag | |

6.3 Die scheinbaren Helligkeiten

Danach entsprechen Helligkeitsstufen, wie wir sie empfinden, bestimmten Verhältnissen in den Strahlungsleistungen, die unser Auge aufnimmt. Die von Pogson zur gleichen Zeit vorgeschlagene und allgemein angenommene Definition der Größenklassen stellt einen speziellen formelmäßigen Ausdruck dieses Gesetzes dar.

Wenn man mit m die Größe (als Maß für die Empfindung) und mit F den Strahlungsstrom des Sternlichts (als Maß des Reizes) bezeichnet, dann ist die Beziehung zwischen der Helligkeitsdifferenz zweier Sterne in Größenklassen und dem Verhältnis F_1/F_2 der zugehörigen Strahlungsströme

$$m_1 - m_2 = -2,5 \lg \left(\frac{F_1}{F_2}\right)$$

Über die Definition der Strahlungsströme und ihren Zusammenhang mit den Intensitäten lese man nach in A 1.4.

In Umkehrung dieser Formel erhält man das Verhältnis der Strahlungsströme aus der Differenz der scheinbaren Helligkeiten durch folgenden Ausdruck:

$$\frac{F_1}{F_2} = \left(\frac{1}{2,521}\right)^{m_1 - m_2} = 10^{-0,4(m_1 - m_2)}$$

Die Strahlungsströme zweier aufeinanderfolgender Größen verhalten sich also wie $1:2,512$. Die Konstante der Definitionsgleichung wurde von Pogson so gewählt, daß der Logarithmus der Konstanten eine möglichst einfache Zahl ergab. Andererseits entsprach diese Konstante etwa der der alten Photometrien, so daß diese ihren Wert behielten.

Die Unterschiede der Strahlungsströme zwischen einem Stern 0. Größe und den schwächsten auf Photoplatten noch wahrnehmbaren beträgt also $1:100$ Millionen.

Die obigen Gleichungen geben nur eine Definition der Helligkeitsskala. Zu einem Maßsystem gehört aber noch eine genaue Festlegung des Nullpunktes oder des Eichpunktes der Zählung. Dazu benutzte man den Polarstern (α UMi = Polaris), dem man definitorisch eine Helligkeit von 2,12 Größen zuordnete. (Später stellte sich leider heraus, daß dieser Stern in seiner Helligkeit etwas veränderlich ist.) – Nun gibt es hellere Sterne am Himmel als α UMi, ja sogar um mehr als 2,12 Größenklassen hellere. Diesen Sternen mußten in konsequenter Weiterführung der Helligkeitsskala negative Helligkeitswerte gegeben werden, so etwa Sirius $-1{}^{\mathrm{m}}6$ (Größe bzw. Größenklasse wird durch hochgestelltes ^{m} oder die Abkürzung mag = magnitudo gekennzeichnet).

Das System der scheinbaren Helligkeiten war ursprünglich nur für visuelle Beobachtungen aufgestellt und festgelegt worden. Als man versuchte, Helligkeiten aus photographischen Aufnahmen zu bestimmen, stellte man fest, daß gewisse Sterne auf der photographischen Platte heller, andere schwächer sind, als sie nach der visuellen Helligkeitsbestimmung sein müßten. So schuf man neben dem visuellen System ein photographisches Helligkeitssystem.

Größen und Strahlungsströme (für Sterne 0. Größe wurde die Intensität gleich 1 gesetzt)

Helligkeit	Intensität
0. Größe	= 1
1. Größe	= 0,398
2. Größe	= 0,158
3. Größe	= 0,063
4. Größe	= 0,025
5. Größe	= 0,010
10. Größe	= 0,000 1
15. Größe	= 0,000 001
20. Größe	= 0,000 000 01

Da eine Helligkeitsbestimmung mit absoluten Methoden sehr schwierig und zeitraubend ist, legte man das Helligkeitssystem durch entsprechend helle Sterne in einer Sequenz von den hellsten bis zu den schwächsten am Himmel fest, so daß eine Bestimmung von Sternhelligkeiten möglich ist durch ein Einschätzen bzw. Einmessen in diese Skala. Diese fundamentale Helligkeitsskala wurde um den „Nullpunkt-Stern", also um den Pol, herumgelegt und wird als Polsequenz bezeichnet.

Neben der Polsequenz gibt es heute eine ganze Reihe guter Helligkeitskataloge. Insgesamt sind die Helligkeiten (phot. od. vis.) von etwa 500 000 Sternen bis zur Größe 19^m bekannt, vollständig jedoch nur bis 9^m.

Scheinbare Helligkeiten in lichttechnischen Einheiten

1 Lux entspricht	$m_{\text{vis}} = -14^m18$
1 Lux entspricht	$m_{\text{phot}} = -12^m06$
103 000 Lux gleich vis. Helligkeit der Sonne	$= -26^m73$
134 500 Lux gleich vis. Helligkeit der Sonne außerhalb der Erdatmosphäre	$= -27^m01$
0,241 Lux gleich vis. Helligkeit des Vollmondes	$= -12^m63$

Die Beziehungen zwischen den in der Astrophysik benutzten Begriffen Intensität und Strahlungsstrom und den im „Internationalen Einheitssystem (SI)" definierten Strahlungsgrößen der Lichtstärke, gemessen in Candela (cd), des Lichtstroms, gemessen in Lumen (lm) und der Beleuchtungsstärke, gemessen in Lux (lx) sind im Abschnitt A 3.5 zusammengestellt.

6.4 Katalog der Sterne mit einer scheinbaren Helligkeit $> 3^m5$

Angaben aus: Catalogue of Bright Stars, Yale University Observatory, Third revised edition by Dorrit Hoffleit; New Haven, Conn., 1964. Der Ausdruck der Tabelle wurde mit einer EDV-Anlage hergestellt.

Name

Bezeichnung des Sterns, bestehend aus einem griechischen Buchstaben und der Abkürzung des Sternbildnamens (siehe 6.1); dabei sind die griechischen Buchstaben wie folgt transkribiert:

ALF	$= \alpha$	ETA	$= \eta$	NY	$= \nu$	TAU	$= \tau$
BET	$= \beta$	THE	$= \vartheta$	XI	$= \xi$	YPS	$= \upsilon$
GAM	$= \gamma$	IOT	$= \iota$	OMI	$= o$	PHI	$= \varphi$
DEL	$= \delta$	KAP	$= \kappa$	PI	$= \pi$	CHI	$= \chi$
EPS	$= \varepsilon$	LAM	$= \lambda$	RHO	$= \varrho$	PSI	$= \psi$
ZET	$= \zeta$	MY	$= \mu$	SIG	$= \sigma$	OMG	$= \omega$

In einigen wenigen Fällen ist der Stern innerhalb des Sternbilds mit einem (großen) lateinischen Buchstaben oder einer

Ziffer + G (= Gould) bezeichnet. Eine Ziffer, die dem griechischen oder lateinischen Buchstaben in Klammern beigefügt ist, bedeutet stets eine hochgestellte Indexzahl, z. B. GAM (1) = γ^1; L (2) = L^2

Rekt.	Rektaszension für Äquinoktium und Epoche 2 000,0.
$\Delta \alpha$	Hundertjährige Änderung der Rektaszension (wegen Präzession und Eigenbewegung).
Dekl.	Deklination für Äquinoktium und Epoche 2 000,0.
$\Delta \delta$	Hundertjährige Änderung der Deklination (wegen Präzession und Eigenbewegung).
EB. in α	Jährliche Eigenbewegung in Rektaszension in Bogensekunden, multipliziert mit cos δ.
EB. in δ	Jährliche Eigenbewegung in Deklination in Bogensekunden.
Größe	Visuelle Helligkeit (bei Doppelsternen im allgemeinen die Gesamthelligkeit, bei Veränderlichen das Maximum).
B–V	Farbenindex (siehe 7.1.2)
Spektrum	Spektral- und Leuchtkraftklasse; die Zusätze erscheinen aus drucktechnischen Gründen in großen statt in kleinen Buchstaben (siehe 7.1.1).
Par.	Parallaxe in Bogensekunden.
RG	Radialgeschwindigkeit in km/s; veränderliche RG sind durch den Zusatz „V" gekennzeichnet.
Bemerkungen	Mit „VAR" sind die Veränderlichen Sterne (s. 8.1) gekennzeichnet. Falls es sich um einen Doppelstern oder ein Mehrfachsystem handelt (s. 12.1), sind hier $\Delta \mu$ = Helligkeitsdifferenz in Größenklassen und ρ = Distanz der beiden Komponenten in Bogensekunden angegeben. Bei Mehrfachsystemen beziehen sich diese Werte auf die beiden hellsten Komponenten; außerdem ist die Anzahl der zum System gehörenden Komponenten beigefügt.
Eigenname	Für einige Sterne ist der meist aus dem Arabischen stammende Eigenname gegeben.

Name		Rekt. Δα h m s	Dekl. Δδ °	EB in α EB in δ ''	Größe B-V	Spektrum			Pär. RG	Bemerkungen
ALF	AND	0 8 23 + 5 10	+29 5 +33	+0.134 -0.161	2.02 -0.10	B 9		P	0.024 - 12 V	9.2 76.2 SIRRAH
BET	CAS	0 9 10 + 5 20	+59 9 +33	+0.527 -0.178	2.25 +0.35	F 2	IV		0.072 + 12	11.7 23.7 CAPH
GAM	PEG	0 13 14 + 5 9	+15 11 +33	-0.001 -0.010	2.83 -0.23	B 2	IV		+ 4 V	VAR ALGENIB
BET	HYI	0 25 45 + 5 15	-77 15 +34	+2.223 +0.326	2.79 +0.62	G 2	IV		0.153 + 23	
ALF	PHE	0 26 17 + 4 56	-42 18 +33	+0.198 -0.395	2.39 +1.08	K 0	III		0.035 + 75 V	0.1
DEL	AND	0 39 20 + 5 21	+30 52 +33	+0.133 -0.090	3.21 +1.31	K 3	III		0.024 - 7 V	9.5 28.7 3
ALF	CAS	0 40 31 + 5 41	+56 32 +33	+0.050 -0.029	2.24 +1.18	K 0	II–III		0.009 - 4	VAR 6.0 64.4 4 SCHEDIR
BET	CET	0 43 35 + 5 1	-17 59 +33	+0.230 +0.040	2.04 +1.02	K 1	III		0.057 + 13	DENEB KAITOS
ETA	CAS	0 49 6 + 6 3	+57 49 +32	+1.101 -0.523	3.45 +0.58	G 0	V		0.182 + 9	3.6 9.7 7
GAM	CAS	0 56 42 + 6 2	+60 43 +32	+0.026 -0.002	2.65 -0.22	B 0	IV	E	0.034 - 7	VAR 8.7 2.2 3
BET	PHE	1 6 5 + 4 28	-46 43 +32	-0.035 +0.003	3.30 +0.89	G 8	III		0.017 - 1	0.0 1.4

		RA	Dec	p.m.	mag	Sp		par	Notes
ETA	CET	1 8 36 / + 5 2	-10 11 / +32	+0.213 / -0.132	3.44 / +1.16	K 3	III	0.032 / +12	
BET	AND	1 9 44 / + 5 36	+35 37 / +32	+0.177 / -0.113	2.03 / +1.63	M 0	III	0.043 / + 0	VAR 9.7 90.8 MIRACH 4
DEL	CAS	1 25 49 / + 6 33	+60 14 / +31	+0.297 / -0.047	2.68 / +0.13	A 5	V	0.029 / + 7	
ALF	UMI	2 31 13 / +68 40	+89 15 / +29	+0.046 / -0.004	2.5	F 8	IB	0.003 / -17 V	VAR 7.0 18.8 POLARIS 4
GAM	PHE	1 28 21 / + 4 20	-43 19 / +31	-0.028 / -0.207	3.40 / +1.57	K 5	II	+ 26 V	
ALF	ERI	1 37 42 / + 3 43	-57 15 / +30	+0.092 / -0.034	0.47 / -0.19	B 5	IV	0.023 / +19 V	ACHERNAR
TAU	CET	1 44 4 / + 4 39	-15 56 / +32	-1.718 / +0.860	3.50 / +0.72	G 8	V P	0.275 / -16	
EPS	CAS	1 54 24 / + 7 12	+63 41 / +30	+0.035 / -0.016	3.38 / -0.15	B 3	IV P	0.007 / - 8	
BET	ARI	1 54 39 / + 5 32	+20 48 / +29	+0.098 / -0.110	2.65 / +0.13	A 5	V	0.063 / - 2 V	
ALF	HYI	1 58 46 / + 3 9	-61 34 / +29	+0.263 / +0.034	2.86 / +0.29	F 0	V	0.041 / + 1 V	
GAM(1)	AND	2 3 53 / + 6 8	+42 20 / +29	+0.046 / -0.050	2.28	K 3	II	0.005 / -12	2.0 10.5 ALAMAK 3
ALF	ARI	2 7 10 / + 5 38	+23 27 / +28	+0.192 / -0.146	2.00 / +1.15	K 2	III	0.043 / -14	
BET	TRI	2 9 32 / + 5 57	+34 59 / +28	+0.150 / -0.042	3.00 / +0.13	A 5	III	0.012 / +10 V	

Name	Rekt. Δα (h m s)	Dekl. Δδ (°)	EB in α / EB in δ (″)	Größe B–V	Spektrum / E	Pär. RG	Bemerkungen
OMI CET	2 19 21 / + 5 3	- 2 59 / +27	-0.009 / -0.232	2.0	G M 6 / E	0.013 / + 64 V	VAR 7.3 118.7 4 / MIRA
GAM CET	2 43 18 / + 5 11	+ 3 14 / +25	-0.141 / -0.147	3.47 / +0.09	A 2 V	0.048 / - 5	3.8 3.4
TAU PER	2 54 16 / + 7 6	+52 46 / +25	+0.002 / -0.004	3.09	G 5 III / + A 5	0.012 / + 2 V	6.6 51.7 3
THE(1) ERI	2 58 15 / + 3 47	-40 18 / +24	-0.055 / +0.026	3.42	A 3 V	0.028 / + 12 V	1.0 9.3
ALF CET	3 2 17 / + 5 14	+ 4 6 / +24	-0.009 / -0.074	2.52 / +1.64	M 2 III	0.003 / - 26	MENKAR
GAM PER	3 4 48 / + 7 15	+53 30 / +23	+0.003 / -0.003	2.90 / +0.73	G 8 III / + A 3	0.011 / + 3 V	7.7 57.7
RHO PER	3 5 11 / + 6 25	+38 50 / +23	+0.132 / -0.106	3.2	M 4 II–III	0.008 / + 28	VAR
BET PER	3 8 11 / + 6 31	+40 57 / +23	+0.006 / -0.001	2.2	B 8 V	0.031 / + 4 V	VAR 8.3 82.2 5 / ALGOL
ALF PER	3 24 20 / + 7 9	+49 51 / +21	+0.025 / -0.024	1.79 / +0.48	F 5 IB	0.029 / - 2	MIRFAK
DEL PER	3 42 55 / + 7 7	+47 47 / +19	+0.030 / -0.035	2.99 / -0.14	B 5 III	0.007 / - 9 V	
ETA TAU	3 47 29 / + 5 57	+24 7 / +19	+0.023 / -0.044	2.86 / -0.09	B 7 III	0.005 / + 10	3.3 117 / ALCYONE

ZET	PER	3 54 8 + 6 17	+31 53 +18	+0.010 -0.011	2.83 +0.13	B 1 IB	0.007 + 21	6.6 12.9 5
GAM	HYI	3 47 14 - 1 33	-74 15 +18	+0.051 +0.114	3.24 +1.62	M 0 III	+ 16	
EPS	PER	3 57 51 + 6 43	+40 0 +17	+0.023 -0.028	2.88 -0.17	B 0.5 V	- 1 V	5.2 9.0 3
GAM	ERI	3 58 2 + 4 40	-13 31 +17	+0.064 -0.109	2.96 +1.59	M 0 III	0.003 + 62	9.5 53.0
ALF	RET	4 14 25 + 1 17	-62 28 +15	+0.043 +0.048	3.34 +0.91	G 6 II	0.008 + 36	8.6 48.6
THE(2)	TAU	4 28 40 + 5 43	+15 52 +13	+0.105 -0.026	3.41 +0.18	A 7 III	0.025 + 40 V	
ALF	TAU	4 35 55 + 5 44	+16 30 +12	+0.069 -0.190	0.86 +1.53	K 5 III	0.048 + 54	10.2 121.7 6 ALDEBARAN
ALF	DOR	4 34 0 + 2 10	-55 3 +12	+0.051 -0.001	3.26 -0.10	A 0	SI	0.011 + 26	7.2 82.3
PI (3)	ORI	4 49 51 + 5 26	+ 6 57 +10	+0.468 +0.018	3.19 +0.45	F 6 V	0.125 + 24	
IOT	AUR	4 57 0 + 6 31	+33 9 + 9	+0.008 -0.019	2.66 +1.57	K 3 II	0.015 + 18	
EPS	AUR	5 1 58 + 7 11	+43 50 + 9	+0.003 -0.007	2.99 +0.54	A 8 IA	0.004 - 3 V	VAR
ETA	AUR	5 6 31 + 7 1	+41 14 + 8	+0.029 -0.071	3.17 -0.18	B 3 V	0.013 + 7	
EPS	LEP	5 5 28 + 4 14	-22 22 + 8	+0.025 -0.073	3.18 +1.47	K 5 III	0.006 + 1	6.3 207.7 5

Name	Rekt. Δα (h m s)	Dekl. Δδ (°)	EB in α / EB in δ	Größe / B−V	Spektrum	Pär. RG	Bemerkungen
BET ERI	5 7 51 / +4 55	− 5 5 / + 8	−0.092 / −0.079	2.80 / +0.13	A 3 III	0.042 / − 8	9
MY LEP	5 12 56 / +4 30	−16 12 / + 7	+0.042 / −0.026	3.28 / −0.11	A · P	0.018 / +28	
ALF AUR	5 16 41 / +7 23	+46 0 / + 6	+0.083 / −0.427	0.09 / +0.80	G 8 III + F	0.073 / +30 V	8.0 484.6 9 CAPELLA
BET ORI	5 14 32 / +4 48	− 8 12 / + 7	+0.001 / +0.000	0.08 / −0.03	B 8 IA	+ 21 V	7.0 9.9 4 RIGEL
ETA ORI	5 24 29 / +5 2	− 2 23 / + 6	+0.007 / +0.004	3.35 / −0.19	B 0.5 V	0.004 / +20 V	VAR 1.0 1.7 3
GAM ORI	5 25 8 / +5 22	+ 6 21 / + 5	−0.006 / −0.014	1.64 / −0.23	B 2 III	0.026 / +18	BELLATRIX
BET TAU	5 26 17 / +6 19	+28 36 / + 5	+0.030 / −0.175	1.65 / −0.13	B 7 III	0.018 / + 8	
BET LEP	5 28 15 / +4 17	−20 45 / + 5	+0.000 / −0.090	2.84 / +0.82	G 5 III	0.014 / −14	7.0 241.5 5
DEL ORI	5 32 1 / +5 7	− 0 18 / + 4	+0.001 / −0.001	2.20 / −0.21	O 9.5 II	+ 16 V	VAR 4.8 53.0 3
ALF LEP	5 32 44 / +4 25	−17 50 / + 4	+0.003 / +0.005	2.59 / +0.22	F 0 IB	0.002 / +25	8.5 36.0 3
IOT ORI	5 35 26 / +4 54	− 5 55 / + 4	+0.003 / +0.004	2.77 / −0.25	O 9 III	0.021 / +22 V	4.1 11.8 3
EPS ORI	5 36 12 / +5 4	− 1 12 / + 4	+0.000 / +0.000	1.70 / −0.19	B 0 IA	+ 26	

	α h m s / prec	δ ° ′ / prec	μα / μδ	m / B−V	Sp	pec	π / RV	Var	Bem.
ZET TAU	5 37 39 / + 5 59	+21 9 / + 4	+0.006 / −0.022	2.99 / −0.13	B 2 IV	P	/ + 24 V		
BET DOR	5 33 37 / + 0 52	−62 29 / + 4	−0.007 / +0.004	3.40 / +0.80	F 8 IA		0.007 / + 7 V	VAR	3.7 3.3 3
ZET ORI	5 40 46 / + 5 3	− 1 57 / + 3	+0.004 / −0.002	2.05 /	O 9.5 IB		0.022 / +18		8.7 12.6
ALF COL	5 39 39 / + 3 37	−34 5 / + 3	−0.001 / −0.026	2.63 / −0.12	B 8 V	E	/ + 35		
KAP ORI	5 47 46 / + 4 45	− 9 40 / + 2	+0.004 / −0.002	2.04 / −0.18	B 0.5 I	E	0.009 / +21		
BET COL	5 50 58 / + 3 32	−35 46 / + 2	+0.048 / +0.399	3.11 / +1.16	K 2 III		0.023 / +89		
ALF ORI	5 55 10 / + 5 25	+ 7 24 / + 1	+0.027 / +0.007	.80 / +1.86	M 2 IAB		0.005 / +21 V	VAR	10.1 175.8 BETELGEUSE 5
BET AUR	5 59 32 / + 7 20	+44 57 / + 1	−0.051 / −0.004	1.90 / +0.03	A 2 V	PV	0.037 / −18 V	VAR	8.5 184.8 3
THE AUR	5 59 43 / + 6 49	+37 12 / + 0	+0.051 / −0.083	2.69 / −0.08	B 9.5		0.018 / +29		4.5 2.8 4
ETA GEM	6 14 52 / + 6 2	+22 30 / − 2	−0.064 / −0.015	3.2 /	M 3 III		0.013 / +19 V	VAR	5.8 1.4
ZET CMA	6 20 18 / + 3 50	−30 4 / − 3	+0.003 / +0.002	3.02 / −0.20	B 2.5 V		/ + 32 V		
MY GEM	6 22 58 / + 6 3	+22 31 / − 3	+0.060 / −0.114	2.97 /	M 3 III		0.021 / +55		6.8 122.5 3
BET CMA	6 22 42 / + 4 24	−17 57 / − 3	−0.004 / −0.001	1.98 / −0.24	B 1 II		0.014 / +34 V		

Name		Rekt. Δα (h m s)	Dekl. Δδ (° ')	EB in α / EB in δ	Größe / B-V	Spektrum	Pär. RG	Bemerkungen
ALF	CAR	6 23 57 / + 2 13	-52 41 / - 3	+0.018 / +0.017	-0.73 / +0.16	F 0 / IB	0.018 / + 21	CANOPUS
GAM	GEM	6 37 43 / + 5 47	+16 24 / - 5	+0.048 / -0.046	1.93 / +0.00	A 0 / IV	0.031 / - 13 V	
NY	PUP	6 37 46 / + 3 4	-43 11 / - 5	-0.004 / -0.009	3.17 / -0.11	B 8 / III	/ + 28 V	
EPS	GEM	6 43 56 / + 6 9	+25 8 / - 6	+0.000 / -0.016	3.08 /	G 8 / IB	0.009 / + 10	6.0 111.6
XI	GEM	6 45 18 / + 5 37	+12 54 / - 6	-0.111 / -0.195	3.37 / +0.45	F 5 / IV	0.051 / + 25	
ALF	CMA	6 45 9 / + 4 24	-16 43 / - 8	-0.537 / -1.210	-1.47 / +0.01	A 1 / V	0.375 / - 8 V	10.1 11.9 3 / SIRIUS
ALF	PIC	6 48 12 / + 1 2	-61 56 / - 6	-0.074 / +0.262	3.26 / +0.21	A 5 / V	0.046 / + 21	
TAU	PUP	6 49 56 / + 2 29	-50 37 / - 7	+0.025 / -0.075	2.92 / +1.18	K 0 / III	/ + 36 V	
EPS	CMA	6 58 38 / + 3 56	-28 58 / - 8	+0.003 / -0.003	1.50 / -0.22	B 2 / II	0.001 / + 27	6.4 8.2
SIG	CMA	7 1 43 / + 3 59	-27 56 / - 9	-0.003 / +0.000	3.46 / +1.74	M 0 / IAB	0.017 / + 22	10.5 10.9
OMI(2)	CMA	7 3 2 / + 4 11	-23 50 / - 9	+0.000 / +0.000	3.04 / -0.08	B 3 / IA	/ + 48	
DEL	CMA	7 8 24 / + 4 4	-26 24 / -10	-0.004 / +0.003	1.84 / +0.68	F 8 / IA	/ + 34 V	

Name	RA (h m s / präz.)	Dekl. (° ′ / präz.)	μα / μδ	V / B–V	Sp	L		π / RV	Doppelstern (mag, Abst., n)	Eigenname
L (2) PUP	7 13 32 / + 3 3	−44 39 / −10	+0.104 / +0.326	3.1	M 5		E	0.016 / +53	VAR; 6.4; 62.0	
PI PUP	7 17 9 / + 3 32	−37 6 / −11	−0.006 / +0.005	2.70 / +1.63	K 5	III		0.023 / +16		
ETA CMA	7 24 5 / + 3 57	−29 18 / −12	−0.007 / +0.004	2.40 / −0.07	B 5	IA		/ +41		
BET CMI	7 27 9 / + 5 25	+ 8 17 / −12	−0.050 / −0.042	2.84 / −0.10	B 7	V		0.020 / +22 V		
SIG PUP	7 29 14 / + 3 10	−43 18 / −12	−0.066 / +0.183	3.24 / +1.50	K 5	III		0.013 / +88 V	5.1; 22.7	
ALF GEM	7 34 36 / + 6 23	+31 53 / −13	−0.165 / −0.110	2.85	A		M	/ −1 V	1.0; 7.0; 4	
ALF GEM	7 34 36 / + 6 23	+31 53 / −13	−0.165 / −0.110	1.99	A 1	V		0.072 / +6 V	1.0; 7.0; 4	CASTOR
ALF CMI	7 39 18 / + 5 14	+ 5 14 / −15	−0.706 / −1.032	0.34 / +0.40	F 5	IV		0.288 / −3 V	11.2; 80.7; 4	PROCYON
BET GEM	7 45 19 / + 6 7	+28 1 / −15	−0.623 / −0.052	1.15 / +1.00	K 0	III		0.093 / +3	7.7; 201.1; 7	POLLUX
XI PUP	7 49 17 / + 4 12	−24 52 / −15	−0.005 / −0.002	3.34 / +1.23	G 3	IB		/ +3 V	9.8; 5.4	
CHI CAR	7 56 47 / + 2 33	−52 59 / −16	−0.034 / +0.020	3.46 / −0.19	B 2	IV		/ +19		
ZET PUP	8 3 35 / + 3 31	−40 0 / −17	−0.031 / +0.012	2.25 / −0.26	O 5		F	/ −24		
RHO PUP	8 7 33 / + 4 16	−24 18 / −17	−0.086 / +0.047	2.88	F 6	II	P	0.031 / +47 V	VAR; 10.6; 29.6	

Name	Rekt. $\Delta\alpha$ (h m s)	Dekl. $\Delta\delta$ (°)	EB in α / EB in δ (")	Größe / B-V	Spektrum	Pär. RG	Bemerkungen
GAM VEL	8 9 32 / +3 5	-47 21 / -18	-0.010 / +0.004	1.82 / -0.26	WC 7 / + O 7	+ 35	2.6 / 42.5
EPS CAR	8 22 31 / +2 3	-59 30 / -19	-0.028 / +0.012	1.85 / +1.30	K 0 II / + B	+ 12	
OMI UMA	8 30 16 / +8 18	+60 43 / -20	-0.128 / -0.113	3.36 / +0.84	G 5 III	0.004 / +20	7.0 / 177.2 / 4
EPS HYA	8 46 47 / +5 18	+ 6 25 / -22	-0.191 / -0.054	3.36 / +0.69	G 0 III / + D F 7	0.010 / +36 V	1.5 / 0.4 / 6
DEL VEL	8 44 43 / +2 45	-54 43 / -22	+0.017 / -0.084	1.95 / +0.04	A 0 V	0.043 / + 2	4.6 / 3.5 / 3
ZET HYA	8 55 24 / +5 17	+ 5 57 / -23	-0.100 / +0.011	3.12 / +1.00	K 0 II-III	0.029 / +23	
IOT UMA	8 59 13 / +6 51	+48 2 / -24	-0.442 / -0.243	3.14 / +0.18	A 7 V	0.066 / +12	6.4 / 10.7 / 3
LAM VEL	9 8 0 / +3 41	-43 26 / -24	-0.025 / +0.007	2.30 / +1.70	K 5 IB	0.015 / +18	11.8 / 17.1
117 G. CAR	9 10 58 / +2 38	-58 58 / -25	-0.028 / +0.002	3.43 / -0.19	B 2 IV	+ 23 V	
BET CAR	9 13 12 / +1 6	-69 43 / -25	-0.154 / +0.098	1.67 / +0.00	A 1 IV	0.038 / - 5	
IOT CAR	9 17 6 / +2 41	-59 16 / -25	-0.019 / -0.001	2.24 / +0.18	F 0 I	0.011 / +13	

ALF	LYN	9 21 3 + 6 5	+34 24 -25	-0.217 +0.013	3.14	M 0	III	0.021 + 38		
KAP	VEL	9 22 7 + 3 6	-55 1 -26	-0.012 +0.001	2.49 -0.20	B 2	IV	0.007 + 22 V		
ALF	HYA	9 27 35 + 4 55	- 8 40 -26	-0.015 +0.030	1.99 +1.41	K 4	III	0.017 - 4	ALFARD	
THE	UMA	9 32 51 + 6 41	+51 41 -27	-0.946 -0.542	3.18 +0.46	F 6	IV	0.052 + 15	10.7	5.1
N	VEL	9 31 13 + 3 2	-57 2 -26	-0.036 -0.001	3.12 +1.56	K 5	III	0.015 - 14	VAR	
EPS	LEO	9 45 51 + 5 40	+23 46 -28	-0.044 -0.018	2.96 +0.80	G 0	II	0.002 + 5		
157 G.	CAR	9 45 15 + 2 45	-62 31 -28	-0.015 +0.007	3.40 +1.20	C G 2		0.019 + 4 V	VAR	
YPS	CAR	9 47 6 + 2 30	-65 4 -28	-0.011 +0.004	3.15	A 9	II	0.020 + 14	2.8	5.2
ETA	LEO	10 7 20 + 5 27	+16 46 -29	-0.001 -0.008	3.48 -0.02	A 0	IB	+ 3		
ALF	LEO	10 8 22 + 5 19	+11 58 -29	-0.248 +0.001	1.36 -0.11	B 7	V	0.039 + 4	6.5 176.9 4 REGULUS	
ZET	LEO	10 16 42 + 5 34	+23 25 -30	+0.019 -0.013	3.43 +0.31	F 0	III	0.009 - 15 V		
LAM	UMA	10 17 6 + 6 2	+42 55 -30	-0.164 -0.045	3.45 +0.03	A 2	IV	+ 18		
OMG	CAR	10 13 45 + 2 23	-70 2 -30	-0.028 +0.000	3.31 -0.08	B 7	IV	+ 4 V		

253

Name	Rekt. Δα (h m s)	Dekl. Δδ (°)	EB in α / EB in δ (″)	Größe B–V	Spektrum	Pär. RG	Bemerkungen
187 G. CAR	10 17 5 / + 3 20	−61 20 / −30	−0.023 / −0.001	3.44	K 5 IB	0.018 / + 9	
GAM(1) LEO	10 19 59 / + 5 31	+19 51 / −30	+0.307 / −0.152	2.61	K 0 III	0.019 / − 37	1.5 4.4 4
MY UMA	10 22 19 / + 5 57	+41 30 / −30	−0.082 / +0.025	3.04	M 0 III	0.031 / − 21 V	
THE CAR	10 42 57 / + 3 34	−64 23 / −31	−0.017 / +0.007	2.76 / −0.22	O 9.5 V	+ 24 V	
ETA CAR	10 45 4 / + 3 53	−59 42 / −32	−0.001 / −0.001	−1	PEC	− 25	VAR 3.1 1.1 6
MY VEL	10 46 46 / + 4 18	−49 26 / −32	+0.064 / −0.056	2.68 / +0.90	G 5 III	0.022 / + 7	4.1 2.8
NY HYA	10 49 37 / + 4 56	−16 11 / −31	+0.095 / +0.199	3.12 / +1.25	K 3 III	0.022 / − 1	
BET UMA	11 1 51 / + 6 2	+56 23 / −32	+0.082 / +0.029	2.36 / −0.02	A 1 V	0.042 / − 12 V	MERAK
ALF UMA	11 3 44 / + 6 10	+61 45 / −32	−0.119 / −0.070	1.79 / +1.06	K 0 II–III	0.031 / − 9 V	9.1 DUBHE 0.9
PSI UMA	11 9 40 / + 5 37	+44 29 / −33	−0.063 / −0.035	3.01 / +1.13	K 1 III	− 4	
DEL LEO	11 14 6 / + 5 19	+20 31 / −33	+0.146 / −0.138	2.55 / +0.13	A 4 V	0.040 / − 21 V	

Name	Const	RA h m s	Δ	Dec ° ′	Δ	μα	μδ	m	B–V	Sp	Lum	rem	π	RV	Notes
THE	LEO	11 14 15	+5 15	+15 26	−33	−0.059	−0.085	3.31	−0.01	A 2	V		0.019	+8	
NY	UMA	11 18 29	+5 24	+33 5	−33	−0.025	+0.021	3.48	+1.38	K 3	III		0.013	−9	6.4 7.4
LAM	CEN	11 35 47	+4 37	−63 1	−33	−0.034	−0.019	3.12	−0.05	B 9	II			+8	8.7 16.6
BET	LEO	11 49 4	+5 6	+14 34	−34	−0.496	−0.122	2.14	+0.09	A 3	V		0.076	−0	DENEBOLA 11.0 80.3 4
GAM	UMA	11 53 49	+5 15	+53 42	−33	+0.094	+0.004	2.44	+0.00	A 0	V		0.020	−13	PHEKDA
DEL	CEN	12 8 21	+5 11	−50 43	−33	−0.037	−0.020	2.88		B 2	V	PE	0.020	+9 V	2.0
EPS	CRV	12 10 8	+5 9	−22 37	−33	−0.069	+0.007	3.00	+1.32	K 3	III		0.020	+5	
DEL	CRU	12 15 9	+5 19	−58 45	−33	−0.037	−0.017	2.82	−0.24	B 2	IV			+26	
DEL	UMA	12 15 26	+4 57	+57 2	−33	+0.106	+0.003	3.31	+0.08	A 3	V		0.052	−13	MEGREZ
GAM	CRV	12 15 49	+5 9	−17 32	−33	−0.162	+0.015	2.60	−0.11	B 8	III			−4 V	
ALF(1)	CRU	12 26 36	+5 34	−63 6	−33	−0.032	−0.027	1.58		B 1	IV	N	0.008	−11 V	0.5 5.6
ALF(2)	CRU	12 26 37	+5 34	−63 6	−33	−0.036	−0.022	2.09		B 3		N	0.008	−1 V	0.5 5.6
DEL	CRV	12 29 51	+5 10	−16 31	−33	−0.210	−0.145	2.95	−0.04	B 9.5	V		0.018	+9	ALGORAB 4.5 24.4

Name		Rekt. Δα (h m s)	Dekl. Δδ (° ')	EB in α / EB in δ (")	Größe / B-V	Spektrum	Pär. RG	Bemerkungen
GAM	CRU	12 31 10 / +5 33	-57 7 / -34	+0.025 / -0.273	1.62 / +1.60	M 3 II	+21	6.0 110.6
BET	CRV	12 34 23 / +5 15	-23 24 / -33	+0.004 / -0.059	2.66 / +0.89	G 5 III	0.027 / -8	
ALF	MUS	12 37 11 / +5 58	-69 8 / -33	-0.032 / -0.018	2.71 / -0.20	B 3 IV	+18 V	10.1 29.7
GAM	CEN	12 41 31 / +5 31	-48 58 / -33	-0.196 / -0.015	2.16 / -0.02	A 0 III	0.006 / -8 V	0.1 1.8
BET	MUS	12 46 17 / +6 8	-68 7 / -33	-0.028 / -0.030	3.04 / -0.19	B 2.5 V	0.015 / +42 V	0.3 1.6
BET	CRU	12 47 44 / +5 51	-59 42 / -33	-0.041 / -0.026	1.24 / -0.24	B 0.5 IV	+20 V	VAR 10.0 44.3
EPS	UMA	12 54 2 / +4 24	+55 57 / -33	+0.113 / -0.011	1.76 / -0.02	A 0 PV	0.008 / -9 V	VAR ALIOTH
DEL	VIR	12 55 36 / +5 2	+3 23 / -33	-0.469 / -0.060	3.38 / +1.57	M 3 III	0.017 / -18	
ALF(2)	CVN	12 56 2 / +4 41	+38 19 / -32	-0.233 / +0.048	2.89 / -0.12	B 9.5 PV	0.023 / -3 V	VAR 2.5 19.9
EPS	VIR	13 2 11 / +4 59	+10 58 / -32	-0.274 / +0.016	2.81	G 9 II-III	0.036 / -14	VINDEMIATRIX
GAM	HYA	13 18 55 / +5 26	-23 11 / -32	+0.069 / -0.052	3.02 / +0.92	G 8 III	0.021 / -5	
IOT	CEN	13 20 35 / +5 37	-36 43 / -32	-0.339 / -0.092	2.76 / +0.04	A 2 V	0.046 / +0	

Name	Sternbild	α / Δα	δ / Δδ	μα / μδ	m / B–V	Sp	L	pec	π / RV	Bemerkungen
ZET	UMA	13 23 56 / +4 2	+54 56 / −31	+0.124 / −0.028	2.40	A 2	V		0.037 / −9 V	MIZAR 2.1 14.8
ALF	VIR	13 25 11 / +5 16	−11 9 / −31	−0.041 / −0.035	0.96 / −0.23	B 1	V		0.021 / +1 V	VAR SPICA
R	HYA	13 29 43 / +5 28	−23 17 / −31	−0.057 / +0.008	3.5	G M 7		E	−10	VAR 8.5 21.6
ZET	VIR	13 34 42 / +5 6	−0 36 / −31	−0.285 / +0.034	3.36 / +0.11	A 3	V	N	0.035 / −13	
EPS	CEN	13 39 53 / +6 20	−53 28 / −31	−0.023 / −0.023	2.30 / −0.23	B 1	V		+6	10.9 37.6
NY	CEN	13 49 30 / +6 0	−41 41 / −30	−0.026 / −0.026	3.40 / −0.23	B 2	IV		+9 V	
ETA	UMA	13 47 32 / +3 56	+49 19 / −30	−0.122 / −0.018	1.86 / −0.20	B 3	V		0.004 / −11	BENETNASCH
MY	CEN	13 49 37 / +6 2	−42 29 / −30	−0.021 / −0.024	3.47 / −0.21	B 2	V	PNE	+13 V	VAR 9.9 47.9
ZET	CEN	13 55 32 / +6 14	−47 18 / −30	−0.059 / −0.048	2.54 / −0.23	B 2	IV		+7 V	
ETA	BOO	13 54 41 / +4 46	+18 24 / −30	−0.063 / −0.365	2.69 / +0.58	G 0	IV		0.102 / −0 V	
BET	CEN	14 3 50 / +7 4	−60 22 / −29	−0.021 / −0.028	0.59 / −0.22	B 1	II		0.016 / −12 V	8.1 1.4
PI	HYA	14 6 23 / +5 42	−26 41 / −29	+0.043 / −0.150	3.25 / +1.12	K 2	III		0.039 / +27	
THE	CEN	14 6 41 / +5 53	−36 23 / −30	−0.521 / −0.522	2.05 / +1.02	K 0	III–IV		0.059 / +1	

Name		Rekt. $\Delta\alpha$ h m s	Dekl. $\Delta\delta$ ° ′	EB in α / EB in δ ″	Größe B−V	Spektrum	Pär. RG	Bemerkungen
ALF	BOO	14 15 40 / + 4 34	+19 11 / −31	−1.098 / −2.003	0.06 / +1.23	K 2 III P	0.090 / − 5	ARCTURUS
GAM	BOO	14 32 5 / + 4 2	+38 19 / −26	−0.115 / +0.146	3.03 / +0.19	A 7 III	0.016 / − 36	VAR 9.7 33.4
ETA	CEN	14 35 30 / + 6 21	−42 9 / −26	−0.037 / −0.032	2.35 / −0.20	B 1.5 V NE	− / 0 V	10.9 5.6
ALF	CEN	14 39 36 / + 6 48	−60 50 / −25	−3.606 / +0.705	0.33	G 2 V	0.751 / − 25 V	1.4 8.7
ALF	CEN	14 39 36 / + 6 48	−60 50 / −25	−3.606 / +0.705	1.70	D K 1	− / − 21 V	1.4 8.7
ALF	CIR	14 42 30 / + 8 5	−64 58 / −26	−0.187 / −0.244	3.17 / +0.24	F 0 V P	0.049 / + 7	5.4 17.8
ALF	LUP	14 41 56 / + 6 39	−47 24 / −26	−0.021 / −0.026	2.30 / −0.22	B 2 II	− / + 7 V	10.6 27.6
EPS	BOO	14 44 59 / + 4 22	+27 5 / −25	−0.049 / +0.014	2.70	K 0 II−III	0.013 / − 17	3.3 3.6
ALF(2)	LIB	14 50 53 / + 5 32	−16 3 / −25	−0.107 / −0.074	2.75 / +0.15	A M	0.049 / − 10 V	2.4 ′231 ZUBEN ELGENUBI
BET	UMI	14 50 43 / − 0 17	+74 9 / −25	−0.032 / +0.007	2.08	K 4 III	0.031 / + 17	KOCHAB
BET	LUP	14 58 32 / + 6 33	−43 8 / −24	−0.046 / −0.048	2.67 / −0.23	B 2 IV	− / 0 V	
KAP	CEN	14 59 9 / + 6 30	−42 6 / −24	−0.017 / −0.028	3.12 / −0.24	B 2 V	+ / 9 V	8.1 3.8

		RA	Dec	μ	mag	Sp		Par	Notes
SIG	LIB	15 4 4 / + 5 51	-25 17 / -24	-0.073 / -0.052	3.30 / +1.66	M 4	III	0.056 / - 4	
ZET	LUP	15 12 17 / + 7 11	-52 6 / -23	-0.113 / -0.074	3.40 / +0.92	G 8	III	0.036 / - 10	4.4 71.9
GAM	TRA	15 18 55 / + 9 21	-68 41 / -22	-0.059 / -0.032	2.88 / +0.01	A 1	V	0.005 / + 0	
DEL	BOO	15 15 30 / + 4 2	+33 19 / -22	+0.085 / -0.121	3.50 / +0.95	G 8	III	0.028 / - 12	4.2 105.4
BET	LIB	15 17 0 / + 5 23	- 9 23 / -22	-0.098 / -0.026	2.61 / -0.11	B 8	V	- 35	ZUBEN ELSCHEMALI
DEL	LUP	15 21 22 / + 6 34	-40 39 / -22	-0.015 / -0.028	3.21 / -0.23	B 2	V	+ 2	
EPS	LUP	15 22 40 / + 6 47	-44 42 / -22	-0.022 / -0.019	3.36 / -0.19	B 3	IV	0.009 / + 4 V	1.7 1.4 3
GAM	UMI	15 20 44 / - 0 0	+71 50 / -21	-0.020 / +0.016	3.07	A 3	II-III N	4 V	
IOT	DRA	15 24 56 / + 2 14	+58 58 / -21	-0.008 / +0.009	3.26 / +1.17	K 2	III	0.032 / - 11	
GAM	LUP	15 35 9 / + 6 40	-41 10 / -20	-0.016 / -0.033	2.77 / -0.22	B 2	V	0.008 / + 6 V	0.3 0.1
ALF	CRB	15 34 41 / + 4 14	+26 43 / -20	+0.119 / -0.098	2.23 / -0.02	A 0	V	0.043 / + 2 V	VAR GEMMA
ALF	SER	15 44 17 / + 4 56	+ 6 25 / -19	+0.134 / +0.039	2.65 / +1.17	K 2	III	0.046 / + 3	9.0 61.5 3 UNUK
BET	TRA	15 55 9 / + 8 49	-63 26 / -19	-0.192 / -0.404	2.84 / +0.30	F 2	IV	0.078 / - 0	

Name		Rekt. Δα (h m s)	Dekl. Δδ (°)	EB in α / EB in δ	Größe / B−V	Spektrum	Pär. / RG	Bemerkungen
PI	SCO	15 58 51 / + 6 3	−26 7 / −17	−0.012 / −0.032	2.88 / −0.19	B 1 V	0.005 / − 3 V	6.0 51.2
ETA	LUP	16 0 8 / + 6 38	−38 24 / −17	−0.022 / −0.036	3.40 / −0.23	B 2 V	0.008 / + 7	3.8 15.5
DEL	SCO	16 0 20 / + 5 55	−22 37 / −17	−0.011 / −0.030	2.32 / −0.11	B 0 V	− 14 V	
T	CRB	15 59 30 / + 4 11	+25 55 / −17	−0.008 / +0.006	2.0	PEC	− 29	VAR
BET(1)	SCO	16 5 26 / + 5 49	−19 48 / −16	−0.007 / −0.026	2.63 / −0.08	B 0.5 V	0.004 / − 7 V	4.0 13.8 3 ACRAB
DEL	OPH	16 14 20 / + 5 14	− 3 41 / −15	−0.046 / −0.149	2.72 / +1.58	M 1 III	0.029 / − 20	
EPS	OPH	16 18 19 / + 5 17	− 4 42 / −15	+0.082 / +0.035	3.24 / +0.96	G 9 III	0.036 / − 10	
SIG	SCO	16 21 12 / + 6 5	−25 35 / −14	−0.011 / −0.028	2.93 / +0.14	B 1 III	− 0 V	VAR 7.0 20.7
ETA	DRA	16 23 59 / + 1 21	+61 30 / −14	−0.023 / +0.058	2.77	G 8 III	0.043 / − 14	
ALF	SCO	16 29 25 / + 6 8	−26 26 / −13	−0.009 / −0.028	1.08 / +1.80	M 1 IB	0.019 / − 3 V	VAR 5.5 3.4 ANTARES
BET	HER	16 30 13 / + 4 18	+21 29 / −13	−0.103 / −0.022	2.83	G 8 III	0.017 / − 26 V	
TAU	SCO	16 35 53 / + 6 14	−28 13 / −12	−0.011 / −0.028	2.82 / +0.26	B 0 V	0.014 / − 1	

Bez.	Kst.	α	δ	μ	m / B−V	Sp	RV	Anm.
ZET	OPH	16 37 9 / + 5 30	−10 34 / −12	+0.010 / +0.020	2.56 / +0.02	O 9.5 V	− 19 V	3.5 1.7
ZET	HER	16 41 17 / + 3 46	+31 36 / −11	−0.470 / +0.385	2.82 / +0.64	G 0 IV	0.110 / − 70 V	
ALF	TRA	16 48 40 / +10 36	−69 2 / −11	+0.023 / −0.037	1.91 / +1.44	K 4 III	0.024 / − 4	
ETA	HER	16 42 54 / + 3 26	+38 56 / −11	+0.035 / −0.090	3.47	G 7 III−IV	0.053 / + 8	
EPS	SCO	16 50 10 / + 6 29	−34 18 / −11	−0.613 / −0.256	2.28 / +1.15	K 2 III−IV	0.049 / − 3	
MY (1)	SCO	16 51 52 / + 6 46	−38 3 / −10	−0.014 / −0.030	3.14 / −0.21	B 1.5 V	− 25 V	VAR 0.5 346 4
ZET	ARA	16 58 38 / + 8 17	−55 59 / − 9	−0.018 / −0.037	3.12 / +1.62	K 5 III	0.036 / − 6	
KAP	OPH	16 57 44 / + 4 48	+ 9 23 / − 9	+0.293 / −0.014	3.31	K 2 III	0.026 / − 56	VAR
ETA	OPH	17 10 23 / + 5 44	−15 43 / − 7	+0.035 / +0.090	2.44 / +0.05	A 2.5 V	0.047 / − 1	0.5 1.0 4
ETA	SCO	17 12 9 / + 7 10	−43 14 / − 8	+0.019 / −0.292	3.33 / +0.40	F 0 IV	0.063 / − 28	
ZET	DRA	17 8 48 / + 0 18	+65 43 / − 7	−0.018 / +0.019	3.20 / −0.15	B 6 III	0.017 / − 14	N
ALF(1)	HER	17 14 39 / + 4 34	+14 23 / − 7	−0.010 / +0.030	3.1	M 5 II	− 33	VAR 3.1 5.3 RAS ALGETHI 4
DEL	HER	17 15 2 / + 4 7	+24 50 / − 7	+0.024 / −0.162	3.14 / +0.08	A 3 IV	0.034 / − 41 V	5.1 25.8 4

Name	Rekt. Δα (h m s)	Dekl. Δδ (° ')	EB in α / EB in δ ('')	Größe / B–V	Spektrum	Pär. / RG	Bemerkungen
PI HER	17 15 3 / + 3 29	+36 48 / − 7	−0.029 / −0.001	3.15	K 3 II	0.020 / − 26	
THE OPH	17 22 0 / + 6 8	−25 0 / − 6	−0.003 / −0.025	3.28 / −0.21	B 2 IV	− 4 V	
BET ARA	17 25 18 / + 8 19	−55 32 / − 6	−0.011 / −0.033	2.84 / +1.46	K 3 IB	0.026 / − 0	6.5 17.9
GAM ARA	17 25 24 / + 8 25	−56 23 / − 6	−0.003 / −0.017	3.33 / −0.14	B 1 III	− 4 V	
YPS SCO	17 30 46 / + 6 48	−37 18 / − 5	−0.004 / −0.039	2.70 / −0.22	B 3 IB	+ 18 V	
ALF ARA	17 31 51 / + 7 44	−49 53 / − 5	−0.032 / −0.077	2.94 / −0.18	B 2.5 V	0.001 / − 2	9.5 55.6
LAM SCO	17 33 36 / + 6 47	−37 6 / − 4	−0.001 / −0.031	1.62 / −0.24	B 1 V	+ 0 V	
BET DRA	17 30 26 / + 2 16	+52 19 / − 4	−0.017 / +0.008	2.87	G 2 II	0.009 / − 20	9.7 115.6 3
THE SCO	17 37 19 / + 7 11	−43 0 / − 4	+0.011 / −0.005	1.88 / +0.40	F 0 IB	0.020 / + 1	
ALF OPH	17 34 56 / + 4 38	+12 34 / − 4	+0.117 / −0.232	2.08 / +0.15	A 5 III	0.056 / + 13 V	RAS ALHAGUE
KAP SCO	17 42 29 / + 6 55	−39 2 / − 3	−0.013 / −0.028	2.41 / −0.23	B 2 IV	− 10 V	
BET OPH	17 43 28 / + 4 56	+ 4 34 / − 3	−0.043 / +0.154	2.77 / +1.16	K 2 III	0.023 / − 12	

Name		RA	Dec	μ (α)	μ (δ)	m / B–V	Sp	Lum	π / RV		Note
IOT(1)	SCO	17 47 35 / + 7 0	−40 7 / − 2	+0.000	−0.004	2.98 / +0.52	F 2	IA	0.013 / − 28 V	9.4 / 38.4	4
MY	HER	17 46 28 / + 3 55	+27 44 / − 3	−0.313	−0.748	3.35 / +0.79	G 5	IV	0.108 / − 16	6.7 / 33.7	
G	SCO	17 49 51 / + 6 48	−37 3 / − 2	+0.057	+0.028	3.20 / +1.17	K 1	III	0.032 / + 25		
NY	OPH	17 59 1 / + 5 30	− 9 47 / − 1	−0.009	−0.118	3.34 / +1.00	G 9	III	0.015 / + 12		
GAM	DRA	17 56 36 / + 2 19	+51 29 / − 1	−0.011	−0.024	2.22 / +1.52	K 5	III	0.017 / − 28	8.8 / 125.4	7
GAM	SGR	18 5 48 / + 6 25	−30 26 / − 0	−0.052	−0.193	2.98 / +1.00	K 0	III	0.018 / + 22 V		
ETA	SGR	18 17 38 / + 6 46	−36 46 / + 2	−0.141	−0.167	3.12 / +1.56	M 3	II	0.038 / + 1	6.0 / 4.4	
DEL	SGR	18 21 0 / + 6 24	−29 49 / + 3	+0.038	−0.032	2.70 / +1.38	K 2	III	0.039 / − 20	10.0 / 58.1	4
ETA	SER	18 21 18 / + 5 10	− 2 53 / + 2	−0.556	−0.700	3.26 / +0.94	K 0	IV	0.054 / + 9		
EPS	SGR	18 24 10 / + 6 38	−34 23 / + 3	−0.041	−0.129	1.84 / −0.03	B 9	IV	0.015 / − 11	11.3 / 32.5	
ALF	TEL	18 26 59 / + 7 25	−45 58 / + 3	−0.018	−0.049	3.50 / −0.18	B 3	III	− / − 1 V		
LAM	SGR	18 27 58 / + 6 10	−25 26 / + 3	−0.047	−0.188	2.84 / +1.04	K 2	III	0.046 / − 43		
ALF	LYR	18 36 56 / + 3 23	+38 47 / + 6	+0.200	+0.281	0.04 / +0.00	A 0	V	0.123 / − 14	9.5 / 57.1 VEGA	5

Name		Rekt. Δα (h m s)	Dekl. Δδ (°)	EB in α / EB in δ (″)	Größe / B-V	Spektrum	Pär. / RG	Bemerkungen
PHI	SGR	18 45 40 / + 6 15	-27 0 / + 6	+0.052 / -0.002	3.18 / -0.10	B 8 III	+ 22 V	
BET	LYR	18 50 4 / + 3 41	+33 22 / + 7	+0.001 / -0.007	3.4	B ... PE	- 19 V	VAR 3.7 46.6 6
SIG	SGR	18 55 16 / + 6 12	-26 18 / + 7	+0.012 / -0.058	2.10 / -0.20	B 2 V	- 11	
GAM	LYR	18 58 56 / + 3 44	+32 41 / + 8	-0.006 / -0.003	3.25 / -0.05	B 9 III	0.011 / - 22 V	8.8 13.8
ZET	SGR	19 2 37 / + 6 22	-29 52 / + 9	-0.019 / -0.005	2.60 / +0.08	A 2 III	0.020 / + 22	0.2 0.8 3
TAU	SGR	19 6 56 / + 6 14	-27 40 / + 9	-0.054 / -0.255	3.32 / +1.18	K 1 III	0.038 / + 45 V	
ZET	AQL	19 6 25 / + 4 36	+13 52 / + 9	-0.009 / -0.101	2.99 / +0.00	A 0 V NN	0.036 / - 26 V	9.0 5.6
LAM	AQL	19 6 15 / + 5 18	- 4 53 / + 9	-0.025 / -0.089	3.44 / -0.10	B 9 V N	0.025 / - 14	
PI	SGR	19 9 46 / + 5 57	-21 1 / +10	-0.001 / -0.040	2.90 / +0.36	F 2 II–III	0.016 / - 10	0.0 0.1 3
DEL	DRA	19 12 33 / + 0 1	+67 40 / +11	+0.094 / +0.090	3.10	G 9 III	0.028 / + 25	
DEL	AQL	19 25 29 / + 5 2	+ 3 7 / +12	+0.255 / +0.079	3.36 / +0.32	F 0 IV	0.062 / - 30 V	
BET	CYG	19 30 43 / + 4 2	+27 58 / +13	-0.003 / -0.008	3.24	K 5 II + B	0.004 / - 24 V	2.3 34.8

6.4 Katalog der Sterne heller als 3^m5

Bez.	Sternbild	α	δ	μ (α / δ)	m / B−V	Sp.	π / RV	Bem.
GAM	AQL	19 46 15 / + 4 45	+10 37 / +15	+0.013 / −0.001	2.62 /	K 3 II	0.006 / − 2	
DEL	CYG	19 44 58 / + 3 7	+45 8 / +15	+0.045 / +0.040	2.92 / −0.03	B 9.5 III	0.021 / − 21	4.9 / 3.1
ALF	AQL	19 50 47 / + 4 53	+ 8 52 / +16	+0.535 / +0.383	0.77 / +0.22	A 7 V	0.198 / − 26	8.7 / 165.4 ALTAIR
ETA	AQL	19 52 29 / + 5 6	+ 1 0 / +15	+0.007 / −0.008	3.50 / +0.80	F 6 IB	0.005 V / − 15	VAR
THE	AQL	20 11 18 / + 5 9	− 0 49 / +18	+0.034 / +0.005	3.24 / −0.06	B 9.5 III	0.008 V / − 27	
BET	CAP	20 21 1 / + 5 37	−14 47 / +19	+0.039 / +0.003	3.07 / +0.79	F 8 V + A 0	0.005 V / − 19	2.9 / 205 / 4
ALF	PAV	20 25 38 / + 7 54	−56 44 / +19	+0.007 / −0.087	1.93 / −0.20	B 3 IV	+ 2 V	
GAM	CYG	20 22 13 / + 3 35	+40 15 / +19	+0.001 / +0.000	2.24 /	F 8 IB	− 8	
ALF	IND	20 37 34 / + 7 2	−47 17 / +21	+0.049 / +0.066	3.10 / +1.00	K 0 III	0.039 / − 1	7.7 / 141.7 / 4
BET	PAV	20 44 57 / + 9 0	−66 12 / +22	−0.044 / +0.014	3.42 / +0.17	A 5 IV	0.026 / + 10	9.3 / 67.4 / 3
ALF	CYG	20 41 26 / + 3 25	+45 16 / +21	−0.002 / +0.002	1.26 / +0.09	A 2 IA	− 5 V	10.4 / 75.5 DENEB
EPS	CYG	20 46 13 / + 4 3	+33 58 / +22	+0.355 / +0.325	2.45 / +1.03	K 0 III	0.044 / − 10 V	9.0 / 44.3
ETA	CEP	20 45 17 / + 2 2	+61 50 / +23	+0.090 / +0.820	3.43 / +0.92	K 0 IV	0.071 / − 87	7.7 / 100.5

Name	Rekt. Δα h m s	Dekl. Δδ °	EB in α EB in δ ''	Größe B-V	Spektrum	Pär. RG	Bemerkungen
ZET CYG	21 12 56 + 4 15	+30 14 +25	-0.003 -0.056	3.20 +1.00	G 8 II	0.021 +17 V	
ALF CEP	21 18 35 + 2 23	+62 35 +25	+0.147 +0.050	2.41 +0.23	A 7 IV,V	0.063 - 10	7.8 209.2 4 ALDERAMIN
BET AQR	21 31 34 + 5 16	- 5 35 +26	+0.016 -0.006	2.89 +0.84	G 0 IB	 + 7	7.9 35.7 3
BET CEP	21 28 39 + 1 17	+70 33 +26	+0.010 +0.010	3.18 -0.25	B 2 III	0.005 - 8 V	VAR 4.7 13.9
EPS PEG	21 44 11 + 4 55	+ 9 53 +28	+0.025 +0.002	2.42 +1.56	K 2 IB	 + 5	6.0 144.2 3
DEL CAP	21 47 2 + 5 31	-16 8 +27	+0.261 -0.293	2.83 +0.23	A M	0.065 - 6 V	VAR 9.7 118.9 3
GAM GRU	21 53 56 + 6 3	-37 22 +28	+0.101 -0.014	3.00 -0.12	B 8 III	0.008 - 2	
ALF AQR	22 5 47 + 5 3	- 0 19 +29	+0.015 -0.005	2.93 +0.98	G 2 IB	0.003 + 8	
ALF GRU	22 8 14 + 6 18	-46 58 +29	+0.121 -0.151	1.73 -0.13	B 5 V	0.051 + 12	9.8 28.8
ZET CEP	22 10 51 + 3 28	+58 12 +30	+0.014 +0.006	3.36 +1.60	K 1 IB	0.019 - 18	
ALF TUC	22 18 30 + 6 51	-60 15 +30	-0.069 -0.039	2.85 +1.39	K 3 III	0.019 + 42 V	0.1
ZET PEG	22 41 27 + 4 59	+10 50 +31	+0.077 -0.008	3.47 -0.10	B 8 V	 + 7	8.0 64.3

		RA	Dek	Eigenbew.	Größe/Farbe	Spektr.	Parallaxe	Bemerkungen
BET	GRU	22 42 40 / + 5 58	−46 53 / +31	+0.134 / −0.009	2.24 / +1.6	M 3 II	0.003 / + 2	7.1 91.0 5
ETA	PEG	22 43 0 / + 4 41	+30 13 / +31	+0.010 / −0.025	2.96 / +0.84	G 8 + F II	+ 4 V	
EPS	GRU	22 48 33 / + 6 2	−51 19 / +32	+0.103 / −0.060	3.48 / +0.08	A 2 V	0.038 / + 0 V	
MY	PEG	22 50 1 / + 4 50	+24 36 / +32	+0.145 / −0.041	3.50 / +0.91	G 8 III	0.032 / +14	
DEL	AQR	22 54 39 / + 5 13	−15 49 / +32	−0.042 / −0.021	3.29 / +0.05	A 3 V	0.039 / +18	
ALF	PSA	22 57 39 / + 5 31	−29 37 / +32	+0.328 / −0.164	1.16 / +0.09	A 3 V	0.144 / + 7	FOMALHAUT
BET	PEG	23 3 47 / + 4 51	+28 5 / +33	+0.188 / +0.139	2.56 / +1.66	M 2 II−III	0.015 / + 9	VAR 7.0 264.2 3
ALF	PEG	23 4 46 / + 4 59	+15 12 / +32	+0.058 / −0.041	2.49 / −0.05	B 9.5 III	0.030 / − 4 V	MARKAB
GAM	CEP	23 39 20 / + 4 6	+77 37 / +33	−0.065 / +0.154	3.22 / +1.03	K 1 IV	0.064 / − 42	

6.5 Daten über die Sterne der näheren und weiteren Sonnenumgebung

Geschätzte Gesamtzahl der Sterne bis zu verschiedenen Grenzhelligkeiten (phot.)

m	Anzahl	m	Anzahl
6	$3 \cdot 10^3$	14	$12 \cdot 10^6$
7	10	15	27
8	32	16	55
9	97	17	120
10	270	18	240
11	700	19	510
12	1 800	20	945
13	5 100	21	1 890

Anzahl der Sterne verschiedener Spektraltypen bis zu verschiedenen Grenzhelligkeiten

Spektraltyp	scheinbare vis. Helligkeit heller als						
	6,25	6,75	7,25	7,75	8,25	8,75	9,25
B : B0, B1, B2, B3, B5	719	984	1 286	1 611	2 061	2 543	3 026
A : B8, B9, A0, A2, A3	2 018	3 478	5 904	9 326	15 884	26 342	39 342
F : A5, F0, F2	680	1 200	2 160	3 624	6 536	10 840	15 224
G : F5, F8, G0	656	1 184	2 456	4 352	8 776	16 496	27 160
K : G5, K0, K2	1 984	3 496	6 144	10 680	20 760	34 976	51 008
M : K5, M0, M3, M8	538	875	1 453	2 531	4 491	7 478	10 657

Verteilung der Sterne einzelner Spektralklassen auf die Leuchtkraftklassen

Leuchtkraftklasse	Verteilung der Sterne		
	O, B	A, F	G, K, M
I Überriesen	7 %	26 %	10 %
II helle Riesen	11 %	3 %	15 %
III Riesen	17 %	10 %	66 %
IV Unterriesen	36 %	10 %	7 %
V Hauptreihensterne	29 %	51 %	2 %
sd Unterzwerge		0,1 %	
D Weiße Zwerge	0,000 3 %		

Die sonnennahen Sterne bis 5 Parsec (nach W. Gliese)

Bezeichnung	Rekt._1950	μ_α	Dekl._1950	μ_δ	scheinbare Helligkeit m_vis	Spektrum	Radialgeschwindigkeit	Parallaxe π	absolute Helligkeit M_vis
Sonne					$-26{,}73$	G2 V			4,84
$-37°\ 15492$	$0^\mathrm{h}\ 2^\mathrm{m}\ 28^\mathrm{s}$	$+0\overset{\mathrm{s}}{.}4750$	$-37°\ 36{,}2'$	$-2\overset{''}{.}332$	8,59	dM3	$+23{,}6$	$0\overset{''}{.}219$	10,29
$+43°\ 44$ A	$15^\mathrm{m}\ 31^\mathrm{s}$	$+0\overset{\mathrm{s}}{.}2650$	$+43°\ 44{,}4'$	$+0\overset{''}{.}400$	8,07	M1 V	$+14$	$0\overset{''}{.}278$	10,29
B	34^s		$44{,}4'$		11,04	M6 V			13,26
Wolf 28	$46^\mathrm{m}\ 31^\mathrm{s}$	$+0\overset{\mathrm{s}}{.}083$	$+5°\ 9{,}2'$	$-2\overset{''}{.}71$	12,36	DF3	$+20{,}7$	$0\overset{''}{.}236$	14,23
LFT 144 A	$1^\mathrm{h}\ 36^\mathrm{m}\ 25^\mathrm{s}$	$+0\overset{\mathrm{s}}{.}232$	$-18°\ 12{,}7'$	$+0\overset{''}{.}57$	12,4	dM6e	$+29{,}0$	$0\overset{''}{.}385$	15,2
UV Cet B					12,95	dM6e			15,88
τ Cet	$41^\mathrm{m}\ 45^\mathrm{s}$	$-0\overset{\mathrm{s}}{.}1193$	$-16°\ 12{,}0'$	$+0\overset{''}{.}860$	3,50	G8 Vp	$-16{,}2$	$0\overset{''}{.}275$	5,70
σ^2 Eri A	$4^\mathrm{h}\ 12^\mathrm{m}\ 58^\mathrm{s}$	$-0\overset{\mathrm{s}}{.}1497$	$-7°\ 43{,}8'$	$-3\overset{''}{.}418$	4,48	K1 V	$-42{,}4$	$0\overset{''}{.}201$	6,00
B	$13^\mathrm{m}\ 4^\mathrm{s}$	$-0\overset{\mathrm{s}}{.}1465$	$44{,}1'$	$-3\overset{''}{.}438$	9,50	DA	-42		11,02
C					11,0	dM4e	-45		12,5
$-45°\ 1841$	$5^\mathrm{h}\ 9^\mathrm{m}\ 41^\mathrm{s}$	$+0\overset{\mathrm{s}}{.}6216$	$-44°\ 59{,}9'$	$-5\overset{''}{.}705$	8,8	M0	$+242$	$0\overset{''}{.}251$	10,8
Ross 614 A	$6^\mathrm{h}\ 26^\mathrm{m}\ 51^\mathrm{s}$	$+0\overset{\mathrm{s}}{.}050$	$-2°\ 46{,}2'$	$-0\overset{''}{.}66$	11,13	dM4e	$+24$	$0\overset{''}{.}248$	13,10
B					14,8				16,8
α CMa A	$42^\mathrm{m}\ 57^\mathrm{s}$	$-0\overset{\mathrm{s}}{.}0374$	$-16°\ 38{,}8'$	$-1\overset{''}{.}210$	$-1{,}47$	A1 V	$-7{,}6$	$0\overset{''}{.}375$	1,40
B					8,67	DA5			11,54
$+5°\ 1668$	$7^\mathrm{h}\ 24^\mathrm{m}\ 43^\mathrm{s}$	$+0\overset{\mathrm{s}}{.}040$	$+5°\ 22{,}7'$	$-3\overset{''}{.}69$	9,82	dM4	$+26$	$0\overset{''}{.}266$	11,95
α CMi A	$36^\mathrm{m}\ 41^\mathrm{s}$	$-0\overset{\mathrm{s}}{.}0473$	$+5°\ 21{,}3'$	$-1\overset{''}{.}032$	0,34	F5 IV-V	$-3{,}2$	$0\overset{''}{.}287$	2,63
B					10,8	DF:			13,1
$+50°\ 1725$	$10^\mathrm{h}\ 8^\mathrm{m}\ 19^\mathrm{s}$	$-0\overset{\mathrm{s}}{.}1403$	$+49°\ 42{,}5'$	$+0\overset{''}{.}513$	6,59	dM0	-27	$0\overset{''}{.}222$	8,32
AD Leo	$16^\mathrm{m}\ 54^\mathrm{s}$	$-0\overset{\mathrm{s}}{.}0346$	$+20°\ 7{,}3'$	$-0\overset{''}{.}050$	9,43	M4,5: V	$+9{,}9$	$0\overset{''}{.}213$	11,07
Wolf 359	$54^\mathrm{m}\ 5^\mathrm{s}$	$-0\overset{\mathrm{s}}{.}260$	$+7°\ 19{,}0'$	$-2\overset{''}{.}70$	13,66	dM6e	$+13$	$0\overset{''}{.}427$	16,82
$+36°\ 2147$	$11^\mathrm{h}\ 0^\mathrm{m}\ 37^\mathrm{s}$	$-0\overset{\mathrm{s}}{.}0467$	$+36°\ 18{,}3'$	$-4\overset{''}{.}745$	7,47	M2 V	$-86{,}5$	$0\overset{''}{.}398$	10,47
LFT 491	$42^\mathrm{m}\ 58^\mathrm{s}$	$+0\overset{\mathrm{s}}{.}413$	$-64°\ 33{,}5'$	$-0\overset{''}{.}33$	12,5	DA		$0\overset{''}{.}203$	14,0
Ross 128	$45^\mathrm{m}\ 9^\mathrm{s}$	$+0\overset{\mathrm{s}}{.}042$	$+1°\ 6{,}0'$	$-1\overset{''}{.}25$	11,13	dM5	-13	$0\overset{''}{.}298$	13,50
Wolf 424 A	$12^\mathrm{h}\ 30^\mathrm{m}\ 51^\mathrm{s}$	$-0\overset{\mathrm{s}}{.}119$	$+9°\ 17{,}7'$	$+0\overset{''}{.}27$	12,7	M7	-5	$0\overset{''}{.}223$	14,4
B					12,7	M7			14,4

Bezeichnung	Rekt.1950	μ_α	Dekl.1950	μ_δ	scheinbare Helligkeit m_{vis}	Spektrum	Radialgeschwindigkeit	Parallaxe π	absolute Helligkeit M_{vis}
+15° 2620	13h 43m 12s	+0ˢ1228	+15° 9,7	−1″457	8,47	M4 V	+15,2	″202	10,00
Proxima Cen	14h 26m 19s	−0ˢ544	−62° 28,1	+0″79	10,68	M5e		″762	15,09
α Cen A	36m 11s	−0ˢ4902	−60° 37,8	+0″705	−0,01	G2 V	−22,2	″751	4,37
B					1,38	dK5			5,76
−12° 4523	16h 27m 31s	−0ˢ005	−12° 32,3	−1″17	10,13	dM4	−13	″244	12,07
−46° 11540	17h 24m 53s	+0ˢ056	−46° 50,6	−0″89	9,34	M4		″213	10,98
−44° 11909	33m 28s	−0ˢ065	−44° 16,6	−0″92	11,2	M5		″209	12,8
+68° 946	36m 42s	−0ˢ0653	+68° 23,1	−1″260	9,15	M3,5 V	−17	″203	10,69
Barnards Stern	55m 23s	−0ˢ050	+4° 33,3	+10″31	9,54	M5 V	−108	″545	13,22
+59° 1915 A	18h 42m 13s	−0ˢ1747	+59° 33,3	+1″866	8,90	dM4	+1	″280	11,14
B	14s	−0ˢ1790	33,0	+1″815	9,69	dM5	+14		11,93
−24° 2833−183	46m 45s	+0ˢ051	−23° 53,5	−0″17	10,6	dM4e	−4	″351	13,3
61 Cyg A	21h 4m 40s	+0ˢ3521	+38° 30,0	+3″181	5,19	K5 V	−64,3	″292	7,52
B					6,02	K7 V	−63,5		8,35
−39° 14192	21h 14m 20s	−0ˢ2807	−39° 3,7	−1″154	6,72	M0 V	+20,6	″255	8,75
−49° 13515	30m 14s	−0ˢ006	−49° 13,2	−0″81	8,9	M3	+18	″209	10,5
ε Ind	59m 33s	+0ˢ4814	−56° 59,6	−2″558	4,73	K5 V	−40,4	″285	7,00
+56° 2783 A	22h 26m 13s	−0ˢ097	+57° 26,8	−0″37	9,82	dM3	−24	″249	11,80
DO Cep B					11,4	dM4e	−28		13,4
LFT 1729	22h 35m 45s	+0ˢ160	−15° 35,5	+2″28	12,58	dM6e	−60	″298	14,95
−21° 6267 A	36m 1s	+0ˢ032	−20° 52,8	−0″07	9,03	dM2	−8	″219	11,0
B					11,0	Me			12,7
−15° 6290	50m 35s	+0ˢ064	−14° 31,2	−0″62	10,17	dM5	+8,7	″206	11,74
−36° 15693	23h 2m 39s	+0ˢ5591	−36° 8,5	+1″308	7,39	M2 V	+9,6	″273	9,57
Ross 248	39m 27s	+0ˢ010	+43° 55,2	−1″60	12,24	dM6e	−81	″316	14,74

7 Die Zustandsgrößen der Sterne

Eigenschaften der Sterne

Es versteht sich fast von selbst, daß die Astronomie, die Wissenschaft, die – wie der Name sagt – sich mit den Sternen befaßt, sich nicht damit begnügen kann, ihre Positionen an der Sphäre und ihre Helligkeiten zu registrieren. Das Ziel muß sein, ihre Natur aufzuklären, d. h. die Eigenschaften der Sterne selber zu bestimmen und sie als Folge der universellen Gültigkeit der Naturgesetze zu verstehen. In diesem Abschnitt werden die Eigenschaften der Sterne, die unter dem Sammelbegriff „Zustandsgrößen" zusammengefaßt werden, behandelt.

7.1 Sternspektren

Die ersten Untersuchungen über Sternspektren hat zu Beginn des 19. Jahrhunderts Fraunhofer durchgeführt. Er entdeckte die nach ihm benannten dunklen Absorptionslinien im kontinuierlichen Spektrum der Sonne und einiger heller Sterne. Etwa 100 Jahre sind vergangen, seit Kirchhoff und Bunsen bemerkten, daß diese Absorptionslinien zusammenfallen mit Linien, die von glühenden Gasen emittiert werden. Sie konnten je nach den Bedingungen des Experiments im Laboratorium die gleiche Linie in Emission oder in Absorption beobachten und fanden, daß diese Linien für bestimmte chemische Elemente charakteristisch sind. Damit war die Spektralanalyse begründet und gleichzeitig nachgewiesen, daß die Materie, aus der die Sterne aufgebaut sind, aus den bekannten chemischen Elementen besteht, daß es also keine prinzipiellen Unterschiede zwischen „kosmischer" und „irdischer" Materie gibt. Mit diesen grundlegenden Entdeckungen war neben der Astronomie eine neue Wissenschaft entstanden, die Astrophysik.

7.1.1 Spektralklassen

Nach ersten Ansätzen von Secchi und Vogel hat sich das System der Harvard-Klassifikation dank der Arbeiten von Pickering und Miss Cannon durchgesetzt. Diese Klassifikation ist in dem Henry-Draper-Katalog festgelegt. Die Spektralklassen wurden mit den Buchstaben des Alphabets bezeichnet: A, B, C . . .
Bald ergab sich die Notwendigkeit, einige Klassen auszuschließen und die verbleibenden durch Vertauschungen in eine sinnvolle Sequenz zu bringen, die, wie man feststellte, eine Sequenz nach abnehmender Oberflächentemperatur war.

$$O - B - A - F - G - K - M$$
$$\diagdown \quad \diagdown S$$
$$R - N$$

So entstand eine Reihenfolge von Spektralklassen mit einem stetigen Übergang der spektralen Merkmale des Linienspektrums, aber auch der Energieverteilung im Kontinuum. Diese Sequenz wird durch das folgende Schema dargestellt.

Spektraltypen

O	Heiße Sterne mit Absorptionen des ionisierten Heliums (He II).
B	Absorptionslinien des neutralen Heliums (He I), bei den späteren Typen der Klasse nimmt die Balmerserie des Wasserstoffs zu.
A	Wasserstoff, sehr stark, später abnehmend, dann Zunahme der Calcium-Linien (Ca II).
F	Ca-II-Linien stärker, Abnahme des Wasserstoffs, Auftreten von Metall-Linien
G	Ca-II-Linien stark, Eisen (Fe) und andere Metall-Linien stark, H-Linien schwächer werdend.
K	Starke Metall-Linien, später Auftreten von Banden des TiO.
M	Sehr rot; Titanoxid-Banden (TiO) entwickeln sich stärker.
R, N	Banden des Cyans (CN), des Kohlenstoffmonoxids (CO) und des Kohlenstoffs (C_2). Wegen des Vorherrschens von Kohlenstoffverbindungen werden diese Sterne auch als Kohlenstoffsterne bezeichnet (C-Sequenz).
S	Banden des Zirkonoxids (ZrO).

Besonderheiten im Spektrum werden durch folgende Zusätze bezeichnet:

Praefixe		Suffixe	
c	besonders scharfe Linien (Überriesen)	n, nn	diffuse Linien
g	normale Riesen	s	scharfe Linien
d	Zwergsterne (Hauptreihe)	e, em	Emissionslinien
		p, pec	Besonderheiten in Linienintensitäten
sd	Unterzwerge	m	starke Metallinien
w	Weiße Zwerge	comp	zusammengesetztes Spektrum
		v, var	variables Spektrum

Die einzelnen mit Buchstaben bezeichneten Spektralklassen werden nochmals durch eine nachgestellte Zahl, die von 0 bis 9 läuft, dezimal unterteilt. – Da das Einordnen von Spektren in die Spektralsequenz durch Schätzen gewisser Linienintensitäten geschieht, sind geringfügige Abweichungen in den Systemen einzelner Beobachter und Observatorien vorhanden; auch werden gewöhnlich nicht alle Spektralklassen von 0 bis 9 besetzt.

Aus Gründen, die in einer Fehlinterpretation der Spektralsequenz als Entwicklungssequenz zu suchen sind, werden die Spektraltypen O, B und A auch als „frühe" Typen bezeichnet, die Typen G, K und M als „späte" Spektraltypen.

Schematische Darstellung der Harvard-Spektralklassifikation. Die in den einzelnen Spektralklassen auftretenden Linien und die wechselnden Linienstärken ergeben die Klassifikationskriterien

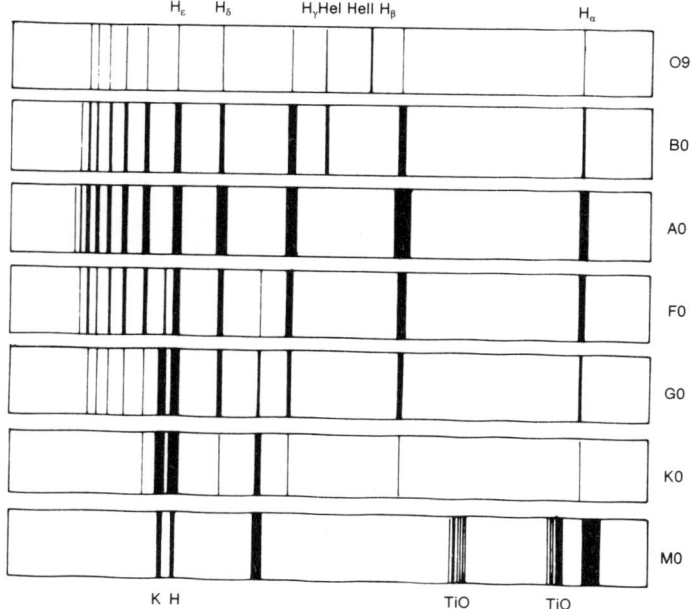

Die folgenden Spektralklassen ordnen sich der Spektralsequenz nicht ein:

Q   Novae,
P   Planetarische Nebel und
W   Wolf-Rayet-Sterne (heiße Sterne mit sehr breiten Emissionslinien), letzere mit den Untertypen
WN   (Stickstofflinien)
WC   (Kohlenstofflinien).

Morgan und Keenan überarbeiteten und verfeinerten die Harvard-Klassifikation. Sie erläuterten ihr System in einem „Atlas of Stellar Spectra" (1943), aus dem die Abbildungen entnommen sind. Sie zeigen sechs der insgesamt 55 Atlaskarten, nämlich die Spektralsequenz der Hauptreihensterne. Wichtig an der MK-Klassifikation, wie sie nach den Autoren oft genannt wird, ist, daß die Sterne nicht nur in Anlehnung an die Harvard-Klassifikation nach ihrem Spektraltyp (Temperatur), sondern konsequent auch nach einem davon unabhängigen Parameter, der Leuchtkraft, unterschieden werden. Eine derartige Einteilung ist in der Harvard-Klassifikation durch die Zusätze c, g, d, sd und w bereits angedeutet. Der Einfluß der Leuchtkraft auf das Spektrum ist relativ gering und oft nur schwer erkennbar. Er beruht darauf, daß bei gleichem Spek-

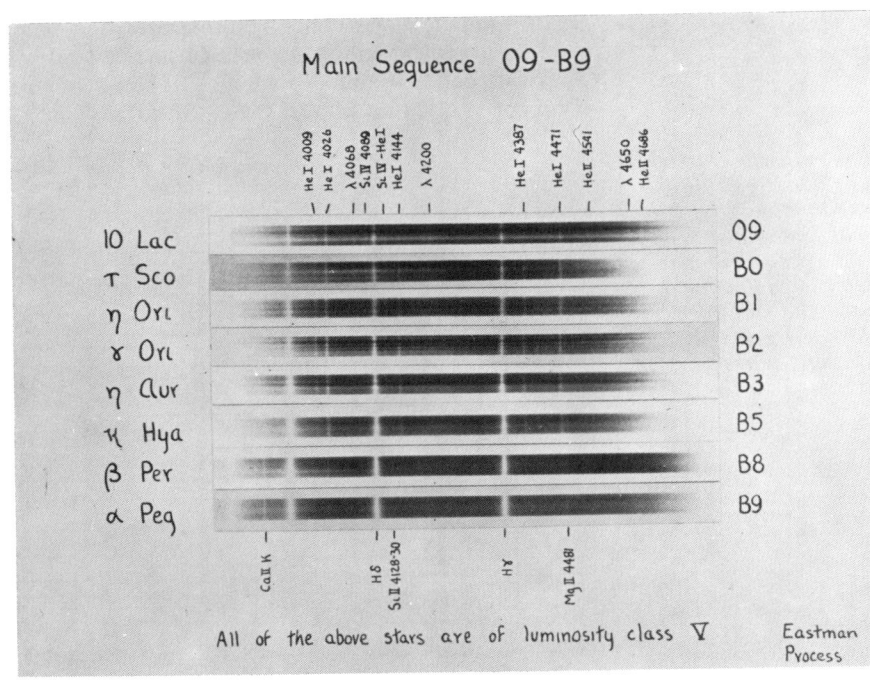

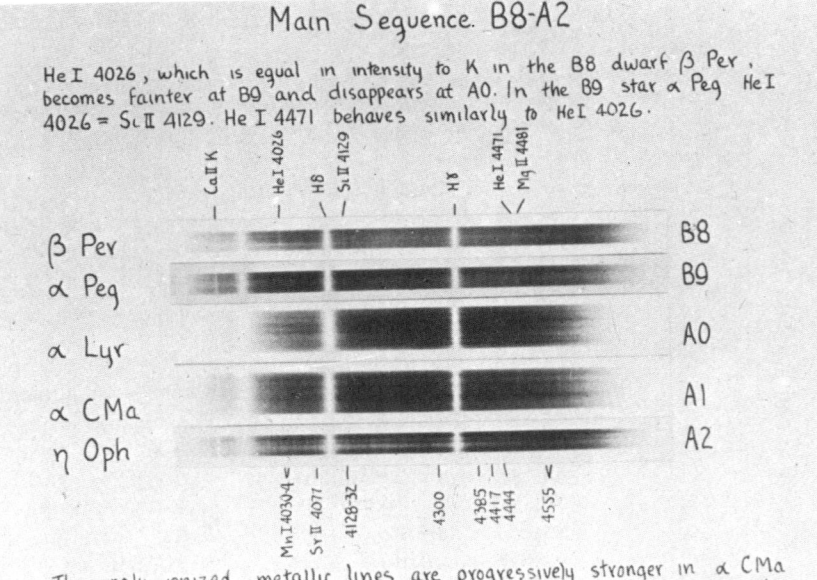

Vier Kartenblätter aus dem „Atlas of Stellar Spectra" von Morgan, Keenan und Kellman

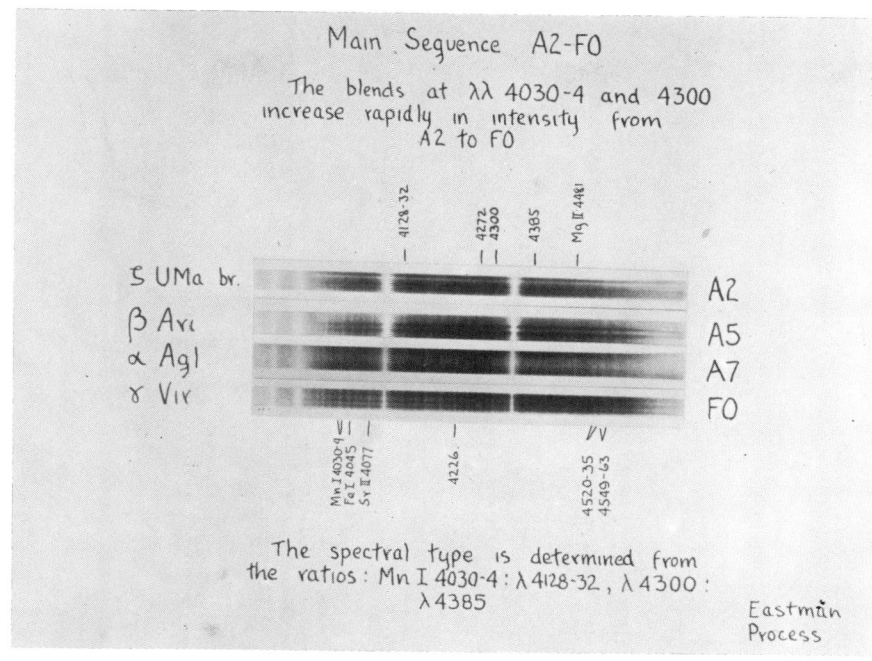

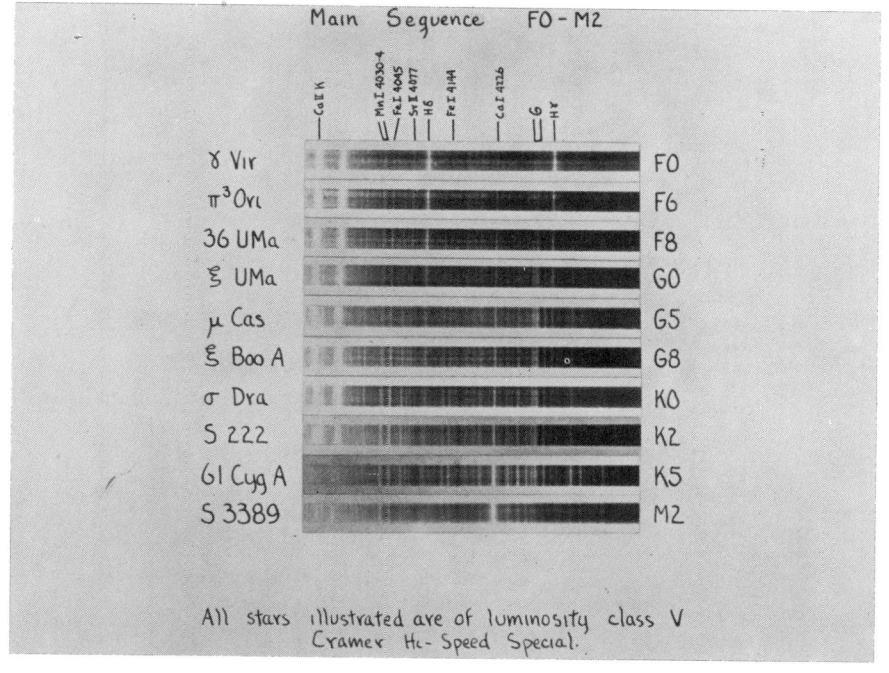

Luminosity Effects At A0

The H lines become progressively stronger on passing from the supergiant HR 1040 to the main sequence star α Lyrae.

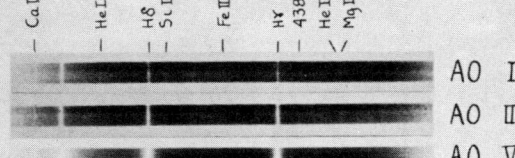

At A0 He I 4026 is faint or absent, and is weaker than Sc II 4129. The lines of Fe II are strengthened in the supergiants.

Eastman Process

The M Giant Sequence

The TiO bands appear at M0 and grow uniformly stronger with advancing type. The fainter TiO bands in the blue region become very strong in the latest M classes. The spectral types are on the Mount Wilson system.

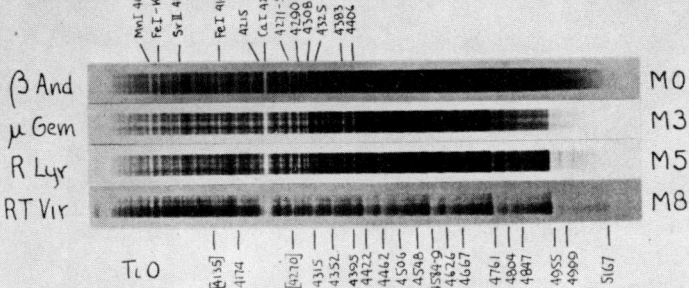

The suppression of the blue-green region by TiO is very marked in the advanced M spectra. In the case of RT Virginis the spectral energy distribution in the region λλ 4000–5000 simulates a star of considerably higher temperature.

Cramer Hi-Speed Special

Weitere Kartenblätter aus dem „Atlas of Stellar Spectra"

traltyp die Leuchtkraftunterschiede auf Unterschiede der Größe der leuchtenden Oberfläche zurückzuführen sind und damit auf unterschiedliche Sternradien. Diese bedeuten aber, bei ähnlicher Masse der Sterne, Unterschiede in der Schwerebeschleunigung und damit entsprechende Unterschiede der Gasdichte in der Atmosphäre, die dann in den Spektren an der Schärfe der Spektrallinien und an den Intensitätsverhältnissen gewisser Linien erkennbar werden. Derartige Linien werden als Leuchtkraftindikatoren verwendet.

Leuchtkraftklassen des MK-Systems (Yerkes-System)

0	Über-Überriesen
I	Überriesen
II	helle Riesen
III	normale Riesen
IV	Unterriesen
V	Zwerge, besser Hauptreihensterne
(VI)	Unterzwerge ⎫ wenig gebräuchlich
(VII)	Weiße Zwerge ⎭

Es ist üblich, besonders im Bereich der Überriesen und Riesen, durch ein angehängtes a, ab oder b Unterklassen einzuführen. Ia, Iab, Ib wäre beispielsweise eine feinere Abstufung der Leuchtkraftklassen der Überriesen.

Die Bedeutung der Leuchtkraftklasseneinteilung wird im Abschnitt 7.6 besprochen:

Die wichtigsten heute vorliegenden Kataloge mit Spektraltyp-Angaben sind der schon erwähnte Henry-Draper-Catalogue (s. 6.1) mit den Spektraltypen von 225 300 Sternen, seine Erweiterung, die „Extension", mit weiteren 50 000 Sternen, und die Hamburger- und Potsdamer-Spektraldurchmusterung in bestimmten Feldern des Nord- und Südhimmels, die insgesamt etwa 220 000 Sterne umfassen dürften. Für die Sterne der Klassen K, M, C (früher in N und R aufgeteilt) und S liegt noch ein Katalog der Dearborn-Durchmusterung mit rund 44 000 Spektraltypen von Sternen vor. Weitere spezielle Kataloge der Sternwarten Uppsala, Hamburg und des Vatikans geben Spektraltyp-Bestimmungen in ausgewählten Feldern der Milchstraße.

Die Harvard-Spektralklassifikation und auch die des MK-Atlasses beruhen auf spektralen Kriterien, die im blauen Wellenlängenbereich zwischen 3 900 und 4 800 Å liegen. Neuerdings wird für die „roten" Sterne der Spektralklassen M, C und S ein Klassifikationsschema benutzt, dessen Kriterien im Spektralbereich 6 800 bis 8 800 Å, also im nahen Infraroten, auftreten. Wegen der Abnahme der Winkeldispersion eines Glasprismas nach dem Roten und Infraroten hin haben die Spektren nur eine lineare Dispersion zwischen 1 000 und 5 000 Å/mm. Trotzdem ist mit solchen Spektralaufnahmen im Infraroten, die einen Wellenlängenbereich von 2 000 Å u. U. in einem Spektrum von nur 0,5 mm Länge abbilden, noch eine sichere Klassifikation möglich.

7.1.2 Helligkeits- und Farbsysteme

Gebräuchliche photometrische Systeme

	λ_{eff} [μm]
ph[1]	0,43
v[2]	0,54
U	0,36
B (Johnson)	0,44
V	0,55
R	0,64
G (W. Becker)	0,46
U	0,36
U	0,36
B	0,44
V	0,55
R	0,71
I	0,97
J	1,25
H	1,62
K (Johnson)	2,2
L	3,5
M	5,0
N	10,4
O	11,0
P	12,2
Q	20,0
Z	34,0

[1] Photographisches System
[2] Visuelles System ersetzt durch das photovisuelle System (gelbempfindliche Platte, Filter)

Bereits im Abschnitt über die scheinbaren Helligkeiten der Sterne wurde bemerkt, daß das System der visuellen Helligkeiten und das System der photographischen Helligkeiten voneinander abweichen. Dies liegt daran, daß einerseits die Wellenlängenabhängigkeit der Empfindlichkeit des Auges und der (nichtsensibilisierten) photographischen Platte nicht miteinander übereinstimmen und daß andererseits die Energieverteilung in den Spektren verschiedener Sterne nicht gleich sind.

Es kommt also auf die spektrale Empfindlichkeit der Meßapparatur an. Durch sie wird das photometrische System festgelegt. Jede Helligkeitsangabe eines Objektes am Himmel bedarf also neben dem Zahlenwert und der Angabe des Nullpunktes der Skala noch der Mitteilung der Empfindlichkeitsfunktion, die von der Optik des Instrumentes, den Filtern und dem verwendeten Strahlungsempfänger abhängig ist. Häufig genügt schon die Angabe des Wellenlängenbereiches, in dem die Helligkeit bestimmt wurde, oder sogar nur der Wellenlänge des Schwerpunktes der Empfindlichkeitsfunktion. Diese wird als isophote Wellenlänge bezeichnet und liegt etwa in der Mitte des Empfindlichkeitsbereiches.

Da bei Sternen höherer Temperatur die Strahlung im Blauen und UV stärker ist als die Strahlung im Roten, während bei kühleren Sternen die letztere mehr hervortritt, werden im photographischen System die heißen Sterne heller, im visuellen System, dessen isophote Wellenlänge größer ist, die kühleren Sterne heller erscheinen. Man kann also die Helligkeitsdifferenzen zwischen verschiedenen Systemen als ein generelles Maß für die Farbe und damit für die Energieverteilung im Spektrum verwenden. Eine derartige Differenz wird als Farbindex bezeichnet. Er ist definiert durch die Gleichung

$$\text{Farbindex} = \text{FI} = m_{\text{kurzwellig}} - m_{\text{langwellig}} = -2{,}5 \log (F_{\text{kurzwellig}} / F_{\text{langwellig}}).$$

Durch Farbindizes werden also Intensitätsverhältnisse im kontinuierlichen Spektrum beschrieben.

Die Möglichkeit, durch relativ einfache und genaue photometrische Messungen Informationen über die Energieverteilung in den Spektren der Sterne zu erhalten, hat zur Entwicklung zahlreicher photometrischer Systeme geführt, wobei man sich bemühte, durch geeignete Kombination von Filtern und Strahlungsempfängern Empfindlichkeitsfunktionen zu erzielen, die sich wenig überlappen und welche den gesamten beobachtbaren Spektralbereich möglichst gut überdecken.

Besonders das Johnsonsche UBV-System, das auch durch eine Kombination von Filtern mit entsprechend sensibilisierten photographischen Platten (s. A 2.3.2) realisiert werden kann, hat weite Verbreitung gefunden.

Die Nullpunkte der verschiedenen photometrischen Skalen sind so festgelegt, daß für A0 V-Sterne die Helligkeiten in verschiedenen Farben miteinander übereinstimmen. Für diese

Da der Untersuchungsmethode mit Objektivprismen Grenzen gesetzt sind, kann bei Sternhaufen (s. 12.2) nur der Farbenindex zur stellarstatistischen Untersuchung der Haufenmitglieder benutzt werden. Hier die beiden offenen Sternhaufen h und χ im Sternbild Perseus (Aufnahme: Dr. H. Vehrenberg)

Spektraltyp und Farbindex
(in Größenklassen)
U–B (obere Zeile)
und B–V (untere Zeile)

Sp	Leuchtkraftklasse V	III	II	Ib	Iab	Ia
O5	–1,19	–1,18	–1,17	–1,17	–1,17	–1,17
	–0,33	–0,32	–0,32	–0,32	–0,31	–0,31
B0	–1,08	–1,08	–1,08	–1,07	–1,06	–1,05
	–0,30	–0,29	–0,29	–0,24	–0,23	–0,23
B5	–0,58	–0,58	–0,69	–0,70	–0,72	–0,76
	–0,17	–0,17	–0,16	–0,10	–0,10	–0,08
A0	–0,02	–0,07	–0,20	–0,33	–0,38	–0,44
	–0,02	–0,03	–0,03	–0,01	–0,01	0,02
A5	0,10	0,11	0,08	0,00	–0,08	–0,10
	0,15	0,15	0,11	0,09	0,09	0,09
F0	0,03	0,08	0,12	0,15	0,15	0,15
	0,30	0,30	0,25	0,19	0,17	0,17
F5	–0,02	0,09	0,16	0,27	0,27	0,27
	0,44	0,43	0,38	0,33	0,32	0,31
G0	0,06	0,21	0,32	0,50	0,52	0,52
	0,58	0,65	0,71	0,76	0,76	0,75
G5	0,20	0,56	0,60	0,81	0,83	0,82
	0,68	0,86	0,89	1,00	1,02	1,03
K0	0,45	0,84	0,95	1,15	1,17	1,18
	0,81	1,00	1,08	1,20	1,25	1,25
K5	1,08	1,81	1,74	1,79	1,80	1,80
	1,15	1,50	1,49	1,59	1,60	1,60
M0	1,22	1,87	1,91	1,90	1,90	1,90
	1,40	1,56	1,58	1,64	1,67	1,67
M5	1,24	1,58	–	1,60	1,60	1,60
	1,64	1,63	–	–	1,80	–

Farbenindex-Methode

Sterne ist der Farbindex also null, für heißere Sterne negativ, für kühlere positiv.

Da der spektroskopischen Untersuchung des Sternlichtes mit Objektivprismen Grenzen gesetzt sind, die bei mittleren Instrumenten etwa bei Sternen der 12. Größe liegen (selbst mit sehr großen Schmidt-Spiegeln kann diese Grenze nicht merklich zu den schwächeren Sternen hin verrückt werden), kommt der Farbenindexmethode gerade für schwächere Sterne große Bedeutung zu. Auch bei der Untersuchung dichter Sternhaufen kann nur der Farbenindex zur Bestimmung der stellarstatistischen Verteilung der Haufenmitglieder auf die einzelnen Spektralklassen herangezogen werden, da Spektralaufnahmen wegen der starken gegenseitigen Überdeckungen der einzelnen Spektren meist nicht mehr möglich sind.

Der in obiger Tabelle gegebene Farbenindexwert für die einzelnen Spektralklassen stellt einen Mittelwert für die helleren, also relativ nahen Sterne dar. Der bei einem Stern individuellen bekannten Spektraltyps gemessene Farbenindex kann von

Farbindizes der Hohlraumstrahlung

$T[10^3 \text{ K}]$	B–V	U–B	$T[10^3 \text{ K}]$	B–V	U–B
∞	−0,44	−1,33	28	−0,25	−1,17
1 000	−0,41	−1,33	24	−0,22	−1,13
100	−0,37	−1,29	20	−0,18	−1,09
90	−0,36	−1,29	16	−0,11	−1,01
80	−0,36	−1,28	12	+0,02	−0,87
70	−0,35	−1,27	8	+0,29	−0,57
60	−0,34	−1,26	6	+0,63	−0,26
50	−0,33	−1,25	5	+0,79	−0,10
40	−0,30	−1,22	4	+1,13	+0,40
36	−0,29	−1,21	3,3	+1,44	+0,78
32	−0,27	−1,19	3	+1,67	+1,07

diesem Mittel abweichen. Diese Abweichung bezeichnet man als Farbenexzeß. Farbenexzeß = FE = individueller FI minus mittlerer FI der zugehörigen Spektralklasse.

Ein Stern mit negativem Farbenexzeß ist also „blauer" als der Mittelwert seiner Spektralklasse und umgekehrt ein Stern mit positivem Farbenexzeß „röter".

In der Regel sind Farbexzesse positiv. Die Ursache hierfür ist die Eigenschaft des interstellaren Staubes, im kurzwelligen Spektralbereich die Sternstrahlung stärker zu absorbieren als im langwelligen Rot. Diese Verfärbung (s. 10.4.1) wächst mit der interstellaren Absorption und ist damit abhängig von der Richtung und der Entfernung des Sternes.

7.2 Sterntemperaturen, Bolometrische Helligkeiten

Mit dem Wort „Sterntemperaturen" sind die sogenannten „Oberflächentemperaturen" der Sterne gemeint. Aber auch diese Bezeichnung ist ungenau, da die Sterne nicht im eigentlichen Sinne des Wortes eine Oberfläche haben. Die „Oberfläche" ist vielmehr, wie bereits im Zusammenhang mit der Sonnenatmosphäre (s. 5.4.2) erörtert, eine Schicht endlicher Dicke, und zwar die Schicht, aus der die Strahlung des Sternes direkt austreten kann. In dieser Schicht der Sternatmosphäre gibt es keine einheitliche Temperatur, sondern (wie in der Erdatmosphäre auch) eine Temperaturschichtung. Die äußeren (höheren) Teile der Atmosphäre sind kühler als die weiter innen gelegenen (tieferen) Schichten. Es kommt hierbei nicht so sehr auf die geometrische Tiefe an (sofern sie nur klein ist gegenüber dem Sternradius) als vielmehr auf die sogenannte optische Tiefe, die durchweg mit τ bezeichnet wird. Dies ist die optische Dicke der über der betreffenden Tiefe liegenden Schicht. Vereinfachend kann man sagen, daß in Schichten mit $\tau < 1$ nach außen gerichtete Strahlung den Stern verläßt und direkt beobachtet werden kann, während alle Strahlung aus Schichten mit $\tau > 1$ im Stern wieder absorbiert wird, also unbeobachtbar ist.

Oberflächentemperaturen

Da die vom Stern ausgehende Strahlung nicht aus einem Medium einheitlicher Temperatur stammt, lassen sich aus dem beobachteten Spektrum alle möglichen Temperaturen ableiten, Temperaturen, die für verschiedene Tiefen in der Sternatmosphäre repräsentativ sind. Zu jeder Temperaturangabe gehört also eine Information darüber, wie sie gewonnen wurde.

Effektivtemperatur

Besonders einfach und anschaulich ist der Begriff der effektiven Temperatur. Diese Größe beschreibt den über alle Frequenzen summierten (integrierten) Strahlungsstrom, also die vom Stern pro m^2 und Sekunde abgestrahlte Gesamtenergie. Man ordnet ihr die Temperatur zu, die ein Hohlraum (Schwarzer Körper) haben müßte, damit aus ihm durch eine 1 m^2 große Öffnung pro Sekunde die gleiche Energiemenge austritt (vgl. Hohlraumstrahlung, A 1.7.9). Direkt beobachtbar ist diese Gesamtstrahlung nur für die Sonne (vgl. Solarkonstante).

Zur Bestimmung der effektiven Temperatur benötigt man neben der Messung des absoluten Strahlungsstromes im gesamten Spektrum noch die Kenntnis des Raumwinkels, unter dem die Lichtquelle (Sonnen oder Stern) erscheint. Erst damit ist es möglich, den gemessenen Strahlungsstrom mit dem r^{-2}-Gesetz auf den Strahlungsstrom an der Sternoberfläche umzurechnen. Abgesehen von der Sonne hat man aber nur für wenige Sterne eine zuverlässige Kenntnis der Winkelausdehnung. Aus diesen und aus anderen Gründen ist daher die effektive Temperatur nur für die Sonne durch direkte Messungen bestimmbar, für Sterne ist diese Temperatur mehr von theoretischer Bedeutung.

Scheinbare bolometrische Helligkeit

In engem Zusammenhang mit den effektiven Temperaturen stehen die scheinbaren bolometrischen Helligkeiten m_b. Hierunter sollen scheinbare Helligkeiten (s. 6.3) verstanden werden, wie sie mit einem nichtselektiven, also für alle Wellenlängen gleich empfindlichen Empfänger gemessen werden. Strahlungsempfänger mit derartigen Eigenschaften stehen in den Radiometern, Bolometern oder Thermoelementen zur Verfügung. Sie sind relativ unempfindlich und eignen sich nur für Messungen an den hellsten Fixsternen. Solche Messungen beziehen leider nicht (wie beabsichtigt) die gesamte Strahlung der Sterne ein, da die interstellare Absorption, so etwa die der H-Atome unterhalb 912 Å, und Absorption in der Erdatmosphäre gewisse Wellenlängenbereiche blockieren.

Kennt man die Energieverteilung im gesamten Sternspektrum, so kann man visuelle oder photographische Helligkeiten in bolometrische umrechnen. Der Unterschied zwischen der photovisuellen und der bolometrischen Helligkeit wird bolometrische Korrektion BC genannt

$$BC = m_{pv} - m_{bol}.$$

Bei sehr niedrigen Temperaturen, wenn der größte Teil der Energie im Infraroten abgestrahlt wird, und bei sehr hohen Temperaturen, wo der wesentliche Teil des Spektrums im UV liegt, sind die bolometrischen Korrektionen besonders groß. Bei einer Temperatur, bei der das Maximum der Strahlung in den photovisuellen Spektralbereich fällt (für ein Hohlraumstrahlungsfeld bei $T = 6625$ K), nimmt BC einen Minimalwert an. Der Minimalwert dieser Differenz und damit auch der Nullpunkt der bolometrischen Skala kann willkürlich festgelegt werden. Für die hier angegebene Skala wurde BC = 0 für F5 V-Sterne gewählt. Damit sind die BC immer positiv.

Die immer noch großen Unsicherheiten in unserer Kenntnis der Energieverteilung in Sternspektren übertragen sich auf die bolometrischen Korrektionen. Bolometrische Helligkeiten sind also weder gut beobachtbar, noch lassen sie sich genau berechnen.

Strahlungstemperatur Den effektiven Temperaturen verwandt sind die sogenannten Strahlungstemperaturen. Beide beruhen auf einer Kenntnis des Strahlungsstromes, d. h. des nach außen gerichteten Energiestromes pro cm² in der Sternatmosphäre. Während die effektiven Temperaturen sich auf den gesamten, d. h. über alle Frequenzen summierten (integrierten) Strahlungsstrom beziehen, geben die Strahlungstemperaturen den Energiestrom in einem begrenzten Intervall des Spektrums oder auch den monochromatischen Energiestrom, d. h. den Energiestrom bei einer Wellenlänge (bzw. Frequenz) pro Wellenlängenintervall (bzw. Frequenzintervall) an. Sie sind die Temperaturen, mit denen die Kirchhoff-Planck-Funktion (s. A 1.7.9) die gemessenen Energieströme ergeben würde, also damit gleich den Temperaturen, bei denen die Energieabstrahlung eines Hohlraumes (Schwarzen Körpers) in den betreffenden Frequenzintervallen gleich der Strahlung des Sternes ist. Man bezeichnet sie

Absolute Helligkeiten M_v, bolometrische Korrektionen BC $= M_v - M_{bol}$, bolometrische Helligkeiten M_{bol} (jeweils in Größenklassen), effektive Temperatur [10^3 K], Radien [$R/R_\odot$] und Leuchtkraft [$L/L_\odot$] der Sterne

Leuchtkraftklasse V (Hauptsequenz)

Sp	M_v	BC	M_{bol}	T_{eff} [10^3 K]	$R/R_\odot$	$L/L_\odot$
O5	$-5,7$	4,40	$-10,1$	44,5	16	$7,9 \cdot 10^5$
B0	$-4,0$	3,16	$-7,1$	30,0	8,7	$5,2 \cdot 10^4$
B5	$-1,2$	1,46	$-2,7$	15,4	4,2	$8,3 \cdot 10^2$
A0	0,6	0,30	0,3	9,52	2,8	54
A5	1,9	0,15	1,7	8,2	1,9	14
F0	2,7	0,09	2,6	7,2	1,7	6,5
F5	3,5	0,14	3,4	6,44	1,5	3,2
G0	4,4	0,18	4,2	6,03	1,2	1,5
G5	5,1	0,21	4,9	5,77	0,91	0,79
K0	5,9	0,31	5,6	5,25	0,81	0,42
K5	7,4	0,72	6,7	4,35	0,71	0,15
M0	8,8	1,38	7,4	3,85	0,65	$7,7 \cdot 10^{-2}$
M5	12,3	2,73	9,6	3,24	0,35	$1,1 \cdot 10^{-2}$

Absolute Helligkeiten M_v, bolometrische Korrektionen
BC $= M_v - M_{bol}$, bolometrische Helligkeiten M_{bol}
(jeweils in Größenklassen), effektive Temperatur [10^3 K],
Radien [$R/R_\odot$] und Leuchtkraft [$L/L_\odot$] der Sterne

Leuchtkraftklasse III (Riesen)

Sp	M_v	BC	M_{bol}	T_{eff} [10^3 K]	$R/R_\odot$	$L/L_\odot$
O5	−6,3	4,05	−10,3	42,5	19	$9,9 \cdot 10^5$
B0	−5,1	2,88	− 8,0	29,0	13,5	$1,1 \cdot 10^5$
B5	−2,2	1,30	− 3,5	15,0	6,5	$1,8 \cdot 10^3$
A0	0,0	0,42	− 0,4	10,1	3,5	106
A5	0,7	0,14	0,6	8,1	3,5	43
F0	1,5	0,11	1,4	7,15	3,0	20
F5	1,6	0,14	1,5	6,47	3,4	17
G0	1,0	0,20	0,8	5,85	5,9	34
G5	0,9	0,34	0,6	5,15	8,5	43
K0	0,7	0,50	0,2	4,75	12	60
K5	−0,2	1,02	− 1,2	3,95	33	220
M0	−0,4	1,25	− 1,6	3,80	44	330
M5	−0,3	2,48	− 2,8	3,33	96	930

Absolute Helligkeiten M_v, bolometrische Korrektionen
BC $= M_v - M_{bol}$, bolometrische Helligkeiten M_{bol}
(jeweils in Größenklassen), effektive Temperatur [10^3 K],
Radien [$R/R_\odot$] und Leuchtkraft [$L/L_\odot$] der Sterne

Leuchtkraftklasse I a b (Überriesen)

Sp	M_v	BC	M_{bol}	T_{eff} [10^3 K]	$R/R_\odot$	$L/L_\odot$
O5	−6,6	3,87	−10,5	40,3	22	$1,1 \cdot 10^6$
B0	−6,4	2,49	− 8,9	26,0	26	$2,6 \cdot 10^5$
B5	−6,2	0,95	− 7,2	13,6	43	$5,2 \cdot 10^4$
A0	−6,3	0,41	− 6,7	9,73	68	$3,5 \cdot 10^4$
A5	−6,6	0,13	− 6,7	8,51	89	$3,5 \cdot 10^4$
F0	−6,6	0,01	− 6,6	7,7	105	$3,2 \cdot 10^4$
F5	−6,6	0,03	− 6,6	6,9	130	$3,2 \cdot 10^4$
G0	−6,4	0,15	− 6,6	5,55	200	$3,0 \cdot 10^4$
G5	−6,2	0,33	− 6,5	4,85	250	$2,9 \cdot 10^4$
K0	−6,0	0,50	− 6,5	4,42	300	$2.9 \cdot 10^4$
K5	−5,8	1,01	− 6,8	3,85	460	$3,8 \cdot 10^4$
M0	−5,6	1,29	− 6,9	3,65	530	$4,1 \cdot 10^4$
M5	−5,6	3,47	− 9,1	2,80	$2,4 \cdot 10^3$	$3,0 \cdot 10^5$

Schwarze Temperatur   gelegentlich auch als „schwarze Temperatur". Strahlungstemperaturen bedürfen immer der Angabe der Wellenlänge (Frequenz), auf welche sie sich beziehen.
Nur für die Hohlraumstrahlung selber gibt es eine einzige Strahlungstemperatur, die gleich der Temperatur des Hohlraumes ist. Bei der Strahlung eines Sternes ist die Strahlungstem-

peratur wellenlängenabhängig. Die Änderungen dieser Temperatur mit der Wellenlänge bildet ein Maß für die Abweichung der Energieverteilung in seinem Spektrum von der Strahlung eines Schwarzen Körpers.

Farbtemperatur

Während effektive wie auch Strahlungstemperaturen die absolute Messung der Energieströme und des scheinbaren Sterndurchmessers voraussetzen, gilt dies nicht für die Farbtemperaturen. Farbtemperaturen beziehen sich auf ein bestimmtes Wellenlängenintervall und geben die Temperatur an, mit der die Form der Kirchhoff-Planck-Funktion in dem betreffenden Wellenlängenintervall möglichst gut mit der Form der am Stern gemessenen Energieverteilung übereinstimmt. Hier kommt es also nicht auf die Absolutmessung eines Energiestromes an, sondern auf die Messung der Form der Energieverteilungskurve in einem Spektralbereich. Die Farbtemperatur ist dann die Temperatur eines Schwarzen Körpers, der im betrachteten Spektralbereich eine möglichst ähnliche Energieverteilung, d.h. eine möglichst gleiche Farbe zeigt. Während also bei effektiven und bei Strahlungstemperaturen letzten Endes Flächenhelligkeiten verglichen werden, werden hier die Farben der Sterne, wie sie etwa in den Farbindizes festgelegt sind, zur Temperaturbestimmung herangezogen.

Im Idealfall, der allerdings nur für nahe Sterne gegeben ist, sind die Energieverteilungen im Spektrum nicht durch die interstellare Verfärbung beeinflußt, die Farbtemperaturen also nur durch die Verhältnisse in der Sternatmosphäre bestimmt. Bei entfernteren Sternen mit größerem Farbexzeß (s. 7.1.2) sind die gemessenen Farbindizes nicht für den Stern typisch und damit natürlich die Farbtemperaturen verfälscht.

Unbeeinflußt von diesen Effekten sind die Ionisations-, Anregungs- und Bandentemperaturen, die alle aus den Stärken von Fraunhoferlinien erschlossen werden.

Ionisationstemperaturen: Man verwendet die Stärken von Linien des selben Elementes in verschiedenen Ionisationsstufen, um die relative Häufigkeit des Vorkommens des Elementes in diesen verschiedenen Ionisationsstufen zu ermitteln. So benutzt man etwa bei O- und früheren B-Sternen Linien des He I und des He II, um das Häufigkeitsverhältnis von ionisiertem zu neutralem Helium zu bestimmen. Dieses Verhältnis hängt von der Elektronendichte und der Temperatur ab. Die Ionisationstemperatur ist die Temperatur, die mit der Sahagleichung, welche diese Zusammenhänge beschreibt, die beobachteten Häufigkeitsverhältnisse richtig wiedergibt.

Anregungstemperaturen: Aus den relativen Intensitäten verschiedener Linien des gleichen Elementes kann auf den Grad der Besetzung angeregter Atomzustände (s. A 1.7.3) geschlossen werden. Auch dieser Anregungsgrad ist abhängig von einer Temperatur, der Anregungstemperatur.

Bandentemperatur: Hier handelt es sich um die Bestimmung der Anregungstemperatur für die Anregung der verschiedenen Rotations- und Schwingungszustände von Molekülen.

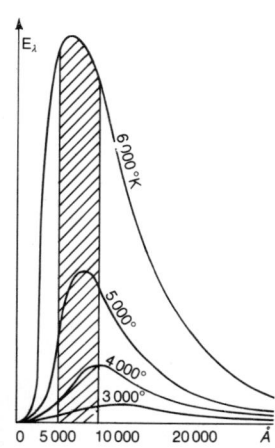

Energieverteilung eines Schwarzen Körpers bei verschiedenen Temperaturen nach dem Planckschen Strahlungsgesetz

7.3 Die Entfernungen der Sterne und ihre Bestimmung

Für die Stellarstatistik wie für die Astrophysik ist es gleichermaßen wichtig, genaue Daten über die Entfernung der Sterne zu erhalten. Der eine Wissenschaftszweig bedarf dieser Angaben, um die Verteilung und Bewegung der Sterne im Raum zu untersuchen, der andere, um wichtige Bestimmungsstücke des Zustands der Sterne, wie etwa Radius und Leuchtkraft, ermitteln zu können.

Eine ganze Reihe verschiedener Methoden zur Entfernungsbestimmung der Sterne sind entwickelt worden; sie haben naturgegebene Grenzen ihrer Anwendbarkeit. Manche eignen sich nur für bestimmte Sterngruppen. Teils sind es unabhängige Methoden, teils bedürfen sie einer vorherigen Eichung durch andere Verfahren. Ihre Ergebnisse sind nicht alle gleich gut; manche von ihnen dienen nur ganz speziellen Zwecken, andere liefern nur Mittelwerte für entsprechend ausgewählte Sterngruppen, und einige können nur als grobe Schätzungen aufgefaßt werden.

7.3.1 Trigonometrische Parallaxen

Die grundlegende Methode zur Bestimmung der Entfernung oder, wie man auch sagt, der Parallaxe der Sterne ist das auch bei Vermessungen auf der Erde angewandte trigonometrische Verfahren. Aus Winkelmessungen und Messungen der Länge einer Basis werden mit Hilfe von trigonometrischen Rechnungen die Entfernungen eines Objektes ermittelt.

Bei Körpern in Erdnähe, etwa dem Mond, genügen als Meßpunkte bereits zwei in geographischer Breite möglichst weit auseinanderliegende, ungefähr auf gleichem Längengrad liegende Orte auf der Erde. Voraussetzung zur Bestimmung der Äquatorial-Horizontal-Parallaxe des Mondes, wie die so ermittelte Mondentfernung genannt wird, die auf den Äquatorialhalbmesser der Erde als Basis bezogen ist, ist aber eine genaue Kenntnis der Erdfigur (s. 2.1.1). Für Fixsterne ist die Erde als Basis zur Entfernungsmessung zu klein, daher benutzt man in diesem Fall den Erdbahnhalbmesser als Basisstrecke.

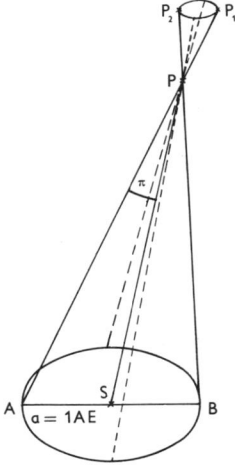

Die Winkelmessungen erfolgen bei der Bestimmung von Fixsternparallaxen in einem Abstand von einem halben Jahr von zwei sich gegenüberliegenden Punkten der Erdbahn aus.
Es sei AB die große Achse der Erdbahn, S die Sonne, P der zu messende Parallaxenstern. Dieser Stern erscheint dem Beobachter von A aus in Richtung P_1, von B aus Richtung P_2 an der Sphäre. Den Winkel APS = π nennt man die Parallaxe des Sterns P. Die Parallaxe eines Sterns ist also der Winkel, unter dem vom Stern aus der Erdbahnhalbmesser erscheint.
Da schon die Parallaxen der nächsten Sterne ausnahmslos unter einer Bogensekunde liegen, sind immer sehr kleine Verschiebungen an der Sphäre zu messen, deren sicherer Messung schnell Grenzen gesetzt sind. Im Durchschnitt liegt der mittlere Fehler der trigonometrischen Parallaxen bei ± 0″,03

7.3 Die Entfernungen der Sterne

7.3.2 Entfernungsmaß

Erscheint von einem Objekt aus der Erdbahnradius unter einem Winkel von 1 Bogensekunde, dann hat dieses Objekt die lineare Entfernung von 1 Parsec (*Parsec,* abgekürzt pc, ist ein Kunstwort gebildet aus Parallaxe und Bogensekunde). Bezeichnet man mit r_{pc} bzw. r_{km} die Entfernung in Parsec bzw. in Kilometer, dann gilt die Beziehung:

$$\pi'' = \frac{1}{r_{pc}} = 206\,265'' \, \frac{a_{km}}{r_{km}}$$

wobei $a =$ Erdbahnradius = Astronomische Einheit (AE) = $149{,}6 \cdot 10^6$ km ist und der Zahlenfaktor die Anzahl der Bogensekunden angibt für einen Bogen, dessen Länge gleich dem Radius ist.

Folgende Größen lassen sich sofort angeben:

1 Parsec	$= 206\,265$ AE
	$= 3{,}0857 \cdot 10^{16}$ m
	$= 3{,}262$ Lichtjahre
1 Kiloparsec (kpc)	$= 1\,000$ pc
1 Megaparsec (Mpc)	$= 1\,000\,000$ pc $= 10^6$ pc.

In der populärwissenschaftlichen Literatur wird vielfach die Entfernung eines Objekts in Lichtjahren angegeben. Das Lichtjahr ist definiert als die Strecke, die ein Lichtstrahl bei einer Geschwindigkeit von ca. 300 000 km/s in einem Jahr zurücklegt. Dieses Maß dürfte kaum anschaulicher sein als das Parsec. Vielfach wird von Laien dieses Produkt von Geschwindigkeit und Zeit nicht als eine Entfernung erkannt, sondern fälschlich als „Zeit" angesehen.

Demnach ist: 1 Lichtjahr (Lj) $= 0{,}3066$ pc $= 9{,}4605 \cdot 10^{15}$ m

7.3.3 Sternstrom-parallaxen

Unter den nahen, mit der trigonometrischen Parallaxen-Methode erreichbaren Sternen gibt es nur sehr wenige, die den frühen Spektralklassen O bis F angehören. Eine andere geometrische Methode gestattet es aber, wesentlich weiter in den Raum vorzudringen und uns so sichere Daten über die Entfernungen gerade solcher Sterne zu liefern. Dieses Verfahren der sogenannten Sternstrom-Parallaxen ist aber nur auf eine bestimmte Gruppe von Sternen anwendungsfähig, nämlich auf die Mitglieder von Bewegungssternhaufen (siehe 12.2.2).
Für sie läßt sich zunächst die Richtung der Bewegung im Raum ermitteln. Unter der Annahme, daß die Sterne einer Bewegungsgruppe sich auf geradlinigen parallelen Bahnen bewegen, müssen ihre scheinbaren Bewegungen an der Sphäre wegen des perspektivischen Effektes auf einen Punkt hin gerichtet sein. Er wird als Flucht- oder Konvergenzpunkt bezeichnet. Durch Verlängerung der beobachteten kleinen Bahnstückchen läßt sich der Ort dieses Konvergenzpunktes an der Sphäre einigermaßen genau festlegen. Nur dann bilden Sterne eine Be-

Sternstromparallaxen.
γ ist der Winkel zwi-
schen Sternposition und
Konvergenzpunkt

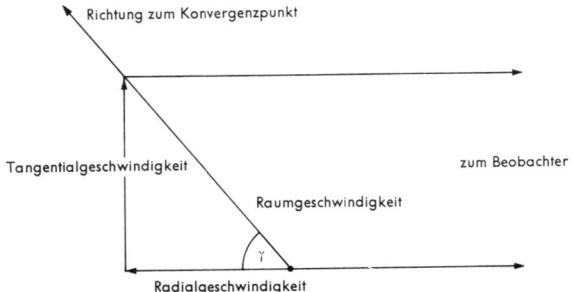

wegungsgruppe, wenn sich ein solcher gemeinsamer Konvergenzpunkt finden läßt.

Wird jetzt die Radialgeschwindigkeit dieser Sterne (in km/s) durch Messung des Dopplereffekts in ihren Spektren bestimmt, so kann mit Hilfe des Winkels zwischen der Sternposition und dem Konvergenzpunkt daraus auch die wahre Raumgeschwindigkeit und schließlich auch die Tangentialgeschwindigkeit (ebenfalls in km/s) berechnet werden. Die in tangentialer Richtung in einem Jahr oder in einem längeren Zeitraum zurückgelegte Strecke ist damit bekannt. Sie bildet jetzt gleichsam die Basis für die Triangulation. Die Messung der jährlichen Eigenbewegung in Bogensekunden pro Jahr liefert den zugehörigen Winkel, den Winkel, unter dem diese Strecke von der Erde aus gesehen erscheint. Da die Basis und damit auch der Winkel linear mit der Zeit anwächst, man also bei genügender Geduld leicht Basislängen erreicht, die erheblich größer sind als eine astronomische Einheit, reichen die Sternstromparallaxen entsprechend weiter in den Raum hinaus. Einige hundert derartige Parallaxen sind bestimmt. Man verdankt ihnen in der Hauptsache sichere Daten über die Entfernungen der Sterne früher Spektralklassen O, B, A und F.

7.3.4 Säkulare Parallaxen

Die Sonne bewegt sich mit einer Geschwindigkeit von rund 20 km/s unter den Sternen auf einen Punkt an der Sphäre zu, den Apex, mit den genäherten Koordinaten $\alpha = 18^h$; $\delta = +30°$. Diese Bewegung spiegelt sich in den Sternen der näheren und weiteren Sonnenumgebung wider, und zwar durch eine mehr oder weniger große, scheinbare Bewegung aller Sterne in Richtung zum Gegenpunkt dieser Sonnenbewegung, zum Antapex. – Dieser Vorgang wird einem verständlich, wenn man bei einer Autofahrt die seitlich in der Landschaft stehenden Bäume beobachtet. Sie bewegen sich scheinbar alle mehr oder weniger schnell, je nach ihrem Abstand von der Straße, auf den Punkt am Horizont zu, von dem das Auto kam. – Die auf dem gleichen Phänomen beruhende parallaktische Bewegung der Sterne wäre ein sehr gutes und weitreichendes Entfernungskriterium, wenn die Fixsterne (ebenso wie die Bäume) fest an ihrem Platz stünden und nicht, wie es nun einmal der

Fall ist, eine individuelle Bewegung im Raum hätten. Diese individuelle Bewegung der Sterne wird Pekuliarbewegung genannt, sie überlagert sich der parallaktischen Bewegung und ist von dieser nicht zu trennen. Deshalb kann der parallaktische Verschiebungseffekt an der Sphäre nicht zur Parallaxenbestimmung bei einzelnen Sternen herangezogen werden. Es lassen sich so vielmehr nur Entfernungen ausgewählter Sterngruppen ermitteln, wie etwa der Sterne einer bestimmten Spektralklasse in einem diskreten Helligkeitsbereich. Bei einer solchen statistischen Anwendung muß aber die Annahme gemacht werden, daß die pekuliaren Eigenbewegungen dieser zu untersuchenden Sterngruppe nach Richtung und Größe vollkommen regellos verteilt sind, so daß sie sich im Mittel gegenseitig herausheben. Die nach dieser Methode ermittelten Entfernungen für ausgewählte Sterngruppen nennt man säkulare Parallaxen.

Es ist ersichtlich, daß dieses Verfahren der Entfernungsbestimmung versagen muß oder zu falschen Resultaten führt, wenn die Bedingung der vollkommenen Regellosigkeit der Pekuliarbewegungen nicht erfüllt ist, wenn etwa durch Mitglieder eines Bewegungshaufens (s. 12.2.2), also durch Sterne mit in Betrag und Richtung gleicher Eigenbewegung, die für die Sterngruppe ermittelte parallaktische Bewegung verfälscht wird.

7.3.5 Spektroskopische Parallaxen

Spektroskopische Parallaxen beruhen auf dem Gesetz, nach dem – sofern keine Extinktion der Strahlung stattfindet – der Strahlungsfluß mit dem Quadrat des Abstandes von der Quelle abnimmt. So kann aus der beobachteten scheinbaren Helligkeit der Quelle (m) eines Sternes sein Abstand (r, in pc) berechnet werden, wenn seine absolute Helligkeit (M) bekannt ist (s. 7.5). Die spektroskopischen Parallaxen beruhen auf diesem Grundgesetz der Photometrie. Die Bezeichnung „spektroskopische Parallaxe" rührt daher, daß spektroskopische Methoden verwendet werden, um Spektraltyp und Leuchtkraftklasse des betreffenden Sternes festzustellen.

Diese absoluten Helligkeiten selber können aber nur gefunden werden, wenn für wenigstens einen Stern aus der betreffenden Spektral- und Leuchtkraftklasse die Entfernung durch eine unabhängige Messung bestimmt ist. Spektroskopische Parallaxen bedürfen also der Eichung. Sie reichen dann aber sehr viel weiter in den Raum hinaus als alle trigonometrischen Methoden. Die Voraussetzung absorptionsfreier Lichtausbreitung ist für große Entfernungen allerdings problematisch. Jedoch kann die Lichtabsorption, die sich aus dem Grad der Verfärbung, also aus dem Farbexzeß (s. 7.1.2) genähert bestimmen läßt, in gewissem Umfang berücksichtigt werden.

Weitere Entfernungsbestimmungsmethoden werden an anderer Stelle behandelt: dynamische Parallaxen (s. Doppelsterne, 12.1.1), Parallaxen aus der Perioden-Leuchtkraft-Beziehung der δ-Cephei-Sterne (s. 8.2.3).

7.4 Die Bewegung der Sterne

Das Wort Fixsterne bringt zum Ausdruck, daß diese Sterne feste, unveränderliche Positionen an der Sphäre zu haben scheinen. Tatsächlich ist dies nicht der Fall. Fixsterne bewegen sich mit hohen Geschwindigkeiten – gemessen an gewohnten Geschwindigkeiten aus unserer Umwelt – durch den Raum. Lediglich ihre große Entfernung und die Kürze der Zeitspanne, in welcher der Mensch Sternpositionen beobachtet hat, ließen den Eindruck entstehen, Fixsterne stünden nahezu unbeweglich an ihren Plätzen.

Das Studium der Bewegungen der Sterne, der Versuch, über die weitgehend ungeordneten pekuliaren Bewegungen der individuellen Sterne hinaus systematische Bewegungen festzustellen wie etwa die Rotation unseres Sternsystems (s. 13.2), erfordert ein großes Beobachtungsmaterial über Richtungen und Geschwindigkeiten einzelner Sterne. Dies, d. h. die Erforschung der Kinematik des Sternsystems, ist jedoch nur ein erster Schritt. Die Bewegungsvorgänge zu verstehen, d. h. sie unter der Annahme der Gültigkeit der Gesetze der Mechanik, insbesondere des Newtonschen Gravitationsgesetzes auf plausible Ausgangszustände (Anfangsbedingungen) zurückzuführen, ist das eigentliche Ziel. Dies sind die Probleme der Stellardynamik, die als eines der wichtigsten Gebiete der klassischen Astronomie angesehen wird.

Das Beobachtungsmaterial über die Bewegung der Sterne im Raum wird einerseits von der klassischen Astrometrie geliefert (Eigenbewegungen), zum anderen von den spektroskopisch arbeitenden Astronomen (Radialgeschwindigkeiten).

7.4.1 Raumbewegung

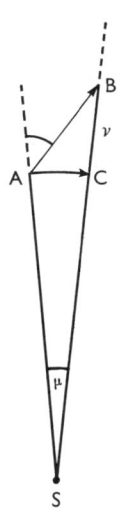

Von S (Sonne bzw. Erde) aus beobachtet man zum Zeitpunkt t_1 einen Stern in der Richtung SA. Dieser Stern bewege sich in der Richtung AB und habe zum Zeitpunkt t_2 den Punkt B im Raum erreicht. Für den Beobachter in S ist die räumliche Bewegung nicht als solche zu erkennen. Für ihn projiziert sich die Raumbewegung AB lediglich als eine Winkelbewegung AC an die Sphäre. Diesen Winkel ASC $= \mu$ bezeichnet man, wenn man ihn auf den Zeitraum von einem Jahr bezieht, als die jährliche Eigenbewegung des Sterns. Die Projektion der Bewegung auf die Visierlinie, also CB $=$ v, ist das Produkt der Radialgeschwindigkeit des Sternes mit dem angenommenen Zeitraum. Die Strecke SA ist die Distanz, die Entfernung des Sterns von der Sonne.

7.4.2 Eigenbewegung

Ist neben der jährlichen Eigenbewegung μ auch die Entfernung des Sterns, seine Parallaxe π, bekannt, so läßt sich seine tangentiale Geschwindigkeit angeben. Es ist:

$$\mu \, [\text{km/s}] = 4{,}74 \, \frac{\mu''}{\pi''}, \quad \text{wobei}$$

7.4 Die Bewegung der Sterne

$$4,74 = \frac{\text{Halbachse der Erdbahn in km}}{\text{Anzahl der Sekunden im Jahr}} = \frac{1,496 \cdot 10^8 \text{ km}}{3,156 \cdot 10^7 \text{ s}} \text{ ist.}$$

Der Winkel der jährlichen Eigenbewegung ist sehr klein; bei den nicht sehr häufigen Sternen mit großer tangentialer Bewegung beträgt er etwa 0,1 Bogensekunden. Man kann diese Winkelverschiebung an der Sphäre nicht in einer zeitlichen Spanne von einem Jahr messen, vielmehr bedarf es, um sichere Werte zu erhalten, zweier zeitlich möglichst weit auseinander liegender Positionsbeobachtungen. Diese Beobachtungen wurden und werden auch heute noch mit einem Meridiankreis durchgeführt, aber heute gibt man, gerade zur Ableitung von Eigenbewegungen, der photographischen Platte den Vorzug; denn nur so können Fehler durch verschiedene Beobachter und durch die im Laufe der Zeit sich ändernden Beobachtungsverfahren ausgeschlossen werden. Es ist nämlich zu bedenken, daß die Zeitspanne eines Berufslebens selten groß genug ist, um sichere Eigenbewegungen abzuleiten, denn dazu bedarf es etwa einer Epochendifferenz (Zeitdifferenz) von 40...60 Jahren. Die photographische Platte konserviert die Beobachtungen über einen solch langen Zeitraum und gestattet zur gegebenen Zeit eine gleichmäßige Bearbeitung alter und neuer Beobachtungen.

Noch einen großen Vorteil bringt die photographische Platte. Nur mit ihr kann die nötige Massenarbeit geleistet werden, denn in einem Plattenfeld können dann Hunderte von Eigenbewegungen abgeleitet werden. Allerdings müssen die so erhaltenen (relativen) Eigenbewegungen noch mit solchen aus zahlreichen Meridiankreis-Beobachtungen bestimmten fundamentalen Eigenbewegungen geeicht werden. – In wenigen Jahren wird es möglich sein, mit Hilfe eines in der Planung befindlichen Satelliten Eigenbewegungen (und auch Fixsternparallaxen) von höchster Genauigkeit abzuleiten.

Die jährliche Eigenbewegung μ wird in Bogensekunden angegeben. Dazu gehört aber noch eine Angabe über die Richtung an der Sphäre, über den Positionswinkel der Eigenbewegung; er wird in Winkelgrad von Norden über Osten gezählt. Eine zweite, weit häufiger geübte Möglichkeit der Angabe der Eigenbewegung ist eine Aufspaltung in zwei Komponenten, und zwar in die beiden Koordinatenrichtungen des äquatorialen Koordinatensystems, in Rektaszension und Deklination. Die Eigenbewegungskomponenten werden mit μ_α und μ_δ bezeichnet; die Vorzeichen geben dann auch eindeutig die Richtung der tangentialen Bewegung an.

7.4.3 Fundamental-Koordinatensystem

An dieser Stelle soll noch kurz auf das Fundamental-Koordinatensystem der Astronomie eingegangen werden: Bei Positionsbestimmungen mit dem Meridiankreis gibt es zwei mögliche Wege. Entweder bestimmt der Beobachter selbst die Lage der Äquatorebene und des Frühlingspunktes, also die Ausgangspunkte der Koordinatenzählung (s. 1.3) durch entsprechende Verfahren und vermißt die Sterne in seinem selbsterstellten System. In diesem Fall spricht man von absoluten Positionsbeobachtungen. Die zweite Möglichkeit besteht darin, daß der Beobachter ein System übernimmt, d. h., er vermißt von bekannten Sternpositionen aus, die ihm das Koordinatensystem repräsentieren, andere Sterne oder Objekte; man spricht dann von relativen Positionsbeobachtungen.

Da nun absolute Positionsbeobachtungen, wie alle Messungen, mit „zufälligen Fehlern" behaftet sind, vereinigt man alle vorliegenden guten Beobachtungsreihen und bildet daraus ein „mittleres" System, ein Fundamentalsystem. Heute dient als Grundlage für alle relativen Beobachtungen, aber auch für Zeit- und Ortsbestimmungen usw., der vom Astronomischen Recheninstitut in Heidelberg erarbeitete „Vierte Fundamentalkatalog" abgekürzt als FK 4. 1535 sogenannte Fundamentalsterne repräsentieren das astronomische Koordinatensystem, so wie etwa das geographische Koordinatensystem durch die trigonometrischen Punkte erster Ordnung festgelegt ist. Da sich die Lage der Sterne gegeneinander durch ihre verschiedenen Raumbewegungen ständig ändert, müssen die Eigenbewegungen der Sterne im Katalog ebenfalls gegeben werden. Man nennt sie fundamentale Eigenbewegungen.

Der FK 4 wird voraussichtlich noch in diesem Jahrzehnt durch den „Fünften Fundamentalkatalog" ersetzt werden.

7.4.4 Radialgeschwindigkeit

Während die Bestimmung der tangentialen Bewegungskomponente der Raumbewegung der Sterne ein Arbeitsgebiet der Astrometer ist, wird die andere, in radialer Richtung liegende Komponente von den Spektroskopikern unter den Astronomen ermittelt. Die Bestimmung der Radialgeschwindigkeiten beruht auf der Anwendung des Dopplerschen Prinzips.

Bewegt sich eine Lichtquelle auf uns zu oder von uns weg, so tritt eine Verschiebung der Absorptions- oder Emissionslinien (s. A 1.7.3) im Spektrum ein, und zwar gegen die im irdischen Laboratorium festgestellte Nullage dieser Spektrallinien. Diese Verschiebung ist um so stärker, je größer die radiale Geschwindigkeit des Objektes ist. Bezeichnet man mit $\Delta\lambda$ die Verschiebung, mit λ die Nullage der Linie, mit c die Lichtgeschwindigkeit von 300 000 km/s und mit v die Radialgeschwindigkeit, so ist

$$\Delta\lambda = \frac{v}{c}\,\lambda.$$

Man rechnet sie positiv, wenn sich der Stern von uns entfernt; negativ, wenn er sich uns nähert. Statt von einer positiven oder negativen Radialgeschwindigkeit zu sprechen, sagt man auch, die Linie erfährt eine Rot- bzw. eine Blauverschiebung.

Im Gegensatz zu den Eigenbewegungen, die nur durch zwei Positionsbestimmungen in großer zeitlicher Distanz abgeleitet werden können, bedarf es für die Bestimmung der Radialgeschwindigkeit im Prinzip nur einer Beobachtung. Diese muß aber mit einem großen Instrument und einem daran angebrachten Spektrographen mit großer linearer Dispersion durchgeführt werden. Bei Dispersionen von 100 bis 50 Å/mm kann man mit einem mittleren Fehler von etwa ±4 km/s rechnen. Dieser wird kleiner, wenn man, wie in der Praxis üblich, mit einer linearen Dispersion von etwa 10 Å/mm arbeitet und zudem mehrere Aufnahmen zur Ableitung der Radialgeschwindigkeit heranzieht; dann beträgt die Genauigkeit einer Bestimmung etwa ±1,5 km/s. Bei den Eigenbewegungen war es möglich, durch photographische Aufnahmen mit entsprechenden Astrographen (s. A 2.2.2) Werte für Hunderte von Sternen auf einmal abzuleiten. Bei der Bestimmung von Radialgeschwindigkeiten ist dies nicht so ohne weiteres möglich, denn von jedem einzelnen Stern muß ein Spektrum aufgenommen werden. Zudem kann man wegen der benötigten großen Dispersion der Spektren nur die Radialgeschwindigkeit bei hellen Objekten bestimmen. So ist das heute vorliegende Datenmaterial im Vergleich zu den bekannten Eigenbewegungen noch sehr spärlich, dementsprechend fehlt es auch an Angaben über die Raumbewegungen der Sterne.

Häufigkeit der Radialgeschwindigkeiten

km/s	Anzahl	km/s	Anzahl
0 bis ±10	32%	±40 bis ±50	6%
±10 bis ±20	27%	±50 bis ±60	2%
±20 bis ±30	19%	> ±60	4%
±30 bis ±40	10%		

Im Katalog der Radialgeschwindigkeiten von Wilson sind von 15 106 Sternen Radialgeschwindigkeiten mit mehr oder weniger großem Fehler gegeben. Bis heute dürften insgesamt von 25 000 Sternen Radialgeschwindigkeiten bekannt sein. Vollständigkeit wird bis zu den Sternen 6. Größe erreicht. Nur für etwa 0,06% der Sterne zwischen 10. und 11. Größe sind Radialgeschwindigkeiten gemessen.

Spektralaufnahmen mit dem Objektivprisma sind normalerweise für die Bestimmung von Radialgeschwindigkeiten ungeeignet, da der Nullpunkt, von dem aus die Verschiebung der Spektrallinien zu messen wäre, auf ihnen nicht definiert ist. Diesen Mangel vermeidet man bei einem von Fehrenbach vorgeschlagenen Verfahren. Mit einem sogenannten Geradsichtprisma werden zwei Aufnahmen auf die gleiche Platte gemacht, wobei zwischen ihnen das Prisma um genau 180° gedreht wird. So entstehen von jedem Stern zwei nebeneinander liegende, aber entgegengesetzt orientierte Spektren, von denen jeweils das eine den Nullpunkt für die Ausmessung des anderen liefert. Mit einem derartigen Gradsichtprisma, zusammengesetzt aus Kron- und Flintglasprismen, gelingt es, Radialgeschwindigkeiten mit einem Fehler von etwa ±4 km/s zu bestimmen.

7.5 Die absoluten Helligkeiten

Die unterschiedlichen, scheinbaren Größen der Sterne (s. 6.3) werden einerseits von ihren verschiedenen Entfernungen (s. 7.3) herrühren, andererseits von Unterschieden des Betrages der in den beobachteten Spektralbereichen abgestrahlten Energie. Diese letztere Größe wird als die Leuchtkraft der Sterne bezeichnet, insbesondere wird dieses Wort für die gesamte, über alle Frequenzen summierte (integrierte) Energieabstrahlung verwendet. Wären die Leuchtkräfte für alle Sterne gleich, so gäben die scheinbaren Helligkeiten ein Maß für die Entfernungen, wären die Entfernungen gleich, so bildeten sie ein direktes Maß für die Leuchtkräfte. Beide Voraussetzungen treffen jedoch nicht zu; die Sterne stehen in unterschiedlichen Entfernungen, und auch ihre Leuchtkräfte unterscheiden sich erheblich.

Absolute Helligkeit M_v in Abhängigkeit von Spektraltyp Sp und Leuchtkraftklasse

Leuchtkraftklasse

Sp	V	IV	III	II	I b	I ab	I a	I a–0
O5	−5,7	−6,0	−6,3			−6,8		
B0	−4,0	−4,7	−5,1	−5,7	−6,1	−6,4	−6,9	−8,2
B5	−1,2	−1,7	−2,2	−4,0	−5,4	−6,2	−7,0	−8,4
A0	0,65	0,3	0	−3,0	−5,2	−6,3	−7,1	−8,5
A5	1,95	1,3	0,7	−2,8	−5,1	−6,6	−7,4	−8,8
F0	2,7	2,2	1,5	−2,5	−5,1	−6,6	−8,0	−9,0
F5	3,5	2,5	1,6	−2,3	−5,1	−6,6	−8,0	−9,0
G0	4,4	3,0	1,0	−2,3	−5,0	−6,4	−8,0	−8,9
G5	5,1	3,1	0,9	−2,3	−4,6	−6,2	−7,9	−8,6
K0	5,9	3,1	0,7	−2,3	−4,3	−6,0	−7,7	−8,5
K5	7,35	–	−0,2	−2,3	−4,4	−5,8	−7,5	–
M0	8,8	–	−0,4	−2,5	−4,5	−5,6	−7,0	−8,0
M5	12,3	–	−0,3	–	−4,8	−5,6	−6,8	–

Um die Leuchtkräfte zu finden, muß man den Einfluß der Entfernungen auf die scheinbaren Helligkeiten eliminieren. Dies ist möglich, da das Gesetz der Helligkeitsabnahme mit der Entfernung bekannt ist. Es lassen sich also scheinbare Helligkeiten umrechnen in Helligkeiten, welche der Stern in einer Einheitsentfernung hätte. Durch Übereinkunft wurde diese auf 10 Parsec festgelegt. Aus der Definition der Größen

$$m = -2,5 \log F + \text{const.}$$

und aus dem Gesetz, daß im leeren Raum der Strahlungsstrom F (häufig wird hier die Bezeichnung Strahlungsintensität gebraucht) mit dem Quadrat des Abstandes abnimmt

$$F_r/F_{10} = (10/r)^2$$

folgt die Beziehung

$$M - m = 5 - 5 \log r = 5 + 5 \log \pi''$$

Hierbei ist mit m die scheinbare Helligkeit (Größe), mit M die sogenannte absolute Helligkeit (absolute Größe), mit r der Abstand in Parsec bzw. mit π'' die Parallaxe des Sternes bezeichnet. Je nach der effektiven Wellenlänge, auf welche sich die scheinbaren Helligkeiten beziehen (s. 7.1.2), erhält man absolute photographische, visuelle, infrarote oder auch absolute bolometrische Helligkeiten. Die Verbindung zwischen den in Größen angegebenen absoluten Helligkeiten M und den Leuchtkräften der Sterne L (in dem Wellenlängenintervall der Empfindlichkeitsfunktion) liefert die Relation

$$M = -2,5 \log L + \text{const.}$$

Entfernungsmodul

Die Größenklassen-Differenz $m - M$ (scheinbare Helligkeit minus absolute Helligkeit) bezeichnet man als Entfernungsmodul. Einem Modul von $m - M = 0$ mag entspricht demnach eine Entfernung von 10 pc; mit jeder Zunahme des Moduls um 5,0 mag verzehnfacht sich die zugehörige Entfernung. Zur Berechnung der absoluten Helligkeit eines Sternes aus seiner scheinbaren muß also seine Entfernung bzw. die Parallaxe bekannt sein. Umgekehrt kann aber auch aus bekannter absoluter und scheinbarer Helligkeit die Entfernung berechnet werden. Dies wird bei der Methode der spektroskopischen Parallaxen (s. 7.3.5) getan, bei der aus dem Spektraltyp des Sterns seine absolute Helligkeit abgeleitet wird. – Die wichtigsten Zusammenhänge zwischen Spektraltyp und absoluter Helligkeit werden im nächsten Abschnitt behandelt.

7.6 Das Hertzsprung-Russell-Diagramm

Der Zustand eines Sternes wird durch die Angabe von Masse, Radius, Spektraltyp, Oberflächentemperatur, Farbindex, Leuchtkraft usw. beschrieben. Diese sogenannten Zustandsgrößen sind teilweise voneinander abhängig. So ist z.B. die Leuchtkraft durch die Oberflächentemperatur und durch die Größe der Oberfläche und damit durch den Radius festgelegt. Für die bolometrische Leuchtkraft gilt z.B. unter Verwendung des Stefan-Boltzmannschen Strahlungsgesetzes

bolometrische Leuchtkraft = Oberfläche · Gesamtabstrahlung pro m²

$$L_{\text{bol}} = 4\pi R^2 \cdot 5,67 \cdot 10^{-8} \cdot T^4 \text{ [Watt]}$$

Um andere, weniger triviale Relationen zwischen Zustandsgrößen aufzudecken, verwendet man Zustandsdiagramme. Das sind Darstellungen, in welche die Sterne als Bildpunkte eingetragen werden. Deren Koordinaten sind die beobachteten Werte der Zustandsgrößen. Ordnen sich die Bildpunkte auf Linien bzw. in schmalen Bändern, deren Breite durch die Beobachtungsfehler erklärt werden kann, so bedeutet dies, daß zwischen den Zustandsgrößen, also den Koordinaten der Darstellung, ein funktionaler Zusammenhang besteht. Vertei-

Zustandsdiagramme

len sich im umgekehrten Fall die Bildpunkte mehr oder weniger gleichmäßig auf die gesamte Fläche des Diagramms, so sind die Zustandsgrößen voneinander unabhängig.

Die Dichte der Bildpunkte in einem Zustandsdiagramm, also die Häufigkeit, mit der eine Kombination von Zustandsgrößen, d. h. ihr gemeinsames Auftreten innerhalb einer gewissen Schwankungsbreite, beobachtet wird, hängt ab von der Auswahl der Sterne, die für diese Untersuchung herangezogen werden. Verwenden wir z. B. für ein Diagramm etwa alle dem bloßen Auge sichtbaren Sterne, schließen wir also alle Sterne bis $m_{vis} = 5^m$ ein, dann würden Sterne extrem hoher Leuchtkraft (etwa $M_{vis} = -5$) noch Aufnahme in unser Diagramm finden, wenn sie in 1 000 pc Entfernung stehen (s. 7.5). Helle Sterne ($M_{vis} = 0$) dürften nicht weiter als 100 pc, sonnenähnliche Sterne ($M_{vis} = 5$) nicht weiter als 10 pc entfernt sein. Ganz schwache Objekte ($M_{vis} = 10$) würden nur dann im Diagramm erscheinen, wenn sie sich in unserer unmittelbaren Nachbarschaft ($r < 1$ pc) befinden. Die zu diesen Grenzentfernungen gehörenden Räume und damit die Wahrscheinlichkeiten, daß die Sterne im Diagramm berücksichtigt würden, verhalten sich wie die dritten Potenzen der Abstände, also wie $10^9 : 10^6 : 10^3 : 1$. Das bedeutet also, daß bei dieser Auswahl die absolut hellsten Sterne enorm bevorzugt und das Diagramm beherrschen würden. Eine andere Alternative wäre, alle Sterne bis zu einer gewissen Grenzentfernung aufzunehmen. Dann aber wäre man nicht sicher, ob die absolut schwächsten Objekte in dem damit herausgegriffenen Volumen überhaupt vollständig aufgefunden sind und ob die sehr kleine Zahl der absolut hellsten Objekte vermöge irgendeiner zufälligen lokalen Schwankung ihrer Dichten überhaupt repräsentativ ist. Zustandsdiagramme hängen also von der Auswahl der Sterne ab.

Das wichtigste Zustandsdiagramm ist das Hertzsprung-Russell-Diagramm (HR-Diagramm bzw. HRD), durch welches die Beziehung zwischen Spektraltyp (Abszisse der Darstellung) und absoluter Helligkeit (Ordinate der Darstellung) untersucht wird. Spektraltyp wie auch die Farbe eines Sternes entsprechen sich weitgehend, da beide Größen in erster Linie durch die „Oberflächentemperatur" festgelegt sind. Damit kann als Abszissenskala anstelle des Spektraltyps ebensogut die Farbe, etwa der Farbindex B–V, verwendet werden. Die so erhaltenen Farb-Helligkeits-Diagramme (FHD) sind den HR-Diagrammen völlig äquivalent.

Farben-Helligkeits-diagramme

Man sieht an derartigen Diagrammen (vgl. HRD der hellen Sterne und FHD der sonnennahen Sterne) mit einem Blick, daß nicht alle möglichen Kombinationen der Zustandsgrößen vorkommen. Vielmehr ordnen sich die Sterne (genauer die Bildpunkte) in Gruppen und Reihen oder, wie man auch sagt, auf Ästen innerhalb des Diagramms an. Am wichtigsten ist die sich diagonal durch die Darstellung ziehende Hauptreihe oder Hauptsequenz (main sequence). Auf ihr liegen, bezogen auf die Sterne in einem herausgegriffenen Volumen, über 90 Pro-

*Das Hertzsprung-
Russell-Diagramm
der hellen Sterne
(Nach W. Gyllenberg)*

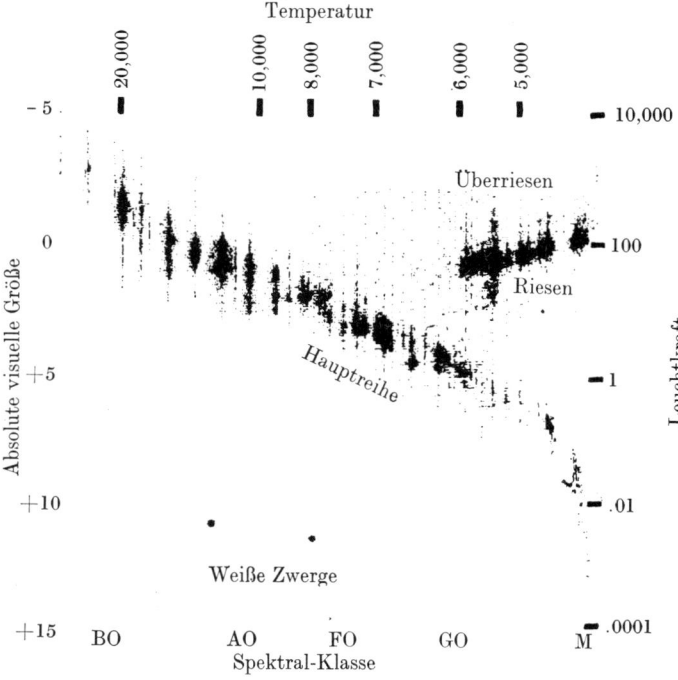

**Lage der Leuchtkraft-
klassen im
HR-Diagramm**

zent aller Sterne. Von der Hauptreihe zweigt bei dem Spektraltyp F und der absoluten Helligkeit $M_{vis} = 0$ ein zweiter Ast ab, der sich zu späteren Spektraltypen und höheren Leuchtkräften hin erstreckt. Die Sterne dieses Astes haben den gleichen Spektraltyp und damit annähernd die gleiche Temperatur wie die darunter liegenden Hauptreihensterne. Ihre sehr viel größeren Absoluthelligkeiten sind nur dadurch zu erklären, daß ihre Oberflächen und damit ihre Radien größer sind als die der Hauptreihensterne. Sie werden daher als Riesen bzw. Sterne des Riesenastes bezeichnet. Während Hauptreihensterne der Leuchtkraftklasse V angehören, werden die Riesen (giants) der Klasse III zugeordnet. Dazwischen liegen verhältnismäßig wenig Objekte der Leuchtkraftklasse IV (subgiants). Oberhalb des Riesenastes findet man, etwas weniger scharf begrenzt, das Gebiet der Überriesen (supergiants). Für sie war in der MK-Klassifikation eine Abstufung in die Leuchtkraftklassen Ia-0 Über-Überriesen, Ia helle und Ib schwächere Überriesen möglich.

Sehr interessant sind die Objekte unterhalb der Hauptsequenz. Hier gibt es das Gebiet, oder besser die Sequenz der weißen Zwergsterne. Wie aus dem relativ frühen Spektraltyp bzw. der blauen Farbe erkennbar, handelt es sich um heiße Objekte. Die obigen Überlegungen ergeben hier, daß bei hohen Temperaturen die Flächenhelligkeit groß ist und daß bei großer Flächenhelligkeit, aber geringer Leuchtkraft des Gesamtobjekts die Oberfläche und damit der Radius relativ klein sein muß.

Farben-Helligkeits-Diagramm von 246 sonnennahen Sternen mit zuverlässig bekannten absoluten Helligkeiten (mittlerer Fehler der Leuchtkräfte ± 0,22 Größenklassen). Die hier noch erkennbare Streuung der einzelnen Werte ist wohl reell, man spricht von der „Kosmischen Streuung" der Leuchtkräfte. Der Kreis mit Punkt (Sonnenzeichen) bezeichnet den Ort der Sonne im Diagramm

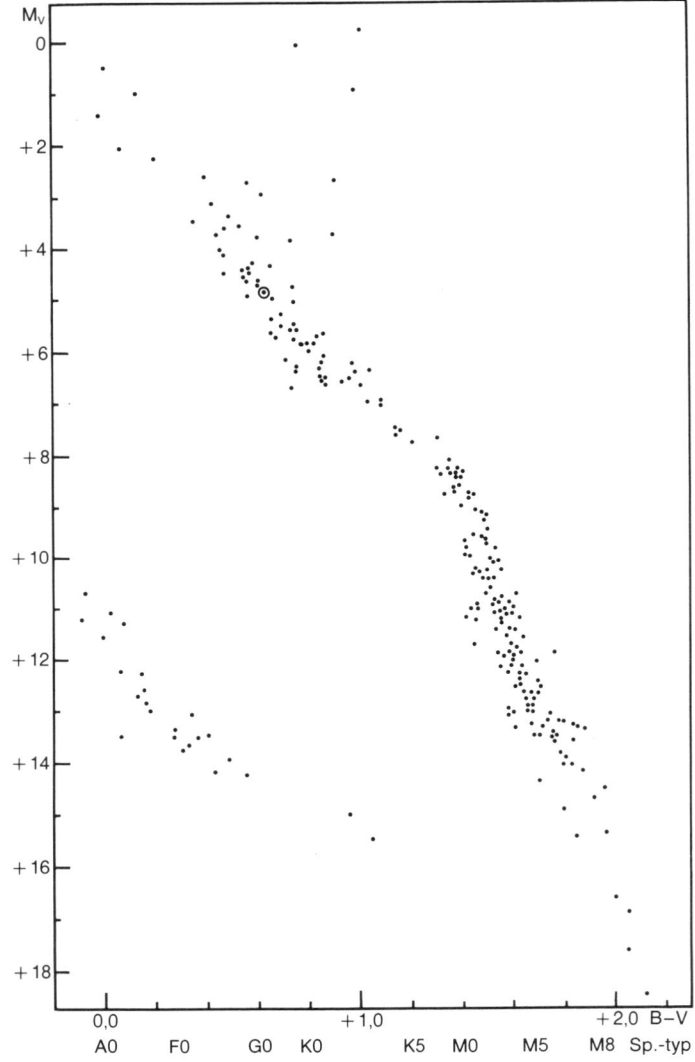

Führt man sie zahlenmäßig durch, so erhält man Sternradien, die mit denen der Planeten vergleichbar sind.

Beim Vergleich des HRD der hellen Sterne und des FHD der sonnennahen Sterne ist der Effekt der absoluten Helligkeiten an der Überbesetzung des Riesenastes deutlich erkennbar. Damit stellt sich das Problem, ob etwa auch andere Auswahleffekte die Diagramme beeinflussen können. Dies ist tatsächlich der Fall, wie man sofort beim Vergleich des Kugelhaufens M3 mit dem HRD der hellsten Sterne erkennt. Diese Erkenntnis hat 1952 W. Baade zur Bildung des Begriffs der Sternpopulationen geführt. Eine Sternpopulation, eine zusammengehörige Gruppe von Sternen, ist, abgesehen von möglichen anderen

Dieses Diagramm illustriert für Sterne der Population I den Zusammenhang von Spektraltyp und Leuchtkraftklasse mit dem Farbindex B–V und der absoluten Helligkeit M_v

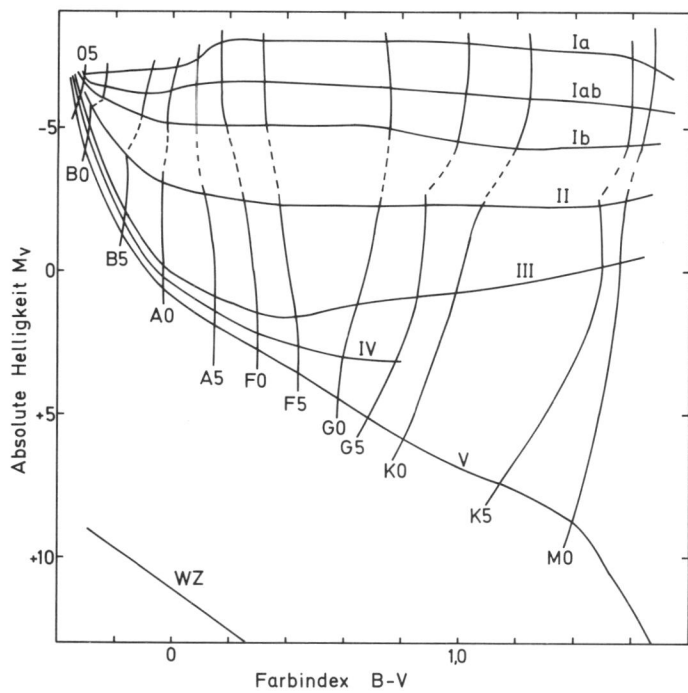

Sternpopulationen

gemeinsamen Eigenschaften der ihr angehörigen Sterne, ausgezeichnet durch ein für sie typisches HRD. Damit haben die HR- und FH-Diagramme eine neue Funktion: Erkennung und Unterscheidung von Sternpopulationen.

Mit Baade lernte man zwei Sternpopulationen in unserem Milchstraßensystem (s. 13.4) zu unterscheiden, die Population I, der die Sterne in der Scheibe unseres galaktischen Systems und damit auch der größte Teil der Sterne der Sonnenumgebung angehören, und die Population II, der die Sterne eines mehr kugelförmigen Systems, des sogenannten galaktischen Halo angehören. Man hat später gefunden, daß Population I und Population II Grenzfälle sind, zwischen denen es einen stetigen Übergang gibt. Die Sterne der Kugelhaufen sind der Population II zuzurechnen, das FHD des Kugelhaufens M3 ist also ein typisches Population II-Diagramm. Die entscheidenden Unterschiede zwischen den HR-Diagrammen der Population I und Population II sind in der Abbildung dargestellt. Man erkennt die Hauptsequenz und den Riesenast der Population I. Die Sterne der Population II fallen in eine Sequenz, die in dieser Darstellung unterhalb der Hauptsequenz der Population I liegt, ferner in einen Ast, der in den Bereich der Riesen und Überriesen führt, und in einen zu frühen Spektraltypen führenden sogenannten Horizontalast. Im Horizontalast gibt es die im FHD des M3 besonders schön erkennbare sogenannte Hertzsprunglücke, die im Zusammenhang mit den Pul-

Das Farben-Helligkeits-Diagramm des Kugelhaufens M3 als Beispiel für ein Farben-Helligkeits-Diagramm der Sternpopulation II. (Nach Arp, Baum u. Sandage)

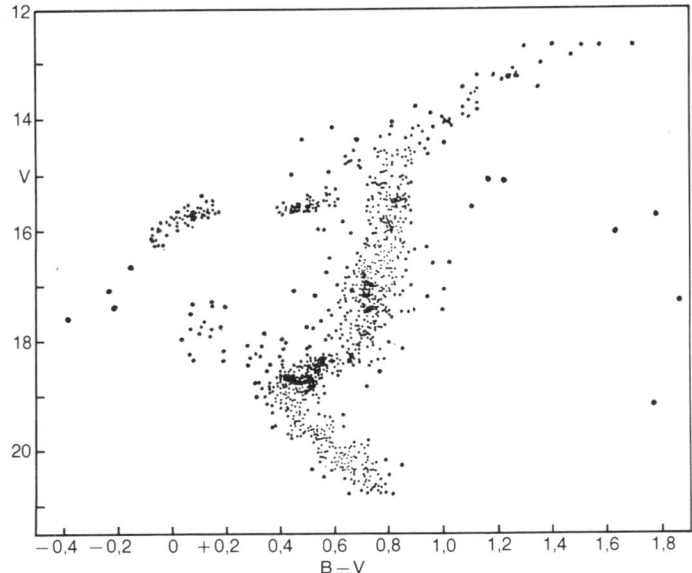

Scheiben- und Halo-Population

sationsvariablen (s. 8.2) besprochen wird. Die Hauptsequenz der Population II ist auch im HRD-Diagramm der hellen Sterne erkennbar. Hier sind also Objekte der Population II beigemischt. Diese Halosterne in der Sonnenumgebung zeichnen sich durch ein besonderes kinematisches Verhalten aus. Sie nehmen nicht wie die anderen Sterne der Sonnenumgebung an der allgemeinen Rotation der Scheibe des Milchstraßensystems teil, sondern bewegen sich mit statistisch verteilten Geschwindigkeiten. Gegenüber dem Gros der Popuplation I Sterne bleiben sie also zurück mit einer mittleren Geschwindigkeit, die unserer Umlaufgeschwindigkeit ($\approx$ 250 km/s) um das galaktische Zentrum entspricht. Sie werden aufgrund dieser hohen systematischen Geschwindigkeit gegenüber der Sonne als Schnelläufer bezeichnet. Die Schnelläufer in der Sonnenumgebung gehören also der Population II an.

Die Frage, warum Sterne nur in bestimmten Bereichen des HR-Diagramms zu finden sind, und warum die Diagramme der Population I und der Population II sich unterscheiden, findet ihre Beantwortung durch die Theorie der Sternentwicklung (s. 9.3). Sterne sind keine unveränderlichen Gebilde, sie entwickeln sich und verändern dabei ihre Zustandsgrößen. Diese Sternentwicklung vollzieht sich (von wenigen Ausnahmen abgesehen) in Zeiträumen, die groß sind gegenüber dem Alter der Menschheit; sie sind also unmerkbar langsam. Dennoch gibt uns die Beobachtung Informationen über Ablauf und Geschwindigkeit der Entwicklung, und zwar eben deshalb, weil sich mit der Entwicklung die Zustandsgrößen und damit die Lage der Bildpunkte im HR-Diagramm ändern. Die Bildpunkte bewegen sich also im Diagramm, und zwar laufen be-

HR-Diagramm und Sternentwicklung

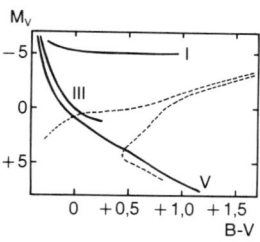

Vergleich der Farben-Helligkeits-Diagramme der Population I (durchgezogene Kurven für die Leuchtkraftklassen I, III und V) und der Population II (gestrichelt).
Man beachte, daß die heißen Hauptsequenzsterne hoher Helligkeit, die junge Objekte sein müssen, in der Population II nicht vorkommen. Die heißen Sterne der Population II liegen auf dem sog. Horizontalast und befinden sich bereits in einer Spätphase ihrer Entwicklung

HR-Diagramm und Häufigkeit der chemischen Elemente

nachbarte Punkte wegen des nahezu gleichen Zustandes der Sterne und der daraus folgenden ähnlichen Entwicklung auf ähnlichen Bahnen. Die Entwicklungsgeschwindigkeit von Sternen in verschiedenen Bereichen des HRD ist nun außerordentlich verschieden. Das ist eine der Hauptursachen für die ungleichförmige Verteilung der Sterne im HR-Diagramm. In den Bereichen, in denen die Sterne lange verweilen, werden sie eher, d. h. in größerer Zahl anzutreffen sein als in Bereichen, in denen sich die Zustandsgrößen rasch ändern. Zur Veranschaulichung sei daran erinnert, daß ein Verkehrsstau an der höheren Dichte der Fahrzeuge auf der Straße erkennbar ist (im Vergleich zur Dichte auf Strecken, die rasch durchfahren werden können). Die Hauptsequenz ist ein solcher Stau auf dem Weg der Sternentwicklung, d. h. ein Bereich, in dem die Sterne in ihrer Entwicklung sehr lange verharren. Verfolgen wir das Beispiel noch etwas weiter, so finden wir, daß die Dichte der Fahrzeuge auf der Straße, abgesehen von der erwähnten Fahrgeschwindigkeit, noch abhängt davon, wann und wo die Fahrzeuge abgefahren sind. Entsprechendes gilt für das HR-Diagramm. Die Zahl der Sterne in einem bestimmten Bereich dieses Diagramms ist also auch noch gegeben durch die Entstehungsrate von Sternen mit solchen Eigenschaften (vor allem Masse und chemische Zusammensetzung), daß sie ihre spätere Entwicklung durch den betrachteten Bereich im HR-Diagramm führt. Diese Sternentstehungsraten sind mit den jeweiligen Aufenthaltsdauern der Sterne in dem betrachteten Bereich zu multiplizieren, um die Besetzungsdichte zu erhalten. Die Entstehungsraten sind dabei in so weit zurückliegenden Zeiträumen zu nehmen, daß die Sterne durch ihre Entwicklung gerade zum gegenwärtigen Zeitpunkt durch den betrachteten Bereich im Diagramm geführt werden.
Wie im Abschnitt über Sternentwicklung (s. 9.3) ausführlich begründet wird, ist die Verweildauer der heißen O- und B-Sterne (generell: der sogenannten „frühen" Spektraltypen) auf der Hauptsequenz sehr viel kürzer als die der „späten" G-, K- und M-Sterne. Der wesentliche Unterschied zwischen den HR-Diagrammen der Population I und der Population II, der darin besteht, daß die Population II keine frühen Hauptsequenzsterne hat, liegt einfach darin, daß die Population II älter ist als die mögliche Verweildauer dieser Sterne auf der Hauptsequenz. HR-Diagramme geben also Informationen über Sternentwicklung und Sternentstehungsraten in den verschiedenen Phasen der Entwicklung unseres Milchstraßensystems.
HR-Diagramme sind aber auch von der Häufigkeit der chemischen Elemente abhängig. Spektroskopische Untersuchungen zeigen, daß die Populationen I und II sich hinsichtlich der chemischen Zusammensetzung der Sterne unterscheiden (s. 13.4). In Sternen der Population II sind die schweren Elemente (Metalle) um einen Faktor 10 bis über 100 seltener als in Sternen der Population I. Dadurch ergeben sich z. B. Unterschiede im

inneren Aufbau der Sterne. Dieser Häufigkeitenunterschied hat aber auch zur Folge, daß die Metallinien in Population II-Sternen systematisch schwächer sind als in Population I-Sternen. Da aber in erster Linie die Metallinien im Spektralbereich später als A zur Festlegung des Spektraltyps herangezogen werden, werden Sterne der Population II, bei sonst gleichen Atmosphärenparametern, systematisch einem früheren Spektraltyp zugeordnet als Sterne der Population I.
Die unterschiedliche Lage der beiden Hauptsequenzen im Bereich der späteren Spektraltypen beruht vorzugsweise auf diesem Effekt.

Zweifarbendiagramm, hier speziell U–B/B–V-Diagramm

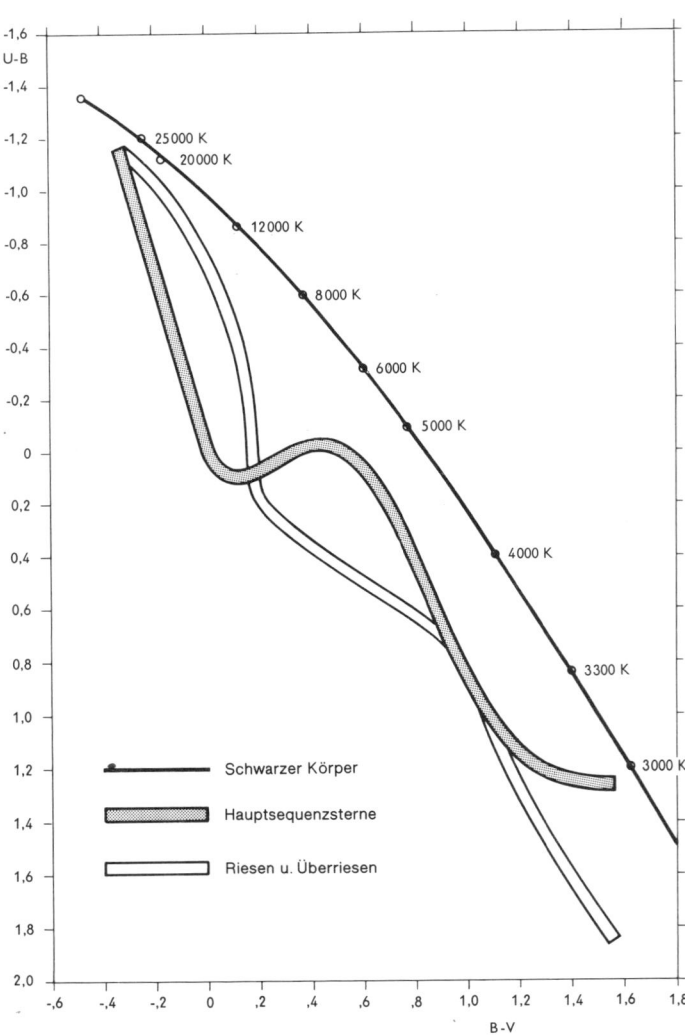

Zweifarbendiagramme, eine weitere Form der Zustandsdiagramme, sind relativ leicht konstruierbar, da sie nur auf der Messung von scheinbaren Helligkeiten beruhen, also nicht die Bestimmung der Entfernung der Objekte erfordern. In ihnen liegen die verschiedenen Sterntypen in unterschiedlichen Bereichen. Die Diagramme können also zu deren Erkennung verwendet werden.

Im Zweifarbendiagramm ergibt die Hohlraumstrahlung die eingezeichnete glatte Kurve. Die Abweichungen der Sterne von dieser Kurve zeigen, daß sie nicht wie Schwarze Körper strahlen. Das ausgeprägte Minimum in der Kurve für die Hauptsequenzsterne im Bereich $B-V = 0 \ldots 0,4$ ist vor allem auf Absorption der angeregten Wasserstoffatome (Balmer-Kontinuum) in den Sternatmosphären zurückzuführen.

7.7 Sterndurchmesser, Sternmassen, Rotation, Magnetfelder

7.7.1 Sterndurchmesser

Die direkte Bestimmung der Durchmesser von Sternen durch Messung der Winkelausdehnungen setzt natürlich die Kenntnis ihrer Entfernungen voraus. Diese lassen sich in der Regel mit ausreichender Genauigkeit bestimmen. Die eigentliche Schwierigkeit liegt in der Messung der extrem kleinen Winkeldurchmesser der Sternscheibchen. Nur mit den größten Teleskopen würde das theoretische Auflösevermögen ausreichen, und das auch nur für relativ wenige nahe Sterne. Dieses Auflösevermögen kann aber bei normaler Beobachtungstechnik nicht genutzt werden, da durch die Inhomogenitäten in der Erdatmosphäre und ihre zeitliche Variation das Bild der Sterne stark deformiert und in stetiger Bewegung erscheint (s. 2.3.2).

Mit Hilfe sehr kurz belichteter Aufnahmen (Belichtungszeit unter etwa $^1/_{10}$ Sekunde) kann man den Effekt der zeitlichen Veränderung des Sternbildchens, die Szintillation, ausschalten. Derartige Sternbilder sehen dann (in starker Vergrößerung) aus, wie ein Haufen von hellen Fleckchen, die über ein größeres Areal (die Ausdehnung des Sternbildchens) mehr oder weniger zufällig verteilt sind. Auf die Ausdehnung dieser Fleckchen kommt es an, denn sie kann (wenn das theoretische Auflösevermögen des Teleskops ausreicht) nicht kleiner sein, als es der Winkelausdehnung des Sternes entsprechen würde. Wertet man mit statistischen Methoden die Größen dieser Fleckchen aus, wozu viele Aufnahmen des Sternes benötigt werden, so erhält man daraus schließlich den Sterndurchmesser. Das Verfahren, das auch auf die Messung des Winkelabstandes enger Doppelsterne angewendet werden kann, wird als Speckle-Interferometrie bezeichnet (speckle = engl. Fleckchen; s. auch A 2.7).

Eine weitere Möglichkeit der Messung sehr kleiner Winkelausdehnungen von Sternen beruht auf der Feststellung der sog. Interferenzfähigkeit zweier in gegebenen seitlichen Abstand einfallender Strahlen. Unter Interferenzfähigkeit (oder auch Kohärenz) versteht man die Fähigkeit zweier Lichtwellen, sich durch Überlagerung (Interferenz) auszulöschen.

Der seitliche Abstand der Strahlen, die zur Interferenz gebracht werden, nennt man die Basis des Interferometers. Mit zunehmendem Abstand der Strahlen nimmt die Interferenzfähigkeit ab, und zwar umso langsamer, je kleiner die Winkelausdehnung der Quelle ist. Die Messung geschieht entweder mit Hilfe direkter Überlagerung der Wellenzüge dieser Strahlung in einem Michelsonschen Sterninterferometer oder durch Messung des korrelierbaren Anteils der Intensitätsschwankungen in den beiden Strahlen, also des Anteils dieser Schwankungen, die in beiden Strahlen gemeinsam auftreten. Während die Messungen mit einem Michelsoninterferometer noch stark durch die Luftunruhe gestört sind und nur für eine Basis bis zu 6 Metern durchgeführt werden konnten, gibt es keine derartigen Beschränkungen für das Korrelationsinterferometer von Hanbury Brown (s. A 2.7). Ein solches Instrument mit einer Basislänge bis zu 188 Metern befindet sich beim Narrabri Observatorium (Australien).

Mit dem Michelsoninterferometer sind die Durchmesser von rund 10 Sternen, ausnahmslos Riesen und Überriesen, bestimmt worden. Das Korrelationsinterferometer ist besonders für kleinere Sterne mit hoher Flächenhelligkeit geeignet. Mit ihm wurden bisher etwa 15 Sterne frühen Spektraltyps gemessen. Bei der Auswertung von Interferometerbeobachtungen ist zu berücksichtigen, daß die Flächenhelligkeit des Sternscheibchens zum Rande hin abnimmt (Randverdunklung).

Durchmesserbestimmung bei Bedeckungsveränderlichen

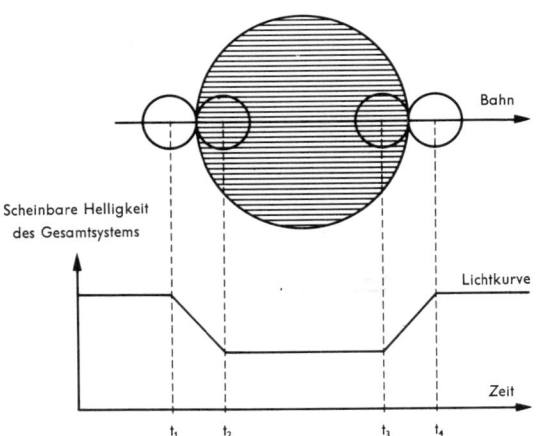

Eine weitere, im Prinzip von der direkten interferometrischen Messung völlig unabhängige Möglichkeit der Bestimmung von Sterndurchmessern eröffnet die Beobachtung des Helligkeitsverlaufs bei Sternbedeckungen. Der den Stern abdeckende Himmelskörper ist dabei entweder selber ein Stern, der als Komponente eines meist engen Doppelsternsystems die andere Komponente zeitweise verdeckt (Bedeckungsveränderliche), oder aber der abdeckende Himmelskörper ist der Mond auf seiner Bahn um die Erde. Wenn auch in beiden Fällen das Prinzip der Messung das gleiche ist, so sind doch wegen der außerordentlich großen geometrischen Unterschiede – im ersteren Fall Abdeckung in der Nähe der Lichtquelle, im letzteren Abdeckung in der Nähe des Beobachters – die Probleme sehr verschieden. Wir wollen diese Methoden nacheinander besprechen.

Bei Bedeckungsveränderlichen handelt es sich also um Doppelsternsysteme (s. 12.1.6), deren Bahnebene so liegt, daß, von der Erde aus gesehen, von Zeit zu Zeit eine Bedeckung der einen Komponente durch die andere, eine Verfinsterung eintreten kann. Solche Bedeckungen können ganz (total) oder teilweise (partiell) erfolgen. Auf jeden Fall wird durch sie die Gesamthelligkeit des Systems verringert. Trägt man diese Gesamthelligkeit über der Zeit auf, so erhält man eine für einen Bedeckungsveränderlichen charakteristische Lichtkurve. Betrachten wir als Beispiel die zentrale Bedeckung in einem Doppelsternsystem mit einer großen und einer kleinen Komponente, wobei die letztere durch die erstere bedeckt werden soll.

Interferometrisch und durch Mondbedeckungen bestimmte Sterndurchmesser

Stern	Spektrum	Winkeldurchmesser in 10^{-3} Bogensek.		Parallaxe in 10^{-3} Bogensek.	Durchmesser D (Sonne = 1)
α Boo Arktur	K1 III	22	P	90	26
α Tau Aldebaran	K5 III	20	P	48	45
α Ori Beteigeuze	M2 I	47	P	5	1 000
		34	P		730
β Peg Scheat	M2 I	21	P	15	150
α Her Ras-Algethi	M5 II	30	P	4,7	680
o Cet Mira	M6e III	47	P	13	390
α Sco Antares	M1 Ib	40	P		
μ Gem	M3 III	41	B	19	230
		23	B	21	120
β Cru	B0,5 IV	0,728	K	–	
γ Ori Bellatrix	B2 III	0,76	K	26	3,1
ε CMa	B2 III	0,81	K	1	87
α Pav	B3 IV	0,80	K	–	
ε Ori	B0 Ia	0,72	K	–	
α Eri Achernar	B5 IV	1,93	K	23	9
α Gru	B5 V	1,02	K	51	2,15
α Leo Regulus	B7 V	1,38	K	39	3,8
β Ori Rigel	B8 Ia	2,69	K	–	
α CMa Sirius	A1 V	6,12	K	375	1,75
α Lyr Wega	A0 V	3,47	K	123	3,04
α PsA Formalhaut	A3 V	2,09	K	144	1,56
α Car Canopus	F0 Ib–II	6,86	K	18	41
α Aql Altair	A7 IV–V	2,97	K	198	1,6
α CMi Procyon	F5 IV–V	5,71	K	288	2,14

P: Phaseninterferometer (Michelson); K: Korrelationsinterferometer (Hanbury Brown); B: Bedeckung durch den Mond

**Durchmesser-
bestimmungen bei
Bedeckungs-
veränderlichen**

Bis zur Zeit t_1 liefern beide Komponenten ihren Beitrag zur
Gesamthelligkeit. Dann verschwindet der kleinere Stern hinter
dem großen und die Helligkeit nimmt ab bis zum Zeitpunkt t_2,
wo die kleinere Komponente vollständig bedeckt ist. Die Helligkeit bleibt dann auf ihrem Minimumwert, bis zur Zeit t_3 der
Stern hinter dem anderen wieder hervorzutreten beginnt. Die
normale Helligkeit des Systems wird erreicht, wenn der vorher
bedeckte Stern wieder ganz frei gegeben ist (t_4). Aus der Lichtkurve ist nicht nur die Zeitdauer der totalen Verfinsterung der
kleinen Komponente (Hauptminimum), sondern auch die der
partiellen Verfinsterung der großen Komponente (Nebenminimum) und schließlich die Umlaufzeit zu entnehmen. Wird
nun spektroskopisch mit Hilfe des Dopplereffekts (s. A 1.6) die
Bahngeschwindigkeit ermittelt (man erhält sie im linearen
Maß, in km/s), so kann man die während der Dauer der Ver-
finsterungen zurückgelegten Bahnstücke und damit auch die
Durchmesser der Sterne berechnen. In unserem Beispiel erhält
man, wenn Kreisbahnen angenommen werden und wenn v die
Bahngeschwindigkeit ist

$$v(t_4 - t_1) = D_1 + D_2 \text{ und}$$

$$v(t_3 - t_2) = D_1 - D_2,$$

und damit sofort die Durchmesser D_1 und D_2 der großen und
der kleinen Komponente.

Selbstverständlich gibt es bei den Bedeckungsveränderlichen
alle möglichen Abstufungen. So sind im allgemeinen die
Bahnebenen etwas gegen die Visionsrichtung geneigt, so daß
keine zentrale, ja nicht einmal immer eine totale Bedeckung
zustande kommt. Ferner sind stark elliptische Bahnen möglich. Überdies muß die Randverdunklung der Komponenten
berücksichtigt werden. So liegen die Verhältnisse tatsächlich
komplizierter, aber ein prinzipieller Unterschied zu dem oben
skizzierten einfachen Fall besteht nicht. Für rund hundert Bedeckungsveränderliche hat man die Durchmesser der Komponenten ableiten können. Die gewonnenen Mittelwerte der
Durchmesser für Stene einzelner Spektralklassen werden in
der Tabelle gegeben. Einige Extremwerte, die bei Bedeckungsveränderlichen gefunden wurden, sind gesondert zusammengestellt.

**Durchmesser-
bestimmungen bei
Sternbedeckungen
durch den Mond**

Sternbedeckungen durch den Mond sind in der Praxis zur
Durchmesserbestimmung wenig verwendet worden. Dies liegt
letztlich an den Schwierigkeiten, die sich daraus ergeben, daß
von der Erde und vom Mond aus gesehen der Stern nur eine so
sehr kleine Winkelausdehnung hat. Dies hat zur Folge, daß
sich der Übergang vom ersten Kontakt der Sternscheibe mit
dem Mondrand (t_1) bis zur vollständigen Verfinsterung (t_2) in
Millisekunden vollzieht. Die tatsächlichen Helligkeitsänderungen weichen überdies wegen der Beugung des Lichtes am
Mondrand stark von dem einfachen Schema ab, wie wir es von
den Bedeckungsveränderlichen her kennen. Durch diese

Lichtbeugung gibt es eine periodische Änderung der Helligkeit schon vor dem Zeitpunkt t_1 und einen stetigen Abfall der
Intensität auch noch nach dem Zeitpunkt t_2. Das Problem ist,
aus den Unterschieden zwischen der theoretisch berechneten,
allein durch die Beugung bestimmten Lichtkurve für eine
Punktquelle und der für den realen Stern gemessenen Lichtkurve, den Durchmesser des Sternscheibchens zu erschließen.
Besonders wichtig ist hierfür die Stärke der Intensitätsschwankungen im periodischen Teil der Lichtkurve vor dem Beginn
der eigentlichen Bedeckung. Einige auf diese Weise bestimmte
Sterndurchmesser sind in die Tabelle mit aufgenommen.
Direkte Durchmesserbestimmungen sind für die Aufstellung
und Überprüfung der Temperaturskalen der Sterne, d. h. des
Zusammenhangs zwischen Sterntemperatur und Spektraltyp
wichtig. Die absolute Gesamthelligkeit eines Sternes ist gleich
dem Produkt von Flächenhelligkeit $E(\lambda, T)$ mit der Sternoberfläche $\pi \cdot D^2$ (D = Sterndurchmesser). Eine entsprechende Relation gilt für die scheinbaren Helligkeiten und die Winkeldurchmesser, so daß die Kenntnis der Entfernung für die Aufstellung der Temperaturskalen eigentlich entbehrlich ist. Gibt
man die absoluten Helligkeiten in Größenklassen an, so erhält
man für den Sterndurchmesser D in solaren Einheiten

$$\log D = 0{,}2 \, (M_\odot - M) + 0{,}5 \, (\log E(\lambda, T_\odot) - \log E(\lambda, T)),$$

wenn mit $E(\lambda, T)$ die Flächenhelligkeiten in den Wellenlängenbereichen bedeuten, auf die sich die absoluten Helligkeiten
beziehen. $E(\lambda, T)$ ist vorwiegend durch die Temperatur bestimmt. Werden für die Flächenhelligkeiten die entsprechenden Werte der Kirchhoff-Planck-Funktion eingesetzt, so haben $T_\odot$ und T die Bedeutung von Strahlungstemperaturen.
Auch bolometrische Helligkeiten können verwendet werden.
Dann tritt an die Stelle der $E(\lambda, T)$ die von der effektiven Temperatur T_{eff} abhängige Gesamtstrahlung $\sigma \, T_{\text{eff}}^4$ (Stefan-Boltzmannsches Gesetz, $\sigma = 5{,}67 \cdot 10^{-8}$ Watt $\text{m}^{-2} \, \text{K}^{-4}$ (s. A 1.7.9).

7.7.2 Sternmassen

Die Masse von Sternen läßt sich überall dort bestimmen, wo
die Wirkungen der Massenanziehung beobachtet werden können, also vor allem bei Doppelsternen der verschiedenen Typen (s. 12.1). Die Bewegungen der Doppelsternkomponenten
umeinander folgen den gleichen Gesetzen die auch die Planetenbewegung im Sonnensystem beherrschen. So sind z. B. die
Bahnformen Ellipsen, und es gilt der Flächensatz (s. 3.2.1).
Auch das dritte Keplersche Gesetz behält seine Gültigkeit,
allerdings nicht in seiner einfachen Form, da die Masse der einen Komponente nicht mehr gegenüber der Masse der Sonne
vernachlässigt werden kann. Man erhält also aus der Messung
der Umlaufszeit und der Kenntnis des linearen Abstandes,
welche die Messung des Winkelabstandes und die Bestimmung der Entfernung voraussetzt, nach der Formel im Abschnitt 12.1.2 die Summe der Massen der beiden Komponen-

ten. Die Aufteilung dieser Massensumme auf die beiden Sterne setzt entweder eine Kenntnis des Massenverhältnisses voraus oder die Bestimmung der Lage des Schwerpunktes des Doppelsternsystems. Um diesen Schwerpunkt beschreiben die beiden Komponenten Bahnen von gleicher Form, aber unterschiedlicher Größe, so, daß der Schwerpunkt auf der Verbindungslinie der beiden Sterne liegt und ihre jeweiligen Abstände vom Schwerpunkt im umgekehrten Verhältnis der Massen stehen ($r_1/r_2 = m_2/m_1$). Damit ist das Massenverhältnis bekannt.

Die empirische Masse-Leuchtkraft-Beziehung; die drei herausfallenden Punkte beziehen sich auf das Massen-Helligkeits-Verhältnis von Weißen Zwergen

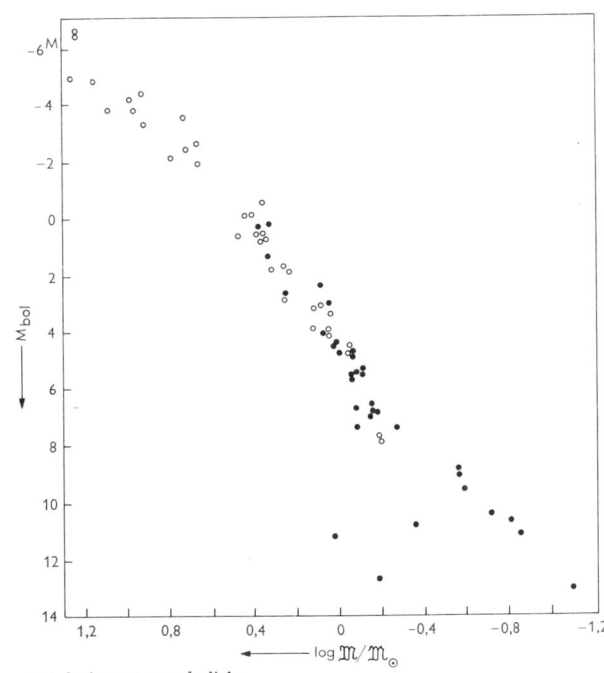

o Bedeckungsveränderliche

• Visuelle Doppelsterne

Masse-Leuchtkraft-Beziehung

Auf die einzelnen auftretenden Schwierigkeiten und die für die verschiedenen Doppelsterntypen entwickelten Methoden soll hier nicht näher eingegangen werden.

Für die Sterne der Hauptsequenz ergaben sich Massen im Bereich von über 100 Sonnenmassen bis herunter zu etwa $^1/_{100}$ Sonnenmasse. Die überwiegende Zahl aller Sterne liegt im Intervall zwischen 3 und 0,3 Sonnenmassen.

Es gibt eine enge Beziehung zwischen den Massen $\mathfrak{M}$ der Hauptsequenzsterne und ihren Leuchtkräften L, die sog. Masse-Leuchtkraft-Relation. Sie besagt, daß die Leuchtkraft L mit der Masse $\mathfrak{M}$ rasch anwächst, und zwar gilt in guter Näherung

$$\log L = \text{const.} \cdot L + 3{,}15 \log \mathfrak{M}$$

bzw. $\quad M_{\text{bol}} = 4{,}7 - 7{,}9 \log (\mathfrak{M}/\mathfrak{M}_\odot)$

Aus der Theorie des inneren Aufbaues der Sterne folgt, daß für Sterne gleicher chemischer Zusammensetzung und mit ähnlichem inneren Aufbau eine Masse-Leuchtkraft-Relation gelten muß, die dieser empirisch gefundenen Relation weitgehend entspricht. Riesen, Überriesen und Weiße Zwerge weichen von der Masse-Leuchtkraft-Relation ab. Wegen der unterschiedlichen chemischen Zusammensetzung der Sterne stimmen die Masse-Leuchtkraft-Relationen der Population I und der Population II-Sterne (s. 13.4) nicht miteinander überein.

Sind Masse und Radius eines Sterns bekannt, so erhält man sofort die mittlere Dichte $\bar{\varrho}$ und die Schwerebeschleunigung g an der Oberfläche; denn

$$\bar{\varrho} = \frac{3\,\mathfrak{M}}{4\pi \cdot R^3} \quad \text{und} \quad g = \frac{G \cdot \mathfrak{M}}{R^2},$$

wobei G die Gravitationskonstante bedeutet.
Es ist allgemein üblich, die Werte der Zustandsgrößen der Sterne in Einheiten der Sonnenwerte anzugeben.

Zustandsgrößen der Sonne

Masse	$\mathfrak{M}_\odot$	$= 1{,}98 \cdot 10^{30}$ kg
Leuchtkraft	$L_\odot$	$= 3{,}72 \cdot 10^{26}$ Watt
effektive Temperatur	$T_{e\odot}$	$= 5\,780$ K
Spektraltyp	G2 V	
Radius	$R_\odot$	$= 6{,}96 \cdot 10^8$ m
mittlere Energieerzeugung	$\varepsilon_\odot$	$= 0{,}188$ Watt m^{-3} s^{-1}
Schwerebeschleunigung (an der Oberfläche)	$g_\odot$	$= 274$ m s^{-2}
mittlere Dichte	$\varrho_\odot$	$= 1{,}41$ g cm^{-3}

Die mittleren Dichten der Sterne überstreichen einen beträchtlichen Bereich. Extrem hoch sind die Dichten in den Weißen Zwergen. Sie liegen bei 10^6 g cm^{-3}, d.h. ein Kubikzentimeter dieser Materie hat die Masse von etwa einer Tonne.
Die Abhängigkeit der Schwerebeschleunigung von dem Spektraltyp und insbesondere von der Leuchtkraft hat Rückwirkungen auf die Struktur der Atmosphäre, die im Spektrum als sogenannte Leuchtkraftkriterien erkennbar werden.

7.7.3 Die Rotation der Sterne

Nur bei der Sonne ist durch Verfolgen von Objekten auf der Oberfläche, z.B. von Sonnenflecken, die Rotationsperiode sofort bestimmbar. Sie beträgt am Äquator rund 25 Tage und nimmt zu den Sonnenpolen hin zu (s. 5.1). Die Rotationsgeschwindigkeit am Sonnenäquator beträgt 2,0 km/s. Es ist bisher nicht gelungen, eine Abplattung der Sonne infolge dieser Rotation nachzuweisen.
Für magnetische Sterne (s. 7.7.4) mit periodischer Variation des Gesamtfeldes und für Sterne mit periodischer Variation des Spektrums lassen sich Rotationsperioden angeben, wenn man die Annahme macht, daß die beobachteten Variationen

Masse $\mathfrak{M}$, Radius R, Schwerebeschleunigung g und mittlere Dichte ϱ der Sterne

Sp (MK)	Leuchtkraftklasse $\mathfrak{M}/\mathfrak{M}_\odot$			$R/R_\odot$			$\log g/g_\odot$			$\log \varrho/\varrho_\odot$		
	V	III	I	V	III	I	V	III	I	V	III	I
O5	60		70	12		30:	−0,4		−1,1	−1,5		−2,6
B0	17,5	20	25	7,4	15	30	−0,5	−1,1	−1,6	−1,4	−2,2	−3,0
B5	5,9	7	20	3,9	8	50	−0,4	−0,95	−2,0	−1,00	−1,8	−3,8
A0	2,9	4	16	2,4	5	60	−0,3		−2,3	−0,7	−1,5	−4,1
A5	2,0		13	1,7		60	−0,15		−2,4	−0,4		−4,2
F0	1,6		12	1,5		80	−0,1		−2,7	−0,3		−4,6
F5	1,4		10	1,3		100	−0,1		−3,0	−0,2		−5,0
G0	1,05	1,0	10	1,1	6	120	−0,05	−1,5	−3,1	−0,1	−2,4	−5,2
G5	0,92	1,1	12	0,92	10	150	+0,05	−1,9	−3,3	−0,1	−3,0	−5,3
K0	0,79	1,1	13	0,85	15	200	+0,05	−2,3	−3,5	+0,1	−3,5	−5,8
K5	0,67	1,2	13	0,72	25	400	+0,1	−2,7	−4,1	+0,25	−4,1	−6,7
M0	0,51	1,2	13	0,60	40	500	+0,15	−3,1	−4,3	+0,35	−4,7	−7,0
M5	0,21		24	0,27			+0,5			+1,0		

Die Angaben zur Leuchtkraftklasse I beziehen sich durchweg auf I ab.

auf die Rotation zurückzuführen sind, welche Ungleichförmigkeiten in der Verteilung der Magnetfelder oder auch der chemischen Zusammensetzung erkennbar macht.

In allen anderen Fällen ist man auf spektroskopische Verfahren, d. h. auf die Messung von Radialgeschwindigkeiten mit Hilfe des Dopplereffektes (s. A 1.6) angewiesen. Da es hierbei keine Möglichkeit gibt, die Lage der Rotationsachse im Raum zu bestimmen, ist es im Einzelfall unmöglich, aus der Messung der radialen Komponente der Rotationsgeschwindigkeit auf die wahre Rotationsgeschwindigkeit zu schließen. Eine gemessene Rotationsgeschwindigkeit von 50 km/s kann beispielsweise bedeuten, daß die Äquatorgeschwindigkeit aufgrund der Rotation tatsächlich 50 km/s beträgt. In diesem Fall stünde die Rotationsachse senkrecht auf der Richtung, aus welcher der Stern beobachtet wird.

Es ist aber ebensogut möglich, daß der Stern tatsächlich viel rascher rotiert und die Rotationsachse weniger stark gegen diese Richtung geneigt ist. Unter der Annahme, daß alle Rich-

Rotationsgeschwindigkeiten und Rotationsperioden einiger Bedeckungsveränderlicher

System	Rotationsgeschw. in [km/s]	Radius $\odot$	Periode Stern [in Tagen]	Periode Bahn [in Tagen]	Spektraltyp
β Per (Algol)	42,0	2,4	$5^{\mathrm{d}}8$	$2^{\mathrm{d}}87$	B8
λ Tau	41,5	3,2	$8^{\mathrm{d}}0$	$3^{\mathrm{d}}95$	B3
δ Lib	62,9	2,9	$4^{\mathrm{d}}8$	$2^{\mathrm{d}}33$	A0
RZ Cas	57	1,4	$2^{\mathrm{d}}5$	$1^{\mathrm{d}}20$	A2
α CrB	> 100 ?	–	–	$17^{\mathrm{d}}36$	A0

Möglichkeiten der Rotationsgeschwindigkeiten-Bestimmung

tungen der Rotationsachsen gleich wahrscheinlich sind, läßt sich jedoch aus einer Verteilung von gemessenen Rotationsgeschwindigkeiten die Verteilung der wahren Rotationsgeschwindigkeiten berechnen.

Es gibt nun zwei Möglichkeiten der spektroskopischen Bestimmung von Rotationsgeschwindigkeiten. Bei Bedeckungsveränderlichen kann im Moment der fast vollkommenen Bedeckung der einen durch die andere Komponente die radiale Geschwindigkeit am Sternrand mit Hilfe der Linienverschiebung aufgrund des Dopplereffektes bestimmt werden. Da diese Systeme zudem noch die Möglichkeit zu Durchmesserbestimmungen bieten (s. 7.8.1), läßt sich sogar die Rotationsperiode ermitteln. Diese Methode liefert zuverlässige Werte.

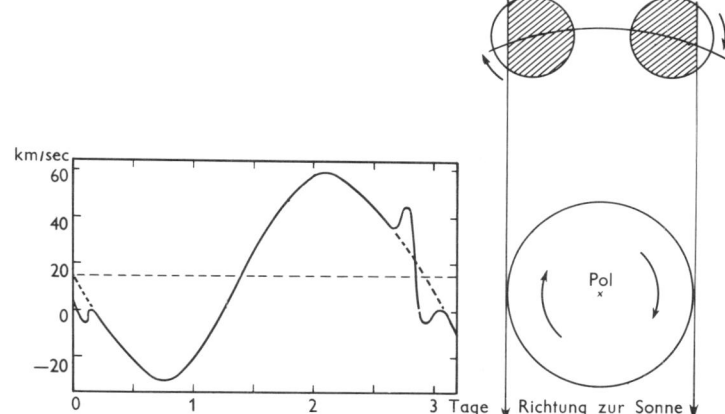

Zur Bestimmung der Rotationsgeschwindigkeiten bei Bedeckungsveränderlichen

Um Informationen über die Rotation eines Sternes zu gewinnen, ist es nicht notwendig, daß er ein Bedeckungsveränderlicher ist. Bei rotierenden Sternen bewegt sich der eine Sternrand von uns weg und der andere auf uns zu, vorausgesetzt, die Rotationsachse steht senkrecht oder fast senkrecht auf der Visionsrichtung. Das Licht des Sterns wird uns von seiner ganzen uns zugekehrten Fläche aus zugestrahlt. Es geht also von den beiden gegenüberliegenden Randpartien sowie von der Mitte der Scheibe aus. Da aber die Mitte der Scheibe durch die Rotation nur eine tangentiale Bewegung ausführt, liegen die in diesen Partien erzeugten Spektrallinien in der „Nullage" (wenn wir die radiale Geschwindigkeitskomponente der Raumbewegung außer acht lassen; s. 7.7.4). Die in den Randgebieten erzeugten Linien sind durch den Dopplereffekt gegen die Nulllage verschoben, und zwar nach dem blauen und roten Ende des Spektrums hin, da ja der eine Rand sich auf uns zu und der andere von uns weg bewegt. Dadurch tritt insgesamt eine Verbreiterung der Spektrallinien ein. Sie werden um so breiter und verwaschener, je höher der Betrag der Rotationsgeschwindigkeit ist.

Mittlere Rotations-geschwindigkeit [km s⁻¹]

Sp	Leuchtkraftklasse					
	V	IV	III	II	Ib	Ia
O8	210	180	145	140	130	120
B0	220	155	120	125	110	95
B2	230	150	130	110	80	65
B5	250	170	130	85	35	45
B8	225	160	105	65	40	40
A0	185	125	100	50	45	35
A5	160	175	155	45	45	<30
F0	85	130	130	45	30	
F5	25	55	65	50	<20	
G0	10	15	30	<20	<20	<30
K0	<10	<15	<20	<20	<20	<30

Linienverbreiterung durch Rotation

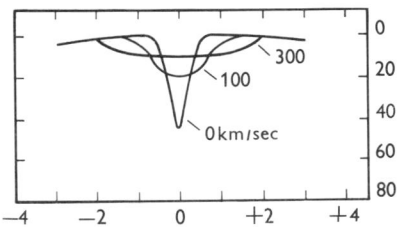

Wie sich aus der Tabelle der mittleren Rotationsgeschwindig-keiten ergibt, werden hohe Rotationsgeschwindigkeiten bei Sternen frühen Spektraltyps, den O-, B- und vor allem bei den Oe- und den Be-Sternen beobachtet. Sie nehmen ab zu den A- und F-Sternen und sind klein bei den G-, K- und M-Sternen. Riesen, Überriesen, Cepheiden und Langperiodisch-Verän-derliche zeigen keine hohen Rotationsgeschwindigkeiten.

Die Emissionslinien der Oe- und der Be-Sterne entstehen in Gashüllen, die sie umgeben und die sich aus der Materie gebil-det haben, welche diese Sterne wegen ihrer hohen Rotations-geschwindigkeit durch Zentrifugalkräfte verlieren. Damit sind die Emissionslinien in diesen Spektren ein Zeichen dafür, daß die Sterne nahe an der Stabilitätsgrenze rotieren.

Die Abnahme der mittleren Rotationsgeschwindigkeiten bei den F-Sternen wird darauf zurückgeführt, daß sich von diesem Spektraltyp an bis zum unteren Ende der Hauptsequenz Was-serstoffkonvektionszonen (s. 5.4.1) ausbilden. Dies hat zur Folge, daß sich der Stern (wie die Sonne) mit einer Korona umgibt und daß aus dieser „Sternkorona" schließlich Materie in Form eines stellaren Windes abfließt. Unter Mitwirkung von Magnetfeldern wird in einer derartigen, nach außen ge-richteten Strömung so viel Drehimpuls transportiert, daß die Sternrotation in der Zeit, die der Stern auf der Hauptsequenz verweilt, merklich abgebremst wird. Da ein entsprechend wirksamer Bremsprozeß bei den früheren Spektraltypen fehlt, sind an ihnen die ursprünglichen Drehimpulse bzw. Rota-tionsgeschwindigkeiten erkennbar.

7.7.4 Magnetfelder der Sterne

Magnetfelder in kosmischen Lichtquellen lassen sich durch den Zeemanneffekt der Spektrallinien nachweisen. Unter diesem Effekt versteht man eine Aufspaltung der Spektrallinie in mehrere Komponenten, die auftritt, wenn das emittierende (oder absorbierende) Atom sich in einem Magnetfeld befindet. Die Strahlung dieser Komponenten ist polarisiert, wobei die Art der Polarisation von der Orientierung des Magnetfeldes abhängt. Die Größe der Aufspaltung, d. h., der Abstand der Komponenten wächst mit der Stärke des Magnetfeldes.

Die Bestimmung von Magnetfeldstärken in Sternen mit Hilfe dieses Effekts ist schwierig, da die Aufspaltung meist erheblich kleiner als die Breite der Linie ist und sich dann nur in schwacher Polarisation der Strahlung in den Flanken des Linienkerns äußert. Sterne mit scharfen Linien sind günstige Objekte, und Spektrographen mit hohem Auflösungsvermögen werden benötigt. Die untere Grenze der Nachweisbarkeit stellarer Magnetfelder liegt bei einer Feldstärke von etwa 0,02 Tesla.

Man hat bei rund 100 Sternen Magnetfelder gefunden, überwiegend bei solchen, die in die Klasse der Ap-Sterne gehören. Dies sind A-Sterne (im weiteren Sinne Sterne im Spektralbereich B8 bis F0), die der Population I angehören, deren Linien besonders scharf sind und in denen die Linien des Si, Cr, Mn, Sr, Y, Zr und der seltenen Erden in ungewöhnlicher Stärke auftreten. Wahrscheinlich sind diese Elemente in Ap-Sternen besonders häufig. Beim Spektraltyp A1 zeigen etwa 13 % aller Sterne diese Ap-Eigenschaften.

Magnetfeldstärken bei Sternen

Die gemessenen Stärken der Magnetfelder reichen von der Nachweisgrenze bis zu einigen Zehntel Tesla. Als Extremwert wurde aus den Messungen im Fall des Sterns HD 215 441 sogar eine Feldstärke von 3,4 Tesla abgeleitet.

Alle magnetischen Sterne sind variabel (Spektrum, Magnetfeldstärke und Polarität, z. T. auch Helligkeit), bei einem Teil von ihnen sind die Variationen periodisch. Während die irregulären Variationen heute noch nicht verstanden werden, ist man der Ansicht, daß die periodische Variabilität auf eine Rotation der Sterne zurückzuführen ist. Es wird dabei angenommen, daß der magnetische Dipol, welcher die Lage der Magnetpole auf dem Stern festlegt, gegen die Rotationsachse geneigt ist. So ist es möglich, daß der Stern bei seiner Rotation der Erde abwechselnd seinen magnetischen Nordpol und seinen magnetischen Südpol zukehrt. Mit diesem Modell des sogenannten „schiefen Rotators" vermag man die Beobachtung zufriedenstellend zu deuten.

Schwache Magnetfelder sind vermutlich bei allen Sternen zu finden. Auch die Sonne hat ein allgemeines, allerdings sehr schwaches Magnetfeld ($10^{-4} \ldots 10^{-3}$ Tesla), das zudem noch mit dem Sonnenfleckenzyklus variiert. Wäre die Sonne in der Entfernung der Fixsterne, so würde dieses Feld unbeobachtbar sein.

8 Spezielle Sterntypen

In diesem Kapitel werden verschiedene, sehr unterschiedliche Sterntypen behandelt. In 8.1...8.4 sind es die sogenannten veränderlichen Sterne. Das sind Sterne, die Helligkeitsvariationen zeigen aufgrund relativ schneller Änderungen ihrer physikalischen Eigenschaften. Zu diesen Sternen werden nicht die sogenannten Bedeckungsveränderlichen gerechnet. Dies sind nämlich Doppelsterne, bei denen eine Helligkeitsvariation durch den rein optischen Effekt der Bedeckung, der Verfinsterung, einer Doppelsternkomponente zustande kommt. Auf diese Bedeckungsveränderlichen wird im Kapitel 12 „Doppelsterne" eingegangen.

Sterne, deren Spektren sich nicht oder nur schwer in das Schema der Morgan-Keenan-Sequenz der Spektraltypen und Leuchtkraftklassen (s. 7.1.1) einordnen lassen, werden „Peculiar-Sterne" (peculiar engl. eigen(tümlich), besonders) genannt. Auch die in ihrer Leuchtkraft physisch-veränderlichen Sterne zeigen oft ein Pekuliar-Spektrum und die Pekuliar-Sterne unter Umständen eine Helligkeitsvariation, jedoch ist diese Variabilität gegenüber den anderen physikalischen Besonderheiten – vor allem in den Spektren – untergeordnet. Zu diesen besonderen Sterntypen zählen unter anderem die Weißen Zwerge (siehe 8.6), die Neutronensterne (siehe 8.7) und die Sterne mit Emissionslinien (siehe 8.8).

Eine Trennung dieser besonderen Sterntypen wurde erst möglich, als es gelang, die physikalischen Mechanismen und Besonderheiten zu erkennen und zu verstehen, die den Helligkeitsschwankungen oder den speziellen spektralen Merkmalen zugrunde liegen.

8.1 Die physisch-veränderlichen Sterne

Nach heutigem Verständnis sind Veränderliche solche Sterne, bei denen eine oder auch mehrere Zustandsgrößen einer zeitlichen Änderung unterworfen sind. Unter Zeit wird hier immer unser Zeitmaß von Minuten, Stunden und Tagen verstanden, nicht die zeitliche Entwicklung eines Sterns in Millionen oder gar Milliarden Jahren. Wir müßten also Spektrum- und Magnetfeld-Veränderliche zu diesen Sternen rechnen, genauso wie die Leuchtkraft-Variablen. – Historisch bedingt werden unter dem Begriff „Veränderliche" alle Sterne mit variablen scheinbaren Helligkeiten subsumiert, was dazu führt, daß in dieser (so allgemein bezeichneten) Sterngruppe auch die sogenannten Bedeckungsveränderlichen eingeschlossen sind, die hier – da keine echten Veränderlichen – nicht betrachtet werden.

Bevor die verschiedenen Typen von veränderlichen Sternen besprochen werden, soll erst die für alle Veränderlichen (auch für Bedeckungsveränderliche) gemeinsame Art ihrer Benen-

Benennung veränderlicher Sterne

nung skizziert werden. – Heute, nachdem der Himmel bis etwa zu den Sternen der 12. bis 14. Größe regelrecht durchmustert ist, werden Veränderliche meist durch den mühevollen Vergleich von zu verschiedenen Zeiten aufgenommenen photographischen Platten entdeckt. Neugefundene veränderliche Sterne bekommen als erste Bezeichnung eine fortlaufende Entdeckungsnummer der Sternwarte (z. B. S 5384, dies ist der 5 384ste in Sonneberg entdeckte Veränderliche). Erst wenn die Veränderlichkeit dieses Sterns zweifelsfrei feststeht, wenn etwa seine Lichtkurve abgeleitet ist, dann wird ihm eine endgültige Bezeichnung gegeben. Diese besteht aus einem oder zwei Buchstaben und dem Sternbildnamen, in dem der Veränderliche aufgefunden wurde. Die Buchstabenfolge fängt mit R an, geht über S bis Z und läuft nun mit RT, RS, Rt über SS, ST usw. bis ZZ, um dann von AA, AB bis QZ zu gehen. Wie man sich ausrechnen kann, sind so 334 Buchstabenkombinationen möglich. Sind diese innerhalb eines Sternbildes erschöpft, wird einfach mit Zahlen weitergezählt (unter Voranstellen eines V = Variable), also V 335, V 336 usw. Die Sternbildnamen werden meist in der in 6.1 gegebenen, aus drei Buchstaben bestehenden Abkürzungsform gebraucht (diese etwas umständliche Bezeichnungsweise ist historisch geprägt und läßt sich heute nicht mehr ändern). – Für einige wenige Veränderliche werden auch ihre Eigennamen benutzt, gleichzeitig gilt dieser Name auch als Artbezeichnung für eine Gruppe von veränderlichen Sternen. Es sind dies Mira = o Cet und Algol = β Per.

Ein Katalog aller bekannten Veränderlichen wurde 1948 als „General Catalogue of Variable Stars" in Moskau veröffentlicht. Inzwischen liegt die 3. Auflage und dazu mehrere Ergänzungen aus den Jahren 1969...1971 vor. Die 4. Auflage dieses Katalogs ist angezeigt. Da die oben skizzierte Benennung der Veränderlichen keinen Unterschied in der Art der Veränderlichkeit macht, stehen auch in diesem Katalog echte Veränderliche neben Bedeckungssternen.

Als charakteristisches Unterscheidungsmerkmal der einzelnen Veränderlichentypen wird der Lichtwechsel, dargestellt in einer Lichtkurve, angesehen. Darunter versteht man die gegen die Zeit aufgetragenen gemessenen Helligkeitswerte. Auf der Zeitachse, der Abszisse, ist – wenn einzelne Beobachtungswerte aufgetragen werden – die Skala des Julianischen Datums angebracht (siehe 1.9.3). Bei periodisch-veränderlichen Sternen wird häufig die Periode der Veränderlichkeit als Zeitmaß benutzt; aber auch eine Einteilung nach Stunden und Tagen ist üblich. Der Ordinatenmaßstab orientiert sich an der Größe, der Amplitude, der Helligkeitsvariation, die sehr verschieden, etwa nur einige Zehntel, aber auch über zehn und mehr Größenklassen betragen kann. Besondere Punkte einer Lichtkurve sind die Maxima (Werte größter Helligkeit) und die Minima (Werte geringster Helligkeit). Bei einigen Arten von Veränderlichen treten nur Maxima oder nur Minima auf, der Stern befindet sich in der übrigen Zeit im Normallicht. –

Die typischen Lichtkurven werden hier, bei der Besprechung der einzelnen Typen von Veränderlichen, in schematisierter Form gegeben.

Man unterscheidet die physisch veränderlichen Sterne nach der Art der Variation ihrer Zustandsgrößen, das heißt: nach dem Mechanismus ihrer Variabilität. Es zeigt sich, daß die große Zahl der verschiedenen Varaiblentypen in zwei verschieden Gruppen eingeteilt werden können. Das ist einmal die sehr mitgliederstarke Gruppe der pulsierenden Veränderlichen. Der Lichtwechsel dieser Sterne wird durch eine Pulsation, das heißt, durch mehr oder weniger periodische Expansionen und Kontraktionen der Sterne, angeregt (siehe 8.2). – Die zweite, weniger starke Gruppe sind die eruptiv Veränderlichen, deren Lichtwechsel durch Ausbrüche von Gasmassen oder durch Wechselwirkungen zwischen Stern und Materie in seiner Umgebung verursacht werden (siehe 8.3).

8.1.1 Häufigkeiten, Lichtkurven und kurze Charakteristika der Pulsationsvariablen

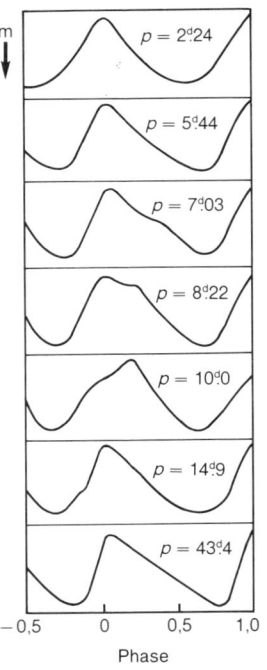

Die Tabelle gibt die einzelnen Veränderlichentypen der Pulsationsvariablen und die Anzahl ihres Vorkommens im 3. Generalkatalog veränderlicher Sterne und seiner Nachträge, Moskau 1969...1971 (GCVS). Man bedenke, daß die gegebenen Anzahlen nur bedingt ein Maß für die wahre Häufigkeit eines bestimmten Typs sein können, denn verschieden große absolute Helligkeiten, verschieden große Amplituden und auch unterschiedlich schnelle Abläufe der Lichtvariation und anderes mehr bestimmen die Entdeckungswahrscheinlichkeit eines jeden Variablentyps. Die Gesamtzahl der bekannten und unbekannten Veränderlichen ist beträchtlich, 1948 waren z. B. 7 339 Pulsationsvariable bekannt. In der zweiten Auflage des „Generalkatalogs" (GCVS) 1958 waren 9 855 und in der dritten Auflage 1968 bereits 13 782 Pulsationsvariable verzeichnet. Trotz dieser beeindruckenden Zahl von rund 14 000 bekannten Pulsationsveränderlichen ist ihre Zahl, verglichen mit der Gesamtzahl der Sterne, sehr klein. Nur etwa jeder millionste Stern ist in seiner Helligkeit variabel.

Typen der pulsierend veränderlichen Sterne

Typenabkürzung und -bezeichnung nach dem Generalkatalog der Veränderlichen Sterne (GCVS), Anzahl der Sterne einzelner Typen nach GCVS (bei größeren Anzahlen auf- und abgerundet)

Form der Lichtkurven von 7 klassischen Cepheiden (Cδ) verschiedener Periode

Typ	nach GCVS	Anzahl N
C	Cepheiden (nicht aufgeschlüsselt)	270
Cδ	klassische Cepheiden	400
CW	W-Virginis-Sterne	110
RR	RR-Lyrae-Sterne (nicht aufgeschlüsselt)	2 600

Form der Lichtkurven von 7 galaktischen W-Virginis-Sternen (CW) verschiedener Periode

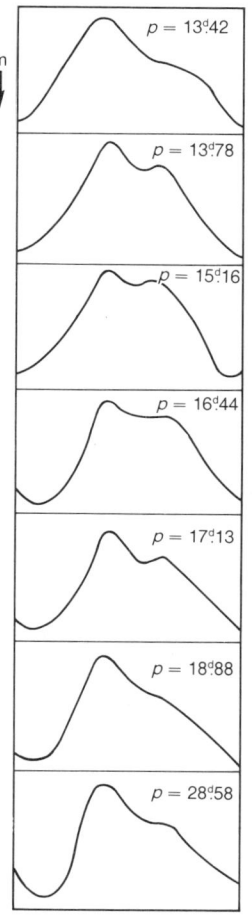

Typ	nach GCVS	Anzahl N
RRab	RR-Lyrae-Sterne mit asymmetrischen Lichtkurven	3 000
RRc	RR-Lyrae-Sterne mit fast symmetrischen Lichtkurven	320
RRs	Zwerg-Cepheiden	63
δ Sct	Delta-Scuti-Sterne	94
RV	RV-Tauri-Sterne (nicht aufgeschlüsselt)	84
RVa	RV-Tauri-Sterne mit konstanter mittlerer Helligkeit	13
RVb	RV-Tauri-Sterne mit variierender mittlerer Helligkeit	11
M	Mira-Sterne, Langperiodisch-Variable	5 200
SR	Halbregelmäßig-Variable (nicht aufgeschlüsselt)	1 500
SRa	SR-Variable Riesen später Spektralklassen	790
SRb	SR-Variable Riesen später Spektralklassen mit schwach ausgeprägter Periodizität	670
SRc	SR-Variable Überriesen später Spektralklassen	31
SRd	SR-Variable Riesen und Überriesen der Spektralklassen F, G, K	53
L	Langsam irregulär Veränderliche (nicht aufgeschlüsselt)	1 100
Lb	L-Variable später Spektralklassen (rote Irregulär-Variable)	1 200
Lc	Irregulär-Variable Überriesen später Spektralklassen	35
βc	Beta-Cephei-Sterne (β-CMa-Sterne)	51
ZZ	ZZ-Cetis-Sterne	5
αCV	α^2 CVn-Typ-Sterne (Magnetfeld-Variable)	73
BY	BY-Dra-Variable	6

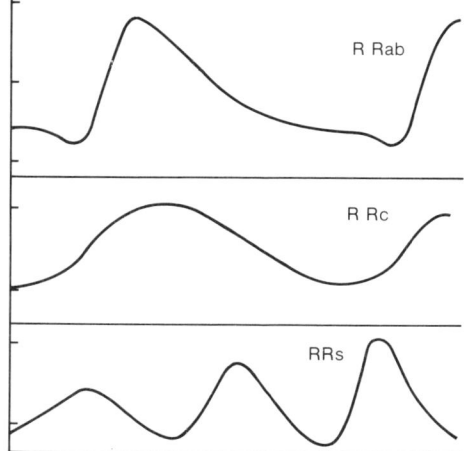

Haupttypen der Licht kurvenformen von RR-Lyrae-Sternen

Lichtkurve des Mira-Sterns X Cam

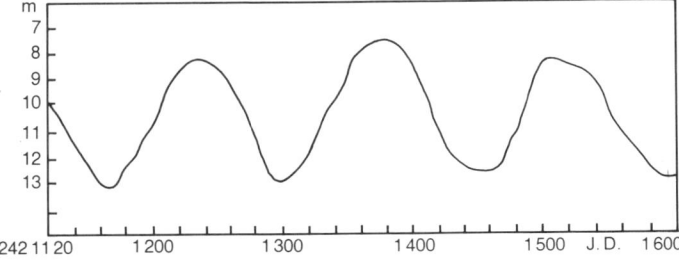

Lichtkurve des RV-Tauris-Sterns S Sge

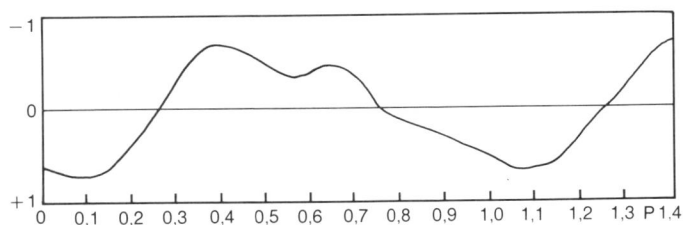

C   Langperiodische Cepheiden: Periodisch pulsierende Veränderliche hoher Leuchtkraft, mit Perioden zwischen 1 bis 50...70 Tagen, mit Amplituden des Lichtwechsels zwischen 0,1...2 mag. Periode und Form der Lichtkurven sind in der Regel konstant. Die Radialgeschwindigkeitskurve ist fast spiegelbildlich der Lichtkurve. Spektralklasse im Maximum der Lichtkurve F, im Minimum G...K. Je später der Spektraltyp eines Sterns, um so größer die Periode und je größer die absolute Helligkeit, um so größer die Periode.

Cδ   Langperiodisch, klassische Cepheiden: Mitglieder der Scheibenpopulation des Milchstraßensystems (siehe 13.1); sie zeigen ferner eine mäßige Geschwindigkeit gegen die Sonne. Ihre Perioden und Leuchtkräfte sind durch eine feste Beziehung verbunden. Mitglieder von offenen Sternhaufen. Typischer Vertreter: δ Cep.

CW   Langperiodische Cepheiden, auch W-Virginis-Sterne: Mitglieder der sphärischen Komponente unserer Galaxis. Sie zeigen gegenüber den Cepheiden der Scheibe Besonderheiten in den Lichtkurven, ferner größere Radialgeschwindigkeiten gegen die Sonne. Die Perioden-Leuchtkraft-Beziehung ist ähnlich wie bei den klassischen Cepheiden (Cδ), jedoch mit verschobenem Nullpunkt; das heißt, bei gleicher Periode ist die Leuchtkraft um 1,5...2 mag schwächer. Sie sind Mitglieder von Kugelhaufen. Bei großen Perioden ähneln sie den RV-Tauri-, bei kleinen Perioden den RR-Lyrae-Sternen. Im Periodenintervall 3...10 Tage fehlen sie fast ganz. Typischer Vertreter: W Vir.

RR   RR-Lyrae-Sterne: Haufenveränderliche, auch kurzperiodische Cepheiden genannt. Pulsierende Riesen, mit Cepheiden-Eigenschaften, im Periodenbereich von 0,05...1,2 Tage, in der

Regel der Spektralklasse A angehörend. Die Lichtvariationen überschreiten nicht 1...2 mag. Sie gehören zur sphärischen Komponente unseres Sternsystems. Meist sind Perioden und Form der Lichtkurven konstant, es sind aber auch (periodische) Variationen beider Charakteristika bekannt (Blazhko-Effekt).

RRab   RR-Lyrae-Sterne mit scharfer Asymmetrie der Lichtkurven. Typischer Vertreter: RR Lyr.

RRc   RR-Lyrae-Sterne mit fast symmetrischer, oft sinusförmiger Lichtkurve. Schwierig ist eine Unterscheidung der Lichtkurvenform von der der Bedeckungsveränderlichen vom W-UMa-Typ. Typischer Vertreter: SX UMa.

RRs   RR-Lyrae-Sterne mit Perioden, die nicht 0,21 Tage überschreiten, auch Zwerg-Cepheiden genannt. Sie gehören zur Scheibenpopulation und fehlen in Haufen. Ihre Leuchtkraft ist 2...3 mag schwächer als die der RRab- und RRc-Sterne. Typischer Vertreter: SX Phe.

δSct   Delta-Scuti-Typ-Sterne: Kurzperiodisch pulsierende Variable der späteren spektralen Unterklassen A und der Klasse F. Die Amplituden des Lichtwechsels überschreiten in der Regel nicht 0,1 mag. Auch ihre Perioden sind bis 0,2 Tage begrenzt. Typischer Vertreter: δ Sct.

RV   RV-Tauri-Sterne: Überriesen, ihre Lichtkurven zeigen einen regelmäßigen Wechsel von flachen und tiefen Minima mit Amplituden bis zu 3 mag. Gelegentliche Umkehr der Reihenfolge. Perioden zwischen 30...150 Tage. Spektraltypen von G...K, vereinzelt M.

RVa   RV-Tauri-Sterne mit konstanter mittlerer Helligkeit. Typischer Vertreter: AC Her, V Vul.

RVb   RV-Tauri-Sterne mit periodischer Variabilität der mittleren Helligkeit bis zu 3 mag über mehrere Jahre sich erstreckend. Typische Vertreter: RV Tau, R Sge.

M   Mira-Ceti-Sterne (Mira-Sterne): Langperiodische Riesenveränderliche mit Amplituden ihres Lichtwechsels über 2,5 mag, aber auch Amplituden über 5 mag und größere kommen vor. Perioden zwischen 80...1000 Tagen. Spektren der späten Spektralklassen Me, Ce, Se, mit charakteristischen Emissionslinien. – Mira-Sterne bilden eine ziemlich inhomogene Gruppe. Typischer Vertreter: o Cet.

SR   Halbregelmäßig Veränderliche (Semiregular Variable): Pulsierende Riesen oder Überriesen mit nicht sehr regelmäßigem Lichtwechsel. Die Periodenlängen bei dieser Veränderlichengruppe ist sehr unterschiedlich, sie bewegt sich in weiten Grenzen zwischen 30...1000 Tagen und mehr. Auch die Form der Lichtkurven ist sehr verschieden bei relativ geringen Amplituden von 1...2 mag.

SRa   Halbregelmäßig Veränderliche: Riesen der späten Spektralklassen M, C und S. Sie unterscheiden sich nur durch kleinere

Amplituden ihres Lichtwechsels und geringere Regelmäßigkeit von den Mira-Sternen. Trotz erheblicher Verlagerung der Maxima und Minima bleiben die mittleren Perioden konstant. Typischer Vertreter: Z Aqr.

SRb　Halbregelmäßig Veränderliche: Riesen der späten Spektralklassen, deren Periodizität durch Abschnitte völliger Regellosigkeit oder durch das Auftreten von Zyklen wechselnder Länge unterbrochen werden. Die alte Periode wird danach dann, aber phasenversetzt, wieder aufgenommen. Typische Vertreter: RR CrB, AF Cyg.

SRc　Halbregelmäßig Veränderliche: Überriesen der Spektralklasse G8...M6. Lichtwechsel in Form langgestreckter Wellen meist kleiner Amplitude, unterbrochen durch Stillstände oder kürzere Schwankungen. Repräsentativ für die Scheibenpopulation in unserer Galaxis. Typische Vertreter: μ Cep, RS Cnc.

SRd　Halbregelmäßig Veränderliche: Riesen und Überriesen der Spektralklassen F, G, K. Die Lichtkurven verlaufen im allgemeinen in glatten Wellen, unterbrochen durch Störungen von kurzer Dauer. Typische Vertreter: S Vul, UU Her, AG Aur.

L　　Langsam irreguläre Veränderliche: Riesen und Überriesen mit unregelmäßigen Helligkeitsschwankungen. Die Lichtkurven zeigen meist flache Wellen von sehr verschiedener Gestalt und Länge mit Amplituden bis 2 mag.

Lb　　Langsam irreguläre Veränderliche: Rote Riesen und Überriesen der Spektralklassen K, M, C, S. Der mittleren Helligkeit sind fast immer primäre Wellen von sehr langer Dauer überlagert. Typischer Vertreter: CO Cyg.

Lc　　Irreguläre Veränderliche: Supergiganten der späten Spektralklassen. Dem Lichtwechsel ist eine stetige Veränderung der mittleren Helligkeit überlagert. Typischer Vertreter: TZ Cas.

βC　　Beta-Cephei-Sterne oder Beta-Canis-Majoris-Sterne: Sterne der Spektralunterklassen B0...B3 und der Leuchtkraftklassen III...IV. Sie bilden eine kleine, sehr homogene Gruppe mit Lichtvariationen von 0,1...0,6 Tagen Dauer, bei sehr kleinen Amplituden. Typische Vertreter: β Cep, β CMa, γ Peg.

ZZ　　ZZ-Ceti-Sterne: Variable Weiße Zwerge mit kurzen Lichtwechselperioden. Eine homogene Gruppe von wasserstoffreichen Weißen Zwergen, Spektrum DA. Die Lichtkurven zeigen Variationen von 0,01...0,3 mag und Perioden von 200...1 200 Sekunden. Typische Vertreter: ZZ Cet, V411 Tau.

αCV　α^2-Canum-Venaticorum-Sterne: Sterne der Spektralklasse A0p...A5p, deren Variabilität auf den Einfluß starker stellarer Magnetfelder zurückgeht. Diese Felder, die gegen die Rotationsachse des Sterns geneigt sind, beeinflussen die Struktur der Atmosphäre, insbesondere die Stärke der Fraunhoferlinien (Zeeman-Effekt). Dadurch ändert sich mit der Periode das Spektrum (Spektrum-Veränderliche) wie auch – zwar in geringem Maße – die Helligkeit (siehe auch 7.7.4). Typischer Vertreter: α^2 CVn.

BY BY-Draconis-Variable: Zwergsterne der späten Spektralklassen mit den Linien H und K in Emission. Typische Vertreter: FF And, BY Dra, YY Gem.

8.1.2 Häufigkeiten, Lichtkurven und kurze Charakteristika der Eruptiv-Veränderlichen

Die vorige Tabelle enthält die einzelnen Veränderlichentypen der Eruptiv-Variablen und die Anzahl ihres Vorkommens im 3. Generalkatalog veränderlicher Sterne sowie seiner Nachträge, Moskau 1969...1971 (GCVS). Das in 8.1.1 über die Häufigkeit bestimmter Typen Gesagte gilt in dieser Veränderlichengruppe in noch gesteigertem Maße, da hier ja Veränderlichentypen mit einmaligen oder sehr sporadischen und kurzzeitigen Ausbrüchen vertreten sind.

Typen der eruptiv-veränderlichen Sterne

Typenabkürzung und -bezeichnung nach dem Generalkatalog der Veränderlichen Sterne (GCVS), Anzahl der Sterne einzelner Typen nach GCVS.

Typen	nach GCVS	Anzahl N
SN	Supernovae (galaktische)	7
N	Novae (nicht aufgeschlüsselt)	120
Na	schnelle Novae	71
Nb	langsame Novae	31
Nc	sehr langsame Novae	2
Nr	wiederkehrende (rekurrente) Novae	10
UG	U-Geminorum-Sterne } Zwerg Novae	260
Z Cam	Z-Camelopardalis-Sterne } (DN)	29
Nl	Nova-ähnliche Sterne	27
Z And	Z-Andromedae-Sterne (Symbiotische Sterne)	19
RCB	R-Coronae-Borealis-Sterne	38
SD	S-Doradus-Sterne	7
γC	Gamma-Cassiopeiae-Sterne	26
Ia	Unregelmäßig-Veränderliche früher Spektralklassen	32
In	Orion-Veränderliche	460
InT	T-Tauri-Sterne	34
In a	Orion-Veränderliche früher Spektralklassen	21
In b	Orion-Veränderliche mittlerer und später Spektralklassen	28
In s	Orion-Veränderliche mit schnellen Helligkeitsvariationen	330
Is	RW-Aurigae-Sterne	210
I	Verschiedene Typen unregelmäßig Veränderlicher	100
UV	UV-Ceti-Sterne (Flare-Sterne)	540
UVn	UV-Ceti-Sterne in Verbindung mit Nebel	350

SN Supernovae-Ausbrüche sind Extremereignisse in der Sternentwicklung. Ihre Betrachtung muß außerhalb der Phänomene der „Veränderlichkeit der Sterne" erfolgen; siehe dazu 8.4.

N Novae: Heiße Zwergsterne mit plötzlich ansteigender Helligkeit um 7...16 mag in einer Zeit von einigen bis hundert Tagen. Die Abnahme der Helligkeit setzt kurz nach Erreichen des Maximums ein, erfolgt aber unterschiedlich schnell. Einige Novae zeigen im Minimum kleine Helligkeitsfluktuationen. In der Nähe des Maximums zeigen die Novae ein Spektrum ähnlich dem der Riesen der Spektralklasse A und F. Kurze Zeit nach dem Maximum werden Emissionsbanden beobachtet (Nebelspektrum). Nach dem Abklingen des Ausbruchs ähnelt das Spektrum dem der Sterne vom Wolf-Rayet-Typ.

Na Typische Nova mit rasch sich entwickelnden Charakteristika bei schneller Zunahme der Helligkeit. Der Abstieg von der Maximumshelligkeit um 3 mag erfolgt in 100 Tagen oder kürzerer Zeit. Prototyp ist GK Per = Nova Per 1901.

Nb Typische Nova mit langsamerer Entwicklung. Abnahme der Helligkeit um 3 mag in 150 oder mehr Tagen. Auftreten von einem starken Abfall und nachherigem Wiederanstieg der Helligkeit in der Lichtkurve. Typischer Vertreter: Rr Pic.

Nc Nova mit sehr langsamer Entwicklung, im Maximum um mehrere Jahre verweilend, dann sehr langsam schwächer werdend. Typischer Stern dieser Gruppe: RT Ser.

Nr Wiederkehrende (rekurrente) Novae, solche, die sich wie typische Novae verhalten, aber zwei oder mehrmalige Ausbrüche erleben. Typischer Vertreter: T CrB.

UG U-Geminorum- oder SS-Cygni-Sterne: Zwergsterne mit schwachem, nahezu konstantem Normallicht und rasch verlaufendem Aufleuchten großer Amplitude, in nicht ganz unregelmäßigen Intervallen von 20...600 Tagen. Typischer Vertreter: U Gem.

Lichtkurve von SS Cyg

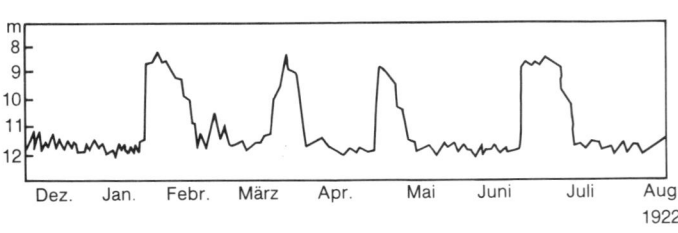

Z Cam Z-Camelopardalis-Veränderliche: Ähnlich den U-Geminorum-Sternen, aber plötzlich die fast periodischen Helligkeitsausbrüche unterbrechend und auf einer mittleren Helligkeit zwischen Minimum und Maximum verweilend. Nach einigen Perioden wieder Einsetzen der Lichtausbrüche. Typischer Veränderlicher dieser Gruppe: Z Cam.

Lichtkurve von Z Cam

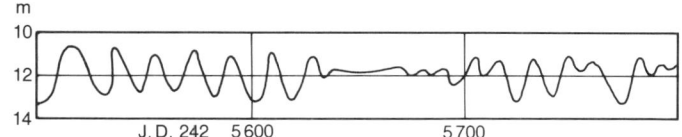

Nl Nova-ähnliche Veränderliche: Uneinheitliche Gruppe mit Objekten, die im Helligkeitsausbruch oder im Spektrum Ähnlichkeiten mit Novae zeigen, wie etwa die Veränderlichen P Cyg, BF Cyg.

Lichtkurve des Nova-ähnlich-Variablen BF Cyg

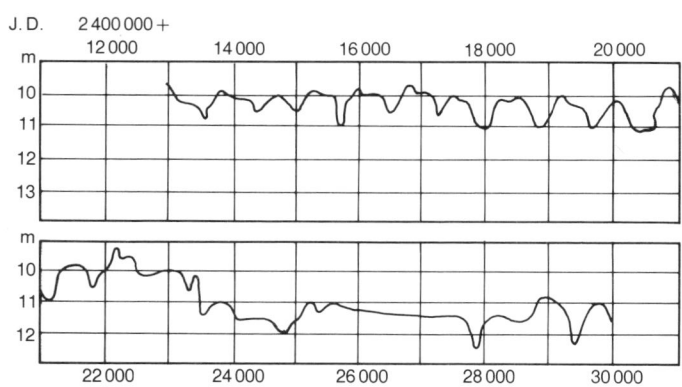

Z And Z-Andromedae-Sterne, auch Symbiotische Sterne: Sterne dieser nicht homogenen Gruppe zeigen meist ein „zusammengesetztes Spektrum". Neben einem Emissionslinienspektrum hoher Anregung wird auch ein Spektrum eines M-Riesen beobachtet. Prototyp: Z And.

Lichtkurve von Z And

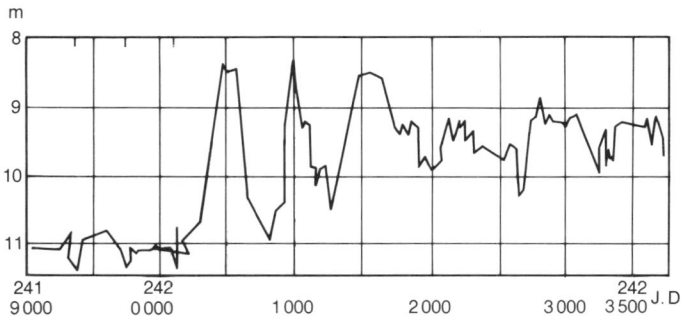

RCB R-Coronae-Borealis-Veränderliche: Diese Sterne hoher Leuchtkraft der Spektralklassen F...K (auch R) zeigen unregelmäßig plötzlich einsetzende Helligkeitseinbrüche von 1...9 mag. Diese Minima können über Monate bis Jahre eingehalten werden, jedoch zeigen die Sterne in diesem Zustand starke Unruhe. Prototyp: R CrB.

SD   S-Doradus- oder Hubble-Sandage-Variable: Überriesen mit extrem hohen Leuchtkräften ($-7^M5\ldots-9^M5$) mit irregulären Lichtvariationen. Typischer Vertreter: S Dor in der Großen Magellanschen Wolke.

γC   Gamma-Cassiopeae-Sterne: Sterne der Spektralklasse Be III...V, meist schnell rotierend. Prototyp: γ Cas.

Ia   Irreguläre Veränderliche: Sterne früher Spektralklassen (O...A). Sehr heterogene Gruppe von Objekten. Typischer Vertreter: BU Tau (Pleione).

In   Orion-Variable, T-Tauri, YY-Orionis, RW-Aurigae-Sterne, auch Nebel-Veränderliche genannt: Hauptreihensterne und Unterriesen der Spektralklassen B...M, mit und auch ohne Emissionslinien im Spektrum. Diese Sterne zeigen unregelmäßige Lichtänderungen, die oft durch Ruhepausen konstanten Lichts unterbrochen werden. Bei schneller Lichtvariation wird das Symbol „s" hinzugefügt. Die Helligkeitsamplituden können bis zu 4 mag betragen. Auffallend ist das Vorkommen dieser Sterne in Gruppen (Assoziationen; siehe 12.2.1) in Verbindung mit hellen und dunklen Nebeln. Typische Sterne dieser Klasse, die auch Prototypen einer Unterteilung sind: T Ori, OH Ori, T Tau, YY Ori, Rw Aur, Fu Ori.

UV   UV-Ceti, auch Flare-Sterne: Zwerge der Spektralklassen dM3e...dM6e mit raschem, kurzen Aufleuchten (Flares); Amplituden von 1...6 mag. Der Helligkeitsausbruch dauert nicht länger als einige zehn Minuten. Typstern: UV Cet.

8.2 Pulsationsvariable

8.2.1 Typeneinteilung, Vorkommen im Hertzsprung-Russell-Diagramm

Sterne können nur existieren, wenn zwischen den Druckkräften der heißen Sternmaterie, die den Stern auseinandertreiben würden, und den Kräften der Gravitation, die den Druckkräften entgegenwirken, ein Gleichgewicht gefunden werden kann (s. 9.2.1). Im einfachsten Fall verharrt der Stern in diesem Gleichgewicht; es ist aber auch möglich, daß er Schwingungen ausführt, vergleichbar etwa mit einem Pendel, das um seine Ruhelage schwingt. Die Grundform der Sternschwingungen wäre ein Pulsieren, also eine Folge von Expansionen und Kontraktionen. Es sind aber auch kompliziertere Schwingungsformen möglich, bei denen der Stern seine Kugelgestalt nicht beibehält.

Ob Sterne tatsächlich pulsieren, hängt davon ab, ob es einen Mechanismus gibt, der die Schwingungen anregt. Die Voraussetzung hierfür wäre, daß der Bewegung im Mittel mehr Energie zugeführt wird, als sie durch Reibungsverluste einbüßt. Ob es Prozesse gibt, die dieses leisten, hängt vom inneren Aufbau des Sternes ab und damit von seiner Lage im Hertzsprung-Russell-Diagramm (s. 9.2.3).

Es gibt in diesem Diagramm einen schmalen Streifen, in dem Pulsationen angeregt werden können. Er beginnt bei den Wei-

8.2 Pulsationsvariable

Vorkommen verschiedener Variabler im Hertzsprung-Russell-Diagramm

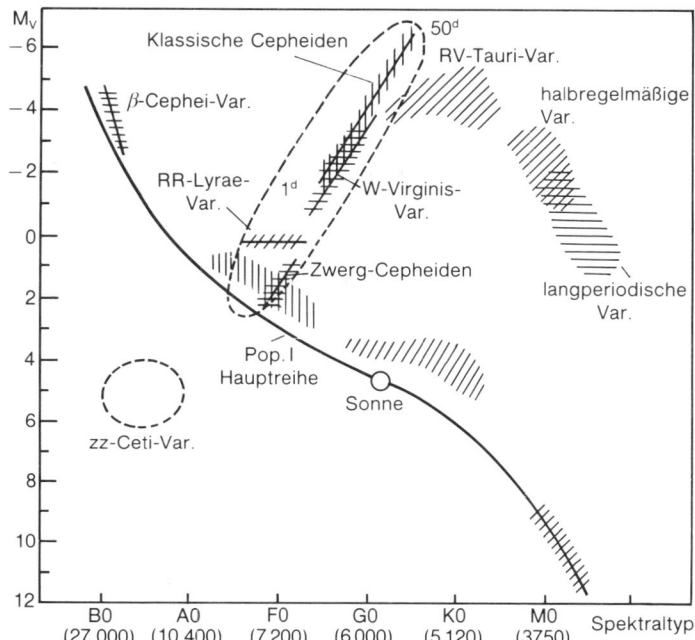

ßen Zwergen von Spektraltyp DA, durchschneidet die Hauptsequenz im Bereich der A5-Sterne und erstreckt sich bei zunehmender Helligkeit der Sterne über den Spektraltyp F bis zu den späten G-Überriesen. In diesem sogenannten Cepheiden-Streifen liegen allein fünf verschiedene Typen von Pulsationsvariablen: die veränderlichen Weißen Zwerge vom Spektraltyp DA (ZZ-Ceti-Variable), die Zwerg-Cepheiden (δ-Scuti-Variable), die Haufenvariablen (RR-Lyrae-Variable), die Cepheiden der Population II (W-Virginis-Variable) und schließlich die klassischen Cepheiden (δ-Cephei-Variable). Bei diesen Sternen – vielleicht mit Ausnahme der ZZ-Ceti-Variablen – rührt die Variabilität daher, daß in ihnen wegen der Ionisation der He$^+$-Schicht (bei Temperaturen von etwa 40 000 K) die Stabilität des Energietransportes (s. 9.2.3) nicht gegeben ist.

Außerhalb dieses Streifens der Instabilität findet man im Bereich der B-Sterne die β-Cephei-Variablen, die auch als β-Canis-Majoris-Sterne bezeichnet werden, und deren Antriebsmechanismus noch unverstanden ist. Andererseits gibt es im Gebiet der späten Riesen und Überriesen variable Sterne vom RV-Tauri-Typ und schließlich auch die Mira-Sterne und ähnliche Objekte. Bei ihnen dürfte die Zone der Wasserstoffionisation die für die Pulsation notwendige Energie liefern.

8.2.2 Bemerkungen zum Mechanismus der Pulsation

1879 vermutete A. Ritter, daß die Helligkeitsschwankungen eines Teiles der variablen Sterne durch radiale Pulsationen und die damit verbundenen Variationen der Oberflächentemperatur verursacht sein könnten. Er schätzte für sehr schematisierte Sternmodelle die Perioden P derartiger Pulsationen ab und zeigte, daß P von der Größenordnung $1/\sqrt{G\bar{\varrho}}$ sein sollte. G ist hierin die Gravitationskonstante $(6,67 \cdot 10^{-11}\,\mathrm{m}^3\mathrm{s}^{-2}\mathrm{kg}^{-1})$ und $\bar{\varrho}$ [g cm^{-3}] die mittlere Dichte des Sterns. Die grundlegende Aussage der Theorie, nämlich daß die Periode P [Tage] mit abnehmender mittlerer Dichte $\bar{\varrho}$ [g cm^{-3}] gemäß $P \sim 1/\sqrt{\bar{\varrho}}$ zunimmt, ist durch die Beobachtung bestätigt worden. Es ist üblich, diese Relation in der Form

$$P = Q\sqrt{\varrho_\odot}/\bar{\varrho}$$

zu verwenden, wobei mit $\varrho_\odot = 1,409\,\mathrm{g\,cm}^{-3}$ die mittlere Dichte der Sonne bezeichnet wird. Der Wert des Koeffizienten Q hängt von den Einzelheiten der Druck- und Temperaturschichtung im Sterninneren ab. Sein Wert ist daher für die einzelnen Typen von Pulsationsvariablen unterschiedlich (s. Tab.).

Zustandsgrößen der Cepheiden

log P [Tage]	$\overline{M}_\mathrm{v}$	$\overline{M}_\mathrm{B}$	Sp max min	ΔM_v $=\Delta m_\mathrm{v}$	$\overline{B-V}$	$\Delta(B-V)$	$\log\dfrac{\mathfrak{M}}{\mathfrak{M}_\odot}$	$\log\dfrac{R}{R_\odot}$	$\log\dfrac{L}{L_\odot}$
Klassische Cepheiden (Cδ), Population I, $Q = 0,036$									
0,4	$-2,6$	$-2,2$	F5 F8	0,4	$+0,42$	0,13	0,8	1,4	3,0
0,6	$-3,0$	$-2,5$	F5 G1	0,6	$+0,52$	0,22	0,9	1,6	3,2
0,8	$-3,5$	$-2,9$	F6 G3	0,8	$+0,60$	0,32	0,9	1,8	3,5
1,0	$-3,9$	$-3,2$	F6 G3	0,8	$+0,68$	0,43	1,0	2,0	3,6
1,2	$-4,4$	$-3,6$	F7 G8	1,0	$+0,76$	0,55	1,1	2,1	3,8
1,4	$-4,8$	$-4,0$	F7 K1	1.3	$+0,81$	0,64	1,2	2,3	4,0
1,6	$-5,3$	$-4,4$	F8 K1	1,4	$+0,88$	0,67	1,3	2,5	4,2
W Virginis-Sterne (CW), Population II, $Q = 0,160$									
0,4	$-1,3$	$-0,9$	F2 F5	0,6	$+0,4$	0,1	0,6	1,4	2,4
0,6	$-1,8$	$-1,3$	F3 F8	0,6	$+0,5$	0,2	0,7	1,6	2,6
0,8	$-2,2$	$-1,6$	F4 G0	0,7	$+0,6$	0,3	0,7	1,7	2,8
1,0	$-2,7$	$-2,0$	F5 G1	0,7	$+0,7$	0,4	0,8	1,9	3,0
1,2	$-3,1$	$-2,3$	F6 G3	0,8	$+0,8$	0,5	0,9	2,0	3,2
1,4	$-3,5$	$-2,7$	F7 G4	0,9	$+0,8$	1,0	1,0	1,0	3,4
1,6	$-4,0$	$-3,1$	F7 G5	1,0	$+0,9$	0,7	1,0	2,3	3,6
Haufenveränderliche (RR), Population II, $Q = 0,075$									
$-0,6$	$+0,6$	$+0,7$	A4 A9				0,3	0,6	1,9
$-0,4$	$+0,6$	$+0,7$	A5 F1	1,3	$+0,15$	0,35	0,3	0,7	1,9
$-0,2$	$+0,5$	$+0,7$	A5 F2	0,9	$+0,20$	0,22	0,4	0,9	1,8
0,0	$+0,5$	$+0,7$	A7 F3	0,6	$+0,25$	0,1	0,4	1,0	1,8
Zwerg-Cepheiden (δSc), Population I, $Q = 0,045$									
$-1,2$	$+4$		A2	0,5	$+0,11$	0,14			
$-1,0$	$+3$		A4	0,5	$+0,15$	0,14			
$-0,8$	$+2$		A7	0,5	$+0,18$	0,14			
β-Canis-Magoris-Sterne (βCMa), Polpulation I, $Q = 0,027$									
$-0,8$	$-3,0$	-3	B2	0,1	$-0,2$		1,5		3,8
$-0,6$	$-4,5$	-4	B1	0,1	$-0,2$		1,7		4,2

8.2 Pulsationsvariable

327

Zeitliche Änderung der Helligkeit, der Temperatur, des Spektraltyps, der Radialgeschwindigkeit, des Radius und der Größe der Oberfläche bei δ-Cephei-Sternen (nach Hoffmeister)

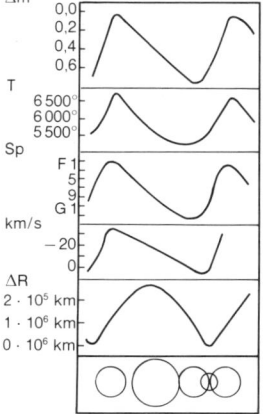

Als Folge der Sternpulsation ist auch die Radialgeschwindigkeit variabel. Während der Phase der Expansion (Kontraktion) beobachtet man Dopplerverschiebungen der Spektrallinien in Richtung höherer (niedrigerer) Frequenzen, also nach blau (rot). Es ist durch die Messung der Dopplereffekte also möglich, in jeder Phase der Pulsation die Geschwindigkeit zu bestimmen, mit der sich die Sternoberfläche auf und ab bewegt. Kennt man aber die Geschwindigkeiten, so lassen sich auch die periodisch zurückgelegten Wege berechnen (durch Integration). Man erhält damit etwa die Differenz $D = R_1 - R_2$ der Sternradien zu verschiedenen Zeitpunkten t_1 und t_2. Wählt man diese Zeitpunkte nun so, daß zu ihnen die Farben und damit auch die Temperaturen übereinstimmen, so liefert der Vergleich der Helligkeiten (die dann nur noch von den Größen der Sternoberflächen abhängen) das Verhältnis $V = R_1/R_2$ der Sternradien. In Verbindung mit der durch die Radialgeschwindigkeitsmessung erhaltenen Differenz D können damit schließlich die Radien selber bestimmt werden:
$R_1 = DV/(V+1)$ und $R_2 = D/(V-1)$.
Die Anforderungen an die Qualität der Beobachtungen sind bei diesem auf Wesselink zurückgehenden Verfahren allerdings erheblich.
In der Regel fällt der Zeitpunkt, zu dem der pulsierende Stern seine minimale Ausdehnung hat, nicht mit dem Zeitpunkt seiner kleinsten Helligkeit zusammen, sondern liegt zeitlich etwas später, etwa in der Mitte des Zeitintervalls, in dem die Helligkeit wieder ansteigt (s. Abb.) Hieraus wird deutlich, daß es weniger die Größe der Sternoberfläche ist, welche die Helligkeit des Sternes bestimmt, sondern daß dies vielmehr die Oberflächentemperatur ist. Dies ist auch daran zu erkennen, daß während der Pulsation die Oberflächen sich nur um etwa 20%...50% ändern, während die Helligkeiten der Sterne um 200%...300% variieren. Schließlich zeigen die Beobachtungen, etwa der klassischen Cepheiden, auch ganz direkt, daß mit der Helligkeit sich auch der Spektraltyp und der Farbindex (beides Indikationen für die Oberflächentemperaturen) in der Weise ändern, daß sie im Helligkeitsmaximum höhere, im Minimum tiefere Temperaturen anzeigen (s. Tab.).

Im Gegensatz zu den klassischen Cepheiden müssen bei den heißen, kurzperiodischen β-Canis-Majoris-Sternen (auch β-Cephei-Sterne genannt) die Helligkeitsschwankungen vorwiegend auf Schwankungen der Größe der Sternoberfläche zurückgeführt werden. Die Helligkeitsvariationen sind jedoch nur gering ($\leq 0^{m}.2$), dagegen sind die Änderungen der Radialgeschwindigkeiten zum Teil erheblich (≤ 150 km/s). β-CMa-Sterne haben häufig doppelte Perioden, was als das Resultat der Wechselwirkung der Pulsationen mit der raschen Rotation dieser Sterne angesehen wird. Im übrigen findet man bei den β-CMa-Sternen wie auch bei den variablen Weißen Zwergen (ZZ-Ceti-Sterne) keine rein radiale Pulsation. Bei ihnen sind neben dieser Grundschwingung der Sterne auch höhere Schwingungszustände angeregt.

Spektraltyp Sp und Farbindex (B-V)$_0$ von klassischen Cepheiden (Cδ-Variable)

Stern		Periode	Sp max	Sp min	(B-V)$_0$ max	(B-V)$_0$ min
SU	Cas	$1^{d}.94$	F5	F7	$0^{m}.36$	$0^{m}.52$
δ	Cep	$5^{d}.37$	F5	G2	$0^{m}.35$	$0^{m}.80$
η	Aql	$7^{d}.18$	F6	G4	$0^{m}.43$	$0^{m}.88$
ϱ	Gem	$10^{d}.15$	F7	G3	$0^{m}.62$	$0^{m}.90$
X	Cyg	$16^{d}.38$	F7	G8	$0^{m}.51$	$1^{m}.17$
T	Mon	$27^{d}.01$	F7	K1	$0^{m}.57$	$1^{m}.17$

8.2.3 Die Perioden-Leuchtkraft-Beziehung

1912 bemerkte Henrietta Leavitt bei der Reduktion von Beobachtungen, daß mit wachsender (mittlerer) absoluter Helligkeit bzw. mit wachsender Leuchtkraft der Cepheiden auch die Länge ihrer Pulsationsperioden zunimmt. Shapley erkannte damals sofort die Bedeutung dieser Perioden-Leuchtkraft-Relation für die Bestimmung der Entfernungen dieser Pulsationsvariablen, und damit auch der Sternsysteme, in denen sie beobachtet werden (s. z. B. 14.4).

Die Perioden-Leuchtkraft-Relation wurde zunächst für Cepheiden in der Kleinen Magellanschen Wolke gefunden, wobei man davon ausgehen konnte, daß die Entfernungen aller Cepheiden in diesem extragalaktischen Sternsystem etwa gleich groß sein müßten, und daß daher für sie ein gemeinsames Entfernungsmodul $m - M$ verwendet werden dürfe. Schwierig war die Festlegung der absoluten Helligkeiten selbst, d. h. die Fixierung des Nullpunktes der Helligkeitsskala, für welche eine unabhängige Bestimmung der Entfernung erforderlich ist. Man benutzt hierzu Cepheiden aus unserem eigenen galaktischen System.

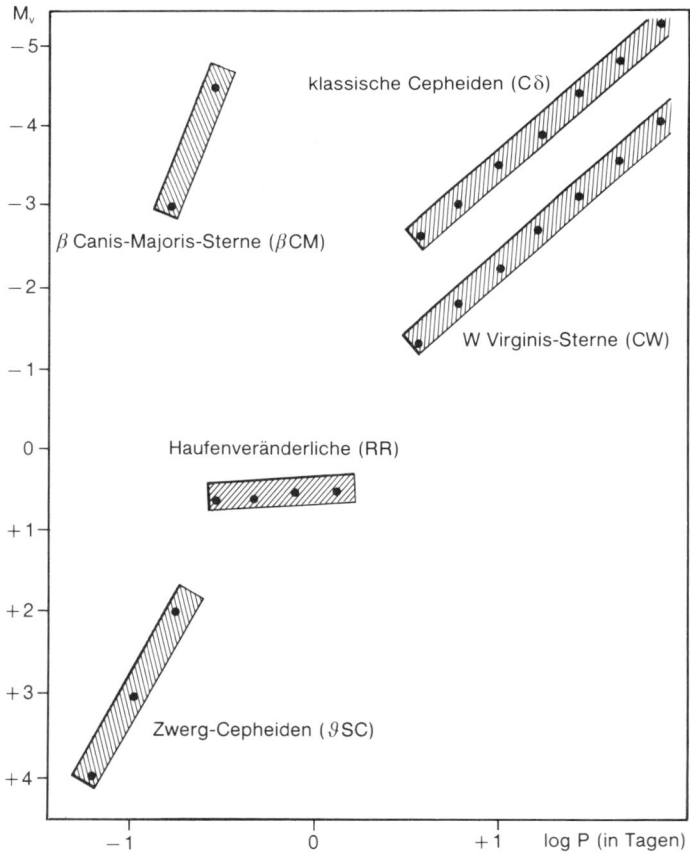

Perioden-Leuchtkraft-Beziehung der Cepheiden

Es hat sich gezeigt, daß die verschiedenen Typen der Cepheiden sich auch in ihren Perioden-Leuchtkraft-Relationen unterscheiden. Dies rührt von Unterschieden in ihrem inneren Aufbau her (unterschiedliche Entwicklungsphasen, Unterschiede in der Populationszugehörigkeit und damit in der chemischen Zusammensetzung).

8.2.4 Halb- und Langperiodische Variable

Im Hertzsprung-Russell-Diagramm schließt sich im Gebiet der Riesensterne und der Überriesen an den Streifen der Cepheiden-Instabilität ein Bereich an, in dem ebenfalls Variabilität vorkommen kann. In ihm liegen (in Richtung abnehmender Temperatur) die RV-Tauri-Variablen, die halbregelmäßigen Veränderlichen (etwa von Typ μ Cep) und schließlich die langperiodischen Veränderlichen vom Mira-Typ (o Cet).

Bei den RV-Tauri-Sternen (Spektraltyp etwa F8...G1 im Maximum und G5...K3 im Minimum) gibt es einen relativ unregelmäßigen Lichtwechsel, den man auf die Überlagerung zweier Perioden zurückzuführen versucht. Die kürzeren der beiden Perioden liegen im Bereich 30...150 Tage, die längeren im Bereich 700...2300 Tage.

Mit späterem Spektraltyp wird die Tendenz zur Variabilität größer, die Zusammenhänge werden zugleich aber auch zunehmend komplizierter. Die langperiodischen Variablen vom Mira-Typ (Prototyp: Mira = o Cet, Spektraltyp M5e...M9e) kommen sowohl in der normalen Spektralsequenz vor, als auch in den Nebensequenzen der S- und der C-Sterne (s. 7.1.1). Für die Mira-Sterne sind große Helligkeitsamplituden (mindestens 2^m) charakteristisch, desgleichen lange Perioden, im Bereich 40...800 Tage, deren Mittelwert bei etwa 300 Tagen liegt.

Die großen Helligkeitsamplituden werden verständlich, wenn man sich klar macht, daß bei tiefen Oberflächentemperaturen die Abstrahlung im sichtbaren Spektralbereich sehr stark von Temperaturänderungen beeinflußt werden. Erhöht man beispielsweise die Temperatur eines Körpers von 1800 K auf 2300 K, also nur um etwa 25 %, so wächst seine Abstrahlung im Spektralbereich zwischen 4000 Å und 7000 Å, also seine sichtbare Strahlung, schon um einen Faktor 13. Es ist zu erwarten, daß im Infraroten, also in dem Bereich, in dem die Helligkeit dieser kühlen Sterne am größten ist, die Variation der Helligkeit der Mira-Sterne deutlich kleiner ist als im Sichtbaren. Dies ist in Übereinstimmung mit der Beobachtung.

Abgesehen von dem bisher betrachteten direkten Einfluß der Temperatur auf die Ausstrahlung gibt es noch einen anderen, kaum weniger wichtigen, indirekten Effekt: Die Konzentration der verschiedenen Moleküle und eventuell auch die von kondensierter Materie (Staub) in den Atmosphären dieser Sterne hängt außerordentlich empfindlich von der Temperatur ab. Damit kann bei Temperaturschwankungen die Durchsichtigkeit der Atmosphäre stark verändert werden. Die Rückwirkungen dieses Effekts auf die Lichtkurven in den verschiedenen Spektralbereichen sind noch wenig erforscht.

Bei vielen Roten Riesen und Überriesen ist durch spektroskopische Methoden ein Massenverlust in der Größenordnung $10^{-7} \ldots 10^{-6}$ $\mathfrak{M}_\odot$/Jahr nachgewiesen worden. Die Frage, ob es einen Zusammenhang zwischen Massenverlust und Pulsation gibt, ist noch nicht beantwortet.

8.2.5 Kleiner Veränderlichen-Katalog

Verzeichnis der veränderlichen Sterne, deren Maximalgröße heller als 6^m angegeben wird, und deren Amplitude 0^m25 übersteigt. Ausgenommen sind Bedeckungsveränderliche, Novae sowie die Sterne η Car und P Cyg (nach C. Hoffmeister).

Bezeichnung		Grenzgrößen		Typ	Periode	Spektrum
λ	And	$4^{\mathrm{m}}9$	$5^{\mathrm{m}}3$	SR?	54^{d}	G8
o	And	$3^{\mathrm{m}}5$	$4^{\mathrm{m}}0$	I	–	B6ep
R	Aqr	$5^{\mathrm{m}}8$	$11^{\mathrm{m}}5$ v	M	387	M7e
R	Aql	$5^{\mathrm{m}}7$	$12^{\mathrm{m}}0$ v	M	300	M5e
FF	Aql	$5^{\mathrm{m}}8$	$6^{\mathrm{m}}3$	Cδ	4,471	F5
η	Aql	$4^{\mathrm{m}}1$	$5^{\mathrm{m}}2$	Cδ	7,177	F6
AE	Aur	$5^{\mathrm{m}}4$	$6^{\mathrm{m}}1$	I	–	O9,5
R	Car	$3^{\mathrm{m}}9$	$10^{\mathrm{m}}0$ v	M	309	M4e
S	Car	$4^{\mathrm{m}}5$	$9^{\mathrm{m}}9$	M	149,5	K7e
I	Car	$5^{\mathrm{m}}0$	$6^{\mathrm{m}}0$	Cδ	35,556	F8
R	Cas	$5^{\mathrm{m}}5$	$13^{\mathrm{m}}0$	M	431	M6e
γ	Cas	$1^{\mathrm{m}}6$	$3^{\mathrm{m}}0$ v	I	–	B0e
ϱ	Cas	$4^{\mathrm{m}}1$	$6^{\mathrm{m}}2$ v	RCB?	–	F8p
R	Cen	$5^{\mathrm{m}}4$	$11^{\mathrm{m}}8$ v	M	547	M4e
T	Cen	$5^{\mathrm{m}}5$	$9^{\mathrm{m}}0$	SR	90,6	K7e
T	Cep	$5^{\mathrm{m}}4$	$11^{\mathrm{m}}0$ v	M	390	M5e
δ	Cep	$4^{\mathrm{m}}1$	$5^{\mathrm{m}}2$	Cδ	5,366	F5
μ	Cep	$3^{\mathrm{m}}6$	$5^{\mathrm{m}}1$ v	SR	900	M2e
o	Cet	$2^{\mathrm{m}}0$	$10^{\mathrm{m}}1$ v	M	331,6	M5e
R	CrB	$5^{\mathrm{m}}8$	$14^{\mathrm{m}}8$	RCB	–	Fpe
χ	Cyg	$3^{\mathrm{m}}3$	$14^{\mathrm{m}}2$ v	M	407	S7e
β	Dor	$4^{\mathrm{m}}5$	$5^{\mathrm{m}}7$	Cδ	9,842	F6
ζ	Gem	$4^{\mathrm{m}}4$	$5^{\mathrm{m}}2$	Cδ	10,152	F7
η	Gem	$3^{\mathrm{m}}1$	$3^{\mathrm{m}}9$ v	SR	233,4	M3
π^1	Gru	$5^{\mathrm{m}}8$	$6^{\mathrm{m}}4$ v	L	–	S6
α	Her	$3^{\mathrm{m}}0$	$4^{\mathrm{m}}0$ v	SR	–	M5
g	Her	$5^{\mathrm{m}}7$	$7^{\mathrm{m}}2$	SR	70	M6
R	Hor	$4^{\mathrm{m}}7$	$14^{\mathrm{m}}3$ v	M	403	M7e
R	Hya	$4^{\mathrm{m}}0$	$10^{\mathrm{m}}0$ v	M	386	M7e
EW	Lac	$5^{\mathrm{m}}0$	$5^{\mathrm{m}}3$	?	–	B3e
R	Leo	$5^{\mathrm{m}}4$	$10^{\mathrm{m}}5$ v	M	313	M7e
R	Lep	$5^{\mathrm{m}}9$	$10^{\mathrm{m}}5$ v	M	432	N6e
RX	Lep	$5^{\mathrm{m}}9$	$7^{\mathrm{m}}0$ v	L	–	M6
R	Lyr	$4^{\mathrm{m}}0$	$5^{\mathrm{m}}0$	SR	46	M6
Y	Oph	$4^{\mathrm{m}}4$	$5^{\mathrm{m}}0$	I	–	B3pe

Kleiner Veränder-lichen-Katalog (Fortsetzung)

Bezeichnung		Grenzgrößen		Typ	Periode	Spektrum
U	Ori	$5\overset{m}{.}3$	$12\overset{m}{.}6\,\mathrm{v}$	M	372	M8e
α	Ori	$0\overset{m}{.}4$	$1\overset{m}{.}3\,\mathrm{v}$	SR	2070	M2
$\varkappa$	Pav	$4\overset{m}{.}8$	$5\overset{m}{.}7$	CW	9,070	F5
β	Peg	$2\overset{m}{.}1$	$3\overset{m}{.}0\,\mathrm{v}$	L	–	M2
ϱ	Per	$3\overset{m}{.}3$	$4\overset{m}{.}0\,\mathrm{v}$	SR	–	M4
TV	Psc	$4\overset{m}{.}6$	$5\overset{m}{.}2\,\mathrm{v}$	SR	49	M3
L	Pup	$2\overset{m}{.}6$	$6\overset{m}{.}0\,\mathrm{v}$	SR	141	M5
W	Sgr	$4\overset{m}{.}7$	$5\overset{m}{.}9$	Cδ	7,594	F2
X	Sgr	$4\overset{m}{.}8$	$5\overset{m}{.}8$	Cδ	7,013	F5
Y	Sgr	$5\overset{m}{.}9$	$7\overset{m}{.}0$	Cδ	5,773	F6
RR	Sgr	$5\overset{m}{.}6$	$14\overset{m}{.}0\,\mathrm{v}$	M	334	M5e
RR	Sco	$5\overset{m}{.}0$	$12\overset{m}{.}4\,\mathrm{v}$	M	280	M5e
α	Sco	$0\overset{m}{.}9$	$1\overset{m}{.}8\,\mathrm{v}$	SR	1733	M1
δ	Sct	$4\overset{m}{.}9$	$5\overset{m}{.}2$	δSc	0,194	F3
R	Ser	$5\overset{m}{.}7$	$14\overset{m}{.}4\,\mathrm{v}$	M	357	M6e
BU	Tau	$4\overset{m}{.}9$	$5\overset{m}{.}5$	I	–	B8p
R	Tri	$5\overset{m}{.}7$	$12\overset{m}{.}6\,\mathrm{v}$	M	266	M4e
SY	UMa	$5\overset{m}{.}1$	$6\overset{m}{.}0\,\mathrm{v}$	?	–	A2
AH	Vel	$5\overset{m}{.}8$	$6\overset{m}{.}4$	C	4,227	F8p
T	Vul	$5\overset{m}{.}8$	$6\overset{m}{.}8$	Cδ	4,436	F5

Bezeichnung des Typs:

C	δ Cephei oder W Virginis
Cδ	δ Cepehi
CW	W Virginis
δ Sc	δ Scuti
M	Mira
SR	halbregelmäßig
I	irregulär (früher Spektraltyp)
L	irregulär (später Spektraltyp)
RCB	R Coronae Borealis
:	unsicher

Größenklassenangaben: v bedeutet visuell, sonst photographisch.

8.3 Die eruptiv veränderlichen Sterne

Die Gruppe der Eruptiv-Veränderlichen ist zahlenmäßig wesentlich kleiner als die der Pulsationsvariablen (s. Tabellen in 8.1.1 u. 8.1.2), nur jeder zehnte Veränderliche ist ein Eruptiv-Variabler. Die Helligkeitsänderungen – man kann hier eher von Helligkeitsausbrüchen sprechen – haben ihre Ursache in einem plötzlichen, unter Umständen äußerst starken, eruptiv-artigen Materieausbruch. – In dieser Gruppe der Eruptions-veränderlichen gibt es eine Klasse von Sternen, die ein ähnliches spektroskopisches und auch photometrisches Verhalten zeigen, und die sich vor allem im Minimumszustand „sehr ähnlich" sehen, so daß man sie zur Klasse der kataklysmischen Veränderlichen zusammengefaßt hat. (Griech. κατακλυσμός bedeutet „Überschwemmung" und in übertragener Bedeutung

„Sintflut, Vernichtung".) Zu dieser Klasse rechnet man vor allem die Novae und die Zwergnovae mit ihren Unterklassen. Auch die wiederkehrenden, die rekurrierenden Novae, sowie ein wenig auffälliger Sterntyp, der der novaeähnlichen Veränderlichen, werden dazu gezählt. Die kataklysmischen Veränderlichen haben allem Anschein einen sehr ähnlichen Ausbruchsmechanismus, der – wie man erst in jüngster Zeit erkannt hat – seine Ursache in der Doppelstern-Natur dieser Veränderlichen hat (s. a. 12.1.7). So scheint diese Klasse von Novae-Sternen auch anderen engen Doppelstern-Systemen mit Veränderlichen-Charakteristika, wie Röntgen-Doppelsternen, W-UMa-Typ und symbiotischen Sternen verwandt zu sein. – Noch sind aber die Probleme dieser Veränderlichengruppe nicht restlos gelöst – vor allem weil noch zu wenig Beobachtungsmaterial vorliegt.

8.3.1 Novae

Mit dem Wort Nova wird nicht ein neuer Stern bezeichnet, sondern ein Stern, der durch einen Helligkeitsausbruch aus einem unscheinbaren Praenova-Stadium zu einem Objekt von nun auffallender Helligkeit aufgestiegen ist.

Schematisierte Lichtkurve einer Nova mit Angabe der zu den einzelnen Phasen gehörenden Spektralklassen. Mit Q 7 beginnt ein individuell sehr verschieden ablaufendes Übergangsstadium. Bei Q 8 wird der Helligkeitsabfall wieder gleichmäßiger und erfolgt wesentlich flacher als hier wiedergegeben

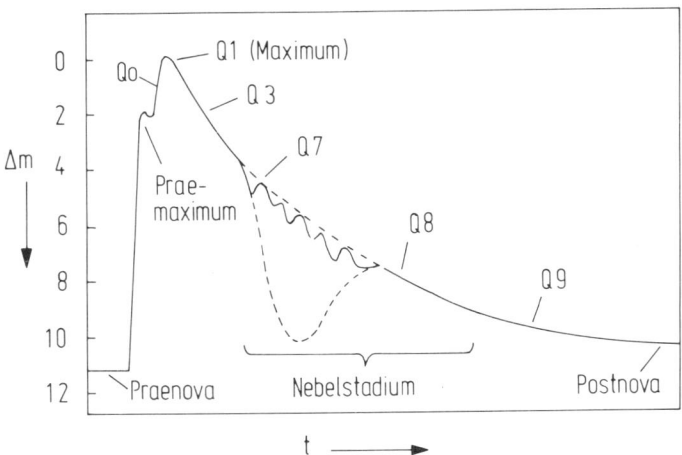

Der Helligkeitsanstieg erfolgt sehr rasch, innerhalb weniger Stunden um viele Größenklassen. Bei etwa neun Größenklassen im Anstieg erfolgt in der Helligkeitsentwicklung ein Halt, der sogenannte Praemaximum-Halt, der gelegentlich sogar durch einen kleinen Rückgang der Helligkeit unterbrochen wird. Darauf erfolgt dann der etwas langsamer verlaufende Anstieg um 2 Magnitudines zur maximalen Helligkeit. – Das Maximum wird nur für kürzere Zeit gehalten, dann fällt die Helligkeit – je nach Unterklasse – mehr oder weniger schnell ab. Die Zeitdauer des ersten Helligkeitsabfalles um 2 oder 3 Größenklassen wird zur Unterteilung der Novae nach „Geschwindigkeitstypen" benutzt.

8.3 Die eruptiv veränderlichen Sterne

Typen und Geschwindigkeitsklassen der Novae

Typ	Klasse		Zeit für 2 mag Helligkeitsabnahme [d]	Abnahme mag pro Tag [mag/d]	Häufigkeit in % in Galaxis	M31
Na	(VF)	sehr schnell	< 10	> 0,20	24	26
	(F)	schnell	11...25	0,19...0,08	36	44
	(MF)	mittel schnell	26...80	0,07...0,025	17	24
Nb	(S)	langsam	81...150	0,024...0,013	9	6
	(VS)	sehr langsam	151...250	0,012...0,008	5	
Nc	(RT)	RT-Ser-Typ	> 250	< 0,008	9	
Nr	Wiederkehrende (rekurrente) Novae mit zwei oder mehr erkannten Ausbrüchen.					

Auf diesen ersten Abfall folgt die Übergangsphase. In ihr unterscheiden sich die Lichtkurven verschiedener Novae-Typen stark voneinander. Man beobachtet ein oder mehrmaliges Schwanken der Helligkeit, gelegentlich auch eine tiefe Depression der Lichtkurve. Ein gleichmäßiger Helligkeitsabfall führt dann in das Postnova-Stadium, in dem die Helligkeit der Praenova wieder erreicht wird. Der ganze Ausbruchsvorgang dauert einige Jahre für eine schnelle Nova (Na) und kann für eine langsame Nova (Nc) ein Jahrhundert dauern.

Genau wie die Helligkeiten ändern sich auch die Spektren der Novae während einer Ausbruchphase drastisch. Praenova-Spektren sind praktisch nicht beobachtet worden. Sicher ist **Spektralklasse Q** nur, daß Praenovae heiße, blaue Sterne sein müssen (Spektraltyp B...A, $M_V \sim +4$, im Hertzsprung-Russell-Diagramm wahrscheinlich unter der Hauptreihe liegend. – Die Spektren der Novae werden einer besondern Spektralklasse Q zugeordnet, die – entsprechend der zeitlichen Entwicklung – in dezimale Unterklassen von Q0...Q9 eingeteilt wird. – Praemaximum-Spektren (Q0) – selten mehr als 2 mag vor dem Maximum – zeigen ein Absorptionsspektrum mit Linien, die für Temperaturen zwischen 10000...20000 K typisch sind, die jedoch stark nach violett verschoben sind, entsprechend Geschwindigkeiten bis etwa 1000 km s^{-1}. Eventuell werden auch unverschobene, schwache Emissionslinien beobachtet. Im Maximum ändert sich das Spektrum plötzlich. Die bis dahin einfachen Absorptionslinien erhalten jetzt eine kompliziertere Struktur, sie sind außerdem jetzt für niedrigere Temperaturen charakteristisch. Die Emissionslinien werden stärker (relativ zum Kontinuum), noch später tauchen sogenannte „verbotene Linien" in Emission auf und zeigen, daß die Strahlung aus einem schon stark verdünnten Gas kommt (Nebelspektrum). Schließlich verschwinden auch die Emissionslinien und ein Objekt mit sehr schwachen Wasserstoff- und Heliumlinien bleibt zurück.

Die Absorptionslinien sind im Maximum stark nach blau verschoben. Wird diese Verschiebung als Dopplereffekt gedeutet, so erhält man Radialgeschwindigkeiten der Größenordnung 1 000...3 000 km s^{-1}. Die Nova ist also von einer expandierenden Hülle umgeben. Da jedoch die Materiedichte in ihr sehr gering ist, wird nur ein kleiner Bruchteil der Masse des Sterns abgestoßen, etwa ein tausendstel bis ein zehntausendstel Sonnenmasse. Infrarot-Beobachtungen zwischen 1...2 μm Wellenlänge von einigen in jüngerer Zeit erfolgten Nova-Ausbrüchen zeigten, daß die Helligkeit in diesem IR-Bereich langsamer ansteigt, als im U...V-Bereich. So hat z. B. die Nova Serpentis 1970 erst 100 Tage nach ihrem Ausbruch ihr IR-Maximum erreicht; sie war zu diesem Zeitpunkt eines der hellsten IR-Objekte des Himmels. Man kann dieses Verhalten mit der Bildung von festen Partikeln in der abgestoßenen Hülle erklären, deren thermische Emission (Partikeltemperatur ≈ 900 K) die große IR-Helligkeit ergibt.

Lichtkurve der Nova Aql 1918 (Typ Na) und der Nova Her 1934 (Typ Nb)

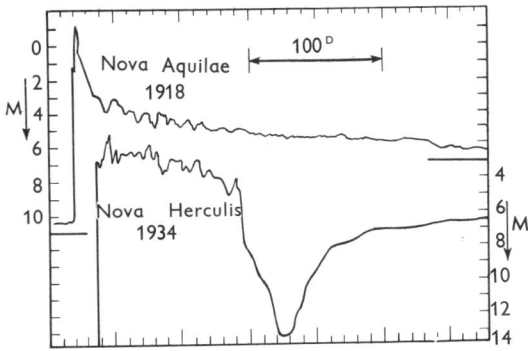

Mechanismus der Nova-Erscheinungen

Auf der Grundlage der Beobachtungen wurden folgende Vorstellungen über den Mechanismus der Nova-Erscheinungen entwickelt. Man geht davon aus, daß alle Novae enge Doppelsterne mit kurzen Umlaufzeiten (von einigen Stunden) sind. Die eine der beiden System-Komponenten ist ein Weißer Zwerg (s. 8.6), die andere befindet sich in einer späten Entwicklungsphase, d. h. sie ist ein kühler Stern, und ist so groß, daß sie bis an die Roche-Grenze (s. 12.1.7) heranreicht. Es fließt daher laufend Materie aus der Hülle des kühlen Riesensterns auf den Weißen Zwerg über. Da der Weiße Zwerg aus verbrannter Kernmaterie (^{4}He oder ^{12}C) besteht und über keine Energiequelle verfügt, kann er auf diesen Materiezustrom nicht durch eine Erhöhung seiner Leuchtkraft reagieren. Er wird einfach mit einer Schicht von „unverbrannter" Materie (also vorwiegend Wasserstoff) mit zunehmender Dicke überdeckt. Dadurch entsteht langsam eine kritische Situation, denn wenn die Wasserstoffschicht so dick geworden ist, daß an ihrer unteren Grenze die für die Zündung des Wasserstoff-Brennens erforderliche Temperatur erreicht ist, so steigt diese rasch weiter an, da hier der sonst in Sternen wirksame Mechanismus der Selbstregulation nicht funktioniert. Es kommt also zu einer explosionsartigen Kettenreaktion, bei der die Wasserstoff-Hülle abgestoßen wird. – Das Doppelstern-System bleibt hierbei ungeändert, so daß sich der ganze Vorgang wiederholen kann.

Charakteristische Eigenschaften kataklysmischer Veränderlicher

	Novae	rekurrierende Novae	Zwergnovae U Gem Z Cam
Absolute phot. Helligkeit im Maximum	$-10\ldots-6$	$-7\ldots-5$	$+3,5\ldots+5,5$
Beim Ausbruch abgestrahlte Energie [J]	$10^{37}\ldots10^{38}$	$10^{36}\ldots10^{37}$	$10^{31}\ldots10^{32}$
Helligkeitsamplitude [mag]	$9\ldots>14$	$7\ldots9$	$2\ldots6$ $2\ldots5$
Abgestoßene Masse [$\mathfrak{M}_\odot$]	$2\ldots20\cdot10^{-5}$	10^{-5}	?
Anzahl [Ausbrüche pro Jahr] im Milchstraßensystem	100	?	$2\cdot10^8$
Rekurrenzzeit [a]	$10^3\ldots10^6$	$10\ldots100$	$0,03\ldots3$
Praenova-Helligkeit phot.	$0\ldots+10$	$0\ldots+7$	$+6,5\ldots10,5$
Praenova-Masse [$\mathfrak{M}_\odot$]	$0,5\ldots1$	$0,5\ldots1,5$	$0,1\ldots1$
Spektraltyp	O...B	A...F	B...A

8.3.2 Rekurrierende Novae, Zwergnovae und novaähnliche Veränderliche

Die hier zu besprechende Veränderlichengruppe hat, zusammen mit den im vorhergehenden Abschnitt besprochenen klassischen Novae, den Namen „kataklysmische Veränderliche" erhalten. Vor allem im Minimum zeigen diese Sterne ein sehr ähnliches Verhalten. Da aber die bekannten Sterne dieser Gruppe allesamt sehr lichtschwache Objekte sind und ihre Beobachtung erst in jüngster Zeit aufgenommen wurde, liegen bis heute erst wenig gesicherte Beobachtungsergebnisse vor.

Die 1955 von O. Struve geäußerte Vermutung, daß alle diese Objekte enge Doppelstern-Systeme seien, hat sich wohl als richtig erwiesen. Sie setzen sich aus einem Stern späten Spektraltyps und einem Weißen Zwerg zusammen. Etwa 2...3 Dutzend Systeme konnten bisher genauer untersucht werden, wobei es gelang, die Umlaufperiode, sei es aus dem Spektrum oder aus dem Bedeckungslichtwechsel, zu bestimmen. Folgende allgemeinen Eigenschaften lassen sich angeben:

a) Die Perioden sind meist sehr kurz und betragen nur wenige Stunden. Mit Sicherheit kennt man nur einen Stern (T CrB), dessen Umlaufperiode länger als ein Tag ist; bei einigen anderen kann man dies abnehmen.

b) Das Spektrum der Sekundärkomponente (das ist der Stern späten Spektraltyps) ist nur dann zu sehen, wenn die Periode länger als 6 Stunden ist.

c) Der Veränderlichentyp scheint von der Umlaufperiode unabhängig. Vielleicht scheinen die rekurrenten Novae längere Perioden zu haben.

Da die Umlaufperiode eine Funktion der Massen der beiden Doppelstern-Komponenten ist, kann das unterschiedliche

Ausbruchverhalten von Novae und Zwergnovae nicht auf verschiedene Massen der Komponenten zurückgeführt werden. Dieses Fehlen in einer Korrelation von Masse und Morphologie legt nahe, ein einheitliches Modell für alle kataklysmischen Veränderlichen vorzuschlagen.

Einige gut bekannte kataklysmische Veränderliche

Veränderlichentyp	Sterne	Scheinbare Helligkeit Min.	Max.	Umlaufperiode	Doppelstern-Natur	Bemerkung
Novae	GK Per	14,0	0,2	$16^h\,26^m$	DS	Na, 1901
	T Aur	15,8	4,1	$4^h\,54^m$	E	Nb, 1891
	DQ Her	14,2	1,3	$4^h\,39^m$	S, E	Nb, 1934
	RR Pic	12,8	1,2	$3^h\,29^m$	E (?)	Nb, 1925
	V603 Aql	10,8	$-1,1$	$3^h\,19^m$	S	Na, 1918
Rekurrierende Novae	T CrB	10,8	2,0	$227^d{,}5$	DS	
	WZ, Sge	15,5	7,0	$1^h\,22^m$	S, E	(1)
Zwergnovae U-Gem-Typ	RU Peg	13,1	9,0	$8^h\,54^m$	DS	
	SS Cyg	12,1	8,2	$6^h\,38^m$	DS	
	SS Aur	14,8	10,5	$4^h\,20^m$	S	
	U Gem	14,5	8,8	$4^h\,10^m$	S, E	
	Z Cha	15,2	12	$1^h\,47^m$	E	
Z-Cam-Typ	EM Cyg	14,4	11,9	$6^h\,59^m$	DS, E	
	Z Cam	14,5	10,2	$6^h\,56^m$	DS	
	RX And	13,6	10,3	$5^h\,05^m$	S	
	WW Cet	16,3 ?	9,3	$3^h\,50^m$	S	
novaähnliche Veränderliche	RW Tri	16,0	13,5	$5^h\,34^m$	E	
	UX UMa	13,8	12,7	$4^h\,43^m$	S, E	
	TT Ari	11,8	10,2	$3^h\,18^m$	S, E (?)	
	MV Lyr	14,0	10,5	$\sim 2^h$	S	
	VV Pup	17,1	14,6	$1^h\,40^m$	S, E	

Es bedeutet: DS = spektroskopischer Doppelstern, beiden Komponenten im Spektrum erkennbar; S = spektroskopischer Doppelstern, eine Komponente erkennbar; E = Bedeckungsdoppelstern. (1): wird auch als Zwergnova klassifiziert.

Einige rekurrierende Novae	Stern	Jahre der Ausbrüche	t_3	B-Helligkeit Max.	Min.
	U Sco	1866, 1906, 1936, 1979	6^d	$8^m{,}8$	$19^m{,}2$
	T CrB	1866, 1944	6	$2^m{,}0$	$11^m{,}60$
	RS Oph	1898, 1933, 1958, 1967	10	$4^m{,}3$	$12^m{,}47$
	VY Aqr	1907, 1962	15:	$7^m{,}8$	$16^m{,}7$
	T Pyx	1890, 1902, 1920, 1944, 1966	113	10,8 ; 7,2	$15^m{,}33$

t_3 = Abklingzeit der maximalen Ausbruchshelligkeit in 3 mag.

Das dargestellte Nova-Modell (s. 8.3.1), das einen Materie-strom von der Sekundärkomponente im engen Doppelstern-System zur Primärkomponente, einem Weißen Zwerg, unter-stellt und das aufzeigt, wie es zu einer explosionsartigen Ket-tenreaktion kommt, gilt auch für die rekurrierenden Novae. Warum sollte sich auch der Vorgang der Schichtbildung von „unverbranntem" Kernbrennstoff nicht wiederholen, zumal ja durch die Ausbrüche das Doppelstern-System unbeschadet bleibt.

Die Zwergnovae sind Sterne mit geringerer Helligkeitsfluktua-tion als die rekurrierenden Novae. Die Amplituden ihrer Hel-ligkeitsausbrüche liegen bei 2...6 mag und sie wiederholen sich in halbregelmäßigen Intervallen mit einer Zykluslänge von 10 Tagen bis einige Monate. Man unterscheidet zwei Hauptgruppen nach den Lichtkurven, die U-Geminorum- und die Z-Camelopardalis-Variablen. Aber genauere Analysen zei-gen, daß sicherlich noch 4...5 weitere Unterklassen unter den Zwergnovae existieren. Kataklysmische Veränderliche zeigen in ihren Lichtkurven kleine, unregelmäßige Helligkeits-schwankungen, man spricht von einem Flackern des Sterns. Dieses Flackern kann eine Modifikation des skizzierten Nova-Modells erklären. Der Materiestrom führt zur Ausbildung ei-nes Materierings um den Weißen Zwerg. Auf diesen Gasring trifft der durch den Librationspunkt L_1 gehende Materiestrom (s. a. 12.1.7) und erzeugt auf ihm einen „heißen Fleck". Es wird angenommen, daß die Helligkeitsschwankungen dieses heißen Flecks die Ursache für das beobachtete Flackern in den Licht-kurven der kataklysmischen Veränderlichen ist.

Stern mit spätem Spektraltyp

Weißer Zwerg mit Gasring

heißer Fleck

Modell eines Zwerg-nova-Systems

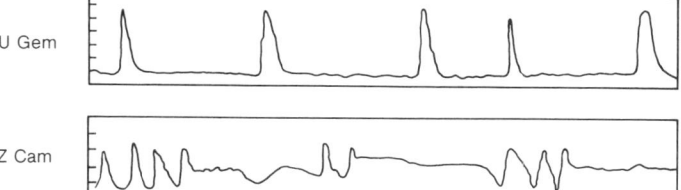

U Gem

Z Cam

Lichtkurven zweier Zwergnovae; Ordina-tenmaß 1 mag

8.4 Supernovae und Supernovaremnants

Novae und Supernovae sind Erscheinungen von völlig unter-schiedlicher Natur. Supernovae unterscheiden sich von den gewöhnlichen Novae zunächst dadurch, daß die Energie-beträge, die bei einem Ausbruch freigesetzt werden, zumindest um einen Faktor 10 000 größer sind. Supernovae sind also Er-eignisse von einer völlig anderen Größenordnung; sie sind aber auch ungleich seltener. Wie man gefunden hat, wird in unserer Galaxie nur etwa alle zwanzig Jahre eine Supernova aufleuchten. Da wir jedoch wegen der Extinktion im interstel-laren Medium nur einen kleinen Teil unseres Milchstraßen-systems übersehen, ist es nicht verwunderlich, daß es aus histo-

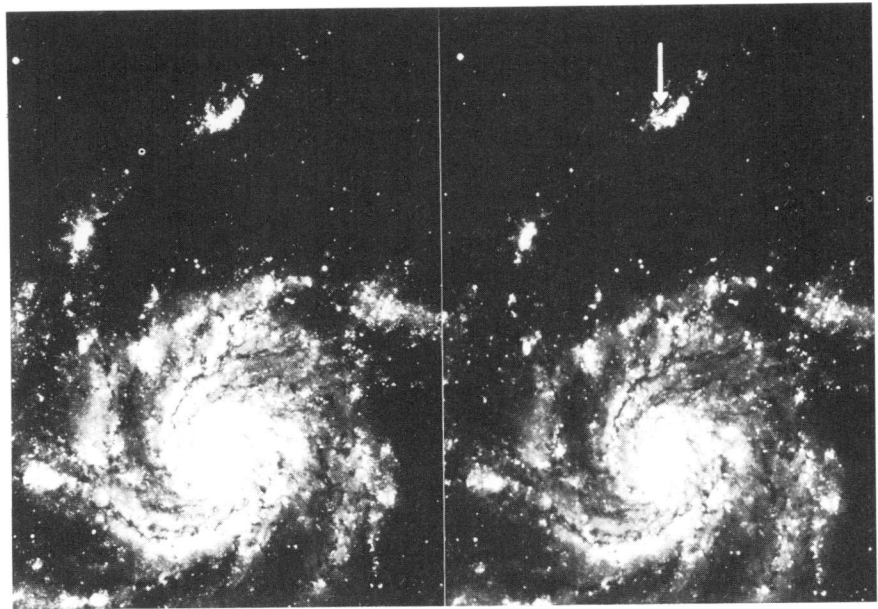

Das Aufleuchten einer Supernova im Spiralnebel M 101 vom Typ Sc (s. 14.3). Linke Aufnahme vom 9. 6. 1950, rechte Aufnahme vom 7. 2. 1951. Der Pfeil weist auf die Supernova in diesem Sternsystem. Die auf den Aufnahmen sichtbaren Einzelsterne sind Vordergrundsterne unseres Milchstraßensystems

rischer Zeit nur wenige Berichte über das Erscheinen eines „Neuen Sternes" gibt, bei denen – vor allem wegen der Dauer des Aufleuchtens – ein Supernovaereignis als Ursache angenommen werden muß.

1885 wurde im Andromedanebel (M 31) die erste extragalaktische Supernova entdeckt. Seither wurden durch systematische Überwachung extragalaktischer Systeme über 400 Supernovae aufgefunden, von denen etwa 100 genauer beobachtet worden sind. Abgesehen von der Analyse von Supernovaüberresten (Supernovaremnants, s. 8.4.3) in unserer eigenen Galaxie beruhen unsere Kenntnisse fast ausschließlich auf Untersuchungen extragalaktischer Supernovae.

Galaktische Supernovae

Jahr des Ausbruchs	Stern-bild	Dauer des Ausbruchs (Monate)	m_{max}; Klassifikation	gal. Koordination des Supernova-remnants		historische Quellen entdeckt in
				l	b	
185	Centaurus	20	−8	315,4	−2,3	China
393	Scorpius	8	−1	348,5	+0,1	China
				oder		
				348,7	+0,3	
1006	Lupus	einige Jahre	−8 ... −10; I:	327,6	+14,5	China, Japan Europa, Arabien

8.4 Supernovae und Supernovaremnants

Jahr des Ausbruchs	Stern-bild	Dauer des Ausbruchs (Monate)	m_{max}; Klassi-fikation	gal. Koordination des Supernova-remnants l	b	historische Quellen entdeckt in
1054	Taurus	22	-5; II:	184,6 (M1, Crabnebel)	$-5,8$	China, Japan
1181	Cassiopeia	6	0; II:	130,7	$+3,1$	China, Japan
1572	Cassiopeia	18	-4; I:	120,1	$+1,4$	China, Korea, Europa (Tycho Brahe)
1604	Ophiuchus	12	$-2,5$; I:	4,5	$+6,8$	China, Korea Europa (Kepler)
Ende des 17. Jahr-hunderts	Cassiopeia nicht beobachtet			111,7 (Cassiopeia A)	$-2,1$	–

8.4.1 Klassifikation der Supernovae

Vor allem durch die Arbeiten von Minkowski hat man gelernt, daß es zwei Typen von Supernovae gibt, deren Eigenschaften hier in tabellarischer Form gegenübergestellt werden.

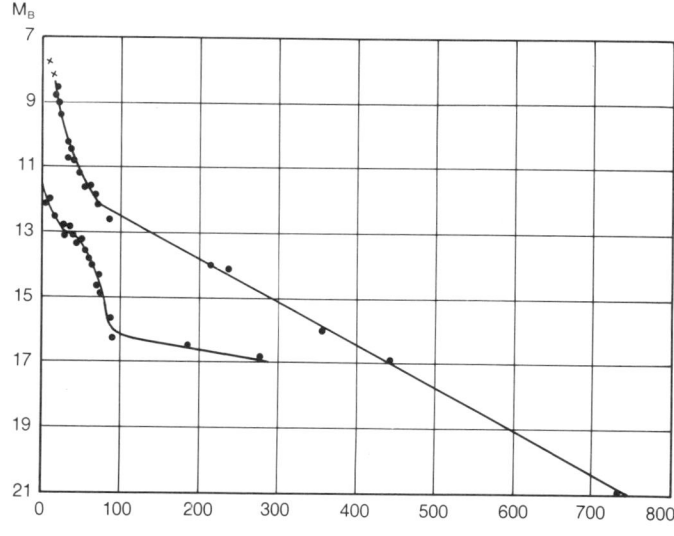

M_B

Tage nach dem Hellig-keitsmaximum. Schematische Darstel-lung der Lichtkurven von Supernovae. obere Kurve: Typ I (SN I) untere Kurve: Typ II (SN II)

Supernovae vom Typ I (SN I)	Supernovae vom Typ II (SN II)
SN I bilden eine sehr homo-gene Gruppe	SN II bilden eine weniger ho-mogene Gruppe
SN I kommen in allen Typen von Galaxien vor, auch in solchen vom Typ E	SN II sind nur in Spiralarmen beobachtet worden.
$M_{B max} = -19,1$	$M_{B max} = -17,0$

(Fortsetzung folgende Seite)

Supernovae vom Typ I (SN I)	Supernovae vom Typ II (SN II)
Auf einen relativ raschen Helligkeitsabfall innerhalb der ersten 30 Tage nach der Maximalhelligkeit folgt ein sehr langsamer exponentieller Helligkeitsabfall von etwa 0,0137 mag/Tag. Er wurde teilweise über Jahre hinweg beobachtet.	Die Lichtkurve der SN II ist komplexer als die der SN I. Auf einen Anstieg in wenigen Tagen folgt ein etwa 25 Tage dauernder steiler Abfall. Dann bleibt über etwa 50...100 Tage die Helligkeit relativ konstant. Es schließt sich ein steiler Abfall der Helligkeit an.
Charakteristisch für die SN I ist ein kompliziertes, stark gegliedertes Spektrum, wobei noch unklar ist, ob die Gliederung durch aufgesetzte Emissionslinien oder durch Absorptionen verursacht ist. Die sehr breiten Linien konnten bisher noch nicht mit Sicherheit identifiziert werden. In den späteren Phasen der Entwicklung scheint das Kontinuum unwichtig und das Spektrum durch einige Gruppen von starken Emissionslinien beherrscht zu werden.	Kurz nach dem Ausbruch entspricht die Energieverteilung im Spektrum einer Temperatur von etwa 12 000 K. Später kühlt die strahlende Hülle auf etwa 6 000 K ab und wird dann transparent. Dies wird als Ursache des raschen Helligkeitsabfalls angesehen. Es entwickelt sich in dieser Phase ein Emissionslinienspektrum. Die durch Dopplereffekte meßbaren Expansionsgeschwindigkeiten der Hülle liegen bei etwa 5 000...10 000 km/s.

8.4.2 Die Mechanismen der Supernovaexplosionen

Bei Supernovaexplosionen werden Energien der Größenordnung 10^{43} bis 10^{44} Joule freigesetzt. Sie sind damit durchaus vergleichbar mit den Energien, die dem Stern im Laufe seiner gesamten Entwicklung an Kernenergie aus dem Wasserstoffbrennen zur Verfügung steht. Der Ausbruch muß allein schon aus diesen Gründen ein einschneidendes Ereignis in der Entwicklung des Sternes bedeuten, möglicherweise sein Ende.

Man kann des weiteren davon ausgehen, daß nicht jeder Stern im Laufe seiner Entwicklung einen Supernovaausbruch erfährt. Sterne unterhalb einer bestimmten Grenzmasse (die irgendwo zwischen $4\mathfrak{M}_\odot$ und $8\mathfrak{M}_\odot$ liegen dürfte) werden wegen ihres Massenverlustes im Riesenstadium (s. 8.5) und durch Abstoßen einer Hülle (ein Prozeß, der zur Bildung eines Planetarischen Nebels führt) das Endstadium der Weißen Zwerge erreichen. Diese Entwicklung, die eher stetig verläuft, gibt keinen Raum für Supernovaereignisse. Nur die massereichen Sterne sind also als mögliche Kandidaten für Supernovaexplosionen anzusehen.

Unglücklicherweise sind die Eigenschaften der Sterne vor dem Supernovaausbruch der Beobachtung nicht zugänglich gewesen. Man ist damit in Bezug auf das Stadium vor dem Ausbruch auf Überlegungen angewiesen, die sich alle auf eine Statistik der Supernovaereignisse stützen, und diese zeigt zunächst, daß die Supernovae vom Typ I (SN I) und diejenigen vom Typ II (SN II) klar unterschieden werden müssen. Eine Auswertung der bisher genauer untersuchten extragalaktischen Supernovae ergibt folgende Supernovaraten (Supernovaereignisse bezogen auf 10^{10} Sonnenleuchtkräfte (im blauen Spektralbereich) in 100 Jahren).

Supernovaereignisse pro 10^{10} $L_{B,\odot}$ pro 100 Jahre

in Galaxien vom Typ	SN I	SN II
E, S0	0,22	–
Sa – Sc	0,67	0,50

SN I kommen also in allen Typen von Galaxien vor, sie müssen deshalb einer alten Sternpopulation zugerechnet werden, in der massereiche Sterne nicht mehr vorkommen, da diese ihre Entwicklung längst abgeschlossen haben müssen. SN II gehören dagegen zu einer jungen Sternpopulation, sie können also massereiche Sterne sein. Man wird demnach erwarten, daß auch die Mechanismen der Ausbrüche der SN I und der SN II klar unterschieden werden können.

SN II-Ereignisse, Bildung von Neutronensternen

Bezüglich der SN II ist man der Meinung, daß in der letzten Phase der Entwicklung dieser massereichen Sterne, also im Stadium der roten Überriesen, die Energie verbrauchende Kernreaktion

$$^{56}\text{Fe} \longrightarrow 13\ ^4\text{He} + 4\,\text{n}$$

abläuft, da die Bindungsenergie der Reaktionspartner an das Gravitationsfeld des Sternes größer wird als die Energie ihrer Bindung im ^{56}Fe-Kern. Dadurch kommt es zu einem Kollaps, der nur wenige Millisekunden dauert, und in dessen Verlauf sich im Zentrum ein Neutronenstern (s. 8.7) bildet. Die Energie der Bindung der Teilchen im Gravitationsfeld kann durchaus etwa ein Zehntel ihrer Ruheenergie $m \cdot c^2$ erreichen. Für einen Stern von fünffacher Sonnenmasse stünden damit etwa 10^{47} Joule zur Verfügung.

Die Schwierigkeit einer Supernovatheorie aufgrund dieser Vorstellung liegt nun in der Frage, auf welche Weise ein genügend großer Bruchteil der in den äußeren Regionen nachströmenden Materie in ihrer Bewegungsrichtung umgekehrt und ausgeworfen wird. Umfangreiche hydrodynamische Rechnungen lassen es als möglich erscheinen, daß eine nach außen laufende Stoßwelle, in der selber wieder Kernreaktionen stattfinden, in der Lage wäre, diese Energieübertragung zu leisten. Überzeugend nachgewiesen werden konnte dies bisher

SNI-Ereignisse

jedoch nicht. Die Situation nach einem derartigen SN II-Ereignis wäre jedenfalls ein neugeborener Neutronenstern (also ein Pulsar) und eine mit hoher Geschwindigkeit ($\approx$ 4000 km/s) expandierende Hülle, deren Masse von der Größenordnung 1...10$\mathfrak{M}_\odot$ sein sollte.

SN I-Ereignisse sind nach dem obengenannten – im Gegensatz zu SN II-Ausbrüchen – einer alten Sternpopulation und damit notwendigerweise Sterne geringerer Masse zuzuordnen. Andererseits wäre die im Verhältnis zur Zahl der massearmen Sterne geringe Häufigkeit der SN I-Erscheinungen unverständlich, wenn jeder massearme Stern zu einer SN I würde. Die durch diese Überlegungen gegebenen einschränkenden Bedingungen haben zu folgenden Modellvorstellungen geführt:

Bei Sternen mittlerer Masse, möglicherweise in einem engen Massenintervall, das im Bereich von etwa 4...9 $\mathfrak{M}_\odot$ liegen könnte, bildet sich gegen Ende ihrer Entwicklung ein Kern aus, der im wesentlichen aus ^{12}C und/oder ^{16}O besteht, und in welchem das Elektronengas entartet ist. Setzt in ihm Kohlenstoffbrennen ein, so fehlt wegen der Entartung des Elektronengases die Selbstregulation. Es kommt unter Bildung von Kernen mit maximaler Bindungsenergie z. B. ^{56}Ni zu einer Explosion, die möglicherweise zur vollständigen Zerstörung des Sternes führt.

Das genannte Nickelisotop ^{56}Ni ist dadurch ausgezeichnet, daß die Zahl Z der Protonen im Kern und die der Neutronen N jeweils den „magischen" Wert 28 hat. Damit hat ^{56}Ni unter allen Kernen mit gleicher Protonen- und Neutronenzahl die höchste Bindungsenergie. Es ist aber β-instabil und wandelt sich nach folgendem Schema in ^{56}Fe um:

	^{56}Ni $\longrightarrow$	^{56}Co $\longrightarrow$	^{56}Fe
Zerfallzeit:		6,1 Tage	77 Tage
Energieabgabe in Form von γ-Quanten:		1,72 MeV	3,59 MeV

Die sehr langsame, exponentielle Helligkeitsabnahme der expandierenden Hülle der SN I könnte dadurch erklärt werden, daß man ihre Helligkeit auf die Energie zurückführt, die durch diesen radioaktiven Zerfall freigesetzt wird.

8.4.3 Supernovaremnants (SNR)

Die bei Supernovaexplosionen abgestoßenen Hüllen werden als Supernovaremnants bezeichnet. Sie dehnen sich mit Geschwindigkeiten von einigen tausend Kilometern in der Sekunde in den Raum hinein aus und sind damit Träger eines riesigen Betrages von kinetischer Energie ($\approx 10^{44}$ Joule).

An der Front dieser Hülle, die sie also gegen das interstellare Medium abgrenzt, bildet sich eine Stoßwelle aus, in der die Temperatur bis auf einige Millionen Kelvin ansteigt. Dies führt zur thermischen Emission von weicher Röntgenstrahlung. Diese Strahlung ist beobachtet worden. Aus ihrer spek-

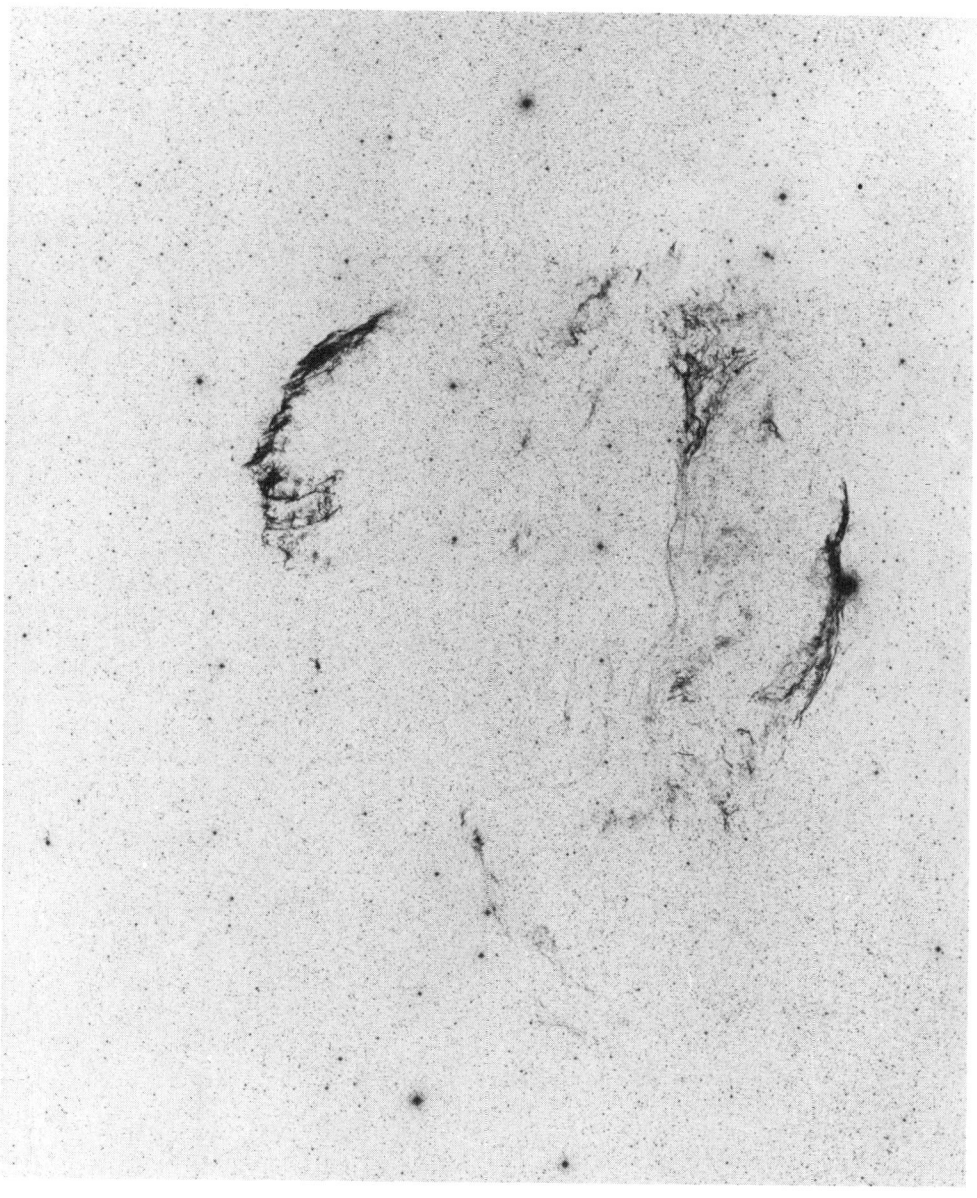

Diese Aufnahme mit dem 48-inch-Teleskop des Hale-Observatoriums zeigt den Cirrus-Nebel, ein nach Süden offenes, ringförmiges Objekt von etwa 2°.7 Durchmesser. Aus Vergleichen zwischen zu verschiedenen Epochen aufgenommenen Platten konnte eine radiale Expansion des Nebels nachgewiesen werden.
Der Cirrus-Nebel ist Überrest einer Supernova, deren Aufleuchten vor etwa 300 000 Jahren stattgefunden hat. Starke Radiostrahlung geht von diesem Supernovaremnant aus. Links der Nebel NGC 6992-95, rechts NGC 6960, dazwischen die feine Filamentstruktur von NGC 6979

tralen Energieverteilung wurden die in der Tabelle angegebenen Temperaturen berechnet.

Im optischen Spektralbereich leuchten die SNR im Lichte zahlreicher Emissionslinien. Zwischen verschiedenen SNR gibt es aber charakteristische Unterschiede: Die leuchtende Materie in jungen SNR ist im wesentlichen die Materie, welche die Supernova selber ausgeworfen hat; Materie, die also durch die abgelaufenen Kernprozesse in ihre Zusammensetzung verändert worden ist. Es sind so z. B. in der jungen SNR Cas A leuchtende Knoten beobachtet worden, in deren Spektren fast nur Sauerstoff und andere schwere Elemente nachgewiesen werden konnte, dagegen kein Wasserstoff, immerhin das häufigste Element im Kosmos. In alten SNR ist auf der anderen Seite durch die expandierende Hülle so viel interstellares Gas aufgesammelt worden, daß ihre chemische Zusammensetzung mehr der des interstellaren Mediums entspricht. Auch das ist spektroskopisch nachgewiesen worden. Man unterscheidet also aufgrund dieser spektroskopischen Kriterien junge und alte SNR.

Auch im radioastronomischen Wellenlängenbereich werden SNR beobachtet. Hier zeigt sich deutlich, daß die Strahlung aus dem Gebiet der Fronten stammt, welche die expandierenden Gasmassen gegenüber dem interstellaren Medium abgrenzen (s. Abb. Tycho's SNR). Aber die Radiobeobachtungen haben auch gezeigt, daß es einen anderen Typ von Supernovaremnants gibt, einen, bei dem die Strahlung aus dem ganzen Volumen kommt. Es sind dies die sog. gefüllten SNR. Der

Beispiel eines Röntgenspektrums des Supernovaremnants Puppis A, gemessen mit dem Röntgensatelliten HEAO II (Einstein) (nach Winkler u. a. 1981)

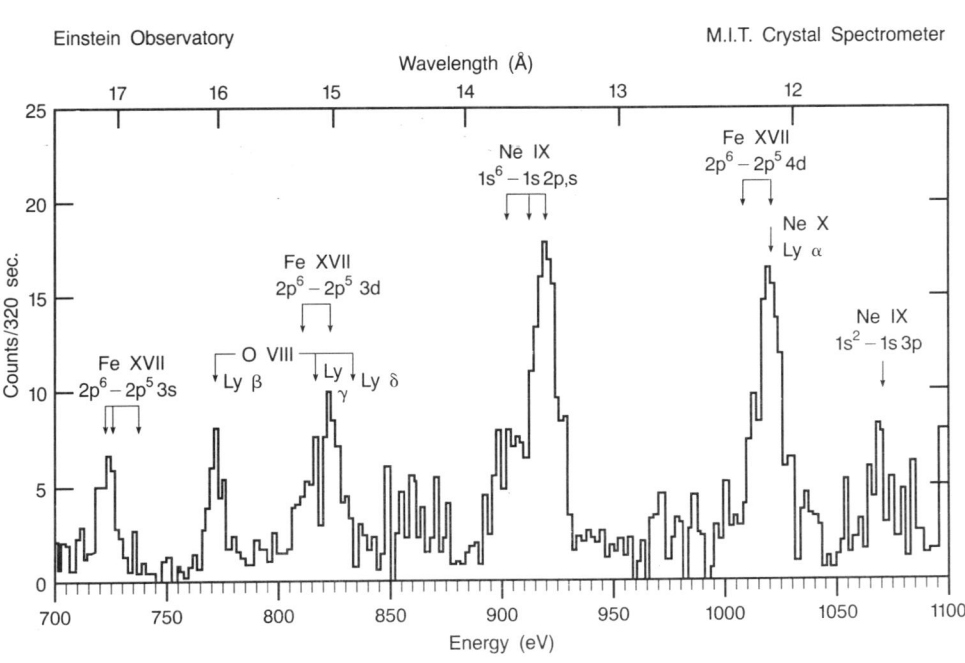

8.4 Supernovae und Supernovaremnants

Isophoten des Crab-nebels in der Frequenz 5 000 MHz gemessen. Der Crabnebel ist ein typisches Beispiel für ein gefülltes Supernova-remnant. Das Kreuz bezeichnet den Ort des Crabpulsars

Tycho's Supernova-remnant in hoher Win-kelauflösung. Frequenz 4 995 MHz. Dies ist ein Beispiel für ein leeres Supernovaremnant

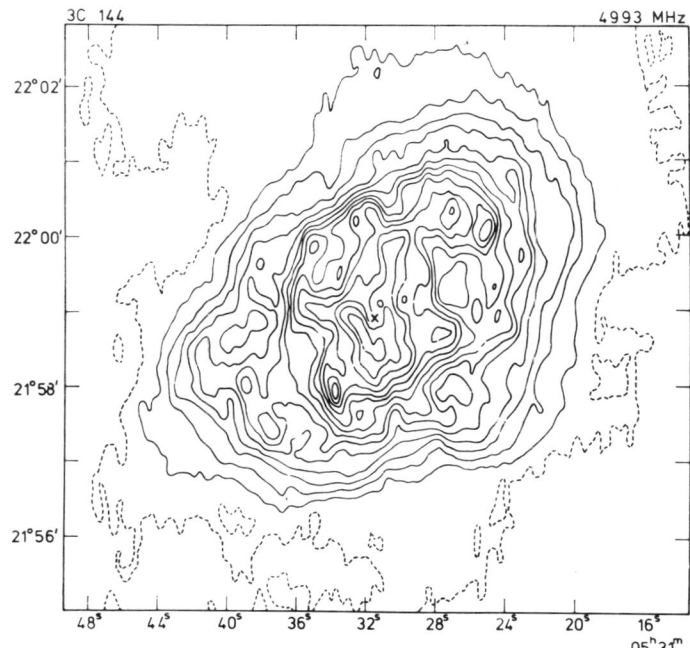

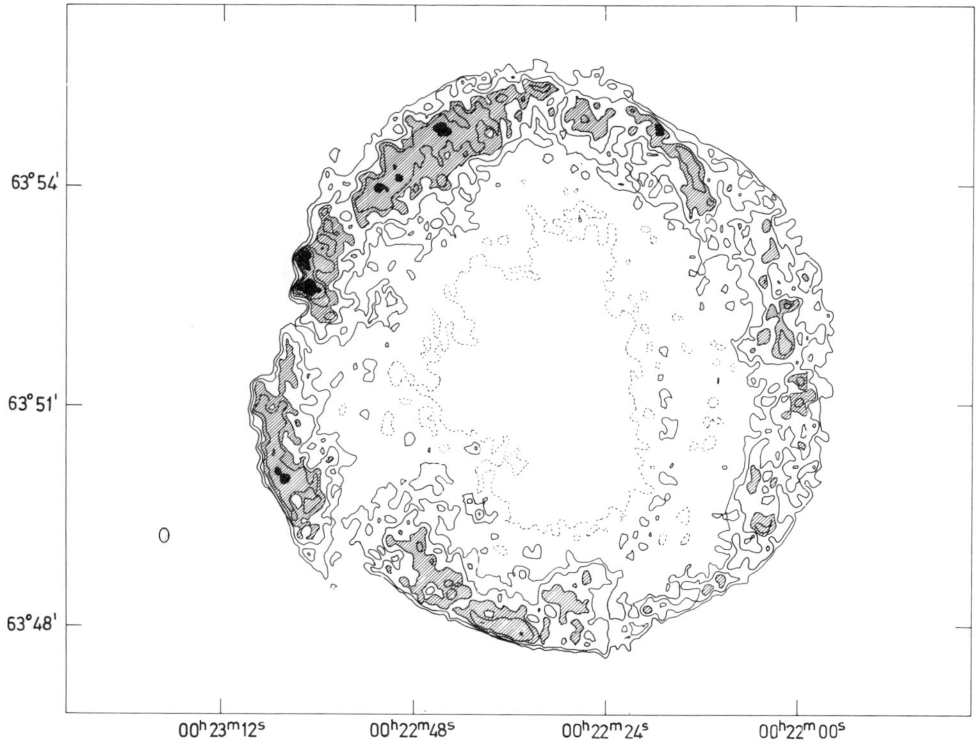

Röntgenemission im Bereich von 2...10 KeV von Supernovaremnants

SNR	Entfernung [Kpc]	Ausdehnung [pc]	Leuchtkraft [10^{28} Watt]	Temperatur [10^6 K]
Tycho's	3	6	10	10
Puppis	2,2	17	0,7	7
Vela	0,5	40	< 0,04	4,3
Cygnus	0,77	38	< 0,1	3,1
Cas A	2,8	4,5	12	15
IC 443	1,5	17	0,2	17
SN 1006	1,3	8,8	0,1	45

M 1, bekannt unter dem Namen Crab-Nebel (Krabbennebel), so genannt wegen seiner Form und seiner filamentartigen Strukturen. Dieser Nebel dehnt sich radial um 0″.21 pro Jahr aus; danach muß M 1 vor ca. 900 Jahren ein sternförmiges Objekt gewesen sein, und zwar an der Stelle des Himmels, an der chinesische und japanische Astronomen im Jahre 1054 das Aufleuchten einer Supernova beobachteten. Siehe auch nebenstehende Abbildungen

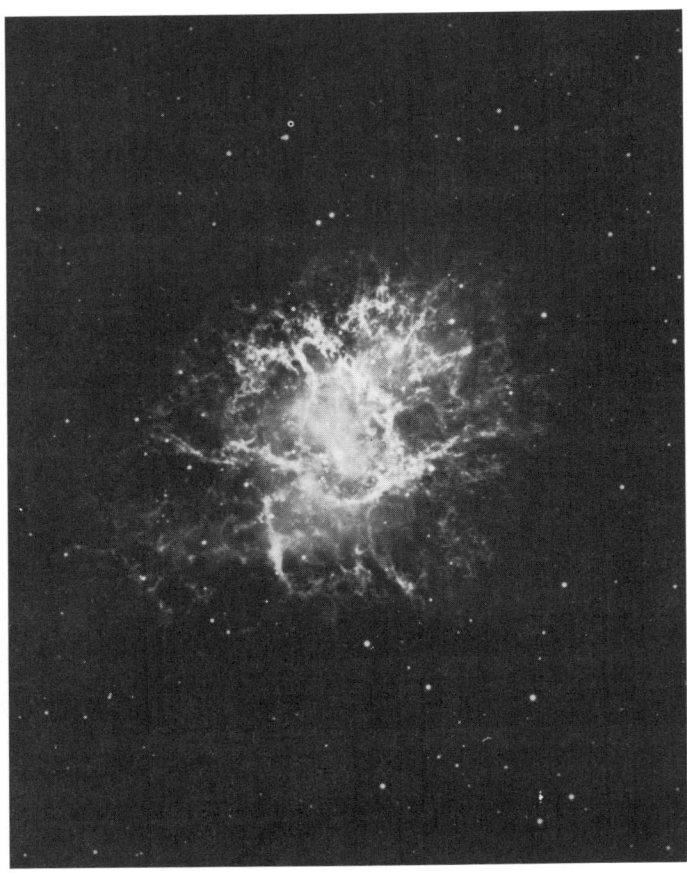

Crabnebel (s. Abb.) ist von diesem Typ. Man ist der Auffassung, daß in den gefüllten SNR ein Pulsar (s. 8.7) steht – der Kern des Sternes, durch dessen Explosion die ganzen Erscheinungen verursacht wurden – der die Energie für die Füllung der SNR nachliefert. Noch sind die Zusammenhänge nicht gesichert, aber es wird vermutet, daß die Supernovae vom Typ II zu den gefüllten SNR führen könnten. Die Radiostrahlung dieser SNR ist übrigens Synchrotronstrahlung, also nichtthermischen Ursprungs (s. A 1.7.9).

Genau ein Jahr nach der Entdeckung der Pulsare als neuer Klasse astronomischer Objekte gelang die erste Identifizierung eines Pulsars mit einem bekannten Objekt. Der Pulsar NP 0532, entdeckt am NRAO in Green Bank, USA, ist identisch mit dem Zentralstern des Crab-Nebels. Er ist der südliche der beiden im Zentrum des Nebels stehenden Sterne (Pfeil). Diese Sterne sind auch auf der nebenstehenden Gesamtaufnahme des Crab-Nebels auszumachen

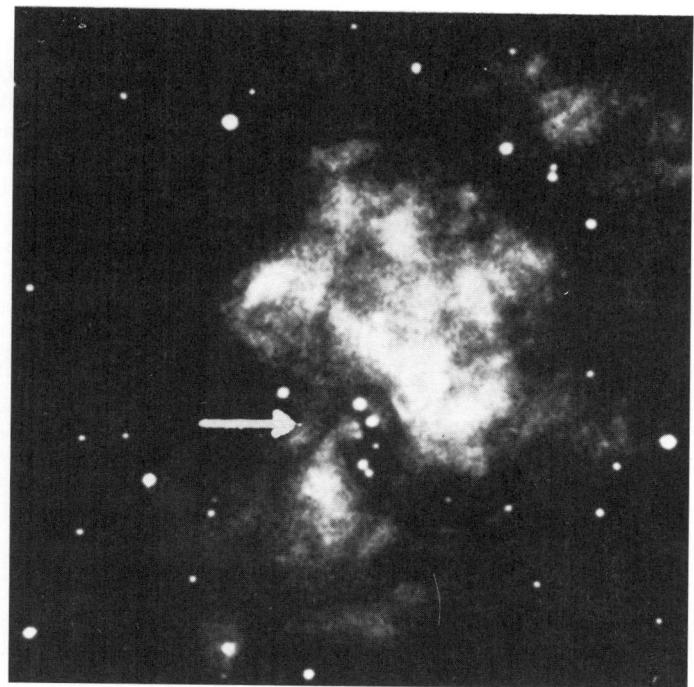

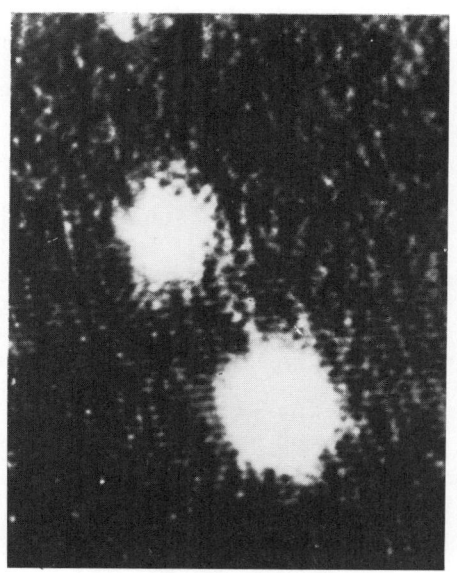 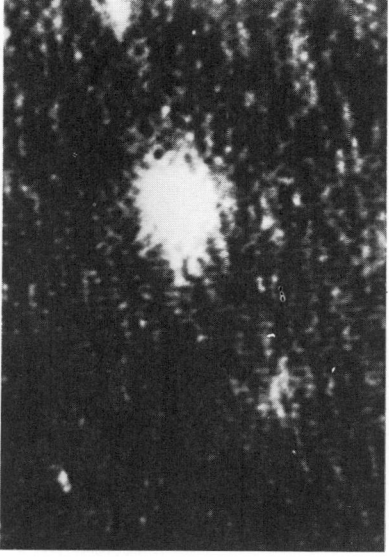

Der Zentralstern des Crab-Nebels sendet mit seinen Radiopulsen synchron auch Lichtpulse von 3,3 ms Dauer aus (links). In der Zeit zwischen zwei Pulsen (ca. 30 ms) ist der Stern etwa drei Größenklassen schwächer (rechts). Aufnahmen vom Lick-Observatorium aus dem Jahre 1969

Diese Tatsache deutet auf einen weiteren wichtigen nichtthermischen Prozeß hin, den die SNR bewirken: die Beschleunigung geladener Teilchen auf relativistische Energien. Man kann zeigen, daß die außerordentlich starken Stoßwellen, wenn im Gas auch nur sehr schwache magnetische Felder eingebettet sind, in der Lage sind, energiereiche geladene Teilchen zu reflektieren und dabei ihre Energie zu erhöhen. Dies wäre ein modifizierter Fermiprozeß (s. 10.8). Die Supernovarate in unserer Galaxie würde ausreichen, um die Energieverluste der kosmischen Strahlung auf diesem Wege auszugleichen.

8.5 Planetarische Nebel und ihre Zentralsterne

Ihre geringe Winkelausdehnung (meist kleiner als eine Bogenminute) und ihre grünliche Farbe, die an die der Planeten Uranus und Neptun erinnert, haben diesen Objekten den Namen gegeben. Sie umgeben als kleine, blasse, teilweise ringförmige Nebel einen Zentralstern, von dem die Strahlung ausgeht, welche den Nebel zum Leuchten anregt. Dieser Zentralstern ist allerdings wesentlich schwächer als der Nebel selber und nicht immer beobachtbar.

Insgesamt sind etwa 1 000 Planetarische Nebel bekannt. Sie sind nicht sehr stark zur galaktischen Ebene, aber ganz ausgeprägt zum galaktischen Zentrum, konzentriert und bilden also ein wenig abgeplattetes System. Damit müssen Planetarische Nebel der Sternpopulation II zugeordnet werden. Insgesamt dürfte es in unserer Galaxie über 10 000 derartige Objekte geben.

Planetarische Nebel mit Eigennamen

NGC 650/51	= M 76	Kleiner Hantel-Nebel
NGC 3587	= M 97	Eulen-Nebel
NGC 6720	= M 57	Ring-Nebel
NGC 6853	= M 27	Hantel- oder Dumbbell-Nebel

Das Licht der Planetarischen Nebel wird fast ausschließlich in Form von Emissionslinien ausgestrahlt, deren Anregung auf die Strahlung des Zentralsternes zurückgeht.

Die Oberflächentemperatur dieser Sterne ist sehr hoch. Sie wird nach einer auf Zanstra zurückgehenden Methode bestimmt. Durch die Strahlung des Sternes im Wellenlängenbereich $\lambda < 912$ Å wird der Wasserstoff im Planetarischen Nebel ionisiert, wobei der Nebel (wenn er in diesem Bereich optisch dick ist) alle derartigen, vom Zentralstern ausgehenden, Lichtquanten absorbiert. Durch jede Absorption wird ein Elektron freigesetzt, das dann nach der Rekombination (die überwiegend in die höheren Zustände erfolgt) bei den nachfolgenden Emissionsübergängen mit hoher Wahrscheinlichkeit auch die Aussendung eines Lichtquants in der roten Wasserstofflinie $H\alpha$ bewirkt. Damit ist die Helligkeit des Nebels in $H\alpha$ ein direktes Maß für die Helligkeit des Sternes im Bereich

Der Planetarische Nebel NGC 7009 im Sternbild Aquarius (Wassermann); die Aufnahme ist als Negativ (so, wie der Astronom sie bearbeitet) wiedergegeben

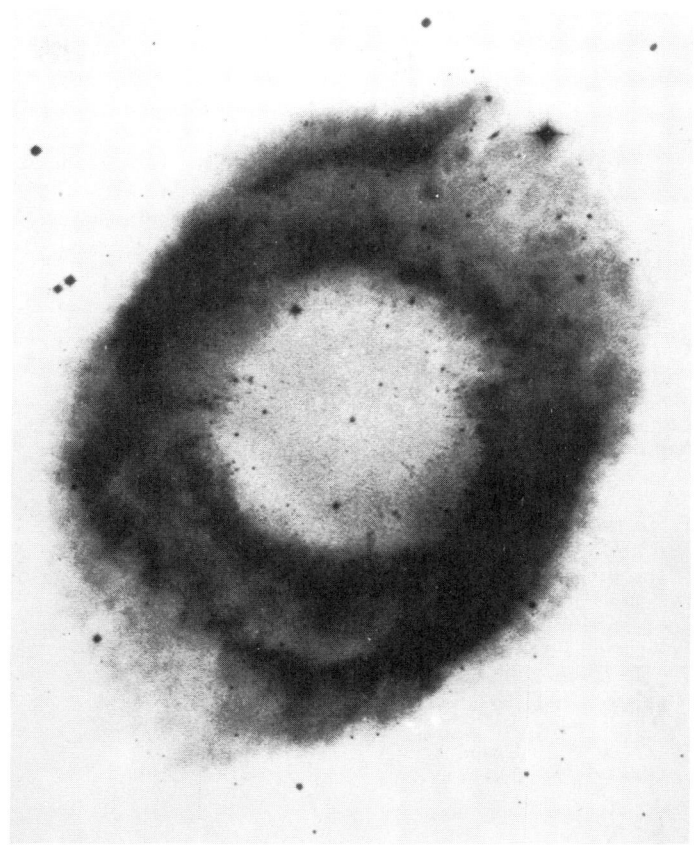

Daten einiger Planetarischer Nebel

Objekt	α (1950)	δ (1950)	P-K	D [kpc]	d''	m_*	Spektrum$_*$
NGC 40	$00^h\ 10^m\ 18^s$	$+72°\ 14'\ 35''$	$120+\ \ 9°1$	1,78	$36''$	11,6	WC 8
NGC 1535	$04^h\ 11^m\ 57^s$	$-12°\ 51'\ 42''$	$206-40°1$	3,1	$18''4$	11,6	O7
IC 418	$05^h\ 25^m\ 10^s$	$-12°\ 44'\ 15''$	$215-24°1$	0,76	$12''4$	9,57	O7 fp
NGC 2022	$05^h\ 39^m\ 22^s$	$+09°\ 03'\ 54''$	$196-10°1$	3,56	$19''6$	14,9	Kontinuum
NGC 2392	$07^h\ 26^m\ 13^s$	$+21°\ 00'\ 51''$	$197+17°1$	2,0	$46''$	10,54	O7 f
NGC 3242	$10^h\ 22^m\ 21^s$	$-18°\ 23'\ 23''$	$261+32°1$	1,70	$20''$	$>11,3$	Kontinuum
NGC 4361	$12^h\ 21^m\ 55^s$	$-18°\ 30'\ 32''$	$294+43°1$	0,8	$42''$	12,9	O6
NGC 6543	$17^h\ 58^m\ 34^s$	$+66°\ 38'\ 05''$	$96+29°1$	1,11	$20''$	10,8	O7 + WR
NGC 6572	$18^h\ 09^m\ 42^s$	$+06°\ 50'\ 37''$	$34+11°1$	0,90	$12''4$	$>11,0$	Of + WR
NGC 6826	$19^h\ 43^m\ 27^s$	$+50°\ 24'\ 11''$	$83+12°1$	2,27	$26''$	10,2	O6 fp
NGC 7009	$21^h\ 01^m\ 28^s$	$-11°\ 33'\ 54''$	$37-34°1$	1,89	$18''$	11,5	Kontinuum
NGC 7662	$23^h\ 23^m\ 30^s$	$+42°\ 15'\ 36''$	$106-17°1$	1,54	$15''$	12,5	Kontinuum

P-K:	Bezeichnung im Perek-Kohoutek-Katalog (1967)
D:	Entfernung in kpc
d'':	Winkeldurchmesser in Bogensekunden
m_*:	scheinbare Blau-Helligkeit des Zentralsterns
Spektrum$_*$:	Spektrum des Zentralsterns

$\lambda < 912$ Å, also im extremen UV. Vergleicht man also die Hα-Helligkeit des Nebels mit der Helligkeit des Zentralsterns im sichtbaren Bereich, so erhält man eine Art Farbindex. Man findet für die zugehörigen Farbtemperaturen Werte zwischen 40 000 und 100 000 K. Damit gehören die Zentralsterne in die Klasse der O-Sterne. Einige zeigen die typischen Eigenschaften von Wolf-Rayet-Sternen (s. 8.8).

Die Spektren der Planetarischen Nebel werden im Abschnitt 10.3 zusammen mit denen der leuchtenden Gasnebel besprochen.

Die Zentralsterne der Planetarischen Nebel im HR-Diagramm (nach O'Dell). Die Länge der horizontalen und vertikalen Striche gibt die Unsicherheiten der Bestimmung ihrer Temperatur und Leuchtkraft an. In das Diagramm ist ferner eingezeichnet die Lage der Hauptsequenz der Population I-Sterne, der Horizontalast des Population II-HR-Diagramms, sowie (als Quadrate) die Position einiger Weißer Zwerge

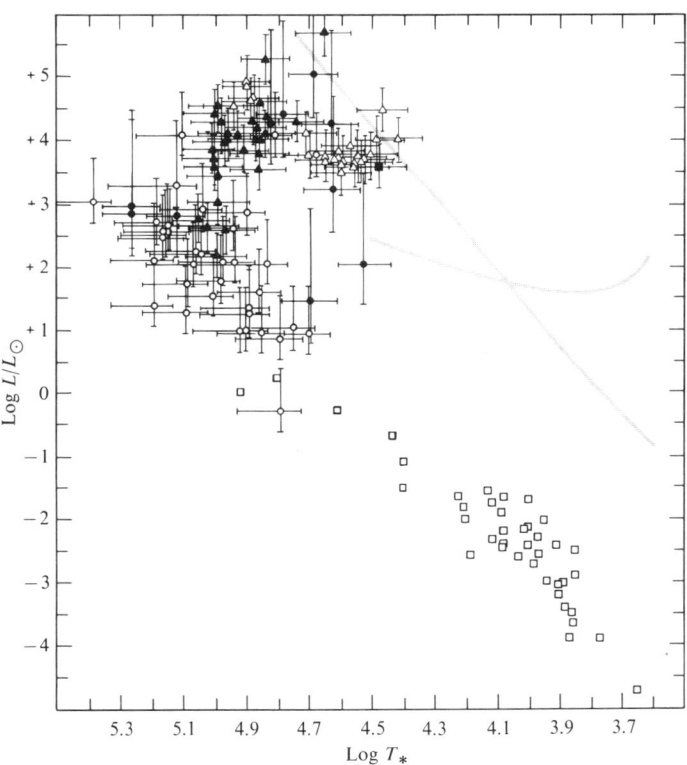

Die Entfernungen der Planetarischen Nebel sind relativ schwierig zu bestimmen und die indirekten, für diese Nebel spezifischen Verfahren sind nicht frei von Hypothesen. Sind jedoch die Entfernungen einmal bekannt, so erhält man aus der Sternhelligkeit und der Temperatur die Oberflächengröße und damit die Radien der Sterne, aus den Winkelausdehnungen die linearen Größen und damit die Volumen der Nebel. Zusammen mit der Theorie des Nebelleuchtens liefern Volumen und Helligkeit die Masse der Nebel. Die Zustandsgrößen der Zentralsterne und der Nebelhüllen können also einigermaßen zuverlässig bestimmt werden.

Man findet, daß die Zentralsterne im HR-Diagramm unterhalb der frühen Hauptsequenz, aber noch oberhalb der Se-

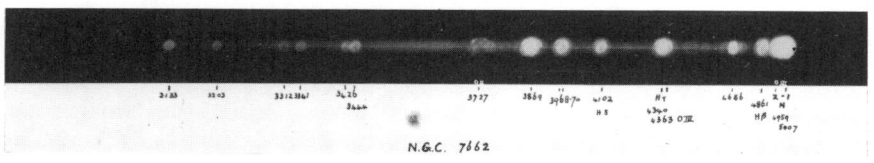

N.G.C. 7662

*Der Planetarische Nebel M 97, wegen seiner zwei dunklen Höh-
len auch ,,Eulen-Nebel" genannt.
Darunter ein Spektrum eines Planetarischen Nebels, das aus
einzelnen monochromatischen Linien besteht, die sich als Ringe
darstellen, weil es sich um ein flächenhaftes Objekt handelt. Das
durchgehende Spektrum gehört zu einem F-Stern*

quenz der Weißen Zwerge liegen, und zwar um so näher zur Sequenz der Weißen Zwerge, je ausgedehnter der umgebende Nebel ist. Daraus muß man schließen, daß Planetarische Nebel in der Sternentwicklung zumindest als eines der möglichen Vorstadien der Weißen Zwergsterne anzusehen sind. Die Vorstellung ist etwa die, daß Rote Riesen mit einer starken Massenkonzentration im Kern und einer ausgedehnten dünnen Hülle einen Teil des Hüllenmaterials abstoßen. Dieser Teil ergibt dann den expandierenden Nebel. Die Hülle wird mit zunehmender Expansion durchsichtig und gibt den Blick auf den Zentralstern (den ehemaligen Kern des Roten Riesen) frei. Man ist der Auffassung, daß diese Entwicklung zwar rasch, aber doch stetig verläuft. Auf jeden Fall sind Planetarische Nebel recht kurzlebige Objekte. Teilt man, um einen Anhalt für die Größenordnung der Entwicklungszeiten zu haben, die Ausdehnung (typischer Wert 0,7 pc) durch die aus Dopplerverschiebung bestimmte Expansionsgeschwindigkeit (etwa 20 km/s), so erhält man ein Alter von rund 10^{12} Sekunden oder etwa 30 000 Jahre. Die beobachtete Dichte (in der Sonnenumgebung) von etwa $1,4 \cdot 10^{-8}$ Planetarische Nebel pro pc^3 erfordert dann eine Geburtsrate von etwa $4 \cdot 10^{-13}$ Planetarische Nebel pro pc^3 und Jahr.

8.6 Weiße Zwerge

Eine der großen Überraschungen in der Astrophysik war es, als Adams 1914 fand, daß der Siriusbegleiter (Sirius B), dessen Leuchtkraft kleiner als ein hundertstel der Leuchtkraft der Sonne ist, seinem Spektrum nach, ein heißer Stern sein muß. Es gibt also weiße oder blaue Sterne, die im HR-Diagramm etwa 10 Größenklassen unter der Hauptsequenz liegen, deren Leuchtkraft damit um einen Faktor 10 000 kleiner ist als die der entsprechenden Hauptsequenzsterne. Da bei gleicher Farbe, also bei gleicher Temperatur, die Leuchtkräfte der Sterne sich etwa wie deren Oberflächen verhalten, müssen die Radien dieser Sterne um einen Faktor 100 kleiner sein, als die der Hauptsequenzsterne gleichen Spektraltyps. Diese kleinen Objekte, die ihrer Größe nach durchaus mit erdähnlichen Planeten vergleichbar sind, werden als „Weiße Zwerge" bezeichnet.

8.6.1 Beobachtungsdaten über Weiße Zwerge und ihre Interpretation

Besonders bemerkenswert ist, daß die Massen der Weißen Zwerge durchaus mit den Massen der Hauptsequenzsterne vergleichbar sind. Aus der Analyse der Bahnbewegung von Doppelsternen, deren eine Komponente ein Weißer Zwerg ist, lassen sich Massen zwischen etwa $1/10$ und einer Sonnenmasse ableiten, wobei die meisten Weißen Zwerge mit nur geringer Streuung bei etwa $0,5 \ldots 0,6 \mathfrak{M}_\odot$ liegen. Sirius B, einer der bekanntesten Weißen Zwerge, liegt mit $1,05 \mathfrak{M}_\odot$ nahe der oberen Grenze.

Aus Masse und Radius ergeben sich außerordentlich hohe Dichten, im Mittel etwa 400 kg/cm^3. Entsprechend hoch sind die Schwerebeschleunigungen, die etwa das 100 000fache der Schwerebeschleunigung an der Erdoberfläche betragen.

Als Folge der hohen Schwerebeschleunigungen sind auch die Dichten in den Atmosphären der Weißen Zwerge sehr hoch, wenn sie auch nicht annähernd die obengenannten Werte für die mittleren Dichten erreichen. Bei diesen hohen Dichten werden die Atmosphären schon nach wenigen Dezimetern Schichtdicke undurchsichtig. Die Atmosphären der Weißen Zwerge sind also kaum einen Meter dick. Als weitere Folge der hohen Dichten werden die Spektrallinien sehr stark verbreitert. Schwächere Linien werden dabei bis zur Unerkennbarkeit verwaschen. An diesen charakteristischen Eigenschaften ihrer Spektrallinien sind die Weißen Zwerge zu erkennen.

Es werden mehrere Spektralklassen unterschieden. Die wichtigsten sind:

Spektralklasse D

Spektral-klasse	T[K]	Kriterien
DO	$\approx 50\,000$	Linien des ionisierten Heliums
DB	$30\,000$ $\ldots 12\,000$	Linien des neutralen Heliums, keine Wasserstofflinien
DA	$50\,000$ $\ldots 6\,000$	Balmerserie des Wasserstoffs, keine Heliumlinien (Dies ist der häufigste Typ)
DG	$7\,500$ $\ldots 5\,500$	Linien des Eisens und des Kalziums, kein Wasserstoff
DC	$< 10\,000$	Keine Linien, nur ein kontinuierliches Spektrum
λ 4670	$10\,000$ $\ldots 7\,500$	Kohlenstoff-Banden

Bei der Skala von DO bis DG handelt es sich zwar vorwiegend um eine Temperatursequenz. Quantitative Analysen der Spektren haben aber – abweichend von der chemisch relativ homogenen Hauptsequenz – dramatische Unterschiede in der chemischen Zusammensetzung ergeben. Während in den Atmosphären der Typen DO Wasserstoff und Helium vorkommen können, bestehen die Atmosphären der Typen DB praktisch ausschließlich aus Helium, die der Typen DA aus reinem Wasserstoff. Die Spektraltypen DC und DG sind wieder heliumreich. Man muß in diesem Verhalten der Spektren die Wirkung der hohen Schwerebeschleunigung sehen. Sie bewirkt eine rasche Sedimentation, also ein Absinken der schweren Elemente. Das jeweils leichteste Element wird sich in großer Reinheit in den obersten Schichten der Atmosphären anreichern.

Daten für Weiße Zwerge vom Typ DA

Mittlerer Radius	$\bar{R}$	$= 0,012\ R_\odot$
Mittlere Schwere	$\bar{g}$	$= 10^8\ \mathrm{cm\ s^{-2}}$
Mittlere Masse	$\bar{\mathfrak{M}}$	$= 0,52\ \mathfrak{M}_\odot$
Mittlere Dichte	$\bar{\varrho}$	$= 4 \cdot 10^5\ \mathrm{g\ cm^{-3}}$

Masse von Weißen Zwergen in Doppelsternsystemen

Name	$\mathfrak{M}/\mathfrak{M}_\odot$	Periode in a oder d
40 Eri B	$0,43 \pm 0,02$	252^a
α CMa B	$1,02$	$50\overset{a}{.}3$
α CMi B	$0,68$	$40\overset{a}{.}6$
BD $+16°$ 516 B	$0,6\ldots0,8$	$0\overset{d}{.}52$
PG 1 413 $+$ 01	$0,4\ldots1,0$	$0\overset{d}{.}34$

Die Tatsache, daß sich Atmosphären ausbilden, die nur aus den leichtesten Elementen Wasserstoff und Helium bestehen, hat eine eigenartige Konsequenz. Da diese Elemente im Bereich hoher Quantenenergien, also etwa im Bereich der Röntgenstrahlen, kaum absorbieren, sind die Atmosphären hier sehr transparent. Das bedeutet, daß in diesem Spektralgebiet Strahlung aus tiefen, heißen Schichten relativ ungehindert austreten kann. So kommt es, daß die heißesten Weiße Zwerge im Röntgenbereich etwa genau so viel Energie emittieren wie im optischen Spektralbereich. Diese hohe Röntgenleuchtkraft der heißen Weißen Zwerge, die in deutlichem Gegensatz zu dem Verhalten der Sterne auf der Hauptsequenz steht, ist beobachtet worden.

8.6.2 Der innere Aufbau der Weißen Zwerge

Der innere Aufbau der Weißen Zwerge ist im wesentlichen dadurch bestimmt, daß der Gasdruck im Inneren, welcher der Schwerkraft entgegenwirkt, von einem entarteten Elektronengas ausgeübt wird. Dieses Kräftegleichgewicht – die Voraussetzung für einen stabilen Aufbau des Sternes – ist allerdings nur möglich, wenn die Sternmasse unter $1,4\mathfrak{M}_\odot$ liegt. (Chandrasekhar'sche Grenzmasse, s. 9.2.3)

Der Druck des entarteten Elektronengases und damit auch der innere Aufbau der Weißen Zwerge ist unabhängig von der Temperatur, solange diese nicht so weit ansteigt, daß die Entartung aufgehoben wird. Dazu aber wären Temperaturen oberhalb 10^8 K erforderlich.

Im Inneren der Weißen Zwerge laufen keine Kernreaktionen ab. Die Materie, vermutlich ^{4}He, evtl. auch ^{12}C, bleibt also unverändert. Die von den Weißen Zwergen abgestrahlte Energie bewirkt einfach eine langsame Abkühlung des Inneren. Ihr Wärmeinhalt ist sehr hoch, da wegen des hohen (metallischen) Wärmeleitvermögens der entarteten Materie das Innere nahezu isotherm sein kann, und somit die gesamte Masse des Weißen Zwerges als Wärmespeicher zur Verfügung steht. Die Rate, mit der dieser Wärmeinhalt abgestrahlt wird, wird durch die Transporteigenschaften der Übergangsschicht zwischen dem entarteten Inneren und der Atmosphäre gesteuert. Bei Temperaturen im Inneren von etwa 20 Millionen Kelvin, von denen man ausgehen kann, ergeben sich Abkühlzeiten von fast 10^{10} Jahren bis im Laufe der anfangs raschen, später sehr langsamen Abkühlung die Oberflächentemperatur unter 3 000 K absinkt, so daß der Weiße Zwerg unbeobachtbar wird.

8.6.3 Weiße Zwerge als Endstadien der Sternentwicklung

Das Stadium der Weißen Zwerge kann als Endzustand der Sternentwicklung angesehen werden. Aus der Anzahl der Weißen Zwerge in der Sonnenumgebung wie sie sich aus der Beobachtung ergibt (100 Weiße Zwerge im Abstand bis zu 10 pc) und aus den typischen Abkühlzeiten von einigen 10^9 bis zu 10^{10} Jahren ergibt sich als Mittelwert über die letzten $5 \cdot 10^9$ Jahre eine Geburtsrate von etwa $2 \cdot 10^{-12}$ Weiße Zwerge pro pc^3 und Jahr. Diese Zahl ist verträglich mit der Vorstellung, daß zumindest ein Teil der Weißen Zwerge vor diesem Endzustand Planetarische Nebel waren (Bildungsrate etwa $4 \cdot 10^{-13}$ Planetarische Nebel pro pc^3 und Jahr).

Daraus, daß die Rate, mit der sich Weiße Zwerge bilden, um einen mäßigen Faktor größer ist, als die Bildungsrate der Planetarischen Nebel, kann mit aller Vorsicht der Schluß gezogen werden, daß es noch andere Entwicklungswege, die zum Stadium der Weißen Zwerge führen, geben sollte. Einen dieser Wege haben Rechnungen über die Entwicklung enger Doppelsternsysteme aufgezeigt. Die Riesenstadien der Sternentwicklung können sich hier nicht ungestört ausbilden, da beim Aufblähen des Sternes Materie zum nahen Begleiter überfließt. Dieser Massenverlust hat eine ähnliche Wirkung wie das Abstoßen einer Hülle und läßt den Stern schließlich zum Weißen Zwerg werden (s. 12.1.7).

8.7 Neutronensterne und Pulsare

1932, also unmittelbar nach der Entdeckung des Neutrons durch Chadwick haben Landau und nur wenig später (1934) Baade und Zwicky die Möglichkeit erörtert, daß ein Stern aus Neutronenmaterie aufgebaut sein könnte, und die Eigenschaften abgeschätzt, die ein solcher Stern haben müßte. Mit diesen Arbeiten wurden die ersten Schritte in ein Teilgebiet der Astrophysik getan, das heute von großer Bedeutung geworden ist.

8.7.1 Der innere Aufbau der Neutronensterne

Das freie Neutron, dessen Masse um 0,14% größer ist als die des Protons, ist instabil und zerfällt unter Aussendung eines Antineutrinos mit einer Halbwertszeit von 10,8 Minuten in ein Proton und ein Elektron. Aus diesem Grunde kann Neutronenmaterie nur im Gleichgewicht mit Protonen und Elektronen existieren. Dabei muß die Elektronendichte so hoch sein, daß die Fermienergie des entarteten Elektronengases (s. 9.1.3) – gleichsam die Energie, die das Elektron benötigt, um seinen Platz in dem Elektronengas zu finden – von der Größenordnung der Zerfallsenergie der Neutronen ist (ungefähr 780 KeV). Dazu sind Materiedichten oberhalb von 10^7 bis 10^8 g/cm^3 erforderlich. Neutronensterne sind also nur möglich, wenn ihre Dichten wesentlich über denen der Weißen Zwerge liegen.

Wie der Druck des entarteten Elektronengases in den Weißen Zwergen, so hält in den Neutronensternen der Druck des entarteten Neutronengases den Gravitationskräften das Gleichgewicht. Damit benötigen Neutronensterne genau so wie Weiße Zwerge keine Energiequellen zur Aufrechterhaltung des Gleichgewichtes, auch sie können also Endstadien der Sternentwicklung sein. Genau wie bei den Weißen Zwergen gibt es schließlich für Neutronensterne eine obere Massengrenze. Die Größe dieser Grenzmasse dürfte etwas unter zwei Sonnenmassen liegen, der genaue Wert ist jedoch nicht bekannt.

Diese Unkenntnis des genauen Wertes der Grenzmasse rührt daher, daß Neutronensterne sich trotz vieler Entsprechungen in einigen wesentlichen Punkten von Weißen Zwergen unterscheiden.

a) Die tatsächlichen Dichten liegen bei etwa 10^{14} g/cm^3 und sind damit vergleichbar mit den Dichten in den Atomkernen. Bei dieser dichten Packung der Neutronen (mit einer geringen Beimischung von Protonen und Elektronen) werden die kurzreichweitigen Kräfte der Starken Wechselwirkung (die Kernkräfte) wirksam und beeinflussen die Zustandsgleichung, d.h. den Zusammenhang zwischen Druck und Dichte der Materie. Die letztlich hierin begründete Unsicherheit über die genaue Form der Zustandsgleichung ist die Hauptursache für die Unsicherheiten der Neutronensternmodelle.

b) Bei den hohen Dichten sind die kinetischen Energien an der Fermikante durchaus vergleichbar mit den Ruheenergien der Teilchen. Die Entartung des Neutronengases ist also teilweise relativistisch. Damit ergibt sich wegen der Äquivalenz von Masse und Energie – wobei die Energie hier durch das Produkt von Druck und Volumen gegeben ist – ein entsprechender Beitrag der Energie zur Masse. Die Gravitationswirkung auf Materie ist nicht mehr proportional allein zur Dichte ϱ, sondern zur Größe $\varrho + P/c^2$ (P ist der Gasdruck, c die Lichtgeschwindigkeit). Die entsprechende relativistische Massenänderung im entarteten Elektronengas der Weißen Zwerge ist unerheblich, da die Elektronen wegen ihrer geringen Masse ohnehin nur einen vernachlässigbaren Beitrag zur Dichte liefern.

c) Die Metrik des Raumes im Neutronenstern und in seiner nahen Umgebung ist wegen der starken Massenkonzentration nicht mehr euklidisch. Sie muß vielmehr nach der allgemeinen Relativitätstheorie, als Lösung der Einsteinschen Feldgleichungen berechnet werden, wobei in unserem speziellen Problem Kugelsymmetrie angenommen werden darf. Diese spezielle, von Schwarzschild zuerst angegebene Metrik hat Einfluß auf die Form der Gleichung, welche das Druckgleichgewicht beschreibt, und die man benutzt, um die Druckschichtung zu berechnen. Bei Weißen Zwergen, wie auch bei gewöhnlichen Sternen, sind diese Effekte im Prinzip zwar auch vorhanden, aber von vernachlässigbar kleiner Größenordnung.

8.7 Neutronensterne und Pulsare

Nicht nur die Grenzmassen, sondern auch die Radien der Neutronensterne sind abhängig von der Zustandsgleichung der Materie, also von der Art, wie die Kernkräfte berücksichtigt werden. Für die meisten mit unterschiedlichen Zustandsgleichungen berechneten Neutronensternmodelle liegen die Radien aber in dem relativ engen Bereich zwischen 8 km und 20 km. Unter einer dünnen Schicht, die so zusammengesetzt ist, wie das Innere der Weißen Zwerge, liegt wahrscheinlich eine feste Kruste von ^{56}Fe-Kernen, unter der sich dann das eigentliche Neutronengas befindet.

8.7.2 Die Beobachtung von Neutronensternen

Bis 1967 waren Neutronensterne hypothetische Objekte, Gebilde, deren reale Existenz eigentlich von keinem Astronomen als Möglichkeit in Betracht gezogen wurde. Dies änderte sich in dem genannten Jahr, als mit der Entdeckung der Pulsare der Nachweis erbracht wurde, daß es Neutronensterne tatsächlich gibt. Inzwischen sind, insbesondere nachdem der Röntgenbereich der Beobachtung zugänglich wurde, Neutronensterne in sehr unterschiedlicher Weise beobachtet worden. Wir wollen die Beobachtungen im folgenden kurz besprechen.

a) Röntgenquellen

Neutronensterne werden durch den Prozeß ihrer Entstehung (Gravitationskollaps) als sehr heiße Objekte geboren. Ihre anfänglich sehr hohen Temperaturen verharren im Laufe der Abkühlung relativ lange ($\approx 10^4$ Jahre) im Bereich von $3 \cdot 10^6$ K bis $1 \cdot 10^6$ K. Bei diesen Temperaturen liegt die Abstrahlung vorzugsweise im Bereich der weichen Röntgenstrahlung (Photonenenergie etwa zwischen $0,1 \ldots 1$ KeV), in dem z. B. der zur Untersuchung kosmischer Röntgenquellen verwendete Satellit HEAO-B (= Einstein) mit besonders empfindlichen Meßgeräten ausgerüstet ist. So konnte die thermische Strahlung einer ganzen Reihe von Neutronensternen in Supernovaremnants (s. 8.4.3) bzw. von Pulsaren nachgewiesen werden. Die Umrechnung der empfangenen Strahlungsleistung in Röntgenleuchtkräfte setzt natürlich die Kenntnis der Entfernungen der Quelle voraus. Man findet Leuchtkräfte der Größenordnung 10^{27} Watt (zum Vergleich: $L_\odot = 3,9 \cdot 10^{26}$ Watt). Diese Werte sind in Übereinstimmung mit den theoretischen Erwartungen.

b) Pulsare

Pulsare nennt man punktförmige Radioquellen, die vor allem im Meterwellengebiet beobachtbar sind, und die in außerordentlich regelmäßiger Folge kurze Strahlungspulse aussenden. Bemerkenswert sind die Kürze der Periode und die Konstanz der Periodenlänge. Nachdem kürzlich ein Pulsar entdeckt wurde, dessen Periode im Millisekundenbereich liegt, überdecken die bisher gemessenen Periodenlängen das Intervall

$$0,001\,558\,\text{s} \leq P \leq 4,308\,\text{s}.$$

Die Periodenlänge ist im übrigen nicht absolut konstant, sondern vergrößert sich mit der Zeit, wenn auch nur extrem langsam. Der charakteristische relative Zuwachs an Periodenlänge pro Periode, $\Delta P/P$, ist von der Größenordnung 10^{-15}. Daneben wurden in einigen Fällen diskrete Ereignisse festgestellt, durch welche die Perioden etwas verkürzt wurden.

Die charakteristische Dauer des Strahlungspulses ist etwa $1/30$ der Periodenlänge, der Puls selber ist oft gegliedert, aus Subpulsen zusammengesetzt, die fast vollständig linear polarisiert sein können. Die Stärke der Pulse ist starken Schwankungen unterworfen.

Positionen (α, δ), Perioden (P), Periodenänderungen ($\Delta P/P$) und Angaben über die Entfernungen (d) einiger Pulsare.

PSR	α (1950)	δ (1950)	P [s][1]	$\Delta P/P \cdot 10^{15}$	d [Kpc]
0 138 + 59	1^h 38^m 20^s	59° 52′ 0″	1,222 948	0,212	≈ 3
0 329 + 54	3^h 29^m 11^s	54° 24′ 37″	0,714 519	1,465	0,9
0 355 + 54	3^h 55^m 00^s	54° 4′ 43″	0,156 380	0,686	1,5...2,5
0 525 + 21	5^h 25^m 52^s	21° 58′ 18″	3,745 497	150	≈ 2
0 531 + 21	5^h 31^m 31^s	21° 58′ 1″	0,033 200	14,0	1,9
0 611 + 22	6^h 11^m 15^s	22° 26′ 6″	0,334 925	19,9	≈ 2
0 736 − 40	7^h 36^m 51^s	−40° 35′ 47″	0,374 919	0,607	1,5...2,3
0 740 − 28	7^h 40^m 48^s	−28° 15′ 33″	0,166 754	2,81	1,5...2,5
0 809 + 74	8^h 9^m 3^s	74° 38′ 13″	1,292 241	0,206	≈ 0,2
0 833 − 45	8^h 33^m 39^s	−45° 0′ 9″	0,089 235	11,16	0,5
0 835 − 41	8^h 35^m 33^s	−41° 24′ 42″	0,751 621	2,665	2,4...5,0
1 154 − 62	11^h 54^m 44^s	−62° 8′ 8″	0,400 520	1,574	10,5...12,5
1 240 − 64	12^h 40^m 20^s	−64° 6′ 51″	0,388 479	−	12...16
1 323 − 62	13^h 23^m 57^s	−62° 7′ 10″	0,529 906	10,01	6,5...9,5
1 557 − 50	15^h 57^m 9^s	−50° 35′ 56″	0,192 598	0,975	8...10
1 641 − 45	16^h 41^m 10^s	−45° 53′ 39″	0,455 054	9,156	4,5...5,3
1 642 − 03	16^h 42^m 25^s	− 3° 12′ 31″	0,387 689	0,690	0,15...0,17
1 718 − 32	17^h 18^m 48^s	−32° 5′ 0″	0,477 157	0,326	≳ 0,2
1 749 − 28	17^h 49^m 49^s	−28° 5′ 50″	0,562 556	4,562	< 1,5
1 818 − 04	18^h 18^m 14^s	− 4° 29′ 3″	0,598 073	3,780	< 1,5
1 822 − 09	18^h 22^m 46^s	− 9° 37′ 31″	0,768 959	40,23	< 1,5
1 826 − 17	18^h 26^m 48^s	−17° 53′ 0″	0,307 129	1,717	> 1,5
1 859 + 03	18^h 59^m 2^s	3° 26′ 46″	0,655 445	4,908	6...20
1 900 + 01	19^h 0^m 58^s	1° 31′ 9″	0,729 302	2,941	3...(5)
1 929 + 10	19^h 29^m 52^s	10° 53′ 4″	0,226 517	0,262	0,05
1 933 + 16	19^h 33^m 32^s	16° 9′ 58″	0,358 736	2,154	> 6
1 946 + 35	19^h 46^m 34^s	35° 32′ 38″	0,717 307	5,059	(> 8,5)
2 002 + 31	20^h 2^m 54^s	31° 28′ 35″	2,111 217	157,4	8...13
2 016 + 28	20^h 16^m 0^s	28° 30′ 30″	0,557 953	0,083	≈ 0,5
2 020 + 28	20^h 20^m 33^s	28° 44′ 43″	0,343 400	0,651	> 2
2 021 + 51	20^h 21^m 25^s	51° 45′ 8″	0,529 195	1,614	< 1
2 111 + 46	21^h 11^m 38^s	46° 31′ 42″	1,014 684	0,727	4...6
2 319 + 60	23^h 19^m 41^s	60° 8′ 2″	2,256 484	15,36	2,8...3,8

[1] Die Perioden der Pulsare sind durchweg mit sehr viel höherer Genauigkeit bekannt. Es ist jedoch wegen des Anwachsens der Periodenlängen (siehe nächste Spalte) sinnlos, sie mit dieser Genauigkeit in die Tabelle aufzunehmen, wenn man nicht zugleich das Datum angibt, auf das sich die gemessene Periodenlänge bezieht.

Die gepulste Strahlung wurde zwar im Radiobereich entdeckt, ist jedoch, wie bei einer Reihe von Pulsaren nachgewiesen wurde, nicht auf diesen Bereich beschränkt. Beispielsweise wurde beim Pulsar im Crabnebel (PSR 0531+21) die für ihn charakteristische Doppelstruktur des Pulses auch im optischen Bereich, im Röntgenbereich (1,5...400 KeV) und sogar im γ-Bereich (> 50 MeV) nachgewiesen (s. Abb.).

Radiopulsare werden mit PSR auch ihrer genäherten Position $xx^h \, yy^m \pm zz°$ bezeichnet; z. B. PSR 0531+21 = Pulsar im Crabnebel.

Warum Pulsare Neutronensterne sind

Der Schluß, daß Pulsare Neutronensterne sein müssen, erscheint aus folgenden Gründen unausweichlich. Wegen der strengen Periodizität kommen nur drei Mechanismen als Ursache in Betracht: Pulsation eines Himmelskörpers (etwa von der Art der Cepheidenpulsation), Bahnbewegung eines engen Doppelsternsystems und schließlich Rotation eines Sternes. Für alle drei dieser Möglichkeiten gibt es eine gemeinsame, von der Dichte abhängige Grenzperiode, die durch einen Ausdruck der Form

$$P_{\text{grenz}} \simeq 1/\sqrt{G\varrho}$$

gegeben ist. G ist die Gravitationskonstante, ϱ die Dichte. Für Pulsationen ist dieses eine für die Grundschwingung zutreffende obere Grenze, für Bahnbewegung und Rotation sind es untere Grenzwerte, die nicht unterschritten werden können. Die Grenzperioden liegen für Hauptsequenzsterne in der Größenordnung einer Stunde, für Weiße Zwerge im Sekundenbereich und für Neutronensterne im Millisekundenbereich. Damit kommen angesichts der Kürze der beobachteten Perioden nur Neutronensterne als Quelle in Betracht. Unter den drei möglichen Mechanismen erfüllt schließlich nur der dritte, die Rotation, die Bedingung, daß bei Energieverlust (z. B. durch Abstrahlung) die Periodenlänge anwächst. Wir schließen daraus, daß Pulsare rotierende Neutronensterne sein müssen.

Über die Einzelheiten des Mechanismus, der zur Aussendung der gepulsten Strahlung führt, wird intensiv gearbeitet, ohne daß sich aus den konkurrierenden Theorien bis jetzt ein klares Bild ergeben hätte. Allen Vorstellungen aber liegt die Annahme zugrunde, daß der Pulsar ein sehr starkes Magnetfeld besitzt (Polfeldstärke bis zu 10^8 Tesla). Ein solches Feld würde, wenn es nicht ein genau in Richtung der Rotationsachse orientiertes Dipolfeld wäre, zur Abstrahlung einer starken elektromagnetischen Welle in der Rotationsfrequenz $v = 1/P$ führen. Für einen jungen Pulsar könnte die Leuchtkraft in dieser Welle 10^{31} Watt erreichen und damit um einen Faktor 10^4 über der Leuchtkraft der Sonne liegen. Gespeist wird diese Abstrahlung aus der Rotationsenergie des Pulsars. Die Rotation muß sich dementsprechend verlangsamen.

Die damit verbundene Vergrößerung der Rotationsperiode ist in Übereinstimmung mit der Beobachtung.

Die Lichtkurve des Crab-Pulsars (PSR, 0531+ 21) in verschiedenen Spektralbereichen (nach R. Buccheri)

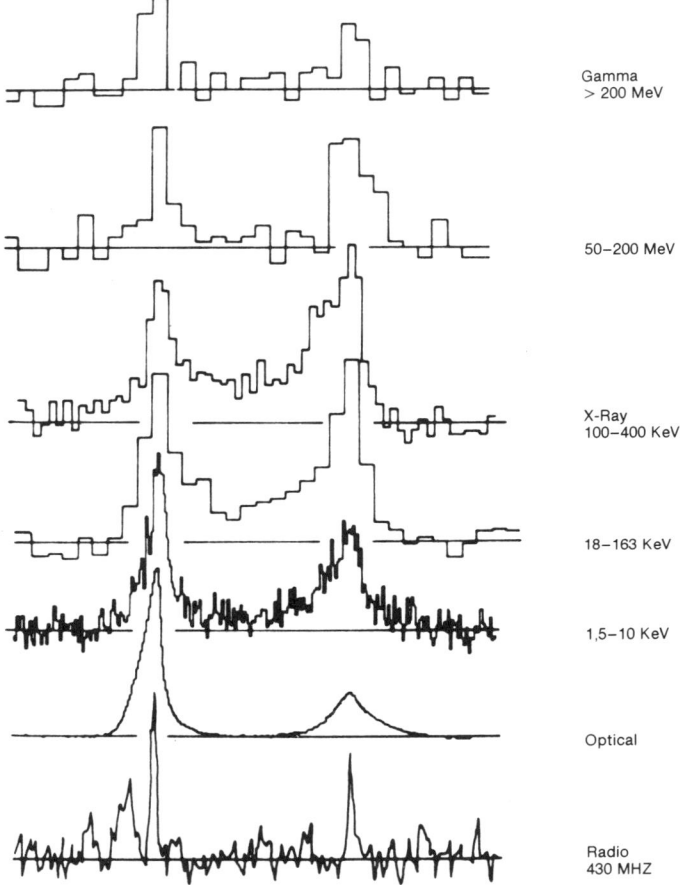

Gamma > 200 MeV

50–200 MeV

X-Ray 100–400 KeV

18–163 KeV

1,5–10 KeV

Optical

Radio 430 MHZ

Seit 1967, dem Jahr der Entdeckung des ersten Pulsars, sind bisher über 300 weitere derartige Objekte gefunden worden. Man kann ihre Entfernungen abschätzen, da die freien Elektronen im interstellaren Raum, die Laufzeit der Pulse in verschiedenen Wellenlängen unterschiedlich beeinflußt, so daß man aus kleinen Unterschieden in den Ankunftszeiten der Pulse (unter gewissen Annahmen über die interstellare Elektronendichte) die Entfernungen der Pulsare erhält. Man findet, daß die Pulsare mäßig stark zur galaktischen Scheibe hin (Skalenhöhe in Z ungefähr 400 pc) konzentriert sind.

Aus der Anzahl und der Verteilung der beobachteten Pulsare muß man schließen, daß es in unserem Milchstraßensystem etwa 500 000 Pulsare gibt. Andererseits kann aus dem Maße, in dem die Periode anwächst und aus der Größe der beobachteten maximalen Periodendauer, die Zeit abgeschätzt werden, über die ein Neutronenstern Pulsareigenschaften haben kann. Es sind dies etwa 10^7 Jahre. Um den bestehenden Bestand an Pulsaren aufrecht zu erhalten, müßte also alle $10^7/5 \cdot 10^5 = 20$

Die Verteilung der Pulsare an der Sphäre, dargestellt in galaktischen Koordinaten. Die Richtung zum galaktischen Zentrum ist in der Mitte der Figur

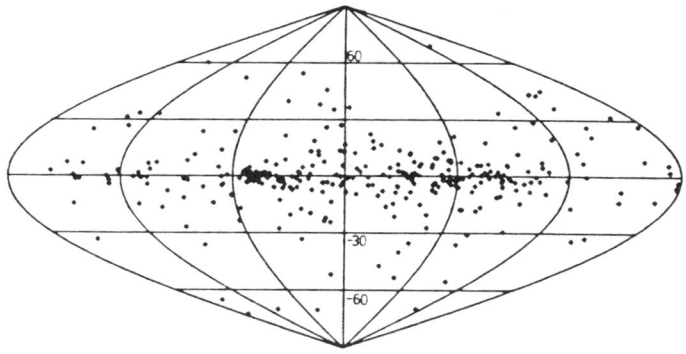

Jahre ein neuer Pulsar in unserem Milchstraßensystem entstehen. Das ist in befriedigender Übereinstimmung mit der Rate der Supernovaereignisse (SN I und SN II) in unserer Galaxie, und angesichts der Unsicherheiten auch noch mit jener Rate der SN II-Ereignisse, die vermutlich zur Bildung von Neutronensternen führen.

c) Röntgendoppelsterne

Auch durch die Röntgendoppelsterne erfahren wir etwas über die Natur der Neutronensterne. Ein Überriese und ein Neutronenstern (evtl. ein Schwarzes Loch, s. 8.7.3) bilden ein so enges Doppelsternsystem, daß vom Überriesen Materie zum Neutronenstern überfließen kann. Die überströmenden Teilchen gewinnen nun beim Einsturz auf den Neutronenstern eine Energie von etwa 150 MeV pro Wasserstoffatom; diese ist höher als die Energie, die durch Kernreaktionen freigesetzt werden kann. Die Röntgenleuchtkraft etwa des Systems HZ Her + Her X-1, das als Prototyp dienen möge, von etwa 10^{30} Watt, wird durch diese Energiequelle gespeist. Dafür ist ein Materiestrom von etwa 10^{17} g s^{-1} bzw. etwa $1,5 \cdot 10^{-9} \mathfrak{M}_{\odot}$/Jahr erforderlich.

Die starken Magnetfelder des Neutronensterns ($10^8 \ldots 10^9$ Tesla) lenken den Materiestrom so ab, daß er nur an den magnetischen Polen auftrifft. Es bildet sich hier jeweils ein „Brennfleck" aus, der einen Durchmesser von etwa einem Kilometer hat und der bei einer Temperatur von 10^8 K die gemessene Röntgenleuchtkraft von 10^{30} Watt abstrahlt. Die Temperatur ist mit der beobachteten Energieverteilung im Röntgenspektrum konsistent. Durch die Rotation des Neutronensterns (Perioden im Bereich $0,1 \ldots 100$ s) wird der Brennfleck (bei geeigneten Winkeln zwischen Rotationsachse einerseits und dem Sehstrahl bzw. der Orientierung des magnetischen Dipols andererseits) periodisch der Sicht entzogen. So entsteht die beobachtete kurzperiodische Röntgenvariabilität. Ferner sind Bedeckungen durch den Begleiter möglich.

Ein besonders schöner Erfolg bei der Erforschung dieser Objekte war die direkte Messung der Magnetfeldstärke im Brennfleck. Im Spektrum der harten Röntgenstrahlung der Quelle Her X-1 wurde bei 58 KeV eine Emissionslinie entdeckt, eine weitere, schwächere ist bei 110 KeV angedeutet. Sie lassen sich auf die Tatsache zurückführen, daß geladene Teilchen, also auch die Elektronen, sich in Magnetfeldern auf kreis- bzw. spiralförmigen Bahnen bewegen. Diese sind infolge der Periodizität ihrer Bewegung einer Quantenbedingung unterworfen, die nur diskrete Energiestufen zuläßt. Bei den sehr hohen magnetischen Feldern sind die Umlauffrequenzen sehr hoch, entsprechend weit liegen die Energiestufen auseinander. Man kann ausrechnen, daß bei einer Feldstärke von $5 \cdot 10^8$ Tesla die Energiedifferenz zwischen zwei benachbarten Stufen gerade 58 KeV beträgt. 110 KeV wäre ungefähr das Doppelte hiervon und würde dem Übergang in die übernächste Bahn entsprechen. Man schließt nun wie folgt: Da Linien bei 58 KeV und (mit geringer Sicherheit) bei 110 KeV beobachtet sind, muß die Magnetfeldstärke im Brennfleck $5 \cdot 10^8$ Tesla betragen.

d) Neutronensterne mit Stahlungsausbrüchen im Röntgengebiet (X-Ray Burster)

Es wurden bisher etwa 30 Röntgenquellen beobachtet, die durch irreguläre Strahlungsausbrüche im weichen Röntgenbereich charakterisiert sind. Die Strahlungsausbrüche, deren zeitliche Dauer zwischen 10 und 1 000 Sekunden liegt, erreichen Leuchtkräfte bis zu 10^{32} Watt.

Man ist der Ansicht, daß es sich hier um Neutronensterne handelt, vermutlich mit schwachem Magnetfeld, und mit einem, wenn auch nur geringen, Einfall interstellarer Materie. Diese ist reich an Wasserstoff, der Ausgangssubstanz für thermonukleares Brennen. Von Zeit zu Zeit, wenn die Dicke der Schicht von aufgesammelter interstellarer Materie ausreicht, kann eine solche Reaktion zünden. Die aus dem beobachteten Energiespektrum der Röntgenstrahlung erschlossenen Temperaturen von $1 \ldots 3 \cdot 10^7$ K passen sehr gut zu den Temperaturen, bei denen die Kernreaktionen ablaufen können.

Die diskreten Quellen von Strahlungsausbrüchen im γ-Bereich, die ebenfalls beobachtet wurden, dürften wahrscheinlich in gleicher Weise interpretiert werden. Der Unterschied liegt nur darin, daß man im Röntgenbereich die thermische Strahlung des durch die Kernreaktionen aufgeheizten Gases, im γ-Bereich dagegen – direkt die bei den Kernreaktionen entstehenden energiereichen Photonen beobachtet.

8.7.3 Schwarze Löcher

1939 erörterten Oppenheimer und Snyder die mögliche Existenz Schwarzer Löcher (black holes). Diesem Konzept liegt folgende Überlegung zugrunde: Offensichtlich gibt es für die bekannten Endzustände der Sternentwicklung, die Weißen Zwerge oder die Neutronensterne obere Grenzmassen der Größenordnung von ein bis zwei Sonnenmassen. Für Objekte, die die Endphase ihrer Entwicklung mit höherer Masse erreichen, gibt es keine stabile Endkonfigurationen. Sie finden also kein Gleichgewicht von Druck- und Gravitationskräften und müssen unter dem zunehmenden Einfluß der eigenen Gravitation in sich zusammenfallen, kollabieren.

Was würde der außenstehende Beobachter sehen? In der Anfangsphase des Kollaps würde er die Strahlung beobachten, die von der freigesetzten Gravitationsenergie herrührt. Diese Strahlung würde allerdings zunehmend stärkere Schwerefelder zu überwinden haben (Photonen haben Energie $h\nu$ und damit eine der Schwere unterworfene Masse $h\nu/c^2$) und dabei einen Energieverlust erfahren. Die empfangenen Lichtquanten werden also energieärmer, bzw., was gleichbedeutend ist, die Frequenz der Strahlung wird erniedrigt, sie erleidet eine Gravitationsrotverschiebung. Dies ist in der Sprache der allgemeinen Relativitätstheorie eine Folge der veränderten Metrik des Raumes (s. 8.7.1). Dabei ist aber die Verlangsamung der Schwingung in der Lichtquelle nur die spezielle Auswirkung eines viel allgemeineren Gesetzes: In der nahen Umgebung großer Massen werden für den weit entfernten Beobachter alle Vorgänge langsamer ablaufen, die Uhren gehen dort langsamer. Es gibt eine Zeitdilatation. Diese Zeitdilatation würde unendlich groß, wenn der Stern so klein bzw. das Schwerfeld so groß geworden ist, daß die Photonen, welche die Oberfläche des Sternes verlassen, ihre gesamte Energie verbrauchen, um das Schwerefeld zu überwinden. Sie würden dann mit der Frequenz Null den entfernten Beobachter erreichen und damit nicht mehr nachweisbar sein. Diese kritische Grenzgröße ist **Schwarzschild-Radius** der sogenannte Schwarzschildradius r_S. Er hängt, abgesehen von den Naturkonstanten G (Gravitationskonstante) und c (Lichtgeschwindigkeit), nur von der Masse $\mathfrak{M}$ des Sternes ab, und zwar ist

$$r_S = 2 \cdot G \cdot \mathfrak{M}/c^2.$$

Es ist sehr instruktiv, sich die Kleinheit dieser Schwarzschildradien zu veranschaulichen. Für die Sonne ist r_S knapp drei Kilometer, für die Erde nicht ganz ein Zentimeter. Da von einem Himmelskörper, der kleiner ist als sein Schwarzschildradius, keine Strahlung mehr nach außen gelangt, auf ihm daher auch kein Ereignis mehr beobachtet werden kann, nennt man die Kugelfläche mit dem Radius r_S, die ihn umgibt, auch den Ereignishorizont. Alles was innerhalb dieses Horizontes geschieht, ist von außen grundsätzlich unerfahrbar. Kein einfallendes Lichtquant kehrt zurück und gibt Information. Für den Beobachter gibt es damit eigentlich gar keinen Himmelskörper, sondern nur eine Deformation des Raumes, erkennbar an dem Gravitationsfeld, das alles schluckt, was in seine Nähe gerät, und aus dem nichts zurückkommt. Diese Eigenschaften werden durch die Bezeichnung „Schwarzes Loch" sehr einprägsam beschrieben. Schwarze Löcher im strengen Sinne des Wortes können aber auch deswegen nicht beobachtet werden, weil durch die Zeitdilatation auch der Kollaps selber zunehmend, bei Annäherung an den Schwarzschildradius unendlich verzögert erscheint.

Im Falle einer Rotation des kollabierenden Sternes, d. h. also im Regelfall, bleibt der Drehimpuls erhalten. Die Metrik der

Raumzeit wird dann wesentlich komplizierter. So müssen dann z. B. die Fläche unendlicher Zeitdilatation und der Ereignishorizont unterschieden werden. In dieser sog. Kerrmetrik fallen die beiden Flächen nur in Richtung der Rotationsachse zusammen.

Der Nachweis der Existenz Schwarzer Löcher ist schwierig und bisher nicht eindeutig gelungen. Folgende Effekte könnten möglicherweise beobachtet werden:

a) Bahnbewegung eines normalen Sternes in einem Doppelsternsystem, dessen eine Komponente ein Schwarzes Loch ist.

b) Strahlung von Materie, die in Schwarze Löcher einstürzt. In diesem Fall würde es zur Emission von Röntgenstrahlen kommen.

Unter den Röntgendoppelsternen gibt es drei mögliche Kandidaten: Cygnus X-1, Circinus X-1 und GX 339-4. Sie zeigen eine schnelle (Zeitskalen < 1 s) nichtperiodische Variation der Röntgenstrahlung. Beim bestuntersuchten Objekt Cygnus X-1 ist die wahrscheinliche Masse des kompakten Objektes $10\,\mathfrak{M}_\odot$. Sie läge damit über der Massenobergrenze für Neutronensterne. Mit letzter Sicherheit kann zur Zeit jedoch noch nicht gesagt werden, ob die kompakte Komponente in Cygnus X-1 tatsächlich ein Schwarzes Loch ist.

8.8 Sterne mit Emissionslinien

Nach den klassischen Vorstellungen nehmen in Sternen sowohl die Dichte, wie auch die Temperatur von innen nach außen ab. Die Sternatmosphäre schließlich grenzt als die kühlste Oberflächenschicht den Stern gegen den interstellaren Raum ab. Diese Vorstellungen sind in Übereinstimmung mit der Tatsache, daß in den beobachteten Sternspektren die Spektrallinien, die in der Sternatmosphäre gebildet werden, als dunkle Absorptionslinien in dem helleren Sternkontinuum auftreten. Es gibt aber auch Sternspektren, in denen neben den Absorptionslinien auch Emissionslinien auftreten, mit der Konsequenz, daß für diese Sterne das klassische Bild gewisser Abänderungen bzw. Ergänzungen bedarf. Diese Ergänzungen laufen im wesentlichen darauf hinaus, daß man annimmt, daß Sterne mit Emissionslinien von ausgedehnten Gashüllen umgeben sind. Diese sind generell transparent, so daß das Licht des Sternes sie fast ungeschwächt durchdringt. In den Wellenlängen der Emissionslinien aber leuchten diese Hüllen und fügen damit zur Sternstrahlung (die selber mehr oder weniger stark absorbiert werden mag) ihre eigene Strahlung hinzu, so daß im Endeffekt eine Emissionslinie entsteht.

Auch die Sonne besitzt in der Sonnenkorona eine derartige Gashülle. Sie ist so dünn, daß sie im optischen Bereich nur dann beobachtet werden kann, wenn – beispielsweise bei Sonnenfinsternissen – die Strahlung der Sonnenscheibe selber abgedeckt wird. Im fernen UV- und im Röntgenbereich dagegen gibt es von der sehr heißen Sonnenkorona ($T \sim 2 \cdot 10^6$ K) starke Emissionslinien. In diesen Wellenlängenbereichen wäre also auch die Sonne ein Emissionslinienstern.

Die eigentlichen Emissionsliniensterne sind solche, in deren Hülle wegen ihrer Dichte und günstiger Temperaturen auch im sichtbaren Bereich Emissionslinien gebildet werden. Unter den heißen Sternen sind dies die Be-Sterne, die Sterne mit einem sog. Shell-Spektrum, Überriesen vom P-Cygni-Typ, Of-Sterne und schließlich die Wolf-Rayet-Sterne. Im Bereich der späteren Spektraltypen sind vor allem die T-Tauri-Sterne zu nennen. Die Beobachtungen zeigen aber auch, daß rote Riesen und Überriesen eine Hülle haben müssen.

Im folgenden sollen die Eigenschaften der wichtigsten Typen von Sternen mit Emissionslinien stichwortartig genannt werden.

Be-Sterne: Wasserstofflinien der Balmerserie, insbesondere Hα in Emission. Diese Emissionslinien sind durch Dopplereffekte sehr stark verbreitert (Größenordnung 100...500 km/s). Ferner werden Fe II-Linien in Emission beobachtet, gelegentlich auch bei den Bep-Sternen „verbotene" Übergänge von O I, Fe II, N II, S II und Fe III.

Zur Notation sei bemerkt: In der Spektroskopie ist es üblich, bei der Identifikation der Spektrallinien nicht nur das Element, z. B. Sauerstoff, Stickstoff oder Eisen, durch sein chemisches Symbol O, N, Fe anzugeben, sondern zugleich den Ionisationszustand durch eine angehängte römische Ziffer zu notieren: I für das neutrale Element, II für das einfach ionisierte, III für das zweifach ionisierte Element usw. O I, Fe II, N II, S II bedeuten also: neutraler Sauerstoff sowie Eisen, Stickstoff und Schwefel im einfach ionisierten Zustand.

Das Emissionsspektrum der Be-Sterne ist in vielen Fällen variabel und kann in Zeitskalen von Jahren oder Jahrzehnten zum Shell-Spektrum oder zum Spektrum normaler B-Sterne wechseln. Es wäre daher korrekter, von Be-Phasen statt von Be-Sternen zu sprechen.

Es unterliegt kaum einem Zweifel, daß das Be-Phänomen auf zirkumstellare Gashüllen zurückzuführen ist. Noch weitgehend unklar ist jedoch der Mechanismus, der zur Ausbildung derartiger Hüllen führt.

Shell-Sterne: B-Sterne oder Be-Sterne mit sehr tiefen und schmalen Einsenkungen im Zentrum entweder der stellaren Absorptionslinien oder der Emissionslinien. Das Shell-Phänomen wird vorzugsweise in den Wasserstofflinien beobachtet, tritt aber auch in den Linien des Fe II, Ti II und des Cr II auf.

P-Cygni-Sterne: So genannt nach dem Prototyp P Cygni. Es sind dies O- oder B-Überriesen mit Emissionslinien von charakteristischem Profil: eine relativ scharfe Emissionsspitze mit einer violettverschobenen Absorptionskomponente (P-Cygni-Profil). Diese Absorptionskomponente entsteht in dem Teil der Hülle, die zwischen dem eigentlichen Stern und dem Beobachter liegt. Die Dopplerverschiebung nach kurzen Wellen zeigt, daß die Materie in der Hülle sich auf uns zu bewegt, also

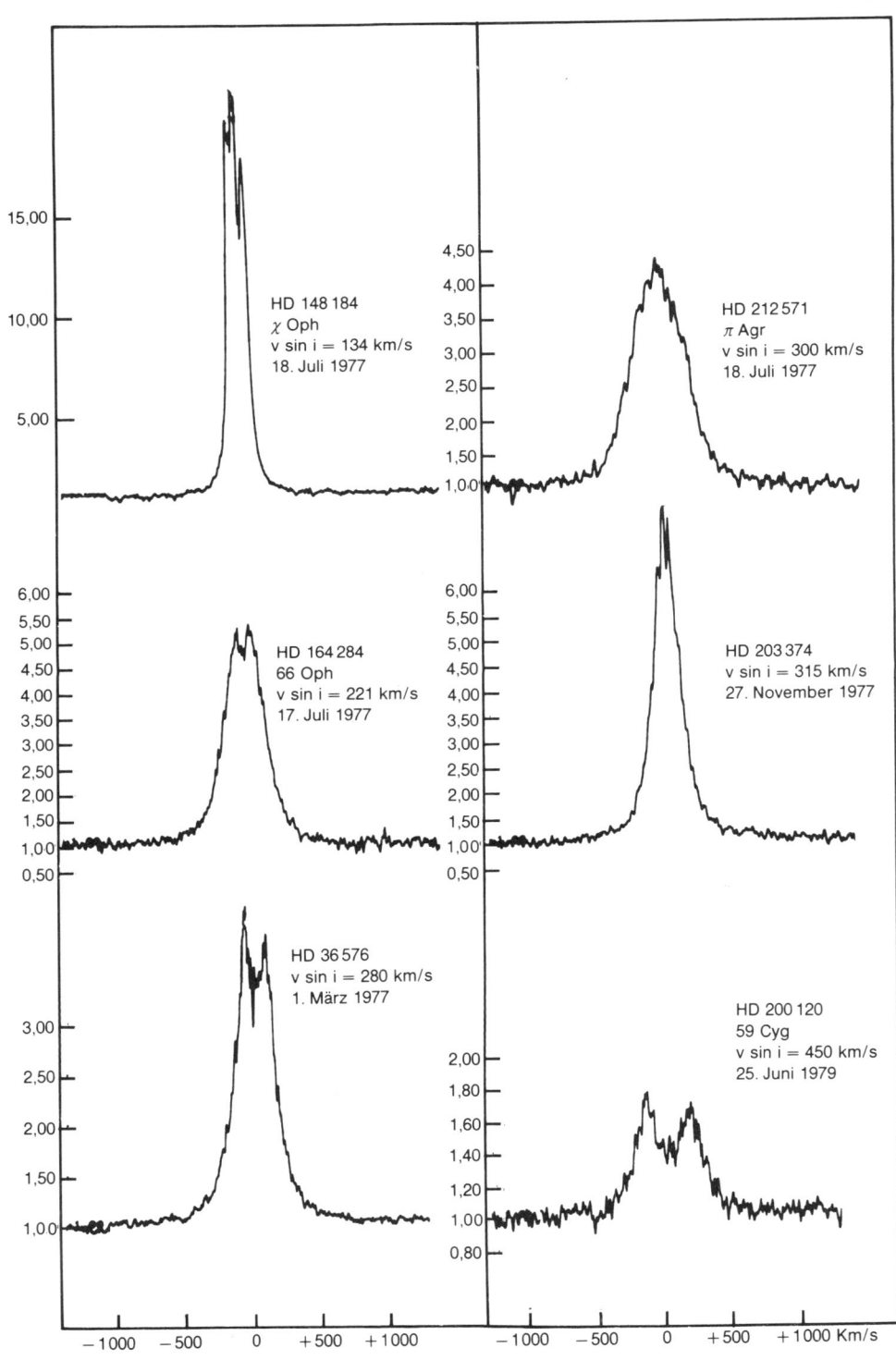

HD 148 184
χ Oph
v sin i = 134 km/s
18. Juli 1977

HD 212 571
π Aqr
v sin i = 300 km/s
18. Juli 1977

HD 164 284
66 Oph
v sin i = 221 km/s
17. Juli 1977

HD 203 374
v sin i = 315 km/s
27. November 1977

HD 36 576
v sin i = 280 km/s
1. März 1977

HD 200 120
59 Cyg
v sin i = 450 km/s
25. Juni 1979

8.8 Sterne mit Emissionslinien

(links) Hα-Linien in Be-Sternen.
v sin i ist der Wert der aus den Absorptionslinien abgeleiteten scheinbaren Rotationsgeschwindigkeit. Die Breite der Emissionslinien entspricht höheren Geschwindigkeiten. (Haute Provence Observatorium)

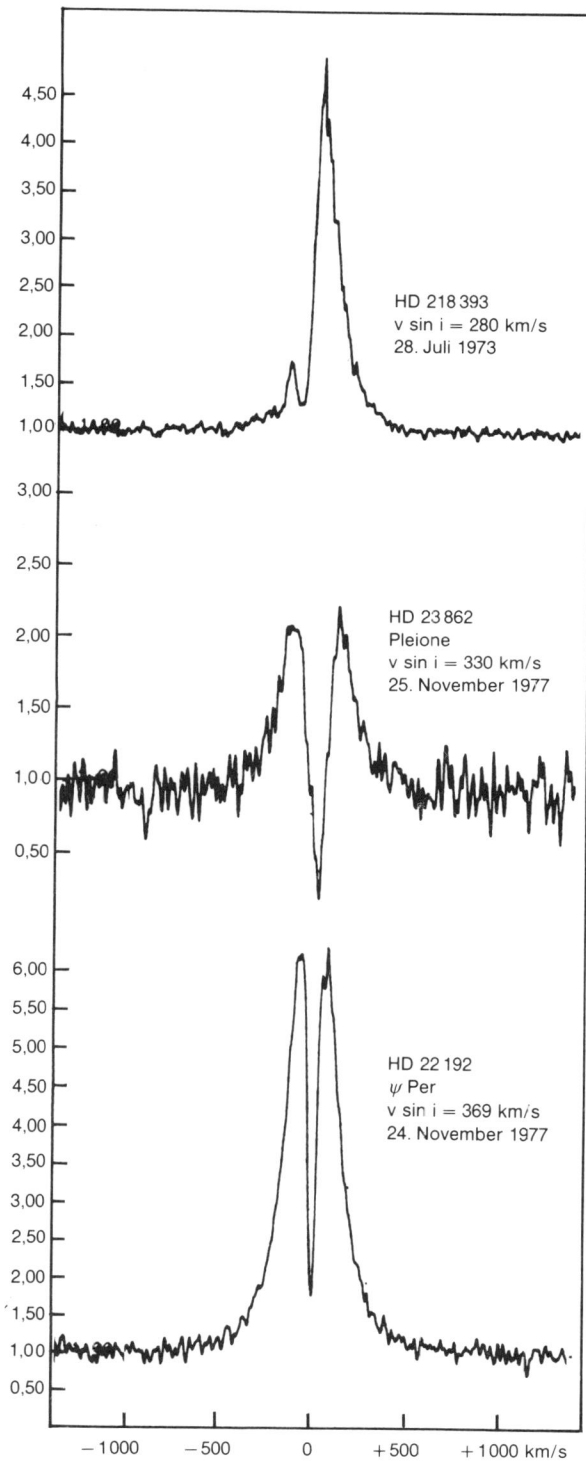

HD 218 393
v sin i = 280 km/s
28. Juli 1973

HD 23 862
Pleione
v sin i = 330 km/s
25. November 1977

HD 22 192
ψ Per
v sin i = 369 km/s
24. November 1977

(rechts) Hα-Linien in Shell-Spektren.
Die geringe Breite der Absorptionskomponente ist charakteristisch (Haute Provence Observatorium)

von dem Stern abströmt. Die Teile der Hülle, die man mehr von der Seite sieht (die Randzonen), zeigen diese charakteristische Dopplerverschiebung nicht und tragen zur unverschobenen Emissionslinie bei. P-Cygni-Profile sind also Indikatoren für expandierende Hüllen, d. h. für einen Massenverlust der Sterne (s. 9.3.4).

Of-Sterne: Dies sind O-Sterne, in denen die He II-Linie 4868 Å sowie einige N III-Linien in Emissionen auftreten, nicht jedoch die Wasserstofflinien. Etwa 10 % aller O-Sterne sind von diesem Spektraltyp.

Wolf-Rayet-Sterne: Als Wolf-Rayet-Sterne werden sehr heiße Sterne mit extrem breiten Emissionslinien bezeichnet. Es gibt zwei Klassen.

WC-Sterne: Neben H, He I, He II treten starke Emissionslinien von C II... C IV auf und von O II... O IV.

WN-Sterne: Hier dominieren Emissionen von N II... N V, dagegen fehlen die Kohlenstoff- und Sauerstofflinien fast vollständig.

Ausschnitte aus den Spektren zweier Wolf-Rayet-Sterne: HD 192 103 vom Typ WC 8 (oben) HD 192 163 vom Typ WN 6 (unten)

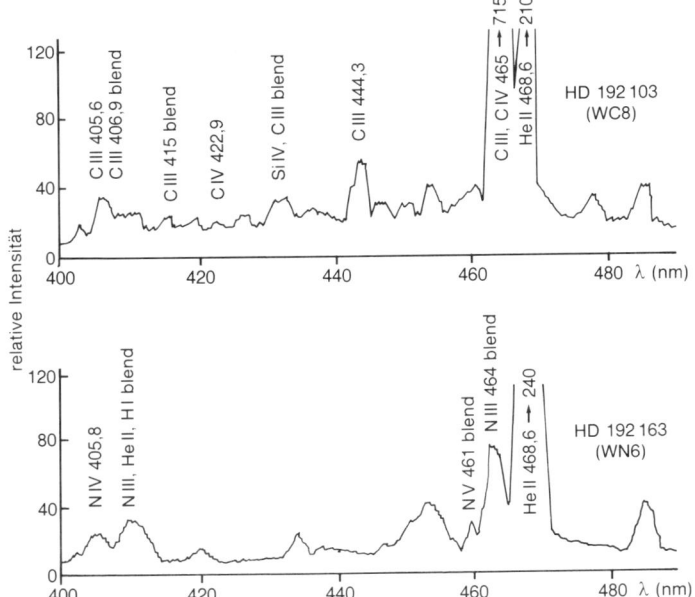

Bei den Wolf-Rayet-Sternen handelt es sich vermutlich um relativ weit entwickelte Objekte, bei denen die Produkte der Kernreaktionen im Sterninneren an die Oberfläche transportiert wurden (s. 9.3.4). Zu dieser Vorstellung paßt auch die Tatsache, daß etwa die Hälfte aller Zentralsterne Planetarischer Nebel entweder vom Spektraltyp Of oder Wolf-Rayet-Sterne sind, hier vorzugsweise vom Typ WC. Die genauere Analyse ihrer Spektren (P-Cygni-Profile der Resonanzlinien im UV) zeigt, daß von ihnen Materie mit hohen Geschwindigkeiten (~ 1 000 km/s) abströmt.

T-Tauri-Sterne: Während es sich bei den bisher besprochenen Sternen mit Emissionslinien um solche vom frühen Spektraltyp handelt, gehören die T-Tauri-Sterne zu den späteren Spektraltypen (G-... M-Sterne). Es handelt sich, wie die Bezeichnung des Prototyps T Tauri bereits erkennen läßt, um variable Sterne (s. 8.1.2). Sie zeigen Emissionslinien vor allem des Wasserstoffs, von Ca II und von He I. Sterne von diesem Typ treten in Gruppen auf (T-Assoziationen), immer im Zusammenhang mit großen Dunkelwolkenkomplexen, häufig mit kleinen leuchtenden Gasnebeln (s. 12.2.1).

Man ist der Auffassung, daß es sich um noch sehr junge Sterne handelt, die in Verbindung mit der Materie beobachtet werden, aus der sie entstanden sind. Die Emissionslinien entstehen in einer zirkumstellaren Hülle (möglicherweise auch in chromosphärischen Schichten), die ihre Ursache in einer besonders großen Aktivität (vergleichbar der Sonnenaktivität) dieser jungen Sterne haben könnte.

Bei einer Untergruppe der T-Tauri-Sterne, den YY-Orionis-Sternen, zeigen die Emissionslinien ein inverses P-Cygni-Profil, d. h. ein Profil mit rotverschobener Absorptionskomponente. Dies wäre also ein Anzeichen für einfallende Materie. Die Profile der Emissionslinien bei den T-Tauri-Sternen sind aber variabel, so daß die Strömungsvorgänge in den Hüllen kaum einem so einfachen Schema entsprechen werden.

8.9 Infrarot-Objekte

In den Abschnitt über die besonderen Sterntypen sollen auch die Infrarot-Objekte (IR-Objekte) aufgenommen werden, wenn auch mit Vorbehalt, denn ihre wahre Natur konnte noch nicht mit letzter Sicherheit geklärt werden.

Es handelt sich um Quellen infraroter Strahlung von sehr kleiner Winkelausdehnung (Größenordnung $\sim 1''$), die nach ihrem Spektrum ihre maximale Strahlungsleistung im Wellenlängenbereich von etwa 200 µm bis herab zu rund 5 µm abstrahlen. Im optischen Spektralbereich, insbesondere im sichtbaren, sind sie unbeobachtbar. Versucht man, ihre spektrale Energieverteilung durch Hohlraumstrahlungsfelder, d. h. durch Kirchhoff-Planck-Funktionen (s. A 1.7.9), anzunähern, so liegen die erforderlichen Temperaturen im Bereich zwischen 50 K und 500 K.

Derartige Quellen kommen häufig in Gruppen vor, und immer in Verbindung mit Dunkelwolken, Molekülwolken, teilweise auch mit leuchtenden Gaswolken (H II-Gebiete). So liegt es nahe, sie als Objekte anzusehen, die in engem Zusammenhang mit dem Prozeß der Sternentstehung stehen. In der Tat haben theoretische Rechnungen über den Kollaps von Wolken interstellarer Materie gezeigt, daß Entwicklungsphasen durchlaufen werden, die mit den beobachteten IR-Objekten durchaus verglichen werden können. Schlüsse aus einem solchen Vergleich sollten allerdings nur mit Vorsicht gezogen werden, da

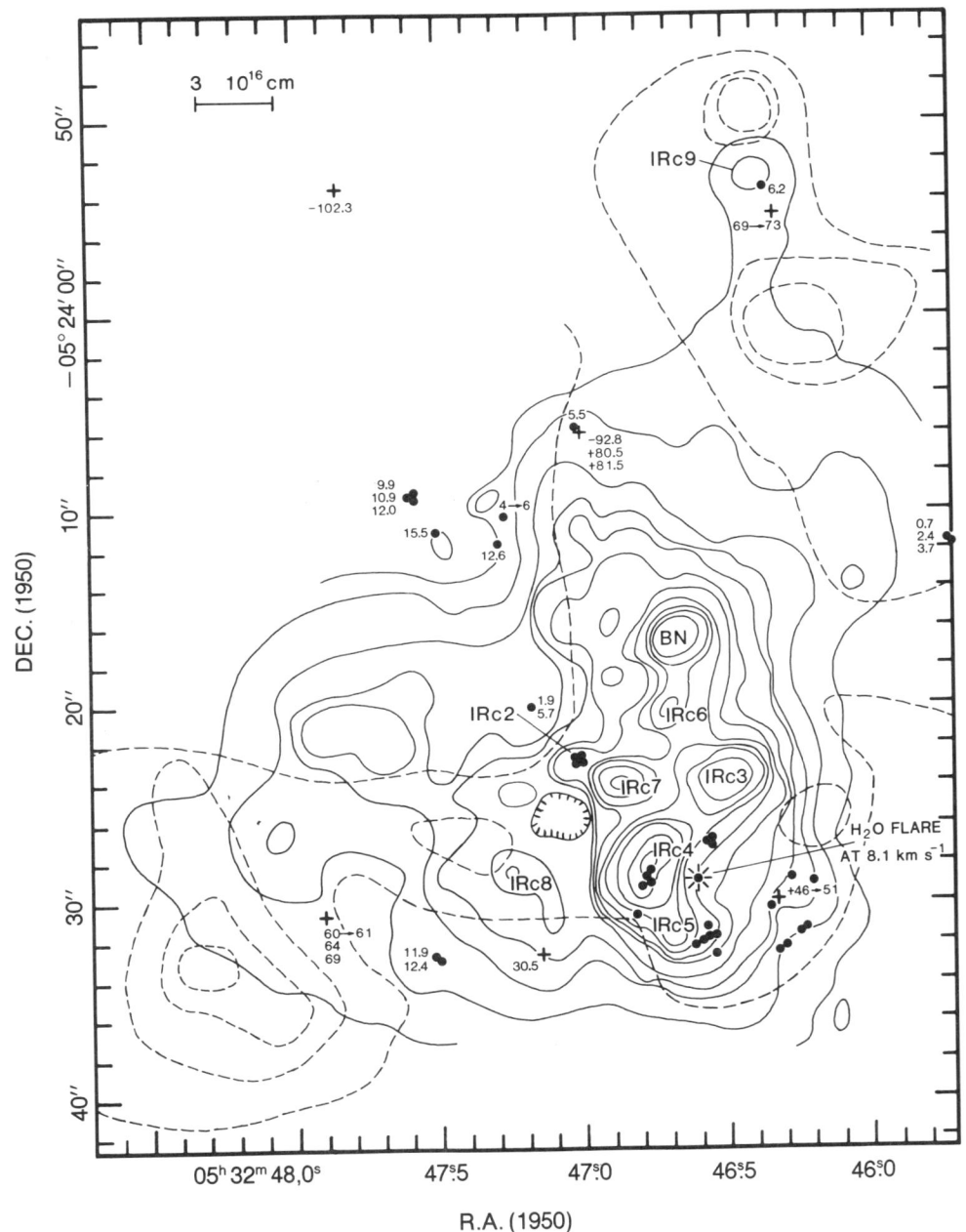

Der Kleinmann-Low-Nebel (im Orionnebel) mit einer Reihe von IR-Quellen (Angaben der Nummern im IRC-Katalog). Das Becklin-Neugebauer-Objekt (BN) hat die Katalogbezeichnung IRC 1. ● H₂O-Maser mit niedrigen Radialgeschwindigkeiten, Zahlenangaben in km/s, + H₂O-Maser mit hohen Radialgeschwindigkeiten

die Kollapsrechnungen nur mit stark vereinfachenden Schematisierungen besonders der Anfangsbedingungen durchgeführt werden können.

Bei der Interpretation der IR-Objekte als Protosterne stützt man sich daher vorzugsweise auf ihr Vorkommen in Gebieten, in denen auch nach anderen Kriterien Sterne entstehen oder vor kurzem entstanden sind. Derartige Kriterien sind neben den Dunkelwolken: Assoziationen von O- und B-Sternen, von T-Tauri-Sternen, das vorkommen kosmischer Maser, von bipolaren Nebeln und auch von Herbig-Haro-Objekten.

Als **kosmische Maser** bezeichnet man Punktquellen von Radiostrahlung, die im Bereich der cm-Wellen in Spektrallinien des OH-Radikals (OH-Maser) oder des H_2O-Moleküls (H_2O-Maser) ausgestrahlt werden. Dadurch, daß in ihnen die durch das Strahlungsfeld selber induzierten Emissionsprozesse (gegenüber denen der spontanen Emission) überwiegen, können außerordentlich hohe Strahlungsintensitäten erreicht werden. Der Laser, als Quelle intensiver optischer oder infraroter Strahlung, arbeitet nach dem gleichen Prinzip.

Bipolare Nebel sind leuchtende Nebel von meist geringer Ausdehnung mit erkennbarer Achsialsymmetrie.

Herbig-Haro-Objekte schließlich sind ebenfalls kleine Nebel von sehr inhomogener Struktur, mit Knoten (Kondensationen), die zeitlich variabel sind, und deren Ausdehnungen die unseres Planetensystems kaum um einen Faktor 10 übersteigen. Spektralaufnahmen zeigen interne Bewegungen in den Herbig-Haro-Objekten von der Größenordnung 100...200 km/s. Die Interpretation der Knoten als das Leuchten von Gasmassen, die in Stoßwellen aufgeheizt werden, liegt nahe.

Es ist also das Zusammentreffen dieser Umstände, die der Aussage, daß IR-Objekte Protosterne sind, ihre Sicherheit gibt.

Mit der Kenntnis der Entfernungen der begleitenden Objekte, etwa der Dunkelwolken, kennt man auch die Entfernung der IR-Objekte, kann also aus ihren scheinbaren Helligkeiten auf ihre Leuchtkräfte schließen. Diese sind beträchtlich und liegen durchweg über $10^3 L_\odot$. Derartige Leuchtkräfte sind nur möglich, wenn die Masse der Protosterne über $3\mathfrak{M}_\odot$ liegen.

Seit der Entdeckung der ersten IR-Quelle im Orionnebel durch Becklin und Neugebauer im Jahre 1967 (s. Abb.) ist systematisch nach weiteren derartigen Objekten gesucht worden. Die Zahl der genauer studierten IR-Quellen liegt gegenwärtig bei etwa 30. Wesentliche Fortschritte sind durch den Satelliten IRAS zu erwarten, dessen Instrumente den Himmel im Wellenlängenbereich zwischen 10 μm und 100 μm mit um einen Faktor 100 gesteigerten Empfindlichkeit durchmustern werden.

9 Innerer Aufbau, Entwicklung und Alter der Sterne

Seit ältesten Zeiten werden die Gestirne als Symbol für das Unveränderliche angesehen. Unter dem Blickwinkel der Wissenschaft jedoch wird deutlich, daß dieser Eindruck der Unveränderlichkeit lediglich darauf beruht, daß ein Menschenleben nur sehr kurz ist im Vergleich zu den Zeiträumen, innerhalb derer sich die Sterne verändern. Zunächst einmal ändern die Sterne ihren Ort; ein Sternbild wie z. B. der Große Bär wäre nach 100 000 Jahren nicht mehr wiederzuerkennen. Aber die Sterne ändern sich auch selbst, d. h. ihre Größe, Temperatur, Helligkeit und Farbe bleiben nicht konstant. Seit einigen Jahren wissen wir, zumindest in groben Zügen, über ihren „Lebenslauf" Bescheid. Da die wesentlichen Veränderungen jedoch tief im Inneren der Sterne vor sich gehen, lassen sich die beobachtbaren äußerlichen Veränderungen nur dann richtig verstehen und berechnen, wenn der innere Aufbau der Sterne bekannt ist.

9.1 Innerer Aufbau, Allgemeine Grundlagen

9.1.1 Die grundlegende Energiebilanz

Es ist leicht einzusehen, daß die Sterne nicht unverändert bleiben können. Sie strahlen Energie in den Weltraum ab und so muß ihr Vorrat an Energie abnehmen. Bestünde z. B. der Energievorrat der Sonne nur aus ihrem Wärmeinhalt und ihrer Gravitationsenergie, so wäre die Abstrahlung sehr groß im Vergleich mit dem Vorrat, und die Sonne könnte kaum älter sein als etwa 10 Millionen Jahre. Aus den Lebensspuren in alten irdischen Gesteinsschichten weiß man jedoch, daß die Sonnenstrahlung sich während einiger Milliarden Jahre kaum verändert haben kann; es muß also ein weit größerer Energievorrat verfügbar sein.

Heute weiß man, daß dies die Kernenergie ist, die durch Kernfusion freigesetzt wird. Im Zentrum der Sonne und der weitaus meisten Sterne wird bei Temperaturen von rund 20 Millionen Grad Wasserstoff in Helium umgewandelt, dabei liefert 1 Gramm Wasserstoff eine Energie von 170 000 Kilowattstunden. Da der Vorrat der Sterne an Wasserstoff sehr hoch ist – sie bestehen, wie die interstellare Materie, aus der sie entstanden sind, zu $3/4$ aus Wasserstoff – ergeben sich große Werte für die möglichen Alter der Sterne. So kann etwa die Sonne insgesamt rund 10 Milliarden Jahre alt werden.

Der Grundgedanke ist also ganz einfach:

Kennen wir die Masse eines Sternes und dürfen wir annehmen, daß sein ursprünglicher Vorrat an Wasserstoff etwa $3/4$ hiervon betrug, so kennen wir damit seinen Energievorrat.

Kennen wir auch noch die Leuchtkraft (Absolute Helligkeit) des Sternes (s. 7.5), so wissen wir, wieviel Energie er pro Jahr abstrahlt. Falls sich die Leuchtkraft des Sterns mit der Zeit nicht wesentlich verändert, so läßt sich dann leicht angeben, wie alt der Stern werden kann, bis er seinen Vorrat nahezu verbraucht hat. Würden wir von der Sonne nichts als nur ihre Leuchtkraft und ihre Masse kennen, so ließe sich schon sagen, daß sie höchstens 10 Milliarden Jahre alt sein kann, ihr wirkliches Alter könnte jedoch auch sehr viel kleiner sein als dieses „Maximalalter".

Wollen wir das wirkliche Alter eines Sternes wissen und nicht nur sein Maximalalter, so müßten wir angeben können, wieviel seines Wasserstoffs er bereits in Helium umgewandelt hat. Dies kann man jedoch der Oberfläche eines Sternes nicht ohne weiteres ansehen, da die Verbrennung des Wasserstoffs nur im Zentrum des Sterns stattfindet und im allgemeinen keine Durchmischung der Sternmaterie bis zur Oberfläche hin auftritt. Man muß somit den inneren Aufbau des Sterns studieren, um sagen zu können, wieviel Wasserstoff im Zentrum verbraucht ist. Berechnet man den inneren Aufbau eines Sterns zunächst für seinen ursprünglichen Zustand und dann für immer spätere Zeitpunkte, so erhält man die zeitliche Entwicklung des Sternes. Aus diesen Rechnungen erhält man auch die zeitliche Entwicklung derjenigen Größen, die sich direkt beobachten lassen: Leuchtkraft und Farbe des Sterns. Das Alter eines bestimmten Sterns läßt sich dann durch den Vergleich der beobachteten mit den berechneten Größen angeben.

9.1.2 Die wichtigsten Atomkern-Reaktionen

Bei Temperaturen bis zu einigen hunderttausend Grad finden noch keine Atomkern-Reaktionen statt. Zwischen 1 bis 5 Millionen Grad gibt es eine Reihe von Reaktionen, durch welche die leichten Elemente Lithium, Beryllium und Bor zerstört und in Helium verwandelt werden. Für den Energiehaushalt der Sterne spielt dies jedoch keine Rolle.

Die pp-Reaktionen

Oberhalb von etwa 5 Millionen Grad beginnt die Umwandlung des Wasserstoffs in Helium wirksam zu werden. Dies geschieht zunächst durch die sogenannte pp-Reaktion (Proton-Proton-Reaktion). Sie besteht aus den folgenden drei einzelnen Reaktionen, die nacheinander ablaufen:

$$^1H + {}^1H \rightarrow {}^2D + e^+ + \nu + 1{,}44 \text{ MeV} \quad (14 \cdot 10^9 \text{ Jahre})$$
$$^2D + {}^1H \rightarrow {}^3He + \gamma + 5{,}49 \text{ MeV} \quad (6 \text{ Sekunden})$$
$$^3He + {}^3He \rightarrow {}^4He + 2\,{}^1H + 12{,}85 \text{ MeV} \quad (10^6 \text{ Jahre}).$$

Zunächst vereinigen sich also zwei Wasserstoffkerne ^1H (Protonen) zu einem Deuteriumkern ^2D (die oben angeschriebenen Zahlen geben stets das Atomgewicht an), wobei noch ein Positron (e^+) und ein Neutrino (ν) entstehen und die Energie von 1,44 MeV (1 Million Elektronenvolt = $1{,}6 \cdot 10^{-13}$ Joule) frei wird. Für ein Proton dauert es im Mittel 14 Milliarden Jahre, bis ein zweites ihm so nahe kommt, daß beide sich vereinigen können. Der Deuteriumkern vereinigt sich nach wenigen Sekunden mit einem weiteren Proton ^{1}H und bildet einen Heliumkern ^{3}He vom Atomgewicht 3 und ein γ-Quant (Strahlung), wobei 5,49 MeV an Energie frei werden. Nach (im Mittel) einer Million Jahre kommen sich zwei solcher ^{3}He-Kerne genügend nahe, so daß ein normaler Heliumkern ^{4}He vom Atomgewicht 4 sowie zwei Protonen ^{1}H entstehen können und die Energie von 12,85 MeV frei wird.

Für die Bildung der beiden ^{3}He-Kerne waren 6 Protonen nötig, zwei davon sind jedoch am Schluß wieder vorhanden. Im Endeffekt haben sich also 4 Protonen zu einem Heliumkern vereinigt. Die freiwerdende Energie ist als kinetische Energie in der Bewegung der entstehenden Teilchen und als Strahlungsenergie vorhanden und wird in Wärme umgesetzt. Nur das Neutrino verläßt ungehindert den Stern, so daß seine Energie von 0,26 MeV verloren geht. Ziehen wir diesen Betrag von der Summe ab, und berücksichtigen wir, daß wir die ersten beiden Zeilen doppelt zählen müssen, um zwei ^{3}He-Kerne zu erhalten, so ergibt die Umwandlung von vier Wasserstoffatomen in ein Heliumatom schließlich:

$$26,2 \text{ MeV} = 4,2 \cdot 10^{-12} \text{ Joule.}$$

Der CNO-Zyklus

Bei höheren Temperaturen als 10 Mill. Grad tritt zur pp-Reaktion noch eine zweite Möglichkeit hinzu, Wasserstoff in Helium umzuwandeln, falls ein geringer Anteil an Kohlenstoff im Stern vorhanden ist. Es ist dies der CNO-Zyklus (C = Kohlenstoff, N = Stickstoff, O = Sauerstoff). Der Kohlenstoff durchläuft dabei zwar eine Reihe von Verwandlungen, ist zum Schluß jedoch wieder vorhanden und dient sozusagen nur als Katalysator. Das Durchlaufen eines solchen Zyklus besteht aus den folgenden Reaktionen:

$$^{12}\text{C} + {}^1\text{H} \Rightarrow {}^{13}\text{N} + \gamma \quad + 1,95 \text{ MeV} \quad (1,3 \cdot 10^7 \text{ Jahre})$$
$$^{13}\text{N} \Rightarrow {}^{13}\text{C} + e^+ + \nu \quad + 2,22 \text{ MeV} \quad (7 \text{ Minuten})$$
$$^{13}\text{C} + {}^1\text{H} \Rightarrow {}^{14}\text{N} + \gamma \quad + 7,54 \text{ MeV} \quad (2,7 \cdot 10^6 \text{ Jahre})$$
$$^{14}\text{N} + {}^1\text{H} \Rightarrow {}^{15}\text{O} + \gamma \quad + 7,35 \text{ MeV} \quad (3,2 \cdot 10^8 \text{ Jahre})$$
$$^{15}\text{O} \Rightarrow {}^{15}\text{N} + e^+ + \nu \quad + 2,71 \text{ MeV} \quad (82 \text{ Sekunden})$$
$$^{15}\text{N} + {}^1\text{H} \Rightarrow {}^{12}\text{C} + {}^4\text{He} + 4,96 \text{ MeV} \quad (1,1 \cdot 10^5 \text{ Jahre})$$

Diese Formeln sind eben so zu lesen wie diejenigen im vorangehenden Abschnitt. Der Stickstoff ^{13}N und der Sauerstoff ^{15}O sind keine stabilen Kerne, sie zerfallen nach kurzer Zeit unter Aussendung eines Positrons und eines Neutrinos. Pro Neutrino geht hierbei im Mittel etwas mehr Energie verloren. Insgesamt erhält man für die gesamte Reaktion:

$$25,0 \text{ MeV} = 4,0 \cdot 10^{-12} \text{ Joule.}$$

Der CNO-Zyklus schematisch dargestellt; es bedeutet:
* = Zwischenkern,
p = Proton,
β = Beta-Zerfall

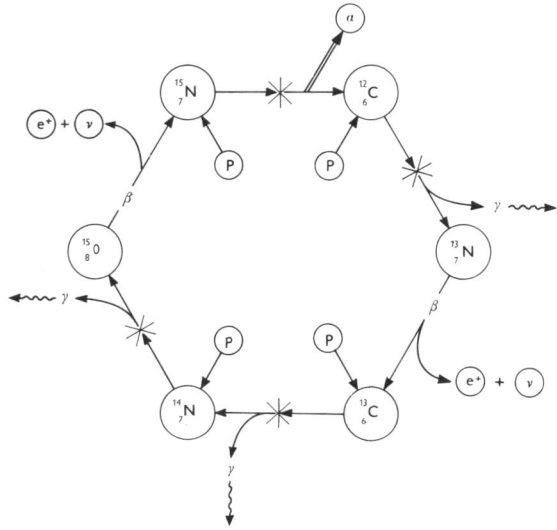

Weitere Prozesse

Oberhalb von etwa 100 Millionen Grad beginnt die Umwandlung von Helium in Kohlenstoff durch Vereinigung von drei Heliumkernen (α-Teilchen):

$$^4\text{He} + {}^4\text{He} \Rightarrow {}^8\text{Be} + \gamma \quad -0{,}095 \text{ MeV}$$
$$^8\text{Be} + {}^4\text{He} \Rightarrow {}^{12}\text{C} + \gamma \quad +7{,}4 \text{ MeV}$$

Die erste Reaktion liefert keine Energie, sondern verbraucht einen geringen Betrag ($-0{,}095$ MeV). Der gebildete Berylliumkern ^{8}Be ist allerdings nicht stabil und zerfällt nach kurzer Zeit wieder in zwei Heliumkerne. Nur ein sehr geringer Bruchteil (1 : 10 Milliarden) der ^{8}Be-Kerne findet während ihrer kurzen Lebensdauer Gelegenheit, sich mit einem weiteren Heliumkern zu einem Kohlenstoffkern ^{12}C zu vereinigen. Voraussetzung dafür, daß dieser Prozeß nennenswerte Energie liefert, ist neben den genannten hohen Temperaturen auch eine sehr große Dichte.

Der 3-α-Prozeß

Durch Anlagerung weiterer Heliumkerne an den Kohlenstoff ^{12}C können sich schwerere Elemente bilden: z. B. Sauerstoff ^{16}O, Neon ^{20}Ne usw. bis Kalzium ^{40}Ca. Weiterhin gibt es Prozesse, die Neutronen liefern, die ihrerseits als elektrisch neutrale Teilchen leicht von Atomkernen eingefangen werden. So wird eine Vielzahl schwerer Elemente aufgebaut. Dies ist zwar von großer Bedeutung für die Theorie der Entstehung der Elemente, doch wird bei all diesen Prozessen nur noch relativ wenig Energie frei, so daß sie für den Energiehaushalt der Sterne keine große Rolle spielen.
Bei extremen Dichten werden die Bindungsenergien des Atomkernes durch die Wechselwirkung der Kernbausteine mit Elementarteilchen in der Umgebung verringert, so daß sich

schließlich die Atomkerne auflösen. Gleichzeitig wird durch die Reaktion

$$p + e^- \rightarrow n + \nu$$

(inverser β-Prozeß), d. h. durch Einfang von Elektronen durch Protonen p das Gleichgewicht immer weiter zugunsten der Neutronen n verschoben. Bei Dichten von etwa 10^{14} g/cm^3 an

Die Figur zeigt den Logarithmus der im Zentrum des Sternes erzeugten Energie (pro Kubikzentimeter und Sekunde) als Funktion der Temperatur. Unterhalb von etwa 16 Millionen Grad überwiegt bei der Wasserstoffverbrennung die pp-Reaktion, oberhalb davon der CNO-Zyklus, der sehr viel stärker von der Temperatur abhängt. Die Temperaturabhängigkeit des 3α-Prozesses ist extrem stark

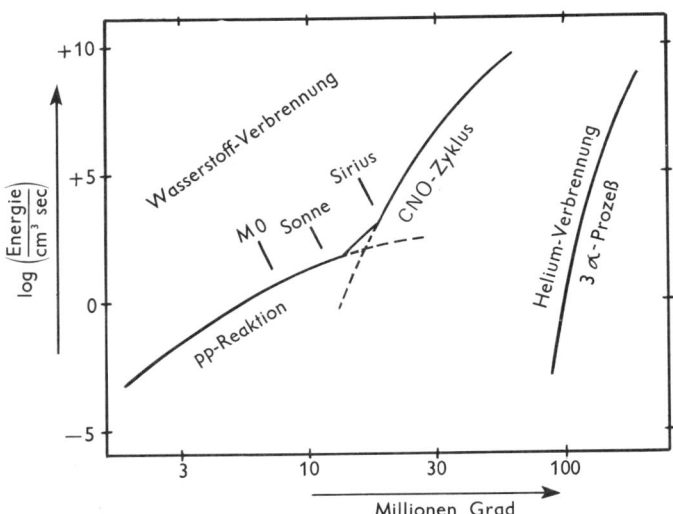

aufwärts besteht die Materie unabhängig von ihrer ursprünglichen Zusammensetzung fast nur noch aus Neutronen. Die entstehenden Neutrinos (ν) können wegen ihrer geringen Wechselwirkung mit Materie den Stern ungehindert verlassen. Bei extrem hohen Temperaturen (ab rund 10^9 K) können Neutrinos in großer Menge erzeugt werden. Die mit den Neutrinos abgeführte Energie kann eine weitere Temperaturerhöhung verhindern. Ein derartiger Prozeß wird zwar von der Theorie vorhergesagt, ist jedoch experimentell nicht gesichert.

9.1.3 Zustand der Materie

Wegen der hohen Temperatur ist die Materie der Sterne durchweg gasförmig. Temperatur und Dichte sind jedoch derart hoch, daß die Materie sich anders verhält als die Gase, mit denen man unter Normalbedingungen im Laboratorium experimentiert.

Ionisation

Bei niedriger Temperatur sind die Moleküle der Gase elektrisch neutral, die einzelnen Teilchen sind also ungeladen. Außerdem befinden sich die Gase (mit Ausnahme der Edelgase) in molekularem Zustand, d. h., es sind stets zwei oder mehr Atome zu einem Molekül vereinigt. Bei höheren Temperaturen dissoziieren die Gase: Die Moleküle brechen auseinander, und das Gas besteht nur noch aus einzelnen Atomen. Oberhalb von etwa 10 000 Grad beginnt die Ionisation: Die Elektronen der Atomhülle werden abgestreift, und zwar um so vollständiger, je höher die Temperatur ist. Ein ganz oder teilweise ionisiertes Gas nennt man auch ein Plasma.

Das Wasserstoffatom hat ein Proton als Kern und ist von einem Elektron umgeben. Ist dieses Elektron abgestoßen, so ist der Wasserstoff bereits vollständig ionisiert. Das Gas besteht dann nur noch aus den freien, elektrisch positiv geladenen Protonen und freien, elektrisch negativ geladenen Elektronen.

Das Heliumatom hat zwei Elektronen und einen zweifach positiven Atomkern. Wird nur ein Elektron abgestoßen, so heißt das Helium „einfach ionisiert"; es ist „zweifach ionisiert", wenn alle beiden Elektronen abgestoßen sind. Je schwerer ein Element ist, um so mehr Elektronen besitzt es im neutralen Zustand und um so höher kann es ionisiert werden.

Strahlungsdruck

Bei sehr hohen Temperaturen ist außer dem normalen Gasdruck auch der Strahlungsdruck zu berücksichtigen, der sogar den Gasdruck überwiegen kann. Messen wir den Druck auf die Innenwand eines Gefäßes, so wird der normale Gasdruck durch die Energie der Gasteilchen hervorgerufen, die in schneller Folge auf die Wand treffen und von ihr wieder zurückgeworfen werden. Aber auch die Energie der in dem Gefäß eingeschlossenen Strahlung bewirkt einen Druck auf die Wand. Bei Änderung des Volumens V, in das die Strahlung eingeschlossen ist, wächst der Strahlungsdruck mit $V^{-4/3}$.

Der Strahlungsdruck spielt eine Rolle im Innern der hellsten Hauptreihensterne (O-Sterne).

Entartung

Normalerweise wächst der Gasdruck P mit dem Produkt von Dichte ϱ und der Temperatur T des Gases:

$$P \sim \varrho \cdot T$$

Bei sehr hohen Dichten hängt der Druck jedoch nur noch von der Dichte ab, er ist unabhängig von der Temperatur. Man nennt diesen Zustand des Gases entartet. Ein derartiges Verhalten rührt daher, daß die Elementarteilchen (Elektronen, Protonen, Neutronen usw.) dem sogenannten Pauliverbot unterworfen sind, nach dem gleichartige Teilchen nicht zugleich gleiche Lagen und Geschwindigkeiten (genauer: Impulse) haben können. Je näher die Teilchen im Raum benachbart sind, um so stärker müssen sich ihre Geschwindigkeiten unterscheiden. Bei sehr hohen Dichten, also bei sehr enger Packung, ergeben sich hieraus sehr hohe Geschwindigkeiten, da nur dann auch die Geschwindigkeitsdifferenzen hinreichend groß sein können. Die Ursache dieser Geschwindigkeiten, damit auch der zugehörigen Energien, ist also nicht die Wärmebewegung, sondern allein die Tatsache, daß die Teilchen – bei hinreichend dichter Packung im gewöhnlichen Raum – Platz beanspruchen im „Raum" der Geschwindigkeiten. Die

Teilchenenergien und damit auch der Gasdruck sind in diesem Falle also unabhängig von der Temperatur. Man findet für die Zustandsgleichung

$$P \sim \varrho^{5/3}$$

solange die Geschwindigkeiten klein sind im Vergleich mit der Lichtgeschwindigkeit. Ist dies bei ganz extremen Dichten nicht mehr der Fall, so ist für die Zusammenhänge zwischen Geschwindigkeit, Impuls und Energie der Teilchen die Relativitätstheorie zuständig. Für ein derartiges, relativistisch entartetes Gas gilt im Grenzfall das Gesetz

$$P \sim \varrho^{4/3}.$$

Bei vollständiger Entartung haben die Teilchenenergien eine scharfe obere Grenze, die sogenannte Fermienergie (Fermikante)."

Zusammenfassung

In dem folgenden Diagramm, deren Koordinaten der Logarithmus der Temperatur und der Logarithmus der Dichte sind, werden durch gestrichelte Geraden vier Bereiche gegeneinander abgegrenzt. In jedem dieser Bereiche gilt eine andere Zustandsgleichung. Im Feld links oben überwiegt der Strahlungsdruck, rechts unterhalb der schrägen Geraden der Gasdruck. Rechts von der zweiten geneigten Geraden ist im Gas die Elektronenkomponente entartet und diese Entartung ist schließlich rechts von der dritten Gerade relativistisch. Würden wir das Diagramm nach rechts hin, also zu höheren Dichten, erweitern, so würde sich das Gebiet anschließen, in welchem sich aus Protonen und Elektronen Neutronen bilden. Weiter rechts würde dann das Neutronengas entarten und auch diese Entartung wäre schließlich bei Dichten im Bereich $10^{14} \ldots 10^{15}$ g/cm^3 relativistisch. Die gekrümmten Linien links

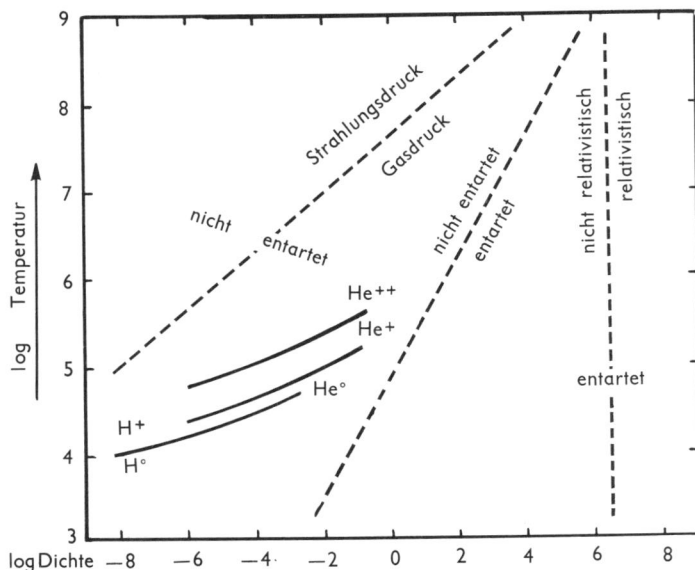

Der physikalische Zustand der Sternmaterie (nach Schwarzschild)

unten geben die Grenzen der Ionisation an. Unterhalb der unteren Linie ist der Wasserstoff neutral (H^0), oberhalb ist er ionisiert (H^+). Beim Helium sind zwei Grenzen nötig für einfache und zweifache Ionisation. Wegen der Seltenheit der schweren Elemente spielt deren Ionisation für die Zustandsgleichung keine Rolle. In allen vier Feldern der Abbildung konnte das Verhalten der Materie theoretisch berechnet werden. Dem Experiment ist nur ein geringer Teil links unten im zweiten Feld zugänglich.

Erst bei einigen Millionen Grad überwiegt der Strahlungsdruck, und erst bei Millionen Pascal ist die Materie entartet. Nur im Inneren der Sterne existieren diese Zustände. Da jedoch die Sterne den überwiegenden Teil der kosmischen Materie enthalten, müssen wir sie eigentlich als die Normalzustände der Materie ansehen.

9.1.4 Energietransport

Die Erzeugung der Energie durch Kernreaktionen setzt sehr hohe Temperaturen voraus, die nur tief im Inneren des Sternes vorhanden sind. Von dort her muß dann die erzeugte Energie zur Oberfläche des Sternes transportiert werden, von wo sie schließlich nach außen abgestrahlt werden kann. Es gibt drei Möglichkeiten des Energietransportes: durch Wärmeleitung, durch Strahlung oder durch Konvektion (Gasströmung).

Wärmeleitung ist normalerweise gegenüber den beiden anderen Mechanismen völlig zu vernachlässigen. Eine Ausnahme bildet das Innere der Weißen Zwerge und das Zentrum der Roten Riesen; hier ist die Materie entartet, und die Wärmeleitfähigkeit der entarteten Elektronen ist so groß, daß Temperaturunterschiede über weite Bereiche ausgeglichen werden, die Temperatur also nahezu konstant wird.

Strahlung ist der am häufigsten wirksame Mechanismus. Jeder Teil der Sternmaterie strahlt entsprechend seine Temperatur, und in der Nachbarschaft wird diese Strahlung wieder absorbiert. Da die Temperatur von innen nach außen abfällt, entsteht so ein nach außen gerichteter Energiestrom.

Konvektion nennt man Energietransport durch Gasströmungen. Die Art dieser Strömungen und die dafür nötige Instabilität der Schichtung wurde im Kapitel über die Sonne (s. 5.4.1) bereits geschildert. Durch die Konvektion wird die heißere innere Materie mit der kühleren äußeren durchmischt. Dadurch entsteht ein nach außen gerichteter Transport der Energie. Sterne großer Masse haben einen konvektiven Kern, die Sonne und Sterne kleinerer Masse besitzen dagegen eine Konvektionszone in ihrer äußeren Hülle. In beiden Fällen sind die übrigen Teile der Sterne stabil geschichtet, also nicht konvektiv. Die Strecke, die ein Konvektionselement, etwa eine Blase heißen Gases aufsteigen kann, bis es durch Durchmischung seine Individualität verliert, nennt man den Mischungsweg. Es gibt gegenwärtig noch keine Theorie der Konvektion, welche eine Berechnung der Größe dieses Mischungsweges ermöglicht.

Möglichkeiten des Energietransports und Vorkommen

Energietransport durch	Dieser Mechanismus ist wichtig
Wärmeleitung	in Weißen Zwergen und im Zentrum Roter Riesen
Konvektion	a) in den Kernen von Sternen großer Masse b) in den äußeren Zonen von Sternen kleiner Masse
Strahlung	überall sonst

Dies ist einer der Gründe für die Unsicherheit von theoretischen Sternmodellen.

Der Energietransport durch Strahlung wird stark beeinflußt durch die Fähigkeit der Materie, das hindurchgehende Licht zu absorbieren oder zu streuen. Der Abfall der Temperatur von innen nach außen ist um so steiler, je stärker sie absorbiert, also je undurchlässiger sie für Strahlung ist.

Die Durchsichtigkeit der Materie hängt andererseits stark von der Temperatur ab: Bei normaler Temperatur absorbieren oder streuen Gase nur sehr wenig (z. B. Luft in der Erdatmosphäre auf einen Kilometer nur einige Prozent), bei den hohen Temperaturen im Sterninneren ist das an einer Stelle abgestrahlte Licht jedoch schon nach wenigen Zentimetern wieder völlig absorbiert oder durch Streuung zumindest in seiner Richtung verändert. Welcher der beiden Prozesse überwiegt, hängt vor allem von dem Zustand der Materie ab.

Liegt die Temperatur oberhalb einer bestimmten Grenze, so sind für die Streuung des Lichtes vor allem die freien Elektronen verantwortlich. Die Stärke der Streuung hängt dabei nur von der Elektronendichte, nicht aber von der Temperatur der Materie ab und auch nicht von der Wellenlänge des Lichtes. Diese Elektronenstreuung überwiegt im gesamten inneren Bereich der schweren Hauptreihensterne und in einem mittleren Bereich der Roten Riesen. In der Sonne spielt sie keine Rolle. Abgesehen von der selektiven Absorption in Spektrallinien (gebunden-gebunden-Übergang) kann die Absorption eines Lichtquants auch noch durch folgende Prozesse erfolgen:

1) Die Energie des Photons wird auf ein Elektron in einem Atom übertragen und reicht aus, die Bindung des Elektrons an das Atom aufzuheben (gebunden-frei-Übergang, Photoionisation).

2) Ein freies Elektron nimmt die Energie des Photons auf. Seine Energie wird damit um den Betrag der Photonenenergie vergrößert. Dabei ist jedoch die Mitwirkung eines nahen Atomkernes erforderlich, um neben der Energiebilanz auch die Impulsbilanz erfüllen zu können (frei-frei-Übergang).

Da die im Kosmos häufigsten Elemente, Wasserstoff und Helium, im Sterninneren vollständig ionisiert sind, kommt für ihren Beitrag zur Absorption nur der weniger wirksame Prozeß der frei-frei-Übergänge in Betracht. Bei den schwereren Elementen, die noch nicht vollständig ionisiert sind, überwiegt der Beitrag der gebunden-frei-Übergänge. Dieser Beitrag der schweren Elemente zur atomaren Absorption dominiert, solange die Materie zu mehr als etwa einem Prozent aus diesen Elementen besteht. Liegt ihr Anteil jedoch unter dieser Grenze, so überwiegen die frei-frei-Übergänge an Wasserstoff und Helium.

Die Stärke der atomaren Absorption hängt von der Dichte und von der Temperatur der Materie ab, aber auch von der Wellenlänge des Lichtes. Zur Berechnung des Sternaufbaues braucht man an jedem Ort die mittlere Absorption, gemittelt über alle Wellenlängen. Diese mittlere Absorption, als Funktion der Temperatur, der Dichte und der chemischen Zusammensetzung, ist berechnet worden und liegt in Tabellen vor. Doch ist die Absorption noch immer ein recht unsicherer Faktor bei der Berechnung des Sterninneren.

9.2 Innerer Aufbau, Sternmodelle

9.2.1 Die Grund-gleichungen

Die Sterne müssen sich zwar, wie in den vorangehenden Abschnitten gezeigt wurde, mit der Zeit verändern, doch geschehen alle derartigen Veränderungen so langsam, daß man für die Berechnung des Sternaufbaues die Voraussetzung machen darf, daß im Stern zu jeder Zeit und an jedem Ort Gleichgewicht zwischen allen Kräften herrscht. In jedem Abstand r vom Zentrum des Sternes muß damit der Druck so groß sein, daß er das Gewicht der darüber liegenden Gasmassen gerade trägt. Die aus dieser Bedingung ableitbare Gleichung verknüpft die Abnahme des Druckes nach außen mit der lokalen Schwerebeschleunigung und Dichte. Die lokale Schwerebeschleunigung ihrerseits ist aus dem Abstand r vom Zentrum des Sternes und dem Teil der Sternmasse zu berechnen, der von der Kugel um das Zentrum mit dem Radius r eingeschlossen ist (Gleichung 1).

Ist überall im Stern diese Bedingung erfüllt, so gilt der sogenannte Virialsatz: Das Produkt aus Druck und Volumen, summiert über den ganzen Stern (die gesamte Energie der Wärmebewegung) ist genau halb so groß wie die Energie der Materie im eigenen Schwerefeld. Diese sogenannte potentielle Energie ist die Energie, die gewonnen würde, wenn der Stern sich aus weit verteilter Materie auf seinen gegenwärtigen Zustand zusammenzöge.

Es muß neben dem Gleichgewicht der Kräfte auch der Satz der Erhaltung der Energie gelten. Die in jedes kleine Volumen hineinfließende Energie zuzüglich der in diesem Volumen etwa durch Kernprozesse erzeugten Energie muß gleich der aus diesem Volumen herausfließenden Energie sein. Die Energie sammelt sich also nirgendwo an (Gleichung 2).

Die Energie wird jedoch transportiert. Sie fließt von den heißen Gebieten in die kühleren, d. h. im Stern von innen nach außen. Die Größe des Energietransportes hängt davon ab, wie steil die Temperatur abnimmt (Gleichung 3).
Durch die Zustandsgleichung der Materie, werden Druck, Dichte und Temperatur miteinander verknüpft (Gleichung 4).

Mit Hilfe dieser vier Gleichungen, die an jeder Stelle des Sternes erfüllt sein müssen, läßt sich das Innere des Sternes schrittweise berechnen. Sind die vier gesuchten Größen Temperatur, Druck, Energiestrom und Schwerebeschleunigung in irgendeinem Abstand vom Zentrum bekannt, so lassen sich diese Größen durch die vier Gleichungen für eine angrenzende Schicht berechnen. Von dort schreitet dann die Rechnung in gleicher Weise zur nächsten Schicht fort usw. Nach jedem derartigen Rechenschritt werden die weiter benötigten Größen (Dichte, Absorptionskoeffizient, Eneregieerzeugung) aus den zunächst berechneten vier Größen abgeleitet. Nach dieser Methode kann man entweder von der Oberfläche bis zum Zentrum oder vom Zentrum bis zur Oberfläche den ganzen Stern durchrechnen.

9.2.2 Randbedingungen Eine der wesentlichen Schwierigkeiten einer derartigen Rechnung liegt darin, daß man zu Beginn entweder im Zentrum oder an der Oberfläche alle vier grundlegenden Größen kennen muß, um die Rechnung starten zu können. Im Zentrum sind jedoch nur zwei bekannt, nämlich der Energiestrom und die Schwerebeschleunigung, die beide gleich null sein müssen, da der Mittelpunkt des Sterns natürlich selbst keine Masse und keine Energiequelle enthalten kann. Eine dritte Größe könnte man willkürlich festsetzen, z. B. den Druck, doch gäbe es dann nur einen einzigen Wert der Temperatur, der zu einem vernünftigen Sternmodell führen würde. Man kennt ihn jedoch nicht. Alle anderen Werte der zentralen Temperatur würden nach einer mehr oder weniger großen Anzahl von Rechenschritten zu physikalisch unmöglichen Ergebnissen führen, z. B. zu negativem Druck, zu negativer Dichte und müssen daher verworfen werden.
Ähnlich ist es beim Start von der Oberfläche aus. Hier ist Druck und Temperatur, verglichen mit dem Sterninneren, so gering, daß wir sie praktisch gleich Null setzen können. Eine dritte Größe, z. B. Masse, kann man wieder frei wählen, doch würde dann nur einen einziger (aber unbekannter) Wert des Energiestromes zu einem physikalisch möglichen Sternmodell führen.
Man muß also stets bei Beginn eine Größe raten und dann probieren, wie lange die Rechnung „gut geht". Beim nächsten Versuch wird man schon etwas besser raten und so fort. In der Praxis geht man so vor, daß man einerseits von außen beginnend etwa bis zur Hälfte des Radius nach innen rechnet und

dann vom Zentrum beginnend bis zur gleichen Stelle nach außen. Dort müßten dann alle Größen übereinstimmen, wenn man mit den richtigen Werten begonnen hätte. In Wirklichkeit erhält man Abweichungen, aus deren Art sich abschätzen läßt, wie man für den nächsten Versuch die Anfangswerte zu verbessern hat.

Auf diese Weise gewinnt man in wiederholten Versuchen, systematisch verbesserte Sternmodelle, bis man schließlich mit der erreichten Genauigkeit zufrieden sein kann.

9.2.3 Stabilität

Nur dann verändern sich Sterne in ihrer Entwicklung langsam aus einem Gleichgewichtszustand in einen benachbarten, wenn diese Gleichgewichtszustände stabil sind. Stabilität bedeutet, daß kleine Störungen des Zustandes, wenn sie in der Natur immer auftreten können, mit der Zeit abklingen und schließlich verschwinden. Ist der Stern instabil, so kann man die Annahmen des hydrostatischen Gleichgewichts (Gleichung 1) oder die des energetischen Gleichgewichts (Gleichung 2) nicht mehr verwenden, um sein Verhalten zu berechnen, man muß auf die dynamischen Gleichungen zurückgreifen. Aber auch ohne diese sehr viel komplizierteren Gleichungen kann man anhand einer Störungstheorie oder durch noch einfachere Überlegungen entscheiden, ob ein Stern instabil ist. Wir wollen einige wichtige Fälle beschreiben.

Mechanisches Gleichgewicht, geschweige Stabilität, kann nicht erzielt werden, wenn die Zustandsgleichung der Materie von der Art ist, daß (bei adiabatischer Kompression) der Druck P langsamer anwächst als $\varrho^{4/3}$ (ϱ sei die Dichte) bzw. langsamer als $V^{-4/3}$, wenn V das Volumen ist, welches eine vorgegebene Materiemenge (etwa die des gesamten Sternes) enthält. In solchen Fällen ist der Virialsatz (s. 9.2.1) nicht erfüllbar. Im Grenzfall, d. h. bei dem Exponenten 4/3 würde die gesamte Energie der Wärmebewegung, d. h. das Produkt von Druck und Volumen, sich wie $V^{-1/3}$, also wie $1/R$ verhalten (R sei der Sternradius). Genau in derselben Weise hängt aber die Gravitationsenergie vom Radius ab. Damit würde die Bedingung der Gleichheit von Druck- und Gravitationsenergie, wie sie der Virialsatz fordert, eine Relation ergeben, aus der sich der Radius des Sternes herauskürzt. Das Gleichgewicht ist also entweder (zufälligerweise) für alle Radien gegeben, oder aber (und das ist der Normalfall) die Bedingung ist unerfüllbar. Es gibt damit keinen Gleichgewichtszustand. Dies würde um so mehr gelten, falls der Exponent kleiner als 4/3 ist, denn dann würde der Druck nie ausreichen, um der Schwerkraft das Gleichgewicht zu halten.

Die Konsequenz dieser Überlegungen ist, daß es keine Sterne geben kann, in denen die Materie überwiegend relativistisch entartet ist. Da der Grad der Entartung mit der Dichte, also auch mit der Masse des Sternes zunimmt, ist damit eine obere Massengrenze für Weiße Zwerge (bei etwa 1,4 Sonnenmassen; s. 8.6.2) und in etwas abgewandelter Form auch für Neutronensterne (s. 8.7.1) (bei etwa 2 Sonnenmassen) gegeben.

Stabile Endkonfigurationen für Sterne oberhalb dieser Grenze gibt es nach unserer heutigen Kenntnis nicht. Sie kollabieren und verschwinden (für den Beobachter zunehmend verzögert, schließlich unendlich langsam) in einem „Schwarzen Loch" (s. 8.7.3). Diese Bezeichnung rührt daher, daß das Gravitationsfeld so groß geworden ist, daß kein Lichtquant, das ja auch Masse hat und damit der Schwere unterworfen ist, den kollabierenden Stern verlassen kann. Der Stern wird also dunkel, wenn sein Radius kleiner geworden ist als der sogenannte Schwarzschildradius. Der sehr schwierige Nachweis, daß derartige kollabierende Objekte im Kosmos tatsächlich vorkommen, ist sicher eines der interessantesten Probleme der beobachteten Astronomie.

Stabilität der Energieerzeugung. Ist im Bereich der Energieerzeugung durch Kernreaktion die Materie entartet, so kann der Mechanismus der Selbstregulation der Energieproduktionsrate versagen. Eine Störung der Produktionsrate, etwa eine Überproduktion, würde eine Erhöhung der Temperatur bewirken. Bei nicht entarteter Materie ergibt sich hieraus eine Druckerhöhung und damit eine Expansion des Sternes. Dadurch wiederum verringert sich die Temperatur und als Folge hiervon schließlich auch die Energieproduktion. Es existiert also ein empfindlicher Regelmechanismus, der durch die beschriebene Kette von Kausalzusammenhängen gegeben ist. Finden die temperaturabhängigen Kernreaktionen dagegen in einem entarteten Gas statt, so ist diese Kette dadurch unterbrochen, daß aus einer Temperaturerhöhung jetzt keine Erhöhung des Druckes folgt. Folglich ergibt sich auch keine Expansion und keine die Energieproduktionsrate senkende Temperaturabnahme. Das Gegenteil geschieht, mit der Temperatur wächst die Energieproduktion. Sie ist instabil.

Bei Riesensternen, etwa unterhalb 2,25 Sonnenmassen, ist diese Instabilität die Ursache des sogenannten „helium flash", bei welchem im entarteten Heliumkern die 3α-Reaktion (s. 9.1.2) einsetzt und dann wegen fehlender Expansion mit steigender Temperatur immer rascher verläuft, bis in einem solchen Stern etwa die 10^{14}fache Energieproduktion der Sonne erreicht wird. Erst wenn bei zu hoher Temperatur die Entartung aufgehoben wird, der Druck also wieder anwachsen und der Kern expandieren kann, normalisiert sich die Energieproduktion. Der „flash" selber ist unbeobachtbar, da die gesamte in dem kurzen Zeitraum der Instabilität produzierte Energie, im Inneren des Sternes wieder absorbiert wird.

Pulsationsinstabilität, Stabilität des Energietransports.

Ein Stern ist instabil gegen Pulsationen (radiale Schwingungen), wenn im Verlauf einer solchen Schwingung – die mit dem Zyklus einer Wärmekraftmaschine vergleichbar ist – im Mittel über den ganzen Stern Wärmeenergie in mechanische Energie (in diesem Fall der Schwingung) umgesetzt wird. Die Voraussetzung hierfür ist, daß die Materie, deren Dichte periodisch schwankt, im Zustand höherer Dichte Wärmeenergie durch Absorption aufnimmt und sie dann nach erfolgter Expansion im Zustand geringerer Dichte, etwa durch Emission, wieder abgibt. Diese Situation ist in der Regel nicht gegeben, im Gegenteil, meist überwiegen die Prozesse, die der Schwingung Energie entziehen, sie also dämpfen. Die Sterne sind also durchweg stabil gegen radiale Störungen.

Unter speziellen Bedingungen ist jedoch Instabilität möglich, nämlich dann, wenn im Stern in geeigneter Tiefe eine Schicht liegt, in welcher das Helium aus dem einfach- in den zweifach ionisierten Zustand übergeht. Diese Schicht hat die Eigenschaft, daß sich in ihr, bei (adiabatischer) Kompression oder Expansion, die Temperatur weniger ändert als in den darüber und vor allem in den darunter liegenden Schichten. Diese geringe Temperaturänderung liegt daran, daß die

Kompressionsarbeit vorwiegend zur Erhöhung des Ionisationsgrades, also zum Aufbringen der Ionisationsenergie verbraucht wird. Nur ein kleiner Bruchteil der Kompressionsarbeit steht zur Änderung der kinetischen Energie, und damit der Temperatur zur Verfügung. Dieses besondere Kompressionsverhalten zieht ein besonderes Verhalten des Absorptionskoeffizienten nach sich. Er ist von den Zustandsgrößen des Gases abhängig, und zwar wächst er mit der Dichte und nimmt mit steigender Temperatur ab. In der He^+-Ionisationsschicht wird der Absorptionskoeffizient sich also, wegen der beschriebenen geringen Temperaturänderung, bei einer Kompression erhöhen, und bei einer Expansion verringern. Da wegen des Fehlens einer entsprechenden Änderung in den tieferen Schichten die in die He^+-Ionisationsschicht einströmende Energie weitgehend konstant bleibt, sind hier die oben beschriebenen speziellen Bedingungen für den Antrieb der Pulsation gegeben. Der Prozeß ist jedoch nur dann wirksam genug, um die Schwingungen eines ganzen Sternes wirklich anzuregen, wenn die Schicht weder in zu geringer noch in zu großer Tiefe liegt. Deswegen sind die Sterne auch nur in einem engen Streifen im HR-Diagramm pulsationsstabil (Bereich der Cepheiden, Hertzsprunglücke).

Die Bedingung, daß in einer Schicht ein häufiges Element (Wasserstoff oder Helium) gerade durch eine Ionisationsstufe hindurchgeht, und daß infolgedessen Zustandsänderungen (Kompression oder Expansion) nahezu isotherm, d. h. ohne wesentliche Temperaturänderungen verlaufen, begünstigt auch das Entstehen von Konvektionszonen (s. 5.4.1) erheblich. Wenn sich eine Konvektionszone ausbildet, kann die Schicht aber nicht gleichzeitig Pulsationen anregen. Dies ist der Grund dafür, daß die späten Hauptsequenzsterne (wie etwa die Sonne) mit ihren Konvektionszonen nicht pulsieren.

9.3 Sternentwicklung

9.3.1 Der Grundgedanke

Die theoretischen Aussagen über die Entwicklung der Sterne beruhen alle auf der Möglichkeit, den inneren Aufbau, wie in den vorangehenden Abschnitten dargelegt, zu berechnen. Der Schritt von dieser Berechnung von Sternmodellen zur Vorhersage der Entwicklung von Sternen ist naheliegend und überaus einfach. Mit der Kenntnis des inneren Aufbaues weiß man, wie groß die Energieproduktion an jeder Stelle des Sternes ist, welche Kernprozesse also dort ablaufen und mit welcher Rate. Nehmen wir etwa die Umwandlung von Wasserstoff in Helium durch die pp-Reaktion. Durch sie wird die chemische Zusammensetzung im Inneren der Sterne langsam geändert. Die Kenntnis des inneren Aufbaues erlaubt nun die Änderung zu berechnen, die nach einer gewissen Zeitspanne eingetreten ist. Mit der entsprechend abgeänderten chemischen Zusammensetzung (an jeder Stelle des Sternes) wird nun ein neues Modell berechnet. So fügt man einen Zeitschritt an den anderen und folgt damit dem Lebenslauf eines Sternes. Dabei interessieren vor allem die zeitlichen Veränderungen der beobachtbaren Größen, besonders der absoluten Helligkeit ($\Rightarrow$ Leuchtkraft; s. 7.5) und der Farbe ($\Rightarrow$ Temperatur; s. 7.2), durch welche die Position des Sternes im Hertzsprung-Russell-Diagramm (s. 7.6) festgelegt ist.

Was ist der Ausgangspunkt eines solchen Entwicklungszuges? Man darf annehmen, daß die Sterne gleich nach ihrer Entstehung erstens die gleiche chemische Zusammensetzung (d. h. die gleiche relative Häufigkeit der Elemente) besitzen wie die interstellare Materie, aus der sie entstanden sind, und daß sie zweitens „gut durchmischt" sind (d. h. vom Zentrum bis zur Oberfläche die gleiche Zusammensetzung haben). Trifft diese zweite Annahme zu, so nennt man den Stern homogen.

Die Berechnung solcher homogenen Sternmodelle zeigt, daß man damit gerade die Sterne der Hauptreihe erhält (s. 7.6). Das bedeutet, daß die Sterne der Hauptreihe „genetisch junge" Sterne sind. Sie mögen zwar an Jahren schon recht alt sein, haben sich jedoch noch nicht oder nur sehr wenig entwickelt.

9.3.2 Sternentwicklung, ein Beispiel

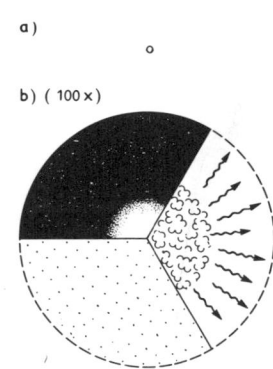

a)

b) (100 x)

Anfangsstadium eines Hauptreihensterns von 7 Sonnenmassen (vgl. die Erläuterungen im Text). Sternradius R = 3,37 R⊙ (Sonnenradien). Der Stern, dessen chemische Zusammensetzung noch im ganzen Sterninnern gleich ist, besitzt einen Kern, in dem die durch Wasserstoff-Brennen erzeugte Energie durch Konvektion transportiert wird. Weiter außen wird die Energie durch Strahlung zur Oberfläche gebracht

Zur Illustration des Verfahrens seien hier einige charakteristische Entwicklungsstadien eines Sternes von sieben Sonnenmassen beschrieben (nach Kippenhahn und Weigert 1964). Die Darstellung der Rechnungen beginnt mit dem Moment, in dem der Stern seine Hauptenergiequelle erschließt, d. h., in dem das Wasserstoff-Brennen einsetzt. Die Zentraltemperatur des Sternes beträgt etwa 25 Millionen Grad; im Innern läuft der CNO-Zyklus (s. 9.1.2). Der Modellstern hat eine Oberflächentemperatur von etwa 21 000 K; er repräsentiert anfangs die beobachtbaren Sterne vom Spektraltyp B. Die folgenden fünf Abbildungen zeigen einige Eigenschaften des Sterns zu 5 verschiedenen Zeitpunkten seiner Entwicklung. Die jeweils mit a) bezeichneten Teilbilder sind Querschnitte durch den ganzen Stern; die Durchmesser der Kreise (alle im gleichen Maßstab) sind ein Maß für den jeweiligen Sterndurchmesser. In den Teilbildern b) und gegebenenfalls c) ist jeweils das Zentralgebiet des Sterns herausgezeichnet, und zwar im angegebenen Maßstab zu a) vergrößert. Die Querschnittsbilder durch den Stern sind (soweit das möglich war) in drei Sektoren geteilt. Im Sektor links oben ist der Sitz der nuklearen Energiequelle gezeichnet (weiß: Gebiete, in denen Kernenergie frei wird). Der rechte Sektor veranschaulicht die Bereiche im Sterninnern, in welchen die Energie entweder durch Strahlung (Pfeil) oder durch Konvektion (wolkige Struktur) transportiert wird. Der Sektor links unten zeigt die chemische Zusammensetzung in den verschiedenen Kerngebieten des Sterns (Punkte: ursprünglich wasserstoffreiche Materie; offene Kreise: Helium; volle Kreise: Kohlenstoff). Es sei nochmals betont, daß alle zur Herstellung der Zeichnungen benutzten Zahlenwerte von der Rechenmaschine geliefert wurden.

Die Entwicklung des Sternes ist mit der lezten dargestellten Phase natürlich nicht abgeschlossen. Doch die Rechnungen mußten hier abgebrochen werden, da die bei der weiteren Entwicklung wichtig werdenden physikalischen Prozesse im Rechenprogramm nicht berücksichtigt waren.

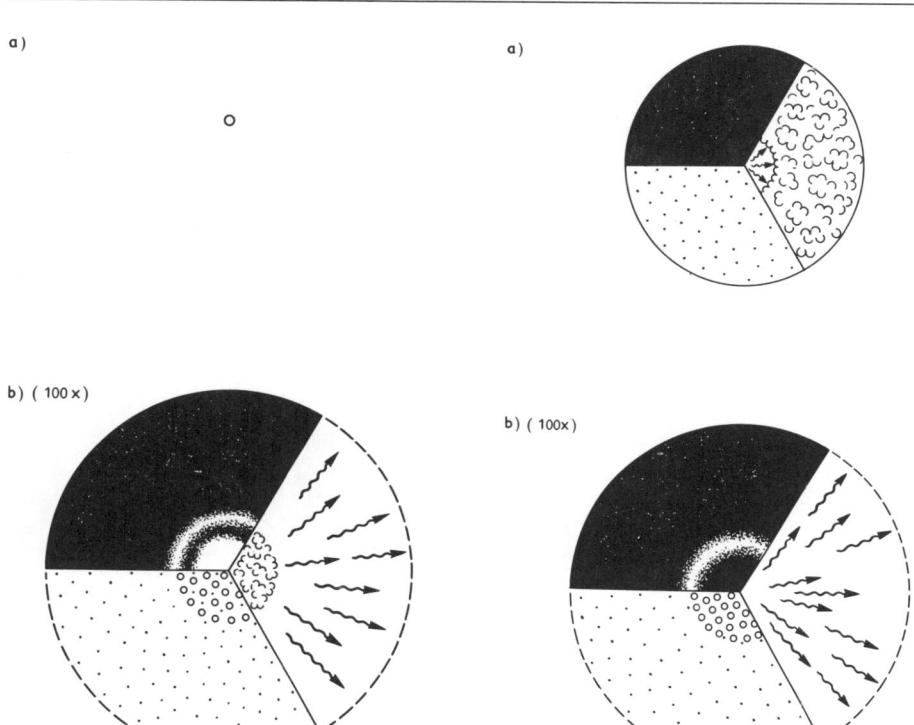

a)

a)

b) (100×)

b) (100×)

Der innere Aufbau des Sterns nach 26 Millionen Jahren. Sternradius R = 5,33 R⊙.
Die nukleare Energieerzeugung erfolgt nicht mehr nur im Kern, dessen Wasserstoff-Vorrat jetzt fast erschöpft ist, sondern in einer weiter außen liegenden Schale (man spricht von einer „Schalenquelle"). Der Kern, in dem der Energietransport mittels Konvektion erfolgt, ist kleiner geworden, in ihm hat sich merklich Helium angereichert

Nur 0,5 Millionen Jahre nach dem Zeitpunkt des vorherigen Zustandsbildes ist der Stern zum Roten Riesen „gewachsen". Sein Radius beträgt nun R = 102 R⊙. Der Wasserstoff-Vorrat im Zentralgebiet ist erschöpft, dort ist nur noch Helium. Seine nukleare Energie bezieht der Stern aus dem Wasserstoff-Brennen in einer Schale. Der Energietransport im Zentralgebiet erfolgt durch Strahlung, außen hingegen durch Konvektion

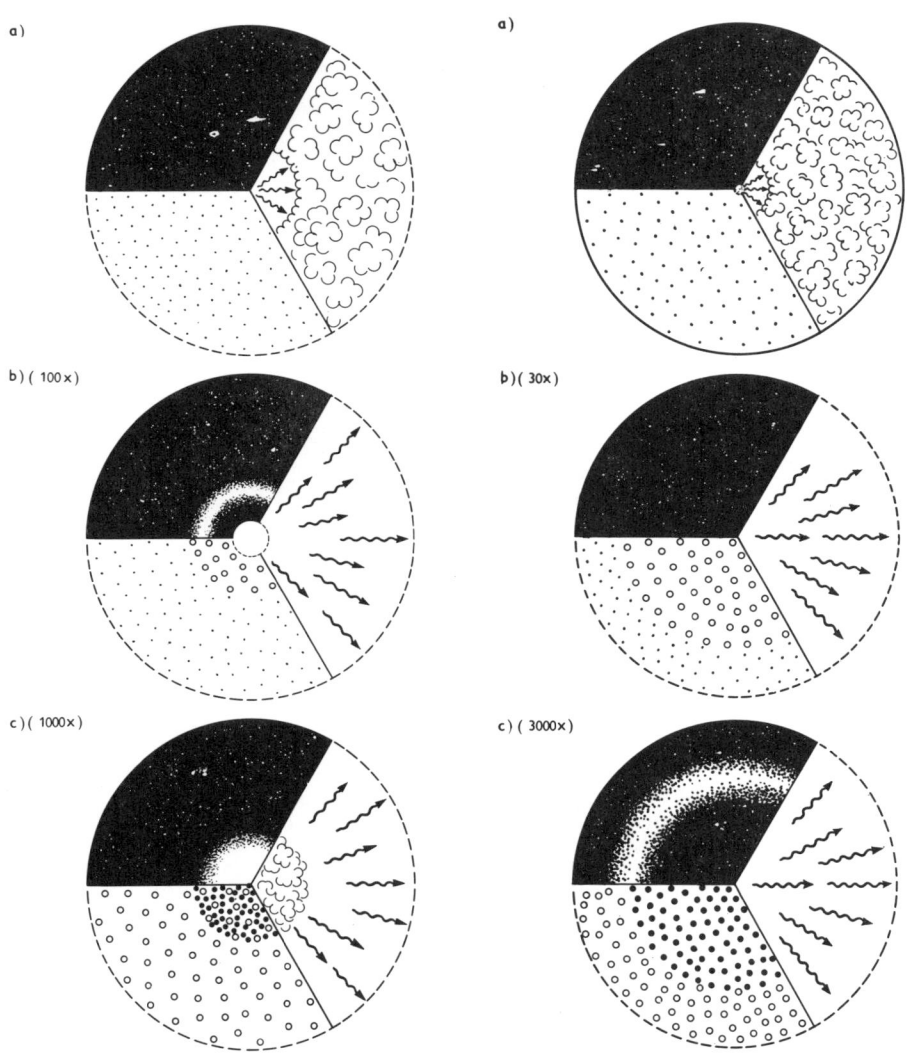

a) b) (100×) c) (1000×) a) b)(30×) c) (3000×)

Weitere 0,1 Millionen Jahre später zu vorigem Zustand. Der Stern ist nur noch unwesentlich größer geworden. R = 137 $R_\odot$. Das Helium-Brennen (s. 9.1.2) hat in seinem Zentrum begonnen. Einiger Kohlenstoff ist bereits gebildet. Weiter außen brennt aber noch eine Wasserstoff-Schalenquelle. Um die differenzierten Zonen im Sterninnern deutlich werden zu lassen, ist das in b) ausgesparte Gebiet in c) nochmals vergrößert herausgezeichnet

In den nächsten 10 Millionen Jahren „wandert" der Stern mehrmals durch die gleichen Gebiete des Hertzsprung-Russell-Diagramms. Zeitweilig wird er zum δ Cephei-Stern. Nach einer zwischenzeitlichen Schrumpfung des Sterns ist dieser nun aber wieder auf R = 144 $R_\odot$ angewachsen. Das Wasserstoff-Brennen ist erloschen. Das Helium brennt nur noch als Schalenquelle, die sich langsam nach außen frißt

*Der „Entwicklungsweg"
eines Sternes von
7 Sonnenmassen im
Hertzsprung-Russell-
Diagramm. Nach oben
ist die Leuchtkraft des
Sterns in Einheiten der
Sonnenleuchtkraft auf-
getragen, nach links
wachsend, die Ober-
flächentemperaturen.
Der Entwicklungsweg
zeigt, wie sich die beiden
beobachtbaren Größen
des Sterns im Laufe
seiner Entwicklung
ändern. Die 5 gekenn-
zeichneten Stationen
auf dem Entwicklungs-
weg sind die der 5 vor-
stehenden Zustands-
bilder*

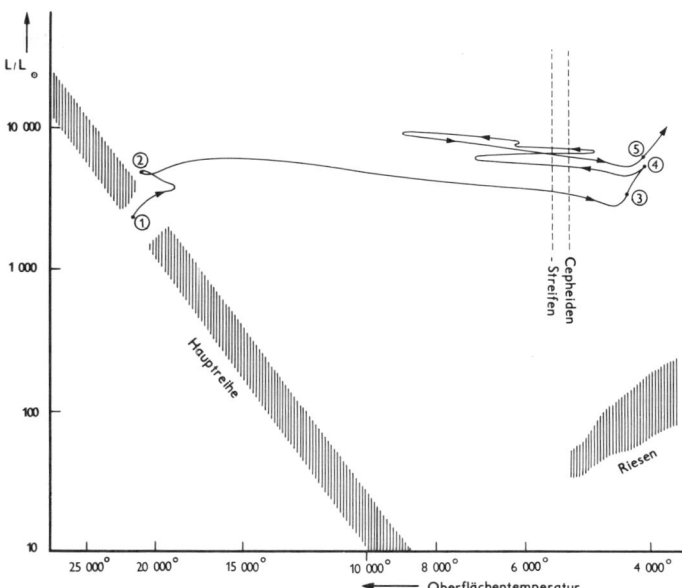

Bei Abbruch der Rechnungen war die Temperatur im Sterninneren auf 360 Millionen Grad gestiegen. Im Zentrum kontra-
hiert ein Kohlenstoffkern. Er wird sich dadurch weiter erhit-
zen, bis bei einer Temperatur von etwa 500 Millionen Grad das
Kohlenstoffbrennen einsetzt. Da dann bei einer Dichte von
200 000 g/cm^3 die Materie entartet ist, wird das Kohlenstoffbrennen explosionsartig vor sich gehen. Die Entwicklung dieses Sternes dürfte also in einer Supernovaexplosion enden
(s. 8.4).

9.3.3 Allgemeine Resultate der Entwicklungsrechnungen

Führt man nach dem dargestellten Schema Entwicklungsrechnungen für Sterne anderer Masse (und auch anderer chemischer Zusammensetzung) durch, so erhält man andere Entwicklungswege im HR-Diagramm.

Schon auf der Hauptsequenz gibt es wichtige Unterschiede.
Zwar erfolgt die Energieerzeugung generell durch Wasserstoffbrennen, aber bei Sternen mit Massen größer als etwa 1,5
bis 2 Sonnenmassen (obere Hauptsequenz) ist der CNO-Zyklus der vorherrschende Mechanismus, während bei masse-
ärmeren Sternen (untere Hauptsequenz), also etwa auch bei
der Sonne, die pp-Reaktion dominiert. Aus diesem Unterschied ergeben sich Konsequenzen für den inneren Aufbau.

Wegen der starken Temperaturabhängigkeit des CNO-Zyklus
ist in Sternen der oberen Hauptsequenz die Energieerzeugung
sehr stark auf den innersten Kern der Sterne (nur wenige Prozent der Gesamtmasse) konzentriert. Der große Energiestrom
aus diesem kleinen Volumen bewirkt aber eine so steile Tem-

389

peraturabnahme nach außen, daß die Schichtung instabil ist, also Konvektion ausgelöst wird. Damit wird ein größeres Volumen, das etwa 20% der Sternmasse umfaßt, durchmischt. Im konvektiven Kern wird also Helium, das Verbrennungsprodukt, gleichmäßig angereichert.

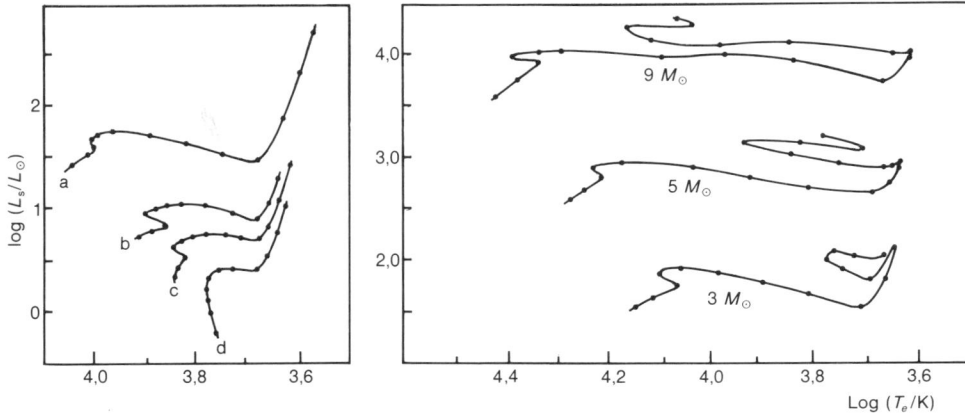

Die Entwicklung von Sternen unterschiedlicher Masse nach I. Iben (unter Vernachlässigung des Massenverlustes).
Für beide Diagramme gilt für die Häufigkeit der chemischen Elemente Wasserstoff (X), Helium (Y) und alle übrigen (Z):
X = 0,708
Y = 0,272
Z = 0,020

In der unteren Hauptsequenz, wo die pp-Reaktion vorherrscht, umfaßt der Energie erzeugende Kern etwa 10% der Sternmasse. Die Temperaturgradienten sind vergleichsweise klein, so daß der Kern stabil geschichtet bleibt. Dafür gibt es in den äußeren Teilen des Sternes, in denen der Wasserstoff nur teilweise ionisiert ist, eine sogenannte Wasserstoffkonvektionszone (s. 9.1.4). Sie beruht darauf, daß die (beim Aufsteigen eines Gasballs) frei werdende, bzw. (beim Absinken) benötigte Ionisationsenergie dafür sorgt, daß die Temperaturänderungen von auf- oder absteigenden Gasmassen kleiner werden als die entsprechenden Änderungen in einer Temperaturschichtung, wie sie sich unter der Bedingung des Strahlungstransports einstellen würden.

Ungeachtet dieser Unterschiede zwischen der oberen und der unteren Hauptsequenz sind die äußeren Zeichen der beginnenden Sternentwicklung gleichartig. Zusammen mit dem Übergang vom Wasserstoffbrennen im Kern in ein Schalenbrennen verläßt der Stern die Hauptsequenz. Die massenreichen Sterne bewegen sich dabei im HR-Diagramm vorzugsweise nach rechts, da mit der Vergrößerung ihres Radius eine Abnahme der effektiven Temperatur einhergeht. Die Bewegung der massearmen Sterne im HR-Diagramm ist vorzugsweise nach oben gerichtet, da bei ihnen die Temperatur im wesentlichen konstant bleibt. So gelangen die Sterne von der Hauptsequenz in das Gebiet der Roten Riesen.

Das Aufblähen der Sterne in diesen Entwicklungsphasen ist sowohl theoretisch gut gesichert als auch in Übereinstimmung mit der Beobachtung. Die Zusammenhänge sind aber so kompliziert, daß eine auch nur einigermaßen einsichtige anschauliche Begründung hierfür nicht gegeben werden konnte.

Unterschiede in der Entwicklung massenreicher und massenarmer Sterne

Der nächste wesentliche Unterschied zwischen der Entwicklung massenreicher und massenarmer Sterne zeigt sich in dem Augenblick, in dem die Energieerzeugung durch den 3α-Prozeß (s. 9.1.2) wichtig wird. Bei Sternen unterhalb von etwa 2,25 $\mathfrak{M}_\odot$ ist der Heliumkern, in dem dieser Prozeß stattfindet, entartet, so daß es zu einem „Helium flash" (s. 9.2.3) kommt.

Die kontinuierliche Entwicklung ist damit unterbrochen, der Stern macht im HR-Diagramm einen Sprung (eine Zustandsänderung mit sehr kurzer Zeitskala) und findet sich danach in einer Position auf dem sogenannten Horizontalast des Population II-Diagramms (s. 7.6) wieder. Die genaue Position hängt von verschiedenen Faktoren ab. Jetzt auf dem Horizontalast ist die Temperatur im Heliumkern so hoch, daß die Entartung aufgehoben ist und damit der Regelmechanismus für den 3α-Prozeß funktioniert. Bei Sternmassen oberhalb 2,25 $\mathfrak{M}_\odot$ war die Temperatur zu jeder Zeit hoch genug, um Entartung zu verhindern.

Wenn das Helium im Zentralen Kern durch die 3α-Reaktion fast vollständig in Kohlenstoff umgewandelt ist, so daß jetzt auch diese Reaktion in einer Schalenquelle stattfindet, bewegt sich der Stern auf dem sogenannten asymptotischen Ast zu noch höheren Leuchtkräften. Er hat jetzt also zwei konzentrische Schalenquellen: in der äußeren Schale Wasserstoffbrennen im CNO-Zyklus, in der inneren Schale die 3α-Reaktion. Jede dieser Schalen umschließt das jeweilige Verbrennungsprodukt: die Wasserstoffbrennschale eine Heliumzone, die Heliumbrennschale einen Kohlenstoffkern.

Die Aussagen über die weitere Entwicklung werden zunehmend unsicherer. Sterne unterhalb einer bestimmten Massengrenze stoßen in einem noch unverstandenen, wahrscheinlich stetig verlaufenden Prozeß ihre äußere Hülle ab. Er wird zu einem Planetarischen Nebel (s. 8.5), welcher den nunmehr nackten Kern umgibt. Der Kern selber wird als Zentralstern der Beobachtung zugänglich. Er ist durch eine extrem hohe effektive Temperatur ausgezeichnet. Seine Abkühlung, verbunden mit einer Expansion des Nebels, führt diese Objekte dann im HR-Diagramm längs der sogenannten Haman-Seaton-Sequenz in das Gebiet der Weißen Zwerge.

Bei den massenreichen Sternen kommt es schon vor dem Abstoßen der Hülle entweder zu einem explosiven Kohlenstoffbrennen in einem entarteten Kern, oder der Kern erfährt nach dem Erschöpfen aller nuklearer Energiequellen einen Gravitationskollaps und wird zum Neutronenstern (s. 8.7) oder zu einem Schwarzen Loch (s. 8.7.3). Diese Vorgänge werden zur Erklärung des Supernovaphänomens herangezogen.

Hiermit aber haben wir die Grenzen einer soliden Theorie erreicht, wenn nicht schon überschritten. Es kann nicht ausgeschlossen werden, daß diese Vorstellungen auch in ihrem Grundkonzept noch revidiert werden müssen.

9.3.4 Durchmischung, Massenverlust, Massenaustausch

Es bedarf keiner besonderen Betonung, daß die vorstehend beschriebenen Grundzüge der Sternentwicklung unter recht idealisierten Bedingungen berechnet worden sind. So konnte die Wirkung der Konvektion nur sehr pauschal berücksichtigt werden. Andere wichtige Faktoren wie Durchmischung, Massenverlust und Massenaustausch bereiten erhebliche zusätzliche Schwierigkeiten.

Durchmischung, also ein Prozeß durch den der Stern bezüglich der Elementmischung immer wieder homogenisiert wird, ist vermutlich recht selten. Dies kann man daraus schließen, daß die berechneten Entwicklungsbahnen undurchmischter Sterne im wesentlichen mit der beobachteten Verteilung der Sterne im HR-Diagramm verträglich ist. Theoretische Überlegungen zeigen, daß eine Durchmischung durch großräumige hydrodynamische Strömungen (welche den Stern gleichsam umrühren) nur dann zu erwarten ist, wenn es Kräfte gibt, welche die Kugelsymmetrie des Sternaufbaus erheblich stören würden. Zentrifugalkräfte aufgrund einer raschen Rotation oder Gezeitenkräfte, verursacht durch einen nahen Begleiter, wären von dieser Art. Im allgemeinen sind diese Effekte gering.

Andererseits werden am oberen Ende der Hauptsequenz Sterne beobachtet, die offensichtlich durchmischt sind. Es sind dies die Wolf-Rayet-Sterne (s. 8.8). Eine Unterklasse von ihnen, die WN-Sterne, zeigen eine starke Anreicherung von Stickstoff, also gerade von dem Element, das beim CNO-Zyklus die kleinsten Reaktionsraten hat und für das sich demzufolge die höchste Konzentration einstellt. Man sieht in der Zusammensetzung seines Oberflächenmaterials vermutlich ganz direkt die Wirkung des im Zentrum des Sterns ablaufenden CNO-Zyklus. Ohne Durchmischung wäre dies unmöglich.

In der Unterklasse WC, die durch einen hohen Gehalt der Atmosphäre an Kohlenstoff und Sauerstoff charakterisiert ist, sind durch Durchmischung offensichtlich die Endprodukte der 3α-Reaktion an die Oberfläche befördert worden.

Die Ursache dieser Durchmischung ist unklar. Man könnte daran denken, daß Wolf-Rayet-Sterne Komponenten enger Doppelsterne sind. Es gibt allerdings Ausnahmen von dieser Regel.

Massenverlust

Massenverlust ist im Gegensatz zur Durchmischung weit verbreitet. UV-Beobachtungen, Messungen und Interpretation der Profile von Emissionslinien im sichtbaren Spektralbereich und schließlich der Nachweis der IR-Strahlung der expandierenden zirkumstellaren Hüllen haben ergeben, daß Sterne frühen Spektraltyps und Sterne hoher Leuchtkraft kontinuierlich Masse an das interstellare Medium abgeben. Die Verlustraten liegen etwa im Bereich von $10^{-8}\,\mathfrak{M}_\odot$/Jahr (B0-Stern) bis herauf zu $10^{-4}\,\mathfrak{M}_\odot$/Jahr. Rote Riesen und Überriesen verlieren etwa $10^{-6}\,\mathfrak{M}_\odot$/Jahr.

Es ist schwierig, die Massenverlustraten korrekt in die Entwicklungsrechnungen einzuführen, da diese Raten in ihrer Abhängigkeit von der Position des Sterns im HR-Diagramm noch nicht genügend bekannt sind, und sie möglicherweise nicht einmal durch diese Position eindeutig bestimmt sind. Man geht gelegentlich davon aus, daß die Massenverlustrate proportional zur Leuchtkraft des Sternes ist. So wird der Massenverlust immer dann eine Rolle spielen, wenn der Stern in seiner Entwicklung lange in einem Zustand hoher Leuchtkraft verharrt. Das obere Ende der Hauptsequenz ist dadurch besonders betroffen.

Materieaustausch

Ein verwandtes, aber in seinen Konsequenzen noch viel variantenreicheres Phänomen ist der Materieaustausch in engen Doppelsternsystemen und sein Einfluß auf die Entwicklung der beiden Komponenten. Immer dann, wenn einer der beiden Sterne in das Riesenstadium eintritt und er sich hinreichend weit aufbläht, kann von ihm Materie auf den Begleiter überfließen. Das kann einen drastischen Effekt auf die weitere Entwicklung sowohl des materieverlierenden wie auch des materiegewinnenden Sternes haben. Es würde zu weit führen, hier die vielen möglichen Varianten weiter zu erörtern. Um jedoch die Bedeutung dieses Effekts ins richtige Licht zu rücken, sei daran erinnert, daß die Mehrzahl aller Sterne Komponenten eines Doppel- oder Mehrfachsystems sind (s. 12.1.7).

9.4 Das Alter der Sterne

Es gibt mehrere verschiedene und voneinander unabhängige Methoden der Altersbestimmung, die im folgenden geschildert werden. Als Probe auf die Zuverlässigkeit der Altersangaben werden im letzten Abschnitt die Ergebnisse verschiedener Methoden miteinander verglichen.

9.4.1 Das Entwicklungsalter

Die weitaus meisten Altersangaben stammen aus der Theorie der Sternentwicklung, wie sie im vorangehenden Abschnitt dargestellt wurde. Die wichtigsten Punkte seien hier nochmals kurz zusammengefaßt.

Den größten Teil ihrer gesamten „Lebensdauer" verbringen die Sterne, ohne sich wesentlich zu verändern, auf der Hauptreihe des Hertzsprung-Russell-Diagramms (s. 7.6). Die abgestrahlte Energie wird durch Kernprozesse nachgeliefert, die im Zentrum des Sternes (bei rund 20 Millionen Grad) Wasserstoff in Helium verwandeln. Durch die Umwandlung von einem Gramm Wasserstoff wird die Energie von 170 000 Kilowattstunden freigesetzt.

Die Leuchtkraft eines Sterns gibt uns an, wieviel Energie laufend erzeugt werden muß, d. h. wie schnell der Wasserstoff sich verbraucht. Teilt man nun den gesamten ursprünglichen Vorrat an Wasserstoff (etwa $^3/_4$ der Sternmasse) durch diese Verbrennungsgeschwindigkeit, so erhält man die gesamte Lebensdauer des Sternes.

Bei Hauptreihensternen weiß man im allgemeinen nicht, wieviel Wasserstoff sie bereits verbraucht haben; man kann dann nur sagen, daß ihr bisheriges Alter kleiner sein muß als diese mögliche Lebensdauer, man kann also nur ein Maximalalter angeben. Für die Sterne der Hauptreihe gilt die Masse-Leuchtkraft-Beziehung (s. 7.7.2): je massiver ein Stern, um so größer seine Leuchtkraft. Eine große Masse stellt einen großen Energievorrat dar, aber eine hohe Leuchtkraft bedeutet einen schnellen Energieverbrauch. Da längs der Hauptreihe die Leuchtkraft sehr viel schneller steigt als die Masse, haben massivere Sterne eine kürzere Lebensdauer als leichtere Sterne. Sind etwa 12% des Wasserstoffs verbraucht, so beginnt der Stern damit, sich erst langsam und dann immer schneller von der Hauptreihe abzuheben, er wird zu einem Roten Riesen und möglicherweise später zum Weißen Zwerg. Das Verweilen auf der Hauptreihe und das Abheben ist von der Theorie rechnerisch recht gut erfaßt, nicht dagegen der Riesen-Zustand, der jedoch im Vergleich zum Hauptreihenzustand nur kurze Zeit dauert.

Zusammenfassend ergibt sich:

1. Für alle Sterne, die bereits merklich über der Hauptreihe liegen, kann man ein direktes Alter angeben, sie haben ihre gesamte Lebensdauer nahezu erreicht.

2. Für alle Sterne, die noch auf der Hauptreihe liegen, läßt sich nur ein Maximalwert angeben.

3. Für eine Altersbestimmung müssen Masse und Leuchtkraft eines Sternes möglichst genau bekannt sein.

Am besten läßt sich das Alter offener Sternhaufen bestimmen. Da sie Sterne verschiedener Masse enthalten, die alle etwa gleich alt sind, sieht man die Sterne in ihren verschiedenen Entwicklungsphasen. Fast in jedem Haufen gibt es einige Sterne, die sich schon deutlich von der Hauptreihe abgehoben haben, die andererseits aber noch nicht zum Roten Riesen geworden sind. Diese Sterne liegen im Hertzsprung-Russell-Diagramm am weitesten links; für eine Altersbestimmung braucht man nur den Spektraltyp dieser Sterne festzustellen.

Das Alter einiger offener Sternhaufen	Name	frühester Spektraltyp	Alter in 10^6 Jahren
	h Persei	B0	4,4
	NGC 457	B2	15
	Plejaden	B6	80
	M 41	B8	170
	M 11	B9	200
	Ursa-Major-Strom	A0	300
	Praesepe	A0	300
	Hyaden	A3	870
	M 67	F5	4 600

Von über 100 untersuchten offenen Sternhaufen haben nur drei ein Alter über 10^9 Jahren, alle anderen sind jünger. Ihre Alter sind etwa gleichmäßig zwischen einer und 500 Millionen Jahren verteilt. Dies läßt darauf schließen, daß die offenen Sternhaufen etwa gleichmäßig im Laufe der Zeit entstehen, sich jedoch nach einer mittleren Lebensdauer von etwa 500 Millionen Jahren wieder auflösen.

Die kugelförmigen Sternhaufen (s. 12.2.3) sind durchweg sehr alt, nach neueren Untersuchungen bis zu 17 Milliarden Jahre. Sie sind damit die ältesten Objekte unseres Milchstraßensystems.

Auch die Entwicklung sehr junger Sterne in der Kontraktionsphase, also vor dem Erreichen der Hauptsequenz, kann – wenn auch mit Einschränkungen – zur Abschätzung des Entwicklungsalters verwendet werden. Sie beruht darauf, daß die Dauer der Kontraktionsphase umso kürzer ist, je mehr Masse ein Stern hat.

Extrem junge, noch kontrahierende Sterne in der Beobachtung: das Farben-Helligkeits-Diagramm des Sternhaufens NGC 2264 (nach Walker). Noch kontrahierende Sterne sollten theoretisch in Umgebung der Linien a oder b liegen, je nach Annahme über ihre Vorgeschichte. Die untere Linie ist die normale Lage der Hauptreihe

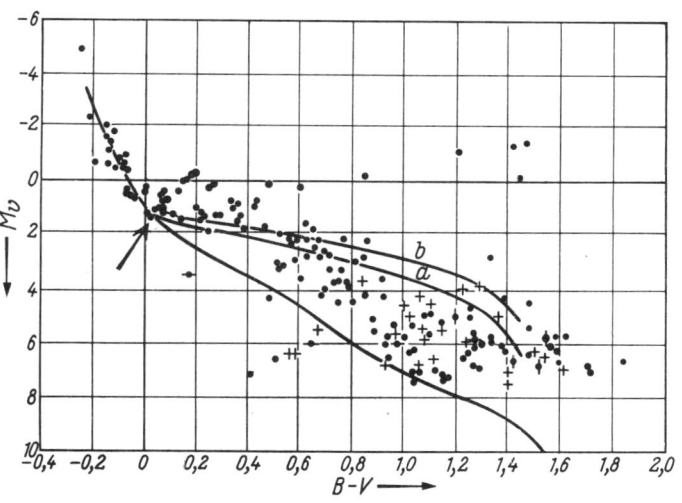

- ● normale Sterne
- ◀ Hₐ-Emission
- ◆ variable Helligkeit } + beides
- → unteres Abbrechen der Hauptreihe

In einem sehr jungen Sternhaufen sind daher die massiveren, hellen Sterne bereits Hauptreihensterne. Sterne unterhalb einer gewissen Masse haben jedoch die Hauptreihe noch nicht erreicht, sie liegen noch oberhalb der normalen Hauptreihe. Die Abbildung zeigt dieses „untere Abbrechen" der Hauptreihe. Die Stelle dieses Abbrechens gibt die Masse derjenigen Sterne an, die gerade eben die Hauptreihe erreichen, und aus dieser Masse läßt sich dann das Alter des Sternhaufens angeben. Diese Methode der Altersbestimmung ist nur bei extrem jungen Haufen oder Assoziationen anwendbar, da nur hier das Abbrechen noch im Bereich der Beobachtung liegt. Bei älteren

Sternhaufen haben alle beobachtbaren Sterne die Hauptreihe längst erreicht, nur die zu lichtschwachen, kleinen Sterne könnten hier noch im Stadium der Kontraktion sein.

U. a. konnten untersucht werden:

die Orion-Assoziation und die offenen Haufen NGC 2264 und NGC 6530.

Das Abzweigen begann in diesen drei Fällen bei Sternen der Spektralklassen A0.

Hieraus ergibt sich ein Alter von etwa 2 Millionen Jahren.

9.4.2 Die Auflösung offener Sternhaufen

Alle Sterne eines Haufens ziehen sich gegenseitig an. Bei hinreichend naher Begegnung bewirkt diese Anziehung, daß die beiden Sterne sich gegenseitig aus ihrer Bahn ablenken. Dabei tauschen sie miteinander Energie aus, und es wird im allgemeinen der eine Stern nach der Begegnung schneller fliegen als vorher, während der andere Stern an Geschwindigkeit verliert. Im Laufe einer langen Zeit können daher einige Sterne Geschwindigkeiten erreichen, die größer sind als die „Entweichgeschwindigkeit" ihres Sternhaufens. Sie gehen dem Haufen verloren. Die restlichen Haufensterne rücken dann etwas dichter zusammen, wodurch der Prozeß des Energieaustausches durch nahe Begegnungen noch schneller verläuft als vorher. Der übrigbleibende Haufen wird somit immer kleiner und dichter, die Zahl seiner Sterne nimmt laufend ab. Auf diese Weise löst sich mit der Zeit der ganze Haufen auf; es verbleibt zum Schluß ein sehr enges Mehrfachsystem weniger Sterne.

Bei Haufen mit sehr geringer Dichte wird ein anderer Effekt wirksam. Hier tauschen die Haufensterne mit den allgemeinen Feldsternen genügend Energie aus und gehen dadurch dem Haufen verloren. Die übrigen Haufensterne rücken etwas auseinander, wodurch sich der Energieaustausch der Haufensterne untereinander vermindert. Der restliche Haufen wird bei diesem Effekt immer größer, seine Dichte und die Zahl seiner Sterne nehmen ab. Ob der Energieaustausch der Haufensterne untereinander oder der mit den Feldsternen wirksamer ist, hängt allein von der Dichte des Haufens ab. Insgesamt ergibt sich, daß die offenen Sternhaufen im allgemeinen eine recht begrenzte Lebensdauer, von etwa einer Milliarde Jahren, besitzen und nur in seltenen Ausnahmen ein Alter erreichen könnten, das dem des Milchstraßensystems vergleichbar ist.

9.4.3 Die Expansion von Assoziationen

Assoziationen (s. 12.2.1) sind lockere Ansammlungen von O- und B-Sternen (OB-Assoziationen) oder von T-Tauri-Sternen (T-Assoziationen). Bei einigen von ihnen zeigen die Eigenbewegungen der Sterne im Mittel nach außen; die Assoziation

Alter von Assoziationen

II-Perseus-Assoziation	$1,5 \cdot 10^6$ Jahre
Lacerta-Assoziation	$4,2 \cdot 10^6$ Jahre

läuft also auseinander, sie expandiert. Kennt man die Geschwindigkeit dieser Expansion und die gegenwärtige Größe der Assoziation, so kann man ausrechnen, wann die Expansion begonnen haben muß.

9.4.4 Ausreißer

Nach Untersuchungen von Blaauw gibt es einige einzelstehende, dem Spektraltyp nach sehr junge Sterne, deren Eigenbewegung genau von einer Assoziation wegzeigt. Man kann daher annehmen, daß diese Sterne zusammen mit der Assoziation entstanden sind, dabei auf eine noch nicht erklärte Weise sehr hohe Geschwindigkeiten erhalten haben und nun von der

OB-Assoziationen im Sternbild des Orion und des Perseus. Die Sterne μ Columbae, 53 Arietis und AE Aurigae waren ursprünglich Mitglieder der Orionassoziation, haben sich aber wegen ihrer hohen Eigenbewegung seit dem Zeitpunkt ihrer Entstehung weit von ihr entfernt

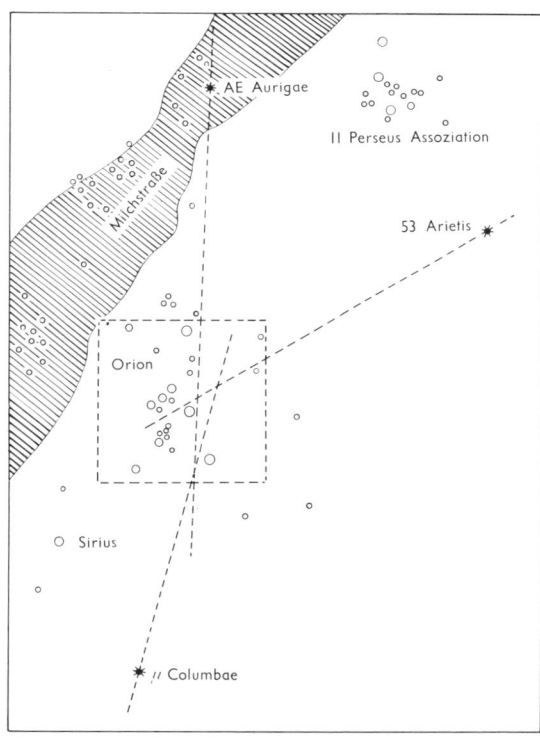

Assoziationen mit „Ausreißern"

Assoziation	Stern	Spektralklasse	Geschwindigkeit km/sec	Alter in 10⁶ Jahre
Orion-Assoziation	AE Aurigae	O9	128	2,6
	μ Columbae	B0	128	2,6
	53 Arietis	B2	80	4,6
I-Ceph.-Assoziation	68 Cygni	O8	45	5,1
Sco.-Cent.-Assoziation	ζ Ophiuchi	O9	32	3,0
Lacerta-Assoziation	HD 197 419	B2	35	5
	HD 201 910	B5	35	5

Assoziation immer weiter wegfliegen. Aus Entfernung und Geschwindigkeit kann man das Alter ausrechnen.

Falls die Zuordnung eines Sternes zu einer bestimmten Assoziation zulässig ist, dann ist diese Methode der Altersbestimmung äußerst genau, da die großen Geschwindigkeiten der „Ausreißer" genau zu messen sind.

9.4.5 Vergleich verschiedener Bestimmungsmethoden

In der folgenden Tabelle werden die Resultate mehrerer unabhängiger Altersbestimmungen verglichen:

Vergleich verschiedener Altersbestimmungen (in 10^6 Jahre)

	Sternentwicklung	Auflösung	Expansion	Ausreißer
Assoziationen				
Orion	3			2,6
				2,6
				4,8
Lacerta	6,8		4,2	5
				5
II Perseus	5,5		1,5	
I Cepheus	3			5,1
Scorp.-Cent.	4			3
Offene Haufen				
NGC 2264	1,1			
Ursa-Major-Strom	300		300	
Mittlere Lebensd.	500		1 000	
Älteste Objekte				
M 67	4 600	verglichen mit dem		
Schnelläufer	5 700	Maximalalter des Kosmos		
Kugelhaufen	17 000	20 000		
		(s. 15.2.1)		

Es zeigt sich also, daß

1. die mittlere Abweichung der Altersangaben für dasselbe Objekt etwa 50 % betragen. Wir haben damit ein Maß für die Zuverlässigkeit der Bestimmungen.

2. die Alter verschiedener Objekte zwischen rund einer Million und sechs Milliarden Jahren streuen. Assoziationen sind die jüngsten Gebilde, Kugelhaufen die ältesten. Fast alle offenen Haufen sind jünger als eine Milliarde Jahre.

Wir können aus den Zahlen schließen, daß Sternentstehung nicht ein einmaliges Ereignis war, sondern sich über einen Zeitraum von mehr als sechs Milliarden Jahren erstreckt haben muß. Wenn wir der Gegenwart keine Sonderstellung einräumen wollen, so ist der Schluß unausweichlich, daß auch gegenwärtig noch Sterne entstehen.

*Der wegen der breiten, die leuchtende Gaswolke durchschnei-
denden Absorptionswolken so benannte Lagunen-Nebel, M 8 =
NGC 6523, im Sternbild Sagittarius; eine Rot-Aufnahme mit
dem 1,23-m-Teleskop des Max-Planck-Instituts für Astronomie
auf der Südspanischen Sternwarte auf dem Calar Alto*

10 Interstellare Materie

Die noch im vorigen Jahrhundert verbreitete Auffassung, daß der Raum zwischen den Sternen leer sei, ist inzwischen aus vielen Gründen revidiert worden: Spektrallinien wurden entdeckt, deren Schärfe und Dopplerverschiebungen erkennen ließen, daß sie nicht den Sternen zugehören, in deren Spektren sie beobachtet wurden, sondern daß sie von einem sehr verdünnten Gas stammen müssen, das den Raum zwischen den Sternen ausfüllt. „Dunkelwolken" wurden als riesige Gaswolken erkannt, denen absorbierender Staub beigemischt ist. In der Nähe heißer Sterne wird die Materie im interstellaren Raum zu eigenem Leuchten angeregt (leuchtende Gasnebel) und der aufgeheizte interstellare Staub kann im Infraroten Strahlung aussenden (IR-Quellen). Trotz der niedrigen Temperatur in den interstellaren Wolken werden tiefliegende Energiezustände von Atomen und Molekülen angeregt, was zur Ausstrahlung von Spektrallinien im Radiobereich führt, so z. B. zur Emission einer Linie des atomaren Wasserstoffes bei λ 21 cm. Alle diese Erscheinungen sind durch viele Beobachtungen gesichert.

Zwar ist die mittlere Dichte im interstellaren Raum extrem niedrig ($\sim$1 Atom pro cm^3 oder – was den Staub betrifft – 1 Staubkorn von weniger als einem tausendstel Millimeter Größe in einem Würfel von 50 m Kantenlänge), dennoch ist ihr Zustand, ihre Wechselwirkung mit Sternen, ihre Rolle bei der Sternentstehung von großer Bedeutung. Aus interstellarer Materie bilden sich junge Sterne. Interstellare Materie ist andererseits das Reservoir, welches die Materie wieder aufnimmt, welche von den Sternen im Laufe ihrer Entwicklung abgegeben wird (z. B. durch stellare Winde (s. 4.4.4) oder durch Nova- oder Supernovaexplosionen (s. 8.4)).

Schließlich, und das ist ihre unmittelbar wahrnehmbare Wirkung, ist es die Absorption von Strahlung in der interstellaren Materie, insbesondere in ihrer Staubkomponente, welche für das gegliederte Bild der Milchstraße verantwortlich ist. Diese Absorption bildet eine schwer zu überwindende Barriere für viele astronomische Beobachtungen.

10.1 Interstellare Absorptionslinien

1904 entdeckte Hartmann im Spektrum des Doppelsternes δ Orionis eine Spektrallinie (die K-Linie des ionisierten Kalziums), die im Gegensatz zu allen anderen stellaren Linien keine periodischen Dopplerverschiebungen aufgrund der Bahnbewegung zeigt. Sie wurde daher als „ruhende" Linie bezeichnet und auf die Existenz eines fein verteilten interstellaren Mediums zurückgeführt. Seit jener Zeit wurden in den Spektren vieler Sterne interstellare Absorptionslinien nachgewiesen.

Die stärksten interstellaren atomaren Absorptionslinien im Bereich 3000...8000 Å

Ion	Wellenlänge	relative Stärke	Bemerkungen
Li I	6707,9	0,3	Dublett
Na I	5895,9	79	D1-Linie
	5890,0	100	D2-Linie
K I	7699,0	32	
Ca I	4266,7	0,49	
Ca II	3968,5	9,8	H-Linie
	3933,7	17	K-Linie
Ti II	3383,8	2,6	
	3242,0	2,3	
Fe I	3859,9	0,4	
	3719,9	0,8	

Im ultravioletten Spektralbereich gibt es eine Fülle von interstellaren Absorptionslinien der Atome bzw. Ionen C I, C II, N I, N II, O I, Mg I, Mg II, Si II, Si III, S II, S III, Ar I, Mn II und Fe II. Vor allem aber wird die Linie $Ly\alpha$ des H I in großer Stärke beobachtet.

Die stärksten Absorptionslinien interstellarer Moleküle im Bereich 3000...8000 Å

Molekül	Wellenlänge	rel. Stärke (Na I D2 = 100)
CH	4300,3	7,8
	3890,2	2,1
	3886,4	2,2
	3878,8	1,1
	3146,0	1,9
	3143,2	1,9
	3137,5	1,5
CH$^+$	4232,5	8,4
	3957,7	5,3
	3745,3	2,7
	3579,0	1,4
CN	3874,6	·3,2
	3875,8	0,6
	3874,0	1,0

Folgende Schlüsse können aus Beobachtungen der interstellaren Linien gezogen werden:

a) Die Stärke der Linien nimmt generell mit der Entfernung der Sterne zu. Dieses Resultat ist aus der Annahme des interstellaren Ursprunges der Linie ohne weiteres verständlich.

b) Alle identifizierten interstellaren Absorptionslinien gehen vom tiefstliegenden Energiezustand des Atoms bzw. Moleküls aus (Resonanzlinien). Die Linien sind im allgemeinen sehr scharf. Hieraus kann abgeleitet werden, daß die interstellare Materie kalt und sehr verdünnt sein muß.

c) Man beobachtet häufig Aufspaltungen in mehrere Komponenten mit relativen Dopplerverschiebungen der Größenordnung 10 km/s und schließt hieraus, daß die interstellare Materie eine wolkige Struktur haben muß, und daß diese Wolken bei geringer innerer Strömung sich mit Geschwindigkeiten der gemessenen Größenordnung durch den Raum bewegen.

d) In jüngerer Zeit sind im UV interstellare Absorptionslinien hoch ionisierter Atome, z. B. die Resonanzlinien des O VI bei λ 1032 Å und 1037 Å beobachtet worden. Sie zeigen, daß es im interstellaren Raum auch Gebiete sehr hoher Temperatur geben muß.

10.2 Interstellare Emissionslinien

Bei den in den interstellaren Wolken vorherrschenden niedrigen Temperaturen (~100 K) können nur sehr tief liegende Energiezustände von Atomen und Molekülen angeregt werden. Wegen der Beziehung $E = h\nu$ zwischen der Energie E und der Frequenz ν sind also Emissionslinien nur im Bereich niedriger Frequenzen zu erwarten. Daher ist die Beobachtung interstellarer Emissionslinien eine Domäne der Radioastronomie, allenfalls der IR-Astronomie.

10.2.1 Die 21-cm-Linie des Wasserstoffs

Diese Linie entspricht einem Übergang zwischen dem tiefsten angeregten Zustand des Wasserstoffatoms, bei dem der sogenannte Spin des Kernes und des Elektrons in der Atomhülle parallel stehen, und dem noch tiefer liegenden Grundzustand, bei dem die Spinorientierung antiparallel ist. Dem geringen Unterschied der magnetischen Wechselwirkungen entspricht eine sehr kleine Energiedifferenz und damit eine niedrige Frequenz von 1 420,4 MHz bzw. eine große Wellenlänge von rund 21 cm. Der Übergang ist ein sog. magnetischer Dipolübergang und hat eine sehr kleine Übergangswahrscheinlichkeit (s. A 1.7.6). Es ist daher sehr unwahrscheinlich, daß ein einmal ausgesandtes 21-cm-Photon reabsorbiert wird.

1945 wies van de Hulst darauf hin, daß dieser Übergang möglicherweise im interstellaren Medium beobachtbar sein müsse. Sechs Jahre später wurde die Linie dann erstmalig in unserer Galaxie entdeckt. Heutzutage sind 21-cm-Beobachtungen eines der wichtigsten Hilfsmittel bei der Untersuchung der großräumigen Struktur unseres Milchstraßensystems. Dies ist dadurch möglich, daß die 21-cm-Strahlung praktisch das gesamte galaktische System ohne Absorption durchlaufen kann. Da das Emissionsvermögen des interstellaren Wasserstoffs in der 21-cm-Linie nur von seiner Dichte abhängt, kaum dagegen von seiner Temperatur, ist die Gesamtintensität der aus einer bestimmten Richtung in dieser Linie einfallenden Strahlung nur abhängig von der Gesamtmenge des Wasserstoffs, die in der betreffenden Richtung liegt. Unbekannt bleibt zunächst die Entfernung der Quellen, bzw. mit anderen Worten, die Verteilung des interstellaren Wasserstoffs auf dem Sehstrahl.

Diese Verteilung ermittelt man aus der Form der Spektrallinie, die durch die Verteilung der Dopplerverschiebungen bzw. der Radialgeschwindigkeiten entsteht. Die Beobachtung liefert also direkt nicht nur die Gesamtmenge des Wasserstoffs in einer Richtung, sondern auch seine Verteilung auf die verschiedenen Radialgeschwindigkeiten. Bei den großen in Betracht kommenden Entfernungen liefert die differentielle galaktische Rotation (s. 13.3) den Hauptbeitrag zu den Radialgeschwindigkeiten gegenüber welchem die Eigenbewegung der einzelnen Wolken in erster Näherung vernachlässigt werden kann. Macht man diese Vernachlässigung, nimmt also die differentielle Rotation als einzige Ursache der Radialgeschwindigkeiten an, so lassen sich Radialgeschwindigkeitsintervalle im Linienprofil und Entfernungsintervalle auf dem Sehstrahl einander zuordnen. Eine Schwierigkeit dieser Umwandlung von Radialgeschwindigkeiten in Entfernungen liegt darin, daß die

Das Profil der 21-cm-Linie des interstellaren atomaren Wasserstoffs in Abhängigkeit von der galaktischen Länge l

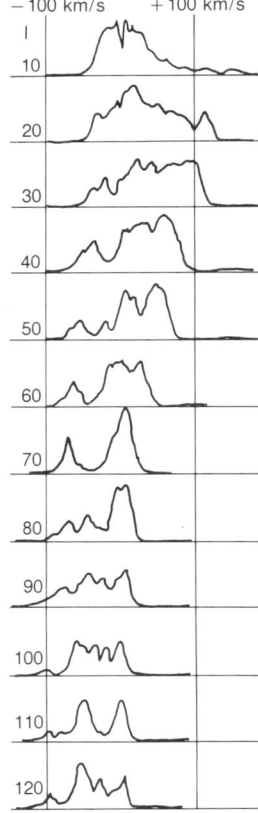

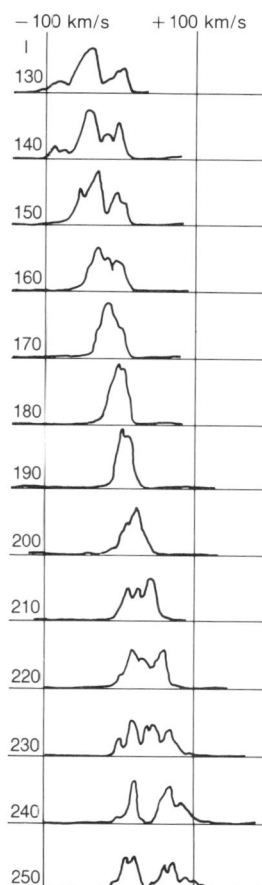

Zuordnung nicht eindeutig ist (Materie in zwei verschiedenen Entfernungen kann möglicherweise die gleiche Radialgeschwindigkeit haben). Eine andere Schwierigkeit ist, daß das Rotationsgesetz der Galaxis, auf dem diese Umwandlung beruht, nicht mit hinreichender Genauigkeit bekannt ist. Man benutzt Beobachtungen in verschiedenen galaktischen Längen, um gleichzeitig Rotationsgesetz und Verteilung des Wasserstoffs zu bestimmen, und findet so, daß die Verteilung des interstellaren Wasserstoffs in der Scheibe nicht gleichförmig ist (s. Abb.), sondern daß es ringförmige Bereiche höherer Dichte gibt, die sich aus dem Untergrund herausheben. Die Gleichsetzung dieser Bereiche mit den Spiralarmen liegt nahe. Des weiteren wurde gefunden, daß der Wasserstoff sehr stark zur galaktischen Ebene hin konzentriert ist, sein mittlerer Abstand beträgt nur etwa 100 pc. Damit ist die interstellare Materie, genauer: die Wolken neutralen Wasserstoffs, diejenige Komponente des galaktischen Systems, die am eindeutigsten die Scheibe markiert. In den äußersten Teilen unserer Galaxie sind jedoch deutliche Abweichungen der Gasscheibe von der galaktischen Ebene festzustellen. Diese Deformation ist vermutlich auf Gezeitenkräfte bei einer früheren nahen Begegnung mit einer anderen Galaxie zurückzuführen.

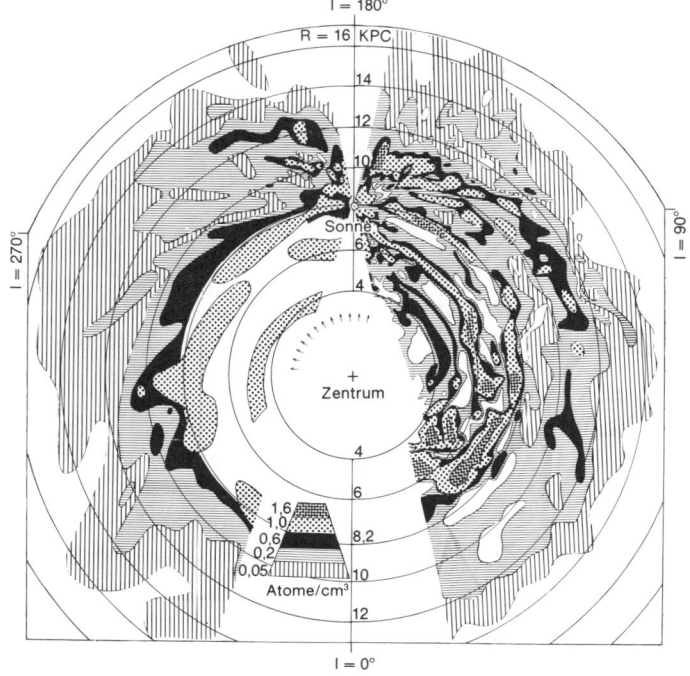

Die Dichte der interstellaren Materie innerhalb der Ebene des Milchstraßensystems. Nach M. Schmidt und G. Westerhout

10.2.2 Moleküle im interstellaren Raum

Da im allgemeinen auch Moleküle tiefliegende Energieniveaus haben, wird man die Emission interstellarer Moleküllinien erwarten, sofern die entsprechenden Moleküle in genügender Konzentration vorkommen. Absorptionslinien des CH, CH$^+$ und des CN wurden bereits 1940 entdeckt, so daß man davon ausgehen konnte, daß es zumindest gewisse einfachere Moleküle im interstellaren Raum gibt. Die Suche war ungewöhnlich ergiebig, so daß es gegenwärtig über 50 verschiedene Molekülarten im interstellaren Medium nachgewiesen sind (s. Tab.). Interstellare Moleküle können entweder durch direkte Reaktionen in der Gasphase oder aber durch Reaktionen auf der Oberfläche der interstellaren Staubkörner gebildet werden. Der Staub würde damit die Rolle eines Katalysators übernehmen. Man ist heute der Ansicht, daß sich das H$_2$-Molekül vermutlich auf diesem Wege gebildet hat, während für die meisten anderen Moleküle auch Reaktionen in der Gasphase wichtig sein könnten.

Moleküle bzw. Radikale im interstellaren Medium

2-atomig: H$_2$, CH, CH$^+$, C$_2$, CN, OH, CO, NO, SiO, CS, NS, SO, SiS
3-atomig: H$_2$O, CCH, HCN, HNC, HCO, HCO$^+$, NNH$^+$, HNO, H$_2$S, O$_3$, COS, SO$_2$
4-atomig: NH$_3$, C$_2$H$_2$, H$_2$CO, HNCO, HCNO, H$_2$CS, CCCN, HNCS
5-atomig: CH$_4$, CH$_2$NH, NH$_2$CN, CH$_2$CO, HCOOH, HCCCC, HCCCN
6-atomig: CH$_3$OH, CH$_3$CN, HCONH$_2$, CH$_3$SH
7-atomig: CH$_3$NH$_2$, CH$_3$CCH, CH$_3$CHO, CH$_2$CHCN, HCCCCCN
8-atomig: HCOOCH$_3$
9-atomig: CH$_3$OCH$_3$, CH$_3$CH$_2$OH, CH$_3$CH$_2$CN, HCCCCCCCN
11-atomig: HCCCCCCCCCN

Alle bisher gefundenen Moleküle im interstellaren Raum sind aus den sechs Elementen H, C, N, O, Si und S aufgebaut. Zyklische Moleküle sind bisher nicht beobachtet worden.

10.2.3 Molekülwolken

1972 bemerkte man, daß die aus den interstellaren Absorptionslinien erschlossene Wolkenstruktur des interstellaren Mediums in den Moleküllinien, insbesondere in jenen des Kohlenmonoxids CO, in sehr ausgeprägter Form erkennbar wird. Durchmusterungen des inneren Teiles unserer Galaxie in der 2,6-mm-Linie des CO zeigten diese Wolkenstrukturen sehr deutlich. Eine besondere Konzentration war in der unmittelbaren Umgebung der Richtung zum galaktischen Zentrum festzustellen.

Die theoretische Interpretation dieser Beobachtungen wurde dadurch sehr gefördert, daß die Linien sowohl für das ^{12}C^{16}O-Molekül ($v = 115\,271{,}2$ MHz) als auch für das ^{13}C^{16}O-Molekül ($v = 110\,201{,}4$ MHz) beobachtet werden konnten. Da man davon ausgehen kann, daß die Anregung der Moleküle nicht durch die unterschiedliche Isotopenmasse beeinflußt wird, war man in der Lage, durch Vergleich der Stärke der beiden

Daten einer typischen Molekülwolke

Ausdehnung:
    40 pc
(kinetische) Temperatur:
    10 K
Teilchendichte, $n(H_2)$:
    300 cm^{-3}
Masse:
    $5 \cdot 10^5 \, \mathfrak{M}_\odot = 10^{39}$ g

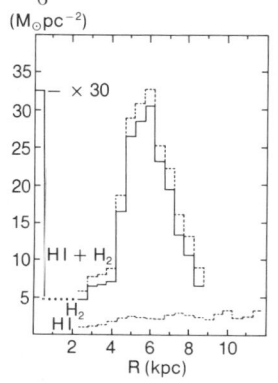

Linien die optischen Dicken (s. A 1.7.7) und die Anregungstemperaturen relativ genau zu bestimmen. Das hierfür erforderliche Häufigkeitsverhältnis der Kohlenstoffisotope $\varepsilon(^{12}C)/\varepsilon(^{13}C)$ war aus den optisch dünnen Linien des Formaldehyds (H_2CO) zu 40 bis 100 gefunden worden. (Der terrestrische Wert ist 90.) Werden schließlich die CO-Beobachtungen mit Messungen der Intensität der ultravioletten H_2-Emissionsbanden (die der Lyman α-Linie des atomaren Wasserstoffs entsprechen) kombiniert, so erhält man die Anzahl der H_2-Moleküle auf dem Sehstrahl und damit auch, unter Berücksichtigung von Entfernung und Winkelausdehnung der Wolken, ihre Gesamtmasse. Der Weg, der zu diesen Ergebnissen führt, ist also recht indirekt.

Die Massen der Wolken sind also sehr groß, fast vergleichbar mit jenen der Kugelsternhaufen (s. 12.2.3). Man spricht deshalb in der englischsprachigen Literatur auch den „giant molecular clouds". Bei den tiefen Temperaturen von etwa 10 K ist der Wasserstoff weitgehend molekular. Die Wolken tragen daher nicht zur 21-cm-Linie des atomaren Wasserstoffs bei.

Die räumliche Verteilung der Wolken im galaktischen System kann unter Verwendung ihrer galaktischen Koordinaten (s. 1.3) und ihrer Radialgeschwindigkeiten (ähnlich wie bei der 21-cm-Linie) ermittelt werden. Es ergibt sich einerseits eine starke Konzentration im galaktischen Zentrum, andererseits eine klare Häufung in einer Zone, die im Abstand zwischen 4 kpc und 8 kpc das galaktische Zentrum ringförmig umgibt. Mit einer Gesamtzahl von etwa 4 000 Wolken liefern die Molekülwolken in dieser Zone den größten Beitrag zur Masse des interstellaren Mediums.

Die mittleren Eigenschaften des 4 ... 8 kpc-Ringes der Molekülwolken

Mittlere Dichte im Ring ($n(H_2)$):	3 cm^{-3}
Skalenhöhe der Verteilung senkrecht zur gal. Ebene:	60 pc
Lage des Schwerpunktes der Verteilung:	-26 pc
Flächendichte σ der interstellaren Materie:	20 $\mathfrak{M}_\odot$/pc^2
$\sigma(H_2)/\sigma(H\,I)$:	~ 10
Gesamtzahl der Wolken:	4 000
Gesamtmasse:	$2 \cdot 10^9\,\mathfrak{M}_\odot$
(Gesamtmasse der H_2-Wolken im galaktischen Zentrum:	$5 \cdot 10^7\,\mathfrak{M}_\odot$)

Der Nachweis der Existenz dieser Riesenmolekülwolken und der Tatsache, daß in ihnen ein wesentlicher, wenn nicht sogar der größte Massenanteil des interstellaren Mediums konzentriert ist, hat das Bild des interstellaren Mediums merklich verändert. Wenn ein so großer Massenanteil in den Molekülwolken zu finden ist, so müßten diese Wolken langlebig sein, was im Gegensatz steht zu der theoretisch begründbaren Vermutung, daß Wolken hoher Gesamtmasse und hoher Dichte relativ rasch, d.h. in wenigen Millionen Jahren, unter dem Kraftfeld der Eigengravitation kollabieren müßten und zur

Sternentstehung (s. 11.1) Anlaß geben sollten. Tatsächlich werden OB-Assoziationen (s. 12.2.1) und H II-Gebiete (s. 10.3) – Indikatoren kürzlich stattgefundener Sternbildung – oft in Verbindung mit Molekülwolken beobachtet (so z. B. der Orionkomplex), aber sie stehen nicht, wie man erwarten würde, mehr oder weniger zentral in den Molekülwolken, sondern bevorzugt an deren Oberflächen. Im übrigen ist die aus der Beobachtung abgeleitete Rate der Sternentstehung von etwa 10 Sonnenmassen pro Jahr in unserer gesamten Galaxie weniger als ein hundertstel der Rate, die man aus der einfachen Theorie des Gravitationskollaps der Molekülwolken erwarten sollte. Hier sind noch viele Fragen offen.

10.3 Leuchtende Gasnebel

In der Umgebung heißer Sterne mit ihrer starken Strahlung im kurzwelligen UV wird der interstellare Wasserstoff durch Photonen mit mehr als 13,5 eV Energie (bzw. einer Wellenlänge unterhalb 912 Å) fast vollständig ionisiert. In derartigen Gebieten, die wegen dieser Ionisation des Wasserstoffs H II-Gebiete genannt werden, stellt sich eine Temperatur des Elektronengases von $5 \cdot 10^3$ K bis 10^4 K ein. Elektronenstöße können damit auch höhere atomare Energiezustände anregen, so daß die H II-Gebiete auch im optischen Spektralbereich in den Linien zahlreicher Ionen leuchten. Dabei wird das Wasserstoffspektrum als Folge der Rekombinationsprozesse emittiert. Derartige Gebiete, die viele Parsec ausgedehnt sein können, sind als leuchtende Gasnebel bekannt.

Nach ihrem Aussehen unterscheidet man diffuse Nebel und Planetarische Nebel (s. 8.5). Wenn auch der Zustand der Materie in Planetarischen Nebeln durchaus vergleichbar ist mit jenem in den leuchtenden diffusen Nebeln, so gibt es doch einen wichtigen Unterschied: Die Materie eines Planetarischen Nebels läßt sich eindeutig einem einzigen Zentralstern zuordnen, während in diffusen Nebeln durchaus mehrere Sterne zur Anregung beitragen können.

Besonderes Interesse beanspruchen die (durch das Klammersymbol [] gekennzeichneten) „Verbotenen Linien", darunter vor allem die beiden stärksten bei 5 007 Å und 4 959 Å, die den Hauptbeitrag zum Nebelleuchten liefern, und die damit für ihre grünliche Farbe verantwortlich sind. Diese Linien konnten zunächst nicht identifiziert werden und wurden einem hypothetischen Element, dem „Nebulium" zugeordnet. Die Schwierigkeit der Identifikation rührt daher, daß die Verbotenen Linien im Laboratorium durchweg unbeobachtbar sind. Ihre Übergangswahrscheinlichkeiten (s. A 1.7.6) sind extrem gering, d. h. die angeregten Zustände sind nahezu stabil (metastabil), entsprechend niedrig sind auch die unter Laboratoriumsbedingungen erzielbaren Strahlungsintensitäten. Unter den speziellen Bedingungen in den H II-Gebieten (außerordentlich geringe Dichte eines hochionisierten Gases, von der

Daten einiger diffuser Gasnebel

Bezeichnung	Koordinaten α[h m] δ[° '] l b [°] [°]	Winkelgröße [' × '] Emissionsmaß [pc cm^{-6}]	Entfernung [kpc] lin. Ausdehnung [pc]	Elektronendichte [cm^{-3}] Gesamtmasse [$\mathfrak{M}_\odot$]
Orionnebel = NGC 1976 = M 42	5 33 − 5 30 209,13 − 19,35	90 × 60 6 · 10^6	0,5 0,6	5 000 10
Rosettennebel = NGC 2 237...46	6 30 5 00 206,39 − 1,87	80 × 60 3 · 10^4	1,0 50	16 11 000
η Carinae Nebel = NGC 3 372	10 42 − 59 36 287,5 − 0,9	180 × 120 2,5 · 10^5	2,5 175	200 2 000
Trifidnebel = NGC 6 514 = M 20	17 59 − 23 00 6,99 − 0,17	20 × 20 5 · 10^4	2,1 5	100 200
Lagunennebel = NGC 6 523 = M 8	18 01 − 24 20 6,06 − 1,23	45 × 30 3,7 · 10^5	1,4 3,5	600 200
Omeganebel = NGC 6 618 = M 17	18 10 − 14 30 15,67 1,74	20 × 15 3 · 10^6	2,2 5	500 600

Einige der stärksten Emissionslinien leuchtender Gasnebel

Wellen- länge [Å]	Identi- fikation	relative Intensität [Hβ = 100] im Orionnebel (NGC 1976)	im Planetarischen Nebel NGC 7 027
9 532	[S III]	181	–
9 069	[S III]	72	40
6 583	[N II]	55	240
6 563 6 548	Hα [N II]	350	730
5 876	He I	31	24
5 007	[O III]	342	1 170
4 959	[O III]	113	420
4 861	Hβ	100	100
4 686	He II	–	45
4 340	Hγ	41	33
4 102	Hδ	25	16
3 967	[Ne III]	34	24
3 869	[Ne III]	20	51
3 729	[O II]	127	5
3 726	[O II]	127	9
3 444	O III	–	30
3 429 3 426	O III [Ne V]	–	60

Ausschnitt aus dem Rosetta-Nebel. Man erkennt die dunklen Strukturen, sogenannte Elefantenrüssel und kleine Dunkelwolken, Globulen genannt. Möglicherweise sind diese kühlen, dunklen Gebiete, eingeschlossen von heißem Gas, Orte zukünftiger Sternentstehung

Größenordnung 10^4 Atome/cm³, stark verdünntes Strahlungsfeld) kommt es jedoch zu einer starken Übersetzung der oberen Ausgangszustände. Die Linien werden dann aus dem großen Volumen des Nebels in entsprechender Stärke emittiert. Die Anregung erfolgt durch Elektronenstoß. Dieser Prozeß ist in hohem Maße abhängig von der Temperatur des Elektronengases und bestimmt damit rückwirkend diese Temperatur. So ist z. B. durch die Stöße, welche die Ausgangszustände der „Nebulium" Linien des [O III] anregen, die Temperatur des Elektronengases auf etwa 7 000 K stabilisiert, eine Temperatur, die wesentlich unter den Temperaturen der Zentralsterne Planetarischer Nebel liegt. Die [O III]-Ionen wirken also wie ein sehr effektiver Thermostat.

Gasnebel im Sternbild Scutum, M 16 = NGC 6611; auch dieser Nebel zeigt wie der Rosetta-Nebel Globulen und Elefantenrüssel. Rot-Aufnahme mit dem Hale-Teleskop

H II-Regionen sind auch im radioastronomischen Spektralbereich beobachtbar, dort sogar besonders gut, da die Radiostrahlung durch den interstellaren Staub nicht absorbiert wird. In dem ionisierten Wasserstoffgas werden die freien Elektronen in ihrer thermischen Bewegung bei nahen Begegnungen mit Wasserstoffkernen (Protonen mit einer positiven Elementarladung) durch deren elektrische Felder abgelenkt. Hierbei wird jeweils ein Teil der Bewegungsenergie in Strahlung umgesetzt. Die Stärke dieser sog. frei-frei-Emission (pro Volumeneinheit) wächst mit der Häufigkeit der ablenkenden Stöße und ist damit proportional zum Quadrat der Dichte n_e der geladenen Teilchen. Die Flächenhelligkeit des Nebels im radioastronomischen Spektralbereich, in dem diese Strahlung vor-

Helle Emissionsnebel und Dunkelwolken um den Stern γ Cygni.
Der große weiße Fleck ist der Stern γ Cygni = 2ᵐ32

wiegend emittiert wird, ist überdies noch durch die Tiefenausdehnung L gegeben. Man nennt die damit entscheidende Größe

$$n_e^2 L$$

das Emissionsmaß EM der Nebel. Üblicherweise wird n_e in cm^{-3} und L in pc eingesetzt.

Zu hohen Frequenzen hin kann ein leuchtender Gasnebel optisch dick, d. h. undurchsichtig werden. Dann ist die Intensität der Strahlung (gleichbedeutend mit der Flächenhelligkeit) unabhängig von der Dichte und identisch mit dem Wert der Kirchhoff-Planck-Funktion (s. A 1.7.9), also eine reine Funktion der Temperatur.

Es gibt schließlich auch Linienemission der H II-Gebiete im Radiobereich, Übergänge zwischen sehr hoch angeregten Energieniveaus von Wasserstoffatomen. Diese Niveaus liegen so dicht, daß die Energiedifferenzen klein und damit die zugehörigen Wellenlängen groß werden.

10.3.1 Reflexionsnebel

In der Umgebung kühlerer Sterne reicht die Energie der Lichtquanten nicht mehr aus, die Materie zu ionisieren, aber immer noch kann der dem Gas beigemischte Staub die Sternstrahlung streuen und so ebenfalls die Erscheinung eines hellen Nebels (Reflexionsnebels) hervorrufen.

Einige Reflexionsnebel

Zum Mechanismus der frei-frei-Strahlung. Je stärker das Elektron (Punkt) im elektrischen Feld des Protons (Kreis) abgelenkt wird, umso kurzwelliger ist die emittierende Strahlung

Bezeichnung	α	δ	Winkelausdehnung	Flächenhelligkeit (m_v/Quadratbogensekunde)
Nebel in den Pleiaden				
um Elektra	$3^h 42^m$	$+23° 57'$	$20' \times 16'$	21^m4
um Maia	$3^h 42^m$	$+24° 24'$	$30' \times 30'$	21^m4
um Merope	$3^h 43^m$	$+23° 43'$	$30' \times 30'$	21^m0
NGC 2068 = M 78	$5^h 44^m$	$0° 00'$	$8' \times 6'$	20^m6
NGC 7129	$21^h 41^m$	$+65° 50'$	$8' \times 6'$	20^m8

10.4 Die Staubkomponente des interstellaren Mediums

Dem interstellaren Gas ist stets ein Staubanteil beigemischt. Es sind insbesondere die schweren Elemente, deren relative Häufigkeit im Kosmos zwar nur gering ist, die am Aufbau des Staubes beteiligt sind. So ist die Gesamtmasse des Staubes nur etwa 1 % der gasförmigen Komponente. Da jedoch die Größe der Staubkörner etwa mit der Wellenlänge kurzwelliger UV-Strahlung vergleichbar ist, ist die Wechselwirkung des Staubes mit der Sternstrahlung im UV aber auch im sichtbaren Bereich beträchtlich.

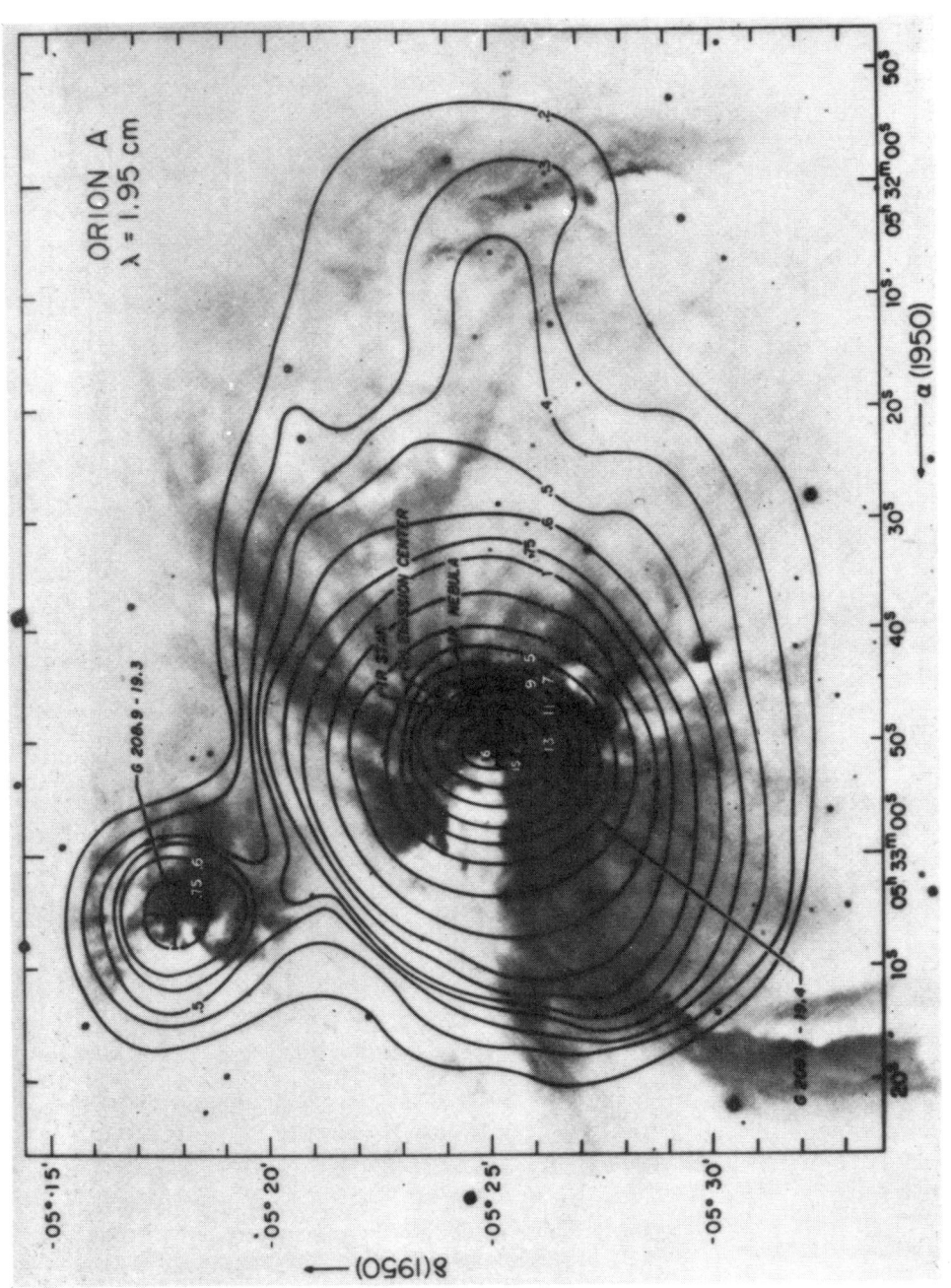

Einer photographischen Aufnahme des Orionnebels wurde das Bild im Radiobereich (λ = 1,95 cm) überlagert. Man erkennt deutlich, daß die Schwerpunkte beider Bilder zusammenfallen. Die feineren Strukturen im optischen Bild gehen im wesentlichen auf vorgelagerte Dunkelwolken zurück. Das Radiobild wird durch sie nicht beeinflußt

10.4 Die Staubkomponente

Man unterscheidet zweierlei Art von Wechselwirkung: Durch Streuung wird die Ausbreitungsrichtung der Strahlung verändert, während die Wellenlängen nahezu unverändert bleiben. Durch Absorption wird die Strahlungsenergie auf den absorbierenden Körper, in diesem Falle also auf die Staubkörner übertragen. Diese Energie kann dann in weiteren Elementarprozessen wieder (in anderen Wellenlängen und Richtungen) reemittiert werden. Durch Streuung wie auch durch Absorption wird die einfallende Strahlungsintensität geschwächt. Man bezeichnet diese Schwächung durch Streuung und Absorption als Extinktion.

10.4.1 Die allgemeine interstellare Extinktion

Wie das Gas, so ist auch der Staub vorzugsweise nahe der galaktischen Ebene konzentriert, so daß seine Extinktion der Sternstrahlung in niedrigen galaktischen Breiten besonders ins Gewicht fällt. Man muß mit einer generellen Extinktion (ohne den Beitrag der Dunkelwolken) im visuellen Bereich von etwa 0,3 mag/Kpc rechnen. Diese Extinktion ist wellenlängenabhängig und wächst zum UV etwa proportional mit $1/\lambda$, so daß die kurzwelligere Sternstrahlung stärker unterdrückt wird als langwelligere. Dadurch ist die Farbe von Sternen, deren Licht durch interstellare Extinktion geschwächt ist, systematisch roter als das der nahen Vergleichssterne. Diese Rötung wird als Farbexzeß E (s. 7.1.2) gemessen, etwa als E_{B-V} wenn man sich auf die Spektralbereiche B und V der UBV-Photometrie bezieht. Der Farbexzeß E_{B-V} und die generelle Extinktion, z. B. im visuellen Bereich A_v, stehen in einem Verhältnis zueinander, das von einigen Ausnahmen abgesehen, für alle Richtungen des Sehstrahles nahezu den gleichen Wert hat:

$$A_v/E_{B-V} \approx 3,2.$$

Man schließt hieraus, daß der interstellare Staub überall in der Galaxie von ähnlicher Art sein sollte.

10.4.2 Dunkelwolken

Dunkelwolken sind Gebiete erhöhter Dichte der interstellaren Materie und damit auch erhöhter Staubkonzentration. Es sind kalte Gebiete, in denen der Wasserstoff neutral bzw. sogar molekular ist. Die größeren Dunkelwolkenkomplexe geben der Milchstraße ihr gegliedertes Aussehen und zeigen so ganz direkt, daß die interstellare Materie nicht gleichförmig verteilt, sondern wolkig strukturiert ist. Die Massen derartiger Wolken reichen bis zu einigen hundert, vielleicht bis tausend Sonnenmassen. Ihre mittlere Ausdehnung beträgt etwa 10 pc und sie erfüllen in der Nähe der galaktischen Ebene einige Prozent des interstellaren Raumes. Im Durchschnitt durchsetzt in der Sonnenumgebung der Sehstrahl alle 100 pc eine Dunkelwolke. Die Beziehung zwischen den Dunkelwolken und den großen Molekülwolken (s. 10.2.3) ist noch ziemlich unklar.

Die Aufnahme mit dem 48-inch-Schmidt-Teleskop des Hale-Observatoriums zeigt das Feld um S Monocerotis (das helle Objekt nicht weit vom oberen Bildrand). Darunter der offene Sternhaufen NGC 2264, dessen O- und B-Sterne die ausgedehnten Nebel seiner Umgebung zum Leuchten anregen. Etwa 0°5 südlich von S Mon die kegelförmige Dunkelwolke, die dem Nebelkomplex den Namen Conus-Nebel eingebracht hat. Die ganze südliche Region von S Mon ist mit nichtleuchtender, absorbierender interstellarer Materie erfüllt, erkenntlich an den scheinbaren Sternleeren

10.4 Die Staubkomponente

Zur Bestimmung der Entfernungen von Dunkelwolken wird der Logarithmus der Sternzahl A(m) in Abhängigkeit von der scheinbaren Helligkeit m aufgetragen

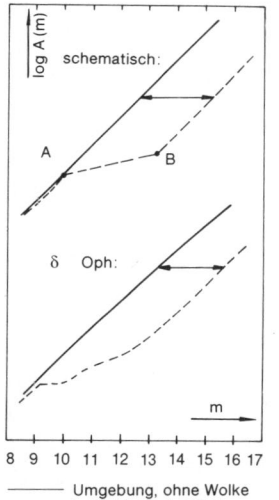

— Umgebung, ohne Wolke
---- in Richtung der Wolke
◄—► Absorption der Wolke

Eine einfache Methode der Bestimmung der Entfernung von Dunkelwolken geht auf M. Wolf zurück: Durch Sternzählungen in Richtung der Wolke gewinnt man die Sternzahlen $A(m)$, d. h. die Anzahl von Sternen pro Quadratgrad, deren scheinbare Helligkeiten in den Intervallen $m - \frac{1}{2}$ bis $m + \frac{1}{2}$ liegen. Nimmt man an, daß die Sterne im Raum gleichförmig verteilt sind, so werden bei der Sternzählung mit abnehmender scheinbarer Helligkeit immer größere Volumina erfaßt, $A(m)$ wird also ansteigen. Dies gilt für ungestörte Gebiete neben der Dunkelwolke. Durchsetzt jedoch der Sehstrahl die Dunkelwolke, so wird durch die Extinktion dieses Anwachsens von $A(m)$ gestört. Hätte eine Wolke konstante Dichte und wäre sie scharf begrenzt, würden ferner nur Sterne der gleichen absoluten Helligkeit gezählt, so würde sich das Schema der folgenden Figur ergeben. Aus den beiden Knickpunkten A und B läßt sich dann die Entfernung, der Durchmesser und die Extinktion der Wolke bestimmen. In Wirklichkeit sind die Knickpunkte unscharf.

Natürlich sind nicht alle Wolken von gleicher Größe, im Gegenteil, Ausdehnungen und Dichten streuen über einen weiten Bereich. Wolkenkomplexe können in kleinere Einheiten unterteilt sein. Besonders auffällig sind sehr kleine, scharf begrenzte Dunkelwolken, wenn sie vor hellen Nebeln stehen. Sie werden als Globulen bezeichnet. Die Dichte in ihnen muß besonders hoch sein. Es liegt nahe, sie als Vorstadien der Sternentstehung anzusehen.

Einige große Dunkelwolkenkomplexe

Region	gal. Länge l	Fläche $[(°)^2]$	Entfernung [pc]	Durchmesser [pc]	Absorption $[m_{vis}]$	Absorb. Masse $[\mathfrak{M}_\odot]$
Tau, Ori, Aur	180°	600	150	70	0,9	80
Cep, Cas	117°	450	500	170	0,6	1 400
Cyg	80°	80	700	130	1,2	700
Oph, Sco, Scu, Ser	0°	1 000	120	80	0,7	100
Vel	270°	100	600	120	1,6	500

10.4.3 Infrarotquellen

Wird der Staub durch die Strahlung der Sterne auf etwa 100 K oder darüber hinaus erwärmt, so wird er selber zur Quelle beobachtbarer infraroter Strahlung. Mit der Entwicklung der IR-Techniken (Beobachtungen mit Hilfe moderner Detektoren von hochgelegenen Observatorien aus oder von Ballonteleskopen) wurde es möglich, zahlreiche derartige IR-Quellen nachzuweisen. Sie sind von unterschiedlicher Natur. Es gibt offensichtlich Strahlung von zirkumstellaren Staubhüllen, aber auch aus Gebieten höherer Sterndichte mit diffus verteiltem Staub und schließlich von Kernen anderer Galaxien. Bei vielen IR-Quellen, die auf zirkumstellaren Staub zurückgeführt werden können, nimmt man an, daß es sich um Protosterne, als Vorstadien der Sternentwicklung handelt.

Der sogenannte Pferdekopfnebel IC 434 südlich des Sterns Zeta Orionis (linker Gürtelstern des Sternbilds Orion). Die helle Hintergrund-Wolke wird von dem Stern ζ Ori, einem Stern mit dem Spektrum B0 ne, zum Leuchten angeregt (Emmissionsnebel). Vor diese leuchtende Gaswolke schiebt sich eine Dunkelwolke, deren Kontur dem ganzen Nebelkomplex den Namen gab. Die leuchtenden Ränder dieser Staubwolke reflektieren das Licht von ζ Ori (Reflexionsnebel). Rot-Aufnahme mit dem Hale-Teleskop

10.4.4 Die Natur des interstellaren Staubes

Nur durch seine Wechselwirkung mit Strahlung erfahren wir etwas über die Eigenschaften des interstellaren Staubes.

Die Streuung und Absorption von Lichtwellen durch Staubkörper wird in ihrer einfachsten Form durch die Mie'sche Theorie beschrieben. Zur Vereinfachung werden meist kugelförmige Staubteilchen angenommen.

Es zeigt sich, daß die Ergebnisse einer derartigen Theorie – abgesehen von den Materialeigenschaften des Staubes – entscheidend von dem Verhältnis

$$x = \frac{\text{Umfang des Staubkornes}}{\text{Wellenlänge der Strahlung}}$$

Selektive Absorption oder Emission interstellaren bzw. zirkumstellaren Staubes

Wellenlänge	Identifikation
2 200 Å	Graphit
3,07 μm	H_2O und/ oder NH_3 (als Eis)
9,7 μm	Silikate
11,2 μm	Siliziumcarbid
18 μm	Silikate

Größe und Form der Staubkörner haben einen, wenn auch nur geringen Einfluß auf die genaue Lage der Absorptionsbereiche.

abhängen. Ist dieses Verhältnis viel kleiner als eins, so kann der Staub weder absorbieren noch streuen. Liegt x in der Größenordnung von eins, so ist die Wechselwirkung maximal, aber ziemlich stark von der Wellenlänge abhängig. Ist schließlich x viel größer als eins, so gibt es im wesentlichen einen einfachen Schattenwurf durch die Staubkörner. Staubkörner aus Materialien, welche elektrische Nichtleiter sind, können die Strahlung nur streuen, elektrisches Leitvermögen ist (im Rahmen dieser Theorie) Voraussetzung für Absorption.

Zusätzlich zu diesen, bezüglich der Zusammensetzung des Staubes wenig spezifischen, Wirkungsquerschnitten gibt es noch in einigen Wellenlängenbereichen eine mehr oder weniger selektive Wechselwirkung, die (ähnlich wie Spektrallinien für Atome) für bestimmte Mineralien charakteristisch sind. Sie werden als breite Absorptions- oder Emissionsbereiche („features") beobachtet.

Unter den dargestellten theoretischen Gesichtspunkten wäre etwa folgende Vorstellung über die Natur des interstellaren Staubes mit der Beobachtung verträglich: Eine Mischung von Staubkörnern mit einem mittleren Radius von 0,02 bis 0,08 μm bestehend aus Graphit, Siliziumcarbid und Aluminium- bzw. Magnesiumsilikaten. Der Anteil von Staubkörnern mit Eismantel (0,1 . . . 0,2 μm Radius) ist vermutlich nur gering, da bei

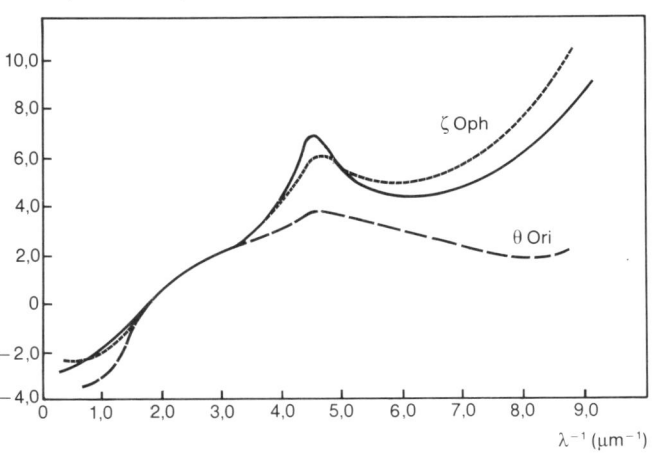

Beobachtete Extinktionskurven interstellaren Staubes, dargestellt durch den norminierten Farbexzeß E (λ-V)/E_{B-V}. Hohe Werte bedeuten starke Extinktion. Man beachte das „feature" bei $λ^{-1} = 4,5\ μm^{-1}$ entsprechend $λ \simeq 2\ 200\ Å$. Die ausgezogene Kurve stellt den Mittelwert über viele Beobachtungen dar

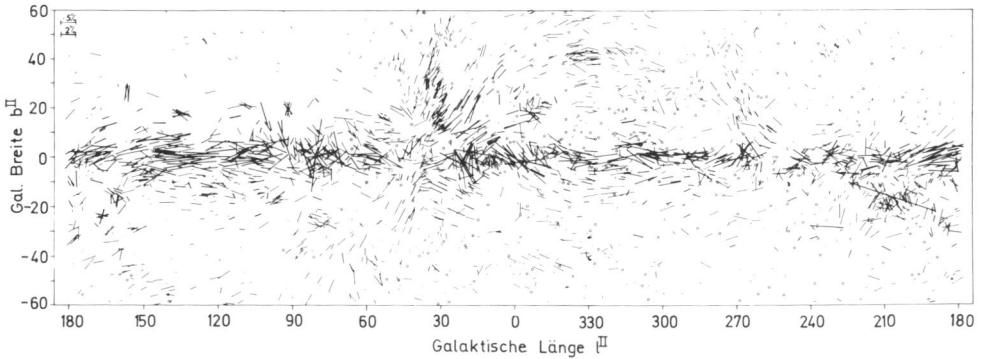

Als „Sternenleeren" wurden früher solche „Löcher" in der Milchstraße bezeichnet. Es sind Wolken interstellarer Materie, die das Licht der hinter ihnen stehenden Sterne um viele Größenklassen absorbieren

Interstellare Polarisation (nach Matthewson u. Ford) Richtung und Länge der Striche charakterisieren die Orientierung und den Grad der Polarisation

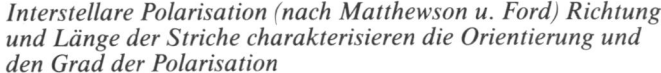

einem zu großen Eisanteil (> 20 %) die beobachtete charakteristische Silikatabsorption bei 9,7 μm nicht mehr auftreten würde.

Schließlich müssen wir in unsere Vorstellung über die Natur des Staubes noch folgende Beobachtungen einbeziehen: Für zahlreiche Sterne ist eine geringe Polarisation (s. A 1.3) ihrer Strahlung gemessen worden, wobei der Polarisationsgrad Maximalwerte von wenigen Prozent erreicht und generell mit zunehmendem Farbexzeß (s. 7.1.2) anwächst.

Es liegt nahe, diese Polarisation dem interstellaren Staub zuzuschreiben. Polarisation durch Extinktion ist möglich, wenn

1. die Staubkörner nicht mehr sphärisch, sondern länglich sind, und wenn

2. derartige Staubkörner zumindest teilweise ausgerichtet werden. Eine solche Ausrichtung kann durch eine komplizierte Wechselwirkung mit dem interstellaren Magnetfeld erfolgen.

10.5 Eine obere Grenze für den Massenanteil des interstellaren Mediums

Trotz seiner geringen Dichte könnte der Anteil des interstellaren Mediums an der Gesamtmasse unserer Galaxie durchaus merklich sein. Es müßte dann auch sein Beitrag zum Schwerefeld der Galaxie feststellbar sein. Auf dieser Überlegung beruht folgendes Verfahren, eine Obergrenze für die Dichte des interstellaren Mediums abzuleiten:

Bekanntlich nimmt die räumliche Dichte der Sterne, also ihre mittlere Anzahl pro pc^3, senkrecht zur galaktischen Scheibe mit wachsender Höhe z über der galaktischen Ebene ab, ebenso wie etwa die Dichte der Erdatmosphäre mit zunehmender Höhe abnimmt. Man geht nun davon aus, daß diese z-Verteilung der Sterne sich mit der Zeit nicht ändert, daß sie also als eine Gleichgewichtsverteilung angesehen werden kann. Dann müssen die Bewegungsenergie der Sterne und die Gravitationsenergie, zu welcher alle Sterne und das interstellare Medium beitragen, in einem bestimmten festen Verhältnis zueinander stehen. Die Bewegungsenergie der Sterne kann aus Mittelwerten der beobachtbaren Radialgeschwindigkeiten berechnet werden. Andererseits läßt sich der Beitrag der Sterne zur Gravitationsenergie bei Kenntnis der individuellen Sternmassen aus ihrer räumlichen Dichte ermitteln. Man findet dabei eine mittlere Materiedichte von etwa $4 \cdot 10^{-24} \mathrm{g} \ cm^{-3}$, die also nur auf die beobachtbaren Sterne zurückzuführen ist. Für das erwähnte Gleichgewicht von Bewegungsenergie und Gravitationsenergie wären aber eine Dichte von $10 \cdot 10^{-24} \mathrm{g} \ cm^{-3}$ erforderlich, so daß eine Differenz von $6 \cdot 10^{-24} \mathrm{g} \ cm^{-3}$ verbleibt. Hiervon wird ein merklicher Bruchteil sicher noch auf das Konto verborgener Massen, so z. B. schwächster, nicht sichtbarer Sterne gehen. Zugleich aber kann dieser Wert als eine obere Grenze für die Dichte des interstellaren Mediums angesehen werden. Sie liegt etwa um den Faktor 2 bis 3 höher als die Dichte, die aus der 21-cm-Beobachtung erschlossen wurde.

10.6 Die heiße Komponente des interstellaren Mediums

Es war seit längerem bekannt, daß die Energie, die in der hydrodynamischen Strömung der interstellaren Materie steckt (s. 10.1), etwa 0,3 eV/cm³ beträgt. Erst bei einer Temperatur von etwa 3 000 K wäre die Dichte der Wärmeenergie von der gleichen Größe. Gelegentlich wurden sogar Geschwindigkeiten der Wolken bis zu 50 km/s beobachtet, was Temperaturen von 100 000 K entsprechen würde. Daß derartige Temperaturen im interstellaren Medium tatsächlich vorkommen, ist erst durch UV-Beobachtungen und durch Beobachtungen im Röntgenbereich gezeigt worden.

1973 wurden in einer Reihe von Sternspektren interstellare Absorptionslinien des fünffach ionisierten Sauerstoffatoms (O VI, λ 1 032 Å und λ 1 037 Å) entdeckt. Die Auswertung ergab, daß das Gas Temperaturen von etwa 500 000 K haben müßte und daß die Teilchendichte kaum größer als 10^{-4} cm^{-3} sein könne. Noch höhere Temperaturen, bis zu einigen Millionen Kelvin, wurden aus Emissionslinien des O VII und aus der Beobachtung einer schwachen kontinuierlichen Röntgenstrahlung erschlossen.

Man ist heute der Auffassung, daß die so nachgewiesene heiße Komponente ($T > 10^6$ K) etwa 50% des Volumens in der Scheibe unserer Galaxie ausfüllt, und daß das kühlere Medium ($5 \cdot 10^4$ K $< T < 10^6$ K) vielleicht weitere 20% bis 30% des Volumens innehat. Die kalte Komponente ($T < 10^4$ K), also das im wesentlichen in den Wolken konzentrierte Medium, dürfte kaum mehr als 10% des Volumens beanspruchen. Die hohen Temperaturen in der heißen Komponente müssen notwendigerweise mit extrem geringen Dichten einhergehen, da nur dann die Abstrahlung so gering ist, daß der Zustand über eine nennenswerte Zeit erhalten bleiben kann. Es wird angenommen, daß die kalten Wolken ($T \approx 100$ K) wie Inseln in dem heißen Medium ($T \approx 10^6$ K) liegen, und daß diese kalten Wolken jeweils von einer breiten Übergangszone umgeben sind, in der die Temperatur von innen nach außen langsam von 100 K auf 10^6 K ansteigt. Der Energieverlust der heißen Komponente wäre dieser Vorstellung nach auf Wärmeleitung in dieser Übergangszone zurückzuführen.

Als Mechanismus der Aufheizung der heißen Komponente werden Supernovaexplosionen für denkbar gehalten. Diese Auffassung wird gestützt durch die Beobachtung von Röntgenstrahlung aus Supernovaremnants (s. 8.4.3), welche die Existenz eines sehr heißen Mediums anzeigt. Die Bilanz der Gesamtenergie der heißen Komponente in unserer Galaxie könnte etwa ausgeglichen werden.

10.7 Bemerkungen zur räumlichen Verteilung und zum physikalischen Zustand des interstellaren Mediums

Die wichtigsten bisher besprochenen Eigenschaften des interstellaren Mediums lassen sich wie folgt zusammenfassen:

a) Das interstellare Medium ist stark zur galaktischen Ebene konzentriert. In der Sonnenumgebung beträgt die Dicke der Gas- und Staubscheibe etwa 200 pc.

b) Die mittlere Dichte, ebenfalls in Sonnenumgebung, beträgt höchstens $6 \cdot 10^{-24}$ g cm^{-3}, was also 2 bis 3 Atomen pro cm^3 entsprechen würde.

c) Das interstellare Medium ist in der galaktischen Scheibe nicht gleichmäßig verteilt, sondern zu den Spiralarmen der Galaxis, möglicherweise bevorzugt zu deren inneren Grenzen hin konzentriert (21-cm-Beobachtungen). Eine derartige Konzentration wird auch daraus erkennbar, daß ganz junge Sterne, die sich erst vor wenigen Millionen Jahren aus interstellarer Materie gebildet haben müssen, und die in der Galaxie praktisch noch am Ort ihrer Entstehung stehen, fast nur in Spiralarmen vorkommen (extreme Population I (s. 13.4)).

d) Die kleinräumige Verteilung ist extrem ungleichförmig. Es gibt eine deutliche Wolkenstruktur, wobei nur etwa $^1/_{10}$ des Volumens durch Wolken erfüllt ist. Sie bewegen sich mit Geschwindigkeiten von einigen Kilometern pro Stunde durch ein sehr viel dünneres Medium, welches den Raum zwischen den Wolken ausfüllt. Ein Dichteverhältnis (Wolke:Zwischenraum) von mehr als tausend kann durchaus erreicht und für kompakte Wolken sogar überschritten werden.

e) Der relative Anteil der Moleküle wächst mit zunehmender Dichte. Insbesondere in dichten Wolken ist der interstellare Wasserstoff fast vollständig molekular. Es gibt Anzeichen dafür, daß auch der Staubanteil mit der Dichte wächst.

Fragt man nach dem physikalischen Zustand des interstellaren Gases, so ist zunächst festzustellen, daß es keine Komponente im interstellaren Raum gibt, die energetisch eindeutig überwiegt. Man findet etwa folgende mittleren Energiedichten

Sternstrahlung	0,43 eV cm^{-3}
Strömungsenergie	0,3 eV cm^{-3}
kosmische Strahlung (s. 10.8)	0,6 eV cm^{-3}
Magnetische Energie (Feldstärke 1 $\Gamma = 10^{-9}$ Tesla)	1,6 eV cm^{-3}

Die Tatsache, daß diese Energiedichten im Rahmen ihrer Genauigkeiten alle nahezu gleich groß sind, ist überraschend. Es gibt hierfür zur Zeit keine überzeugende theoretische Begründung.

Die Temperaturen im interstellaren Medium überstreichen einen sehr großen Bereich, von etwa 10 K in den dichten Wolken bis hinauf zu Werten über 10^6 K in dem sehr dünnen Medium zwischen den Wolken. Fragt man, woher das kommt, so muß man nach den Prozessen suchen, die für die Aufheizung des interstellaren Mediums verantwortlich sind, und andererseits nach dem Mechanismus der Abkühlung fragen.

Man ist heute der Ansicht, daß als Energiequellen die sich explosionsartig ausdehnenden H II-Gebiete (s. 10.3) um junge, heiße Sterne anzusehen sind, besonders aber auch Supernova-explosionen (s. 8.4). Sie reichen völlig aus, auch wenn nur etwa ein Prozent der freiwerdenden Energien auf das interstellare Medium übertragen wird.

Die sehr heiße Komponente des interstellaren Mediums verliert ihre Energie vermutlich im Wesentlichen durch Wärmeleitung, während für die Energieverluste der kalten Komponente allein Strahlungsprozesse verantwortlich sind. Sie erfolgen wegen der niedrigen Temperatur durch Übergänge zwischen tief liegenden Niveaus und setzen Anregung durch Stöße voraus.

10.8 Die kosmische Strahlung (kosmische Ultra-strahlung)

Zum interstellaren Medium gehört ohne Zweifel auch die kosmische Strahlung, die hochenergetische Korpuskelstrahlung (Teilchenenergien zwischen einigen 10^7 eV und etwa 10^{20} eV), die aus dem Kosmos auf die Erde einfällt. Sie wurde schon zu Beginn dieses Jahrhunderts entdeckt, aber erst in den letzten Jahrzehnten begannen die Astronomen, sie als ein astrophysikalisches Phänomen aufzufassen. Anfangs standen Aspekte der Hochenergiephysik im Vordergrund des Interesses, da vor der Zeit, in welcher der Bau großer Teilchenbeschleuniger möglich wurde, die kosmische Strahlung die einzige Möglichkeit bot, Stöße von Elementarteilchen im Bereich hoher Energien zu studieren. Dieser Gesichtspunkt ist heute gegenüber astrophysikalischen Fragestellungen bedeutungslos geworden.

Der erste Schritt auf dem Wege, der zur Entdeckung der kosmischen Strahlung führte, wurde 1900 getan, als man bemerkte, daß die Luft, die eigentlich ein perfekter Isolator sein sollte, eine gewisse Restleitfähigkeit aufwies. Bei Ballonflügen zeigte Hess 1912, daß die Restleitfähigkeit mit der Höhe zunahm. Er führte sie auf eine von außen einfallende und daher mit der Höhe zunehmende ionisierende Strahlung zurück. Hess verwendete die Bezeichnung „Höhenstrahlung", heute spricht man von „kosmischer Strahlung" oder von „kosmischer Ultrastrahlung".

Die Geräte zu ihrem Nachweis sowie zur Messung ihrer Intensität in Abhängigkeit von Richtung und Teilchenenergie können kaum dem Instrumentarium der klassischen Astronomie zugerechnet werden, sie gehören viel eher in ein Laboratorium der Teilchenphysik. Sie benutzen in der Regel den Effekt, daß energiereiche Teilchen beim Durchgang durch Materie eine Spur von Ionen hinterlassen, die dann ihrerseits nachgewiesen werden kann. Anfangs wurden Ionisationskammern verwendet, später Zählrohre, die auch in geeigneter Anordnung und Schaltung als Zählrohrtelskope eine gewisse Winkelauflösung ermöglichen. Die Spuren der kosmischen Strahlung werden in Nebelkammern, Blasenkammern oder Funkenkammern aber auch in sog. Kernplatten direkt sichtbar gemacht. Schließlich kann zur Messung auch der Cerenkoveffekt herangezogen werden. Als Hilfsmittel der Diagnose werden schließlich die Abschwächung der Strahlung in Absorbern benutzt, ebenso wie die Ablenkung der geladenen Teilchen in Magnetfeldern.

Für die Beobachtung bedeuten aber die Absorption, oder allgemeiner die Wechselwirkung beim Durchgang durch Materie, wie auch die Ablenkung in Magnetfeldern auch ein großes Hindernis. Allein der Durchgang durch die Erdatmosphäre beeinflußt die Zusammensetzung (nach Teilchenarten) und die Energieverteilung außerordentlich. Bemerkenswert sind in diesem Zusammenhang die großen Luftschauer, ein gleichzeitiges Auftreten von zahlreichen sich in nahezu gleicher Richtung bewegenden Teilchen – etwa einem Schrotschuß vergleichbar – die durch die Reaktion eines einzigen, allerdings sehr energiereichen Teilchens in der Erdatmosphäre verursacht wird. Es würde zu weit führen, hier auf die Theorie der großen Luftschauer näher einzugehen.

Der zweite Effekt, der die Beobachtungsmöglichkeiten einschränkt, ist die Ablenkung der Teilchen im Magnetfeld der Erde. Sie hat beispielsweise zur Folge, daß der geomagnetische Äquator für die weiche, d. h. energiearme Komponente der kosmischen Strahlung unerreichbar ist, da die Teilchen im Erdmagnetfeld zu stark abgelenkt werden. Für Protonen in der kosmischen Strahlung ist die kritische Grenzenergie 15 GeV also $1{,}5 \cdot 10^{10}$ eV. Für die geomagnetischen Pole gibt es keine derartige Grenze, da die Teilchen dort die Erdoberfläche längs der magnetischen Feldlinien erreichen können. Es ist die Störmer'sche Theorie (sie war ursprünglich mit dem Ziel der Deutung der Nordlichterscheinungen entwickelt worden), die sich mit den Bahnen geladener Teilchen im Erdmagnetfeld beschäftigt und die derartige Aussagen ermöglicht.

Einiges Aufsehen hat die Entdeckung der sogenannten Strahlengürtel der Erde gemacht (van-Allen-Gürtel). Man bemerkte bei Messungen der kosmischen Strahlung von Satelliten aus, daß sich in einer Höhe von einigen tausend Kilometern ein Maximum der Intensität ergab. Genauere Untersuchungen zeigten, daß dieser Strahlungsgürtel eine gegliederte Struktur aufwies, daß also mehrere Gürtel existieren. Diese Gürtel entstehen dadurch, daß energiereiche geladene Teilchen im Erdmagnetfeld eingefangen werden können und dann längs der Feldlinien zwischen den geomagnetischen Polen hin- und herpendeln. Sie werden durch die zu den Polen hin anwachsende Feldstärke zurückgeworfen (gespiegelt) bevor sie zu tief in die Erdatmosphäre eintauchen, wo sie absorbiert werden können. Derartige Strahlungsgürtel sind ebenfalls beim Jupiter festgestellt worden.

Auch die Magnetfelder im Sonnenwind (s. 4.4.4) beeinflussen die kosmische Strahlung, indem sie den inneren Bereich des Sonnensystems gegen die niederenergetische Komponente abschirmen. Es ist daher sehr schwierig, aus der am Ort der Erde gemessenen Energieverteilung auf die Verteilung im interstellaren Raum zu schließen. Die bei Sonneneruptionen (s. 5.5.4) verstärkten interplanetarischen Felder unterdrücken die kosmische Strahlung in stärkerem Maße. Derartige Abschwächungen sind als Forbush-Ereignisse bekannt. Erst Stunden oder Tage nach einem solchen Ereignis erreicht die Intensität der kosmischen Strahlung wieder ihren normalen Wert.

Die wichtigsten Daten der kosmischen Strahlung

Gesamtintensität:
700 Teilchen pro Quadratmeter, Sekunde und Raumwinkel eins. (Zur Zeit des Sonnenfleckenminimums in 40° geomagnetischer Breite)

chemische Zusammensetzung:
schwere Komponente: 86 % Protonen
  12,7 % α-Teilchen
  1,3 % schwerere Kerne

Dieses Verhältnis entspricht etwa der kosmischen Häufigkeit der Elemente. Lithium, Beryllium und Bor sind jedoch gegenüber dieser kosmischen Häufigkeit um etwa einen Faktor 10^5 angereichert. Diese Überhäufigkeit ist das Ergebnis von Kernreaktionen beim Durchgang der kosmischen Strahlung durch das interstellare Medium.

leichte Komponente: Auf etwa 100 schwere Teilchen entfällt ein Elektron, auf etwa 10 Elektronen entfällt ein Positron.

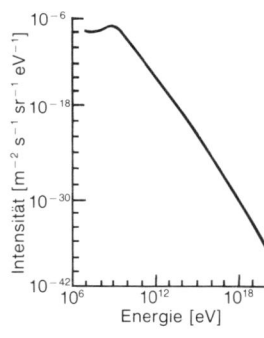

Das Energiespektrum der kosmischen Strahlung aus Wolfendale, A. W.: Cosmic Rays at Ground Level. London: The Institute of Physics 1973

Energieverteilung:
Die Intensität (Zahl der Teilchen pro Quadratmeter, Sekunde und Raumwinkel eins) im Energieintervall $E \ldots E + dE$ sei $D \cdot dE$. Dann kann für einen großen Bereich von Energien die spektrale Dichte D durch ein Potenzgesetz dargestellt werden

$$D = A \cdot E^{-\delta}.$$

Für die Protonenkomponente der kosmischen Strahlung ist im Energiebereich $10^{11} \ldots 10^{15}$ eV:

$$\delta = 2{,}6 \quad \text{und} \quad A = 3{,}1 \cdot 10^{22} \ \text{m}^{-2} \ \text{s}^{-1} \ \text{ster}^{-1} \ \text{eV}^{-1}$$

und im Energiebereich $3 \cdot 10^{15} \ldots 10^{20}$ eV:

$$\delta = 3{,}2 \quad \text{und} \quad A = 1{,}0 \cdot 10^{28} \ \text{m}^{-2} \ \text{s}^{-1} \ \text{ster}^{-1} \ \text{eV}^{-1}.$$

Der weitaus größte Teil der Intensität entfällt damit auf Energien unterhalb von 10^{11} eV.

Isotropie:
Die kosmische Strahlung fällt aus allen Richtungen fast gleich stark ein. Die Anisotropie ist also nur gering: Kleiner als 0,5 % für Energien bis 10^{14} eV, wenige Prozent bei höheren Energien.

Mittleres Alter
Dieses Alter, etwa $2 \cdot 10^6$ Jahre, ergibt sich aus der Rate, mit der die kosmische Strahlung unser galaktisches System verlassen kann, wie auch aus ihrer Wechselwirkung mit interstellarer Materie. Die relative Häufigkeit der Teilchen in der kosmi-

10.8 Die kosmische Strahlung

Die Gürtel erhöhter Dichte der kosmischen Strahlung, welche die Erde umgeben (van-Allen-Gürtel). Eingezeichnet sind die Linien konstanter Teilchenflußdichte, linke Hälfte: für Protonen, rechte Hälfte des Diagramms: für Elektronen

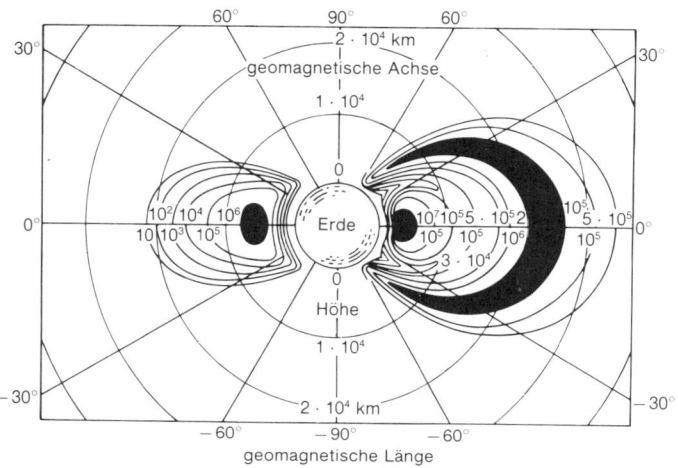

schen Strahlung, die auf Wechselwirkung mit Materie zurückgeführt werden müssen (Positronen, Li-, Be- und B-Kerne), lassen den Schluß zu, daß die kosmische Strahlung im Mittel etwa 2 bis 4 Gramm Materie pro Quadratzentimeter durchsetzt haben muß. Berücksichtigt man die mittlere Dichte der Materie im interstellaren Raum, so erhält man zunächst die Wegstrecke, die diesen $2\ldots4$ g/cm^2 entsprechen. Bedenkt man schließlich, daß die Teilchen der kosmischen Strahlung diesen Weg praktisch mit Lichtgeschwindigkeit zurücklegen, so erhält man die dazu benötigte Zeit, also ihr oben angegebenes mittleres Alter.

Die Suche nach den Quellen der kosmischen Ultrastrahlung ist eng verknüpft mit der Erforschung der Ausbreitungsgesetze. In den interstellaren Magnetfeldern werden die elektrisch geladenen schnellen Teilchen von ihren geraden Bahnen abgelenkt, so daß sie zu jedem Zeitpunkt ein Stück eines Kreisbogens durchfliegen. Die Krümmungsradien dieser Kreisbögen wachsen mit der Teilchenenergie. Sie sind zwar sehr groß (verglichen mit irdischen Dimensionen, aber erst bei Energien von 10^{17} eV werden sie vergleichbar mit der Größe unseres galaktischen Systems. Die Bahnen aller Teilchen, deren Energien unter dieser Grenze liegen, werden durch die Ablenkung in den interstellaren Magnetfeldern nun so stark aufgewickelt und verknäult, daß diese Teilchen die Galaxie praktisch nicht verlassen können. Sie verhalten sich, als ob sie gespeichert wären. Oberhalb dieser Grenzenergie sind die Bahnen auch im galaktischen Maßstab praktisch geradlinig. Hier gibt es also keinen Speichereffekt.

Aus der gemessenen Isotropie der Strahlung, also der gleichmäßigen Verteilung über alle Richtungen, kann nun folgender Schluß gezogen werden: Unterhalb von 10^{17} eV würden nur Quellen in großer Nähe die Isotropie stören. Diese gibt es offensichtlich nicht. Auch das mittlere Alter der kosmischen

Strahlung von etwa 10^6 Jahren spricht gegen eine nahe Quelle. Die Isotropie oberhalb von 10^{17} eV kann als Indiz dafür angesehen werden, daß die Strahlung oberhalb dieser Energien extragalaktischen Ursprungs ist. Galaktische Quellen würden hier, bei einer praktisch geradlinigen Ausbreitung eine höhere Intensität der Strahlung aus der galaktischen Ebene bzw. aus der Richtung zum galaktischen Zentrum erwarten lassen. Derartige Abweichungen von der Isotropie sind jedoch nicht beobachtet worden. Andererseits kann nicht die gesamte kosmische Strahlung extragalaktischer Natur sein. Das würde – abgesehen von anderen Schwierigkeiten – eine unsinnig hohe Energiedichte von etwa 1 eV/cm^3 im gesamten intergalaktischen Raum bedeuten.

Es muß also galaktische Quellen geben. Die von ihnen aufzubringende Gesamtleistung wäre etwa 10^{33} Watt. Man erhält diesen Wert, indem man die gesamte in der kosmischen Strahlung gespeicherte Energie (Energiedichte mal Volumen der Galaxie) durch das mittlere Alter der Strahlung dividiert. Die Leistung von 10^{33} Watt entspricht der Leuchtkraft von mehr als einer Million Sonnen.

Als mögliche Quellen werden diskutiert:

a) **Supernovaausbrüche:** Mit einer plausiblen Rate von Supernovaereignissen in unserer Galaxie könnte die Energiedichte der kosmischen Strahlung aufrecht erhalten werden.

b) **Pulsare:** Die rotierenden Neutronensterne mit starken Magnetfeldern (Polfeldstärke bis zu 10^9 Tesla) erzeugen eine niederfrequente elektromagnetische Welle (Frequenz = 1/Rotationsperiode) von extrem hoher Feldstärke. In ihr werden geladene Teilchen auf hohe Energien beschleunigt. Die Gesamtenergiedichte der kosmischen Strahlung könnte auch auf diese Weise aufrecht erhalten werden. Jedoch sind auch hier viele Fragen offen.

c) **Stöße** mit magnetischen interstellaren Wolken **(Fermimechanismus).** Bei Stößen mit interstellaren Wolken (s. 10.4.2), in denen nicht nur die materielle Dichte, sondern auch die Stärke des Magnetfeldes höher ist als im Zwischenwolkenmedium, werden die Teilchen der kosmischen Strahlung reflektiert. Da die Wolken sich selber bewegen, werden im statistischen Mittel Stöße mit der „Vorderseite" der Wolken häufiger sein als Stöße mit der „Rückseite". Die ersteren führen zu einem Energiegewinn, der allerdings nur dann die Verlustprozesse überwiegt, wenn die Teilchen bereits eine Energie von etwa $10^8 \ldots 10^9$ eV haben.

Neuere Untersuchungen haben gezeigt, daß – wenn man die Magnetfelder korrekt berücksichtigt – auch Stoßwellen dieselbe Wirkung wie interstellare Wolken haben können.

d) **Weitere denkbare Quellen:**
Sterne mit starken Magnetfeldern (magnetische A-Sterne, Weiße Zwerge) oder Novae tragen möglicherweise zur kosmischen Strahlung im niederenergetischen Bereich bei. Unklar ist auch, ob sich bevorzugt im galaktischen Zentrum Quellen kosmischer Strahlung befinden.

11 Sternentstehung und Protosterne

Sterne und interstellares Medium, die beiden wichtigsten Komponenten unseres Milchstraßensystems, sind nicht unabhängig voneinander, sondern tauschen ständig Materie aus. Die Sterne z. B. verlieren durch stellare Winde Materie an das interstellare Medium. Zwar ist der Massenverlust der Sonne durch den solaren Wind nur gering, von der Größenordnung $2 \cdot 10^{-14}$ $\mathfrak{M}_\odot$/Jahr, doch konnte z. b. bei Riesensternen und Überriesen ein sehr viel größerer Massenverlust von 10^{-8} bis 10^{-5} $\mathfrak{M}_\odot$/Jahr nachgewiesen werden (s. a. 12.1.7). Auch liegt der Massenverlust, den die Zentralsterne der Planetarischen Nebel (s. 8.5) erlitten haben, mit Sicherheit am oberen Ende dieses Bereiches. Schließlich wird im Gegensatz zu diesen mehr oder weniger kontinuierlichen Prozessen auch in den Nova- (s. 8.3 und 8.4) oder Supernovaausbrüchen stellare Materie an das interstellare Medium abgegeben. Der gegenläufige Prozeß des Aufsammelns interstellarer Materie durch Sterne – vor einiger Zeit unter dem Stichwort „accretion" noch lebhaft diskutiert – erscheint demgegenüber unbedeutend. Zur Hauptsache verliert das interstellare Medium Materie durch die Bildung neuer Sterne.

Der Massenfluß sieht damit im wesentlichen so aus:

$$\text{Sterne} \quad \frac{\overrightarrow{\text{Massenverlust}}}{\underleftarrow{\text{Sternbildung}}} \quad \text{interstellares Medium}$$

Die Massenbilanz ist jedoch nicht ausgeglichen. Es wird im Laufe der Sternentwicklung immer nur ein Teil der Sternmasse an das interstellare Medium zurückgegeben, so daß der Massenanteil, der in den Sternen steckt, mit der Zeit zunehmen wird. Die Weißen Zwerge (s. 8.6) und die Neutronensterne (s. 8.7) sind Beispiele für jenen Massenanteil, der nicht mehr für den Austausch zur Verfügung steht.

11.1 Orte der Sternentstehung

Die Verteilung der Sterne in unserer Galaxis, sowohl im Raum als auch hinsichtlich ihrer Geschwindigkeiten gibt Aufschluß über die Orte ihrer Entstehung. Je jünger ein Stern ist, umso weniger hat er sich vom Ort seiner Entstehung entfernt und umso besser kann man von seiner jetzigen Geschwindigkeit auf die Anfangsgeschwindigkeit schließen. Dies gilt besonders für die O- und B-Sterne, deren gesamtes Entwicklungsalter kleiner ist als die Dauer einer Rotation unserer Galaxie, und die daher – da ja auch ihre Umgebung an der galaktischen Rotation teilnimmt – noch am ungefähren Ort ihrer Entstehung gesehen werden. Was für die Verteilung der O- und B-Sterne gilt, trifft gleichermaßen auch auf die H II-Gebiete zu. Auch sie geben Aufschluß über die Bereiche, in denen vor kurzem Sterne entstanden sind und in denen möglicherweise noch gegenwärtig Sterne entstehen.

Aus der Abbildung erkennt man, daß diese sehr jungen Sterne auch mit den Bereichen hoher Dichte der interstellaren Materie (siehe etwa 21-cm-Beobachtungen, 10.2.1) zusammenfallen. Auch in kleineren Bezirken ist das Zusammengehen von interstellarem Gas und jungen Sternen offensichtlich. Die O- und B-Sterne bilden lockere Gruppen (OB-Assoziationen), vorwiegend am Rande von großen interstellaren Gaswolken, die dann als H II-Gebiete in Erscheinung treten. Diese Assoziationen expandieren, sie sind also anders als offene Sternhaufen nicht durch ihr eigenes Gravitationsfeld gebunden. Einige Sterne mit besonders hohen Geschwindigkeiten haben sich zwar weit entfernt, doch kann ihre Zugehörigkeit zur Assoziation durch Zurückrechnen ihrer Raumbewegung festgestellt werden (run away stars; s. 9.4.4).

Der Zusammenhang zwischen interstellarer Materie und Sternentstehung wird auch durch die räumliche Verteilung der T-Tauri-Variablen (s. 12.2.1) belegt. Sie kommen ebenfalls nur in Assoziationen vor und nur in großen Dunkelwolkenkomplexen. So steht also der Prototyp T Tauri im großen Tauruskomplex. Auch die T-Tauri-Sterne müssen als sehr junge Objekte angesehen werden.

Der hier in einzelnen Sterntypen aufgezeigte Zusammenhang gilt generell. Junge Sterne kommen nur in der Sternpopulation I (s. 7.6) vor, und nur für diese Population ist ihre räumliche Verteilung nahezu identisch mit jener der interstellaren Materie. Auch ihr kinematisches Verhalten entspricht völlig dem des interstellaren Mediums. Beide Komponenten unserer Galaxie nehmen im Gegensatz zur alten Population II an der galaktischen Rotation teil.

Eine weitere Bestätigung des Zusammenhangs zwischen jungen Sternen und interstellarem Medium liefert die Untersuchung anderer Galaxien. Solche mit hohem Gehalt an interstellarer Materie (Sc-Spiralen, irreguläre Galaxien vom Typ I) haben viele heiße Sterne und damit einen niedrigen Farbindex sowie ein niedriges Masse-Leuchtkraft-Verhältnis. Im Gegensatz hierzu stehen etwa die E-Galaxien, praktisch ohne Gas mit einer alten Sternpopulation.

11.2 Sternmassen

Die Zustandsgrößen der Sterne (wie Masse, Radius, Schwerebeschleunigung, effektive Temperatur oder schließlich chemische Zusammensetzung) ändern sich im Laufe ihrer Entwicklung. Für einige dieser Größen gibt es jedoch Erhaltungssätze, die streng gelten würden, falls der Stern nicht in Wechselwirkung mit seiner Umgebung stünde. Für einen realen Stern, der Energie abgibt und im Masse- und Drehimpulsaustausch mit der Umgebung steht, werden die Erhaltungssätze nur in gewisser Näherung erfüllt. Zu den annähernd konstanten Größen gehören die Sternmassen und (mit stärkeren Einschränkungen) auch der Drehimpuls.

Man darf also erwarten, daß die gegenwärtige Masseverteilung der Sterne, also die Funktion, welche angibt, mit welcher Häufigkeit Sternmassen etwa im Intervall $\mathfrak{M} \ldots \mathfrak{M} + d\mathfrak{M}$ vorkommen, mit der Massenverteilungsfunktion $\Psi(\mathfrak{M})$ bei der Sternbildung zusammenhängt. Da die Verteilung der Sternmassen bei ihrer Entstehung durch eine Theorie der Sternentstehung zumindest verständlich gemacht werden sollte, müssen wir der Frage, wie die gegenwärtige Massenverteilung mit der Funktion $\Psi(\mathfrak{M})$ zusammenhängt, Aufmerksamkeit schenken.

$\Psi(\mathfrak{M})$ ist auf jeden Fall nicht der direkten Beobachtung zugänglich, sondern muß indirekt aus der gegenwärtigen Leuchtkraftfunktion $\Phi(M_v)$ erschlossen werden. Diese Leuchtkraftfunktion gibt für die Sonnenumgebung die Anzahl der Sterne pro pc^3 in einem Intervall $M_v \ldots M_v + dM_v$ ihrer absoluten Helligkeit an. Zu ihr tragen daher alle Sterne bei, die sich irgendwann seit ihrer Entstehung unseres Milchstraßensystems gebildet haben, wenn sie nur beobachtbar sind, in dem definierten Volumen und in dem betrachteten Helligkeitsintervall liegen.

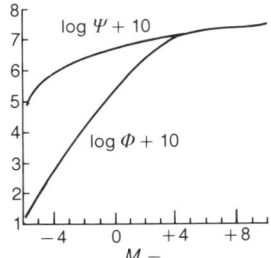

Die in der Umgebung der Sonne gemessene Leuchtkraftverteilung Φ (Anzahl der Hauptsequenzsterne pro pc^3 und Helligkeitsintervall $\Delta M_v = 0,5$) und die Leuchtkraftverteilung Ψ bei der Bildung der Sterne

Will man von $\Phi(M_v)$ auf die Leuchtkraftverteilung $\Psi(M_v)$ bei der Bildung der Sterne schließen, so muß man bedenken, daß die Sterne eine von ihrer absoluten Helligkeit M_v abhängige Entwicklungszeit $t_e(M_v)$ haben, welche mit ihrer Verweildauer auf der Hauptsequenz (s. Sternentwicklung, 9.4.1) praktisch identisch ist. Für Sterne niedriger Leuchtkraft ($M_v \geq 4$) ist die Entwicklungszeit größer als das Alter der Galaxie t_0 von etwa 10^{10} Jahren. Alle derartigen Sterne, die sich irgendwann seit der Entstehung der Galaxie gebildet haben, werden also zu $\Phi(M_v)$ beitragen. Dagegen haben leuchtkräftige Sterne mit $M_v \leq 4$ Entwicklungszeiten $t_e(M_v)$, die kleiner als t_0 sind, so daß man zum gegenwärtigen Zeitpunkt von den hellen Sternen nur noch diejenigen wird beobachten können, für die der Zeitpunkt ihrer Entstehung höchstens um $t_e(M_v)$ zurückliegt. Unter der Voraussetzung, daß eine konstante Rate der Sternentstehung in unserer Galaxie angenommen werden darf, und daß $\Psi(M_v)$ unabhängig ist von der Entwicklung der Galaxie, muß also gelten:

für $M_v \geq 4$ ist $\Phi(M_v)$ proportional zu $\Psi(M_v)$;

für $M_v \leq 4$ ist $\Phi(M_v)$ proportional zu $\Psi(M_v) \cdot \dfrac{t_e(M_v)}{t_0}$.

Durch diese Umrechnung wird für $M_v \leq 4$ der steile Abfall der Leuchtkraftfunktion $\Phi(M_v)$ weitgehend aufgehoben, so daß $\Psi(M_v)$ damit über einen großen Bereich von Sternhelligkeiten durch einen relativ glatten Kurvenzug dargestellt werden kann. Einen derartigen glatten Verlauf hat man im übrigen für die Leuchtkraftfunktionen von jungen Sternhaufen, die praktisch noch keine Entwicklungseffekte zeigen, auch direkt aus den Beobachtungen abgeleitet.

Für die Umrechnung von $\Psi(M_v)$ in die zugehörige Massenverteilungsfunktion $\Psi(\mathfrak{M})$ kann jetzt die Masse-Leuchtkraft-Relation (s. 7.7.2) herangezogen werden. Man findet auf diese Weise, daß über einen Massenbereich von etwa 0,1 $\mathfrak{M}_\odot$ bis 100 $\mathfrak{M}_\odot$

$$\Psi(\mathfrak{M}) \sim \mathfrak{M}^{-2,35}$$

ist.

Man hat versucht, Massenverteilungsfunktionen für Dunkelwolken wie auch für Sternaggregate (Assoziation, offene Haufen) abzuleiten. Auch sie lassen sich durch derartige Potenzgesetze, und zwar mit dem Exponenten $-2,16$ für Dunkelwolken und $-2,2$ für Aggregate, befriedigend darstellen.

Die genäherte Übereinstimmung der Exponenten legt die Vorstellung nahe, daß ein im wesentlichen ähnlicher Prozeß die Massenverteilung von so unterschiedlichen Objekten wie Einzelsterne, Sternassoziationen und Dunkelwolken gesteuert hat. Damit könnte das Massenspektrum der Einzelsterne schon in einer sehr frühen Phase der Sternentstehung vorgezeichnet worden sein.

11.3 Mehrfachsysteme

Genau so wie die Massen der Sterne wird auch ihre Zugehörigkeit zu einem Doppel- oder Mehrfachsystem direkt mit dem Vorgang ihrer Entstehung zusammenhängen. Die Bildung von Doppel- oder Mehrfachsystemen durch Einfang (der immer einen dritten Partner voraussetzt, welcher dafür sorgt, daß die Bedingungen des Energie- und Impulssatzes erfüllt werden können) ist nämlich nur bei sehr hohen Sterndichten von nennenswerter Wahrscheinlichkeit.

Die Statistik der Doppel- und Mehrfachsysteme – die noch mit erheblichen Unsicherheiten behaftet ist – zeigt, daß nur etwa 20% aller Sterne Einzelsterne, daß dagegen 50% aller Sterne Mitglied eines Doppelsternsystems sind. Weitere 20% gehören Dreifachsystemen an und immerhin sind rund 10% Mitglieder noch höherer Mehrfachsysteme. Diese Zahlen – die leider nur einen Anhalt geben können – besagen, daß bei der Sternentstehung die Bildung von Doppel- und Mehrfachsystemen fast die Regel ist. Es ist zu vermuten, daß so die Bedingungen der Erhaltung des Drehimpulses am einfachsten erfüllt werden kann. Im übrigen dürfen Sternassoziationen oder offene Sternhaufen hinsichtlich ihrer Entstehung nicht einfach als sehr sternreiche Mehrfachsysteme angesehen werden. So machen Gesetzmäßigkeiten im Aufbau der Mehrfachsysteme, für die es bei Sternhaufen kein Analogon gibt, deutlich, daß Sternhaufen und Mehrfachsysteme hinsichtlich ihrer Entstehung verschiedene Objekte sind, die sich nicht nur durch die Zahl der zugehörigen Sterne unterscheiden.

11.4 Drehimpulse

Der Drehimpuls ist neben der Masse eine weitere wichtige Größe, für die ein Erhaltungssatz gilt. Er ist also für Sterne konstant, solange sie von der Umgebung wirklich isoliert sind, auf sie also keinen Drehimpuls übertragen. Tatsächlich wird bei vielen Sternen diese Bedingung nicht erfüllt. Sie verlieren Masse. Mit jedem Materietransport nach außen ist aber auch ein Drehimpulsverlust verbunden, der besonders dann sehr hoch sein kann, wenn durch Magnetfelder die nach außen strömende Materie noch über viele Sternradien hinweg an den rotierenden Sternen gekoppelt bleibt. Sterne mit ausgepägten Konvektionszonen haben einen relativ großen Anteil der mechanischen Energie (Schall- und Stoßwellen) am Energietransport und folgedessen Koronen und ausgeprägte stellare Winde. Damit sollte bei ihnen auch der Drehimpulsverlust besonders ausgeprägt sein. So ist zu erwarten, daß der Drehimpulsverlust einerseits in der Hayashi-Phase (s. 9.3) für alle Sterne sehr groß ist, und daß andererseits alle Sterne später als F5, die auf der Hauptsequenz eine Wasserstoffkonvektionszone haben, über ihre gesamte Entwicklungszeit hinweg einen merkbaren Drehimpulsverlust haben. Dies ist an den aus der Beobachtung abgeleiteten Rotationsgeschwindigkeiten zu erkennen. Während frühe Sterne durchweg rasch rotieren, in einigen Fällen bis an die Stabilitätsgrenze heran, ist ab Mitte der F-Sterne die Rotationsgeschwindigkeit niedrig.

11.5 Gravitationsinstabilität und thermische Instabilität

Eine befriedigende Theorie der Sternentstehung gibt es nicht, dafür sind die Gleichungen, die das Verhalten der Materie im interstellaren Raum beschreiben, zu kompliziert, und dafür sind vor allem die äußeren Einflüsse (Anfangs- und Randbedingungen) zu vielgestaltig. Möglich sind jedoch relativ einfache Abschätzungen der Bedingungen, unter denen Sternentstehung möglich ist.

Es gibt zwei Prozesse, welche den Kollaps einer ausgedehnten interstellaren Wolke bewirken, und damit die Sternentstehung auslösen könnten:

a) Kollaps aufgrund der Eigengravitation der Wolke (Gravitationsinstabilität)

b) Kollaps aufgrund einer thermischen Instabilität, d. h. einer hinreichenden Erniedrigung der Temperatur im Falle einer Kompression des Mediums.

Die Gravitationsinstabilität wurde zuerst 1926 von Jeans erörtert. Er betrachtete die Möglichkeit des Gleichgewichtes zwischen Druck- und Gravitationskräften. Hierbei unterwirft er eine Ausgangsverteilung der Materie, die gerade im Kräftegleichgewicht sein soll, einer kleinen Dichtestörung und fragt nach der durch diese Störung verursachten Änderung der Druck- und Gravitationskräfte. Überwiegen die Druckkräfte, so wird ein Ausgleichsvorgang, eventuell eine gedämpfte Schwingung, eingeleitet. Die Störung wird auf jeden Fall abgebaut. Ein Überwiegen der Gravitationskräfte würde dagegen zum weiteren Anwachsen der Störung führen, die Konfiguration wäre damit instabil. Man kann zeigen, daß die Druckkräfte mit $1/L$ gehen, wenn L die Ausdehnung des gestörten Gebietes ist, während die Gravitationskräfte proportional zu L selber sind. Es ist also eine kritische Länge zu erwarten, welche den Bereich abklingender Störungen (kleine L) und den Bereich anwachsender Störungen (große L) voneinander trennt. Rechnungen, allerdings unter der Annahme einer extrem schematisierten Ausgangsverteilung, zeigen, daß es eine zur kritischen Länge zugehörige kritische Masse gibt, welche durch

$$\mathfrak{M}_c = 100 \cdot \mathfrak{M}_\odot \cdot \sqrt{T^3/n}$$

gegeben ist. Hierbei ist T die Temperatur [K] und n die Teilchendichte [cm^{-3}] des interstellaren Gases. Massen oberhalb $\mathfrak{M}_c$ sind gravitationsinstabil.

Setzen wir für T die üblicherweise im interstellaren Medium angenommene Temperatur von 100 K ein, so erhalten wir folgende Zahlenwerte:

n	=	1	10^2	10^4	10^6	[cm^{-3}]
$\mathfrak{M}$	=	10^5	10^4	10^3	10^2	[$\mathfrak{M}_\odot$]
L_c	=	100	10	1	0,1	[pc]
t_{eff}	=	$5 \cdot 10^7$	$5 \cdot 10^6$	$5 \cdot 10^5$	$5 \cdot 10^4$	[Jahre]

Es werden also nur große Wolken bzw. ganze Wolkenkomplexe gravitationsinstabil sein. Erst bei extremen Dichten würde die Masse eines einzelnen Sternes unter dem Einfluß der Eigengravitation kontrahieren.

Die Stabilität gegenüber Gravitationskollaps wird noch dadurch erhöht, daß hydrodynamische Strömungen (Turbulenz) genähert wie eine Erhöhung der Temperatur wirken.

Auch wird durch die Rotation der Wolke aufgrund der allgemeinen galaktischen Rotation eine zusätzliche Bedingung gesetzt. Diese Bedingung besagt, daß unabhängig von der Temperatur ein Gravitationskollaps nur dann möglich ist, wenn die Dichte größer ist als etwa 3 Atome pro Kubikzentimeter.

Neben der Gravitationsinstabilität tritt die thermische Instabilität. Sie ist eine lokale Bedingung, d. h. durch sie wird keine kritische Länge ins Spiel gebracht.

Die Bedingungen der gravitativen und der thermischen Stabilität lassen sich zu einem einzigen Kriterium zusammenfügen. Die sich dabei ergebenden kritischen Massen werden zwar etwas kleiner als die in der obigen Tabelle angegebenen Werte, liegen aber immer noch weit über dem Bereich der Sternmassen.

Der zeitliche Ablauf der Gravitationskontraktion kann durch die Stabilitätsuntersuchung nicht ermittelt werden, doch kann man die Kollapszeit abschätzen, wenn man die Druckkräfte völlig vernachlässigt, also einen freien Fall der Materie annimmt. Man erhält dann als Zeitdauer

$$t_{eff} = 5 \cdot 10^7/\sqrt{n} \quad \text{[Jahre]}.$$

Die sich für verschiedene Dichten ergebenden Zeiten sind in die obige Tabelle mit eingetragen.

Diese Überlegungen machen deutlich, daß Gravitationsinstabilität durchaus vorkommen kann. Sie spielt aber nur dann eine Rolle, wenn es sich um Massen von der Größenordnung eines Sternhaufens handelt. Deren Existenz findet damit eine Erklärung. Für die Entstehung der Sterne selber fehlt noch ein wichtiger Schritt. Die kollabierende Wolke muß in Einzelsterne zerfallen, sie muß, wie man sagt, fragmentieren.

11.6 Fragmentation

Die Fragmentation selber ist ein weitgehend unverstandener Prozeß. Eine physikalische Theorie, die etwa die Massenverteilungsfunktion (s. 11.2) oder die Doppelsternstatistik (s. 12.1.7) deuten würde, gibt es nicht. Dennoch, man glaubt zu verstehen, warum Fragmentation überhaupt möglich ist. Man geht davon aus, daß der Kollaps einer Wolke, die gravitationsinstabil geworden ist, sich zunächst mit nahezu konstanter Temperatur vollzieht. Dieses Gleichgewicht der Temperatur liegt daran, daß die freiwerdende Gravitationsenergie aus dem gesamten Volumen abgestrahlt werden kann, da die Wolke im relevanten infraroten Spektralbereich optisch dünn, also durchsichtig ist. Nimmt nun bei konstanter Temperatur die Dichte zu, so werden nach dem Jeans'schen Kriterium immer kleinere Massen instabil, so daß schließlich Teilbereiche der Wolke für sich kollabieren können. Es kann also eine Teilung eintreten, oder, wie man sagt, eine Fragmentation, wenn zusätzlich noch die Bedingung erfüllt wird, daß sich die Kontraktion der Teilbereiche rascher vollzieht als die des Gesamtsystems. Die Kette der Fragmentationen findet ihr Ende dadurch, daß bei höheren Dichten die Fragmente optisch dick werden, und damit die Abstrahlung stark herabgesetzt wird. Die Temperatur steigt infolgedessen an und die weitere Teilung ist blockiert. Abschätzungen haben ergeben, daß diese Grenze im Bereich der beobachteten Sternmassen liegt.

Damit ist ein Stadium erreicht, in dem einzelne Fragmente mit Massen im Bereich der Sternmassen unter dem Einfluß der Gravitation weiter kontrahieren, um später als Stern in Erscheinung zu treten. Auch dieser Weg durch die Protosternphase ist noch lange nicht im Detail verstanden, wenn es auch gelungen ist, in aufwendigen numerischen Rechnungen gewisse Züge der Entwicklung theoretisch zu verfolgen.

11.7 Protosterne

Protosterne sind also Objekte, die sich ohne weitere Fragmentationen zum Stern hin entwickeln. Sie können, selbst wenn sie noch Masse und/oder Drehimpuls verlieren sollten, in erster Näherung als ein isoliertes System behandelt werden. Damit ist es möglich, unter Annahme einer Anfangskonfiguration und von Randbedingungen ihre Entwicklung rechnerisch zu verfolgen. Die numerischen Schwierigkeiten machen jedoch eine Beschränkung auf relativ einfache Konfigurationen erforderlich. Das Problem liegt aber in der richtigen Vorgabe und Rechtfertigung der Anfangs- und Randbedingungen.

Die ursprüngliche Vorstellung, nach der Protosterne Gaskugeln seien, in denen die bei der Kontraktion freiwerdende Gravitationsenergie durch Strahlungstransport an die Oberfläche transportiert und dann abgestrahlt wird, mußte vor langem aufgegeben werden. 1961 konnte Hayashi zeigen, daß in der Kontraktionsphase die Energie durch Konvektion transportiert wird, und daß der Protostern sich dabei im Hertzsprung-Russell-Diagramm (s. 9.3.3) senkrecht von oben nach unten bewegt. Die Leuchtkraft nimmt entsprechend der Verkleinerung der Oberfläche ab, die effektive Temperatur und damit der Spektraltyp bleiben annähernd konstant.

Rechts von dieser Hayashilinie, die einer Effektivtemperatur von 3000...4000 K entspricht, wäre der Stern instabil, d. h. er würde mit einer sehr kurzen dynamischen Zeitskala kollabieren und wegen der dabei stattfindenden Temperaturzunahme die Hayashilinie wieder nach links überschreiten.

Erst in der letzten Phase der Kontraktion wird der Strahlungstransport wichtiger als die Konvektion. Die Entwicklungsbahn knickt dann von der Hayashilinie nach links, d. h. zu höheren Temperaturen hin ab, bis sie schließlich nahezu horizontal in die Hauptsequenz einmündet.

Dieses Bild der Protosternentwicklung ist durch die oben erwähnten numerischen Rechnungen nochmals verändert worden. In ihnen zeigt sich nämlich, daß die Entwicklung nicht durch eine Folge von Gleichgewichtszuständen führt, sondern daß sich sehr rasch (Zeitdauer etwa die des freien Falls) in der ursprünglich als homogen angenommenen Wolke von molekularem Wasserstoff eine zentrale Verdichtung ausbildet. Sie wird durch eine Stoßfront (eine Fläche, an der sich Druck und Geschwindigkeit diskontinuierlich ändern) gegenüber dem einfallenden umgebenden Medium abgegrenzt. In dieser zentralen Verdichtung, die nur einen sehr geringen Bruchteil der Gesamtwolke ausmacht, ist die Temperatur zunächst noch sehr niedrig. Wird jedoch im Laufe der Entwicklung eine Temperatur von etwa 2000 K überschritten, so dissoziiert der Wasserstoff ($H_2 \rightarrow 2H$). Die hierzu benötigte Dissoziationsenergie von 4,478 eV pro H_2-Molekül wird dem Gravitationsfeld entnommen mit der Konsequenz, daß jetzt die zentrale Verdichtung noch einmal kollabiert.

Immer noch ist der weitaus größte Teil der Materie in den dünnen äußeren Bezirken der Wolke. Sie fällt auf den zentralen Kern, ein Vorgang, der über einige Millionen Jahre andauert. Beim Aufprall wird kinetische Energie in Wärme umgesetzt. Sie liefert den Hauptbeitrag zur Leuchtkraft des Protosterns. Der Kern selber beschreibt dabei im Laufe seiner Entwicklung eine komplizierte Bahn im Hertzsprung-Russell-Diagramm. Er ist allerdings nicht direkt beobachtbar, da das ganze Geschehen durch den dichten Staub der einfallenden Hülle verdeckt ist. Die Staubhüllen werden dabei erhitzt und damit ihrerseits als IR-Quellen geringer Ausdehnung, wie z. B. das sogenannte Becklin-Neugebauer-Objekt im Orionnebel (s. 8.9) beobachtbar sein.

Der Satz von der Erhaltung des Drehimpulses ist bei der Berechnung der Protosternentwicklung von erheblicher Bedeutung. Häufig wird angenommen, daß die Wolke und infolgedessen auch der Protostern überhaupt nicht rotiere. Dann ist das Strömungsbild radialsymmetrisch, also besonders einfach. Andererseits ist unmittelbar klar, daß verschwindender Drehimpuls nur ein singulärer Fall sein kann. Rotierende Sterne oder auch solche Konfigurationen wie unser Planetensystem setzen einen endlichen Drehimpuls voraus.

Die Schwierigkeit liegt darin begründet, daß eine ursprünglich langsam rotierende Wolke bei der Kontraktion ihr Trägheitsmoment verkleinert. Da der Drehimpuls, das Produkt aus Trägheitsmoment und Winkelgeschwindigkeit, aber konstant bleibt, muß die Rotationsgeschwindigkeit zunehmen. Das Verhältnis von Zentrifugalkraft (am Äquator) zur Schwerkraft wächst an, bis schließlich wegen der Gleichheit beider Kräfte keine weitere Kontraktion in Richtung auf die Drehachse mehr möglich ist. Da die Zentrifugalkraft aber nicht parallel zur Drehachse wirkt, kann die Wolke in dieser Richtung ungehindert kollabieren. Das Resultat ist ein stark abgeplattetes System, eine Scheibe, analog zur Form unseres galaktischen Systems. Unter gewissen Voraussetzungen scheint dabei die Bildung ringförmiger Verdichtungen möglich.

Über die weitere Entwicklung einer derartigen instabilen Konfiguration weiß man sehr wenig. Bildet sich aus dem Ring ein einzelner relativ massiver Körper, so ist ein Doppelstern entstanden. Anscheinend gibt es aber auch die Möglichkeit, daß aus einer derartigen Scheibe ein System hervorgeht, das uns wenigstens in einem Exemplar gut bekannt ist, nämlich ein Planetensystem.

11.8 Die Entstehung (Kosmologie) des Planetensystems

Über Jahrtausende hinweg waren der Ursprung der Planeten und unserer Erde Fragen, auf die nur Mythen eine Antwort zu geben versuchten. Erst mit dem Beginn der Neuzeit wurden sie als ein wissenschaftliches Problem aufgefaßt. Descartes entwickelte 1644 seine Welttheorie, Kant (1755) und Laplace (1796) suchten Antworten auf der Basis der von Newton begründeten Mechanik. Heute ist offenkundig, daß die Entstehung des Planetensystems nicht nur ein Problem der Mechanik ist, sondern daß hierbei auch Fragen auftauchen, zu deren Beantwortung die verschiedensten naturwissenschaftlichen Disziplinen beitragen.

Versucht man die wichtigsten empirischen Daten zusammenzufassen, so stößt man a) auf einen Komplex von Informationen, deren kosmogonische Deutung in erster Linie physikochemische Methoden und Argumente erforderte, während b) die Analyse eines anderen Komplexes weitgehend in die Zuständigkeit der klassischen Mechanik fällt.

Zu a) gehört die wichtige Tatsache, daß es zwei Gruppen von Planeten gibt:

1. erdähnliche Planeten (Merkur, Venus, Erde, Mars), mit typischen Massen von $2 \cdot 10^{-6} \, \mathfrak{M}_\odot$ und typischen mittleren Dichten von 4 bis 5,5 g cm^{-3}. Sie bestehen bevorzugt aus schweren Elementen bzw. deren Verbindungen, so z. B. Fe, MgO, SiO$_2$, ...

2. jupiterähnliche Planeten (Jupiter, Saturn, Uranus, Neptun) mit typischen Massen von $5 \cdot 10^{-5} \, \mathfrak{M}_\odot$ bis $10^{-3} \, \mathfrak{M}_\odot$ und typischen Dichten zwischen 1 und 2 g cm^{-3}. Sie bestehen vorzugsweise aus leichten Elementen (bzw. deren Verbindungen) wie H, H$_2$, He, H$_2$O, CH$_4$, NH$_3$. (Zunehmender Anteil der letzteren Verbindungen bei Uranus und Neptun).

Zu b) gehören etwa folgende Informationen:

Die Bahnen der Planeten sind nahezu koplanar und kreisförmig.

Im wesentlichen sind Bahnumlauf, Rotation der Planeten und Umlauf der Satelliten gleichsinnig.

Die Gesamtausdehnung des Systems beträgt: 10^{13} m.

Es verhält sich die Sonnenmasse zur Summe aller Planetenmassen wie 1 zu 0,0013, dagegen ist das Verhältnis Drehimpuls aufgrund der Sonnenrotation zu Bahndrehimpuls aller Planeten wie 1 zu 50.

Die Masse eines typischen großen Planeten verhält sich zur Masse seiner Satelliten wie 1 zu 0,0001, dagegen ist das Verhältnis des Drehimpulses der Rotation eines großen Planeten zum Bahndrehimpuls seiner Satelliten etwa 1 zu 0,01.

Nachdem Versuche, die Entstehung des Planetensystems durch einen Vorgang unabhängig von der Bildung der Sonne zu erklären, erfolglos geblieben sind, neigt man heute dazu, die Bildung der Sonne und die des Planetensystems in engem Zusammenhang zu sehen. Diesen Vorstellungen, die im einzelnen unterschiedlich sein mögen, liegt etwa folgendes Schema zugrunde.

In der Protosternphase ist die Sonne von einer flachen Materiescheibe, vorwiegend Gas, umgeben, die mit der Sonne rotiert. Es gibt in dieser Scheibe Magnetfelder von hinreichender

Stärke, die einen Drehimpulstransport von der zentralen Verdichtung weg auf die äußeren Teile der Scheibe bewirken. Radiale Komponenten der Bewegung werden durch Impulsaustausch gedämpft. Denkt man sich die Materie in dieser Scheibe und in diesem Bewegungszustand in einzelnen Planeten kondensiert, so ergeben sich in natürlicher Weise bereits wesentliche Züge unseres Systems: Bahnen, die nahezu kreisförmig und koplanar sind, und die alle im gleichen Umlauf durchlaufen werden. Auch der Rotationssinn der Planeten und der Umlaufsinn der Satelliten kann erklärt werden.

In ihren Annahmen über die Gesamtmasse in der Scheibe unterscheiden sich die verschiedenen Ansätze. Auf jeden Fall muß ein erheblicher Massenverlust, zumindest aus dem inneren Teil der Scheibe, stattgefunden haben. Nur so wird verständlich, daß auf der Erde (und den erdähnlichen Planeten) das Verhältnis der schweren Elemente untereinander mit dem Häufigkeitsverhältnis der Population I-Sterne (s. 13.4) zusammenfällt, daß aber im Vergleich zu den Sternen die leichten, und damit auch die leicht flüchtigen Elemente, vor allem Wasserstoff und Helium, stark abgereichert sind. Für die großen Planeten, die weiter von der Sonne entfernt sind, ist dieser Verlust leichter Elemente unbedeutend (Jupiter, Saturn) oder zumindest gering (Uranus, Neptun).

Es ist naheliegend, diese Unterschiede als einen Temperatureffekt zu deuten. Man hat daher das chemische Gleichgewicht bzw. das Kondensationsgleichgewicht, das sich in einer Elementmischung entsprechend den Population I-Häufigkeiten einstellt, unter den Bedingungen untersucht, die in der Scheibe angenommen werden können, und folgende Daten erhalten:

Temperatur	charakteristische Reaktion
1 600 K	Bildung von Oxiden wie CaO, Al_2O_3
1 300 K	Kondensation von Fe, Ni
1 200 ... 490 K	Bildung von FeO, $Fe_2SiO_4 + Mg_2SiO_4$ (Olivin)
600 ... 400 K	Bildung von hydrierten Mineralien
200 ... 100 K	Kondensation von H_2O
20 K	Kondensation von H_2
1 K	Kondensation von He

Aufgrund unserer allerdings noch sehr unsicheren Kenntnisse vom inneren Aufbau der erdähnlichen Planeten, können ihnen folgende für die Entstehung charakteristische Temperaturen zugeordnet werden.

Merkur	Venus	Erde	Mars	Uranusmonde (Io + Titan)
1000 ... 1500 K	800 ... 1000 K	600 K	500 K	250 ... 50 K

Auch wenn man diese Temperaturen als noch unsicher ansieht, kann man aus ihrer Größenordnung schließen, daß die

Planeten nicht durch direkte Kondensation aus der Gasphase entstanden sein können. Die Temperaturen waren hierfür zu hoch, die Ausgangsdichten zu gering. Statt dessen muß man annehmen, daß die Kondensation auf folgendem Weg erfolgt: atomares Gas → Bildung von Molekülen → Nukleation, d. h. Bildung von größeren Atomaggregaten, Vorstufen des Staubes → Staubteilchen → größere Partikel → Planetesimals, d. h. Vorstufen der Planeten → Planeten.

Damit wird die Kondensation nicht ausschließlich auf die Gravitation zurückgeführt, sondern zunächst auf die zwischenatomaren Kräfte, die bei Stößen von Atomen, Molekülen und Staubteilchen das Aneinanderhaften bewirken. Da die Reichweite dieser Kräfte gering ist, sind die Wirkungsquerschnitte, die zusammen mit der Teilchendichte für die Wachstumsrate verantwortlich sind, praktisch gleich den geometrischen Querschnitten. Erst gegen Ende der genannten Sequenz wird der Einfluß der Gravitationskräfte merkbar, sie vergrößern die Wirkungsquerschnitte, bis die Schwerkraft schließlich das Geschehen beherrscht.

Ob, und in wie weit die leichten Elemente an diesem Prozeß beteiligt sind, hängt von vielen Faktoren ab. Die Temperatur spielt dabei auf jeden Fall eine wichtige Rolle.

Möglicherweise können sowohl die Meteorite, die Kometen und vielleicht auch die Kleinen Planeten als Relikte dieses Kondensationsprozesses angesehen werden. Es müßte dann angenommen werden, daß, etwa wegen einer raschen Abnahme der Teilchendichte, die Entwicklung nicht das Ende der obigen Sequenz erreichen konnte. Man muß allerdings bemerken, daß es auch den gegenläufigen Prozeß, der Zertrümmerung bei Zusammenstößen, gibt. Gegenwärtig scheint in unserem Planetensystem dieser zweite Prozeß der wichtigere zu sein.

Bildung von Satelliten-Systemen

Auch die Bildung von Satellitensystemen findet ihren Platz in dem hier skizzierten Rahmen. Es hat dabei allerdings kein effektiver Drehimpulstransport mehr stattgefunden, vermutlich weil in dieser späten Phase die Entwicklung zu rasch abgelaufen ist, bzw. weil eine effektive Kopplung mit dem Zentralkörper (hier also mit dem Planeten) gasförmige Materie voraussetzt. Die Ringsysteme (Saturn, Uranus) müssen wiederum als Relikte der Satellitenbildung angesehen werden. Hier hat möglicherweise die Gezeitenwirkung des Zentralkörpers die endgültige Kondensation verhindert.

Gemessen am Alter des Planetensystems von $4{,}5 \cdot 10^9$ Jahren sind alle geschilderten Prozesse rasch abgelaufen. Das setzt zu jener Zeit eine hohe Dichte der Materie in der Scheibe voraus. Seither ist das Planetensystem im wesentlichen unverändert geblieben.

Für die Erde selber allerdings hat es noch zwei wichtige Veränderungen gegeben: Durch Gezeitenreibung wurde ein wesentlicher Teil des Drehimpulses der Erdrotation auf den Bahndrehimpuls des Mondes übertragen. Der Mond hat sich dadurch von der Erde entfernt und die Dauer des Tages ist von einem Anfangswert, der möglicherweise sogar unter 10 Stunden gelegen hat, auf die heutigen 24 Stunden angewachsen. Zum anderen ist die ursprünglich reduzierende Erdatmosphäre durch die Entstehung des Lebens und die damit verbundene Photosynthese in eine oxidierende Atmosphäre übergegangen.

12 Doppelsterne, Assoziationen, Sternhaufen

12.1 Doppelsterne, optische und physische Systeme

Jedem, der sich etwas unter den Sternen auskennt, ist der mittlere Deichselstern Mizar im Großen Wagen oder richtiger im Großen Bären mit dem Reiterlein Alkor bekannt. Der Abstand beider Sterne beträgt 11 Bogenminuten. – Man kann sich dieses nahe Beieinanderstehen als rein optischen Effekt erklären. Zwei räumlich weit auseinanderstehende Sterne, die zufällig in gleicher Visionsrichtung stehen, projizieren sich auf die Sphäre. – Durchmustert man die hellen Sterne des Himmels, so bemerkt man eine große Zahl solcher eng beieinanderstehender Paare. Überlegungen und Abschätzungen mit Hilfe der Wahrscheinlichkeitsrechnung zeigen aber, daß solches Zusammenstehen zweier Sterne weit häufiger als zufällig ist. Man kann aus diesen Wahrscheinlichkeitsrechnungen für bestimmte scheinbare Helligkeiten Grenzen der Distanz angeben, innerhalb deren ein zufälliges Zusammenstehen von Sternen unwahrscheinlich ist.

Sternpaare, die sich rein zufällig nebeneinander an die Sphäre projizieren, nennt man ein optisches Paar oder auch optische Doppelsterne. Bei den anderen, nicht zufälligen Paaren, liegt ein physikalischer Grund für ihr Beieinanderstehen vor, sie heißen deshalb physische Doppelsterne.

Trennungsvermögen für gebräuchliche Objektivdurchmesser

D (Objektivdurchmesser)		ϱ'' (Trennungsvermögen)
1 Zoll =	2,54 cm	4''7
1,5 Zoll =	3,8 cm	3''1
2 Zoll =	5,1 cm	2''3
2,5 Zoll =	6,3 cm	1''8
3 Zoll =	7,6 cm	1''6
4 Zoll =	10,0 cm	1''2
5 Zoll =	12,7 cm	0''9
6 Zoll =	15,2 cm	0''8
200 Zoll =	500 cm	0''023

Sollen zwei eng benachbarte Sterne gerade getrennt gesehen werden, so muß der Lichtschwerpunkt des einen Sternes wenigstens in den ersten Dunkelring der Beugungsfigur des anderen Sternes fallen. Aus dieser Bedingung läßt sich die sogenannte Dawes-Formel herleiten, die das theoretische Trennungsvermögen ϱ'' (Distanz der Komponenten in Bogensekunden) in Abhängigkeit vom Objektivdurchmesser D beschreibt:

$$\varrho'' = \frac{11''7}{D} \quad [\text{D in cm}].$$

Statistisches Unterscheidungsmerkmal zwischen physischen und optischen Doppelsternsystemen

Helligkeit	Distanz
10^m0	$6''$
9^m0	$10''$
8^m0	$16''$
7^m0	$25''$
6^m0	$40''$
5^m0	$63''$
4^m0	$100''$
3^m0	$160''$
2^m0	$250''$
1^m0	$400''$

Die Formel darf nur als Näherung betrachtet werden. Sie ist für kleine bis mittlere Fernrohre bei etwa gleicher Helligkeit der Komponenten und nicht zu schlechten Luftverhältnissen recht brauchbar. Die Tabelle gibt für einige gebräuchliche Objektivdurchmesser das Trennungsvermögen ϱ''.

Das Auge sieht zwei Gegenstände dann getrennt, wenn sie unter einem Winkelabstand von wenigstens $60''$ erscheinen. Um für ein Fernrohr mit dem Objektivdurchmesser D [cm] die theoretische Auflösung zu erreichen, muß eine Mindestvergrößerung V_{min} verwendet werden, so daß:

$$\frac{11''7}{D\,[cm]} \cdot V_{min} = 60''$$

$$V_{min} \approx 5 \cdot D\,[cm]$$

d.h., die Mindestvergrößerung beträgt etwa das 5fache des Objektivdurchmessers.

Der physikalische Grund für die Existenz von Doppelsternen ist die allgemeine Gravitation. Die Masseanziehung hält diese Systeme zusammen und zwingt die beiden Sternkomponenten um ihren gemeinsamen Schwerpunkt zu kreisen. Das Erkennen dieses Sachverhalts ist noch nicht sehr alt, die Realität physischer Doppelsternsysteme wurde erst um die Wende vom 18. zum 19. Jahrhundert erkannt. Seitdem gibt es den Wissenschaftszweig der Doppelsternforschung.

12.1.1 Visuelle Doppelsterne

Relative Positionsbestimmungen liefern im Laufe der Zeit die scheinbare Bahn des einen Sterns um den anderen. Diese Positionsbestimmungen erstrecken sich auf Messung der gegenseitigen Distanz in Bogensekunden und auf den Positionswinkel, der von Norden über Osten, Süden, Westen bis 360° gezählt wird. – Es ist verständlich, daß diese Messungen nur eine scheinbare Bahn liefern können, denn nur die Projektion der wahren Bahn auf die Sphäre wird erfaßt. Nur wenn die Bahnebene eines Doppelsternsystems senkrecht auf der Visionsrichtung steht, ist die Bahn nicht durch eine Neigung der Bahnebene verzerrt. Da meist relative Positionsbeobachtungen durchgeführt werden, also die Bewegung der lichtschwächeren Komponente gegenüber der helleren beobachtet wird, ist die tatsächliche Bewegung beider um ihren gemeinsamen Schwerpunkt nicht ohne weiteres zu ermitteln.

In konsequenter Weiterführung der Methoden der Himmelsmechanik (s. 3.2.3) sind auch für Doppelsterne entsprechende Rechenverfahren zur Bahnbestimmung entwickelt worden. Heute kennt man von ca. 650 Doppelsternen mehr oder weniger sichere Bahnelemente. Schätzungsweise wird man in den nächsten hundert Jahren von weiteren 600 Doppelsternen Bahnbestimmungen durchführen können. Aus diesen Daten ist bei Kenntnis der Parallaxe des Systems die Massensumme der beiden Komponenten ableitbar.

12.1.2 Massenbestimmung bei visuellen Doppelsternen

Werden die Positionen beider Komponenten eine längere Zeit getrennt mit dem Meridiankreis oder photographisch bestimmt, dann ist auch die Ableitung des Massenverhältnisses der Komponenten und damit ihrer Einzelmassen möglich. Dieses Verfahren liefert besonders zuverlässige Werte der Sternmassen. In der Tabelle sind die Einzelmassen der Komponenten von 39 gut bekannten visuellen Doppelsternen angegeben.

Massensumme visueller Doppelsterne

Spektraltyp	Anzahl	Massensumme in Sonnenmassen
B	1	10,65
A	15	5,21
F	12	2,56
G	34	2,42
K	11	2,15
M	2	0,64

*Beispiel für eine umstrittene Doppelsternbahn: Die Bahn des Doppelsterns Castor wurde bisher 23mal berechnet. Eine ältere und die drei letzten Bahnen sind abgebildet. Jeder Punkt stellt ein Mittel aus 20 bis 30 Messungen dar.
Es bedeutet
H = Hauptstern,
P = Periastron,
A = Apastron und
Ω = Richtung der Knotenlinie, welche die Kippachse zwischen wahrer und scheinbarer Bahn festlegt*

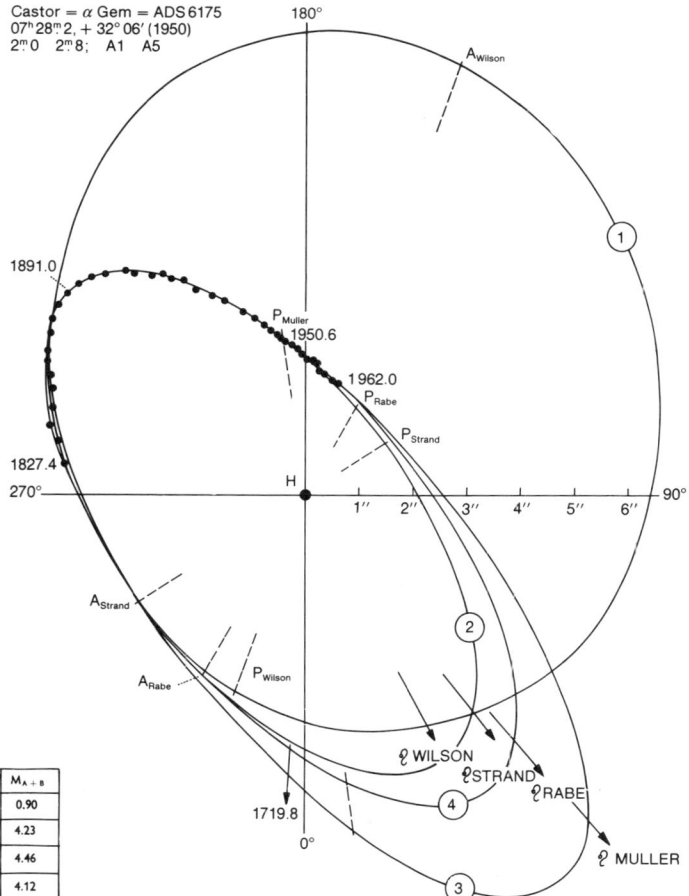

Castor = α Gem = ADS 6175
$07^h 28^m 2$, $+ 32° 06'$ (1950)
$2^m 0$ $2^m 8$;   A1   A5

RECHNER	P	a	$a^3/p^2 \times 10^3$	M_{A+B}
① WILSON 1877	982.°9	6."67	0.31	0.90
② STRAND 1940	380	5.941	1.45	4.23
③ MÜLLER 1955	511.3	7.369	1.53	4.46
④ RABE 1958	420.07	6.295	1.41	4.12

$\pi_{Trig} = 0."070$

Gibt man eine entsprechende Massensumme für ein System vor, dann kann man umgekehrt die Parallaxe des Doppelsterns abschätzen. Die so erhaltenen Entfernungen bezeichnet man als hypothetische Parallaxen (siehe auch 7.3); heute werden diese Parallaxen nicht mehr benutzt. Sehr sichere Entfernungswerte erhält man hingegen mit den dynamischen Parallaxen. Bei Kenntnis der Bahnelemente, großen Halbachse (im Winkelmaß) und der Umlaufzeit, sowie der scheinbaren Helligkeiten der beiden Komponenten des Systems kann man mit Hilfe der Masse-Leuchtkraft-Relation (s. 7.8.2) und dem 3. Keplerschen Gesetz (s. 3.2.1) die Parallaxe bestimmen. Natürlich gilt das 3. Keplersche Gesetz auch für Doppelsternbahnen; da hier aber die große Halbachse nur im Winkelmaß bekannt ist, geht in das Gesetz die unbekannte und gesuchte Parallaxe ein, ferner als weitere Unbekannte die Masse des Systems.

$$\mathfrak{M} \cdot \pi^3 = a^3/U^2$$

($\mathfrak{M}$ = Masse, π = Parallaxe, a = große Halbachse, U = Umlaufszeit)

Die bekannten scheinbaren Helligkeiten der Komponenten hängen ebenfalls über die gesuchte Parallaxe mit der absoluten Leuchtkraft zusammen und diese ist wiederum über die Masse-Leuchtkraft-Beziehung mit der Masse verknüpft. Wir gewinnen also drei Gleichungen, aus denen die drei Unbekannten (die Massen der beiden Komponenten und die Parallaxe) bestimmbar sind.

12.1.3 Kataloge und Häufigkeiten von Doppelsternen

Der Doppelsternkatalog von Aitken enthält 17 180 Systeme zwischen dem Nordpol des Himmels und −30° Deklination. Der Johannesburger Katalog von Innes gibt etwa ebensoviele für den Südhimmel. Ein 1963 erschienener Indexkatalog von Jeffers, van den Bos und Greeby faßt Nord- und Südhimmel zusammen und nennt 64 247 bis Ende 1960 bekannt gewordene visuelle Doppelsterne, wobei allerdings nur die erste und letzte Messung angegeben ist.

Bezeichnet werden Doppelsterne nach dem Entdecker und mit der von ihm veröffentlichten Katalognummer (soweit sie nicht schon Namen nach den allgemeinen Sternbezeichnungen für helle Sterne tragen, s. 6.1). Für die Entdeckernamen sind in der Literatur und vor allem im Indexkatalog Abkürzungen in Gebrauch, von denen die meist genannten hier erklärt sind. Es bedeuten:

Innerhalb des Systems werden die Komponenten mit A, B und gegebenenfalls mit C bezeichnet. Denn Doppelsterne sind nicht auf eine Duplizität, also auf zwei Komponenten, beschränkt, es kommen auch Mehrfachsysteme vor (s. 12.1.7).

Visuelle Doppelsterne kommen in allen Spektralklassen vor, jedoch besonders häufig in den mittleren A, F und G. Bis zur neunten Größe ist unter 18 Sternen ein visueller Doppelstern;

Die gebräuchlichen Abkürzungen der Entdeckernamen in Doppelstern-Katalogen

A	= Aitken	J	= Jonckheere
B	= van den Bos	KUI	= Kuiper
BAZ	= Baize	LUY	= Luyten
β	= BU	MUL	= Muller
	= Burnham	RAB	= Rabe
Cou	= Couteau	RST	= Rossiter
δ	= DAW	S	= South
	= Dawson	λ	= SEE = See
DOB	= Doberck		(Lowell Obs.)
DOM	= Dommanget	Σ	= STF
ES	= Espin		= W. Struve
φ	= FIN	HO	= Hough
	= Finsen	HU	= Hussey
H	= Wilhelm	$G\Sigma$	= STG
	Herschel		= G. Struve
h	= HJ	$O\Sigma$	= STT
	= John Herschel		= O. Struve
HLD	= Holden	VBS	= van Bies-
HZG	= Hertzsprung		broeck
I	= Innes	VOU	= Voute

Relative Verteilung der Winkeldistanzen ϱ für helle visuelle Doppelsterne ($m_v < 6,5$)

ϱ	N	%
$< 0\rlap{.}''5$	75	21
$0\rlap{.}''5 \dots 1\rlap{.}''0$	63	18
$1'' \dots 2''$	83	23
$2'' \dots 3''$	62	17
$3'' \dots 4''$	41	12
$4'' \dots 5''$	31	9
Gesamt	355	100
$> 5''$	99	

4 bis 5% aller Doppelsterne sind Mehrfachsysteme. Eine Untersuchung der räumlichen Verteilung zeigt keine Abweichung gegenüber Einzelsternen der entsprechenden Spektralklassen. Mit dem bloßen Auge kann man bei besten Sichtverhältnissen noch Systeme mit einer Distanz von etwa $3\frac{1}{2}$ Bogenminuten trennen (ε_1 u. ε_2 Lyrae). Beste optische Systeme erreichen ungefähr $0\rlap{.}''15$. Es ist ohne weiteres ersichtlich, daß dies eine optische und keine physikalische Grenze ist. – Es gibt nun ein anderes Beobachtungsverfahren, engere Doppelsternsysteme auszumachen, nämlich die Spektroskopie. Die nur von ihr erkannten Systeme bezeichnet man als spektroskopische Doppelsterne. Eine weitere Erkennungsmöglichkeit besteht dann, wenn die Bahnebene so gegen die Visionsrichtung geneigt ist, daß eine gegenseitige Bedeckung der einzelnen Komponenten zustande kommt. Diese Bedeckung ruft Schwankungen der Gesamthelligkeit des Systems hervor, die photometrisch erfaßbar und meßbar sind. Die Einteilung der Doppelsterne in: visuelle, astrometrische, spektroskopische und photometrische Systeme bzw. in Bedeckungsveränderliche beruht also im wesentlichen auf dem gegenseitigen Winkelabstand der Komponenten.

Häufigkeiten der Spektraltypen bei Doppelsternen bis 9^m

	B %	A %	F %	G %	K %	M %	unbek. %
Visuelle Doppelsterne	1,7	21,4	15,3	33,2	15,6	1,4	11,4
Spektroskopische Doppelsterne und Bedeckungsveränderl.	29	32	15	9	13	2	–
Alle Sterne bis vis $8\rlap{.}^m25$	11	22	19	14	31	3	–

Visuelle Doppelsterne mit bekannten Bahnen und Massen

Stern Benennung	ADS[1]	Position 1950 Rekt.	Dekl.	m_vis A	B	π"[5]	M_vis A	B	Spektraltyp A	B	Umlaufszeit Jahre	Gr. Halbachse "	Masse ☉ = 1 A	B	hel. Position 1970 Pos. Winkel	Distanz
Σ 3062	61	0ʰ 3ᵐ.5	+58° 9'	6ᵐ.5	7ᵐ.3	0.048	5ᵐ.0	5ᵐ.7	dG3	dG8	106.83	1.432	1.2	1.2	265°	1".4
η Cas	671	0 46.1	+57 33	3.4	7.2	169	4.6	8.4	G0 V	dM0	480	11.993	1.0	0.6	302	11.5*
UV Cet	Luy 726-8	1 36.4	−18 13	12.4	13.0	385	15.2	15.9	dM6e	dM6e	54.54	2.38	0.05	0.03	320	2.2
p Eri	Dunlop 5	1 37.9	−56 27	6.0	6.0	148	6.8	6.8	K2 V	K5 V	407.65	7.34	0.4	0.4	198	10.6*
o² Eri BC	3093	4 13.2	− 7 44	9.5	11.0	201	11.2	12.6	DA	dM4e	252	7.05	0.5	0.2	344	8.1*
Ross 614	—	6 26.9	− 2 46	11.1	14.8	248	13.1	16.8	dM4e	dM4	16.5	0.98	0.14	0.08	33	1.2
α CMa	5423	6 43.0	−16 39	−1.5	8.7	375	1.4	11.5	A1 V	DA 5	50.09	7.50	2.2	1.0	68	11.2
α Gem	6175	7 31.4	+32 0	2.0	2.8	66	1.1	2.0	A0 V	A5m	420.07	6.295	1.7	3.2	131	1.8
α CMi	6251	7 36.7	+ 5 21	0.3	10.8	287	2.6	13.1	F5 V	DF	40.65	4.55	1.8	0.7	238	2.6
ζ Cnc AB[2]	6650	8 9.3	+17 48	5.7	6.0	42	3.8	4.2	G0	G0	59.7	0.884	1.0	0.9	330	1.0
ζ Cnc AB-Cc[2]	6650	8 9.3	+17 48	5.0	6.6	42	3.1	4.8	G0	G2	1150	7.96	1.9	1.8	83	5.6*
ε Hya AB	6993	8 44.2	+ 6 36	3.8	5.0	23	0.6	1.8	G0 III	G0 IV	15.03	0.226	2.3	2.0	275	2.9*
Σ 1321	7251	9 11.4	+52 55	8.1	8.1	163	9.2	9.2	M0 V	M0 V	687	16.52	0.5	0.5	84	17.8*
γ Leo	7724	10 17.2	+20 6	2.6	3.8	26	−0.3	0.9	K0 III	G7 III	701.4	2.742	1.3	1.1	122	4.4*
ξ UMa	8119	11 15.6	+31 49	4.3	4.8	127	4.8	5.3	G0 V	G0 V	59.74	2.56	1.1	1.1	122	2.9*
γ Vir	8630	12 39.1	− 1 11	3.5	3.5	82	3.1	3.1	F0 V	F0 V	171.85	3.72	1.6	1.5	303	4.6*
42 Com	8804	13 7.6	+17 47	5.0	5.0	51	3.6	3.6	F5 V	F5 V	25.83	0.672	1.7	1.7	12	0.4
Σ 1785	9031	13 46.8	+27 14	8.0	8.5	75	7.4	7.9	dK6	dK6	155	2.42	0.7	0.7	152	3.2*

α Cen	—	14 36.6	−60 38	−0.0	1.4	751	4.4	5.8	G2 V	K5 V	79.92	17.583	1.1	0.9	204	18.2*
ξ Boo	9413	14 49.1	+19 19	4.7	6.9	148	5.6	7.7	G8 V	K5 V	151.5	4.90	0.8	0.7	340	7.1*
ι Boo	9494	15 2.2	+47 51	5.3	6.0	83	4.9	5.6	G2 V	G2 V	246.2	4.10	0.9	1.1	335	0.5
η CrB	9617	15 21.1	+30 28	5.6	5.9	63	4.6	4.9	G2 V	G2 V	41.56	0.839	0.9	0.8	183	0.6
σ CrB	9979	16 12.8	+33 59	5.8	6.8	47	4.2	5.2	dF6	dG1	1000	6.60	1.4	1.4	231	6.5*
λ Oph	10087	16 28.4	+ 2 6	4.2	5.2	15	0.1	1.1	A0	A	129.87	0.970	9.0	7.0	355	1.1
ζ Her	10157	16 39.4	+31 41	2.9	5.5	102	3.0	5.5	G0 IV	dK0	34.385	1.369	1.2	0.9	230	0.9
Wolf 630	—	16 52.8	− 8 14	10.0	10.0	152	8.9	8.9	dM3e	dM3	1.714	0.20	0.4	0.4	230	0.2
μ Dra	10345	17 4.3	+54 32	5.8	5.8	43	4.0	4.0	dF6	dF6	1922	7.99	0.9	0.9	61	2.2
Melb 4	—	17 15.5	−34 56	6.1	7.6	137	6.8	8.3	dK5	K7 V	42.06	1.837	0.8	0.6	170	0.1
70 Oph	11046	18 2.9	+ 2 32	4.3	6.0	193	5.7	7.5	K0 V	dK6	87.85	4.551	1.0	0.7	55	2.4*
Σ 2398	11632	18 42.5	+59 30	9.2	9.9	280	10.9	12.1	dM4	dM4	351.53	13.141	0.4	0.4	165	14.7*
ε¹ Lyr[3]	11635 AB	18 42.7	+39 37	5.1	6.2	18	1.4	2.5	A2	A4n	1165.6	2.78	1.6	1.1	358	2.7*
ε² Lyr[3]	11635 CD	18 42.7	+39 34	5.1	5.3	18	1.4	1.6	A3n	A5	578.78	0.622	6.7	6.1	96	2.2
γ CrA	—	19 3.0	−37 8	4.8	5.1	50	3.3	3.6	F7	F7	120.42	1.907	1.9	1.9	21	1.6
δ Cyg	12880	19 43.4	+45 0	3.0	6.6	21	−0.4	3.2	A0 III	F2 V	537.31	2.561	2.1	1.3	239	2.2
β Del	14073	20 35.2	+14 25	4.1	5.1	33	1.7	2.7	F5 III	G	26.65	0.475	2.3	2.0	320	0.4
61 Cyg	14636	21 4.7	+38 28	5.2	6.0	293	7.5	8.4	K5 V	K7 V	691.61	24.44	0.7	0.5	144	28.4*
τ Cyg	14787	21 12.8	+37 49	3.8	6.4	46	2.2	4.7	F0 IV	G2 V	49.80	0.85	1.5	1.1	185	0.9
ζ Aqr AB-C[4]	15971	22 26.2	− 0 17	4.4	4.6	43	2.6	2.8	F2 IV	dF1	600	4.013	1.1	1.1	231	1.2
Krüger 60	15972	22 26.3	+57 27	9.9	11.4	248	11.8	13.4	dM4	dM6	44.6	2.412	0.3	0.2	241	1.8

1) Nummer nach dem Doppelsternkatalog von Aitken. 2) 4-faches System. 3) 4-faches System. 4) 4-faches System. *) Doppelsterne, die zur Zeit mit einem Fernrohr von 5 cm Öffnung getrennt werden können. 5) Dividiert man 3.26 durch π, ergibt sich die Entfernung in Lichtjahren.

12.1.4 Astrometrische Doppelsterne

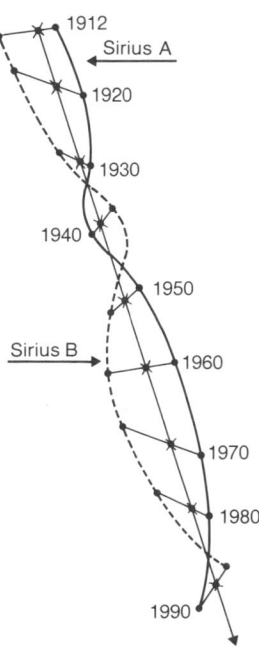

Eigenbewegung von Sirius A und Sirius B von 1912 ... 1990. Aus der wellenförmig verlaufenden Eigenbewegung von Sirius A wurde von F. W. Bessel schon 1834 auf einen Begleiter geschlossen, der dann 1862 von A. Clark entdeckt wurde

Bei Sternen der Sonnenumgebung kann unter Umständen die Bewegung eines Sternes um ein Gravitationszentrum beobachtet werden, ohne daß eine gravitierende Masse – also ein anderer Stern – beobachtbar ist. Dies ist möglich bei Beobachtungen zur Ableitung einer trigonometrischen Parallaxe (s. 7.3.1), oder bei der Bestimmung von Eigenbewegungen (s. 7.4.2). Solche „Pendelbewegungen" eines Sterns können nur von einem Stern, der zu lichtschwach ist, um gesehen zu werden oder von einem Stern, der dem Hauptstern so nahe steht, daß er von diesem überstrahlt wird, verursacht werden. – Berühmtes Beispiel für solche astrometrischen Doppelsterne sind Sirius (α CMa) und Prokyon (α CMi). Die Bewegung um den Massenmittelpunkt des Systems wurde schon 1834 von F. W. Bessel bei Sirius und 1840 bei Prokyon bemerkt. Beide damals nichtgesehenen Komponenten konnten dann 1862 bzw. 1896 mit lichtstärkeren Instrumenten entdeckt werden. Beide B-Komponenten sind lichtschwache Weiße Zwerge (s. 8.6). – Ein ähnlicher Fall der visuellen Entdeckung eines aus der veränderlichen Eigenbewegung vermuteten Begleiters ereignete sich 1956 beim Stern Ross 614 (s. 12.1.3).

Bei einigen anderen Sternen wurden so Komponenten festgestellt, die meist wegen ihrer Lichtschwäche und ihrer geringen Masse nicht gesehen werden können. In den bereits bekannten Doppelsternsystemen von 61 Cygni und 70 Ophiuchi wurden unsichtbare Komponenten entdeckt mit Massen, die etwa in der Mitte zwischen derjenigen von Sonne und Jupiter liegen, also bereits von planetarer Größenordnung sind. Andere Autoren zweifeln die vermutete Existenz unsichtbarer Komponenten stark an, zumindest bei den in der Tabelle aufgeführten Systemen μ Dra, ξ Boo sowie bei 61 Cyg, da deren große Halbachsen merklich unter 0″.05 liegen. Ziemlich sicher scheinen die unsichtbaren Begleiter aber bei den Systemen Σ 2934 (Halbachse 0″.09), ι Cas (Halbachse 0″.10, Umlauf ca. 50^a, Masse 0,8) sowie bei ζ Cnc zu sein. Bei Barnards Stern, BD + 4° 3561 gelang Peter van de Kamp der Nachweis eines planetarischen Begleiters von nur 0,0015 Sonnenmassen, was etwa 1,6 Jupitermassen entspricht.

Visuelle Doppelsterne mit einer unsichtbaren Komponente

System	Periode in Jahren	große Halbachse ″	Exzentrizität	Masse Sonne = 1	gr. Achse in Erdbahnradien
ζ Aquarii	25,0	0,080	0,0	0,3	13
μ Draconis	3,2	0,026	0,4	0,6	2,8
ξ Bootis	2,2	0,020	0,0	0,1	1,5
61 Cygni	4,9	0,020	0,7	0,016	2,4
70 Ophiuchi	17,0	0,015	–	0,01	6
Ci 1244	26,5	0,060	–	0,03	0,54
Barnards Stern	24,0	0,025	–	0,0015	4,4

12.1.5 Spektroskopische Doppelsterne

Sternspektren zeigen mitunter eine Überlagerung zweier verschiedener Spektren, etwa das Heliumspektrum eines heißen Sterns frühen Spektraltyps und das Metallinienspektrum eines Sterns der Klassen F bis K. Solche Spektren bezeichnet man als zusammengesetztes Spektrum. – Bei anderen Sternen hingegen ist die Linienverschiebung auf Grund des Dopplereffekts variabel. Dies deutet auf eine veränderliche Radialgeschwindigkeit hin. Wieder andere Sternspektren zeigen zu bestimmten Zeiten eine Verdopplung der Spektrallinien.

Diese Erscheinungen können meist durch die Bewegungen von sehr engen Doppelsternkomponenten umeinander erklärt werden. Zwar liegen ausreichende Beobachtungen, die eine Bahnbestimmung der spektroskopischen Komponente ermöglichen, erst für etwa 1 000 Systeme vor, doch kann man aufgrund der Erfahrungen mit hellen Sternen sagen, daß spektroskopische Doppelsterne sehr häufig sein müssen. Abschätzungen zeigen, daß man wohl auf etwa drei bis vier Einzelsterne mit einem spektroskopischen Doppelstern rechnen muß. Bis zur neunten Größe würden danach etwa 33 000 Systeme zu erwarten sein.

Häufigkeiten spektroskopischer Doppelsterne nach Spektraltyp und Leuchtkraftklassen

Spektrum	O, B0...B8	B8...A4	A5...F4	F5...G4	G5...K4	K5...M7
N	267	183	126	166	139	26
Leuchtkraftklasse						
I, II	9,6%	3,6%	10,8%	7,5%	8,1%	28%
III	17,8%	9,1%	15,7%	9,5%	54,5%	37%
IV	20,0%	5,5%	20,5%	26,1%	13,8%	2%
V	52,6%	81,8%	53,0%	56,7%	23,6%	33%

Die Abbildungen zeigen Radialgeschwindigkeitskurven, d. h. Diagramme, in denen die zu verschiedenen Zeiten gemessenen Radialgeschwindigkeiten gegen die Zeit aufgetragen sind. Bei dem einen System kann nur eine Komponente gemessen werden. Wie man aus Erfahrung weiß, sind nur dann im Spektrum

Häufigkeit der Periodenlänge bei spektroskopischen Doppelsternen

Spektrum			Leuchtkraft	Periodenlängen kleiner als 20^d	Periodenlängen größer als 20^d
O	–	B7		32	2
B8	–	A9		42	7
F0	–	F9		39	8
G0	–	G9	V	8	4
K0	–	K9		2	1
F0	–	F9		8	6
G0	–	G9	III	4	17
K0	–	K9		2	13

beide Komponenten sichtbar, wenn der Helligkeitsunterschied zwischen ihnen eine Größenklasse nicht übersteigt. Aus solchen Radialgeschwindigkeitskurven lassen sich Bahnelemente ableiten und Bahnen errechnen, wobei aber einige Größen mit der nicht bestimmbaren Bahnneigung behaftet bleiben.

Auch die spektroskopischen Doppelsterne weichen in ihrer Verteilung und in ihren Bewegungsverhältnissen nicht von den Einzelsternen der entsprechenden Spektralklasse ab.

Zwei Beispiele für Radialgeschwindigkeitskurven spektroskopischer Doppelsterne. Oben ist nur eine Komponente, unten sind beide Komponenten im Spektrum sichtbar

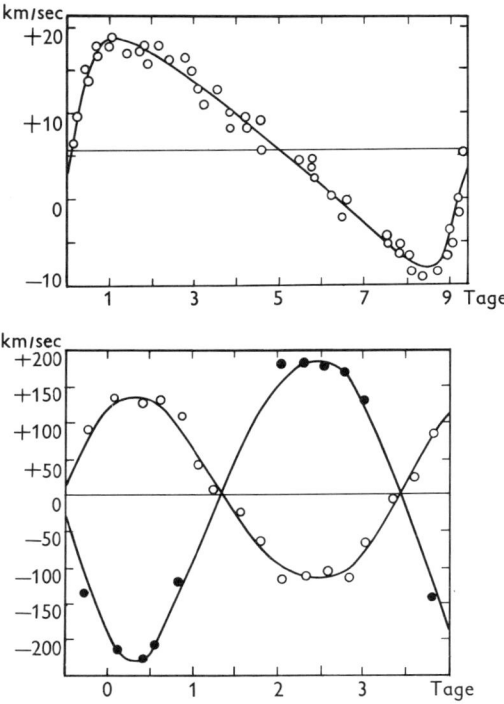

12.1.6 Photometrische Doppelsterne, Bedeckungsveränderliche

Eine Untergruppe der spektroskopischen Doppelsterne, und zwar besonderer Art, stellen die Bedeckungsveränderlichen dar. Es sind Doppelsterne, deren Bahnebenen so gegen die Visionsrichtung Sonne–System geneigt sind, daß gegenseitige Bedeckungen der einzelnen Komponenten stattfinden, die sich in Helligkeitsänderungen bemerkbar machen, weshalb man auch von photometrischen Doppelsternen spricht. Gleichzeitig sind diese Sterne aber auch in den weitaus meisten Fällen zu den spektroskopischen Doppelsternen zu zählen. Dies zeigt sich auch in ihren statistischen Gesetzmäßigkeiten, die mit denen der spektroskopischen Doppelsterne übereinstimmen.

Durch die Kombination spektroskopischer und photometrischer Beobachtungen haben diese Sterne die meisten und zuverlässigsten Daten über Sternradien (s. 7.8.1), Massen und

Dichten von Sternen (s. 7.8.2) geliefert. Bei Kenntnis der Parallaxe sind dann sogar alle wichtigen Zustandsgrößen, die einen Stern nach außen hin charakterisieren, ableitbar.

Aufgrund ihrer Lichtkurven unterscheidet man drei bzw. vier verschiedene Arten von Bedeckungsveränderlichen. (Hier werden die im „Generalkatalog veränderlicher Sterne, Moskau 1969" (s. a. 8.1) gegebenen Artbezeichnungen benutzt.)

EA *Bedeckungsdoppelsterne* vom *Algol-Typ:* Der Lichtwechsel wird durch wechselweise Bedeckung zweier kugelförmiger Komponenten eines Doppelsternsystems hervorgerufen. Das Normallicht ist annähernd konstant, es kann aber bei der Bedeckung der Komponente mit geringerer Flächenhelligkeit ein Nebenminimum beobachtbar sein. Je nach Größe der beiden Komponenten zueinander und entsprechend dem Neigungswinkel der Bahn (Bahn in Ebene der Visionsrichtung Sonne–System, dann Neigungswinkel = 90°) ändert sich die Lichtkurve etwas. Typischer repräsentativer Vertreter dieser Gruppe ist Algol = β Per, nach ihm werden diese Sterne auch Algol-Sterne genannt.

Verschiedene schematische Typen von Algol-Lichtkurven:

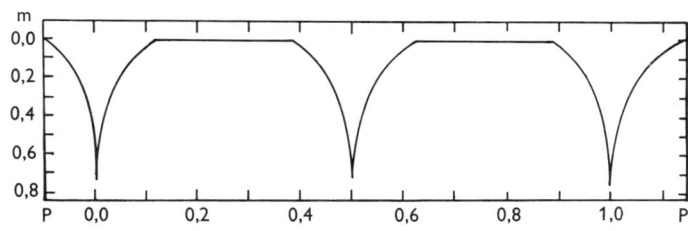

a) zwei gleichgroße und gleichhelle Sterne, Neigung 90°

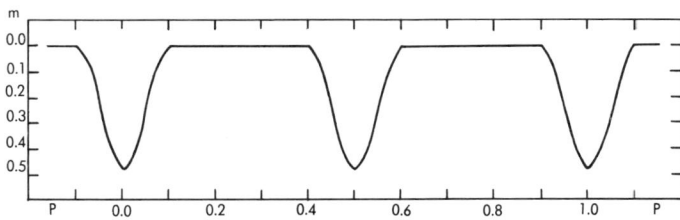

b) zwei gleichgroße und gleichhelle Sterne, Neigung kleiner als 90°

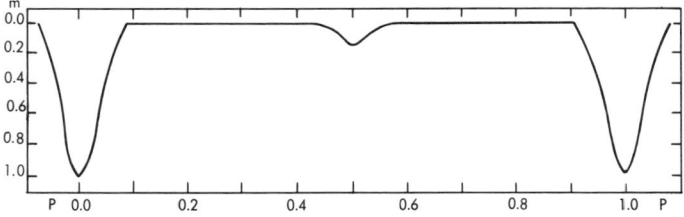

c) zwei ungleichgroße und verschieden helle Sterne, Neigung kleiner als 90°

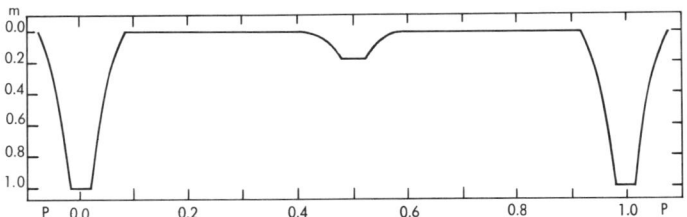

*d) zwei ungleichgroße und verschieden helle Sterne,
Neigung 90°*

EB *Bedeckungsveränderliche* vom *β-Lyrae-Typ:* Bedeckungslichtwechsel zweier ellipsoidischer Komponenten, dadurch
überlagert sich dem Bedeckungslichtwechsel ein Rotationslichtwechsel. Diese Gruppe umfaßt enge Doppelsternsysteme,
in denen auch Gasströme (die spektroskopisch nachweisbar
sind) zwischen und um die Komponenten auftreten. Typischer
Stern dieser Gruppe ist β Lyrae.

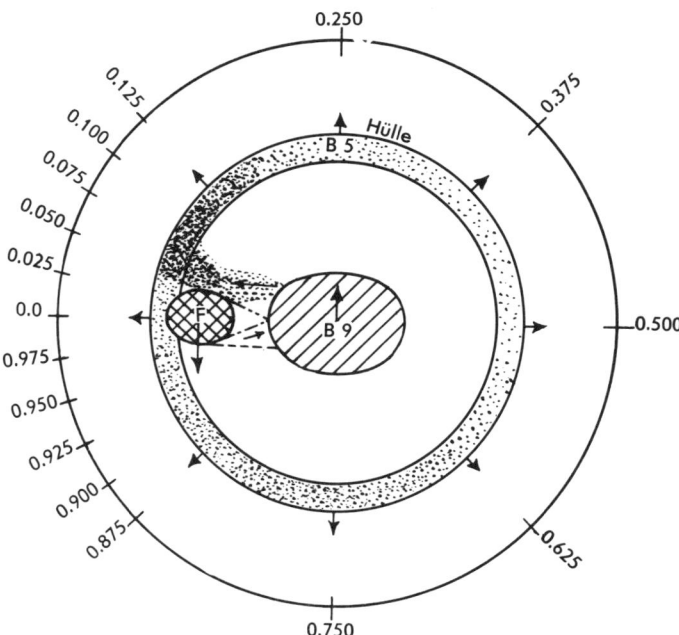

*Eine Modellvorstellung des Systems β Lyrae, zur Deutung aller
spektroskopischen und photometrischen Beobachtungen. Den
heißen Stern vom Spektraltyp B9 umkreist ein kühlerer Stern
(Spektrum F). Von der B9-Komponente geht ein Gasstrom aus,
der an dem F-Stern vorbeistreicht und eine expandierende Gashülle um das ganze System aufbaut (Spektrum der Hülle B5).
Die auf dem äußeren Kreis angegebenen Zahlen sind die Phasen des Lichtwechsels (vom Minimum = 0 bis zum nächsten
Minimum = 1 gezählt). Sie geben jeweils die Richtung Sonne–
System zur bestimmten Phase (nach O. Struve)*

Lichtkurve von β Lyrae

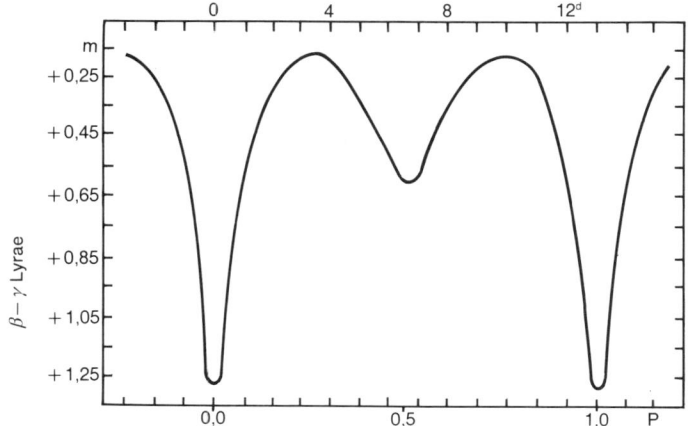

EW *Bedeckungsveränderliche vom Typ W UMa:* Dies sind noch engere Systeme als β Lyrae; instabile Komponenten mit Gasströmen; Perioden der Helligkeitsänderung ausnahmslos unter 1 Tag. Typischer Vertreter W UMa.

Lichtkurve von W UMa

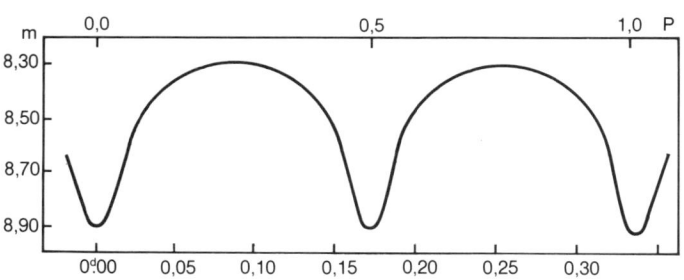

Ell *Doppelsternsystem mit Rotationslichtwechsel:* Bei diesen Systemen findet wegen der Neigung der Bahnebene keine Bedeckung der ellipsoidischen Komponenten mehr statt. Wegen der Verformung der Komponenten tritt ein Rotationslichtwechsel auf. Typischer Vertreter b Per.

Lichtkurve bei reinem Rotationslichtwechsel

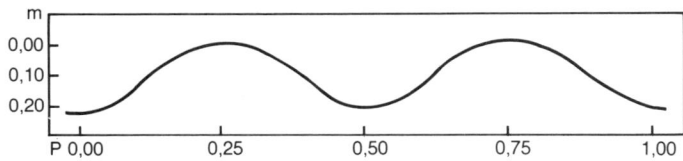

Einige weitere Daten über Bedeckungsveränderliche

Typ	relative Häufigkeit	mittlere Amplitude	Elliptizität d. Sterns	mittlere Periode	Spektrum
EA Algol-Typ	60%	1,4 mag	1,0	3^d	A
EB β-Lyrae-Typ	20%	} 0,9 mag	0,93	$1{.}^d5$	B–A
EW W UMa-Typ	10%	}	0,79	$0{.}^d4$	F–G
Bedeckungsver. Riesen	1%			$1\,000^d$?	
Alle (einschl. unklassifizierte)	100%	1,2 mag		$2{.}^d6$	

Verteilung der Perioden bei Bedeckungsveränderlichen

Periode	Algol-Typ	β-Lyrae-Typ	Unbekannt
$0{.}^d0 - 0{.}^d5$	9	79	5
$0{.}^d5 - 1{.}^d0$	88	83	12
$1{.}^d0 - 5{.}^d0$	576	68	32
$5{.}^d0 - 10{.}^d0$	113	8	4
$10{.}^d0 - 15{.}^d0$	39	4	1
$15{.}^d0 - 25{.}^d0$	18	5	1
$25{.}^d0 - 35{.}^d0$	9	1	1
$> 35{.}^d0$	24	3	3

Lange Perioden haben die Algol-Sterne: ε Aur 9883^d, VV Cep 7430^d und ζ Aur 973^d.

12.1.7 Häufigkeiten von Doppel- und Mehrfachsystemen und ihr Vorkommen unter speziellen Sterntypen

Doppelsterne sind eine sehr häufige Erscheinung. Rund 50 Prozent aller Sterne sind Mitglieder eines Doppel- oder Mehrfach-Systems.

Häufigkeit der Sterne in Doppel- und Mehrfach-Systemen
(Die Häufigkeit ist definiert als: Anzahl der Sterne in Doppel- und Mehrfach-Systemen dividiert durch die Anzahl aller als einzel angesehenen Sterne)

	Häufigkeit
Sonnennahe Sterne	
$\quad$ r $\leqq$ 5 pc	59%
$\quad$ r $\leqq$ 10 pc	55%
$\quad$ r $\leqq$ 20 pc	45%
Hellste 25 Sterne (V $\leqq$ $1{.}^m65$)	60%
Hauptreihensterne, B...M	50%
Riesen (Leuchtkraftklasse III)	30%
O-Sterne	36%
Frühe B-Sterne, B 2...B 5	50%
Späte B-Sterne, B 7...B 9	45%
A-...F-Sterne	40...45%
Sonnenähnliche Sterne, F 3...G 2	53%
M-Zwergsterne	39%

Man kann aber nur in der nächsten Umgebung der Sonne zuverlässige Häufigkeitszahlen ermitteln, denn schon über eine Distanz von mehr als 10 pc können gegebenenfalls enge Systeme nicht mehr als doppelt oder mehrfach erkannt werden.

Verteilung nach Doppel- und Mehrfach-Systemen

Bis zu einer Entfernung von 10 pc sind bekannt:

50 Doppelsterne, insgesamt, davon

35 visuelle Paare	7 spektroskopische Paare
7 astrometrische Paare	1 Paar mit gemeinsamer Eigenbewegung (gleiche EB)

14 Dreifach-Systeme, davon

4 visuelle Tripel
3 visuelle Paare mit entferntem Begleiter (gleiche EB)
2 visuelle Paare, eine Komponente astrometrisch doppelt
5 visuelle Paare, eine Komponente spektroskopisch doppelt

3 Vierfach-Systeme

1 dreifach visuell + entfernter Begleiter
1 visuelles Paar, beide Komponenten spektroskopisch doppelt
1 visuelles Paar, eine Komponente astrometrisch doppelt + entfernter Begleiter

Neben den bisher besprochenen Doppelstern-Systemen – bestehend aus zwei umeinander kreisenden Körpern – gibt es sogenannte Mehrfach-Systeme, die aus 3...6 gravitativ zusammengehörenden Sternen bestehen. Die Himmelsmechanik kann zeigen, daß Mehrfach-Systeme, in denen sowohl die Massen wie die gegenseitigen Distanzen der verbundenen Körper von gleicher Größenordnung sind, nicht lange ein stabiles System bilden können. Solche Systeme – wie etwa das bekannte Trapez-System im Orion (ϑ^1 Orionis) – müssen sich in etwa $10^5...10^6$ Jahren auflösen. – Die Theorie der Mehrkörper-Systeme kann nahezu auf ein Zweikörper-Problem reduziert werden, wenn etwa die Massen, neben der Hauptkomponente, klein oder, wenn die Körper voneinander weit entfernt sind. Der erste Fall ist etwa in einem Planetensystem gegeben; der zweite Fall ist in den Mehrfach-Systemen realisiert.

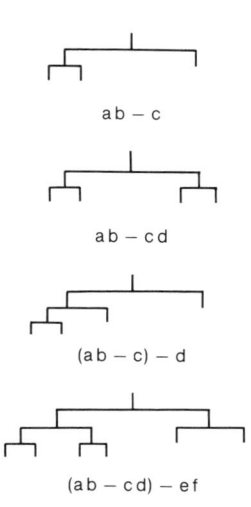

ab – c

ab – cd

(ab – c) – d

(ab – cd) – ef

Mobile-Diagramme, nach D. S. Evans

Bei Dreifach-Systemen umkreist ein enges Doppelstern-Paar – meist eine spektroskopische Komponente – in großer Distanz eine dritte Komponente, deren Zugehörigkeit zum System unter Umständen nur aus der gleichen Eigenbewegung geschlossen werden kann. D. S. Evans hat die weiteren Möglichkeiten von Mehrfach-Systemen in – von ihm so genannten – „Mobile-Diagrammen" dargestellt.

Ein dem dritten Diagramm entsprechendes System ist z. B. σ CrB, und das vierte Diagramm entspricht dem Sechsfach-System Castor (α Gem.).

Fast zwei Jahrhunderte waren Doppelsterne Objekte der Astrometrie und Himmelsmechanik; sie lieferten gute Masse- und Durchmesserwerte von Sternen. In jüngerer Zeit erkannte man, daß die Duplizität, insbesondere in engen Doppelstern-Systemen, Ursache für extreme Sternentwicklungen sowie der Grund für Besonderheiten in den spektralen und/oder photometrischen Parametern ist. Es muß davon ausgegangen werden, daß einige im Kapitel 8 „Besondere Sterntypen" besprochene Gruppen, auch als besondere Doppel- und Mehrfach-Systeme anzusprechen sind. – Schon beim Vorstellen der photometrischen Doppelsterne (s. 12.1.6) wurde auf ein Materieaustausch in Gasströmen zwischen den Komponenten hingewiesen, da er sich gegebenenfalls in der Lichtkurve oder auch im Spektrum bemerkbar macht. Gravitationswechselwirkungen zwischen engen Komponenten eines Doppelstern-Systems führen zu Gezeiteneffekten, Materieabströmungen und Masseaustausch, sie lassen diese Objekte als physische Veränderliche (bei unter Umständen gleichzeitiger optischer Veränderlichkeit), als eruptive bzw. kataklysmische Veränderliche, in Erscheinung treten (s. 8.3).

Betrachtet man das Gravitationspotenzial um zwei Massepunkte (Sterne), dann wird in nahem Abstand um jede Komponente ein Masseteilchen eindeutig der Masse M_1 oder M_2 zuzuordnen sein. Man stellt das Gravitationsfeld um zwei Massen in einem Diagramm durch sogenannte Äquipotentialflächen dar, das sind durch Kurven umschriebene Flächen gleichen Potentials. In der Abb. sind die geschlossenen „Kreise" um $\mathfrak{M}_1$ und $\mathfrak{M}_2$, die sogenannten Potentialtöpfe. In einem Punkt zwischen den beiden Massen und außerhalb einer kritischen Potentialfläche können Masseelemente nicht mehr eindeutig einer der beiden Massen zugeordnet werden. Diese kritische Potentialfläche nennt man auch die Roche-Fläche oder auch Roche'sche Grenze. In dem sogenannten inneren Librationspunkt L_1 (auch in den Librationspunkten L_2 und L_3) heben sich alle Kräfte auf.

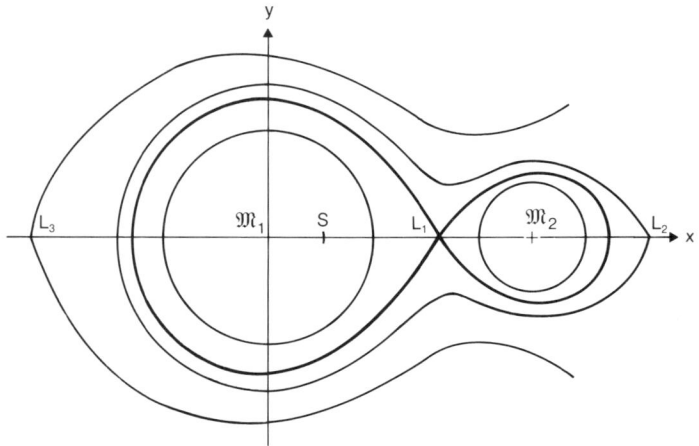

Meridianschnitt der Äquipotentialflächen des Roche-Modells eines engen Doppelsternsystems. S bezeichnet den Schwerpunkt des Systems ($\mathfrak{M}_1, > \mathfrak{M}_2$)

12.1 Doppelsterne, optische und physische Systeme

Aus dem Studium der Bedeckungs-Doppelsterne kann man auf drei Konfigurationstypen unter den engen Doppelsternen schließen, die sich schematisch durch das Ausfüllen ihrer Roche-Fläche charakterisieren lassen.

Konfigurationsklassen enger Doppelstern-systeme

Die Symbole D, SD und C ergeben sich aus den englischen Bezeichnungen: detached, semi-detached, contact

Schema	Bezeichnung	Charakterisierung
∞	D, getrennte Systeme	Beide Sterne sind wesentlich kleiner als die Roche'sche Grenzfläche.
∞	SD, halbgetrennte Systeme	Eine Komponente reicht bis zur Grenzfläche.
∞	C, Kontaktsysteme	Beide Komponenten erreichen die Grenzfläche.

Die drei Typen von Bedeckungsveränderlichen (s. 12.1.6) verteilen sich wie folgt auf die drei Konfigurationsklassen: EA-Bedeckungs-Doppelsterne vom Algol-Typ gehören zur Klasse D, in Ausnahmen zu SD. Die EB-Veränderlichen vom β-Lyrae-Typ sind vorwiegend SD-Systeme und die EW-Bedeckungssterne vom W-UMa-Typ fallen durchweg unter die Kontaktsysteme C.

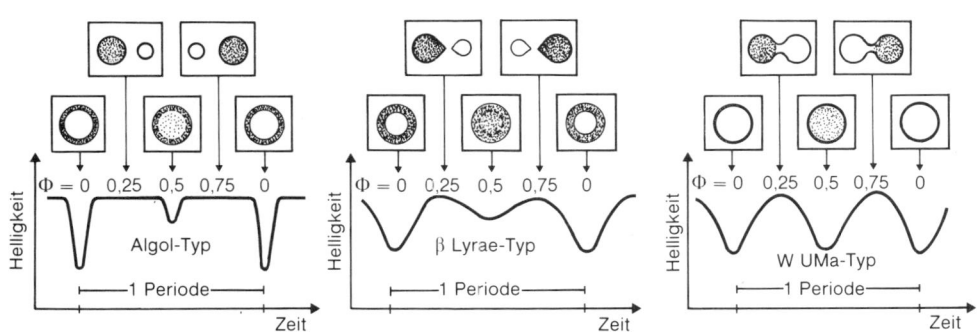

Der Zusammenhang zwischen der Lichtkurvenform bei Bedeckungsveränderlichen und dem Konfigurationstyp enger Doppelsterne. Die jeweils leuchtkräftigere Komponente, die während des Hauptminimums vom Begleiter bedeckt wird, ist schraffiert gezeichnet

Untersuchungen von verschiedenen Gruppen von Sternen, die man gemeinhin unter „besondere Sterntypen" zusammenfaßt, haben ergeben, daß sie mit hoher Wahrscheinlichkeit enge

457

Besondere Sterntypen mit wahrscheinlichem Doppelstern-Charakter

Doppelsterne sind. Ja, bei Annahme ihres Doppelstern-Charakters lassen sich spektrale und photometrische Sonderheiten durch plausible Modelle erklären. Im Einzelnen seien genannt:

a) Metallinien-A-Sterne (Am-Sterne) sind mit hoher Wahrscheinlichkeit ($\sim 100\%$) Doppelsterne. Andere Sterne mit Metallinien im Spektrum, etwa Hg-Mn-Sterne, zeigen hingegen normale Häufigkeiten. Eine Unterhäufigkeit an Doppelsternen wurde bei Si- und Si-Cr-Eu-Sternen gefunden (s. auch 7.7.4).

b) Wolf-Rayet-Sterne (s. 8.8) werden mit der sehr hohen Häufigkeit von 70...80%, möglicherweise sind es sogar 100%, als Komponenten in spektroskopischen Doppelsternen mit O- und B0-Sternen gefunden. In einer Liste von 14 gut bekannten Systemen sind auch 3 Bedeckungsveränderliche.

c) Hüllen- oder auch Shell-Sterne des Spektraltyps Be scheinen ebenfalls zu 100% Duplizitäten zu sein. Bei einer angenommenen Doppelstern-Natur dieser Sterne läßt sich die Ausbildung einer Hülle um einen Stern oder um das ganze System zwanglos durch einen am Librationspunkt L_1 überfließenden und sich entlang der Roche-Grenze verbreiteten Materiestrom erklären.

d) Symbiotische Sterne sind solche, in deren Spektren ein Absorptionslinien-Spektrum relativ niederer Temperatur (etwa von einem K- oder M-Riesen) überlagert ist vom Emissionslinien hoher Anregung (etwa He II, O III und „verbotene" Fe-Linien [Fe VI] und [Fe-VII]). Bei einigen dieser symbiotischen Sterne konnte Duplizität nachgewiesen werden, z. B. bei Z And, R Aqr und BF Cyg.

e) Kataklysmische Veränderliche (eruptiv veränderliche Sterne) wie Novae, wiederkehrende Novae, Zwerg-Novae vom U-Gem- und Z-Cam-Typ und die novaeähnlichen Veränderlichen (s. 8.3.2) sind wohl allesamt enge Doppelsterne. So kann die Theorie, unter der Annahme der Duplizität, das eruptive Ausbruchsverhalten dieser Gruppe von Sternen erklären.

f) Röntgen-Doppelsterne (s. 8.7.2) sind enge Systeme aus einem normalen Stern in Verbindung mit einem kompakten Objekt. Meist wird dieser kompakte Stern wohl ein Neutronenstern sein, aber auch ein sogenanntes Schwarzes Loch ist denkbar. Ein Materiestrom trifft unter der riesigen Gravitationswirkung der kompakten Komponente deren Oberfläche und erzeugt Röntgen- und Gamma-Strahlung.

Diese Aufstellung kann nicht vollständig sein. Denn auch besondere Sterntypen – wie etwa Weiße Zwerge – repräsentieren Zustände in der Sternentwicklung, die sich durch eine Entwicklung in einem engen Doppelstern-System „erklären" lassen (s. 8.6.3).

12.2 Sternhaufen

Bei der Durchmusterung des Himmels, sei es visuell oder auf der photographischen Platte, fallen mehr oder weniger starke Konzentrationen von Sternen in Haufen auf. Die Sterndichten in solchen Sternhaufen sind meist so groß, daß es sich nicht um eine zufällige Ansammlung von Sternen handeln kann. Eine genauere Untersuchung solcher Sternkonglomorate bestätigt denn auch die physische Zusammengehörigkeit der Sterne, sei es, daß sie etwa gleichen Spektraltyps sind, oder der gleichen Veränderlichengruppe angehören, sei es, daß die Sterne eines Haufens etwa gleiches Alter haben oder aber, daß in einem kleinen Volumen von einigen 10-Parsec-Durchmesser 100 000 und mehr Sterne stehen, deren Anblicke keinen Zweifel an ihrer Einheit aufkommen lassen.

Andererseits erkennt man leicht, daß die allgemein als Sternhaufen bezeichneten Ansammlungen von Sternen doch recht unterschiedliche Gebilde sind, die in drei Arten unterschieden werden können:

Die drei Arten von Sternhaufen

Assoziationen
offene oder galaktische Sternhaufen
kugelförmige oder Kugelsternhaufen

Der am meisten auffallende Unterschied zwischen offenen und kugelförmigen Sternhaufen liegt in der Anzahl der Haufensterne. In offenen Haufen sieht man meist 20 bis 300 Sterne, in Kugelhaufen bis über 100 000. Außerdem ist die Dichte der Sterne in den Kugelhaufen so groß, daß man im Zentrum des Haufens die Sterne nicht mehr einzeln unterscheiden kann. – Wegen ihrer großen Sternzahl und der großen Entfernung tritt die Symmetrie der kugelförmigen Sternhaufen viel stärker in Erscheinung, was zu dem Namen Kugelhaufen Anlaß gab. Die offenen Haufen dagegen haben bedeutend weniger Sterne und stehen uns relativ näher; sie wirken daher aufgelockert und „offen".

Zwischen offenen Haufen und Assoziationen bestehen keine deutlichen Unterschiede. Assoziationen sind noch weit offener; ihr mittlerer linearer Durchmesser beträgt rund 100 pc, während die offenen Haufen im Mittel nur 4 pc groß sind. Die Grenze zwischen beiden Arten von Haufen wird meist, etwas willkürlich, auf 10 pc festgelegt. Da somit die Assoziationen weit größer sind als die offenen Haufen, aber doch nicht mehr Sterne enthalten, kann man sie gegen das allgemeine Feld überhaupt nur dann sehen, wenn sie eine genügende Anzahl extrem heller Sterne enthalten (meist O-Sterne). Das aber heißt, daß man nur extrem junge Assoziationen beobachten kann, da die O-Sterne durch ihre schnelle Entwicklung (s. 9.4.1) bald wieder verblassen.

Offene Haufen und Assoziationen sind stets dicht zur Ebene des Milchstraßensystems konzentriert; weitaus die meisten liegen in einer etwa 200 pc dicken Schicht, und sie nehmen an der allgemeinen Rotation des Systems teil (13.2). Die Kugelhaufen

Der offene Sternhaufen M 7 im Sternbild Scorpius

dagegen streuen über den weiten Bereich des Halo (13.1) mit einer vom Zentrum des Milchstraßensystems nach außen gleichmäßig abfallenden Dichte. An der galaktischen Rotation nehmen sie wenig oder nicht teil; ihre Geschwindigkeiten sind unregelmäßig verteilt, sind aber kleiner als die Entweichgeschwindigkeit, so daß die Kugelhaufen bei unserer Galaxis verbleiben und sie umkreisen oder durchpendeln. Je weiter sie vom Zentrum des Milchstraßensystems entfernt sind, um so langestreckter sind ihre Bahnen.

Die unterschiedlichen Parameter der Sternhaufen

	Assoziationen	Offene Haufen	Kugelhaufen
Ort im Milchstraßensystem	Ebene (Spiralarme)	Ebene	Halo
Teilnahme an galaktischer Rotation	ja	ja	nein
bekannte Anzahl	35	450	150
geschätzte Anzahl im Milchstraßensystem	700	15 000	300
gegenseitiger Abstand	1 000 pc	100 pc	2 000 pc
linearer Durchmesser	100 pc	4 pc	60 pc
Anzahl der Sterne heller als $M = 0$	25	14	25
Gesamtmasse in $\mathfrak{M}_{\odot}$	2 000	1 000	10^6
Alter in Mill. Jahren	4	50	6 000

Der Kugelsternhaufen Omega (ω) Centauri. Aufnahme mit dem ADH-Teleskop des Boyden-Observatoriums

12.2.1 Assoziationen

Während offene und kugelförmige Sternhaufen schon früh als besondere Objekte erkannt wurden – die hellsten Sternhaufen sind im Messier-Katalog vertreten (s. 6.1) – hat man Assoziationen erst in der Mitte unseres Jahrhunderts als selbständige Gebilde erkannt und im allgemeinen Sternfeld lokalisiert. V. A. Ambarzumjan war wohl der Erste, der darauf hinwies, daß Sterne vom Typ T Tauri in zwei nicht sehr großen Gebieten des Himmels gehäuft auftreten. T-Tauri-Sterne sind sogenannte Protosterne in der Vor-Hauptreihen-Entwicklung (s. 9.3), die durch ihre Veränderlichkeit (s. 8.1.2), aber auch durch die Emissionslinien von H, Ca II, Fe II u. a. im Spektrum auffallen. T-Assoziationen wurden diese Anhäufungen von T-Tauri-Sternen genannt, die stets mit Wolken von interstellarem Gas und Staub verbunden sind. Andere Assoziationen, aus Sternen der Spektralklassen O und B bestehend, wurden lokalisiert und sie werden als OB-Sternassoziationen bezeichnet. Auch der Begriff R-Assoziation wurde von Ambarzumjan geprägt für die in Verbindung auftretenden OB- und frühe A-Sterne mit Reflexionsnebel. – Die Assoziationen werden benannt mit dem abgekürzten Sternbildnamen, der Art der Assoziation und einer fortlaufenden Nummer; z. B.: Per OB2 oder CMa R1.

Charakteristische Daten einer OB-Sternassoziation

Sco OB1 $\quad \alpha = 16^h 47^m, \quad \delta = -41°38'$
$\qquad\qquad l = 343°5 \qquad b = +1°2$

verbunden mit dem offenen Sternhaufen NGC 6231 als Kern

geschätzte Anzahl der O-Stern-Mitglieder	70
Entfernung von der Sonne	2,0 kpc
Winkeldurchmesser	1°4 und 2°0
Linearer Durchmesser	50 und 70 pc
Örtliche O-Sterndichte	$0{,}08/10^3\ pc^3$
Alter	$5 \cdot 10^6$ Jahre

Bei OB-Sternassoziationen schwanken die Anzahl der Mitglieder, die linearen Durchmesser und die Sterndichten unter den einzelnen Assoziationen sehr; etwa die Mitgliederzahl zwischen 5...70, die linearen Durchmesser zwischen 40...200 pc. – OB-Sternassoziationen sind öfter verbunden mit jungen offenen Sternhaufen, die dann quasi als Kern der Assoziation auftreten. Z. B.:

Sgr OB1	mit	NGC 6530
Mon OB1	mit	NGC 2264
Sco OB1	mit	NGC 6231.

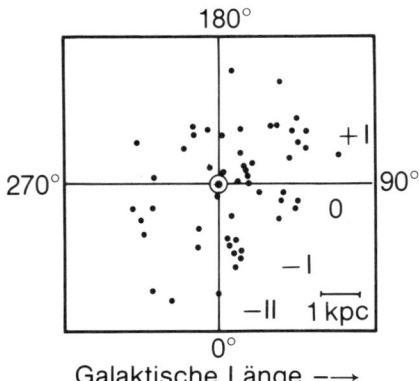

Galaktische Länge –→

Die Verteilung von 52 OB-Assoziationen, projiziert auf die galaktische Ebene. Die Position der Sonne ist mit dem ⊙-Symbol gekennzeichnet und liegt im Koordinatenmittelpunkt. Die galaktische Länge 0 weist zum Zentrum des Milchstraßensystems. Die einzelnen sichtbar werdenden Spiralarme sind nach einer von W. Becker gegebenen Notation mit römischen Zahlzeichen bezeichnet, wobei die zwischen Sonne und Zentrum liegenden inneren Arme mit einem Minuszeichen versehen werden

12.2 Sternhaufen

Auch ein Zusammenhang zwischen OB-, T- und R-Assoziationen kommt vor; z. B.:

Per OB2 – Per T2 – Per R1.

Assoziationen sind junge Objekte in unserem Milchstraßensystem, sie sind die Orte der Sternentstehung (s. 11.1). Da sie dynamisch instabile Gebilde sind, lösen sie sich in wenigen Millionen Jahren auf; d. h. sie vermischen sich mit früher gebildeten Sternen und sie heben sich nicht mehr vom „Hintergrund der Feldsterne" ab. Wegen ihres geringen Alters befinden sich die Assoziationen noch am Ort ihrer Entstehung, sie sind deshalb gute „Spiralarm-Indikatoren", wie nebenstehendes Diagramm zeigt.

Auffallend viele Doppelstern- und Mehrfach-Systeme werden in Assoziationen beobachtet. Jedoch scheinen hier Systeme vom „Trapez-Typ" (wie z. B. in der Orion-OB-Assoziation) gegenüber den „Mobile-Typen" (s. 12.1.7) zu überwiegen. Auch dieser Befund deutet auf die Jugend und die Kurzlebigkeit der Sternassoziationen hin, da solche Trapez-Mehrfachsysteme ebenfalls nicht stabiles Gebilde sind, wie die Himmelsmechanik zeigen kann.

Wie an anderer Stelle gezeigt wird (s. 9.4), kann das Alter der Sterne in Assoziationen durch zwei Methoden unabhängig voneinander bestimmt werden. Man lese darüber in den Abschnitten 9.4.3 und 9.4.4. Ferner beachte man den Vergleich verschiedener Altersbestimmungsmethoden für Sternhaufen in Abschnitt 9.4.5.

12.2.2 Offene Sternhaufen

Wie aus der vergleichenden Tabelle in 12.2 hervorgeht, sind offene Sternhaufen wesentlich konzentrierter als etwa Assoziationen. Wie in 12.2.1 aufgeführt, sind einige offene Haufen als Kerne von Assoziationen anzusehen. Das heißt aber, daß wesentliche Merkmale für beide Arten von Objekten gemeinsam gegeben sein müssen. Dies ist einmal die starke Konzentration zur Milchstraßenebene, wie dies ja auch aus der nebenstehenden Tabelle hervorgeht. Die Ausrichtung zur Ebene ist um so stärker, je jünger die Haufen sind. So können denn auch die offenen Sternhaufen – man nennt sie auch galaktische Haufen – wie die Assoziationen als Indikatoren für die nähere Spiralstruktur unseres Sternsystems benutzt werden.

Räumliche Verteilung der offenen Haufen

Abstand von der galaktischen Ebene (Parsec)	0	100	200	300	400	500
Dichte (Haufen pro kpc³)	400	120	30	15	8	4

Die Hertzsprung-Russell-Diagramme offener Sternhaufen können voneinander sehr verschieden aussehen, je nach dem Alter des Haufens und der Anzahl seiner Sterne. Die Alter der offenen Haufen streuen zwischen wenigen Millionen und fünf Milliarden Jahren (s. 9.4.1), im Mittel betragen sie etwa 50 Millionen Jahre. Vom Alter des Haufens hängt es ab, wo das linke

Auswahl einiger offener Sternhaufen und Bewegungshaufen

Name	galaktische Koordinaten l	b	Ent- fernung [pc]	Durchmesser Winkel [']	linear [pc]	Gesamt Helligkeit [m_{vis}]	Anzahl der Sterne	Stern- dichte [pc^{-3}]
M 11	27	− 3	1 700	12	6	6,3	80	83
M 16	17	+ 1	2 000	8	5	6,6	40	
M 21	8	0	900	12	3	6,8	40	
M 34	144	− 16	480	30	5	5,6	60	
M 36	174	+ 1	1 270	17	6	6,3	50	
M 37	178	+ 3	900	25	7	6,1	200	10
M 38	173	+ 1	980	18	5	7,0	100	0,7
M 39	92	− 2	255	30	2	5,1	20	
M 67	216	+32	830	17	4	6,5	80	
M 103	128	− 2	2 100	7	4	6,9	30	
h Persei	135	− 4	2 200	30	19	4,1	300	1
χ Persei	135	− 4	2 300	30	20	4,3	240	1
Plejaden	167	−24	126	120	4	1,3	120	1,5
Hyaden	179	−24	40,8	400	5	0,6	100	0,4
Praesepe	206	+32	159	90	4	3,7	100	4
Ursa Major	110	+50	22	1 000	7	− 0,2	100	0,4
S Mon	203	+ 2	800	30	7	4,3	60	

obere „Knie" der Hauptreihe liegt, oberhalb dessen sich die Sterne bereits merklich von der Hauptreihe wegentwickelt haben (s. 9.3.2). Jedoch hängt es von der Anzahl der Haufen-sterne ab, ob die Hauptreihe überhaupt so hoch hinauf mit Sternen besetzt ist. Ist die Umgebung des Knies noch sehr stark mit Sternen besetzt, so sind auch meist einige Rote Rie-sen zu beobachten. In den Hyaden, die relativ dicht vor uns liegen, sind auch einige Weiße Zwerge entdeckt worden. Zwischen dem Knie und den Roten Riesen befindet sich die sogenannte Hertzsprung-Lücke (s. 7.7), in der fast nie Sterne anzutreffen sind. Das bedeutet, daß die dazwischenliegende Phase der Sternentwicklung relativ schnell durchlaufen wird. Variable Sterne werden fast nie in offenen Haufen beobachtet; einige wenige Cepheiden (s. 8.1.1) sind Haufenmitglieder.

Offene Haufen, vor allem, wenn sie sehr jung sind, stehen oft in Verbindung mit leuchtenden Gasnebeln. Ein Beispiel dafür sind die Plejaden, deren hellste Sterne von feinen, zirrusarti-gen Nebeln umgeben sind.

Offene Sternhaufen sind wegen ihrer Konzentration, d. h. we-gen ihres geringen linearen Durchmessers, leichter im allge-meinen Sternfeld zu finden als Assoziationen. Ihre Entdek-kungswahrscheinlichkeit hängt von zweierlei ab: vom Alter des Haufens und von seiner Entfernung. – Ein älterer Haufen, der z. B. 2 700 Millionen Jahre alt ist, ist längs seiner Haupt-reihe nur bis herauf zum Spektraltyp F0 besetzt. Liegt er inner-halb der Ebene des Milchstraßensystems und in 100 pc Entfer-nung, so ist die Flächendichte seiner hellsten Sterne gerade

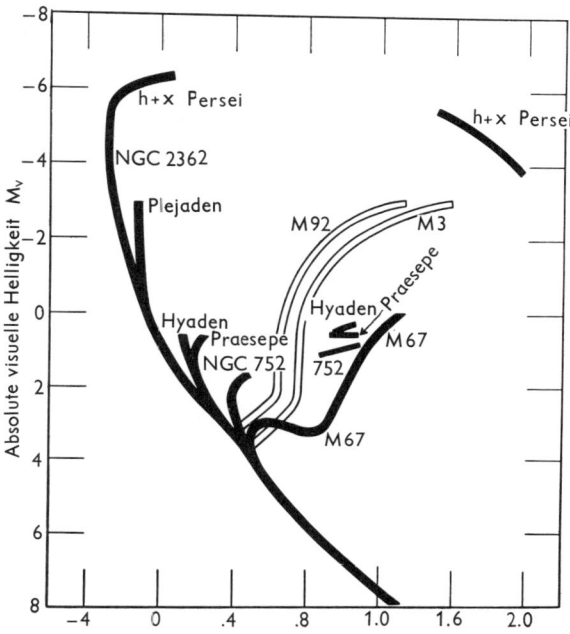

Schematische Hertz-sprung-Russell-Dia-gramme einiger offener Haufen, verglichen mit den Kugelhaufen M3 und M92 (nach Sandage); s. auch 7.7

10mal so groß wie die der gleichhellen Feldsterne; er ist somit noch recht auffällig. Seine Hauptreihe dürfte sich noch bis herab zu etwa G7 verfolgen lassen, von da ab überwiegt die Flächendichte der Feldsterne. Liegt der gleiche Haufen jedoch in 1 000 pc Entfernung, so ist die Flächendichte seiner hellsten Sterne nur 2,3mal größer als die der gleichhellen Feldsterne, und der Haufen würde nur als eine zufällige Verdichtung des Feldes betrachtet werden. Ein jüngerer Haufen dagegen würde sich auch in 1 000 pc Entfernung noch deutlich vom Feld abheben, und seine Hauptreihe wäre etwa bis F9 zu verfolgen.

Einige offene Sternhaufen stehen so dicht bei uns, daß ihre Sterne sich über einen weiten Bereich der Sphäre verteilen und daher schwer von den Feldsternen zu unterscheiden sind. Sie fallen dann nur dadurch auf, daß alle Mitglieder des Haufens untereinander etwa die gleiche räumliche Geschwindigkeit besitzen, während die Geschwindigkeiten der Feldsterne über einen weiten Bereich streuen. Meist kennt man nicht die räumlichen Geschwindigkeiten, sondern nur die Eigenbewegungen der Sterne an der Sphäre (s. 7.5.2). Die Zusammengehörigkeit des Haufens äußert sich dann dadurch, daß alle Eigenbewegungen seiner Mitglieder auf ein und denselben Punkt der Sphäre zeigen.

Sternhaufen, deren Mitglieder man weniger durch ihre auffällige räumliche Konzentration zu einem Haufenzentrum findet, als durch die Gleichartigkeit ihrer Bewegungen, nennt man Bewegungshaufen. Aus größerem Abstand betrachtet, würden die meisten Bewegungshaufen ganz normale offene Sternhau-

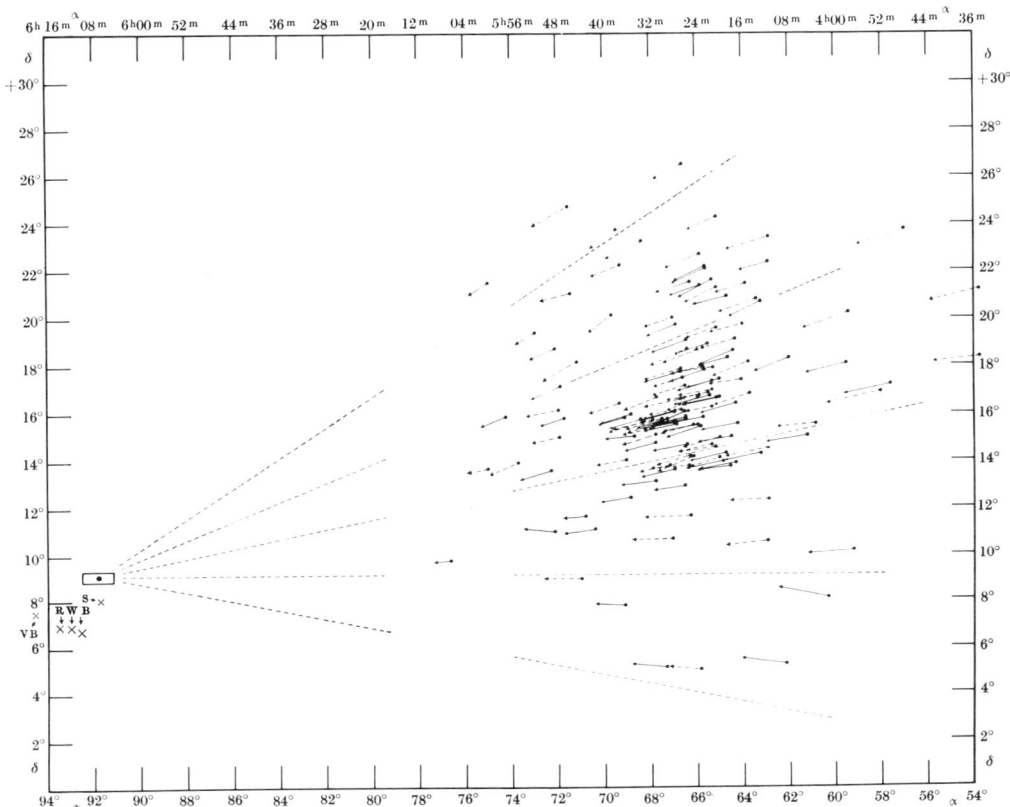

Der Bewegwngshaufen der Hyaden. Die Eigenbewegungen der
einzelnen Sterne sind nach Größe und Richtung in ihren Posi-
tionspunkten aufgetragen. Sie weisen alle nach einem entfernt
liegenden Konvergenz- oder auch Fluchtpunkt. Durch die gleiche
Bewegungsrichtung wird die Zusammengehörigkeit dieser
Hyaden-Sterne erkennbar

fen darstellen. Eine Ausnahme ist der Ursa-Major-Haufen, der
kein dichteres Zentrum erkennen läßt, und der, aus der Entfernung betrachtet, überhaupt nicht als Haufen auffallen würde.
(Die meisten hellen Sterne des Großen Bären sind Mitglieder
dieses Bewegungshaufens.) Er scheint sich im Stadium fort-
geschrittener Auflösung zu befinden. Beispiele mit gut sicht-
barem Zentrum sind die Plejaden (das Siebengestirn) und die
Hyaden (Sterngruppe um Aldebaran im Stier), deren hellste
Sterne auch mit bloßem Auge gut zu sehen sind. Weitere Beispiele sind die Bewegungshaufen um Praesepe und im Perseus.
Die Spalte „Dichte" der vorstehenden Tabelle (Sterne pro pc^3)
bezieht sich auf das Zentrum des Haufens. Zum Vergleich: Die
Dichte in Sonnenumgebung beträgt 0,09 Sonnenmassen/pc^3.
Die hier aufgeführten Werte für Dichte und Anzahl sind nur

untere Grenzen; die meisten der Haufen dürften eine noch
sehr viel größere Anzahl an lichtschwächeren Sternen enthalten.

Farbenhelligkeitsdiagramm der Hyaden

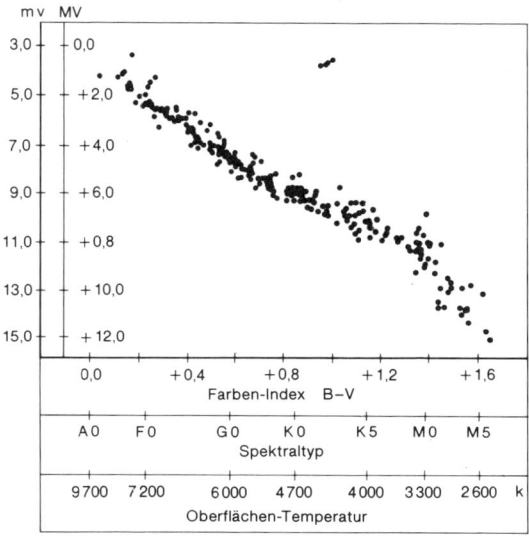

12.2.3 Kugelförmige Sternhaufen

Im Hertzsprung-Russell-Diagramm der Kugelhaufen ist die Hauptreihe nur noch bis zur absoluten Helligkeit $M = +3,5$ mit Sternen besetzt. Alle helleren Sterne, d. h. Sterne mit mehr als 1,3 Sonnenmassen haben die Hauptreihe bereits infolge ihrer Entwicklung verlassen (s. 9.3.2). Die Kugelhaufen sind somit die ältesten Objekte, die wir kennen. Ihr Alter beträgt nach neueren Abschätzungen über 10 Milliarden Jahre.

Daten über kugelförmige Sternhaufen

Anzahl der Sterne in Kugelhaufen	100 000...10 000 000
mittlere integrale Spektralklasse	F 8
mittlerer integraler Farbenindex	
Korr. wegen Raumrötung	$B - V = +0,6$
mittlere visuelle absolute Helligkeit	$M_{vis} = -8,1$
geschätzte Anzahl der Kugelhaufen	
des Milchstraßensystems	500

Vermutlich sind sie in einem Frühstadium des Milchstraßensystems entstanden, als die Galaxis noch eine etwa runde, turbulente Gasmasse war. Hierfür sprechen Alter, räumliche Verteilung und Geschwindigkeiten der Kugelhaufen.
Die Riesensterne der Kugelhaufen haben alle etwa 1,3 Sonnenmassen oder nur wenig mehr. Sie gliedern sich in zwei Äste: einen aufsteigenden rechten Ast und einen waagerechten Ast, der in seiner linken Hälfte (bei allen Kugelhaufen etwa an der gleichen Stelle) ein schmales Gebiet hat, in dem nur Variable liegen. Gelegentlich werden auch an der obersten

Spitze des aufsteigenden Astes einige Variable beobachtet. Die Riesen und Variablen befinden sich in fortgeschrittenen Stadien der Entwicklung. – Die Hertzsprung-Russell-Diagramme der verschiedenen Kugelhaufen zeigen nur geringfügige Abweichungen voneinander.

Das beobachtete Hertzsprung-Russell-Diagramm des Kugelsternhaufens M 3

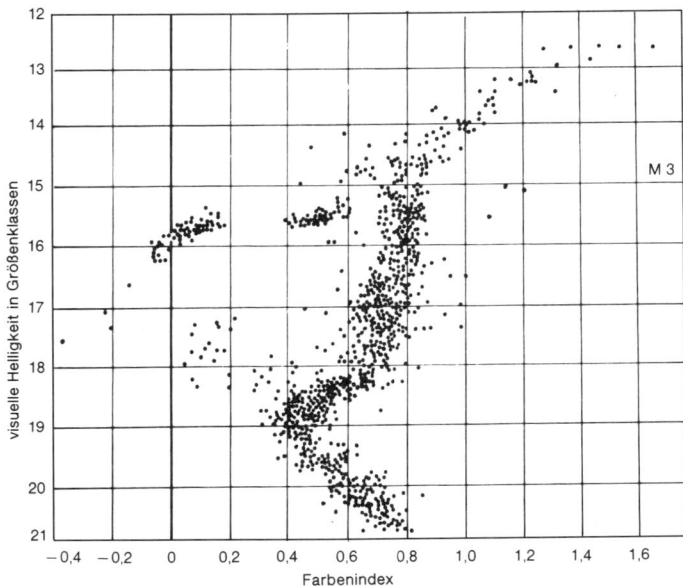

Räumliche Verteilung der Kugelhaufen

R	ϱ
0 − 2	270
2 − 4	47
4 − 6	30
6 − 8	6,4
8 − 10	4,9
10 − 15	1,0
15 − 20	0,31
20 − 30	0,088
30 − 40	0,019

R = Abstand vom Zentrum des Milchstraßensystems (kpc),
ϱ = Dichte (Kugelhaufen pro tausend kpc³).

Die Kugelhaufen enthalten nur Sterne, keine nachweisbaren Mengen von Gas. Man darf annehmen, daß alles Gas, das in ihnen anfangs bei der Sternentstehung noch übriggeblieben war oder das im Laufe der fortgeschrittenen Entwicklung von Sternen wieder abgestoßen wurde, bei jedem Durchpendeln des Haufens durch die Ebene des Milchstraßensystems aus dem Haufen (durch die Gasmassen) „herausgefegt" worden ist.

Die Kugelhaufen sind über den Halo des Milchstraßensystems verteilt. Ihre Häufigkeit nimmt vom Zentrum des Milchstraßensystems nach außen schnell, aber gleichmäßig ab (s. Tabelle). Auch in sehr großer Entfernung sind noch einige Kugelhaufen zu sehen.

Im Inneren der Kugelhaufen stehen die Sterne relativ dicht beieinander. Die Dichte im Zentrum von M3 dürfte etwa 1000mal größer sein, als die Dichte der Feldsterne in Sonnenumgebung. Die Massen der Kugelhaufen sind nur selten und nicht sehr genau bekannt (s. 12.2) und liegen zwischen einigen hunderttausend und einigen Millionen Sonnenmassen.

Nicht nur unser Milchstraßensystem, auch andere Sternsysteme sind von einem Halo von Kugelhaufen umgeben. Beim Andromedanebel sind etwa 200 Kugelhaufen beobachtet worden.

12.2 Sternhaufen

Auswahl einiger Kugelhaufen
(Var = Anzahl der Variablen, RG = Radialgeschwindigkeit.)

Name	galaktische Koordinaten l	b	Durchmesser Winkel [']	linear [pc]	Entfernung [kpc]	vis. Helligkeit [m_{vis}]	RG. [km/s]	Var
47 Tuc	306	−45	7,6	10	4,6	4,01		11
NGC 2419	180	+25	1,9	32	58	10,7	+ 14	36
M 68	300	+36	2,2	8	11,8	8,31	−116	31
M 53	333	+80	2,9	19	23	7,76	−112	43
ω Cen	309	+15	14,2	20	4,8	3,57		164
M 3	42	+79	3,4	13	13	6,38	−150	187
M 4	351	+16	9,8	9	3,0	5,91		43
M 5	4	+47	4,5	12	9,2	5,93	+ 45	97
M 13	59	+41	4,8	11	8,2	5,87	−228	10
M 12	16	+12	6,9	14	6,8	6,72	+ 36	1
M 62	354	+ 7	3,3	8	8,5	6,66	− 81	26
M 19	357	+10	3,5	7	7,3	6,88	+102	4
M 92	68	+35	3,3	10	10	6,53	−118	16
M 22	10	− 8	10	9	3,1	5,09	−148	24
M 55	9	−23	8,2	16	6,8	6,30		6
NGC 7006	64	−19	1,2	17	48	10,68	−348	40
M 15	65	−27	2,8	11	13	6,36	−114	93

12.2.4 Leuchtkraftfunktion und Masse von Sternhaufen

Die Leuchtkraftfunktion gibt die Verteilung der absoluten Helligkeiten an. Sie ist definiert als die Anzahl von Sternen pro Größenklasse. Für die Sterne der Sonnenumgebung z. B. kennt man die Leuchtkraftfunktion bis herunter zu den Sternen 14. Größe, einige Abschätzungen gehen auch bis zu noch schwächeren Sternen. Soweit die Leuchtkraftfunktion gut bekannt ist, steigt sie immer weiter an in Richtung der schwachen Sterne. Das heißt, die Häufigkeit der Sterne ist um so größer, je weniger hell sie sind, und die hellsten Sterne sind am seltensten.

Betrachtet man nur die Sterne der Hauptreihe, so besteht ein eindeutiger Zusammenhang zwischen der absoluten Helligkeit und der Massen (s. 7.8.2). Die Leuchtkraftfunktion gibt also zugleich auch die Verteilung der Massen der Sterne an. Kennt man die Leuchtkraftfunktion einer Gruppe von Sternen, so läßt sich damit auch die Gesamtmasse des Systems aufsummieren.

Bei den Sternhaufen liegt die Schwierigkeit darin, daß sie meist sehr weit entfernt sind, so daß ihre schwächeren Sterne nicht mehr sichtbar sind:

	ist nur bekannt bis höchstens:
offenen Haufen	$M_v = +10$
Assoziationen	− 1
Kugelhaufen	+ 5

Nur in Ausnahmefällen reichen die Messungen so weit wie hier aufgeführt, aber auch dann reichen sie nicht aus, um die Gesamtmasse eines Sternhaufens zu bestimmen. Nimmt man versuchsweise an, daß die Fortsetzung der Leuchtkraftfunktion zu den schwächeren Sternen in den Sternhaufen genauso verläuft wie bei den Feldsternen der Sonnenumgebung, so ergeben sich als Mittelwerte etwa:

offene Haufen	1 000 Sonnenmassen,
Assoziationen	2 000 Sonnenmassen,
Kugelhaufen	1 000 000 Sonnenmassen.

Es gibt noch eine zweite Methode, die Masse eines Haufens zu bestimmen. Kennt man die mittlere Geschwindigkeit der Sterne, die sie in bezug auf den Haufen besitzen, so läßt sich die Anziehungskraft des Haufens berechnen, die gerade nötig ist, um die Sterne am Davonfliegen zu hindern. Aus dieser Kraft errechnet sich die Masse des Haufens. Diese Methode ist nicht anwendbar auf Assoziationen, weil deren Sterne zum Teil wirklich davonfliegen. Ihre Anwendung ist schwierig bei offenen Haufen, weil deren Sterne nur sehr kleine Relativgeschwindigkeiten gegenüber dem Haufen besitzen (höchstens bis 1 km/s), aber sie ist auch schwierig bei Kugelhaufen wegen deren großen Entfernungen, obwohl hier die Geschwindigkeiten etwa 10 km/s betragen. Die folgende Tabelle zeigt einige Ergebnisse, zusammen mit den Abschätzungen aus der Leuchtkraftfunktion:

Massenbestimmung nach zwei Methoden

	Leuchtkraftfunktion	Geschwindigkeiten	Anzahl der sichtbaren Sterne
Plejaden	550 Sonnenmassen	480 Sonnenmassen	120 Sterne
Praesepe	690 Sonnenmassen	850 Sonnenmassen	100 Sterne
M 92	200 000 Sonnenmassen	140 000 Sonnenmassen	10 000 Sterne

Beide Methoden stimmen zwar nicht genau, aber doch einigermaßen überein. Man darf also annehmen, daß in den Sternhaufen, ähnlich wie in Sonnenumgebung, noch eine große Anzahl lichtschwacher Sterne vorhanden ist.

13 Das Milchstraßensystem

Könnten wir das Sternsystem, in welchem unsere Sonne steht, und das wir daher nur von innen kennen, von außen aus großer Entfernung sehen, so würden wir es wahrscheinlich als eine Spiralgalaxie vom Typ Sb (s. 14.3) klassifizieren, möglicherweise als einen Übergangstyp zu Sc. Diese Feststellung, für die bei extragalaktischen Systemen nicht viel mehr erforderlich wäre als die Beurteilung einer Aufnahme, war für unsere eigene Galaxie das Ergebnis intensiver und vielfältiger Untersuchungen. Natürlich werden dabei auch Details erkannt, die bei anderen Galaxien nicht beobachtbar wären, insofern hat der Blick von innen auch seine Vorteile. Viele der so gewonnenen Erkenntnisse lassen sich auf andere Spiralgalaxien übertragen, so daß die extragalaktische Forschung und die Erforschung der Struktur unseres Milchstraßensystems sich in besonderer Weise ergänzen.

13.1 Die Gestalt des Milchstraßensystems

Die ersten Überlegungen bezüglich der Gestalt unseres Sternsystems sind sehr einfach und direkt: Wir gehen davon aus, daß

a) das Band der Milchstraße die Himmelskugel etwa längs eines Großkreises umschließt, daß

b) es sich im Teleskop in unzählige schwache Einzelsterne auflösen läßt, und daß

c) die nahen, hellen Sterne etwa gleichmäßig an der Sphäre verteilt sind.

Wir schließen hieraus, daß wir uns nahezu in der Symmetrieebene eines flachen, seitlich weit ausgedehnten Sternsystems befinden. Dies waren auch die wesentlichen Schlußfolgerungen, die Kapteyn um die Jahrhundertwende aus den Beobachtungen zog. Er erweiterte sie durch die – wie sich später herausstellte – falsche Vorstellung, daß sich die Sonne in der Mitte eines derartigen scheibenförmigen oder ellipsoidischen Systems befände. Heute ist klar, daß es die Absorption im interstellaren Medium ist, welche die Sicht in der Ebene der Scheibe nach allen Richtungen etwa gleichförmig begrenzt und so den Anschein aufkommen läßt, die Sonne befände sich im Mittelpunkt des Systems.
Durch Beobachtungen von Kugelhaufen (auch in höheren galaktischen Breiten und die Bestimmung ihrer Entfernungen mit Hilfe der Perioden-Leuchtkraft-Beziehung der Cepheiden (s. 8.2.3)) hat Shapley 1918 gezeigt, daß das Zentrum des Systems der Kugelhaufen und damit auch des galaktischen Systems in etwa 8 . . . 10 kpc Entfernung in Richtung des Sternbildes Sagittarius liegt. Damit waren die Umrisse des Milchstraßensystems im groben abgesteckt.

Senkrecht zur galaktischen Ebene, der Symmetrieebene des Milchstraßensystems, fällt die Dichte der Sterne rasch ab. Im Gegensatz hierzu steht das Verhalten in der galaktischen Ebene selber. Hier sind einem langsamen Abfall mit zunehmender Entfernung vom galaktischen Zentrum Schwankungen überlagert, welche als Spiralarme gedeutet werden können.

Nach Kapteyn befindet sich die Sonne (⊙) etwa im Zentrum eines flachen Sternsystems

Shapley hat gezeigt, daß das Zentrum (×) des Systems des Kugelsternhaufens ○, und damit vermutlich auch das Zentrum des gesamten Sternsystems, in etwa 10 kpc Entfernung zur Sonne (⊙) liegt

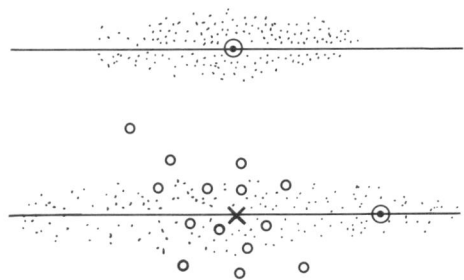

Sternzählungen, auf denen diese Aussage beruht, sind wegen der starken Absorption durch interstellare Materie nur bis zu einer Entfernung von etwa 2 kpc möglich. In größeren Entfernungen kann zwar die Dichte des interstellaren Mediums noch durch die Beobachtung der 21-cm-Linie bestimmt werden, die Gesamtdichte, also Sterne plus interstellarer Materie, ist jedoch nur noch indirekt aus der Rotationsgeschwindigkeit der Galaxie (s. 13.2) zu erschließen.

Folgende Tabelle gibt einen ungefähren Anhalt für den Dichteverlauf in der galaktischen Scheibe.

Südliche Milchstraße von Vela bis Sagittarius. (Zwei Aufnahmen mit Weitwinkelobjektiv von H. Vehrenberg)

Die Spiralstruktur ist relativ schwierig nachzuweisen, da sie in der allgemeinen Sterndichte nur schwach ausgeprägt ist. Viel deutlicher kann sie an den jungen O- und B-Sternen, den H II-Regionen, und an den jungen Sternhaufen (s. 9.4) erkannt werden. So verwendet man diese Objekte als Spiralarmindikatoren. Mißt man ihre Entfernungen und trägt diese zusammen mit ihren galaktischen Längen (s. 1.3) in ein Diagramm ein (siehe Abbildung), so erkennt man einigermaßen deutlich Abschnitte von drei Spiralarmen. Sie werden nach den Sternbildern bezeichnet, in denen sie vorwiegend gesehen werden: der Perseus-Arm (rechts oben), der Orion-Arm, der – da er die Sonne enthält – auch als lokaler Arm bezeichnet wird, und der Sagittarius-Arm (links unten).

Relativ wenig Aufschluß über die Spiralstruktur gibt die Flächenhelligkeit der Milchstraße. Sie ist zu sehr durch die Verteilung dunkler, also absorbierender interstellarer Materie beeinflußt.

Sehr viel deutlicher sind dagegen die Spiralarme an der Verteilung des interstellaren neutralen Wasserstoffs, wie sie aus der Beobachtung der 21-cm-Linie abgeleitet wurde, zu erkennen (s. 10.2.1).

Aber auch diese Methode der Bestimmung der Lage der Spiralarme hat ihre Schwierigkeiten, die daher rühren, daß die Entfernung der Gasmassen, welche die 21-cm-Linie emittieren, nur sehr indirekt aus den Dopplerverschiebungen der Linie erschlossen werden können. Man muß hierfür den Bewegungszustand des interstellaren Mediums kennen, also in erster Linie die Rotationsgeschwindigkeit in Abhängigkeit vom Abstand zum galaktischen Zentrum, kurz, das Rotationsgesetz. Die Tatsache, daß sich in der Abbildung die Materie

Abstand vom Zentrum [kpc]	Dichte (Sterne und interstellares Medium) $[10^{-24} \text{ g/cm}^3]$
0	200
2	120
4	40
6	20
8	6
10	2
12	0,5

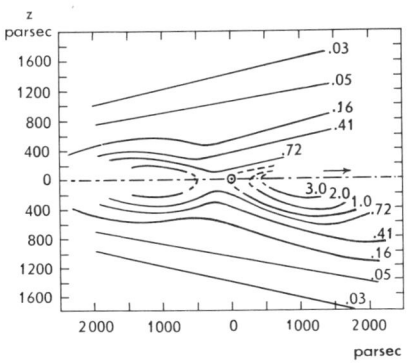

*Linien gleicher Stern-
dichte in einem Schnitt,
der senkrecht auf der
galaktischen Ebene
steht und durch die
Sonne (☉) und durch
das galaktische Zen-
trum (in Pfeilrichtung)
geht. Die Dichte in
Sonnenumgebung ist
gleich 1 gesetzt worden
(nach Oort)*

eher in Kreisen um das galaktische Zentrum zu ordnen scheint als in Spiralen, dürfte möglicherweise auf die Annahme eines falschen Geschwindigkeitsfeldes zurückzuführen sein. Die Ansichten über die Ursache der Spiralstruktur haben sich mit der Zeit gewandelt. Während man diese Erscheinung früher primär als Folge der turbulenten Strömungen des interstellaren Gases in Verbindung mit der differentiellen Rotation (innen schneller als außen, s. 13.2) der Galaxie zu verstehen suchte, geht man heute davon aus, daß es sich hier vorwiegend um eine Erscheinung der Stellardynamik handelt.

*Maximalwerte der Flä-
chenhelligkeit der
Milchstraße im visuel-
len Licht (bei 5 500 Å)
in Abhängigkeit von der
galaktischen Länge*

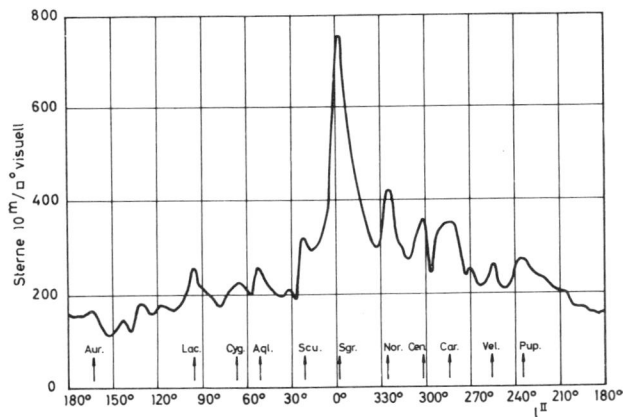

Man konnte zeigen, daß die Verteilung der Sterne, die um ein gemeinsames Massenzentrum gleichsinnig umlaufen, nicht gleichförmig zu sein braucht, wenn man die wechselseitigen Anziehungen der Sterne in den Rechnungen mit berücksichtigt. Es erscheint insbesondere möglich, daß – wegen der Symmetrie des Systems und der gleichsinnigen Rotation – Dichtestörungen von Spiralstruktur besonders leicht auftreten können. Allerdings ist es bisher nicht gelungen, diese vorzugsweise von Lin vertretene Theorie im Sinne einer Störungstheorie so weit durchzuführen, daß beispielsweise die Anwachsraten für verschiedene Störungstypen wirklich berechnet werden konnten. Geht man nichtsdestoweniger von diesen Vorstellungen aus, so hat man anzunehmen, daß auch das Gravitationsfeld der Galaxie eine Störung von spiraliger Struktur hat, und daß diese sich dann in der Verteilung des interstellaren Gases besonders stark bemerkbar macht. Die starke Bevorzugung der Bereiche mit niedrigstem Gravitationspotential (in unserem Fall also der Spiralarme) durch das Gas, die ja ihren Ausdruck auch in der Tatsache findet, daß das interstellare Gas in unserer Galaxie ein besonders flaches System bildet (s. 10.7), rührt von den starken Reibungsverlusten der turbulenten Strömungen her. Die höhere Gaskonzentration in den Armen macht diese dann zu Bereichen hoher Sternentstehungsraten und damit zu optisch auffälligen Gebilden.

Verteilung der jungen galaktischen Sternhaufen ● der H II-Regionen ○ und der Sternhaufen mit H II-Regionen ⊙ in der Milchstraßenebene. Die Sonne befindet sich im Mittelpunkt des Koordinatensystems. l = 0 ist die Richtung zum galaktischen Zentrum

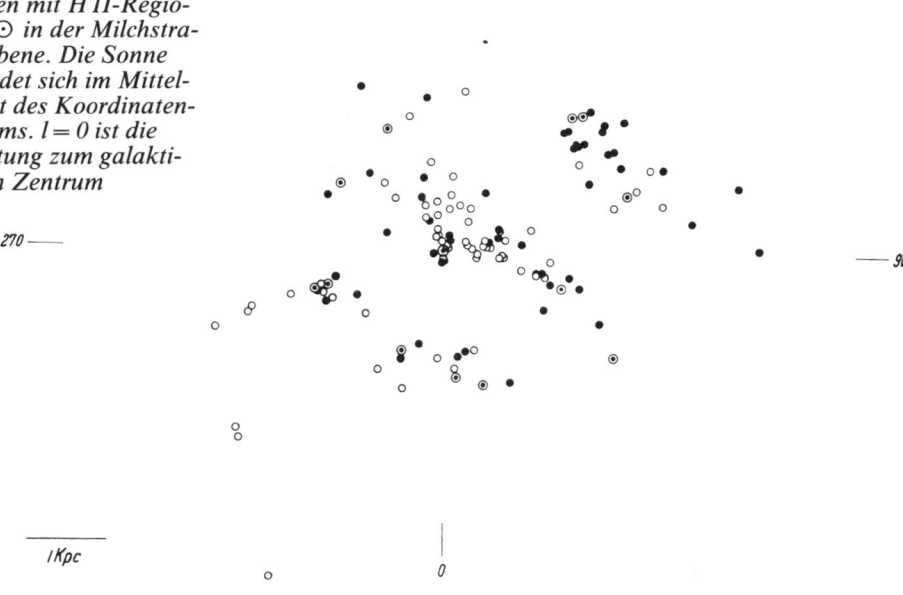

Die Spiralarme stellen jedoch nur einen kleinen Teil der Masse der Scheibe dar, sie fallen nur so stark auf durch ihre vielen extrem hellen jungen Sterne und die von ihnen beleuchteten Gasnebel. Die weit größere Masse der älteren Sterne ist gleichmäßig über die Scheibe verteilt, hat jedoch ihre ehemals hellen Sterne inzwischen durch die Sternentwicklung wieder verloren (s. 9.4).

Das Spiralsystem ist eingebettet in eine größere, etwa kugelförmige „Wolke" geringer Dichte, den sogenannten Halo. Ihm gehören die Kugelhaufen an, aber auch viele einzelne Sterne. Unter ihnen sind besonders die RR-Lyrae-Sterne bekannt und näher untersucht (s. 8.1.1). Der Halo trägt möglicherweise den überwiegenden Teil zur Gesamtmasse des Milchstraßensystems bei.

13.2 Die Rotation des Milchstraßensystems

Die ganze Scheibe des Milchstraßensystems rotiert um die Symmetrieachse. Sie rotiert jedoch nicht wie ein starrer Körper, sondern jeder einzelne Stern des Systems durchläuft seine eigene Bahn, die – wie die Beobachtung zeigt – nahezu kreisförmig das Zentrum des Milchstraßensystems umschließt. Für Sterne in verschiedenen Abständen von diesem Zentrum sind die Umlaufgeschwindigkeiten unterschiedlich, da die Bewegung eines jeden Sternes der Bedingung genügen muß, daß die Zentrifugalkraft aufgrund seiner kreisförmigen Bahnbewegung gerade im Gleichgewicht steht mit der Gravitationskraft, die von der Gesamtheit aller anderen Sterne ausgeübt wird. Dieser allgemeinen galaktischen Rotation, die von der Größenordnung 100 bis 200 km/s ist, sind die meist viel kleineren Peculiarbewegungen der Sterne überlagert.

In unserer näheren Umgebung (bis etwa 2 kpc Entfernung) kann das Verhalten der Rotationsgeschwindigkeit durch Messung der Radialgeschwindigkeiten und der Eigenbewegungen vieler Sterne und anschließende Mittlungen (bei dem sich der Anteil der Peculiarbewegungen im wesentlichen heraushebt) erhalten werden. Für größere Entfernungen ist man auf radioastronomische Beobachtungen, insbesondere der 21-cm-Linie (s. 10.2.1), angewiesen. In der folgenden Tabelle sind beide Arten von Beobachtungen berücksichtigt.

Abstand vom Zentrum [kpc]	Rotations- geschwindigkeit [km/s]	Dauer eines Umlaufs [10^6 Jahre]
0,84	137	38
1,90	174	67
2,93	196	92
3,90	209	115
6,13	225	168
8,20	217	234
10	195	316
12	175	422
15	150	616
20	127	980

13.3 Die Masse des Milchstraßensystems

Es wurde bereits die Bedingung genannt, daß für jeden Stern auf seiner Kreisbahn um das galaktische Zentrum Gleichgewicht bestehen muß zwischen der Fliehkraft und der von allen anderen Sternen ausgeübten Anziehungskraft. Wegen dieser

Bedingung kann aus dem Verhalten der Rotationsgeschwindigkeit in Abhängigkeit vom Abstand zum Zentrum – also aus dem Rotationsgesetz – auf die Massenverteilung im Milchstraßensystem und damit letztlich auch auf seine Gesamtmasse geschlossen werden. Es ist dabei so, daß die Geschwindigkeit, mit der irgendeine, beliebig herausgegriffene Bahn durchlaufen wird, im wesentlichen bestimmt ist durch den Massenanteil, den sie umschließt.

Bestimmungen der Massenverteilungen nach diesem Prinzip sind leider nicht eindeutig, sondern geben Raum für gewisse Annahmen oder schematisierende Modellvorstellungen. Die folgende Figur zeigt ein derartiges Modell der Massenverteilung im Milchstraßensystem, das mit den gemessenen Rotationsgeschwindigkeiten bis zu einem Zentrumsabstand von etwa 15 kpc verträglich ist.

Würden die weit außen liegenden Massen im wahren Sinne des Wortes „nicht mehr ins Gewicht fallen", so müßten von dort an die Bahngeschwindigkeiten entsprechend dem dritten

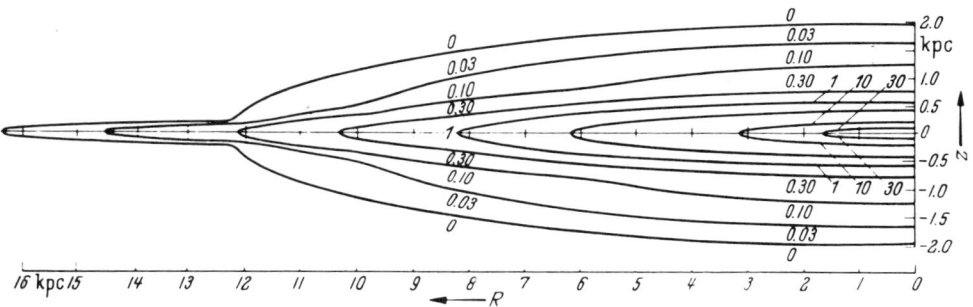

Die Dichteverteilung im Milchstraßensystem wie sie von M. Schmidt aus der Rotation abgeleitet wurde. Die Dichte in der Sonnenumgebung wurde gleich eins gesetzt

Keplerschen Gesetz (s. 3.2.1) mit $1/\sqrt{r}$ ($r =$ Abstand vom Zentrum) abnehmen. Ein derartiges Verhalten ist aber weder bei unserem Milchstraßensystem (die Rotationsdaten sind hier noch sehr unsicher) noch bei anderen Spiralgalaxien festgestellt, eher die Tendenz zu nahezu konstanten Rotationsgeschwindigkeiten. Ein analoges Verhalten der Rotationskurven hat man auch bei anderen Spiralgalaxien gefunden (s. 14.6.1). Man muß hieraus den Schluß ziehen, daß auch in sehr großen Abständen vom Zentrum unseres Milchstraßensystems noch merkliche Bruchteile der Gesamtmasse liegen.

Es ist völlig unklar, in welcher Form diese Materie vorliegt. Man hat sie bisher nicht durch Strahlung oder durch Absorption vom Licht nachweisen können. Falls es Sterne sind, so müßten diese außerordentlich lichtschwach sein. Man sollte aber auch andere Möglichkeiten in Betracht ziehen, z. B. die Existenz einer riesigen Neutrinowolke (wenn sich herausstellen sollte, daß die Neutrinos tatsächlich eine nicht verschwindende Ruhemasse haben). Für den Astronomen ist es auf jeden Fall eine Herausforderung, feststellen zu müssen, daß der wesentliche Teil der Masse in unserer Galaxie und evtl. im ganzen Kosmos für ihn unsichtbar ist.

13.4 Sternpopulationen

Die Beobachtungen zeigen, daß der bereits erwähnte Abfall der Sterndichte in Z-Richtung, also in Richtung senkrecht zur galaktischen Ebene, für Sterne von verschiedenem Typus unterschiedlich ist. Es gilt offensichtlich die Regel: je jünger die Sterne sind, umso steiler ist der Abfall, umso stärker also die Konzentration zur galaktischen Ebene.

Eine unmittelbare Konsequenz der unterschiedlichen Verteilung der verschiedenen Sterntypen ist, daß die Zusammensetzung der „Sternbevölkerung" in unserem galaktischen System nicht überall gleichartig sein kann. Das Konzept einer „Sternbevölkerung" sollte sich als überaus fruchtbar erweisen. Baade führte 1944 diesen Begriff ein und prägte die Bezeichnung „Sternpopulation". Man kann sie etwa wie folgt definieren:

Eine Population umfaßt alle Sterne, deren räumliche Verteilung im Sternsystem, deren Bewegungsverhältnisse, aber auch deren chemische Zusammensetzung oder deren Alter ähnlich ist.

Baade unterschied die Population I, welche den wesentlichen Teil der Sterne in der Scheibe unseres Milchstraßensystems umfaßt, und die Population II, welcher die Sterne des galaktischen Halo zugehören. Diese Einteilung wurde beibehalten, aber seitdem erheblich verfeinert.

Mittlerer Abstand [kpc] verschiedener Komponenten des Milchstraßensystems von der galaktischen Ebene

Komponente	Z	Komponente	Z
OB-Assoziationen	0,05	K...M-Sterne	0,4
CO-Wolken	0,05	Planetarische Nebel, Novae	0,4
interstellarer molekularer Wasserstoff (H$_2$)	0,06	gal. Magnetfeld, kosmische Strahlung	0,35...0,75
Cepheiden	0,07	freie Elektronen	0,5...1,0
B...F-Sterne	0,08	gal. Röntgenquellen	0,6
diskrete Quellen von γ-Strahlung	0,1	intermediäre Pop II (langperiodische Variable)	0,7
A0-Sterne	0,12		
Pop I (allgemein)	0,12...0,16	RR-Lyrae-Sterne (kurzperiodisch)	0,9
interstellarer neutraler Wasserstoff (H I)	0,12	Pop II (allgemein)	2...4
Pulsare	0,23...0,38	RR-Lyrae-Sterne (langperiodisch)	3
H II-Gebiete	0,25	extreme Unterzwerge	3
F...G-Sterne	0,25	Kugelhaufen	2...10

In die folgende Tabelle sind außer dem Abstand von der galaktischen Ebene noch weitere, für die Populationen charakteristische Daten eingetragen.

Das Milchstraßensystem besteht also – wenn wir nur die groben Züge ins Auge fassen – aus zwei Sternsystemen: einem scheibenförmigen flachen System, das rotiert, und dem die

13.4 Sternpopulationen

	Halo-Population II	Zwischen-(Intermediäre-)Population II	Scheibenpopulation		Ältere Population I	Extreme Population I
wichtigste Mitglieder	Unterzwerge, Kugelhaufen, RR-Lyrae-Sterne (Perioden > 0ᵈ4)	Schnellläufer mit Geschwindigkeitskomponenten > 30 km/s senkrecht zur galaktischen Ebene (Spektraltyp F bis M), Langperiodische Veränderliche (Perioden < 250ᵈ Spektraltyp früher M5)	Planetarische Nebel, Novae, helle Rote Riesen, Sterne des galaktischen Kerns	Sterne mit schwachen Metallinien im Spektrum	Sterne mit starken Metallinien, A-Sterne, Me-Zwerge, normale Riesen	Interstellares Gas, OB-Sterne, Überriesen, Delta-Cephei-Sterne, T-Tauri-Sterne, junge galaktische Sternhaufen
mittlerer Betrag der Abstände von der galaktischen Ebene [pc]	2000	700	450	300	160	120
Achsenverhältnis	2	5	~25	–	–	100
mittlerer Betrag der Geschwindigkeitskomponente senkrecht zur galaktischen Ebene [km/s]	75	25	18	15	10	8
Konzentration zum Zentrum	stark	stark	stark	–	wenig	wenig
Verteilung	homogen	homogen	homogen	?	wolkig, Spiralarme	extrem wolkig, Spiralarme
Alter [10^9 Jahre]	12–15	10–15	10–12	2–10	0,1–2	0,1

Der Dichteabfall senkrecht zur galaktischen Ebene für verschiedene Spektraltypen. Dichte in der Ebene gleich 1 gesetzt

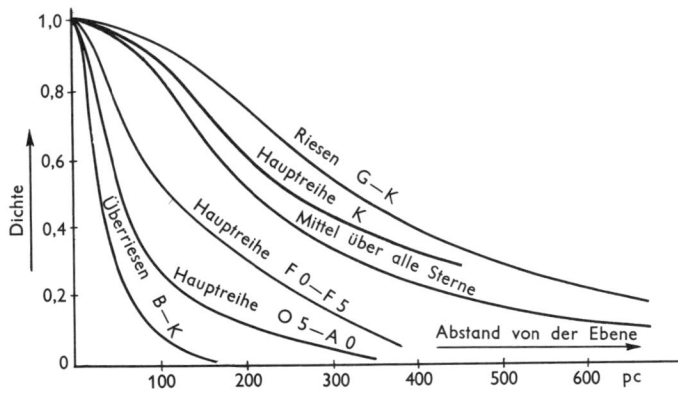

Schnelläufer in der Sonnenumgebung

Sterne der Population I zugehören, und einem mehr sphärischen System, das nicht rotiert und das die Sterne der Population II umfaßt. Beide Systeme durchdringen sich, so daß in der Umgebung der Sonne – die selber ein Stern der Population I ist – neben Sternen der Population I, die überwiegen, auch solche der Population II vorkommen sollten. Sie müssen daran erkennbar sein, daß sie nicht – wie wir – an der allgemeinen galaktischen Rotation teilhaben, sich also von uns aus gesehen rasch in Richtung gegen die allgemeine Rotation zu bewegen scheinen. Derartige Sterne sind tatsächlich beobachtet worden. Sie werden wegen ihrer hohen Relativgeschwindigkeiten als Schnelläufer bezeichnet.

Diese Zusammenhänge werden veranschaulicht, wenn man im sog. Bottlingerdiagramm die Raumgeschwindigkeiten der Sterne relativ zur Bewegung der sonnennahen Sterne aufträgt. U[km/s] ist die Geschwindigkeitskomponente in der galaktischen Ebene radial nach außen, V[km/s] die Komponente in Richtung der galaktischen Rotation.

In das Diagramm sind etwa 200 Schnelläufer aus der Sonnenumgebung eingetragen. Die durchweg negativen Werte von V zeigen, daß sie hinter der galaktischen Rotation (für die hier 250 km/s eingesetzt wurden) zurückbleiben. Bei $V = -250$ km/s würden die Sterne Pendelbahnen durch das Zentrum ausführen, bei noch stärkeren negativen Werten sogar gegen den allgemeinen Rotationssinn umlaufen. Eingezeichnet sind ferner Kurven gleicher Bahnexzentrizität ($e = 1$: Pendelbahn, $e = 0$: exakte Kreisbahnen) und Kurven gleichen Maximalabstandes R[kpc] vom Zentrum. $R = 10$ kpc ist der Abstand der Sonne. Sterne im Bereich $R > 40$ kpc sind nur noch schwach an das Milchstraßensystem gebunden und daher selten.

Der unterschiedliche Bewegungszustand der beiden Sternpopulationen wird auch an der Streuung der Raumgeschwindigkeiten deutlich:

Wenn die Sterne auf Kreisbahnen um das galaktische Zentrum umlaufen wie die der Population I, unterscheiden sich ihre Geschwindigkeiten nur wenig; die Streuung ist also gering. Bei den stark elliptischen Bahnen von Sternen der Population II können dagegen im gleichen Raumgebiet, etwa der Umgebung der Sonne, sehr unterschiedliche Geschwindigkeiten vorkommen, die Streuung ist entsprechend groß.

Wir sehen also, daß, wenn sich auch die beiden Systeme der Population I- und Population II-Sterne in der Scheibe durchdringen, es dennoch möglich ist, sie nach ihrem Bewegungsverhalten zu unterscheiden.

Streuung der Raumgeschwindigkeiten [km/s]	**Hauptreihensterne der Population I**		
	B0	15	
	A0	20	
	A5	24	
	F0	29	
	F5	36	
	G0	37	
	G5	39	
	K0	34	
	K5	43	
	M0	43	
	M5	42	

H I-Gebiete	10
klassische δ Cephei-Sterne	12
Kohlenstoff-Sterne	34
Weiße Zwerge	50
Planetarische Nebel	64
RR-Lyrae-Sterne	240...370
Unterzwerge mit abnehmender Häufigkeit der schweren Elemente zunehmend von	80 bis 250

Bottlingerdiagramm. Die eingetragenen Sterne sind nach ihrer Metallhäufigkeit unterschieden:

● *sehr geringe Metallhäufigkeit*
○ *etwas höhere Häufigkeit der Metalle*

Die metallreichen Sterne der Population I würden fast alle in dem schraffierten Bereich um U = 0 und V = 0 liegen.
Weitere Erläuterungen im Text

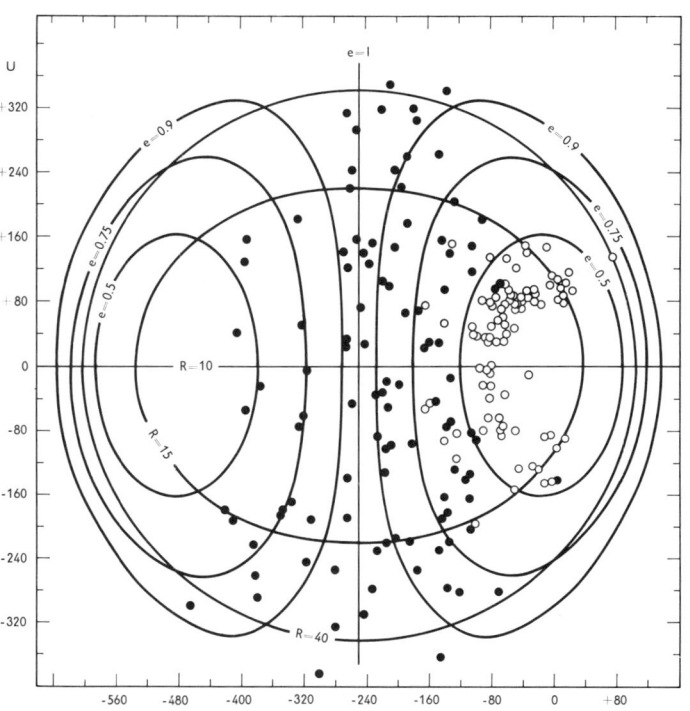

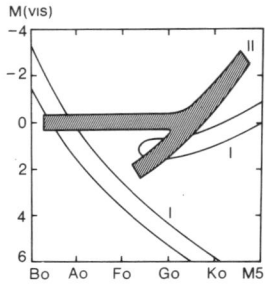

Schematisches HRD der Baadeschen Populationen: Population I: Die Hauptreihe ist bis zu den B- und O-Sternen besetzt. Population II: Ab F0 fehlen Hauptreihensterne vollständig. Die Riesenäste sind gegeneinander verschoben. Bei Population II gabelt sich der Riesenast von G0 an in einen horizontalen Ast, auf dem u. a. die RR-Lyrae Sterne liegen und einen auf die Hauptreihe zulaufenden Ast

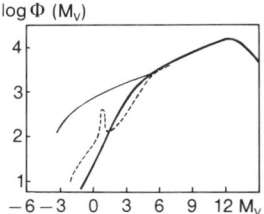

Die Leuchtkraftfunktion $\Phi(M_v)$ für Sterne der Population in der Sonnenumgebung

———,

die sehr jungen Sterne in den Plejaden ———,
die Sterne des Kugelhaufens M3 (Population II) -------.
Das Maximum etwas oberhalb $M_v = 0$ geht auf die Sterne des horizontalen Astes im HR-Diagramm zurück

Weiterhin unterscheiden sich die beiden Populationen auch durch das Alter der Sterne. Es ist bereits bemerkt worden, daß die jüngsten Sterne die stärkste Konzentration zur Scheibe zeigen. Sie sind also charakteristisch für die Population I. Der Population II fehlen dagegen junge Sterne vollständig. Dies wird beim Vergleich der HR-Diagramme (s. 7.7) und der Leuchtkraftfunktion beider Populationen deutlich.

Die beiden Populationen unterscheiden sich schließlich auch hinsichtlich ihrer chemischen Zusammensetzung. Diese wird üblicherweise beschrieben durch die Angabe der Anzahl n der Atomkerne einer bestimmten Ordnungszahl Z – welche das Element charakterisiert – die sich in einem bestimmten Volumen befinden. Die Normierung erfolgt meist so, daß $\log n$ Wasserstoff $= 12$ gesetzt wird. Alle Häufigkeitsangaben sind also auf die Häufigkeit des Wasserstoffs bezogen.

Am genauesten ist die chemische Zusammensetzung unseres Sonnensystems bekannt. Sie wird auch als normale Zusammensetzung bezeichnet, mit welcher dann die Zusammensetzung anderer Objekte verglichen wird.

Die Sterne der Population I, von den Mitgliedern der alten offenen Haufen bis zu den jungen OB-Sternen sowie das interstellare Gas haben im großen und ganzen dieselben Elementhäufigkeiten wie die $4,5 \cdot 10^9$ Jahre alte Sonne. Demgegenüber ist bei den Sternen der Population II das Verhältnis der Metalle zum Wasserstoff bis zu einem Faktor 100 ... 1000 geringer, wobei die relativen Häufigkeiten der Metalle untereinander im wesentlichen dieselben wie bei der normalen Mischung sind. (Der Sternspektroskopiker bezeichnet als „Metalle" alle Elemente schwerer als Helium.) Es besteht also eine Korrelation zwischen Alter und Metallhäufigkeit, die ältesten Sterne sind die metallärmsten.

In beiden Populationen gibt es Gruppen mit anomalen Häufigkeiten einzelner Elemente oder Elementgruppen, wie z. B. die Helium- und Kohlenstoffsterne, S-Sterne, Metallliniensterne oder peculiar A-Sterne (s. 7.7.4).

Aus der Verteilung der Elemente in der Galaxis läßt sich folgendes qualitatives Bild ableiten:

Die Oberfläche der meisten Sterne – die Schicht, für die allein Häufigkeiten spektroskopisch bestimmt werden können – hat noch dieselbe chemische Zusammensetzung, welche das interstellare Gas zu der Zeit hatte, als der Stern aus ihm entstand. Demnach hat sich der Metallgehalt des interstellaren Mediums seit Entstehung der Galaxis um einen Faktor 100 bis 1000 angereichert. Die Anreicherung war im wesentlichen bereits in den ersten 10^9 Jahren, den Geburtsjahren der Population II-Sterne, abgeschlossen, da schon die Zusammensetzung der alten Population I gleich der des heutigen interstellaren Gases ist.

Ein schwieriges Problem ist die Bestimmung der Heliumhäufigkeit in Sternen der Population II. Einerseits sind die noch nicht von der Hauptreihe wegentwickelten Sterne zu kühl für

Heliumlinien im Spektrum, andererseits befinden sich die heißeren Sterne in fortgeschrittenen Entwicklungsstadien, so daß ihre Atmosphärenzusammensetzung von der ursprünglichen abweichen kann. Eine sorgfältige Analyse aller verfügbaren Beobachtungsdaten und -verfahren führt zu dem Ergebnis, daß das Helium bereits in den ältesten Sternen dieselbe hohe Häufigkeit wie in den jüngsten Objekten unserer Galaxis hat, also im Gegensatz zu den Metallen praktisch nicht mehr seit Bildung der Galaxis angereichert wurde.

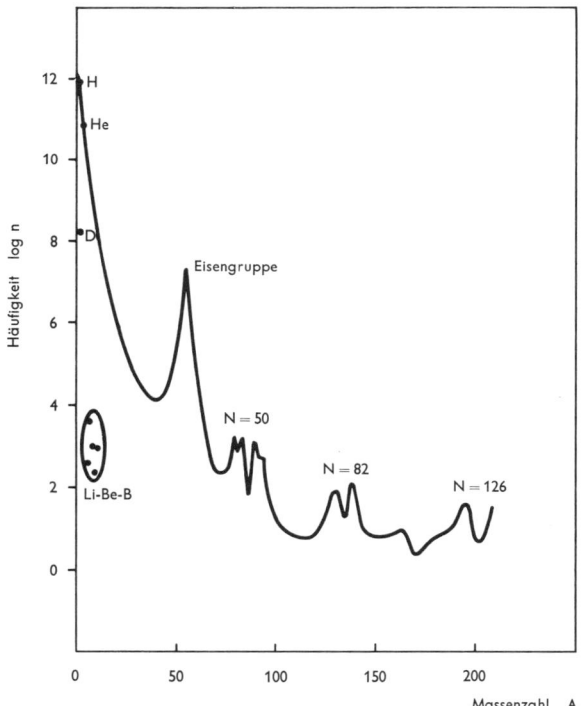

Die häufigsten Elemente in der Sonne

Z	Element	log $n(Z)$
1	H	12,0
2	He	10,8
6	C	8,6
7	N	7,9
8	O	8,8
10	Ne	8,0
11	Na	6,3
12	Mg	7,5
13	Al	6,4
14	Si	7,6
16	S	7,2
20	Ca	6,3
26	Fe	7,5
28	Ni	6,3

Die relative Häufigkeit der chemischen Elemente (charakteristisch durch ihre Massenzahl) in Sternen der Population I. Diese sog. kosmische Häufigkeitsverteilung ist durch quantitative Analysen von Sternspektren sowie von Proben aus unserem Sonnensystem gewonnen worden. Man beachte die logarithmische Skala der relativen Häufigkeiten, deren Nullpunkt durch die Konvention log $n_{Wasserstoff} = 12$ festgelegt ist

13.5 Einige Daten des Milchstraßensystems

Hubbletyp	Sb
Durchmesser in der Ebene	34 kpc
Dicke, senkrecht zur Ebene	
des Kernes	5 kpc
der Scheibe	1 kpc

Durchmesser des Halo	50 kpc
Abstand der Sonne	
vom Zentrum	8,7 kpc
von der Ebene	14 pc nördlich
Rotation am Ort der Sonne	
Richtung	$l = 90°$
Geschwindigkeit	250 km/s
Dauer eines Umlaufes	200 Millionen Jahre
Gesamtmasse	$1,4 \cdot 10^{12} \, \mathfrak{M}_\odot$
Masse der Scheibe	$2 \cdot 10^{11} \, \mathfrak{M}_\odot$
Gesamthelligkeit, absolut	
(im B-Bereich (s. 7.1.2))	$M_B = -20,27$
bzw. (mit $M_{B,\odot} = +5,48$)	$L_B = 2 \cdot 10^{10} \, L_{B,\odot}$
$(\mathfrak{M}/L_B)/\mathfrak{M}_\odot/L_{B,\odot})$	
gesamtes System	70 ± 20
Sonnenumgebung	$2,8 \pm 0,5$
Massenanteile in der Scheibe	
Sterne heller als $M = +3$	10 %
Sterne schwächer als $M = +3$	80 %
interstellares Gas	10 %
interstellarer Staub	0,1 %
Geschätzte Gesamtzahl von	
Kugelhaufen	300
offenen Haufen	15 000
Assoziationen	700
Abstand vom Zentrum des Milchstraßensystems	
weitester Kugelhaufen	69 kpc
Große Magellansche Wolke	64 kpc
Kleine Magellansche Wolke	72 kpc
Andromedanebel (M 31)	830 kpc
M 33	790 kpc

13.6 Der Kern unseres Milchstraßensystems

Nicht zuletzt angeregt durch die erstaunlichen Phänomene in aktiven Galaxien (s. 14.7), besonders in ihren Kernen, hat man sich natürlich auch mit den Kernen normaler Galaxien befaßt, also mit Kernen, die zumindest auf den ersten Blick keine Anzeichen von besonderer Aktivität erkennen lassen. Das Zentralgebiet unserer eigenen Galaxie ist in diesem Zusammenhang intensiv vor allem im infraroten und im radioastronomischen Spektralbereich beobachtet worden. (Im visuellen Bereich ist die Strahlung durch interstellare Absorption um viele Größenklassen geschwächt.)

Das Zentrum unserer Galaxie liegt in Richtung des Sternbildes Sagittarius in etwa 10 kpc Entfernung. Diese Entfernung wurde 1963 aufgrund einer Empfehlung der Internationalen Astronomischen Union nach dem damaligen Stand der Kenntnis eingeführt und in fast allen späteren Arbeiten verwendet. Neuere Untersuchungen scheinen auf eine geringere Entfernung von $8,7 \pm 0,6$ kpc hinzudeuten. Die Sterndichte im Zen-

Entfernung v. Zentrum [pc]	Stern- dichte [$\odot$/pc^3]
100	$1{,}0 \cdot 10^2$
10	$6{,}6 \cdot 10^3$
1	$4{,}2 \cdot 10^5$
0,1	$2{,}6 \cdot 10^7$
Zum Vergleich: Sonnen- umgebung	0,1

tralbereich kann am besten aus der IR-Strahlung (bei etwa 2,2 μm) abgeschätzt werden. Geht man davon aus, daß die Intensität dieser Strahlung in gleicher Weise wie die Anzahl der Sterne in dem von der Beobachtung erfaßten Raumwinkel anwächst (was nachgeprüft werden konnte), so findet man folgende Sterndichten.

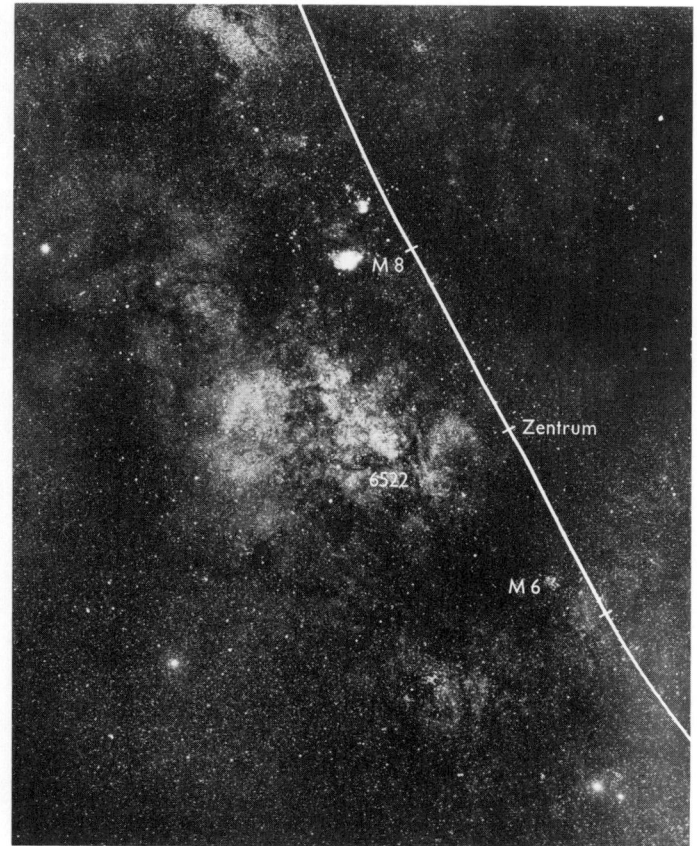

Der Blick zum Zentrum unseres Milchstraßensystems im Sternbild Sagittarius (Aufnahme aus dem Atlas von Ross-Calvert) ist durch starke Sternwolken im Vordergrund und durch interstellare Materie verwehrt. Lediglich beim Sternhaufen NGC 6522 glaubt man ein „Fenster" von wenigen Bogenminuten Durchmesser gefunden zu haben, das einen Blick weit in den galaktischen Raum hinein gestattet. Der Zentralbereich des Milchstraßensystems hat nach neuesten Ergebnissen etwa einen Durchmesser von ca. 2 kpc (markiert durch die beiden Querstriche auf dem eingezeichneten galaktischen Äquator bei M 8 und dem offenen Sternhaufen M 6). Der eigentliche zentrale Kern unseres Sternsystems von nur 20 pc Durchmesser konnte durch die Infrarot-Astronomie ausgemacht werden, er ist mit dem Objekt, das die Radio-Astronomie als Radioquelle Sagittarius A erkannte, identisch

*Die Sternzahlen in einer Sternwolke der Milchstraße (im Stern-
bild Sagittarius) und die dazwischen angereicherte, absorbierende interstellare Materie veranschaulicht diese Aufnahme.
Oben rechts die beiden Sternhaufen M 8 (groß) und M 20 (klein)*

Schätzt man aus diesen Daten die Gesamtmasse der Sterne des galaktischen Kernes ab, so erhält man etwa 500 Millionen Sonnenmassen, mehr als die Masse aller Kugelsternhaufen zusammen, aber nur sehr wenig, verglichen mit der Gesamtmasse der Galaxis.

Der Kern zeichnet sich weiterhin durch eine Konzentration des interstellaren Mediums aus. Über seine Verteilung geben radioastronomische Beobachtungen Aufschluß. Sie erlauben überdies durch die Messung der Dopplereffekte an den Spektrallinien (21-cm-Linie, Moleküllinien) eine Analyse des Bewegungszustandes der zentralen Gasmasse. Von ihr kann man ganz im groben sagen, daß sie in der galaktischen Ebene bis etwa 750 pc hinausreicht, und daß sie mit einer Dicke von etwa 200 pc senkrecht zur galaktischen Ebene ausgedehnter ist als das Gas in der Scheibe. Diese zentrale Gasmasse ist selber stark strukturiert. Zumindest in ihren Außenbezirken rotiert sie und paßt sich damit der allgemeinen galaktischen Rotation an.

Diesem allgemeinen Bild, das zwar den Eindruck einer starken Massenkonzentration vermittelt, das aber keine Hinweise auf irgendeine Art von Aktivität geben würde, sind einige auffällige Phänomene überlagert. Nähern wir uns dem Kern in der galaktischen Ebene, so treffen wir in etwa 3 kpc Entfernung auf die erste derartige Erscheinung. Nahm das Gas bis dahin nur an der galaktischen Rotation teil, bewegte sich also in konstanter Entfernung vom Zentrum auf einer Kreisbahn, so treffen wir hier auf Gasmassen, die mit Geschwindigkeiten von über 100 km/s radial nach außen strömen. Man ist geneigt, diese expandierenden 3-kpc-Arme, die rund eine Million Sonnenmassen umfassen, auf eine gigantische Explosion im galaktischen Zentrum zurückzuführen, die – das kann man aus Geschwindigkeit und zurückgelegter Distanz schließen – vor etwa 10 bis 15 Millionen Jahren stattgefunden haben müßte. Dies wäre das erste Anzeichen dafür, daß es auch in unserem Milchstraßensystem Phasen erhöhter Aktivität gegeben haben könnte.

Bei weiterer Annäherung an das Zentrum nimmt unterhalb von etwa 1 kpc Entfernung die Temperatur des Gases und des beigemischten Staubes zu, da die Heizung durch die Strahlung der Sterne wegen ihrer zunehmenden Konzentration wirksamer zu werden beginnt. Das galaktische Zentrum ist also eine starke Quelle von IR-Strahlung. Tatsächlich zeigen die Beobachtungen (s. 8.9), daß es in einem Bereich von etwa 10 pc Entfernung mehrere intensive Quellen in diesem Spektralbereich gibt. Es ist noch unklar, ob es sich hierbei nur um die thermische Emission von Staub handelt, der in der Sternstrahlung aufgeheizt wurde, oder ob noch andere (nichtthermische) Prozesse beteiligt sind. Das Gas in der Nähe des galaktischen Zentrums ist ungewöhnlich reich an Molekülen (CO-Wolken), deren Bildung durch die hohe Dichte offensichtlich begünstigt wurde. Sie wurden alle durch Übergänge im cm- und mm-

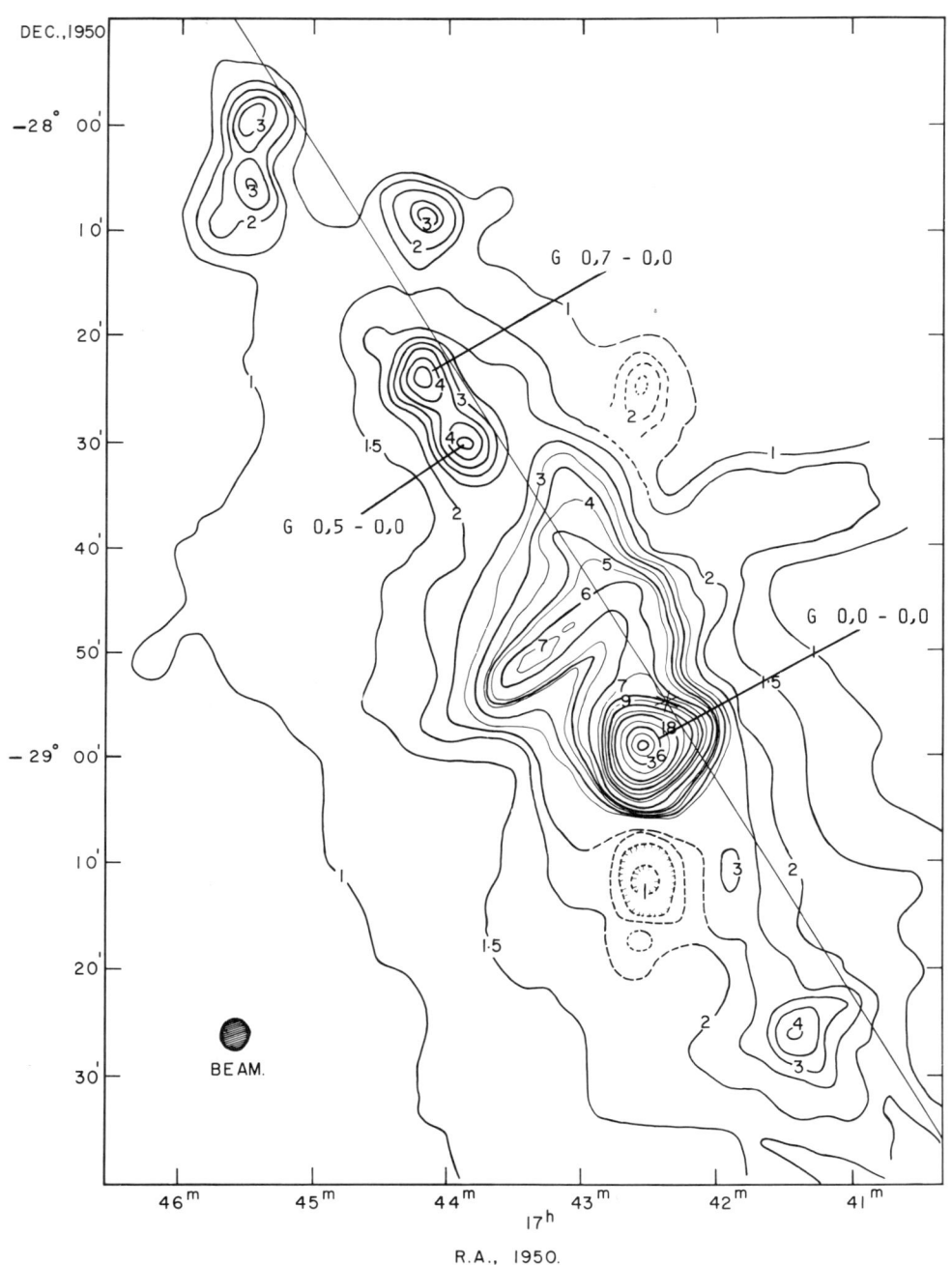

Radiostrahlung der Frequenz 408 MHz aus der Richtung des galaktischen Zentrums. Die mit G 0,0–0,0 bzw. G 0,5–0,0 bezeichneten Quellen sind identisch mit Sgr A bzw. Sgr B2. (Nach Little)

Aktivitäten im Kern

Bereich nachgewiesen (s. 10.2.3). Die Dopplereffekte dieser Linien geben Aufschluß über die Geschwindigkeitsfelder in unmittelbarer Kernnähe.

Neben dieser Linienstrahlung wird aus einer Reihe diskreter Quellen auch ein Strahlungskontinuum emittiert. Eine dieser Quellen, Sagittarius A, die hellste diskrete Radioquelle im Sternbild des Sagittarius, scheint mit dem galaktischen Zentrum identisch zu sein, andere starke Quellen, z. B. Sagittarius B2, befinden sich in großer Nähe (einige hundert Parsec Entfernung). Die Dichte der Materie in diesen Wolken ist, gemessen an den Verhältnissen im interstellaren Raum, ungeheuer hoch (bis zu 10^{12} Atome/cm³), dementsprechend riesig sind die Massenkonzentrationen.

Die Geschwindigkeiten der Wolken (mehr als 40 km/s) sind nicht mit einer reinen Rotation um das Zentrum verträglich. Es erscheint nicht undenkbar, daß man hierin wiederum die Auswirkungen einer Explosion zu sehen hat, die sich in diesem Fall allerdings erst vor etwa einer Million Jahren ereignet haben muß.

Diese kurze Schilderung der komplizierten Situation im Kern unserer eigenen Galaxie, die nur sehr skizzenhaft sein konnte, muß ergänzt werden durch die Bemerkung, daß auch in den Kernen anderer, als normal geltender Galaxien (etwa M 31 (Andromedanebel), M 33, M 51 u. a.) bei genauerem Hinsehen deutliche Zeichen von Aktivität erkennbar sind.

Es scheint also, daß die Kerne von Galaxien (vermutlich von einer bestimmten Grenze der Massenkonzentration an aufwärts) zu Aktivitätszentren werden können. Der Grad der Aktivität, bei welcher ungeheure Energiebeträge freigesetzt werden können, ist offensichtlich zeitlich variabel. Die Quelle der Energie wird man, wenn auch die Details der Prozesse noch weitgehend ungeklärt sind, in dem Einfall von Materie in den überaus starken Gravitationsfeldern zu suchen haben. Es ist eine interessante Frage, ob hierbei auch Energie in Form von Gravitationswellen, die nachzuweisen man sich bislang vergeblich bemüht hat, ausgestrahlt wird.

14 Galaxien

14.1 Der hierarchische Aufbau des Kosmos

Von den Sternen sind die meisten Mitglieder von Doppel- und Mehrfachsystemen (s. 12.1). Häufig aber gehören sie auch Sternhaufen (s. 12.2) und damit größeren, übergeordneten Systemen an. Dieses Schema, nach welchem eine Klasse von Objekten, in unserem Fall die Sterne, die Bausteine darstellen, aus denen sich übergreifende Strukturen zusammensetzen, gilt allgemein. Man spricht vom hierarchischen Aufbau des Kosmos.

In der Folge: Stern – Doppel- bzw. Mehrfachsystem – Sternhaufen bilden die Galaxien die nächste Stufe. Der hierarchische Aufbau setzt sich über die Galaxien hinaus fort: Es gibt Galaxienhaufen und vermutlich auch Strukturen einer noch höheren Ordnung.

Selbstverständlich darf dieses Grundprinzip im Aufbau des Kosmos nicht als das Spiel irgend eines Zufalls angesehen werden, sondern es muß als Konsequenz aus den allgemein gültigen Naturgesetzen verstanden werden.

Die Galaxien sind bereits sehr große Systeme, die viele Milliarden Sterne umfassen. Eines von ihnen ist unser Milchstraßensystem (s. 13), dem die Sonne mit ihren Planeten und damit wir selber zugehören. Es zeigt sich uns als das in dunklen Nächten matt leuchtende Band der Milchstraße. Von dem Wort „Milchstraße" ist auch die heute gebräuchliche Bezeichnung „Galaxie" abgeleitet (lat. lacteus = Milch).

14.2 Historische Bemerkungen, Kataloge

Es war die Suche nach Kometen, die einen der ersten Anstöße zur Erforschung der Nebelflecke am Himmel und damit der Galaxien gab. Diese Nebelflecke konnten leicht mit schwachen Kometen, deren typische Formen sich noch nicht ausgebildet hatten, verwechselt werden. Um diese Verwechslungen zu vermeiden, stellte Messier 1784 eine Liste von 103 Objekten zusammen, die keine Kometen waren, obwohl sie ihnen ähnlich sahen. Diese Liste (s. 6.1) wird auch heute noch verwendet. Um die Wende zum neunzehnten Jahrhundert haben dann W. und J. Herschel, und nach ihnen Lord Rosse, die Nebel selber in das Zentrum ihrer großen Beobachtungsprogramme gerückt, ihre Strukturen beschrieben und die Zahl der aufgefundenen Objekte auf über 2000 vermehrt.

Wie bei den Sternen, den galaktischen Nebeln und Sternhaufen werden auch bei den Galaxien die einzelnen Objekte mit ihren Katalognummern benannt. Folgende Kataloge und deren Abkürzungen werden dazu benutzt:

M   = Messier-Katalog von C. Messier (1784)
GC   = General Catalogue von J. Herschel (1864)

Andromedanebel (M 31), aufgenommen mit der Schmidt-Kamera des 2-Meter-Universal-Spiegelteleskopes des Karl Schwarzschild-Observatoriums, Tautenburg

NGC = New General Catalogue von J. L. E. Dreyer (1888)
IC = Index Catalogue von J. L. E. Dreyer (1895)

Nur ein Teil der in diesen Katalogen aufgeführten Objekte sind Galaxien. Die meisten bezeichnen galaktische Nebel und Sternhaufen. – Für einige helle und auffallende Galaxien sind auch in der Literatur Eigennamen in Gebrauch.

Namen einiger Galaxien

Andromedanebel	= M 31	= NGC 224
Centaurus A		= NGC 5 128
Große Magellansche Wolke		
Kleine Magellansche Wolke		
Perseus A		= NGC 1 275
Sombrero-Galaxie	= M 104	= NGC 4 594
Stephans Quintett		= NGC 7 317–20
Triangulum-Galaxie	= M 33	= NGC 598
Virgo A	= M 87	= NGC 4 486
Whirlpool-Galaxie	= M 51	= NGC 5 194

Die Spiralnebel, so genannt wegen ihrer mehr oder weniger deutlich erkennbaren Spiralstrukturen, hat schon Kant 1755 als Sternsysteme, ähnlich unserem Milchstraßensystem angesehen. Einen Hinweis darauf, daß diese damals sehr kühne Vermutung richtig sein könnte, gab 1864 Huggins, als er zum erstenmal Spektren von Nebeln aufnahm und bemerkte, daß unterschieden werden müsse zwischen Gasnebeln, mit hellen Emissionslinien, und Spiralnebeln, deren Spektrum sich als ein Kontinuum mit Absorptionslinien zeigte. Huggins schloß daraus, daß die Spiralnebel Ansammlungen einer großen Zahl schwacher Sterne sein müßten.

Erst 1926 konnte die Frage nach der Natur der Spiralgalaxien endgültig entschieden werden, als es Hubble mit dem 2,5-m-Spiegelteleskop des Mt. Wilson Observatoriums gelang, die äußeren Teile des Andromedanebels (M 31) und einiger anderer Systeme in Einzelsterne aufzulösen. Vor allem mit dem 5-m-Spiegel des Mt. Palomar Observatoriums ist seitdem bei einer größeren Zahl von extragalaktischen Sternsystemen – Sternsystemen, die also nicht unserem Milchstraßensystem zugehören – die Beobachtung einzelner Sterne gelungen. Auch viele andere hellere Objekte, wie wir sie in unserem Milchstraßensystem kennen, ließen sich in benachbarten Galaxien beobachten: Kugelhaufen und offene Sternhaufen, leuchtende Gasnebel (H II-Regionen), dunkle absorbierende Materie, variable Sterne der verschiedensten Typen (Cepheiden, Novae, Supernovae). Durch diese und andere Beobachtungen wurde die Erforschung extragalaktischer Systeme vorangetrieben und gleichzeitig immer wieder bestätigt, daß unsere eigene Galaxie keine Sonderstellung einnimmt.

14.3 Klassifikation

Die Galaxien (bzw. die extragalaktischen Systeme, weniger exakt auch extragalaktische Nebel genannt) werden – einem Vorschlag Hubbles folgend – nach ihrem Aussehen in folgende Typen und Unterklassen eingeteilt:

Typ		Unterklasse	
E	elliptische Galaxien	E0	völlig rund
		E1	schwach abgeplattet
		⋮	
		E7	stark abgeplattet
S	Spiralgalaxien	Sa	großer Kern
		Sb	mittlerer Kern
		Sc	Kern nur schwach erkennbar
SB	Balkenspiralen	SBa	großer, balkenförmiger Kern, Arme fast ringförmig geschlossen
		SBb	stärker betonte Arme, schwacher Kern
		SBc	Arme S-förmig schwach gekrümmt, statt Kern nur leicht zentrale Verdickung
S0 SB0	linsenförmige Galaxien (lenticular galaxies)		Kern und äußere Form wie S bzw. SB, aber ohne Spiralstruktur
Ir	Irregulär		unregelmäßige Systeme, oft von wolkenartiger Struktur

Elliptische Galaxien (Typ E)

Die elliptischen Galaxien haben eine sehr große Konzentration der Dichte zum Zentrum hin und einen steilen, gleichmäßigen Abfall nach außen. Sie zeigen keine inneren Strukturen. Sie enthalten kein oder nur wenig Gas und sind etwas röter als die Spiralgalaxien.

Die Unterklasse gibt den Grad der Abplattung an. Ist a die große Achse und b die kleine Achse, so bildet man $(a-b)/a$ und rundet auf eine Dezimale. Dieser Wert bezeichnet dann die Unterklasse.

Beispiel:

Große Achse $\quad a = 54$ ⎱ $(a-b)/a = 21/54 = 0{,}389$
Kleine Achse $\quad b = 33$ ⎰ aufgerundet $= 0{,}4$ gibt E4

Die stärksten beobachteten Abplattungen sind etwa $3:1$, also E7.

Ist bei irgendeiner Galaxie eine bestimmte Abplattung beobachtet worden, so ist ihre wirkliche Abplattung größer oder allenfalls gleich der beobachteten. Ihr genauer Wert ist nicht bekannt, da wir nicht den Neigungswinkel der Ebene der Ga-

Die zur Lokalen Gruppe gehörige elliptische Galaxie NGC 147, vom Typ E 4, im Sternbild Cassiopeia. Wegen ihrer relativen Nähe ist sie auf dieser Aufnahme mit dem Hale-Teleskop in einzelne Sterne aufgelöst

laxie gegen unsere Blickrichtung kennen. Ein flaches schei-
benförmiges System würde beispielsweise rund erscheinen,
wenn wir zufällig senkrecht auf die Scheibe sehen. Eine Galaxie kann also sehr wohl „flacher" aber nie „runder" sein als sie
uns erscheint. Statistische Untersuchungen ergeben, daß die
wirklich kugelförmigen Galaxien recht selten sind.

Es hat sich als zweckmäßig erwiesen, eine Nebensequenz der
elliptischen Systeme einzuführen, welcher diejenigen mit besonders ausgedehnten Hüllen von Sternen, also mit einem
besonders langsamen Abfall der Sterndichte in den äußeren
Bereichen zugeordnet werden. Sie werden als D-Typ klassifiziert, oder wenn sie besonders hell sind, als cD-Typ. Die Ausdehnung derartiger Hüllen kann 100 kpc übersteigen.

Spiralgalaxien (Typ S)

Die Galaxien vom Typ S besitzen eine hellen, nur schwach
abgeplatteten Kern, der beim Typ Sa schon fast den ganzen
Nebel darstellt; bei Sb etwa halb so groß ist und bei Sc fast
verschwindet. Die Dichte nimmt zum Zentrum des Kernes steil
zu.

Je schwächer der Kern ist, um so stärker tritt die Scheibe der
Galaxie in Erscheinung. In der Scheibe liegen die Spiralarme,
die oft schon dicht am Kern ansetzen und sich nach außen
winden, etwa in Form einer logarithmischen Spirale. Relativ
oft sind zwei große Arme vorhanden, die etwa symmetrisch zueinander liegen. In manchen Fällen erstreckt sich ein Arm über

*Die Spiralgalaxie NGC
7217 im Sternbild Pega-
sus. Aufnahme mit dem
200-inch-Hale-Teleskop*

495

mehr als einen vollen Umlauf. Bei vielen Objekten sieht man dagegen eine größere Anzahl kleinerer Arme, die kürzer und enger gewunden sind und ein mehr rosettenförmiges Aussehen ergeben; vermutlich gehört auch unser Milchstraßensystem zu diesem Typ.

In den Armen sieht man eine große Anzahl sehr heller (junger) Sterne, leuchtende Gasnebel und Streifen dunkler, absorbierender Materie. Die Arme haben nur selten eine glatte Form, meist sind sie unregelmäßig gestaltet wie langgestreckte Wolken.

Ähnlich wie das Milchstraßensystem sind auch andere Spiralgalaxien von einem ausgedehnten, nur schwach abgeplatteten Halo umgeben. Er ist erkennbar an der Verteilung von Kugelsternhaufen (s. 12.2.3) und von Einzelsternen der Sternpopulation II (s. 13.4). Massenbestimmungen von Galaxien haben ergeben, daß der Halo sich nicht nur über die sichtbare Galaxie hinaus erstreckt, sondern daß er auch merklich zur Masse des Gesamtsystems beiträgt.

NGC 3031, bekannter unter der Messier-Bezeichnung M 81, eine Spiralgalaxie vom Typ Sb

**Balkenspiralen
(Typ SB)**

Bei den gewöhnlichen Spiralgalaxien setzen die Arme dicht an einem fast runden Kern an und gehen stark gewunden von ihm ab. Demgegenüber besitzen die sogenannten Balkenspiralen in ihrem Zentrum einen nahezu geraden „Balken", der an seinen beiden Enden dünner und schwächer und in der Mitte heller und dicker ist. In manchen Fällen wirkt der ganze Balken wie ein einziger, langgestreckter Kern; in anderen Fällen hat man eher den Eindruck eines zusätzlichen Kernes im Zentrum, von dem genau gegenüberliegend zwei geradlinige Arme ausgehen. Bei der Unterklasse SBa setzt an den Enden des Balkens je ein Spiralarm fast rechtwinklig an. Diese beiden Arme sind fast kreisförmig geschlossen. Beim Typ SBc gehen Balken und Arme ohne Knick ineinander über, es entsteht die Form eines in der Mitte leicht verdickten, großen „S".

**Linsenförmige Galaxien
(Typ S0 und SB0)**

Eine geringere Anzahl von Galaxien haben die gleiche Form von Kern und Scheibe wie die vom Typ S oder SB, doch besitzen sie keine Spiralarme, keine dunklen Streifen absorbieren-

NGC 2403, eine unse-
rem Sternsystem relativ
nahe Spiralgalaxie,
deren Spiralarme auf
dieser Aufnahme mit
dem Hale-Teleskop in
einzelne Sternwolken
aufgelöst sind; Typ Sc

der Materie und keine leuchtenden Gasnebel. Ihr Licht verteilt sich gleichmäßig über die Scheibe und nimmt nur von der Mitte zum Rand hin ab. Manchmal allerdings sieht man auch schwache, etwas hellere Ringe (mit dem Kern als Mittelpunkt) in größerem Abstand. Man bezeichnet diese Objekte als „S-null"-Galaxie.

Das Fehlen von deutlichen Strukturen, von jungen Sternen und von interstellarem Gas legt die Vermutung nahe: So sieht eine Spiralgalaxie aus, nachdem ihr gesamter Vorrat an Gas sich durch Sternentstehung verbraucht hat.

Unregelmäßige Galaxien (Typ Ir)

Die bisher besprochenen Systeme besitzen eine deutliche Symmetrieebene und das typische Aussehen einer Rotationsfigur. Diese Symmetrie fehlt bei einigen Galaxien völlig, daher nennt man sie „unregelmäßig" oder „irregulär" (Typ Ir). Sie besitzen auch keinen Kern, oft haben sie statt dessen viele regellos verteilte kleinere Verdichtungen.

Als Klasse sind die irregulären Galaxien nicht einheitlich. Holmberg unterscheidet den Typ Ir I, für welchen die eben gegebene Beschreibung zutrifft, und der am ehesten als eine Fortsetzung der Sequenz der Spiralgalaxien über Sc bzw. SBc hinaus angesehen werden kann, und den Typ Ir II, der von völlig anderer Natur ist. Anstelle der Bezeichnung Ir II wird neuerdings auch die Typenbezeichnung Amorph benutzt.

Die unregelmäßigen Galaxien vom Typ Ir I sind im Mittel nur etwa $\frac{1}{3}$ so groß wie die Spiralsysteme, haben wolkenartige Struktur und enthalten viel Gas, Staub sowie junge Sterne. Zwei bekannte Beispiele sind die beiden Begleiter unserer Milchstraße, die Große und die Kleine Magellansche Wolke.

Die mit bloßem Auge gut erkennbaren, zur Lokalen Gruppe gehörenden Magellanschen Wolken. Die Kleine Magellansche Wolke ist als irreguläres System anzusprechen. Auf der Aufnahme rechts neben dem System der nicht zur Wolke gehörige Kugelsternhaufen NGC 104 = 47 Tucanae

18*

Die beiden Magellanschen Wolken bilden zusammen ein physisches System. In beiden Galaxien kann man, wegen ihren relativ geringen Entfernungen, alle auch im Milchstraßensystem vorkommenden Objektarten in großer Zahl feststellen. Aufnahmen mit dem 25-cm-Metcalf-Refraktor des Boyden-Observatoriums.

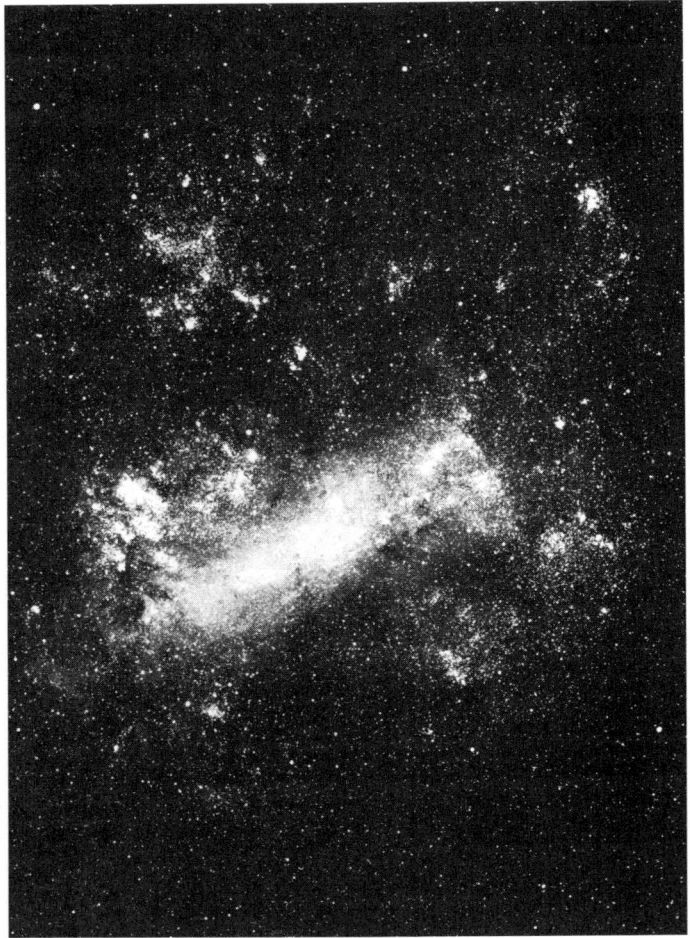

Zwerggalaxien

Als ein Typ, der nicht in der ursprünglichen Hubbleschen Klassifikation enthalten ist, müssen schließlich die Zwerggalaxien genannt werden. Sie umfassen um Größenordnungen weniger Sterne als normale Galaxien und sind als lockere Gruppierungen von sehr lichtschwachen Sternen (wegen der Entfernung) nur schwer zu entdecken. Es sind daher nur relativ wenige Exemplare dieses Types bekannt, man muß aber davon ausgehen, daß die Gesamtzahl dieser Systeme sehr groß ist. Man bezeichnet die verschiedenen Zwerggalaxien in Anlehnung an den Hubbletyp und vermerkt, daß es sich um eine Zwerggalaxie handelt, durch ein vorgesetztes D, so z. B. D E (elliptische Zwerggalaxie).

Die Häufigkeit der einzelnen Typen

Typ	Anzahl	%
E	113	14,2
S0	74	9,3
Sa	65	8,2
Sb	142	17,8
Sc	258	32,5
SB0	31	3,9
SBa	27	3,4
SBb	48	6,0
SBc	15	1,9
Ir	22	2,8

Die relativen Häufigkeiten lassen sich nur schwer festlegen, vor allem bei größeren Entfernungen. Bei genau von der Kante her gesehenen Galaxien ist zwischen S und SB überhaupt nicht zu unterscheiden; bei entfernteren Galaxien ist oft die Unterscheidung zwischen E und S0 schwierig, manchmal auch die zwischen S0 und S. Die folgende Tabelle benutzt alle Galaxien, insgesamt 795, die nördlich von $\delta = -30°$ liegen und die heller sind als $m_{phot} = 12,9$.

In dem damit beschriebenen Klassifikationsschema, das Hubble 1936 vorschlug, und das mit Hilfe eines einfachen stimmgabelförmigen Diagramms dargestellt werden kann, müssen natürlich manche wichtigen charakteristischen Eigenschaften der Galaxien unberücksichtigt bleiben. Es hat verständlicherweise Versuche gegeben, das Schema, welches im wesentlichen eindimensional ist, durch die Einführung zusätzlicher Unterscheidungsmerkmale zu einem mehrdimensionalen Schema zu erweitern. So unterscheiden Sandage und de Vaucouleurs Spiralgalaxien noch nach der Art, wie die Spiralarme an dem Kern ansetzen. Sie füllen damit die Kluft zwischen dem S- und dem SB-Zweig durch ein Kontinuum von Übergangstypen aus.

Hubbles Originaldiagramm der Klassifikation der Galaxien. Es stellt keine Entwicklungssequenz dar

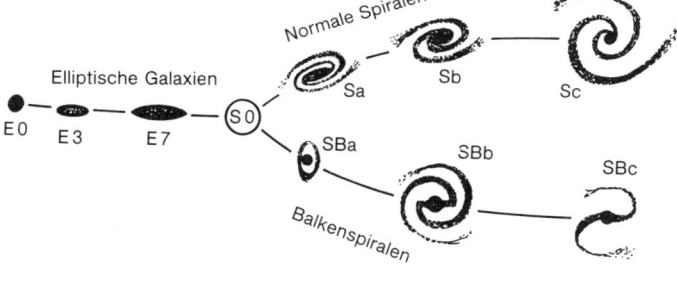

Typ	Anzahl
E0	22
E1	22
E2	19
E3	14
E4	11
E5	10
E6	6
E7	6
E8	3

Die nebenstehende Tabelle zeigt die Aufteilung der 113 elliptischen Galaxien auf die einzelnen Unterklassen. Dies ist also die Verteilung der scheinbaren Abplattungen, während in Wirklichkeit die runden Nebel sehr viel seltener sind.

Van den Bergh andererseits führt als zweite Größe die Leuchtkraft der Galaxie ein. Er unterscheidet also – wie bei der MK-Klassifikation der Sterne (s. 7.1) – Leuchtkraftklassen der Galaxien.

Die Leuchtkraftklassen der Galaxien

Leuchtkraftklasse	Hubble-Typ		abs. Helligkeit $[M_{ph}]$
I	Sb	Sc	$-20,5 < M < -19,5$
II	Sb	Sc	$-19,5 < M < -18,5$
III	E – Sa – Sb – Sc – Ir		$-18,5 < M < -17,5$
IV	S	Ir	$-17,5 < M < -16,5$
V	S	Ir	$-16,5 < M < -15,5$

NGC 4594 = M 104, im südlichen Bereich des Sternbilds Virgo, zum südlichen Teil des großen Virgo-Galaxienhaufens gehörig. Wegen ihres Aussehens wurde diese Galaxie auch „Sombrero-Nebel" genannt. Der weitreichende Kern wird von einer Scheibe aus Stern- und Dunkelwolken umgeben, deren Ebene nur etwa 6° gegen die Sichtlinie geneigt ist. Da wegen der Lage der Gesichtslinie keine Spiralstruktur sichtbar ist, kann nur bedingt der Typ als Sa-Spiralgalaxie genannt werden.

Die wegen ihrer Spindelform, ihrem ausgeprägten Kern und dem darüber laufenden Absorptionsband bekannte Galaxie NGC 4565, im Sternbild Coma Berenice, wahrscheinlich vom Typ Sb.

Die Hauptebene der Galaxie ist nur etwa 4° gegen die Sichtlinie geneigt

14.4 Die Entfernung der Galaxien

Eine der wichtigsten Voraussetzungen für die Erforschung der Natur der Galaxien ist die Bestimmung ihrer Entfernungen, denn nur wenn man diese kennt, lassen sich scheinbare Helligkeiten in Leuchtkräfte umrechnen und gemessene Winkel in lineare Ausdehnungen. Leider ist die Messung der Entfernungen mit erheblichen Unsicherheiten behaftet. Die Schwierigkeiten liegen dabei weniger in der Bestimmung der relativen Entfernungen, wie sie für den Vergleich der verschiedenen Galaxien untereinander ausreichen, als vielmehr in der Feststellung einer absoluten Entfernungsskala.

Man benutzt fast ausschließlich photometrische Methoden, die auf dem Vergleich von gemessenen scheinbaren Helligkeiten m von Einzelobjekten oder von ganzen Galaxien mit deren als bekannt vorausgesetzten absoluten Helligkeiten M beruhen. Es ist für diese Methode wichtig, daß es keine nennenswerte intergalaktische Absorption gibt. Diese Voraussetzung ist hinreichend erfüllt und damit kann zur Bestimmung der Entfernung r [pc] die einfache Relation

$$\log r = 1 + 0{,}2\,(m - M)$$

verwendet werden.

Einzelobjekte zur Entfernungsbestimmung

Bei näheren Galaxien, deren Auflösung in einzelne Objekte von bekannter absoluter Helligkeit noch gelingt, werden vorzugsweise diese zur Entfernungsbestimmung verwendet.

δ-**Cephei-Sterne** ($M = -1$ bis -5; s. 8.2.3): Ist die Periode eines solchen variablen Sternes beobachtet, so erhält man aus der Periode-Leuchtkraft-Beziehung seine absolute Helligkeit. In etwa 15 Galaxien sind δ-Cephei-Sterne bekannt, im Andromedanebel allein 40. – Diese Methode wäre eigentlich die genaueste, doch hat gerade die hierauf gegründete Entfernungsskala in den letzten Jahren einige Male verbessert werden müssen. Die Cepheiden sind seltene Sterne, daher finden sich keine in der Nähe der Sonne, und infolgedessen ist die Eichung der Skala schwierig.

Hellste O- und B-Sterne ($M \approx -6{,}3$; s. 7.1.1): Diese absolut hellsten Sterne konnten bisher in über 100 Galaxien aufgelöst werden. Ihre absoluten Helligkeiten streuen jedoch stark.

Kugelhaufen ($M \approx -6{,}8$; s. 12.2.3): Kugelhaufen sind anscheinend in allen Typen extragalaktischer Systeme vorhanden. Beim Andromedanebel sind z. B. 200 Kugelhaufen bekannt, bei M 33 sind es 15, und 6 bei M 101.

Novae (s. 8.3): Bisher wurden weit über hundert Novae in extragalaktischen Systemen beobachtet, und zwar meist in ihrem Kerngebiet. Sehr groß ist die Häufigkeit im Andromedanebel, etwa 30 pro Jahr. In den meisten Galaxien ist die Häufigkeit geringer. Die absolute Helligkeit der Novae streut stark und läßt sich nur dann einigermaßen genau angeben, wenn ein längerer Teil der Lichtkurve beobachtet werden konnte.

Supernovae (s. 8.4): Die bisher beobachteten Supernovae wurden meist in Sc- und SBc-Spiralen gefunden. Man schätzt ihre Häufigkeit auf etwa eine Supernovae pro Sternsystem in 30 ... 50 Jahren. Die absolute Helligkeit dieser Objekte streut stark.

Die Reichweite der einzelnen Methoden ist verschieden. Die δ-Cephei-Sterne sind nur innerhalb der Lokalen Gruppe (14.5.1) zu beobachten. Die hellsten Sterne, Kugelhaufen und Novae sind zu beobachten, solange überhaupt noch eine Auflösung in einzelne Objekte möglich ist. Die Supernovae sind oft ebenso hell wie die ganze Galaxie. Sie wären daher in jeder Entfernung zu sehen, in der überhaupt noch Galaxien beobachtet werden können, doch leider sind die Supernovae recht selten.

Die Unsicherheit dieser photometrischen Methoden beruht erstens auf der Unsicherheit der mittleren absoluten Helligkeiten der benutzten Objekte, zweitens auf der Streuung dieser Helligkeiten im Einzelfall, drittens auf der Absorption sowohl innerhalb des Milchstraßensystems als auch innerhalb der untersuchten Galaxie. Man rechnet mit Mittelwerten für die Absorption, obwohl die absorbierende interstellare Materie sehr ungleichmäßig verteilt ist.

Entfernungsbestimmung mittels integraler Größen

Sind Galaxien so weit entfernt, daß sie nicht mehr in einzelne Objekte aufgelöst werden können, so bleibt nur noch die Möglichkeit, ihre Entfernungen unter Verwendung ihrer gesamten scheinbaren Helligkeit, ihres scheinbaren Durchmessers oder auch ihrer Radialgeschwindigkeit (aus dem gemessenen Dopplereffekt im Spektrum ihrer Gesamtstrahlung) zu bestimmen. In diesen Fällen wird die Galaxie als Ganzes (integral) betrachtet. Diese Methoden bedürfen immer der Eichung an möglichst vielen Galaxien, deren Entfernungen durch andere, unabhängige Verfahren bestimmt worden sind.

Der Zusammenhang von scheinbarer bzw. absoluter Helligkeit und der Entfernung ist oben angegeben. Die absoluten Helligkeiten der Galaxien können z. B. der Tabelle der Leuchtkraftklassen (s. 14.3) entnommen werden. Aus ihr gewinnt man auch einen Eindruck von den zu erwartenden Ungenauigkeiten, die bei 25 % liegen dürften.

In jüngster Zeit hat ein Verfahren der Bestimmung der absoluten Helligkeit von S- und Ir-Galaxien an Bedeutung gewonnen, das darauf beruht, daß es eine enge Beziehung zwischen dieser integralen Helligkeit der Galaxie und der Breite der 21-cm-Linie des interstellaren Wasserstoffs in den betreffenden Galaxien gibt. Die Existenz einer derartigen Relation, die nach ihren Entdeckern die Fisher-Tully-Relation genannt wird, ist verständlich, denn die Breite dieser Linie ist ein Maß für die kinetische Energie in diesem System und damit auch ein Maß für die Gesamtmasse (s. 14.6). Bei einem festen Masse-Leuchtkraft-Verhältnis (s. 7.7.2) sind damit also auch die Leuchtkräfte gegeben. Diese Beziehung muß natürlich an nahen Galaxien geeicht werden.

14.4 Die Entfernung der Galaxien

Die Verwendung der scheinbaren Durchmesser d' (in Bogenminuten) bei Kenntnis der absoluten Durchmesser D (in Parsec) scheint auf den ersten Blick recht einfach zu sein. Die gesuchte Entfernung r (in Parsec) ist

$$r = 3440 \cdot D/d'.$$

Die Schwierigkeit liegt darin, wie man bei der Beobachtung von Galaxien, bei denen die Flächenhelligkeit von innen nach außen stetig abfällt, eine Begrenzung definiert, durch welche die Größe erst festgelegt ist. Häufig verwendet man den Holmbergradius. Das ist der Radius, bei dem die Flächenhelligkeit auf 26,5 mag pro Quadratbogensekunde abgesunken ist. Sehr oft aber werden die Winkelausdehnungen der Galaxien auf photographischen Aufnahmen einfach geschätzt.

Entfernungsbestimmung mittels Rotverschiebung der Spektrallinien

Wegen der allgemeinen Expansion des Kosmos (s. 15.1.1) wird die Radialgeschwindigkeit einer Galaxie umso größer sein, je weiter sie entfernt ist. Der einfache Zusammenhang zwischen der Entfernung r und der Rotverschiebung $z = \Delta\lambda_{\text{Verschiebung}}/\lambda_{\text{Laboratorium}}$ der Spektrallinien aufgrund der kosmischen Expansion ist

$$r = \frac{c \cdot z}{H} = 6000\, z\,[\text{Mpc}],$$

wobei c die Lichtgeschwindigkeit bedeutet und H die Hubble-Konstante ist (s. 15.1.1). In der Formel wurde für H der Wert 50 km/s/Mpc eingesetzt.

Die Benutzung der Radialgeschwindigkeiten ist bei weit entfernten Galaxien von besonderem Vorteil, da dann der Anteil der Peculiargeschwindigkeiten, die in der Größenordnung ± 150 km/s (entsprechend $\Delta z = \pm 0{,}0005$) liegen, an Bedeutung verliert. Bei sehr großen Abständen, die zu Werten von z größer als etwa 0,1 führen, gilt die obige Formel nicht mehr. In diesem Bereich kann die Entfernung in genügender Genauigkeit nach der Beziehung

$$r = \frac{c \cdot z}{H}\left(1 + \frac{1}{2}z\right)$$

berechnet werden. Hierbei wurde angenommen, daß der Decelerationsparameter (s. 15.4.2) gleich null ist.

Die wichtigsten Kriterien für die Entfernungsbestimmungen von Galaxien

	anwendbar bei	Reichweite Mpc
klassische Cepheiden	S, Ir	4
Novae	S, Ir	20
RR-Lyrae-Sterne	alle Typen	0,2
rote Riesen der Population II	E	1
HII-Gebiete (Durchmesser)	Sc, Ir	25
HII-Gebiete (Helligkeit)	Sc, Ir	100
HI-Linienbreite	S, Ir	25
Radialgeschwindigkeiten	alle Typen	100...1000
hellste Galaxie im Haufen	E	50...5000

14.5 Verteilung der Galaxien im Raum

Ebenso ungleichförmig wie die Sterne in unserem Milchstraßensystem sind die Galaxien im Raum verteilt. Sie bilden Doppel- und Mehrfachsysteme – die bis zu 10 Galaxien enthalten können – Gruppen von Galaxien – denen zwischen 10 und 100 Galaxien zugehören – und schließlich Galaxienhaufen, die mehr als 100 Objekte umfassen. Einzelstehende Galaxien sind nicht die Regel, sondern eher die Ausnahmen.

14.5.1 Die Lokale Gruppe

Die Lokale Gruppe von Galaxien

Auch das Milchstraßensystem ist keine Einzelgalaxie, sie hat zwei ganz nahe Begleiter, die Große und die Kleine Magellansche Wolke, zwei Galaxien vom Typ Ir I in etwa 50 kpc Entfernung. In etwa 100...250 kpc Abstand gibt es dann eine ganze Reihe von Zwerggalaxien vom elliptischen Typ. Dieser Komplex bildet zusammen mit dem Andromedanebel (M 31) und seinen beiden Begleitern (M 32 und NGC 205) sowie mit der Sc-Galaxie M 33 (Triangulum Galaxie), die ihrerseits ebenfalls Begleiter hat, die sogenannte Lokale Gruppe.

Objekt	Typ	Ent-fernung [kpc]	Durch-messer [kpc]	M_B	M_V	Radial-geschw. [km/s]
Galaxis	Sb/Sc	(10)	> 2,0	−18,8	−20	–
LMC gr. ⎫ Magellansche	Ir I	50	6,5	−18,1	−18,5	+16
SMC kl. ⎭ Wolke	Ir I	50	2,9	−16,0	−16,8	−13
UMI = DDO 199	dE	80	0,3	–	− 8,8	–
SCL = Sculptor Syst.	dE	110	0,7	−11,2	−11,7	–
DRA = DDO 208	dE	60	0,3	–	− 8,6	–
FOR = Formax Syst.	dE	230	1,6	−12,9	−13,6	−70
LEO II = DDO 93	dE	230	0,3	− 9,1	− 9,4	–
LEO I = DDO 74	E4	230	0,6	−10,7	−11,0	–
NGC 6822	Ir I	500	2,1	−14,8	−15,7	+73
IC 1613 = DDO 8	Ir I	660	2,0	−14,2	−14,8	−129
M 31 = NGC 224	Sb	690	20	−20,3	−21,1	−68
M 32 = NGC 221	E2	690	0,6	−15,6	−16,4	+17
NGC 205	E6p	690	1,5	−15,8	−16,4	− 6
NGC 185	E3p	690	1	−14,7	−15,2	−10
NGC 147 = DDO 3	E5p	690	1	−14,4	−14,9	–
M 33 = NGC 598	Sc	720	10,5	−18,3	−18,9	−11
UMA = Ursa Major Syst.	dE	120	–	–	–	–
SEX C	dE	140	–	–	–	–
PEG = Pegasus Syst.	dE	170	–	–	–	–
WLM = DDO 221	Ir I	870	1,3	−13,7	–	+2
SEX A = DDO 75	Ir	1 000	1,5	−13,6	–	+118
LEO A = LEO III = DDO 69	Ir	1 100	–	−12,3	–	–
IC 10	SB	1 260	1,3	−17,3	–	−92

DDO = Katalog des David-Dunlap Observatory, enthält 243 Zwerggalaxien.

Versuch einer räumlichen Darstellung der lokalen Gruppe (nach P. W. Hodge: Galaxies + Cosmology, Mc. Graw Hill 1966)

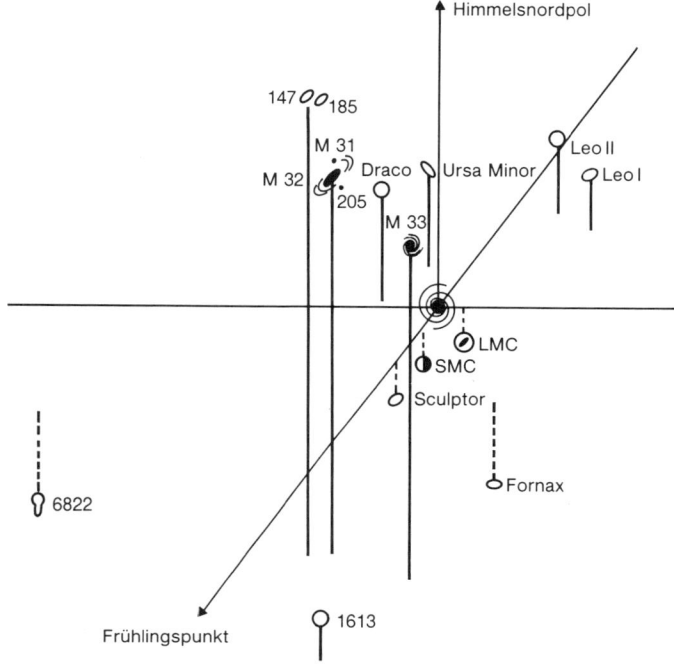

Sie umfaßt mehr als zwanzig Systeme, wobei der hohe Anteil von Zwerggalaxien auffällt. Diese sind sehr schwer zu erkennen, so daß wir die Gesamtheit der Systeme in der Lokalen Gruppe vermutlich noch nicht übersehen.

14.5.2 Galaxienhaufen

Der Übergang von den Galaxiengruppen zu den Galaxienhaufen ist offenbar fließend. Man unterscheidet reguläre Haufen und irreguläre Galaxienhaufen, wobei die irregulären Galaxienhaufen in ihren Eigenschaften an die Galaxiengruppen angrenzen, ja, sie teilweise mit einschließen.

Wir stellen die Eigenschaften dieser beiden Typen von Galaxienhaufen in tabellarischer Form einander gegenüber.

Die starke Bevorzugung der Typen S0 in den regulären Galaxienhaufen, denen viele Galaxien angehören, wird verständlich wenn man sich überlegt, daß es in den dichteren zentralen Regionen dieser Haufen relativ häufig zu Zusammenstößen von Galaxien kommen wird. Die Erfüllung des Raumes in diesen Galaxien durch ihre Sterne ist zwar so gering, daß es kaum zu direkten Stern-Stern-Stößen kommen wird, doch werden die Systeme extrem starke Gezeitenkräfte aufeinander ausüben und außerdem ihr interstellares Gas verlieren. Kompakte, massereiche E-Galaxien haben die besten Chancen solche Kollisionen zu überleben, ja, sie können dabei sogar wachsen, indem sie Sterne an sich binden, welche die anderen Galaxien bei den Kollisionen verlieren. Man spricht anschaulich vom „Kannibalismus" der Galaxien: Die starken (massenreichen) Galaxien zehren von den schwächeren (massearmen) Artgenossen.

Unterschiede zwischen Galaxienhaufen

	Irreguläre Galaxienhaufen	Reguläre Galaxienhaufen
Symmetrieeigenschaften	keine ausgeprägte Symmetrie	sphärische Symmetrie
Konzentration zum Zentrum	keine	stark
Zahl der Mitglieder (im Intervall von 7 Größenklassen der hellsten Galaxie an gezählt)	10...1 000	mehr als 1 000
Typ der hellsten Galaxien	keine Beschränkung des Typs	fast alle hellen Galaxien sind vom Typ E oder S0; keine Spiraltypen
Gesamtmasse (s. 14.6.1) aus dem Virialsatz $[\mathfrak{M}_\odot]$	$10^{12}...10^{14}$	$\approx 10^{15}$
Ausdehnung [Mpc]	1...10	1...10

Die Positionen von zahlreichen Galaxienhaufen stimmen häufig mit den Koordinaten von Röntgenquellen überein. Besonders bei den nahen Haufen ist diese Zuordnung statistisch gesichert. Die Röntgenleuchtkräfte (im Bereich der Photonenenergien von $2...7$ keV) liegen zwischen $10^{37}...10^{39}$ Watt; sie wachsen mit der vierten Potenz der mittleren Geschwindigkeit der Galaxien im Haufen. Diese Tatsache, wie auch die Art des Energiespektrums der Strahlung, legen folgendes Bild nahe: In den Galaxienhaufen ist der Raum zwischen den Galaxien von einem sehr dünnen Gas (Teilchendichte etwa 10^{-3} $[\text{cm}^{-3}] = 1\,000$ Atome pro m³) ausgefüllt, das extrem heiß ist ($T \sim 10^8$ K). Dieses Gas leuchtet mit der beobachteten Intensität und Energieverteilung im Bereich der Röntgenwellen. Es wird seinerseits aufgeheizt durch die Haufengalaxien, die sich im Schwerefeld des Haufens mit Geschwindigkeiten von rund $1\,000$ km/s bewegen und dabei ständig einen Teil ihrer Bewegungsenergie auf das Gas übertragen. Auch der unterschiedliche Grad der Konzentration der Röntgenleuchtkraft zur Haufenmitte hin ist mit dieser Vorstellung verträglich.
Galaxienhaufen sind überaus zahlreich. Es gibt Kataloge, in denen Tausende von Haufen erfaßt sind, und auf den Platten der „Palomar Sky Atlas" (s. 6.2) können Zehntausende von Haufen und Gruppen identifiziert werden. Es ist hiernach

Eine Gruppe von mehreren Galaxien im Sternbild Leo. Auf dieser Aufnahme rechts oben NGC 3185, eine Balkenspirale vom Typ SBa, eine weitere Balkenspirale oben links, die als SBc-Typ anzusprechende Galaxie NGC 3187, zur Bildmitte hin die Sb-Galaxie NGC 3190, darunter links die elliptische Galaxie NGC 3193 vom Typ E2

durchaus möglich, daß nahezu alle Galaxien Haufen bzw. Gruppen zugerechnet werden müssen, und daß sie in Haufen bzw. Gruppen entstanden sind. Es gibt ferner deutliche Hinweise dafür, daß die Haufen wiederum sich noch zu größeren Strukturen ordnen. So kann man einen Haufen zweiter Ordnung (Superhaufen) nachweisen. Er bildet ein flaches System, in dessen Zentrum der Virgohaufen liegt, und dem neben unserer „Lokalen Gruppe" zahlreiche weitere Haufen – vor allem im Sternbild Ursa Major – zugehören. Die Frage, ob es über die Haufen zweiter Ordnung hinaus noch weitere Stufen im hierarchischen Aufbau des Kosmos gibt, muß offen bleiben.

Kleine Tabelle von Galaxienhaufen

Bezeichnung	Zahl der Galaxien N	Entfernung Mpc	Radialgeschwindigkeit km/s	Helligkeit der zehnthellsten Galaxie m_v
Virgo	2 500	5,5	+ 1 150	9,4
Pegasus I	100	20	+ 3 800	12,5
Perseus	500	29	+ 5 400	13,6
Coma	1 000	39	+ 6 700	13,5
Herkules		52	+ 10 300	14,5
Corona Borealis	400	95	+ 21 600	16,3

14.6 Die Massen von Galaxien, die Masse-Leuchtkraft-Relation, Sternpopulationen

14.6.1 Die Massen

Die Massen von Galaxien werden in gleicher Weise wie die unseres Milchstraßensystems bestimmt. Bei flachen, rotierenden Systemen, also bei den S- und SB-Galaxien, verwendet man die Bedingung des Kräftegleichgewichts bei der Rotation:

Zentrifugalkraft = Massenanziehung

Bei nichtrotierenden Systemen, also etwa bei den E-Galaxien, verwendet man eine allgemeinere, aber äquivalente Beziehung (den Virialsatz):

Der doppelte Betrag der Energie der Bewegung (kinetische Energie) ist gleich dem Betrag der Gravitationsenergie.

Diese Beziehung gilt immer, sofern nur die räumliche Ausdehnung des Systems im Mittel unverändert bleibt.
Die Anwendung dieser Sätze ist im Prinzip sehr einfach. Man bestimme beispielsweise aus dem Dopplereffekt etwa der 21-cm-Linie die Rotationsgeschwindigkeit einer Spiralgalaxie in Abhängigkeit vom Abstand zum Zentrum und hat damit – wenn man die lineare Ausdehnung der Galaxie kennt – die

14.6 Die Massen von Galaxien

Massen, deren Anziehungskraft der Zentrifugalkraft gerade das Gleichgewicht hält. Da nur die Winkelausdehnung der Messung direkt zugänglich ist, muß also noch zusätzlich die Entfernung bestimmt werden, um die Winkelausdehnungen in Längen umzurechnen. Darin liegt eine der Schwierigkeiten.

Rotationskurven von 25 Galaxien verschiedenen Typs
M = Messiernummer
N = NGC-Nummer

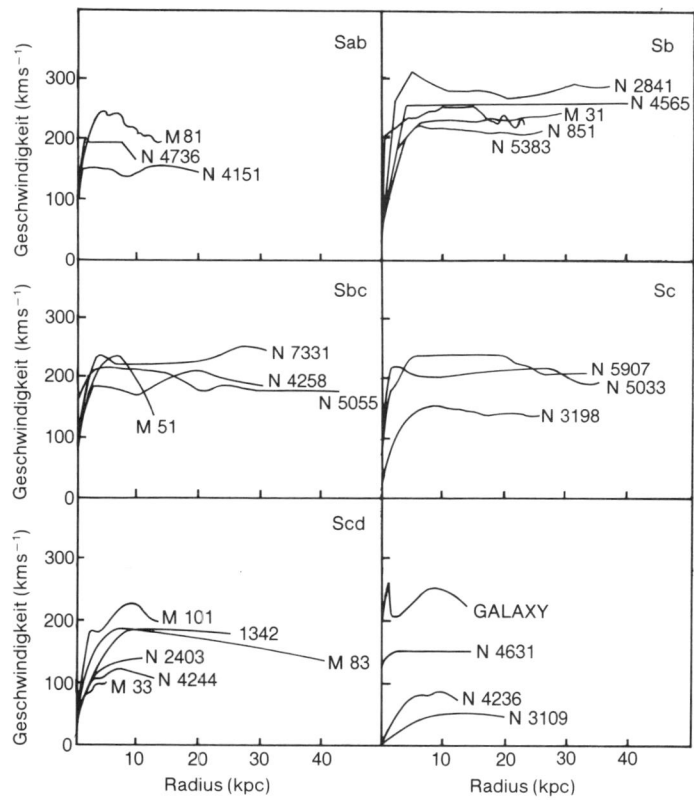

Trägt man die Rotationsgeschwindigkeiten, wie sie tatsächlich in Abhängigkeit vom Abstand zum Zentrum der Galaxie gemessen wurden, in einem Diagramm auf (s. Abb.), so wird eine weitere Schwierigkeit der Massenbestimmung deutlich. Die Kurven lassen erkennen, daß die Rotationsgeschwindigkeit vom Zentrum her zunächst steil ansteigt, dann aber, abgesehen von einigen Schwankungen, nahezu konstant bleibt. Dieses Verhalten ist insofern überraschend, als nach der gerade formulierten Gleichgewichtsbedingung zu erwarten wäre, daß die Rotationsgeschwindigkeiten wie etwa $1/\sqrt{r}$ abfallen (r = Abstand vom Zentrum der Galaxie), wenn die Bahnen den wesentlichen Teil der Masse der Galaxie umschließen. Aus dem Verhalten der gemessenen Rotationsgeschwindigkeiten, die konstant bleiben, muß daher gefolgert werden, daß auch in diesen äußeren Bereichen der Galaxien immer noch große

511

Massenanteile außerhalb der jeweiligen Umlaufbahnen liegen. Damit können die aus den Rotationsgeschwindigkeiten abgeleiteten Massen eigentlich nur als untere Grenzwerte für die tatsächlichen Massen angesehen werden.

Bei elliptischen Galaxien gibt es keine erkennbare Rotation, dafür streuen die Geschwindigkeiten der einzelnen Sterne sehr stark. Aus der Breite der Spektrallinien, die sich durch die Überlagerung vieler verschiedener Dopplerverschiebungen ergibt, kann man auf die Größe dieser Geschwindigkeiten schließen und damit auf die Bewegungsenergie, welche für die Anwendung des Virialsatzes benötigt wird. Natürlich muß auch für die Massenbestimmung auf diesem Wege die lineare Ausdehnung der Galaxie und dafür ihre Entfernung bekannt sein.

Nach dem gleichen Prinzip kann man schließlich die Bewegung ganzer Galaxien in einem Galaxienhaufen (s. 14.5.2) studieren und den Virialsatz auf den Haufen anwenden. Damit wird zunächst die Masse des Haufens bestimmt, aber dann kann diese Gesamtmasse relativ leicht auf die beteiligten Galaxien aufgeteilt werden. Diese Methode ergibt, im Vergleich zu den anderen, besonders große Massen. Dies kann daran liegen, daß:

1. bei der Massenbestimmung aus der Rotationskurve tatsächlich noch viel Masse außerhalb der Meßpunkte gelegen hat, daß:

2. die Galaxienhaufen nicht nur die Sternsysteme, sondern auch viel intergalaktische Masse enthalten, oder daß:

3. die Galaxienhaufen nicht im Gleichgewicht sind, sondern sich ausdehnen. Dann wäre der Virialsatz in der einfachen Form nicht anwendbar.

Hier sind noch viele Fragen offen.

Es zeigt sich, daß die Massen der Galaxien über mehrere Zehnerpotenzen streuen. Dies gilt besonders für die elliptischen Galaxien, deren hellste im Bereich zwischen $10^{11} \ldots 10^{12}$ Sonnenmassen liegen. Andererseits gibt es aber auch Zwerg-E-Galaxien mit weniger als 10^9 Sonnenmassen. Bei den Spiralgalaxien ist ein loser Zusammenhang zwischen Typ und Masse erkennbar. Es ist von der Art, daß – bei einer breiten Streuung der Einzelwerte – die Massen vom Typ Sa, Sb (etwa 10^{11} Sonnenmassen) über Sc (etwa 10^{10} Sonnenmassen) zu den irregulären Typen ($10^9 \ldots 10^{10}$ Sonnenmassen) abnehmen. Balkenspiralsysteme verhalten sich entsprechend. Alle Massenangaben sind nur von geringer Genauigkeit.

Typische Massen von Galaxien

Hubble Typ	[$10^{10} \, \mathfrak{M}_\odot$]
E, S0	0,36–350
Sa	1,9 – 20
Sb	1,2 – 34
Sc	0,13– 27
Ir	0,07– 13
DE (Zwerggalaxien)	0,0001

14.6.2 Das Masse-Leuchtkraft-Verhältnis, Sternpopulationen

Einen interessanten Aufschluß über die Natur der in Galaxien vorkommenden Sterne erhält man durch das Masse-Leuchtkraft-Verhältnis $\mathfrak{M}/L$, also aus dem Verhältnis, das man erhält, wenn man die gesamte Masse $\mathfrak{M}$ einer Galaxie durch ihre gesamte Leuchtkraft L teilt. Das Resultat wird üblicherweise in Sonneneinheiten angegeben. In unserem Milchstraßen-system ist in der Sonnenumgebung das Verhältnis $\mathfrak{M}/L$ etwa 2,8. Wie aus der Tabelle hervorgeht, nimmt dieses Verhältnis vom Wert 80 für E-Galaxien auf etwa 2 für irreguläre Galaxien ab. Andere Autoren finden in neueren Untersuchungen eine Ab-nahme von etwa 20...30 für die Typen E0, S0 auf 1 für den Typ Ir I. Die Diskrepanz zwischen diesen Werten und denen in den Tabellen geht fast ausschließlich auf das Konto der Mas-senbestimmungen. Sie ist geeignet, deren Problematik zu de-monstrieren.

Werte für Farbe, Spektrum und Masse-Leuchtkraft-Verhältnis der Hubble-Galaxien-typen

Typ	Farbenindex B – V	Spektrum der Kernregion	Masse/Leuchtkraft $\mathfrak{M}_\odot/L_\odot$
E, S0	0,9	G4	10 ... 80
Sa	0,9	G2	3,6... 7
Sb	0,8	G0	1,2... 8,4
Sc	0,6	F6	0,4...20
Ir	0,5		2,0...11

Die hohen Werte von $\mathfrak{M}/L$ im Kern besagen also, daß er – be-zogen auf seine Masse – nicht besonders hell ist.

Wie in der obigen Tabelle dargestellt, steht das Masse-Leucht-kraft-Verhältnis in direkter Beziehung zu den Farbindizes, etwa B-V (s. 7.1.2) oder zum Spektraltyp (s. 7.1.1). Es sei betont, daß es sich hier nicht um den Spektraltyp eines einzelnen Ster-nes handelt, sondern um das Spektrum einer ganzen Galaxie. Zu dem in diesem „integrierten Spektrum" analysierten Licht haben also zahllose Sterne der verschiedensten Spektraltypen beigetragen. In der Regel wird hierbei, wegen ihrer größeren Flächenhelligkeit, das Kerngebiet besonders bevorzugt. Ent-sprechendes gilt natürlich auch für den Farbindex, der be-kanntlich ein Maß für die Energieverteilung im Spektrum dar-stellt. Hier ist es durch die photoelektrischen Meßverfahren einfacher, das gesamte Licht der Galaxie zu erfassen.

Der integrierte Spektraltyp wird, wie man sich leicht vorstellen kann, um so früher sein, der Farbindex um so kleiner, je mehr in der Strahlung der Galaxie der Anteil der Strahlung von Ster-nen frühen Spektraltyps dominiert. Da diese Sterne ein beson-ders kleines Masse-Leuchtkraft-Verhältnis (s. 7.7.2) haben, wird bei einem hohen Anteil ihrer Strahlung auch das Masse-Leuchtkraft-Verhältnis der Galaxie klein werden. Man kann, in Umkehrung dieser Überlegungen, aus den gemessenen $\mathfrak{M}/L$-Werten, aus den Farbindizes und den Linienstärken in den integrierten Spektren Rückschlüsse auf die Sternen-mischung ziehen, d.h. letztlich die Populationen bestimmen. Dabei sind erhebliche Schwierigkeiten zu überwinden, und man kommt nicht immer zu eindeutigen Resultaten.

Es zeigt sich, daß die erhaltenen Lösungen nicht in das ein-dimensionale Klassifikationsschema Population I – Popula-tion II passen. Dieses Schema ist offensichtlich zu eng, man muß die Sternpopulationen nach mehreren Parametern, zumindest nach den beiden folgenden klassifizieren: einmal nach der Häufigkeit der schweren Elemente (der Metalle), zum anderen nach dem Alter. Die Einteilung nach der Metallhäufigkeit entspricht noch am ehesten dem alten Schema Population I – Population II. Die Einteilung nach dem Alter ist nur für die Population I (hohe Metallhäufigkeit) von Bedeutung. Alle Sterne der Population II (niedrige Metallhäufigkeit) sind alt, und zwar nahezu gleich alt. Sie sind die Sterne der ersten Generation, in deren Material die schweren Elemente noch nicht angereichert sind (s. 13.4).

Der Anteil dieser Population II-Sterne am Aufbau der Galaxien (aller Typen) scheint relativ gering zu sein. Aus der Stärke der Linien in den integrierten Spektren muß man schließen, daß die Galaxien (auch die E-Galaxien) vorwiegend aus Sternen der alten Population I (hohe Metallhäufigkeit) bestehen.

Der Zusammenhang zwischen dem Hubble-Typ der Galaxie und den Farbindizes, dargestellt im Zweifarben-diagramm

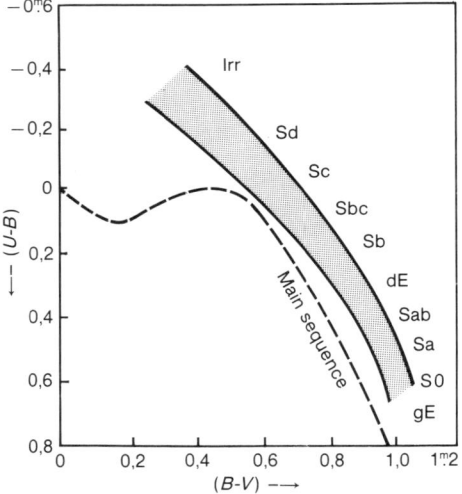

Dieser alten Population I ist in den Scheiben und insbesondere in den Armen der Spiralgalaxien ein Anteil junger Population I-Sterne beigemischt. Sie sind nur in den Bereichen zu finden, in denen auch interstellares Gas vorkommt. Während sich also die E-Galaxien und die Kerne der Spiralgalaxien aus Sternen der alten Population I zusammensetzen, bestehen die Scheiben und die Spiralarme der S- und der SB-Galaxien und auch die irregulären Galaxien vom Typ I vorwiegend aus der jüngeren Population I.

Dieses Bild ist mit Vorstellungen über die Entwicklung von Galaxien verträglich. Es ist insbesondere verständlich, daß die Sterne der Population II, die sich als erste zu einer Zeit gebildet haben, als die Galaxie sich noch in der Kontraktionsphase befand, und noch nicht so stark abgeplattet war, ein nicht so flaches System bilden.

Es ist allerdings noch unklar, ob und gegebenenfalls in welcher Form in diese Überlegungen der große Massenanteil im Halo der Galaxien einerseits und die Aktivitäten in den Kernen von Galaxien andererseits einbezogen werden müssen.

14.7 Aktive Galaxien

Durch die Identifikation der Radioquelle Cygnus A mit einer Galaxie (Baade und Minkowski 1952) wurde die Aufmerksamkeit der Astronomen auf Eigenschaften von Galaxien gelenkt, die durch die bloße Tatsache, daß sie Ansammlungen einer großen Zahl von Sternen sind, nicht verstanden werden können. Man faßt diese Eigenschaften unter dem Sammelbegriff „Aktivität" zusammen und meint damit eine Fülle von unterschiedlichen Erscheinungen, die alle auf die Freisetzung großer Energiebeträge hinweisen. Man vermutet, daß es sich um Energien handelt, die durch Einfall von Materie im Schwerefeld großer Massen bzw. Massenansammlungen gewonnen werden.
Im folgenden werden die unterschiedlichen Typen aktiver Galaxien besprochen.

14.7.1 Radiogalaxien

Es sind dies Galaxien, deren Strahlungsleistung im Radiobereich zwischen 10^{33} und maximal etwa 10^{38} Watt liegen, und die damit die Radiostrahlung gewöhnlicher Galaxien, die bei etwa 10^{32} Watt liegt, um Größenordnungen übertreffen. Die Strahlungsleistung geht, wie eine Analyse des Spektrums zeigt, und wie sich auch aus den meist relativ hohen Polarisationsgraden der Strahlung ableiten läßt, auf die Emission von Synchrotronstrahlung zurück (s. A 1.7.9).
Die Quelle der Strahlung sind also Elektronen, die sich mit relativistischen Energien in großräumigen Magnetfeldern bewegen. Benutzt man die Theorie der Synchrotronemission, so ist man in der Lage, aus der gemessenen Leuchtkraft im Radiobereich und der linearen Ausdehnung der Quelle ihren Energieinhalt auszurechnen, der sich als Summe aus der Bewegungsenergie der Teilchen und der in den Magnetfeldern gespeicherten Energie ergibt. Geht man schließlich davon aus, daß die Gesamtenergie so klein wie möglich sein sollte, so muß die Energie zu gleichen Teilen auf diese Teilchen und das Magnetfeld verteilt werden. Die so berechneten Energien liegen im Bereich $10^{48}\ldots10^{53}$ Joule und reichen damit bereits nahe an die in Galaxien insgesamt verfügbare Kernenergie von etwa 10^{56} Joule heran.
Der Vergleich von Kernenergievorrat und Abstrahlung zeigt, daß Radiogalaxien entweder relativ kurzlebig sein sollten (Größenordnung etwa 10^7 Jahre), oder daß es einen sehr effizienten Mechanismus der Energienachlieferung geben muß.
Die mit Radioteleskopen hoher Auflösung beobachteten Strukturen der Radiogalaxien sind von großer Vielfalt. In etwa

Einige der hellsten Radiogalaxien

Katalog Nr.	Typ	m_v	Radiofluß bei 1,4 GHz [Jansky]	Spektral-index α	Rot-verschie-bung z	L 10^{35} Watt	Bemerkungen
3C 33	DE4	15,19	12,6	0,70	0,060	16	
3C 84	ED2	11,87	12,8	0,16	0,0176	1,2	Per A, Seyfertgal. im Perseushaufen (NGC 1275)
PKS 0320–37	S0	8,9	116	0,5	0,0058	1	For A, NGC 1316
3C 98	ED3	14,45	9,6	0,67	0,0306	3,2	
PKS 0518–45	D	15,7	66	0,75	0,0342	20	Pic A
PKS 0521–36	N	16,8	16,3	0,66	0,061	16	optisch variabel
3C 218	D2	14,2	43	0,90	0,065	50	Hyd A, im Haufen
3C 231	Ir II	9,2	7,9	0,42	0,0011		M 82, NGC 3034
3C 270	E	10,4	15,3		0,07	0,25	NGC 4261
3C 274	E	8,74	197		0,0041	1	Vir A, M 87, NGC 4486
PKS 1322–42	DE3	6,98	912		0,0009	0,5	Cen A, NGC 5128
3C 295	D	20,11	23,1		0,4614	1 600	
3C 348	D2,3	16,90	43	0,91	0,1533	400	Her A
3C 353	D3,5	15,36	49	0,55	0,0307	16	hellste Galaxie in einem Haufen
3C 390	N	14	12,3		0,0569	13	
PKS 1934–63	E	16	13		0,182	80	
3C 405	D3	15,14	1 255		0,0570	1 600	Cyg A
3C 433	D8	16,24	11,9		0,1025	50	
PKS 2152–69	D	13,8	25,9		0,0266	6,3	
3C 447	E2	13,2	3,7		0,0181	0,4	

1 Jansky $= 10^{-26}$ Watt m^{-2} Hz^{-1}.
Spektralindex α: Die Energieverteilung im Spektrum wird genähert dargestellt durch einen Ausdruck $\nu^{-\alpha}$, wenn ν die Frequenz ist.

30 Prozent aller Fälle liegt die Quelle zentrisch im oder um den Kern des optischen Bildes der Galaxie. Am häufigsten sind dagegen Doppelquellen, bei denen die Bereiche, aus welchen die Radiostrahlung kommt, meist symmetrisch zum optischen Bild der Galaxie liegen. Aber auch sehr asymmetrische Kopf(Galaxie)-Schweif(Radioquelle)-Konfigurationen sind beobachtet worden. Die Winkelabstände zwischen Galaxie und den Radioquellen können eine Bogenminute, aber auch mehrere Grad betragen. Im linearen Maßstab liegen die Durchmesser der Quellen etwa bei 5...20 kpc, während ihr gegenseitiger Abstand eher 100 kpc betragen kann.

Die Quelle der Aktivität ist im Kern der jeweiligen Galaxie zu suchen. Als direkten Hinweis darauf sind die Strahlen (Jets) anzusehen, die aus den Kernen der Galaxie herausschießen (wie etwa aus dem Kern von M 87 = Virgo A), und die dann

NGC 5128, eine ellipti-
sche Galaxie vom
Typ E0p, im Sternbild
Centaurus, in einer Ent-
fernung von 4,7 kpc, mit
kreisrundem Kern,
umgeben von einem
Halo. Ein breites
Absorptionsband aus
Staub und Gas proji-
ziert sich auf den hellen
Kern. Dieses Band
rotiert mit großer
Geschwindigkeit über
die große Achse des
Kerns. 1949 erkannte
man, daß vom Ort der
Galaxie starke Radio-
strahlung ausgeht. Sie
erhielt als Radioquelle
die Bezeichnung Cen A.
Eingehende Untersu-
chungen dieser Radio-
quelle erbrachten, daß
diese aus mehreren
Teilquellen besteht, die
an der Sphäre eine Aus-
dehnung von ca. 9°
haben. Dies entspricht
etwa einem Durchmes-
ser von 650 kpc (zum
Vergleich: Durchmesser
des Milchstraßen-
systems ca. 30 kpc). –
Man unterscheidet bis
heute drei äußere Dop-
pelquellen und eine
innere, auch als doppelt
anzusprechende Quelle
am Ort der Galaxie.
Das Diagramm
zeigt den Zentralteil
von Cen A mit den
Radioisophoten, gemes-
sen bei einer Wellen-
länge von 10 cm. Die
Aufnahme der Galaxie
im optischen Bereich
wurde mit dem 200-
inch-Hale-Teleskop
gemacht

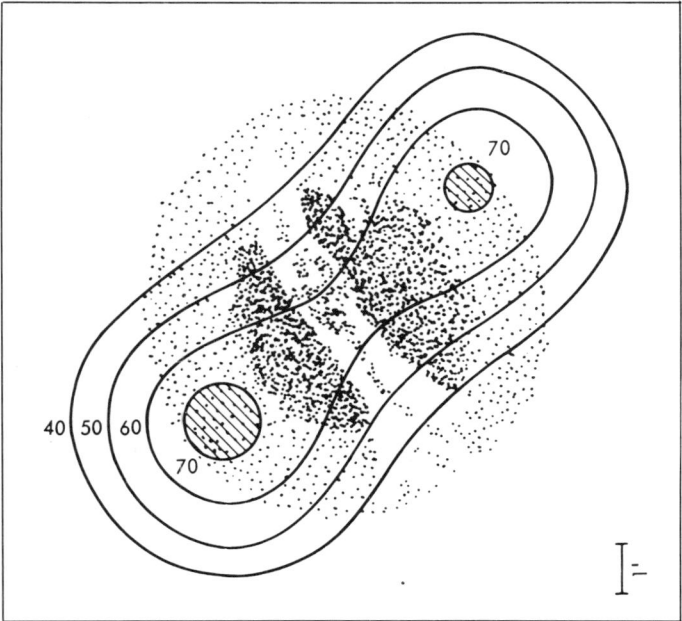

Auch andere starke Radioquellen spalten in zwei Komponenten auf. Oben: Die Quelle Cygnus A, eingezeichnet in eine Aufnahme mit dem Hale-Teleskop. Die Zahlen geben die relativen Intensitäten der beiden Quellen an, die symmetrisch zu einem ungewöhnlichen extragalaktischen Objekt liegen. Unten: Die Doppelquelle 3C 270, die zentrale Galaxie ist NGC 4261. Das Kreuz gibt ein Maß für die Auflösung des Radioteleskops

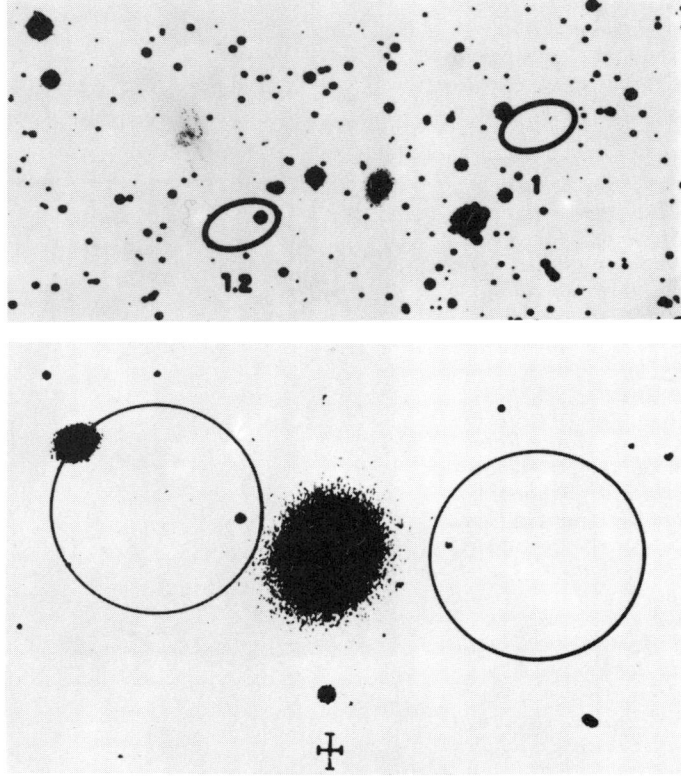

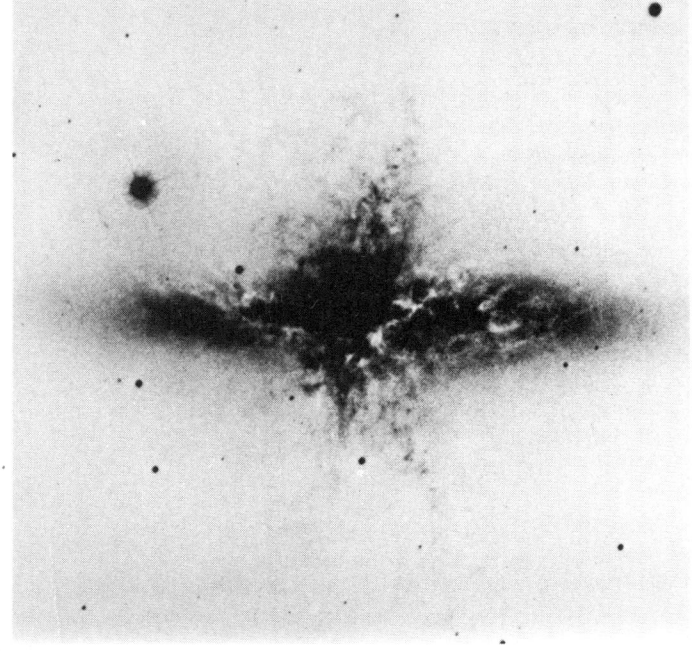

NGC 3034 = M 82, eine als Typ Ir II klassifizierte Galaxie, im Sternbild Ursa Maior. Neben intensiver Radiostrahlung wurde das Licht aus dem Kerngebiet polarisiert gefunden, ein Zeichen dafür, daß es sich hier um eine nicht thermische, um eine Synchrotron-Strahlenquelle handelt

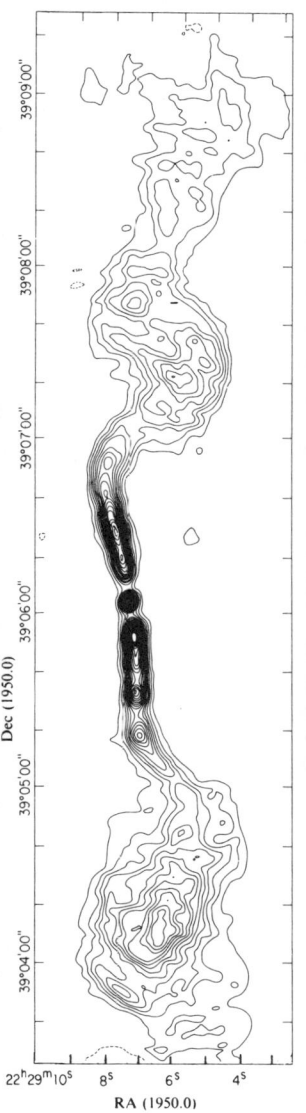

Die Radiogalaxie 3C 449 bei 1 465 MHz mit hoher Auflösung, die etwa der Größe der aufgelösten Zentralkomponente entspricht Die Symmetrie der Doppelstruktur ist auch in Details noch gut zu erkennen. (Isophoten jeweils in Stufen von 5 % der Maximalintensität.)

zum Aufbau der vom optischen Bild der Galaxie getrennten Schwerpunkte der Radioemission führen. Die Geschwindigkeiten der Jets, bestimmt durch die Messung der Dopplereffekte, und ihre Strukturierung (Knoten) lassen auf ihre Vorgänge im Kern schließen, in denen sehr hohe Energien freigesetzt werden, die aber zeitlich variabel sind.

Bezüglich weiterer Details über Radiogalaxien sei auf die Tabelle und die Abbildungen mit den beigefügten Erläuterungen verwiesen.

Insbesondere aus der Tabelle ergibt sich, daß der Begriff Radiogalaxie, der ja nur auf einen Exzeß nichtthermischer Radiostrahlung hinweist, relativ unspezifisch ist. Bei den im folgenden besprochenen Typen sind die Kriterien für die Zugehörigkeit einer Galaxie zu einer dieser Klassen viel einschränkender.

NGC 4486 = M 87 = Virgo A, eine elliptische Riesengalaxie vom Typ E0p. Auf Blau-Aufnahmen entdeckte man einen vom Kern ausgehenden, etwa 1 500 pc langen Materiestrahl (Jet). Dieser Strahl zeigt eine Reihe von kleinen, hellen Knoten, deren Licht polarisiert ist. Von diesen Jet-Knoten geht intensive Radiostrahlung und – wie man nun durch Raketenexperimente und Satellitenmessungen weiß – starke Röntgenstrahlung aus. Die Galaxie besitzt die bisher größte bei Sternsystemen bestimmte Masse von $2,7 \cdot 10^{12}$ Sonnenmassen

Seyfert-Galaxien

Dies sind Galaxien mit besonders starker Konzentration der Leuchtkraft zum Kern, der selber gelegentlich mehr als 50% der Gesamtstrahlung der Galaxie beisteuert und der als das Zentrum der Aktivität anzusehen ist. Diese Aktivität ist besonders im optischen Spektralbereich erkennbar. Charakteristische Anzeichen hierfür sind die starken und breiten Emissionslinien. Nach ihren Breiten, die auf Dopplereffekte und damit auf turbulente Strömungen zurückgeführt werden, werden zwei Typen von Seyfert-Galaxien unterschieden:

Seyfert 1-Galaxien mit (erlaubten) Linien, deren Breiten auf Geschwindigkeiten der Größenordnung 10 000 km/s hindeuten, und

Seyfert 2-Galaxien mit schmaleren (300 bis 1 000 km/s) Linien, die auch „verbotene" Linien sein können. Deren Auftreten deutet auf ein Gas sehr geringer Dichte hin.

Seyfert 1-Galaxien strahlen sehr stark im Röntgenbereich, sie haben erhöhte Emission, sowohl im UV, besonders aber im IR. Sie sind relativ schwache Radiogalaxien. Viele Seyfert 1-Galaxien sind variabel mit Amplituden der Größenordnung $0^m\!.5$ und Zeitskalen von Monaten oder Jahren.

Seyfert 2-Galaxien sind im Röntgenbereich schwächer, dafür aber im IR und im Radiobereich eher heller als Seyfert 1-Galaxien.

Einige der hellsten Seyfert-Galaxien

Katalog Nr.	α (1950)	δ (1950)	z	m_v	
Seyfert 1:					
Mrk 79	$07^h\,38^m\,47^s$	$49°\,56'$	0,020	13,4	var
NGC 3227	$10^h\,20^m\,47^s$	$20°\,07'$	0,0033	13,5	
NGC 3516	$11^h\,03^m\,24^s$	$72°\,50'$	0,0093	13,1	var
NGC 4151	$12^h\,08^m\,01^s$	$39°\,41'$	0,0033	12,0	var
Mrk 509	$20^h\,41^m\,26^s$	$-10°\,54'$	0,0355	13,0	
NGC 7469	$23^h\,00^m\,44^s$	$08°\,36'$	0,0167	13,6	var
Seyfert 2:					
NGC 1068	$02^h\,40^m\,07^s$	$-00°\,14'$	0,00363	10,5	
Mrk 3	$06^h\,09^m\,48^s$	$71°\,03'$	0,0137	13,8	

Radiogalaxien mit aktiven Kernen

Diese Galaxien gehören nach ihrer Gestalt zum großen Teil in die Klasse der N-Galaxien, „Galaxien mit einem hellen sternartigen Kern, der den größten Teil der Gesamthelligkeit beiträgt und der von einem schwachen Nebel geringerer Ausdehnung umgeben ist." Sie ähneln also den Seyfert-Galaxien. Viele haben auch starke Emissionslinien und werden, wie die Seyfert-Galaxien, nach der Breite dieser Linien in zwei Klassen eingeteilt:

1. sehr breite Linien (10 000 km/s) und schmale verbotene Linien

2. schmalere Linien (500 km/s), sowohl erlaubte als auch verbotene.

Einigen dieser Radiogalaxien sind als Röntgenquellen identifiziert worden. Auch Variabilität wurde beobachtet.

Quasare

Diese Objekte wurden seit 1960 in zunehmender Zahl entdeckt. Bisher sind über 1 400 katalogisiert. Ihre charakteristischen Eigenschaften sind:

1. Das optische Bild ist sternartig, oft von einem Fixstern nicht zu unterscheiden. Sie bilden den kompakten Kern von Galaxien, die – da sie viel lichtschwächer sind als die Quasare – nur unter sehr günstigen Bedingungen nachgewiesen werden konnten.

2. Im Spektrum werden breite, stark rotverschobene Emissionslinien beobachtet. Die Rotverschiebungen $z = \Delta\lambda / \lambda'$ liegen im Bereich $z = 0,1$ bis $z = 3,53$. Werte um $z = 2$ sind besonders häufig.
Werden die Rotverschiebungen auf die Expansion des Kosmos (s. 15.1.1) zurückgeführt, so sind die Quasare diejenigen Einzelobjekte, die in den größten bisher überbrückten Entfernungen nachgewiesen wurden. Entsprechend groß muß ihre Helligkeit sein $-31 \lesssim M_v \lesssim -24$, was einer Strahlungsleistung (im visuellen Bereich) von $10^{38} \ldots 10^{41}$ Watt entspricht. Trotz ihrer großen absoluten Helligkeiten sind die Quasare wegen ihrer großen Entfernungen recht lichtschwache Objekte. Mit $m_v = 12,8$ ist unter ihnen 3 C 273 der hellste (Position (1950) $\alpha = 12^h 26^m 33^s$, $\delta = +02° 20'$).

Einige der hellsten Quasare

Objekt	Koordinaten		Rotverschiebung z	Helligkeit m_v
	α (1950)	δ (1950)		
PKS 0736 + 01	$07^h 36^m 43^s$	$01° 44'$	0,192	16,5
3C 232	$09^h 55^m 25^s$	$32° 38'$	0,533	15,8
Ton 490	$10^h 11^m 06^s$	$25° 04'$	1,63	15,4
PKS 1217 + 02	$12^h 17^m 39^s$	$02° 20'$	0,240	16,5
3C 273	$12^h 26^m 33^s$	$02° 20'$	0,158	12,8
1331 + 170	$13^h 31^m 10^s$	$17° 04'$	2,08	16,0
3C 323,1	$15^h 45^m 31^s$	$21° 01'$	0,264	16,7
3C 351	$17^h 04^m 03^s$	$60° 49'$	0,371	15,3
PKS 2135 − 14	$21^h 35^m 01^s$	$-14° 46'$	0,200	15,5

3. Neben den Emissionslinien werden gelegentlich ein oder mehrere Systeme von Absorptionslinien mit z-Werten beobachtet, die kleiner sind als die Rotverschiebung des Systems der Emissionslinien. Man führt diese Absorptionslinien auf abströmende Materie zurück.

4. Quasare sind starke Quellen im Röntgenbereich. Im IR ist ihre Strahlungsleistung noch größer als im optischen Bereich.

5. Trotz ihrer Bezeichnung, die „quasi stellare Radioquellen" bedeutet, ist die Emission der meisten Quasare im Radiobereich unbedeutend. Einige sind jedoch starke Radioquellen, etwa die Hälfte von diesen mit der typischen Struktur der Radiogalaxien: zwei Quellen symmetrisch zum Zentralobjekt.

6. Bei einer ganzen Reihe von Quasaren ist Variabilität der Emission beobachtet worden. Die charakteristischen Zeitskalen der nichtperiodischen Helligkeitsschwankungen können Jahre, aber auch nur Tage betragen.

BL-Lac-Objekte

BL-Lac-Objekte, so genannt nach ihrem Prototyp BL Lacertae, sind auch wie die Quasare sternartige Objekte, ebenfalls von Galaxien umgeben, die allerdings auch nur in wenigen Fällen nachgewiesen werden konnten. Von den Quasaren unterscheiden sie sich vor allem dadurch, daß BL-Lac-Objekte keine Emissionslinien zeigen. Auch die Absorptionslinien fehlen oder sind nur schwach angedeutet. Die Bestimmung ihrer Entfernung stützt sich daher auf die Untersuchung der Strahlung der Galaxie, deren Kern das BL-Lac-Objekt bildet. Die Emission aller BL-Lac-Objekte ist in hohem Maße variabel. Zeitskalen von Tagen bis zu Monaten sind typisch.

BL Lac selber (Position (1950) $\alpha = 22^h\,00^m\,40^s$, $\delta = 42°\,02'$) hat die mittlere Helligkeit $m_v = 14,5$. Die aus dem Spektrum der umgebenden Galaxie abgeleitete Rotverschiebung ist $z = 0,069$.

Einige der hellsten BL-Lac-Objekte

Objekt	Koordinaten		Rotverschiebung z (Galaxie)	Helligkeit m_v
	α (1950)	δ (1950)		
AO 0235 + 164	$02^h\,35^m\,53^s$	$16°\,24'$	–	15,5
PKS 0521 – 365	$05^h\,21^m\,14^s$	$-36°\,30'$	0,55	15,0
PKS 0548 – 323	$05^h\,48^m\,50^s$	$-32°\,17'$	0,069	15,5
OJ 287	$08^h\,51^m\,57^s$	$20°\,18'$	–	14,0
Mkn 421	$11^h\,01^m\,41^s$	$38°\,29'$	0,308	13,5
Mkn 180	$11^h\,33^m\,30^s$	$70°\,25'$	0,0458	15,0
Ap Lib	$15^h\,14^m\,45^s$	$-24°\,11'$	0,049	15,0
Mkn 501	$16^h\,52^m\,12^s$	$39°\,50'$	0,034	13,8
BL Lac	$22^h\,00^m\,40^s$	$42°\,02'$	0,0688	14,5

Faßt man die Eigenschaften der Seyfert-Galaxien, der Radiogalaxien mit aktivem Kern, der Quasare und der BL-Lac-Objekte zusammen, so ergibt sich folgendes Bild. Die Quelle der beobachteten nichtthermischen Strahlung ist offenbar sehr klein (gemessen an der Ausdehnung von Galaxien). Das zeigt nicht nur das optische Bild, sondern das muß auch aus der Variabilität geschlossen werden.

Nennenswerte Variationen der Helligkeit einer ausgedehnten Quelle sind offensichtlich unmöglich, wenn die Strahlungsleistungen der einzelnen Teile der Quelle, die zur Gesamtausstrahlung beitragen, sich unabhängig voneinander ändern, da sich dann die Schwankungen der einzelnen Beiträge im Mittel etwa aufheben würden. Es ist also eine von einander abhängige Variation der Beiträge erforderlich. Das setzt aber voraus, daß die Gesamtquelle der Strahlung nicht ausgedehnter sein kann als die charakteristische Zeitskala der Variabilität multipliziert mit der höchsten Signalgeschwindigkeit (die diese Abhängigkeit bewirkt). Da diese höchste Signalgeschwindigkeit die Lichtgeschwindigkeit ist, ergeben sich Ausdehnungen der Energiequelle, die kaum größer als etwa 10^{15} cm sein können und die damit an die Größenordnung von Planetensystemen heranreichen.

Möglicherweise Schwarze Löcher

Man ist der Ansicht, daß die Energiebeträge freigesetzt werden durch den Einsturz von Materie auf sehr massereiche Zentralobjekte, möglicherweise in „Schwarze Löcher". Damit ist der Schwarzschildradius r_s (s. 8.7.3) eine untere Grenze für die Ausdehnung der zentralen Energiequelle. Bei Zentralmassen zwischen $10^8 \mathfrak{M}_\odot$ und $10^{10} \mathfrak{M}_\odot$ wären dieser Wert $3 \cdot 10^{13}$ cm ... $3 \cdot 10^{15}$ cm, sie wären also durchaus verträglich mit der maximalen Ausdehnung, wie sie aus der Zeitskala der Variabilität erschlossen würde.

Bei einem derartigen Materieeinfall kann ein merklicher Bruchteil der Ruheenergie $m_0 c^2$ der einfallenden Materie in Strahlung umgesetzt werden. Geht man davon aus, daß diese „Effektivität" etwa 10% beträgt, so können bei Einfallraten von etwa einer Sonnenmasse pro Jahr die Strahlungsleistungen der aktiven Galaxien aufgebracht werden.

Auch wenn die Einzelheiten noch sehr unsicher sind, so scheint doch die Umwandlung von Gravitationsenergie in Strahlung der Schlüssel zum Verständnis der aktiven Galaxien zu sein.

15 Die Welt als Ganzes

Die Frage nach der räumlichen und zeitlichen Erstreckung der Welt ist eine der uralten Fragen der Menschheit. Damit ist zugleich auch die Frage nach ihrer eigenen Stellung im Kosmos verbunden, eine Frage, die nicht nur unter naturwissenschaftlichen, sondern auch unter philosophischen und religiösen Aspekten gestellt werden kann.

In den bisherigen Kapiteln ging es um die einzelnen Objekte, die wir in der Welt vorfinden, um ihre Beschreibung und Erklärung. Jetzt geht es darum, ob im Rahmen der Naturwissenschaften Aussagen über die Gesamtheit dieser Objekte möglich sind und, wenn ja, welche. Es geht schließlich auch um die Struktur von Raum und Zeit selber. Das Teilgebiet der Astronomie, in welchem versucht wird, Antworten auf diese Fragen zu finden, wird als „Kosmologie" bezeichnet.

15.1 Beobachtungen

15.1.1 Die Expansion

Bei den Galaxien unserer näheren Umgebung beobachtet man etwa ebensoviele mit positiven Radialgeschwindigkeiten, gemessen durch die Dopplerverschiebung z (s. A 1.6) der Spektrallinien

$$z = \Delta\lambda_{\text{Verschiebung}} / \lambda_{\text{Laboratorium}}$$

wie solche mit negativen z-Werten. Dagegen ist bei den entfernteren Galaxien z durchweg positiv, die Spektrallinien also rotverschoben. Diese Galaxien fliegen also systematisch von uns weg. Bei einer sorgfältigeren Analyse der Beobachtungsdaten bemerkt man, daß die Rotverschiebungen um so größer werden, je weiter die Galaxien von uns entfernt sind, und daß dieses Anwachsen so erfolgt, daß z zur Entfernung r proportional ist. Dieses einfache Gesetz der Proportionalität gilt allerdings nicht mehr, wenn bei extremen Entfernungen z vergleichbar wird mit eins. Da bei kleinen Werten von z die Rotverschiebung nichts anderes ist als die Radialgeschwindigkeit v im Verhältnis zur Lichtgeschwindigkeit c

$$z = v/c,$$

folgt, daß auch die Radialgeschwindigkeiten v zur Entfernung r proportional sein müssen

$$v = H_0 \cdot r.$$

H_0 ist die Hubblesche Konstante. Mißt man v in km/s und die Entfernung r in Mpc (Megaparsec), so hat H_0 den Zahlenwert

$$H_0 = 50 \text{ km/s/Mpc}.$$

Leider war es bislang nicht möglich, diese fundamentale Größe mit der wünschenswerten Genauigkeit zu bestimmen.

*Radialgeschwindigkeit
und scheinbare Hellig-
keit für 474 einzelne
Galaxien aller Typen*

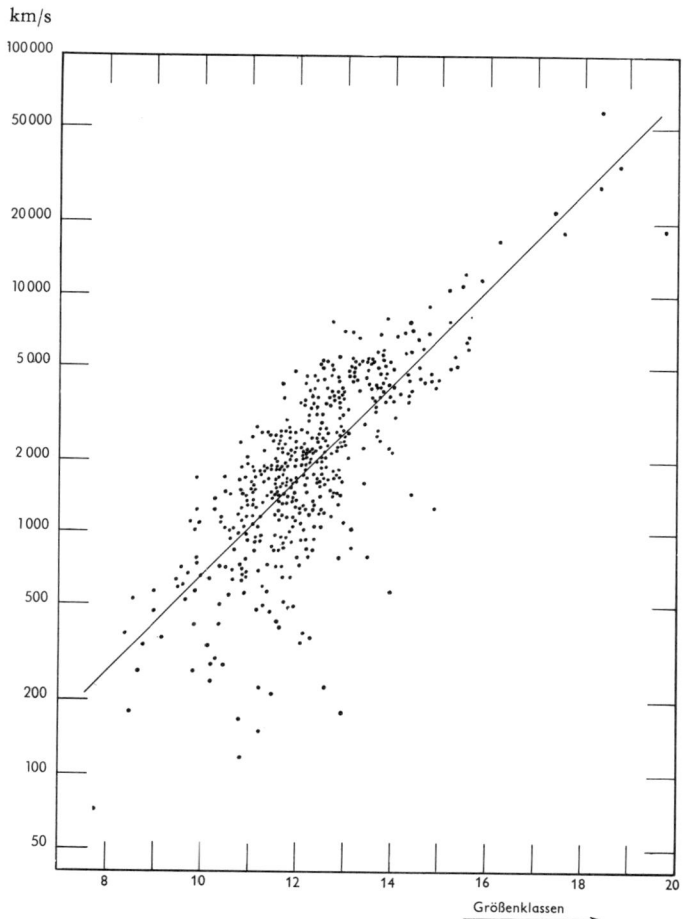

Werte im Intervall 50 km/s/Mpc bis herauf zu 100 km/s/Mpc werden gegenwärtig noch für möglich gehalten.

Es ist davon auszugehen, daß H_0 nicht in der strengen Bedeutung des Wortes eine (Natur)konstante ist, sondern eine Größe, die selber vom Alter des Kosmos abhängt (s. auch 15.4). Der Index 0 soll darauf hinweisen, daß sich die Messungen auf das gegenwärtige Alter t_0 des Kosmos beziehen:

$$H_0 = H(t_0)$$

Wegen der Peculiargeschwindigkeiten der einzelnen Galaxien gibt es natürlich eine Streuung der einzelnen Messungen um die Hubblerelation. Die Größe dieser Streuung ist etwa ± 150 km/s. Für Mittelwerte von z über viele Galaxien in gleicher Entfernung, etwa über die Galaxien eines Galaxienhaufens (s. 14.5.2), ist diese Streuung schon merklich geringer.

Leider hat man bei den großen Entfernungen nur noch die scheinbaren integralen Helligkeiten und die Helligkeiten eventueller Supernovae als unabhängige Entfernungskriterien.

Hierin liegt die wesentliche Schwierigkeit in der Bestimmung von H_0. Umgekehrt gilt – die Kenntnis von H_0 vorausgesetzt –, daß eine Messung der Rotverschiebung einer Bestimmung der Entfernung äquivalent ist.

Die größten gemessenen Rotverschiebungen gehen bei normalen Galaxien wie etwa des Hydrahaufens bis $z = 0{,}2$, bei den Quasaren sind dagegen Werte bis $z = 3{,}53$ gemessen worden. Hier hat man den Bereich der Proportionalität zur Entfernung weit überschritten.

Der Zusammenhang zwischen Rotverschiebung und Entfernung ist unabhängig vom Typ der Galaxie und unabhängig von ihrer Position an der Sphäre. Ein derartiges Verhalten ist aber nur möglich, wenn alle Galaxien nicht nur von uns wegfliegen, sondern wenn sie in genau der gleichen Weise alle ihre wechselseitigen Abstände vergrößern.

Von jeder anderen Galaxie würde sich der gleiche Anblick bieten: Alles fliegt auseinander, und die Geschwindigkeiten sind dabei proportional zur Entfernung. Der Kosmos „expandiert" gleichförmig.

Es wäre noch zu fragen, ob die Expansion reell ist, d. h. ob die Rotverschiebung als Dopplereffekt interpretiert werden muß, oder ob es auch noch alternative Deutungen gibt. Gegenwärtig kennen wir neben der Dopplerverschiebung nur einen einzigen weiteren Effekt, durch den die Spektrallinien zum Roten hin verschoben sein könnten: die Gravitationsrotverschiebung (s. 8.7.3). Diese kann hier aber ausgeschlossen werden, da sie nicht systematisch von der Entfernung der Galaxien abhängig sein dürfte. Will man also nicht extra ein neues Naturgesetz erfinden, welches für große Entfernungen die Ausbreitung von Strahlung verändert – was ein sehr willkürliches und daher unvernünftiges Vorgehen wäre –, so hat man die „Expansion des Kosmos" wohl als erwiesen anzusehen.

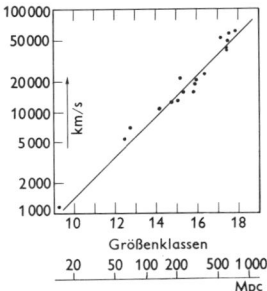

Radialgeschwindigkeit und Entfernung von 18 Galaxienhaufen sowie scheinbare photographische Helligkeit ihrer hellsten Galaxien

15.1.2 Die allgemeine Hintergrundstrahlung

1965 wurde von Penzias und Wilson eine Strahlung entdeckt, die von unmittelbarer Bedeutung für die Kosmologie ist und die das Interesse an diesem Gebiet neu belebt hat. Bei Versuchen, die Empfindlichkeitsgrenzen eines Radioteleskops mit einer Empfangsanlage für eine Wellenlänge von 7,35 cm weiter herabzudrücken, fanden sie einen zunächst unerklärbaren Anteil von Empfangsleistung, der von der Orientierung der Antenne unabhängig war. In Zusammenarbeit mit anderen Gruppen wurde dann deutlich, daß es sich hierbei um ein universelles und isotropes Strahlungsfeld handeln müsse, das inzwischen im Wellenbereich zwischen 30 und 3 cm beobachtet wurde. Die Intensität der Strahlung ebenso wie ihr Spektrum entsprechen der Strahlung eines Hohlraums von etwa 3 K (s. A. 1.7.9). Messungen oberhalb von 30 cm sind nicht möglich, da hier die nichtthermische Strahlung aus unserem galaktischen System alles überdeckt. Von der Erde aus sind Messungen unter 3 cm Wellenlänge ebenfalls unmöglich, da hier die thermische Emission der Erdatmosphäre zu stark ist. Dagegen ließen sich derartige Messungen von Satelliten aus durchführen.

Bei 2,6 cm Wellenlänge hat man die Stärke dieser Strahlung auch indirekt messen können: Der erste angeregte Zustand des Cyanmoleküls liegt gerade um einen Energiebetrag, der dieser Wellenlänge entspricht, über dem Grundzustand. Die Stärke des universellen Strahlungsfeldes in dieser Wellenlänge wird also – wenn andere Anregungsmechanismen ausgeschlossen sind – aus der Besetzung des angeregten Zustands ermittelt werden können. Das Stärkeverhältnis von interstellaren Absorptionslinien des Cyans, von denen die wichtigsten vom Grundzustand, einige schwächere aber von dem genannten angeregten Zustand ausgehen, kann benutzt werden, um das Anregungsverhältnis und damit die Intensität der Hintergrundstrahlung zu messen. Es ergab sich wiederum eine Intensität entsprechend einer 3 K-Hohlraumstrahlung.

Spektrum der Hintergrundstrahlung. Die Messungen (Punkte) passen sehr gut zur Strahlung eines schwarzen Körpers der Temperatur 2,76 K (ausgezogene Kurve)

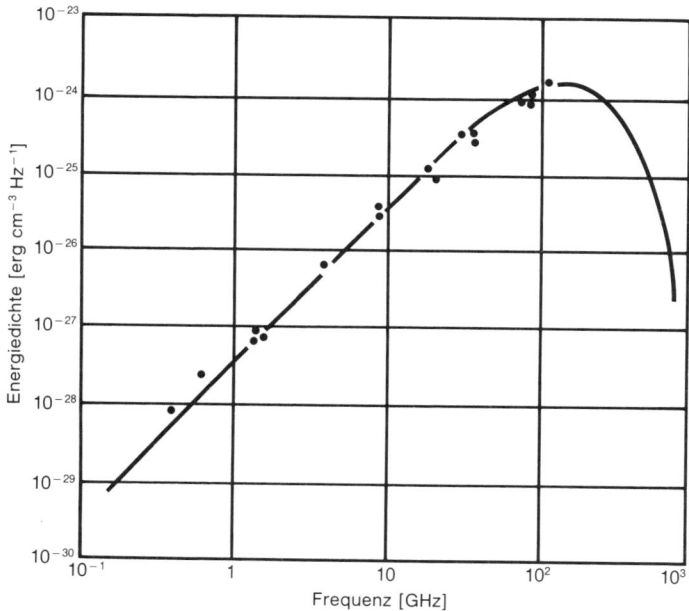

Der endgültige Nachweis, daß es sich wirklich um eine Hohlraumstrahlung für eine derart niedrige Temperatur handelt, wäre erbracht, wenn es gelänge, den Abfall der Intensität unterhalb $\lambda = 1$ mm durch Beobachtungen zu bestätigen. Tatsächlich ergaben hier Messungen von Höhenraketen aus Intensitäten, die erheblich über der 3 K-Kurve lagen. Die Versuche der Interpretation dieses Strahlungsüberschusses haben kein klares Bild ergeben. Zudem ist die Genauigkeit der Messung noch umstritten.
Wichtig ist auch die Isotropie der Strahlung, also die Tatsache, daß ihre Stärke unabhängig von der Richtung ist. Messungen mit hoher Genauigkeit haben gezeigt, daß die Abweichung von der Isotropie nur etwa 0,1% beträgt. Sie kann durch die

Peculiarbewegung des Beobachters gegenüber dem allgemeinen Weltsubstrat gedeutet werden.

Die Bedeutung aller dieser Beobachtungen für die Kosmologie ergibt sich daraus, daß keines der uns bekannten kosmischen Objekte als Quelle der Strahlung in Frage kommt. Sie muß uns also aus einer früheren Phase der Entwicklung des Kosmos überliefert sein.

15.2 Das Alter des Kosmos

15.2.1 Expansion

Die allgemeine Expansion des Kosmos zeigt, daß dieser, so wie er ist, nicht beliebig alt sein kann. Den gleichen Schluß müssen wir aus der Existenz der allgemeinen Hintergrundstrahlung ziehen, für die es im gegenwärtigen Kosmos keine Quellen gibt. Rechnet man die Expansion zurück, so findet man (falls die Expansion weder gebremst noch beschleunigt wäre), daß vor einer Zeit, die gleich dem Kehrwert der Hubbleschen Konstante ist

$$1/H_0 = 19,5 \text{ Milliarden Jahre,}$$

die Ausdehnung des Kosmos verschwindend klein gewesen sein muß. Diese Zeitspanne nennt man „Expansionsalter" der Welt. Der Wert selber ist noch relativ unsicher, eine Folge der Unsicherheit der Hubble-Konstante. Das wirkliche Expansionsalter ist kleiner, da die Expansionsgeschwindigkeit durch die wechselseitigen Gravitationskräfte gebremst wird. In der Vergangenheit müssen also die Geschwindigkeiten größer gewesen sein, daher das kleinere Alter. Im sogenannten parabolischen Grenzfall, bei dem die Massenanziehung die Expansion nach unendlicher Zeit gerade zum Erliegen bringen, nicht aber eine nachfolgende Kontraktion einleiten würde, wäre das Expansionsalter nur $2/3$ von $1/H_0$ also etwa $13 \cdot 10^9$ Jahre (siehe auch 15.4).

15.2.2 Die Sternentwicklung

Die ältesten Objekte unserer Milchstraße sind die kugelförmigen Sternhaufen (s. 12.2.3). Aus den Theorien der Sternentwicklung läßt sich das Alter ihrer Sterne zu etwa 17 Milliarden Jahren berechnen (s. 9.4.1).

Es läßt sich also mit Sicherheit sagen, daß das Entwicklungsalter der ältesten Sterne von der gleichen Größenordnung ist wie das Expansionsalter der Welt.

15.2.3 Die Erde

Durch den radioaktiven Zerfall einiger schwerer Elemente und die Anhäufung der Zerfallsprodukte läßt sich abschätzen, welche Zeit seit der Erkaltung der Erdkruste vergangen ist. Im Mittel über verschiedene Methoden erhält man rund 4 Milliarden Jahre.

15.2 Das Alter des Kosmos

Nach der gleichen Methode läßt sich auch das Alter der Meteoriten (s. 4.3.4) und der Gesteinsproben von der Mondoberfläche (s. 2.7.1) abschätzen. Die Ergebnisse sind im Einzelfall ganz verschieden und reichen bis zu einigen Milliarden Jahren.

15.2.4 Die Atome

Die Atome der stabilen Elemente, so wie Wasserstoff, Sauerstoff und Eisen, können zwar beliebig alt sein; nicht dagegen die radioaktiv zerfallenden Atome, wie Uran oder Thorium. Daß überhaupt noch etwas von ihnen vorhanden ist, zeigt bereits, daß sie vor endlicher Zeit entstanden sein müssen. Uran und Thorium zerfallen über eine Reihe von Zwischenprodukten schließlich in Blei. Wäre alles heute vorhandene Blei durch diesen Zerfall entstanden, so ließe sich aus den bekannten Zerfallszeiten und aus den heutigen Häufigkeiten ausrechnen, daß Uran und Thorium vor rund 50 Milliarden Jahren entstanden sein müssen. Noch älter können diese Elemente auf keinen Fall sein, und ihr Alter reduziert sich auf etwa 12 Milliarden Jahre, wenn man eine plausible Menge ursprünglich schon vorhandenen Bleis annimmt. – Auch diese Zahl ist nicht sehr genau bekannt, doch liegt sie mit Sicherheit in der gleichen Größenordnung wie die bisherigen Abschätzungen.

Da die schweren Elemente im Inneren der Sterne gebildet werden, dürfte also das Alter der radioaktiven Elemente nicht größer sein als das Alter der ältesten Sterne.

Faßt man die Resultate zusammen, die sich für Atome, Sterne und ferne Spiralnebel ergeben, so läßt sich mit einiger Sicherheit sagen: Die Welt, so wie wir sie kennen, ist zwischen 10 und 20 Milliarden Jahre alt.

15.3 Raum und Zeit

15.3.1 Relativität

Bis zum Beginn unseres Jahrhunderts wurden der Raum mit seinen drei Dimensionen und auch die Zeit als Gegebenheiten vor jeglicher naturwissenschaftlicher Erkenntnis angesehen. Sie waren für die Beschreibung der Naturereignisse unentbehrliche Begriffe und zugleich fundamentale Kategorien unseres Denkens und unserer Anschauung. Nur langsam, etwa mit dem Versagen der Vorstellung des Weltäthers, des hypothetischen Trägers der elektromagnetischen Erscheinungen, gewann die Vorstellung an Boden, daß Raum und Zeit selber physikalische Größen und damit Gegenstand physikalischer Forschung sein könnten.

Einen Markstein in dieser Entwicklung bedeutet die Begründung der speziellen Relativitätstheorie durch A. Einstein (1905). Versuche hatten ergeben, daß der Bewegungszustand des Laboratoriums (etwa bedingt durch die Bahnbewegung und die Rotation der Erde) ohne Einfluß auf die Ausbreitung des Lichts war. Insbesondere erwies sich die Ausbreitungsgeschwindigkeit als eine unbeeinflußbare (invariante) Größe. Dieser Sachverhalt läßt sich wie folgt mathematisch formulieren: Es habe eine vom Ursprung eines Koordinatensystems auslaufenden Lichtwelle in der Zeit t einen Punkt mit den Koordinaten x, y und z erreicht. Dann gilt, wobei c die vom System unabhängige Lichtgeschwindigkeit ist,

$$c^2 t^2 - x^2 - y^2 - z^2 = 0.$$

Eine analoge Gleichung, mit dem gleichen c muß nun für jedes andere Bezugssystem gelten, dargestellt durch t', x', y', z', das gegenüber dem ersteren bewegt ist. Dieses sei etwa durch ein Labor in einem in x-Richtung mit der Geschwindigkeit v fahrenden Zug realisiert. Man prüft leicht nach, daß die Gleichungen für beide Systeme nicht gleichzeitig erfüllt werden können, wenn es eine universelle Zeit gäbe, also wenn $t' = t$ wäre, und wenn der anschaulich erwartete Wert $x' = x - vt$ gelten würde. Statt dessen müssen, wie eine relativ einfache Rechnung ergibt, die folgenden Beziehungen gelten, die man als Lorentztransformation bezeichnet:

$$x' = \frac{x - vt}{\sqrt{1 - v^2/c^2}}, \quad t' = \frac{t - vx/c^2}{\sqrt{1 - v^2/c^2}}$$

sowie $y' = y$ und $z' = z$.

Der Zeit wird damit ein Raumanteil und der Raumkoordinate ein zeitlicher Anteil beigemischt. Zeit und Raum können also nicht länger als voneinander unabhängig angesehen werden, sie sind vielmehr in eigentümlicher Weise miteinander zu einem vierdimensionalen Kontinuum verknüpft. Ein Ereignis wird durch einen Punkt in dieser Raumzeit eindeutig festgelegt.

Für Zeitintervalle Δt (bei $\Delta x' = 0$) und Koordinatendifferenzen Δx (bei $\Delta t = 0$) ergeben sich die Transformationsformeln

$$\Delta t = \Delta t'/\sqrt{1 - v^2/c^2} \quad \text{und} \quad \Delta x = \Delta x' \cdot \sqrt{1 - v^2/c^2}.$$

Sie sagen folgendes aus: Da $\sqrt{1 - v^2/c^2}$ immer kleiner als eins ist, erscheinen vom ruhenden Betrachter aus gesehen, die Zeitintervalle im bewegten System gedehnt (Zeitdilation), die Längenintervalle aber verkürzt (Längenkontraktion). Die Längenkontraktion erfolgt nur in Richtung der Bewegung. Vom ruhenden System aus beurteilt wäre beispielsweise eine bewegte Kugel abgeplattet. Die Zeitdilation läßt andererseits die Uhren in bewegten Systemen (vom ruhenden aus beurteilt) langsamer laufen. Dies gilt auch für die biologische Uhr. Während eines schnellen, aber gleichförmigen Fluges altert also ein Raumfahrer langsamer. Daß diese Zeitdilation nicht nur ein beliebtes Thema der Science Fiction-Literatur, sondern ein in der Natur tatsächlich vorkommendes Phänomen ist, zeigt folgende Beobachtung:

Myonen (eine gewisse Art mittelschwerer Elementarteilchen) lassen sich experimentell erzeugen und kommen auch in der natürlichen Höhenstrahlung vor. In der Höhenstrahlung ist jedoch ihre Lebensdauer (von uns aus gemessen) bis 100mal länger. Dies war zunächst ganz unverständlich, bis man bemerkte, daß die Myonen der Höhenstrahlung nahezu mit Lichtgeschwindigkeit fliegen, die experimentell erzeugten Myonen jedoch weit langsamer. Rechnet man mit den Formeln der Relativitätstheorie nach, so stellt man fest, daß die Höhenstrahlmyonen zwar in unserer „Laborzeit" 100mal länger lebten, in ihrer „Eigenzeit" jedoch die gleiche kurze Lebensdauer hatten, wie die langsamen anderen Myonen.

Eine weitere Konsequenz der Lorentztransformation ist, daß aus ihr auch eine Veränderung der Masse bewegter Körper durch relativistische Effekte folgt:

$$m = m_0/\sqrt{1 - v^2/c^2}.$$

Die bewegte Masse m ist also größer als die Ruhemasse m_0 und zwar in erster Näherung um einen Anteil, der gleich der klassischen kinetischen Energie $\frac{1}{2} m v^2$ dividiert durch das Quadrat der Lichtgeschwindigkeit ist. Von hier bis zur Erkenntnis, daß Masse und Energie äquivalente Größen sind, die durch die bekannte Beziehung

$$E = m c^2$$

verknüpft werden, ist nur noch ein kleiner Schritt. Alle diese Aussagen der speziellen Relativitätstheorie sind experimentell vielfach bestätigt und bilden eine solide Basis für weite Bereiche der Physik und Astrophysik. Sie werden aber immer wieder als Herausforderung an unser Anschauungsvermögen empfunden.

Das letztere gilt in verstärkter Weise für die allgemeine Relativitätstheorie, die ebenfalls auf A. Einstein zurückgeht. Diese Theorie ist das Ergebnis des Versuchs, die physikalischen Gesetze, die in der speziellen Relativitätstheorie invariant für gleichförmig bewegte Bezugssysteme formuliert wurden, auch invariant für beschleunigte Systeme zu schreiben. In beschleunigt bewegten Systemen treten bekanntlich Trägheitskräfte auf, die im Rahmen der allgemeinen Relativitätstheorie also ihren Platz finden müssen. Ein wichtiger Gesichtspunkt war, daß sowohl die Trägheitskräfte als auch die Gravitationskräfte der Masse proportional sind, und daß Versuche mit extremer Genauigkeit gezeigt haben, daß der Proportionalitätsfaktor unabhängig von der Natur der Versuchskörper ist. Die Theorie muß also so beschaffen sein, daß in ihr diese Gleichheit von schwerer und träger Masse nicht als Zufall, sondern als Notwendigkeit erscheint. Dieses Gleichsetzen von Gravitations- und Trägheitseffekten kann man auch so ausdrükken: Es ist kein Experiment in einem abgeschlossenen Laboratorium denkbar, das Auskunft geben kann, ob dieses sich in einem homogenen Schwerefeld befindet oder ob es gleichförmig beschleunigt wird. Durch diese Verknüpfung von Trägheit und Schwere wird die allgemeine Relativitätstheorie zu einer Theorie der Gravitation. Da die Beschleunigung durch einen Ausdruck, in dem nur Raum-Zeit-Koordinaten vorkommen, beschreibbar ist, müßte notwendigerweise auch das Schwerefeld nur durch die Eigenschaften des Raum-Zeit-Kontinuums darstellbar sein. Es zeigt sich, daß man hierfür allgemeine Riemann'sche Räume braucht, Räume mit einer nichteuklidischen Metrik. Ihr Unterschied gegenüber dem euklidischen Raum läßt sich in folgender Weise beschreiben: In der euklidischen Metrik gilt der Satz des Pythagoras. Das Quadrat des vierdimensionalen Abstandes zweier Ereignisse kann somit dargestellt werden durch

$$(ds)^2 = c^2 (dt)^2 - (dx)^2 - (dy)^2 - (dz)^2,$$

wenn dx, dy und dz die Differenzen der Raumkoordinaten und dt die Zeitdifferenz bedeuten. In der nichteuklidischen Metrik ist $(ds)^2$ zwar immer noch eine sogenannte quadratische Form in den Koordinatendifferenzen, in ihr treten aber jetzt zusätzlich gemischte Produkte auf, wie etwa $dx \cdot dt$ oder $dx \cdot dy$. Der Satz des Pythagoras wäre also zu verallgemeinern.

Die Metrik wird gerade so bestimmt, daß Körper, die nur Gravitations- und Trägheitskräften unterworfen sind, in diesem Raum-Zeit-Kontinuum kräftefreie Bahnen beschreiben. Dieses sind zwar keine Geraden, die es im nichteuklidischen Raum nicht gibt, aber doch immerhin kürzeste Verbindungen zwischen zwei Raum-Zeit-Punkten, sogenannte geodätische Linien, kurz Geodäten genannt. Trägheits- und Gravitationskräfte sind also Scheinkräfte, die nur in Erscheinung treten, wenn man die Bewegung in einem, dem speziellen Problem unangepaßten euklidischen Raum mit einer unabhängigen universellen Zeit darzustellen versucht.

Obgleich das Konzept völlig von den klassischen Vorstellungen abweicht, sind die Aussagen der allgemeinen Relativitätstheorie und die der klassischen Newton'schen Mechanik fast deckungsgleich, solange die Dimensionen nicht zu groß und die Gravitationsfelder nicht zu stark sind. Wo es meßbare Unterschiede gibt, hat die Beobachtung bisher die Aussagen der allgemeinen Relativitätstheorie bestätigt. Der Exzeß der beobachteten Periheldrehung der Merkurbahn von 43''.03 pro Jahrhundert beruht auf diesen Differenzen und findet so seine Deutung. Die Abweichungen der Bahnen der Photonen, also der Lichtstrahlen von den geraden Linien, sind ein weiteres Maß für die Abweichungen der tatsächlichen Raumstruktur von der im feldfreien Raum geltenden euklidischen Metrik. Sie wird zum Beispiel erkennbar an der Ablenkung der Strahlen von punktförmigen Quellen (Fixsterne, Radioquellen) beim nahen Vorbeigang an der Sonne. Vor allem radioastronomische Positionsbestimmungen, die mit hoher Genauigkeit durchgeführt werden können, haben auch hier die von der allgemeinen Relativitätstheorie vorhergesagten Ablenkungen bestätigt. Diese Krümmung der Lichtstrahlen demonstriert am eindrucksvollsten die Krümmung des Raumes, in dem gerade Linien nicht mehr möglich sind und durch Geodäten (Nullgeodäten im Fall der Lichtstrahlen) ersetzt werden müssen. Im Prinzip ließe sich die Krümmung auch dadurch nachweisen, daß man durch Triangulation mittels Lichtstrahlen nachprüft, inwieweit die Winkelsumme in einem Dreieck von 180° abweicht.

Es sollte im übrigen niemanden verwundern, daß ihm die anschauliche Vorstellung einer nichteuklidischen vierdimensionalen Raum-Zeit-Mannigfaltigkeit versagt ist. Man bedenke, daß das Anschauungsvermögen des Menschen sich so entwickelt hat, daß er sich in der seiner unmittelbaren sinnlichen Wahrnehmung zugänglichen Welt zu orientieren vermochte. Mehr war nicht erforderlich, um sich in ihr zu behaupten.

15.3.2 Der Bruch der Symmetrie

In der vorangegangenen kurzen Darstellung der Grundgedanken der Relativitätstheorie erscheinen die drei Dimensionen des Raumes und die Zeit als weitgehend gleichberechtigte Koordinaten, die einen Raum-Zeit-Punkt, ein Ereignis im Kosmos definieren, und die bei Transformationen, d. h. bei Übergang zu einem anderen Bezugssystem (zu einer anderen Plattform des Beobachters) sich nach Maßgabe der Lorentztransformation miteinander mischen. Diese Gleichberechtigung von Raum und Zeit zeigt sich auch darin, daß alle grundlegenden Gesetze der klassischen Physik symmetrisch in Bezug auf diese Koordinaten sind, d. h. auch bei Spiegelungen noch gültig bleiben. Das gilt insbesondere auch in Bezug auf die Zeit, d. h. Vergangenheit und Zukunft sind austauschbar.

Die Planeten könnten z. B. ihre Bahnen auch in entgegengesetzter Richtung durchlaufen ohne ein physikalisches Gesetz zu verletzen. Dies ist nur eine Frage der Anfangsbedingungen. Dennoch gibt es viele Vorgänge, in denen Vergangenheit und Zukunft sich eindeutig unterscheiden. Das Schmelzen eines Eisblocks in einer warmen Umgebung, das Vermischen zweier Gase, eine spontan ablaufende chemische Reaktion oder auch das Leuchten einer Lichtquelle, all dieses sind Beispiele für Vorgänge, die irreversibel sind, d. h. bei denen der gewesene Zustand nicht wiederhergestellt werden kann (ohne daß man anderswo Änderungen bewirkt).

Es gibt eine physikalische Größe, die **Entropie,** welche ebenso wie etwa der Energiegehalt, den Zustand eines physikalischen Systems (etwa den Eisblock zusammen mit der warmen Umgebung) global beschreibt, und welche die Eigenschaft hat, daß sie bei allen irreversiblen Prozessen nur zunehmen kann. Nur dann ist ihre Änderung null, wenn ein Prozeß umkehrbar (reversibel) ist. (Dies ist der Inhalt des zweiten Hauptsatzes der Thermodynamik.) Es leuchtet ein, daß im Gleichgewichtszustand, also dann, wenn keine spontanen, nicht-umkehrbaren (irreversiblen) Prozesse stattfinden, die Entropie des Systems ihren maximalen Wert hat.

Wir wollen es uns versagen, die Entropie auf andere thermodynamische Größen wie Wärmeinhalt und Temperatur zurückzuführen. Für das Verständnis des Verhaltens der Entropie bei irreversiblen Prozessen ist es hilfreicher, darauf hinzuweisen, daß die Entropie mit der Wahrscheinlichkeit zusammenhängt, mit der ein bestimmter Zustand eines Systems (charakterisiert etwa den Druck und das Volumen einer Gasmenge) unter dem Gesichtspunkt der mikroskopischen Physik realisiert werden kann. Im Falle der durch Druck und Volumen charakterisierten Gasmenge ist diese Wahrscheinlichkeit proportional zu der Zahl der Möglichkeiten, welche die Moleküle des Gases haben, ihren Ort und ihre Geschwindigkeit so zu wählen, daß sich der richtige Druck und das richtige Volumen des Gases ergeben. Die Entropie ist proportional dem Logarithmus dieser Wahrscheinlichkeit.

Es ist nun offensichtlich, daß ein System, welches sich in einem unwahrscheinlichen Zustand befindet (mit niedriger Entropie) im Falle einer Änderung des Zustandes sehr viel leichter in einen wahrscheinlicheren Zustand (mit höherer Entropie) übergehen wird, als in irgendeinen anderen Zustand noch geringerer Wahrscheinlichkeit. Diese statistische Betrachtungsweise, welche durch die Unmöglichkeit den mikroskopischen Zustand vollständig zu beschreiben, unumgänglich ist, ist eine der wesentlichen Ursachen für die Asymmetrie zwischen Vergangenheit und Zukunft. Es ist sicher kein Zufall, daß unser Zeiterlebnis in der Form, daß sich Gegenwart, das „Jetzt" in die Zukunft hineinbewegt und die Vergangenheit zurückläßt, in idealer Weise geeignet ist, der Zukunft die Möglichkeit verschiedener Entwicklungen zuzuordnen, von denen mit dem Fortschreiten der Zeit jeweils eine realisiert wird. Man sollte sich klarmachen, daß diese unmittelbar erfahrene Asymmetrie damit ebenfalls eng mit Begriffen wie: Ungewißheit, Wahrscheinlichkeit, Gewißheit (Information) verknüpft ist. Über die Vergangenheit konnten wir wenigstens im Prinzip Informationen gewinnen. Was die Zukunft betrifft, so sind wir auf Wahrscheinlichkeitsaussagen angewiesen. War es aber unmöglich, in der Vergangenheit die gewünschte Information zu gewinnen, etwa Messungen zu machen, welche den mikroskopischen Zustand eines Gases festlegen, so sind wegen unserer faktischen Unkenntnis auch für die Vergangenheit nur Wahrscheinlichkeitsaussagen möglich. Es liegt also die Vermutung nahe, daß der unmittelbar erlebte Fluß der Zeit nichts anderes ist, als ein Abbild des Informationsflusses, der uns erreicht.

Wir wissen seit 1957, daß auch im Bereich der Mikrophysik die Zeitsymmetrie verletzt wird. Es gilt als ein grundlegendes Prinzip der Elementarteilchenphysik, daß die Reaktionen PCT-invariant sein müssen, d. h. invariant gegen Paritätsumkehr (P) – Paritätsumkehr ist gleichbedeutend mit Spiegelung der Raumkoordinaten – und gleichzeitige Umkehr des Ladungsvorzeichens (C) sowie der Zeitrichtung (T).

Die Experimente haben gezeigt, daß beim K^0-Zerfall, einem von schwachen Wechselwirkungen gesteuerten Prozeß, die PC-Invarianz verletzt wird. Wenn das PCT-Prinzip aufrecht erhalten werden soll, muß notwendigerweise die T-Invarianz aufgegeben werden.

Es wird zur Zeit lebhaft erörtert, ob eine der fundamentalen Asymmetrien im Kosmos, das Vorherrschen von Materie gegenüber der Antimaterie, nicht ebenfalls auf eine Verletzung der PC-Invarianz im Zerfall der hypothetischen X-Bosonen in den allerfrühesten Phasen des kosmischen Feuerballs zurückgeführt werden kann. Die Zusammenhänge der verschiedenen Asymmetrien sind gegenwärtig auf jeden Fall noch weitgehend unbekannt.

15.4 Weltmodelle

Die aufgrund von Beobachtungen und in Übereinstimmung mit den Naturgesetzen entwickelten Vorstellungen über die Struktur der Welt als Ganzem bezeichnet man als Weltmodelle. Sie sind vereinfachte Beschreibungen, da sie über alle kleinräumigen Strukturen mitteln. Sie sind aber auch unsichere Konstruktionen, da wir nicht übersehen, ob die Basis der Beobachtungen ausreicht und ob die relevanten Naturgesetze alle erkannt worden sind. So können die Weltmodelle auch in ihren Grundkonzeptionen noch durchaus in Frage gestellt werden. Gegenwärtig ist z. B. eine Tendenz erkennbar, Verbindungen zwischen Elementarteilchenphysik und der Kosmologie herzustellen, und es ist noch offen, wohin diese Bemühungen führen werden.

Wir beginnen mit den wesentlichen Postulaten, denen – wie man meint – Weltmodelle gerecht werden müssen.

15.4.1 Isotropie, Homogenität

Die Verteilung der Galaxien an der Sphäre ist gleichförmig, wenn man die interstellare Absorption in unserem eigenen Milchstraßensystem gebührend berücksichtigt, und wenn man von Galaxienhaufen absieht. Es gibt damit also hinsichtlich der räumlichen Dichte der Galaxien, von unserem Standpunkt aus beurteilt, keine ausgezeichnete Richtung. Wir sahen bereits, daß es auch für das Hubblesche Gesetz der Rotverschiebung keine erkennbare Richtungsabhängigkeit gibt. Und schließlich stehen auch die anderen für die Kosmologie relevanten Beobachtungen nicht im Widerspruch zu der Annahme, daß die Welt für uns isotrop ist. Damit liegt es nahe, Isotropie, d. h. Gleichberechtigung aller Richtungen zu einem kosmologischen Grundpostulat zu erheben.

Verbindet man diese Forderung nach Isotropie mit der fast selbstverständlichen Voraussetzung, daß unsere eigene Galaxie nicht ausgezeichnet ist, d. h. nimmt man das kopernikanische Prinzip, die Erde nicht als Zentrum der Welt zu sehen, auch im kosmischen Maßstab ernst, dann folgt, daß die Isotropie eine Eigenschaft sein muß, die unabhängig vom Bezugspunkt ist. Das ist aber nur dann möglich, wenn die Welt gleichzeitig homogen ist, d. h. wenn sie unabhängig von der Wahl des

Bezugspunktes (wenn er nur im Weltsubstrat ruht) stets den gleichen Anblick bietet. Dies ist natürlich so zu verstehen, daß nur gemittelte Größen in Betracht gezogen werden, in welche die detaillierten Konfigurationen der „nahe" benachbarten Galaxien oder Haufen von Galaxien nicht eingehen.

Natürlich ist diese Überlegung nicht im mathematischen Sinne zwingend. Es gibt keinen Widerspruch mit den Beobachtungen, wenn man nur Homogenität bis zum Welthorizont (s. 15.4.3) fordert. Im folgenden wollen wir jedoch von der strengen Homogenität ausgehen.

Isotropie und Homogenität bedeutet zunächst, daß auch die Metrik nicht vom Ort abhängen kann (wiederum im großen!), was insbesondere zur Folge hat, daß für alle mit der Materie mitbewegten Beobachter die Zeitkoordinate die gleiche ist. Es gibt also eine universelle kosmische Zeitskala.

Wir wollen noch eine weitere Konsequenz aus dem Homogenitätspostulat ziehen. Nach diesem Postulat muß der Zustand des Kosmos in hinreichend großen Bereichen (Zellen), unabhängig davon sein, wie wir diese Bereiche legen, wenn diese Zellen nur so groß sind, daß in ihnen bereits über die größten erkennbaren Strukturen im Kosmos (Galaxienhaufen) gemittelt werden kann. Dann wird bei einer Einteilung des Kosmos in gleich große Zellen der Inhalt jeder Zelle derselbe sein. Es ist ferner bedeutungslos, ob man die Wandungen der gedachten Zellen als durchlässig oder ideal gut reflektierend annimmt, denn es macht, da alle Zellen gleichartig sind, keinen Unterschied, ob man an der Wandung Teilchen und Strahlung aus der eigenen Zelle reflektiert oder aus der Nachbarzelle eintreten läßt. Natürlich aber müssen diese Zellen an der Expansion der Welt teilnehmen, also selber expandieren. Akzeptiert man das, so kann man etwa die Wirkung der Expansion der Welt auf den Zustand der Materie und der Strahlung dadurch studieren, daß man die Wirkung der Expansion der Zelle untersucht. Dadurch wird das Problem überschaubarer.

Durch die Expansion des Kosmos vergrößert also eine herausgegriffene Zelle ihr Volumen V, während die Materiemenge in ihr erhalten bleibt. Hieraus folgt, daß die Materiedichte mit V^{-1} abnehmen muß. Auch die Zahl der Photonen des Strahlungsfeldes bleibt, sofern Wechselwirkung mit der Materie fehlt, erhalten. Bei der Reflexion an den als spiegelnd anzunehmenden Wänden der Zelle erniedrigt sich aber durch Dopplereffekte die Frequenz der Photonen, wenn die Wände bei einer Expansion auseinander weichen. Während also die Gesamtphotonenzahl in der Zelle erhalten bleibt, wächst die den Photonen zugeordnete Wellenlänge in gleicher Weise wie die lineare Ausdehnung der Zelle, die proportional zu $V^{1/3}$ ist. Im gleichen Verhältnis verringert sich damit aber ihre Energie. So nimmt die Energiedichte des Strahlungsfeldes u_r, die das Produkt aus Photonendichte und mittlerer Energie der Photonen ist, und schließlich auch seine Massendichte $\varrho_r = u_r/c^2$ bei zunehmendem Volumen wie $V^{-4/3}$ ab. Bei einer solchen Expansion geht ein Hohlraumstrahlungsfeld wieder in ein Hohlraumstrahlungsfeld über, allerdings mit einer tieferen Temperatur. Nach dem Stefan-Boltzmannschen Strahlungsgesetz gilt für die Temperaturen

$$T^4 \sim \varrho_r$$

Aus diesen Überlegungen folgt, daß mit der Expansion der Welt die materielle Dichte ϱ_m, die dem Strahlungsfeld zugeordnete Dichte ϱ_r und die zugehörige Temperatur T_r in verschiedener Weise abnehmen:

$$\varrho_m \sim V^{-1}; \quad \varrho_r \sim V^{-4/3}; \quad T_r \sim V^{-1/3}.$$

Diese Zusammenhänge machen es möglich, auf die Dichten und Temperaturen in den frühen Entwicklungsphasen des Kosmos zurückzuschließen (s. 15.5).

15.4.2 Friedmann-Modelle

Die Feldgleichungen der allgemeinen Relativitätstheorie vereinfachen sich durch das Isotropie- und Homogenitätspostulat außerordentlich. Robertson und Walker haben gezeigt, daß allein aus den dadurch gegebenen Symmetrieeigenschaften folgt, daß die Metrik durch die relativ einfache Gleichung

$$(ds)^2 = c^2\,(dt)^2 - \frac{R(t)^2}{(1+\frac{k}{4}r^2)^2}\,((dr)^2 + r^2\,(d\varphi)^2)$$

beschreibbar sein muß. ds^2 ist das Quadrat des räumlich-zeitlichen Abstandes zweier Ereignisse im vierdimensionalen Raum-Zeit-Kontinuum. t ist die universelle kosmische Zeit. $R(t)$ hat die Bedeutung eines Skalenfaktors für alle Raumkoordinaten und beschreibt die Expansion des Kosmos. In etwas loser Formulierung kann $R(t)$ als Radius der Welt bezeichnet werden. $dr^2 + r^2 d\varphi^2$ ist das Quadrat eines Wegelementes im euklidischen Raum, dargestellt durch die Quadratsumme des radialen Anteils dr und des tangentialen Anteils $rd\varphi$, wenn r den Radius der Kugel und $d\varphi$ die Winkeländerung bezeichnet. Der Nenner

$$\left(1 + \frac{k}{4}r^2\right)^2,$$

in welchem k nur die Werte 0 und ± 1 annehmen kann, kennzeichnet den Typ der Metrik. Zunächst ist festzustellen, daß für $r \ll 1$, der Nenner in guter Näherung gleich eins ist. Das bedeutet also, daß in dieser Näherung auch der Raum euklidisch ist. Erst bei großen Dimensionen machen sich die Abweichungen bemerkbar. Für $k = 0$ ist der Raum immer euklidisch. Für $k = +1$ ist die Raumkrümmung positiv. Die Geometrie ähnelt der auf einer Kugelfläche. Eine Welt mit dieser Metrik nennt man geschlossen, da alle Lichtstrahlen (Nullgeodäten) in sich selbst zurücklaufen. Für $k = -1$ ist die Krümmung negativ. Die Geometrie kann dann mit der auf einer Pseudosphäre oder auf einer Sattelfläche verglichen werden. Die Nullgeodäten schließen sich nicht; die Welt ist offen.

Welcher der drei Fälle realisiert ist, kann nur entschieden werden, wenn man von den Feldgleichungen selber ausgeht, und damit die Verknüpfung der Metrik mit der gravitierenden Masse und der Energie herstellt. Dies führt auf eine Differentialgleichung für $R(t)$, die ihrer Struktur nach auch durch Überlegungen im Rahmen der klassischen Mechanik abgeleitet werden kann. Sie hat drei Typen von Lösungen, je nachdem ob der Energieinhalt einer Elementarzelle, der sich aus der Gravitationsenergie mit negativem Vorzeichen und der positiven kinetischen Energie der Expansion zusammengesetzt, insgesamt positiv, negativ oder gerade null ist. Ist er positiv, so überwiegt die kinetische Energie und die Massenanziehung wird zu keinem Zeitpunkt die Expansion zum Stillstand bringen können. Eine derartige Lösung nennt man hyperbolisch. Für sie ergibt sich $k = -1$, also eine offene Welt mit negativer Krümmung. Ist der Gesamtenergieinhalt negativ, so wird die Massenanziehung zu irgendeinem späteren Zeitpunkt die Expansion zum Erliegen bringen und dann die Bewegungsrichtung umkehren. Eine solche Lösung, nach der eine ursprüngliche Expansion in eine spätere Kontraktion übergeht, wird als elliptisch bezeichnet. Hier ist $k = +1$, die Welt positiv gekrümmt und geschlossen. Im Grenzfall, daß der Gesamtenergieinhalt null ist, kommt die Expansion nach unendlich langer Zeit gerade zum Erliegen. Für diesen Fall gilt $k = 0$ und wir haben demzufolge den gewohnten euklidischen Raum (Parabolischer Grenzfall).

Die hier besprochenen Weltmodelle wurden zuerst von Friedmann (1922) angegeben. Sie tragen seinen Namen.

Lösungs- typ	Gravitations- energie/ kinetische Energie Ω	Verhalten von $R(t)$	k	Metrik des Raumes		Der Kosmos ist
				Winkelsumme im Dreieck	Kreisumfang/$2\pi r$ Kreisfläche/πr^2	
hyper- bolisch	1	unbegrenzt	-1	$< 180°$	> 1	offen
para- bolisch	1	unbegrenzt	0	$= 180°$	$= 1$	offen
ellip- tisch	> 1	begrenzt	$+1$	$> 180°$	< 1	ge- schlossen

Die Metrik des Raumes und das zeitliche Verhalten des Weltradius $R(t)$ hängt also ab von dem Verhältnis von Gravitationsenergie zur kinetischen Energie. Dieses Verhältnis wird mit dem Symbol Ω bezeichnet und ist gegeben durch:

$$\Omega = \frac{8\pi}{3} \cdot \frac{G_1 \cdot \varrho_0}{H_0^2}$$

wobei ϱ_0 die gegenwärtige mittlere Dichte im Kosmos bedeutet, G die Gravitationskonstante und H_0 die Hubblekonstante. Ist $\Omega = 1$, so hat die Dichte gerade die kritische Größe um die Gesamtenergie zu null zu machen (parabolischer Grenzfall). Ist $\Omega > 1$, so überwiegt die Gravitationsenergie (elliptischer Fall), für $\Omega < 1$ die kinetische Energie (hyperbolischer Fall). Geht man von einer Hubblekonstanten von 50 km s^{-1} Mpc^{-1} aus, so ist die zu $\Omega = 1$ gehörige kritische Dichte

$$\varrho_c = 4{,}7 \cdot 10^{-30} \ [\text{g cm}^{-3}]$$

Der Übersicht halber fassen wir die drei Fälle noch einmal tabellarisch zusammen. Die jeweils zugehörige Metrik wird in der beigefügten Abbildung veranschaulicht.

Ein Zweidimensionales Abbild der Metrik des Raumes

a) für ein hyperbolisches Weltmodell

b) für den parabolischen Grenzfall

c) für ein elliptisches Weltmodell, d. h. für einen geschlossenen Kosmos

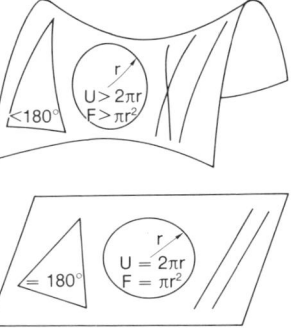
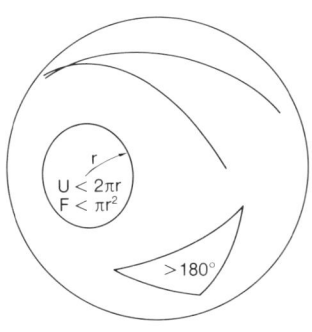

Große Anstrengungen sind unternommen worden, um aus der Beobachtung abzuleiten, welchem Lösungstyp der reale Kosmos entspricht. Alle Versuche laufen auf eine Bestimmung der gegenwärtigen mittleren Massendichte hinaus.

a) Diese Größe kann direkt durch Messung der Massen einzelner Galaxien (s. 14.6) und eine Statistik der Häufigkeit von Galaxien in bestimmten Massenintervallen erhalten werden. Sie ergibt sich durch Summation der Beiträge aller Massenintervalle. Ein derartiges Verfahren liefert nur untere Grenzwerte der Massendichte, da Materie in nicht beobachtbarer Form (intergalaktische Materie) so nicht erfaßt wird. Auf diese Weise ist die tatsächliche Dichte zu $6{,}4 \cdot 10^{-31}$ g cm^{-3} bestimmt worden.

b) Völlig unabhängig von diesen Überlegungen läßt sich die mittlere Dichte durch eine Diskussion der kosmischen Häufigkeit des Wasserstoffisotops Deuterium bestimmen. Man geht davon aus, daß alles Deuterium zusammen mit einem großen Teil des Heliums kosmologischen Ursprungs ist, d. h. sich in einer sehr frühen Entwicklungsphase des Kosmos (s. 15.5) nach den Reaktionen

$$p + n = {}^2D$$
$$\text{und} \quad {}^2D + {}^2D = {}^4He$$

gebildet hat. Das Häufigkeitsverhältnis von Deuterium zu Helium wird dann durch die Dichte bestimmt, die gegeben war, als diese Reaktionen wegen der sich bei der Expansion erniedrigenden Temperatur einfroren. Man schließt auf diese Weise auf eine heutige Massendichte von $\varrho_0 = 4 \cdot 10^{-31} \text{g cm}^{-1}$. Dieser Wert stimmt verhältnismäßig gut mit der direkt bestimmten Massendichte überein.

Da beide Resultate etwa eine Zehnerpotenz unter der kritischen Dichte liegt, muß man erwarten, daß der Kosmos offen ist, also für immer expandieren wird.

c) Durch Messung der Deceleration

$$q = -R \cdot \frac{d^2 R}{dt^2} \bigg/ \left(\frac{dR}{dt}\right)^2,$$

und damit durch direkte Bestimmung der zur gegenwärtigen Hubblekonstanten $H_0 = \frac{dR}{dt} \bigg/ R$ gehörigen Verzögerung, wird gleichfalls ein Maß für die Massendichte erhalten. Diese Verzögerung der Expansion ist zumindest im Prinzip meßbar, weil die weit entfernten Galaxien in einem Zustand beobachtet werden, den sie hatten, als die Strahlung, die wir jetzt empfangen, sie gerade verließ. Wir sehen also nicht nur ihren damaligen Entwicklungszustand, sondern auch die damalige Expansionsbewegung. In den sehr entfernten Galaxien beobachten wir also die Rotverschiebung und damit die „Hubblekonstante" zu einem früheren Zeitpunkt. Da die Expansion durch die Gravitation gebremst ist, wird die Konstante zu einem früheren Zeitpunkt größer gewesen sein. Man muß also erwarten, daß die Meßpunkte für sehr entfernte Galaxien oberhalb der Graphen der linearen Relation $v = H_0 r$ für die heutige Hubblekonstante liegen. Ein derartiges Verhalten ist tatsächlich angedeutet. Die Abweichungen sind jedoch gering und am ehesten mit $\Omega < 1$ verträglich. Also auch die geringe Deceleration spricht für eine offene Welt.

Die unter a) und b) genannten Verfahren liefern eine mittlere Dichte im Kosmos, die etwa um einen Faktor 10 kleiner ist, als die kritische Dichte ϱ_c. Nach diesen Dichtebestimmungen dürfte also

$$\Omega = 0,1$$

sein. Mit diesem Wert von Ω ergibt sich als Alter des Kosmos

$$t_0 = 16,7 \cdot 10^9 \text{ Jahre},$$

wenn für H_0 der Wert 50 km^{-1} Mpc^{-1} eingesetzt wird (Friedmannalter).

15.4.3 Der Welthorizont

Wie der Horizont das Gesichtsfeld begrenzt, so bildet der Welthorizont die Grenze des beobachtbaren Teils des Kosmos, also des Teiles, aus dem die während des Bestehens der Welt ausgesandten Photonen Zeit hatten, uns zu erreichen. Da sämtliche Strahlung sich mit Lichtgeschwindigkeit c ausbreitet, liegt der Welthorizont in einer Entfernung

$$R_{\text{Horizont}} = ct,$$

wenn t das Alter der Welt bedeutet. Der Horizont entfernt sich also von uns mit Lichtgeschwindigkeit.

Wie verhält sich der Weltradius $R(t)$ verglichen mit dem Horizont? Wir betrachten hierzu zunächst die früher begründeten Zusammenhänge zwischen Materiedichte ϱ_m bzw. Strahlungsdichte ϱ_r mit dem Volumen V der Elementarzellen, bzw. mit dem Weltradius $R(t)$. Da $V = R(t)^3$ ist, gilt:

$$\varrho_m \sim R(t)^{-3} \qquad \varrho_r \sim R(t)^{-4}$$

Andererseits folgt aus Gründen der Energiehaltung, daß das Verhältnis Gravitationsenergie zu kinetischer Energie, also der Wert von Ω bei der Expansion erhalten bleiben muß. Daraus schließt man

$$\varrho_m \sim H^2 \qquad \text{und} \qquad \varrho_r \sim H^2.$$

Berücksichtigt man schließlich, daß die Hubblekonstante gleich dem reziproken Alter ist, so folgt für den mit Materie erfüllten Kosmos

$$R(t)_m \sim t^{2/3}$$

und den strahlungsdominierten Kosmos

$$R(t)_r \sim t^{1/2}.$$

Dieses Ergebnis besagt also, daß der Horizont sich rascher (linear mit der Zeit) ausweitet als sich der Weltradius vergrößert, gleichgültig ob dieser durch Materie oder durch Strahlung dominiert ist. Umgekehrt, wenn wir zurückrechnen, wird der Horizont rascher klein als die Ausdehnung des Kosmos. Diese Zusammenhänge sind in mehrfacher Hinsicht interessant: Da die Lichtgeschwindigkeit die Maximalgeschwindigkeit ist, mit der sich jegliche Wirkung ausbreitet, begrenzt der Horizont auch denjenigen Teil des Kosmos, aus dem uns eine, wie auch immer geartete Kausalkette erreichen kann. Wegen des raschen Schrumpfens des Horizontes ist es unmöglich, daß sich der Kosmos in seinen früheren Entwicklungsphasen insgesamt ins Gleichgewicht setzen konnte. Schließlich hat es auch zur Folge, daß alle Effekte einer nichteuklidischen Metrik, in den kleinen Bereichen, die damals der Horizont umschloß, vernachlässigt werden konnten.

Der Welthorizont ist im übrigen nicht nur eine Gedankenspielerei. Strahlung aus der unmittelbaren Nähe dieses Horizontes ist nachgewiesen und gemessen worden: Es ist die 3K-Hintergrund-Strahlung.

15.4 Weltmodelle

15.4.4 Das Olberssche Paradoxon

Im Rahmen der Friedmann-Modelle findet auch das vom Bremer Astronom Olbers 1826 aufgezeigte Paradoxon seine natürliche Erklärung. Olbers machte darauf aufmerksam, daß der Nachthimmel eigentlich taghell sein müßte, wenn die Welt euklidisch (das war damals eine selbstverständliche, unausgesprochene Annahme), homogen und unendlich ausgedehnt wäre. Da der Strahlungsfluß jedes Sternes mit r^{-2} abnimmt (s. A 1.4), andererseits die als gleichmäßig mit Sternen erfüllten Volumina zwischen dem Abstand r und $r + dr$ wie die Kugeloberflächen, also mit r^2 anwachsen, müßte bei der Summation (Integration) über alle Entfernungen ein Wert für die Strahlung herauskommen, der über alle Grenzen wächst. Zwar bliebe bei Berücksichtigung der gegenseitigen Abdeckung der Sternscheibchen der Wert endlich, doch würde dies immer noch bedeuten, daß der Nachthimmel so hell wäre wie etwa die Sonnenscheibe. Erst wenn man das endliche Alter des Kosmos und die Expansion der Welt berücksichtigt, wird die Dunkelheit des Nachthimmels verständlich. Im Prinzip könnte eine Messung der Resthelligkeit des Nachthimmels zur weiteren Festlegung des Weltmodells verwendet werden. Derartige Messungen sind jedoch nur von Satelliten aus möglich. Immerhin, es ist ein faszinierender Gedanke, daß von der einfachen Feststellung, daß es nachts dunkel wird, relativ direkt geschlossen werden kann, daß das Alter unserer Welt endlich ist.

15.4.5 Ein stationäres Modell

Es ist vorgeschlagen worden, die eingangs besprochenen kosmologischen Postulate um ein weiteres zu ergänzen: Der Zustand der Welt ist zu allen Zeiten gleich. So befriedigend ein solcher Gedanke vom philosophischen Standpunkt vielleicht auch sein mag, in einer derartigen „steady state" Kosmologie stößt die Deutung der Beobachtungen auf erhebliche Schwierigkeiten (z. B. 3K-Hintergrund-Strahlung). Zudem muß, um die endliche Dichte aufrecht zu erhalten, die ständige Neuschaffung von Materie postuliert werden.

Wir erwähnen dieses Modell nur der Vollständigkeit halber.

Übersicht über die Elementarteilchen mit Lebensdauern über 10^{-20} Sekunden

Teilchen	Symbol	Ladung	Masse [10^6 eV]	Lebensdauer [Sekunden]
Photon	γ	0	0	∞
Leptonen				
Neutrino	$\nu_e \ \bar{\nu}_e$	0	0?	∞
	$\nu_\mu \ \bar{\nu}_\mu$	0	0?	∞
Elektron	$e^\pm$	$\pm e$	0,511	∞
Myon	$\mu^\pm$	$\pm e$	105,66	$2,199 \cdot 10^{-6}$

Teilchen	Symbol	Ladung	Masse $[10^6\,\mathrm{eV}]$	Lebensdauer [Sekunden]
Hadronen				
Mesonen				
Pion	$\pi^\pm$	$\pm e$	139,57	$2,602 \cdot 10^{-8}$
	π^0	0	134,97	$0,84 \cdot 10^{-16}$
Kaon	$K^\pm$	$\pm e$	493,71	$1,237 \cdot 10^{-8}$
	K^0	0	497,71	$0,882 \cdot 10^{-10}$
Eta	η	0	548,8	$2,50 \cdot 10^{-17}$
Baryonen				
Proton	$p\ \bar p$	$\pm e$	938,259	∞
Neutron	$n\ \bar n$	0	939,553	918
Lambda-Hyperon	$\Lambda\ \bar\Lambda$	0	1 115,59	$2,521 \cdot 10^{-10}$
Sigma-Hyperon	$\Sigma^+\ \bar\Sigma$	$\pm e$	1 189,42	$8,00 \cdot 10^{-11}$
	$\Sigma^0\ \bar\Sigma^0$	0	1 192,48	$< 10^{-14}$
	$\Sigma^-\ \bar\Sigma^-$	$\pm e$	1 197,34	$1,484 \cdot 10^{-10}$
Kaskaden-Hyperon	$\Xi^0\ \bar\Xi^0$	0	1 314,7	$2,98 \cdot 10^{-10}$
	$\Xi^-\ \bar\Xi^-$	$\pm e$	1 321,3	$1,672 \cdot 10^{-10}$
Omega-Hyperon	$\Omega^-\ \bar\Omega^-$	$\pm e$	1 672	$1,3 \cdot 10^{-10}$

15.5 Der Feuerball

Wir wollen versuchen, aus der gegenwärtigen Struktur des Kosmos Rückschlüsse auf frühe Entwicklungsphasen zu ziehen und benutzen hierbei insbesondere die bereits besprochenen Zusammenhänge von Dichte, Volumen und Temperaturen in ihrer Abhängigkeit von der Zeit.

Zur Zeit ist die Dichte der Materie im Kosmos etwa $10^{-30}\,\mathrm{g\ cm^{-3}}$ entsprechend einer Nukleonendichte von rund $10^{-6}\ \mathrm{cm^{-3}}$. Die Massendichte des 3 K-Strahlungsfeldes ist $10^{-33}\,\mathrm{g\ cm^{-3}}$ und entspricht einer Photonendichte von $10^3\ \mathrm{cm^{-3}}$. Während beim Zurückgehen in die Vergangenheit, also bei einer Verkleinerung des Volumens das Verhältnis Nukleonendichte : Photonendichte $= 10^{-9}$ erhalten bleibt, wächst die Massendichte des Strahlungsfeldes rascher an als die Dichte der Materie. Trägt man diesen Zusammenhang als Funktion der ebenfalls zunehmenden Temperatur auf, so erhält man das wiedergegebene Diagramm. Je weiter wir in diesem Diagramm die Kurve nach links, d. h. zu steigenden Temperaturen und damit in die Vergangenheit hinein verfolgen, um so mehr nähern sich die Strahlungs- und Materiedichten an, bis sie sich bei einer Temperatur des Strahlungsfeldes von etwa 3 000 K überschneiden. Rechts von dieser Grenze haben wir den uns geläufigen Materiekosmos, links davon den Strahlungskosmos oder den „Feuerball". Dieses Bild muß zu noch höheren Temperaturen hin vervollständigt werden. Ist nämlich die Temperatur so hoch, daß die mittlere Energie der Photonen zur Erzeugung von Elektron-Positron-Paaren ausreicht, so wird sich die Elektronen- und Positronendichte (allgemeiner, die Dichte der leichten Elementarteilchen, der Leptonen) der Strahlungsdichte anpassen. Dies ist bei etwa 10^{10} K der Fall, wo das Maximum der Wärmestrahlen bereits im Bereich der Gammaquanten liegt.

Oberhalb von etwa 10^{12} K ist dann auch die Paarerzeugung von schweren Elementarteilchen (Hadronen) möglich. Der Kosmos besteht dann aus einem unvorstellbar dichten Gemenge von Photonen, Materie und Antimaterie. Einem weiteren Zurückverfolgen sind Grenzen gesetzt, die begründet sind in den Schwierigkeiten der Theorie der starken Wechselwirkung zwischen den Hadronen selber (Quarkmodell). Bei $T = 10^{32}$ K und einem Alter von etwa 10^{-43} s wäre der Welthorizont (s. 15.4.3) schließlich so klein, daß aufgrund der Heisenberg'schen Unschärfe nicht mehr entschieden werden kann, ob er ein Teilchen umschließt oder nicht.

Tatsächlich ist natürlich die Entwicklung in umgekehrter Richtung verlaufen. Die Ursubstanz, aus der sich die Welt entwickelt hat, nannte Gamow 1949 „Ylem", heute spricht man vom „Feuerball" und nennt die frühe Entwicklung „big bang" oder „Urknall". Die anfängliche Entwicklung vollzieht sich unvorstellbar rasch und ist in der Tat einer Explosion vergleichbar. Nach etwa einer zehntausendstel Sekunde ist die Hadronenaera abgeschlossen.

Die Zusammensetzung des expandierenden Universums.
dicke Linie: Dichte des Strahlungsanteils
dünne Linie: Dichte des Materieanteils
Man beachte die durch vertikale Linien abgeteilten Zeitabschnitte

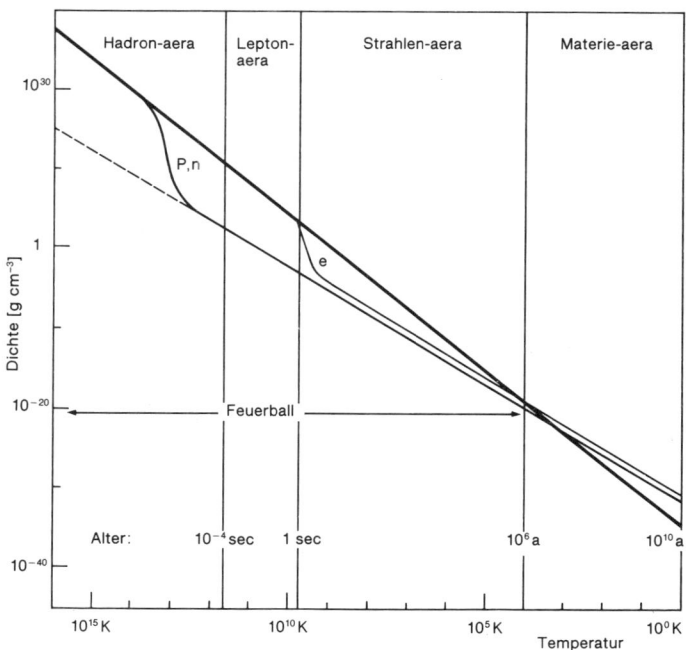

543

Ob sich zu diesem Zeitpunkt Materie und Antimaterie noch die Waage hielten oder ob bereits die Materie überwog, hängt vom Zerfallsverhalten der in der Anfangsphase (Weltalter $< 10^{-35}$ s) möglichen hypothetischen überschweren Teilchen (etwa der X-Bosonen) ab. Wurde die CP-Symmetrie verletzt (s. 15.3.2) (eine Verletzung, die beim Zerfall des K^0-Mesons experimentell nachgewiesen wurde), so könnte die Materie um einen Bruchteil 10^{-9}, also um einen Faktor 1,000 000 001 überwogen haben. Nach anderen Vorstellungen war dieses Überwiegen das Resultat einer zufälligen Schwankung.

In der auf diese Hadronenaera folgenden Leptonenaera überwiegen die Zerfallsprozesse der Hadronen, d.h. Teilchen und Antiteilchen setzen sich in Strahlung um. Die damit entstandenen γ-Quanten werden heute als 3K-Hintergrund-Strahlung beobachtet. Der relative Überschuß von 10^{-9} der Baryonen über die Antibaryonen kann sich nicht umsetzen und bildet den heutigen Materieinhalt des Kosmos.

Es sei angemerkt, daß die am Ende der Hadronen- bzw. Leptonenaera vorhandenen myonischen bzw. elektronischen Neutrinos wegen ihrer kleinen Wirkungsquerschnitte vom Restkosmos entkoppelt sind. Die Temperatur dieser Neutrinos nimmt bei einer Expansion des Kosmos nach der gleichen Gesetzmäßigkeit ab wie die der Strahlung. Es wird darum kaum möglich sein, diesen Neutrinohintergrund von wenigen Kelvin nachzuweisen.

Die Entwicklung ist stark verzögert. Bei einem Alter des Kosmos von etwa einer Sekunde ist die Leptonenaera zu Ende und die Strahlungsaera bricht an. Diese dauert etwa eine Million Jahre. In ihr bildet sich der wesentliche Teil der ersten schweren Elemente, des Deuteriums und des Heliums (s. 13.4). Die Materie ist noch vollständig ionisiert und dynamisch an das noch immer überwiegende Strahlungsfeld gekoppelt. Galaxien oder gar Sterne können sich noch nicht bilden.

Erst nachdem im weiteren Verlauf der Expansion die Dichte des Materiefeldes überwiegt und das Strahlungsfeld von der Materie entkoppelt ist, können sich unter dem Einfluß der Schwerkraft so große Strukturen wie Galaxien und dann auch Sterne bilden.

A 1 Die Natur der Strahlung

A 1.1 Ausbreitung

Die seit langem bekannten Gesetze der Ausbreitung der Strahlung finden ihre Begründung in der Theorie elektromagnetischer Wellen. Die unterschiedlichen Arten der Strahlung: Radiostrahlung, Wärme- und Lichtstrahlung, Röntgen- und Gammastrahlung werden durch die Anzahl der Schwingungen pro Sekunde, d. h. durch die Frequenz ν festgelegt. Die Einheit der Frequenz ist 1 Hertz (Hz) = 1 Schwingung pro Sekunde. Die Frequenz bestimmt auch die Farbe des Lichtes. Licht relativ niedriger Schwingungszahl ($\nu = 4 \cdot 10^{14}$ Hz) ruft in unseren Augen den Eindruck roter Farbe hervor. Mit zunehmender Frequenz ändert sich der Farbeindruck über gelb, grün, blau nach violett ($\nu = 7,5 \cdot 10^{14}$ Hz). (10^n als Faktor hinter einer Zahlenangabe bedeutet, daß diese Zahl n-mal mit zehn zu multiplizieren ist. Bei negativem n ist n-mal durch zehn zu dividieren.)

Häufig wird anstelle der Frequenz die Wellenlänge λ der Strahlung angegeben. Ihr einfacher Zusammenhang mit der Frequenz ν setzt die Kenntnis der Ausbreitungsgeschwindigkeit c des Lichtes voraus. Wenn eine Quelle elektromagnetische Wellen der Frequenz ν eine Sekunde lang ausstrahlt, so hat der zur ersten Schwingung gehörende Wellenberg in dieser Zeit die Strecke c zurückgelegt, während der letzte Wellenberg die Quelle gerade verläßt. Auf einer Strecke der Länge c müssen also ν Wellenberge liegen, auf einen Zentimeter entfallen demnach $\bar{\nu} = \nu/c$ Wellenberge. $k = 2\pi\bar{\nu}$ ist die sogenannte Wellenzahl. Die Wellenlänge λ ist somit $\lambda = 1/\bar{\nu} = c/\nu$. Man sieht sofort, daß für die hochfrequente optische Strahlung die Wellenlängen sehr klein sein müssen. Im Gegensatz zu den Radiowellen, deren Länge nach Metern oder Zentimetern gemessen wird, ist es deshalb üblich, für optische Strahlung λ in nm (Nanometer, 1 nm = 10^{-9} m = 10^{-7} cm), in μm (Mikrometer, 1 μm = 10^{-6} m = 10^{-4} cm) oder in Å (Ångström, 1 Å = 10^{-8} cm) anzugeben.

Die Lichtgeschwindigkeit im Vakuum

$$c = 299\,792\,458 \text{ m/s}$$

ist eine universelle Naturkonstante, auf deren Bestimmung große Anstrengungen verwendet worden sind. (Es ist beschlossen, diesen Wert der Lichtgeschwindigkeit zur Definition der Längeneinheit, des Meters, zu verwenden (s. A 3.1). Das Meter ist die Länge der Strecke, die Licht im Vakuum während des Intervalls von 1/299 792 458 s durchläuft.) Der Wert der Lichtgeschwindigkeit ist unabhängig von der Bewegung der Lichtquelle oder der des Beobachters. Es gibt keine Signalübermittlung mit höherer Geschwindigkeit. Diese beiden wichtigen physikalischen Aussagen bilden die Grundlage der Speziellen Relativitätstheorie.

In Materie weicht die Geschwindigkeit des Lichtes c_m vom Vakuumwert c ab. Das Verhältnis beider Geschwindigkeiten ist der Brechungsquotient (Brechungsindex) $n = c/c_m$. Der Brechungsindex n ist nicht nur vom Material, sondern auch von der Frequenz bzw. der Wellenlänge abhängig. Für optische Strahlung ist n größer als eins, also c_m kleiner als c. Der Brechungsindex der Luft liegt sehr nahe bei eins. Auf dem Unterschied gegenüber eins beruht die Erscheinung der atmosphärischen Refraktion (s. 2.3.3).

An Grenzflächen zwischen Substanzen mit verschiedenem Brechungsindex werden Lichtstrahlen gebrochen. Hierauf beruht die Konstruktion aller optischen Instrumente mit Bauelementen, durch die das

A 1.2 Beugung

Licht hindurchtritt (dioptrische Elemente), wie Linsen, Prismen usw. Bei vorgeschriebener Frequenz ändert sich mit der Geschwindigkeit natürlich auch die Wellenlänge. Die in Tabellen angegebenen Wellenlängen beziehen sich durchweg auf die Vakuumlichtgeschwindigkeit, gelegentlich auch auf Luft unter genau spezifizierten Bedingungen.

Brechungsindex einiger optischer Gläser

Wellenlänge in Å	7 608,2	5 893,0	4 861,4	4 340,5	3 968,5
Bor-Kron BK1	1,504 91	1,510 02	1,515 67	1,520 17	1,524 57
Schwer-Kron SK1	1,603 47	1,610 16	1,617 78	1,623 96	1,629 99
Flint FK3	1,602 94	1,612 79	1,624 64	1,634 73	1,645 18
Schwer-Flint SF4	1,739 24	1,754 96	1,774 71	1,792 01	1,810 38
Quarz	1,454 43	1,458 86	1,463 58	1,467 31	1,470 91

Nicht immer muß c_m kleiner sein als die Vakuumlichtgeschwindigkeit c. Für Radiowellen ebenso wie für Röntgenstrahlung ist das Gegenteil die Regel. Hier ist die Geschwindigkeit c_m größer als c, also n kleiner als eins. Der Brechungsindex kann schließlich auch negativ sein. In einem derartigen Medium ist die Wellenausbreitung unmöglich; die Strahlung würde reflektiert.
In diesem Zusammenhang muß der Begriff der Lichtgeschwindigkeit etwas genauer definiert werden. Einerseits ist c – wie bisher besprochen – durch das Produkt von Frequenz und Wellenlänge gegeben. Es ist dies die Geschwindigkeit mit der sich ein Wellenberg (oder allgemeiner: ein Zustand konstanter Phase) in einem unendlich ausgedehnten Wellenzug einheitlicher Frequenz bewegt. Diese Geschwindigkeit wird auch als Phasengeschwindigkeit c_{Phase} bezeichnet. Von ihr zu unterscheiden ist die Geschwindigkeit, mit der sich ein kurzes Lichtsignal in den Raum hinaus ausbreitet. Ein derartiges Lichtsignal kann nur durch die Überlagerung von Wellen verschiedener Frequenz – oder wie man auch sagt – durch eine Wellengruppe aufgebaut werden. Ihre Geschwindigkeit wird als die Gruppengeschwindigkeit c_{Gruppe} bezeichnet. Im Vakuum sind beide Geschwindigkeiten identisch: $c_{Phase} = c_{Gruppe} = c_{Vakuum}$. In Materie ist $c_{Phase} = c_{Vakuum}/n$, wobei n durch die Materialeigenschaften festgelegt ist. Die Gruppengeschwindigkeit liegt immer unter der Vakuumlichtgeschwindigkeit: $c_{Gruppe} \lesssim c_{Vakuum}$.
Eine für den Astronomen außerordentlich wichtige Eigenschaft des Lichtes wird fast als Selbstverständlichkeit hingenommen: die geradlinige Ausbreitung (in Räumen mit konstantem Brechungsindex). Die gerade Linie, die kürzeste Verbindung zwischen zwei Punkten, läßt sich in der Natur nur durch Lichtstrahlen realisieren. Auf dieser Geradlinigkeit beruht das Prinzip aller Vermessungen. Sie macht Positionsastronomie überhaupt erst möglich.
Auch dann, wenn über sehr große Distanzen (Radius der Welt) oder in sehr starken Schwerefeldern (Umgebung massereicher Sterne) der Begriff der geraden Linie verallgemeinert werden muß, bilden die Lichtstrahlen immer noch die kürzeste Verbindung zwischen zwei Punkten (geodätische Linie).

A 1.2 Beugung

Durch die Beugung, die immer auftritt, wenn Strahlen – etwa durch eine Blende – seitlich begrenzt werden, wird das Prinzip der geradlinigen Ausbreitung des Lichtes in seiner Gültigkeit eingeschränkt. Die Beugung ist eine direkte Folge der Wellennatur der Strahlung. Diese Wellen haben die Eigenschaft, Hindernisse zu umfließen, solange diese klein sind gegenüber der Wellenlänge. Die von einem Rundfunksender ausgesendete Welle kann beispielsweise noch empfangen werden, wenn zwischen Sender und der Empfangsantenne ein großes Gebäude steht. Dieses Umfließen wird geringer, wenn der Quotient λ/d (d = Ausdehnung des Hindernisses) abnimmt. Das gleiche Gebäude würde den Empfang eines UKW-Senders eventuell schon beeinträchtigen. Für die noch kürzeren Wellenlängen des Lichtes gelten in diesem Beispiel die Gesetze der „Strahlenoptik": Das Gebäude wirft einen Schatten; die Wellennatur des Lichtes tritt nicht mehr in Erscheinung. Der Einfluß der Beugung des Lichtes ist also abhängig von dem Verhältnis der Wellenlängen zur Größe des Hindernisses.

Aus der Wellentheorie folgt, daß die Beugung an einem Hindernis und die an einer gleichgeformten Öffnung in einem sonst undurchsichtigen Schirm einander entsprechen (Babinetsches Theorem).

Besonders einfach und für den Astronomen wichtig ist die Beugung an einer Blende, etwa der kreisförmigen Eintrittsöffnung eines Fernrohres. Um sie anschaulich zu verstehen, betrachten wir die Wellenflächen. Das sind Flächen, auf denen zu einem Zeitpunkt die elektrische Feldstärke in der Lichtwelle einen konstanten, etwa ihren maximalen Wert hat. Die Ausbreitungsrichtung der Strahlung steht immer senkrecht auf diesen Flächen. Die Wellenflächen legen also die Ausbreitungsrichtung fest, und diese Festlegung kann nur so genau geschehen, wie sich die Orientierung der Wellenflächen selber feststellen läßt. Diese Genauigkeit ist aber abhängig von der seitlichen Ausdehnung dieser Flächen, also von dem Bereich, auf den wir bei der Ermittlung ihrer Orientierung zurückgreifen können. An einem unendlich kleinen Ausschnitt aus der Wellenfläche, einem Punkt, ist die Orientierung der Fläche unerkennbar. Ist die Breite endlich und gleich d, so kann die Ausbreitungsrichtung nur mit einem Fehler λ/d bestimmt werden.

Für ein Teleskop mit kreisförmiger Blende (Durchmesser D) bedeutet diese unvermeidbare Einschränkung der Genauigkeit, daß das Licht eines Sternes nicht mehr in einem, scharfen Bildpunkt vereinigt wird, sondern in einem Beugungsscheibchen (Beugungsbild nullter Ordnung), in welchem die Helligkeit von der Mitte stetig nach außen hin abfällt und für den Winkelabstand $1{,}22\ \lambda/D$ schließlich verschwindet. Wie häufig üblich wird hier der Winkel im Bogenmaß (rad) angegeben. Zur Umrechnung in Bogengrad ist er mit $180/\pi$ zu multiplizieren. Aus der zuerst von Airy durchgerechneten Theorie der Beugung an einer kreisförmigen Öffnung folgt, daß das Beugungsbild nullter Ordnung von Beugungsringen abnehmender Helligkeit umgeben ist.

A 1.3 Polarisation

Im Gegensatz zu Schallwellen, in denen die Richtung der Schwingung (in der Materie) mit der Ausbreitungsrichtung übereinstimmt (longitudinale Wellen), stehen in den elektromagnetischen Wellen die Felder senkrecht auf der Ausbreitungsrichtung (transversale Wellen), sie liegen also in den Wellenflächen, in denen selber aber noch beliebige Orientierungen möglich sind. Im natürlichen Licht (thermische Strahlung s. A 1.7.9) sind die Richtungen der Felder nach dem Gesetz des Zufalls verteilt. Eine derartige Strahlung nennt man unpolarisiert. Liegt das Feld dagegen immer in einer Richtung – die Synchrotronstrahlung (s. A 1.7.9) sei ein Beispiel – , so ist die Strahlung linear polarisiert. Durch Überlagerung von Licht mit verschiedenen Polarisationsrichtungen entsteht elliptisch oder auch zirkular polarisiertes Licht. Der Polarisationsgrad gibt an, wie groß in einem Gemisch mit natürlichem Licht der Anteil polarisierter Strahlung ist. Durch bevorzugte Absorption von Licht einer bestimmten Polarisationsrichtung kann ursprünglich natürliches Licht teilweise polarisiert werden. So ist z. B. die schwache Polarisation des Sternlichtes durch Absorption an teilweise ausgerichteten länglichen Staubkörnern zu erklären.

A 1.4 Intensität

Die Stärke einer Strahlung, d. h. die in ihr transportierte Energie wächst mit dem Quadrat der Feldstärke in der elektromagnetischen Welle. Wir wollen diesen theoretischen Zusammenhang nicht weiter verfolgen, müssen aber die häufig benutzten Größen Intensität und Strahlungsstrom präziser definieren.

Wir bezeichnen den Energiefluß pro Flächeneinheit, also die durch die Einheitsfläche pro Zeiteinheit tretende Strahlungsenergie als Strahlungsstrom. Diese Größe verringert sich mit zunehmendem Abstand von der Quelle: in einem Raum, in welchem keine Energie verloren geht, muß durch alle gedachten Kugelschalen, welche eine Strahlungsquelle umschließen, stets die gleiche Energiemenge fließen, unabhängig also vom angenommenen Radius r. Da die Größe der Kugelfläche mit r^2 wächst, ist dies nur möglich, wenn der Energiefluß pro Flächeneinheit, also der Strahlungsstrom mit $1/r^2$ abnimmt. Da diese Abnahme des Strahlungsstromes nur auf die geometrischen Verhältnisse bei der Ausbreitung der Strahlung zurückzuführen ist, spricht man auch von geometrischer Verdünnung. Dieses Gesetz der geometrischen Verdünnung wird in der Astronomie ausgiebig verwendet, um aus den Helligkeiten der Sterne, also dem Fluß von Strahlungsenergie in unsere Instrumente, auf die Entfernung der Sterne zu schließen.

Häufiger begegnet man dem Begriff der Intensität einer Strahlung. Diese Bezeichnung wird leider in doppelter Bedeutung verwendet. Wird in der Astronomie von der Intensität einer Sternstrahlung gesprochen, die mit der beobachteten Helligkeit des Sternes zusammenhängt, so ist ein Energiefluß pro Flächeneinheit gemeint, also eigentlich ein Strahlungsstrom. In der physikalischen und astrophysikalischen Literatur bedeutet dagegen Intensität den Energiefluß pro Flächeneinheit und pro Raumwinkel. Wie gezeigt, verringert sich der Energiefluß mit dem Quadrat des Abstandes von der Quelle. Da aber auch der Raumwinkel – das 4π-fache des Bruchteils der Sphäre, welchen die Quelle ausfüllt – mit dem Quadrat des Abstandes abnimmt, ist die Strahlungsintensität eine vom Abstand unabhängige Größe.

Die Beziehungen zwischen den in der Astrophysik benutzten Begriffen Intensität und Strahlungsstrom und den im „Internationalen Einheitensystem" (SI) definierten Strahlungsgrößen der Lichtstärke, gemessen in Candela (cd), des Lichtstromes, gemessen in Lumen (lm) und der Beleuchtungsstärke, gemessen in Lux (lx) sind in A3 zusammengestellt.

A 1.5 Spektrum

Die in der Natur vorkommende Strahlung ist in der Regel ein Gemisch aus Wellen aller möglichen Frequenzen. Läßt man weißes Licht beispielsweise durch ein Glasprisma fallen, so wird der Lichtstrahl in einen Fächer von Strahlen verschiedener Farbe, d. h. verschiedener Frequenz (oder Wellenlänge) zerlegt. Ein derartig nach Frequenzen zerlegtes Strahlungsgemisch nennt man Spektrum. In ihm ist zu erkennen, ob und wie stark die Strahlung in einem bestimmten Frequenz-intervall im Gemisch enthalten ist. Das Spektrum (Intensitätsspektrum) ist also die Verteilungsfunktion der monochromatischen Intensitäten. Die Bezeichnung Spektrum wird häufig auch für andere Verteilungs-funktionen übernommen. Man spricht von einem Energiespektrum, wenn man etwa die Verteilungsfunktion der kinetischen Energien der Atome eines Gases meint, oder die Verteilungsfunktion der Teilchen-energien in der kosmischen Strahlung. Verteilungsfunktionen der Massen, etwa in einem Isotopengemisch, werden auch als Massen-spektrum bezeichnet.

Das Spektrum elektromagnetischer Strahlung ist durch die relativen Häufigkeiten der Emissions- und die der eventuellen Absorptionspro-zesse in der Quelle bestimmt (s. A 1.7). Aus dem Spektrum kann damit auf die Häufigkeit derartiger Prozesse in den äußersten Schichten eines weit entfernten Sternes geschlossen werden. Die Interpretation von Spektren, d. h. die Ermittlung des physikalischen Zustandes und auch der chemischen Zusammensetzung der Strahlungsquellen im Kosmos ist eine der wichtigsten Probleme der Astrophysik.

Das Spektrum bleibt bei der Ausbreitung der Strahlung im leeren Raum unverändert, da der Effekt der geometrischen Verdünnung für alle Frequenzen gleich groß ist. Ist jedoch der Raum zwischen den Sternen mit interstelarer Materie (Gas und Staub) von sehr geringer Dichte erfüllt, so wird die Strahlung auch noch absorbiert, und zwar selektiv, d. h. in verschiedenen Frequenzen verschieden stark. Da-durch wird das Spektrum der Sterne verändert. So absorbiert z. B. der interstellare Staub (s. 10.4) im kurzwelligen blauen Licht stärker als im langwelligen roten. Infolgedessen erscheinen sonst gleichartige Sterne umso roter, je größer ihre Entfernung ist. Zwar wird durch diese selektive Absorption die Interpretation der Sternspektren erschwert, dafür gewinnt man aber andererseits Informationen über den Zustand der interstellaren Materie, in diesem Fall etwa über die Natur des Staubes.

A 1.6 Dopplereffekt

Nur dann, wenn Quelle und Beobachter relativ zueinander ruhen, stimmen die Frequenzen, in denen die Strahlung emittiert wird, und die, in denen sie beobachtet wird, miteinander überein. Im allgemei-nen Fall, d. h. bei Relativbewegungen zwischen Quelle und Beobach-ter gibt es Frequenzunterschiede, die unter der Bezeichnung Doppler-effekt bekannt sind. Eine einfache anschauliche Erklärung des Dopp-lereffekts, die für unsere Zwecke genügt, und übernommen werden kann, ist im Bereich der Akustik möglich: Wir denken zunächst Schall-quelle und Beobachter ruhend. Die Quelle sendet pro Sekunde v Wellen aus. Es entsteht ein Feld von Schallwellen der Wellenlänge $\lambda = c/v$. Dieses Wellenfeld bewegt sich am Beobachter mit der Schall-geschwindigkeit c vorüber. Damit passieren ihn pro Sekunde $v = c/\lambda$ Wellen. Er mißt also an seinem Ort wieder Schwingungen der unge-änderten Frequenz $v = c/\lambda$. Bewegt sich jedoch der Beobachter, nähert er sich etwa der Quelle mit der Geschwindigkeit v, so passieren ihn pro Sekunde

$$v' = (c + v)/\lambda$$

Wellen. Die Frequenz erscheint für ihn also um den Betrag

$$\Delta v = v' - v = \frac{v}{\lambda} = \frac{v}{c} v$$

vergrößert, die Wellenlänge entsprechend verringert:

$$\Delta\lambda = \frac{v}{c}\lambda.$$

Bewegt sich der Beobachter von der Quelle fort, so ist $-v$ an die Stelle von $+v$ zu setzen. Es kehrt sich also das Vorzeichen des Dopplereffektes um. Für den Fall einer bewegten Schallquelle und eines ruhenden Beobachters wird man ein etwas anderes Resultat erhalten. Für elektromagnetische Strahlung kann eine exakte Ableitung der Dopplereffekte und der ebenfalls auf Relativbewegung zurückzuführenden Richtungsänderungen, der Aberration, nur im Rahmen der speziellen Relativitätstheorie gegeben werden. Sie ergibt, daß Bewegung des Beobachters und Bewegung der Quelle ununterscheidbar sind und daß die Dopplerverschiebungen der Frequenzen bzw. der Wellenlängen gut durch unsere Formel dargestellt werden, sofern nur v klein gegenüber der Lichtgeschwindigkeit ist. Wächst also der Abstand der Quelle (positive Radialgeschwindigkeit im Sprachgebrauch der Astronomie), so nimmt die Frequenz ab, es vergrößert sich die Wellenlänge. Bei Annäherung (negative Radialgeschwindigkeit) gilt das Umgekehrte.

In der Astronomie wird von der Dopplerformel ausgiebig Gebrauch gemacht. Dopplerverschiebungen erlauben die Messung von Radialgeschwindigkeiten der Strahlungsquellen oder auch die Messung von Sternrotationen (weil die Radialgeschwindigkeiten für die verschiedenen Teile eines rotierenden Sternes verschieden sind). Auch die ungefähre Größe von geordneten Gasströmungen oder ungeordneten Bewegungen (Turbulenz) in einer Sternatmosphäre können so bestimmt werden.

A 1.7 Wechselwirkung von Strahlung und Materie, Absorption und Emission

Die physikalischen Gesetze der Wechselwirkung von Licht und Materie erlauben es, aus den Eigenschaften der Strahlung, vor allem aus dem Spektrum, auf die physikalischen Bedingungen in der Lichtquelle und eventuell auch auf ihre chemische Zusammensetzung zu schließen.

Die drei wichtigsten Prozesse sind:

Streuung: Wechselwirkung, die lediglich eine Richtungsänderung der Strahlung zur Folge hat.

Absorption: Energie wird von der Materie aus dem Strahlungsfeld aufgenommen.

Emission: Energie wird von der Materie an das Strahlungsfeld abgegeben.

A 1.7.1 Lichtstreuung

Es gibt sehr verschiedene Formen der Lichtstreuung. Ihnen allen liegt jedoch ein gemeinsames Prinzip zugrunde: geladene Teilchen, z. B. Elektronen, werden von der einfallenden Lichtwelle zum Mitschwingen angeregt und werden dadurch selber zur Quelle der sekundären, gestreuten Strahlung. Besonders einfach ist die Theorie der Lichtstreuung an freien Elektronen. Dieser Prozeß ist z. B. in den Atmosphären heißer Sterne von Bedeutung. An den Luftmolekülen in der Erdatmosphäre gestreutes Sonnenlicht ist die Ursache des hellen blauen Tageshimmels. Der Lichtstreuung an den Wassertröpfchen im Nebel oder in den Wolken liegt das gleiche Schema zugrunde wie der Streuung an den feineren Staubteilchen im interstellaren Medium. Allerdings wird im interstellaren Staub ein nicht unerheblicher Anteil des Lichtes auch absorbiert.

A 1.7.2 Absorption

Mit der Erforschung der Gesetze der Absorption und Emission von Strahlung durch Planck, Einstein, Bohr u. a. wurden zu Beginn dieses Jahrhunderts die Grundlagen der modernen Physik gelegt. Ausgangspunkt war Plancks Entdeckung, daß Energie nicht in beliebig kleinen Mengen zwischen der Materie und dem Strahlungsfeld ausgetauscht werden kann, sondern daß dieser Austausch in Elementarprozessen erfolgt, wobei jeweils die Energie

$$E = h\nu$$

übertragen wird. Die Konstante

$$h = 6{,}6262\,553 \cdot 10^{-34} \text{ Joule s,}$$

welche die Beziehung zwischen Energie und Frequenz herstellt, ist eine universelle Naturkonstante, das Planck'sche Wirkungsquantum. Man kann nach einem zuerst von Einstein vorgeschlagenen Bild das Strahlungsfeld auch als ein Gas von Photonen (Lichtkorpuskeln) auffassen. Diese Photonen bewegen sich im Vakuum mit Lichtgeschwindigkeit, ihre Energie ist $h\nu$, ihre Bewegungsgröße (Impuls) $h\nu/c$. Die Zahl der Photonen wird durch jeden Absorptionsprozeß um eins verringert, durch jeden Emissionsprozeß um eins vermehrt. Hierbei, ebenso wie bei der Streuung, wird nicht nur die Energie, sondern auch der Impuls der Photonen auf Materie übertragen. Damit übt das Photonengas einen Druck aus, den Strahlungsdruck.

A 1.7.3 Spektrallinien

Absorptionsprozesse in der Frequenz ν können nur dann stattfinden, wenn die Materie in der Lage ist, die vom Strahlungsfeld angebotenen Energiebeträge der Größe $h\nu$ aufzunehmen. Freie Atome und Moleküle in den Gasen können in der Regel nur ganz bestimmte Energiebeträge, entsprechend diskreten Frequenzen ν bzw. Wellenlängen λ (genauer, in schmalen Bereichen um die Frequenz ν bzw. um die Wellenlänge λ), aufnehmen oder abgeben. Die Wellenlängen dieser Spektrallinien sind jeweils für bestimmte Atome charakteristisch.

Bohr hat als erster dieses Verhalten der Materie durch sein Atommodell gedeutet. Seine Vorstellung ist, daß negativ geladene Elektronen in der Elektronenhülle des Atoms einen positiv geladenen Atomkern umkreisen wie die Planeten die Sonne. Von den unendlich vielen möglichen Bahnen, auf denen sich elektrische Anziehung und Zentrifugalkraft die Waage halten, wird aus der Quantentheorie folgende Bedingung eine Schar von „erlaubten" Bahnen ausgewählt. Zu jeder dieser erlaubten Bahnen (bzw. zu jeder Bahnkonfiguration, falls es sich um mehrere Elektronen handelt), die durch sogenannte Quantenzahlen klassifiziert ist, gehört ein zugeordneter Energiewert (Niveau). Die Größe der Energiebeträge, die Gruppierung der Niveaus zu Termen und zu noch höheren Einheiten und die Zuordnung von Quantenzahlen wird im Rahmen der Atomphysik behandelt und erfordert einen Rückgriff auf die Quantenmechanik. Erst sie vermag auch die wirkliche Begründung für die hier skizzierten elementaren Modellvorstellungen zu liefern.

Beim Übergang zwischen zwei Niveaus wird nun Licht in einer Spektrallinie absorbiert, wenn das Ausgangsniveau das tiefere der beiden Niveaus ist, das Atom also Energie aufnimmt. Im umgekehrten Fall wird Strahlung in der Spektrallinie emittiert. Die Linie selber wird durch Angabe der Quantenzahlen (hier m und n) der Niveaus gekennzeichnet.

$$E_m - E_n = h\nu_{mn}.$$

Überschreitet die Energie des Atoms die Ionisierungsenergie, so ist das Elektron nicht mehr gebunden. Das Atom wird ionisiert, d. h. es entsteht ein freies Elektron, für welches jetzt ein Kontinuum von Energiezuständen zugelassen ist. Ist ein Gas also ionisiert, oder ist die Frequenz der Strahlung hoch genug, so daß $h\nu$ größer ist als die Ionisierungsenergie, so kann die Materie ein Kontinuum von Strahlung absorbieren.

Beispielsweise entspricht der Ionisierungsenergie 13,595 eV des Wasserstoffs eine Frequenz 3,228 · 10^{15} Hz (siehe Umrechnungstabelle für Energien in A 3.5), und dieser wegen der Beziehung $\lambda = c/\nu$ eine Wellenlänge von 911,8 Å. Für alle kürzeren Wellen absorbiert atomarer Wasserstoff. Daher ist z. B. der von einem sehr verdünnten Wasserstoffgas erfüllte interstellare Raum für die kurzwelligere Strahlung der Sterne praktisch undurchlässig.

Das Bohrsche Modell eines Wasserstoffatoms.

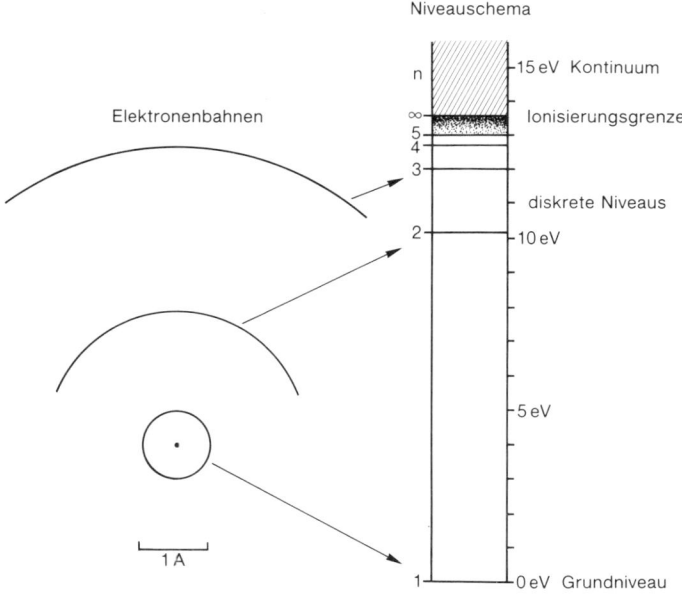

A 1.7.4 Molekülspektren

Während bei Atomen die Energieniveaus noch relativ weit getrennt sind, gibt es bei Molekülen sehr gleichmäßige Folgen dicht liegender Energiezustände, die auf Schwingungen der Atome im Molekülverband und auf Rotationen der Moleküle zurückzuführen sind. In Molekülspektren treten infolgedessen Sequenzen von nah benachbarten Spektrallinien auf. Sie werden als Banden bezeichnet und sind an den kleinen und konstanten Frequenzdifferenzen zwischen benachbarten Linien meist leicht erkennbar.

A 1.7.5 Kontinua

In festen Substanzen und in Flüssigkeiten sind die diskreten Energiestufen der Atome durch deren Wechselwirkung untereinander zu breiten Bändern entartet. Feste Körper sind daher in der Lage, ein Kontinuum zu absorbieren oder zu emittieren.

A 1.7.6 Übergangswahrscheinlichkeit, Absorptionsquerschnitte

Die Absorption (wie auch Emission) eines Photons ist ein sogenannter Elementarprozeß, der nicht als solcher vorhersagbar ist. Es sind nur Aussagen über die Absorptionswahrscheinlichkeit möglich. Diese wächst mit der Stärke des Strahlungsfeldes und ist im übrigen proportional zur sogenannten Übergangswahrscheinlichkeit, die eine Eigenschaft des Atoms ist und die für jede Spektrallinie einen charakteristischen Wert hat.

Die Kenntnis von Übergangswahrscheinlichkeiten ist für die Spektroskopie von großer Bedeutung.

Man hat daher auf ihre experimentelle oder theoretische Bestimmung viele Mühen verwendet. Übergangswahrscheinlichkeiten können auch durch Absorptionsquerschnitte oder, was dasselbe ist, durch atomare Absorptionskoeffizienten dargestellt werden. Jedes Photon, das auf diesen Querschnitt trifft, wird absorbiert. Solche Querschnitte sind sehr klein. Da Atome ungefähr 10^{-8} cm groß sind, werden ihre geometrischen Querschnitte von der Größenordnung 10^{-16} cm^2 sein. Tatsächlich sind auch die Absorptionsquerschnitte für kontinuierliche Absorption von etwa dieser Größenordnung, häufig auch noch kleiner. Nur in Spektrallinien können diese Absorptionsquerschnitte merklich größer werden. Aus thermodynamischen Gründen sind die Maximalwerte etwa gleich dem Quadrat der Wellenlänge der Strahlung, also für sichtbares Licht ungefähr 10^{-9} cm^2.

A 1.7.7 Optische Dicke

Aus der anschaulichen Deutung der Absorptionskoeffizienten (pro Teilchen) folgt, daß die Zahl der in einem Lichtstrahl fließenden Photonen beim Durchtritt durch eine dünne, wenig absorbierende Schicht verringert wird um die Zahl der auf die Absorptionsquerschnitte auftreffenden Photonen, die absorbiert werden. Diese Zahl ist gleich $N_0\,n\,q\,s$, wenn N_0 die Zahl der (pro cm^2 und pro s) einfallenden Photonen, n die Zahl der Absorber pro cm^3, q ihr Absorptionsquerschnitt und s die Dicke der Schicht ist. Eine entsprechende Verringerung erfährt auch die Intensität des Lichtstrahls. Es ist also in der Frequenz v das Verhältnis von eintretender zur durchtretenden Intensität.

$$I_{v,s}/I_{v,0} = 1 - nqs = 1 - k_v\,s.$$

Mit $k_v = nq$ ist der Absorptionskoeffizient pro cm^3 in der Frequenz v bezeichnet. Legt man mehrere derartige dünne Schichten hintereinander, so ist das Verhältnis von der in die erste Schicht eintretenden zu der aus der letzten Schicht austretenden Intensität gleich dem Produkt der Verhältnisse für die einzelnen Schichten, wobei sich die Intensitäten der Strahlung zwischen den Schichten herausheben. Aus diesen Überlegungen ergibt sich schließlich das Gesetz

$$I_{v,r}/I_{v,0} = \mathrm{e}^{-k_v x} = \mathrm{e}^{-\tau_v},$$

wenn x die gesamte Dicke aller Schichten ist. $\mathrm{e} = 2{,}71828$ ist die Basis der natürlichen Logarithmen. $\tau_v = k_v \cdot x$ nennt man die optische Dicke der Schicht. Sie ist gleich der Summe der optischen Dicken der einzelnen Elementarschichten. Wenn der Absorptionskoeffizient auf dem Weg des Lichtstrahls variabel ist, so muß τ_v als Summe (im Grenzfall als Integral) über die Teilbeträge längs des Weges x berechnet werden. Dieses Gesetz der exponentiellen Abnahme der Intensität, das sich auch wie folgt schreiben läßt

$$\log I_{v,\tau} = \log I_{v,0} - 0,4343 \cdot \tau_v$$

beherrscht alle Probleme der Lichtausbreitung in absorbierenden Medien.
Als Beispiel wenden wir dieses Absorptionsgesetz an, um die Absorption durch interstellaren Staub abzuschätzen. Wegen der Unsicherheit, der in diese Abschätzung eingehenden Daten, können wir hierbei auf jede genauere Rechnung verzichten. Es kommt also nur auf die Größenordnung an. Die Teilchen des interstellaren Staubes sind etwa 10^{-5} cm groß und haben damit bei einer Dichte eins eine Masse von rund 10^{-15} g. Ihr Absorptionsquerschnitt ist in brauchbarer Näherung gleich ihrem geometrischen Querschnitt, also von der Größenordnung 10^{-10} cm². In der galaktischen Ebene (s. 10.4) ist die Dichte des Staubanteils etwa um einen Faktor hundert geringer als die des interstellaren Gases und damit etwa 10^{-26} g/cm³. So kommt etwa ein Staubkorn auf 10^{11} cm³, also auf einen Würfel von rund 50 Meter Kantenlänge. Der Absorptionskoeffizient pro cm³ ist damit $n \cdot q = 10^{-11}$ cm$^{-3} \cdot 10^{-10}$ cm² $= 10^{-21}$ cm^{-1}. Die optische Dicke pro Parsec (1 pc $= 3,08 \cdot 10^{18}$ cm) ist dann $3 \cdot 10^{18}$ cm $\cdot 10^{-21}$ cm$^{-1} = 3 \cdot 10^{-3}$.

Absorption in dünner Schicht.
Querschnitt der ,,Schatten": q, Anzahl der den ,,Schatten" werfenden Atome pro cm³: n, pro cm²: n · s Schattenfläche pro cm²: n · q · s.

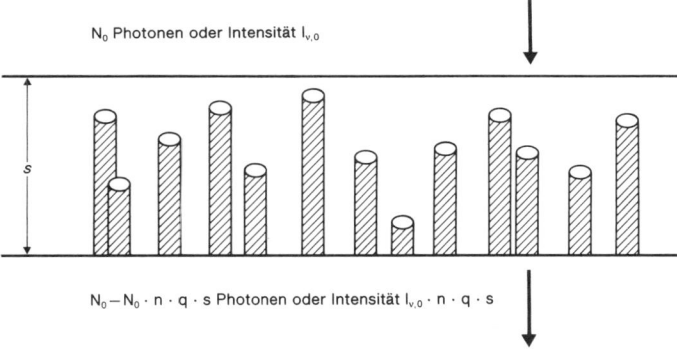

N_0 Photonen oder Intensität $I_{v,0}$

s

$N_0 - N_0 \cdot n \cdot q \cdot s$ Photonen oder Intensität $I_{v,0} \cdot n \cdot q \cdot s$

Dies würde nach unserer Formel eine fast unmerkliche Lichtschwächung um etwa einen Faktor 0,997 bedeuten. Über eine Distanz von einem Kiloparsec jedoch ist die optische Dicke gleich drei, und damit wäre die Intensität der Sternstrahlung um einen Faktor 0,05 gegenüber dem Wert geschwächt, den sie ohne Absorption haben würde. Die wirklichen Verhältnisse liegen etwas günstiger. Man findet in der galaktischen Ebene im Mittel pro Kiloparsec eine Schwächung um einen Faktor 0,16. Aber auch dann noch ist z. B. das galaktische Zentrum in einer Entfernung von rund 10 kpc wegen des interstellaren Staubes im sichtbaren Spektralbereich unbeobachtbar.

A 1.7.8 Absorption in der Erdatmosphäre

Die Möglichkeiten astronomischer Beobachtungen von der Erdoberfläche werden durch Absorptionen in der Erdatmosphäre stark eingeschränkt. Sie ist in der Tat in weiten Spektralbereichen praktisch undurchsichtig.
Die Photonen der Röntgen- und der kurzwelligen UV-Strahlung haben genügend Energie, um die O_2- und N_2-Moleküle der Luft zu ioni-

sieren; sie werden also absorbiert, und damit kann diese Strahlung die Erdoberfläche nicht erreichen. Im längerwelligen UV bis etwa zur Hartley-Bande unterhalb 0,3 μm wird Strahlung in etwa 25 bis 50 km Höhe durch eine geringfügige Beimengung von O_3 (Ozon) nahezu vollständig absorbiert. Dieses Ozon, dessen Menge unter Bedingungen in Meereshöhe nur einer etwa 3 mm dicken Schicht entspricht, entsteht unter dem Einfluß der Sonnenstrahlung.

Im Wellenlängenbereich des sichtbaren Lichtes wird die Durchsichtigkeit vor allem durch Streuung an Luftmolekülen sowie an Staub und Wassertröpfchen verringert. Bei Messungen von Sternhelligkeiten ist die dadurch bedingte Abschwächung des Sternlichtes (Extinktion) zu berücksichtigen. Sie nimmt mit kürzeren Wellenlängen zu und ist im übrigen von der Höhe des Sternes über dem Horizont abhängig. Je tiefer der Stern steht, um so schräger durchsetzt der Sehstrahl die Atmosphäre und um so größer ist die Extinktion.

Im Infraroten begrenzt die Bandenabsorption des Wasserdampfes bei 4,5 μm die Beobachtungsmöglichkeiten. Eine Lücke zwischen 9 bis 11 μm gestattet nochmals einen Ausblick. Nach längeren Wellenlängen hin folgt nun ein Bereich völliger Undurchsichtigkeit. Erst bei 1 mm Wellenlänge beginnt die Erdatmosphäre wieder durchsichtig zu werden, und zwischen 3 cm und 10 m ist sie nahezu vollständig durchlässig. Dies gilt, abgesehen von den kürzesten Wellenlängen, unabhängig von der Bewölkung.

Bei rund 30 m Wellenlänge sinkt die Durchlässigkeit wieder ab, da nun der Brechungsindex in den elektrisch leitenden Schichten der Ionosphäre (D-Schicht in etwa 80 km Höhe, E-Schicht in 120...180 km Höhe und F_1- bzw. F_2-Schicht in 300 und 500 km Höhe; s. 2.2) gegen Null geht. Damit wird eine Wellenausbreitung unmöglich; die Schichten beginnen zu reflektieren. Für Wellenlängen über 100 m ist die Reflexion vollständig und jeder Ausblick in den Weltraum verwehrt.

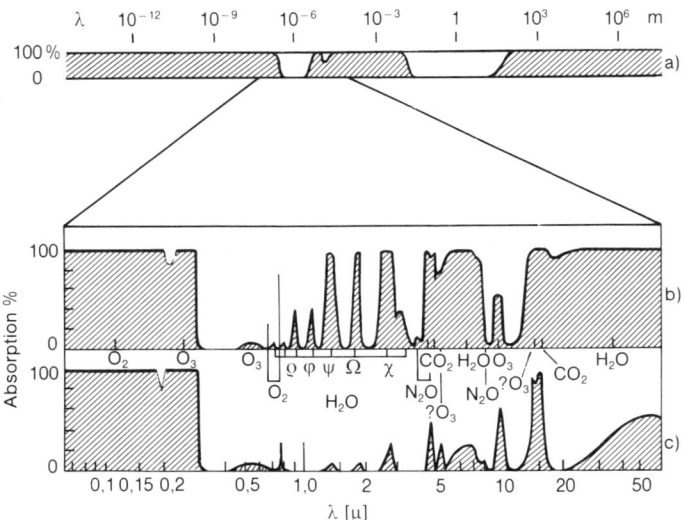

Absorption in der Erdatmosphäre.
a) des elektromagnetischen Spektrums vom Bereich der γ-Strahlen bis in den Bereich der Radiowellen.
b) der Bereich von der ultravioletten Strahlung bis ins Infrarote.
c) wie b), jedoch in 10 km Höhe. Es ist bemerkenswert, wie stark in dieser Höhe die Absorption durch Wasserdampf reduziert ist.

Es verbleiben also nur zwei Bereiche hoher Durchlässigkeit: in der Umgebung des sichtbaren Lichtes (die Empfindlichkeitsfunktion der Augen entspricht ziemlich gut diesem Bereich) und im Bereich der kürzeren Radiowellen. Man spricht daher von den zwei „Fenstern der Durchlässigkeit" im Spektrum der Wellenlängen. Nur durch diese beiden Fenster können wir von der Erde aus die Strahlung der Himmelskörper beobachten. Unter diesem beobachtungstechnischen Gesichtspunkt ist die Unterteilung in optische Astronomie und Radioastronomie zu verstehen.

Erst durch die Weltraumforschung, durch Beobachtungen von Plattformen außerhalb der Erdatmosphäre wird uns ein merklich breiteres Spektrum der elektromagnetischen Strahlung der Gestirne und der interstellaren Materie zugänglich. Man hat die Benennung nach den benutzten Wellenlängenbereichen beibehalten, so spricht man z. B. von Röntgenastronomie.

A 1.7.9 Emission

Unter Emission verstehen wir den der Absorption entgegengesetzten Prozeß, bei welchem Materie Energie an das Strahlungsfeld abgibt, bei welchem also Photonen erzeugt werden. Zwischen Absorption und Emission besteht ein enger und universeller Zusammenhang. Er ist unabhängig von der Art der Materie. Nur in den Frequenzen, in denen die Materie zu absorbieren vermag, kann sie auch emittieren. Im übrigen ist das Verhältnis der Häufigkeit der Absorptionsprozesse zu jener der Emissionsprozesse nur abhängig von der Energiedichte im Strahlungsfeld und von der Temperatur der Materie. Wichtig ist dabei das Verhältnis von kT, der durch Multiplikation mit der Boltzmannkonstanten $k = 1,380 \cdot 10^{-23}$ Joule $\cdot$ K^{-1} auf Energieeinheiten umgerechneten absoluten Temperatur, zur Energie der Lichtquanten hv. Es gibt zu jeder Temperatur ein Strahlungsfeld, bei dem sich in allen Frequenzen ein Gleichgewicht zwischen Emission und Absorption einstellt. Dies ist das berühmte, durch die Kirchhoff-Planck-Funktion

$$B_v = \frac{2hv^3}{c^2} \cdot \frac{1}{e^{\frac{hv}{kT}} - 1}$$

dargestellte Hohlraumstrahlungsfeld. Diese Bezeichnung deutet darauf hin, daß sich dieses Strahlungsfeld in einem Hohlraum einstellt, dessen Wandung die Temperatur T hat. Durch eine kleine Öffnung, die das Strahlungsfeld kaum beeinflußt, kann die Hohlraumstrahlung austreten und untersucht werden. Man findet eine Intensität, die für niedrige Frequenzen ($hv \ll kT$) mit der zweiten Potenz der Frequenz anwächst, bei $hv \approx 3\,kT$ ein Maximum durchläuft und die mit weiter steigenden Frequenzen schließlich sehr rasch abfällt. Berechnet man für das Maximum der Intensitätsverteilungskurven die Frequenzen (bzw. die Wellenlängen) etwas genauer, so findet man das sogenannte Wiensche Verschiebungsgesetz:

$$T \cdot \lambda(I_{max}) = 2,898 \cdot 10^{-3}\,\text{m} \cdot \text{K},$$

das also angibt, wie sich das Maximum der Kirchhoff-Planck-Funktion in Abhängigkeit von T verschiebt. Die bekannte Tatsache, daß mit wachsender Temperatur die Farbe eines glühenden Körpers von Rot über Gelb zum hellen Weiß wechselt, beruht auf dieser Verschiebung. In Übereinstimmung mit der Theorie findet man für die Gesamtausstrahlung

$$B = 5,67 \cdot 10^{-8} \cdot T^4\,[\text{Watt} \cdot \text{m}^{-2}]$$

(Stefan-Boltzmannsches Strahlungsgesetz). Die Energieabstrahlung wächst also sehr rasch mit der Temperatur (bei Verdoppelung von T auf den 16fachen Betrag!).

Ist die Stärke des Strahlungsfeldes in der Frequenz ν größer als die zur Temperatur der Materie T gehörende Hohlraumstrahlung, so überwiegen die Absorptionsprozesse, im umgekehrten Fall die Emissionsprozesse. Wenn also Atome in einer Spektrallinie absorbieren und dabei einen Übergang von einem tieferen in ein höheres Energieniveau vollziehen, so können sie in dieser Spektrallinie auch emittieren, wenn sich bei hinreichend hoher Temperatur genügend Atome im oberen Niveau befinden. Die berühmten Versuche von Kirchhoff und Bunsen, durch welche die Spektralanalyse begründet wurde, finden so ihre Erklärung.

Übergänge zwischen zwei Energieniveaus sind jedoch nicht nur durch Absorption oder Emission von Photonen möglich, sie können auch durch Stöße mit freien Elektronen oder durch Stöße der Atome untereinander bewirkt werden. In dichten Gasen und bei hohen Temperaturen sind dies sogar die häufigeren Prozesse. Stellt sich unter ihrem Einfluß ein Gleichgewicht ein, bei dem auch die höheren Energiestufen und das Kontinuum der freien Elektronen teilweise besetzt sind, so nennt man die sich hieraus ergebende Emission die „thermische Emission" oder „thermische Strahlung" der Materie. Die Abstrahlung eines glühenden Festkörpers oder eines glühenden Gases, etwa die eines Lichtbogens, ist in diesem Sinne thermisch, d. h. durch die Temperatur bedingt.

„Thermische" und „nicht-thermische" Strahlung

Hiervon zu unterscheiden ist die „nicht-thermische Strahlung". Wird durch irgendeinen Kunstgriff in einem Gas nur **ein** höherer Energiezustand der Atome angeregt, d. h. merklich besetzt, nicht aber die anderen, auch nicht die Zustände hoher kinetischer Energie, so wird dieses kalte Gas nichtdestoweniger in einer oder in einer Reihe von Spektrallinien leuchten. Diese Strahlung, die das Resultat selektiver Besetzungen ist, nennt man „nicht-thermisch". Aus unserer täglichen Umgebung kennen wir viele Beispiele nicht-thermischer Strahlung, so etwa das Leuchten der Fernsehbildröhre oder der Leuchtstoffröhre (kaltes Licht). Das Nordlicht sei als eine in der Natur vorkommende, nicht-thermische Strahlung erwähnt.

Während in der optischen Astronomie vorwiegend thermische Strahlung beobachtet wird, überwiegen in der Radioastronomie nicht-thermische Quellen. Von den hierbei wirkenden Mechanismen ist der Prozeß der **Synchrotronstrahlung** bei weitem der wichtigste.

Nach den Gesetzen der klassischen Elektrodynamik strahlt jede elektrische Ladung, die beschleunigt oder abgebremst wird, elektromagnetische Wellen aus. So entsteht beispielsweise die Röntgenbremsstrahlung dadurch, daß in der Antikathode einer Röntgenröhre schnelle Elektronen plötzlich abgebremst werden, also eine starke negative Beschleunigung erfahren. Im Kosmos sind es relativistische Elektronen, welche die Synchrotronstrahlung emittieren. Die Geschwindigkeit dieser Elektronen ist nahezu gleich der Lichtgeschwindigkeit, ihre Energie infolgedessen groß gegenüber der Ruheenergie $m_0 c^2 = 0{,}511 \cdot 10^6$ eV. Die Beschleunigung erfahren sie hier in Magnetfeldern, wie sie im Weltraum weit verbreitet vorkommen. In diesen Magnetfeldern beschreiben die Elektronen kreis- oder spiralförmige Bahnen, auf denen sie jeweils zum Kreismittelpunkt hin bzw. zur Achse der Spirale hin, also quer zur Bewegungsrichtung beschleunigt werden. Aufgrund von Effekten, die von der hohen Geschwindigkeit des Elektrons relativ zum Beobachter herrühren und die nur im Rahmen der Relativitätstheorie begründet werden können, wird dabei die elektromagnetische Strahlung fast ausschließlich nach vorne, d. h. in Richtung der Bewegung abgestrahlt. Diese Art der Strahlung kann im Laboratorium an einem Teilchenbeschleuniger, einem Elektronensynchrotron, beobachtet werden. Sie ist vollständig linear polarisiert.

Ein relativistisches Elektron der Energie E (in eV) strahlt ein kontinuierliches Spektrum aus, wobei die Gesamtausstrahlung (Energieabgabe pro Zeiteinheit) gegeben ist durch

$$Q = 6,2 \cdot 10^{-26} \, H^2 E^2 \text{ [Watt]}.$$

H ist die in Tesla gemessene Stärke des senkrecht auf der Bewegungsrichtung stehenden Magnetfeldes. Die Gesamtausstrahlung wächst also mit dem Quadrat der Feldstärke und mit dem Quadrat der Energie.

In dem kontinuierlichen Spektrum, das von einem einzelnen relativistischen Elektron ausgesendet wird, liegt das Maximum der Intensität bei

$$\nu_{\text{max}} = 5,36 \cdot 10^{-2} \cdot H \cdot E^2 \text{ [Hz]}.$$

Man sieht also, daß die abgestrahlten Frequenzen um so höher liegen, je größer das Magnetfeld ist und je größer die Energie der Elektronen ist. Wegen ihrer hohen Energieabgabe sind jedoch energiereiche Elektronen, die etwa im optischen Frequenzbereich strahlen würden, sehr kurzlebig.

Wirken viele Elektronen unterschiedlicher Energien zusammen, so überträgt sich die Energieverteilung $N(E)$ der Elektronen auf das Intensitätsspektrum $I(\nu)$ der Synchrotronstrahlung. Gilt für die Elektronen ein Potenzgesetz $N(E) \sim E^{-g}$, wie wir es (mit $g \approx 2,6$) von der Energieverteilung in der kosmischen Ultrastrahlung her kennen, so folgt für den interessierenden Frequenzbereich

$$I_\nu \sim \nu^{-a},$$

wobei der Spektralindex α den Wert $\alpha = (g - 1)/2$ annimmt. Diese Abnahme der Intensität der Strahlung nach höheren Frequenzen ist ebenso wie die Polarisation ein Indiz für Synchrotronstrahlung.

A 2 Astronomische Instrumente und Beobachtungsmethoden

A 2.1 Vorbemerkungen

Sieht man von Geräten ab, durch welche kosmische Materie – etwa von Raumsonden aus – direkt analysiert wird, dann sind astronomische Instrumente nichts anderes, als Strahlungsmeßgeräte. Ihre Aufgabe ist es, die von den kosmischen Lichtquellen zu uns gelangende Strahlung aufzufangen, nachzuweisen und zu analysieren. Bei aller Vielfalt derartiger Instrumente sind ihnen daher folgende Elemente gemeinsam:

a) Vorrichtungen zum Auffangen und Sammeln der Strahlung. Hierzu werden, sofern es sich um Strahlung im optischen und IR-Bereich und im UV behandelt, Systeme aus Linsen, vorzugsweise aber aus Spiegeln verwendet. Im Radiobereich benutzt man ebenfalls große Parabolspiegel, aber auch Systeme von Antennen.

b) Strahlungsempfänger. Als Empfänger finden Verwendung: das menschliche Auge, die Photoplatte, alle möglichen Formen photoelektrischer Empfänger, infrarotempfindliche Halbleiter, Bolometer. Im Radiobereich dienen Verstärker und Registriergeräte zum Nachweis der Strahlung.

c) Analysatoren, deren Aufgabe es ist, aus der Gesamtheit der einfallenden Strahlung nur den Teil dem Strahlungsempfänger zuzuführen, der nachgewiesen werden soll. Das können insbesondere nur bestimmte Wellenbereiche sein, die durch Filter, oder, wenn sie sehr eng sind, durch Spektrographen isoliert werden können. Andere Analysatoren werden verwendet, um den Polarisationszustand der Strahlung festzustellen. Schließlich liefern die Vorrichtungen zum Auffangen und Sammeln der Strahlung selber auch eine Information über die Richtung zur Quelle und übernehmen damit zugleich die Aufgabe eines Richtungsanalysators, dessen Winkelauflösungsvermögen für viele Beobachtungen von Bedeutung ist.

Jedes astronomische Instrument ist eine Vereinigung von Baugruppen, die diese Funktionen wahrnehmen. Es ist schließlich die Aufgabe der sogenannten Montierung des Instrumentes, dieses auf eine bestimmte Position am Himmel auszurichten und diese Ausrichtung auch im Laufe der Beobachtungszeit einzuhalten. Bei Instrumenten, die von Satelliten aus benutzt werden, dienen hierzu Steuerraketen und Kreiselstabilisierungssysteme. Bei Instrumenten, die vom Erdboden aus benutzt werden, bedarf es einer Nachführungseinrichtung, die von einer Art Uhrwerk angetrieben wird, um die Erdrotation auszugleichen und dafür zu sorgen, daß das Instrument seine Richtung im Raum, zu dem beobachteten Objekt hin, beibehält.

Es gibt eine Reihe unterschiedlicher Montierungen. Ihnen allen ist gemeinsam, daß das Instrument um zwei Achsen drehbar ist. Normalerweise ist die eine, die Stundenachse, auf den Himmelspol ausgerichtet. Auf ihr senkrecht steht die Deklinationsachse. Durch eine derartige, sogenannte parallaktische Montierung ist erreicht, daß das Fernrohr, um es der scheinbaren Bewegung der Gestirne bei ihrer täglichen Bewegung über die Sphäre nachzuführen, also den Einfluß der Erdrotation auszugleichen, nur um die Stundenachse gleichmäßig gedreht werden muß. Dieses wird durch ein spezielles Uhrwerk, heutzutage im wesentlichen durch Synchronmotore, bewirkt. Die Frequenz der Wechselspannung zur Versorgung der Synchronmotoren wird genau

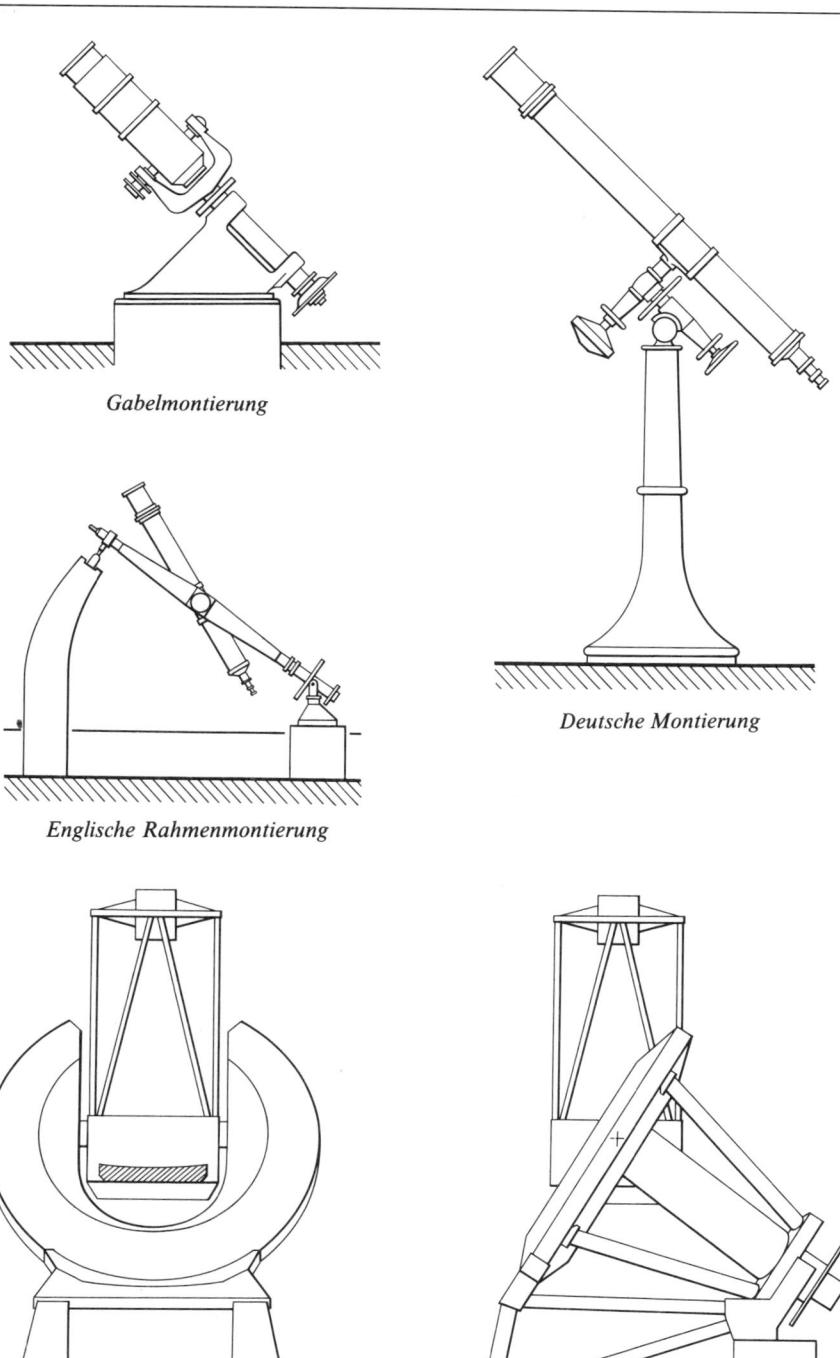

Gabelmontierung

Deutsche Montierung

Englische Rahmenmontierung

Hufeisenmontierung; Ansicht von Norden und von Westen

kontrolliert. Teilkreise an beiden Achsen dienen dazu, das Instrument unter Benutzung der bekannten Koordinaten (Rektaszension, Deklination) auf das zu beobachtende Objekt auszurichten. Der einzustellende Stundenwinkel ist dabei: Stundenwinkel = Sternzeit – Rektaszension (vergl. 1.5).

Neben den parallaktischen Montierungen werden auch azimutale Montierungen (mit einer vertikalen – und einer horizontalen Achse) verwendet. Sie haben den Vorteil, daß sie kompakter und daher für sehr große Teleskope preiswerter ausgeführt werden können. Dem steht der Nachteil gegenüber, daß die Nachführung ungleichförmige Drehungen um beide Achsen erforderlich macht. Dieser Nachteil fällt heute, wo Computer die Steuerung der großen Teleskope übernehmen, weniger ins Gewicht.

In der Regel wird die Nachführung am Leitrohr, einem mit dem Instrument verbundenen langbrennweitigen Fernrohr, in dessen Okular ein Fadenkreuz angebracht ist, kontrolliert und Abweichungen korrigiert.

Bei großen Instrumenten bedarf es ferner noch entsprechender Hebebühnen oder beweglicher Podeste, um dem Beobachter den Zugang zu den Beobachtungsstellen in jeder Lage des Instrumentes zu ermöglichen. Schließlich sind die Instrumente, um sie vor Witterungseinflüssen zu schützen, in Kuppeln oder Beobachtungshäusern mit abfahrbaren Dächern untergebracht. Kuppeln mit einem zu öffnenden breiten Spalt, der durch Drehen der Kuppel in jede Richtung gebracht werden kann, wird im allgemeinen der Vorzug gegeben. Diese gewähren beim Beobachten noch genügend Schutz gegen böige Winde, die u. U. größere Instrumente zum Vibrieren bringen könnten.

Wegen der großen Unterschiede in ihren Konstruktionen werden wir in den folgenden Abschnitten die radioastronomischen Instrumente getrennt behandeln.

A 2.2 Optische Systeme

A 2.2.1 Linsenfernrohre (Refraktoren)

Bei diesen Instrumenten trifft das vom Stern einfallende (parallele) Lichtbündel auf das Objektiv (im einfachsten Fall eine Sammellinse), welches ein reelles, d. h. auffangbares Bild des Sternes in der sogenannten Bildebene entwirft. Dieses Bild wird dann entweder durch ein Okular – ein Linsensystem das im wesentlichen die Wirkung einer Lupe hat – mit dem Auge betrachtet, oder es wird von einem anderen Strahlungsempfänger, etwa einer photographischen Platte, aufgenommen. Im ersteren Fall spricht man von einem visuellen – andernfalls von einem photographischen Refraktor.

Das Licht des Sternes wird auch durch ein ideales Objektiv nicht zu einem scharfen Punkt vereinigt, sondern zu einem kleinen Beugungsscheibchen (s. A 1.2), dessen lineare Ausdehnung sowohl von der Brennweite des Objektivs wie auch von seinem Durchmesser bestimmt ist. Sein Winkeldurchmesser, durch den die Grenze des Winkelauflösungsvermögens des Teleskopes festgelegt ist, hängt nur vom Durchmesser des Objektivs ab. Damit ergibt sich folgende Relation

$$\text{Winkelauflösungsvermögen (in Bogensekunden)} = \frac{12''}{\text{Objektivöffnung (cm)}}$$

Dieser Winkel wird für das Auge erkennbar, wenn die Vergrößerung des Refraktors – welche gleich dem Verhältnis der Brennweite des Objektivs zur Brennweite des Okulars ist – so gewählt wird, daß sie etwa

gleich dem Zehnfachen des Objektivdurchmessers (in cm) ist. Darüberhinausgehende Vergrößerungen (sog. tote Vergrößerung) bringen
keinen Zuwachs an Erkennbarkeit kleiner Strukturen.

Große Teleskope erreichen ihr theoretisches Auflösevermögen in der
Praxis nicht. Die Gründe hierfür liegen weniger in der Unvollkommenheit des Objektivs, also etwa an seinen Bildfehlern (s. A 2.5), als
vielmehr daran, daß durch zeitlich variable Ungleichmäßigkeiten
(Schlieren) in der Atmosphäre oberhalb des Instrumentes die Sternbildchen zu unruhigen Figuren (kleinen Flämmchen vergleichbar) verwaschen werden. Ihr Winkeldurchmesser liegt nur in Nächten mit sehr
gutem „seeing" unter 1".

Die Gesamthelligkeit des Sternbildchens wächst mit der Größe der
lichtsammelnden Fläche, also mit dem Quadrat des Objektivdurchmessers. Bei der Abbildung flächenhafter Objekte (Mond, Planeten,
Gasnebel usw.) wird aber das Licht auf eine Fläche verteilt, die mit

*Meridiankreis der Sternwarte Heidelberg-Königstuhl. Diese Instrumente
dienen zur genauen Ortsbestimmung an der Sphäre. Das Fernrohr ist nur
in der Meridianebene (Nord-Südebene) schwenkbar. Mit einer genauen
Uhr (Chronograph) wird der zeitliche Durchgang eines Objekts durch
diese Ebene registriert (Rektaszensionsbestimmung); gleichzeitig wird die
zweite Koordinate (Deklination) durch eine Winkelmessung mit einem
sehr genau geteilten Kreis, der photographisch abgelesen wird, ermittelt*

dem Quadrat der linearen Ausdehnung des Bildes und damit mit dem Quadrat der Brennweite zunimmt. Damit ist die Flächenhelligkeit proportional zum Quadrat des Öffnungsverhältnisses. Dieses Öffnungsverhältnis (Durchmesser des Objektivs/Brennweite) liegt bei Refraktoren meist im Bereich 1:15 bis 1:20.

Die maximale Größe der Refraktoren ist dadurch begrenzt, daß Linsen, die ja nur an ihrem Rand gefaßt werden können, sich unter ihrem eigenen Gewicht deformieren. Im Bereich großer Instrumente sind – abgesehen von den Restfehlern der chromatischen Aberration (s. A 2.5) – vor allem aus diesen Gründen die Refraktoren den Spiegelteleskopen (Reflektoren) unterlegen. Alle großen Refraktoren wurden in einem relativ kurzen Zeitraum gegen Ende des vorigen Jahrhunderts gebaut. Heute werden sie z. B. noch für die Bestimmung trigonometrischer Parallaxen verwendet. In kleineren Dimensionen und in Spezialinstrumenten, z. B. Meridiankreisen, haben Refraktoren aber ihre Bedeutung behalten.

Refraktoren mit einer Öffnung über 80 cm

Sternwarte	Öffnung (cm)	Brennweite (m)	Inbetriebnahme
Mt. Hamilton (Lick Obs.)	91	17,6	1888
Meudon	83	16,2	1893
Williams Bay (Yerkes Obs.)	102	19,4	1897
Potsdam	80	12,0	1899

A 2.2.2 Astrographen

Astrographen werden für die photographische Aufnahme eines größeren Sternfeldes verwendet. Sie haben daher ein größeres Bildfeld, etwa $8° \times 8°$. Damit dies möglich ist, müssen die Bildfehler (s. A 2.2.5). die bei größerer Neigung der Strahlenbündel auftreten (Koma, Bildfeldwölbung und Astigmatismus) weitgehend korrigiert sein. Das bedingt mehrlinsige Objektive. Deren Öffnungsverhältnis liegt in der Regel zwischen 1:4 und 1:7. Das Format der verwendeten Platten reicht bis etwa 30 cm × 30 cm.

Einige größere Astrographen

Ort (Sternwarte)	freie Öffnung [cm]	Brennweite [cm]	Feldgröße	Inbetriebnahme
Cambridge (USA)	41	210	$5°5 \times 7°$	1910
Castel Gandolfo (Specola Vaticana)	40	200	$8° \times 8°$	1936
Hartebeespoort (Leiden-Südstat.)	2×40	225	$7°5 \times 7°5$	1952
Heidelberg-Königstuhl	2×40	203	$6° \times 8°$	1900
			$8° \times 8°$	
Krim	2×40	160	$10° \times 10°$	1949
Moskau	40	160	$10° \times 10°$	
Mt. Hamilton (Lick Obs.)	2×51	375	$6° \times 6°$	1947
Nanking	2×40	200		1963
Nizza	2×40	200	$6° \times 8°$	1933
Peking	2×40	300		1963
Sonneberg	40	190	$8°7 \times 8°7$	1960
	40	160	$10°3 \times 10°3$	1961
Stockholm	40	198	$8° \times 8°$	1931
Uccle	2×40	201	$8° \times 8°$	1934

Astrographen werden häufig als Zwillingsinstrumente ausgeführt. Dadurch ist es z. B. möglich, Aufnahmen in verschiedenen Wellenlängenbereichen gleichzeitig und unter gleichen Bedingungen zu machen.

Noch zu Anfang dieses Jahrhunderts waren Astrographen ein – etwa für große Durchmusterungen – viel benutzter Instrumententyp. Da er jedoch wegen der Restfehler seiner chromatischen Aberration auf einen relativ engen Spektralbereich, in dem die Abbildung scharf ist, begrenzt ist, wird er heute nur noch für spezielle Aufgaben eingesetzt (etwa in der Astrometrie). Daneben gibt es noch einige Astrographen, die mit Objektivprismen spezieller Konstruktion (Geradsichtprismen) für Radialgeschwindigkeitsmessungen verwendet werden. Der Schmidt-Spiegel hat mit seinen besseren Abbildungsqualitäten den Astrographen abgelöst.

Genau so wie die Refraktoren werden aber Astrographen von Amateurastronomen mit Erfolg verwendet.

A 2.2.3 Reflektoren

Für Instrumente von 1 m Öffnung und darüber können nur noch Hohlspiegel benutzt werden. Das Bild entsteht durch Zurückwerfen (Reflexion) des Lichtes von einem konkaven Spiegel. Aus diesem zunächst einfachen optischen Prinzip sind im Laufe der Zeit eine ganze Anzahl von untereinander ziemlich verschiedenen Instrumententypen entwickelt worden. Die Vorteile von Spiegeln gegenüber Linsen liegen einmal im Fehlen jeglicher Farbabweichungen, da die Reflexionsrichtung unabhängig von der Farbe des Lichtes ist. Zum anderen wird bei Spiegeln nur eine Fläche optisch bearbeitet, die verwendete Spiegelscheibe muß nur spannungs- und blasenfrei, nicht aber, wie bei Objektiven, auch noch schlierenfrei sein und gute Durchsicht haben.

Eine weitere Entwicklung in der Glastechnik hat in den letzten Jahren zu einer wesentlichen Steigerung der Bildqualität für Großteleskope geführt. Durch den neuen Werkstoff „Glaskeramik" (unter den Firmennamen Zerodur und Cervit bekannt geworden) können jetzt Spiegelscheiben mit einem thermischen Ausdehnungskoeffizienten von $0 \pm 15 \cdot 10^{-7}$ pro Grad Celsius hergestellt werden. Das vielbenutzte Glas Duran bzw. Pyrex hat einen Ausdehnungskoeffizienten von $30 \cdot 10^{-7}$ pro °C (d. h., ein Duranstab von 1 m Länge wird bei 10° Temperaturerhöhung um 0,03 mm länger); Quarz aus dem noch in Mitte der 60er Jahre große Spiegelrohlinge gefertigt wurden, hat einen Ausdehnungskoeffizienten von $6 \cdot 10^{-7}$ pro Celsiusgrad. – Aus Glaskeramik hergestellte Spiegel halten also ihre hohe für die Bildgüte maßgebende Flächengenauigkeit trotz größerer Temperaturschwankungen während einer Beobachtungsnacht bei. – Die Flächengenauigkeit bei Spiegelflächen muß mindestens um den Faktor 4 größer sein als bei Linsen.

Strahlengang: Das optische Prinzip der Spiegelteleskope ist einfach. Das von einer Lichtquelle kommende parallele Strahlenbündel trifft auf den Konkavspiegel und wird im Brennpunkt, der in der Mitte zwischen Spiegeloberfläche und dem Krümmungsmittelpunkt des Spiegels liegt, vereinigt. Es kann an dieser Stelle, also im Haupt- oder Primärfokus, entweder visuell oder mit einem anderen Strahlungsempfänger aufgenommen werden, denn es ist ebenso wie bei der Brechung durch Linsen ein umgekehrtes reelles Bild des Objekts. Da das Bild auf der gleichen Seite des Spiegels liegt wie das Objekt, treten bei der Konstruktion von Spiegelteleskopen gewisse technische Schwierigkeiten auf. Bei großen Spiegelteleskopen wird der Primärfokus dadurch zugänglich, daß es dem Beobachter möglich ist, in einer Fokuskabine

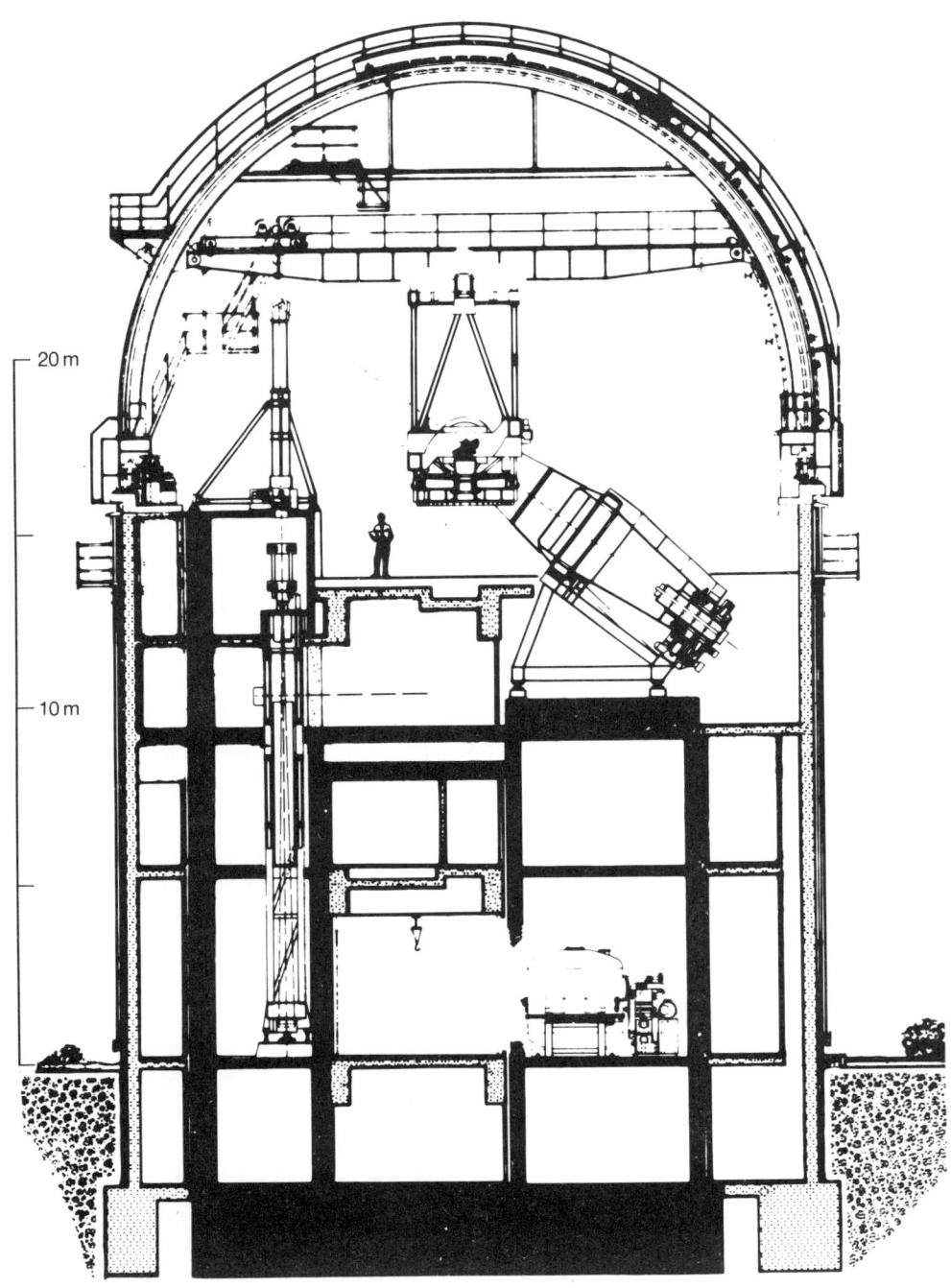

Schnitt durch das Kuppelgebäude eines modernen großen Teleskops (2,2-m-Teleskop des Max-Planck-Instituts für Astronomie). Im linken Teil des Gebäudes ist der vertikale Coudéspektrograph erkennbar.

Das 2,2-m-Teleskop des Max-Planck-Instituts für Astronomie (Heidelberg-Königstuhl) auf der Calar-Alto-Sternwarte in Südspanien.

direkt im Teleskoprohr die Brennebene des Hauptspiegels zu erreichen. Dies ist aber nur bei den größten Teleskopen möglich. Andere Fokalsysteme haben den Zweck, die Bildebene dem Strahlungsempfänger gut zugänglich zu machen bzw. auch die Brennweite des Hauptspiegels zu vergrößern.

Heute sind vorwiegend folgende Bauarten vorherrschend:

Seitlicher Newton-Fokus: Die Lichtstrahlen werden vor ihrer Vereinigung im Brennpunkt durch einen unter 45° gegen die Achse des Teleskops geneigten Planspiegel um 90° abgelenkt und der Vereinigungspunkt der Strahlen seitlich aus dem Rohr herausverlegt.

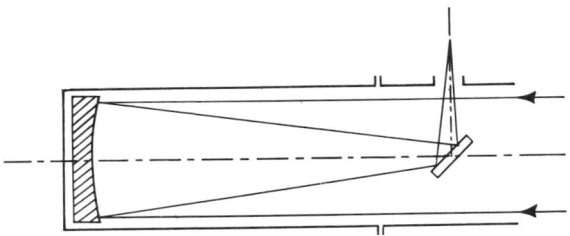

Cassegrain-Fokus: Die Strahlen treffen vor ihrer Vereinigung im Brennpunkt auf einen Konvexspiegel, der sich in der optischen Achse am Rohrende befindet. Dieser Nebenspiegel ist so geschliffen, daß die Strahlen erst zu einem Bild vereinigt werden, nachdem sie durch eine Durchbohrung in der Mitte des Hauptspiegels getreten sind. Man erreicht dadurch eine Verlängerung der Brennweite des Hauptspiegels etwa um den Faktor 3. Das Teleskop ist dadurch kürzer, zudem gewinnt man eine günstige Stelle, um einen Spektrographen anzusetzen.

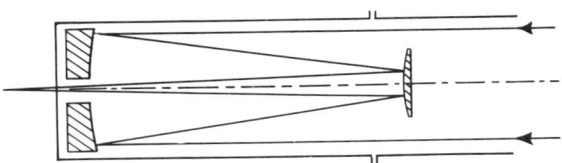

Seitlicher Cassegrain-Fokus (Fokus nach Nasmyth): Will man eine Durchbohrung des Hauptspiegels vermeiden, so kann (ähnlich wie beim Newton-Fokus) durch einen ebenen Fangspiegel der Cassegrain-Fokus seitlich neben das Rohr verlegt werden. Liegt dieser Fangspiegel im Schnittpunkt der Rektaszensions- und Deklinationsachse, so läßt sich die Strahlung durch die hohle Rektaszensionsachse zu einem festaufgestellten Strahlungsempfänger lenken; man spricht dann von einem Coudé-Fokus.

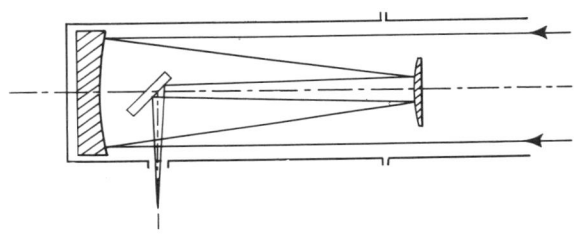

A 2.2 Optische Systeme

Die Spiegel sind im allgemeinen parabolisch geschliffen, so daß der Bildfehler der sphärischen Aberration nicht auftritt. Das brauchbare Bildfeld wird durch die Koma begrenzt. Dieser Bildfehler ist im Ritchey-Chrétien-System korrigiert. Dies ist ein Spiegelsystem, das in der Anordnung von Haupt- und Fangspiegel einem Cassegrainsystem entspricht, bei dem aber beide Spiegel hyperbolisch deformiert sind. Das brauchbare Gesichtsfeld eines Ritchey-Chrétien-Teleskopes ist etwa $0°5$ groß und durch Astigmatismus begrenzt. Wird ein Ritchey-Chrétien im Primärfokus verwendet, so ist vor dem Fokus ein Korrektursystem erforderlich, das die durch die hyperbolische Fläche des Primärspiegels entstandenen Bildfehler kompensiert.

Spiegelteleskope mit Öffnungen über 2,5 m (geordnet nach dem Jahr der Inbetriebnahme)

Ort (Sternwarte)	Öffnung (m)	Fokus	Brennweite (m)	Inbetriebnahme
Mt. Wilson (Hale Obs.)	2,54	New	12,9	1917
		Cas	41	
		Cou	76	
Mt. Palomar (Hale Obs.)	5,08	Pr	16,76	1948
		Cas	81	
		Cou	152	
Krim (Crimean Astrophys. Obs.)	2,64	Pr	10	1961
		Cas	43	
		Cou	105	
Cerro Tololo (Inter-Am. Obs.)	4,0	Pr	10,6	
		RC	31,2	
Fort Davis (Mc Donald Obs. Univ. of Texas)	2,7	RC	24,0	1969
		Cas	48,6	
		Cou	89,1	
Kitt Peak (Kitt Peak Nat. Obs.)	4,0	Pr	11,1	1973
		RC	30,8	
		Cou	652,0	
Byurakan	2,6	Pr	9,4	1975
		Nas	41,6	
		Cou	104	
Coonabarabran (Siding Spring Obs. Angelo-Austr. Obs.)	3,9	Pr	12,7	1975
		RC	30,8	
		Cas	57,9	
		Cou	140,2	
Cerro Las Campanas (Carnegie South. Obs.)	2,54	RC	19,05	1976
		Cou	76,2	
Cerro La Silla (European South. Obs.)	3,6	Pr	10,9	1976
		RC	28,6	
		Cou	114,6	
Zelenchuk (Special Astrophys. Obs.)	6,0	Pr	24,0	1976
		Nas	180,0	
Mauna Kea (United Kingdom)	3,8	Cas	43,2	1978[+]
		Cas	133,0	
		Cou	76	

Ort (Sternwarte)	Öffnung (m)	Fokus	Brennweite (m)	Inbetrieb-nahme
Mauna Kea (NASA)	3,0	Cas Cou	105 360	1979[+]
Mauna Kea (Kanada, Frankr., Hawaii)	3,6	Pr Cou	13,7 72	1979
Mt. Hopkins (Smithonian Astrophys. Obs. u. Univ. of Arizona)	4,46 (=6×1,82)	Cas Cas	49,9 57,7	1979[++]
Calar Alto (Max-Planck-Inst. f. Astronomie)	3,5	Pr RC Cou	12,2 35 122,5	1983

Pr: Primärfokus
New: Newtonfokus
Cas: Cassegrainfokus
Nas: Nasmythfokus
RC: Ritchey-Chrétien-Fokus
Cou: Coudéfokus
(+):   IR-Teleskop
(++): Multi-Mirror-Teleskope, d. h. sechs Spiegel von je 1,82 m Öffnung „bedienen" einen gemeinsamen Fokus.

Mit 2,4 m Öffnung liegt das Space-Teleskop knapp unter der in dieser Tabelle gesetzten Grenze. Es wird mit Hilfe der Raumfähre Space Shuttle voraussichtlich 1987 auf seine Umlaufbahn gebracht werden (Höhe etwa 500 km, Bahnneigung gegen den Äquator 29°) und dort für mindestens fünf Jahre für astronomische Beobachtungen zur Verfügung stehen. Das System ist ein Ritchey-Chrétien mit einer Brennweite von rund 58 Metern. Das Instrument wird naturgemäß frei sein von der sonst durch die Luftunruhe gesetzten Grenze des Auflösungsvermögens und $\leq 0\rlap{.}''1$ erreichen. Gleichzeitig wird die Grenze der Nachweisbarkeit schwächster Sterne, die für den 5-Meter-Spiegel auf dem Mt. Palomar bei $m_v = 24$ liegt, um 4 weitere Größenklassen auf $m_v = 28$ hinausgeschoben. Kein Wunder, daß die Astronomen mit gespannten Erwartungen der Inbetriebnahme dieses Instrumentes entgegensehen.

A 2.2.4 Komafreie Spiegelteleskope (Schmidt-Spiegel und verwandte Systeme)

Die Nachteile der Reflektoren, schon in geringem Abstand von der optischen Achse die störende Koma zu zeigen, vermeidet die Spiegelordnung, die der Optiker Bernhard Schmidt im Jahre 1931 an der Hamburger Sternwarte erfand. Er ging von der Überlegung aus, daß ein sphärischer Spiegel, dessen Öffnungsblendenebene durch den Krümmungsmittelpunkt der Spiegelfläche geht, ein von Bildfehlern der Koma und des Astigmatismus völlig freies Bild gibt; denn jede Einfallsrichtung durch den Krümmungsmittelpunkt ist gleichberechtigt, es gibt keine ausgezeichnete Achse.
Eine derartige Anordnung ist aber mit dem Bildfehler der sphärischen Aberration (s. A 2.2.5), dem hauptsächlichen Bildfehler des Kugelspiegels behaftet. B. Schmidt korrigierte diesen Fehler durch eine Korrektionsplatte mit asphärischem Schliff, durch welche die Schnittweiten der Randstrahlen relativ zur Schnittweite der Zentralstrahlen verlän-

gert werden. Die Bildfläche selber ist keine Ebene, sondern eine zur Spiegelfläche konzentrische Kugelfläche, deren Krümmungsradius gleich der Brennweite und damit gleich dem halben Krümmungsradius des Kugelspiegels ist.

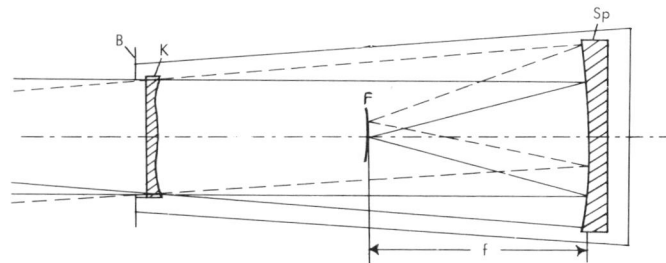

Komafreier Spiegel nach B. Schmidt. K = Korrektionsplatte, Sp = sphärischer Spiegel, dessen Krümmungsmittelpunkt in der Mitte der Blendenöffnung B liegt, f = Brennweite, F = Fokalfläche.

Schmidtkameras mit einer freien Öffnung ≥ 80 cm (geordnet nach dem Jahr der Inbetriebnahme)

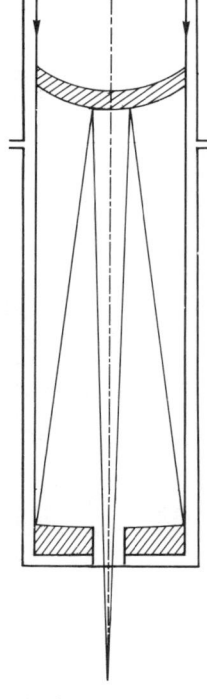

Ein Maksutow-Cassegrain-System.

Ort (Sternwarte)	Öffnung/ Spiegeldurchmesser [cm]	Brennweite [cm]	Feldgröße	Inbetriebnahme
Mt. Palomar (Hale Obs.)	122/183	307	6°5 × 6°5	1948
Bloomfontein	81/90	303	4°8	1950
Uccle	84/120	210	5° × 5°	1958
Tautenburg (Karl-Schwarzschild Obs.)	134/200	400	3°4 × 3°4	1960
Bjurakan	100/150	213	4° × 4°	1961
Uppsala	100/135	300	4°5 × 4°5	1964
Cerro La Silla (European Southern Obs.)	100/160	306	6°5 × 6°5	1969
Coonabarabran	120/180	306		1973
Kiso Mts.	105/150	325		1974
Llano del Hato	100/152	300		1978
Calar Alto (Max-Planck-Institut f. Astronomie)	80/120	240	5°5 × 5°5	1980

Der Strahlungsempfänger, hier ausschließlich die photographische Platte, befindet sich also in der Mitte des Rohres. Wegen der Bildfeldwölbung muß die Platte oder der leichter durchzubiegende Film über eine Kalotte gebogen werden. Um zu vermeiden, daß eine Abschattung schräg einfallender Strahlenbündel und damit ein Helligkeitsabfall im Gesichtsfeld eintritt, muß der Spiegel bedeutend größer sein als die Korrektionsplatte. Gewöhnlich hat der Durchmesser des Spiegels die 1,5fache Größe der Korrektionsplatte. Bei einem so dimensionierten Schmidt-Spiegel wird bei einem Öffnungsverhältnis von 1:2 noch ein 10° großes Gesichtsfeld vignettefrei abgebildet.

Es sind weitere komafreie Spiegelsysteme vorgeschlagen worden, so von Bouwers und von Maksutow. Sie unterscheiden sich vom Schmidt-Spiegel-System im wesentlichen nur durch die Art, wie die sphärische Aberration des Kugelspiegels korrigiert wird. Bouwers und Maksutow benutzen stark durchgebogene Meniskuslinsen mit – und das ist ein fabrikationstechnischer Vorteil – sphärischen Flächen. Derartige Systeme werden auch in Cassegrain-Anordnung verwendet.

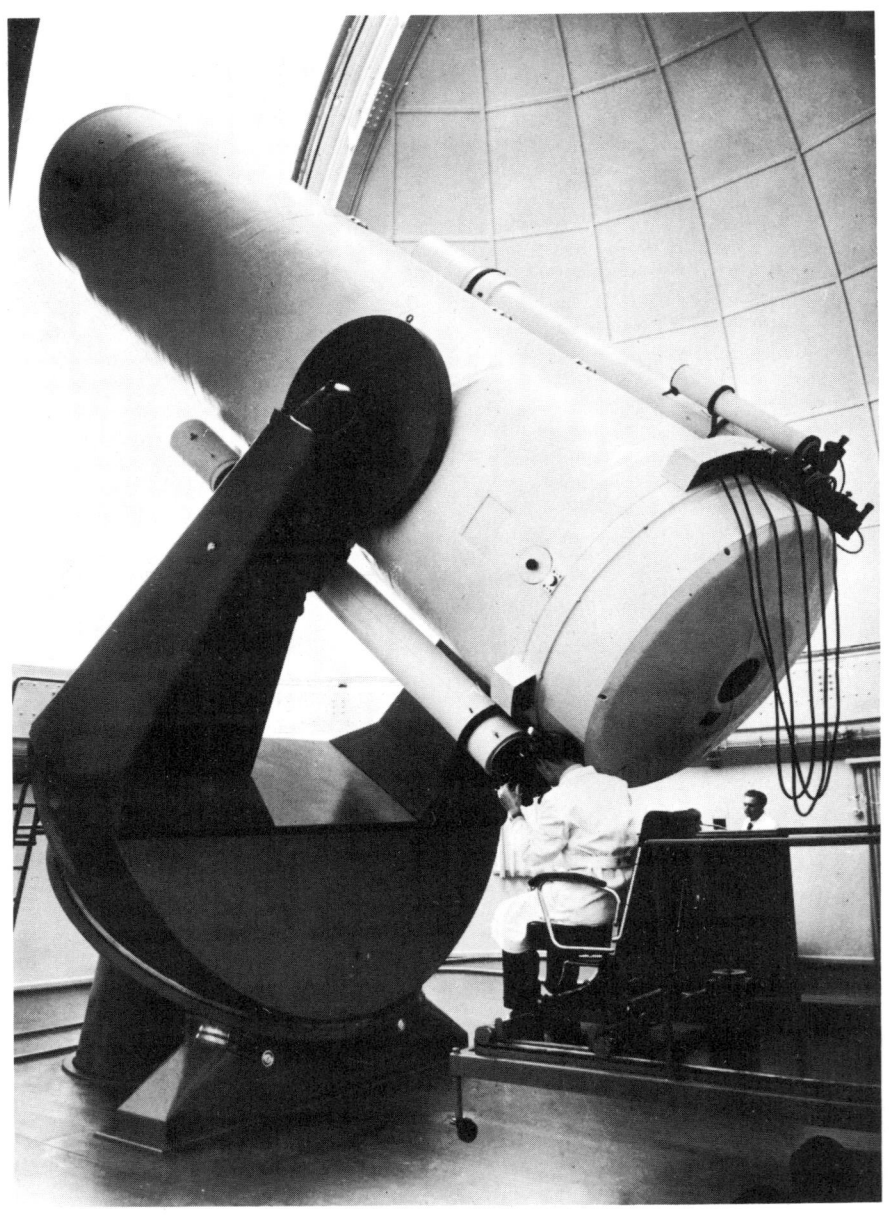

Großer Schmidt-Spiegel der Hamburger Sternwarte. Dieses Instrument ist – mit einer neuen Montierung versehen – an dem Observatorium des Heidelberger Max-Planck-Instituts für Astronomie in der Sierra de los Filabres in Südspanien aufgestellt worden.

A 2.2 Optische Systeme

A 2.2.5 Bildfehler (Aberrationen)

Es gibt kein Objektiv, das absolut fehlerfrei abbildet. Alle sind sie mehr oder weniger mit Abbildungsfehlern (Aberrationen) behaftet. Man unterscheidet folgende Arten:

1. Chromatische Aberration: Aufgrund der Tatsache, daß der Brechungsindex von Gläsern von der Wellenlänge abhängt (er wächst mit abnehmender Wellenlänge), liegen die Bilder, die eine einfache Linse entwirft, für verschiedene Wellenlängen – also für verschiedene Farben – nicht in der gleichen Bildebene. Diese Abweichungen der Bildlagen nennt man die chromatische Aberration.

Durch Kombination von zwei Linsen aus unterschiedlichen Gläsern, also auch mit unterschiedlichem Verhalten der Brechungsindizes, lassen sich Objektive herstellen, bei denen für zwei Farben die Bildebenen zusammenfallen (Achromate). Zur Korrektur der verbleibenden chromatischen Restfehler ist eine dritte Linse aus einer dritten Glassorte erforderlich (Apochromate). Spiegelobjekte sind frei von chromatischen Fehlern.

2. Sphärische Aberration: Strahlen, die parallel zur optischen Achse durch den zentralen Bereich einer Linse gehen, werden zu einem Bildpunkt vereinigt, der von der Linse weiter entfernt ist, als der Bildpunkt, zu dem sich die Strahlen durch die Randzonen der Linse vereinigen. Dieser Fehler, die sphärische Aberration, kann durch Deformation, d.h. Durchbiegung der Linse beeinflußt werden, vollständig beheben läßt er sich nur durch die Verwendung nicht-kugelförmiger (asphärischer) Flächen oder durch die Kombination zweier Linsen. Die achromatischen Objektive von Refraktoren sind frei von sphärischer Aberration. Andererseits ist die sphärische Aberration der wesentliche Bildfehler des kugelförmigen Hohlspiegels. Der Parabolspiegel ist dagegen frei von sphärischer Aberration.

3. Koma: Die Koma ist ein Bildfehler, der sich darin äußert, daß Strahlenbündel, die gegen die optische Achse geneigt sind, je nach der Zone des Objektivs, durch welche sie hindurch treten, in unterschiedlicher Entfernung zu einem Bildpunkt vereinigt werden. Das Bild punktförmiger Quellen kann dadurch zu einer kometenschweifartigen Figur, die auf das Zentrum des Bildes hin orientiert ist, ausgezogen werden. Die Koma ist der Hauptfehler eines Parabolspiegels und begrenzt sein brauchbares Bildfeld. Dagegen ist der Schmidt-Spiegel (und seine Varianten) ein komafreies Spiegelsystem. Achromatische Refraktorobjektive erlauben eine fast vollständige Korrektur dieses Bildfehlers, wenn man darauf verzichtet, die beiden Linsen zu verkitten und damit eine größere Freiheit in der Wahl der Linsenformen gewinnt. Komafreie Objektive werden Aplanate genannt.

4. Bildfeldwölbung: Dieser Bildfehler bedeutet, daß das entworfene Bild nicht auf einer ebenen Bildfläche scharf ist, sondern daß diese Fläche mehr oder weniger stark gewölbt ist. Diesem Bildfehler kann durch eine entsprechende Wölbung der Auffangfläche des Empfängers (etwa der photographischen Platte in einem Schmidt-Spiegel) begegnet werden. Es ist aber auch möglich, durch Bildfeldebnungslinsen die Bildfeldwölbung aufzuheben.

5. Astigmatismus: Ist die Bildfeldwölbung davon abhängig, welchen Bereich des Objektivs das gegen die optische Achse geneigte Strahlenbündel durchsetzt, so spricht man von Astigmatismus. Er zeigt sich darin, daß Punktquellen außerhalb der optischen Achse nie als Punkte abgebildet werden, sondern bestenfalls als kleine Striche, die – je nach der Lage der Auffangfläche – entweder auf das Bildzentrum hin orientiert sein können oder senkrecht auf dieser Richtung stehen. Mangelhafte optische Systeme zeigen diesen Fehler auch in der optischen Achse. Die Korrektur des Astigmatismus erfordert die Kombination mehrerer Linsen (Anastigmate). Sie ist nur erforderlich, wenn – wie in Astrographen – größere Bildwinkel benutzt werden.

6. **Verzeichnungen:** Ist bei einem sonst scharfen Bild der Abbildungsmaßstab von der Neigung des Strahlenbündels abhängig, so daß etwa bei der Abbildung eines Quadrates die Ecken besonders weit herausgezogen werden, oder im anderen Fall zu nahe am Mittelpunkt der Figur bleiben, so spricht man von einer positiven (kissenförmigen), im anderen Fall von einer negativen (tonnenförmigen) Verzeichnung. Dieser Bildfehler ist ohne große Bedeutung, da er bei der Auswertung immer rechnerisch korrigiert werden kann. Symmetrisch aufgebaute Objektive sind frei von Verzeichnung.

Verschiedene Objektivtypen

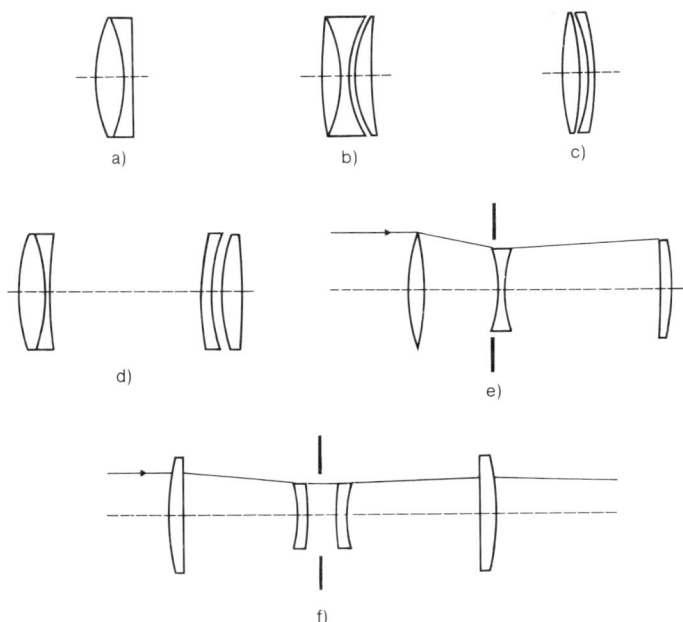

a) achromatisches Refraktorobjektiv
b) Apochromat
c) zweilinsiger Aplanat
d) Petzval-Objektiv, als weiteres Beispiel eines Aplanaten
e) Astrophysikalisches Triplett, als Beispiel eines Objektivs mit weitgehender Korrektur des Astigmatismus
f) Vierlinser für das astrometrische Zonenprogramm der „Astronomischen Gesellschaft", durch den nahezu symmetrischen Aufbau weitgehend frei von Verzeichnung

Das mit dem Auge wahrgenommene Bild wird von einem optischen System, das aus der gewölbten Hornhaut und der Augenlinse besteht, auf die Netzhaut entworfen. Der wesentliche Teil der Brechkraft liegt in der Hornhautkrümmung; die Augenlinse, deren Krümmungsradien variabel sind, ermöglicht es uns, Gegenstände in unterschiedlicher Entfernung scharf zu sehen, also zu fokussieren.

A 2.3 Strahlungsempfänger

A 2.3.1 Das Auge

Die lichtempfindlichen Organe des Auges sind die in der Netzhaut gelegenen Zapfen und Stäbchen. Die Zapfen vermitteln neben einer Helligkeitsempfindung auch den Farbeindruck. Ihre größte Dichte ist in der Mitte der Netzhaut, der Netzhautgrube oder Fovea centralis; im peripheren Teil der Netzhaut kommen sie nur vereinzelt vor. – Die Stäbchen haben keine Farbempfindlichkeit, sie sind in der Netzhautgrube nicht vorhanden, nehmen aber nach den äußeren Teilen der Netzhaut hin stark zu und beherrschen diese fast ausschließlich.

Eine der bemerkenswertesten Eigenschaften des Auges ist seine Fähigkeit, sich der jeweiligen Helligkeit anzupassen. Diese Fähigkeit der Adaption hat zwei Ursachen: Einerseits paßt sich der Pupillendurchmesser dem jeweiligen Helligkeitsniveau an, er steigt von etwa 2 mm bei hoher Helligkeit auf etwa 7...8 mm beim dunkeladaptierten Auge an. Zum anderen übernehmen – während beim Tagsehen vorwiegend die Zapfen aktiv sind – beim Nachtsehen die Stäbchen die Funktion der lichtempfindlichen Organe. Damit erlischt die Erkennbarkeit der Farben. Zugleich verschiebt sich das Maximum der spektralen Empfindlichkeit des Auges um etwa 500 Å zu kürzeren Wellenlängen (Purkinje-Effekt). Beim dunkeladaptierten Auge liegt das Maximum bei etwa 5 130 Å.

Spektrale Empfindlichkeit des Auges in Prozent des Maximalwertes, für die Zäpfchen (Z) und Stäbchen (St)

λ	Z	St
4 000	0,04	1,85
4 200	0,40	7,6
4 400	2,30	21,2
4 600	6,0	40,6
4 800	13,9	65,0
5 000	32,3	90,0
5 200	71,0	96,0
5 400	95,4	68,0
5 600	99,5	35,0
5 800	87,0	14,0
6 000	63,1	4,9
6 200	38,1	1,75
6 400	17,5	0,575
6 600	6,1	0,170
6 800	1,7	0,044
7 000	0,41	0,0105
7 200	0,105	–
7 400	0,025	–
7 600	0,006	–

Das vollkommen dunkeladaptierte Auge vermag noch die Strahlung eines Sternes der Helligkeit 8^m zu registrieren. Dies entspricht einem Strom von etwa 100 Photonen, die pro Sekunde durch die Pupille fließen. Die entsprechende Strahlungsleistung liegt bei rund $4 \cdot 10^{-17}$ Watt. Der Schwellenwert bei aufgehelltem Nachthimmel liegt um etwa eine Zehnerpotenz höher, damit also bei etwa 5^m5. Die Grenzgröße bei visueller Beobachtung mit Instrumenten wird etwa im Verhältnis der Eintrittsöffnungen Objekt/Pupille heraufgesetzt. Die geringe Abhängigkeit von der Vergrößerung rührt im wesentlichen daher, daß mit steigender Vergrößerung der Himmelshintergrund dunkler erscheint. Schließlich muß noch vermerkt werden, daß das Auge – gerade wegen seiner Adaptionsfähigkeit – für die Beurteilung absoluter Strahlungsleistungen wenig geeignet ist. Dagegen vermag es Helligkeitsunterschiede von wenigen Prozent zu erkennen.

Grenzgröße bei visueller Beobachtung

Öffnung des Instruments [cm]	7×	20×	50×	100×	200×
Nachtglas 7 × 50	5	9^m4				
Sucher	6		10^m7			
Kleiner Refraktor	15		11^m7	12^m7	13^m4	14^m
Mittlerer Refraktor	30			13^m5	14^m2	14^m9
Großer Refraktor	60				14^m9	15^m7
Spiegelteleskop	150					16^m7

A 2.3.2 Die photographische Platte

Der Strahlungsempfänger beim photographischen Prozeß sind winzige Körner (etwa 1 µm Durchmesser) von Silberhalogeniden (meist AgBr), die in Gelatine eingebettet in dünner Schicht (charakteristische Dicke etwa 0,05 mm) auf eine Glasplatte oder einen Film als Träger aufgetragen sind. Durch die Belichtung werden diese Körner entwickelbar, d. h. in einen Zustand gebracht, aus dem sie in alkalischen Lösungen gewisser organischer Substanzen zu metallischem Silber reduziert werden können. Die Details der Veränderungen, welche die

575

Belichtung an den Silberbromidkörnern bewirkt, sind auch heute noch nicht bekannt. Das entwickelte Bild muß noch fixiert werden, ein Prozeß, bei dem das nicht reduzierte Silberbromid aus der Schicht herausgelöst wird.

Die Einführung photographischer Beobachtungsverfahren in die Astronomie vor nunmehr etwa einhundert Jahren hat wesentliche Fortschritte ermöglicht. Die Beobachtung selber und ihre Auswertung konnten zeitlich getrennt werden. Das Sammeln eines großen Beobachtungsmaterials (das einer großen Datenmenge entspricht) wurde möglich. Schließlich erlaubt die akkumulierende Wirkung des photographischen Prozesses zu lichtschwächeren Objekten vorzudringen. Auch wurde durch die Technik der Sensibilisierung photographischer Schichten durch die Zugabe bestimmter organischer Farbstoffe (Sensibilisatoren) neue Spektralbereiche im Infraroten der Beobachtung zugänglich gemacht.

Sensibilisierungstypen von Kodak-Emulsionen. Dunkel: Spektralbereiche höchster Empfindlichkeit.

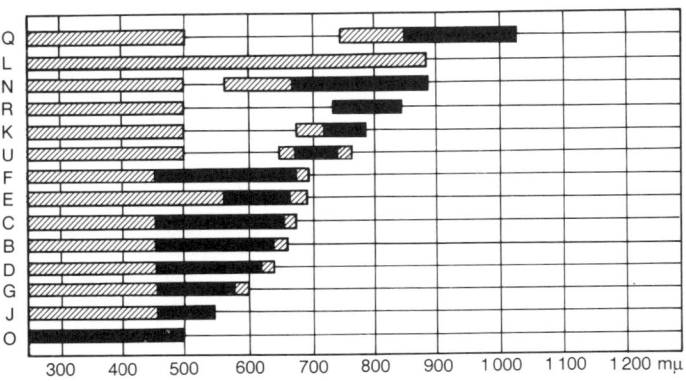

Nach dem Spektralbereich ist die Empfindlichkeit eine wichtige Kenngröße der photographischen Schicht. Sie gibt an, welche Belichtung (Lichtstrom × Belichtungszeit) eine entwickelbare Schwärzung hervorruft. Diese Empfindlichkeit hängt mit der Größe der Bromsilberkörner zusammen, und zwar wächst sie mit ihrer Größe. Emulsionen hoher Empfindlichkeit sind daher in der Regel relativ grobkörnig. Im übrigen hängt die Empfindlichkeit mit der sogenannten Quantenausbeute des photographischen Prozesses zusammen. Diese Quantenausbeute wird definiert als das Verhältnis der Zahl der geschwärzten, also entwickelten Bromsilberkörner zu der Zahl der auf die photographische Schicht während der Belichtung gefallenen Photonen. Die so definierte Quantenausbeute ist sehr klein; ein typischer Wert ist etwa

Grenzgröße (mag) photographischer Aufnahmen bei verschiedener Belichtungszeit

(D = Durchmesser des Instruments)

D	Expositionszeit		
cm	10^{min}	30^{min}	100^{min}
20	14,0	15,0	16,0
40	15,5	16,5	17,5
100	17,5	18,5	19,5
250	19,5	20,5	21,5
500	21,0	22,0	23,0

(Man vergleiche diese Daten mit den Angaben in der Tabelle: Grenzgrößen bei visueller Beobachtung)

Empfindlichkeit, Kontrast und Auflösung von Kodak-Emulsionen.

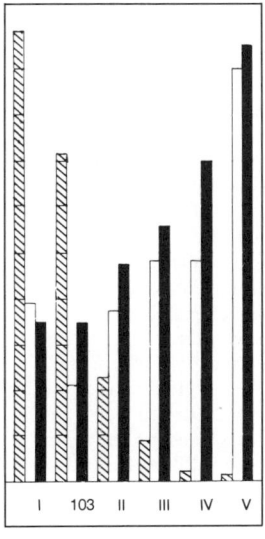

☑ Empfindlichkeit
☐ Kontrast
■ Auflösung

0,001. Pro tausend Photonen, die in die Schicht einfallen, wird also ein Silberkorn entwickelbar. Bedenkt man, daß mindestens etwa 50 Körner erforderlich sind, um das Bildchen eines sehr schwachen Sternes aufzubauen, so benötigt man hierfür etwa $5 \cdot 10^4$ Photonen. Ein Stern, dessen Strahlung am Okular eines Instrumentes noch ungefähr 200 Photonen pro Sekunde liefert, und daher vom Auge gerade noch wahrgenommen würde, benötigt einige Minuten, um die für das photographische Bild erforderlichen $5 \cdot 10^4$ Photonen zur Verfügung zu stellen. Diese Überlegung führt zur folgenden wichtigen Aussage:

Alles was an einem Instrument mit dem Auge noch wahrgenommen werden kann, läßt sich mit dem gleichen Instrument mit Belichtungszeiten von wenigen Minuten photographieren. Mit längeren Belichtungszeiten dringt man zu schwächeren Objekten vor.

Abgesehen von ihrer Empfindlichkeit unterscheiden sich photographische Schichten noch in ihren Auflösungsvermögen, eine Größe die meistens angegeben wird als die Zahl der Linien pro Millimeter, die in der Kontaktkopie eines Gitters noch aufgelöst werden, d. h. getrennt sichtbar sind. Diese Zahlen liegen für grobkörnige Emulsionen hoher Empfindlichkeit bei etwa 50 und können bei höchst feinkörnigen und sehr dünnen Photoschichten etwa 1 000 erreichen.

Eine letzte Kenngröße ist schließlich der Kontrast einer Emulsion, ein Maß das angibt, wie steil die Schwärzung (im brauchbaren Bereich der Schwärzung) mit der Belichtung zunimmt. Um die Schwärzung S zu messen, wird die entwickelte Platte von einem parallelen Lichtbündel durchleuchtet. Dann ist

$$S = \log_{10} (I_0 / I)$$

wenn I_0 die auffallende und I die durch die Platte hindurch tretende Intensität ist. Der für photometrische Zwecke brauchbare Schwärzungsbereich liegt etwa zwischen $S = 0,1$ und $S = 2$ bis maximal $S = 3$. Die Platten geringer Empfindlichkeit haben meist einen hohen Kontrast.

A 2.3.3 Photoelektrische und andere Strahlungsempfänger

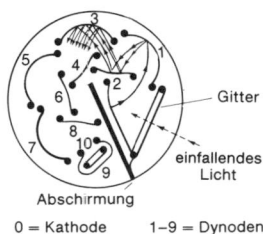

Gitter
einfallendes Licht
Abschirmung
0 = Kathode   1–9 = Dynoden
10 = Anode

Elektrodenanordnung im Multiplier Typ RCA 931-A (schematisch).

Lichtelektrische Empfänger wurden erst in neuerer Zeit in die astronomische Beobachtungstechnik eingeführt. Sie ergaben wesentliche Genauigkeitssteigerungen in der Sternphotometrie. Diese Empfänger, deren Entwicklung durch die Bedürfnisse der Technik vorangetrieben wurden, beruhen darauf, daß in einem Vakuumgefäß von einem geeigneten Material, meist einer besonders präparierten Alkalimetallschicht, unter Einwirkung einer auffallenden Strahlung Elektronen emittiert werden. Je nach verwendetem Metall erreicht man die maximale Elektronenausbeute bei einer Bestrahlung mit ultraviolettem oder blauem Licht. Durch Kombination der Schichten und geeignete Wahl der Schichtdicken sowie der Kathodenunterlagen gelang es, die Empfindlichkeit auch für rotes Licht zu steigern. – Die durch absorbierte Lichtquanten ausgelösten Photoelektronen werden durch ein an die Zelle angelegtes elektrisches Feld zur Anode gesaugt. Der dadurch fließende Photostrom kann dann durch Galvanometer, Elektrometer oder mit Hilfe von Verstärkern gemessen werden.

Zur Verstärkung des Photostroms benutzt man heute eine Vorrichtung, die entweder als Photomultiplier (PM) oder auch als Sekundärelektronenvervielfacher (SEV) bezeichnet wird. Sie beruht auf folgendem Prinzip.

Die durch ein Lichtquant herausgeschlagenen Elektronen werden in der gleichen Zelle unter Ausnutzung einer Sekundärelektronenemission an Elektroden, den sogenannten Dynoden, vervielfacht. Die Dynoden sind auf besondere Weise bearbeitet, so daß jedes mit genügender Energie auf sie auffallende Elektron im Mittel mehr als ein sekundäres Elektron auslöst. Der zunächst schwache Photostrom, von der Größenordnung 10^{-13} bis 10^{-15} Å, wird so durch einen sich kaskadenähnlich verstärkenden Elektronenstrom bis zum 10^6fachen verstärkt. In jüngster Zeit haben sich auf dem Gebiet der photoelektrischen Detektoren besonders rasche Entwicklungen vollzogen. Sie hatten weniger das Ziel, die Quantenausbeute, die gegenwärtig bis zu 20 % reicht, weiter zu erhöhen, als vielmehr den Hauptnachteil der Photomultiplier, ihr fehlendes räumliches Auflösungsvermögen, zu überwinden. Man wollte also die Möglichkeit schaffen, mit Hilfe des photoelektrischen Effekts Bilder aufzunehmen. Es ist verständlich, daß diese Entwicklung dadurch wesentlich gefördert und teilweise überhaupt erst möglich gemacht worden ist, daß es im Bereich der Fernsehtechnik und dem der Fernerkundung (remote sensing) mit seiner militärischen Bedeutung viele gleichartige Problemstellungen gibt.

Einige Beispiele sollen diese Entwicklung veranschaulichen. Bei vielen astronomischen Beobachtungen werden heute elektronenoptische Bildverstärker angewendet. Das sind Geräte, bei denen das von der Optik des Teleskops (oder des Spektrographen) entworfene Bild zunächst auf einer flachen (meist halbdurchlässigen) Photokathode aufgefangen wird. Die dabei freigesetzten Photoelektronen werden nun aber nicht, wie im Photomultiplier, einfach zusammengefaßt und als Photostrom in Kaskaden verstärkt und schließlich registriert. Sie werden vielmehr in einem elektrischen Feld beschleunigt und durch eine Elektronenoptik (häufig wird ein starkes homogenes Magnetfeld verwendet) in ihren Bahnen so abgelenkt, daß auf einem Bildschirm ein Abbild der Photokathode entsteht. Dieses Bild wird dort hell sein, wo die Photokathode im primären optischen Bild beleuchtet war, wo also Photoelektronen austreten konnten. Dunkel bleiben dagegen jene Gebiete, die auch im primären Bild nicht beleuchtet waren. Damit ist ein verstärktes sekundäres Bild gewonnen, das weiter ausgewertet werden kann. Oft werden auch mehrere Bildverstärkerstufen (bis zu drei) hintereinander verwendet. Durch die Benutzung von Bildverstärkern konnten die Belichtungszeiten bei der Photographie schwacher Objekte drastisch reduziert werden, auf Minuten, wo man vorher Stunden brauchte.

Konventionelle Bildröhren, wie sie in Fernsehkameras verwendet werden, sind wegen des starken Rauschens der Videoverstärker bei niedrigem Helligkeitsniveau weniger geeignet. Es gibt aber spezielle Vidicon-Typen, das SEC- und das SIT-Vidicon, die ursprünglich für Nachtsichtgeräte entwickelt wurden, die dann auch in der astronomischen Beobachtung anwendbar waren. Das SEC-Vidicon wird beispielsweise im Internationalen Ultraviolett Explorer (IUE) verwendet. Sehr aussichtsreich ist die Entwicklung der Mikrokanalplatte (micro channel plate, MCP). Hierbei handelt es sich eigentlich um ein Bündel von engen Glasröhren ($\sim$25 µm Durchmesser und 1 mm Länge), die eine geringe elektrische Leitfähigkeit haben. Am Eingang der Röhren liegt eine halbdurchlässige Photokathode, am Ausgang ein Bildschirm. Die auf der Rückseite aus der Photokathode austretenden Photoelektronen werden in den (meist sehr schwach gekrümmten) Röhrchen durch ein elektrisches Feld beschleunigt und lösen bei Stößen mit der Wandung Sekundärelektronen aus. Die Mikrokanalplatte ist also nichts anderes als ein Bündel von sehr vielen winzigen Photomultipliern. Verstärkungsfaktoren von etwa 10^7 konnten erreicht werden.

A 2.4 Spektrographen

Mit solchen und anderen Anordnungen vergleichbar hoher Verstärkung ist es möglich, Bilder dadurch aufzunehmen, daß man die Zahl der Photonen zählt, die während der Belichtung auf jedes Bildelement entfallen (image photon counting systems, IPCS).

Auch die Entwicklung von Halbleiterphotodetektoren hat große Fortschritte gemacht. Siliziumphotodioden, auch in Form (eindimensionaler) Diodenarrays, sind im Spektralbereich zwischen 5 000 Å bis über 7 000 Å gut verwendbar. Zur Aufnahme zweidimensionaler Bilder dienen die sogenannten charge coupled devices (CCD's). Hier ist auf einem größeren Siliziumchip ein Raster photoempfindlicher Elemente aufgebracht (bis zu $1\,000 \times 1\,000$ Elemente, Elementgröße $15\ldots30$ µm). Bei der Belichtung bauen sich in diesen Elementen Ladungen auf. Durch einen geschickten Aufbau der Schaltung auf dem Chip hat man erreicht, daß diese Ladungen ebenso wie Ladungen auf dem Gate eines MOS-Feldeffekttransistors einen Strom steuern. Durch Steuerimpulse und unter Ausnutzung dieses Steuereffekts der Ladungen kann nun das Ladungsbild Zeile für Zeile an den Rand des Bildfeldes geschoben und dort ausgelesen werden. Derartige CCD-Empfänger sind außerordentlich empfindlich. Integrationszeiten, d. h. Zeiten, in denen vor dem Auslesen das Licht gesammelt wird, von mehreren Stunden sind möglich. Andererseits können Ladungen von nur sechs Elektronen pro Bildelement nachgewiesen werden.

Besonders erwähnt werden müssen hier noch die im infraroten Spektralbereich benutzten Photodetektoren. Mit photographischen Emulsionen kommt man bis zu Wellenlängen von etwa 1,15 µm. Bei längeren Wellen benutzt man Photodetektoren, die aus gekühlten Halbleitern bestehen, in denen durch die Absorption von IR-Photonen Elektronen aus dem tiefer liegenden sogenannten Valenzband in das energetisch höher liegende Leitfähigkeitsband angehoben werden. Damit wird die elektrische Leitfähigkeit erhöht. Bleisulfidzellen (PbS) sind bei Arbeitstemperaturen von 77 K (Kühlung durch flüssige Luft) im Bereich $1\ldots4$ µm verwendbar, Indiumantimonidzellen (InSb) reichen bis 5,5 µm. Bei zunehmender Wellenlänge werden die Anforderungen an die Kühlung immer höher.

Bolometrische Empfänger, etwa Germanium-Bolometer, welche die Temperaturabhängigkeit des Leitvermögens von Germaniumkristallen benutzen, müssen bei Temperaturen des flüssigen Heliums (~3 K) betrieben werden. Mit ihnen können Strahlungen bis zu etwa 1 mm Wellenlänge nachgewiesen werden.

A 2.4 Spektrographen

Zwei verschiedene Anordnungen werden zur Spektroskopie der Sterne benutzt: Spaltspektrographen und Astrographen mit Objektivprisma.

A 2.4.1 Spaltspektrograph

Das vom Stern kommende Licht wird in einem Teleskop gesammelt und zu einem Bild des Sternes (Beugungsscheibchen) vereinigt. Dieses Bild liegt auf dem Eintrittsspalt eines Spektrographen. Der Spektrograph besteht im wesentlichen aus drei optischen Bauelementen: einem Kollimator, der das durch den Spalt fallende Licht auffängt und die auseinanderlaufenden Lichtstrahlen parallel macht, einem dispergierenden Element (Prisma oder Beugungsgitter), welches das Bündel paralleler Strahlen je nach der Wellenlänge der Strahlung in verschiedene Richtungen ablenkt, und einem Kameraobjektiv, welches diese Strahlen verschiedener Richtung zu einer Folge von Bildpunkten vereinigt (siehe Abb.). Der Strahlungsempfänger (photographische Platte

Strahlengang in einem modernen Gitterspektrographen.

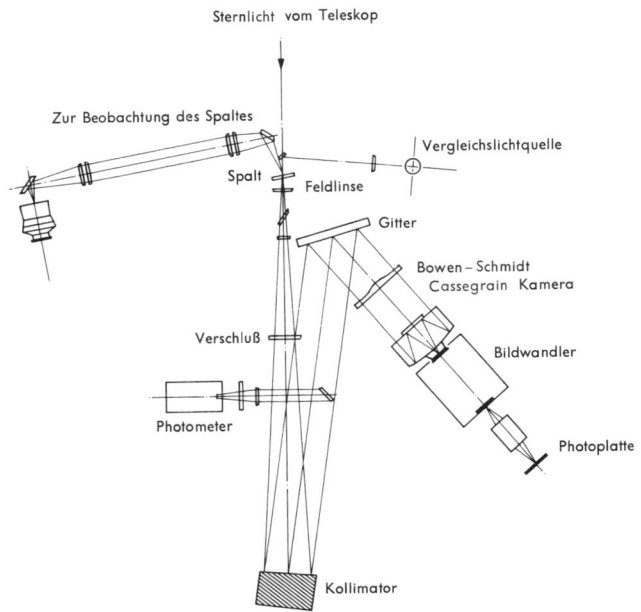

Sternlicht vom Teleskop

Zur Beobachtung des Spaltes

Vergleichslichtquelle

Spalt

Feldlinse

Gitter

Bowen – Schmidt Cassegrain Kamera

Verschluß

Bildwandler

Photometer

Photoplatte

Kollimator

oder photoelektrischer Empfänger) registriert dann die Intensität der Strahlung in den einzelnen Wellenlängen. Während in Spektrographen älterer Bauart Kollimator und Kameraobjektiv aus Linsensystemen (evtl. aus dem UV-durchlässigen Quarz) aufgebaut waren und ein Prisma verwendet wurde, bevorzugt man heute Spiegeloptik – für die Kamera oft ein Schmidt-System – und Gitter als dispergierende Elemente.

Zwei wichtige Daten charakterisieren die Leistungsfähigkeit eines Spektrographen: einerseits die Lineardispersion, d. h. die Angabe, wieviele Å (Wellenlängenunterschied) auf 1 mm im Spektrum kommen, und andererseits die sogenannte Lichtstärke, d. h. eine Angabe über die Helligkeit des Spektrums, bezogen auf das durch den Spalt eintretende Licht. Leider nimmt mit hoher Lineardispersion (etwa 1 Å/mm wird heute erreicht) die Lichtstärke ab. Es ist günstig, die Spektrographen möglichst groß zu bauen. Ihre Größe wird vor allem durch die Dimension der noch herstellbaren Gitter begrenzt. Das Auflösungsvermögen eines Spektrographen wird durch die Lineardispersion und durch das lineare Auflösungsvermögen des Empfängers, etwa das der photographischen Platte, bestimmt (vorausgesetzt, daß der Eintrittsspalt hinreichend eng ist). Trennt beispielsweise eine hochempfindliche photographische Platte noch 50 Linien pro Millimeter, so ist bei einer Lineardispersion von 5 Å/mm das Auflösungsvermögen 5 Å/mm: 50/mm = 0,1 Å. Es werden also Linien, die 0,1 Å auseinanderliegen, noch getrennt. Die photographische Aufnahme von Spektren heller Sterne erfordert Belichtungszeiten zwischen einigen Minuten und einer Stunde. Bei schwachen Sternen und hohen Dispersionen sind Belichtungszeiten von mehreren Stunden keine Seltenheit. Die Verwendung elektronischer Bildwandler hat eine Steigerung der Empfindlichkeit um etwa einen Faktor 10 gebracht.

In Spektren hoher Dispersion können so viele Einzelheiten untersucht werden, daß ihre Auswertung und theoretische Interpretation oft eine monatelange Arbeit bedeutet. Aber auch das Aufnahmeverfahren ist langwierig: mit einer Belichtung wird immer nur das Spektrum eines einzigen Sternes gewonnen.

A 2.4.2 Astrograph mit Objektivprisma

Diesen Nachteil vermeidet der zweite Typ astronomischer Spektrographen, er besteht aus einem Astrographen, also einer Kamera (mit Linsen oder Spiegeloptik) zur Aufnahme eines Sternfeldes. Vor die Optik ist ein Prisma gesetzt, meist mit kleinem brechenden Winkel, welches das Sternenlicht je nach der Wellenlänge verschieden stark ablenkt. Anstelle des Bildpunktes des Sternes (in dem die Strahlen aller Wellenlängen vereinigt wurden) entsteht nun ein kurzer Strich, bestehend aus den nebeneinander liegenden monochromatischen Bildpunkten, also ein Spektrum. Anstelle eines Sternfeldes wird also ein Astrograph mit Objektivprisma ein Feld von Sternspektren auf die photographische Platte abbilden. Im Gegensatz zum Spaltspektrographen wird so mit einer einzigen Aufnahme eine große Zahl von Spektren erhalten. Diesem Vorteil stehen einige Nachteile gegenüber: die Dispersionen sind beschränkt; etwa 150–500 Å/mm sind typisch. Bei hohen Dispersionen und bei dichten Sternfeldern besteht Gefahr, daß die Spektren verschiedener Sterne überlappen. Nur Sterne in einem bestimmten Helligkeitsintervall ergeben bei einer Objektivprismenaufnahme gut belichtete Spektren. Schließlich wird – im Gegensatz zu den Spaltspektrographen – die Schärfe der Spektren durch die Luftunruhe beeinträchtigt.

Spalt- und Objektivprismenspektrographen ergänzen sich sehr gut: Während die Spaltspektrographen mit ihren hohen Dispersionen besonders zum Studium individueller Sterne geeignet sind, liegt der Nutzen der Objektivprismenaufnahmen in der Möglichkeit, rasch ein großes Material von Sternspektren mäßiger Auflösung zu erhalten, das für statistische Zwecke und zum Aufsuchen interessanter Objekte geeignet ist. Mit Lineardispersionen von etwa 150 Å/mm lassen sich die charakteristischen Merkmale von Sternspektren erkennen. Es ist dann möglich, die Sterne nach solchen Merkmalen zu klassifizieren.

A 2.5 Instrumente der Radioastronomie

Da die aus dem Kosmos einfallende Radiostrahlung äußerst schwach ist, sind zu ihrer Beobachtung sehr große Antennen (Empfangsflächen) und sehr leistungsfähige Verstärker erforderlich. Dieser Mangel an Strahlungsleistung im Radiobereich wird jedoch teilweise dadurch wieder ausgeglichen, daß die Energie der Strahlungsquanten, also der Photonen im Radiobereich, ebenfalls sehr klein ist. Da die Photonenenergie proportional zur Frequenz ist, d. h. sich wie 1/Wellenlänge verhält, ist die Energie der Photonen im Radiobereich (etwa bei 1 m Wellenlänge) etwa zwei Millionen mal kleiner als die der Photonen der optisch sichtbaren Strahlung. Bei gleicher Strahlungsleistung müssen also in der Radiostrahlung um diesen Faktor mehr Photonen fließen. Da die Photonen in der Strahlung nach dem Gesetz des Zufalls verteilt sind (genauer: sie gehorchen der Bose-Statistik), also in unregelmäßiger Folge am Empfänger eintreffen, muß man eine gewisse Anzahl nachgewiesen haben, um eine Messung mit einer bestimmten Genauigkeit zu erhalten. Für eine Genauigkeit von 1% benötigt man beispielsweise den Nachweis von 10 000 Photonen. Bei einem Stern der Helligkeit 22^m, der im optischen Bereich einen Strahlungsfluß von etwa 100 Photonen pro Quadratmeter Empfangsfläche und Sekunde liefert, würde man bei einer Quantenausbeute von 0,1 % (photographische Platte) insgesamt also $1\,000 \cdot 10\,000/100 = 100\,000$ Sekunden benötigen, um die Genauigkeit von 1 % zu erreichen. Das wäre eine Beobachtungszeit von mehr als 24 Stunden. Da Radioquellen bei gleicher Strahlungsleistung eine millionenfach größere Zahl von Photonen liefern, treten hier derartige Schwierigkeiten nicht auf.

A 2.5.1 Antennen

Es ist die Aufgabe der Antenne, die einfallende Strahlung aufzunehmen und sie an den Verstärker abzugeben. Da die aufgefangene Strahlungsleistung gleich dem Energiefluß in der Strahlung multipliziert mit der effektiven Fläche der Antenne ist, müssen die Antennen eine möglichst große effektive Fläche besitzen.

Außerdem muß man aber auch die Position einer Quelle möglichst genau messen können, und man muß sie von benachbarten Quellen trennen können; dafür braucht die Antenne ein möglichst hohes Auflösungsvermögen. Dies kann dadurch erreicht werden, daß man einzelne Teile einer Antennenanlage über eine größere Basis verteilt (Strahlbreite der Richtwirkung = Wellenlänge/Basislänge).

Der Dipol

Das Grundelement der Antenne ist der einzelne Dipol. Er besteht aus einem Stab, der in der Mitte unterbrochen ist. An den Enden dieser Unterbrechung setzen die Zuleitungen zum Verstärker an.

Die Empfangsleistung des Dipols hängt von zwei Dingen ab: vom Verhältnis der Dipollänge zur Wellenlänge und von der Richtung der Strahlung. Die Leistung hat ein Maximum, wenn der Dipol gerade halb so lang ist wie die Wellenlänge ($l = \lambda/2$); dies Maximum ist um so höher und schärfer, je dünner die Stäbe des Dipols sind. Weitere, geringere Maxima folgen bei $lkz = \lambda, {}^3\!/_2\lambda, 2\lambda$, usw. – Die Empfangsleistung ist gleich Null für Strahlung, die aus Richtung der Achse des Dipols kommt, und sie ist am größten für Strahlung senkrecht zur Achse. Die effektive Fläche eines Halbwellen-Dipols ist im Maximum etwa $\lambda^2/8$. Um eine große Fläche zu erreichen, gibt es zwei Möglichkeiten: Entweder man schaltet viele Dipole zu einer Diopolzeile zusammen, oder man benutzt eine große reflektierende Fläche, die alle auf sie fallende Strahlung einem einzelnen Dipol zuschickt. Diese beiden Prinzipien lassen sich auch kombinieren.

Dipolzeilen

Eine größere Anzahl einzelner Dipole D sind in einer horizontalen Zeile angeordnet. Über die Phasenschieber P und die Fußpunkte F sind sie mit einer gemeinsamen Speiseleitung L verbunden, die zum Verstärker V führt. Der gegenseitige Abstand der Dipole beträgt eine Wellenlänge.

Befände sich die zu beobachtende Strahlungsquelle genau im Zenit, so wären die bei den Dipolen D_1 und D_2 ankommenden Wellenzüge genau „in Phase", d. h., alle Wellenberge kämen gleichzeitig bei den beiden Dipolen an. – Ist dagegen die Quelle um den Winkel α vom Zenit entfernt, so tritt bei D_1 eine Phasenverschiebung Δ auf; die Wellen würden jetzt in der Speiseleitung gegeneinander arbeiten statt sich zu addieren. Diese Phasenverschiebung muß durch einen Phasenschieber P_1 so kompensiert werden, daß die Wellenzüge bei den beiden Fußpunkten F_1 und F_2 gerade wieder in Phase sind.

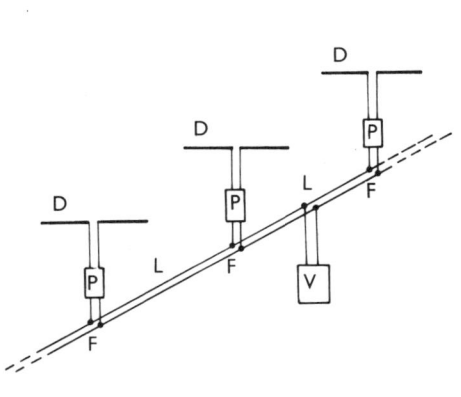

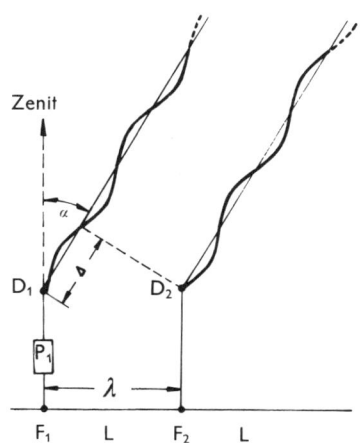

Umgekehrt bedeutet dies: Beobachtet man bei einer Wellenlänge λ, und erzeugt der Phasenschieber die Verschiebung Δ, so kann nur Strahlung aus dem Winkel α empfangen werden, nicht aber von anderen Richtungen. Diese Richtwirkung oder Bündelung der Dipolzeile ist um so stärker, je mehr Dipole sie enthält. Eine einzelne Dipolzeile bündelt den Strahl*) in Form eines flachen Fächers: Verläuft die Zeile z. B. von Nord nach Süd, so hat der Strahl eine große Breite in Ostwestrichtung, aber eine geringe Dicke in Nordsüdrichtung. Indem man mehrere parallele Zeilen über Phasenschieber miteinander zu einem Dipolfeld verbindet, kann man nun auch noch die Breite des Fächers verkürzen und eine starke Bündelung auch in dieser Richtung erreichen. – Durch Veränderung aller Phasenschieber kann man dem Strahl jede gewünschte Richtung geben, ihn z. B. auch der Umdrehung des Himmels folgen lassen.

Da für Senden und Empfangen gleiche Gesetze gelten, so spricht man auch beim Empfangen vom „Strahl" der Antenne, von Strahlrichtung und Strahlbreite.

Dipolzeilen und -felder haben den großen Vorteil relativ geringer Kosten, da sich alles zu ebener Erde befindet und nichts bewegt werden muß. Demgegenüber stehen drei Einschränkungen: Erstens kommen nur längere Wellenlängen in Frage, meist 1...2 Meter, da für eine bestimmte effektive Fläche die Anzahl der benötigten Dipole und Phasenschieber mit $1/\lambda^2$ geht und für kürzere λ unrentabel groß würde. Da sich die Größe der erzeugten Phasenverschiebung nur auf eine ganz bestimmte Wellenlänge bezieht, so kann zweitens mit einem einmal gebauten Dipolfeld nur bei einer bestimmten Wellenlänge beobachtet werden, und drittens nur mit sehr geringer Bandbreite, was die Empfindlichkeit der Anlage herabsetzt.

Reflektoren (Spiegel)

Der Reflektor hat die Aufgabe, die aus einer bestimmten Richtung einfallende Strahlung zu fokussieren (zu bündeln). Im Fokus (Brennpunkt) ist die Speisung (engl. feed) angebracht, die die Strahlung auffängt und zum Verstärker gibt. Um Strahlung aus verschiedenen Richtungen beobachten zu können, muß die reflektierende Fläche schwenkbar sein, und um genau zu fokussieren, muß sie genauer sein als $1/10$ der Wellenlänge. Um Gewicht und Material zu sparen, ver-

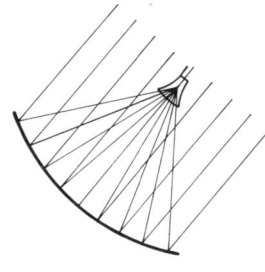

wendet man oft Maschendraht mit einer Maschenweite von $\lambda/10$ oder geringer.

Der am meisten verwendete Typ ist der runde *Parabolspiegel,* für ihn gelten hier die gleichen Gesetze wir für optische Reflektoren (s. 2.2.3). Strahlen, die parallel zur Achse einfallen, werden in einem Punkt fokussiert. Die hier montierte Speisung muß eine solche Richtwirkung haben, daß sie nur die Strahlung aus Richtung der reflektierenden Fläche auffängt, nicht dagegen die direkte Strahlung des Himmels oder Erdbodens. In Analogie zum Sendebetrieb spricht man auch beim Empfang von der „Ausleuchtung" der Antennenfläche durch die „Speisung".

Als Speisung verwendet man oft einen Dipol mit dahinterliegender Reflektorplatte, oder, für stärker gebündelte Ausleuchtung, eine kleine Hornantenne in Form eines gestreckten Hornes oder Trichters.

Bei der Richtwirkung der gesamten Anlage gilt für die Breite des Hauptstrahles etwa (je nach Art der Ausleuchtung)

Strahlbreite = Wellenlänge / Antennendurchmesser.

Bei voller Ausleuchtung der Reflektorfläche durch die Speisung würden schwächere Nebenstrahlen den Hauptstrahl ringförmig umgeben, doch lassen sich diese Nebenstrahlen weitgehend unterdrücken, wenn die Ausleuchtung zum Rand der Fläche hin abklingt.

Der Hauptvorteil parabolischer Spiegel ist ihr einfaches Prinzip der Fokussierung sowie ihre Verwendbarkeit für jede beliebige Wellenlänge (oberhalb einer Genauigkeitsgrenze) und Bandbreite. Strahlung jeder Wellenlänge ist im Fokus automatisch in Phase. Ihr Nachteil ist der hohe Preis. Um ein großes Parabolid frei in jede Richtung schwenken zu können, ohne daß eines seiner Teile um mehr als $\lambda/10$ im Wind schwankt oder durchhängt, muß ein sehr hoher konstruktiver Aufwand getrieben werden.

Außer den Parabolspiegeln werden gelegentlich auch sphärische Spiegel verwendet. Die Innenfläche einer Hohlkugel fokussiert allerdings nicht alle parallelen Strahlen in einen Punkt, doch läßt sich dies auf zwei Weisen korrigieren: durch kontinuierliche Phasenverschiebung in einer Linienspeisung, oder durch einen zweiten, kleineren Zusatzspiegel geeigneter Form. – Der sphärische Spiegel bietet den Vorteil, daß man bei feststehendem Spiegel, nur durch Schwenkung der Speisung um den Kugelmittelpunkt, die Strahlrichtung verändern kann, ohne daß die Art des Fokus sich verändert. In Arecibo, Puerto Rico, wurde ein über 300 m großer Spiegel (in einem runden, kesselartigen Tal) nach diesem Prinzip gebaut.

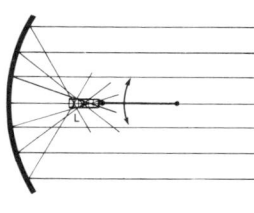

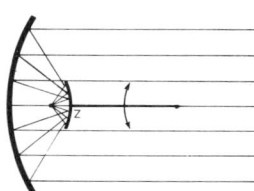

Sphärischer Spiegel
L = Linienspeisung
Z = Zusatzspiegel

Auflösungsvermögen

Das Auflösungsvermögen gibt an, wie nahe aneinander sich zwei Quellen befinden dürfen, wenn sie noch als getrennt wahrgenommen werden sollen. Dieser nächste Abstand ist etwa gleich der Strahlbreite. Für runde Spiegel gilt dabei

$$\text{Strahlbreite} = \frac{\text{Wellenlänge der Strahlung}}{\text{Durchmesser des Spiegels}}.$$

Die gleiche Formel gilt auch in der optischen Astronomie. Ein Fernrohr von 1 m Durchmesser z. B. hat für sichtbares Licht (abgesehen von der Luftunruhe) ein Auflösungsvermögen von etwa $^1/_{10}$ Bogensekunde. Beobachtet man dagegen Radiostrahlung von 5 cm Wellenlänge, so wäre für ein gleichgutes Auflösungsvermögen ein Spiegel von 100 km Durchmesser nötig. Und ein Spiegel von 50 m Durchmesser hat für

Das 100-m-Radioteleskop des Max-Planck-Instituts für Radioastronomie Bonn in einem nicht weiter bebauten einsamen Eifeltal bei Effelsberg. Dieses Instrument ist zur Zeit das größte frei schwenkbare Radioteleskop.

5 cm Wellenlänge nur ein Auflösungsvermögen von rund 3 Bogenminuten (etwa wie das menschliche Auge). – Wie diese Beispiele zeigen, ist das Auflösungsvermögen eines der dringlichsten Probleme der Radioastronomie. Um die Strahlbreite herabzusetzen, muß man entweder die Wellenlänge verkleinern, oder den Durchmesser erhöhen. Man kann aber die Wellenlänge nicht beliebig verkleinern, einmal, weil von etwa 3 cm abwärts die atmosphärischen Störungen stark einsetzen, weiterhin, weil die Radioquellen bei kürzeren Wellenlängen schwächer strahlen, und außerdem müßten alle Spiegeloberflächen dann sehr genau sein und daher entsprechend teuer. – Zur Erhöhung des Auflösungsvermögens kann man den Durchmesser künstlich erhöhen, ohne die Fläche zu vergrößern, indem man die Fläche in einzelne Teile unterteilt und diese Teile über eine größere Basis ausbreitet und in geeigneter Weise miteinander verbindet. Dies kann auf verschiedene Weise geschehen:

Interferometer, Antennensynthese

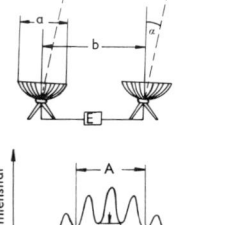

Zwei Spiegel (Durchmesser a) werden in einigem Abstand (Basis b) aufgestellt, auf den gleichen Punkt des Himmels gerichtet, und mit einem gemeinsamen Empfänger E verbunden. Läuft, mit der Rotation des Himmels, eine Radioquelle durch den Richtpunkt, so ergibt sich die hier gezeichnete Interferenzkurve. Ihre Gesamtbreite ist etwa $A = \lambda/a$, und die Abstände der Interferenzstreifen betragen etwa $B = \lambda/b$. Reichen die Streifen bis zur Nullinie herunter, so ist die Quelle praktisch punktförmig; reichen sie nur bis zur Höhe H, so ist diese ein Maß für den Durchmesser der Quelle. – Aus der Lage des höchsten Streifens läßt sich der Ort der Quelle genau berechnen. Werden mehr als zwei Spiegel so zusammengeschaltet, daß ihre Signale mit bekannten Phasenbeziehungen einem gemeinsamen Empfänger zugeführt werden, so ist die Information, die man über die Position und die Ausdehnung der Quelle gewinnt, etwa so groß, wie sie ein einzelner Spiegel liefern würde, dessen Ausdehnung so groß wäre wie das Areal, auf dem die einzelnen Spiegel verteilt sind. Um die Auswertung derartiger Beobachtungen zu erleichtern, macht man die Spiegel gegeneinander verschiebbar. Derartige Anordnungen werden als Synthese-Teleskope bezeichnet. Bei vergleichbarem Auflösungsvermögen ist ihre effektive Antennenfläche natürlich viel geringer als die des fiktiven großen Spiegels.

Very-long-baseline-Interferometer

Das konventionelle Interferometer, in dem die empfangenen Signale während der Beobachtung in einem für beide Radiospiegel gemeinsamen Empfänger, auch Korrelator genannt, zur Interferenz gebracht werden, kann nicht über beliebig große Basisstrecken betrieben werden. Da an die elektrischen Verbindungswege zwischen den beiden Interferometerspiegeln sehr hohe Ansprüche bezüglich ihrer Phasenstabilität gestellt werden müssen, lassen sich Kabelverbindungen nur über wenige Kilometer Länge technisch realisieren. Verbindungen zwischen großen Reflektoren auf dem Funkwege aufzubauen, scheiterten an den umweltbedingten Funkstörungen. Deshalb verzichtete man bei den Very-long-baseline-Interferometern ganz auf eine direkte elektrische Verbindung. Man läßt zwei große Radioteleskope unabhängig voneinander – wie Einzelinstrumente –, aber zur gleichen Zeit, das gleiche Objekt beobachten. Die empfangenen Signale werden auf Magnetband aufgezeichnet und so für eine spätere Analyse gespei-

Schema eines Very-long-baseline-Interferometers.

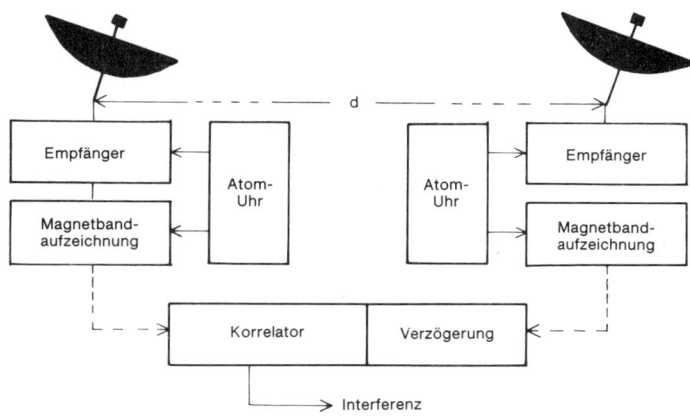

chert. Eine Interferenz der von einer Radioquelle empfangenen Signale im Korrelator – dies ist in diesem Fall ein großer Computer – ist aber nur zu erreichen, wenn die Laufzeit für die Signale vom Objekt über die beiden Teleskopspiegel bis zum Korrelator so genau übereinstimmen, daß die Fehler kleiner als der reziproke Wert der Bandbreite der Beobachtungsfrequenz ist. Um solche genauen Synchronisationen von Signalen im Korrelator zu erreichen, müssen auf den Magnetbändern Zeitmarken mitgespeichert werden, die in der benötigten Präzision nur von Atomuhren geliefert werden können. Atomstandards liefern zwar sehr konstante Zeitmarken, aber diese sind ja keine absoluten Zeitzeichen. So müssen die einzelnen Atomstandard-Zeitmarken über die örtlichen Zeitdienste einander zugeordnet werden, d. h., es müssen Zeitvergleiche über Kontinente hinweg genauer als auf eine Nanosekunde durchgeführt werden.

Trotz dieser großen Schwierigkeiten gelang es in den letzten Jahren, zahlreiche solcher Very-long-baseline-Interferometerverbindungen zwischen großen Radioteleskopen auf der Erde zu verwirklichen. Die

Voll bewegliche Radio-Parabolspiegel

Observatorium	Durch-messer [m]	λ_{min} [cm]	max. Winkel-auflösung	Jahr der Inbetrieb-nahme
MPIfR Bonn (Effelsberg), BRD	100	5	2′	
	80	2	1	1971
NRAO (Greenbank) USA[1]	91,5	10	4,5	1971 Umbau
Nuffield RAO (Jodrell Bank) Mk I, Engl.	76,3	10	5,4	1971 Umbau
JPL (Goldstone) USA	64	3	2,0	1967
Nat. Inst. of. Aerospace Technology (INTA), Spanien	64	3	2,0	
CSIRO (Parkes) Austral.	64	4	2,6	1970 Umbau
NRC (Algonquin Park), Can	45,7	1,4	1,5	1966
Stanford USA	45,7			
AFCRL Mass., USA	45,7	15	10	
NRAO (Greenbank) USA	42,7	2	1,9	1966
Owens Valley, USA	39,6	1,2	1,3	1969

[1] Transitteleskop, nur in Höhe beweglich.

dabei erreichte längste Basisstrecke wurde zwischen einem Teleskop in Green Bank (USA) und dem Radioteleskop in Parkes (Australien) hergestellt. Die Basislänge betrug 95 Prozent des Erddurchmessers. Positionen am Himmel lassen sich dabei auf etwa 0,001 Bogensekunden ermitteln und Entfernungen auf der Erde – zwischen den in verschiedenen Kontinenten stehenden Teleskopspiegeln – genauer als auf 10 Zentimeter bestimmen.

Große Radiointerferometer

Observatorium	Beschreibung	λ [cm]	Auflös- genauigkeit
Bologna, Italien	Kreuzantenne, Zylinderparabol. EW 595 × 30 m, NS 320 × 30 m	73,5	4,2 × 6′
Cambridge, Engl. 1 mile Teleskop	Syntheseteleskop, 3 Parabolspiegel 18,3 m ⌀, 2 fest, 1 fahrbar auf 732 m Schiene	6 21 75	7″,5 23 80
Culgoora, NSW, Australien	96 Parabolsp. 11,75 m ⌀, auf Kreis von 3 km ⌀, Syntheseteleskop	35...10	3′,5
Molonglo b. Hoskinstown, Australien	Kreuzantenne Zylinderparabol. NS 1 580 × 12,8 m EW 1 575 × 11,6 m	73,5 270	2′,8 10′
Owens Valley, USA	Syntheseteleskop, 2 Parabolspiegel 27,5 m ⌀, 1 Parabolspiegel 39,6 m Basis: EW 490 + 1 000 m, NS 490 m	3 11 18 21 32	13″
NRAD Socorro, USA	27 Parabolspiegel 25 m ⌀, 120° Y mit Armen von je 20 km	≦ 21	< 2″
Stanford, USA	Synthesetel. 5 Parabolspiegel 18,3 m ⌀, Basis: EW 206 m	2,8	17″
Westerbork, Niederlande	Syntheseteleskop aus 12 Parabolspiegel 25 m ⌀, davon 10 fest, 2 fahrbar Basis: 1 638 m, davon 198 m Schiene	21 6	22″ 8

Sonderkonstruktionen mit voll ausgelegter Aperturfläche

Observatorium	Dimensionen [m]	λ [cm]	Typ
Arecibo, Puerto Rico	305	> 30	fester sphärischer Refl.
Vermillion River Obs. USA	183 × 122	75	festes Zylinderparabol
Ohio State Wesleyan RAO, USA	103,8 × 21,4		vertikaler Parabolspiegel mit planem Zusatzreflektor
Nancay, Frankreich	300 × 35		vertikaler Parabolspiegel mit planem Zusatzreflektor
Ootacamund, Indien	530 × 30	92	beweglicher Zylinderparabol in NS Richtung äquatoreal montiert
Pulkovo, USSR	105 × 3	3	parabolförmiger Sektor

A 2.5.2 Empfänger

Es versteht sich von selbst, daß angesichts der sehr schwachen Strahlung, welche die Antenne erreicht, die Empfänger sehr leistungsfähig sein müssen, daß sie eine hohe Verstärkung haben müssen. Die Schwierigkeit liegt vor allem darin, daß diese hohe Verstärkung erreicht werden muß bei einem Minimum an Störungen, die im Verstärker selbst entstehen. Eine Art von Störungen – als Rauschen bezeichnet – ist unvermeidlich, da sie aus der atomistischen Struktur der elektrischen Ladungen folgt (kleinste Ladungseinheit: die Elementarladung des Elektrons $= 1,6 \cdot 10^{-19}$ A $\cdot$ s). Da die Elektronen in den Bauelementen des Verstärkers der thermischen Bewegung unterworfen sind, geben sie Anlaß zu schwachen hochfrequenten elektrischen Feldern oder Strömen. Die Rauschleistung dieser Ströme wird mit der Temperatur zusammenhängen.

Das Rauschen am Ausgang des Verstärkers kann so aufgefaßt werden, als ob am Antenneneingang eine Rauschleistung der Größe

$$P_{\text{Rausch}} = k \cdot 290 \cdot B \cdot F$$

eingegeben würde. Dabei ist $k = 1,38 \cdot 10^{-23}$ W $\cdot$ s/K der Boltzmannfaktor zur Umrechnung von Temperaturen in Energien, 290 die angenommene absolute Temperatur des Empfängers ($\sim$27 °C), B die Bandbreite, d. h. die Breite des Frequenzbereiches, in dem der Empfänger verstärkt. Die dimensionslose Größe F schließlich ist die sogenannte Rauschzahl des Empfängers. Normale Empfänger haben Rauschzahlen zwischen 3 und 10. Bei hochwertigen Verstärkern, wie sie in der Radioastronomie verwendet werden, kann F bis auf etwa 0,1 herabgedrückt werden.

Das Gesamtsignal am Ausgang des Verstärkers wird nun durch die Summe der von der Antenne an den Verstärker abgegebenen Leistung P_{Antenne} und der Rauschleistung P_{Rausch} bestimmt sein. Leider dominiert in dieser Summe fast immer der Rauschanteil.

Wenn es aber gelingt, den Verstärker in seinen Eigenschaften so stabil zu bauen, daß Verstärkung und Rauschleistung über lange Zeiträume konstant sind, so lassen sich die von der Antenne abgegebenen Leistungen auch dann noch zuverlässig messen, wenn sie weit unter der Rauschleistung des Empfängers liegen. Man benutzt hierfür Differenzmessungen, bei denen an den Antenneneingang des Empfängers abwechselnd die Antenne und eine Rauschquelle bekannter Leistung gelegt wird. Voraussetzung ist aber, daß der Empfänger über einen hinreichend langen Zeitraum eine konstante Verstärkung und Rauschzahl hat. Heute sind zuverlässige Messungen der Radiostrahlung kosmischer Quellen noch möglich, wenn die Antennenleistung nur 0,1 % der Rauschleistung beträgt.

Die Hilfsmittel und die Schaltungen, die man verwendet, um dieses Ziel zu erreichen (z. B. parametrische Verstärker, Verstärkung durch Maser) sind entweder zu technischer Natur oder verlangen eine zu ausführliche Erörterung der zugrundeliegenden Physik, als daß sie im Rahmen dieses Buches dargestellt werden könnten.

A 2.6 Instrumente für die Beobachtung der Sonne

Zum Zweck der Sonnenbeobachtung sind einige spezielle Instrumente entwickelt worden. Sie sollen kurz beschrieben werden.

Der Heliostat: Diese Hilfseinrichtung für Sonnenbeobachtungen ist nichts anderes, als ein ebener Spiegel auf einer parallaktischen Montierung (s. A 2.1), der das Licht der Sonne, unabhängig von ihrer Position an der Sphäre, immer in eine bestimmte Richtung reflektiert. Üblicherweise wählt man die Richtung vertikal nach unten, wobei noch ein zweiter, fest montierter Spiegel verwendet wird. Dies ist die Anordnung in den sog. Turmteleskopen (auch Sonnentürme genannt). Neuerdings bevorzugt man auch die schräg nach unten geneigte Richtung der Stundenachse (s. Abb.).

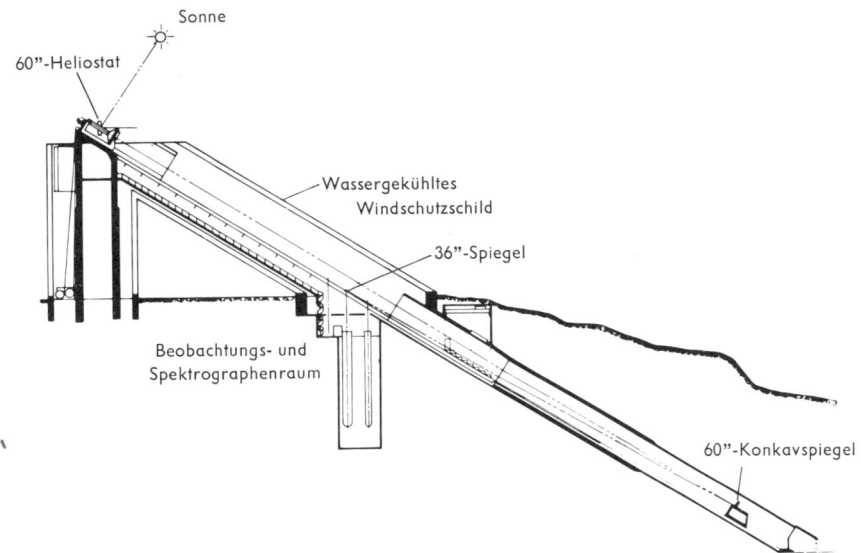

Das 60-inch-Sonnenteleskop des Kitt Peak bei Tucson in Arizona, USA. Ein Spiegel auf der Spitze des Turms (Heliostat) wirft das Sonnenbild in einen schrägen, zum Teil unterirdisch angelegten, etwa 100 m langen Schacht. Der abbildende Teleskopspiegel erzeugt über einen Umlenkspiegel ein Sonnenbild von 80 cm Durchmesser im Beobachtungsraum. Hier können auch durch Ausblenden mit einem Spalt einzelne besondere Details auf der Sonnenoberfläche mit Spektrographen untersucht werden.

Sonnenobservatorium Kitt Peak.

Der Spektroheliograph: Dieses Instrument wird benutzt, um monochromatische Bilder der Sonnenscheibe (oder von Ausschnitten davon) herzustellen. Das Objektiv eines Sonnenteleskops entwirft zunächst ein (primäres) Bild der Sonne auf einem Schirm, in welchem der Eintrittsspalt eines Spektrographen liegt. In dem entstehenden Spektrum wird die Helligkeit quer zur Dispersionsrichtung genauso verteilt sein, wie sie in dem Teil des Sonnenbildes war, das von diesem Eintrittsspalt erfaßt wurde. Versieht man jetzt diesen Spektrographen mit einem Austrittsspalt, der nur einen winzigen Teil des Spektrums erfaßt, benutzt ihn also als Monochromator, so wird die Helligkeitsverteilung längs dieses Spaltes ebenfalls ein Abbild der entsprechenden Verteilung auf dem Eintrittsspalt sein. Man hat nun aber durch die Einfügung des Spektrographen in den Strahlengang erreicht, daß man am Ausgangsspalt nur Strahlung einer Wellenlänge (bzw. in einem ganz engen Wellenbereich) hat. Jetzt ist nur noch ein einziger Schritt erforderlich, um ein monochromatisches Bild der Sonne zu erhalten: man führe das Bild der Sonne langsam über den Eintrittsspalt (natürlich quer zur Spaltrichtung) und bewege mit gleicher Geschwindigkeit eine photographische Platte quer zum Austrittsspalt. Es gibt verschiedene Konstruktionen, die dieses bewirken.

Schema eines Spektroheliographen.
Links: das Bild der Sonne auf einem Schirm (gestrichelt), der den Eintrittsspalt des Spektrographen enthält.
Unten: die Optik des Spektrographen mit darüberliegender photographischer Platte. Durch die Position des Austrittsspaltes wird eine bestimmte Wellenlänge ausgewählt, welche den Spektrographen, der als Monochromator benutzt wird, passieren kann. Strahlungen anderer Wellenlängen (gestrichelt) fallen nicht auf den Austrittsspalt.
Pfeile: Bewegungsrichtung für die gleichzeitige Bewegung von Sonnenbild und photographischer Platte.

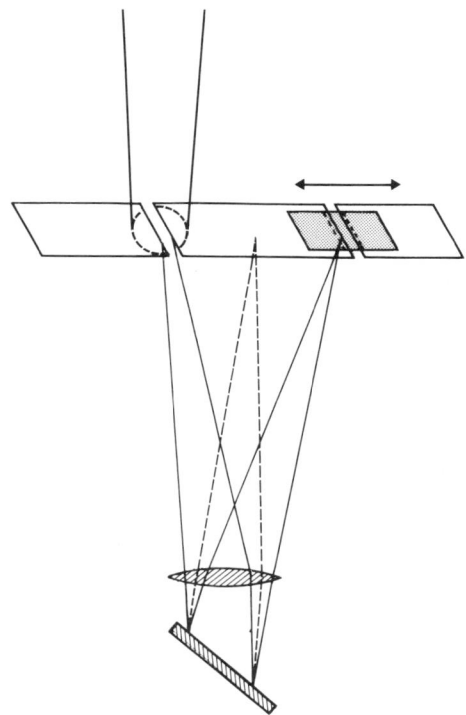

Beobachtungen mit Spektroheliographen etwa im Lichte von Hα oder den Spektrallinien H und K des ionisierten Kalziums haben erheblich zur Aufklärung der Vorgänge in der Sonnenchromosphäre (s. 5.4.3) beigetragen.
Es ist heute möglich, unter Benutzung schmalbandiger Interferenzfilter Spektroheliogramme mit wesentlich geringerem instrumentellem Aufwand zu erhalten.

Der Koronograph: Bis zur Konstruktion dieses Instrumentes durch Lyot (1931) war man bei der Beobachtung der Sonnenkorona auf die kurzen Zeiten totaler Sonnenfinsternisse angewiesen. Die Aufgabe des Koronographen ist es also, die Situation einer Sonnenfinsternis zu simulieren und damit die unmittelbare Umgebung der Sonnenscheibe sichtbar zu machen, ohne daß diese Beobachtung durch die Strahlung der Sonnenscheibe gestört wird.

Das Objektiv des Koronographen besteht, um jedes Streulicht nach Möglichkeit auszuschalten, aus einer einfachen Linse mit bester Politur. Sie muß bläschenfrei und ohne jede Trübung sein. Ferner ist vorgesorgt, daß jeder Staub, der genauso stören würde, leicht entfernt werden kann. Durch dieses Objektiv wird die Sonne auf eine zentrale kegelförmige Blende abgebildet. Diese Blende deckt das Bild der Sonne ab und übernimmt damit gleichsam die Rolle des Mondes bei den Sonnenfinsternissen. Die Kegelblende wird von einer Feldlinse getragen. Diese Feldlinse wird also nicht mehr von der intensiven Strahlung der Sonnenscheibe getroffen, sondern von dem Licht der Sonnenkorona, allerdings auch von der Strahlung der Sonnenscheibe, soweit sie an der Eintrittsblende des Koronographen gebeugt wurde. Um diesen letzteren Teil der Strahlung, der stören würde, zu eliminieren, wird durch die Feldlinse die Ebene der Eintrittsblende auf eine weiter hinten im Instrument liegende Ebene abgebildet, in der eine Irisblende angebracht ist. In dieser Ebene ist das gebeugte Licht als ein heller Saum an der Begrenzung der Eintrittslösung erkennbar. Dieser wird nun dadurch abgedeckt, daß man die Irisblende hinreichend weit schließt. Damit ist dann sowohl das direkt einfallende als auch das gebeugte Licht der Sonnenscheibe eliminiert. Durch ein System von folgenden Linsen kann jetzt die Ebene der Kegelblende, in der ja auch das primäre Bild der Sonnenkorona liegt, weiter abgebildet und damit der Beobachtung zugänglich gemacht werden.

Schematischer Aufbau des Koronographen.

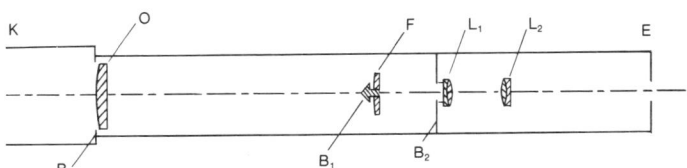

K = Schutzkappe,   O = Objektiv,   B = Eintrittsblende, B_1 = Kegelblende, R_2 = Irisblende, F = Feldlinse, L_1 u. L_2 = Linsensystem, E = Empfänger (Auge, Photoplatte, Spektrographenspalt)

A 2.7 Optische Beobachtungen mit hoher Winkelauflösung

Bei normalen Beobachtungen ist das Auflösungsvermögen der großen Teleskope durch die Luftunruhe (das seeing) begrenzt, ihr theoretisches Auflösungsvermögen wird nicht annähernd erreicht (s. A 2.2.1). Es gibt mehrere Verfahren, diese Begrenzung wenigstens teilweise zu überwinden.

a) **Das Michelson-Interferometer:** Hier wird das Objektiv bis auf zwei einander gegenüberliegende randnahe Öffnungen durch einen Schirm abgedeckt. Die beiden Strahlenbündel, die durch diese Öffnungen in das Teleskop gelangen, werden durch einen Filter auf einen relativ engen Spektralbereich begrenzt und im Fokus zusammengeführt, d. h. die Lichtwellen werden überlagert. Bei perfekter Homogenität der Atmosphäre und bei einer punktförmigen Quelle der Strahlung, d. h. bei sehr kleiner Winkelausdehnung des beobachteten Sternes würde dann das Beugungsbild des Sternscheibchens von einem System von Interferenzstreifen durchzogen sein. Deren wechselseitiger Abstand nimmt zu, wenn der Abstand der Öffnungen im Schirm (die Basis des Interferometers) verringert wird.

Unter dem Einfluß der Luftunruhe werden die Streifen in der Regel verwaschen sein, aber es kann festgestellt werden, ob es überhaupt noch Momente gibt, in denen sie sichtbar sind. Bei Sternen, deren Ausdehnung auflösbar wäre, deren Winkelausdehnung also vergleichbar oder größer wäre als das Verhältnis Wellenlänge/Basislänge bleiben die Interferenzstreifen dagegen immer unsichtbar oder sind zumindest in ihrem Kontrast stark reduziert.

In den ersten Jahrzehnten dieses Jahrhunderts hat man am 2,5-m-Teleskop, Hale Obs. auf dem Mt. Wilson mit einem derartigen Interferometer die Winkeldurchmesser einer kleinen Zahl von Sternen bestimmt. Durch ein System von Spiegeln wurde dabei die Basis über dem Durchmesser des Primärspiegels hinaus auf bis zu 6 m vergrößert. Es gibt neuerdings Versuche, unter Verwendung von zwei unabhängigen Teleskopen Michelsoninterferometer mit erheblich größeren Basislängen zu konstruieren.

b) **Das Speckle-Interferometer:** Hier wird eine andere Möglichkeit benutzt, den Einfluß der Luftunruhe auszuschalten. Das durch die Inhomogenitäten in der Atmosphäre beeinflußte Bild im Fokus ist nicht gleichmäßig diffus, die Helligkeitsverteilung ist also kein gleichmäßig runder „Lichtberg", sondern das Bild des Sternchens stellt sich zu jedem Zeitpunkt als ein zerrissenes „Lichtgebirge" dar, aufgelöst in viele helle Fleckchen (speckle = Fleckchen), die durch dunkle Gebiete voneinander getrennt sind. (Erst auf langbelichteten Aufnahmen, wie man sie normalerweise sieht, ergibt sich das bekannte gleichmäßig diffuse Bild der Sterne, da man über viele Verteilungen der Fleckchen mittelt.)

Jedes dieser Fleckchen kann als ein deformiertes Bild des Sternes aufgefaßt werden. Über diese Bilder ist die generelle Aussage möglich, daß sie auf keinen Fall kleiner sein können, als es dem Bild des Sternes entsprechen würde. Die Speckle-Interferometrie ist nun nichts anderes als ein Verfahren, das eine Statistik der Größenverteilung derartiger Fleckchen liefert. Die kleinsten Fleckchen, die noch mit nennenswerter Häufigkeit vorkommen werden, als das wahre Bild des Sternes interpretiert.

Besonders im IR hat die Speckle-Interferometrie einige Bedeutung gewonnen.

c) **Das Intensitäts-Interferometer (Korrelations-Interferometer) von Hanbury Brown:** Das Michelson-Interferometer beruht auf der Wellennatur der Strahlung, d. h. es benutzt den Effekt, daß je nach ihrer Phasenbeziehung die Überlagerung zweier Wellenzüge (die aus einer gemeinsamen Quelle stammen) eine Verstärkung bedeuten kann (wenn Wellenberg auf Wellenberg fällt) oder eine Abschwächung oder sogar Auslöschung (wenn die Berge der einen Welle in die Täler der anderen fallen). Das Intensitäts-Interferometer von Hanbury Brown benutzt eine andere Eigenschaft kohärenter, d. h. interferenzfähiger Strahlung.

Dadurch, daß die Dichte der Photonen in der Strahlung deren Intensität entsprechen muß, und damit dem Quadrat der Amplitude der elektrischen oder magnetischen Feldstärke, kann die Verteilung der Photo-

Einer der beiden Reflektoren des Korrelationsinterferometers nach Hanbury Brown.

nen auf dem Strahl nicht genau so sein wie die Verteilung unabhängiger Teilchen (Boltzmannstatistik). Ihre Verteilung wird vielmehr durch die Bose-Statistik beschrieben. Sie unterscheidet sich von der Boltzmann-Statistik dadurch, daß das Vorkommen eines Photons an einem Ort mit bestimmtem Impuls die Wahrscheinlichkeit vergrößert, daß es weitere Photonen mit gleichen Daten gibt. Die Photonen sind also „gesellig" (um es lose zu sagen).

Wenn man die Schwankungen (das Rauschen) des Photostroms bei der lichtelektrischen Photometrie eines Sternes analysiert, so ist der größte Teil dieser Schwankungen auf die Zufälligkeit der Photonenverteilung zurückzuführen, ein kleiner Teil aber auf die „Geselligkeit". Wird nun die Strahlung einer Quelle von zwei Instrumenten gleichzeitig in der Weise untersucht, daß nur die gemeinsamen Schwankungen (das korrelierte Rauschen) registriert werden, so ist dies genau der Teil, der von der „Geselligkeit" herrührt. Dieses korrelierte Rauschen ist also ein Maß dafür, in welchem Grad die Strahlung gemeinsamen Ursprungs, also interferenzfähig ist. Dieses korrelierte Rauschen wird von der Luftunruhe praktisch nicht beeinflußt.

Damit ist die Grundidee, wie ein derartiges Korrelationsinterferometer zu konstruieren sei, vorgezeichnet. Man nehme zwei große Parabol-

Schema des Korrelations-Interferometers in Narrabri.

a) die beiden, auf einem Schienenkreis fahrbaren Parabolspiegel mit den Photoelektronischen Detektorsystemen
b) frei durchhängende Verbindungskabel zum Kontrollraum
c) Kontrollraum mit Korrelator
d) Schutzgebäude für die Spiegel.

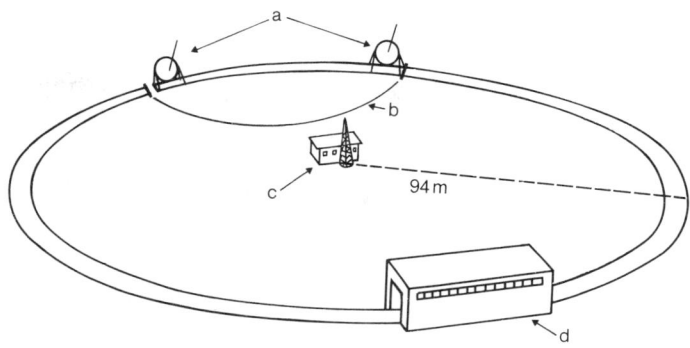

spiegel, bringe in den jeweiligen Fokus einen Photomultiplier und messe den korrelierbaren Rauschanteil ihrer Photoströme. Verändert man den Abstand der beiden Spiegel, so wird es Veränderungen in diesem Rauschanteil geben. Diese Veränderungen benutzt man, um die Helligkeitsverteilung in der Quelle, insbesondere die Durchmesser der beobachteten Sterne zu bestimmen.

Ein derartiges Instrument wurde 1962 bei Narrabri in Australien installiert (s. Abb.). Die erreichbare maximale Basislänge betrug 188 m. Die das Licht sammelnden Spiegel, an die keine hohen Anforderungen bezüglich ihrer Genauigkeit zu stellen waren, wurden aus je 252 sechseckigen Spiegeln zusammengesetzt und hatten jeder eine gesamte sammelnde Fläche von etwa 30 m². Bezüglich der gemessenen Sterndurchmesser wird auf Kapitel 7 verwiesen.

A3 Physikalische Größen und Maßeinheiten

Astronomie und Astrophysik zählen zu den exakten Naturwissenschaften. Ebenso wie von der Physik erwartet man von der Astronomie absolute Strenge und Eindeutigkeit ihrer Aussagen, d.h. absolute Klarheit über die den Meßergebnissen und Gesetzmäßigkeiten zugrunde liegenden Größen. Oft werden im täglichen Leben noch für die gleiche Größe mehrere Maßeinheiten benutzt. – Man denke nur an das Nebeneinander von Pferdestärken und Kilowatt. – In den letzten Jahrzehnten ist es aber zu einer weltweiten Einigung gekommen; die in der „Meter-Konvention" vereinigten Staaten haben eine vereinfachte Form des metrischen Systems als verbindlich angenommen.

Dieses Maßsystem hat in allen Sprachen die Abkürzung „SI" („Système International") erhalten. Das SI entstand aus der Notwendigkeit, ein für Wirtschaft, Wissenschaft und Technik gleichermaßen brauchbares Einheitssystem zu schaffen. Dieser Zwang der Brauchbarkeit für drei verschiedene messende Bereiche menschlicher Tätigkeit, führte dazu, daß etwa den Wissenschaftlern lieb gewordene Größen und Maßeinheiten aufgegeben werden müssen. Dafür gibt es im SI auch keine komplizierten Umrechnungen zwischen einzelnen Einheiten mehr und es gibt für jede Größe nur eine einzige Einheit. Das SI ist – wie man sagt – kohärent; d.h., immer wenn zwei beliebige SI-Einheiten miteinander multipliziert oder durcheinander dividiert werden, erhält man eine neue, richtige SI-Einheit.

Das metrische Maßsystem als solches ist nahezu 200 Jahre alt. Sein Geburtstag ist (nach der ISO-Norm geschrieben) 1791-03-30, denn an diesem Tag wurde durch ein Gesetz von Ludwig XVI, König von Frankreich, das Maßsystem eingeführt. – Die Umstellungen auf dieses System haben in den verschiedenen Ländern lange Zeit in Anspruch genommen, und immer noch werden alte Maßeinheiten benutzt, z.B. auf dem Wochenmarkt das Pfund. Seit 1970 gilt aber in der Bundesrepublik Deutschland das „Gesetz über Einheiten im Meßwesen", das das SI-System verbindlich vorschreibt. Seit 1978-01-01 dürfen früher gebräuchliche Maßeinheiten nicht mehr verwendet werden.

Das SI beruht auf sieben Basiseinheiten, zwei zusätzlichen Einheiten und den von diesen kohärent abgeleiteten Einheiten.

A3.1 SI-Basiseinheiten

Die Basiseinheiten des Internationalen Einheitssystems sind mit ihren Namen und ihren Einheitszeichen in der Tabelle zusammengestellt.

Größe	SI-Basiseinheit	
	Name	Einheitzeichen
Länge	Meter	m
Masse	Kilogramm	kg
Zeit	Sekunde	s
elektrische Stromstärke	Ampere	A
thermodynamische Temperatur	Kelvin	K
Stoffmenge	Mol	mol
Lichtstärke	Candela	cd

Die Einheitzeichen werden in steiler Schrift, im allgemeinen in kleinen Buchstaben dargestellt; leiten sich die Zeichen von Eigennamen her, so werden (für den ersten Buchstaben) Großbuchstaben benutzt. Auf Einheitzeichen folgt kein Punkt.

A 3.1 SI-Basiseinheiten

Definitionen der SI-Basiseinheiten

Einheit der Länge
(Meter)

Das Meter ist die Länge der Strecke, die Licht im Vakuum während des Intervalls von (1/299 792 458) s durchläuft. Siehe dazu auch 2.1.1.

Einheit der Masse
(Kilogramm)

Das Kilogramm ist die Einheit der Masse (und nicht des Gewichts oder der Kraft); es ist gleich der Masse des Internationalen Kilogrammprototyps. Dieser Internationale Prototyp aus Platin-Iridium wird im Internationalen Büro in Paris unter den im Jahre 1889 festgelegten Bedingungen aufbewahrt.

Einheit der Zeit
(Sekunde)

Die Sekunde ist das 9 192 631 770fache der Periodendauer der dem Übergang zwischen den beiden Hyperfeinstrukturniveaus des Grundzustandes des Atoms des Nuklids ^{133}Cs entsprechenden Strahlung. (S. dazu auch 1.5.6.)

Einheit der elektrischen
Stromstärke (Ampere)

Das Ampere ist die Stärke eines konstanten elektrischen Stromes, der, durch zwei parallele, geradlinige, unendlich lange und im Vakuum im Abstand von 1 Meter voneinander angeordnete Leiter von vernachlässigbar kleinem, kreisförmigen Querschnitt fließend, zwischen diesen Leitern je 1 Meter Leiterlänge die Kraft $2 \cdot 10^{-7}$ Newton hervorrufen würde.

Einheit der thermo-
dynamischen Temperatur
(Kelvin)

Das Kelvin, die Einheit der thermodynamischen Temperatur, ist der 273,16te Teil der thermodynamischen Temperatur des Tripelpunktes des Wassers.

Anmerkung: Neben der thermodynamischen Temperatur (Formelzeichen: T), ausgedrückt in Kelvin, wird auch die Celsius-Temperatur (Formelzeichen: t) benutzt, die durch die Gleichung

$$t = T - T_0$$

definiert ist, wobei $T_0 = 273,15$ K per definitionem ist. Die Einheit „Grad Celsius" ist gleich der Einheit „Kelvin", aber „Grad Celsius" ist ein spezieller Name anstelle von „Kelvin", wenn die Celsius-Temperatur angegeben wird, und ein Celsius-Temperaturintervall oder eine Celsius-Temperaturdifferenz dürfen auch in Grad Celsius angegeben werden.

Einheit der Stoffmenge
(Mol)

Das Mol ist die Stoffmenge eines Systems, das aus ebensoviel Einzelteilchen besteht, wie Atome in 0,012 Kilogramm des Kohlenstoffnuklids ^{12}C enthalten sind.

Bei Benutzung des Mol müssen die Einzelteilchen spezifiziert sein und können Atome, Moleküle, Ionen, Elektronen sowie andere Teilchen oder Gruppen solcher Teilchen genau angegebener Zusammensetzung sein.

Einheit der Lichtstärke
(Candela)

Die Candela ist die Lichtstärke in senkrechter Richtung von einer 1/600 000 Quadratmeter großen Oberfläche eines Schwarzen Strahlers bei der Temperatur des beim Druck 101 325 Newton durch Quadratmeter erstarrenden Platins.

Abgeleitete SI-Einheiten, die durch Basiseinheiten ausgedrückt werden

Größe	SI-Einheit	
	Name	Einheitenzeichen
Fläche	Quadratmeter	m^2
Volumen	Kubikmeter	m^3
Geschwindigkeit	Meter durch Sekunde	m/s
Beschleunigung	Meter durch Sekundenquadrat	m/s^2

Größe	SI-Einheit	
	Name	Einheitenzeichen
Wellenzahl	reziprokes Meter	m^{-1}
Dichte	Kilogramm durch Kubikmeter	kg/m^3
elektrische Stromdichte	Ampere durch Quadratmeter	A/m^2
magnetische Feldstärke	Ampere durch Meter	A/m
Stoffmengenkonzentration	Mol durch Kubikmeter	mol/m^3
spezifisches Volumen	Kubikmeter durch Kilogramm	m^3/kg
Leuchtdichte	Candela durch Quadratmeter	cd/m^2

A 3.2 SI-Vorsilben für Vielfache und Potenzschreibweise

Im SI gilt die Forderung: Jede physikalische Größe soll nur eine Einheit haben. Das heißt, die Entfernung zu den Galaxien und auch der Atomdurchmesser müßten durch die Längeneinheit „Meter" ausgedrückt werden. Die unbequemen Zahlenwerte können weitgehend durch Vorsilben vermieden werden, mit denen die dezimalen Vielfachen und Teile der SI-Einheiten ausgedrückt werden können.

Vorsilbe	Zeichen	Faktor	
Exa	E	10^{18}	= 1 000 000 000 000 000 000
Peta	P	10^{15}	= 1 000 000 000 000 000
Tera	T	10^{12}	= 1 000 000 000 000
Giga	G	10^9	= 1 000 000 000
Mega	M	10^6	= 1 000 000
Kilo	k	10^3	= 1 000
Hekto	h	10^2	= 100
Deka	da	10^1	= 10
Dezi	d	10^{-1}	= 0,1
Zenti	c	10^{-2}	= 0,01
Milli	m	10^{-3}	= 0,001
Mikro	μ	10^{-6}	= 0,000 001
Nano	n	10^{-9}	= 0,000 000 001
Piko	p	10^{-12}	= 0,000 000 000 001
Femto	f	10^{-15}	= 0,000 000 000 000 001
Atto	a	10^{-18}	= 0,000 000 000 000 000 001

Trotz der verschieden großen Maßeinheiten läßt es sich in der Astronomie nicht immer vermeiden, daß die Maßzahlen sehr groß oder klein werden. So schreibt man auch die Maßzahlen oft als Zehnerpotenzen, z. B.

$$350\,000 = 35 \quad \cdot 10^4$$
$$= 3,5 \quad \cdot 10^5$$
$$= 0,35 \cdot 10^6$$

(gelesen werden die Zahlen: 35 mal 10 hoch 4, 3,5 mal 10 hoch 5 und 0,35 mal 10 hoch 6 oder 0,35 Millionen). Denn es ist:

10^1 = Zehn	10^6 = Million	10^{15} = Billiarde
10^2 = Hundert	10^9 = Milliarde	10^{18} = Trillion
10^3 = Tausend	10^{12} = Billion	10^{24} = Quadrillion

entsprechend:

$$10^{-1} = \text{Zehntel} \qquad 10^{-3} = \text{Tausendstel}$$
$$10^{-2} = \text{Hundertstel} \qquad 10^{-6} = \text{Millionstel}$$

Wenn an ein mit einem Vorsatzzeichen versehenes Einheitenzeichen ein Potenzexponent angefügt ist, bedeutet dies, daß das Vielfache oder der Teil der Einheit in die durch den Exponenten ausgedrückte Potenz erhoben ist,

zum Beispiel:
$$1\ cm^3 \ = (10^{-2}\,m)^3 \ = 10^{-6}\ m^3$$
$$1\ cm^{-1} = (10^{-2}\,m)^{-1} = 10^2\ m^{-1}$$
$$1\ \mu s^{-1} = (10^{-6}\,s)^{-1} = 10^6\ s^{-1}$$

Zusammengesetzte Vorsätze, die durch Hintereinandersetzen mehrerer SI-Vorsätze gebildet worden sind, sind nicht zugelassen,

zum Beispiel: 1 nm   *aber nicht:*   1 mμm

A 3.3 Abgeleitete und ergänzende SI-Einheiten, die einen besonderen Namen haben

Größe	SI-Einheit			
	Name	Einheiten-zeichen	durch andere SI-Einheiten ausgedrückt	durch SI-Basiseinheiten ausgedrückt
Frequenz	Hertz	Hz		s^{-1}
Kraft	Newton	N		$m \cdot kg \cdot s^{-2}$
Druck, Spannung	Pascal	Pa	N/m^2	$m^{-1} \cdot kg \cdot s^{-2}$
Energie, Arbeit, Wärmemenge	Joule	J	$N \cdot m$	$m^2 \cdot kg \cdot s^{-2}$
Leistung, Energiestrom	Watt	W	J/s	$m^2 \cdot kg \cdot s^{-3}$
Elektrizitätsmenge, elektrische Ladung	Coulomb	C		$s \cdot A$
elektrisches Potential, elektrische Spannung, elektromotorische Kraft	Volt	V	W/A	$m^2 \cdot kg \cdot s^{-3} \cdot A^{-1}$
elektrische Kapazität	Farad	F	C/V	$m^{-2} \cdot kg^{-1} \cdot s^4 \cdot A^2$
elektrischer Widerstand	Ohm	Ω	V/A	$m^2 \cdot kg \cdot s^{-3} \cdot A^{-2}$
elektrischer Leitwert	Siemens	S	A/V	$m^{-2} \cdot kg^{-1} \cdot s^3 \cdot A^2$
magnetischer Fluß	Weber	Wb	$V \cdot s$	$m^2 \cdot kg \cdot s^{-2} \cdot A^{-1}$
magnetische Flußdichte, Induktion	Tesla	T	Wb/m^2	$kg \cdot s^{-2} \cdot A^{-1}$
Induktivität	Henry	H	Wb/A	$m^2 \cdot kg \cdot s^{-2} \cdot A^{-2}$
Celsius-Temperatur	Grad Celsius	°C		K

A 3 Physikalische Größen und Maßeinheiten

| Größe | SI-Einheit | | | |
	Name	Einheiten-zeichen	durch andere SI-Einheiten ausgedrückt	durch SI-Basis-einheiten ausgedrückt
Lichtstrom	Lumen	lm		$cd \cdot sr$
Beleuchtungsstärke	Lux	lx	lm/m^2	$m^{-2} \cdot cd \cdot sr$
Aktivität (radioaktive)	Becquerel	Bq		s^{-1}
Energiedosis	Gray	Gy	J/kg	$m^2 \cdot s^{-2}$

Außer diesen im SI statthaften „abgeleiteten Einheiten", sind auch sogenannte „ergänzende Einheiten", die als Basiseinheiten oder als abgeleitete Einheiten zu behandeln sind, zugelassen.

| Größe | SI-Einheit | |
	Name	Einheitenzeichen
ebener Winkel	Radiant	rad
räumlicher Winkel	Steradiant	sr

Der Radiant ist der ebene Winkel zwischen zwei Radien eines Kreises, die aus dem Kreisumfang einen Bogen von der Länge des Radius ausschneiden.
Der Steradiant ist der räumliche Winkel, dessen Scheitelpunkt im Mittelpunkt einer Kugel liegt und der aus der Kugeloberfläche eine Fläche gleich der eines Quadrates von der Seitenlänge des Kugelradius ausschneidet.
Die ergänzenden Einheiten werden auch zur Bildung von abgeleiteten Einheiten benutzt.

Abgeleitete SI-Einheiten, die mit Hilfe von ergänzenden Einheiten ausgedrückt werden

| Größe | SI-Einheit | |
	Name	Einheiten-zeichen
Winkelgeschwindigkeit	Radiant durch Sekunde	rad/s
Winkelbeschleunigung	Radiant durch Sekunden-quadrat	rad/s^2
Strahlstärke	Watt durch Steradiant	W/sr
Strahldichte	Watt durch Quadrat-meter-Steradiant	$W \cdot m^{-2} \cdot sr^{-1}$

A 3.4 Einheiten, die gemeinsam mit dem SI benutzt werden

Es läßt sich nicht vermeiden, neben den SI-Einheiten solche zuzulassen, die systemfremd sind; d. h., die sich der Kohärenz des SI nicht einfügen. Solche Einheiten sind vor allem die gebräuchlichen Unterteilungen der Zeit und des Winkels.
Desgleichen lassen sich in der wissenschaftlichen Literatur eine Reihe von Einheiten, deren zahlenmäßige Beziehung zu den SI-Einheiten nur experimentell ermittelt und somit nicht durch einen exakten Wert angegeben werden können, nicht völlig vermeiden. Es sind dies speziell in der Astronomie.

A 3.3 Abgeleitete und ergänzende SI-Einheiten

Name	Einheitenzeichen	Beziehung zu den SI-Einheiten
Minute	min	$1\,\text{min} = 60\,\text{s}$
Stunde	h	$1\,\text{h} = 60\,\text{min} = 3\,600\,\text{s}$
Tag	d	$1\,\text{d} = 24\,\text{h} = 86\,400\,\text{s}$
Grad	°	$1° = (\pi/180)\,\text{rad}$
Minute	′	$1' = (1/60)° = (\pi/10\,800)\,\text{rad}$
Sekunde	″	$1'' = (1/60)' = (\pi/648\,000)\,\text{rad}$

Name	Einheiten-zeichen	Definition	(siehe auch ...)
Elektronvolt	eV	1)	
Astronomische Einheit	AE	2)	(3.2.4)
Parsec	pc	3)	(7.3.2)
(Zustandsgrößen der Sonne)			(5.1)

1) Das Elektronenvolt (auch Elektronvolt genannt) ist gleich der kinetischen Energie, die ein Elektron bei Durchlaufen einer Potentialdifferenz von 1 Volt im Vakuum gewinnt:

$$1\,\text{eV} = 1{,}602\,189\,2 \times 10^{-19}\,\text{J}.$$

2) Diese Einheit hat kein internationales Einheitenzeichen: es werden Abkürzungen benutzt, z. B. AE im Deutschen, UA im Französischen, AU im Englischen.
Die astronomische Einheit der Entfernung ist gleich der Länge des Halbmessers der nichtgestörten Kreisbahn, auf der sich ein Körper von vernachlässigbarer Masse um die Sonne mit einer siderischen Winkelgeschwindigkeit von 0,017 202 098 950 Radiant durch Tag (der Tag zu 86 400 Ephemeridensekunden gerechnet) bewegt. In dem System von astronomischen Konstanten (1976) der Internationalen Astronomischen Union gilt die Beziehung:

$$1\,\text{AE} = 149\,597{,}870 \cdot 10^6\,\text{m}.$$

3) Das Parsec ist gleich derjenigen Entfernung, von der aus die astronomische Einheit unter einem Winkel von $1''$ erscheint:

$$1\,\text{pc} = 206\,265\,\text{AE} = 30\,857 \cdot 10^{12}\,\text{m}.$$

	Name	Zeichen	Beziehung zu den SI-Einheiten
Einheiten, deren Gebrauch heute im amtlichen und geschäftlichen Verkehr nicht mehr zulässig ist und ihre Beziehung zu den SI-Einheiten	Erg	erg	$1\,\text{erg} = 10^{-7}\,\text{J}$
	Dyn	dyn	$1\,\text{dyn} = 10^{-5}\,\text{N}$
	Pferdestärke	PS	$1\,\text{PS} = 735{,}498\,75\,\text{W}$ $\approx 750\,\text{W} \approx 3/4\,\text{kW}$
	Gauß	Gs, G	$1\,\text{Gs}$ entspricht $10^{-4}\,\text{T}$
	Oersted	Oe	$1\,\text{Oe}$ entspricht $(1\,000/4\pi)\,\text{A/m}$
	Maxwell	Mx	$1\,\text{Mx}$ entspricht $10^{-8}\,\text{Wb}$
	Stilb	sb	$1\,\text{sb} = 10^4\,\text{cd} \cdot \text{m}^{-2}$
	Ångström	Å	$1\,\text{Å} = 0{,}1\,\text{nm} = 10^{-10}\,\text{m}$
	Kalorie	cal	$1\,\text{cal} = 4{,}186\,\text{J}$
	Gamma	γ	$1\,\gamma = 1\,\text{nT} = 10^{-9}\,\text{T}$

Das Ångström ist für den amtlichen und gesetzlichen Gebrauch nicht mehr zugelassen. In der Sternspektroskopie wird diese Einheit jedoch nach wie vor bei der Angabe von Wellenlängen im optischen Spektralbereich verwendet, vor allem da diese Einheit in zahlreichen Tabellen, Abbildungen und Registrierkurven von Spektren verwendet wurde, die seit Jahrzehnten ständige Arbeitsgrundlage sind. Dementsprechend werden auch in diesem Buch Wellenlängen im optischen Spektralbereich in Å angegeben.

A 3.5 Konstanten und Umrechnungsbeziehungen

Lichtgeschwindigkeit im Vakuum	$c = 2,997\,924\,58 \cdot 10^8\,\text{m s}^{-1}$
	$(c \approx 3 \cdot 10^8\,\text{m s}^{-1}$
Gravitationskonstante	$G = 6,672 \cdot 10^{-11}\,\text{m}^3\,\text{kg}^{-1}\,\text{s}^{-2}$
Plancksche Konstante	$h = 6,6262 \cdot 10^{-34}\,\text{J s}$
molare Gaskonstante	$R^* = 8,314 \cdot 10^3\,\text{J K}^{-1}\,\text{kmol}^{-1}$
Boltzmannsche Konstante	$k = 1,3807 \cdot 10^{-23}\,\text{J K}^{-1}$
Avogadrosche Konstante	$N_\text{A} = 6,0220 \cdot 10^{26}\,\text{kmol}^{-1}$
Konstante des Stefan-Boltzmann-Gesetzes	$\sigma = 5,67 \cdot 10^{-8}\,\text{W m}^{-2}\,\text{K}^{-4}$
Wiensches Verschiebungsgesetz	$\lambda_{max} \cdot T = 2,898 \cdot 10^{-3}\,\text{m K}$
Masse des Elektrons (Ruhemasse)	$m_\text{e} = 9,1095 \cdot 10^{-31}\,\text{kg}$
Masse des Protons (Ruhemasse)	$m_\text{p} = 1,6726 \cdot 10^{-27}\,\text{kg}$
Massenverhältnis von Proton und Elektron	$\dfrac{m_\text{p}}{m_\text{e}} = 1\,836{,}1515$
elektrische Elementarladung	$e = 1,6022 \cdot 10^{-19}\,\text{C}$
Entfernungseinheiten Astronomische Einheit	$1\,\text{AE} = 1,496 \cdot 10^{11}\,\text{m}$
Parsec	$1\,\text{pc} = 3,086 \cdot 10^{16}\,\text{m}$
	$= 3,262\,\text{LJ}$
	$= 206\,265\,\text{AE}$
Lichtjahr	$1\,\text{LJ} = 9,4605 \cdot 10^{15}\,\text{m}$
	$= 0,3066\,\text{pc}$
	$= 63\,240\,\text{AE}$

Zum Umrechnen von Energien

1	Joule $= 6,241 \cdot 10^{18}$ eV	$= \text{h} \cdot 1,509 \cdot 10^{33}$ Hz	$= \text{k} \cdot 7,234 \cdot 10^{22}$ K
$1,602 \cdot 10^{-19}$ Joule $= 1$	eV	$= \text{h} \cdot 2,418 \cdot 10^{14}$ Hz	$= \text{k} \cdot 1,160 \cdot 10^{4}$ K
$6,626 \cdot 10^{-34}$ Joule $= 4,136 \cdot 10^{-15}$ eV	$= \text{h} \cdot 1$	Hz	$= \text{k} \cdot 4,799 \cdot 10^{-11}$ K
$1,380 \cdot 10^{-23}$ Joule $= 8,617 \cdot 10^{-5}$ eV	$= \text{h} \cdot 2,084 \cdot 10^{10}$ Hz	$= \text{k} \cdot 1$	K

Plancksches Wirkungsquantum $\text{h} = 6,626 \cdot 10^{-34}$ Joule $\cdot$ s
Boltzmannkonstante $\qquad k = 1,3807 \cdot 10^{-23}$ Joule $\cdot$ K^{-1}

1 Joule $= 1$ Wattsekunde $= 10^7$ erg $= 278 \cdot 10^{-7}$ kWh;
1 Jansky $= 10^{-26}$ Watt m^{-2} Hz^{-1}

A 3.5 Konstanten und Umrechnungsbeziehungen

Die Beziehungen zwischen den in der Astrophysik benutzten Begriffen Intensität und Strahlungsstrom und den im SI definierten Strahlungsgrößen der Lichtstärke, gemessen in Candela (cd), des Lichtstromes, gemessen in Lumen (lm) und der Beleuchtungsstärke, gemessen in Lux (lx) sind im folgenden zusammengestellt.

Strahlungsgröße	Beziehung zu den SI-Einheiten	Einheiten
Intensität	$W \cdot m^{-2} \cdot sr^{-1}$	–
monochromatische Intensität	$W \cdot m^{-2} \cdot sr^{-1} \cdot Hz^{-1}$	–
Strahlungsstrom	$W \cdot m^{-2}$	Jansky (Jy) $1\,Jy = 10^{-26}\,W \cdot m^{-2}$
monochromatischer Strahlungsstrom	$W \cdot m^{-2} \cdot Hz^{-1}$	–
Lichtstärke	$W \cdot sr^{-1}$	Candela (cd) $1\,cd = 1/683\,W \cdot sr^{-1}$ bei $5,4 \cdot 10^{14}$ Hz
Lichtstrom	W	Lumen (lm) $1\,lm = 1\,cd \cdot sr$
Beleuchtungsstärke	$W \cdot m^{-2}$	Lux (lx) $1\,lx = 1\,cd \cdot sr \cdot m^{-2}$

Mathematische Konstanten und Umrechnungsbeziehungen

$\pi = 3,141\,59$

$e = 2,718\,28$

Radiant

$$1\,rad = \frac{180°}{\pi}$$
$$= 57,295\,779\,5°$$
$$= 3\,437,746\,77'$$
$$= 206\,264,806''$$

Umrechnungsfaktoren für Druckeinheiten:

	Pa	bar	kp/m²	at	atm	Torr
$1\,Pa = 1\,N/m^2 =$	1	10^{-5}	$1,020 \cdot 10^{-1}$	$1,020 \cdot 10^{-5}$	$9,869 \cdot 10^{-6}$	$7,501 \cdot 10^{-3}$
$1\,bar = 10^6\,dyn/cm^2 =$	10^5	1	$1,020 \cdot 10^4$	1,020	0,9869	750,1
$1\,kp/m^2 = 1\,mmWS =$	9,807	$9,807 \cdot 10^{-5}$	1	10^{-4}	$9,678 \cdot 10^{-5}$	$7,356 \cdot 10^{-2}$
$1\,at = 1\,kp/cm^2 =$	$9,807 \cdot 10^4$	0,9807	10^4	1	0,9678	735,6
$1\,atm = 760\,Torr =$	$1,013 \cdot 10^5$	1,013	$1,033 \cdot 10^4$	1,033	1	760
$1\,Torr = 1\,mmHG =$	133,322	$1,333 \cdot 10^{-3}$	13,60	$1,360 \cdot 10^{-3}$	$1,316 \cdot 10^{-3}$	1

WS = Wassersäule

PERIODENSYSTEM DER CHEMISCHEN ELEMENTE

Periode	Schale	Unter-schale	Gruppe I a	b	Gruppe II a	b	Gruppe III b	a	Gruppe IV b	a	Gruppe V b	a	Gruppe VI b	a	Gruppe VII b	a	Gruppe VIIIb (Gruppe VIII)			Gruppe VIIIa (Gruppe 0)	An-zahl
1	1. (K)	1 s	1 H Wasserstoff 1.0079 *1*																	2 He Helium 4.00260 *2*	2
2	2 (L)	2 p / 2 s	3 Li Lithium 6.941		4 Be Beryllium 9.01218 *2*		5 B Bor 10.81 *3 2*		6 C Kohlenstoff 12.011 *2*		7 N Stickstoff 14.0067 *4 2*		8 O Sauerstoff 15.9994 *2*		9 F Fluor 18.998403					10 Ne Neon 20.179 *6 2*	8
3	3 (M)	3 p / 3 s	11 Na Natrium 22.98977 *1*		12 Mg Magnesium 24.305 *2*		13 Al Aluminium 26.98154 *2*		14 Si Silicium 28.0855 *2*		15 P Phosphor 30.97376 *2*		16 S Schwefel 32.06 *5*		17 Cl Chlor 35.453 *5 2*					18 Ar Argon 39.948 *6 2*	8
4	3 (M) 4 (N)	3 d / 4 s	19 K Kalium 39.0983 *1* ; 29 Cu Kupfer 63.546 *10 1*		20 Ca Calcium 40.08 *2* ; 30 Zn Zink 65.38 *10 2*		21 Sc Scandium 44.9559 *1 2* ; 31 Ga Gallium 69.72 *10 2*		22 Ti Titan 47.90 *2 2* ; 32 Ge Germanium 72.59 *10 2*		23 V Vanadium 50.9415 *3 2* ; 33 As Arsen 74.9216 *10 2*		24 Cr Chrom 51.996 *5 1* ; 34 Se Selen 78.96 *10 2*		25 Mn Mangan 54.9380 *5 2* ; 35 Br Brom 79.904 *10 2*		26 Fe Eisen 55.847 *6 2* 27 Co Kobalt 58.9332 *7 2* 28 Ni Nickel 58.70 *8 2*			36 Kr Krypton 83.80 *6 10 2*	18
5	4 (N) 5 (O)	4 d / 5 s	37 Rb Rubidium 85.4678 *1* ; 47 Ag Silber 107.868 *10 1*		38 Sr Strontium 87.62 *2* ; 48 Cd Cadmium 112.41 *10 2*		39 Y Yttrium 88.9059 *1 2* ; 49 In Indium 114.82 *10 2*		40 Zr Zirkonium 91.22 *2 2* ; 50 Sn Zinn 118.69 *10 2*		41 Nb Niob 92.9064 *4 1* ; 51 Sb Antimon 121.75 *10 2*		42 Mo Molybdän 95.94 *5 1* ; 52 Te Tellur 127.60 *10 2*		43 Tc Technetium (97) *5 2* ; 53 I Jod 126.9045 *10 2*		44 Ru Ruthenium 101.07 *7 1* 45 Rh Rhodium 102.9055 *8 1* 46 Pd Palladium 106.4 *10*			54 Xe Xenon 131.30 *10 2*	18
6	5 (O) 6 (P)	5 d / 6 s	55 Cs Cäsium 132.9054 *1* ; 79 Au Gold 196.9665 *10 1*		56 Ba Barium 137.33 *2* ; 80 Hg Quecksilber 200.59 *10 2*		57 La Lanthan 138.9055 *1 2* ; 81 Tl Thallium 204.37 *10 2*		72 Hf Hafnium 178.49 *2 2* ; 82 Pb Blei 207.2 *10 2*		73 Ta Tantal 180.9479 *3 2* ; 83 Bi Wismut 208.9804 *10 2*		74 W Wolfram 183.85 *4 2* ; 84 Po Polonium (209) *10 2*		75 Re Rhenium 186.2 *5 2* ; 85 At Astat (210) *10 2*		76 Os Osmium 190.2 *6 2* 77 Ir Iridium 192.22 *7 2* 78 Pt Platin 195.09 *9 1*			86 Rn Radon (222) *10 2*	32
7	6 (P) 7 (Q)	6 d / 7 s	87 Fr Francium (223) *1*		88 Ra Radium 226.0254 *2*		89 Ac Actinium 227.028 *1 2*		104 Ku Kurtschatovium (261) *2*		105 Ha Hahnium (262)		106 Element 106		107 Element 107						

*) Lanthanoide

Periode	Schale	Unter-schale																				An-zahl
	5 d / 6 s / 4 f		58 Ce Cer 140.12 *2 2*	59 Pr Praseodym 140.9077 *3*	60 Nd Neodym 144.24 *4*	61 Pm Promethium (145) *5*	62 Sm Samarium 150.4 *6*	63 Eu Europium 151.96 *7*	64 Gd Gadolinium 157.25 *1 7*	65 Tb Terbium 158.9254 *9*	66 Dy Dysprosium 162.50 *10*	67 Ho Holmium 164.9304 *11*	68 Er Erbium 167.26 *12*	69 Tm Thulium 168.9342 *13*	70 Yb Ytterbium 173.04 *14*	71 Lu Lutetium 174.967					1 2 14

**) Actinoide

Periode	Schale	Unter-schale																				An-zahl
	6 d / 7 s / 5 f		90 Th Thorium 232.0381 *2 2*	91 Pa Protactinium 231.0359 *2 1*	92 U Uran 238.029 *3 1*	93 Np Neptunium 237.0482 *4 1*	94 Pu Plutonium (244) *6*	95 Am Americium (243) *7*	96 Cm Curium (247) *1 7*	97 Bk Berkelium (247) *9*	98 Cf Californium (251) *10*	99 Es Einsteinium (254) *11*	100 Fm Fermium (257) *12*	101 Md Mendelevium (258) *13*	102 No Nobelium (259) *14*	103 Lr Lawrencium (260)					1 2 14

Für die graph. Darstellung des PSE wird häufig das hier wiedergegebene *Kurzperiodensystem* gewählt, bei dem man die chem. Elemente der Hauptgruppen (b) mit gleicher Gruppennummer (rechts und links angeordnet) in einer einzigen Spalte aufführt. Daneben sind jedoch auch weitere Arten der Darstellung möglich, so u. a. das *Langperiodensystem* (mit mehreren Varianten), bei dem in den einzelnen Spalten nur Haupt- oder Nebengruppenelemente stehen. Bei den Elementen im PSE entspricht die unter dem Elementsymbol stehende Zahl der Ordnungszahl (Z), die unter dem Elementnamen stehende Zahl der relativen Atommasse. Bei den radioaktiven Elementen (bei den in runden Klammern) ist die Massenzahl des bekanntesten Isotops angegeben. Die kursiv gesetzten Zahlen zwischen den Elementen geben die Anzahl der Elektronen an, die in den angeführten Elektronenschalen (dritte Spalte von links) vorhanden sind; die Anzahl der Elektronen in den nicht angeführten inneren Schalen entspricht der Elektronenkonfiguration des vorausgehenden Edelgases. In den Hauptgruppen nimmt der Metallcharakter der Elemente von links nach rechts ab, d. h., in den Hauptgruppen stehen die Elemente mit Metallcharakter (die unter Abgabe von Elektronen positiv geladene Ionen bilden und dadurch die energetisch günstige Elektronenkonfiguration eines Edelgases erreichen) links, die Elemente mit ausgeprägtem Nichtmetallcharakter (die unter Aufnahme von Elektronen negativ geladene Ionen bilden und dadurch die energetisch günstige Elektronenkonfiguration eines Edelgases erreichen) rechts, wobei von Gruppe zu Gruppe ein stetiger Übergang vom Metall zum Nichtmetall vorhanden ist. Innerhalb der Gruppen nimmt der Metallcharakter der Elemente von oben nach unten zu, was bes. bei den Elementen der Gruppen III bis VIa zu beobachten ist, unter denen sich auch die als Halbmetalle bezeichneten Elemente finden.

A 4 Tafeln zur Geschichte der Astronomie

A 4.1 Vor- und Frühgeschichte

Babylon Die Sternkunde der Babylonier war Astrologie und Astronomie in einem, d. h. sie betrieben astronomische Beobachtungen aus astrologischem Interesse. Astronomie ist exakte Naturwissenschaft, Astrologie hingegen, als Lehre vom Einfluß der Gestirne auf irdische Vorgänge, die bis in das Leben des einzelnen Menschen hineinreichen, hat mit Wissenschaft nichts zu tun, sie kann vielmehr als Versuch einer kosmischen Weltanschauung bezeichnet werden. Zu diesen religiösen und metaphysischen Belangen traten die Bedürfnisse einer genauen Zeitrechnung hinzu, so daß dadurch die babylonischen Priester veranlaßt wurden, über Jahrhunderte hinweg lückenlos die Himmelsvorgänge, insbesondere die Bewegungen des Mondes und der Planeten zu beobachten und aufzuzeichnen.

Die Anfänge der babylonischen Astronomie liegen schon im 3. Jahrtausend. Zu Anfang bestanden sie nur in einer Registrierung von Himmelserscheinungen. Mit Zunahme solcher Aufzeichnungen war aber eine Vorausberechnung, besonders von Finsternissen, möglich geworden. Ihren Höhepunkt erreichte die babylonische Astronomie etwa im sechsten und fünften Jahrhundert v. Chr., als die politische Macht Babylons bereits verschwunden war.

um 2750 Namensgebung für die wichtigsten Sternbilder des nördlichen Himmels.

8. 3. 2283 möglicherweise wurde die an diesem Datum eingetretene Finsternis aufgrund des „Saros-Zyklus" vorhergesagt.
(Unter Saros-Zyklus versteht man eine Periode von 223 synodischen Mondmonaten = 18 Jahre $11\frac{1}{3}$ Tage, in dem wieder eine Finsternis eintreten kann, nicht muß.)

15. 6. 763 älteste, sicher datierte, überlieferte Beobachtung einer totalen Sonnenfinsternis.

um 400 Einführung des Lunisolarjahres mit 19jährigem Schaltzyklus
um 380 Mondtafeln des Kidinnu gestatten die Berechnung des Sichtbarwerdens der Mondsichel nach Neumond.

Zur gleichen Zeit wie in Babylon entwickelte sich astronomisches Wissen in anderen Kulturen, bei den Ägyptern, Indern, Chinesen und den Völkern Mittelamerikas. Die Entwicklung hat nicht überall zu der gleichen Höhe geführt wie bei den Babyloniern, obwohl gegenseitige Beeinflussung nachzuweisen ist.

Ägypten Die Ägypter scheinen nicht systematisch Sonnen- und Mondfinsternisse beobachtet und aufgezeichnet zu haben. Bei ihnen stand vielmehr das Kalenderwesen im Vordergrund.

im 4. Jahrtausend bereits Zeitrechnung nach einem 365tägigen Sonnenjahr, das in 12 Monate zu je 30 Tagen und in fünf geheiligte Ergänzungstage eingeteilt war. Zur gleichen Zeit war wahrscheinlich schon die Sothis-Periode von 1 460 Jahren bekannt. (Durch Beobachtung der heliakischen Siriusaufgänge (Sirius = Sothis) bemerkte man den Unterschied zwischen dem 365tägigen Jahr und dem tropischen Jahr von $365\frac{1}{4}$ Tagen.) Nach einer Sothis-Periode fiel der heliakische Siriusaufgang wieder auf den gleichen Tag.

China	In China lassen sich die Spuren astronomischen Wissens bis ins 3. Jahrtausend zurückverfolgen. Es sind dies Beobachtungen über Finsternisse und Kometenerscheinungen. Diese Angaben lassen sich leider vorerst historisch nicht sichern.
Ende 3. Jahrtausend	Hi und Ho sollen mit dem Tode bestraft worden sein, weil sie eine Sonnenfinsternis nicht vorhersagten.
12. oder 13. Jahrhundert	aus dieser Zeit stammen in Stein gemeißelte Sternkarten.
9. Jahrhundert	Beschreibungen von Sternbildern in chinesischen Schriften.
Beginn 2. Jahrhundert	Einführung des Lunisolarjahres mit 19jährigem Schaltzyklus.
um 100 v. Chr.	Sammlung von 28 Rechenvorschriften zur Berechnung von Mondfinsternissen.
um Christi Geburt	Liu Hsin verfaßt ein astronomisches Handbuch, den „Drei Zyklen Kalender".

Mittelamerika	Die Astronomie bei den alten Kulturvölkern Mittelamerikas, in erster Linie bei den Mayas, entwickelte sich unabhängig zu großer Blüte. Die astronomischen Datierungen weisen ins 3. Jahrtausend zurück. Sie lassen sich aber nicht durch archäologische Befunde stützen, so daß hier noch eine ungeklärte Diskrepanz zwischen den verschiedenen Datierungen vorliegt.
8. 6. 8498	möglicherweise Nullpunkt des Maya-Kalenders.
15. 2. 3379	Beobachtung einer totalen Mondfinsternis.

A 4.2 Die griechische Astronomie

Die Griechen übernahmen das astronomische Wissen der Babylonier, behielten aber selbst eine gewisse Rückständigkeit in der praktischen, messenden und beobachtenden Astronomie. Ihre Stärke lag vielmehr in anderer Richtung, in der Anschauung sowie der anschaulichen Vorstellung und in der Theorie oder Spekulation. So schufen Griechen die ersten allgemeinen Hypothesen, Entwürfe, Denkmodelle, Überlegungen über die Gesetzmäßigkeiten am Himmel sowie Vorstellungen über die Entstehung des Weltganzen.

6. Jahrhundert v. Chr.	Pythagoreer lehren die Kugelgestalt der Erde.
um 440	Meton und seine Schule bestimmen mittels des Gnomons (Schattenstab) die Sonnenwendpunkte.
Ende 5. Jahrhundert	Philolaus von Kroton: Erster Versuch einer Deutung der Anomalien in der Planetenbewegung, durch ein Zentralfeuer, um das sich Sonne, Erde und Planeten in konzentrischen Kreisen herum bewegen.
um 400	Demokrit: Die Milchstraße ist der vereinigte Glanz zahlloser schwacher Fixsterne.
384–322	Aristoteles beweist die Kugelgestalt der Erde damit, daß der Erdschatten bei Finsternissen auf dem Mond stets kreisförmig ist.
um 370	Eudoxos (405–355) versucht eine Erklärung der Anomalien der Planetenbewegung mit Hilfe seines Systems homozentrischer Sphären (Sphären, an denen weitere Sphären befestigt sind).
um 345	Heraklid von Pontus (388–310) verbesserte die Vorstellung des Philolaus: Erde und Sonne umkreisen derart das Zentralfeuer, daß sie stets einander gegenüberstehen. Auch die Planeten umkreisen dasselbe Zentrum. Die tägliche Bewegung des Fixsternhimmels folgt aus der Achsendrehung der Erde (diese bereits den Pythagoreern Hiketas und Ekphantos um 400 v. Chr. bekannt).

um 265	Aristarch von Samos: Versuch, die Entfernungen der Sonne und des Mondes von der Erde zu bestimmen, und zwar durch Berechnung der Maßverhältnisse des im ersten und letzten Viertel rechtwinkligen Dreiecks Erde–Mond–Sonne. Als Ergebnis fand er ein Verhältnis von $1:19$ zwischen Mond- und Sonnenentfernung, ferner den Halbmesser des Mondes zu 0,36 und den der Sonne zu $6^3/_4$ Erdradien.
	Aristarch erkennt ferner, daß es für die Hypothese von Heraklid gleichgültig ist, welchen Radius man für die Sonnenbahn um das Zentralfeuer wählt, er setzt ihn gleich Null. Das Zentralfeuer läßt er fallen; damit ist die Sonne Mittelpunkt der Welt.
um 220	Eratosthenes (276–194 v. Chr.): Erste Messung des Erdumfangs durch Bestimmung der Breitendifferenz zwischen Alexandria und Syene zu $7^1/_2\,°$; Ergebnis für den Erdumfang = 39 690 km.
	Eratosthenes findet die Schiefe der Ekliptik.
um 150	Hipparch von Nikaia (etwa 190–120) ermittelt die Jahreslänge mit gleicher Genauigkeit, wie sie den Babyloniern bekannt gewesen ist.
	Ein Vergleich des von Hipparch geschaffenen Fixsternverzeichnisses (auf Ekliptik bezogen) mit älteren, griechischen Fixsternbeobachtungen führt zur Entdeckung der Präzession.
45 v. Chr.	Julianische Kalenderreform.
um 150 n. Chr.	Ptolemäus (etwa um 120 bis 160 n. Chr.): Mit ihm erreicht die griechische Astronomie ihren Höhepunkt. Das Handbuch „mathematices syntaxeos biblia XIII" enthält das gesamte astronomische Wissen der antiken Welt, u. a. das Sternverzeichnis des Hipparch.

A 4.3 Die Weiterbildung der antiken Astronomie durch die Araber

8. und 9. Jahrhundert n. Chr.	Aneignung des antiken und indischen Wissensgutes durch die Araber.
829	Gründung der Sternwarte Bagdad.
903–986	Al Sufi: Revision des Sternkatalogs von Hipparch, zuverlässige Helligkeitsangaben der Sterne.
929	Al Battani †: Cosinussatz der sphärischen Trigonometrie.
940–998	Abul Wefa: Tafeln der Funktionen Sinus und Tangens.
1000	Gründung der Sternwarte Kairo.
1009	Ibn Junis †: Bedeutende Tafeln zur Vorausberechnung von Planetenörtern.
1284	Alfons X. von Kastilien †, nach ihm benannt die Alfonsinischen Tafeln.
	In diese Zeit fällt auch die Weiterentwicklung der astronomischen Instrumente wie Astrolabium, Mauerquadrant, Armillarsphäre, Sonnen- und Wasseruhren.

A 4.4 Vom geozentrischen zum heliozentrischen Weltbild

um 1460	Peurbach (1423–1461) und sein Schreiber Johannes Müller, genannt Regiomontanus, (1436–1476) aus Königsberg/Unterfranken sammelten neue Planetenbeobachtungen und verbesserten danach das System des Ptolemäus.
1464	Nikolaus Krebs aus Kues, genannt Cusanus, †: Äußerte die Meinung, daß die Erde nicht in Ruhe sein könne, sondern sich bewege.
1474	Regiomontanus veröffentlicht die ersten Planeten-Ephemeriden.
1505	Bernhard Walther: Setzte die Beobachtungen von Regiomontanus fort. Seine Sternwarte in Nürnberg bildete wahrscheinlich die Szene von Dürers Stich „Melancholia".

1543	Nikolaus Kopernikus, geb. 19. 2. 1473 in Thorn; ab 1491 Studium in Krakau, von 1496 bis 1503 Studien in Italien (Theologie, Mathematik, Astronomie, Jurisprudenz, Medizin); 1501 Veröffentlichung einer kleinen Schrift, in der er vorsichtig seine Gedanken vertrat, daß nicht die Erde, sondern die Sonne Zentrum der Planetenbewegung sei. 1512 Domherr in Frauenburg; um 1532 lag sein großes Werk über die Planetenbewegung im Manuskript vor. Kopernikus starb am 24. 5. 1543 in Frauenburg; im Todesjahr erschien sein Werk unter dem von dem ev. Theologen Osiander gewählten Titel „De revolutionibus orbium coelestium libri VI".
1544	Georg Hartmann findet die Inklination der Magnetnadel.
1551	die „Alfonsinischen Tafeln" werden durch die von Reinhold in Tübingen veröffentlichten „Preußischen Tafeln" abgelöst.
1569	Gerhard Kremer, der sich Mercator nannte (1512–1594): Herausgabe der Weltkarte für Seefahrer unter erstmaliger Verwendung der Mercator-Kartenprojektion.
1572	Tycho Brahe, geb. 14. 12. 1546 in Knudstrup auf Schonen (Dänemark), studierte Jura in Kopenhagen, seit 1562 in Leipzig, von 1566 bis 1570 in Wittenberg, Rostock und Basel. Seit 1570 wieder in Dänemark, beobachtete 1572 eine galaktische Supernova im Sternbild Cassiopeia. 1576 Bau der Sternwarte „Uranienburg" auf der Insel Hven. 1577 Versuch der Parallaxenbestimmung bei dem Kometen dieses Jahres; er stellte fest, daß der Komet wesentlich weiter als der Mond entfernt sein müsse. 1584 Bau einer weiteren Sternwarte, der „Sternenburg", dort Aufstellung seiner großen Mauerquadranten. 1588 Veröffentlichung seiner Planetentheorie. 1597 verließ er Dänemark und wurde 1599 kaiserlicher Mathematiker und Astronom bei Rudolf II. in Prag. 24. 10. 1601 in Prag gestorben; hinterließ Kepler die besten und genauesten Planetenbeobachtungen seiner Zeit.
1582	Gregorianische Kalenderreform.
1596	Fabricius entdeckt die Veränderlichkeit von Omikron Ceti.
1600	Giordano Bruno, Dominikanermönch, geb. 1548, erklärte das All für unendlich, die Sonne war für ihn nicht Mittelpunkt der Welt, sondern es gäbe unendlich viele Welten, von denen jede ihre eigene Sonne hätte. Er wurde in Rom auf dem Scheiterhaufen verbrannt.
um 1600	Johann Napir (1550–1617) und Jost Bürgi (1552–1632) entdecken unabhängig voneinander die Logarithmen als Rechenhilfe.
1603	Bayer: „Uranometria nova".
1608	Lippershey aus Middelburg in Holland erfindet das Fernrohr.
1609	Galileo Galilei, geb. 15. 2. 1564 in Pisa. 1589 Professor für Mathematik an der Universität Pisa. 1592 Professor in Padua. 1602 fand die Gesetze des freien Falls sowie die Schwingungsgesetze des Pendels. 1609 baute das Fernrohr des Holländers Lippershey nach, wandte dies als erster auf Himmelsbeobachtungen an und entdeckte so die Mondgebirge, die vier Jupitermonde, die Sonnenflecken (gleichzeitig mit anderen), den Ring des Saturns und den Phasenwechsel der Venus. 1610 Hofmathematiker in Florenz, setzte sich dort leidenschaftlich in Rede und Schrift für die kopernikanische Lehre ein. 1616 vor die Inquisition geladen und ermahnt, die „falsche" Lehre des Kopernikus nicht weiter zu verbreiten. 1632 Erscheinen des „Dialogo sopra i due sisteni del mondo".

1633 erneut vor der Inquisation, muß der kopernikanischen Lehre abschwören, nach kurzer, milder Haft siedelt er in sein Landhaus nach Arcetri über; 1637 erblindet er.
Am 8. 1. 1642 in Arcetri gestorben.

1609   Johannes Kepler geb. 27. 12. 1571 in Weil der Stadt.
1584–1589 Klosterschüler in Adelsberg und Maulbronn.
1589 Universität Tübingen, studierte Mathematik unter dem Professor Michael Maestlin.
1591 Magisterwürde.
1594 Professor und Landschaftsmathematiker in Graz.
1596 erstes astronomisches Werk „Mysterium cosmographicum".
1600 Übersiedlung nach Prag als Assistent Tycho Brahes.
1601 nach Brahes Tod wird er kaiserlicher Hofastronom und Mathematiker Rudolfs II.
1609 „Astronomia nova", enthält den Flächensatz (1602) und den Ellipsensatz (1605).
1611 „Dioptrice" enthält den ersten Entwurf für das Keplersche Fernrohr.
1619 „Harmonices mundi", enthält das 3. Keplersche Gesetz.
1621 Hexenprozeß gegen die Mutter Keplers.
1626 Übersiedlung nach Ulm; Druck der „Tabulae Rudolphinae".
1630 Reise zum Reichstag nach Regensburg; dort gestorben am 15. 11. 1630.

1612   Simon Marius entdeckt den Andromedanebel.
1614   Snellius bildet die Methode der Triangulation aus.
1618   Cysat entdeckt den Orionnebel.
1630   Christoph Schreiner SJ (1573–1650): „Rosa Ursina zu Bracciano" erscheint; dieses Werk beschäftigt sich eingehend mit den Sonnenflekken, der Rotationsperiode der Sonne und mit einer Theorie des teleskopischen Sehens.
1642   Gründung der Sternwarte Kopenhagen.
1647   Johannes Hevel (lat. Hevelius) 1611–1687 in Danzig: Sein Hauptwerk „Selenographia" erscheint.
1661   Hevels Sternverzeichnis erscheint; letzter mit Visierinstrumenten beobachteter Sternkatalog.
1661   Gregory baut ein Spiegelteleskop.
1661   Childry beobachtet und beschreibt das Zodiakallicht.
1667   Montanari entdeckt die Helligkeitsänderung von Beta Persei.
1667   Bau und Gründung der Pariser Sternwarte.
1668   Hevel beschreibt die Kometenbahn als Wurflinie.
1669   Picard erkennt die Abhängigkeit der Strahlenbrechung vom Luftdruck und von der Temperatur.
1669–1670   Picard gibt einen zuverlässigen Wert für den Erdradius (aus der Gradmessung bei Paris).
1671   Cassini (1625–1712) bestimmt aus Pendelmessungen die Abplattung der Erde. Mit einem Luftfernrohr von 11–14 m Länge entdeckt er vier Saturnmonde und die nach ihm benannte Teilung des Saturnrings.
1672   Cassini und Richer beobachten die Parallaxe von Mars und berechnen daraus mit Hilfe des 3. Keplerschen Gesetzes den Erdbahnhalbmesser (Sonnenparallaxe = $9\frac{1}{2}$ Bogensekunden).

A 4.5 Newton und seine Zeit
1672   die Bauweise von Spiegelteleskopen wird von Newton und Cassegrain beschrieben.

1672	G. F. Manaldi und Huygens sehen weißliche Flecken an den Marspolen.
1673	Christian Huygens (1629–1695) konstruiert die erste brauchbare Pendeluhr.
1675	Observatorium zu Greenwich entsteht.
1676	Olaf Römer (1644–1710) bestimmt die Lichtgeschwindigkeit aus der Verfinsterung der Jupitermonde.
1679	Edmund Halley (1656–1742): Erstes Sternverzeichnis des Südhimmels aufgrund von Beobachtungen auf St. Helena wird veröffentlicht; 1763 durch Lacaille um 10 000 Sterne erweitert.
seit 1679	Pariser Jahrbuch (Connaissance des Temps).
1681	Dörfel erkennt, daß die Kometenbahn eine Parabel mit der Sonne als Brennpunkt ist.
1684	Huygens baut ein Luftfernrohr (57 mm Öffnung, 3 300 mm Brennweite) und erkennt damit die wahre Gestalt von Saturn und seinem Ring, ferner entdeckt er damit den Saturnmond Titan.
1686	Nic. Fatio weist nach, daß es sich beim Zodiakallicht um eine regelmäßig wiederkehrende Lichterscheinung handelt.
1687	Isaac Newton, geboren 4. 1. 1643 in Woolstrope in Lincolnshire. 1661 Besuch der Universität Cambridge. 1669 dort Professor für Mathematik. 1671 Konstruktion eines Spiegelteleskops. 1672 Mitglied der Royal Society. 1687 erscheint sein Hauptwerk „Philosophiae naturalis principia mathematica", dieses Werk enthält das Gravitationsgesetz und die Erklärung der Präzession. 1696 Aufseher, 1699 Vorsteher der Königlichen Münze. 1703 Präsident der Royal Society. 1704 erscheint sein Werk „Optiks", es enthält eine systematische Zusammenstellung seiner Untersuchungen über das Licht. 1707 „Arithmetica universalis". 1711 in seinem Werk „Analysis" werden die Grundzüge der Infinitesimalrechnung dargestellt. am 31. 3. 1727 starb Newton in Kensington.
1690	Römer entwickelt die parallaktische Montierung.
1700	Berliner Sternwarte entsteht; erster Direktor Gottfried Kirch (1639–1710), sein Sohn Christfried (1694–1740) wird sein Nachfolger.
1704	Römers Mittagskreis wird der Vorläufer des Meridiankreises.
1706	Halley wendet die Methode von Newton, nämlich die parabolische Bahn eines Kometen mit Hilfe des Gravitationsgesetzes zu berechnen, auf 24 Kometenerscheinungen an und erkennt, daß es sich bei den Kometen von 1531, 1607, 1682 um ein und denselben Kometen handeln muß (Umlaufzeit ~75...76 Jahre). Er kündigt für 1758 das Wiedererscheinen dieses Kometen an.
1718	Halley entdeckt durch Vergleich neuerer Kataloge mit dem Sternverzeichnis des Hipparch die Ortsveränderung einiger Fixsterne.
1722	Graham mißt die Stärke des Erdmagnetismus.
1725	John Flamsteed (1646–1719): Seine genauen Beobachtungen liegen den beiden Werken „Historia coelestis Britannica" (enthält alle im nördlichen Europa sichtbaren Sterne bis zur 7. Größenklasse) und „Atlas coelestis" (1729) zugrunde.
1726	Graham gibt die Quecksilber-Kompensation gegen Temperaturschwankungen für Pendeluhren an.

A 4.6 Die Astronomie im 18. Jahrhundert

1728   James Bradley (1692–1762) entdeckt auf der Suche nach Fixstern-Parallaxen die Aberration infolge der endlichen Geschwindigkeit des Lichtes.

1730   Pecenas entdeckt den Gegenschein.

1735   Harrison baut das erste tragbare Chronometer (damit Längenbestimmungen auf See möglich).

1736–1737   Erdvermessungen in Lappland zwecks Feststellung der Erdabplattung.

1736–1743   gleichartige Messungen in Peru.

1744   Leonhard Euler (1707–1783) führte die analytische Behandlung des Zwei-Körperproblems aus und stellte die zehn Integrale des n-Körperproblems auf; sein Hauptwerk „Theoria motuum planetarum et cometarum".

1747   Bradley entdeckt die Nutation.

1750   Thomas Whright: Erstes Werk über den Bau der Welt.

1750   Mauerquadrant von Bird (5'-Teilung, Vernierteilung 30" und Schraubenmikrometer 1").

1752   Tobias Mayer (1723–1762) gab eine Methode zur Längenbestimmung auf See mit Hilfe seiner „Novae tabulae motuum Solis et Lunae".

1755   Immanuel Kant (1724–1804): Erscheinen seiner „Allgemeinen Naturgeschichte und Theorie des Himmels oder Versuch von der Verfassung und dem mechanischen Ursprung des ganzen Weltgebäudes, nach Newtonschen Grundsätzen abgehandelt".

1756   Dollond konstruiert das erste achromatische Objektiv.

1760   Sisson schlägt die als englische Fernrohrmontierung bekanntgewordene Aufstellungsart vor.

1761   Johann Heinrich Lambert (1728–1777) begründete die Photometrie, lieferte Beiträge zur Kometenbahntheorie und stellte in seinen „Kosmologischen Briefen" das ganze System der uns sichtbaren Fixsterne als nicht sphärisch, sondern flach dar, etwa wie eine Scheibe, deren Durchmesser vielfach größer als ihre Dicke ist.

1761 u. 1769   auf Vorschlag Halleys werden an 72 Stationen in drei Erdteilen die Venusdurchgänge beobachtet. Die Beobachtungen 1769 erbrachten eine Sonnenparallaxe von 8".68.

1762   Bradleys Sternkatalog erscheint; er hat eine so große Genauigkeit, daß er im 19. Jahrhundert noch mehrmals bearbeitet wird.

1766   Titius'sche Planetenreihenfolge (Bode 1772).

1767   erstes Erscheinen des Nautical Almanac in London.

1776   Erscheinen des Berliner Jahrbuchs.

1778   Christian Mayer (1719–1783) lenkt die Aufmerksamkeit auf Doppelsterne durch seine Schrift „Gründliche Verteidigung neuer Beobachtungen von Fixsterntrabanten".

1784   Charles Messier (1730–1817): Verzeichnis von 103 nebligen Objekten, 61 davon von ihm selbst gefunden.

1788   Joseph Louis Lagrange (1736–1813) gibt in seinem Werk „Mécanique analytique" exakte Lösungen für gewisse Sonderfälle der Bewegungen dreier Körper an.

A 4.7 Friedrich Wilhelm Herschel

1738   Friedrich Wilhelm Herschel wird am 15. 11. 1738 in Hannover geboren.

1766   erste astronomische Eintragungen im Tagebuch.

1773   erster Versuch im Fernrohrbau, Selbstbau eines Gregory-Spiegelteleskops.

1781	am 13. 3. findet er im Sternbild Gemini einen neuen Planeten, Uranus; Herschel wird Mitglied der Royal Society.
1782	königlicher Hofastronom, seine Schwester Karoline wird seine Assistentin.
1783	„Über die Eigenbewegung der Sonne und des Sonnensystems". Weiterer Bau von Teleskopen. Beginn der dritten Himmelsdurchmusterung.
1784	Abhandlung über die Natur der Polkappen des Mars, ferner über das Thema „Bau des Himmels", Doppelsternkatalog.
1785	weitere Abhandlungen „Über den Bau des Himmels".
1786	Katalog von 1 000 neuentdeckten Nebeln und Sternhaufen. Baubeginn am großen Reflektor von 40 Fuß Brennweite (122 cm Spiegeldurchmesser und 11,9 m Brennweite).
1787	Entdeckung von zwei Satelliten des Uranus.
1789	Katalog von weiteren neu entdeckten 1 000 Nebeln und Sternhaufen. Vollendung des 40-Fuß-Reflektors. Entdeckung des 6. und 7. Saturnmondes (Enceladus und Mimas).
1791	Abhandlung über „Nebelsterne".
1792	Sohn John Herschel am 7. 3. 1792 geboren.
1794	Abhandlung „Über die Natur und den Bau der Sonne und der Fixsterne".
1796–1799	Untersuchungen über die scheinbare Helligkeit und die Veränderlichkeit der Sterne. Vier Helligkeitskataloge. Abhandlung „Über die raumdurchdringende Kraft der Teleskope".
1800	vier Abhandlungen über die unsichtbaren Wärmestrahlen im Sonnenspektrum (Entdeckung der Infrarotstrahlen).
1802	Katalog von 500 neuen Nebeln und Sternhaufen.
1803	Entdeckung der physischen Natur der Doppelsterne.
1805	Abhandlung über „Richtung und Bewegung der Sonne", Bestimmung des Sonnenapexes.
1811	„Astronomische Beobachtungen über den Bau des Himmels".
1814–1817	Arbeiten über die räumliche Verteilung der Sterne, über die Milchstraße.
1821	Präsident der Royal Astronomical Society; Doppelsternkatalog.
1822	Sir William Herschel am 25. 8. 1822 in Slough gestorben.
1822–1838	John Herschel setzt die Beobachtungen seines Vaters fort, seit 1834 am Kap der Guten Hoffnung.

A 4.8 Das 19. Jahrhundert

1799	Pierre-Simon Laplace (1749–1827) entdeckt die Unveränderlichkeit der großen Achsen der Planetenbahnen, sein Hauptwerk „Mécanique Céleste" (5 Bände) erscheint.
1799	Alexander von Humboldt: Leonidenbeobachtungen.
1799	Brandes und Benzenberger bestimmen durch korrespondierende Beobachtungen die Höhe der Meteore.
1801	Piazzi in Palermo entdeckt den ersten Kleinen Planeten Ceres.
1802	Olbers entdeckt den Kleinen Planeten Pallas.
1802	Wollaston baut Spaltspektrographen.
1804	Hardung entdeckt den Kleinen Planeten Juno.
1807	Olbers entdeckt Vesta.
1809	Karl Friedrich Gauß (1777–1855) veröffentlicht seine klassische Methode zur Berechnung von Planetenbahnen in seinem Werk „Theoria motus corporum coelestium".
1814	Joseph von Fraunhofer (1787–1826) erkennt im Spektrum der Sonne eine große Anzahl dunkler Linien.

1821	die Fachzeitschrift „Astronomische Nachrichten" durch Heinrich Schumacher (1780–1850) gegründet.
1821–1825	Friedrich Wilhelm Bessel (1784–1846) bestimmt genaue Sternpositionen im äquatorialen Koordinatensystem von fast 32 000 Sternen.
1824	mechanische Triebwerke zum Nachführen der Fernrohre werden eingeführt.
1830 u. 1837	Beer und Mädler schaffen eine neue Grundlage der Mondtopographie mit ihren großen Mondkarten.
1831	erstmalige Beobachtung des roten Flecks auf Jupiter.
1833	Wiederkehr des Halleyschen Kometen.
1837	Pouillet macht erste Versuche, die Solarkonstante zu messen.
1838	Bessel bestimmt die Parallaxe von 61 Cygni; W. Struve (1793 bis 1864) und Henderson bestimmen die von Wega und α-Centauri.
1840	Harvardsternwarte gegründet.
1840	Friedrich Wilhelm Argelander (1799–1875) gibt eine Methode an, die die Veränderlichkeit der Sterne quantitativ zu erfassen gestattet.
1841	Bessel bestimmt die Dimensionen des Erdkörpers mit großer Genauigkeit.
1841	erste Mondaufnahme durch John W. Draper auf Daguerreplatten.
1842	Otto Struve (1819–1905) gibt eine Neubestimmung der Präzessionsgrößen.
1842	Protuberanzen werden erstmals eingehend beobachtet.
1842	Dopplereffekt wird als Radialgeschwindigkeit gedeutet.
1843	Heinrich Schwabe (1789–1875) entdeckt die Periodizität der Sonnenfleckenhäufigkeit.
1843	W. Struve bestimmt den Längenunterschied Pulkowo–Altona.
1844	Argelanders „Aufforderung an die Freunde der Astronomie zur Beobachtung der Veränderlichen Sterne".
1845	Zerfall des Bielaschen Kometen wird beobachtet.
1845	Lord Rosse erkennt die Struktur der Spiralnebel.
1846	Urbain Leverrier (1811–1877) berechnete aus Störungen der Uranusbahn den mutmaßlichen Ort eines noch unbekannten Planeten, der am 23. 9. 1846 von Johann Gottfried Galle (1812 bis 1910) in Berlin gefunden und Neptun genannt wurde.
1848	J. R. Mayer: Energieprinzip, Wärmeäquivalent.
1849	Fizeau: Erste Bestimmung der Lichtgeschwindigkeit auf der Erde.
1851	Christian August Peters (1806–1880) schließt aus der gestörten Eigenbewegung des Sirius auf einen dunklen Begleiter.
1851	Foucault: Pendelversuch.
1852	R. Wolf bestimmt die Sonnenfleckenperiode zu 11,1 Jahren.
1852–1859	Argelander-Schönfeld-Krüger: Bonner Durchmusterung.
1853	Helmholtz stellt seine Kontraktionstheorie auf als Erklärungsversuch für die Sonnenenergie.
1854	Bernhard Riemann (1826–1866): Nichteuklidische Geometrie.
1854	auf Vorschlag von Pogson wird die Helligkeitsskala neu festgesetzt.
1857	Peter Andreas Hansen (1795–1874): „Tables de la Lune".
1857	Bond: Erste Astrophotographie.
1858–1877	Leverrier: Tafeln der großen Planeten.
1859	Richard Carrington (1826–1875) stellt beschleunigte Rotation der Äquatorzone der Sonne fest.
1859	Kirchhoff und Bunsen finden das Prinzip der Spektralanalyse.
1859	Weber und Fechner: psychophysisches Grundgesetz.
1860–1870	Angelo Secchi (1818–1878) wendet die Spektroskopie auf die Fixsterne an und schafft die Anfänge einer Spektralklassifikation.
1862	A. Clark entdeckt den Begleiter von Sirius.

1862	Arthur v. Auwers (1838–1915) berechnet die Bahn des Prokyonbegleiters.
1863	Astronomische Gesellschaft als Fachvereinigung gegründet.
1864	William Huggins (1824–1910) bemerkt als erster die Emissionslinien in den Spektren von Nebeln.
1864	John Herschel: Verzeichnis von 6245 Nebel- und Sternhaufen.
1866	Giovanni Virginio Schiaparelli (1835–1910) beweist den Zusammenhang zwischen Kometen und Meteorschwärmen.
1868	Jules Janssen (1824–1907) und Norman Lockyer (1836–1920) machten die Sonnenprotuberanzen mit einem Spektroskop jederzeit sichtbar.
1868	Lockyer entdeckt das Helium auf der Sonne.
1869	Lane: Sterne sind Gaskugeln im hydrostatischen Gleichgewicht.
1869–1905	Präzissionsmessungen am Meridiankreis für ca. 120000 Sterne; ein Gemeinschaftsunternehmen von 16 Sternwarten unter den Auspizien der Astronomischen Gesellschaft.
1876–1879	Bau des Potsdamer Observatoriums.
1877	Asaph Hall (1829–1881) entdeckt die beiden Marsmonde.
1878	Schiaparellis Marsbeobachtungen.
1879	Auwers: „Fundamentalkatalog ausgewählter Sterne" erscheint.
1879	Michelson bestimmt die Lichtgeschwindigkeit.
seit 1879	E. C. Pickering
1885	Pritchard ⎫ erste brauchbare Helligkeitsmessungen
seit 1886	Müller und Kempf ⎭
1881	erste spektralphotometrische Messung des Sonnenspektrums durch Langley.
1887	erste photographische Himmelsaufnahmen von Max Wolf (1863 bis 1932).
1887	„Carte du Ciel" in Paris beschlossen.
1887	Lick-Refraktor in Betrieb genommen.
1887	Theodor von Oppolzer (1841–1886): Canon der Finsternisse.
1888	Rowland's photographische Wiedergabe des Sonnenspektrums erscheint; insgesamt etwa 20000 vermessene Linien.
1888	Friedrich Küstner (1856–1936) entdeckt die Polbewegung (Anlaß zur Begründung des internationalen Breitendienstes).
1888–1901	Nils Dunér (1839–1914): Nachweis der Rotationsperiode der Sonne durch spektroskopische Untersuchungen.
1889	Henri Poincaré (1854–1912) entdeckt die Existenz periodischer Lösungen im allgemeinen Drei-Körperproblem. Er weist auch nach, daß außer den zehn bekannten, aber für die allgemeine Lösung des Vielkörperproblems nicht ausreichenden Integralen, keine weiteren existieren.
1889	Edward Charles Pickering (1846–1919) entdeckt im Spektrum von ζ UMa gelegentliche Verdopplung der Linien; er schließt daraus auf einen Doppelstern.
1889	Hermann Carl Vogel (1841–1907) weist bei Algol eine Linienverschiebung im Spektrum nach; daraus auf Doppelsternnatur geschlossen.
1890	Vogel und Scheiner: erste Messungen von Radialgeschwindigkeiten.
1890	Michelson mißt auf dem Mt. Wilson den Abstand sehr enger Doppelsterne und die Durchmesser einiger heller Sterne mit einem Interferometer.
1892	Hale und Deslandres führen die Photographie der Sonnenoberfläche im Lichte einzelner Spektrallinien ein.
1892	Barnard entdeckt den fünften Jupitermond.
1892–1932	Córdoba-Durchmusterung.
1893	Mitteleuropäische Zeit (MEZ) wird in Deutschland eingeführt.

1895	photographische Entdeckung kurzperiodischer Veränderlicher in Kugelhaufen durch Bailey.
1895	Belopolsky entdeckt, daß die Radialgeschwindigkeitskurve, bei periodisch Veränderlichen spiegelbildlich zur Lichtkurve verläuft.
1896	Pariser photographischer Mondatlas von Loewy und Puiseux.
seit 1897	Georg Hill (1838–1914) und Simon Newcomb (1835–1909): Planetentafeln auf verbesserter Grundlage.
1898	Newcomb: Weitere Untersuchungen der Präzessionsgrößen.
1898	Sternwarte auf dem Königstuhl bei Heidelberg gegründet.
1898	Witt entdeckt den Kleinen Planeten Eros.
1898	Hugo von Seeliger (1849–1924) und Jacobus Kapteyn (1851 bis 1922): Einführung der Leuchtkraftfunktion; mit statistischen Methoden Untersuchungen der räumlichen Verteilung der Sterne (Stellarstatistik).
1899	Johann Georg Hagen SJ (1847–1930): „Atlas stellarum variabilium".

A 4.9 Astronomie und Astrophysik in der 1. Hälfte des 20. Jahrhunderts

um 1900	Küstner: Genauigkeit eines mit Meridiankreis gemessenen Fixsternorts $0\rlap{.}''27$ (bei Hipparch $240''$, bei Brahe $25''$, bei Bradley $2''$, bei Bessel $0\rlap{.}''7$).
1900	Messung der Gesamtstrahlung der Sonne als Grundlage der Temperaturbestimmung durch Langley und Abbot.
1901	Aufstellen einer neuen Spektralklassifikation durch Pickering und Miß Cannon.
1902	Langley führt ein genaues Verfahren zur Messung der Solarkonstanten mittels Pyrheliometern ein.
1902	Poincaré: Untersuchungen über gleichmäßig zusammengesetzte Flüssigkeiten bei langsamer Drehung (Rotationsellipsoid–Dreiachsiges-Ellipsoid–birnenförmige Figur–Zerfall bei homogener Masseverteilung in zwei sich umkreisende Körper).
1903	Stereokomparator von Pulfrich erfunden.
1904	Kapteyn entwickelt aus der Beobachtung gewisser Vorzugsrichtungen in den Sternbewegungen die Vorstellungen zweier sich durchdringender Sternströme.
1904	Johannes Hartmann (1865–1936) entdeckt die „ruhenden Kalziumlinien" in Sternspektren und schließt auf ihren interstellaren Ursprung.
1905	Albert Einstein (1879–1955): Spezielle Relativitätstheorie.
1906	Kapteyn: Eichfelderplan.
1906	M. Wolf und A. Kopff entdecken die ersten Trojaner.
1907	Karl Schwarzschild (1873–1916) erklärt das Phänomen der beobachteten Vorzugsrichtungen in der Bewegung der Sterne durch seine Theorie der ellipsoidischen Geschwindigkeitsverteilung.
1907	Robert Emden (1862–1940): „Gaskugeln".
1908	Hale weist das Vorhandensein magnetischer Kraftfelder in den Sonnenflecken nach (Zeemanneffekt).
1908	Melotte entdeckt den 8. Jupitermond.
1909	Ernest William Brown (1866–1938): Mondtheorie und Mondtafeln.
1909	Wilsing und Schreiner geben erste zuverlässige Werte von Fixsterntemperaturen.
1910	Lewis Boss (1846–1912): Fundamentalkatalog „Preliminary General Catalogue of 6 188 Stars".
1910	Längenbestimmung: Erster Versuch der Zeitvergleichung mittels drahtloser Telegraphie.

1910	Schwarzschild veröffentlicht den ersten größeren Katalog exakt gemessener Sternhelligkeiten.
1910	Schlesinger entwickelt Methoden zur photographischen Bestimmung von Fixsternparallaxen.
1911	William W. Campbell (1862–1923) findet die ersten Schnelläufer.
1912	V. F. Hess weist bei Ballonaufstiegen die Existenz der Kosmischen Strahlung (Höhenstrahlung) nach.
1912	Miß Leavitt findet die Perioden-Helligkeitsbeziehung.
1912	Slipher weist nach, daß das Leuchten gewisser Nebel auf reine Reflexion von Sternlicht zurückzuführen ist.
1913	Hertzsprung-Russell-Diagramm.
1913	Paul Guthnick (1879–1947) führte die lichtelektrischen Methoden in die Astrophotometrie ein.
1913	Shapley berechnet die Zustandsgrößen von 87 Bedeckungsveränderlichen.
1914	Adams und Kohlschütter finden Spektralkriterien zur Bestimmung der absoluten Helligkeit (spektroskopische Parallaxenmethode).
1914	Nicholson entdeckt den 9. Jupitermond.
1915	Einsteins allgemeine Relativitätstheorie.
1916	Arthur Stanley Eddington (1882–1944): Innerer Aufbau der Sterne.
1918	Shapleys Untersuchungen über die räumliche Verteilung der Kugelsternhaufen.
1918	Henry Draper-Katalog; enthält die Spektraltypen für 225 300 Sterne.
1918	Aufstellung des 100-inch(2,50 m)-Spiegels auf dem Mt. Wilson.
1919	Gründung der Internationalen Astronomischen Union (IAU).
1920	Saha entwickelt die Theorie der Ionisation in Sternatmosphären.
1920	Wolf beweist aus Sternzählungen die Existenz von Dunkelwolken und gibt eine Methode zu deren Entfernungsbestimmung.
1921	Bernewitz entdeckt die große Dichte des Siriusbegleiters (Weiße Zwerge).
1922	Duncan findet in dem Spiralnebel M33 veränderliche Sterne, deren Typ er nicht erkennen kann.
1922	Hubble entdeckt, daß Emissionsnebel nur dann auftreten, wenn das Spektrum des beleuchtenden Sterns früher als B1 ist.
1923	Hubble bestimmt die Entfernung zweier naher Spiralnebel mittels darin aufgefundener kurzperiodischer Veränderlicher zu 700 000 Lichtjahren. Damit wurde entschieden, daß Spiralnebel selbständige Sternsysteme sind.
1925	Oort und Lindblad finden die differentielle Rotation unseres Sternsystems, des Milchstraßensystems.
1929	Hubble erkennt, daß die Rotverschiebung in den Spektren der Spiralnebel proportional der Entfernung ist.
1929	Marrison konstruiert die erste Quarzuhr.
1930	C. W. Tombaugh entdeckt Pluto.
1931	Lyot baut den ersten Koronographen.
1932	K. G. Jansky empfängt Radiostrahlen aus der Milchstraße bei einer Wellenlänge von 12 bis 14 m.
1932	Bernhard Schmidt (1879–1935) konstruiert den ersten komafreien Spiegel (Schmidt-Spiegel).
1935	Schlesinger „General Catalogue of Stellar Parallaxes".
1938	Göttinger spektralphotometrische Messungen (Kienle, Wempe, Straßl).
1938	Bethe-Weizsäcker-Zyklus der Energieerzeugung in Sternen.
1939	G. Reber bestätigt Janskys Entdeckung der Radiostrahlung.
1940	thermische Strahlung von Mond, Venus und Jupiter wird gefunden.
1940–1950	Bau des 200-inch-Teleskops auf dem Mt. Palomar.

A 4.10 Astronomie nach 1950

1942   Hey entdeckt die galaktische Komponente der allgemeinen Radiofrequenzstrahlung bei einer Wellenlänge von 4–6 m.

1942   Southworth entdeckt die extragalaktische Komponente der Radiostrahlung.

1944   Radarecho an Meteoren wird beobachtet.

1944   W. Baade erkennt unter den Sternen nach ihrer Anordnung im Hertzsprung-Russell-Diagramm zwei Populationen.

1945   Radarecho vom Mond festgestellt.

1945   van de Hulst weist darauf hin, daß im Raum eine Spektrallinie des neutralen Wasserstoffs bei 21 cm beobachtbar sein müßte.

1946   D. F. Martyn findet die Radiostrahlung der „gestörten" Sonne im Meter-Wellenlängenbereich (thermische Strahlung der Korona) sowie die Strahlung der ungestörten Sonne im Zentimeter-Bereich (aus der Chromosphäre).

1947   Ambarzumian findet Sternassoziationen.

1949   Ewen, Purcell und Westerhout finden die von van de Hulst vorhergesagte 21-cm-Linie.

A 4.10 Astronomie, Astrophysik, Kosmologie und Weltraumforschung nach 1950

1952   Walter Baade (1893–1960) weist nach, daß die Entfernungsskala für Galaxien, wegen Fehlbestimmung der Cepheiden-Helligkeiten, zu klein angenommen worden war.

1954   Entdeckung der Radiogalaxien.

1954   Entdeckung von Sternen mit außerordentlich starkem Magnetfeld.

Ab 1955 Berechnung der zeitlichen Entwicklung von Sternen mit Hilfe von Computern.

1957   am 4. Okt. Start des ersten künstlichen Erdsatelliten Sputnik 1.

1958   Van Allen entdeckt in den vom Satelliten Explorer 1 gefunkten Daten den nach ihm benannten Strahlengürtel der Erde.

Ab 1958 Einsatz von Ballon-Teleskopen zur Erforschung der Sonne und zu Beobachtungen außerhalb der Erdatmosphäre.

1959   Luna 3 gewinnt die erste Aufnahme von der Rückseite des Mondes. Weitere Daten zur Erforschung des Mondes in 2.6.2.

1960   Entdeckung des ersten Quasi Stellar Radio Objects (QSO), einer Gruppe optisch identifizierbarer Radioquellen sternartigen Aussehens, später Quasare genannt.

1961   erster bemannter Raumflug mit Juri Gagarin.

1961   erste Raumsonde zum Planeten Venus. Weitere Daten zur Erforschung von Venus siehe 3.5.2.

1961   Nachweis der Gamma- und Partikelstrahlung der Sonne.

1962   Unterzeichnung eines Vertrages zwecks Gründung des European Southern Observatory (ESO) durch die fünf Staaten: Belgien, Bundesrepublik Deutschland, Frankreich, der Niederlande und Schweden.

1963   M. Schmidt und J. L. Greenstein erkennen in den Spektren der Quasare die starken Rotverschiebungen der Spektrallinien.

1963   Einführung des 4. Fundamentalkatalogs (FK4), erstellt am Astronomischen Rechen-Institut, Heidelberg.

1964   erstmals Registrierung kosmischer Röntgenstrahlung mit Hilfe von Raketen. Quellen: im Sternbild Skorpion, der Crab-Nebel und Sagittarius A (galaktisches Zentrum).

1965   Raumsonde Mariner 4 nähert sich Mars bis auf 13 000 km und funkt 21 Aufnahmen von der Planetenoberfläche zur Erde. Weitere Daten zur Erforschung von Mars in 3.5.3.

1965	A. A. Penzias und R. W. Wilson entdecken eine kosmische Schwarze Körperstrahlung von ca. 3 K, deren Ursprung im Feuerball (Big Bang) bei der Entstehung des Universums gesehen wird.
1966/1967	zahlreiche Raumfahrtunternehmungen zum Mond und zum Planeten Venus; siehe in 2.6.2 und 3.5.2.
1968	A. Hewish und S. J. Bell u. a. geben die Entdeckung einer neuen Klasse pulsierender Radioquellen bekannt, der Pulsare, die dann als schnellrotierende Neutronensterne erkannt werden.
1968	erster bemannter Flug zum Mond und 10malige Mondumrundung.
1968	erste größere Experimente zum Nachweis solarer Neutrinos.
1969	der Pulsar NP 0532 wird als Zentralstern des Crab-Nebels, der Supernova von 1054, identifiziert. Die Pulsationen werden auch im visuellen Spektralbereich nachgewiesen.
1969	am 21. Juli betritt N. Armstrong als erster Mensch den Mond.
1969	Entdeckung der Radiospektrallinie des ersten organischen, mehratomischen Moleküls, des Formaldehyds, im interstellaren Raum.
1970	Start des Satelliten UHURU, des ersten ausschließlich für die Beobachtung kosmischer Röntgenquellen gebauten Satelliten.
1970	die Radioteleskope von Green Bank (Virginia, USA) und Parkes (Australien) werden zu einem „Very-long-baseline-Interferometer" zusammengeschlossen.
1970	der seit langem bekannte „Veränderliche" BL Lacertae wird als ein besonderer Typ aktiver Galaxien erkannt.
1971	das 100-m-Radioteleskop des Max-Planck-Instituts für Radioastronomie, Bonn, der derzeit größte voll schwenkbare Radiospiegel, wird in Dienst gestellt.
1971	die ersten Röntgenpulsare werden entdeckt.
1972	Gründung des „Deutsch-Spanischen Astronomischen Zentrums" und Beginn des Baus der Sternwarte des Max-Planck-Instituts für Astronomie auf dem Cala Alto bei Almeria/Spanien.
1972	der Veränderliche HZ Herculis wird als „Röntgenstern" identifiziert.
1973	erste Raumsonde an Jupiter vorbeigeflogen. Weitere Daten zur Erforschung Jupiters in 3.5.4.
1974	erste Bilder von der Merkuroberfläche werden durch die Raumsonde Mariner 10 übermittelt. Siehe dazu in 3.5.1.
1974	der Nobelpreis für Physik wird an Martin Ryle und Anthony Hewish vergeben. Ersterer erhielt ihn für die Entwicklung der Radiointerferometer. Hewish für seinen Anteil an der Entdeckung und Erforschung der Pulsare.
1976	Landung der beiden Planetensonden Viking 1 und 2 auf Mars. Siehe dazu auch 3.5.3.
1977	aus der Analyse der Bahndaten des Röntgenstern-Systems Cyg X-1 ergeben sich Hinweise, daß der unsichtbare Begleiter ein „Schwarzes Loch" ist.
1977	bei einer Sternbedeckung durch den Planeten Uranus wird durch Zufall dessen Ringsystem entdeckt. Siehe auch in 3.5.6.
1978	der Nobelpreis für Physik wird an Arno Penzias und Robert W. Wilson für die Entdeckung der 3-Kelvin-Hintergrund-Strahlung (1965) verliehen.
1978	Entdeckung eines Pluto-Mondes; er erhielt den Namen Charon; siehe auch in 3.5.8.
1979	erster Vorbeiflug einer Raumsonde an Saturn. Weitere Daten zur Erforschung Saturns in 3.5.5.
1979	Inbetriebnahme des „Multi-Mirror-Telescops" auf dem Mt. Hopkins, Arizona, USA, eines neuen Teleskoptyps, hier aus 6 Spiegeln bestehend, deren jeweilige Bilder präzise überlagert werden.

1979   die Raumsonde Voyager 1 entdeckt ein Ringsystem um den Planeten Jupiter; siehe auch in 3.5.4.

1980   Inbetriebnahme des 3,8-m-Infrarot-Teleskops auf dem 4 200 Meter hohen Mauna Kea auf Hawaii.

1983   der Nobelpreis für Physik wird an Subrahmanyan Chandrasekhar und William A. Fowler verliehen. Ersterer erhielt den Preis für seine theoretischen Arbeiten zur Struktur und Entwicklung der Sterne, letzterer für seine Arbeiten zur Entstehung der chemischen Elemente im Kosmos.

A 5 Literatur

Dem breiten „Spektrum" der Benutzer dieses Handbuches entsprechend wurde das Literaturverzeichnis angelegt. Es weist allgemeine, einführende und auch sehr spezielle Fachliteratur zu den einzelnen Sach- und Forschungsgebieten nach. Die Bearbeiter sind sich der bestehenden Lückenhaftigkeit (besonders in einzelnen Fachgebieten) wohl bewußt. Die Aufnahme bzw. die Nichtaufnahme eines Werkes in dieses Verzeichnis erfolgte nicht nach irgendwelchen qualitativen Gesichtspunkten.

Im einzelnen ist noch zu sagen: Die Einteilung in Kapitel entspricht im großen und ganzen der Einteilung des Stoffes dieses Handbuches. Bei der Suche nach geeigneter weiterführender Literatur gehe man immer erst von den allgmeinen und zusammenfassenden Darstellungen bzw. den großen Handbüchern aus. Nur bei Fragen an die Grenz- und Randgebiete astronomischer Forschung oder bei der Suche nach Arbeitsmitteln sollte man direkt zum speziellen Werk greifen.

In den einzelnen Abschnitten sind die Titel rückschreitend chronologisch geordnet, so daß man die neueste Literatur an der Spitze findet. Die Angaben zu den einzelnen Titeln bringen alles, was man zur bibliographischen Feststellung und zum Bestellen eines Buches braucht. Im deutschsprachigen Raum erscheint seit 1962 eine Monatszeitschrift, deren Aufgabe u. a. in der Darstellung der gegenwärtigen Forschungsziele, -methoden und -ergebnisse besteht. Diese Zeitschrift – Sterne und Weltraum (abgekürzt SuW) – erscheint im Verlag Sterne und Weltraum Dr. H. Vehrenberg GmbH, Portiastraße 10, D – 8000 München 90. – Gerade wer über die jüngsten Entwicklungen in Astronomie und Weltraumforschung unterrichtet sein will – etwa über Einzelergebnisse der Mond- und Planetenforschung, über Neutronensterne oder Quasare –, der sollte zu den letzten Jahrgängen einer Zeitschrift greifen, die nicht in speziellen Facharbeiten, sondern im Stil dieses Handbuchs berichtet.

A 5.1. Allgemeine Abhandlungen, Gesamtdarstellungen

A 5.1.1 Allgemein verständliche Darstellungen

Kippenhahn, R.: Licht vom Rand der Welt. Das Universum und sein Anfang. Stuttgart 1984. Deutsche Verlags-Anstalt.

Fritzsch, H.: Vom Urknall zum Zerfall. (Die Welt zwischen Anfang und Ende). München 1983. Piper Verlag.

Unsöld, A.: Evolution kosmischer, biologischer und geistiger Strukturen. Stuttgart [2]1983. Wiss. Verlagsgesellschaft.

Ronan, C. A.: Das Kosmosbuch der Sterne. (Dt. durch H.-M. Hahn) Stuttgart 1982. Franckh'sche Verlagshandlung.

Sagan, C.: Cosmos. New York 1980. Dt. Ausgabe: Unser Kosmos, eine Reise durch das Weltall. München, Zürich 1982. Birkhäuser.

Büdeler, W.: Faszinierendes Weltall. Stuttgart 1981. Deutsche Verlags-Anstalt.

Kippenhahn, R.: Hundert Milliarden Sonnen. München, Zürich [3]1981. R. Piper und Co. Verlag.

Baker, D. und D. A. Hardy: Der Kosmos-Sternführer. Planeten, Sterne, Galaxien. Stuttgart 1979. Franckh'sche Verlagshandlung.

Herrmann, D. B.: Entdecker des Himmels. Köln 1979. Pahl-Rugenstein Verlag.

A5.1 Allgemeine Abhandlungen

Zimmer, H.: Astronomie 2000. Das neue Weltbild der Astrophysik. Berlin, Wien, Frankfurt 1979. Ullstein GmbH.

Büdeler, W.: Blick ins Weltall. München 1978. Mosaik Verlag.

Gerstenberger, M.: Astronomie des Alltags. Stuttgart 1976. Franckh'sche Verlagshandlung.

Heckmann, O.: Sterne, Kosmos, Weltmodelle. Erlebte Astronomie. München 1976. R. Piper und Co. Verlag.

Schaifers, K.: Geschwister der Sonne. Hamburg 1976. Hoffmann und Campe.

Ahnert, P.: Kleine praktische Astronomie. Leipzig 1974. J. A. Barth.

Osten-Sacken, P. von der: Die neue Kosmologie. Düsseldorf 1974. Econ Verlag.

Friedemann, C.: Das Weltall. Eine moderne Kosmogonie. Leipzig-Jena-Berlin ^{3}1973. Urania Verlag.

Störig, H. J.: Knaurs Buch der modernen Astronomie. Zürich-München 1973. Droemersche Verlagsanstalt.

Lindner, H.: Physik im Kosmos. Köln 1971. Aulis-Verlag.

Schütte, K.: Unser astronomisches Weltbild heute. Freiburg i. Br. 1971. Herder Bücherei.

Bastian, H.: Astronomie. Berlin, Darmstadt, Wien 1970. Deutsche Buch-Gemeinschaft.

Krause, A., C. Fischer: Himmelskunde für jedermann. Stuttgart ^{6}1970. Kosmos-Verlag.

Moore, P.: Hallwag-Weltraumatlas. Bern und Stuttgart 1970. Hallwag-Verlag.

Herrmann, J.: Gesetze des Weltalls. Stuttgart 1969. Kosmos-Verlag.

Rohr, H.: Strahlendes Weltall. Zürich und Stuttgart 1969. Rascher-Verlag.

Schatzmann, E. L.: Die Grenzen der Unendlichkeit. München 1968. Kindler-Verlag.

Herrmann, J.: Sternfreunde fragen. Stuttgart 1966. Franckh'sche Verlagshandlung.

Grau, M.: Raum-Zeit-Ewigkeit. Das astronomische Weltbild heute. München 1965. Verlag J. Pfeiffer.

Bergamini, D. und die Redaktion von Life: Das Weltall. Time-Life International (Nederland) N. V. 1964.

Kühn, R.: Astronomie populär. München ^{2}1964. Nymphenburger Verlagshandlung und Deutscher Taschenbuch Verlag.

Schaifers, K.: Meyers Sternbuch für Kinder. Petra lernt den Himmel kennen. Mannheim 1964. Bibliographisches Institut.

Verhülsdonk, E.: Das kosmische Abenteuer. Frankfurt a. M. 1964. Verlag J. Knecht.

Kühn, R.: Die Himmel erzählen. München 1962. Droemersche Verlagsanstalt. Th. Knaur Nachf.

Bürgel, B. H.: Aus fernen Welten. Berlin 1958. Ullstein Verlag.

A5.1.2 Einführungen, Lehrbücher der Astronomie und Astrophysik

Scheffler, H., H. Elsässer: Bau und Physik der Galaxis. Mannheim/Wien/Zürich 1982. Bibliographisches Institut, Wissenschaftsverlag.

Henkel., H. R.: Astronomie. Frankfurt a. M. 1982. Verlag Harri Deutsch.

621

Shu, F. H.: The physical universe. University Science Books, Mill Valley, 1982.

Weigert, A., H. J. Wendker: Astronomie und Astrophysik – ein Grundkurs. Weinheim 1982. Physik Verlag.

Giese, R.-H.: Einführung in die Astronomie. Darmstadt 1981. Wissenschaftliche Buchgesellschaft. Lizenzausgabe Bibliographisches Institut Mannheim.

Unsöld, A. und B. Baschek: Der neue Kosmos. Berlin, Heidelberg, New York [3]1981. Springer-Verlag.

Abell, G. O.: Realm of the Universe. Saunders College, Philadelphia 1980.

Voigt, H.-H.: Abriß der Astronomie, Mannheim [3]1980, Bibliographisches Institut.

Gondolatsch, F., G. Grosschopf u. D. Zimmermann: Astronomie I (Die Sonne und ihre Planeten) Astronomie II (Fixsterne und Sternsysteme). Stuttgart 1979, 1978 (Klett Studienbücher), E. Klett.

Pasachoff, J. M.: Contemporary astronomy. Philadelphia 1977. W. P. Saunders Co.

Roy, A. E. and D. Clarke: Astronomy (Principles and practice): Astronomy (Structure of the universe), Bristol 1977. A. Hilger.

Scheffler, H., H. Elsässer: Physik der Sterne und der Sonne. Mannheim/Wien/Zürich 1974. Bibliographisches Institut, Wissenschaftsverlag.

Meurers, J.: Allgemeine Astronomie. Eine Einführung in die Wissenschaft von den großen Massen und Räumen. Freiburg i. Br. 1972. Verlag Rombach.

Sautter, H.: Astrophysik I und II. Stuttgart 1972. G. Fischer-Verlag UTB.

Pecker, J.-C.: Experimental astronomy. Dordrecht/Holland 1970. D. Reidel Comp.

Minnaert, M. G. J.: Practical work in elementary astronomy. Dordrecht/Holland 1969. D. Reidel Comp.

Brück, H. A. and al.: The new univers. London 1968. Iliffe Books Ltd.

Becker, F.: Einführung in die Astronomie. Mannheim [5]1966. Bibliographisches Insitut.

Baker, R. H.: Astronomy. New York 1964. Van Nostrand Co.

Kienle, H.: Einführung in die Astronomie. München 1963. R. Piper & Co.

Littrow, J. J. v.: Die Wunder des Himmels. Hg. K. Stumpff. Bonn [11]1963. Dümmler Verlag.

Ambarzumjan, V. A. u. a.: Theoretische Astrophysik. (dt. Übers.) Berlin 1957. VEB Deutscher Verlag der Wissenschaften.

Newcomb-Engelmann: Populäre Astronomie. Hg. W. Becker u. a. Leipzig [8]1948. J. A. Barth Verlag.

A 5.1.3 Handbücher, Sammelwerke

Berichte über die „IAU-Symposia" Hg. Internationale Astronomische Union.

The solar system. Hg. B. M. Middlehurst und G. P. Kuiper. Chicago 1953–1966. The University of Chicago Press (5 Bände).

Handbuch der Physik. Hg. S. Flügge. Bd. 50–40 Astrophysik I-V. Heidelberg 1958–1962. Springer-Verlag.

Stars and stellar systems. Hg. G. P. Kuiper und B. M. Middlehurst. Chicago 1960. The University of Chicago Press (9 Bände).

Annual review of astronomy and astrophysics. Hg. L. Goldberg u. a. Palo Alto, Calif. 1963 ff.

Advances in astronomy and astrophysics. Hg. Z. Kopal. New York 1962 ff. Academic Press.

Space research. Amsterdam 1960 ff. North-Holland Publishing Comp.

Vistas in Astronomy. Hg. A. Beer. Oxford 1955 ff. Pergamon Press (bisher 24 Bände).

Transactions of the International Astronomical Union. New York. Academic Press.

A 5.1.4 Bibliographie, Nachschlagewerke, Lexika und allgemeine Tabellen

Landolt-Börnstein: Zahlenwerte und Funktionen. Gruppe VI Vol. 2 Astronomy and Astrophysics. Subvolume c: Interstellar Matter, Galaxy, Universe. Hg. K. Schaifers und H. H. Voigt. Berlin, Heidelberg, New York 1982. Springer-Verlag.

Landolt-Börnstein: Zahlenwerte und Funktionen. Gruppe VI Vol. 2. Astronomy and Astrophysics. Subvolume b: Stars and Star Clusters. Hg. K. Schaifers und H. H. Voigt. Berlin, Heidelberg, New York 1982. Springer-Verlag.

Wepner, W.: Mathematische Hilfsmittel für Studierende und Freunde der Astronomie. Düsseldorf 1982. Treugesell-Verlag.

Landolt-Börnstein. Zahlenwerte und Funktionen. Gruppe VI Vol. 2. Astronomy and Astrophysics. Subvolume a: Methods, Constants, Solar System Hg. K. Schaifers und H. H. Voigt. Berlin, Heidelberg, New York 1981. Springer-Verlag.

Erde und Weltall, Daten und Fakten zum Nachschlagen. Gütersloh 1975. Verlag Bertelsmann.

Lang, K. R.: Astrophysical Formulae. Berlin, Heidelberg, New York 1974. Springer-Verlag.

Allen, C. W.: Astrophysical quantities. London [3]1973. The Athlone Press.

Weigert, A., H. Zimmermann: ABC Astronomie. Hanau [3]1971. Verlag Dausin.

Müller, R.: Astronomische Begriffe. Mannheim 1964. Bibliographisches Institut (SuW-Taschenbuch 2).

Herrmann, J.: Tabellenbuch für Sternfreunde. Stuttgart 1961. Franckh'sche Verlagshandlung.

Stumpff, K.: Das Fischer Lexikon Bd. 4: Astronomie. Frankfurt a. M. 1957. Fischer Bücherei.

Astronomy and Astrophysics Abstracts. Eine Publikation des Astronomischen Rechen-Instituts, Heidelberg. Vol. 1 (1969) ... Berlin, Heidelberg, New York. Springer-Verlag. Derzeitig erscheinen pro Jahr zwei Bände.

Astronomischer Jahresbericht. Die Literatur des Jahres ... Hg. Astronomisches Rechen-Institut in Heidelberg. Berlin. Verlag W. de Gruyter & Co. Mit dem Band 68, Literatur des Jahres 1968, wurde diese Bibliographie eingestellt und ersetzt durch: Astronomy and Astrophysics Abstracts.

A 5 Literatur

A 5.1.5 Für den Astronomieunterricht, Bildbände, Dia-Serien

Schlosser, W. und T. Schmidt-Kaler: Astronomische Musterversuche. Frankfurt 1982. Hirschgrabenverlag.

Giese, R. H., W. Heinke: Astronomie III. Übungsaufgaben mit Lösungen. Stuttgart 1979. Ernst Klett Verlag (Klett Studienbücher).

Mallas, J. H., E. Kreimer: The Messier album. Cambridge Mass. 1978. Sky Publishing Cooperation.

Herrmann, J.: DTV-Atlas zur Astronomie. München 1973. Deutscher Taschenbuch Verlag.

Eisenhuth, A. (Hg.): Das Weltall im Bild. Photographischer Himmelsatlas. Graz, Wien, Köln ²1971. Verlag Styria.

Vehrenberg, H.: Mein Messier-Buch. Düsseldorf ²1970. Treugesell-Verlag.

Wyler, R., G. Ames: Lebendige Astronomie. Das große Buch von Sonne, Mond und Sternen. (Dt. Übers. u. Bearb. H. Bühler). Ravensburg ³1966. Otto Maier Verlag.

Zimmermann, O.: Astronomische Aufgaben für den Physikunterricht. Mannheim 1966. Bibliographisches Institut (SuW-Taschenbuch 5).

Farbige Lichtbildreihen des V-Dia-Verlag Heidelberg 1965. Die Sternwarte (13 Bilder); Die Sonne (14); Die Erde als Planet (13); Der Mond (11); Die Planeten (14); Kometen und Meteore (13); Sternhaufen und galaktische Nebel (13); Astronautik (16).

Sterne und Weltraum im Bild. 99 Photographische Aufnahmen und 43 Seiten Text von J. Herrmann. Mannheim 1965. Bibliographisches Institut (SuW-Taschenbuch 3).

Astronomische Lichtbildreihe: Hg. Institut für Film und Bild in Wissenschaft und Unterricht. München 1957 (Gestirne I-IV; R 381–R 384).

A 5.1.6 Astrologie

Baur, F.: Sternglaube – Sterndeutung – Sternkunde. Frankfurt a. M. 1965. Verlag J. Knecht.

Böttcher, H. M.: Sterne, Schicksal und Propheten. München 1965. Bruckmann K. G.

Freiesleben, H.-C.: Trügen die Sterne? Stuttgart 1963. Kreuz-Verlag.

Herrmann, J.: Das falsche Weltbild. Astrologie und Aberglaube. Stuttgart 1962. Franckh'sche Verlagshandlung.

Reiners, L.: Steht es in den Sternen? Eine wissenschaftliche Untersuchung über Wahrheit und Irrtum der Astrologie. München 1951. Paul List Verlag.

A 5.2 Instrumente und Beobachtungsverfahren

Hachenberg, O., B. Vowinkel: Technische Grundlagen der Radioastronomie. Mannheim/Wien/Zürich 1982. Bibliographisches Institut.

Rohr, R. R. J.: Die Sonnenuhr. Geschichte – Theorie – Funktion. München 1982. Verlag Callwey.

Rohlfs, K.: Radioastronomie; Instrumente, Meßmethoden, Ergebnisse. Darmstadt 1980. Wissenschaftliche Buchgesellschaft.

Laustsen, S., A Reiz (Hg): Auxiliary Instrumentation for large Telescopes. Genf 1972. ESO/Cern.

Ingrao, H. G. (Hg.): New techniques in astronomy (engl. Übers.) New York-London-Paris 1971. Gordon and Breach.

Loske, L. M.: Die Sonnenuhren. Berlin, Heidelberg, New York [2]1970. Springer-Verlag.

Crawford, D. L. (Hg.): The construction of large telescopes. London 1966. Academic Press (IAU-Symposium 27).

Kraus, J. D.: Radio astronomy. New York 1966. McGraw-Hill Book Comp.

Giddis, A. R.: Reflector antennas for radio and radar astronomy. Palo Alto, Calif. 1961. Philco Corporation.

Miczaika, G. R., W. M. Sinton: Tools of the astronomer. Cambridge Mass. 1961. Harvard University Press (Harvard books on astronomy).

Thackeray, A. D.: Astronomical spectroscopy. London 1951. Eyre & Spottiswoode.

Vaucouleurs, G. de: Astronomical photography. London 1961. Faber and Faber.

Riekher, R.: Fernrohre und ihre Meister. Berlin 1957. VEB Verlag Technik.

Wellmann, P.: Radioastronomie. München 1957. Lehnen-Verlag (Dalp-Taschenbuch 340).

King, H. Ch.: The history of the telescopes. London 1955. Charles Griffin & Co.

A 5.3 Amateurastronomie

Roth, G. D.: Taschenbuch für Planetenbeobachter. München 1983. Verlag Sterne und Weltraum.

Beck, R., H. Hilbrecht, K. Reinsch u. P. Völker (Hg.): Handbuch für Sonnenbeobachter. Berlin 1982. Vereinigung der Sternfreunde.

Roth, G. D. (Hg.): Handbuch für Sternfreunde. Berlin-Heidelberg-New York [3]1981. Springer-Verlag.

Herrmann, J.: Der Amateurastronom. Stuttgart 1976. Franckh'sche Verlagshandlung.

Brandt, R.: Himmelsbeobachtungen mit dem Feldstecher. Leipzig, Frankfurt [8]1972. Verlag J. A. Barth.

Rohr, H.: Das Fernrohr für jedermann. Zürich [5]1972. Orell Füssli Verlag.

Roth, G. D.: Refraktor-Selbstbau. München 1971. Verlag Uni-Druck.

Staus, A.: Fernrohrmontierungen und ihre Schutzbauten. München [3]1971. Verlag Uni-Druck.

Wenske, K.: Spiegeloptik. Entwurf und Herstellung astronomischer Spiegelsysteme. Mannheim 1967. Bibliographisches Institut (SuW-Taschenbuch 7).

Brandt, R.: Himmelswunder im Feldstecher. Leipzig [7]1964. J. A. Barth Verlag.

Texereau, J.: G. de Vaucouleurs: Astrophotographie für jedermann. Stuttgart 1964. Franckh'sche Verlagshandlung.

Wood, F. B.: Photoelectric astronomy for amateurs. New York 1963. Macmillan Comp.

Webb, T. W.: Celestial objects for common telescopes, Vol. I and II. New York 1962. Dover Public. Inc.

Schroeder, W.: Praktische Astronomie für Sternfreunde. Stuttgart 1959. Franckh'sche Verlagshandlung.

Brandt, R.: Das Fernrohr des Sternfreundes. Stuttgart 1958. Franckh'sche Verlagshandlung.

Ingalls, A. G.: Amateur telescope making, 3 Bde. New York 1956. Scientific American, Inc.

Kutter, A.: Der Schiefspiegel. Bieberach a. d. Riß 1953. F. Weichardt.

A 5.4 Sphärische Astronomie, Positionsastronomie, Ortsbestimmung, Kartographie, Chronologie

A 5.4.1 Allgemeine Darstellungen, Lehrbücher

Schmidt, W. F.: Astronomische Navigation. Ein Lehr- und Handbuch für Studenten und Praktiker. Berlin-Heidelberg-New York-Tokyo 1983. Springer-Verlag.

Woolard, E. W., G. M. Clemence: Spherical astronomy. New York-London 1966. Academic Press.

Dick, J.: Grundtatsachen der sphärischen Astronomie. Leipzig ²1965. J. A. Barth Verlag.

Podobed, V. V.: Fundamental astrometry. Chicago 1965. The University of Chicago Press.

Kulikov, K. A.: Fundamental constants of astronomy. London 1964. Oldbourne Press.

Fedorov, Y. P.: Nutation and forced motion of the earth's pole. Oxford 1963. Pergamon Press.

Eichel, H.: Ortsbestimmung nach Gestirnen. Stuttgart 1962. Franckh'sche Verlagshandlung.

Kourganoff, V.: Astronomie fondamentale elementaire. Paris 1961. Masson Cie.

Smart, W. M.: Text-book on spherical astronomy. Cambridge Mass. ⁴1960. The University Press.

Danjon, A.: Astronomie generale. Astronomie spherique et elements de mecanique celeste. Paris ²1959. J. & R. Sennac.

Waldmeier, M.: Leitfaden der astronomischen Orts- und Zeitbestimmung. Aarau 1958. Verlag H. R. Sauerländer & Co.

Stumpff, K.: Geographische Ortsbestimmung. Berlin 1955. VEB Verlag der Wissenschaften.

Schaub, W.: Vorlesungen über sphärische Astronomie. Leipzig 1950. Akademie Verlag.

Prey, A.: Einführung in die sphärische Astronomie. Wien 1949. Springer-Verlag.

A 5.4.2 Jahrbücher, Astronomische Kalender, Tabellen

Schütte, K.: Index mathematischer Tafelwerke und Tabellen. München ²1966. R. Oldenbourg.

Interpolations and allied tables. Prepared by H. M. Nautical Almanac Office. London 1956. Her Majesty's Stationary Office.

Bauschinger, J.: Tafeln zur theoretischen Astronomie. Leipzig ²1934.

Astronomische Grundlagen für den Kalender ... Hg. Astronomisches Rechen-Institut in Heidelberg. Karlsruhe. Verlag G. Braun.

Connaissance des Temps ou des mouvements celestes pour l'an... a l'usage des navigateurs, publiee par Le Bureau des Longitudes. Paris. Gauthier-Villars & Cie.

Das Himmelsjahr. Sonne, Mond und Sterne im Jahre... Zusammengestellt von H. N. Keller, Stuttgart. Franckh'sche Verlagshandlung.

Der Sternhimmel... Kleines astronomisches Jahrbuch für Sternfreunde. Aarau. Verlag H. R. Sauerländer & Co.

Himmelskalender... Ein astronomisches Jahrbuch für Österreich. Hg. H. Mucke, K. Mayrhofer, Wien. Verlag H. Mucke.

Kalender für Sternfreunde... Hg. P. Ahnert, Leipzig. J. B. Barth Verlag.

Scheinbare Örter der Fundamentalsterne..., enthaltend die 1535 Sterne des Vierten Fundamental-Katalogs (FK 4). Heidelberg. Astronomisches Rechen-Institut.

The astronomical ephemeris for the year ... Issued by Her Majesty's Nautical Almanac Office, London; Nautical Almanac Office United States Naval Observatory, Washington. London. Her Majesty's Stationary Office.

The handbook of the British Astronomical Association ... Hg. C. Dinwoodie. Langholm, Dumfriesshire. British Astronomical Association.

A 5.4.3 Sternkarten, Himmelsatlanten, Kartographie

Schütte, K.: Jahreskarten. Stuttgart 1972. Kosmos-Verlag.

Widmann, W.; K. Schütte: Welcher Stern ist das? Stuttgart 1972. Kosmos-Verlag.

Vehrenberg, H.: Atlas Stellarum (Ein photographischer Atlas des ganzen Himmels. Düsseldorf 1971. Treugesell-Verlag.

Vehrenberg, H., D. Blank: Handbuch der Sternenbilder. Düsseldorf 1970. Treugesell-Verlag.

Schaifers, K.: Atlas zur Himmelskunde. Mannheim 1969. Bibliographisches Institut.

Vehrenberg, H.: Atlas of Kapteyn's selected areas. Nord- und Südteil. Düsseldorf 1965. Treugesell-Verlag.

Becvar, A.: Atlas Coeli 1950.0 Prag [4]1962. Verlag der Tschechoslowakischen Akademie der Wissenschaften.

Vehrenberg, H.: Photographischer Stern-Atlas für den nördlichen Himmel zwischen Pol und 26 Grad südlicher Deklination, 303 Sternkarten. Düsseldorf 1962. Treugesell-Verlag.

Wagner, K.-H.: Kartographische Netzentwürfe. Mannheim 1962. Bibliographisches Institut.

Widmann, W.: Drehbare Kosmos-Sternkarte. Stuttgart 1961. Franckh'sche Verlagshandlung.

Schurig, R., P. Götz: Himmelsatlas (Tabulae caelestes). Hg. K. Schaifers. Mannheim [8]1960. Bibliograhpisches Institut.

Callatay, V.: Goldmanns Himmelsatlas. Bearb. W. Jahn. München 1959. Goldmann Verlag.

Becvar, A.: Atlas eclipticalis 1950.0 Prag 1958. Verlag der Tschechoslowakischen Akademie der Wissenschaften.

Kohl, O., G. Felsmann: Atlas des gestirnten Himmels. Berlin 1956. Akademie Verlag.

Scheffers, G., K. Strubecker: Wie findet und zeichnet man Gradnetze von Land- und Sternkarten? Stuttgart [2]1956. B. G. Teubner Verlag.

Argelander, F. W.: Atlas des nördlichen gestirnten Himmels für den Anfang des Jahres 1855. Bonn [3]1954. Dümmlers-Verlag (Karten zur Bonner Durchmusterung).

A 5 Literatur

Sutter, H.: Drehbare Sternkarte „Sirius". Bern 1952. Verlag der Schweizerischen Astronomischen Gesellschaft.

Schönfeld, E.: Atlas der Himmelszone zwischen 1 Grad und 23 Grad südlicher Deklination für den Anfang des Jahres 1855... Bonn ²1951. Dümmlers-Verlag (Karten zur südlichen Bonner Durchmusterung).

Beyer, M.: Stern-Atlas, enthaltend: alle Sterne bis zur neunten Größe... Hg. K. Graff. Bonn 1950. Dümmlers-Verlag.

A 5.4.4 Astronomische Chronologie, Zeitmessung

Astronomische Grundlagen für den Kalender ... Hg. Astronomisches Rechen-Institut in Heidelberg. Karlsruhe. G. Braun Verlag. Erscheint für jedes Jahr schon mehrere Jahre voraus.

Ahnert, P.: Astronomisch-chronologische Tafeln für Sonne, Mond und Planeten. Leipzig ³1965. J. A. Barth Verlag.

Decaux, B.: La mesure precise du temps. Paris 1959. Masson et Cie.

Guyot, E.: Dictionnaire des termes utilieses dans la mesure du temps. La Chaux-de-Fonds 1953. Chambre Suisse de L'Horlogerie.

A 5.5 Himmelsmechanik, Bahnbestimmung

Schneider, M.: Himmelsmechanik. Mannheim/Wien/Zürich 1979. Bibliographisches Institut.

Siegel, C. L., J. K. Moser: Lectures on Celestial Mechanics. Berlin, Heidelberg, New York 1971. Springer-Verlag.

Stiefel, E. L., G. Scheifele: Linear and Regular Celestial Mechanics. Berlin, Heidelberg, New York 1971. Springer-Verlag.

Bucerius, H., M. Schneider: Himmelsmechanik I und II. Mannheim 1966. Bibliographisches Institut (BI-Hochschultaschenbücher 143/ 143 a und 144/144 a).

Stumpff, K.: Himmelsmechanik I. und II. Berlin 1959–1965. VEB Deutscher Verlag der Wissenschaften.

Brown, E. W., C. A. Shook: Planetary theory. New York 1964. Dover Publ. Inc.

Brouwer, D., G. M. Clemence: Methods of celestial mechanics. New York 1961. Academic Press.

Ryabov, Y.: An elementary survey of celestial mechanics. New York 1961. Dover Publications.

Smart, W. M.: Celestial mechanics. London 1960. Longmans.

Kurth, R.: Introductions to the mechanics of the solar system. London 1959. Pergamon Press.

Siegel, C. L.: Vorlesungen über Himmelsmechanik. Berlin 1956. Springer-Verlag.

A 5.6 Die Erde und ihr Mond

A 5.6.1 Erdkörper, Atmosphäre

Heuseler, H., A. Brucker: Die Erde aus dem All. Stuttgart-Braunschweig 1976. Deutsche Verlags-Anstalt.

Schick, B., G. Schneider: Physik des Erdkörpers. Stuttgart 1973. Ferdinand Enke Verlag.

A 5.6 Die Erde und ihr Mond

Kertz, W.: Einführung in die Geophysik. Band 2. Obere Atmosphäre und Magnetosphäre. Mannheim 1971. Bibliographisches Institut (BI-Hochschultaschenbuch 535).

Giese, R.-H.: Erde, Mond und benachbarte Planeten. Mannheim 1969. Bibliographisches Institut (Hochschulskripten).

Kertz, W.: Einführung in die Geophysik. Band 1. Erdkörper. Mannheim 1969. Bibliographisches Institut (BI-Hochschultaschenbuch 275).

Marsden, B. G., A. G. W. Cameron: The earth-moon system. New York 1966. Plenum Press.

Bates, D. R.: The planet earth. Oxford ^{2}1964. Pergamon Press.

Baur, F.: Großwetterkunde und langfristige Witterungsvorhersage. Frankfurt a. M. 1963. Akademische Verlagsgesellschaft.

Whipple, F. L.: Earth, moon, and planets. Cambridge Mass. 1963. Harvard University Press.

Geiger, R.: Das Klima der bodennahen Luftschichten. Braunschweig ^{4}1961. Friedrich Vieweg & Sohn.

Stumpff, K.: Die Erde als Planet. Berlin ^{2}1955. Springer-Verlag (Verständliche Wissenschaft 42).

Defant, A.: Ebbe und Flut des Meeres, der Atmosphäre und der Erdfeste. Berlin 1953. Springer-Verlag (Verständliche Wissenschaft 49).

Jung, K.: Kleine Erdbebenkunde. Berlin ^{2}1953. Springer-Verlag (Verständliche Wissenschaft 37).

Kuiper, G. P.: The atmospheres of the earth and planets. Chicago ^{2}1952. University of Chicago Press.

A 5.6.2 Solar-terrestrische Beziehungen

Baur, F.: Meteorologische Beziehung zu solaren Vorgängen. II. Teil Meteorologischer Nachweis von Strahlungsschwankungen der Sonne. Berlin 1967. Verlag Dietrich Reimer.

Ortner, J., H. Maseland: Introduction to solar terrestrial relations. Dordrecht-Holland 1965. D. Reidel Publishing Comp.

Baur, F.: Meteorologische Beziehung zu solaren Vorgängen, I. Teil Neufestsetzung der Epochen der Maxima und Minima der Sonnenflecken. Berlin 1964. Verlag Dietrich Reimer.

A 5.6.3 Der Mond

Guest, J. E., R. Greeley: Geologie auf dem Mond. (dt. durch W. v. Engelhardt). Stuttgart 1979. Ferdinand Enke Verlag.

Voigt, A., H. Giebler: Berliner Mondatlas. Berlin ^{2}1974. Wilhelm-Foerster-Sternwarte.

Rükl, A.: Maps of lunar hemispheres. Dordrecht/Holland 1972. D. Reidel Comp.

Kopal, Z.: Physics and astronomy of the moon. New York, London ^{2}1971. Academic Press.

Link, F.: Der Mond. Berlin, Heidelberg, New York 1969. Springer-Verlag.

Lowman, P. D.: Lunar panorama. Feldmeilen/Zürich 1969. Weltflugbild-Verlag.

Baldwin, R. B.: The moon – a fundamental survey. New York 1965. McGraw-Hill Book Comp.

A 5.7 Das Planetensystem

A 5.7.1 Gesamt-darstellungen, Ursprung und Entwicklung

Köhler, H. W.: Die Planeten. Braunschweig 1983. Vieweg Verlag.

Briggs, G. A., F. W. Taylor: The Cambridge photographic atlas of the planets. Cambridge 1982. Cambridge University Press.

Ryan, P.: Das Sonnensystem. München 1982.

Kaufmann III, W. J.: Planets and moons. San Francisco 1979. Freeman and Company.

Chamberlain, J. W.: Theory of planetary atmospheres. New York-San Francisco-London 1978. Academic Press.

Gehrels, T. (Hg.): Protostars and planets. Tucson 1978. University of Arizona Press.

Hahn, H.-M.: Erde, Sonne und Planeten. Köln 1978. Kiepenheuer und Witsch.

Sandner, W.: Planeten – Geschwister der Erde. Weinheim 1971. Verlag Chemie.

Dollfus, A.: Surfaces and interiors of planets and sattelites. London 1970. Academic Press.

Callatay, V. de, A. Dollfus: Atlas der Planeten. München 1969. Goldmann-Verlag.

Kaula, W. M.: An introduction to planetary physics. The terrestrial planets. New York-London-Sydney-Toronto 1968. John Wiley & Sons, Inc.

A 5.7.2 Die großen Planeten in Einzeldarstellungen

Hunt, G., P. Moore: Saturn (Dt. durch A. Bruzek). Freiburg i. Br. 1983. Verlag Herder.

Hunt, G., P. Moore: Jupiter (Dt. durch A. Bruzek). Freiburg i. Br. 1982.

Hunt, G., P. Moore: The planet Venus. London 1982. Faber and Faber.

Guest, J. u. a.: Planeten-Geologie; Mond, Merkur, Mars, Venus und Jupitermonde (Dt. durch A. Bruzek). Freiburg i. Br., Basel, Wien 1981. Herder Verlag.

Köhler, H. W.: Der Mars. Bericht über einen Nachbarplaneten. Braunschweig 1978. Vieweg Verlag.

Lowell, P.: Mars. Bernardston 1978. Astronomy Books, P. W. Luther.

Gehrels, T.: Jupiter. Tucson 1976. The University of Arizona Press.

Doebel, G.: Dem roten Planeten auf der Spur. Köln 1971. Verlag M. DuMont Schauberg.

Grosser, M.: Entdeckung des Planeten Neptun. Frankfurt 1970. Suhrkamp-Verlag.

Alexander, A. F. O'D.: The planet Uranus, a history of observation, theory and discovery. London 1965. Faber and Faber.

A 5.7.3 Die Kleinkörper des Planetensystems

Wilkening, L. L. (Hg.): Comets. Tucson, Arizona 1982. The University of Arizona Press.

Wood, J. A.: Meteorites and the origin of the planets. New York 1968. McGraw-Hill Book Co.

Krinov, E. L.: Giant Meteorites. Oxford 1966. Pergamon Press.

Sandner, W.: Trabanten im Sonnensystem. Die Monde der großen Planeten. Mannheim 1966. Bibliographisches Institut (SuW-Taschenbuch 6).

A 5.8 Die Sonne

Boschke, F. L.: Erde von anderen Sternen. Der Flug der Meteorite. Düsseldorf 1965. Econ-Verlag.

Hawkins, G. S.: Meteors, comets, and meteorites. New York-San Francisco-Toronto-London 1964. McGraw-Hill Book Co.

Mackin, Jr. R., M. Neugebauer: The solar wind. Oxford 1964. Pergamon Press.

Engelhardt, W. v.: Probleme der kosmischen Mineralogie. Tübingen 1963. J. C. B. Mohr (P. Siebeck).

Roth, G. D.: The system of minor planets. London 1962. Faber and Faber.

Öpik, E. J.: Physics of meteor flight in the atmosphere. New York 1958. Interscience Publishers, Wiley & Sons.

Heide, F.: Kleine Meteoritenkunde. Berlin [2]1957. Springer-Verlag (Verständliche Wissenschaft 23).

Wurm, K.: Die Kometen. Berlin 1954. Springer-Verlag (Verständliche Wissenschaft 53).

Hoffmeister, C.: Meteorströme. Meteoric currents. Weimar 1948. Verlag Werden und Wirken.

A 5.8 Die Sonne

A 5.8.1 Allgemeine Abhandlungen, Gesamtdarstellungen

Ekrutt, J. W.: Die Sonne – Die Erforschung des kosmischen Feuers. Hamburg 1981. Geo-Buch.

Doebel, G.: Die Sonne – Stern des Lebens. Stuttgart 1975. Franckh'sche Verlagshandlung.

Malin, M. F.: The mystery of the sun. Salt Lake City, Utah 1965. Printers Inc.

Zarem, A. M., D. D. Erway: Introduction to the utilization of the solar energy. New York 1963. McGraw-Hill Book Comp.

Waldmeier, M.: Die Sonne und Erde. Zürich [3]1959. Büchergilde Gutenberg.

Kiepenheuer, K. O.: Die Sonne, Berlin 1957. Springer-Verlag (Verständliche Wissenschaft 68).

Waldmeier, M.: Ergebnisse und Probleme der Sonnenforschung. Leipzig [2]1955. Akademische Verlagsgesellschaft.

A 5.8.2 Sonnenatmosphäre und Korona

Krüger, A.: Introduction to solar radioastronomy and radiophysics. Dordrecht-Boston-London 1979. D. Reidel.

Brandt, J. C.: Introduction to the solar wind. San Francisco 1970. Freeman Comp.

Macris, C. J. (Hg.): Physics of the solar corona. Dordrecht/Holland 1970. D. Reidel Comp.

Smith, A. G.: Radio exploration of the sun. Princeton-Toronto-London 1967. Van Nostrand Co.

Kiepenheuer, K. O. (Hg.): The fine structure of the solar atmosphere. Wiesbaden 1966. Franz Steiner-Verlag (Forschungsberichte 12).

Moore, Ch. E. u. a.: The solar spectrum 2935 A to 8770 A. Second revision of Rowland's preliminary table of solar spectrum wavelengths. Washinton D. C. 1966. U. S. Government Printing Office.

Robinson, N.: Solar radiation. Amsterdam 1966. Elsevier Publishing Comp.

Zirin, H.: The solar atmosphere. Waltham-Toronto-London 1966. Blaisell Publ. Co.

Jager, C. de: The solar spectrum. Dordrecht/Holland 1965. D. Reidel Publ. Comp.

Kundu, M. R.: Solar radio astronomy. New York 1965. Interscience Publishers, Wiley & Sons.

Alfven, H., C. G. Fälthammar: Cosmical electrodynamics. Oxford ²1963. Clarendon Press.

Aller, L.: Astrophysics. The atmosphere of the sun and stars. New York ²1963. The Ronald Press Comp.

Waldmeier, M.: Die Sonnenkorona. Basel 1957. Birkhäuser.

Unsöld, A.: Physik der Sternatmosphären. Mit besonderer Berücksichtigung der Sonne. Berlin ²1955. Springer-Verlag.

A 5.8.3 Sonnenaktivität

Bray, R., R. E. Loughhead: Sunspots. London 1964. Chapman & Hall.

Smith, H. J., E. V. P. Smith: Solar Flares. New York 1963. The Macmillan Comp.

Waldmeier, M.: The sunspot-activity in the years 1610–1960. Zürich 1961. Schuthess & Co.

Müller, R.: Sonnenforschung im Internationalen Geophysikalischen Jahr. München 1958. Verlag Oldenbourg.

Gleissberg, W.: Die Häufigkeit der Sonnenflecken. Berlin 1952. Akademie Verlag.

Stetson, H. T.: Sunspots in action. New York 1947. Ronald Press Comp.

A 5.9 Physik des einzelnen Sternes

A 5.9.1 Sternatmosphären/ Spektren der Sterne

Mihalas, D.: Stellar atmospheres. San Francisco ²1978. Freeman and Co.

Meadows, A. J.: Das Leben der Sterne (dt. Übers.) Weinheim 1972. Verlag Chemie.

Seitter, W. C.: Atlas für Objektiv-Prismen-Spektren. Bonn 1970. Dümmlers-Verlag.

Aller, L.: Astrophysics. The atmospheres of the sun and stars. New York ²1963. The Ronald Press Comp.

Unsöld, A.: Physik der Sternatmosphären. Berlin ²1955. Springer-Verlag.

Morgan, W. W., P. C. Keenan, E. Kellman: An atlas of stellar spectra. With an outline of spectral classification. Chicago 1942.

A 5.9.2 Innerer Aufbau und Entwicklung der Sterne

Kaplan, S. A.: Physik der Sterne. Leipzig 1980. Teubner.

Meadows, A. J.: Stellar evolution. Oxford-New York-Toronto-Sydney-Paris-Frankfurt ²1978. Pergamon Press.

Cox, J. P., R. T. Giuli: Principles of stellar structure. Vol. 1: Physical principles. Vol. 2: Application to stars. New York 1968. Gordon and Breach.

Menzel, D. H. u. a.: Stellar interiors. London 1963. Chapman & Hall.

Frank-Kamenetskii: Physical processes in stellar interiors (Engl. Übers.) London 1962. Oldbourne Press.

Schwarzschild, M.: Structure and evolution of the stars. Princeton 1958. University Press.

Chandrasekhar, S.: An introduction of the study of stellar structure. New York 1957. Dover Publications.

A 5.9.3 Sterne besonderen Typs

Kaufmann III, W. J.: Black holes and warped spacetime. San Francisco 1979. Freeman and Company.

Sexl, R., H. Sexl: Weiße Zwerge – Schwarze Löcher. Einführung in die relativistische Astrophysik. Braunschweig-Wiesbaden 1979. Vieweg & Sohn.

Heintz, W. D.: Double stars. Dordrecht-Boston-London 1978. Reidel Publishing Comp.

Clark, D. H., F. R. Stephenson: The historical supernovae. Oxford-New York-Toronto-Sydney-Paris-Frankfurt 1977. Pergamon Press.

Smith, F. G.: Pulsars. Cambridge-London-New York-Melbourne 1977. Cambridge University Press.

Glasby, J. S.: The nebular variables. Oxford-New York 1974. Pergamon Press.

Glasby, J. S.: The dwarf novae. London 1970. Constable.

Hoffmeister, C.: Veränderliche Sterne. Leipzig 1970. J. A. Barth Verlag.

Link, F.: Eclipse phenomena in astronomy. Berlin, Heidelberg, New York 1969. Springer-Verlag.

Underhill, A. B.: The early type stars. Dordrecht/Holland 1966. D. Reidel Publ. Comp.

A 5.10 Das Milchstraßensystem

A 5.10.1 Allgemeine Darstellung/Struktur und Dynamik

Scheffler, H., H. Elsässer: Bau und Physik der Galaxis. Mannheim 1982. Bibliographisches Institut.

Bok, B. J., P. F. Bok: The milky way. Cambridge, Mass. ⁵1981. Harvard University Press.

Mihalas, D., J. Binney: Galactic astronomy – structure and kinematics. San Francisco ²1981. Freeman and Comp.

Kühn, I.: Das Milchstraßensystem. Stuttgart 1978. Wissenschaftliche Verlagsgesellschaft.

Becker, W., G. Contopoulos (Hg.): The spiral structure of our galaxy. Dordrecht/Holland 1970. D. Reidel Comp.

Mihalas, D., P. Routley: Galactic Astronomy. San Francisco 1968. Freeman and Comp.

Ogorodnikov, K. F.: Dynamics of stellar systems. (Engl. Übers.) Oxford 1965. Pergamon Press.

Chandrasekhar, S.: Principles of stellar dynamics. New York 1960. Dover Publications Inc.

O'Connell, D. J. K. (Hg.): Stellar populations. Amsterdam 1958. North Holland Publ. Co.

Kurth, R.: Introduction to the mechanics of stellar systems. London 1957. Pergamon Press.

Kukarkin, B. W.: Erforschung der Struktur und Entwicklung der Sternsysteme auf Grundlage des Studiums veränderlicher Sterne. (Dt. Übers.) Berlin 1954. Akademie Verlag.

Trumpler, R. J., H. F. Weaver: Statistical astronomy. Berkeley 1953. University of California Press.

Becker, W.: Sterne und Sternsysteme. Dresden ^{2}1950. Verlag Th. Steinkopff.

A 5.10.2 Katalog galaktischer und extragalaktischer Objekte

Hoffleit, D. (Hg.): Catalogue of bright stars. New Haven, Conn. 1965. Yale University Press.

Vaucouleurs, G. de, A. de Vaucouleurs: Reference catalogue of bright galaxies. Austin, Texas 1964. The University of Texas Press.

Alter, G., J. Ruprecht: Atlas of the open star clusters. Prag 1963. Verlag der Tschechoslowakischen Akademie der Wissenschaften.

Elsmore, B. u. a.: The positions, flux densities and angular diameter of 64 radio sources observed at a frequency of 178 Mc/s. London 1963. Memoires of the Royal Astronomical Society. (Der Katalog ist bekannt unter der Abkürzung: 3 C = 3. Cambridge-Katalog).

Fricke, W., A. Kopff (Hg.): Fourth fundamental catalogue (FK 4). Karlsruhe 1963. Verlag G. Braun (Veröffentlichungen des astronomischen Rechen-Instituts).

Gliese, W.: Katalog der Sterne näher als 20 Parsec für 1950.0 Heidelberg 1957. Mitteilungen des Astronomischen Rechen-Instituts Serie A Nr. 8.

Prager, R., H. Schneller (Hg.): Geschichte und Literatur des Lichtwechsels veränderlicher Sterne. Berlin 1952–1957. Akademie Verlag 2. Ausgabe Band I–V.

Wilson, R. E.: General catalogue of stellar radial velocities. Washington D. C. 1953. Carnegie Institution of Washington Publ.

Jenkins, L. F.: General catalogue of trigonometric stellar parallaxes. New Haven 1952. Yale University Observatory.

Becvar, A.: Atlas coeli. Skalanate Pleso II. Katalog 1950.0. Prag 1951. Verlag der Tschechoslowakischen Akademie der Wissenschaften.

Boss, B. u. a.: General catalogue of 33 342 stars for the epoch 1950. Washington D. C. 1937.

Schorr, R. (Hg.): Bergedorfer Eigenbewegungs-Lexikon. 2. Ausgabe. Der nördliche und südliche Sternenhimmel. Bergedorf 1936. Verlag der Hamburger Sternwarte.

Aitken, R. G.: New general catalogue of double stars within 129 deg. of the north pole. Washington 1934.

Cannon, A. J., E. C. Pickering: The Henry Draper catalogue. Cambridge Mass. 1918 Harvard Observatory Annals.

Dreyer, J. L. E.: New general catalogue of nebulae and clusters of stars. London 1888. Memoires of the Royal Astronomical Society.

A 5.10.3 Interstellare Materie

Audouze, J., J. Lequeux, M. Levy, A. Vidal-Madjar: Diffuse matter in galaxies (Cargese 1982), Dordrecht, Holland 1983. D. Reidel Publishing Company.

A 5.10 Das Milchstraßensystem

Bohren, C. F., D. R. Huffman: Absorption and scattering of light by small particles. New York, Chichester, Brisbane, Toronto, Singapore 1983. J. Wiley & Sons.

Spitzer, L.: Physical processes in the interstellar medium. New York, Chichester, Brisbane, Toronto 1978. J. Wiley & Sons.

Field, G. B., A. G. W. Cameron (Hg.): The dusty universe. Smithsonian Astrophysical Observatory 1975.

Osterbrock, D. E.: Astrophysics of gaseous nebulae. San Francisco 1974. Freeman and Co.

Gurzadyan, G. A.: Planetary nebulae. Dordrecht/Holland 1970. D. Reidel Comp.

Kaplan, S. A., S. B. Pikelner: The interstellar medium. Cambridge Mass. 1970. Harvard University Press.

Dufay, J.: Galactic nebulae and interstellar matter. New York 1968.

Kaplan, S. A.: Interstellar gas dynamics. Oxford 1966. Pergamon Press.

Woltjer, L. (Hg.): The distribution and motion of interstellar matter in galaxies. New York 1962. W. A. Benjamin Inc.

Hulst, H. C. van de: Light scattering by small particles. New York 1957. J. Wiley & Sons.

Aller, L. H.: Gaseous nebulae. London 1956. Chapman & Hall.

Dufay, J.: Nebuleuses galactiques et matiere interstellaire. Paris. 1954. Albin Michel.

Wurm, K.: Die planetarischen Nebel. Berlin 1951. Akademie Verlag.

A 5.10.4 Entstehung und Häufigkeit der chemischen Elemente

Audouze, J., S. Vauclair: An introduction to nuclear astrophysics. Dordrecht/Holland 1980. D. Reidel Comp.

Tayler, R. J.: The origin of the chemical elements. London and Winchester 1972. Wykeham Publications (London) Ltd.

Fowler, W. A., F. Hoyle: Nucleosynthesis in massiv stars and supernovae. Chicago 1965. University of Chicago Press.

Craig H. (Hg.): Isoptopic and cosmic chemistry. Amsterdam 1965. North-Holland Publ. Co.

Aller, L. H.: The abundance of the elements. New York 1961. Intersicience Publishers.

A. 5.10.5 Sternentstehung und Entwicklung

Pottasch, S. R.: Planetary nebulae, a study of late stages of stellar evolution. Dordrecht Holland 1984. D. Reidel Publishing Company.

Cameron, A. G. W., R. F. Stein: Stellar evolution. New York 1966. Plenum Press.

Baade, W.: Evolution of stars and galaxies. Hg. C. Payne-Gaposchkin. Cambridge Mass. 1963. Harvard University Press.

Hayashi, C. u. a.: Evolution oft the stars. Kyoto 1962.

Burbidge, G. R. u. a.: Die Entstehung von Sternen durch Kondensation diffuser Materie. Berlin 1960. Springer-Verlag.

Cameron, A. G. W.: Stellar evolution, nuclear astrophysics and nucleogenesis. Chalk River 1957. Atomic energy of Canada.

A5.10.6 Hochenergie-Astrophysik

Longair, M. S.: Highenergy astrophysics. Cambridge Mass. 1981. Cambridge University Press.

Allkofer, O. C.: Introduction to cosmic radiation. München 1975. Verlag Karl Thiemig.

Dautcourt, G.: Relativistische Astrophysik. Berlin 1972. Akademie-Verlag.

Greisen, K.: The physics of cosmic X-ray, gamma-ray and particel sources. New York-London-Paris 1971. Gordon and Breach.

Ginzburg, V. L.: The origin of cosmic rays. New York-London-Paris 1969. Gordon and Breach.

Gratton, L. (Hg.): High-energy astrophysics. New York 1967. Academic Press.

Schmidt, G.: Physics of high temperature plasma. New York 1966. Academic Press.

Chiu, H. Y.: Neutrino astrophysics. New York 1965. Gordon and Breach.

Sandström, A. E.: Cosmic ray physics. Amsterdam 1965. North-Holland Publ. Co.

Ginzburg, V. L., S. I. Syrovatskii: The origin of cosmic rays. Oxford 1964. Pergamon Press.

Wolfendale, A. W.: Cosmic ray. London 1963. G. Lewnes.

Chandrasekhar, S.: Hydrodynamic and hydromagnetic stability. Oxford 1961. Clarendon Press.

Dungey, J. W. Cosmic electrodynamics. Cambridge 1958. University Press.

A5.11 Sternsysteme, die Welt als Ganzes

A5.11.1 Galaxien/Galaxien-Haufen

Kaufmann III., W. J.: Galaxies and quasars. San Francisco 1979. Freeman and Co.

Mitton, S.: Die Erforschung der Galaxien. Berlin, Heidelberg, New York 1978. Springer-Verlag.

Tayler, R. R.: Galaxies: Structure and evolution. London and Winchester 1978. Wykeham Publications (London) Ltd.

O'Connel, D. J. K. (Hg.): Nuclei of galaxies. Amsterdam 1971. North-Holland Publishing Comp.

Arp, H.: Atlas of peculiar galaxies. Pasadena, Calif. 1966. Publ. by California Institute of Technology.

Hidge, P. W.: Galaxies and cosmology. New York 1966. McGraw-Hill. Book Co.

Zwicky, F.: Catalogue of galaxies and of clusters of galaxies. Zürich 1963. Offsetdruck L. Speich.

Sandage, A.: The Hubble atlas of galaxies. Washington D. C. 1961. Carnegie Institution of Washington.

Shapley, H.: Galaxies. Cambridge, Mass. 1961. Harvard University Press.

Hubble, E.: The realm of nebulae. New York 1958. Dover Publ. Inc.

Vaucouleurs, G. de: L'exploration des galaxies voisines. Paris 1958. Masson et Cie.

Shapley, H.: The inner Metagalaxy. New Haven 1957. Yale University Press.

A 5.11 Sternsysteme, die Welt als Ganzes

**A 5.11.2 Relativitätstheorie/
Kosmologie**

Kippenhahn, R.: Licht vom Rand der Welt, das Universum und sein Anfang. Stuttgart 1984. Deutsche Verlagsanstalt.

Harrison, E. R.: Kosmologie – Die Wissenschaft vom Universum (Übers. durch H. und G. Schwarz). Darmstadt 1983. Verlag Darmstädter Blätter.

Narlikar, J.: Introduction to cosmology, Boston 1983. Jones and Bartlett.

Gal-Or, B.: Cosmology, physics, and philosophy. New York 1981. Springer-Verlag.

Narlikar, J. V.: Lectures on general relativity and cosmology. London 1979. Macmillan Press Ltd.

Sexl, R., H. K. Schmidt: Raum – Zeit – Relativität. Braunschweig-Wiesbaden ²1979. Vieweg & Sohn.

Kaufmann III, W. J.: Relativity and cosmology. New York-Hagerstown-San Francisco-London ²1977. Harper & Row.

Kaufmann III. W. J.: The cosmic frontiers of general relativity. Boston 1977. Little, Brown and Company.

Rindler, W.: Essential relativity. New York-Heidelberg-Berlin ²1977. Springer-Verlag.

Weinberg, S.: Die ersten drei Minuten. Der Ursprung des Universums (Dt. durch F. Griese) München-Zürich 1977. R. Piper & Co. Verlag.

Sexl, R. U., H. K. Urbantke. Gravitation und Kosmologie. Eine Einführung in die allgemeine Relativitätstheorie. Mannheim 1975. Bibliographisches Institut.

Misner, C. W., K. S. Thorne, J. A. Wheeler: Gravitation. San Francisco 1973. Freeman and Comp.

Peebles, P. J. E.: Physical cosmology. Princeton 1971. Princeton University Press.

Sciama, D. W.: Modern cosmology. Cambridge 1971. Cambridge Univ. Press.

Heckmann, O.: Theorien der Kosmologie. Berlin, Heidelberg, New York ²1969. Springer-Verlag.

Treder, H.-J.: Relativität und Kosmos. Berlin 1968. Akademie-Verlag.

Born, M.: Die Relativitätstheorie Einsteins. Berlin 1965. Springer-Verlag (Heidelberger Taschenbücher 1).

McVittie, G. C.: General relativity and cosmology. London ²1965. Chapman and Hall.

North, J. D.: The measure of the universe. A history of modern cosmology. Oxford 1965. Clarendon Press.

Chiu, H. Y., W. F. Hoffmann (Hg.): Gravitation and relativity. New York 1964. W. A. Benjamin.

Bondi, H.: Cosmology. Cambridge ²1961. Cambridge University Press.

**A 5.11.3 Radiogalaxien/
Quasistellare Objekte**

Rohlfs, K.: Radioastronomie; Instrumente, Meßmethoden, Ergebnisse. Darmstadt 1980. Wissenschaftliche Buchgesellschaft.

Pacholzyk, A. G.: Radio galaxies. Oxford-New York 1977. Pergamon Press.

Hey, J. S.: Das Radiouniversum (Dt. von H. Scheffler). Weinheim 1974. Verlag Chemie GmbH.

Verschuur, G. L., K. I. Kellermann (Hg.): Galactic and extra-galactic radio astronomy. Berlin-Heidelberg-New York 1974. Springer-Verlag.

637

A5 Literatur

Hay, J. S.: The radio universe. Oxford, New York 1971. Pergamon Press.

Harrison, B. K. (Hg.) u. a.: Gravitation theory and gravitational collapse. Chicago 1965. The University of Chicago Press.

Hoyle, F.: Galaxies, nuclei and quasars. New York 1965. Harper & Row.

Robinson, I. (Hg.): Quasi-stellar sources and gravitational collapse. Chicago 1965. The University of Chicago Press.

A5.12 Weltraumforschung

A5.12.1 Künstliche Satelliten und Raumsonden

Burdakow, W. P., F. J. Sigel: Raumfahrt und Weltraumforschung, Grundlagen und Aspekte. Berlin 1979. Akademie-Verlag.

Köhler, H. W.: Klipp und klar – 100x Raumfahrt. Mannheim-Wien-Zürich 1978. Bibliographisches Institut.

Das große Projekt. Raumfahrt und Apollo-Programm (Hg.: Fa. Carl Zeiss, Oberkochen). Stuttgart 1971. Verlag Karl Weinbrenner und Söhne.

Puttkamer, J. v.: Raumstationen – Laboratorien im All. Weinheim 1971. Verlag Chemie.

Mielke, H.: Lexikon der Raumfahrt. Berlin ^{6}1970. Transpress VEB Verlag.

Petri, W.: Weltraumfahrt. München 1970. Hanns Reich-Verlag.

Bohrmann, A.: Bahnen künstlicher Satelliten. Mannheim ^{2}1966. Bibliographisches Institut (BI-Hochschultaschenbuch 40/40a).

Giese, R. H.: Weltraumforschung I. Mannheim 1966. Bibliographisches Institut (BI-Hochschultaschenbuch 107/107a).

Haviland, R. P., C. M. House: Handbook of satellites and space vehicles. Princeton 1965. D. Van Norstrand Comp.

Koelle, H. H., D. E. Koelle: Theorie und Technik der Raumfahrzeuge. Stuttgart 1964. Berliner Union.

Sänger, E.: Raumfahrt heute – morgen – übermorgen. Düsseldorf 1963. Econ-Verlag.

Stuhlinger, E. u. a.: Astronautical engineering and science. From Peenemünde to planetary space. New York 1963. McGraw-Hill Book Comp.

Braun, W. v. u. a.: Griff nach den Sternen. München 1962. Ehrenwirth Verlag.

Gail, O. W., W. Petri: Weltraumfahrt (Physik, Technik, Biologie). München 1958. Hanns Reich-Verlag.

A5.12.2 Leben auf anderen Himmelskörpern

Goldsmith, D., T. Owen: The search for life in the universe. Menlo Park, Calif. 1980. Benjamin/Cummings.

Breuer, R.: Kontakt mit den Sternen, Frankfurt a. M. 1978. Umschau Verlag.

Morrison, P., J. Billingham u. J. Wolfe (Hg.): The search for extraterrestrial intelligence (SETI), Washington 1977, NASA SP-419.

Sagan, C., J. Agel: Nachbarn im Kosmos. Leben und Lebensmöglichkeiten im Universum. (Dt. durch C. Francke). München 1975. Kindler Verlag.

Fuchs, W. R.: Leben unter fernen Sonnen? Wissenschaft und Spekulation. München-Zürich 1973. Droemer Knaur.

Doebel, G.: Der Mensch lebt nicht allein im All. Köln 1966. Verlag DuMont Schauberg.

Herrmann, J.: Leben auf anderen Sternen? Gütersloh 1963. Bertelsmann Verlag.

Drake, F. D.: Intelligent life in space. New York 1962. Macmillan Comp.

Ovenden, M. W.: Leben im Weltall? München 1961. Verlag Kurt Desch (Taschenbuch W 19).

Spencer-Jones, H.: Life on other worlds. London 1952. English Univers. Press.

A 5.13 Geschichte der Astronomie

Sexl, R., K. von Meyenn (Hg.): Galileo Galilei. Dialog über die beiden hauptsächlichsten Weltsysteme, das ptolemäische und das kopernikanische. Stuttgart 1982. Teubner Verlag.

King, H. C.: The history of the telescope, New York 1979, Dover Publications Inc.

Lang, K. R., O. Gingerich: A source book in astronomy and astrophysics, 1900–1975. Cambridge Mass. 1979. Harvard University Press.

Dorschner, J., C. Friedemann, S. Marx, W. Pfau: Astronomie vom Altertum bis heute. Frankfurt a. M. 1975. Umschau-Verlag.

Herrmann, D. B.: Geschichte der Astronomie von Herschel bis Hertzsprung. Berlin 1975. VEB Deutscher Verlag der Wissenschaften.

Gerlach, W.: Johannes Kepler und die Copernikanische Wende. Leipzig 1973. J. A. Barth Verlag.

Becker, F.: Geschichte der Astronomie. Mannheim ³1968. Bibliographisches Institut.

Ley, W.: Die Himmelskunde. Eine Geschichte der Astronomie von Babylon bis zum Raumzeitalter. Düsseldorf 1965. Econ-Verlag.

Berry, A.: A short history of astronomy. From earliest times through the nineteenth century. New York 1961. Dover Publications (Nachdruck von 1898).

Pannekoek, I.: A history of astronomy. London 1961. George Allen and Unwin.

Abetti, G.: The history of astronomy. London 1954. Sidgwick and Jackson.

Dreyer, J. L. E.: A history of astronomy from Thales to Kepler. New York 1953. Dover Publications Inc.

Zinner, E.: Astronomie. Geschichte ihrer Probleme. Freiburg i. Br. 1951. Verlag K. Alber.

Zinner, E.: Geschichte der Sternkunde. Berlin 1931.

A 5.14 Zeitschriften

Astronomy and Astrophysics. A European Journal. Springer-Verlag, Berlin-Heidelberg-New York. ISSN 0004-6361

The Astronomical Journal. Published for the American Astronomical Society by the American Institute of Physics, 335 East 45th Street, New York, N. Y. 10017, USA. ISSN 0004-6256

Astronomische Nachrichten. Akademie-Verlag, DDR-108 Berlin, Leipziger Str. 3–4. ISSN 0004-6337

The Astrophysical Journal. Published by the University of Chicago Press for the American Astronomical Society. The University of Chicago Press, 5801 S. Ellis Avenue, Chicago Ill. 60637, USA. ISSN 0004-637X

Icarus. International Journal of Solar System Studies. Academic Press Inc. New York-London. ISSN 0019-1035

Journal of the British Astronomical Association. The British Astronomical Association, Burlington House, Piccadilly, London SW8 ISZ England. ISSN 0007-084X

Mitteilungen der Astronomischen Gesellschaft, Hamburg. Subscriptionsadresse: Observatorium Hoher List, D-5568 Daun. ISSN 0172-5483

Monthly Notices of the Royal Astronomical Society. Published for the Royal Astronomical Society by Blackwell Scientific Publications, Oxford-London-Edinburgh-Boston-Melbourne. ISSN 0035-8711

The Observatory. A Review of Astronomy. Royal Greenwich Observatory, Herstmonceux Castle, Hailsham Sussex, BN27 1RP England, ISSN 0029-7704

Orion. Zeitschrift der Schweizerischen Astronomischen Gesellschaft (SAG), Zentralsekretariat, Hirtenhofstr. 9, CH-6005 Luzern, Schweiz. ISSN 0030-557X

Planetary and Space Science. Pergamon Press, Oxford-New York-Paris-Frankfurt. ISSN 0032-0633

Publication of the Astronomical Society of the Pacific. The Astronomical Society of the Pacific, 1290 24th Avenue, San Francisco, Calif. 94122, USA. ISSN 0004-6280

Scientific American. Scientific American Inc., 415 Madison Avenue, New York, N. Y. 10017, USA. ISSN 0036-8733.
Dt. Ausgabe: Spectrum der Wissenschaft. Spectrum der Wissenschaftl. Verlagsgesellschaft, Mönchhofstr. 15, D-6900 Heidelberg

Sky and Telescope. Sky Publishing Cooperation, 49 Bay State Road, Cambridge, Mass. 02238-1290, USA. ISSN 0037-6604

Die Sterne. J. A. Barth, DDR-7010 Leipzig, Salomonstr. 18 b. ISSN 0039-1255

Sterne und Weltraum. Astronomische Monatsschrift. Verlag Sterne und Weltraum Dr. Vehrenberg GmbH, Portiastraße 10, D-8000 München 90. ISSN 0039-1263

Der Sternenbote. Österreichische Astronomische Monatsschrift. Astronomisches Büro, Hasenwartgasse 32, A-1238 Wien, Österreich. ISSN 0039-1271

Zenit. Populair-wetenschappelijk maandblad over sterrenkunde, weerkunde, ruimtevaart, ruimte-onderzoek en aanverwante wetenschappen en technieken. Stichting De Koepel, Nachtegaalstraat 82 bis, Utrecht, The Netherlands. ISSN 0165-0211

Register

Register

Register

Register

Register